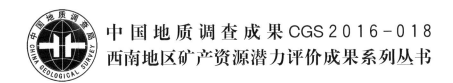

中国地质调查成果 CGS 2016-018
西南地区矿产资源潜力评价成果系列丛书

中国西南区域地质
ZHONGGUO XINAN QUYU DIZHI

尹福光　孙　洁　任　飞　孙志明　王方国 等编著

内 容 提 要

本书采用大地构造相分析方法进行大地构造研究,概述了西南地区基本地质特征,系统论述了西南地区沉积岩、火山岩、侵入岩、变质岩等大地构造及大型变形构造特征。确定了大地构造相或更高级别大地构造相的类型、各类大地构造单元的边界。研究了各构造单元的边界条件、物质组成、结构构造及其演化过程,总结出不同级别的大地构造单元特征,编制了西南地区1:150万大地构造图及本书。建立了以建造-岩石构造组合为切入点和沉积、火山、侵入、变质及大型变形构造等五要素综合分析研究为基础的大地构造相分析方法体系。

本书可供从事基础地质、矿产地质、工程地质、环境地质调查与研究、科学普及与教学的人员参考。

图书在版编目(CIP)数据

中国西南区域地质/尹福光等编著. —武汉:中国地质大学出版社,2016.11

(西南地区矿产资源潜力评价成果系列丛书)

ISBN 978-7-5625-3928-5

Ⅰ.①中…
Ⅱ.①尹…
Ⅲ.①区域地质-研究-西南地区
Ⅳ.①P562.7

中国版本图书馆 CIP 数据核字(2016)第 281935 号

| 中国西南区域地质 | 尹福光 孙洁 任飞 孙志明 王方国 等编著 |

| 责任编辑:舒立霞 | 选题策划:刘桂涛 | 责任校对:张咏梅 |

出版发行:中国地质大学出版社(武汉市洪山区鲁磨路388号)	邮政编码:430074
电 话:(027)67883511 传 真:67883580	E-mail:cbb@cug.edu.cn
经 销:全国新华书店	http://www.cugp.cug.edu.cn
开本:880毫米×1230毫米 1/16	字数:852千字	印张:26.875
版次:2016年11月第1版	印次:2016年11月第1次印刷
印刷:荆州市鸿盛印务有限公司	印数:1—1000册
ISBN 978-7-5625-3928-5	定价:298.00元

如有印装质量问题请与印刷厂联系调换

《西南地区矿产资源潜力评价成果系列丛书》

编委会名单

主　　任：丁　俊　秦建华

委　　员：尹福光　廖震文　王永华　张建龙　刘才泽　孙　洁

　　　　　刘增铁　王方国　李　富　刘小霞　张启明　曾琴琴

　　　　　焦彦杰　耿全如　范文玉　李光明　孙志明　李奋其

　　　　　祝向平　段志明　王　玉

序

中国西南地区雄踞青藏造山系南部和扬子陆块西部。青藏造山系是最年轻的造山系，扬子陆块是最古老的陆块之一。从地质年代来讲，最古老到最年轻是一个漫长的地质历史过程，其间经历过多期复杂的地质作用和丰富多彩的成矿过程。从全球角度看，中国西南地区位于世界三大巨型成矿带之一的特提斯成矿带东段，称为东特提斯成矿域。中国西南地区孕育着丰富的矿产资源，其中的西南三江、冈底斯、班公湖-怒江、上扬子等重要成矿区带都被列为全国重点勘查成矿区带。

《西南地区矿产资源潜力评价成果系列丛书》主要是在"全国矿产资源潜力评价"计划项目(2006—2013)下设工作项目——"西南地区矿产资源潜力评价与综合"(2006—2013)研究成果的基础上编著的。诸多数据、资料都引用和参考了1999年以来实施的"新一轮国土资源大调查专项""青藏专项"及相关地质调查专项在西南地区实施的若干个矿产调查评价类项目的成果报告。

该套丛书包括：

《中国西南区域地质》

《中国西南地区矿产资源》

《中国西南地区重要矿产成矿规律》

《西南三江成矿地质》

《上扬子陆块区成矿地质》

《西藏冈底斯-喜马拉雅地质与成矿》

《西藏班公湖-怒江成矿带成矿地质》

《中国西南地区地球化学图集》

《中国西南地区重磁场特征及地质应用研究》

这套丛书系统介绍了西南地区的区域地质背景、地球化学特征和找矿模型、重磁资料和地质应用、矿产资源特征及区域成矿规律，以最新的成矿理论和丰富的矿床勘查资料深入地研究了西南三江地区、上扬子陆块区、冈底斯地区、班公湖-怒江地区的成矿地质特征。

《中国西南区域地质》对西南地区成矿地质背景按大地构造相分析方法，编制了西南地区1:150万大地构造图，并明确了不同级别构造单元的地质特征及其鉴别标志。西南地区大地构造五要素图及大地构造图为区内矿产总结出不同预测方法类型的矿产的成矿规律、矿产资源潜力评价和预测提供了大地构造背景。同时对一些重大地质问题进行了研究,如上扬子陆块基底、三江造山带前寒武纪地质,秦祁昆造山带与扬子陆块分界线、保山地块归属、南盘江盆地归属,西南三江地区特提斯大洋两大陆块的早古生代增生造山作用。对西南地区大地构造环境及其特征的研究,为成矿地质背景和成矿地质作用研究建立了坚实的成矿地质背景基础,为矿产预测提供了评价的依据,为基础地质研究服务于矿产资源潜力评价提供了示范。为西南地区各种尺度的矿产资源潜力评价和成矿预测提供了全新的地质构造背景,已被有关矿产资源勘查决策部门应用于潜力评价和成矿预测,并为国家找矿突破战略行动、整装勘查部署,国土规划编制、重大工程建设和生态环境保护以及政府宏观决策等提供了重要的基础资料。这是迄今为止应用板块构造理论及从大陆动力学视角观察认识西南地区大地构造方面最全面系统的重大系列成果。

《中国西南地区矿产资源》对该区非能源矿产资源进行了较为全面系统的总结,分别对黑色金属矿产、有色金属矿产、贵金属矿产、稀有稀土金属矿产、非金属矿产等47种矿产资源,从性质用途、资源概况、资源分布情况、勘查程度、矿床类型、重要矿床、成矿潜力与找矿方向等方面进行了系统全面的介绍,是一部全面展示中国西南地区非能源矿产资源全貌的手册性专著。

《中国西南地区重要矿产成矿规律》对区内铜、铅、锌、铬铁矿等重要矿产的成矿规律进行了系统的创新性研究和论述,强化了区域成矿规律综合研究,划分了矿床成矿系列。对西南地区地质历史中重要地质作用与成矿,按照前寒武纪、古生代、中生代和新生代4个时期,从成矿构造环境与演化、重要矿产与分布、重要地质作用与成矿等方面进行了系统的研究和总结,并提出或完善了"扬子型"铅锌矿、走滑断裂控制斑岩型矿床等新认识。

该套丛书还对一些重点成矿区带的成矿特征进行了详细的总结,以区域成矿构造环境和成矿特色,对上扬子地区、西南三江(金沙江、怒江、澜沧江)地区、冈底斯地区和班公湖-怒江4个地区的重要矿集区的矿产特征、典型矿床、成矿作用与成矿模式等方面进行了系统研究与全面总结。按大地构造相分析方法全面系统地论述了区域地质背景,重新厘定了地层、构造格架,详细阐述了成矿的区域地球物理、地球化学特征;重新划分了区域成矿单元,详细论述了各单元成矿特征;论述了重要矿集区的成矿作用,包括主要矿产特征、典型矿床研究、成矿作用分析、资源潜力及勘查方向分析。

《西南三江成矿地质》以新的构造思维全面系统地论述了西南三江区域地质背景,重新厘定了地层、构造格架,详细阐述了成矿的区域地球物理、地球化学特征;重新划分了区域成矿单元;重点论述了若干重要矿集区的成矿作用,包括地质简况、主要矿产特征、典型矿床、成矿作用分析、资源潜力及勘查方向分析;强化了区域成矿规律的综合研究,划分了矿床成矿系列;根据洋-陆构造体制演化特征与成矿环境类型、成矿系统主控要素与作用过程、矿床组合与矿床成因类型等建立了成矿系统;揭示了控制三江地区成矿作用的重大关键地质作用。该研究对部署西南三江地区地质矿产调查工作具有重要的指导意义。

《上扬子陆块区成矿地质》系统论述了位于特提斯-喜马拉雅与滨太平洋两大全球巨型构造成矿域结合部位的上扬子陆块成矿地质。其地质构造复杂，沉积建造多样，陆块周缘岩浆活动频繁，变质作用强烈。一系列深大断裂的发生、发展，对该区地壳的演化起着至关重要的控制作用，往往成为不同特点地质结构岩块（地质构造单元）的边界条件，与它们所伴生的构造成矿带，亦具有明显的区带特征。较稳定的陆块演化性质的地质背景，决定了该地区矿床类型以沉积、层控、低温热液为显著特点，并在其周缘构造-岩浆活动带背景下形成了与岩浆-热液有关的中高温矿床。区内的优势矿种铁、铜、铅、锌、金、银、锡、锰、钒、钛、铝土矿、磷、煤等在我国占有重要地位，目前已发现有色金属、黑色金属、贵金属和稀有金属矿产地1494余处，为社会经济发展提供了大量的矿产资源。

《西藏冈底斯-喜马拉雅地质与成矿》对冈底斯、喜马拉雅成矿带"十二五"以来地质找矿成果进行了系统的总结与梳理。结合新的认识，按照岩石建造与成矿系列理论，将冈底斯-喜马拉雅成矿带划分为南冈底斯、念青唐古拉和北喜马拉雅3个Ⅳ级成矿亚带，对各Ⅳ级成矿亚带在特提斯演化和亚洲-印度大陆碰撞过程中的关键建造-岩浆事件与成矿系统进行了深入的分析与研究。同时对16个重要大型矿集区的成矿地质背景、成矿作用、成矿规律与找矿潜力进行了总结，建立了冈底斯成矿带主要矿床类型的区域预测找矿模型和预测评价指标体系，并采用MRAS资源评价系统对其开展了成矿预测，圈定了系列的找矿靶区，对指导区域找矿和下一步工作部署有着重要意义。

《西藏班公湖-怒江成矿带成矿地质》对班公湖-怒江成矿带成矿地质进行系统总结。班公湖-怒江成矿带是青藏高原地质矿产调查的重点之一。近年来，先后在多不杂、波龙、荣那、拿若发现大型富金斑岩铜矿，在尕尔穷和嘎拉勒发现大型矽卡岩型金铜矿，在弗野发现矽卡岩型富磁铁矿和铜铅锌多金属矿床等。这些成矿作用主要集中在班公湖-怒江结合带南、北两侧的岩浆弧中，是班公湖-怒江成矿带特提斯洋俯冲、消减和闭合阶段的产物。目前的班公湖-怒江成矿带指的并不是该结合带本身，而主要是其南、北两侧的岩浆弧。研究发现，班公湖-怒江成矿带北部、南部的日土-多龙岩浆弧和昂龙岗日-班戈岩浆弧分别都存在东段、西段的差异，表现在岩浆弧的时代、基底和成矿作用类型等方面都各具特色。

《中国西南地区地球化学图集》在全面收集1∶20万、1∶50万区域化探调查成果资料的基础上，利用海量的地球化学数据，进行了系统集成与编图研究，编制了铜、铅、锌、金、银等39种元素（含常量元素氧化物）的地球化学图和异常图等图件，实现青藏高原区域地球化学成果资料的综合整装，客观展示了西南地区地球化学元素在水系沉积物中的区域分布状况和地球化学异常分布规律。该图集的编制，为西南地区地质矿产的展布规律及其找矿方向提供了较精准的战略方向。

《中国西南地区重磁场特征及地质应用研究》在收集与总结前人资料的基础上，对西南地区重磁数据进行集成、处理和分析，编制了西南地区重磁基础与解释图件，实现了中国西南区域重磁成果资料的综合整装。利用重磁异常的梯度、水平导数等边界识别的新方法和新技术,对西南三江、上扬子、班公湖-怒江和冈底斯等重要矿集区的重磁数据进行处理,对异常特征进行分析和解释;利用区域重磁场特征对断裂构造、岩体进行综合推断和解释,对主要盆地的重磁场特征进行分析和研究。针对西南地区存在的基础地质问题,论述了重磁资料在康滇地轴、龙门山等重要地质问题研究中的应用与认识。同时介绍了西南地区物探资料在铁、铜、铅、锌和金矿等矿产资源潜力评价中的应用效果。

中国西南地区蕴藏着丰富的矿产资源,加强该区的地质矿产勘查和研究工作,对于缓解国家资源危机、贯彻西部大开发战略、繁荣边疆民族经济和促进地质科学发展均具有重要的战略意义。该套丛书系统收集和整理了西南地区矿产勘查与研究,并对所获得的海量的矿床学资料、成矿带的地质背景和矿床类型进行了总结性研究,为区域矿产资源勘查评价提供了重要资料。自然科学研究的重大突破和发现,都凝聚着一代又一代研究者的不懈努力及卓越成就。中国西南地区矿产资源潜力评价成果的集成和综合研究,必将为深化中国西南地区成矿地质背景、成矿规律与成矿预测研究、矿产资源勘查和开发与社会经济发展规划提供重要的科学依据。

该丛书是一套关于中国西南地区矿产资源潜力的最新、最实用的参考书,可供政府矿产资源管理人员、矿业投资者,以及从事矿产勘查、科研、教学的人员和对西南地区地质矿产资源感兴趣的社会公众参考。

编委会
2016 年 1 月 26 日

前 言

"西南地区成矿地质背景专题研究"是"西南地区矿产资源潜力评价综合研究"工作项目(编码:1212010813035)系列成果的一部分,隶属"全国矿产资源潜力评价综合研究"计划项目(编码:1212011121036)。工作起止年限为2006—2012年,承担单位为中国地质调查局成都地质调查中心。

西南地区成矿地质背景专题研究工作以编制系列专题图件为主要的技术途径。采用大地构造相分析方法进行大地构造研究与编图,其理论基础是板块构造学说及大陆动力学。总体思路是以编制1:25万实际材料图和建造构造图及1:50万岩石构造组合图为基础,通过对沉积建造构造图、火山岩建造构造图、侵入岩建造构造图、变质岩建造构造图的岩石构造组合及大型变形构造图的综合分析,确定大地构造相或更高级别大地构造相的类型,各类大地构造相的边界。通过相单元的分析总结出不同级别的大地构造分区。研究各构造相单元的边界条件、物质组成、构造结构及其演化过程,总结出不同级别的大地构造相单元特征,编制大地构造图。

在图件编制工作过程中,先编制西南地区省级1:25万实际材料图,1:25万建造构造图,省级1:50万大地构造相的沉积、火山、侵入、变质、大型变形构造五要素图,1:50万岩石构造组合图、1:50万大地构造图,铁等23个矿种预测工作区地质构造专题底图及数据库等工作成果。然后,编制西南地区1:150万沉积、火山、侵入、变质、大型变形构造五要素图和大地构造图。《中国西南区域地质》专著是在上述图件的基础上开展大地构造综合研究编写而成。

图件编制及专著的编写以近年来的区域地质调查与专题研究等资料和图件为主,此外,参考了20世纪80年代以来我国陆续完成的各省的地质志。主要参考和引用了1:5万、1:20万、1:25万区域地质调查成果资料,也参考或引用了前人完成的各种大地构造图图件、地质地球物理图件及研究成果的观点和内容。

一、主要成果

《中国西南区域地质》研究报告。

西南地区1:150万大地构造图、西南地区1:150万沉积大地构造图、西南地区1:150万侵入岩大地构造图、西南地区1:150万火山岩大地构造图、西南地区1:150万变质岩大地构造图、西南地区1:150万大型变形构造图。但这些图此系列丛书未包括。

二、主要进展

(1) 按大地构造相分析方法，编制了西南地区1:150万大地构造图。

以大地构造相分析（理论）为核心，以建造-岩石构造组合为切入点和五要素综合分析研究为基础的图面内容与表达方法。在1:25万实际材料图，建造构造图，省级铜、金等23个矿种预测工作区地质构造专题底图，省级大地构造图，五要素专题底图的基础上，通过对西南地区建造与构造的综合分析与研究，根据建造与构造地质作用特征，分别按沉积作用、火山作用、侵入作用、变质作用、构造作用五要素专题底图进行研究，并按实材图→建造构造图→岩石构造组合→亚相→相→大相→相系逐级归纳上升，以不同的图件来表达大地构造的内容。西南地区划分为5个一级构造单元，即秦祁昆造山系、扬子陆块区、羌塘-三江造山系、班公湖-怒江-昌宁-孟连对接带、冈底斯-喜马拉雅多岛弧盆系，17个二级构造单元，71个三级构造单元，228个四级构造单元。

(2) 建立了以建造-岩石构造组合为切入点和五要素综合分析研究为基础的大地构造相分析（理论）方法体系框架，应用板块构造学说及大陆动力学开展大陆板块构造环境和大陆动力学研究并表达其成果而建立起来的一种可操作的模式及其一套方法体系，为研究大陆板块构造环境提供了全新的方法技术支撑。

① 在层型剖面研究的基础上对西南地区沉积岩系按序列自下而上进行了沉积岩建造类型的划分，并组合上升为沉积建造组合、亚相和沉积相，对形成的构造古地理环境进行系统分析研究。

对西南地区4个地层大区、10个地层区和32个地层分区全部进行岩石地层格架的厘定，为西南地区32个地层分区的沉积盆地类型划分奠定了基础。按时代＋基本相和亚相划分盆地类型的方法，共划分出约238个沉积盆地，并对一级构造大区分别进行盆地类型划分。

② 对西南地区侵入岩的特征进行详细研究，通过区域对比，在对西南地区侵入岩岩石构造组合、时代格架及侵入岩大地构造相、亚相全面厘定划分的基础上，将西南地区侵入岩主要划分为70个构造岩浆系统，并将构造岩浆系统单元共划分出5级，即岩石构造组合（段）、构造岩浆亚带及相对应的$o\varphi$（独立侵入岩弧）、构造岩浆带及相对应的$o\varphi$、构造岩浆亚省及相对应的$o\varphi$、构造岩浆省及相对应的$o\varphi$（复合侵入岩弧），又厘定了构造岩浆带构造环境，研究西南地区侵入岩代表的主洋盆关闭俯冲TTG岩石构造组合，确定板块俯冲方向，并可直接在图上读出构造环境及其演化的总体框架。

西南地区侵入岩大地构造研究中，对西南地区共划分一级侵入构造岩浆岩省6个、二级侵入构造岩浆岩带（亚省）18个、三级侵入岩浆岩亚带70个、四级变质岩带123个。

③ 全面、系统地研究了西南地区火山岩岩石组合、火山岩相、火山喷发类型、火山岩系

列、成因类型、大地构造属性等,划分火山岩各级构造岩浆岩带(省、带、亚带),将西南地区火山岩共划分出5个火山岩构造岩浆岩省、17个火山岩带、51个火山岩亚带,总结其时空结构主要特征,划分了构造岩浆旋回、亚旋回和活动期,归纳火山岩大地构造属性。

④ 对西南地区变质岩系进行了详细的变质地质体的形成时代、变质时代、岩浆岩年代学、岩石化学研究,研究变质相或相系构造环境及其时空分布规律,归纳岩石构造组合类型和所属大地构造属性,西南地区共划分一级变质域6个,二级变质区18个,三级变质地带70个,四级变质岩带123个。

⑤ 对西南地区大型变形构造进行了详细的变形时代及变形构造类型研究,揭示了西南地区大型变形构造主要形成于古生代以来的两个大陆演化旋回,划分出挤压型、拉张型、剪切型等大型变形构造共计22个,其中挤压型大型变形构造14个、拉张型大型变形构造3个、剪切型大型变形构造5个。

(3) 建立了以沉积、火山岩、侵入岩、变质岩、大型变形构造五要素综合分析为基础、板块构造环境动态演化为核心的图面内容与表达方法。

对于每一个研究地区,无论大地构造环境和历史复杂还是简单,都可以确定出某一特定时段为优势大地构造相。然后分别对优势相本身、优势相以前的"基底"、优势相以后的"盖层"进行大地构造相方面的研究。研究的内容及成果以栅状剖面表示,并作为辅图放在大地构造相图的一侧。按造山系-陆块区-对接带一级大地构造单元分别编制五要素大地构造相时空结构图。大地构造相的每一单元都进行其纵向(垂直)结构特征(基座、主体优势相)、上叠部分的研究,加上时间尺度上演化进程的研究,构成一个完整的四维空间整体。

承担单位:中国地质调查局成都地质调查中心。项目主要完成人员,主编:尹福光。副主编:孙洁、任飞。主要编写人员:孙志明、王方国、安显银、刘松、杨巍、胡世华、张建东、俞如龙、李静、熊家镛、张慧、张星垣、曾庆高、西洛朗杰、苟金、陈乔。

项目的顺利完成得益于叶天竺、张智勇、肖庆辉、潘桂棠、冯艳芳、邓晋福、陆松年、冯益民、邢光福、李锦轶等专家的指导,中国地质调查局成都地质调查中心丁俊主任、王剑书记,其他相关课题人员给予了切实帮助,在此表示衷心的感谢。

在大地构造编图过程中,许多长期未能解决的重大地质问题的困扰很大,难免采用一些倾向性的观点编图,观点的正确与否可能会带来较大争议,敬请读者提出宝贵意见。

著 者

2016 年 6 月

目　录

第一章　概　述 (1)
第一节　范围和概况 (1)
一、范围 (1)
二、地质工作概况 (1)
三、地质基本特征 (2)
第二节　指导思想及基本概念 (9)
一、指导思想 (9)
二、基本概念和术语 (10)
第三节　大地构造研究及编图的方法体系 (12)
一、大地构造相分析研究方法（理论）体系 (12)
二、"五要素"分析是大地构造相分析的基础研究工作 (12)
三、大地构造综合研究 (16)
第四节　编图工作的基本流程和方法 (17)
一、基本流程 (17)
二、编图工作方法和程序 (17)
第五节　完成工作量与编图质量 (19)
一、完成工作量 (19)
二、编图质量（精度） (20)
三、资料来源及评述 (20)

第二章　西南地区沉积岩大地构造特征 (21)
第一节　秦祁昆弧盆系Ⅰ (23)
一、西倾山-南秦岭陆缘盆地Ⅰ-1-1 (23)
二、勉略（塔藏）洋盆Ⅰ-1-2 (25)
第二节　上扬子台地Ⅱ-1 (25)
一、米仓山-大巴山被动大陆边缘（Z—T_2）Ⅱ-1-1 (26)
二、龙门山被动大陆边缘（Z—T_2）Ⅱ-1-2 (26)
三、川中前陆盆地（Mz）Ⅱ-1-3 (27)
四、扬子陆块南部碳酸盐岩台地（Pz）Ⅱ-1-4 (29)
五、上扬子台地东南缘被动陆缘（Pz_1）Ⅱ-1-5 (31)
六、雪峰山陆缘裂谷盆地（Nh）Ⅱ-1-6 (32)
七、上扬子东南缘古弧盆系（Pt_2）Ⅱ-1-7 (33)
八、南盘江-右江前陆盆地（T）Ⅱ-1-8 (34)
九、富宁-那坡被动陆缘（Pz）Ⅱ-1-9 (35)
十、康滇台地（Nh—P_1）（攀西上叠裂谷，P_2—T_1）Ⅱ-1-10 (36)
十一、楚雄前陆盆地（Mz）Ⅱ-1-11 (37)
十二、盐源-丽江陆缘裂谷（Pz_2）Ⅱ-1-12 (38)
十三、金平被动陆缘（S—P）Ⅱ-1-13 (39)
第三节　北羌塘-三江弧盆系Ⅲ (39)
一、巴颜喀拉前陆盆地（T_3）Ⅲ-1 (40)

二、甘孜-理塘弧后洋盆($P—T_3$)Ⅲ-2 ……………………………………………………(44)
　　三、中咱-中甸碳酸盐岩台地($Pt_{2-3}—T_2$)/弧背盆地Ⅲ-3 ……………………………(45)
　　四、西金乌兰-金沙江-哀牢山弧后洋盆($D—T_2$)Ⅲ-4 ……………………………(48)
　　五、甜水海-北羌塘-昌都-兰坪-思茅台地($Pt_{2-3}—T_2$)-前陆盆地($T_3—K_1$)Ⅲ-5 ………(52)
　　六、乌兰乌拉-澜沧江洋盆($P_2—T_2$)Ⅲ-6 ……………………………………………(60)
　　七、那底岗日-格拉丹冬-他念他翁山-崇山-临沧岛弧Ⅲ-7 ……………………………(61)
　第四节　双湖-班公湖-怒江-昌宁-孟连洋盆Ⅳ ………………………………………………(63)
　　一、龙木错-双湖洋盆($D—T$)Ⅳ-1 ……………………………………………………(63)
　　二、多玛孤立台地(Pz)Ⅳ-2 ……………………………………………………………(65)
　　三、南羌塘被动陆缘(Mz)($T_3—J$)Ⅳ-3 ……………………………………………(66)
　　四、吉塘-左贡被动陆缘($C—T$)Ⅳ-4 …………………………………………………(69)
　　五、双江-西定被动陆缘Ⅳ-5 ……………………………………………………………(71)
　　六、班公湖-怒江洋盆Ⅳ-6 ………………………………………………………………(71)
　　七、昌宁-孟连洋盆($Pz—T_2$)Ⅳ-7 ……………………………………………………(76)
　第五节　冈底斯-喜马拉雅弧盆系Ⅴ …………………………………………………………(77)
　　一、冈底斯-察隅活动陆缘Ⅴ-1 …………………………………………………………(77)
　　二、雅鲁藏布江弧后洋盆Ⅴ-2 …………………………………………………………(91)
　　三、喜马拉雅被动陆缘Ⅴ-3 ……………………………………………………………(93)
　　四、保山台地Ⅴ-4 ………………………………………………………………………(98)
　　五、潞西-三台山洋盆Ⅴ-5 ……………………………………………………………(102)
　第六节　西瓦里克前陆盆地Ⅵ ………………………………………………………………(103)
第三章　西南地区火山岩大地构造特征 ………………………………………………………(104)
　第一节　秦祁昆火山岩构造岩浆岩省Ⅰ ……………………………………………………(108)
　第二节　上扬子陆块火山岩构造岩浆岩省Ⅱ ………………………………………………(109)
　　一、米仓山-大巴山被动大陆边缘火山岩带(上扬子北缘火山岩带)($Z—T_2$)Ⅱ-1 …(109)
　　二、上扬子东南缘火山岩带Ⅱ-2 ………………………………………………………(110)
　　三、上扬子西缘火山岩带Ⅱ-3 …………………………………………………………(111)
　第三节　羌塘-三江岩构造火山岩构造岩浆岩省Ⅲ …………………………………………(117)
　　一、巴颜喀拉火山岩带Ⅲ-1 ……………………………………………………………(117)
　　二、甘孜-理塘-三江口火山岩带($P—T$)Ⅲ-2 ………………………………………(119)
　　三、中甸陆缘裂谷火山岩带(P)Ⅲ-3 …………………………………………………(121)
　　四、西金乌兰-金沙江-哀牢山火山岩带Ⅲ-4 …………………………………………(121)
　　五、北羌塘-昌都-兰坪-思茅火山岩带Ⅲ-5 ……………………………………………(124)
　　六、乌兰乌拉-澜沧江火山岩带($P_2—T_2$)Ⅲ-6 ……………………………………(129)
　　七、那底岗日-格拉丹冬-他念他翁山-崇山-临沧陆缘火山岩带Ⅲ-7 ………………(131)
　第四节　班公湖-怒江-昌宁-孟连构造火山岩构造岩浆岩省Ⅳ ……………………………(132)
　　一、龙木错-双湖-类乌齐火山岩带Ⅳ-1 ………………………………………………(133)
　　二、多玛-南羌塘-左贡增生弧盆系火山岩带Ⅳ-2 ……………………………………(133)
　　三、班公湖-怒江火山岩带Ⅳ-3 ………………………………………………………(135)
　　四、昌宁-孟连火山岩亚带(Pz)Ⅳ-4 …………………………………………………(136)
　第五节　冈底斯-喜马拉雅火山岩构造岩浆岩省Ⅴ …………………………………………(138)
　　一、冈底斯-察隅弧盆系火山岩带Ⅴ-1 …………………………………………………(138)
　　二、雅鲁藏布江构造火山岩带Ⅴ-2 ……………………………………………………(151)
　　三、喜马拉雅构造火山岩带Ⅴ-3 ………………………………………………………(154)

四、保山火山岩带 V-4 ·· (155)

五、潞西-三台山蛇绿混杂岩带 V-5 ·· (160)

第四章　西南地区侵入岩大地构造特征 ·· (161)

第一节　秦祁昆侵入岩构造岩浆岩省 I ··· (165)

第二节　上扬子侵入构造岩浆岩亚省 II-2 ·· (165)

一、米仓山古陆缘侵入岩弧亚带(Pt_{2-3}) II-2-1 ·· (165)

二、龙门山古岛弧侵入岩亚带(Pt_{2-3}，P_2) II-2-2 ·· (166)

三、康滇基底断隆复合侵入岩弧亚带 II-2-3 ·· (168)

四、上扬子东南缘侵入岩亚带 II-2-4 ·· (171)

五、南盘江-个旧侵入岩带 II-2-5 ·· (173)

六、元谋-楚雄侵入岩亚带 II-2-6 ·· (175)

七、盐源-丽江侵入岩亚带 II-2-7 ·· (176)

八、哀牢山-点苍山复合侵入岩弧亚带 II-2-8 ·· (177)

九、金平侵入岩亚带(P_2、T、K_1) II-2-9 ·· (178)

第三节　北羌塘-三江多岛弧盆侵入构造岩省 III ··· (179)

一、可可西里-巴颜喀拉-松潘侵入岩弧带 III-1 ·· (179)

二、甘孜-理塘蛇绿混杂岩带(P—T) III-2 ·· (182)

三、义敦-沙鲁里侵入岩弧带(T_3—E) III-3 ·· (183)

四、中咱地块侵入岩带(E) III-4 ·· (184)

五、西金乌兰-金沙江-哀牢山蛇绿混杂岩带(D—T) III-5 ··· (184)

六、甜水海-北羌塘-昌都-兰坪-思茅双向俯冲弧陆侵入岩带(P—T) III-6 ··················· (187)

七、乌兰乌拉-澜沧江蛇绿岩混杂带(P_2—T_2) III-7 ··· (189)

八、本松错-冈塘错-唐古拉-他念他翁-临沧侵入岩带 III-8 ·· (191)

第四节　班公湖-怒江侵入构造岩省 IV ··· (194)

一、龙木错-双湖蛇绿岩混杂带 IV-1 ·· (194)

二、多玛-南羌塘-左贡增生地块侵入岩带 IV-2 ·· (195)

三、班公湖-怒江蛇绿岩混杂带(T_3—K_1) IV-3 ··· (196)

四、昌宁-孟连蛇绿(混杂)岩带(O—T_3) IV-4 ··· (199)

第五节　冈底斯-喜马拉雅侵入构造岩浆岩省 V ··· (200)

一、冈底斯-察隅多岛弧盆侵入构造岩浆岩带 V-1 ·· (201)

二、雅鲁藏布江蛇绿混杂岩带(J—K) V-2 ··· (206)

三、喜马拉雅侵入构造岩浆岩带 V-3 ··· (208)

四、保山地块侵入构造岩浆岩带 V-4 ··· (210)

五、潞西三台山蛇绿混杂岩段 V-5 ··· (211)

第五章　西南地区变质岩大地构造特征 ·· (212)

第一节　秦祁昆变质域 I ··· (216)

第二节　扬子变质域 II ·· (217)

第三节　巴颜喀拉-北羌塘-昌都-思茅变质域 III ··· (224)

一、巴颜喀拉变质区 III-1 ·· (224)

二、甘孜-理塘变质区 III-2 ·· (225)

三、中咱-中甸变质区 III-3 ·· (227)

四、西金乌兰-金沙江-哀牢山变质区 III-4 ·· (228)

五、甜水海-北羌塘-昌都-兰坪-思茅变质区 III-5 ·· (230)

六、乌兰乌拉-澜沧江变质区 III-6 ·· (233)

七、崇山-临沧变质带Ⅲ-7 ……………………………………………………………… (235)

第四节　双湖-怒江-孟连变质域Ⅳ …………………………………………………… (235)
　　一、龙木错-双湖变质带Ⅳ-1 …………………………………………………………… (236)
　　二、南羌塘-左贡变质区Ⅳ-2 …………………………………………………………… (237)
　　三、班公湖-怒江变质区Ⅳ-3 …………………………………………………………… (237)

第五节　冈底斯-喜马拉雅-腾冲变质域Ⅴ …………………………………………… (241)
　　一、冈底斯-察隅变质岩区Ⅴ-1 ………………………………………………………… (241)
　　二、雅鲁藏布江变质区Ⅴ-2 …………………………………………………………… (245)
　　三、喜马拉雅变质区Ⅴ-3 ……………………………………………………………… (247)
　　四、保山变质区Ⅴ-4 …………………………………………………………………… (254)

第六章　西南地区大地构造特征 …………………………………………………………… (256)

第一节　秦祁昆造山系Ⅰ ………………………………………………………………… (263)
　　一、西倾山-南秦岭地块(Pz_1)Ⅰ-1-1 ………………………………………………… (263)
　　二、玛多-勉略结合带(P—T)Ⅰ-1-2 …………………………………………………… (265)

第二节　上扬子陆块Ⅱ-1 ………………………………………………………………… (265)
　　一、米仓山-大巴山被动大陆边缘(Z—T_2)Ⅱ-1-1 …………………………………… (266)
　　二、龙门山被动大陆边缘(Z—T_2)/推覆体(T_2—N)Ⅱ-1-2 ………………………… (266)
　　三、川中前陆盆地(Mz)Ⅱ-1-3 ………………………………………………………… (267)
　　四、扬子陆块南部碳酸盐岩台地(Pz)Ⅱ-1-4 ………………………………………… (268)
　　五、上扬子陆块东南缘被动边缘(Pz_1)Ⅱ-1-5 ……………………………………… (270)
　　六、雪峰山陆缘裂谷盆地(Nh)Ⅱ-1-6 ………………………………………………… (272)
　　七、上扬子东南缘古弧盆系(Pt_2)Ⅱ-1-7 …………………………………………… (273)
　　八、南盘江-右江前陆盆地(T)Ⅱ-1-8 ………………………………………………… (274)
　　九、富宁-那坡被动边缘(Pz)Ⅱ-1-9 …………………………………………………… (275)
　　十、康滇基底断隆(攀西上叠裂谷,T)Ⅱ-1-10 ………………………………………… (276)
　　十一、楚雄前陆盆地(Mz)Ⅱ-1-11 ……………………………………………………… (284)
　　十二、盐源-丽江陆缘裂谷盆地(Pz_2)Ⅱ-1-12 ……………………………………… (284)
　　十三、哀牢山变质基底杂岩(Pt_1)Ⅱ-1-13 …………………………………………… (286)
　　十四、都龙变质基底杂岩(Pt)Ⅱ-1-14 ………………………………………………… (286)
　　十五、金平被动陆缘(S—P)Ⅱ-1-15 …………………………………………………… (287)

第三节　羌塘-三江造山系Ⅲ ……………………………………………………………… (288)
　　一、巴颜喀拉地块(T_3)Ⅲ-1 …………………………………………………………… (288)
　　二、甘孜-理塘弧盆系(P—T_3)Ⅲ-2 …………………………………………………… (291)
　　三、中咱-中甸地块Ⅲ-3 ………………………………………………………………… (295)
　　四、西金乌兰-金沙江-哀牢山结合带(D—T_2)Ⅲ-4 ………………………………… (297)
　　五、甜水海-北羌塘地块(Pt_{2-3}—K_1)Ⅲ-5 ……………………………………… (303)
　　六、昌都-兰坪-思茅地块Ⅲ-6 ………………………………………………………… (304)
　　七、乌兰乌拉-澜沧江结合带Ⅲ-7 ……………………………………………………… (311)
　　八、本松错-冈塘错-唐古拉-他念他翁-临沧岩浆弧Ⅲ-8 ……………………………… (314)

第四节　班公湖-怒江-昌宁-孟连对接带Ⅳ ……………………………………………… (316)
　　一、龙木错-双湖-类乌齐结合带Ⅳ-1 …………………………………………………… (316)
　　二、多玛-南羌塘-左贡增生弧盆Ⅳ-2 …………………………………………………… (319)
　　三、班公湖-怒江对接带Ⅳ-3 …………………………………………………………… (323)

第五节　冈底斯-喜马拉雅多岛弧盆系Ⅴ ………………………………………………… (331)

一、冈底斯-察隅弧盆系 V-1 ……………………………………………………………（331）
　　二、雅鲁藏布江结合带 V-2 ………………………………………………………………（345）
　　三、喜马拉雅地块 V-3 ……………………………………………………………………（349）
　　四、保山地块（Pt_{2-3}/Pz—T）V-4 ……………………………………………………（355）
　　五、三台山结合带 V-5 ……………………………………………………………………（361）
　第六节　印度陆块区Ⅵ……………………………………………………………………………（361）
第七章　西南地区大型变形构造特征……………………………………………………………（363）
　　一、秦祁昆构造系……………………………………………………………………………（363）
　　二、扬子陆块…………………………………………………………………………………（363）
　　三、华南构造系………………………………………………………………………………（365）
　　四、西藏-三江构造系…………………………………………………………………………（367）
第八章　结　语…………………………………………………………………………………（379）
　　一、上扬子陆块基底的认识…………………………………………………………………（379）
　　二、秦祁昆造山带与扬子陆块分界线-塔藏构造混杂岩的厘定……………………………（380）
　　三、三江造山带前寒武纪地质………………………………………………………………（380）
　　四、保山地块归属……………………………………………………………………………（381）
　　五、西南三江地区特提斯大洋两大陆的早古生代增生造山作用…………………………（382）
　　六、南盘江盆地归属…………………………………………………………………………（383）
主要参考文献……………………………………………………………………………………（384）

第一章 概 述

第一节 范围和概况

一、范围

中国西南地区,包括四川省、云南省和贵州省、西藏自治区和重庆市,面积为 $236.58\times10^4 km^2$,约占我国陆域面积的 24.6%。其自然地理主要属于我国第三级地貌单元,部分属于第三级地貌单元和第二级地貌单元的过渡部位,主体属于我国"长江上游生态屏障"。主要的地貌类型有:青藏高原、云贵高原、四川盆地以及横亘其间的许多著名的山脉,如喜马拉雅山、冈底斯山、唐古拉山、龙门山和横断山等。主要的河流有:雅鲁藏布江、金沙江、怒江、澜沧江以及长江上游和珠江上游的重要水系。新构造运动强烈,高原抬升,山势巍峨,河流深切,江河奔腾,蕴涵巨大水能。地质遗迹珍贵,地质奇观诱人。这里有世界最高峰——珠穆朗玛峰,海拔 8844.43m。海拔大于 7000m 的山峰有 66 座,号称世界第三极世界屋脊。区内海拔最低的为云南河口瑶族自治县处的元江河谷,海拔仅 76.4m。高差悬殊,气候多变,气象万千。与巴基斯坦、印度、尼泊尔、不丹、缅甸、老挝和越南等 8 个国家接壤。

西南地区区内 55 个少数民族都有分布,人口在 20 万以上的有 19 个。主要少数民族是藏族、彝族、苗族、羌族、布依族、白族、回族、壮族等。截至 2012 年,西南地区总人口是 19 825 万人,约占全国的 14%。其中,四川省人口为 8076.2 万人,面积 $48.5\times10^4 km^2$;云南省人口为 4631 万人,面积约 $39.4\times10^4 km^2$;贵州省人口为 3474.6 万人,面积约 $17.6\times10^4 km^2$;西藏自治区人口为 300.2 万人,面积约 $122.84\times10^4 km^2$;重庆市人口为 3343 万人,面积约 $8.24\times10^4 km^2$。

二、地质工作概况

西南地区有计划开展 1:20 万区域地质调查始于 20 世纪 50 年代,四川、云南、贵州于 50 年代后期组建区调队进行 1:20 万区域地质调查,80 年代中期相继完成了各省的 1:20 万区域地质调查;西藏于 80 年代后期,开展了 1:20 万区域地质调查,至 90 年代后期完成图幅 27 幅,其中藏东三江地区 19 幅、拉萨地区 8 幅。

80 年代西南三省相继开展了 1:5 万区域地质调查,主要部署于各省成矿区带,90 年代逐渐转到重要的基础地质地区、造山带走廊、城市地区、经济建设区、地质灾害多发地区,少部分图幅进行了现代生态调查试点。

1999 年国务院批准了由中国地质调查局组织实施的十二年国土资源大调查专项工程。以填补青藏高原地质空白区为重点,开展了 1:25 万区域地质调查工作。完成了空白区 1:25 万区域地质调查 61 幅,填图面积 $83\times10^4 km^2$。填补了我国陆域中小比例尺区域地质调查空白,提供了一批基础性地质资料,发现了一批重要矿产地,为规划部署工作提供了依据;取得了一批基础地质的新资料、新发现和新认识,大大提升了青藏高原地质研究程度,为进一步的科学研究奠定了基础。

在三峡库区、西南三江地质走廊带、南水北调西线、重要经济建设区、地质灾害多发地区开展了1:25万地质修测和1:5万区域地质调查工作。至2013年四川完成了1:5万区域地质调查图幅397幅,面积 $17.32 \times 10^4 km^2$,占全省面积 $48.9 \times 10^4 km^2$ 的35.42%;云南完成了1:5万区域地质调查图幅396幅,面积 $17.8 \times 10^4 km^2$,占云南省面积 $39.4 \times 10^4 km^2$ 的45.18%;贵州完成1:5万地质填图232幅,面积约 $10.32 \times 10^4 km^2$,约占全省总面积 $17.6 \times 10^4 km^2$ 的58.64%;重庆完成了1:5万区域地质调查图幅161幅,面积 $6.73 \times 10^4 km^2$,占全市面积 $9.27 \times 10^4 km^2$ 的72.60%;西藏完成了1:5万区域地质调查图幅515幅,面积约 $22.61 \times 10^4 km^2$,完成比例17.64%。西南地区共完成1:5万区域地质调查图幅1701幅,面积 $74.78 \times 10^4 km^2$,完成比例30.40%。1:20万区域地质调查完成232幅,完成比例57.41%,完成面积 $136.15 \times 10^4 km^2$。1:25万区域地质调查完成139幅,完成比例75.08%,完成面积 $181.68 \times 10^4 km^2$。

三、地质基本特征

西南地区区域地质复杂、成矿条件优越、矿产资源丰富,构造上主体属于特提斯构造域,大致以龙门山断裂带—哀牢山断裂为界,西南地区分为东部陆块区和西部造山带。

西部造山带为青藏高原的主体,是环球纬向特提斯造山系的东部主体,具有复杂而独特的巨厚地壳和岩石圈结构,是一个在特提斯大洋消亡过程中,北部边缘-泛华夏陆块西南缘和南部边缘-冈瓦纳大陆北缘之间不断洋盆萎缩消减、弧-弧、弧-陆碰撞的复杂构造域,经历了漫长的构造变动历史。古生代以来,形成古岛弧-弧盆体系,具条块镶嵌结构。东部是扬子陆块的主体,具有古老基底及稳定盖层。基底分别由块状无序的结晶基底及成层无序的褶皱基底两个构造层组成;沉积盖层稳定分布于陆块内部及基底岩系周缘,沉积厚度超万米,分布不均衡。由于后期印度板块向北强烈顶撞,在它的左右犄角处分别形成帕米尔和横断山构造结及相应的弧形弯折,在东、西两端改变了原来东西向展布的构造面貌。加之华北和扬子刚性陆块的阻抗和陆内俯冲对原有构造,特别是深部地幔构造的改造,造成了本区独特的构造、地貌景观。

西南地区区内沉积地层覆盖面积约占全区的70%,自元古宇至第四系均有出露。古生代至新生代地层古生物门类繁多,生物区系复杂,具有不同地理区(系)生物混生特点;地层岩相与建造类型多,区内沉积盆地类型多种多样,包括不同时期的弧后盆地、弧间裂谷盆地、弧前盆地、前陆盆地、被动边缘盆地等,特别是中、新生代盆地往往具有多成因复合特点。盆地的构造属性在地史演化过程中发生多阶段转换,形成独具特色的岩相组合与沉积建造。区内岩浆活动频繁而强烈。火山岩和深成岩都有大面积出露。中酸性侵入岩的侵入时代可划分为:吕梁期、晋宁期、加里东期、海西期、印支期、燕山早期、燕山晚期、燕山晚期—喜马拉雅早期、喜马拉雅晚期9个期次。伴随有强烈的火山作用,发育有巨厚的火山岩系,从前南华纪到第四纪都有不同程度的发育,每个时期的火山活动在空间上都具有各自的活动中心,形成特征的火山岩带。

(一)地层

参照《全国地层多重划分与对比研究》方案,西南地区的岩石地层区划主要属于华南地层大区和藏滇地层大区,仅西藏南部低喜马拉雅带以南跨入印度地层大区及北部跨入西北、华北地层大区。华南地层大区进一步划分为巴颜喀拉地层区、扬子地层区、东南地层区、羌北-昌都-思茅地层区;滇藏地层大区进一步划分为羌南-保山地层区、冈底斯-腾冲地层区、喜马拉雅地层区;印度地层大区在本区只有西瓦里克地层区(表1-1,图1-1)。

表 1-1 西南地区岩石地层区划表

大区	区	分区
西北地层大区（Ⅰ）	南昆仑地层区（Ⅰ$_1$）	古里雅-木孜塔克地层分区（Ⅰ$_1^1$）
华北地层大区（Ⅱ）	南秦岭-大别山地层区（Ⅱ$_1$）	降扎（迭部-旬阳）地层分区（Ⅱ$_1^1$）
		大巴山（十堰-随州）地层分区（Ⅱ$_1^2$）
华南地层大区（Ⅲ）	巴颜喀拉地层区（Ⅲ$_1$）	塔藏（阿尼玛卿）分区（Ⅲ$_1^1$）
		喀喇塔格（北喀喇昆仑）地层分区（Ⅲ$_1^2$）
		玛多-马尔康地层分区（Ⅲ$_1^3$）
		玉树-中甸地层分区（Ⅲ$_1^4$）
	扬子地层区（Ⅲ$_2$）	盐源-丽江地层分区（Ⅲ$_2^1$）
		木里-龙门山-米仓山地层分区（Ⅲ$_2^2$）
		康滇地层分区（Ⅲ$_2^3$）
		上扬子地层分区（Ⅲ$_2^4$）
		江南（黔东南）地层分区（Ⅲ$_2^5$）
	东南地层区（Ⅲ$_3$）	个旧地层分区（Ⅲ$_3^1$）
		右江地层分区（Ⅲ$_3^2$）
		黔南地层分区（Ⅲ$_3^3$）
		湘中（三都-黎平）地层分区（Ⅲ$_3^4$）
		桂、湘、赣（独山）地层分区（Ⅲ$_3^5$）
	羌北-昌都-思茅地层区（Ⅲ$_4$）	西金乌兰-金沙江地层分区（Ⅲ$_4^1$）
		唐古拉-昌都地层分区（Ⅲ$_4^2$）
		兰坪-思茅地层分区（Ⅲ$_4^3$）
滇藏地层大区（Ⅳ）	羌南-保山地层区（Ⅳ$_1$）	双湖（南羌塘）-类乌齐地层分区（Ⅳ$_1^1$）
		木嘎岗日地层分区（Ⅳ$_1^2$）
		乌兰乌拉湖-北澜江地层分区（Ⅳ$_1^3$）
		保山地层区（Ⅳ$_1^4$）
	冈底斯-腾冲地层区（Ⅳ$_2$）	那曲-比如（隆渡口）地层分区（Ⅳ$_2^1$）
		措勤-申扎地层分区（Ⅳ$_2^2$）
		拉萨-察隅地层分区（Ⅳ$_2^3$）
		腾冲地层分区（Ⅳ$_2^4$）
	喜马拉雅地层区（Ⅳ$_3$）	雅鲁藏布江地层分区（Ⅳ$_3^1$）
		北喜马拉雅地层分区（Ⅳ$_3^2$）
		高喜马拉雅地层分区（Ⅳ$_3^3$）
		低喜马拉雅地层分区（Ⅳ$_3^4$）
印度地层大区（Ⅴ）	西瓦里克地层区（Ⅳ$_1$）	

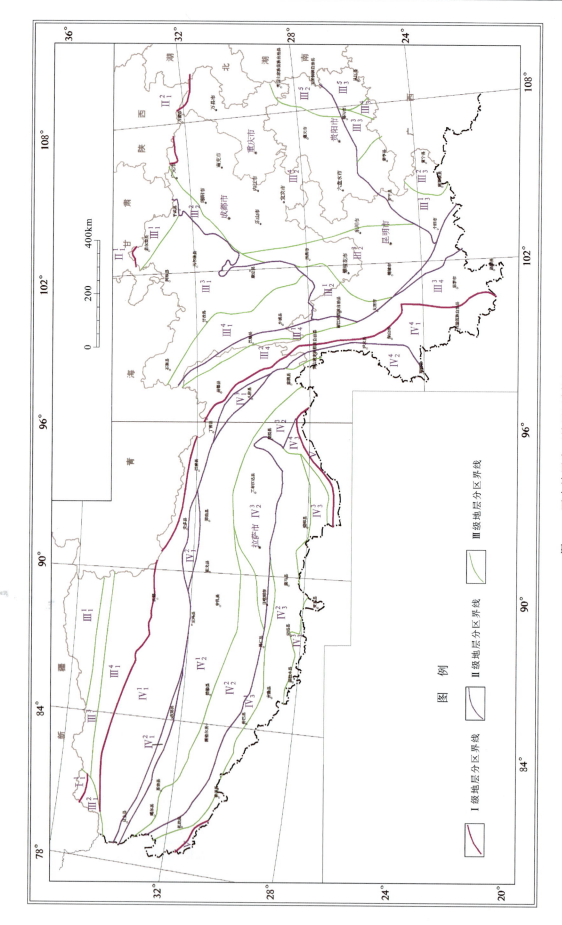

图1-1 西南地区岩石地层区划图

现将主要地层区特征阐述如下。

1. 西北地层区

该区只在西北角出露，为南昆仑断带以北地区，主要由晚古生代碳酸盐岩夹碎屑岩组成。

2. 华北地层大区

该区只出露在西倾山一带，其南与华南地层大区以玛沁、塔藏、略阳断裂带为界，为南秦岭-大别山地层区。出露的地层主要为晚古生代碳酸盐岩夹碎屑岩。

3. 华南地层大区

该区大致以龙木错-双湖构造带和昌宁-孟连断裂带为界，其以北、以东的广大地区，涵盖西藏北部、东部，四川、重庆、贵州全境，以及云南东部。

巴颜喀拉地层区：位处玛沁、塔藏、略阳断裂以南，金沙江断裂带以东，龙门山断带以西的三角地带。本区为一广大的三叠纪盆地，三叠系出露范围占全区面积的90%以上。

扬子地层区：位于龙门山—康定—丽江及点苍山、哀牢山一线以东，开远—师宗—兴义—凯里一线以北的川、渝、黔、滇地区。本区地层发育齐全，自新太古界—第四系均有出露。

东南地层区：位于扬子地层区之南，包括滇东南和黔南地区。本区地层普遍缺失志留系、侏罗系，白垩系和古近系分布也极为零星。前震旦系大片出露于黔东南地区。

羌北-昌都-思茅地层区：夹持于金沙江-哀牢山与昌宁-孟连两大断裂带之间，主体为一中生代盆地，古生代及其以前的地层多分布于盆地的东、西两侧。三叠纪以后由浅海环境逐步向陆相转化，形成侏罗纪—古近纪红色盆地。

4. 滇藏地层大区

该区位于龙木错-双湖断裂以南、昌宁-孟连断裂以西，包括羌南至喜马拉雅山脉南坡边界断裂之间的西藏自治区大部分，以及滇西地区。

羌南-保山地层区：指双湖-龙木错、昌宁-孟连断裂以西（南）、怒江以东（北）地区，古生代—中生代为一稳定地块。

冈底斯-腾冲地层区：位于藏北地区怒江与雅鲁藏布江之间的冈底斯-念青唐古拉山系，东经八宿，向南转至伯舒拉岭、高黎贡山及其以西地区。前震旦系—新生界均有出露，以上古生界分布最为广泛。

喜马拉雅地层区：位于雅鲁藏布江以南、喜马拉雅山南坡以北地区。前震旦系大片出露于高喜马拉雅地区，古生界以珠穆朗玛峰地区发育最完整，中生界广泛发育于高喜马拉雅及其以北的广大地区，新生界发育古近系及上新统—更新统，缺失渐新统—中新统。

5. 印度地层大区

该区位于喜马拉雅山南麓至国境线一带，称西瓦里克地层区。分布地层称西瓦里克群，属新近纪—更新世山麓磨拉石堆积石。此外，尚有第四纪松散状洪冲积碎屑堆积。

（二）岩浆岩

西南地区岩浆岩发育，岩浆活动频繁，岩石类型齐全。火山岩除川东北及重庆市外，几乎广布全区；侵入岩主要集中分布于扬子陆块（程裕淇，1994）西缘及其以西的"三江"和唐古拉山以南的广大区域，出露面积达 185 100km², 约占全区总面积的 8%, 其中近 95% 为中酸性侵入岩类。

陆块区与造山带岩浆岩在岩浆活动强度、主要发育时期、岩石类型、形成构造环境等方面均有极大差别。陆块区以火山岩分布较广, 且以中-晚二叠世的玄武岩最为引人注目, 侵入岩主要集中于西缘的川西—滇中一带, 其次是东南缘的滇东南、黔东南边境附近。造山带晚古生代以来强烈的、多期次的构造活动使主要岩浆活动时期远比东部地区晚, 岩浆活动的分带性更为明显。晚二叠世至印支期、燕山末期至喜马拉雅期为两个岩浆活动的高峰期。此两期形成的岩体构成区内主要的岩带。

镁铁质岩及超镁铁质岩多见于不同时期的结合带、裂谷带和弧后盆地中, 也有一些沿主要断裂展布, 形成岩浆分异型岩体。中酸性侵入岩分布最为广泛, 壳幔同熔型(I型)岩带常产于结合带旁侧, 构成岩浆弧的主体, 与岛弧火山岩组合相伴产出。部分超浅层侵入岩体亦形成于结合带旁侧构造隆起的断裂带中。在板块结合带的仰冲侧, 远离结合带, 陆壳重熔型(S型)花岗岩广泛发育。而同造山期的混合花岗岩多为板块碰撞带近旁的主要岩类, 多见于俯冲侧, 也见于仰冲侧。幔源型(M型)花岗岩在区内仅见于喜马拉雅区, 而碱性花岗岩(A型)则常见于裂谷带间, 但分布局限。就岩性而言, 老岩体一般偏基性, 以中酸性岩体为主; 中生代以后, 则以酸性岩体为主。

(三) 变质岩

区内变质岩出露比较广泛, 变质岩石、变质作用类型和变质强度(相及相系)亦较齐全, 以区域变质作用及其变质岩类为主。从区域变质岩类的出露型式上看, 可分面型和线型两种。面型出露者, 多属构成各大小陆块基底的前寒武系和古生代以来各活动型盆地; 线型分布者, 则与各构造-岩浆带, 特别是板块边界相吻合。依其区域变质特征可进一步划分为东部陆块区、西部区造山带。

扬子陆块及其边缘区, 经历了 1800Ma±至 820Ma± 完全硬化成为基底。为区域动力热流变质, 变质程度达绿片岩-角闪岩相。

造山带内, 雅鲁藏布江带埋深变质的绿纤石-葡萄石带至高压带的蓝闪石-绿片岩带, 与地块上的低绿片岩带呈平行排列。冈底斯-腾冲带, 形成低绿片岩-低角闪岩相, 属区域热流变质作用。怒江带中出现中高压相系以及埋深变质的绿纤石-葡萄石相变质岩。羌中南-保山陆块, 除低绿片岩相的区域动力热流变质带外, 位于裂谷带间尚有低温动力变质形成的低绿片岩带。澜沧江结合带两侧, 也有埋深变质的绿纤石-葡萄石带至高压相系的蓝闪片岩带。松潘甘孜活动动带, 一般为低绿片岩相, 接近构造带有递增趋势。金沙江带中, 也有埋深变质带及高压相系存在。

就全区而言, 围绕某一构造带热穹隆的递增变质和混合岩化作用在各地质单元均有显示, 成为西南地区变质作用的特色。

(四) 西南地区构造特征及其演化

1. 青藏高原造山系的构造特征及其演化

青藏高原是环球纬向特提斯造山系的东部主体, 具有复杂而独特的巨厚地壳和岩石圈结构, 班公湖-双湖-怒江-昌宁对接带是特提斯大洋最终消亡的残迹, 特提斯大洋开启承接于 Rodinia 超大陆的解体, 青藏高原的"原、古、新"特提斯是一个连续演化的大洋; 通过弧-弧拼贴或弧-陆碰撞过程, 实现大陆边缘的增生造山, 最终形成由"三大造山系"构成青藏高原的基本格架。

1) 中-新元古代

羌塘-三江构造区, 哀牢山群、大红山群、碧口群、恰斯群、澜沧群、崇山群、吉塘群(下部)等的原岩建造, 都形成于中-新元古代岛弧或陆缘活动带, 说明在班公湖-怒江结合带与红河-龙门山被掩盖了的结合带之间曾存在元古宙大洋。新元古代的晋宁运动使元古大洋潜没于扬子古陆之下。当时,位于扬子古陆边缘的印支陆块以及龙门山带西侧由扬子陆块分离出来的、以中新元古代恰斯群等为代表的微陆块,亦因元古大洋的消减而拼接于扬子古陆边缘。

冈底斯-喜马拉雅构造区,晋宁运动之后至早古生代,元古大洋可能向班公湖-怒江带西南侧的冈瓦纳大陆之下潜没,以至出现距今(7—5)亿年间的主要变质期(泛非运动)。元古宙大洋消失后的残余海即为古特提斯海的雏形。

2)早古生代

羌塘-三江构造区,下古生界,除扬子西部边缘和中咱—中甸地区发育较完整外,其他地区发育不全,主要为一套海相稳定-次稳定台地相碳酸盐岩和碎屑岩组合;在中咱—中甸地区见寒武系不整合在下伏变质岩系之上。

冈瓦纳北缘冈底斯-喜马拉雅构造区,下古生界主要为一套较稳定的台型海相碳酸盐岩与碎屑岩沉积。

3)晚古生代

羌塘-三江构造区,北羌塘、喀喇昆仑及昌都陆块上保留有早古生代末期构造作用的遗迹——泥盆系与下伏不同层位间的角度不整合关系。而该区最主要的地质事件是经历了从晚泥盆世开始的裂解,石炭纪—二叠纪裂解达到顶峰,出现了小洋盆与陆块间列的构造格局。中二叠世开始洋盆转入俯冲消减阶段,并在俯冲增生楔上出现中、上二叠统之间的不整合,晚二叠世—三叠纪多数陆块边缘发育陆缘弧、增生弧,在义敦及甘孜—理塘等地发育晚三叠世弧盆系,巴颜喀拉晚三叠世转化为前陆盆地,三叠纪末结束了弧-弧碰撞、弧-陆碰撞的地质演化历史。

冈底斯-喜马拉雅构造区,上古生界在喜马拉雅区内主体为一套稳定-次稳定型的海相碎屑岩和碳酸盐岩组合,二叠系中发育基性火山岩夹层和冰水杂砾岩;在冈底斯-腾冲区内主体为一套次稳定型-活动型的海相碎屑岩和碳酸盐岩沉积,石炭系—二叠系中发育基性、中性、中酸性火山岩。

经历了两次主要的板块俯冲,班公湖-怒江带向南(西)俯冲,中酸性岩浆活动频繁。伯舒拉岭-高黎贡山属于冈瓦纳晚古生代—中生代前锋弧,聂荣隆起、嘉玉桥变质地体等是前锋弧的残块。在前锋弧的后面(南侧)是晚古生代—中生代冈底斯-喜马拉雅弧后扩张、多岛弧盆系发育、弧-弧碰撞、弧-陆碰撞的地质演化场所。

4)中生代

冈底斯-喜马拉雅构造区,中生代地层亦较广泛分布,古生物化石非常丰富。喜马拉雅区内的中生代地层基本为一连续沉积,主体为一套稳定-次稳定型海相碎屑岩和碳酸盐岩组合,夹层有基性、中基性火山岩;冈底斯-腾冲区内的中生代地层发育不全,大部地区缺失中、下三叠统和下侏罗统,表现为晚三叠世或中、晚侏罗世地层尤其是晚白垩世地层区域广泛不整合在下伏地层之上,主体为一套海相-海陆交互相碎屑岩夹碳酸盐岩组合,发育大量中酸性弧火山岩。

羌塘-三江构造区,属于扬子古陆边缘的弧后拉张洋盆或裂谷,沿金沙江、甘孜—理塘排列,至中三叠世末即闭合,形成中特提斯次级结合带。三叠纪晚期,由于古特提斯闭合,大洋向南迁移,出现了新特提斯。从三叠纪晚期至白垩纪,新特提斯经历了扩张到消减阶段,冈瓦纳大陆北缘相应发生陆缘弧后扩张,局部演化为洋盆,但为时短暂,至白垩纪即行闭合,形成次级印度河-雅鲁藏布江结合带。碰撞之后该区的大部分地区于晚三叠世—侏罗纪转化为陆地,在江达-德钦陆缘弧上形成碰撞后地壳伸展背景下的裂陷或裂谷盆地。

白垩纪开始,冈瓦纳大陆解体,印度洋扩张并驱动印度大陆向北漂移。至古近纪初期,新特提斯洋沿印度河-雅鲁藏布江向北俯冲,形成印度河-雅鲁藏布江板块结合带。三叠纪—早白垩世的雅鲁藏布江蛇绿岩,是目前青藏高原乃至中国大陆内,保存最好、最完整的蛇绿岩"三位一体"组合,多数认为代表了特提斯洋向南俯冲诱导出的一系列中生代弧后扩张盆地。至此,欧亚大陆最后形成。以后的地质时期,主要表现为陆壳的挤压和拉张的频繁活动。

5)新生代

始新世—上新世,伴随印度洋持续不断地扩张,喜马拉雅陆块和冈底斯-念青唐古拉陆块最终碰合和发生造山作用。沿喜马拉雅南侧西瓦里克一带发生 A 型陆内俯冲,使喜马拉雅陆块强烈向北挤压抬升。上新世末至早更新世初,是在碰撞造山阶段趋近尾声,伴随出现伸展剥离。中晚更新世伴随区域构造应力的变化及体制的转换,出现南北向拉张而伴随出现东西向拉分盆地及北东向、北西向剪切走滑谷地。青藏高原在始新世中期(45Ma)以后已全部成陆,晚上新世以来开始大规模地隆升。

2. 扬子陆块区构造特征及其演化

其发展史大体上可划分为 3 个阶段:太古宙—新元古代青白口纪扬子陆块基底形成、南华纪—中三叠世沉积盖层形成和晚三叠世—第四纪陆内改造。

上扬子陆块区,古元古代—中元古代其构造演化经历了结晶基底生长和增生期;四堡期—晋宁期,扬子陆块褶皱基底形成期;南华纪—志留纪,第一沉积盖层的形成期;泥盆纪—中三叠世,第二沉积盖层的形成期;晚三叠世—第四纪的定型期,最有代表性的表现形式为龙门山-锦屏山-玉龙山推覆构造带演化与四川、楚雄等前陆盆地形成。晚三叠世晚期,大规模海退发生,形成巨大的微咸水-半咸水湖泊。岩浆活动仅在边缘有微弱表现。新近纪以来,现代地貌、构造意义上的"四川盆地"才真正开始形成,西部高原也逐渐隆升。古新世时盆地范围大为缩小,沉积了红色泥岩,含石膏和钙芒硝,夹有泥质碳酸盐岩。中始新世后,发生地壳上升,至晚始新世—渐新世本区基本是隆起区,仅在山间盆地沉积有河湖及山麓相以粗碎屑岩为主的紫红色巨砾岩、砾岩、砂岩、泥岩等。渐新世末的喜马拉雅运动强烈影响本区,发生差异性升降,中始新统—渐新统及以老地层同时褶皱。

1)太古宙—新元古代青白口纪扬子陆块基底形成

包括结晶基底与褶皱基底。下部是新太古代至古元古代由康定群、普登群构成的结晶基底,上部是中元古代至新元古代由河口群、大红山群、会理群、昆阳群、东川群、大营盘群、盐边群等组成的褶皱基底。这两种基底形成时间不同,它们发生发展的方式及地质构造特征也不一样。

2)南华纪—中三叠世沉积盖层形成

Rodinia 解体(820Ma)开始,形成伸展不整合,海侵上超,构成 3 套沉积盖层。一是南华纪—志留纪的第一套海相沉积盖层,志留纪末经加里东运动改造,形成辽阔的南华加里东褶皱区,与扬子陆块连为一体,进入了统一的华南陆块发展阶段。二是泥盆纪—中二叠世的第二套海相沉积盖层,晚二叠世早期,以峨眉山玄武岩事件为标志,使统一的扬子陆块发生分裂,大部分抬升成陆,为热带雨林地带,植物繁茂,是重要的成煤时期。西部地区继续坳陷且更加强烈。晚二叠世早期华南除沉积物增多加厚外,还有广泛的基性火山喷发。三是中二叠世—中三叠世,海侵加大,海水从东向西侵进,因康滇和龙门山有古陆和岛链,秦岭、大巴山东段晚古生代已上升为陆,东南存在江南古陆,故四川盆地当时实际上已成为一个半封闭状态的内海盆地,东与环太平洋海域仅保持有狭窄通道。海盆内海水是西浅东深,沉积物西粗东细,康滇古陆和龙门山岛链是主要物源区。由此向东依次为三角洲—滨海—浅海环境。生物由少至多,由底栖为主向浮游过渡,沉积红色复陆屑建造(飞仙关组、青天堡组)和碳酸盐岩建造、膏盐蒸发岩建造(大冶组、嘉陵江组)在龙泉山及华蓥山间,形成半封闭状态的水下隆起。

3) 晚三叠世—第四纪陆内改造

最有代表性的表现形式为龙门山-锦屏山-玉龙山推覆构造带演化与四川前陆盆地形成。晚三叠世早-中期挤压作用初期阶段卡尼克期初，区域应力从拉张转变成挤压，哀牢山、龙门山带首先缓缓隆起；产生了马鞍塘组假整合在天井山组之上，并在小塘子组底部出现含花岗混合岩砾石，一碗水组不整合在志留系上，说明哀牢山—龙门山已成为物源区。但锦屏山和玉龙山带，挤压作用还不明显，仅在丽江地区缺失拉丁阶地层，形成中窝组超覆假整合在北衙组之上。

晚三叠世早-中期，发生海侵，仅波及龙泉山以西地区，其中，龙门山东缘广元-峨眉一带为潮间坪和盐源潮间、潮下碳酸盐台坪-斜坡。晚三叠世晚期，大规模海退发生，形成巨大的微咸水-半咸水湖泊，大量碎屑物经由河流进入湖盆，形成富含有机物的沉积物（须家河组、白土田组）。从早侏罗世开始，扬子陆块已结束长期发展的海侵历史，成为大型内陆盆地，其沉降带多在哀牢山、龙门山靠近古老隆起的边缘处，但沉降中心时有变迁；岩浆活动仅在边缘有微弱表现。新近纪来，现代地貌、构造意义上的"四川盆地"才真正开始形成，西部高原也逐渐隆升。

第二节 指导思想及基本概念

一、指导思想

采用大地构造相分析方法进行大地构造研究与编图，其理论基础是板块构造学说及大陆动力学，是应用板块构造学说开展大陆板块构造及大陆动力学研究并表达其成果的方法体系。总体思路是以编制省级1:25万实际材料图和建造构造图及1:50万岩石构造组合图为基础，通过对沉积建造构造图、火山岩建造构造图、侵入岩建造构造图、变质岩建造构造图的岩石构造组合及大型变形构造图的综合分析，总结出不同级别的大地构造相单元；通过相单元的分析总结出不同级别的大地构造分区。

编图时考虑如下几条原则：

（1）以板块构造观点和大陆动力学思维为指导思想，重视分析成矿的区域大地构造环境与演化过程，为成矿规律与矿产预测确定的具体矿产预测类型提供成矿地质构造环境与构造演化阶段的背景。

（2）通过依次汇总省级1:25万实际材料图、建造构造图，1:50万大地构造相沉积、火山、侵入、变质、大型变形构造五要素图和大地构造相图，形成西南地区大地构造相沉积、火山、侵入、变质、大型变形构造五要素图及数据库，加强进行西南地区范围内的各级大地构造相综合分析研究。

（3）突出地球动力学研究主线，将大地构造相分析方法贯穿地质构造研究工作，从地质建造与构造实体出发，剖析地质作用的时间、空间、物质组成及其动力学环境，研究它与成矿的关系。进行大地构造相综合研究时，运用将今论古的比较构造地质方法论和大地构造相分析方法，依据不同尺度、不同建造组合及岩石构造组合划分大陆不同演化阶段大地构造环境。任何一个大地构造环境单元的划分及其边界的圈定，都应有其相应的大地构造相判定依据。

（4）编图工作坚持统一思路、统一方法和统一标准的原则。图面上表示的各种地质体均按中国地质调查局制定的有关编制地质图件的规定[《区域地质图图例》(GB 958—99)和《1:25万区域地质调查技术要求》中附录G]执行;对出露面积过于小的重要地质体或者长度不足表示的重要线状地质体,采用相对夸大的方法表示。

(5) 充分利用物化遥感解译等方面的成果资料。

(6) 对主图、辅图、图例及图廓外相关的文字说明要求在有限的平面范围内进行合理配置,结构合理、疏密得当、整洁美观。

(7) 图件的计算机编制过程及技术要求要点,严格遵照中国地质调查局制定的《地质图空间数据库建库工作指南》有关要求执行。

二、基本概念和术语

1. 大地构造相

首先正式提出"大地构造相(tectonic facies)"这一术语是Sander(1923),他用此术语表示构造运动形成的岩石特征。许靖华(Hsu,1990)在对阿尔卑斯造山带系统研究的基础上,提出碰撞造山带主要由仰冲陆块、俯冲陆块和一个位于其间的大洋岩石圈的残余遗迹3种大地构造相叠加组成,分别称作雷特相(Raetide facies)、凯尔特相(Celtide facies)、阿尔曼相(Alemanide facies)。许靖华等(1998)认为造山带并非杂乱无序,是依一定形式或四维"蓝图"叠加构成的……其"蓝图"就是可推知的大地构造相(Hsu,1991),并编制出版了1:400万中国大地构造相图。许氏的大地构造相分析方法推动了碰撞造山带大地构造形成演化、动力学机理的研究,强调以造山带的构造变形样式作为大地构造相类划分基础。

李继亮在《碰撞造山带的大地构造相》(1992)中将大地构造相定义为在相似的环境中形成的,经历了相似的变形与就位作用并具有类似的内部构造的岩石构造组合。他共划分并阐述了6类15种大地相的特征及就位时代与环境。李氏的大地构造相仅是对许氏大地构造相的细化,同样局限于碰撞造山带,而且他强调以构造变形样式作为大地构造相类划分基础。

Burchfiel将构造地层学的概念应用于美国西部科迪勒拉造山带的大地构造编图,称作科迪勒拉造山带构造地层学图。他建立了5类构造地层组合(tectonostratigraphic elements):汇聚环境构造地层、伸展环境构造地层、板内环境构造地层、转换环境构造地层及混合环境构造地层,每种构造环境下又分若干个构造地层单元(Burchfiel,1993)。他对科迪勒拉造山带构造单元的详细解剖对于造山带的大地构造研究和造山带编图具有重要指导意义,而且将编图范围从造山带扩展到北美克拉通(地台)。

其后,Robertson(1994)将大地构造相定义为具有一套岩石构造组合,其组合特征足以系统地确认造山带地史时期的一定大地构造环境。他强调大地构造环境作为大地构造相类划分基础,并依4种基本的构造环境(离散、汇聚、碰撞、走滑),共划分出29种大地构造相。该划分方案是对造山作用全过程按板块不同演变阶段(离散、汇聚、碰撞、走滑)进行细分,每种相以一定大地构造环境中的物质建造为基础,试图反映造山带的组成、结构与演化。但Robertson划分的一些相是对现代全球大地构造环境的观察而识别出来的,某些大地构造相对古大陆造山带可能不适用,而且对于构造变形及变质作用基本上没有涉及,其划分的大地构造相类在研究大陆造山带的过程中还有待完善和补充。

自从上述大地构造相提出以来,国内许多学者在对不同造山带的研究中尝试性运用了Robertson的大地构造相概念,也各自提出对大地构造相含义的理解与划分方案(冯益民等,2002;殷鸿福等,2003;张克信等,2004)。

Dickinson(1971)把岩石构造组合(petrotectonic assemblage)定义为表示板块边界或特定的板块内部环境特征的岩石组合,后来进一步提出了砂岩成分与板块构造的关系(Dickinson,Suczek,1979;

Dickinson,1985)。Condie 按现在构造环境划分出 5 种岩石构造组合:大洋组合,消减带相关组合,克拉通裂谷组合,克拉通组合和碰撞相关组合(Condie,1982)。Hyndman(1985)也提出了类似的 5 种岩石构造组合。莫宣学和邓晋福等进一步发展了火成岩岩石构造组合的概念(Mo et al,1991;莫宣学等,1993;邓晋福等,1996,1999,2004)。

经典地质学研究中,相(facies)是环境的物质表现(Reading,1978;刘宝珺,1985)。如沉积相(facies)是沉积环境的物质表现(Reading,1978;刘宝珺,1985)。本书使用的大地构造相定义为"大地构造相是大地构造环境的物质表现"。各种大地构造均赋存有相含义,即特定的岩石构造组合(Condie,1982;Robertson,1994),是反映在特定演化阶段、特定大地构造环境中,形成的一套岩石构造组合,是表达岩石圈板块经过离散、聚合、碰撞、造山等动力学过程而形成的地质构造作用的综合产物。

2. 板块缝合带、多岛弧盆系

板块缝合带(suture zone)是两个碰撞大陆衔接的地方。缝合带通常表现为宽度不大的高应变带,由含有残余洋壳的蛇绿混杂堆积和共生的深海相放射虫硅质岩、沉积岩以及侵位于俯冲增生楔之中的增生岩浆弧等组成的复杂构造域,叠加了蓝片岩相高度变质作用和强烈的构造变形。特别指出,我们把俯冲增生楔和侵位于其中的增生岩浆弧称为俯冲增生杂岩带,并作为板块缝合带的一部分。俯冲增生楔是在海洋板块俯冲过程中被刮削下来的海沟浊积岩、远洋沉积物和大洋板块残片,经构造搬运并堆积在岛弧前的上覆板块前端形成的楔形地质体。

多岛弧盆系是指在大陆边缘、受大洋岩石圈俯冲制约形成的前锋弧及前锋弧之后的一系列岛弧、移置地块和相应的弧后盆地、弧间盆地或边缘海盆地构造的组合体。整体表现为大陆板块边缘受大洋岩石圈俯冲作用所形成的构造域(潘桂棠等,2001,2002,2003,2004)。将大洋岩石圈俯冲形成的、侵位于陆壳之中的岩浆弧称为前锋弧,属陆壳地层系统。以弧后或弧间洋盆、岛弧边缘海盆地的消减为动力,通过一系列弧-弧、弧-陆碰撞的多岛弧造山作用实现大陆边缘增生,弧后前陆盆地和大陆边缘盆地转化为周缘前陆盆地。多岛弧盆系乃是盆山转换的地质记录和重要标志。东南亚是新生代多岛弧盆系构造发育最典型的地区。

弧盆结合带是指弧后或弧间洋盆消亡形成的构造域。为不同时代、不同构造环境、不同变质程度和不同变形样式的洋盆地层系统和陆(弧)缘斜坡地层系混杂在一起经强烈构造变形的构造地层及岩石的组合体。

3. 优势相

指同一区域不同演化阶段的多种相共存时,为便于使用,选择该区域地质发展特征的相表示,这个相就是优势相。为此,我们在进行大地构造相分析研究时,都会对每一构造单元进行纵向(垂直)结构特征[基座、主体(优势相)、上叠部分]和时间尺度上演化进程的研究,构成一个构造单元的构造事件演化历史序列。优势相只是其演化历史序列的一部分(潘桂棠等,2001,2002,2003,2004)。

4. 建造构造图

建造构造图不同于地质图,是在1:25万实际材料图的基础上,通过建造与构造的综合分析与研究,按国际标准分幅编制形成1:25万建造构造图。根据地质作用特征,分别按沉积作用、火山作用、侵入作用、变质作用、构造作用进行研究,并在建造构造图上分别表达沉积建造构造、火山岩性岩相构造、侵入岩浆构造、变质建造构造、变形构造及大型变形构造等。

建造构造图是本次成矿地质背景研究工作的核心内容,是反映地质作用及其演化特征的基础图件。建造构造图也是本次大地构造研究以及大地构造相图编制的"实际材料图",同时,又可以在建造构造图的基础上,补充实际资料,细化成矿有关的岩石建造与构造内容,形成预测工作区地质构造专题底图。

第三节 大地构造研究及编图的方法体系

一、大地构造相分析研究方法(理论)体系

(1) 大地构造相图是在建造构造图的基础上编制,底图是建造构造图不是地质图。大地构造相编图的基本单元即最低级别的相单元是岩石构造组合。

(2) 以省级1:25万实际材料图和建造构造图及1:50万岩石构造组合图为基础,通过对沉积建造构造图、火山岩建造构造图、侵入岩浆建造构造图、变质岩建造构造图的岩石构造组合及大型变形构造图的综合分析,总结出不同级别的大地构造相单元;通过相单元的分析划分出不同级别的大地构造分区。

(3) 建立全新分析技术流程:实际材料图→建造构造图→岩石构造组合→亚相→相→大相→相系。

这一技术流程要求大地构造相分析研究应建立在1:25万实际材料和建造构造图综合分析研究的基础上。省大地构造相研究与编图工作必须在全省范围1:25万实际材料图和建造构造图的基础上开展,1:50万大地构造相专题工作底图(沉积岩、侵入岩、火山岩、变质岩、大型变形构造),直接由1:25万省级建造构造图按同一构造环境归纳上升为同一岩石构造组合理论和方法分别提取。

以沉积建造、火山岩建造、侵入岩浆建造、变质建造、大型变形构造及其物化遥的研究为基础底图。沉积建造构造图、火山岩建造构造图、侵入岩浆建造构造图、变质岩建造构造图、大型变形构造图和物化遥综合信息解译图是作为大地构造相图的实际材料图,即强调1:25万建造构造图是大地构造相图的实际材料图,通过研究各类建造构造图,确定岩石单位的各建造形成的构造环境,并按同一构造环境归纳上升为同一岩石构造组合,这一岩石构造组合成为大地构造相的基本最低级别的相单元岩石构造组合或亚相(五级或四级)。1:50万大地构造相专题工作底图(沉积岩、侵入岩、火山岩、变质岩、大型变形构造五要素图),直接由1:25万省级建造构造图按同一构造环境归纳上升为同一岩石构造组合理论和方法分别提取。

(4) 提出了全新划分方案,这一大地构造图提出了两大相系、四大相、二十八相、四十六亚相的划分方案,并明确其鉴别标志(表1-2)。

(5) 编制系列图件。通过编制1:50万省级大地构造相图大区和1:150万全区大地构造图编图及相研究,标出西南地区不同级别的大地构造相及分区图。

二、"五要素"分析是大地构造相分析的基础研究工作

"五要素"分析是指开展沉积岩建造/构造研究,火山岩建造/构造研究,侵入岩建造/构造研究,变质岩建造/构造研究以及大型变形构造研究,通过研究分别提取及确定岩石构造组合,并按不同岩石构造组合归纳上升为构造环境。

表 1-2 中国大地构造编图的大地构造相划分方案简表(据潘桂棠等,2004)

相系 (facies series)	大相 (facies group)	相 (facies)	亚相 (subfacies)
造山系(多岛弧盆系)相系 (composed arc-basin system facies series)	缝合带大相 (suture zone group)	1)蛇绿混杂岩相 (ophiolite mélange)	(1)蛇绿岩亚相(ophiolite) (2)远洋沉积亚相(pelagic sediments) (3)洋内弧亚相(intra-oceanic arc) (4)洋岛-海山亚相(oceanic island & seamount)
		2)陆壳残片相 (continental fragment)	(5)基底残块亚相(remnant basement) (6)外来岩块亚相(exotic block)
		3)俯冲增生杂岩相 (subduction accretionary complex)	(7)无蛇绿岩碎片浊积岩亚相(turbidite without ophiolite) (8)含有蛇绿岩碎片的浊积岩亚相(turbidite with ophiolite) (9)洋岛海山增生亚相(accretionary oceanic island & seamount)
		4)残余盆地相 (remnant oceanic basin)	
		5)高压-超高压变质相 (HP-UHP metamorphic)	(10)高压变质亚相(high-pressure metamorphic) (11)超高压变质亚相(ultrahigh pressure metamorphic)
	弧盆系大相 (arc-basin system facies group)	6)弧前盆地相 (forearc basin)	(12)弧前陆坡盆地亚相(forearc slope basin) (13)弧前构造高地亚相(forearc highland basin) (14)弧前增生楔亚相(forearc accretionary wedge)
		7)岩浆弧(岛弧、陆缘弧、洋内弧)相 (magmatic arc)	(15)火山弧亚相(volcanic arc) (16)弧间裂谷盆地亚相(inter-arc rift basin) (17)弧背盆地亚相(retroarc basin)
		8)深成岩浆岩相 (plutonic rock)	(18)同碰撞岩浆杂岩亚相(syn-collision magmatic complex) (19)后碰撞岩浆杂岩亚相(post-collision magmatic complex) (20)后造山岩浆杂岩亚相(post-orogenic magmatic complex)
		9)弧后盆地相 (backarc basin)	(21)近陆弧后盆地亚相(inner backarc basin) (22)弧后裂谷盆地亚相(backarc rift basin) (23)近弧弧后盆地亚相(outer backarc basin)
		10)弧后前陆盆地相 (retroarc foreland basin)	(24)楔顶盆地亚相(wedge-tope basin) (25)前渊盆地亚相(foredeep basin) (26)前陆隆起亚相(forebulge basin) (27)隆后盆地亚相(back-bulge basin)
		11)弧-弧或弧-陆碰撞带相 (arc-arc or arc-continent collision zone)	亚相划分参照结合带划分
		12)碰撞后裂谷相 (post-collision rift)	
	地块大相 (bock facies group)	相与亚相划分参照陆块划分	

续表 1-2

相系 (facies series)	大相 (facies group)	相 (facies)	亚相 (subfacies)
陆块区相系 (cratonic facies series)	陆块大相 (cratonic facies group)	13) 基底杂岩相 (basement complex)	(28) 陆核亚相(continental nuclear) (29) 基底杂岩残块亚相(basement complex)
		14) 古岩浆弧相 (ancient magmatic arc)	(30) 岩浆内弧亚相(inner magmatic arc) (31) 岩浆外弧亚相(outer magmatic arc)
		15) 古弧盆相 (ancient arc basin)	(32) 岩浆弧亚相(magmatic arc) (33) 岛弧亚相(island arc) (34) 弧后盆地亚相(backarc basin) (35) 弧间盆地亚相(inter-arc basin)
		16) 古裂谷相 (ancient rift)	(36) 古裂谷边缘亚相(ancient rift marginal) (37) 古裂谷中心亚相(ancient rift central)
		17) 被动陆缘相 (passive continental margin)	(38) 陆棚碎屑岩亚相(continental shelf clastic rock) (39) 外陆棚亚相(outer continental shelf clastic rock) (40) 陆缘斜坡亚相(continental slope)
		18) 陆表海盆地相 (epicontinental sea basin)	(41) 碳酸盐岩陆表海亚相(carbonite) (42) 碎屑岩陆表海亚相(clastic rock)
		19) 碳酸盐岩台地相 (carbonatite platform)	(43) 台地亚相(platform) (44) 台地斜坡亚相(platform slope)
		20) 周缘(B型)前陆盆地相 (peripheral foreland basin)	亚相划分参照 10) 划分
		21) A 型前陆盆地相 (a-type foreland basin)	亚相划分参照 10) 划分
		22) 陆内裂谷(初始裂谷)相	(45) 裂谷边缘亚相(rift marginal) (46) 裂谷中心亚相(rift central)
		23) 陆缘裂谷相	亚相划分参照 22) 划分
		24) 夭折裂谷(拗拉谷)相 [failed rift (aulacogen)]	亚相划分参照 23) 划分
		25) 压陷盆地相 (depression basin)	
		26) 断陷盆地相 (fault-subsiding basin)	
		27) 坳陷(凹陷)盆地相 (depression basin)	
		28) 走滑盆地相 (strike-slip basin)	

1. 沉积岩建造/构造研究

在沉积岩建造组合类型划分的基础上,进行建造组合类型的原型盆地分析,从而确定出建造产生的构造古地理单元和大地构造相。

将沉积岩建造组合类型定义为同一时代、同一沉积相或沉积体系内几类沉积岩建造的自然组合。

在沉积岩建造组合类型划分的基础上,要进行建造组合类型的原型盆地分析,从而确定出建造产生的构造古地理单元和大地构造相。

沉积岩区大多数沉积岩建造组合类型和沉积相可以出现在多个构造古地理单元和大地构造相内,因此,对沉积岩区大地构造相的识别与划分,一定要与火成岩、变质岩和大型变形构造研究成果相结合,通过综合分析才能正确识别与划分。

2. 火山岩建造/构造研究

对编图范围内火山岩及相关基础资料(断裂构造、侵入岩、沉积岩、变质岩等)进行综合分析研究,在基本搞清楚区域构造演化阶段和各阶段构造格局的基础上,划分各级火山构造岩浆岩旋回、各级火山岩构造岩浆岩带、火山岩大地构造相及构成亚相的岩石构造组合(或建造)、火山构造(机构)、火山岩中的含矿建造和含矿构造等。

根据火山岩岩石组合、火山岩岩相以及火山机构(最基本的火山构造类型),并结合同一构造背景形成的沉积岩、侵入岩、变质岩及大型变形构造特征,确定火山岩岩石组合形成的构造环境。

3. 侵入岩建造/构造研究

据板块构造理论,首先分出大陆区与洋区,以及它们之间的边界带。根据板块构造理论和岩石构造组合可以划分为几个大阶段:①洋扩张阶段,MORS 型的蛇绿岩。②洋俯冲阶段,可分出早期、高潮期(或主期)和晚期 3 个阶段或幕。早期出现残留弧。高潮期或主期发育主体弧。晚期形成叠加弧,多数叠加弧发育于碰撞早期。洋俯冲阶段早期的残留弧,有时可按残留弧的时代,再划分出几个小阶段。③碰撞阶段,亦可分出早期和晚期。早期为地中海式残留洋发育时期,晚期为西藏-喜马拉雅式,即洋盆完全闭合或没有残留洋存在的时期。地中海式残留洋发育时期的开始以碰撞组合出现,但仍有洋俯冲发育(洋俯冲晚阶段),还有能出现伸展的岩石构造组合;西藏-喜马拉雅式碰撞晚阶段以洋俯冲的侵入(岩)弧的消失、只发育碰撞组合和伸展组合为准;碰撞晚阶段的结束以后造山组合的出现为准。对于碰撞组合来说,有两种具体环境:一是高喜马拉雅式碰撞组合,是陆-陆碰撞阶段的标志;一是北美 I/γ-S/γ 成对性发育的碰撞组合(S/γ),是洋-陆汇聚的构造环境,而不是洋开始消失进入碰撞环境的标志。对于碰撞型 S/γ 来说,不以过铝或强过铝一个标志来厘定,而按矿物标志厘定,即含原生 Ms、Cord、Ga 为准,因为 I/γ、CA/γ、TTG 等均可出现过铝或强过铝特征。④后造山阶段,以发育 A/γ-CA/γ 共生为特征。

关于 A/γ:对于以洋俯冲为主的造山带来说,亦即对发育 I/γ 或 CA/γ 的造山带来说,后造山 A/γ 的标志性岩石为过碱性花岗岩类(即全碱性暗色矿物的花岗岩)。对于以陆内俯冲式碰撞造山带来说,特别是对洋-陆汇聚造山带的 S/γ 发育的造山带来说,后造山带 A/γ 的标志性岩石为黄玉花岗岩类,另外一个重要标志是晶洞构造。

除后造山 A/γ 之外,还有一类 A/γ 为大陆裂谷型,与后造山型区别在于 A/γ 不与 CA/γ 共生。

4. 变质岩建造/构造研究

变质岩区大地构造相的确定是通过对变质岩构造岩石组合的研究,阐明它们形成的构造环境。这些构造环境与板块活动的位置紧密相连。陆块区前寒武纪变质基底经历了早前寒武纪板块运动过程,保留了洋-陆转换过程中的地质记录。然而它们与显生宙洋-陆转换过程中的地质记录相比，有很大的差异，突出表现在缺少由蛇绿岩所指示的洋壳存在的证据，以及不完整的洋-陆转换的大地构造相的配置。但是，高镁花岗岩及TTG岩套所指示的弧岩浆岩带、高压麻粒岩带及特殊的成矿作用仍可区分不同的大地构造相，以及在此基础上进行的大地构造单元划分。造山系中的变质岩主要包括两种类型：一是从古大陆边缘裂离的地块，二是同造山作用形成的岩石。它们一般呈带状分布，变质相与相系差异极大，从含金刚石、柯石英的超高压榴辉岩到低级变质的低绿片岩。

5. 大型变形构造研究

大型变形构造是组成地壳的地质体在地质应力作用下形成的具有区域规模（延伸长度一般大于100km，展布宽度数千米乃至数十千米，切割深度从壳内到切穿整个岩石圈）的巨型强烈变形构造，是地壳中的主要地质现象。与各类岩石从物质成分角度记录了地壳中物质运动及其地球动力学背景变迁不同，大型变形构造是地壳地质体受力变形历史的记录，反映了组成地壳地质体或不同地质构造单元的相互构造关系，是地壳结构构造的重要约束。

大型变形构造可以位于不同构造单元（弧-弧、弧-陆或陆-陆）之间或成矿区带之间，也可以以一个构造单元为主体，并包括其两侧相邻构造单元的边部，还可以切割或叠加在一个或多个构造单元和成矿区带之上，有的大型变形构造本身就是一个独立的构造单元或成矿带。中国大陆是经历了多个大陆裂解—重组演化旋回形成的，不同旋回中形成了截然不同的大型变形构造，甚至早期的大型变形构造由于后期的改造，只残存下来其原来的片段。因此，大型变形构造不等同于构造单元的边界，更不等同于一个构造单元（李锦轶，2009）。

三、大地构造综合研究

在上述"五要素"分析的基础上，开展大地构造综合研究。

1. 开展大地构造相时空演化分析

大地构造学或当今的板块构造学，其实质即是在一定构造阶段和大地构造环境中形成的，各个不同尺度、不同层次、不同岩石构造组合的地质体（称之为构造相单元）之间的相互关系学。以构造相单元之间的相互关系为对象的时空结构分析，包含横向的结构学含义，是鉴别各构造单元的大地构造相组合；纵向演化学的含义，则是构造单元在构造演化过程中构造属性转化关系表现。根据上述基础资料，进一步综合研究沉积岩、变质岩、岩浆岩和构造变形的资料，划分编图区地质演化阶段，建立构造演化序列。

对于每一个研究地区，无论大地构造环境和历史复杂还是简单，都可以确定出某一特定时段为优势大地构造相。然后分别对优势相本身、优势相以前的"基底"、优势相以后的"盖层"进行大地构造相方面的研究。研究的内容及成果以栅状剖面表示，并可作为辅图放在大地构造相图的一侧。

以大地构造系统论、构造演化过程论和构造体制转换论的理念，按造山系-陆块区相系一级大地构造单元分别拟编大地构造相时空结构图。

2. 进行大地构造相单元之间关系的研究，建立相模式

在岩石-构造组合、大地构造亚相、大型变形构造以及综合信息研究的基础上，确定区内大地构造相或更高级别大地构造相的类型、各类大地构造相的边界，研究各构造相单元的边界条件、物质组成、构造结构及其演化过程，编制大地构造图。

第四节 编图工作的基本流程和方法

一、基本流程

依据建造构造图编制大地构造相沉积、火山、侵入、变质、大型变形构造五要素图和岩石构造组合图，在上述图的基础上编制大地构造相图。大地构造相图是反映大地构造环境及其演化的综合性图件。在大地构造相分析的基础上编制大地构造图。具体编图操作流程如图1-2所示。

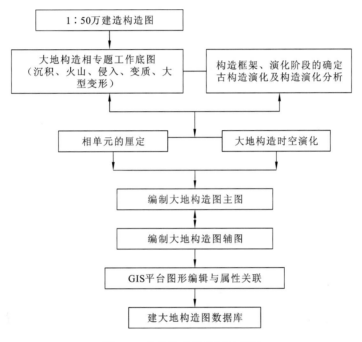

图1-2 大地构造图编图流程图

大地构造图编图操作流程的要点：

第一，省级1∶25万实际材料图、1∶25万建造构造图、1∶50万建造构造图和岩石构造组合图是1∶50万大地构造图的"实际材料图"。

第二，以省级1∶50万建造构造图和大地构造图为基础，进行缩编形成西南地区大地构造相图的编图底图。

第三，开展"五要素"专题研究和综合地质构造研究，确定不同级别的大地构造相单元。

第四，开展大地构造相分析，编制大地构造相时空结构图。

二、编图工作方法和程序

1. 确定编图范围、成图比例尺，选定工作底图

(1) 编图范围为研究区的范围，即西南地区的行政区范围。
(2) 图件最基础的实际材料图是省级1∶50万的建造构造图和各专业的大地构造专题工作底图。
(3) 西南地区大地构造相图的工作比例尺为1∶150万。

(4) 地理底图层在1:100万的地理底图上编定。

2. 预研究

(1) 基础资料研究,研究区内各类建造构造类型及其组合特征,厘定岩石-构造组合,初步确定岩石构造组合的分布范围、形成时代以及相互之间的关系。研究区内沉积岩、火山岩、侵入岩、变质岩,建立相应的岩石构造组合,确定岩石构造组合的分布范围。编制大地构造相专题工作底图(图1-2)。

(2) 进行大型变形构造分析,包括区域性断裂带,构造单元界线,构造混杂岩/蛇绿混杂岩带,区域性浅变质强变形构造岩片带。这些大型构造变形带是重要的大地构造相单元的边界或相单元的本身。研究其空间位置、形态、规模、产状、类型(走滑、推覆)、逆掩、混杂岩、构造岩片带、活动期次、物质成分(内部地质体)。

(3) 确定大地构造相的类型及其特征,厘定相单元、划分大地构造相。

(4) 建立构造演化序列,研究其演化规律。

(5) 进行大地构造相单元之间关系的研究,建立相模式。

(6) 研究大地构造相与成矿构造的关系。

3. 缩编和拼接建造构造图

在1:50万大地构造图的基础上按省级行政区划范围,以1:100万的比例尺进行拼贴和缩编,形成1:150万大地构造图。该图是省级大地构造相图编制的基础,也是大地构造相图的基本内容之一。

调整地理坐标,确定中央经线,按照1:150万比例尺要求,相应简化水系、居民地及其他地物标志,完成底图制作。

缩编和拼接,在底图上对1:50万大地构造图中的单元作相应的归并,以适应1:150万比例尺的标绘尺度进行缩编。

4. 编制大地构造专题工作底图

分别开展沉积岩、火山岩、侵入岩、变质岩、大型变形构造5个专业的专题研究工作,针对不同工作内容,并充分利用物化遥推断地质构造内容,按全国统一标准,分别编制大地构造相专题工作底图。

5. 确定相单元,编制大地构造主图

在5个专业大地构造相专题工作底图的基础上,确定大地构造相的类型及其特征,厘定相单元,划分大地构造相。依据建造分析,特别是依据岩石构造组合的研究成果,划分大地构造相及亚相。大地构造相图的基本编图单位为岩石构造组合。

在岩石构造组合的基础上,归并出亚相的分布范围,然后将相邻且有成生联系的亚相归并为相;同样的方式将相一级单元归并形成大相一级的单元。

根据五个专业的大地构造相专题底图确定亚相边界时,如果它们之间有不一致或不协调的情况,就有一个优先参考和选取的问题。一般优先考虑大型变形构造的边界和盆地的边界。

6. 进行大地构造相时空演化分析,编制大地构造相辅图

(1) 进行综合研究,建立构造演化序列,确立优势大地构造相,研究其演化规律。按全国统一的构造单元划分方案,按三级构造单元分别建立各构造带的大地构造相时空结构图。该柱状图表达了不同亚相(相)之间的相互关系、各亚相的岩石构造组合特征,并划分出不同构造演化阶段。比例尺可以等于或小于1:150万。

(2) 通过建造分析(沉积建造地质构造环境分析、岩浆活动构造环境分析、变形变质构造组合分析、盆地构造分析),进行大地构造相单元横向之间关系的研究,建立相模式。

(3) 研究不同构造阶段的构造格架及其构造演化过程,建立综合演化模式图。

(4) 研究大地构造相与成矿构造的关系,将其成果表示在有关图件上。

(5) 编制形成其他大地构造相辅图。

7. 图面主要表示内容

(1) 地理底图的基本要素。

(2) 精简后建造构造图的主要界线及内容。主要界线包括主要地质体的边界、主要的断裂构造、大型变形构造带,由物化遥推断的隐伏断裂和隐伏构造。

(3) 各岩石构造组合(以花纹表示)及其边界(以地质界线或断层围限)。

(4) 各亚相单元的范围(以颜色区分)及边界(以地质界线或断层围限)。

(5) 各类级别相单元的范围及边界,即相、大相、相系的范围及边界,其间以不同规格或不同线型的线条分开,并在相单元范围适当的位置以代号标注相单元名称。

(6) 各相单元名称可以是大地构造分区的名称,其构成为:"编号+地理名+相单元名+(时代)",以表格的形式,置放于图面以外的适当位置。

(7) 各级相单元的时代(以地层时代代号标于单元注记后部的括号中)。

(8) 特殊意义的地质体(可适当夸大表示,或以点元表示)。

(9) 重要的同位素年龄值数据、测试方法及其采集位置。

(10) 相关的矿产地位置。

(11) 辅图主要包括:①大地构造位置示意图;②大地构造相时空结构图;③大地构造相模式图;④大地构造相演化过程综合模式图;⑤其他辅助图件。

(12) 统一协调的图式、图例、符号、代号、图签。

8. 编写编图说明书

根据《大地构造相图技术要求及标准》以及全国地质构造汇总组统一要求的说明书编写提纲,编制西南地区大地构造图说明书。

第五节 完成工作量与编图质量

一、完成工作量

1. 中间性图件

在1:50万省级大地构造图的基础上按西南地区行政区划范围,以1:150万的比例尺进行拼贴和缩编,形成西南地区1:150万大地构造图。该图是编制西南地区大地构造相图的中间性图件。

2. 专题底图

包括西南地区大地构造相图的沉积、侵入、火山、变质、大型变形构造等专题底图。

3. 西南地区大地构造图

1:150万西南地区省级大地构造图、1:150万西南地区大地构造相图说明书。

二、编图质量(精度)

主要包括不同 1∶50 万大地构造图的进一步连图,地质界线、断层的取舍,岩石构造组合的归并等工作内容。注意删除不具指相意义的小地质体,删除局部第四系等问题。

调整地理坐标,确定中央经线,按照 1∶150 万比例尺要求,相应简化水系、居民地及其他地物标志,完成底图制作。

大地构造相图的基本编图单位为岩石构造组合,西南地区大地构造相图比例尺为 1∶150 万,基本编图单元和最低编图单元的归并和确定原则是同一单元在图面上的面积不小于 $4mm^2$,特殊单元和建造适当夸大表示,或以特殊注记表示。

三、资料来源及评述

资料可以按以下 3 类:

(1) 区域地质调查资料(包括 1∶5 万~1∶25 万),1∶25 万实际材料图和建造构造图,1∶50 万西南地区省级大地构造图。

(2) 专项调查研究资料(包括各类专项报告)。

(3) 专著及论文。

对于上述 3 类资料都要进行认真的评述,评述的内容包括资料形成时期(年代)、作者、调查研究或论述的主要地质矿产问题、依据是否充足、尚存在的遗留问题、资料的可置信度等;对于区域地质调查资料还要依据比例尺对图面内容进行评估,地质路线、剖面选择及解决关键地质矿产问题所采用的方法是否得当等。对于上述 3 类资料中的同位素测年资料所采用的方法、测试对象(矿物或岩石)、测试单位、数据及形成数据(年月)要如实录入,并做出可信度评估。

第二章 西南地区沉积岩大地构造特征

对西南地区沉积岩系在层型剖面研究的基础上按序列自下而上进行了沉积岩建造类型的划分,并组合上升为沉积建造组合、亚相和沉积相,对形成的构造古地理环境进行了系统分析研究。对西南地区4个地层大区,10个地层区和32个地层分区全部进行了岩石地层格架的厘定,为西南地区32个地层分区的沉积盆地类型划分奠定了基础。按时代+基本相和亚相划分盆地类型的方法,共划分出232个沉积盆地,并对一级构造大区分别进行盆地类型划分(表2-1,图2-1)。

表2-1 西南地区沉积大地构造分区表

一级	二级	三级
秦祁昆弧盆系 I	秦岭弧盆系 I-1	西倾山-南秦岭陆缘盆地(Pz_1) I-1-1
		勉略(塔藏)洋盆(P—T) I-1-2
扬子台地 II	上扬子台地(陆块) II-1	米仓山-大巴山被动大陆边缘($Z—T_2$) II-1-1
		龙门山被动大陆边缘($Z—T_2$) II-1-2
		川中前陆盆地(Mz) II-1-3
		扬子陆块南部碳酸盐岩台地(Pz) II-1-4
		上扬子台地东南缘被动陆缘(Pz_1) II-1-5
		雪峰山陆缘裂谷盆地(Nh) II-1-6
		上扬子东南缘古弧盆系(Pt_2) II-1-7
		南盘江-右江前陆盆地(T) II-1-8
		富宁-那坡被动陆缘(Pz) II-1-9
		康滇台地(Nh—P_1)(攀西上叠裂谷,$P_2—T_1$) II-1-10
		楚雄前陆盆地(Mz) II-1-11
		盐源-丽江陆缘裂谷((Pz_2)) II-1-12
		金平被动陆缘(S—P) II-2-13
羌塘-三江弧盆系 III	巴颜喀拉前陆盆地 III-1	黄龙-白马-平武陆表海(Pt_1—T) III-1-1
		巴颜喀拉前陆盆地(I) III-1-2
		雅江前渊盆地(O—T) III-1-3
	甘孜-理塘弧后洋盆 III-2	
	中咱-中甸碳酸盐岩台地 III-3	
	西金乌兰-金沙江-哀牢山弧后洋盆 III-4	西金乌兰弧后洋盆(C—T) III-4-1
		金沙江弧后洋盆($D_3—P_3$) III-4-2
		哀牢山弧后洋盆(P—T) III-4-3

续表 2-1

一级	二级	三级
羌塘—三江弧盆系Ⅲ	甜水海-北羌塘-昌都-兰坪-思茅弧盆系 Ⅲ-5	甜水海台地（Pt_{2-3}—T_2）Ⅲ-5-1
		北羌塘弧后前陆盆地（T_2—J）Ⅲ-5-2
		昌都弧双向弧后前陆盆地（P—T）Ⅲ-5-3
		兰坪-思茅双向弧后前陆盆地（Pt_{2-3}—T_2）Ⅲ-5-4
	乌兰乌拉-澜沧江洋盆（P_2—T_2）Ⅲ-6	乌兰乌拉洋盆（D—T）Ⅲ-6-1
		北澜沧江洋盆（C—P）Ⅲ-6-2
		南澜沧江洋盆（C—P）Ⅲ-6-3
	那底岗日-格拉丹冬-他念他翁山-崇山-临沧岛弧 Ⅲ-7	那底岗日-格拉丹东岛弧（T_3—J_1）Ⅲ-7-1
		他念他翁岛弧（T_3—J_1）Ⅲ-7-2
		碧罗雪山-崇山被动陆缘（P—J）Ⅲ-7-3
		临沧岛弧（P—J）Ⅲ-7-4
班公湖-怒江-昌宁-孟连洋盆Ⅳ	龙木错-双湖-类乌齐大洋 Ⅳ-1	托和平错-温泉湖石炭纪—二叠纪洋盆（C—P）Ⅳ-1-1
		图中湖石炭纪—三叠纪洋岛（C—T）Ⅳ-1-2
		布尔嘎错-玛依岗日-鸭湖古近纪—新近纪陆内（E—N）Ⅳ-1-3
	多玛孤立台地 Ⅳ-2	温泉-多玛-结则茶卡-肝配错石炭纪—二叠纪孤立台地（C—P）Ⅳ-2-1
		多玛-阿鲁错白垩纪—新近纪陆内沉积（K—N）Ⅳ-2-2
	南羌塘被动陆缘 Ⅳ-3	帕度错-雅根查错-白雄三叠纪洋盆（T）-残余海盆（J）Ⅳ-3-1
		昂达尔错-安多侏罗纪前陆盆地（J）Ⅳ-3-2
		帕度错-安多白垩纪—新近纪陆内盆地（K—N）Ⅳ-3-3
		扎普-多不杂增生弧（J_3—K_1）Ⅳ-3-4
	吉塘-左贡被动陆缘（C—T）Ⅳ-4	玛如-江绵石炭纪、侏罗纪残余海盆（C、J）Ⅳ-4-1
		白雄-巴青三叠纪前陆盆地（T）Ⅳ-4-2
		类乌齐侏罗纪活动陆缘（J）Ⅳ-4-3
		曲中白垩纪—新近纪陆内（K—N）Ⅳ-4-4
	双江-西定被动陆缘 Ⅳ-5	南段陆坡-陆隆Ⅳ-5-1
		拉巴无蛇绿岩浊积扇Ⅳ-5-2
		富岩坳陷盆地Ⅳ-5-3
	班公湖-怒江洋盆 Ⅳ-6	安多-聂荣孤立台地（Pz_2—K_1）Ⅳ-6-1
		嘉玉桥孤立台地（Pz_2—J）Ⅳ-6-2
		班公湖-怒江洋盆Ⅳ-6-3
	昌宁-孟连洋盆（Pz—T_2）Ⅳ-7	温泉陆坡-陆隆Ⅳ-7-1
		曼信深海平原Ⅳ-7-2
		四排山洋岛海山Ⅳ-7-3
		铜厂街-牛井山-孟连扩张洋脊Ⅳ-7-4

续表 2-1

一级	二级	三级
冈瓦纳大陆北缘（冈底斯-喜马拉雅）弧盆系	冈底斯-察隅弧盆系 V-1	昂龙岗日弧前盆地（J—K）V-1-1
		那曲-洛隆弧前盆地（T_2—K）V-1-2
		班戈-腾冲活动陆缘（C—K）V-1-3
		拉果错-嘉黎弧后洋盆（T_3—K）V-1-4
		措勤-申扎陆缘（C—K）V-1-5
		隆格尔-工布江达活动陆缘（C—K）V-1-6
		冈底斯-下察隅活动陆缘（J—E）V-1-7
		日喀则弧前盆地（K）V-1-8
	雅鲁藏布江弧后洋盆 V-2	雅鲁藏布江洋盆（P—N）V-2-1
		朗杰学洋盆（T_3）V-2-2
	喜马拉雅被动陆缘 V-3	拉岗轨日被动陆缘盆地（O—K）V-3-1
		北喜马拉雅碳酸盐岩台地（Pz—E）V-3-2
		低喜马拉雅被动陆缘盆地（C—P）V-3-3
	保山台地 V-4	耿马被动陆缘（Ꞓ—T_2）V-4-1
		保山陆表海盆地（Ꞓ—T_2）V-4-2
		潞西被动陆缘（Z—T_2）V-4-3
	潞西-三台山洋盆 V-5	
西瓦里克前陆盆地 Ⅵ		

第一节 秦祁昆弧盆系 Ⅰ

秦祁昆弧盆系位于北面华北陆块和塔里木陆块与南面扬子陆块和西藏-三江造山系之间范围，呈东西向横贯中国中部，习称中央造山带。在西南地区仅涉及少部分，分别属于西倾山-南秦岭地块和南昆仑-玛多-勉略结合带两个大相单元范围。对应的构造古地理单元为西倾山-南秦岭陆缘盆地（Pz_1）和勉略（塔藏）弧后洋盆（P—T）。

一、西倾山-南秦岭陆缘盆地 Ⅰ-1-1

该盆地位于北面商丹结合带与南面玛多-勉略结合带之间。北部出露前南华纪基底岩系。南部古生界地层与扬子陆块同期地层基本相似，但具有较多深水相沉积。三叠系发育深水浊积岩和台地碳酸盐岩。

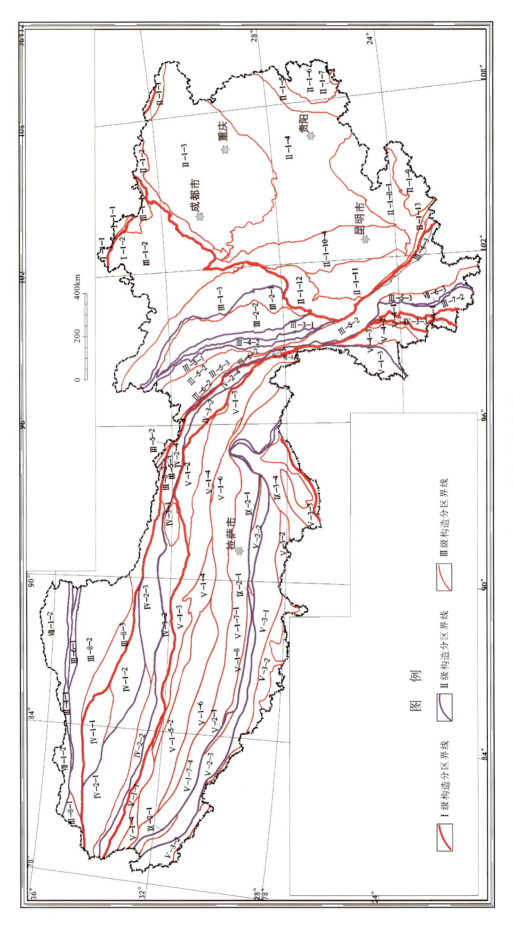

图 2-1 西南地区沉积构造图
(图中各区注释代号的名称见表 2-1)

1. 迭部震旦纪—三叠纪陆表海（Z—T）Ⅰ-1-1-1

南邻接玛曲-荷叶俯冲增生杂岩，北界为甘肃境内的碌曲-成县断裂。构造上呈逆冲-推覆体产出，主要出露古生代地层。下寒武统为非补偿碳硅质建造，不整合于南华纪磨拉石建造之上，缺失震旦纪地层。上—中寒武统和奥陶系为一套浅海陆源碎屑岩和非补偿泥硅质岩组合，在甘肃白龙江流域局部夹火山岩。志留系为陆屑砂岩、粉砂岩、板岩及硅质岩，夹生物碎屑灰岩，局部呈现鲍马序列特征。向上过渡为早泥盆世潟湖相镁质碳酸盐岩建造，中泥盆统为含磷、铁陆源碎屑岩建造。下石炭统为红色碎屑岩建造。二叠系至下、中三叠统为浅海碳酸盐岩夹碎屑岩建造。总体上属于陆表海的陆源碎屑-碳酸盐岩沉积。并存在侏罗纪—古近纪断陷盆地砾岩夹泥岩组合，夹陆相安山质火山岩和凝灰岩。

2. 玛曲-九寨沟三叠纪周缘前陆盆地（T）Ⅰ-1-1-2

该盆地分布在四川北部玛曲—九寨沟一线，主要由扎尕山组（T_2）灰色—深灰色变质砂岩、板岩与微晶、角砾状灰岩、生物礁灰岩互层，杂谷脑组（T_3）灰色—深灰色变质钙质长石石英砂岩、石英砂岩夹粉砂质板岩、千枚岩组成，为一套滨浅海碳酸盐岩组合，反映为前陆盆地隆后沉积环境。

3. 红星白垩纪—新近纪压陷盆地（K—N）Ⅰ-1-1-3

该盆地分布在四川北部红星一带，主要由白垩系—新近系一套湖泊砂岩-粉砂岩组合组成，反映为压陷盆地沉积环境。

4. 玛曲第四纪坳陷盆地（Q）Ⅰ-1-1-4

该盆地分布在四川北部玛曲一带，为形成于第四系的坳陷盆地，分布范围不大，主要由一套第四系沉积物组成。

二、勉略（塔藏）洋盆Ⅰ-1-2

勉略（塔藏）洋盆分布于西倾山地块（北）与摩天岭地块（南）之间，北以玛曲-略阳断裂为界，南以玛曲-荷叶断裂为限。以广泛出露中-晚三叠世构造混杂岩（习称塔藏群）为主要特征。基质由巨厚的砂、板岩互层组成，为浊流产物，其中发现中-晚三叠世双壳和菊石化石，硅质岩产三叠纪放射虫化石。常见异地保存的植物碎片。局部夹有基性火山岩、火山碎屑岩和滑塌堆积岩块。火山岩属拉斑系列，外来岩块多为晚古生代灰岩，以晚二叠世为主。区域上存在蛇绿岩碎片。构造上显示强烈剪切变形，变质程度为低绿片岩相。

第二节　上扬子台地Ⅱ-1

上扬子台地在一级构造古地理单元上属陆块范畴，基底岩系形成时期，即中新元古代（大体相当于蓟县纪—青白口纪），区内属陆内裂谷-被动陆缘陆棚碳酸盐岩台地，沉积环境为火山盆地-盆地边缘的无障壁海岸。震旦纪—早古生代，为一大型陆表海，由陆源碎屑无障壁陆表海—陆源碎屑-碳酸盐陆表海—碳酸盐岩陆表海交替构成，沉积环境以无障壁海岸沉积为主，偶有局限碳酸盐岩台地出现。晚古生代基本上为比较单一的碳酸盐岩陆表海，其间有局部的陆源碎屑无障壁陆表海分布，沉积环境基本上为无障壁海岸-碳酸盐岩台地，前者以后滨—临滨为主，后者开阔-局限碳酸盐岩台地交替出现，并伴有生物礁相及台缘浅滩。早-中三叠世构造古地理特征与古生代相似，仍属陆源碎屑-碳酸盐陆表海—碳酸盐岩陆表海,但沉积环境转向障壁海岸,以潮坪为主,局部障壁范围扩大可形成咸化。

自晚三叠世开始,直延续至古近纪,区内海相环境结束,进入陆相环境,构造古地理特征为较为典型的陆内坳陷盆地,随时间的推移,坳陷幅度逐步增大。沉积环境由河流与湖泊交替出现,河流以曲流河为主,偶有网状河流出现,湖泊在中生代早期以淡水湖泊为主,晚白垩世以后,由于古气候条件的改变,湖泊演变为咸水湖泊。在接近湖泊边缘地带(如龙门山前地带)有较大规模的冲洪积扇—曲流河—湖泊三角洲形成。新近纪—第四纪,盆地坳陷基本终止并进入上升剥蚀时期,仅局部边缘地带坳陷作用持续,冲洪积扇等山前堆积物十分发育,并形成范围较大的冲洪积平原。

上扬子台地进一步划分为米仓山-大巴山被动大陆边缘($Z—T_2$)、龙门山被动大陆边缘($Z—T_2$)、川中前陆盆地(Mz)、扬子陆块南部碳酸盐岩台地(Pz)、上扬子台地东南缘被动陆缘(Pz_1)、雪峰山陆缘裂谷盆地(Nh)、上扬子东南缘古弧盆系(Pt_2)、南盘江-右江前陆盆地(T)、富宁-那坡被动陆缘(Pz)、康滇台地($Nh—P_1$)(攀西上叠裂谷,$P_2—T_1$)(P)、楚雄前陆盆地(Mz)、盐源-丽江陆缘裂谷(Pz_2)、金平被动陆缘(S—P)等三级单元。

一、米仓山-大巴山被动大陆边缘($Z—T_2$)Ⅱ-1-1

米仓山-大巴山被动大陆边缘介于秦岭造山带(北)与四川前陆盆地(南)之间,西接龙门山同基底逆推带,东延入区外。

区内由中-新元古代基底变质岩系、南华纪中酸性火山岩、磨拉石建造和相关花岗岩,以及震旦纪—志留纪和二叠纪—中三叠世稳定性海相沉积组成,缺失泥盆纪—石炭纪地层。先后历经古岛弧、后造山裂谷和被动大陆边缘演化过程,于晚三叠世因秦岭洋闭合引起碰撞造山,导致基底逆推上隆。包括3个亚相单元。

1. 光雾山太古宙—元古宙碳酸盐岩陆棚(AR-PT)Ⅱ-1-1-1

该碳酸盐岩陆棚分布在光雾山附近,为一套台地碳酸盐岩组合,岩性为灰白色、灰色中—厚层灰岩、白云岩夹板岩。

2. 旺苍-南江寒武纪—三叠纪陆表海(∈—T)Ⅱ-1-1-2

该陆表海分布在旺苍—南江一带,由寒武纪—三叠纪地层组成,主要为灯影组($Z_2—\epsilon_1 d$)、筇竹寺组($\epsilon_1 q$)、沧浪铺组($\epsilon_1 c$)、娄山关组($\epsilon_{2-3} l$)、梁山组($P_1 l$)、阳新组($P_2 y$)等。岩性为灰色中—厚层块状白云岩夹白云质灰岩、硅质岩,深灰色、灰黑色页岩、粉砂岩、粉砂岩夹碳质页岩,灰色厚层块状灰岩等。整体反映为陆表海沉积特征。

3. 万源-大巴山太古宙—元古宙碳酸盐岩陆棚(AT—PT)Ⅱ-1-1-3

该碳酸盐岩陆棚分布在万源—大巴山一带,由太古宙—元古宙地层组成,主要为一套开阔台地碳酸盐岩组合,岩性为青灰色、灰白色藻白云岩夹硅质白云岩,泥质白云岩。

二、龙门山被动大陆边缘($Z—T_2$)Ⅱ-1-2

龙门山被动大陆边缘($Z—T_2$)西以丹巴-茂汶断裂与巴颜喀拉地块接界,东以江油-都江堰断裂与四川陆内前陆盆地相邻,北接米仓山-大巴山基底逆推带,南止康滇基底断隆带。该单元呈北东-南西向展布,其间以北川-映秀断裂可分为西部后山带和东部前山带。

本单元历经中-新古元代岛弧、南华纪后造山裂谷和震旦纪—中三叠世被动大陆边缘等主要演化过程,又遭受晚三叠世以来的强烈挤压,最终成为逆推带耸立于扬子陆场西缘。

1. 北川-广元震旦纪—中三叠世陆表海（Z—T_2）Ⅱ-1-2-1

该陆表海东以龙门山前山断裂为界。震旦纪至中三叠世末期,进入长期稳定的海相浅水沉积环境。震旦系及古生界发育不完整,前者仅有厚度不大的碳酸盐岩沉积,厚度约1000m。下古生界以沉积海相陆源碎屑岩为主,以粉砂岩、页岩为主,白云岩、灰岩等碳酸盐岩在局部层段发育,沉积建造组合类型以陆表海砂泥岩组合或陆表海泥岩粉砂岩组合为主,间夹陆表海白云岩组合、陆表海石灰岩组合等类型,沉积厚度可达2500m左右。上古生界区内大范围缺失泥盆系、石炭系,仅在分区西部及北部边缘地带及局部地段（如华蓥山背斜核部）有分布,岩性以碳酸盐岩为主,沉积厚度一般不足千米,局部地层层序较全（如龙门山中段、观雾山一带）,沉积建造组合类型以陆表海灰岩组合及开阔台地碳酸盐岩组合为主,厚度可达4000m以上。二叠系及中、下三叠统分布稳定而广泛,地层连续性较好,碳酸盐岩占有较大优势,沉积建造组合类型仍以陆表海灰岩组合及开阔台地碳酸盐岩组合为主,与陆表海陆源碎屑-灰岩组合交替分布。届时由于陆源区稳定分布于扬子区西侧,沉积物普遍具有陆源碎屑由东向西逐步减少、以碳酸盐岩为主的盆内物源物质依次递增的特征。地层厚度一般在1800~3600m,最厚可达4000m。在晚二叠世早期,分区西部有大范围基性火山岩喷发（峨眉山玄武岩）,属溢流相火山岩组合,堆积厚度一般为0~1000m不等。

至晚三叠世初,印支运动表现强烈,造成区内大幅度隆升,海岸线由北向南迁徙,区内海相沉积环境基本结束,进入以河流与湖泊交替出现的陆相环境。上三叠统普遍为不甚稳定的含煤碎屑岩系沉积,沉积建造组合类型以河湖相含煤碎屑岩组合为主,地层厚度一般在500~3000m。自侏罗纪早期始,直至古近纪（渐新世）末,区内沉积了巨厚的陆相红色碎屑岩系（建造）,沉积物以砂、泥岩为主,偶夹不稳定且厚度不大的碳酸盐岩,沉积建造组合类型以河流砂砾岩夹粉砂岩泥岩组合与湖泊泥岩-粉砂岩组合交替分布为特征,堆积厚度大于5000m。

2. 宝兴-茂县-南坝奥陶纪—泥盆纪被动陆缘（O—D）Ⅱ-1-2-2

该被动陆缘分布在四川省宝兴—茂县—南坝一带。东界为龙门山后山断裂,西与松潘周缘前陆盆地相邻。主要为一套远滨泥岩粉砂岩夹泥岩组合、半深海浊积岩（砂板岩）组合等。反映为被动陆缘的陆棚碎屑岩盆地和陆坡-陆隆沉积环境。

3. 都江堰晚三叠世—侏罗纪前陆楔顶盆地（T—J）Ⅱ-1-2-3

该前陆楔顶盆地主要分布在四川省都江堰市一带,西面以龙门山前山断裂为界,东接成都平原。主要由须家河组（T_3）灰色、黄灰色岩屑石英砂岩、泥岩互层夹煤层,沙溪庙组（J_2）紫红色、紫灰色长石石英砂岩与粉砂岩、泥岩不等厚互层,遂宁组（J_3）砖红色泥（页）岩为主夹粉砂岩、岩屑长石砂岩组成。主要为一套河湖相含煤碎屑岩组合、湖泊泥岩-粉砂岩组合、河流砂砾岩夹粉砂岩泥岩组合。整体反映为坳陷盆地沉积环境。

三、川中前陆盆地（Mz）Ⅱ-1-3

川中前陆盆地西以江油-都江堰断裂和峨边-金阳断裂为界,东界为七曜山断裂,北接米仓山-大巴山基底逆推带,南邻凉山-咸宁-昭通碳酸盐岩台地。

盆地广泛分布中-新生代陆相红层,总体上变形微弱,据航磁、地震剖面和钻井资料,地下存在前南华纪基底变伏岩系及震旦纪—中三叠世海相沉积地层。

盆地西部包括3个亚相单元。成都山前坳陷广布新生代冲积扇-河湖相砂砾岩挠曲而成,至今仍显示沉降特征。雅安凹陷，主要发育白垩纪冲积相砂砾岩和古近纪含膏盐粉砂岩-泥岩建造，认为是龙门山中生代逆冲作用形成挠曲盆地的产物。龙泉山前隆，为调节挠曲作用而产生的狭长形前缘隆起，主要由侏罗纪—白垩纪河湖相泥岩-砂砾岩地层组成。

盆地北部以地表大面积分布白垩纪河湖相砂砾岩-泥岩建造为特征，总体构造走向与其北米仓山-大巴山基底逆推带平行展布，应属相关的压陷盆地环境产物。根据地质时期相对隆凹特征，细分为梓潼凹陷、苍溪隆起、剑门关隆起和通江凹陷4个亚相单元。

盆地中部，即介于龙泉山前隆与华蓥山断裂之间范围，地表以广布侏罗纪河湖相红色砂砾岩-粉砂岩-泥岩建造为特征，仅南缘可见有三叠纪和白垩纪地层出露，应属晚三叠世以来形成的陆内前陆盆地产物。按地质时期相对隆凹特征，可细分为威远隆起、南充和自贡凹陷3个亚相单元。表现为河湖相砂、砾-粉砂、泥岩沉积建造组合特征。对应地层是晚三叠世晚期二桥组、火把冲组，侏罗纪的自流井组、沙溪庙组、遂宁组、蓬莱镇组，早白垩世的窝头山组及三道河组。可进一步分为二桥组河湖相复成分砂岩建造组合（T_3e）、火把冲组河湖相石英砂岩-粉砂岩-碳质泥含煤建造组合（T_3h），侏罗纪的自流井组河湖相泥岩-石英砂岩-含铁砂岩建造组合（J_1z）、沙溪庙组（J_2s）、遂宁组（J_3sn）、蓬莱镇组（J_3p）河湖相长石石英砂岩-钙质黏土岩建造组合，早白垩世的窝头山组河湖相砾岩-长石石英砂岩建造（K_1w）及三道河组河湖相砾岩-长石石英砂岩-泥岩建造（K_1s）。

1. 广元-江油早白垩世压陷盆地（K_1）Ⅱ-1-3-1

该压陷盆地分布在广元—江油一带。主要由须家河组（T_3x）、沙溪庙组（J_2s）、遂宁组（J_3sn）、蓬莱镇组（J_3p）、白龙组（K_1b）、苍溪组（K_1c）、七曲寺组（K_1q）组成。须家河组（T_3x）为一套河湖相含煤碎屑岩组合，岩性为灰色、黄灰色岩屑石英砂岩、泥岩互层夹煤层；沙溪庙组（J_2s）为一套河流砂砾岩夹粉砂岩-泥岩组合，岩性以紫红色、紫灰色长石石英砂岩与粉砂岩、泥岩不等厚互层；遂宁组（J_3sn）为一套湖泊泥岩-粉砂岩组合，岩性以砖红色泥（页）岩为主夹粉砂岩、岩屑长石砂岩；蓬莱镇组（J_3p）为一套河流砂砾岩夹粉砂岩泥岩组合，岩性为灰紫色长石石英砂岩、粉砂岩、泥岩不等厚互层；白龙组（K_1b）为一套湖泊泥岩-粉砂岩组合，岩性为灰紫色、黄灰色细粒长石石英砂岩夹黏土岩、粉砂岩；苍溪组（K_1c）为一套湖泊砂岩-粉砂岩组合，岩性为砖红色、灰紫色长石岩屑砂岩与黏土、粉砂岩不等厚互层。整体反映为压陷盆地沉积环境，为一套湖泊砂岩-粉砂岩组合。构造古地理单元为压陷盆地。七曲寺组（K_1q）为一套湖泊砂岩-粉砂岩组合，岩性为灰紫色、紫红色厚—块状细粒长石石英砂岩与泥岩、粉砂岩互层。整体反映为压陷盆地沉积，构造古地理单元为压陷盆地。

2. 巴中-南充-内江侏罗纪—白垩纪压陷盆地（J—K）Ⅱ-1-3-2

该压陷盆地分布在四川东部，华蓥山断裂西部的区域。主要由沙溪庙组（J_2s）、遂宁组（J_3sn）、蓬莱镇组（J_3p）、白龙组（K_1b）、苍溪组（K_1c）组成。沙溪庙组（J_2s）为一套河流砂砾岩夹粉砂岩泥岩组合，岩性为紫红色、紫灰色长石石英砂岩与粉砂岩、泥岩不等厚互层；遂宁组（J_3sn）为一套湖泊泥岩-粉砂岩组合，岩性以砖红色泥（页）岩为主夹粉砂岩、岩屑长石砂岩；蓬莱镇组（J_3p）为一套河流砂砾岩夹粉砂岩泥岩组合，岩性为灰紫色长石石英砂岩、粉砂岩、泥岩不等厚互层；白龙组（K_1b）为一套湖泊泥岩-粉砂岩组合，岩性为灰紫色、黄灰色细粒长石石英砂岩夹黏土岩、粉砂岩；苍溪组（K_1c）为一套湖泊砂岩-粉砂岩组合，岩性为砖红色、灰紫色长石岩屑砂岩与黏土、粉砂岩不等厚互层。整体反映为压陷盆地沉积环境，为一套湖泊砂岩-粉砂岩组合。

3. 成都-达州-重庆晚三叠世—第四纪坳陷盆地（T_3—Q）Ⅱ-1-3-3

该坳陷盆地表现为河湖相砂、砾-粉砂、泥岩沉积建造组合特征。对应地层是晚三叠世晚期二桥组、火把冲组，侏罗纪的自流井组、沙溪庙组、遂宁组、蓬莱镇组，早白垩世的窝头山组及三道河组。可进一步分为二桥组河湖相复成分砂岩建造组合(T_3e)、火把冲组河湖相石英砂岩-粉砂岩-碳质泥含煤建造组合(T_3h),侏罗纪的自流井组河湖相泥岩-石英砂岩-含铁砂岩建造组合(J_1z)、沙溪庙组(J_2s)、遂宁组(J_3sn)、蓬莱镇组(J_3p)河湖相长石石英砂岩-钙质黏土岩建造组合,早白垩世的窝头山组河湖相砾岩-长石石英砂岩建造(K_1w)及三道河组河湖相砾岩-长石石英砂岩-泥岩建造(K_1s)。自流井组(J_1z)为一套湖泊泥岩-粉砂岩组合。岩性为紫红色、黄绿色泥岩夹薄层细—粉砂岩,生物屑灰岩、泥灰岩。沙溪庙组(J_2s)为一套河流砂砾岩夹粉砂岩泥岩组合。岩性为紫红色、紫灰色长石石英砂岩与粉砂岩、泥岩不等厚互层。遂宁组(J_3sn)为一套湖泊泥岩-粉砂岩组合,岩性为砖红色泥(页)岩为主夹粉砂岩、岩屑长石砂岩。蓬莱镇组(J_3p)为一套河流砂砾岩夹粉砂岩泥岩组合,岩性为灰紫色长石石英砂岩、粉砂岩、泥岩不等厚互层。

4. 绥江-珙县-习水寒武纪—三叠纪陆表海($\unicode{x20AC}$—T)Ⅱ-1-3-4

该陆表海分布在云贵川绥江—珙县—习水一带。大部为中生代地层,古生代地层在穹隆高地出露。中生代地层主要由须家河组(T_3x)、自流井组($J_{1-2}z$)、沙溪庙组(J_2s)组成。须家河组(T_3x)为一套河湖相含煤碎屑岩组合,岩性为灰色、黄灰色岩屑石英砂岩、泥岩互层夹煤层;自流井组($J_{1-2}z$)为一套湖泊泥岩-粉砂岩组合,岩性为紫红色、黄绿色泥岩夹薄层细—粉砂岩,生物屑灰岩、泥灰岩;沙溪庙组(J_2s)为一套河流砂砾岩夹粉砂岩泥岩组合,岩性为紫红色、紫灰色长石石英砂岩与粉砂岩、泥岩不等厚互层。整体反映为一套湖泊泥岩-粉砂岩组合、河流碎屑岩组合。

5. 涪陵-忠县-巫山二叠纪—三叠纪陆表海(P—T)Ⅱ-1-3-5

该陆表海分布在重庆东南部,临近贵州、重庆的涪陵—忠县—巫山一带。根据其分布与演化可划分两个旋回。

第一旋回泥盆纪—石炭纪。志留纪末由于上扬子陆块挤压造山时的隆升,本区大部分未接受沉积。仅在黔江—巫山一线的东南部有中晚泥盆世地层与下伏志留系基底为海岸上超,沉积盆地形态为海湾型,沉积物为以陆源碎屑为主的含铁建造;早石炭世仍大面积暴露在海平面以上,中石炭世在局部潟湖地带形成孤立的碳酸盐岩台地,晚石炭世再受到区域性的剥蚀。

第二旋回二叠纪—三叠纪。在区域动力学的拉张环境下,海水淹没全区,形成广泛新一轮的碳酸盐岩台地。早二叠世区内普遍遭受剥蚀而未接受沉积;中二叠世沉积主要是局限台地和开阔台地,台缘斜坡很窄;晚二叠世因西部受玄武岩喷发的影响,主要为海陆过渡的三角洲沉积而形成重要的聚煤盆地。早三叠世—中三叠世陆内基底仍起伏小,形成开阔台地,局限台地与萨布哈交替的格局,以广布蒸发岩沉积为特征,区内万州、梁平、垫江、石龙峡等形成膏盐盆地。中三叠世末陆块内受特提斯域的挤压和汇聚使碳酸盐岩台地进入消亡阶段。

四、扬子陆块南部碳酸盐岩台地(Pz)Ⅱ-1-4

扬子陆块南部碳酸盐岩台地西接康滇断隆,东北以七耀山断裂与川中前陆盆地分界,南界从西向东为师宗-南丹-都匀-慈利-大庸断裂。总体反映为由新元古代开始至中三叠世演化的碳酸盐岩台地。碳酸盐岩台地盖在梵净山群等前震旦纪地层上。全区从震旦纪到三叠纪大部分地区处于稳定的构造环境,盖层除缺失泥盆系外,总体比较齐全,但各地发育程度不一。据岩石构造组合特征、断代及分布差异可细分为陆缘裂谷相、碳酸盐陆表海相亚相、碎屑岩陆表海亚相、周缘前陆盆地亚相。陆缘裂谷相主要发育在南华系,为一套冰碛岩、含砾砂岩、细砂岩及泥岩建造;震旦纪—奥陶纪为稳定的克拉通发育阶段,表现为低幅度的地壳升降运动,接受灰岩、白云岩夹粉砂岩、泥岩沉积,属碳酸盐陆表海亚相;加里东运动使得扬子东南缘褶皱造山,开始遭受剥蚀,在黔北西侧形成周缘前陆盆地,沉积了志留系的粉砂岩、细砂岩、泥岩建造;志留纪末加里东造山运动结束之后到泥盆纪开始,整个华南地区的沉积环境与古地理得以真正统一,海水从南东向北西侵入,形成了泥盆纪的碎屑岩陆表海沉积和石炭纪—中三叠世的碳酸盐陆表海沉积;其中,峨眉山火山岩事件在西部地区表现强烈,从西向东喷发堆积了巨厚的陆相至海相的基性火山岩;到中三叠世约220Ma印支运动结束,扬子陆块区的海相沉积历史结束。除了上述优势相外,上叠了侏罗纪坳陷盆地亚相,由河-湖相含煤碎屑岩组合、湖泊泥岩粉砂岩组合、冲积扇砂砾岩组合组成。

1. 峨边-曲靖-昭通寒武纪—三叠纪陆表海（∈—T）Ⅱ-1-4-1

其发育时限始于南华纪,结束于三叠纪,长达6亿年。所形成的沉积建造体多是沉积相特点基本一致、厚度薄、分布广泛的地质体。在分布广泛的碳酸盐岩建造中,仅有厚数十米的碎屑岩夹层,如泥盆系海口组、石炭系万寿山组、二叠系梁山组等,沿其与上、下地层岩性界面追溯,均可达数百千米。这一陆表海盆地还是磷矿、煤矿的主要产出区域。

主要为中、新元古界昆阳群陆壳基底之上的陆源碎屑-碳酸盐陆表海环境的沉积。由寒武系牛蹄塘组、石牌组、清虚洞组、石龙洞组,寒武系—奥陶系娄山关组,奥陶系红花园组、湄潭组、十字铺组、宝塔组组成。陆源碎屑沉积与碳酸盐岩沉积间互,具有陆表海陆源碎屑-灰岩组合特征。

奥陶系龙马溪组,志留系新滩组、黄葛溪组、嘶风崖组、大路寨组、莱地湾组,泥盆系坡松冲组、坡脚组、箐门组、缩头山组、红崖坡组,以发育陆表海泥岩,粉砂岩建造组合为特征,为无障壁陆表海沉积。

泥盆纪—中三叠世以碳酸盐岩为主体的沉积出露于滇东北巧家县荞麦地,鲁甸县桃源、昭阳区凤凰,大关县玉碗、吉利,永善县水竹,盐津县庙坝,威信县旧城,镇雄县牛场、泼机等地,由泥盆系曲靖组、再结山组,泥盆系—石炭系炎方组,石炭系万寿山组、梓门桥组、大埔组、黄龙组,石炭系—二叠系马平组、二叠系梁山组、阳新组、龙潭组,三叠系飞仙关组、嘉陵江组、关岭组组成。整个建造组合类型以陆表海灰岩组合为主体,为碳酸盐陆表海。

2. 镇雄-遵义-彭水寒武纪—三叠纪被动陆缘（∈—T）Ⅱ-1-4-2

被动陆缘是在早期裂谷基底上发展的。它位于大陆向大洋过渡的宽广地带,包括陆棚、陆坡、陆隆范围,具有过渡性地壳。被动陆缘演化可分3个阶段,早期碎屑岩-碳酸盐岩沉积阶段（$\epsilon_1 n — \epsilon_1 p$）、中期碳酸盐岩沉积阶段（$\epsilon_1 q — \epsilon_3 m$）、晚期碎屑-碳酸盐岩阶段（$O_1 n — S_2 lr$）。也即是表现该环境碳酸盐岩台地的萌芽—成熟—湮没或消亡的过程。

志留纪—早泥盆世,由于扬子陆块与华北陆块及华南地块的相互碰撞,引起侧向挤压。而扬子陆块碰撞的强度不大,主要以隆升为主,海水退出,陆地进一步扩大。根据地质历史的演化,已出现挤压—汇聚的动力学背景特征。

中泥盆世—中三叠世,主要表现由海相到陆相的演变,陆块相邻的造山带构成了统一的大陆部分,早期为挤压构造变形、中晚期西侧二叠纪有幔源玄武岩的喷溢等。总体达到了大陆焊合阶段及陆内稳定的环境。在这一沉积环境下,形成了一套陆表海或海陆交替相沉积岩石组合。

晚三叠世以来,由于古亚洲、特提斯和环太平洋三大构造域的作用,全然改变了中国大地构造格局。本区晚三叠世至早白垩世形成叠加在早期构造形迹之上的陆内造山带,尤其受特提斯构造域的影响,在陆内挤压环境下形成了四川前陆盆地（压陷盆地）,沉积了无海相沉积的河湖相碎屑岩组合。

晚白垩世—新生代以来,主要受太平洋板块及大陆边缘构造影响,区域构造应力场以北东-南西向叠加造山为主,形成一系列北东向坳陷盆地,在盆地及低凹地区有少量粗碎屑沉积。

3. 大方新场-桐梓夜郎晚三叠世—第四纪压陷盆地（T_3—Q）Ⅱ-1-4-3

晚三叠世,结束海相沉积,在挤压背景下仅在凹陷盆地形成以河湖环境为主的石英砂岩或长石石英砂岩。侏罗纪时,处于川中前陆盆地边缘,以滨湖沉积为主。滨湖边缘有少许曲流河沉积。白垩纪均为一套砾岩、砂岩及泥岩为主的紫红色岩系。为分散、孤立的小型断陷盆地。

主要反映晚三叠世—侏罗纪的一套河湖相砂岩、粉砂岩、泥岩沉积建造组合特征。对应地层是晚三叠世的火把冲组(T_3h)、二桥组(T_3e),侏罗系自流井组($J_{1-2}z$)、沙溪庙组(J_2s)、遂宁组(J_3sn)、蓬莱镇组(J_3p)。

可进一步将三叠系分为火把冲组(T_3)陆表海碎屑岩湖泊-沼泽石英砂岩-粉砂岩-碳质泥含煤建造组合,和二桥组(T_3e)陆表海碎屑岩河湖相沉积复成分砂岩建造组合。侏罗系自流井组($J_{1-2}z$)为陆表海碎屑岩河湖相泥岩-石英砂岩-含铁砂岩建造组合;沙溪庙组(J_2s)、遂宁组(J_3sn)、蓬莱镇组(J_3p)为陆表海碎屑岩湖相长石石英砂岩-钙质黏土岩建造组合。

4. 惠水-开阳-思南-秀山震旦纪—奥陶纪陆缘裂谷(Z—O)Ⅱ-1-4-4

新元古代表现为半深海陆缘碎屑变质砂岩-板岩沉积建造组合特征。对应地层是清水江组(Pt_3^1),为一套凝灰岩-凝灰质板岩-板岩建造组合。下震旦统陡山沱组为一套浅水陆架上出现浅滩-潮坪环境的砾、砂屑磷块岩夹黏土岩沉积。宝塔组为一套浅灰、灰色中厚—厚层泥质条带灰岩,泥晶灰岩,底部常为一层紫红色、灰红色含生物碎屑泥晶灰岩沉积。泥质灰岩中缝合线构造发育。反映为陆缘裂谷沉积建造组合特征。

五、上扬子台地东南缘被动陆缘(Pz_1)Ⅱ-1-5

上扬子台地东南缘被动陆缘分布于黔东南地区的黎平、榕江、从江、剑河、锦屏和雷山等县,向南和向东延入广西和湖南。最老地层为新元古界四堡群,主要地层为青白口纪及南华纪浅变质的陆源碎屑岩系,其次为零星分布的古生代及中生代地层。南华纪以含陆源冰碛砾石的浅海碎屑岩为主,夹碳酸盐岩。震旦纪至早古生代为不稳定环境,沉积物以复理石或类复理石夹硅质岩为主。晚古生代及早三叠世沉积为碳酸盐岩夹碎屑岩及硅质岩建造。中生代印支—燕山期地壳强烈上升,盖层被大幅度剥蚀。

1. 余庆-施城晚白垩世—第四纪压陷盆地(K_2—Q)Ⅱ-1-5-1

该压陷盆地为前陆磨拉石盆地的大型河湖相沉积。主要反映冲积、河流、砂砾岩、粉砂岩、泥岩建造组合特征。为茅台组(K_2m)砾岩-砂、砾岩-泥岩建造组合。

2. 铜仁-万山-丹寨震旦纪—中奥陶世陆缘裂谷(Z—O)Ⅱ-1-5-2

早古生代末扬子、华南陆块碰撞,发育以志留系为代表的前陆盆地相沉积。由于受加里东运动的影响,志留系在该区只出露下统,主要沉积滨浅海相砂岩、粉砂岩、泥岩建造组合。对应的地层有新滩组(S_1x)、松坎组(S_1s)、石牛栏组(S_1sh)、韩家店组(S_1h)。

可进一步分为新滩组(S_1x)潮坪相砂岩-黏土岩建造组合,松坎组(S_1s)潮坪相泥灰岩建造组合,石牛栏组(S_1sh)开阔台地相生物碎屑灰岩夹黏土岩建造组合,韩家店组(S_1h)潮坪-淡化潟湖相粉砂岩-黏土岩-灰岩建造组合(局部有短暂的砂质潮坪或砂泥与碳酸盐的混合潮坪)。

3. 独山-荔波中泥盆世—三叠纪碳酸盐岩台地(D_2—T)Ⅱ-1-5-3

总体反映为一陆表海碳酸盐岩台地碳酸盐岩组合特征。对应地层是泥盆系的龙洞水组(D_2l)、邦寨组(D_2b)、独山组下段鸡泡段(D_2j)、望城坡组(D_3w)、尧梭组(D_3r)、革老河组(D_3g),石炭系汤耙沟组(C_3t)、旧司组(C_3j)、上司组(C_3s)、大埔组($C_{3-2}d$)、黄龙组(C_2h)、马平组[(C—P)m]。

包括将泥盆系分为龙洞水组(D_2l)、革老河组(D_3g)陆表海碳酸盐岩浅海相生物屑灰岩-泥质灰岩建造组合，独山组下段鸡泡段（$D_2 j$）、望城坡组（$D_3 w$）、尧梭组革（$D_3 r$）陆表海碳酸盐岩半局限台地相白云岩-生物屑灰岩建造组合。

石炭系分为汤粑沟组（$C_3 t$）、旧司组（$C_3 j$）、上司组（$C_3 s$）、大埔组（$C_{3-2} d$）陆表海碳酸盐岩半局限台地相-开阔台地相生物屑灰岩-白云岩建造组合，黄龙组（$C_2 h$）、马平组[（C—P）m]陆表海碳酸盐岩开阔台地相生物碎屑灰岩建造。

4. 麻江-黄平-铜仁震旦纪—志留纪陆缘裂谷（Z—S）Ⅱ-1-5-4

新元古代早期，扬子陆块与华南陆块沿再次发生裂解，梵净山—雷山地区为陆缘裂谷边缘，形成一套陆缘裂谷碎屑岩滨岸-陆棚-斜坡-盆地相的沉积建造组合。对应的地层有板溪群[金竹坪组（$Pt_3^1 j$）、张家坝组（$Pt_3^1 z$）、红子溪组（$Pt_3^1 h$）]，下江群[（甲路组（$Pt_3^1 j$）、乌叶组（$Pt_3^1 w$）、番召组（$Pt_3^1 f$）、清水江组（$Pt_3^1 q$）、平略组（$Pt_3^1 p$）、隆里组（$Pt_3^1 l$）]，丹洲群[拱洞组（$Pt_3^1 g$）]。

包括金竹坪组、红子溪组（Pt_3^1）陆缘裂谷碎屑岩滨岸陆棚相浅变质砂岩-绢云母板岩-千枚岩建造组合；甲路组（Pt_3^1）陆缘裂谷碳酸盐岩浅变质碳酸盐岩-大理岩建造组合；乌叶组（Pt_3^1）陆缘裂谷棚内盆地相碳质千枚岩-绢云母千枚岩组合；番召组（Pt_3^1）陆缘裂谷陆缘斜坡相浅变质砂岩-绢云母板岩-绢云母石英千枚岩建造组合；清水江组（Pt_3^1）、平略组（Pt_3^1）陆缘裂谷陆缘斜坡相凝灰岩-凝灰质板岩-板岩建造组合；隆里组（Pt_3^1）陆缘裂谷滨岸陆棚相浅变质长石石英砂岩-绢云母板岩建造组合；拱洞组（Pt_3^1）陆缘裂谷半深水-深水盆地相浅变质砂岩-粉砂质板岩-绢云母千枚岩建造组合。

5. 江口-岑巩新元古代残余海盆（Pt_3）Ⅱ-1-5-5

该残余海盆主要由甲路组一段（$Pt_3^1 j$）、隆里组（$Pt_3^1 l$）组成。甲路组主要为灰色、灰绿色中—厚层变质细砂岩，变质粉砂岩，石英绿泥绢云千枚岩，粉砂绢云母千枚岩及绢云母片岩。在从江根勇一带底部见变质砾岩。变质砾岩产于底部，颜色为灰色、灰绿色，其下部砾石含量较高，达40%，往上含量逐渐减少，过渡为含砾绿泥千枚岩。隆里组（$Pt_3^1 l$）为浅变质长石石英砂岩-绢云母板岩建造组合。

六、雪峰山陆缘裂谷盆地（Nh）Ⅱ-1-6

该区由慈利-大庸断裂和安化-溆浦-融安-河池断裂所围限。由 T_3—J 时期的构造运动形成的由南西-北东向的推覆构造，逆冲断层和褶皱走向主体为 NE 或 NNE 向，在北段部分存有 NW 向滑断裂切割这些逆冲断层和褶皱。

总体反映为由新元古代至南华纪陆缘裂谷演化的特征。为南华纪—奥陶纪上扬子东南缘斜坡带，广泛出露南华纪至早古生代地层，由南华纪陆缘裂谷亚相的含砾砂岩、粉砂岩、冰碛岩、泥岩夹凝灰岩组合，震旦纪—寒武纪盆地边缘相的硅质岩、碳质泥岩组合，奥陶纪陆缘斜坡亚相的泥灰岩、钙质泥岩组合构成。

叠加了较多的白垩纪断陷盆地，以沅麻盆地最为突出，主要岩石建造为砾岩、含砾砂岩、细砂岩和泥岩及组合，属洪冲积-河流相-湖相沉积。沅麻盆地在白垩纪红色岩系沉积之前，盆地空间已开始形成，这是因为燕山运动形成了一系列走向北东的隆起带和凹陷等，这些凹陷为白垩纪岩系的充填（堆积）提供了空间。换而言之，白垩纪岩系的沉积严格受燕山期北东向构造的控制。

1. 从江-剑河-天柱新元古代裂谷（Pt_3）Ⅱ-1-6-1

新元古代早期，扬子陆块与华南陆块再次发生裂解，其间南华裂谷形成，从江—锦平地区为陆缘裂谷斜坡-盆地相的沉积建造组合。斜坡区出现近源浊积岩、滑塌-滑移等沉积类型，盆地区为巨厚的陆源碎屑浊积岩，出现远源浊积岩、等深流、悬浮-化学沉积等沉积类型，其鲍马层序以 Tc-e、Td-e 序列的细碎屑沉积为主,为典型的深水盆地相沉积。对应的地层有下江群乌叶组、番召组、清水江组、平略组、隆里组,丹洲群(拱洞组)。

包括乌叶组陆缘裂谷棚内盆地相碳质千枚岩-绢云母千枚岩组合;番召组(Pt_3^1)陆缘裂谷陆缘斜坡相浅变质砂岩(滑积岩)-绢云母板岩-绢云母石英千枚岩建造组合;清水江组(Pt_3^1)、平略组(Pt_3^1)陆缘裂谷陆缘斜坡相滑积岩-凝灰岩-凝灰质板岩-板岩建造组合;隆里组(Pt_3^1)陆缘裂谷滨岸陆棚相浅变质长石石英砂岩-绢云母板岩建造组合;拱洞组(Pt_3^1)陆缘裂谷半深水-深水盆地相浅变质砂岩-粉砂质板岩-绢云母千枚岩建造组合。

2. 三穗-三都-黎平南华纪周缘前陆盆地(Nh)Ⅱ-1-6-2

该盆地主要反映震旦纪—寒武纪陆缘裂谷盆地硅、泥质组合特征。对应的地层有陡山沱组(Z_1d)、跨震旦纪—寒武纪老堡组($Z—\epsilon_1$)、渣拉沟组($Z—\epsilon_{1-2}$)盆地相碳质泥岩-含磷硅质岩建造组合,寒武系牛碲塘组(ϵ_1)。

包括陡山沱组(Z_1)盆地相泥质白云岩-碳质黏土岩建造组合;老堡组($Z—\epsilon_1$)盆地相硅质岩-碳质硅质岩建造组合;渣拉沟组($Z—\epsilon_{1-2}$)盆地相碳质泥岩-含磷硅质岩建造组合;牛碲塘组(ϵ_1)滞流盆地碳质泥页岩建造组合。

3. 三穗-台江震旦纪—奥陶纪陆缘裂谷(Z—O)Ⅱ-1-6-3

新元古代早期,扬子陆块与华南陆块再次发生裂解,其间南华裂谷海槽形成,从江—锦平地区为陆缘裂谷斜坡-盆地相的沉积建造组合。斜坡区出现近源浊积岩、滑塌-滑移等沉积类型,盆地区为巨厚的陆源碎屑浊积岩,出现远源浊积岩、等深流、悬浮-化学沉积等沉积类型,其鲍马层序以 Tc-e、Td-e 序列的细碎屑沉积为主,为典型的深水盆地相沉积。对应的地层有下江群乌叶组(Pt_3^1)、番召组(Pt_3^1)、清水江组(Pt_3^1)、平略组(Pt_3^1)、隆里组(Pt_3^1),丹洲群[拱洞组(Pt_3^1)]。

包括乌叶组(Pt_3^1)陆缘裂谷棚内盆地相碳质千枚岩-绢云母千枚岩组合;番召组(Pt_3^1)陆缘裂谷陆缘斜坡相浅变质砂岩(滑积岩)-绢云母板岩-绢云母石英千枚岩建造组合;清水江组(Pt_3^1)、平略组(Pt_3^1)陆缘裂谷陆缘斜坡相滑积岩-凝灰岩-凝灰质板岩-板岩建造组合;隆里组(Pt_3^1)陆缘裂谷滨岸陆棚相浅变质长石石英砂岩-绢云母板岩建造组合;拱洞组(Pt_3^1)陆缘裂谷半深水-深水盆地相浅变质砂岩-粉砂质板岩-绢云母千枚岩建造组合。

4. 天柱-贯洞泥盆纪—三叠纪碳酸盐岩台地(D—T)Ⅱ-1-6-4

该碳酸盐岩台地主要反映上叠于裂谷盆地残存的浅海碳酸盐岩组合特征。对应的地层有石炭系黄龙组(C_2h)、马平组[$(C—P)m$],二叠系栖霞组(P_2q)、茅口组(P_2m)、合山组(P_3h)。

黄龙组(C_2)、马平组、栖霞组(P_2)、茅口组(P_2)均表现为陆表海碳酸盐岩开阔台地相生物碎屑灰岩-燧石灰岩建造组合;合山组为陆表海浅海碳酸盐岩台地相生物碎屑灰岩-燧石灰岩夹碎屑岩建造组合。

七、上扬子东南缘古弧盆系(Pt_2)Ⅱ-1-7

上扬子东南缘古弧盆系为雪峰山隆起的核心部分,主要为变质细砂岩、含砾板岩、泥岩、冰碛岩夹凝灰岩建造,另在桂北元宝山一带,出露少量中新元古代基性—超基性岩(如变橄榄岩、变橄辉岩、变辉石岩、变辉长岩等,具铜、镍矿化)和中酸性侵入岩(主要有花岗闪长岩、英云闪长岩、石英闪长岩等)。

1. 翠里-秀塘-从江新元古代裂谷(Pt_3)Ⅱ-1-7-1

该裂谷由甲路组一段(Pt_3^1j)、隆里组(Pt_3^1l)组成。甲路组主要为灰色、灰绿色中—厚层变质细砂岩,变质粉砂岩,石英绿泥绢云千枚岩,粉砂质绢云母千枚岩及绢云母片岩。在从江根勇一带底部见变质砾岩。变质砾岩产于底部,颜色为灰色、灰绿色,其下部砾石含量较高,达40%,往上含量逐渐减少,过渡为含砾绿泥千枚岩。隆里组(Pt_3^1)为浅变质长石石英砂岩-绢云母板岩建造组合。

2. 翠里新元古代洋盆(Pt_3)Ⅱ-1-7-2

该区产超基性岩。相邻桂北地区有枕状玄武岩-石英角斑岩组合出露。发育的中元古代四堡群为以陆缘碎屑浊积岩为主的边缘海盆地(弧后盆地)复理石沉积组合。对应的地层有文通岩组(Pt_2w)、塘柳岩组(Pt_2t)、鱼西组(Pt_2r)。文通岩组为深海盆地相石英片岩-绢云母石英千枚岩建造组合;塘柳岩组为深海盆地相还原环境石英绿泥绢云片岩-石英绢云母片岩-千枚岩组合;鱼西组为半深海斜坡环境绢云母石英千枚岩-砂质绢云母千枚岩-绢云石英片岩夹变质石英砂岩、变质细砂岩建造组合。

八、南盘江-右江前陆盆地(T)Ⅱ-1-8

罗甸-紫云-南丹断裂带、那坡-龙州断裂带是右江-南盘江裂谷的两条主导性边界断裂,弥勒-师宗-盘县断裂、凭祥-东门断裂构成该裂谷的两条走滑边界。属滇黔桂"金三角"的组成部分,是由扬子被动边缘碳酸盐岩台地演化而成的一个中晚三叠世周缘前陆盆地。卷入这个带的地层为上古生界至中生界,其中以中上三叠统的陆源碎屑复理石最引人注目。

总体反映三叠纪南盘江-右江前陆盆地的演化特征。是从泥盆纪至中三叠世发育于华南板块西缘的一个陆缘复合盆地,其主体位于扬子板块之上,其东以"钦防海槽"为界,南邻特提斯洋盆。中生代以前沉积建造具有扬子板块的特点,主要的变化是三叠纪,随着古特提斯洋在中印支—晚印支期相继关闭,转化为前陆盆地,沉积以复理石为主。

1. 望谟-安龙-开远-个旧泥盆纪—三叠纪碳酸盐岩台地(D—T)Ⅱ-1-8-1

望谟-安龙陆棚碳酸盐岩台地:主要反映晚二叠世、晚三叠世时期滨岸-沼泽相含煤碎屑岩组合特征。对应的地层是龙洞水组(D_2l)碳酸盐岩浅海相生物屑灰岩-泥质灰岩建造组合,融县组(D_3r)陆表海碳酸盐岩台缘生物屑灰岩建造组合,垄头组(T_2l)为陆表海台地边缘滩相藻屑、砂屑、砾屑灰岩-生物屑灰岩建造组合,关岭组(T_2g)碳酸盐岩局限台地相白云岩-灰岩-黏土岩建造组合。

个旧碳酸盐岩台地:分布于建水县坡头、个旧市卡房、蒙自县新安所、开远市马者哨、砚山县平远、稼禾、丘平县腻脚、双龙营等地,呈北东向展布,主要由三叠系洗马塘组、嘉陵江组、个旧组、法郎组、把南组、火把冲组组成,开阔台地碳酸盐岩组合是其代表性建造组合。

罗平陆源碎屑-碳酸盐岩台地:分布于建水县官厅,弥勒县朋普,泸西县永宁,师宗县大同,罗平县板桥、黄泥河等地,呈北东向之长条状,由三叠系飞仙关组、关岭组、法郎组、把南组、火把冲组组成。是一套以台地陆源碎屑-碳酸盐岩组合为代表的建造组合。

2. 高良-广南三叠纪被动陆缘斜坡(T)Ⅱ-1-8-2

该陆缘斜坡分布于师宗县高良、广南县八达、富宁县那能等地,呈北西-南东向展布,由三叠系石炮组、板纳组、兰木组、平寨组组成,是一套次深海浊积岩建造,岩石中鲍马序列、底模构造发育,显示其是次深海陆坡-陆隆环境的沉积。

3. 丘北-珠琳-富宁泥盆纪—二叠纪陆内裂谷(D—P)Ⅱ-1-8-3

该陆内裂谷分布于丘北县城,广南县董堡、杨柳井,富宁县郎恒、板仓、花甲、者桑等地,呈北西-南东向之长条状。由泥盆系达莲塘组、榴江组、五指山组,石炭系坝达组、顺甸河组,石炭系—二叠系他披组,二叠系岩头组、领薅组组成。为次深海环境的深水碳酸盐岩-硅质岩沉积,是在台地环境内发育出的陆缘裂谷沉积。

4. 睛龙-兴义泥盆纪—二叠纪陆表海/兴仁-戈塘二叠纪—三叠纪被动陆缘陆棚碎屑岩盆地（P—T）Ⅱ-1-8-4/5

该盆地主要反映晚二叠世、晚三叠世时期滨岸-沼泽相含煤碎屑岩组合特征。对应的地层是晚二叠世龙潭组（P_3l）、晚三叠世火把冲组（T_3h）。晚二叠世龙潭组（P_3l）反映为滨岸-沼泽相砂、泥质夹灰岩-含煤碎屑岩建造组合。晚三叠世火把冲组（T_3h）反映为湖泊-沼泽相石英砂岩-粉砂岩-碳质泥含煤建造组合。

九、富宁-那坡被动陆缘（Pz）Ⅱ-1-9

富宁-那坡被动陆缘位于滇东南之屏边、河口、文山、马关、西畴、砚山、广南、富宁等县范围。由一套被动陆缘环境的次深海陆坡-陆隆、浅海陆棚陆源碎屑-碳酸盐岩台地、碳酸盐岩台地为主的沉积组成。东侧还发育陆缘裂谷深水沉积和局部的残余海盆沉积，可划分4个四级构造古地理单元：屏边陆坡-陆隆、文山-马关陆棚碳酸盐岩台地、富宁陆内裂谷、八布残余海盆。

1. 屏边三叠纪陆坡-陆隆（T）Ⅱ-1-9-1

该陆坡-陆隆位于富宁-那坡被动陆缘之西部边缘，呈北西向之长条状分布于屏边县新现、玉屏、白河一带。由南华系—震旦系屏边群组成，是一套显示次深海环境的浊积岩（砂板岩）建造组合，以冰海环境的含砾板岩夹层为特征。

2. 文山-马关震旦纪—二叠纪被动陆缘（D—P）Ⅱ-1-9-2

该被动陆缘位于滇东南屏边、河口、马关、文山、麻栗坡、西畴等县范围。

从新元古代南华纪—二叠纪有比较连续的沉积记录，只是志留纪出现沉积间断。南华纪—早震旦世，位于最西部的南华系—下震旦统屏边群的绢云板岩、绢云粉砂质板岩夹含砾板岩、变质粉砂岩是一套半深海斜坡相沉积，上震旦统—下寒武统浪木桥组页岩、粉砂岩夹含磷粉砂岩、磷块岩透镜体、白云质灰岩，底部的砾岩平行不整合覆于屏边群之上，这与滇中古陆同时代的灯影组含磷有相似之处，只是水体更深。下寒武统冲庄组—下中寒武统大寨组的石英砂岩、粉砂岩和泥岩系滨浅海相沉积；中寒武统田蓬至下奥陶统下木都底组细碎屑岩与灰岩间互产出，属滨浅海中台地边缘-潮坪相沉积；下奥陶统独树柯组—中奥陶统木同组潮坪与碳酸盐岩开阔台沉积地交替进行。与滇中的陆表海一样，也经历了志留纪的海退，隆升剥蚀后，下泥盆统坡松冲组的砾岩不整合盖在下伏老地层上，这套海陆交互相碎屑岩被下泥盆统坡脚组的远滨相泥岩、粉砂岩夹泥灰岩整合覆盖。从下泥盆统古木组开始—中二叠统阳新组为开阔台地碳酸盐岩沉积，与滇东碳酸盐岩台地一样完成了晚古生代退积型碳酸盐岩沉积。峨眉山玄武岩喷溢后，海退使下二叠统龙潭组显示海陆交互相特征，吴家坪组为局限台地的灰岩和铝土矿。

3. 八布残余二叠纪—三叠纪海盆（P—T）Ⅱ-1-9-3

该海盆位于麻栗坡县八布、金所湾、龙林一带。由一套形成于二叠纪，显示残余洋盆环境的八步蛇绿混杂岩、二叠纪拉斑玄武岩、远洋细碎屑岩、硅质岩组成。

4. 富宁泥盆纪—二叠纪陆内裂谷（D—P）Ⅱ-1-9-4

该陆内裂谷位于云南省东南部的富宁县。在晚古生代，由于水平拉张作用，在广南及其东侧的广西、贵州等地，形成了数条宽仅数十千米、长达百余千米的裂陷槽，在整个上古生界，其周边为陆棚碳酸盐岩台地的环境下,断陷槽内沉积了一套半深海环境的深水碳酸盐岩-硅质岩建造,显示两者明显的环境差异。从泥盆系达莲塘组到石炭系—二叠系他披组均为连续沉积,且较深水环境一直没有改变。沉积建造以台盆半深水碳酸盐岩组合、台盆硅泥质岩组合为主,夹有少量玄武岩与凝灰岩建造组合,与旁侧碳酸盐岩台地建造组合有非常明显的差异。

十、康滇台地（Nh—P_1）（攀西上叠裂谷,P_2—T_1）Ⅱ-1-10

西以金河-箐河断裂为界,东以小江断裂为限,北至康定以北,南至红河。分别与上扬子分区和盐源-丽江分区相邻。属上扬子陆块区范畴,基底岩系形成时期,即古—中元古代,区内属陆块边缘、被动陆缘的陆棚碎屑岩盆地,沉积环境为无障壁海岸临滨-远滨带;中—新元古代属被动陆缘的陆棚碎屑岩盆地—陆棚碳酸盐岩台地交替出现,沉积环境由无障壁海岸与碳酸盐岩台地交替分布。南华纪属陆缘裂谷边缘的火山-沉积断陷盆地,沉积环境由火山盆地演化为曲流河相。晚震旦世以后,几乎包括整个古生代,构造古地理特征均属于陆表海范畴,以陆源碎屑无障壁陆表海—陆源碎屑-碳酸盐岩陆表海—碳酸盐岩陆表海交替出现为特征。沉积环境也以无障壁海岸—碳酸盐岩台地交替演化为特征,前者以前滨-临滨环境占有优势,后者开阔台地多见,局部有局限台地分布。

晚二叠世初,区内演变为陆内裂谷阶段,以玄武岩大面积分布为标志。其后海相环境结束,转入陆相环境。自晚二叠世至新近纪,构造古地理总体特征属陆块内部坳陷盆地。结束了海相沉积环境,转入河流与湖泊交替的陆相环境。河流相中曲流河与网状河流并存,局部沉积盆地边缘地区可出现冲积扇环境;湖泊以淡水湖为主,受古气候条件影响,晚期逐步演变为咸水湖泊。

1. 越西-昆明-石屏中元古代—二叠纪陆表海（Pt_2—P）Ⅱ-1-10-1

该陆表海为一套台地潮坪-局限台地碳酸盐岩组合、台地陆源碎屑-碳酸盐岩组合。

在中元古代浅变质的基底之上,从震旦纪—二叠纪为分布广泛的陆表海沉积。滨海碳酸盐岩沉积形成的岩石地层有:震旦系—寒武系灯影组,寒武系龙王庙组、陡坡寺组、双龙潭组,奥陶系大箐组,志留系黄葛溪组、妙高组,泥盆系宰格组、炎方组,石炭系大埔组、黄龙组、马平组,二叠系阳新组等。形成的沉积岩建造组合有:陆表海灰岩组合(浅灰色厚层块状灰岩、生物碎屑灰岩夹白云质灰岩)、陆表海白云岩组合(灰白色、深灰色白云岩,角砾状白云岩夹钙质页岩与灰岩)、陆表海陆源碎屑-灰岩组合(白色、浅灰色白云质灰岩夹灰岩与少量砂质页岩)、陆表海陆源碎屑-白云质磷块岩组合(浅灰色薄—中层状鲕状、假鲕状硅质磷块岩,白云质磷块岩夹含磷砂质、黏土质页岩或含磷白云岩)。

2. 泸定-石棉-冕宁三叠纪—侏罗纪陆内坳陷盆地（T—J）Ⅱ-1-10-2

该盆地分布在泸定—石棉—冕宁一带。呈近南北向展布。主要由三叠纪—侏罗纪地层组成。为一套湖泊相泥岩粉砂岩组合。

3. 西昌-会理-禄丰三叠纪—新近纪陆内坳陷盆地（T—N）Ⅱ-1-10-3

自晚二叠世至新近纪,总体特征属陆块内部坳陷盆地。结束了海相沉积环境,转入河流与湖泊交替的陆相环境。河流相中曲流河与网状河流并存,局部沉积盆地边缘地区可出现冲积扇环境;湖泊以淡水湖为主,受古气候条件影响,晚期逐步演变为咸水湖泊。

中、新生代沉积物以巨厚的陆相红色碎屑岩系为特征,沉积环境以冲积、洪积沉积为主,局部有湖泊相短暂出现。构造古地理特征属陆内坳陷盆地,由陡坡带至中央带交替演化。

上三叠统—古近系则发育有分布局限的坳陷盆地的红色沉积。显示其是稳定的陆块区的一部分。以发育大套及红色砂泥岩系为主,地层层序连续,沉积建造组合类型以河流砂砾岩-粉砂岩泥岩组合为主,局部夹有湖泊泥岩粉砂岩组合,厚度大者可达 6000 余米。新近纪地层分布在局部发育的小型凹陷盆地中,基本岩性为以砂岩、泥岩为主夹劣质褐煤,称昔格达组,沉积建造组合类型仍为河流砂砾岩-粉砂岩泥岩组合,堆积厚度不足 1000m。

十一、楚雄前陆盆地(Mz)Ⅱ-1-11

楚雄前陆内盆地位于云南省中部华坪、永仁、元谋、大姚、牟定、南华、楚雄、双柏、新平等县范围,东以绿汁江断裂与滇中中新元古代变质基底分界;西以程海断裂带与盐源-丽江被动陆缘为邻。在结晶基底与褶皱基底形成后抬升,仅边缘部分为震旦纪—三叠纪陆表海沉积所覆盖,大部分地区仍处于剥蚀状态,直到晚三叠世才开始全区大规模坳陷,沉积厚度逾万米的前陆盆地。可进一步划分出以下四级构造古地理单元。

1. 祥云-八角晚三叠世前渊(T_3)Ⅱ-1-11-1

该前渊位于楚雄陆内盆地西南部之楚雄新村、三街、祥云县禾甸、米甸等地,呈北西-南东向之长条状,由上三叠统之云南驿组、罗家大山组、花果山组组成。早期为陆源碎屑浊积岩-碳酸盐岩建造组合的云南驿组,其上则为厚达 2000m 的陆源碎屑浊积岩夹火山岩建造组合的罗家大山组,碎屑岩中具鲍马序列。进入诺利期,该前渊很快夭折并转变为滨海沼泽含煤沉积(花果山组)。

2. 永仁-姚安-楚雄三叠纪—古近纪前陆-陆内坳陷盆地(T—E)Ⅱ-1-11-2

该盆地是楚雄陆内盆地的主体部分,占据了该陆内盆地的绝大部分(面积的 70%)。晚三叠世—始新世早期的陆内沉积主要发育于扬子地层区的范围,以出现大型坳陷盆地为特征。分布于云南中部元谋、大姚、姚安、牟定、南华、楚雄、双柏及新平等县范围。盆地发育始于晚三叠世诺利期,经历侏罗纪、白垩纪至古近纪古新世、始新世,在长达 1.8 亿年的时限内,盆地沉降速率与沉积速率基本协调一致,保持了较为稳定的水体深度,在气候干旱、炎热的环境下,沉积了厚度达万米的红色陆源碎屑岩建造。可划分为三叠系白土田组,侏罗系冯家河组、张河组、蛇店组、妥甸组,白垩系高峰寺组、普昌河组、马头山组、江底河组,古近系元永井组、赵家店组,均为一套内陆湖泊相红色砂岩、泥质岩建造组合。其中马头山组、江底河组是砂岩型铜矿的主要赋存层位;从古近纪开始,湖水逐渐咸化,从淡水湖泊转变为咸水湖泊,沉积了丰富的石盐、芒硝、石膏等矿产。

3. 华坪震旦纪—二叠纪碳酸盐岩台地(Z—P)Ⅱ-1-11-3

该台地分布于楚雄陆内盆地北端之华坪县、宁蒗县东部区域,由直接覆盖于结晶基底之上的震旦纪、寒武纪、奥陶纪、志留纪、泥盆纪、二叠纪陆表海环境的地层构成。依据沉积建造组合的差异,可划分为 2 个五级构造古地理单元:通达陆表海陆源碎屑-灰岩组合、龙洞陆表海灰岩组合。

通达陆表海陆源碎屑-灰岩组合:分布于华坪陆表海西南部,出露于华坪县石龙坝、新庄、腊么、通达和宁蒗县跑马坪等地,由震旦系观音崖组,震旦系—寒武系灯影组,寒武系沧浪铺组,奥陶系红石崖组、巧家组,奥陶系—志留系大箐组,志留系新滩组、稗子田组、中槽组组成。以出现陆表海陆源碎屑-灰岩组合类型建造组合为特征。

龙洞陆表海灰岩组合:分布于华坪陆表海西北部之华坪县永兴、龙洞,宁蒗县战河、新营盘等地,由泥盆系缩头山组、烂泥箐组、干沟组,石炭系—二叠系尖山营组,二叠系梁山组、阳新组、黑泥哨组、吴家坪组组成。其主要建造组合为陆表海灰岩组合。缩头山组、梁山组是夹于其中的陆源碎屑陆表海沉积,它们的沉积厚度均仅十米至数十米,但沿倾向或走向可延续数百千米。这种沿走向或倾向均较稳定的沉积,说明当时海底平坦,坡度不超过 1°,均为十分平缓的浅水区域。

4. 元谋中元古代陆缘裂谷（Pt_2）Ⅱ-1-11-4

该陆缘裂谷分布于楚雄陆内盆地之东部边缘，出露于元谋苴林、凤凰山与新平县大红山等地，由中元古界苴林岩群（元谋地区）、大红山岩群（新平县大红山地区）组成，实为同期沉积、同物异名而已。两岩群下部均为石英岩，其上均有火山岩与碳酸盐岩，明显是一套陆内裂谷环境的沉积。是滇中地区与铁、铜矿化作用关系较为密切的一个层位。

十二、盐源-丽江陆缘裂谷（Pz_2）Ⅱ-1-12

盐源-丽江陆缘裂谷位于扬子地层区西缘，其地理范围包括了盐源及相邻的木里、盐边及云南丽江一隅。分区东界金河-程海断裂带与楚雄陆内盆地分界，西以三江口-白汉场断裂与羌塘-三江地层区为邻，北界小金河断裂带，分别与康定分区和巴颜喀拉地层区相邻。由奥陶纪—三叠纪地层组成。

1. 永宁-玉龙雪山震旦纪—三叠纪被动陆缘（Z—T）Ⅱ-1-12-1

该被动陆缘见于云南省中部宁蒗县永宁、宝山、洱海东侧之挖色与云南东南部之金平县城、芭蕉坪、李子湾、鹤庆县北衙、云鹤、丽江县大研、九子海、高寒等地，是一套陆棚碳酸盐岩台地组合类型。由奥陶系—志留系大坪子组，志留系康廊组、青山组，泥盆系班满到组、莲花曲组、烂泥箐组、长育村组、干沟组，石炭系横阱组，石炭系—二叠系水长阱组、尖山组，二叠系阳新组，三叠系青天堡组、白衙、中窝组组成。以广泛发育开阔台地碳酸盐岩组合为特征。顶部中窝组是滇西地区铝土矿、锰矿的主要赋存层位。

2. 丽江-祥云二叠纪陆缘裂谷（P）Ⅱ-1-12-2

该陆缘裂谷位于源盐-丽江被动陆缘之东侧，见于丽江县鸣音、永胜县松坪、鹤庆县中江、宾川县鸡足山等地。该裂谷的形成明显受控于程海断裂带，近南北向展布，由二叠系峨眉山玄武岩组、黑泥哨组组成。岩石组合及岩石地球化学特征主要显示了大陆边缘裂谷火山岩的特点，与滇中—滇东北地区的峨眉山组玄武岩有较大差异。

3. 盐源晚三叠世、古近纪—新近纪陆内坳陷盆地（T_3、E—N）Ⅱ-1-12-3

晚三叠世与其他地区近似，为一套含煤建造。新生代地层为陆相碎屑岩沉积，分布在盐源一带的小型盆地中，构造古地理环境为坳陷盆地中央带，沉积物以河流相砂砾岩为主。古近系以丽江组为代表，堆积物以红色粗碎屑岩为主，基本岩性为块状砾岩、砂砾岩夹砂岩、粉砂岩，厚度约500m。新近系以盐源组为代表，为含煤碎屑岩，岩性为灰紫色砂砾岩、砂质黏土岩不等厚互层，夹薄层褐煤，厚度小于600m。沉积环境以陆相曲流河与网状河流交替分布为特征。构造古地理单元为坳陷盆地中央带。

4. 洱源奥陶纪被动陆缘斜坡（O）Ⅱ-1-12-4

该陆缘斜坡位于云南省中部宁蒗县西侧之翠玉，大理市东侧之凤仪、黄草坝等地，为奥陶系海东组、南板河组，为一套浊积岩组成，显示其是一套半深海环境的陆坡-陆隆沉积。

5. 宁蒗泥盆纪—二叠纪陆表海（D—P）Ⅱ-1-12-5

该陆表海分布在宁蒗附近，主要由缩山头组（D_2st）、烂泥箐组（Dln）、干沟组（Dgg）、尖山营组（CPj）、梁山组（P_2l）、阳新组（P_2y）、黑泥哨组（P_3h）、吴家坪组（P_3w）组成。缩山头组（D_2st）为一套陆表海粉砂泥岩组合，岩性为粉砂岩、不等粒砂岩或砾岩、砂砾岩与页岩不等厚互层；烂泥箐组（Dln）为一套陆表海灰岩组合，岩性为下部含沥青质灰岩、生物灰岩，中部白云质灰岩、钙质白云岩，上部以灰岩为主；

干沟组(Dgg)为一套陆表海灰岩组合,岩性为灰色、浅灰色鲕状灰岩,灰岩;尖山营组(CPj)为一套陆表海砂岩、泥岩组合,岩性为灰色、灰白色不等粒石英砂岩,局部夹紫红色豆状铝土矿;阳新组(P_2y)为一套陆表海灰岩组合,岩性为灰白色、深灰色灰岩夹生物碎屑灰岩;黑泥哨组(P_3h)为一套陆表海沙泥岩、粉砂岩、泥岩组合,岩性为灰绿色泥岩,粉砂岩、泥晶灰岩夹玄武岩、碳质页岩与煤层;吴家坪组(P_3w)为一套陆表海陆源碎屑-灰岩组合,岩性为泥灰岩、燧石团块灰岩夹粉砂质泥岩、粉砂岩。整体为一套陆表海灰岩、泥岩、粉砂岩组合。

十三、金平被动陆缘(S—P)Ⅱ-1-13

金平被动陆缘位于丽江-金平地层分区的南部,以哀牢山断裂、藤条河断裂与绿春地层小区分界;以红河断裂为界与康滇地层分区、个旧地层分区为邻。该小区古元古界哀牢山岩群广泛出露,其上为一套被动陆缘的半深海斜坡扇沉积(O)、陆棚-碳酸盐岩台地沉积(S—P)。

主要由志留系至二叠系深水-半深水相灰绿色绢云硅质板岩、变岩屑砂岩、钙质绢云硅质板岩、泥晶灰岩、绿泥片岩和硅质岩等组成,局部地区出现蓝晶石片岩。

下奥陶统海东组底部出露不全,为滨海石英砂岩,下奥陶统南板河组—中上奥陶统向阳组为斜坡浊流沉积,晚奥陶世—早志留世,大坪子组、康廊组和青山组沉积了约2700m厚的开阔台地碳酸盐岩,可能与这一时期的海退有关,但在局部地区仍保留有斜坡扇半深海浊流沉积,如上志留统—中泥盆统班满到地组。

盆地沉积分划从早泥盆世开始,大理一带,下中泥盆统莲花曲组为页岩夹薄层灰岩,上泥盆统长育村组和下石炭统横胼组为薄层状硅质岩夹灰岩,上石炭统—下二叠统为水长胼组薄层白云岩、灰岩夹硅质岩,具台地斜坡半深水沉积特征;中二叠统阳新组为开阔碳酸盐岩台地;与大理地区不同,金平地区莲花曲组为薄层含放射虫硅质板岩、粉砂质板岩泥质板岩夹灰岩透镜体,属斜坡浊流沉积,且时代上延至中泥盆世,从北向南渐趋变新,具穿时性。与大理地区不同的是,中泥盆统烂泥箐组—中二叠统阳新组,金平地区连续沉积了开阔台地碳酸盐岩。峨眉山玄武岩喷发不整合盖于阳新灰岩上,上二叠统黑泥哨组为海陆交互相环境。

1. 金平奥陶纪—二叠纪碳酸盐岩被动陆缘(O—P)Ⅱ-1-13-1

该被动陆缘与南板河陆坡-陆隆相伴出露,见于云南省中部宁蒗县永宁、宝山、洱海东侧之挖色与云南东南部之金平县城、芭蕉坪、李子湾等地,是一套陆棚碳酸盐岩台地组合类型。由奥陶系—志留系大坪子组,志留系康廊组、青山组、泥盆系班满到地组、莲花曲组、烂泥箐组、长育村组、干沟组,石炭系横胼组,石炭系—二叠系水长胼组、尖山组,二叠系阳新组组成。以广泛发育开阔台地碳酸盐岩组合为特征。

2. 大坪-勐桥奥陶纪被动陆缘-斜坡(O)Ⅱ-1-13-2

该被动陆缘-斜坡位于云南省东南部之金平县营盘、南板河等地,沉积建造组合可划分为奥陶系南板河组、向阳组,为一套浊积岩组成,岩性为灰黄色、灰绿色钙泥质粉砂岩,灰白色、灰色细粒长石石英砂岩呈旋回性产出,灰黑页岩与细粒石英砂岩不等厚互层,顶部为含砾砂岩夹页岩,显示其是一套半深海环境的陆坡-陆隆沉积。

第三节 北羌塘-三江弧盆系Ⅲ

北羌塘-三江弧盆系位于康西瓦-南昆仑-玛多-玛沁-勉县-略阳洋盆与班公湖-怒江-昌宁-孟连洋

盆之间，受控于古特提斯洋向东俯冲制约的晚古生代多岛弧盆系，类似于太平洋向西俯冲制约形成的东南亚多岛弧盆系。

地层层序记录了泛华夏大陆西南缘(亦即扬子陆块西缘)显生宙完整的地质演化过程。当泛华夏大陆群汇聚在一起时，新元古界—奥陶系或志留系与泥盆系的界面记录了泛华夏造山作用。随后晚古生代羌塘-三江多岛弧盆系的发育、岛弧造山作用，以及主体泛华夏大陆的定型等，均与原古特提斯洋的扩展和消亡密切相关，并在该大区有明显的构造-岩浆活动和沉积记录。

从昆仑前锋弧和康滇陆缘弧以日本群岛裂离型式裂离出的唐古拉-他念他翁弧是构成泛华夏大陆西南缘的晚古生代前锋弧。夹持于该前锋弧与早古生代昆仑前锋弧之间的玉龙塔格-巴颜喀拉台地(地块)、甘孜-理塘弧后盆地、中咱-中甸台地(地块)、西金乌兰湖-金沙江-哀牢山弧后盆地、甜水海-北羌塘-昌都-兰坪-思茅台地(地块)、双湖-乌兰乌拉湖-澜沧江弧后盆地、查布-江爱山-唐古拉-他念他翁弧山-崇山-临沧岛弧等地的广大区域，是晚古生代—中生代多岛弧盆系发育、弧后扩张、弧-弧碰撞、弧-陆碰撞的地质演化历史。三叠纪的印支岛弧造山作用，最终完成主体泛华夏大陆群的定型，并成为欧亚大陆的组成部分。中三叠世末，弧后盆地尚有残余海盆，除局部地区于晚三叠世形成碰撞后裂陷或裂谷盆地外，大部地区均以前陆盆地中的浅海-海陆交互相(T_3—J_1)沉积和内陆河流盆地(J_3及以后)紫红色碎屑岩沉积为特征。细分为巴颜喀拉前陆盆地、甘孜-理塘弧后洋盆、中咱-中甸碳酸盐岩台地、西金乌兰-金沙江-哀牢山弧后洋盆、甜水海-北羌塘-昌都-兰坪-思茅台地-前陆盆地、乌兰乌拉湖-澜沧江弧后盆地、那底岗日-格拉丹冬-他念他翁弧山-崇山-临沧岛弧 7 个构造古地理单元。

一、巴颜喀拉前陆盆地(T_3) III-1

东部边缘分布有零星的前南华纪基底岩系和较大面积的古生代变质盖层。中-新元古代变质火山-沉积岩系以及岩浆杂岩，局限出露于雪隆包、雅斯德、公差[(798 ± 24)Ma，U-Pb]、格宗(1585Ma，864Ma，U-Pb)等变质穹隆体接合部，具混合岩化和片理化—片麻理化柔流褶皱特征。局部分布震旦纪大理岩和结晶灰岩。奥陶系为白云岩、大理岩夹石英岩、片岩；志留系为千枚岩夹灰岩，在丹巴地区变质加深，出现矽线石、红柱石、蓝晶石、石榴石及黑云母变质相带；泥盆系以白云岩、结晶灰岩为主夹千枚岩，变质程度在丹巴地区亦变深，出现黑云母及石榴石变质矿物。石炭系—下二叠统由结晶灰岩含硅质条带组成。上二叠统为以大石包组为代表的海相枕状玄武岩、火山角砾岩和凝灰岩，并伴随有同期含铜-镍矿的基性—超基性岩侵位。

三叠系西康群是区内分布最广泛的地层。早-中三叠世继承被动陆缘演化，沉积一套浅海相碎屑岩和碳酸盐岩，局部发育浊积岩。因中三叠世末北侧发生碰撞造山，使之由被动陆缘转化为晚三叠世周缘前陆盆地，发育一套退积式层序的砂泥质复理石和浊积岩。自晚三叠世末起，继之发生逆冲-滑脱构造作用，叠置加厚引起地壳重熔，产生碰撞型花岗岩侵入($201\sim206$Ma，U-Pb；164Ma 和 152Ma，Rb-Sr)。同时沿北缘局部发育晚三叠世—早侏罗世河湖相含煤碎屑岩建造，并伴有中—酸性火山岩产出，在若尔盖地区，发育第四纪山前坳陷积扇堆积。

综上可以认为，该盆地具有陆壳基底，震旦纪—早古生代时期原属上扬子陆块西缘的组成部分。自晚古生代起，因弧后扩张演变为裂离型陆缘，具"堑垒式"构造特征。中三叠世末，由于北侧发生碰撞造山，则在此基础上，转化为晚三叠世前陆盆地，发育巨厚的浊积岩系。继之多层次逆冲-滑脱构造作用，叠置增厚引起地壳重熔，产生中生代中—晚期碰撞型花岗岩侵位。受新生代逆冲-走滑作用控制，在北缘若尔盖地区发育第四纪山前冲积扇堆积。

(一) 黄龙-白马-平武陆表海(Pt_1—T) Ⅲ-1-1

1. 平武志留纪—泥盆纪碳酸盐岩陆表海(S—D) Ⅲ-1-1-1

该碳酸盐岩陆表海分布在平武一带,主要由茂县群(Sm)、危关组(Dw)、蜈蚣口组(Z_2w)、水晶组(Z_2s)组成。茂县群(SM)为一套远滨泥岩粉砂岩夹砂岩组合,岩性为灰—深灰色薄—厚层状千枚岩、砂、碳质板岩夹泥质灰岩;水晶组(Z_2s)为一套开阔台地碳酸盐岩组合,岩性为灰色、深灰色结晶白云岩,白云质灰岩;危关组(Dw)为一套半深海浊积岩(砂板岩)组合,岩性为灰—灰黑色含泥质、碳质绢云石英千枚岩夹变质石英砂岩,结晶灰岩;蜈蚣口组(Z_2w)为一套台地陆源碎屑-碳酸盐岩组合,岩性为灰色绢云石英千枚岩夹薄层变质砂岩、结晶灰岩。

2. 摩天岭元古宙碎屑岩陆表海(Pt) Ⅲ-1-1-2

该碎屑岩陆表海分布在摩天岭一带,主要为一套开阔台地碳酸盐岩、台地陆源碎屑-碳酸盐岩组合,河流砂砾岩、粉砂岩、泥岩组合,岩性为灰色、深灰色结晶白云岩,白云质灰岩,灰色绢云石英千枚岩夹薄层变质砂岩、结晶灰岩,暗灰色变质砂砾岩、砂岩等。为碎屑岩陆表海沉积环境。

3. 黄龙-白马泥盆纪—三叠纪碳酸盐岩陆表海(D—T) Ⅲ-1-1-3

该碳酸盐岩陆表海位于黄龙—白马一带。本区震旦纪早期主要为变质砂、砾岩、千枚岩等;晚期以碳酸盐岩为主,地层厚度约小于1000m。古生代早期的奥陶系—志留系以变质砂、板岩为主,夹少量碳酸盐岩,称大堡群及白龙江群,总厚度大于5000m。自早泥盆世始,直至中三叠世末,分区大地构造环境处于较为稳定的碳酸盐陆表海环境,沉积物以碳酸盐岩为主,基本岩性以灰岩、生物碎屑灰岩为主,局部层位夹有白云岩、岩溶角砾岩及泥质岩类,鲜有陆源碎屑进入。主要由舟曲组、卓乌阔组、普通沟、当多组、下吾那、益哇沟组、岷河组、大关山组、叠山组、罗让沟组等组成。为一套陆表海碳酸盐岩、陆源碎屑-碳酸盐岩组合,前滨-临滨-远滨相砂泥岩、泥岩、粉砂岩组合。

(二) 巴颜喀拉前陆盆地(T) Ⅲ-1-2

巴颜喀拉前陆盆地主体在青海南部和川西北地区,北接南昆仑-玛曲-玛沁洋盆,南接羊湖-西金乌兰-金沙江洋盆,北东以岷江-雪山-虎牙断裂和平武-青川断裂为界,东以丹巴-茂汶断裂为限,南止于鲜水河断裂,北延入青海,西延纵贯可可西里一线。广泛发育以巴颜喀拉群(青海)和西康群(川西)为代表的三叠纪地层,主要是一套复理石-类复理石建造,其基底以古生代残块出露,类似东南边缘出露的震旦纪—古生代地层,以浅海碳酸盐岩-碎屑岩建造为主。于晚三叠世向南(可可西里-金沙江洋)向北(阿尼玛卿洋)双向消减,形成前陆盆地。

1. 色达-松潘-马尔康-金川三叠纪周缘前陆盆地(T) Ⅲ-1-2-1

该前陆盆地主体由早中三叠世深海沉积、典型浊积岩复理石和晚三叠世浅海复理石、风暴岩沉积、海相磨拉石构成,北部零星出露了中二叠世海山型沉积。以盆地为中心具有向南、北两侧陆块双向相背俯冲的极性特点,总体反映了古特提斯晚二叠世—中三叠世的残留洋盆性质和主洋域之所在,而在晚三叠世转化为周缘前陆盆地。

东部边缘分布有零星的前南华纪基底岩系和较大面积的古生代变质盖层。中—新元古代变质火山-沉积岩系以及岩浆杂岩,局限出露于雪隆包、雅斯德、公差[(798±24)Ma,U-Pb]、格宗(1585Ma,

864Ma，U-Pb)等变质穹隆体接合部,具片理化—片麻理化柔流褶皱特征。局部分布震旦纪大理岩和结晶灰岩。奥陶系为白云岩、大理岩夹石英岩、片岩；志留系为千枚岩夹灰岩,在丹巴地区变质加深,出现矽线石、红柱石、蓝晶石、石榴石及黑云母变质相带；泥盆系以白云岩、结晶灰岩为主夹千枚岩,变质程度在丹巴地区亦变深,出现黑云母及石榴石变质矿物。石炭系—下二叠统由结晶灰岩含硅质条带组成。上二叠统为以大石包组为代表的海相枕状玄武岩、火山角砾岩和凝灰岩,并伴随有同期含铜-镍矿的基性—超基性岩侵位。

三叠系西康群是区内分布最广泛的地层。早-中三叠世继承被动陆缘演化,沉积一套浅海相碎屑岩和碳酸盐岩,局部发育浊积岩。沿北缘局部发育晚三叠世—早侏罗世河湖相含煤碎屑岩建造,并伴有中-酸性火山岩产出,在若尔盖地区,发育第四纪山前坳陷冲积扇堆积。

2. 若尔盖-红原三叠纪—第四纪无火山岩断陷盆地(T—Q)Ⅲ-1-2-2

该断陷盆地位于四川省北部若尔盖—红原一带。三叠纪末印支期后洋盆关闭,三叠纪后海相沉积环境结束。该区在上升剥蚀阶段中局部形成小型断陷盆地,在分区内形成的小型断陷盆地中有3类岩石组合分布：其一为河流砂砾岩-粉砂岩泥岩夹火山岩组合,时代为侏罗纪；其二为河流砂砾岩-粉砂岩泥岩组合,时代为古近纪；其三为河湖相含煤碎屑岩组合,时代为新近纪。

3. 南坝-汶川志留纪—泥盆纪陆坡-陆隆(S—D)Ⅲ-1-2-3

该陆坡-陆隆东以龙门山断裂为界,西接可可西里-松潘周缘前陆盆地。沉积环境特征基本为半深海斜坡沟谷-斜坡扇,由通化组灰色、灰绿色石英千枚岩,片岩,变质石英砂岩夹薄层灰岩,危关组灰色—灰黑色含泥质、碳质绢云石英千枚岩夹变质石英砂岩,结晶灰岩组成,为一套半深海浊积岩(砂板岩)组合,属于半深海斜坡沟谷沉积。

4. 丹巴-金汤泥盆纪—三叠纪被动陆缘(D—T)Ⅲ-1-2-4

该被动陆缘位于龙门山断裂南段以西,鲜水河断裂南段以东,丹巴—金汤一带。早—中三叠世继承被动陆缘演化,沉积一套浅海相碎屑岩和碳酸盐岩,局部发育浊积岩。

5. 丹巴震旦纪—三叠纪被动陆缘(Z—T)Ⅲ-1-2-5

该被动陆缘分布在丹巴一带,主要由桂花沟组(Pt_3g)、蜈蚣口组(Z_2w)、水晶组(Z_2s)、通化组(St)、危关组(Dw)、三道桥组($P_{1-2}s$)、大石包组(P_3d)组成。桂花沟组(Pt_3g)为一套陆缘碎屑浊积岩组合,岩性为绿灰色、浅灰色长英绢云千枚岩,片岩夹变质粉砂岩,变质基性熔岩,凝灰岩；蜈蚣口组(Z_2w)为一套台地陆源碎屑-碳酸盐岩组合,岩性为灰色绢云石英千枚岩夹薄层变质砂岩、结晶灰岩；水晶组(Z_2s)为一套开阔台地碳酸盐岩组合,岩性为灰色、深灰色结晶白云岩,白云质灰岩；危关组(Dw)为一套半深海浊积岩(砂板岩)组合,岩性为灰色—灰黑色含泥质、碳质绢云石英千枚岩夹变质石英砂岩,结晶灰岩；三道桥组($P_{1-2}s$)为一套开阔台地碳酸盐岩组合,岩性为深灰色中—厚层状砾屑灰岩、生物屑灰岩、变质砂泥岩、结晶灰岩；大石包组(P_3d)为一套溢流相火山岩组合,岩性为灰绿色、灰黑色致密块状玄武岩,火山角砾岩,凝灰岩。整体反映为一套台地陆源碎屑浊积岩组合、台地陆源碎屑-碳酸盐岩组合。构造古地理单元为被动陆缘碎屑岩盆地。

6. 丹东-道孚晚三叠世陆缘裂谷(T_3)Ⅲ-1-2-6

该陆缘裂谷沿北西-南东向鲜水河断裂带展布,北大致以达曲-罗柯马山断裂与松潘前陆盆地相接,南大约以给色-木茹断裂与雅江残余盆地分界,北西端止于甘孜以北,东南端接南北向磨西断裂。

区内主要特征是晚古生代灰岩呈外来岩块滑塌堆积于二叠纪玄武岩和三叠纪浊积岩及硅质岩之中,存在有少量铁质超基性—基性岩(辉长岩:207.2Ma,U-Pb)。关于构造属性的认识存在分歧,主要有蛇绿混杂岩带和拗拉槽之说。新生代鲜水河左行走滑断裂贯穿其中,东段分布剪切成因的新近纪折多山-贡嘎山花岗岩(15Ma,Rb-Sr)。

7. 泥朵-炉霍晚三叠世深海平原(T_3)Ⅲ-1-2-7

该深海平原位于四川西北部,泥朵—炉霍一线,为一套深海浊积扇火山碎屑组合、深海浊积扇砂板岩组合和深海浊积扇砂砾岩组合,主要为深海平原沉积,海底浊积扇沉积建造。

8. 巴颜喀拉-四通达晚三叠世残余海盆(T_3)Ⅲ-1-2-8

该残余海盆分布在巴颜喀拉—四通达一带,呈北西-南东向展布。主要由扎尕山组(T_2zg)、如年各组(T_3r)、新都桥组(T_3x)、两河口组(T_3l)组成。扎尕山组(T_2zg)为一套台地陆源碎屑-碳酸盐岩组合,岩性为灰色—深灰色变质砂岩、板岩与微晶角砾状灰岩、生物礁灰岩互层;如年各组(T_3r)为一套残余海含蛇绿岩浊积岩(砂板岩)组合,岩性为灰色、紫红色灰质角砾岩,生物碎屑灰岩,蚀变玄武岩,玄武质凝灰岩夹变质砂板岩,硅质岩;新都桥组(T_3x)为一套半深海浊积岩-等深积岩(砂板岩)组合,岩性为灰色—深灰色碳质绢云板岩、粉砂质板岩、绢云石英千枚岩夹变质长石石英砂岩;两河口组(T_3l)为一套半深海浊积岩-等深积岩(砂板岩)组合,岩性为灰色—深灰色变质砂岩与板岩不等厚互层。整体反映为残余海盆沉积特征,为一套残余海含蛇绿岩浊积岩(砂板岩)组合。

9. 阿坝第四纪坳陷盆地(Q)Ⅲ-1-2-9

新生代第四纪期间,在阿坝附近形成了小范围的坳陷盆地。构造古地理环境为坳陷盆地中央带,沉积物以河流相砂砾岩为主。

(三) 雅江前渊盆地(O—T)Ⅲ-1-3

介于鲜水河裂谷与甘孜-理塘结合带之间范围,东界以锦屏山-小金河断裂为限,西延入青海境内。区内广布三叠纪西康群地层。中三叠统为陆棚浅海碎屑岩夹灰岩,局部出现浊积岩系,属于被动大陆边缘的沉积产物。上三叠统广为分布,下部为退积式层序的浊积岩系,含薄壳型双壳类化石,上部为进积式层序的浊积岩系,含原壳型双壳类化石,顶部(雅江组)出现滨海-潮汐相沉积,显示向上变浅逐渐充填淤塞而消亡。在区内东缘的长枪、江浪和踏卡等变质穹隆核部,可见前南华纪基底和古生代变质盖层出露。基底变质岩系由石榴二方石英片岩、石榴黑云角闪片岩夹大理岩组成,原岩应为火山-沉积建造,不整合于下奥陶统石英岩之下,曾报道有K-Ar法同位素年龄值为1838.6Ma和1930Ma(江浪)。古生代地层显示绿片岩相变质。奥陶系—志留系原岩为陆棚浅海-外陆棚半深海碎屑岩夹灰岩建造,偶夹火山岩。石炭系—二叠系为砂板岩、结晶灰岩夹变质玄武岩和硅质板岩。推断构造环境应为陆缘裂谷海槽。

雅江盆地基本上与可可西里-松潘前陆盆地同步发育和演化,但前者显示向上变浅—充填淤塞而结束的特征,推断是碰撞时受不规则大陆边缘控制而成为残余盆地。根据地球物理资料,曾有人提出盆地之下存在残留洋壳的认识,尚待进一步工作证实。

1. 石渠-甘孜-雅江-九龙奥陶纪—三叠纪被动陆缘-残余海盆(O—T)Ⅲ-1-3-1

三叠纪时期,全区构造古地理环境发展成为巨型洋盆环境并形成残余海盆,随时间的推移,依次演变为残余海盆陆缘碎屑-碳酸盐岩台地—残余海盆斜坡扇—残余海盆半深海斜坡沟谷—残余海盆碎屑浅海，沉积物以巨厚的半深海浊积岩-等深积岩(砂板岩)组合为特征。期间，局部地区由于处于拉张等构造环境中，形成局部的扩张洋脊，有残余海含蛇绿岩浊积岩(砂板岩)组合分布。

古近纪至新近纪该区结束了海相沉积，上升剥蚀的过程中，分别形成小型的无火山岩断陷盆地，以陡坡带-中央带的构造古地理环境为主，沉积物分别为冲洪积成因的红色砾岩及含煤碎屑岩。

2. 木里二叠纪—三叠纪陆缘裂谷(P—T)Ⅲ-1-3-2

该陆缘裂谷位于四川省西南部木里一带。晚古生代—中三叠世时期，因受车特提斯洋向东俯冲制约，其时位于西藏境内的唐古拉-他念他翁前峰弧以东四川西部地区引发弧后扩张，原与扬子陆块为一体的中咱-中甸、巴颜喀拉、摩天岭等地块，作为微陆块裂离西迁，其间发育金沙江弧后洋盆和甘孜-理塘弧后洋盆，以及炉霍-道孚江海型裂谷。影响直至木里-丹巴和康滇地区，分别形成陆缘裂谷和陆内裂谷，造成广泛的晚二叠世大陆溢流玄武岩喷溢和基性—超基性岩侵入。

3. 三垭晚二叠世—侏罗纪陆缘裂谷-陆棚(P)Ⅲ-1-3-3

该陆缘裂谷-陆棚分布在三垭附近，主要由危关组(Dw)、大石包组(P_3d)组成。危关组(Dw)为一套半深海浊积岩(砂板岩)组合，岩性为灰色—灰黑色含泥质、碳质绢云石英千枚岩夹变质石英砂岩，结晶灰岩；大石包组(P_3d)为一套溢流相火山岩组合，岩性为灰绿色、灰黑色致密块状玄武岩、火山角砾岩、凝灰岩。整体反映为一套台地陆源碎屑浊积岩组合。

二、甘孜-理塘弧后洋盆(P—T_3)Ⅲ-2

甘孜-理塘弧后洋盆北侧为可可西里松潘前陆盆地(T)，南侧为中咱-中甸碳酸盐岩台地。其上发育地层主要为上三叠统(巴塘群)，为砂岩夹板岩，砂岩-粉砂岩-蛇绿岩建造，灰色中—厚层火山岩夹粉砂岩、板岩及千枚岩，为陆缘弧沉积环境。侵入岩为超基性岩(ΣT)—辉长岩—花岗闪长岩演化序列，反映了洋岛-活动大陆边缘弧构造环境，发育典型的SSZ型蛇绿岩(通天河蛇绿岩、查涌蛇绿岩、多彩蛇绿岩)。

近年的1:5万和1:25万区域地质调查工作，先后在木里瓦厂、新龙坡差和石渠起钨等地发现海相侏罗纪地层，主要为一套滨-浅海相碳酸盐岩-碎屑岩建造，产珊瑚、层孔虫、水螅、腹足、苔藓、藻类、孢粉及遗迹等化石，表明甘孜-理塘弧后洋盆消亡后仍存在有侏罗纪残留海盆沉积。

(一) 玉隆-雄龙西泥盆纪—三叠纪弧前盆地(D—T)Ⅲ-2-1

该弧前盆地位于西侧义敦岛弧与东侧甘孜-理塘蛇绿混杂岩带之间。该火山-沉积盆地以玉隆扎拿卡剖面较为完整，主要出露上三叠统，由基性火山岩、火山碎屑岩、陆源碎屑浊积岩夹灰岩角砾组成。此外，正常见由崩落和水下滑塌作用形成的滑混堆积，众多灰岩角砾和块体散布于玄武岩中。据沉积相序及其组合分析认为，该盆地演化过程为早期拉张断陷，伴随基性火山活动；中期以沉积为主，以发育陆源碎屑海底扇与浊积岩为特征；晚期又出现较强烈的海底火山活动，伴随产生火山碎屑浊流沉积。

(二) 甘孜-理塘晚三叠世洋盆(T_3)Ⅲ-2-2

三叠纪期间，局部地区由于处于拉张等构造环境中，形成局部的扩张洋脊，有残余海含蛇绿岩浊积岩(砂板岩)组合分布。沉积物由泥岩粉砂岩夹砂岩组合渐变为浊积岩(砂板岩)-滑塌岩组合，三叠纪局部发育玄武岩-玄武安山岩组合。

（三）茶不郎奥陶纪—二叠纪斜坡（O—P）Ⅲ-2-3

该斜坡分布在茶不郎附近一带，主要由大河边组（Od）、瓦厂组（O_1w）、人公组（O_1r）、通化组（St）、西沟组（C_2xg）组成。大河边组（Od）为一套台地缓坡-斜坡碳酸盐岩组合，岩性为浅灰色、灰白色白云岩、大理岩、结晶灰岩夹石英岩、千枚岩、片岩；瓦厂组（O_1w）为一套远滨泥岩、粉砂岩夹砂岩组合，岩性为灰色—灰黑色薄—厚层状细粒石英砂岩、长石石英砂岩夹绢云板岩、粉砂岩；人公组（O_1r）为一套远滨泥岩粉砂岩夹砂岩组合，岩性为灰—灰黑色薄—厚层状细粒石英砂岩、长石石英砂岩夹绢云板岩、粉砂岩；通化组（St）为一套半深海浊积岩（砂板岩）组合，岩性为灰色、灰绿色石英千枚岩、片岩、变质石英砂岩夹薄层灰岩；西沟组（C_2xg）为一套开阔台地碳酸盐岩组合，岩性为灰色薄—厚层状石灰岩、生物碎屑灰岩夹白云质灰岩、结晶灰岩。

（四）玉龙雪山古生代洋盆（Pz）Ⅲ-2-4

该洋盆位于丽江县玉龙雪山—虎跳峡一带，为上扬子陆块区盐源-丽江被动陆缘的奥陶纪—二叠纪地层系统构成的一个巨大岩片，被构造作用卷入至白汉场含蛇绿岩浊积扇之中，涉及奥陶系海东组、向阳组，奥陶系—志留系大坪子组，志留系康廊组等。这一巨大的外来岩块宽1~20km，长46km，它的存在，显示了两大构造块体之间强烈的构造变动。

（五）莫拉山侏罗纪—新近纪断陷盆地（J—N）Ⅲ-2-5

该盆地分布在莫拉山西侧，主要由郎木寺组（$J_{1-2}l$）、热鲁组（Er）组成。郎木寺组（$J_{1-2}l$）为一套空落相火山岩组合，岩性为安山质熔岩、角闪安山岩、火山角砾岩、集块岩；热鲁组（Er）组成为一套河流砂砾岩-粉砂岩泥岩组合，岩性为紫红色砾岩、砂泥岩不等厚互层夹泥灰岩、石膏。

（六）甘孜古近纪—第四纪无火山岩断陷盆地（E—Q）Ⅲ-2-6

新近纪开始该区结束了海相沉积，上升剥蚀的过程中，形成小型的无火山岩断陷盆地，以陡坡带-中央带的构造古地理环境为主，主要由热鲁组、昌台组紫红色泥质粉砂岩、砂岩、砾岩、黏土岩组成。沉积物分别为冲洪积成因的红色砾岩及含煤碎屑岩。

三、中咱-中甸碳酸盐岩台地（Pt_{2-3}—T_2）/弧背盆地Ⅲ-3

西以金沙江洋盆为界，东邻甘孜-理塘洋盆，呈狭长梭状展布。古生代属于扬子陆块西部被动边缘的一部分，晚古生代中晚期由于甘孜-理塘洋的打开，使中咱-中甸地块从扬子陆块裂离。造成了与扬子陆块主体沉积特征既有区别又有联系的特点。该地块历经三大发展阶段，即基底形成阶段、稳定地块形成阶段和地块褶皱隆升的反极性造山阶段。

地块的稳定盖层由古生代碎屑岩和碳酸盐岩组成，显示稳定台型沉积。二叠纪则为被动大陆边缘裂陷盆地。三叠纪开始，由于金沙江洋盆俯冲消亡演变为残留海盆地，弧-陆碰撞造山作用使得中咱-中甸地块的下三叠统布伦组（T_1）、中三叠统洁地组（T_2）不整合于下伏古生界之上，发育滨浅海相碎屑岩夹灰岩组合。至晚三叠世时期的强烈弧-陆碰撞造山作用，导致了地块晚古生代地层的褶皱变形，并使晚三叠世地层不整合覆于其上，发育一套滨浅海相碎屑岩夹灰岩及煤线。

（一）义敦-沙鲁岛弧（T_3）Ⅲ-3-1

义敦-沙鲁里岛弧带（T_3）也称义敦岛弧（李兴振等，2002），以居德来-定曲、木龙-黑惠江断裂和甘孜-理塘蛇绿混杂岩带的马尼干戈-拉波断裂为其东界，包括义敦-白玉-乡城-稻城及三江口地区。义敦-沙鲁里岛弧是在中咱地块东部被动陆缘基础上，于晚三叠世早中期受甘孜-理瑭洋向西俯冲制约形成。

义敦-沙鲁里岛弧基底。前寒武系出露于南端东侧恰斯地区，与扬子陆块相似的地壳结构——前震旦纪变质基底和震旦纪及其以后的古生代及早中三叠世沉积盖层，说明它们原先是扬子陆块的一部分（李兴振等，1991）。青白口系下喀莎组（Qbx）、南华系木座组（Nhm）和震旦系蜈蚣口组（Z_1w）主体为一套绿片岩相变质岩系，震旦系水晶组（Z_2s）为浅海碳酸盐岩建造。

早古生代为稳定的滨浅海相台型碳酸盐-碎屑岩建造，晚古生代以来受西部金沙江洋盆打开的影响，开始出现被动边缘拉张型火山岩，皆为滨浅海相碎屑岩和碳酸盐岩夹基性火山岩建造。其中泥盆系依吉组（D_1y）、崖子沟组（$D_{2-3}y$）为被动边缘裂陷盆地中的陆棚相碎屑岩-碳酸盐岩夹基性火山岩组合。在早石炭世，随着甘孜-理塘洋盆的打开，中咱地块同步从扬子陆块裂离出来，构成沙鲁里-义敦岛弧带的基底。这也表明岛弧带是在扬子陆块陆壳基底的堑垒构造之上发展起来的，内部包含具老基底的地块。二叠纪开始，演化明显有别于西部中咱稳定型沉积，二叠系冈达概组（$P_{2-3}g$）主要为被动边缘裂陷盆地中的一套变基性火山岩-碳酸盐岩-碎屑岩组合。

中生代早中三叠世，东西部的沉积环境差异明显，西部党恩组（T_1d）、列衣组（T_2l）主要为一套被动边缘裂陷盆地中的一套深水陆棚-斜坡相变碎屑岩夹硅质岩及火山岩建造，东部领麦沟组（T_1l）、三珠山组（T_2s）和马索山组（T_2m）为被动边缘盆地中一套较稳定的浅海相碳酸盐岩和细碎屑岩组合。

晚三叠世卡尼期和诺利早期为火山岛弧及弧间盆地的活动型火山-沉积建造，曲嘎寺组（T_3q）和图姆沟组（T_3t）为一套浅海相碳酸盐岩夹中基性—中酸性火山岩组合，构成典型的岛弧火山岩带，是晚三叠世卡尼期首次造弧活动的产物，其 Rb-Sr 同位素年龄为 220Ma。其间发育的根隆组（T_3g）和勉戈组（T_3m）发育"双峰式"火山岩组合，构成弧间裂谷盆地的主体，火山活动年龄为 232～210Ma（叶庆同等，1991；徐明基等，1993；侯增谦等，1995），与之共生的还有辉绿岩墙群。上部包括喇嘛垭组（T_3l）和英珠娘河组（T_3y）为滨浅海相含煤（线）碎屑岩组合，含双壳类和丰富的植物等化石，标志着甘孜-理塘洋盆闭合与弧-陆碰撞造山作用。

强烈构造运动始于晚三叠世末，甘孜-理塘洋盆沿俯冲带收缩为残留盆地，持续到早中侏罗世。晚侏罗世开始义敦岛弧主体隆起，至新生代受逆冲断裂的控制，发育断陷盆地中的河湖相碎屑磨拉石沉积。新生代以来为陆内造山作用时期（65～15Ma），岩浆活动也较发育，叠加在前期弧岩浆岩和同碰撞花岗岩分布区内，主体为似斑状中细粒钾长花岗岩。

1. 沙鲁-咱察日泥盆纪—三叠纪弧前盆地（D—T）Ⅲ-3-1-1

该弧前盆地位于西侧义敦岛弧与东侧甘孜-理塘蛇绿混杂岩带之间。主要出露上三叠统，由基性火山岩、火山碎屑岩、陆源碎屑浊积岩夹灰岩角砾组成。火山碎屑源自盆内水下喷发产物，陆源碎屑均为相对远源的高成熟度石英和长石。此外，正常见由崩落和水下滑塌作用形成的滑混堆积，众多灰岩角砾和块体散布于玄武岩中。据沉积相序及其组合分析认为，该盆地演化过程为早期拉张断陷，伴随基性火山活动；中期沉积为主，以发育陆源碎屑海底扇与浊积岩为特征；晚期又出现较强烈的海底火山活动，伴随产生火山碎屑浊流沉积。

2. 奔达-阿察-稻城三叠纪弧间盆地（T）Ⅲ-3-1-2

该弧间盆地分布在奔达—阿察—稻城一线，主体呈近北北西向分布。沉积物特征与弧前盆地近弧带相似，沉积序列内火山岩夹层多。以从火山岛弧剥蚀而来的粗碎屑沉积为主。深水浊流和重力滑塌沉积物发育。

3. 德格-乡城-香格里拉三叠纪弧后盆地(T)Ⅲ-3-1-3

该弧后盆地位于义敦岛弧西侧,大致以德莱-定曲断裂为界与西面中咱-中甸地块相邻接。该盆地是在陆壳基础上通过弧后扩张作用而形成,主要由一系列扩张程度不一的火山-沉积盆地构成,并发育有大量以白垩纪为主的后碰撞岩浆岩。

盆地中出露的最早地层为早-中三叠世党恩组和列衣组,前者由板岩、千枚岩夹岩屑砂岩和少量灰岩组成,局部存在沉凝灰岩和基性火山岩;后者以中厚层状岩屑砂岩为主,夹千枚岩、板岩和粉砂岩。据沉积作用研究,碎屑主要来自陆源,且发育不完整的鲍马层序,属深海—半深海浊流沉积,形成于以堑-垒构造为特征的伸展环境。

在香格里拉县司各咱、益站、古者等地,宽 3～10km,长 96km,由二叠系冰峰组、冈达概组组成,是一套玄武岩、安山岩夹粉砂质板岩、凝灰岩、灰岩、变质砂岩的建造组合,显示出是一套受裂谷环境控制的火山-沉积建造序列。

4. 措拉古近纪—第四纪无火山岩断陷盆地(E—Q)Ⅲ-3-1-4

新生代早期,在分布于措拉附近的小型断陷盆地中堆积了河流砂砾岩-粉砂岩泥岩组合,时代包括了古近纪—新近纪。堆积以河流砂砾岩-粉砂岩泥岩组合及河湖相含煤碎屑岩组合为代表。

(二) 中咱-中甸寒武纪—二叠纪陆棚碳酸盐岩台地(∈—T)Ⅲ-3-2

中咱-中甸碳酸盐岩台地位于中咱-中甸地块内部,在东以德莱-定曲断裂与德格-乡城-香格里拉弧后盆地相分,西以里甫-日雨断裂与金沙江蛇绿混杂岩带相邻接。

已知区内出露最老地层为茶马山群,由一套绿片岩相变质的碳酸盐岩和碎屑岩及中基性火山岩组成,位于寒武系之下。推测时代为前寒武纪。早古生代地层主体以碳酸盐岩-碎屑岩-碳酸盐岩沉积序列为特征,总体上为被动大陆边缘滨海-陆棚沉积环境。其中早寒武世小坝冲组含高钛低镁玄武岩,有时伴有少量玻安岩和流纹岩,具陆缘裂谷环境特征。

晚古生代发生弧后扩张,使之从扬子陆块西缘裂离西移,作为微陆块分隔东面甘孜-理塘洋盆与西面金沙江洋盆,并从被动大陆边缘演变为碳酸盐岩台地。泥盆系至二叠系为浅海碳酸盐岩夹碎屑岩,且多为生物碎屑灰岩、鲕粒灰岩和礁灰岩,指示为台地边缘浅滩环境,局部为开阔台地。主要分布于东部的上二叠统冈达概组,由玄武岩、基性凝灰角砾岩和燧石灰岩组成。其中基性火山熔岩占60%,以碱性系列为主,部分显示碱性系列与拉斑系列过渡特征。岩石化学特征为低镁高钛,极似于扬子陆块的"峨眉山玄武岩",指示形成于裂谷环境。中-下三叠统茨图组,分布于然乌卡和茨围一带,由鲕状灰岩、砾状灰岩、白云质灰岩和砂岩、页岩组成,含众多双壳、腹足、菊石等化石,仍继续碳酸盐岩台地沉积。上三叠统存在两类不同的地层。在茨巫—得荣一带,以浊积岩包含大量外来沉积岩块为特征,厚度巨大。岩块大小不等,一般为灰岩,含蜓科化石,指示源自古生代碳酸盐岩。浊积岩具粒序层理、沙纹理层和底面印模,显示鲍马序列特征。前人曾命之为"泥砾混杂堆积",以示区别于"构造混杂堆积"。据分布部位,应属海底塌积岩组合,可能是台地斜坡或地堑盆地的沉积产物。另在巴塘拉纳山地区产出一套晚三叠世地层,上部由页岩、砂岩和灰岩组成,局部夹煤层;下部由火山碎屑岩、砂岩、粉砂岩夹灰岩和黏土岩组成;底部为中酸性火山岩,主要是粗面质角砾集块岩、角砾英安岩、英安质熔岩,属钙碱系列,构造环境图解上投影在岛弧火山岩区。这套地层分布局限,且周围均为断层所切,推测可能是来自西面茂东江达陆缘弧的逆冲岩片。

1. 中咱碳酸盐岩台地Ⅲ-3-2-1

除寒武纪晚期有陆棚碎屑浅海分布外,自奥陶纪至二叠纪的漫长时期内构造古地理环境均为较稳定的陆棚碳酸盐岩台地,沉积物也由开阔台地碳酸盐岩组合与台地生物礁组合交替构成。三叠纪时逐步演化为陆棚碎屑岩盆地,沉积环境以无障壁海岸为主,沉积物由海岸沙丘-后滨砂岩组合和前滨-临滨砂泥岩组合组成。

2. 中甸-金江碳酸盐岩台地Ⅲ-3-2-2

该台地位于中甸被动陆缘之中部,呈北北东向之长条状,北部近南北走向,南部偏转为北西走向。中部被三叠纪盖层掩盖。中寒武统银厂沟组—中奥陶统南板河组仍以斜坡深水沉积为主。上奥陶统—志留系的大坪子组、康廊组与丽江被动边缘的开阔碳酸盐岩台地不同,变为局限台地白云岩与含砂泥质灰岩沉积。泥盆纪—石炭纪基本保持滨浅海环境,上泥盆统塔利坡组—上石炭统顶坡组才出现开阔台地碳酸盐岩沉积。

下三叠统布伦组—上三叠统哈工组总体为一套局限台地环境的陆缘碎屑岩与碳酸盐岩交替产出,具碳酸盐岩台地特征。布伦组底部砾岩超覆不整合在下伏老地层之上。

3. 巴塘-剑川晚三叠世前陆海盆(T_3)Ⅲ-3-2-3

三叠纪时期,构造古地理环境发展成为巨型洋盆环境并形成残余海盆,随时间的推移,演变为残余海盆陆缘碎屑-碳酸盐岩台地,沉积相由浅水区和深水区相组成。浅水区为从浅海碳酸盐岩台地逐渐过渡至潮坪的陆缘碎屑沉积区。深水区为深水盆地的含陆源碎屑碳酸盐岩和陆源碎屑沉积区,灰泥丘发育。为一套残余海盆陆缘碎屑-碳酸盐岩台地建造。

四、西金乌兰-金沙江-哀牢山弧后洋盆（D—T_2）Ⅲ-4

西金乌兰-金沙江-哀牢山弧后洋盆贯穿西藏、青海、四川、云南境内,自西藏北部羊湖、郭扎错经西金乌兰湖一直延到邓柯—玉树,向南则经巴塘、得荣—奔子栏—点苍山西侧,转向南东经哀牢山延出国境,与越南北部马江带相接。一般认为金沙江洋是古特提斯大洋向北东俯冲作用形成的弧后洋盆(潘桂棠等,1997;王立全等,1999;Ueno et al,1999a,1999b;Metcalfe,2002)。该带由北段的近东西向转为南段的南东方向,呈一东西—南东向的不对称反"S"形构造带。主体构成北东侧巴颜喀拉地块与南东侧喀喇昆仑-北羌塘和昌都-兰坪-思茅地块的重要分界。现今展布形态,自北而南明显可分为3段,即北西向西金乌兰段、南北向金沙江段和北西向哀牢山段3个单元。

(一) 西金乌兰弧后洋盆(C—T)Ⅲ-4-1

西金乌兰弧后洋盆大致位于邓柯以西,沿拉竹龙—拜惹布错—萨玛绥加日—西金乌兰湖一带,主体呈近东西方向展布,延伸至拉竹龙附近被阿尔金大型走滑断裂左行错移后走向不明(可能与泉水沟-郭扎错断裂带相接),构成北侧可可西里-松潘前陆盆地西部与南侧北羌塘-甜水海地块的重要分界。以发育晚古生代—三叠纪蛇绿混杂岩为其主要特征,其上被上三叠统不整合覆盖。相伴产出的硅质岩中含有早石炭世—晚三叠世放射虫组合,获得锆石 U-Pb SHRIMP 年龄为 221Ma。

1. 拜惹布错晚三叠世残余海盆(T_3)Ⅲ-4-1-1

上三叠统苟鲁山克错组(T_3g)不整合于混杂岩之上,断续分布于拜惹布错等地,为一套浅海-海陆交互相含煤地层；下部岩性为中薄层粉砂质泥岩夹钙质岩屑石英细-粉砂岩及中厚层中—细粒岩屑石英砂岩，上部岩性为中薄层细—微粒长石石英砂岩、石英砂岩与粉砂质泥岩、粉砂岩不等厚互层夹薄层碳质页岩，局部可见煤线及薄煤层。

2. 羊湖-若拉错新近纪压陷盆地（N）Ⅲ-4-1-2

该压陷盆地分布于羊湖—若拉错一线，呈断续带状分布。新近系为断陷盆地中的河湖相沉积，局部有火山活动。以湖相沉积为主。

3. 大鹏湖石炭纪—二叠纪深海平原（C—P）Ⅲ-4-1-3

该深海平原位于大鹏湖一带，北接可可西里周缘前陆盆地。为一套深海放射虫-硅质骨针岩组合、深海硅-泥岩组合，夹有深海灰岩沉积。

4. 淡水湖-岗扎日三叠纪残余盆地（T）Ⅲ-4-1-4

位于巴颜喀拉地块的可可西里周缘盆地以南，淡水湖到冈扎日一线。与可可西里周缘前陆盆地类似。

其主体由早-中三叠世深海沉积、典型浊积岩复理石和晚三叠世浅海复理石、海相磨拉石构成。以盆地为中心具有向南、北两侧陆块双向相背俯冲的极性特点，总体反映了古特提斯晚二叠世—中三叠世的残留洋盆性质和主洋域之所在，而在晚三叠世转化为周缘前陆盆地。

（二）金沙江弧后洋盆（D_3—P_3）Ⅲ-4-2

金沙江弧后洋盆位于邓柯以南、剑川以北，即金沙江主断裂（盖玉-德荣断裂）以西、金沙江河谷与羊拉-鲁甸断裂以东的狭长区域展布。东邻中咱-中甸地块，西邻江达-德钦-维西陆缘火山弧，向北在邓柯一带与甘孜-理塘带相接。

金沙江洋盆于泥盆纪初在扬子西缘早古生代变质"软基底"的基础上，昌都-兰坪地块与中咱地块的分裂形成雏形，开始古特提斯金沙江弧后洋盆的扩张、发展和演化。在早泥盆世开阔浅海陆棚背景上，中泥盆世出现局部拉张、裂陷，在羊拉—奔之栏—霞若—塔城一带，于裂陷盆地中形成浅海相-次深海相碳酸盐岩、硅泥质-砂泥质复理石建造，并有中基性火山岩喷发；到晚泥盆世时，盆地的拉张、裂陷程度加大，于羊拉—东竹林—石鼓一带为中轴的裂谷盆地中，发育以放射虫硅质岩-砂岩-泥岩组合为代表的半深海沉积，并伴随拉张型的大陆拉斑玄武岩喷发，标志着陆壳减薄开裂形成的裂谷盆地阶段。石炭纪—早二叠世早期，是金沙江洋盆扩张的重要时期，混杂岩中发现晚泥盆世—早二叠世、早二叠世—晚二叠世放射虫组合；洋脊-准洋脊型玄武岩锆石 U-Pb 年龄为（361.6±8.5）Ma（陈开旭等，1998），吉义独堆晶岩 Rb-Sr 等时线年龄为（264±18）Ma（莫宣学等，1993），移山湖辉绿岩墙角闪石 Ar-Ar 坪年龄为（345.69±0.91）Ma、等时线年龄为（349.06±4.37）Ma，表明金沙江弧后洋盆形成时代确定为早石炭世，早二叠世早期是金沙江弧后洋盆扩展的鼎盛时期，洋盆宽度约为 1800km（莫宣学等，1993）。早二叠世晚期—晚二叠世时期，由于金沙江洋壳的向西俯冲消减作用，形成洋内火山弧-弧后盆地和陆缘火山弧-弧后盆地的金沙江弧盆系的空间配置结构；金沙江洋盆于早二叠世晚期开始向西俯冲消减于昌都-兰坪陆块之下，自东向西形成朱巴龙-羊拉-东竹林洋内弧及其西侧的西渠河-雪压央口-吉义独-工农弧后盆地（洋壳基底）、江达-德钦-维西陆缘火山弧及其西侧的昌都-兰坪弧后盆地（陆壳基底）。

晚三叠世开始，金沙江带进入全面弧-陆碰撞造山阶段，于金沙江带内及其后缘的边缘前陆盆地中堆积形成碎屑磨拉石含煤建造，并不整合在金沙江蛇绿混杂岩之上。

1. 竹巴龙-金沙江-塔城泥盆纪—三叠纪洋盆(P—T)Ⅲ-4-2-1

该洋盆主要分布在竹巴龙—巴塘一带,沿金沙江分布。主要以三叠纪板岩、粉砂岩为主,夹基性—中基性火山岩、硅质岩,中部偶见灰岩夹层,被认为属次深海浊流沉积。为一套深海浊积扇火山碎屑组合。在整个带内,蛇纹岩化橄榄岩、斜辉橄榄岩等构造岩块众多,与堆晶辉长岩,枕状玄武岩,拉斑玄武岩,紫红色、灰绿色放射虫硅质岩构造混杂,从而形成这一蛇绿混杂岩带,显示出这一扩张洋脊存在的特征。

2. 奔子栏晚三叠世上叠盆地(T_3)Ⅲ-4-2-2

该盆地分布在奔子栏一带,主要由一碗水组(T_3y)、三合洞组(T_3sh)、挖鲁八组(T_3wl)、麦初箐组(T_3m)组成。一碗水组(T_3y)为一套湖泊三角洲砂砾岩组合,岩性为底部为灰黑色、紫红色细中砾岩,中上部为紫红色、灰绿色岩屑石英砂岩,粉砂岩;三合洞组(T_3sh)为一套滨海碳酸盐岩组合,岩性为灰色、深灰色灰岩,介壳灰岩夹泥质灰岩;挖鲁八组(T_3wl)为一套远滨泥岩粉砂岩组合,岩性为深灰色、灰黑色粉砂质泥岩,细砂岩夹泥晶灰岩;麦初箐组(T_3m)为一套海陆交互含煤碎屑岩组合,岩性为灰色长石石英砂岩,粉砂岩,灰绿色、灰黑色泥岩夹煤线。

3. 德钦洋盆Ⅲ-4-2-3

德钦扩张洋脊位于云南北西部之德钦县城、红坡与维西县雪龙山等地。呈北北西向的长条状。可划分为3个次级构造古地理单元:雪龙山基底残片、德钦-雪龙山洋盆、斯农压陷盆地。

雪龙山基底残片:雪龙山基底残片是德钦扩张洋脊范围内,因后期构造抬升而出露的结晶基底残片。分布宽5~8km,长约30km,由古元古代雪龙山岩群组成。是一套变质程度达角闪岩相的片麻岩、变粒岩、斜长角闪岩组成的结晶基底变质岩系。也可能是走滑构造作用形成构造岩。分布于维西县雪龙山一带。

德钦-雪龙山洋盆:分布于德钦县城、红坡、维西县腊八山、雪龙山等地,由德钦蛇绿混杂岩的存在与分布而显示。大量的变质地幔橄榄岩残片散布于强烈剪切变形的基质中是其特点,由变质橄榄岩块、大洋拉斑玄武岩、绿片岩、远洋细碎屑沉积岩和辉长岩块的构造混杂而组成,是该洋盆在俯冲消减过程中的产物。

斯农上叠盆地:位于云南省西北部德钦县奔子栏、粗卡通、维西县安一等地,呈近南北向之长条状展布。宽1~5km,长达250km。是西金乌兰-金沙江-哀牢山洋盆在碰撞造山作用发生后的沉积。为一套碎屑磨拉石建造,由上三叠统一碗水组、三合洞组、挖鲁八组、麦初箐组构成。一碗水组紫红色砾岩、砂砾岩直接角度不整合于德钦蛇绿混杂岩之上,并夹有数量不一的中酸性火山岩,显示出这一压陷盆地的特征。

4. 崔依比三叠纪弧间盆地(T)Ⅲ-4-2-4

该盆地沉积环境为陆源碎屑浅海,晚古生代至中生代早期(三叠纪)转化为活动陆缘背景,依次由弧前盆地—弧间盆地—弧后盆地由东向西展布。沉积环境由碳酸盐岩台地演化为半深海环境,前者由开阔台地-斜坡沟谷-斜坡扇交替构成,后者形成斜坡沟谷-斜坡扇。三叠纪晚期随大规模海退作用地壳上升,转化为三角洲环境并向陆相环境过渡。

(三) 哀牢山弧后洋盆(C—P)Ⅲ-4-3

哀牢山弧后洋盆位于哀牢山西麓,北西向延伸,东、西两侧分别以哀牢山断裂带和九甲断裂带为界。

东接上扬子板块的哀牢山变质基底杂岩,西邻阿墨江被动陆缘和昌都-兰坪-思茅地块。北西被哀牢山断裂带斜截后消失在弥渡德苴以南,向南撒开延入越南。

哀牢山洋盆由下而上依次为变质橄榄岩(包括二辉橄榄岩和方辉橄榄岩)、堆晶杂岩(包括辉石岩、辉长岩、辉长斜长岩、斜长花岗岩)及辉绿岩、基性熔岩(包括钠长玄武岩和辉石玄武岩等)及含放射虫硅质岩。

哀牢山弧后洋盆在中晚泥盆世浅海陆棚碳酸盐岩台地背景下,出现局部拉张,在九甲-安定断裂带西侧,于裂陷盆地中沉积了中晚泥盆世次深海泥砂质夹硅质沉积。石炭纪—早二叠世是哀牢山弧后洋盆进一步扩张定型时期,在近陆边缘的石炭纪—二叠纪台地碳酸盐岩多呈孤立岛链状分布,并有硅泥质复理石夹玄武岩,兰坪-思茅地块从扬子大陆块裂离而成独立的地块。早石炭世时在双沟—平掌—老王寨一带出现以洋脊玄武岩为代表的洋壳,在洋盆西侧的墨江布龙—五素一带发现裂离地块边缘的裂谷盆地中具有"双峰式"火山喷溢。在新平平掌见有紫红色硅质岩(C_1)和洋脊型火山岩,双沟辉长岩和斜长花岗岩的锆石 U-Pb 年龄为 362~328Ma(简平,1998),斜长花岗岩分异体单颗粒锆石 U-Pb 年龄为 256Ma,蛇绿岩中的系列同位素年龄为 345~320Ma(杨岳清等,1993;唐尚鹢等,1991;李光勋等,1989)。因而,认为哀牢山蛇绿岩的形成时代不会晚于早石炭世,早石炭世—早二叠世代表了哀牢山弧后洋盆整体扩张发育时代。

晚古生代末—晚三叠世,发育了一套具岛弧性质的玄武安山岩-英安岩-流纹岩等钙碱性火山岩组合。在区域上,上三叠统一碗水组不整合于蛇绿岩之上,其底部砾岩中含有蛇绿岩与铬铁矿碎屑。所以,可以认为哀牢山蛇绿岩的定位时代是在中三叠世末、晚三叠世(一碗水组)沉积之前。

1. 车古-老集寨乡中三叠世残余海盆(T_2)Ⅲ-4-3-1

该残余海盆由中三叠统上兰组成,是一套残余海盆浅海深水区-半深海斜坡沟谷环境的沉积。显台盆陆源碎屑-碳酸盐岩建造组合特征,下部为灰绿色细砂岩、粉砂岩夹页岩,上部为灰绿色粉砂岩、页岩夹灰岩。呈北西向之长条状,分布于云南东南部之红河县车古、元阳县沙拉托、黄茅岭和金平县老猛等地。是金沙江-双沟洋盆俯冲消减过程中的残余洋盆沉积。

2. 小龙街-垭口街-因远镇三叠纪洋盆(T)Ⅲ-4-3-2

该洋盆位于哀牢山断裂带的南西侧,北东侧以哀牢山断裂与扬子古陆块的结晶基底-哀牢山变质基底杂岩相伴,南西侧以阿墨江断裂与兰坪-思茅盆地为邻。该洋盆由双沟蛇绿混杂岩的存在与分布而显示,呈北西向断续分布。该蛇绿混杂带内,代表变质橄榄岩、超镁铁质堆晶岩的方辉橄榄岩、纯橄岩、橄榄岩、二辉橄榄岩,堆晶辉长岩及块状辉长岩、辉绿岩及洋壳拉斑玄武岩和代表深海环境的红色硅质岩与硅泥质复理石等呈构造混杂,是云南境内出露较为完整的蛇绿混杂岩带。

3. 泥落河志留纪—泥盆纪被动陆缘(S—D)Ⅲ-4-3-3

该被动陆缘分布于墨江县城,绿春县县城、大水沟、骑马坝、者米等地,向南东进入越南。呈北西向展布,宽 2~40km,长 280km。由下古生界志留系水箐组、漫波组、上古生界泥盆系大中寨组、龙别组组成,主要为一套半深海浊积岩组合,其中龙别组为半深海硅泥质岩组合,显示这是一套半深海陆坡-陆隆环境的沉积。

4. 墨江-绿春晚三叠世压陷盆地(T_3)Ⅲ-4-3-4

该压陷盆地位于哀牢山断裂带南西侧之墨江县玉碗水,红河县垤玛,绿春县牛孔,元阳县戈奎、俄扎等地,呈北西向之长条状展布,宽 1~30km,长达 360km。主要受西界墨江断裂和东界哀牢山断裂控制。在墨江县泗南江、江城县高山寨也有该类型盆地存在。是西金乌兰-金沙江-哀牢山洋盆于中三叠世发生碰撞造山后首次接受的前陆盆地型沉积。由晚三叠世一碗水组、三合洞组、挖鲁八组、麦初箐组组成。其特征是：前陆盆地沉积底部的一碗水组是一套山前磨拉石建造，底部粗屑磨拉石（砾石）可达300m厚，其上近千米亦为粗碎屑岩建造，并夹有中酸性火山岩。

五、甜水海-北羌塘-昌都-兰坪-思茅台地(Pt_{2-3}—T_2)-前陆盆地（T_3—K_1）Ⅲ-5

甜水海-北羌塘-昌都-兰坪双向弧后前陆盆地从西藏西部开始，一路向东、向南纵贯西藏、云南全省。西藏部分夹于西金乌兰-金沙江结合带与龙木错-双湖-乌兰乌拉湖-澜沧江洋盆之间。云南部分位于云南省中西部，呈北北西向贯穿全省，其范围约占全省面积的1/3。其北东侧以德钦-雪龙山断裂带、把边江断裂带与西金乌兰-金沙江-哀牢山洋盆为界，其南西侧以吉岔断裂、忙怀-酒房断裂带为界与澜沧江活动陆缘为邻。可划分为甜水海、北羌塘、昌都、兰坪-思茅前陆盆地4个三级构造古地理单元。

（一）甜水海台地(Pt_{2-3}—T_2)-前陆盆地（T_3—K_1）Ⅲ-5-1

甜水海台地(Pt_{2-3}—T_2)-前陆盆地位于阿尔金走滑断裂南段以西，泉水沟-郭扎错北岸断裂以南，可能是羌北地块在阿尔金断裂以西延伸部分，以石炭系—二叠系、三叠系大面积分布为特征。

古-中元古代变质岩系构成了台地的变质基底，其上青白口系肖尔克谷地岩组，为一套浅变质碎屑岩-碳酸盐岩建造，以含藻纹层为特征，构成了地块变质基底之上的初始沉积盖层。下古生界寒武系—石炭系为一套浅海相碳酸盐岩-碎屑岩沉积组合，代表稳定地块上陆表海盆地中的沉积序列。上古生界下-中二叠统主要为一套深水陆棚-斜坡相碎屑岩-碳酸盐岩夹硅质岩和玄武岩、火山角砾岩组合，属于被动边缘裂陷盆地中的沉积序列。中生界三叠系—白垩系为一套滨浅海相碎屑岩-碳酸盐岩建造，代表稳定地块上陆表海盆地中的沉积序列。新生界主要以第四系为主，含少量新近系，缺古近系沉积。

1. 温泉-郭扎错侏罗纪—白垩纪双向弧后前陆盆地（J—K）Ⅲ-5-1-1

该盆地分布在西藏西北角温泉—郭扎错一带。主要由中侏罗统龙山组（J_2l）和上白垩统铁隆滩组（K_2t）组成。龙山组（J_2l）以碳酸盐岩为主，夹泥灰岩、砾岩，局部夹火山岩，底部为杂色砾岩，上为灰岩段，与下伏克勒清河群或神仙湾组呈角度不整合接触。铁隆滩组（K_2t）为浅海-潮坪沉积建造，下部为杂色砾岩、砂岩、泥灰岩夹石膏，与巴不工兰莎群整合接触。整体反映为前滨-临滨砂泥岩组合。

2. 温泉-界山达坂石炭纪碳酸盐岩台地—侏罗纪双向弧后前陆盆地（C—J）Ⅲ-5-1-2

该盆地主要分布在西藏西北温泉—界山达坂一带。主要为恰提尔群（C_2Q）细碎屑夹碳酸盐岩，加温达坂组（P_1j）泥岩、长石石英砂岩不等厚互层，夹泥晶灰岩、粉晶灰岩，顶部出现硅质岩；空喀山组（P_2k）灰岩、砂质灰岩、角砾状灰岩、生物碎屑灰岩、泥灰岩与石英砂岩、碳质细砂岩、粉砂岩、硅质岩、硅质灰岩不等厚互层；河尾滩组（T_2h）以粉砂质板岩夹薄层白云质石英砂岩为主，局部见硅质岩，上部以中—厚层细粒石英砂岩为主，夹杂砂岩、粉砂岩等，局部含砾级灰岩；巴工布兰莎群（J_1B）浅海相砂质页岩、砂岩、粉砂岩、灰岩、鲕粒灰岩、燧石灰岩、沥青质灰岩，局部地段夹膏盐层；龙山组（J_2l）碳酸盐岩夹泥质岩、砾岩，局部夹火山岩，底部为杂色砾岩，上为灰岩段，与下伏克勒清河群或神仙湾组呈角度不整合接触。整体反映为一套台地潮坪-局限台地碳酸盐岩组合、开阔台地碳酸盐岩组合、台地缓坡-斜坡碳酸盐岩组合、台盆含放射虫硅质泥岩组合。

3. 龙木错古近纪压陷盆地(E)Ⅲ-5-1-3

该盆地分布在龙木错北缘。主要为一套古近纪河湖相沉积。主要为一套湖泊砂岩-粉砂岩组合。构造古地理单元为压陷盆地。

(二) 北羌塘台地(O_3—T_1)/弧后前陆盆地(T_2—J)Ⅲ-5-2

北羌塘台地/弧后前陆盆地南以龙木错-双湖-查吾拉结合带为界,北以羊湖-西金乌兰湖-金沙江结合带为界,其西止于阿尔金断裂,东北以乌兰乌拉湖-北澜沧江结合带为界,为古生界稳定块体的滨浅海碎屑岩和碳酸盐岩建造。

平沙沟组(D_1p)仅在尼玛县野生动物保护站西7km处5267~5162高地间出露,下部为中—薄层长石细砂岩、钙质粉砂岩,夹中—厚层状砂屑灰岩及泥晶灰岩薄层,产双壳类化石;中部以中层状长石细砂岩、钙质粉砂岩为主夹厚层砂质灰岩、鲕粒灰岩、砾屑灰岩;上部中厚层状含鲕粒灰岩、鲕状灰岩、砾屑灰岩、结晶灰岩,夹薄层泥质灰岩、泥质条带灰岩、泥晶灰岩。查桑组($D_{2-3}c$)为浅海相碳酸盐岩地层。日湾茶卡组(C_1r)仅见于冈玛错-日湾茶卡局部地带,下部岩性为一套玄武岩、安山岩夹安山质火山碎屑岩、钙泥质砂岩组合,中上部岩性为浅海泥灰岩、灰岩、砂质灰岩与砂、页岩不等厚互层,局部夹砾岩和含砾砂岩。石炭系瓦垄山组(Cw),下部以中—中厚层状微晶灰岩、泥质条纹灰岩、生物碎屑灰岩为主夹少量薄层粉砂岩;上部以中层状长石石英砂岩、细砂岩、(含碳质)粉砂岩为主,夹中层状微晶灰岩、砂屑灰岩、生物碎屑灰岩。上石炭统—下二叠统冈玛错组[(C_2—P_1)g],岩性为浅灰—灰黄色石英砂岩、长石石英砂岩、粉砂岩夹灰岩透镜体,底部以石英砂岩与灰岩分界。长蛇湖组(P_1c)仅在长蛇湖背斜两翼出露,下部中厚层状含生物碎屑灰岩、含燧石结核灰岩、微晶灰岩、砂质灰岩,夹中薄层状岩屑长石中砾砂岩、细砂岩、长石石英砂岩;上部中厚层状微晶灰岩夹粉灰色灰岩、粉砂岩薄层。雪源河组(P_2x)仅在长蛇湖出露,岩性主要为一大套中薄层状泥晶灰岩、含砂屑灰岩、含生物碎屑灰岩、含生物碎屑砂质-砂屑灰岩、微晶灰岩夹厚层状灰岩,普遍产有蜓类化石。上二叠统热角茶卡组(P_3r)下部为薄层石英砂岩、粉砂岩夹碳质页岩,中部为薄层状细粒长石砂岩夹砂屑灰岩,上部为中层细粒砂岩和含砾粗砂岩夹碳质页岩和煤线,上与下三叠统康鲁组呈整合接触。

1. 龙木错-江尼茶卡志留纪—三叠纪陆棚碳酸盐岩台地(S—T)Ⅲ-5-2-1

该台地主要分布在西藏北部龙木错—江尼茶卡一带。主要由普尔措群($S_{2-3}P$)、拉竹龙组($D_{2-3}l$)、月牙湖组(C_1y)、菊花山组($T_{1-2}j$)等组成。普尔措群($S_{2-3}P$)下部以碎屑岩为主夹灰岩,碎屑岩为石英砂岩、砂纸泥岩和粉砂质页岩,灰岩为泥晶灰岩、介壳灰岩和微晶灰岩;上部以灰岩为主,夹碎屑岩,为一套潮坪相沉积建造。拉竹龙组($D_{2-3}l$)下部为白云岩段,与雅尔西群整合接触,上部为灰岩段与上覆月牙湖组整合接触,为一套浅海台地相碳酸盐岩沉积建造。月牙湖组(C_1y)下部为粉砂质灰岩和生物碎屑灰岩,上部为鲕粒灰岩、白云岩夹灰质白云岩、泥质灰岩;菊花山组($T_{2-3}j$)主要为灰—深灰色薄层至中—厚层状泥晶灰岩、泥质灰岩、生物碎屑灰岩、核形石灰岩、泥灰岩夹砾屑灰岩、介壳灰岩、砂屑灰岩、藻屑灰岩、鲕粒灰岩和珊瑚礁灰岩。整体反映为一套被动陆缘开阔台地碳酸盐岩组合、台盆深灰色碳酸盐岩组合。

2. 拉竹龙-月牙湖晚奥陶世—早三叠世碎屑岩陆棚(O_3—T_1)Ⅲ-5-2-2

该碎屑岩陆棚主要分布在西藏西北部拉竹龙—月牙湖一带。主要为饮水河群(O_3Y)不等粒长石岩屑砂岩和页岩,夹粉砂岩、泥岩及灰岩透镜体,总体为一套浅海陆棚相碎屑岩建造;兽形湖组(D_1s)灰黄绿色片状泥质粉砂岩、灰色—灰白色薄—中薄层细粒长石石英砂岩;康鲁组(T_1k)以杂色细砂岩、粉砂岩为主,底部夹紫红色砂砾岩,为一套陆相碎屑岩建造。整体为一套海陆交互砂泥岩夹砾岩组合。

3. 玉环湖-玛尔盖茶卡-玉盘湖三叠纪岛弧(T)Ⅲ-5-2-3

该岛弧分布在西藏北部,横贯北羌塘腹地玉环湖—玛尔盖茶卡—玉盘湖一线。主要由中泥盆统雅尔西组(D_2y)、上三叠统若拉岗日岩群(T_3R)组成。雅尔西组(D_2y)为一套浅灰色中—厚层中细粒石英砂岩、岩屑石英砂岩、长石石英砂岩夹泥质粉砂岩及含放射虫泥质硅质岩、灰色亮晶内碎屑灰岩,为一套远滨泥岩、粉砂岩夹砂岩组合;若拉岗日岩群(T_3R)由一套浅变质碎屑岩复理石、中基性火山岩和大理岩组成,具有砂板岩复理石建造特征,为一套半深海浊积岩(砂板岩+火山岩)-滑混岩组合。三叠纪显示岛弧特征。

4. 独立石湖-凌云山-美日切错三叠纪—侏罗纪弧后前陆盆地(T—J)Ⅲ-5-2-4

该盆地位于北侧羊湖-西金乌兰湖-金沙江洋盆和南侧龙木错-双湖洋盆之间,受其俯冲关闭以及强烈碰撞作用的双重影响,北羌塘地块晚三叠世—早白垩世发育双向弧后前陆盆地,以砂泥质浊积岩→浅海碳酸盐岩→三角洲-河流相碎屑岩系建造为主。

上三叠统菊花山组(T_3j)分布于盆地南部甜水河北岸、照沙山、菊花山等地,主要为弧后前陆盆地中的一套浅海相碳酸盐岩沉积;以中—上侏罗统为分布广泛,统称为雁石坪群,发育了大面积分布的浅海相→滨浅海相碳酸盐岩夹碎屑岩建造。早期的中侏罗世地层雀莫错组、布曲组和夏里组总体构成一个海进—海退旋回,主要为浅海相碎屑岩-碳酸盐岩组合;晚期的索瓦组和白龙冰河组(J_3b)构成一个完整的海进—海退旋回,主要为滨浅海相碎屑岩-碳酸盐岩沉积,最后以雪山组[$(J_3—K_1)x$]一套巨厚的三角洲-河流相碎屑岩系,代表羌塘前陆盆地由海相向陆相转变和前陆盆地的充填消亡。

5. 唢呐湖-扎木错玛琼三叠纪陆棚(T)Ⅲ-5-2-5

该陆棚分布在唢呐湖—扎木错玛琼一带。主要由中—上二叠统热角茶卡组($P_{2-3}r$)、下三叠统康鲁组(T_1k)、上三叠统土门格拉组(T_3t)组成。热角茶卡组($P_{2-3}r$)下部为薄层石英砂岩、粉砂岩夹碳质页岩,中部为薄层状细粒长石砂岩夹砂屑灰岩,上部为中层中细粒砂岩和含砾粗砂岩夹碳质页岩和煤线;康鲁组(T_1k)以杂色细砂岩、粉砂岩为主,底部夹紫红色砂砾岩,为一套陆相碎屑岩建造;土门格拉组(T_3t),岩性组合下段为灰白—灰色泥灰岩、泥质灰岩夹砂岩、生物泥晶灰岩。上段为粉砂质页岩和岩屑砂岩夹泥质粉砂岩及含煤建造。整体反映为一套海陆交互砂泥岩夹砾岩组合、海陆交互含煤碎屑岩组合。

6. 那底岗日-鄂尔陇巴火山弧(T—J)Ⅲ-5-2-6

那底岗日组[$(T_3—J_1)n$]:为海陆交互相火山-沉积岩系。主要岩性有杂色安山岩、英安岩、流纹岩、晶屑凝灰岩、沉凝灰岩夹少量石英砂岩及岩屑长石砂岩,菊花山地区底部有厚数米的灰岩质砾岩,与下伏地层不整合接触。

那底岗日组向西是上三叠统鄂尔陇巴组(T_3e),主要分布于格拉丹冬周缘及雀莫错一带,厚度和岩性变化较大,格拉丹冬地区主要为灰绿—灰紫色玄武岩、安山岩、流纹岩、火山角砾岩、流纹质凝灰岩,下部为喷发相,上部为溢流相,为海陆交互相喷发-沉积环境。其中拉斑玄武岩的 SHRIMP 锆石 U-Pb 年龄为(220.4 ± 2.3)Ma(付修根等,2009);雀莫错地区下部为拉斑玄武岩,上部为石英砂岩夹泥晶灰岩、凝灰质砂岩、凝灰岩;该组锆石 U-Pb 年龄为(212 ± 1.7)Ma。依据凝灰岩 SHRIMP 锆石 U-Pb 年龄为 $219\sim205$Ma(王剑等,2004;李才等,2007),由此确定其那底岗日组的底部含有晚三叠世晚期的地层,其上与雀莫错组呈微角度不整合接触,与下伏上三叠统巴贡组呈微角度不整合接触。

7. 邦达错中新世火山-沉积断陷盆地(N_1)Ⅲ-5-2-7

该盆地主要分布在邦达错一带。主要由中新统乌恰群(N_1W)组成,为一套水下扇夹砂砾岩组合。新生代受印度与亚洲大陆碰撞造山作用的影响,断陷盆地中较广泛地发育河湖相碎屑岩和新生代碱性火山岩沉积。

8. 邦达错-巴毛穷宗-嘎尔孔茶卡-龙尾错中新世压陷盆地(N_1)Ⅲ-5-2-8

该盆地主要分布在西藏北部邦达错—巴毛穷宗—龙尾错一线。由新近系唢呐湖组($N_{1-2}s$)组成,唢呐湖组是区内分布最广的地层,主要为浅灰色夹紫红色粗—细碎屑岩、泥岩夹淡水灰岩、石膏层,底部砾岩,显示以湖相为主的沉积特点,与下伏地层呈角度不整合接触。整体反映一套湖泊三角洲砂砾岩组合。

9. 尺埃错早中白垩世断陷盆地(K_{1-2})Ⅲ-5-2-9

该盆地分布于西藏东北部尺埃错一带,零星出露,分布范围不广。形成于白垩纪。主要由白垩系昂仁组($K_{1-2}a$)组成。昂仁组为砾岩、含砾粗砂岩、砂岩、粉砂岩、页岩与泥晶灰岩呈韵律层,见由块状浊积岩席状砂体组成的水道扇舌形体,并夹砂岩-粉砂岩薄层,上部有半深海暗色页岩,含 *Chondrites* 类遗迹化石,是典型的贫氧环境;该组区域上岩性变化较大,厚148~2946m;该组产双壳类 *Valletia. tombeki munierchalmas*,*Valletia* sp. 和放射虫 *Holocryptcantium barbui*,*Gongylothoras siphonofer* 以及有孔虫 *Clavihedbergella* sp. 等化石,时代为早白垩世晚期至晚白垩世早期,与冲堆组呈整合接触。整体反映为拉分盆地沉积特征。为一套河流砂砾岩-粉砂岩泥岩组合、湖泊砂岩粉砂岩组合。

(三)昌都台地(Pt_{2-3}—T_2)-前陆盆地(T_3—K_1)Ⅲ-5-3

昌都台地-前陆盆地东以车所-热涌-字嘎寺-德钦-维西-乔后断裂为界与江达-维西地层分区相邻,西北以乌兰乌拉山-雁石坪北-尼日阿错改断裂为界与北羌塘地层分区相望,西南以吉曲-察雅-盐井断裂为界与开心岭-杂多-竹卡地层分区相邻,南延即接兰坪地层分区,构造区划上称作昌都-兰坪地块的北部。区内以中生代地层大面积分布为特色,古生代地层较为广泛出露。最老的地层出露在昌都北东的小苏莽及加来多地区,分别称作宁多岩群($Pt_{1-2}N$)中深变质岩系和草曲群(Pt_3C)浅变质岩系(见变质岩部分)。

下古生界主要分布在昌都地块东缘的青泥洞、海通、多吉坂等地区,下奥陶统青泥洞群(O_1Q)为浅海相石英砂岩、细砂岩、板岩夹结晶灰岩,变形较强,其上被下泥盆统角度不整合。曾子顶组(Oz)下部为石英砂岩、粉砂岩、页岩与白云质灰岩互层,上部为豹皮状灰岩、泥质白云岩夹砂板岩。志留系恰拉卡组(Sq)仅见于海通附近,为次深海相笔石页岩、粉砂质页岩夹细砂岩、灰岩,其上与下泥盆统海通组平行不整合接触。

上古生界分布较广,在昌都地块东、西两侧边缘及妥坝—都日一带均有出露。泥盆系仅在昌都地块东缘出露,由下往上分为海通组、丁宗隆组及卓戈洞组。下泥盆统海通组(D_1h)分布于江达觉拥、芒康海通一带,岩性为含碳质板岩夹砂岩、含砾砂岩、生物碎屑灰岩。中泥盆统丁宗隆组(D_2d)为浅海相灰岩、泥灰岩、白云岩夹砂岩、页岩。上泥盆统卓戈洞组(D_3z)为浅海相灰岩、白云质灰岩、泥灰岩夹钙质砂质页岩。石炭系—二叠系在昌都—芒康地区由下而上包括有乌青纳组、马查拉组、骜曲组、里查组、莽错组、交嘎组、妥坝组、卡香达组和夏牙村组,其中乌青纳组(C_1w)为中厚层状灰岩、碎屑条带状灰岩。马查拉组(C_1m)分布于类乌齐马查拉煤矿、昌都妥坝及吉曲东侧等地,为一套深灰色砂岩、板岩、灰岩、生物碎屑灰岩、泥灰岩夹含海绿石硅质岩、煤线及煤层等组成的海陆交互相煤系地层,与下伏乌青纳组整合接触。鹜曲组(C_2w)分布于贡觉、芒康等地,为深色灰岩、生物灰岩、泥灰岩、泥岩、页岩、板岩、砂岩夹白云岩、晶屑凝灰岩。里查组(P_1l)为浅海相砾状灰岩、生物碎屑灰岩、白云质灰岩、板岩、砂岩夹硅质岩,局部夹灰绿色凝灰岩。莽错组(P_2m)由灰岩、生物碎屑灰岩、白云质灰岩、页岩、砂岩组成。交嘎组(P_2j)由灰岩、生物灰岩、泥灰岩、结晶灰岩、板岩、砂岩夹角砾状灰岩组成。上二叠统妥坝组(P_3t)由海陆交互相粉砂岩、石英砂岩、页岩、碳质页岩、泥灰岩夹灰岩及煤线等组成。夏牙村组(P_3x)为滨浅海相安山质集块岩、凝灰岩,在昌都考要弄剖面蚀变安山岩中获 Rb-Sr 全岩等时线年龄为$(250±25)$Ma,妥坝剖面安山岩中获Rb-Sr 等时线年龄值 268.4Ma,平行不整合于妥坝组之上,其上被甲丕拉组不整合,时代应属晚二叠世晚期。

1. 江达活动陆缘(P_2—T) Ⅲ-5-3-1

江达活动陆缘以西金乌兰-金沙江结合带的西界断裂为界,西以车所-热涌-字嘎寺-德钦-维西-乔后断裂为界,构造位置上相当于江达-德钦-维西陆缘火山弧带。出露最老地层为元古宇,三叠系分布最广,其次是晚古生代地层出露于南段。

泥盆系多吉版组(D_1d)岩性为一套碎屑岩,底部为砾岩、含砾砂岩、砂岩、砂质页岩夹泥灰岩及生物碎屑灰岩。森扎组(D_2s)与多吉版组整合过渡,岩性为生物碎屑泥晶灰岩、生物礁灰岩、砂质泥岩、粉砂质板岩及中基性火山岩、火山角砾岩、凝灰岩和蚀变玄武岩。冬拉组(D_3d)与森扎组为平行不整合,岩性主要为泥质板岩、粉砂岩、中基性火山岩及凝灰岩、凝灰质角砾岩。石炭系与泥盆系之间为整合接触,下石炭统菁雀组(C_1j)为生物灰岩夹中基性火山岩。上石炭统汪果组(C_2w)与菁雀组为整合过渡,岩性为灰岩、生物碎屑灰岩、中基性火山岩、凝灰质泥岩、砂泥质板岩。二叠系与石炭系之间为平行不整合接触,下二叠统吉东龙组(P_1j)为灰岩、砂岩、粉砂岩、泥岩、硅质岩和石英拉斑岩玄武岩、流纹岩夹安山岩。中二叠统禹功组(P_2r)与吉东龙组整合接触,岩性组合为灰岩、砂岩、粉砂岩、玄武岩、玄武安山岩、安山岩、英安岩、流纹岩、火山碎屑,化石丰富,特别是蜓类非常发育,沉积环境变化很大,火山岩既有海相的枕状构造,又有陆相的柱状节理。

发育岛弧性质的玄武安山岩-安山岩-英安岩-流纹岩系列的火山岩组合,以沙木组(P_3s)、夏牙村组(P_3x)、普水桥组(T_1p)、马拉松多组($T_{1-2}m$)为代表,反映初始弧盆沉积,相当于弧盆系发育增生的造山阶段。

上三叠统自下而上分为东独组、公也弄组及洞卡组。其中的东独组(T_3d)为砂岩、粉砂岩、泥岩夹中酸性火山岩,底部砾岩,河流相-滨浅海相碎屑岩建造;公也弄组(T_3g)为灰岩、硅质岩、泥灰岩、瘤状灰岩,浅海相碳酸盐岩建造;洞卡组(T_3dk)为砾岩、粉砂岩及中基性—中酸性火山岩,滨浅海相碎屑岩-火山岩建造;波里拉组(T_3b)为浅海相灰岩;阿堵拉组和夺盖拉组(T_3dg)为海陆交互相碎屑岩。

2. 昌都侏罗纪—新近纪双向弧后前陆盆地(J—N) Ⅲ-5-3-2

该盆地分布在西藏昌都—芒康一带。充填二段或三段式层序结构明显,即底部砂砾岩段,中部砂泥岩段,上部砂砾岩段。盆地大部分是在古生代和中生代基底基础上发育起来的,且普遍经历了构造隆升、逆冲挤压褶皱冲断-走滑变形、岩浆活动等后期强烈改造作用。前新生界变形可能与松潘-甘孜残余洋的封闭有关。主要以侏罗纪—新近纪小索卡组紫红色砂岩、泥岩为主,夹少量灰岩,南新组为紫红色细中粒石英砂岩、长石石英砂岩、泥质粉砂岩、泥岩夹岩屑砾岩,虎头寺组为褐红色钙质粉砂岩、泥岩、砂岩,拉乌组上部为含煤岩系,以长石砂岩为主,夹泥岩,中下部为粗面岩、凝灰熔岩夹沉凝灰岩,底部由砂砾岩、河湖-泥灰沼泽相沉积组成。为一套湖泊泥岩-粉砂岩组合、河流砂砾岩-粉砂岩泥岩组合。

尚卡晚三叠世陆棚碎屑岩盆地(T_3):分布在西藏东部尚卡附近一带。主要由瓦拉寺组(T_2w)深灰色板岩、砂岩夹安山岩、灰岩、砾岩,东独组(T_3d)灰绿色砾岩、砂砾岩、砂岩、泥岩、板岩,甲丕拉组(T_3j)紫红色、灰绿色砂岩、砾岩,泥岩,泥灰岩,阿堵拉组(T_3a)灰黑色板岩、夹砂岩、泥灰岩,夺盖拉组(T_3dg)黄灰、深灰色石英砂岩、砂岩,夹泥岩、板岩、灰岩及煤层等组成。主要为一套海陆交互砂泥岩夹砾岩组合、远滨泥岩粉砂岩组合。

加来卡-芒康-巴美三叠纪陆棚碎屑岩盆地(T):主要分布在加来卡—芒康—巴美一带,呈近南北向展布。主要由夺盖拉组黄灰色、深灰色石英砂岩、砂岩,夹泥岩、板岩、灰岩及煤层,阿堵拉组灰黑色板岩、夹砂岩、泥灰岩,甲丕拉组紫红色、灰绿色砂岩、砾岩、泥岩、泥灰岩组成,为一套海陆交互含煤碎屑岩组合、远滨泥岩粉砂岩组合、海陆交互砂泥岩夹砾岩组合。构造古地理单元为陆棚碎屑浅海、陆棚碎屑滨海。

娘拉-妥坝-芒康二叠纪—三叠纪陆棚碳酸盐岩台地(P—T):分布在娘拉—妥坝—芒康一带。主要由丁宗隆组(D_2d)灰色灰岩、薄层状瘤状泥灰岩、白云岩夹浅灰色石英砂岩、页岩,卓戈洞组(D_3z)浅灰色薄—块层状白云质灰岩、泥灰岩、白云岩,底部页岩与灰岩互层,东风岭组(C_1d)灰色中厚层状灰岩,鹜曲组(C_2w)深灰色、灰黑色灰岩、生物灰岩、泥质灰岩、页岩、板岩、夹白云岩,波里拉组(T_3b)灰色、深灰色灰岩、生物碎屑灰岩、白云岩,夹泥岩、砂岩组成,为一套开阔台地碳酸盐岩、台地陆源碎屑-碳酸盐岩组合。构造古地理单元为碳酸盐岩台地、陆源碎屑-碳酸盐岩台地。主要为被动边缘盆地中的一套深水陆棚-斜坡相复理石浊积岩系夹薄层灰岩沉积。晚古生代昌都地块进入稳定的盖层发展阶段,泥盆系—二叠系发育齐全,为昌都地块上出现的第一个稳定盖层沉积。在地块内部总体为陆表海盆地中的一套浅海台地型碳酸盐岩和碎屑岩沉积;在地块东、西两侧边缘主要为次稳定-活动型沉积,沉积厚度较大,并有中基性火山岩夹层的出现,西侧也称马查拉隆起带。

3. 开心岭-杂多-竹卡陆缘弧带(P_1—T_3)Ⅲ-5-3-3

该陆缘弧带西侧以北段乌兰乌拉-北澜沧江结合带东界断裂、中南段怒江-昌宁结合带东界断裂为界,东侧为吉曲-察雅-盐井-梅里雪山东坡逆冲断裂。

陆缘弧带的变质基底为前泥盆纪吉塘岩群。晚古生代下石炭统杂多群(C_1Z)和卡贡群(C_1K)、加麦弄群(C_2J)为稳定地块上的陆表海盆地中的一套海陆交互相含煤(线)碎屑岩夹碳酸盐岩建造。

二叠纪为主造弧期,中二叠统开心岭群(P_2K)和上二叠统乌丽群(P_3W)主体为一套浅海相碳酸盐岩-碎屑岩和中基性—中酸性火山岩建造,其中火山岩为岛弧型拉斑玄武岩→钙碱性玄武岩、安山岩、英安岩、流纹岩、钾玄岩及相应的火山碎屑岩组合(1:20万芒康幅,盐井幅,莫宣学等,1993),苏鲁乡西侧流纹英安岩中U-Pb同位素年龄为($287±4$)Ma(1:25万杂多县幅,直根尕卡幅,2005)。

早三叠世进入弧-陆碰撞阶段,早三叠世未见沉积。中—上三叠统竹卡群($T_{2-3}Z$)出露于中部,中上部以英安岩、流纹岩为主,夹凝灰岩及碎屑岩,熔岩中普遍具柱状节理;下部出现大量流纹-英安质火山角砾岩、角砾熔岩、岩屑晶屑凝灰岩、凝灰熔岩等,且碎屑沉积岩增多,局部夹大理岩,局部偶夹碳酸盐化蚀变玄武岩。上三叠统结扎群(T_3J)分布于北部,主要为碎屑岩及碳酸盐岩夹少量火山岩组成的地质体,上部含煤。中—晚三叠世火山岩具有富集Rb、Sr、Ba特征,为LREE强富集型,属大陆边缘碰撞造山作用后期之产物(彭兴阶等,1993)。

(四) 兰坪-思茅台地(Pt_{2-3}—T_2)-前陆盆地(T_3—K_1)Ⅲ-5-4

兰坪-思茅台地-前陆盆地位于云南省中西部,其北东侧以德钦-雪龙山断裂带、把边江断裂带,与西金乌兰-金沙江-哀牢山洋盆为界,其南西侧以吉岱断裂、忙怀-酒房断裂带为界与澜沧江弧后盆地为邻。可划分为维西-绿春活动陆缘、兰坪-思茅地块两个四级构造古地理单元。

1. 维西-绿春活动陆缘（Ⅲ-5-4-1）

维西-绿春活动陆缘位于兰坪-思茅地块之北东侧，以把边江断裂与西金乌兰-金沙江-哀牢山洋盆为界；以阿墨江断裂带与兰坪-思茅地块为邻。呈北西向之长条状，可划分为 4 个五级构造古地理单元：五素陆缘裂谷、李仙江洋岛海山、玉碗水压陷盆地、太忠火山弧。

太忠火山弧：位于维西-绿春活动陆缘之北端，哀牢山断裂带北西端之南西侧的南华县兔街，景东县龙街、太忠等地，呈北北西向之长条状，宽 1.5～6.5km，长达 140km。由上二叠统羊八寨组基性、中基性弧火山岩组成。

玉碗水上叠盆地：位于哀牢山断裂带南西侧之墨江县玉碗水，红河县垤玛，绿春县牛孔，元阳县戈奎、俄扎等地，呈北西向之长条状展布，宽 1～30km，长达 360km。在墨江县泗南江、江城县高山寨也有该类型盆地存在。是西金乌兰-金沙江-哀牢山洋盆于中三叠世发生碰撞造山后首次接受的前陆盆地型沉积。由上三叠统玉碗水组、三合洞组、挖鲁八组、麦初箐组组成。其特征是：前陆盆地沉积底部的玉碗水组是一套山前磨拉石建造，底部粗屑磨拉石（砾石）可达 300m 厚，其上近千米亦为粗碎屑岩建造，并夹有中酸性火山岩。玉碗水组底部砾岩说明该压陷盆地的沉积处于盆地的陡坡带，接近碰撞带的位置。这些特点均与前述北斗坳陷盆地明显不同。

李仙江洋岛海山：分布于墨江县碧溪，绿春县大黑山、半坡等地。由二叠系高井朝组洋岛拉斑玄武岩与硅泥质岩、碳酸盐岩浊积岩构成了洋岛的基础；坝溜组碳酸盐岩、硅质岩覆盖在高井朝组之上，清楚地显示了海山的特征。

五素陆缘裂谷：位于墨江县西侧之沙田、大孟连、五素等地，呈北北西向之长条状延伸，由石炭纪（?）玄武岩-橄榄玄武构-玄武质科马提岩构成陆缘裂谷火山岩组合；晚二叠世叠加了羊八寨组的近海沼泽-弧火山沉积建造。

2. 兰坪-思茅地块（Ⅲ-5-4-2）

昌都-兰坪-思茅地块的云南部分位于云南省中西部，称为兰坪-思茅地块。其北东侧以阿墨江断裂带与维西-绿春活动陆缘为界；南西侧以吉岔断裂带、忙怀-酒房断裂带与澜沧江活动陆缘相邻。呈北西向之长条状，宽 1～130km，长达 840km。可进一步划分为 6 个次级构造古地理单元：大平掌陆缘裂谷、云仙弧后盆地、思茅坳陷盆地、无量山弧后前陆盆地、北斗压陷盆地、兰坪坳陷盆地。

兰坪坳陷盆地：位于兰坪-思茅地块之北部、中部与南部东侧。其北东侧北部以德钦-雪龙山断裂带与西金乌兰-金沙江-哀牢山洋盆为界；北东侧南段以阿墨江断裂带与江达-维西-绿春活动陆缘为邻。其南西侧北段以澜沧江断裂与崇山变质基底分界；南西侧南段则以无量山中轴断裂带与思茅坳陷盆地为邻。分布于维西、兰坪、巍山、镇源、江城等地，盆地宽 5～70km，长达 840km，是云南境内分布面积最大的四级构造古地理单元。为一套厚逾万米的红色陆相坳陷盆地沉积。由侏罗系漾江组、花开左组、坝注路组，白垩系景星组、南新组、虎头寺组，古近系勐野井组、等黑组组成，为陆相盆地沉积，与思茅坳陷盆地的海陆交互相沉积不一致。兰坪坳陷盆地缺失上白垩统，而思茅盆地侏罗系至古新系均为连续。勐野井组是云南食盐的主要产出层位，南新组和虎头寺组还是滇南砂岩型铜矿的产出层位。

北斗压陷盆地：位于漾濞县平坡、巍山县歪古村、南涧县虎街等地，是西金乌兰-金沙江-哀牢山洋盆在碰撞造山后的前陆盆地沉积。它与分布于江达-维西-绿春活动陆缘的玉碗水压陷盆地和分布于德钦扩张洋脊范围的斯农压陷盆地，可能是同一压陷盆地，只不过北斗压陷盆地位于盆地中心部位，不发育厚度巨大的山前磨拉石沉积、碰撞后裂谷火山岩等。由上三叠统歪古村、三合洞组、挖鲁八组、麦初箐组陆缘碎屑-碳酸盐岩沉积建造组合构成，部分层位发育半深海环境的浊积岩建造，显示出与碰撞带边缘的玉碗水压陷盆地在沉积环境上的明显区别。

无量山弧后前陆盆地：位于澜沧江断裂中段之北东侧云龙县旧州、功果，永平县永和，昌宁县等上，云县漫湾及景东县无量山等地，呈北西向之长条状，宽3～13km，长300km。由上古生界无量山群(Pz_2W)组成，这是一套浅变质的绢云母板岩、粉砂质板岩、大理岩夹绿片岩、变英安岩、变流纹岩、中酸性凝灰岩组合，岩石中还发育斑点构造，可能与晚期叠加的热变质有关。凝灰岩的锆石LA-ICP-MS年龄为(453 ± 15)Ma,(358 ± 11)Ma，变质流纹岩的全岩Rb-Sr年龄为285Ma，故将其置于晚古生代。从其特征分析，应属一弧后前陆盆地的沉积。

思茅坳陷盆地：位于兰坪-思茅地块西南部之南澜沧江东侧，即云南省景谷县、思茅市、景洪市及勐腊县一带，为一红色坳陷盆地，发育于侏罗纪—古近纪。该盆地东侧以无量山中轴断裂带与兰坪坳陷盆地为界，西侧以芒怀-酒房断裂带与澜沧江活动陆缘为邻，是一套海陆交互相沉积。且从下侏罗统至古近系始新统的沉积作用连续，其间不存在大的沉积作用缺失，为一套厚逾万米的红色陆源碎屑沉积建造组合。从下至上，由侏罗系小红桥组、和平乡组、曼岗组、曼宽河组，古近系勐野井组、等黑组组成。勐野井组是食盐、石膏、钾盐的产出层位；曼岗组、曼宽河组则是砂岩型铜矿的重要赋存层位。

云仙弧后盆地：位于澜沧江活动陆缘南部东侧，分布于思茅云仙与勐腊县扬武一带；盆地发育始于中三叠世拉丁期，结束于晚三叠世诺利期。该盆地的发育与其西侧岩浆弧、火山弧的发育关系密切；弧后盆地沉积中大量火山物质明显来自于西侧火山弧与碰撞后裂谷。

大水井山组滨浅海碳酸盐岩组合组成云仙弧后盆地的下部。分布于思茅区大水井山、翠云、思茅港等地，由三叠系下坡头组、大水井山组组成，与下伏二叠系呈不整合接触，是一套滨浅海碳酸盐岩建造。

臭水组火山碎屑浊积岩组成云仙弧后盆地之上部。这一时期海侵范围扩大。除上述大水井滨浅海范围外，还扩大至景洪县橄榄坝东侧，勐腊县象明、扬武与小勐仑等地，且水体明显加深。由三叠系臭水组、威远江组、桃子树组、大平掌组组成。主要是一套火山碎屑浊积岩建造。

大平掌陆缘裂谷：位于兰坪-思茅地块中部，呈近南北向展布；从志留纪开始发育，结束于二叠纪，历时近两亿年。分布于兰坪县石登、景谷县龙洞河、思茅区大平掌等地，由志留—泥盆系大平掌组、石炭系石登群、石炭系—二叠系龙洞河组组成，均为一套裂谷型火山沉积建造，以发育细碧角斑岩建造为特征，并以富含黑矿型多金属矿产为特点。

3. 云县-景洪活动陆缘(P_2—T)Ⅲ-5-4-3

云县-景洪活动陆缘位于澜沧江断裂带之东侧，大致呈南北向—北西向—南北向延伸。宽5～60km，长达850km。可进一步划分为4个次级构造古地理单元：大朝山陆缘火山弧、景洪陆壳残片、民乐陆缘火山弧、帮沙陆缘火山弧。

大朝山陆缘火山弧：分布于澜沧江断裂带的南、北两端。北端见于贡山县利沙底东侧及碧罗雪山等地。呈近南北向分布，一般宽数百米，局部可达7km，长达180km。南端见于澜沧江大拐弯处之云县漫湾及忙怀等地，沿澜沧江断裂东侧分布，一般宽3～10km，长约100km。南、北两端均由中三叠统忙怀组组成，是一套以流纹岩为主的酸性火山岩，是与碰撞作用密切相关的火山弧。

景洪陆壳残片：仅见于该活动陆缘之南部，呈残片状分布于云县拉弄、景谷县八落、澜沧县新城、景洪县曼喊等地，呈近南北向之断续条带状分布于澜沧江断裂之东侧。由中元古界(?)团梁子岩组构成，是一套变质程度达高绿片岩相的千枚岩建造组合。这一套变质地层应该是羌塘-三江多岛洋云南部分的变质基底。

民乐陆缘火山弧：分布于澜沧江断裂南段东侧之云县傈树、澜沧县谦六、景洪市夏栋等地，呈近南北向展布，宽8～30km，长达300km。由晚三叠世小定西组、早侏罗世忙汇河组组成，为一套后碰撞-后造山环境的裂谷型火山活动的产物。

邦沙陆缘火山弧:分布于宁洱县西侧之德化,勐腊县象明、勐远、勐户岩子等地,由二叠系邦沙组组成;为玄武岩-安山岩-英安岩组合,属陆缘弧火山-沉积建造。

六、乌兰乌拉-澜沧江洋盆（$P_2—T_2$）Ⅲ-6

（一）乌兰乌拉洋盆（D—T）Ⅲ-6-1

乌兰乌拉洋盆呈北北西向转北西向展布,内以叠瓦状断块为基本构造特征,不仅发育逆冲推覆构造,还有走滑剪切构造,变形层次较深,韧性剪切带发育。带内物质组成复杂,不同时代（D_{1-2}、D_{2-3}、C—P、T）及不同成因的岩块或构造透镜体大小混杂,并经历多期构造变形,且有高压变质相带相伴。混杂岩基质主体是一套强变形构造改造的灰黑色砂板岩夹火山碎屑岩组合,原称作若拉岗日群（$T_{2-3}R$）（1:100万改则幅,1986）。上三叠统苟鲁山克错组（T_3g）或甲丕拉组（T_3j）不整合覆盖于混杂岩之上,代表晚三叠世晚期闭合造山的形成过程。

主体为若拉岗日岩群,发育一套具有消减特征的岩石组合,主要由三叠纪复理石-类复理石建造及部分硅质岩、基性火山岩组成,局部有含二叠纪灰岩岩块的滑塌-混杂建造产出。

深海洋盆（C—P）,主要位于拉竹龙—拜惹布错—萨玛绥加日—西金乌兰湖一带,呈近东西方向展布,岩石地层单元称西金乌兰岩群,由碎屑岩-碳酸盐岩-硅质岩岩片、超基性—基性岩岩片和基底变质岩构成。

1. 绥加日-若拉岗日泥盆纪、三叠纪洋盆（D、T）Ⅲ-6-1-1

该洋盆主要分布在绥加日—若拉岗日一带。主要有若拉岗日群（$T_{2-3}R$）灰黑色砂板岩夹火山碎屑岩组合,雅西尔群（$D_{1-2}Y$）中厚层细粒岩屑石英砂岩、长石石英砂岩夹粉砂岩、泥质粉砂岩、泥质岩和放射虫泥质硅质岩及灰岩。为一套远滨泥岩粉砂岩夹砂砾岩组合、半深海浊积岩夹砂砾岩组合。

2. 朝阳湖-乌拉乌兰晚二叠世碎屑岩陆棚（P_3）Ⅲ-6-1-2

该碎屑岩陆棚分布在朝阳湖—乌拉乌兰一带。主要由普日阿组（P_3p）组成,主体为一套浅水台地相陆源碎屑岩夹灰岩和火山碎屑岩沉积,下部为变质砾岩、变砂岩夹变质粉砂岩与灰岩互层,上部为厚层含䗴石生物碎屑灰岩夹少量变质砂岩及粉砂岩,局部夹安山岩,产华南型䗴、珊瑚、腕足等化石。

3. 朝阳湖-多格仁错石炭纪—二叠纪深海平原（C—P）Ⅲ-6-1-3

该深海平原分布在朝阳湖—多格错仁一带。主要由一套石炭纪—二叠纪西金乌兰群碎屑岩夹火山岩组成,上部为中基性火山岩夹凝灰质细砂岩、泥质粉砂岩。为一套深海硅泥质组合。

（二）北澜沧江洋盆（C—P）Ⅲ-6-2

北澜沧江洋盆往西可能在查吾拉以东的拉龙贡村附近与龙木错-双湖蛇绿混杂岩带相交接;向南呈北北西向的狭长带状沿北澜沧江西岸展布,主要分布于类乌齐县岗孜乡日阿则弄、曲登乡,经脚巴山西侧,南延至卡贡一带,沿碧罗雪山-崇山变质地体东界澜沧江断裂进一步南延则可能与南澜沧江结合带相接。晚古生代下石炭统杂多群（C_1Z）和卡贡群（C_1K）、加麦弄群（C_2J）、中二叠统开心岭群（P_2K）、东坝组（P_3d）和上二叠统乌丽群（P_3W）、沙龙组（P_3s）等主体为一套浅海相碳酸盐岩-碎屑岩和中基性—中酸性火山岩建造。其中,卡贡群、中-上二叠统东坝组、沙龙组主体为一套滨浅海相碎屑岩及玄武安山岩、杏仁状/致密块状玄武岩、安山质角砾熔岩及变质凝灰岩夹灰岩组合；火山岩性质属于大陆拉斑-碱性系列玄武岩及安山岩,初步分析为与俯冲作用有关的陆缘火山弧环境。

在类乌齐—吉塘地区,于前人所定的石炭系卡贡群中,发现日阿泽弄组上部和玛均弄组上部均为深水沉积盆地的浊积岩,为一套硅灰泥复理石沉积,与该沉积组合共生的还见拉斑玄武岩-流纹岩"双峰式"组合,明显不同于东、西两侧地块区的含煤碎屑岩系卡贡群,为典型大洋组合。

1. 北澜沧江石炭纪深海平原(C)Ⅲ-6-2-1

该深海平原呈北北西向转北西向展布,北段在类乌齐一带发现有侵位于石炭系中的超镁铁岩(1:20万类乌齐幅,1992)和洋中脊玄武岩。中南段在类乌齐—吉塘地区于石炭系卡贡群中发现为深水沉积盆地的浊积岩,为一套硅灰泥复理石沉积,与该沉积组合共生的还见拉斑玄武岩-流纹岩"双峰式"组合。获得玄武岩SHRIMP锆石U-Pb年为361.4Ma。

2. 类乌齐晚三叠世碎屑岩陆棚(T_3)Ⅲ-6-2-2

该碎屑岩陆棚分布在类乌齐一带,主要由阿堵拉组(T_3a)、夺盖拉组(T_3d)组成。阿堵拉组为浅海相砂页岩,夺盖拉组为海陆交互相灰黑色泥岩、泥页岩、粉砂岩夹长石石英砂岩及薄煤层和煤线。夺盖拉组为海陆交互相灰黑色泥岩、泥页岩、粉砂岩夹长石石英砂岩及薄煤层和煤线。阿堵拉组和夺盖拉组海陆交互相含煤碎屑岩系,标志着活动边缘盆地萎缩至消亡的发展过程,此后进入后碰撞陆内造山作用阶段。整体反映为前滨-临滨砂泥岩组合。

(三) 南澜沧江洋盆(C—P)Ⅲ-6-3

南澜沧江洋盆呈北西向之长条状,断续分布于澜沧江边缘。由泥盆系南光组(D_3n)下部沉凝灰岩夹凝灰质粉砂岩、泥岩,上部屑砂岩夹钠质凝灰岩;怕当组(D_3p)下部黄灰色凝灰质砂岩夹泥岩,上部凝灰质粗屑砂岩组成,为一套半深海浊积岩建造组合。

超基性岩出露于临沧县江边—景谷县岔河—崴里—半坡一带,单个岩体规模较小,但整个岩带纵贯全区,长度超过110km,宽度10～15km。向南、北两端延至景洪县南联山橄榄岩-闪长岩型杂岩体、回头山超镁铁岩体遥相呼应。

吉岔洋盆:位于北端之维西县吉岔一带,由于位于三江蜂腰地带,目前仅残存宽2～3km、长约30km之区域,两侧为断裂所夹持。由远洋细碎屑沉积岩、洋底拉斑玄武岩、地幔超基性岩块与外来灰岩岩块经构造混杂形成澜沧江蛇绿混杂岩。

吉东龙活动陆缘:位于北澜沧江断裂东侧之德钦县吉东龙、沙木,维西县康普等地,呈北北西向之长条状,宽8～12km,长达200km,两侧亦为断裂所夹持。由二叠系吉东龙组、沙木组组成,是一套火山碎屑浊积岩、火山碎屑岩夹中基性火山岩的活动陆缘沉积。

南光陆坡-陆隆:位于兰坪-思茅地块之南西边缘,出露于澜沧县谦六、新城与景洪县南光等地。呈北西向之长条状,断续分布于澜沧江边缘。由泥盆系南光组、怕当组组成。为一套半深海浊积岩建造组合,显示其形成于被动陆缘的陆隆-陆坡环境。

团梁子被动陆缘:团梁子岩组是一套强变形弱变质的细碎屑沉积岩系,夹少量的绿片岩、变质次辉绿岩。

七、那底岗日-格拉丹冬-他念他翁山-崇山-临沧岛弧Ⅲ-7

南、西以班公湖-怒江-昌宁对接带为界,北、东临双湖-乌兰乌拉-澜沧江洋盆。大致沿冈玛错-查桑-查吾拉-他念他翁山,经崇山南至临沧一线呈狭长带状分布。与北羌塘、昌都、兰坪、思茅盆地相对应划分为4段:那底岗日-格拉丹冬陆缘弧、他念他翁山陆缘弧、碧罗雪山-崇山陆缘弧、临沧陆缘弧。

(一) 那底岗日-格拉丹冬陆缘弧($T_3—J_1$)Ⅲ-7-1

晚三叠世时期随着强烈碰撞造山,以龙木错-双湖带榴辉岩-蓝闪片岩高压—超高压变质带的形成为标志,同期发育晚三叠世—早侏罗世碰撞型火山-岩浆活动,导致北羌塘地块在晚三叠世发生广泛的造山不整合:那底岗日组[$(T_3—J_1)n$]/鄂尔陇巴组(T_3e)(玄武岩、安山岩、流纹岩、火山角砾岩、流纹质凝灰岩)等不整合。有侏罗纪地层在其弧背沉积。望湖岭组(T_3w)主要为凝灰质碎屑岩、凝灰质灰岩、流纹岩,夹砂岩、灰岩、角砾状灰岩,底部为复成分砾岩,获得流纹岩SHRIMP锆石U-Pb年龄为214Ma(李才等,2006)。整体反映为一套台地陆源碎屑-碳酸盐岩组合、海山碳酸盐岩组合。

弧背盆地,中生代发生聚敛,产生弧及其弧背沉积和弧内盆地沉积的构造格局。

下三叠统西部的拉竹龙西称万泉河群(T_1W),岩性为一套以灰红色—紫红色碳酸盐岩为主夹泥灰岩的沉积,其下部为泥岩组,上部为灰岩组,下伏与拉竹龙组呈角度不整合接触。月牙湖地区称康鲁组(T_1k),岩性以杂色细砂岩、粉砂岩为主,底部夹紫红色砂砾岩,为一套陆相碎屑岩建造。在分区中部地区下-中三叠统硬水泉组($T_{1-2}r$)以中厚层灰岩、碎屑砂岩、砾砂岩、砂质灰岩为主,夹鲕粒灰岩、钙质砂岩和有孔虫灰岩。中三叠统康南组(T_2k)为浅海相沉积,下部为碎屑岩,上部为灰岩、泥岩、细砂岩,夹泥灰岩和生物灰岩。上三叠统区域岩性变化大,上三叠统菊花山组(T_3j)分布于南部甜水河北岸、照沙山、菊花山等地,主要由灰色—深灰色薄至中厚层状泥晶灰岩、泥质灰岩、生物碎屑灰岩、核形石灰岩、泥灰岩夹砾屑灰岩、介壳灰岩、砂屑灰岩、藻屑灰岩、鲕粒灰岩和珊瑚礁灰岩组成。

1. 戈木错-孔孔茶卡石炭纪—三叠纪洋盆(C—T) Ⅲ-7-1-1

该洋盆分布在戈木错—孔孔茶卡一带。主要由上石炭统展金组(C_2z),中二叠统吞龙共巴组(P_2t)、龙格组(P_2l),上三叠统日干配错群(T_3R)组成。

展金组为碳酸盐岩、碎屑岩及洋岛型基性—中基性火山岩组合。吞龙共巴组系下伏曲地组杂砾岩与上覆龙格组灰岩之间以细碎屑岩与灰岩互层为特征的一套地层,其上与龙格组灰岩呈过渡关系,底与曲地组杂砾岩连续沉积,主要分布于日土多玛地区,厚度大于1360m。龙格组为一套以浅海相碳酸盐岩为主的地层体,与下伏吞龙巴组相伴出露,其主要岩石为厚层结晶灰岩、生物礁灰岩、含砂灰岩、白云岩及鲕状灰岩,产蜓类、珊瑚和腕足类化石,主要分布于西部日土—改则以北地区,厚度大于4510m;日干配错群由碎屑岩夹碳酸盐岩组成,局部地段下部夹十几米至上百米的橄榄拉斑玄武岩、细碧岩和玄武质熔结凝灰岩。整体反映为残余-残留海盆地沉积特征。为一套海岸沙丘-后滨砂岩组合、台地潮坪-局限台地碳酸盐岩组合、台地陆源碎屑-碳酸盐岩组合、海山碳酸盐岩组合。

2. 才玛尔错-肖茶卡三叠纪被动陆缘(T) Ⅲ-7-1-2

分布在才玛尔错—肖茶卡一带附近。为中-晚三叠世地层。主要由菊花山组($T_{2-3}j$)、角木茶卡组(T_3j)组成。菊花山组主要由灰色—深灰色薄层至中厚层状泥晶灰岩、泥质灰岩、生物碎屑灰岩、核形石灰岩、泥灰岩夹砾屑灰岩、介壳灰岩、砂屑灰岩、藻屑灰岩、鲕粒灰岩和珊瑚礁灰岩组成;角木茶卡组下部为厚层块状砾岩,局部夹海绵点礁体,砾石以火山岩为主,少量灰岩及硅质岩;上部由中层砂砾屑灰岩、厚层块状海绵礁灰岩、角砾灰岩组成。

(二) 他念他翁山陆缘弧($T_3—J_1$)Ⅲ-7-2

他念他翁山陆缘弧以竹卡群($T_{2-3}Z$)为代表。以英安岩、流纹岩为主,夹凝灰岩及碎屑岩,熔岩中普遍具柱状节理。下部出现大量流纹-英安质火山角砾岩、角砾熔岩、岩屑晶屑凝灰岩、凝灰熔岩等，且碎屑沉积岩增多，局部夹大理岩、碳酸盐化蚀变玄武岩，显示碰撞火山岩环境，同位素年龄为 238.9Ma（Rb-Sr）。

（三）碧罗雪山-崇山被动陆缘（T—K）Ⅲ-7-3

云南西北部怒江断裂带西侧之嘎拉博、丹珠、义产独等地，现存地质体呈北北西向之长条状，展布于怒江断裂带与高黎贡山基底残片之间，一般宽 1～3km，长达 130km。两侧为断裂所夹持。由石炭系嘎拉博岩组、丹珠岩组、义产独岩组构成，是一套变质程度达高绿片岩相的半深海浊积岩（千枚岩-大理岩）组合。基底为崇山群、大勐龙群变质基底杂岩。弧背沉积为中三叠世忙怀组、晚三叠世小定西组。

（四）临沧岛弧（D-T）Ⅲ-7-4

临沧陆缘弧分布在云县—临沧—勐海一带，东以澜沧江断裂带为界，西以花岗岩边界为界，东邻澜沧江弧碰撞带，西接昌宁-孟连对接带。

基底为澜沧江群。弧背沉积为中三叠世忙怀组、晚三叠世小定西组。中三叠世同碰撞强过铝火山岩组合赋存于忙怀组中，在北澜沧江、南澜沧江地区均广泛分布。岩石类型以流纹岩为主，少量为英安岩、玄武质粗面安山岩，喷发不整合于二叠纪—石炭纪的浅变质岩系之上，其上被晚三叠世小定西组火山岩平行不整合覆盖。

晚三叠世后碰撞，橄榄安粗岩组合赋存于晚三叠世小定西组中，仅分布于南澜沧江地区，为一套中基性的火山岩，其厚度变化大，岩性横向变化快。火山岩不整合于中三叠统忙怀组之上，并被下侏罗统芒汇河组或中侏罗统花开左组假整合所覆盖。

早侏罗世高钾钙碱性英安岩-流纹岩组合赋存于芒汇河组中，与小定西组相伴出露，仅分布于南澜沧江地区。为一套夹红色陆源碎屑沉积岩的酸性、中酸性火山岩，厚度变化大，岩性横向变化快，一些地区甚至尖灭、消失。火山岩不整合于上三叠统小定西组之上，并被中侏罗统花开左组假整合所覆盖。

第四节　双湖-班公湖-怒江-昌宁-孟连洋盆Ⅳ

双湖-班公湖-怒江-昌宁洋是特提斯大洋组成部分，构筑了冈瓦纳大陆与劳亚-泛华夏大陆的分界线，呈近东西—北西西方向展布，在云南境内转成南北向。北界为班公湖-康托-兹格塘错断裂，南界为日土-改则-丁青断裂。向东在双湖以东大致沿阿尔下穹-扎萨-查吾拉断裂，于拉龙贡村巴附近与类乌齐-曲登蛇绿混杂岩带相接。该带向西于龙木错附近被阿尔金大型走滑断裂左行截断，以广泛出露古生代蛇绿岩、蛇绿混杂岩、俯冲增生杂岩以及一些外来地块为特征。

现今被错成两段，班公湖-怒江深海洋盆（Pz_2—K_1）、昌宁-孟连深海洋盆，以及北、东侧的南羌塘被动陆缘（Pz—K_1），其间的多玛孤立台地、左贡孤立台地（C）/前陆盆地（T_3—J）、吉塘孤立台地（C）/岩浆弧（T_3）等次级亚相。

一、龙木错-双湖洋盆（D—T）Ⅳ-1

龙木错-双湖洋盆主体位于南羌塘增生盆地与北羌塘弧后前陆盆地之间，其北界为龙木错-清澈湖-

玉环湖-大熊湖-玛依岗日-爱达江日-双湖断裂,南界为龙木错-清澈湖-阿鲁错-丁固-肖茶卡-双湖断裂,向东在双湖以东大致沿阿尔下穷-扎萨-查吾拉断裂,于拉龙贡村附近与北澜沧江洋盆相接,向西于龙木错附近被阿尔金大型走滑断裂左行截断,去向不明。

该带内广泛出露奥陶纪—二叠纪蛇绿岩、蛇绿混杂岩、俯冲增生杂岩,自西向东包括红脊山混杂岩群、果干加年山混杂岩群和双湖混杂岩群。局部地区具有较完整的蛇绿岩层序出露,带内发育大量前奥陶纪变质岩块和奥陶纪—二叠纪各时代的岩块。上覆为晚三叠世—早白垩世残留海相沉积建造,上白垩统—新近系为陆相磨拉石及火山岩建造,零星分布。

地层主要呈大小不等的构造岩块(片)分布于奥陶纪—二叠纪蛇绿构造混杂岩中,主要出露于查多岗日、玛依岗日、孔孔查卡西侧一带,构造叠置的地层序列包括:亲冈瓦纳地层为奥陶系下古拉组(O_1x)、塔石山组($O_{2-3}t$),志留系三岔沟组(Ss),泥盆系长蛇山组(Dc)。至于石炭系擦蒙组(C_1c)、展金组[$(C_2—P_1)z$]以及二叠系曲地组(P_1q),项目组认为与标准剖面差异较大,是变质岩范畴,不能引用,需最新定位,启用阿木岗岩群。亲华夏地层单元为平沙沟组(D_1p)、查桑组($D_{2-3}c$),长蛇湖组(P_1c)和雪源河组(P_2x)(亲华夏见羌北部分)。

下奥陶统下古拉组,为一套杂色中—薄层状变质细碎屑岩夹结晶灰岩;下部的细碎屑岩以角岩化钙质细砂岩、粉砂岩、页岩为主;上部以粉细砂岩夹薄层灰岩为主。中上奥陶统塔石山组仅在塔石山和依布查卡泉华一带有出露,以结晶灰岩、大理岩化灰岩为主。志留系三岔沟组仅局限见于塔石山北坡,为一套细碎屑岩夹薄层砂屑结晶灰岩。泥盆系长蛇山组于塔石山峰及其南坡一带分布,其下部为厚层状大理岩化灰岩、砂屑结晶灰岩夹角砾状结晶灰岩和粉砂岩,上部为碎屑岩夹砂屑灰岩。

中生代地层在区内较零星分布,但层位出露较为连续。区内未见早—中三叠世地层,上三叠统望湖岭组(T_3w)主要出露在西部果干加年山和角木日地区,主要为凝灰质碎屑岩、凝灰质灰岩、流纹岩,夹砂岩、灰岩、角砾状灰岩,底部为复成分砾岩,与下伏果干加年山蛇绿混杂岩呈角度不整合接触,获得流纹岩锆石 SHRIMP 年龄为 214Ma(李才等,2006)。

(一) 托和平错-温泉湖石炭纪—二叠纪洋盆(C—P)Ⅳ-1-1

平沙沟组仅在尼玛县野生动物保护站西 7km 处 5267～5162 高地间出露,下部为中—薄层长石细砂岩、钙质粉砂岩,夹中厚层状砂屑灰岩及泥晶灰岩薄层,产双壳类化石;中部以中层状长石细砂岩、钙质粉砂岩为主,夹厚层砂质灰岩、鲕粒灰岩、砾屑灰岩,上部中厚层状含鲕粒灰岩、鲕状灰岩、砾屑灰岩、结晶灰岩,夹薄层泥质灰岩、泥质条带灰岩、泥晶灰岩。查桑组为浅海相碳酸盐岩地层。日湾茶卡组仅见于冈玛错—日湾茶卡局部地带,下部岩性为一套玄武岩、安山岩夹安山质火山碎屑岩、钙泥质砂岩组合,中上部岩性为浅海泥灰岩、灰岩、砂质灰岩与砂岩、页岩不等厚互层,局部夹砾岩和含砾砂岩。石炭系瓦垄山组(Cw),下部以中—中厚层状微晶灰岩、泥质条纹灰岩、生物碎屑灰岩为主,夹少量薄层粉砂岩;上部以中层状长石石英砂岩、细砂岩、(含碳质)粉砂岩为主,夹中层状微晶灰岩、砂屑灰岩、生物碎屑灰岩。上石炭统—下二叠统冈玛错组[$(C_2—P_1)g$],岩性为浅灰色—灰黄色石英砂岩、长石石英砂岩、粉砂岩夹灰岩透镜体,底部以石英砂岩与灰岩分界。长蛇湖组仅在长蛇湖背斜两翼出露,下部中厚层状含生物碎屑灰岩、含燧石结核灰岩、微晶灰岩、砂质灰岩,夹中薄层状岩屑长石中砾砂岩、细砂岩、长石石英砂岩;上部中厚层状微晶灰岩夹粉灰色灰岩、粉砂岩薄层。雪源河组仅在长蛇湖出露,岩性主要为一大套中薄层状泥晶灰岩、含砂屑灰岩、含生物碎屑灰岩、含生物碎屑砂质-砂屑灰岩、微晶灰岩夹厚层状灰岩,普遍产有蜓类化石。上二叠统热角茶卡组(P_3r)下部为薄层石英砂岩、粉砂岩夹碳质页岩,中部为薄层状细粒长石砂岩夹砂屑灰岩,上部为中层中细粒砂岩和含砾粗砂岩夹碳质页岩和煤线,上与下三叠统康鲁组呈整合接触。

（二）图中湖石炭纪—三叠纪洋岛（C—T）Ⅳ-1-2

该洋岛以发育晚古生代碳酸盐岩、碎屑岩及洋岛型基性—中基性火山岩组合为特征。在洋岛火山岩之上主要为一套滨浅海相碎屑岩夹灰岩，以及浅海相碳酸盐岩夹碎屑岩和生物礁序列，是形成于洋岛火山建隆过程中的海山沉积环境。主要由下石炭统日湾茶卡组（C_1r）等组成。日湾茶卡组下部岩性为一套玄武岩、安山岩夹安山质火山碎屑岩、钙泥质砂岩组合，中上部岩性为浅海泥灰岩、灰岩、砂质灰岩与砂岩、页岩不等厚互层，局部夹砾岩和含砂砾岩。

中三叠世末—晚三叠世因强烈碰撞造山隆起，大部地区缺失沉积，在隆起区北侧近陆缘弧的边缘地带，发育火山-沉积岩系（如上三叠统望湖岭组）不整合于蛇绿混杂岩之上；在隆起区南侧近海边缘地带，发育海陆交互相含煤碎屑岩系（如上三叠统土门格拉组）不整合于蛇绿混杂岩之上。湖岭组（T_3h）主要为凝灰质碎屑岩、凝灰质灰岩、流纹岩，夹砂岩、灰岩、角砾状灰岩，底部为复成分砾岩，获得流纹岩SHRIMP锆石U-Pb年龄为214Ma（李才等，2006）。

（三）布尔嘎错-玛依岗日-鸭湖古近纪—新近纪陆内（E—N）Ⅳ-1-3

其主要分布在布尔嘎错—玛依岗日—鸭湖一带。发育于古近纪—新近纪。主要由沱沱河组（Et）、康托组（N）、唢呐湖组（N_{1-2}）组成。沱沱河组为紫红色、砖红色厚层状复成分砾岩夹灰质岩屑砂岩，粉砂质泥岩夹灰质中细粒岩屑砂岩，复成分砾岩与中细粒岩屑砂岩及生物碎屑微晶灰岩组成的韵律层，厚606.43m，河流-湖相三角洲-湖相沉积；渐新世—中新世康托组在区内广泛分布，岩性以紫红色粗—细碎屑岩、多层灰质砾岩、泥岩和石膏为主，局部夹中基性火山岩，火山岩K-Ar法年龄为29.6Ma（1:25万改则县幅、日干配错幅，2005），与下伏地层呈角度不整合接触；唢呐湖组是区内分布最广的地层，主要为浅灰色夹紫红色粗—细碎屑岩、泥岩夹淡水灰岩、石膏层，底部砾岩，显示以湖相为主的沉积特点，与下伏地层呈角度不整合。整体反映一套湖泊三角洲砂砾岩组合、河流砂砾岩-粉砂岩泥岩组合。

二、多玛孤立台地（Pz）Ⅳ-2

多玛孤立台地是在班公湖-双湖-怒江-昌宁大洋中的地块，其南、北两侧均为蛇绿混杂岩带所包绕，具有相对稳定地块的火山-沉积序列与演化特征。

中—上志留统栗柴坝组为一套浅海相碎屑岩夹碳酸盐岩组合，无化石依据。晚古生代下石炭统擦蒙组（C_1c）主要为以含砾板岩为特征的冰水沉积夹碎屑岩及基性火山岩组合，展金组[（C_2—P_1）z]、曲地组（P_1q）和吉普日阿组（P_3j）主体为一套浅海相-深水陆棚相碎屑岩及碳酸盐岩夹玄武岩组合。中生代下中三叠统欧拉组（$T_{1-2}o$）为一套浅海相白云质碳酸盐岩夹粗玄岩建造，上三叠统日干配错群（T_3R）为一套浅海相-深水陆棚相碎屑岩及碳酸盐岩夹玄武岩组合；早—中三叠世粗玄岩和晚三叠世橄榄拉斑玄武岩、细碧岩和玄武质熔结凝灰岩等，地球化学分析具有残留-残余海盆地中的海山-洋岛火山岩特点。晚三叠世末—早侏罗世时期，由于北侧龙木错-双湖构造带的强烈碰撞作用，早中侏罗世多玛区表现为残留（边缘）海盆地性质，从早至晚为次深海相碎屑岩夹薄层灰岩→深水陆棚相碎屑岩-碳酸盐岩→浅海相碳酸盐岩夹碎屑岩的堆积序列，局部夹有中基性火山岩。晚侏罗世—早白垩世，随着南部扎普-多不杂火山-岩浆弧的发育，开始转变弧后盆地，索瓦组（J_3s）和白龙冰河组（J_3b）、雪山组[（J_3—K_1）b]和欧利组（K_1o）构成一个完整的海进—海退旋回，以发育一套滨浅海相碳酸盐岩及碎屑岩沉积为特征。最后，晚白垩世随着南侧班公湖-怒江洋盆的关闭与弧-陆碰撞作用，上白垩统阿布山组（K_2a）以发育弧后前陆盆地中的陆相磨拉石沉积为特征。

（一）温泉-多玛-结则茶卡-日干配错石炭纪—二叠纪孤立台地（C—P）Ⅳ-2-1

该孤立台地在温泉—多玛—结则茶卡—日干配错一带大面积分布。主要由上石炭统展金组、曲地组、吉普日阿组，上三叠统日干配错组（T_3），中—下侏罗统色洼组（$J_{1-2}s$），中侏罗统莎巧木组（J_2s）、捷布曲组（J_2j）组成。

上石炭统展金组在本区西部大范围分布，主要为碳酸盐岩、碎屑岩及洋岛型基性—中基性火山岩组合。曲地组为整合于下伏展金组变质砂岩和上覆龙格组生物碎屑灰岩之间的一套以粉砂质板岩夹变质细粒石英砂岩为主的地层，为浊流和滨浅海相交织的复杂地层体，夹灰岩和硅质岩，底部有石英砂岩和含砾砂岩，普遍具有浊流沉积特点，发育复理石韵律和鲍马序列，显示为陆缘斜坡半深海沉积，产丰富的华南型䗴、腕足、珊瑚和双壳类化石，主体为一套浅海相-深水陆棚相碎屑岩及碳酸盐岩夹玄武岩组合。吉普日阿组为一套浅水台地相陆源碎屑岩夹灰岩和火山碎屑岩沉积，下部为变质砾岩、变砂岩夹变质粉砂岩与灰岩互层，上部为厚层含䗴生物碎屑灰岩夹少量变质砂岩及粉砂岩，局部夹安山岩，产华南型䗴、珊瑚、腕足等化石。而在本地区出露的吉普日阿组主要为一套台地缓坡-斜坡碳酸盐岩组合。

（二）多玛-阿鲁错白垩纪—新近纪陆内沉积（K—N）Ⅳ-2-2

陆内沉积盆地在本区零星分布，主要分布在多玛—阿鲁错一带，主要为压陷盆地和拉分盆地。主要由下白垩统称欧利组（K_1o）、上白垩统阿布山组（K_2a）、渐新世—中新世康托组（E—N）、新近系唢呐湖组（$N_{1-2}s$）组成。下白垩统称欧利组与上白垩统阿布山组为构成白垩系拉分盆地的主要单元，新近纪压陷盆地则主要由渐新世—中新世康托组（E—N）、新近系唢呐湖组组成。欧利组为紫红色或杂色砂砾岩、钙质砂岩、泥灰岩和砂质灰岩沉积。上白垩统阿布山组主要分布于中东部南侧一线，为陆相紫红色砾岩、砂砾岩、含砾砂岩、粉砂岩、泥岩夹泥灰岩的磨拉石沉积。相分析表明，早期为湖扩展期沉积，中期为湖泛期沉积，晚期为湖萎缩期产物，反映一个完整的湖相演化序列，即湖泊的发生→发展→消亡的过程。渐新世—中新世康托组在区内广泛分布，岩性以紫红色粗—细碎屑岩、多层灰质砾岩、泥岩和石膏为主，局部夹中基性火山岩，火山岩K-Ar法年龄为29.6Ma（1:25万改则县幅、日干配错幅，2005），与下伏地层呈角度不整合接触。新近系唢呐湖组是区内分布最广的地层，主要为浅灰色夹紫红色粗—细碎屑岩、泥岩夹淡水灰岩、石膏层，底部砾岩，显示以湖相为主的沉积特点，与下伏地层呈角度不整合接触。整体反映为一套湖泊三角洲砂砾岩组合、湖泊砂岩-粉砂岩泥岩组合。

三、南羌塘被动陆缘（Mz）（T_3—J）Ⅳ-3

南羌塘被动陆缘位于北侧龙木错-双湖蛇绿混杂岩带与南侧班公湖-怒江蛇绿混杂岩带之间，向西与多玛（增生）台地相接，向东与左贡台地相连。

区内前石炭纪地层未出露，大面积分布有晚古生代和中生代地层，新生代地层相对局限。南羌塘具有晚石炭世—早二叠世早期的冰水沉积、冷暖型生物混生的特点。

石炭系：在龙木错-双湖构造带和南羌塘北部分布广泛，主要包括擦蒙组（C_2c）和展金组（C_2z）。擦蒙组（C_2c）为以冰水沉积为特征的含砾板岩夹含砾砂岩、砂砾岩、板岩及基性火山岩组合，厚逾500m，未见底。展金组浅变质岩系，以绢云母片岩、含砂泥灰质板岩为主，夹大理岩、结晶灰岩、变质玄武岩、枕状玄武岩。展金组厚度大于3550m；含丰富双壳类、腕足类和珊瑚等化石，尤其富含冷水双壳类*Eurydesma preversum*，小单体无鳞板冷水珊瑚动物群*Amplexocaninia-Cyathaxonia*组合和腕足类组合*Ambikella-Anidanthus fusiformis*及暖水型动物化石。

二叠系：在南羌塘分布较广泛，主要包括曲地组（P_1q）、吞龙共巴组（P_2t）、龙格组（P_2l）和吉普日阿组（P_3j）。

曲地组（P_1q）：曲地组为整合于下伏展金组变质砂岩和上覆龙格组生物碎屑灰岩之间的一套以粉砂质板岩夹变质细粒石英砂岩为主的地层，为浊流和滨浅海相交织的复杂地层体，夹灰岩和硅质岩，底部有石英砂岩和含砾砂岩，厚 2100~2520m，产丰富的华南型䗴、腕足、珊瑚和双壳类化石。

吞龙共巴组（P_2t）：为细碎屑岩与灰岩或泥灰岩的不等厚互层组合，厚度大于 720m。时代为中二叠世（耿全如等，2012a，2012b）。吞龙共巴组上与龙格组灰岩呈过渡关系，底与曲地组杂砾岩连续沉积，主要分布于日土多玛地区。

龙格组（P_2l）：岩性为块状结晶灰岩、生物礁灰岩、含砂灰岩、白云岩及部分鲕状灰岩。产丰富的䗴、珊瑚及腕足类、双壳类、菊石及腹足类等化石。龙格组主要布分于西部日土-改则以北地区，厚度大于 4510m。

吉普日阿组（P_3j）：主要分布于西部改则冈玛错、查木错及他利克甘利山地区，分布少，为一套浅水台地相陆源碎屑岩夹灰岩和火山碎屑岩沉积。下部为变质砾岩、变砂岩夹变质粉砂岩与灰岩互层。上部为厚层状含燧石生物碎屑灰岩夹少量变质砂岩及粉砂岩，局部夹安山岩。产华南型䗴、珊瑚、腕足等化石。下部与龙格组平行不整合或不整合接触，上与日干配错群（T_3R）均呈平行不整合接触。

三叠系：孜狮桑组（T_1z）为一套玄武岩和灰岩。中、下三叠统称欧拉组（$T_{1-2}o$）出露于分区西部日土—多玛一带，以一套白云质碳酸盐岩为主，夹泥岩、粗玄岩及放射虫硅质岩，厚度大于 600m，与下伏上古生界不整合接触。日干配错群（T_3R）由灰岩夹砂岩、页岩组成，夹火山岩，与上覆下侏罗统呈整合关系，反映南羌塘坳陷在三叠纪时期海水呈逐渐加深态势。另在羌塘中部的肖茶卡附近，1:25 万区域地质调查新建肖茶卡群（T_3X），由灰岩夹基性火山岩组成。说明南羌塘盆地在三叠纪存在洋岛海山环境。1:25 万江爱达日那幅（2005）将肖茶卡群解体为肖切保组、角木茶卡组和扎那组。肖切保组（T_3x）岩性主要由中厚层玄武岩、安山玄武岩、火山角砾岩与安山岩组成，枕状构造发育，多夹灰岩层及透镜体，获得 K-Ar 年龄为（223±5）Ma，厚度大于 670.4m。角木茶卡组（T_3j）下部厚层块状砾岩，局部夹海绵点礁体。上部由中层砂砾屑灰岩、厚层块状海绵礁灰岩、角砾灰岩组成，总厚度大于 551.75m。扎那组（T_3z）为中薄层细粒岩屑砂岩、凝灰质砂岩、粉砂岩和凝灰质泥岩等，未见顶，厚度大于 1350.61m。另外，1:25 万帕度错幅区域地质调查（2005）在双湖区帕度错北节拉日等地，发现厚度大于 2134m 的海底基性火山岩，并新建弄佰组，岩石类型为杏仁状玄武岩、块状玄武岩、玄武质角砾熔岩和枕状玄武岩，其层位相当于肖茶卡群下部的肖切保组。土门格拉群（T_3T）为细粒岩屑长石砂岩、碳质页岩、粉砂质页岩、含砾粗砂岩、中细粒岩屑砂岩、泥质粉砂岩夹薄层状泥灰岩，局部夹煤线。产双壳类化石。

侏罗系：侏罗系在南羌塘发育齐全，包括曲色组（J_1q）、色哇组（J_2s）、布曲组（J_2b）、夏里组（J_2x）和索瓦组（J_3s）。曲色组为泥岩、薄层灰岩、钙质页岩夹生屑灰岩、泥灰岩及粉砂岩，属深海-次深海沉积。色哇组为页岩、钙质页岩、粉砂岩、灰岩及泥灰岩韵律层，仍显中深水沉积特征。布曲组沉积于浅海环境，沉积层为灰岩、条带状灰岩、核形石灰岩与白云岩、白云质灰岩互层，局部夹石膏。夏里组为浅海-潮坪相的灰色—绿灰色细碎屑岩夹生屑灰岩、鲕粒灰岩、泥灰岩及膏盐层。索瓦组为浅海泥晶灰岩、生屑灰岩、鲕粒灰岩夹泥灰岩、钙质泥岩、粉砂岩。

需要注意的是，南羌塘南缘靠近班公湖-怒江带的侏罗纪细碎屑岩地层中一般含玄武岩夹层，局部具有增生混杂带特征，其中有少量花岗（斑）岩类侵入。说明南羌塘南缘存在侏罗纪—白垩纪的弧前盆地和岩浆弧，为活动边缘特征，但并未形成类似冈底斯的广泛分布的东西向岩浆弧。推测 BNS 俯冲作用较微弱。另外南羌塘南缘的侏罗纪地层中有些地段含沉积型铜矿，如羌堆村一带布曲组钙质砂岩和薄层灰岩中家克拉砂岩铜矿点、羌堆村东火山岩型铜矿点等（成都理工大学，1:5万羌多幅）。

南羌塘上白垩统阿布山组（K_2a）为紫红色砾岩、砂砾岩磨拉石沉积，与下伏地层不整合接触。新生界为河湖沉积和火山岩喷发，包括牛堡组（E_3n）、康托组（N_1k）、纳丁错组（E_3n）和鱼鳞山组（Ny）等。

(一) 帕度错-雅根查错-白雄三叠纪洋盆(T)-残余海盆(J)Ⅳ-3-1

该洋盆-残余海盆分布肖茶卡—雅根查错—白雄一带。主要由上三叠统日干配错群(T_3R)、土门格拉组(T_3t)、角木茶卡组(T_3j)、扎那组(T_3n)、邦爱组[$(J_3—K_1)b$]等组成。上三叠统日干配错群为一套浅海相-深水陆棚相碎屑岩及碳酸盐岩夹玄武岩组合,玄武岩地球化学分析具有海山-洋岛火山岩特点。上三叠统土门格拉组主要为长石石英砂岩夹粉砂岩、页岩、泥岩及煤线等,产植物和孢粉化石。角木茶卡组下部为厚层块状砾岩,局部夹海绵点礁体,砾石以火山岩为主,少量灰岩及硅质岩;上部由中层砂砾屑灰岩、厚层块状海绵礁灰岩、角砾灰岩组成。扎那组下部为中薄层细粒岩屑砂岩、薄—中层钙质粉砂岩-粉砂质泥岩、泥质粉砂岩-钙质泥岩,上部为中厚层细粒岩屑长石砂岩、薄层粉砂岩和中薄层钙质粉砂质泥岩、钙质泥岩夹少量泥灰岩,产孢粉和少量植物、双壳类等化石。

邦爱组为一套细碎屑岩建造,见于唐古拉南部。

(二) 昂达尔错-安多侏罗纪前陆盆地(J)Ⅳ-3-2

该前陆盆地分布在日干配错—昂达尔错—安多广大地区。中—晚侏罗世地层出露较多,为一套以碎屑岩为主夹生物碎屑灰岩和鲕粒灰岩组合,属次深海到浅海再到滨海沉积,生物化石丰富。主要由中—下侏罗统色哇组($J_{1-2}s$)、中侏罗统莎巧木组(J_2s)、捷布曲组(J_2j)、上侏罗统—下白垩统沙木罗组[$(J_3—K_1)s$]组成。中—下侏罗统色哇组为一套以深灰色—黑色泥页岩、粉砂质泥页岩、粉砂岩为主的地层。中侏罗统莎巧木组主要分布于帕度错以北地区,为一套以深灰色—灰色泥页岩为主,夹灰岩沉积,为浅海陆棚较深水沉积。捷布曲组主要于中东部地区分布,在西部仅有零星出露,为一套较纯的中厚层状碳酸盐岩沉积,属稳定的局限浅海碳酸盐岩沉积。上侏罗统—下白垩统沙木罗组不整合于上述蛇绿混杂岩及其木嘎岗日岩群($J_{1-2}M$)之上,岩性主要为石英砂岩、含砾粗砂岩、粉砂岩夹钙质页岩、生物碎屑灰岩,时代主体为晚侏罗世。整体反映为残余-残留海盆地沉积特征。为一套半深海水下河道砂砾岩组合、台地潮坪-局限台地碳酸盐岩组合、台地陆源碎屑-碳酸盐岩组合。

(三) 帕度错-安多白垩纪—新近纪陆内盆地(K—N)Ⅳ-3-3

该陆内盆地分布在帕度错—安多一带。大范围发育白垩纪—新近纪陆内盆地。主要由上白垩统阿布山组(K_2a)、古近系沱沱河组(Et)、牛堡组($E_{1-2}n$)、丁青湖组(E_3d)、渐新世—中新世康托组(N)、中新统唢呐湖组($N_{1-2}s$)组成。压陷盆地主要分布在昂达尔错以西,而昂达尔错以东范围则是拉分盆地分布更广。压陷盆地主要在古近纪—新近纪比较发育,其中康托组分布范围甚广。拉分盆地则从白垩纪开始到古近纪发育。上白垩统阿布山组主要分布于中东部南侧一线,为陆相紫红色砾岩、砂砾岩、含砾砂岩、粉砂岩、泥岩夹泥灰岩的磨拉石沉积。相分析表明,早期为湖扩展期沉积,中期为湖泛期沉积,晚期为湖萎缩期产物,反映一个完整的湖相演化序列,即湖泊的发生→发展→消亡的过程。沱沱河组为紫红色、砖红色厚层状复成分砾岩夹灰质岩屑砂岩,粉砂质泥岩夹灰质中细粒岩屑砂岩,复成分砾岩与中细粒岩屑砂岩及生物碎屑微晶灰岩组成的韵律层,厚度达606.43m,河流-湖相三角洲-湖相沉积。牛堡组在分区内广泛分布,是区内重要的造山磨拉石建造,底部为棕红色砾岩,中上部为灰色—灰绿色泥岩夹泥灰岩、油页岩和凝灰岩,厚度大于551m;自下而上含有 *Limnocythere-Eucyprisy*、*Limnocythere-Cypris-Cyprinotus*、*Limnocythere-Cypris-Eucypris-Candona* 和 *Cypinotus-Candona* 等4个介形虫组合(1∶25万帕度错幅、昂达尔错幅,2005);获得古地磁年代为57~47Ma(赵政璋等,2001)。丁青湖组为湖相紫红、灰绿色泥岩,凝灰岩夹油页岩、泥灰岩,厚度大于564.5m,自下而上含有 *Austrocypis-Cyprinotus-Pelocypri* 和 *Ilyocypris-Limnocythere* 等2个介形虫组合(西藏自治区地质矿产局,1997),

其时代为渐新世。牛堡组和丁青湖组为山间盆地（或断陷盆地）磨拉石-复陆屑建造，属河湖-深湖相沉积。渐新世—中新世康托组在区内广泛分布，岩性以紫红色粗—细碎屑岩、多层灰质砾岩、泥岩和石膏为主，局部夹中基性火山岩，火山岩 K-Ar 法年龄为 29.6Ma(1:25 万改则县幅、日干配错幅，2005)，与下伏地层呈角度不整合接触；渐新世—中新世康托组在区内广泛分布，岩性以紫红色粗—细碎屑岩、多层灰质砾岩、泥岩和石膏为主，局部夹中基性火山岩，火山岩 K-Ar 法年龄为 29.6Ma(1:25 万改则县幅、日干配错幅，2005)，与下伏地层呈角度不整合接触；唢呐湖组是区内分布最广的地层，主要为浅灰夹紫红色粗—细碎屑岩、泥岩夹淡水灰岩、石膏层，底部砾岩，显示以湖相为主的沉积特点，与下伏地层呈角度不整合。整体反映一套湖泊三角洲砂砾岩组合、湖泊砂岩-粉砂岩泥岩组合、湖泊砂岩-粉砂岩夹火山岩组合。

（四）扎普-多不杂增生弧(J_3—K_1) Ⅳ-3-4

扎普-多不杂增生弧主体位于多玛地块南缘，南侧与班公湖-怒江蛇绿混杂岩带相邻。主体沿乌江—扎普—多不杂—热那错一线，呈北西西-南东东方向的狭窄带状展布。

带内晚古生代的地层序列与北侧多玛地块相似，总体表现为具有洋岛-海山和洋内岛弧性质的增生地块，其上的三叠纪—中侏罗世发育残余-残留海盆地中的次深海相碎屑岩夹薄层灰岩→深水陆棚相碎屑岩-碳酸盐岩→浅海相碳酸盐岩夹碎屑岩的堆积序列，局部夹有基性—中基性火山岩，构成了扎普-多不杂火山-岩浆弧带的基底。

晚侏罗世—早白垩世在班公湖-怒江洋盆主体向南俯冲消减的格局下，同时发生了向北的俯冲消减作用，相配套发育了晚侏罗世—早白垩世扎普-多不杂火山-岩浆增生弧(J_3—K_1)。火山岩主要赋存在白龙冰河组(J_3b)及雪山组[(J_3—K_1)x]中，岩石类型主要有玄武质角砾熔岩、中基—中酸性火山角砾岩、粒玄岩、粗安岩、杏仁状含角砾安山岩、安山岩、英安岩和流纹岩以及大量火山碎屑岩等。

最后，晚白垩世随着南侧班公湖-怒江洋盆的关闭与弧-陆碰撞作用，上白垩统阿布山组以发育弧后前陆盆地中的陆相磨拉石沉积为特征。

四、吉塘-左贡被动陆缘(C—T) Ⅳ-4

吉塘-左贡被动陆缘位于他念他翁山南西侧，同卡北东侧，沿吉塘—左贡分布。带内主要包括前寒武纪吉塘群变质岩、古生界及印支期—燕山期中酸性(火山)侵入岩。这些地层均被中上三叠统河流至浅海相碳酸盐岩-碎屑岩夹少量火山岩所超覆，部分地区其上不整合以侏罗系的海陆交互相碎屑-碳酸盐岩。

西西岩组(Pz_1y)为一套绿片岩相变质岩系，原岩为一套碎屑岩及火山岩建造，雍永源等(1990)获得片岩的全岩 Rb-Sr 法变质年龄值为 371.1Ma，推断可能为活动边缘盆地中的一套火山-沉积岩组合。上古生界泥盆系未见出露，已知石炭系主体为北澜沧江洋盆西侧被动边缘盆地浅海相碎屑岩夹生物灰岩沉积→裂陷-裂谷盆地半深海相的碎屑岩复理石、玄武岩及流纹岩"双峰式"夹灰岩组合。中—上二叠统东坝组(P_2d)、沙龙组(P_3s)主体为一套滨浅海相碎屑岩及玄武安山岩、杏仁状或致密块状玄武岩、安山质角砾熔岩及变质凝灰岩夹灰岩组合；火山岩性质属于大陆拉斑-碱性系列玄武岩及安山岩，初步分析形成于与俯冲作用有关的陆缘火山弧环境。

早-中三叠世由于受到北澜沧江弧-陆碰撞造山作用的制约，地块隆起并缺失下中三叠统沉积，上三叠统甲丕拉组(T_3j)为前陆盆地中的磨拉石堆积，之上的波里拉组为海相碳酸盐岩及阿堵拉组和夺盖拉组的含煤碎屑岩，不整合覆于下伏地层之上。侏罗系为滨岸相紫红色砂岩、泥岩夹杂色粉砂质泥岩和不稳定灰岩，第三系为陆相含煤碎屑岩。

(一)玛如-江绵石炭纪、侏罗纪残余海盆(C、J)Ⅳ-4-1

该残余海盆分布在白雄—江绵—他念他翁山一带。发育于侏罗纪,主要由色哇组($J_{1-2}s$)、捷布曲组(J_2j)、莎巧木组(J_2s)组成。色哇组为一套碎屑岩和碳酸盐岩组合建造,主要为砂岩、粉砂岩、泥页岩、泥岩、膏岩层,位于班公湖-怒江形成过程中的被动大陆边缘,为类复理石组合。捷布曲组主要于中东部地区分布,在西部仅有零星出露,为一套较纯的中厚层状碳酸盐岩沉积,属稳定的局限浅海碳酸盐岩沉积。中侏罗统莎巧木组为一套以深灰色—灰色泥页岩为主,夹灰岩沉积,为浅海陆棚较深水沉积。整体为一套台地潮坪-局限台地碳酸盐岩组合、前滨-临滨砂泥岩组合、半深海浊积岩组合。

(二)白雄-巴青三叠纪前陆盆地(T)Ⅳ-4-2

该前陆盆地分布在白雄—巴青—类乌齐一带。分布范围广,由近东西向转为北西-南东向。发育于晚三叠世,主要由上三叠统土门格拉组(T_3t)、甲丕拉组(T_3j)、波里拉组(T_3b)、结扎群(T_3J)、锅雪普组(T_3g)、乱泥巴组(T_3l)、桑多组(T_3s)组成。类乌齐以北主要由土门格拉组构成陆棚碎屑滨海,而以南地区则主要由锅雪普组、桑多组组成。上三叠统土门格拉组主要为长石石英砂岩夹粉砂岩、页岩、泥岩及煤线等,产植物和孢粉化石。甲丕拉组主要为一套紫红色砂岩、泥岩、粉砂岩夹灰岩,下部砾岩,为一套海陆交互砂泥岩夹砾岩组合,为河湖-滨浅海相沉积。波里拉组由灰岩、生物碎屑灰岩、白云岩夹泥岩、砂岩组成,为一套开阔台地碳酸盐岩组合,为浅海碳酸盐岩台地相沉积。上三叠统结扎群分布于北部,主要为由碎屑岩及碳酸盐岩夹少量火山岩组成的地质体,上部含煤。锅雪普组为滨浅海相的紫红色夹灰绿色砂泥岩,中部夹薄层灰岩,中下部夹多层砾岩,与下伏东达村组呈整合接触。乱泥巴组为灰色厚层灰岩夹粉砂质泥岩,局部夹安山岩,与下伏甲丕拉组呈整合接触。桑多组以灰黑色—黑色页岩与灰色—灰绿色细砂岩、粉砂岩呈韵律互层,下部可见较深水沉积构造,上部砂岩、岩屑砂岩增多,含植物碎片,与下伏波里拉组灰岩整合接触。

整体反映为一套被动陆缘海陆交互砂泥岩夹砾岩组合、海陆交互含煤碎屑岩组合、开阔台地碳酸盐岩组合。

(三)类乌齐侏罗纪活动陆缘(J)Ⅳ-4-3

该活动陆缘分布于类乌齐南部,分布范围不广。主要为一套深水浊流和重力滑塌复理石沉积建造,局部夹中基性火山岩。主要由色哇组($J_{1-2}s$)、莎巧木组(J_2s)组成。色哇组为砂岩、粉砂岩、泥页岩、板岩、灰岩。莎巧木组为一套以深灰色—灰色泥页岩为主,夹灰岩沉积。整体为一套浊积岩(砂板岩)-滑混岩组合。

(四)曲中白垩纪—新近纪陆内坳陷盆地(K—N)Ⅳ-4-4

该陆内分布在曲中一带,主要由白垩纪—古近纪拉分盆地和古近纪陆内坳陷盆地组成,白垩纪—古近纪拉分盆地主要分布在巴青以西地区。主要由白垩系昂仁组($K_{1-2}a$)、古近系贡觉组($E_{1-2}g$)、牛堡组($E_{1-2}n$)、丁青湖组(E_3d)组成。

昂仁组为砾岩、含砾粗砂岩、砂岩、粉砂岩、页岩与泥晶灰岩呈韵律层,见由块状浊积岩席状砂体组成的水道扇舌形体,并夹砂岩-粉砂岩薄层,上部有半深海暗色页岩,含 Chondrites 类遗迹化石,是典型的贫氧环境;该组区域上岩性变化较大,厚度达 148~2946m;该组产双壳类 V. tombeki munierchalmas,Valletia sp. 和放射虫 Holocryptantium barbui,Gongylothoras siphonofer 以及有孔虫 Clavihedbergella sp. 等化石,时代为早白垩世晚期至晚白垩世早期,与冲堆组呈整合接触。古近系贡觉组，发育在第三纪红色盆地内，为一套湖泊三角洲砂砾岩组合，主要为一套紫红色山麓相、河湖相磨拉石建造，下部为细粒岩屑砂岩、长石岩屑砂岩、钙质粉砂岩，底部为砾岩，上部为砂砾岩、细砂岩夹泥灰岩、砂页岩，贡觉盆地顶部含膏盐层，且已形成大型石盐矿；在贡觉盆地的安坝和白马、生达东一线，发育暗紫色英安质晶屑凝灰岩、熔结凝灰岩、安山岩、英安岩，最厚可达400余米。牛堡组为浅湖-滨湖相泥页岩、粉砂岩、砂岩、砾岩夹灰岩、泥灰岩、凝灰岩、油页岩等，含腹足类 *Pyrazus montensis*，*Batillaria*(*Vicinocerithium*) *inopinata*，*Thericium*(*Pseudoaluco*) cf. *dejaeri* 等和介形虫、轮藻、孢粉化石；在伦坡拉、班戈盆地中心，厚度大于3000m，盆周厚度变薄，与下伏竟柱山组呈不整合接触。丁青湖组以灰色泥岩、页岩为主，夹粉砂岩、细砂岩、泥灰岩、油页岩与少许凝灰岩，产介形虫、轮藻、孢粉等化石，未见底，在伦坡拉盆地中心厚达1156m，向盆地边缘减薄，含介形虫与孢粉等化石。牛堡组和丁青湖组为山间盆地（或断陷盆地）磨拉石-复陆屑建造，属河湖-深湖相沉积，显然属后碰撞建造系列。

整体反映为一套陆内湖泊三角洲砂砾岩夹火山岩组合、湖泊砂泥岩-粉砂岩组合、湖泊三角洲砂砾岩组合、河流砂砾岩-粉砂岩泥岩组合等。

五、双江-西定被动陆缘 IV-5

双江-西定被动陆缘位于怒江—昌宁-孟连洋盆中东部之凤庆县大寨、耿马县芒佑、沧源县岩帅、澜沧县糯福等地，呈北北东向展布，出露宽15～30km，长达330km。可划分为3个四级构造古地理单元。

（一）南段陆坡-陆隆 IV-5-1

南段陆坡-陆隆由泥盆系-石炭系南段组组成，是一套具鲍马序列的浊积岩组合，为被动大陆边缘陆坡-陆隆环境的沉积。

（二）拉巴无蛇绿岩浊积扇 IV-5-2

拉巴无蛇绿岩浊积扇位于中南段西部，分布于双江县梁子寨、沧源县岩帅、孟连县岔河等地，由二叠系拉巴组构成，为一套深水-半深海浊积岩建造，是洋壳俯冲过程中形成的弧前沉积。

（三）富岩坳陷盆地 IV-5-3

富岩坳陷盆地形成于侏罗纪—白垩纪，位于孟连县富岩、勐马一带，呈北北东向之长条状，宽4～20km，长110km。是昌宁-孟连洋盆俯冲、消减、碰撞、造山后的上叠坳陷盆地，是后碰撞-后造山阶段走滑、伸展的产物。由侏罗系花开左组、坝注路组，白垩系景星组组成，是一套内陆湖相红色碎屑岩建造。

六、班公湖-怒江洋盆 IV-6

班公湖-怒江洋盆西起班公湖，东经改则、东巧，然后转东南经洛隆、八宿，继而沿滇西怒江谷地，向南与昌宁-孟连带相接，一直延伸至国外的一个规模巨大、地质构造复杂的构造带。它由蛇绿岩带、混杂岩带、深海复理石残块及古生代变质岩系呈岛链状隆起的断块组成。

（一）安多-聂荣孤立台地（Pz_2—K_1）IV-6-1

安多-聂荣孤立台地夹持于班公湖-怒江结合带中段南、北两条蛇绿混杂岩亚带之间，主要出露地层为中—新元古界聂荣岩群（$Pt_{2-3}N$）、前寒武系扎仁岩群（An∈z）、上古生界嘉玉桥岩群（Pz_2J）、侏罗系—

白垩系和古近系。此外，该段还有一些大型移置陆块。

外来地块：见有古生代断块产出，局部地层序列清楚。下志留统东卡组（S_1d）仅出露于东卡错，岩性为灰黑色—灰色灰岩、白云岩、含白云质灰岩等，间夹生物碎屑灰岩与变泥质粉砂岩夹大理岩。下泥盆统达尔东组（D_1d）为灰岩、生物碎屑灰岩、砂屑灰岩等。中—上泥盆统查果罗玛组（$D_{2-3}c$）为灰岩、亮晶灰岩间夹生物碎屑灰岩、砾状灰岩。二叠系仅出露下拉组（P_2x）一套白云岩、生物碎屑灰质白云岩、角砾状灰岩等。最新成果揭示出下拉组灰岩之上可能存在三叠纪地层。中—上三叠统嘎加组（$T_{2-3}g$）残留洋盆(?)，为1:25万那曲县幅区域地质调查新建（西藏自治区地质调查院，2005），主要分布于那曲县嘎加一带，主要岩性以中—厚及中—薄层状长石石英砂岩、砂屑灰岩、砾屑灰岩、含砾灰岩、泥质硅质岩为主，夹大量的蚀变橄榄玄武岩、安山岩、安山质火山角砾岩、（枕状）玄武岩等，未见顶底，厚711～2661m；硅质岩中产放射虫 *Annulotriassocampe* sp.，*Pseudostylosphaera* sp.，*Triassocampe* sp.，*Tritoris* sp.，*Muelleritortis* sp.，*Canoptum* sp.，*Praemesosatutnalis* sp.（据王玉净鉴定，2005），时代可能为中—晚三叠世。

残余海盆：晚侏罗世—早白垩世地层称郭曲群[$(J_3—K_1)G$]，分布于下秋卡区郭曲乡一带，底部为砾岩及砂砾岩，中部为凝灰质砂岩、粉砂岩、钙质板岩、含砂质、铁质结核板岩、钙质泥岩等，上部为砂质条带板岩，为浅海陆棚沉积组合，产有丰富菊石类化石，主要有 *Aspidoceratinae* sp.，*Berriasellinae Virgatosp hinctinae*，*Virgatosphinctes* sp. 等化石，还获得少量锥石化石，鉴定时代为晚侏罗世—早白垩世。

上叠盆地：新生界区内较广泛分布，牛堡组（$E_{1-2}n$）在分区内广泛分布，是区内重要的造山磨拉石建造，底部为棕红色砾岩，中上部为灰色—灰绿色泥岩夹泥灰岩、油页岩和凝灰岩，厚度大于551m；自下而上含有 *Limnocythere-Eucyprisy*，*Limnocythere-Cypris-Cyprinotus*，*Limnocythere-Cypris-Eucypris-Candona* 和 *Cypinotus-Candona* 等4个介形虫组合（1:25万帕度错幅、昂达尔错幅，2005）；获得古地磁年代为57～47Ma（赵政璋等，2001）。丁青湖组（E_3d）为湖相紫红、灰绿色泥岩，凝灰岩夹油页岩，泥灰岩，厚度大于564.5m，自下而上含有 *Austrocypis-Cyprinotus-Pelocypri* 和 *Ilyocypris-Limnocythere* 两个介形虫组合（西藏自治区地质矿产局，1997），其时代为渐新世。

（二）嘉玉桥孤立台地（$Pz_2—J$）Ⅳ-6-2

嘉玉桥孤立台地主体为一套绿片岩相的碎屑岩夹碳酸盐岩变质岩系。中生代大部隆起，仅边缘地带沉积滨浅海相-浅海碎屑岩及碳酸盐岩组合。晚侏罗世晚期海水退去，自此以后发育陆相磨拉石沉积。

由晚古生代嘉玉桥岩群（Pz_2J）之邦达岩组（C_1b）、错绒沟口岩组（C_1c）构成，分布于八宿县邦达、错绒沟口一带。邦达岩组下部夹玄武岩、流纹岩，局部地段夹硅质岩，中部为灰黑色变质灰岩、大理岩、千枚岩组合。错绒沟口岩组为灰黑色、浅黄色石英绢云母千枚岩夹灰黑色变质石英砂岩，上部夹灰黑色变质砂质灰岩，并含玄武岩及辉绿岩。

早中侏罗世主要以希湖群（$J_{1-2}X$）为主，为碎屑岩-类复理石沉积建造，主要分布于达如错以东的陆块上及达如错以西的陆块两侧，与班公湖-怒江带形成一致，揭示了它们大陆边缘沉积特点。最新资料显示，该远洋的边缘沉积要追溯到晚三叠世地层[(纪占胜)已在东恰错一带发现了该时代地层]，冈底斯带上多处发现了晚三叠世地层不整合是这一事件的反应。岩性为砂质板岩、千枚岩夹少量硅质岩，为一套细屑浅变质复理石，厚约5000m，含少量菊石化石。中侏罗统马里组（J_2m）断续分布于洛隆、扎玉一带，以砂岩、砾岩为主夹粉砂岩、含砾砂岩，局部夹安山岩，产双壳、腕足类及菊石等化石，以及植物化石碎片，主体为滨海相沉积，厚168～2405m，时代为中侏罗世，不整合于嘉玉桥岩群之上。

(三) 班公湖-怒江洋盆 Ⅳ-6-3

班公湖-怒江洋盆在我国境内长达2400km。按出露地域自西向东可分为西段(班公湖—改则)、中段(东巧—安多)和东段(丁青—怒江)3段。在班戈、安多县一带,怒江蛇绿岩可分为北部的东巧亚带和南部的班戈-那曲亚带,两者之间被聂荣隆起和东恰错增生楔分隔。向西、向东,这两条亚带又复合成一条蛇绿混杂岩带。

西段(班公湖—改则),包括班公湖—改则—色哇地段,共出露蛇绿岩体(群)30多个,称班公湖混杂岩群(J^{mlg}),沿班公湖南、北两岸分布,向西沿改则县阿大杰—洞错一带分布,蛇绿岩层序自下而上为超镁铁质岩、堆晶岩、辉长岩墙群、玄武质熔岩,以及上覆放射虫硅质岩;席状岩墙群的岩石类型为辉长岩、辉长辉绿岩,堆晶岩层序为层状橄榄岩→橄榄辉石岩→块状角闪辉长岩→辉长岩。

中段(东巧—安多),东西长约500km,南北宽约100km。称东巧混杂岩群(J^{mlg}),沿东巧—兹格塘错—齐日埃加查、安多一带出露分布,主要由变质橄榄岩、块状辉长岩、枕状基性熔岩、放射虫硅质岩等单元的块体与复理石基质木嘎岗日岩群($J_{1-2}M$)组成,其上被沙木罗组[$(J_3—K_1)s$](原定名东巧组)不整合覆盖。该蛇绿混杂岩在东巧地区还有一些分支,称觉翁混杂岩群[$(T—J^{mlg})J$],主要在切里湖—达如错—蓬错、白拉—觉翁一带出露分布,切里湖—达如错—蓬错一带的蛇绿混杂岩,由纯橄岩、斜辉辉橄岩和斜辉橄榄岩"岩块",以及砂泥质复理石"基质"组成,向南在白拉—觉翁一带的蛇绿混杂岩,由变质橄榄岩、堆晶岩、席状岩墙群、基性熔岩、放射虫硅质岩构成,呈近东西向延伸,其上被上白垩统竞柱山组角度不整合覆盖;再向南在达仁乡夺列—青木朵一带,蛇绿岩构造侵位在中上侏罗统拉贡塘组和中侏罗统桑卡拉佣组之间,与围岩均呈断层接触关系,呈构造透镜状产出,在辉长岩中测得单颗粒锆石U-Pb年龄为242Ma、259Ma,其形成时代为晚二叠世—早三叠世(1:25万那曲县幅,2004)。

东段(丁青—怒江),范围从索县,经荣布、丁青、嘉玉桥,到八宿和下林卡间的怒江沿岸。段内共有28个岩体(群)。自下而上为橄榄岩(包括云辉橄榄岩、辉橄岩、二辉橄榄岩夹含辉纯橄岩)、堆晶岩(包括辉长苏长岩、二辉岩、角闪辉长岩)、辉绿岩和辉长辉绿岩墙群、玄武质熔岩(包括拉斑玄武岩、霓玄岩、钛辉玄武岩)、放射虫硅质岩。在丁青一带有中侏罗世德吉国组(J_2dj)角度不整合于其上,在丁青县卡玛多中侏罗世东大桥组(J_2d)砾岩中见有超基性岩与硅质岩砾石分布,推测丁青蛇绿岩形成于中侏罗世之前。

1. 班公湖-改则-聂荣-丁青石炭纪—白垩纪洋盆(C—K) Ⅳ-6-3-1

该洋盆分布在从班公湖—改则—聂荣—丁青的广大地区,由近东西向转为北西-南东向,主体发育于石炭纪—白垩纪。

中—上泥盆统查果罗玛组($D_{2-3}c$)为灰岩、亮晶灰岩间夹生物碎屑灰岩、砾状灰岩。晚古生代嘉玉桥岩群(Pz_2J)之邦达岩组(C_1b)、错绒沟口岩组(C_1c)分布于八宿县邦达、错绒沟口一带,为大陆坡底洋盆边缘(陆隆)沉积。邦达岩组下部夹玄武岩、流纹岩,局部地段夹硅质岩,中部为灰黑色变质灰岩、大理岩、千枚岩组合。错绒沟口岩组为灰黑色、浅黄色石英绢云母千枚岩夹灰黑色变质石英砂岩,上部夹灰黑色变质砂质灰岩,并含玄武岩及辉绿岩。

中二叠统下拉组(P_2x)岩性为一套碳酸盐岩沉积,生物丰富,以灰色、深灰色中—厚层微晶灰岩,生物碎屑灰岩,燧石结核灰岩,砂(砾)屑灰岩互层为主,属于结晶灰岩和生物碎屑灰岩建造。此外,在格嘎一带的下拉组碳酸盐岩沉积之上还见有厚度大于419m的一套灰黑色、深灰色薄—中层硅质岩与灰白色中—薄层细粒石英砂岩呈韵律条带状互层,夹深灰色薄—中层细晶灰岩的岩石组合,不含化石,因出露局限,暂将其划归下拉组上部。

上三叠统日干配错群(T_3R)为一套浅海相-深水陆棚相碎屑岩及碳酸盐岩夹玄武岩组合，由碎屑岩夹碳酸盐岩组成，局部地段下部夹十几米至上百米的橄榄拉斑玄武岩、细碧岩和玄武质熔结凝灰岩，玄武岩地球化学分析具有海山-洋岛火山岩特点。化石丰富，产腕足、珊瑚、牙形石等化石，厚度达10 800m，与下伏地层平行不整合或整合接触。

侏罗系的木嘎岗日群(JM)为深水盆地复理石沉积。在班公湖-怒江带蛇绿混杂岩中一般作为蛇绿岩岩块的基质，广泛分布。主体为复理石细碎屑岩，夹灰岩、枕状玄武岩等大量的古生代外来岩块，是增生楔杂岩还是与蛇绿岩伴生的深海大洋沉积仍存在争论。总体为一套半深海-深海砂泥质复理石建造，叠厚2218～6600m；下部岩性为中薄层细粒岩屑砂岩与灰黑色薄层板岩，局部夹少量浅紫红色砾岩、板岩，上部为细碎屑岩夹少量灰岩组合，以石英岩屑砂岩为特色；碳板岩中产孢粉 *Cyathidites* sp.，*Acanthotriletes* sp.，*Duplexisporites gyratus* Playford et Dettmann 1965 等，采获放射虫 *Stichocapsa convexa* Yao，*Cenellipsis zongbaiensis* Li 等，均为早中侏罗世分子。希湖群($J_{1-2}X$)，为碎屑岩-类复理石沉积建造，主要分布于达如错以东的陆块上及达如错以西的陆块两侧，与班公湖-怒江带形成一致，揭示了它们大陆边缘沉积特点。最新资料显示，该远洋的边缘沉积要追溯到晚三叠世地层(纪古胜原已在东恰错一带发现了该时代地层)，冈底斯带上多处发现了晚三叠世地层不整合是这一事件的反应。桑卡拉佣组(J_2s)在洛隆马里一带为泥灰岩、砾屑灰岩、泥质灰岩夹生物碎屑灰岩，向东向西碎屑岩增多，主要属碳酸盐岩台地建造。马里组(J_2m)断续分布于洛隆、扎玉一带，以砂岩、砾岩为主夹粉砂岩、含砾砂岩为滨海相建造。东大桥组(J_2d)主要为滨岸相-陆相紫红色砂岩、泥岩夹粉砂质泥岩和灰岩透镜体，中—下部含双壳化石，不整合于上三叠统之上，厚约1000m，湖泊泥岩-粉砂岩组合。德吉国组(J_2dj)为细碎屑岩。接奴群($J_{2-3}J$)为浅海陆棚-斜坡相碎屑岩夹玄武岩-安山岩-英安岩组合。火山岩的岩石化学特征属钙碱性系列，显示出岛弧或洋岛特征。

晚侏罗世—早白垩世为沙木罗组[(J_3—K_1)s]分布在改则去申拉—雅根错、尼玛达则错—纳江错—纳卡错等地。属浅海相类磨拉石-碎屑岩建造，与下伏地层呈角度不整合接触，区内分布十分有限，属残留盆地沉积。沙木罗组与下伏地层的不整合所提供的时限，标志着结合带拼贴焊接作用基本结束。为洋盆闭合过程中的产物，岩性以含砾粗砂岩、钙质石英砂岩、钙质砂岩为主，夹含生屑铁质钙质粉砂岩、深灰色钙质板岩。不整合在木嘎岗日群和蛇绿岩之上。代表浅海和海陆过渡相。郭曲群[(J_3—K_1)G]，分布于下秋卡区郭曲公社一带，底部为砾岩及砂砾岩，中部为凝灰质砂岩、粉砂岩、钙质板岩，含砂质、铁质结核板岩、钙质泥岩等，上部为砂质条带板岩，为浅海陆棚沉积组合，产有丰富菊石类化石，主要有 *Aspidoceratinae* sp.，*Berriasellinae Virgatosp hinctinae*，*Virgatosphinctes* sp. 等化石，还获得少量锥石化石，鉴定时代为晚侏罗世—早白垩世。日松组[(J_3—K_1)r](1:25万日土县幅，2004)，岩性为含砾粉砂岩、复成分中粗砾岩与含生屑细砾岩等，产腹足、海扇、双壳、珊瑚等化石，时代归为晚侏罗世—早白垩世。多仁组(J_3d)主要由碎屑岩构成，与日松组相似。嘎学群[(J_3—K_1)G]变质及变形的复理石建造，含蛇绿岩块和硅质岩及二叠纪大理岩等岩块。属于斜坡-深海盆地相的复理石砂板岩和放射虫硅质岩-硅泥质岩夹块状/枕状玄武岩等火山-沉积建造，并混杂有大量二叠纪、三叠纪、侏罗纪—白垩纪碎屑岩或灰岩和蛇绿岩等岩块。主体为一套以斜坡-深海盆地相的复理石砂板岩和放射虫硅质岩夹玄武岩等火山-沉积建造为基质，以大量石炭纪、二叠纪、三叠纪、侏罗纪—白垩纪碎屑岩或灰岩和变形橄榄岩、堆晶辉长岩、岩墙群等为岩块组成的混杂岩带。

白垩系为岗巴东山组(K_1g)为灰黑色页岩夹少量粉砂岩、细砂岩，产菊石、双壳类化石，时代为早白垩世凡兰吟—阿普特期，厚310～944m，与古错村组整合接触。竞柱山组(K_2j)为冲断带补偿盆地磨拉石-复陆屑建造，为河流相沉积；与下伏地层的角度不整合预示着碰撞造山作用的结束。为一套火山-沉积建造，下部为流纹质玻屑熔结凝灰岩、含砾晶屑熔结凝灰岩和熔结凝灰岩；中部含凝灰质复成分砾岩、含砾砂岩、岩屑砂岩夹粉砂岩、灰岩；上部英安岩和流纹质凝灰岩，凝灰岩中获K-Ar法年龄(84.81 ± 1.47)Ma。

2. 洞错-东恰错-丁青三叠纪—白垩纪活动陆缘(T—K)Ⅳ-6-3-2

该活动陆缘主要由上三叠统确哈拉群(T_3Q)、下白垩统去申拉组(K_1s)组成。

晚三叠世确哈拉群为一套浅海-陆棚环境的含中基性火山岩复陆屑沉积建造,底部为一套中—粗粒复成分砾岩,与下伏地层呈角度不整合接触。岩性为变岩屑砂岩、粉砂岩、粉砂质板岩,局部夹安山玄武岩、含砾凝灰岩、硅质条带灰岩、硅质岩等组成的复理石建造等,呈断片产出,产双壳类*Myophoriaelegans*,*Moerakia burmensid* 等和珊瑚类化石。区域上有巫嘎组、确哈拉组、聂尔错群等。确哈拉群具有复理石沉积特征,代表弧前深水盆地。

去申拉组:沿着班公湖-怒江结合带北缘出露,代表着班公湖-怒江结合带俯冲碰撞的火山岩浆弧。岩石组合主要为一套中基性火山岩系。同位素年龄为(126 ± 2)Ma(Rb-Sr)。

3. 物玛石炭纪—二叠纪洋盆(C—P)Ⅳ-6-3-3

该洋盆主要分布在物玛一带。晚古生代石炭纪开始,该区由前石炭纪的被动边缘转化为活动边缘盆地。主要由永珠组(C_1y)、来姑组$[(C_2—P_1)l]$、昂杰组(P_1a)、下拉组(P_2x)组成。主要为一套滨浅海相含大量中基性-中酸性系列火山岩的碎屑岩-碳酸盐岩组合。

永珠组为一套浅海相以细粒碎屑岩为主体的粒序韵律性地层地质体,砂岩、粉砂岩建造,夹灰岩透镜体,砂岩、粉砂岩中水平层理和虫穴发育,产双壳类 *Eochoristiles* sp. 和珊瑚 *Amplexus* sp. 及苔藓虫 *Rhombopora communis* Moore 等化石,厚652m,为滨浅海相沉积。来姑组主要为一套浅海相碎屑岩夹灰岩、玄武岩组合,具深水沉积特征的浅变质石英砂岩、板岩及泥质粉砂岩。向上至拉嘎组$[(C_2—P_1)l]$水体变深,发育上斜坡含冰融滑塌杂砾岩-碎屑岩夹玄武岩的深水沉积;在林周一带,下部为含砾砂板岩、变长石石英砂岩、含生物碎屑长石砂岩,上部为含砾泥质粉砂岩夹粉砂质泥岩,顶部为含泥质灰岩,在八宿—然乌一带该组发育大量中基性-中酸性火山岩及灰岩透镜体,以及具有冰压剪裂隙的冰水砾石。昂杰组以细碎屑岩、灰岩为特征,含大量火山碎屑岩,局部可见形成于伸展裂陷盆地背景的由玄武岩和流纹质凝灰岩构成的"双峰式"组合;在措勤县阿喔为复成分砾岩、砂砾岩、岩屑杂砂岩与薄层至极薄层含碳粉砂质泥板岩互层夹灰岩,顶部为灰白色变质石英质砾岩,厚208m,有些地区夹灰绿色火山角砾岩、紫红色流纹质熔结凝灰岩和绿泥石化玄武岩,灰岩中富含腕足类与海百合茎化石,上部可见具粒序层理的粗碎屑岩大型水道砂体,厚2754m。昂杰组以其底部复成分砾岩与下伏拉嘎组之间呈沉积不整合接触,沉积特征表明昂杰组为冷、暖交替,并伴有火山活动。下拉组以碳酸盐岩为主,生物丰富;在阿喔为岩屑杂砂岩、含砾长石岩屑砂岩、砂砾岩、粉砂质泥板岩,夹硅质岩、灰岩、火山质砂砾岩,厚317~1396m;在中北部区为大套碳酸盐岩,并以生物化石丰富、燧石条带发育为特征,下部偶夹蚀变玄武岩,产腕足类、双壳类和珊瑚、䗴、有孔虫及苔藓虫等化石,与昂杰组整合接触。

4. 阿翁错-聂荣-觉恩白垩纪—新近纪陆内(渐新世—中新世)(K—N)Ⅳ-6-3-4

该陆内坳陷盆地分布在阿翁错—聂荣—觉恩一带,发育于白垩纪—新近纪。主要由下白垩统景星组(K_1j),欧利组(K_1o),古近系牛堡组($E_{1-2}n$)、宗白组(E_2z)、丁青湖组(E_3d),渐新世—中新世康托组$[(E—N)k]$、唢呐湖组($N_{1-2}s$)等组成。

下白垩统景星组为紫红色泥岩、泥质粉砂岩与砂岩韵律互层;下白垩统称欧利组,岩性为紫红色或杂色砂砾岩夹六射珊瑚礁灰岩、钙质砂岩、泥灰岩和砂质灰岩沉积。

牛堡组在分区内广泛分布,是区内重要的造山磨拉石建造,底部为棕红色砾岩,中上部为灰色—灰绿色泥岩夹泥灰岩、油页岩和凝灰岩,厚度大于551m;自下而上含有 *Limnocythere-Eucyprisy*,

Limnocythere-Cypris-Cyprinotus，*Limnocythere-Cypris-Eucypris-Candona* 和 *Cypinotus-Candona* 等 4 个介形虫组合(1:25 万帕度错幅、昂达尔错幅，2005)；获得古地磁年代为 57~47Ma(赵政璋等，2001)。宗白组(1:25 万丁青县幅新建，2004)岩性主要为一套灰色碎屑岩夹油页岩，下部为灰色、灰黄色、灰褐色厚层细砾岩，石英砂岩，长石砂岩，上部为灰色黏土岩、泥岩、黑色页岩夹灰黄色中细粒长石石英砂岩、粉砂岩及油页岩，厚 295m。该组在觉恩乡不整合在八达组(K_2b)之上，在丁青县城附近不整合在丁青蛇绿岩、德吉国组(J_2dj)及竞柱山组(K_2j)之上，盛产腹足 *Planorbarius subdiscus* Yu et Pan，*Pingiella dengqenensis* Yu 和介形虫 *Stenocypris* sp.，*Cyprois* sp. 等，以及昆虫 *Erotylidae incertae Sedis* 和植物 *Equiselum* sp. 等化石。丁青湖组为湖相紫红色、灰绿色泥岩，凝灰岩夹油页岩、泥灰岩，厚度大于 564.5m，自下而上含有 *Austrocypis-Cyprinotus-Pelocypri* 和 *Ilyocypris-Limnocythere* 等 2 个介形虫组合(西藏自治区地质矿产局，1997)，其时代为渐新世。牛堡组和丁青湖组为山间盆地(或断陷盆地)磨拉石-复陆屑建造，属河湖-深湖相沉积。

渐新世—中新世康托组在区内广泛分布，岩性以紫红色粗—细碎屑岩、多层灰质砾岩、泥岩和石膏为主，局部夹中基性火山岩，火山岩 K-Ar 法年龄为 29.6Ma(1:25 万改则县幅、日干配错幅，2005)，与下伏地层呈角度不整合接触；唢呐湖组是区内分布最广的地层，主要为浅灰色夹紫红色粗—细碎屑岩、泥岩夹淡水灰岩、石膏层，底部砾岩，显示以湖相为主的沉积特点，与下伏地层呈角度不整合。

七、昌宁-孟连洋盆($Pz—T_2$) Ⅳ-7

昌宁-孟连洋盆位于昌宁县温泉、铜厂街、凤庆县郭大寨、耿马县勐撒、澜沧县竹塘、孟连县景信、腊垒等地，宽 1~30km，长 360km，呈近南北向之长条状展布。可划分为 4 个四级构造古地理单元。

(一) 温泉陆坡-陆隆 Ⅳ-7-1

温泉陆坡-陆隆位于昌宁-孟连洋岛-海山-扩张洋脊之西侧，呈近南北向展布并稳定断续存在，由泥盆系温泉组构成。该组为一套半深海硅泥质岩建造，显示其是半深海陆坡-陆隆环境的沉积。

(二) 曼信深海平原 Ⅳ-7-2

曼信深海平原与温泉陆坡-陆隆相伴出露，呈南北向断续分布于从耿马—孟连县之间的区域，由泥盆系曼信组组成，是一套深海相硅泥质岩组合；薄层硅质岩、硅质页岩的存在是其最大的特点。与旁侧泥盆系温泉组之间，往往显示犬牙交错的相变关系。

(三) 四排山洋岛海山 Ⅳ-7-3

四排山洋岛海山分布于凤庆县郭大寨、耿马县四排山、沧源县大雪山、孟连县腊垒等地。以耿马四排山一带发育最为完好、特征最为典型；可划分为 2 个五级构造古地理单元。

平掌洋岛基性火山岩：平掌洋岛基性火山岩是四排山洋岛海山下部的组成部分，由石炭纪平掌组洋岛拉斑玄武岩组成，夹有火山角砾岩、硅质岩、大理岩，无陆源碎屑夹层。构成了四排山洋岛海山的基础。

鱼塘寨海山碳酸盐岩：鱼塘寨海山碳酸盐岩是四排山洋岛海山上部的组成部分，由石炭系—二叠系鱼塘寨组、二叠系大名山组组成，为一套海山碳酸盐岩组合。灰岩或白云岩直接覆盖在平掌组玄武岩之上，两者间无陆源碎屑沉积夹层。

(四) 铜厂街-牛井山-孟连扩张洋脊 Ⅳ-7-4

铜厂街-牛井山-孟连扩张洋脊分布于昌宁县铜厂街、双江县牛井山、孟连县景信东侧及孟连县城—

带,由铜厂街蛇绿混杂岩的存在与分布而显示。其由变质橄榄岩、超镁铁质堆晶岩、铁镁质堆晶岩、洋底拉斑玄武岩、浅水台地碳酸盐岩与深海硅泥质岩构造混杂而成。蛇绿混杂岩的分布范围大致指示了扩张洋脊的存在及其位置。

第五节 冈底斯-喜马拉雅弧盆系 V

冈底斯-喜马拉雅弧盆系位于班公湖-怒江-昌宁-孟连大洋以南的广大区域,主体是受控于古特提斯大洋向南俯冲制约的中生代的弧盆系。

从北向南分带,包括冈底斯-察隅弧盆系、雅鲁藏布江弧后洋盆、喜马拉雅被动陆缘、保山被动陆缘、三路西-三台三洋盆 5 个单元。

一、冈底斯-察隅活动陆缘 V-1

该区介于雅鲁藏布江弧后洋盆与班公湖-双湖-怒江-昌宁大洋之间,区内出露元古宙至新近纪地层,其中前寒武纪变质岩系分布较少,早古生代地层出露较完整,上古生界分布较广,以上石炭统—下二叠统具冈瓦纳相特征的海相含冰碛杂砾岩为特色,侏罗系出露零星,古近系为多期次大面积火山岩分布。根据地层分布及其沉积建造组合特点,划分出被动陆缘、陆缘裂谷、岛弧、弧前盆地、陆缘弧、弧前盆地、弧背盆地和压陷盆地等构造古地理单元。

根据其物质组成、结构特点以及空间展布,可划分出 8 个部分,由北到南分别称昂龙岗日岩浆弧、那曲-洛隆弧前盆地、班戈-腾冲活动陆浆、拉果错-嘉黎弧后洋盆、措勤-申扎陆缘、隆格尔-工布江达活动陆缘、冈底斯-下察隅活动陆缘和日喀则弧前盆地。但是,从时间上分析,该弧盆系生成空间叠加于古特提斯事件之上,显示立交桥式的架构。

(一) 昂龙岗日岩浆弧(J—K) V-1-1

昂龙岗日岩浆弧位于西段,从东向西大体沿物玛—檫咔—昂龙岗日—日松一带,总体呈北西西向展布,西延被喀喇昆仑北西向走滑断裂截断。

接奴群($J_{2-3}J$)发育复理石-类复理石建造,夹基性火山岩和放射虫硅质岩,应为弧前边缘海盆地沉积,其上的日松组[$(J_3—K_1)r$]和郎山组($K_{1-2}l$)则为弧前盆地萎缩过程中形成的一套浅海-滨海相碳酸盐岩和碎屑岩组合。竞柱山组(K_2j)为以含中酸性火山岩的陆相碎屑岩为主(局部可能含海相夹层)的磨拉石建造,区域不整合于下伏地层之上,标志着北侧班公湖-怒江特提斯洋盆的消亡、弧-陆碰撞造山作用的开始。新生代主要受系列逆冲及走滑断裂控制,发育断陷盆地中的碎屑岩沉积。

1. 昂龙岗日-擦咔-玉多早中白垩世弧背盆地(K_{1-2}) V-1-1-1

该弧背盆地分布在昂龙岗日—擦咔—玉多一带,主要由郎山组组成。郎山组主体为一套浅海相碳酸盐岩沉积,在西部火山岩夹层发育,向东碎屑岩夹层增多,厚度也减薄,形成滨浅海相沉积,富含腹足类 *Adiozoptyxis coquandiana*, *Neoptyxis astrachanica* 和有孔虫 *Orbitolina (Mesorbitolina) texana*, *O. (M.) birmanica* 等化石,时代为早白垩世阿普第—阿尔比期,与多尼组呈整合接触。为一套较浅水海盆砂泥岩组合、火山碎屑岩组合。

2. 日松-丁则-物玛侏罗纪—白垩纪残余海盆(K_{1-2}) V-1-1-2

分布在日松—丁则—物玛一带。主要由木嘎岗日岩群($JM.$)、多底沟组(J_3d)、日松组(J_3r)、沙木罗组[$(J_3—K_1)s$]组成。多底沟组(J_3d)出露于西南缘。多底沟组为角砾状内碎屑泥晶灰岩、角砾状粒晶灰岩、生物碎屑灰岩。含有菊石 *Vigatosphinte* sp.，*Aspidoceras* sp. 及珊瑚、腹足类、双壳、苔藓虫、海百合茎等化石，厚700m，与却桑温泉组呈整合接触。日松组($J_3—K_1$)（1:25万日土县幅，2004），岩性为含砾粉砂岩、复成分中粗砾岩与含生屑细砾岩等，产腹足、海扇、双壳、珊瑚等化石，时代归为晚侏罗世—早白垩世；上侏罗统—下白垩统沙木罗组不整合于上述蛇绿混杂岩及其木嘎岗日岩群之上，岩性主要为石英砂岩、含砾粗砂岩、粉砂岩夹钙质页岩、生物碎屑灰岩，时代主体为晚侏罗世。整体反映为残余海盆沉积环境，为一套台地陆源碎屑-碳酸盐岩组合、台地潮坪-局限台地碳酸盐岩组合。

（二）那曲-洛隆弧前盆地($T_2—K$) V-1-2

那曲-洛隆弧前盆地($T_2—K$)位于班公湖-怒江-昌宁对接带南侧与尼玛-边坝-洛隆逆冲断裂带北侧之间，盆地内出露地层主体为中生界，侏罗系—白垩系构成了区内沉积的主体。盆地内岩浆活动微弱，构造变形作用中等，变质程度低。

盆地内的中—上三叠统出露于区域中西部，嘎加组和确哈拉群($T_{2-3}Q$)主要为一套含中基性火山岩的碎屑岩夹灰岩的复理石建造，夹杂有少量的蛇绿岩块体。侏罗系主体为一套典型弧前盆地中的碎屑岩复理石沉积建造，其中以夹层出现角闪安山岩—安山岩—流纹岩，岩石为碱性-钙碱性系列，具有活动陆缘岛弧火山岩的特点（1:25万那曲县幅，2005）。

下白垩统多尼组(K_1d)与下伏拉贡塘组呈平行不整合接触，主要为滨海与海陆过渡相的含煤线碎屑岩沉积，时夹中酸性火山岩，属于弧前盆地逐渐萎缩的产物。上白垩统竟柱山组(K_2j)为一套陆相磨拉石碎屑岩夹中基性火山岩建造，局部地区出露以中酸性火山岩为主的宗给组(K_2z)，与下伏不同时代地层呈角度不整合接触。上白垩统区域性的广泛不整合，标志着洋盆的消亡、弧-陆碰撞造山作用的开始，并相应出现晚白垩世辉石安山岩、安山岩和岩屑火山角砾岩等碰撞型的钙碱性系列火山岩。

1. 错鄂-白嘎-八宿中生代活动陆缘(Mz) V-1-2-1

该活动陆缘以一套滨海相-浅海相碎屑岩-碳酸盐岩沉积为主，建组单元分别称中侏罗统马里组(J_2m)、桑卡拉佣组(J_2s)为，其中马里组的不整合在冈底斯具有广泛性分布特点。

弧前盆地分布在那曲白嘎一带，附着在古生代地块之上的陆棚碎屑岩沉积。主要包括三叠纪类复理石建造假整合于石炭系、二叠系之上。还有一些以晚三叠世—早侏罗世的浅海碎屑岩-碳酸盐岩建造为主，含少量中基性火山岩。主要由公也弄组(T_3g)、确哈拉群($T_{2-3}Q$)、比马组(K_1b)组成。公也弄组(T_3g)为灰岩、硅质灰岩、泥灰岩、瘤状灰岩，浅海相碳酸盐岩建造。确哈拉群($T_{2-3}Q$)，岩性为变岩屑砂岩、粉砂岩、粉砂质板岩，局部夹安山玄武岩、含砾凝灰岩、硅质条带灰岩、硅质岩等组成的复理石建造等，呈断片产出，产双壳类 *Myophoriaelegans*，*Moerakia burmensid* 等和珊瑚类化石。

比马组(K_1b)：被称为桑日群的上覆岩性段，断续分布于雅鲁藏布江北岸的桑日、尼木、曲水、南木林等地。岩石组合为碎屑岩夹玄武安山岩、安山岩、英安岩、凝灰岩等。火山岩属钙碱性系列，形成于岛弧环境。主要为一套碳酸盐岩浊积岩组合、火山碎屑岩组合。

弧后盆地沉积建造则主要分布在那曲及洛隆—八宿附近一带，那曲一带偏南部的中晚侏罗世浅海碎屑岩-碳酸盐岩建造(J_2m/J_2s)以及其北部的厚达数千米的半深海类复理石建造($J_{2-3}l$)。主要由中—上侏罗统马里组、桑卡拉佣组、拉贡塘组、下白垩统多尼组、郎山组组成。马里组断续分布于洛隆、扎玉一带，以砂岩、砾岩为主夹粉砂岩、含砾砂岩，为滨海相建造。桑卡拉佣组在洛隆马里一带为泥灰岩、砾屑灰岩、泥质灰岩夹生物碎屑灰岩，向东向西碎屑岩增多，主要属碳酸盐岩台地建造。拉贡塘组（$J_{2-3}l$）在区内分布广泛，为深灰色页岩、粉砂质砂板岩、岩屑砂岩夹硅质岩、灰岩，尤其在那曲一带具有中低密度浊积岩与上斜坡滑塌灰岩体（罗建宁，1994），为盆地至斜坡相沉积。

白垩系亦分布广泛，发育完整，分为多尼组（K_1d）、郎山组（K_1l）。多尼组主要为滨海与海陆过渡相的含煤线碎屑岩沉积，时夹中酸性火山岩，其与下伏拉贡塘组呈平行不整合接触，主要为砂岩、板岩、灰岩、页岩、粉砂岩，夹火山岩与煤层，主要为滨海与海陆过渡相沉积。郎山组岩性以灰色、深灰色圆笠虫泥晶灰岩，生物碎屑灰岩，砂屑灰岩为主，局部夹钙质粉砂岩。

2. 那曲-比如-俄西侏罗纪—白垩纪被动陆缘（J—K）Ⅴ-1-2-2

该被动陆缘分布在错鄂—比如—俄西的广大地区。主要发育于侏罗纪—白垩纪。主要由希湖群（$J_{1-2}X$）、桑卡拉佣组（J_2s）、接奴群（$J_{2-3}Jn$）、岗巴东山组（K_1g）、竞柱山组（K_2j）组成。希湖群，岩性为砂质板岩、千枚岩夹少量硅质岩，为一套细屑浅变质复理石，厚度达5000m，含少量菊石化石。桑卡拉佣组在洛隆马里一带为泥灰岩、砾屑灰岩、泥质灰岩夹生物碎屑灰岩，向东、向西碎屑岩增多，主要属碳酸盐岩台地建造。接奴群为浅海陆棚-斜坡相碎屑岩夹玄武岩-安山岩-英安岩组合。火山岩的岩石化学特征属钙碱性系列，显示出岛弧或洋岛特征。岗巴东山组为灰黑色页岩夹少量粉砂岩、细砂岩。竞柱山组西部为以陆相为主的紫红色、灰色砾岩，砂岩，粉砂岩，泥岩，局部夹海相砂泥岩、泥灰岩与中基性火山岩，产双壳类、圆笠虫等化石，厚461～2500m；向东在比如—洛隆地区为紫红色陆相粗碎屑岩夹安山岩，厚461～1650m；在索县一带为砂岩、粉砂岩、泥岩韵律互层夹砾岩、灰岩，为河湖相沉积；该组与下伏不同时代的地层呈角度不整合接触，为区内最重要的造山不整合面。整体反映为残余海盆沉积环境。为一套台盆陆源碎屑-碳酸盐岩组合、台地潮坪-局限台地碳酸盐岩组合、远滨泥岩粉砂岩夹砾岩组合、半深海浊积岩组合等。

3. 那曲-比如-八宿白垩纪—古近纪陆内断陷盆地（K—E）Ⅴ-1-2-3

该断陷盆地分布于冈底斯北部，主要为磨拉石建造。主要由竞柱山组（K_2j）、朱村组（$K_{1-2}z$）、宗白群（E_2Z）组成。上白垩统竞柱山组为一套陆相磨拉石碎屑岩夹中基性火山岩建造，下部为流纹质玻屑熔结凝灰岩、含砾晶屑熔结凝灰岩和熔结凝灰岩；中部含凝灰质复成分砾岩、含砾砂岩、岩屑砂岩夹粉砂岩、灰岩；上部英安岩和流纹质凝灰岩，凝灰岩中获 K-Ar 法年龄（84.81±1.47）Ma。西部以陆相为主的紫红色、灰色砾岩，砂岩，粉砂岩，泥岩，局部夹海相砂泥岩、泥灰岩与中基性火山岩。在那曲地区央阿儿苍及脱哥拉一带，局部出露朱村组，主要为蚀变辉石安山岩、安山岩和岩屑火山角砾岩等钙碱性系列火山岩。东南局部地区的拉江山组（K_2l），分布于班戈县、德庆区一带，为一套紫红色、杂色碎屑岩夹灰岩，厚度大于950m，与下伏卧荣沟组呈角度不整合接触。宗白群（E_2Z）主要分布在八宿一带，为紫红色砂岩、泥岩、砾岩；上部夹白云岩。整体反映为一套河流砂砾岩-粉砂岩泥岩组合、水下扇砂砾岩组合等。

拉分盆地分布在那曲一带。主要由古近系牛堡组（$E_{1-2}z$）和丁青湖组（E_3d）组成。牛堡组和丁青湖组为山间盆地（或断陷盆地）磨拉石-复陆屑建造，属河湖-深湖相沉积，显然属后碰撞建造系列。牛堡组在分区内广泛分布，是区内重要的造山磨拉石建造，底部为棕红色砾岩，中上部为灰色—灰绿色泥岩夹泥灰岩、油页岩和凝灰岩，厚度大于551m；自下而上含有 *Limnocythere-Eucyprisy*，*Limnocythere-Cypris-Cyprinotus*，*Limnocythere-Cypris-Eucypris-Candona* 和 *Cypinotus-Candona* 等 4 个介形虫组合（1∶25 万帕度错幅、昂达尔错幅，2005）；获得古地磁年代为57～47Ma（赵政璋等，2001）。丁青湖组为湖相紫红色、灰绿色泥岩，凝灰岩夹油页岩，泥灰岩，厚度大于564.5m，自下而上含有 *Austrocypis-Cyprinotus-Pelocypri* 和 *Ilyocypris-Limnocythere* 等 2 个介形虫组合（西藏自治区地质矿产局,1997),其时代为渐新世。整体反映为一套湖泊泥岩-粉砂岩组合。

断陷盆地在区内仅零星分布,主要出露在比如附近。主要由朱村组($K_{1-2}z$)组成。朱村组仅出露于八宿县一带,主体为中酸性火山岩建造,与下伏地层为角度不整合接触。

(三) 班戈-腾冲活动陆缘(C—K)Ⅴ-1-3

该活动陆缘位于班公湖-怒江洋盆和东延的印度河-雅鲁藏布江弧后洋盆之间。陆缘弧内发育有弧间裂谷盆地/弧后盆地,有弧后盆地带的超基性岩。出露的最老地层原岩为火山-沉积建造的中元古界高黎贡山群深变质岩系,变质程度达高绿片岩-低角闪岩相,属陆块结晶基底。其后的沉积具较稳定沉积特征,上志留统为碳酸盐岩建造;泥盆系为含锰碳酸盐岩和碎屑岩建造;石炭系是碎屑岩和碳酸盐岩建造;中上三叠统分布零星的碳酸盐岩及碎屑岩;第三系、第四系为砂砾岩含煤沉积及中基性火山岩。

1. 中仓-班戈-波密-然乌泥盆纪—白垩纪活动陆缘(D—K)Ⅴ-1-3-1

该活动陆缘分布在中仓—班戈—波密—然乌的广大地区。主体沿那曲罗马—边坝南—然乌—贡山—腾冲一带,呈近东西向转向北西向、南延折向近南北向展布。经历了基底形成、古生代稳定-次稳定沉积及印支期准造山阶段的弧盆系沉积。

弧前盆地:盆地内的上三叠统目本组(T_3m)、确哈拉群(T_3Q)主体为一套典型弧前盆地中的碎屑岩复理石沉积建造,是相对于怒江洋向西俯冲形成谢巴岛弧的弧前盆地。从事件上分析,属古特提斯范畴。目本组由粉砂质绢云板岩、长石石英砂岩与绢云板岩组成,总厚度3525.7m,其中产双壳与植物化石,时代归卡尼期—诺利期,与下伏普拉曲组呈整合接触。晚三叠世确哈拉群呈断块状分布于微陆块南北边缘或围绕古生代地层分布(东卡错东)。为一套浅海-陆棚环境的含中基性火山岩复陆屑沉积建造,底部为一套中—粗粒复成分砾岩,与下伏地层呈角度不整合接触。岩性为变岩屑砂岩、粉砂岩、粉砂质板岩,局部夹安山玄武岩、含砾凝灰岩、硅质条带灰岩、硅质岩等组成的复理石建造等,呈断片产出,产双壳类 *Myophoriaelegans*,*Moerakia burmensid* 等和珊瑚类化石。区域上有巫嘎组、确哈拉群、聂尔错群等。

弧背盆地:是本区分布范围最广的单元,纵贯全区。位于则弄弧背后,且处于张裂环境,称弧后盆地。岩石地层名称主要为玉多组,局部还包括错果组(接奴群)。革吉—它日错一带主要以浅海相碎屑岩和碳酸盐岩沉积为主,晚期以开阔台地相灰岩沉积为主。盐湖地区以火山岩、碎屑岩和灰岩为主。

下石炭统诺错组(C_1n)为板岩夹结晶灰岩、变石英砂岩和变玄武岩、安山岩、流纹英安岩等。主要为一套浅海碳酸盐岩-次深海斜坡相复理石夹中基性火山岩建造,并出现较深水硅质岩,主体表现为裂解扩张盆地中的火山-沉积序列。其中于然乌乡原划来姑组剖面上,新发现含冰水砾石的复成分砾石层,部分砾石见有明显的冰压剪裂隙。

来姑组[(C_2—P_1)l]在林周一带,下部为含砾砂板岩、变长石石英砂岩、含生物碎屑长石砂岩,上部为含砾泥质粉砂岩夹粉砂质泥岩,顶部为含泥质灰岩,在八宿—然乌一带该组发育大量中基性—中酸性火山岩及灰岩透镜体,以及具有冰压剪裂隙的冰水砾石。

中—上侏罗统自下而上为马里组(J_2m)、桑卡拉佣组(J_2s)、拉贡塘组($J_{2-3}l$),其中马里组断续分布于洛隆、扎玉一带,以砂岩、砾岩为主夹粉砂岩、含砾砂岩,为滨海相建造。桑卡拉佣组在洛隆马里一带为泥灰岩、砾屑灰岩、泥质灰岩夹生物碎屑灰岩,向东、向西碎屑岩增多,主要属碳酸盐岩台地建造。拉贡塘组区内分布广泛,为深灰色页岩、粉砂质砂板岩、岩屑砂岩夹硅质岩、灰岩,尤其在那曲一带具有中低密度浊积岩与上斜坡滑塌灰岩体(罗建宁,1994),为盆地至斜坡相沉积。接奴群($J_{2-3}Jn$):为浅海陆棚-斜坡相碎屑夹玄武岩-安山岩-英安岩组合。火山岩的岩石化学特征属钙碱性系列,显示出岛弧或洋岛特征。

白垩系多尼组(K_1d)主要为砂岩、板岩、灰岩、页岩、粉砂岩,夹火山岩与煤层,主要为滨海与海陆过渡相沉积。郎山组(K_1l)岩性以灰色、深灰色圆笠虫泥晶灰岩,生物碎屑灰岩,砂屑灰岩为主,局部夹钙质粉砂岩。郎山组主体为一套浅海相碳酸盐岩沉积,在西部火山岩夹层发育,向东碎屑岩夹层增多,厚度也减薄,形成滨浅海相沉积,富含腹足类 *Adiozoptyxis coquandiana*,*Neoptyxis astrachanica* 和有孔虫 *Orbitolina*(*Mesorbitolina*)*texana*,*O.*(*M.*)*birmanica* 等化石,时代为早白垩世阿普第—阿尔比期,与多尼组呈整合接触。竞柱山组(K_2j)为一套以陆相为主的紫红色—灰色砾岩、砂岩、粉砂岩、泥岩,局部夹海相砂泥岩、泥灰岩与中基性火山岩,产双壳类、圆笠虫等化石,厚461～2500m;该组在班公湖南岸和革吉地区以砂砾岩为主,上部夹砾屑亮晶灰岩,厚200～300m;在革吉侧马日砾屑灰岩中见圆笠虫,灰岩中产固着蛤,向东在洞错-甲热布错为紫色砂岩、砾岩,厚600～1650m;在申扎永珠桥之西,下部砂砾岩夹砂岩、粉砂岩、灰岩与安山岩,上部为紫红色砾岩、砂砾岩夹粉砂岩,厚700m;在洞错一带粉砂岩、泥岩增多,以湖相沉积为主;再向东在比如—洛隆地区为紫红色粗碎屑岩夹安山岩,厚461～1650m;在索县一带为砂岩、粉砂岩、泥岩韵律互层夹砾岩、灰岩,为河湖相沉积;该组与下伏不同时代的地层呈角度不整合接触,为区内最重要的造山不整合面。据区域地质调查资料,含固着蛤、圆笠虫、珊瑚等化石的郎山组灰岩,以角度不整合覆盖在狮泉河蛇绿混杂岩之上,放射虫时代为晚侏罗世—早白垩世,植物化石时代为早白垩世,且辉长-辉绿岩墙杂岩锆石 U-Pb 年龄为141～139Ma,表明狮泉河洋盆发育时限很可能为早白垩世。

弧后被动陆缘:主要分布在本区南缘,古生界泥盆系龙果扎普组(D_1l)、布玉组(D_2b)、贡布山组(D_3g),主体为一套较稳定被动边缘盆地中的深水陆棚相含笔石碎屑岩建造;泥盆纪,演变为含大量生物化石的浅海相碳酸盐岩夹碎屑岩组合。日拉组[$(J_3—K_1)r$](1:25万多巴区幅,2002)岩性为钙质砾岩、橄榄质砂岩、灰岩、大理岩、放射虫硅质岩、硅质粉砂岩、矽质板岩等,产珊瑚、双壳、腹足类,厚940m,时代归为晚侏罗世—早白垩世。玉多组($K_{1-2}y$)主体为一套海陆交互相-滨浅海相的中酸性火山岩-碎屑岩和碳酸盐岩组合,属于典型岛弧边缘海盆地沉积。

2. 贡山陆坡-陆隆 Ⅴ-1-3-2

贡山陆坡-陆隆位于云南西北部怒江断裂带西侧之嘎拉博、丹珠、义产独等地,现存地质体呈北北西向之长条状,展布于怒江断裂带与高黎贡山基底残片之间,一般宽1～3km,长达130km。两侧为断裂所夹持。由石炭系嘎拉博岩组、丹珠岩组、义产独岩组构成,是一套变质程度达高绿片岩相的半深海浊积岩(千枚岩-大理岩)组合。

3. 中仓古近纪压陷盆地(E)Ⅴ-1-3-3

压陷盆地在本区分布较少,主要分布在曲拉玛附近,主要由宗白群(E_2Z)组成。宗白群主要分布在八宿一带,为紫红色砂岩、泥岩、砾岩;上部夹白云岩。整体反映为一套河流砂砾岩-粉砂岩泥岩组合、水下扇砂砾岩组合等。

4. 班戈晚白垩世火山-沉积断陷盆地(K_2)Ⅴ-1-3-4

断陷盆地主要出露在吴如错、班戈、崩错附近。主要由竞柱山组(K_2j)组成。上白垩统竞柱山组为一套陆相磨拉石碎屑岩夹中基性火山岩建造,下部为流纹质玻屑熔结凝灰岩、含砾晶屑熔结凝灰岩和熔结凝灰岩;中部为含凝灰质复成分砾岩、含砾砂岩、岩屑砂岩夹粉砂岩、灰岩;上部为英安岩和流纹质凝灰岩,凝灰岩中获 K-Ar 法年龄(84.81±1.47)Ma。

5. 班戈-甲错古近纪拉分盆地（N）Ⅴ-1-3-5

拉分盆地主要分布在色林错、班戈一带。主要由古近系牛堡组（$E_{1-2}n$）和丁青湖组（E_3d）组成。牛堡组和丁青湖组为山间盆地（或断陷盆地）磨拉石-复陆屑建造，属河湖-深湖相沉积，显然属后碰撞建造系列。牛堡组在分区内广泛分布，是区内重要的造山磨拉石建造，底部为棕红色砾岩，中上部为灰色—灰绿色泥岩夹泥灰岩、油页岩和凝灰岩，厚度大于 551m；自下而上含有 *Limnocythere-Eucyprisy*，*Limnocythere-Cypris-Cyprinotus*，*Limnocythere-Cypris-Eucypris-Candona* 和 *Cypinotus-Candona* 四个介形虫组合（1:25 万帕度错幅、昂达尔错幅，2005）；获得古地磁年代为 57～47Ma（赵政璋等，2001）。丁青湖组为湖相紫红色、灰绿色泥岩，凝灰岩夹油页岩，泥灰岩，厚度大于 564.5m，自下而上含有 *Austrocypis-Cyprinotus-Pelocypri* 和 *Ilyocypris-Limnocythere* 等 2 个介形虫组合（西藏自治区地质矿产局，1997），其时代为渐新世。整体反映为一套湖泊泥岩-粉砂岩组合。

6. 盈江陆棚碳酸盐岩台地 Ⅴ-1-3-6

该碳酸盐岩台地位于腾冲县界头、明光、瑞滇、古永、盈江县芒章，梁河县河西等地，为在高黎贡山岩群这一结晶基底基础上直接发育起来的陆棚碳酸盐岩台地。该台地发育始于泥盆纪，结束于晚三叠世。由泥盆系狮子山组、关上组，二叠系邦读组、空树河组、大东厂组，三叠系先锋营组、大洋火塘组组成，其建造组合类型显示陆源碎屑-碳酸盐岩建造特点，以二叠系最为发育。早二叠世大量含砾板岩的存在和以 *Stepanoviella* 为代表的冷水-温水动物群的存在说明这是一套早二叠世的冰筏沉积，具有冈瓦纳相的特征。

（四）拉果错-嘉黎弧后洋盆（T_3—K）Ⅴ-1-4

拉果错-嘉黎弧后洋盆位于西自拉果错，向南东经阿索、果芒错、格仁错、孜挂错，经申扎永珠、纳木错西，再向东经嘉黎、波密等地，其北东侧为班戈-八宿岩浆弧，南侧为措勤-申扎岩浆弧，呈 NWW—EW—SE 方向展布。

西段：拉果错-阿索洋盆（J—K），沿改则县南部拉果乡—阿索一带出露分布，主要由变质橄榄岩、辉长岩、枕状玄武岩、斜长花岗岩、晚侏罗世—早白垩世放射虫硅质岩组成，野外未见到真正的混杂岩基质，块体边界被剪切，在强烈剪切的基性火山岩和蛇纹岩中见大小不等的早白垩世郎山灰岩"岩块"。

中—东段：永珠-纳木错蛇绿混杂岩带（J—K），蛇绿岩组合齐全，包括变质橄榄岩、堆晶岩、辉长岩、席状岩墙群、枕状玄武岩。硅质岩中产中侏罗世—早白垩世放射虫。

东段：嘉黎-波密蛇绿混杂岩带（T_3—K），仅在个别地段出露蛇绿岩残块。在迫龙藏布南山的侏罗纪花岗岩中，见大小不等的呈捕虏体产出的蛇绿岩残块和硅质岩，岩石地球化学特征显示了岛弧和弧后扩张环境，扩张洋盆形成于三叠纪。

（五）措勤-申扎被动陆缘（Pz_1）/活动陆缘（C—K）Ⅴ-1-5

措勤-申扎岩浆弧带南以葛尔-隆格尔-措勤-措麦断裂带为界，与隆格尔-念青唐古拉石炭纪—晚三叠世火山岩浆弧带东段相接，北以狮泉河-纳木错弧后盆地为界与昂龙岗日-班戈-腾冲岩浆弧带西段相邻，呈近东西向的狭长带状展布。带内前寒武系—新生界均有出露，尤以大面积分布晚侏罗世—古近纪火山-沉积地层，以及白垩纪—古近纪中酸性侵入岩为特征。

该带内前寒武系偶见出露，构成岩浆弧带的变质基底。岩性以流纹岩为主夹碳酸盐岩，获得 SHRIMP 锆石年龄为 496.3Ma、499.4Ma，揭示"泛非造山"之后的初始裂陷-裂谷盆地环境。奥陶系—

泥盆系主体为一套较稳定被动边缘盆地中的浅海相碳酸盐岩为主夹碎屑岩组合,石炭纪—二叠纪开始表现为被动边缘向活动边缘盆地转化的过渡性质——初始岛弧出现。该带中生代属于活动边缘盆地中的火山-沉积岩组合。早白垩世末期为弧-弧或弧-陆碰撞的主造山期,该带中南部及其南侧的大部地区缺失下白垩统,仅在措勤-申扎岩浆弧带的北部及其边缘局部地段,形成以含中酸性火山岩的陆相(局部可能含海相夹层)碎屑岩为主的磨拉石建造(即上白垩统竞柱山组),并不整合于下伏地层之上。古新世—始新世林子宗群($E_{1-2}L$)主要见于该带东段南部。渐新世日贡拉组和邦巴组(E_3b)为陆相碱性火山岩及火山碎屑岩系列(1:25万革吉县幅,2003),岩石地球化学性质显示为后碰撞地壳加厚环境下的火山岩,K-Ar年龄为33.4～30.4Ma。新近纪火山岩主要见于该带西段的雄巴地区,可能属于后碰撞陆内伸展环境下的钾质-超钾质系列火山岩,获得系列同位素年龄为15.9～2.5Ma(1:25万措勤县幅,2003;1:25万革吉县幅,2005;石和等,2005;陈贺海等,2007)。

1. 革吉-果普错-它日错二叠纪—白垩纪活动陆缘(P—K)V-1-5-1

弧间盆地,在革吉—达雄—新吉一带大范围分布。主要由淌那勒组($T_{1-2}t$)、敌不错组[$(T_3—J_1)d$]、则弄群[$(J_3—K_1)Z$]、玉多组($K_{1-2}y$)组成。当惹雍错以东主要分布则弄群,以西则以玉多组为主。

敌不错组,在雄巴一带少许分布。岩性为玄武岩、安山玄武岩、安山岩和流纹岩。

早中三叠世淌那勒组分布在噶尔县狮泉河—左左一带,岩性为砂屑白云岩、砾屑白云岩、白云岩等,产牙形刺等化石,时代为早三叠世奥尼克阶,与下伏下拉组呈平行不整合接触。

上侏罗统—下白垩统则弄群,其南部火山岩之上的灰岩称接嘎组(K_1j)。从东到西呈面状大面积分布于隆格尔-措麦断裂带和革吉-达雄断裂带之间,东西延伸达1000km,南北宽数千米到数十千米,平均厚度超过1000m。岩性变化大,垂向上,则弄群下部主要为火山熔岩夹火山碎屑岩,上部主要为沉积火山碎屑岩、火山碎屑沉积岩、正常火山岩质砂、砾岩夹火山熔岩和火山碎屑岩。空间上,在西部狮泉河地区则弄群上部出现了厚度巨大的粗面岩和碱性流纹岩,在措勤窝藏也出现了厚度超过100m的粗面岩。

在尼玛荣纳拉、当惹雍错西岸则弄群底部砂岩中产早白垩世植物化石 *Cladoplhebis* cf. *browniana*,在灰岩中产早白垩世圆笠虫化石 *Orbitoliniides*,*Mesorbitolina* cf. *parva*,在该群火山岩上覆地层中产早白垩世植物 *Ptilophyllum* sp., *Pityoeladus* sp., 腹足类 *Nerinea* sp. 和双壳类 *Anisocardia* (*Autiguicypprina*) sp. 化石等;在申扎你阿章,该群下部地层中产侏罗纪—白垩纪腹足 *Nerinella* sp. 及早白垩世腹足 *Pseudamaura* subfo-ti, *Adizoptyxis affinis*, *A. coquandiana*, *Mesoglauconia bagoinensis*, *Nerinella schicki* 等化石。则弄群火山岩的时代除得到上述化石约束外,在措勤夏东英安岩中获得Rb-Sr年龄为114～111Ma,措勤达瓦错西夹举则弄群下部之顶的安山玄武岩中获得128.64Ma的Ar-Ar年龄(1:25万措勤县幅);在当惹雍错西岸郎穹该群下部之顶的角闪英安岩中获得124.47Ma的Ar-Ar年龄(1:25万邦多区幅);在申扎扎贡该群下部安山岩中获得128.54Ma的Ar-Ar年龄(1:25万申扎县幅)。结合其他同位素年代学方法,已有年龄数据给出了128.6～81.5Ma的年龄,表明中冈底斯火山活动主要发生于早白垩世,晚期可能跨越到晚白垩世。

玉多组,主体为一套海陆交互相-滨浅海相的中酸性火山岩-碎屑岩和碳酸盐岩组合,属于典型岛弧边缘海盆地沉积。其中的火山岩主要岩石类型有玄武安山岩、安山岩、英安岩和流纹岩及其安山质凝灰岩-沉凝灰岩等,岩石性质主要属于中高钾钙碱性系列,地球化学特征显示形成于活动大陆边缘的岛弧环境。中冈底斯白垩纪火山活动主体在早白垩世,晚期可能跨到晚白垩世,同位素年龄值在128.6～81.5Ma之间。目前对于冈底斯中北部早—中白垩世火山岩的俯冲极性争议较大,朱弟成、潘贵棠等(2011)认为与班公湖-怒江洋向南俯冲与新特提斯洋向北俯冲的双向俯冲有关,也有学者认为仅与新特提斯洋向北俯冲有关。

弧背盆地,位于则弄弧背后。岩石地层名称主要为玉多组,局部还包括错果组(接奴群)。革吉—它日错一带主要以浅海相碎屑岩和碳酸盐岩沉积为主,晚期以开阔台地相灰岩沉积为主。盐湖地区以火山岩、碎屑岩和灰岩为主。

2. 物玛-文布-当雄石炭纪—二叠纪陆缘裂谷(C—P) V-1-5-2

该陆缘裂谷主要分布在物玛—文布—当雄一带。主要由永珠组(C_1y)、拉嘎组[$(C_2—P_1)l$]、昂杰组(P_2a)、下拉组(P_3l)组成。

永珠组以申扎永珠为命名地,岩性为灰绿色页岩、砂岩,夹岩屑砂岩、粉砂岩及页岩、生物碎屑灰岩与硅质岩,为一套陆棚至斜坡相沉积(罗建宁等,2001),在剖面附近见到一套中、低密度浊积岩,厚1000~1566m,产腕足类 *Krotivia-Fusella* 组合,*Chonelipusula-Balakhonia* 组合,*Rugoconcha-Choristites* 组合和珊瑚 *Hapsiphyllum-Homatophyllites* 组合的主要分子,时代为早石炭世晚期(大塘期—滑石板期)。拉嘎组为一套含冰筏砾石的碎屑岩,岩性为岩屑石英砂岩、含砾砂岩、含砾粉砂岩、粉砂岩,夹页岩、粉砂质页岩和少量薄层泥质灰岩或微晶灰岩,厚635~2000m,与永珠组连续沉积;该组产冰水型 *Lytvolasma* 珊瑚动物群,以及 *Neospirifer*,*Stepanoviella* 等腕足类动物群,时代为晚石炭世—早二叠世阿赛尔期—萨克马尔期。昂杰组以申扎永珠为命名剖面,岩性为灰绿色、深灰色钙质粉砂岩、钙质页岩、碳质页岩,石英细砂岩,以一层区域上稳定分布的厚10至40余米的灰岩层为底界面与拉嘎组碎屑岩呈整合接触,厚114~600m,产腕足类 *Neospirifer fasciger paucicostata*,*Neochonetes* sp.,*Spiriferella cristata* 和珊瑚 *Lophophyllidium* sp.,*Wannerophyllum* sp.,*Amplexocarinia* sp. 等化石,时代归属中二叠世栖霞期。上二叠统下拉组岩性为一套碳酸盐岩沉积,生物丰富,以灰色、深灰色中—厚层微晶灰岩,生物碎屑灰岩,燧石结核灰岩,砂(砾)屑灰岩互层为主。此外,在格嘎一带的下拉组碳酸盐岩沉积之上还见有厚度大于419m的一套灰黑色、深灰色薄—中层硅质岩与灰白色中—薄层细粒石英砂岩呈韵律条带状互层,夹深灰色薄—中层细晶灰岩的岩石组合,不含化石,因出露局限,暂将其划归下拉组上部。

3. 申扎泥盆纪被动陆缘陆棚碳酸盐岩缓坡(D) V-1-5-3

主要分布在格仁错—纳木错一带。主要为早古生代陆棚碳酸盐岩缓坡,岩石组合为碎屑岩-碳酸盐岩。主要由扎杠组(O_1z)、柯尔多组(O_2k)、刚木桑组($O_{2-3}g$)、达尔东组(D_1d)、查果罗玛组($D_{2-3}c$)等组成。

扎杠组分布于申扎塔尔玛,与下伏念青唐古拉岩群呈角度不整合接触;该组下部为深灰色、黑灰色含碳质砂板岩夹变长石石英砂岩,粉砂岩;上部为灰色变砂岩、粉砂岩夹变含砾细砂岩、结晶灰岩。柯尔多组主要分布于申扎柯尔多—刚木桑一带,下部为深色含砾屑灰岩、条带状灰岩夹泥灰岩,上部为浅灰色薄层状灰岩、含生物碎屑灰岩。刚木桑组下部为灰绿色、褐黄色钙质页岩,页岩夹薄层灰岩,上部为深灰色薄层瘤状灰岩、生物碎屑灰岩。泥盆系发育完整,岩相与厚度较稳定,在区内有较广泛的分布,包括达尔东组和查果罗玛组。达尔东组为深灰色薄层灰岩、泥质灰岩夹生物碎屑灰岩,偶夹石英砂岩、砂质页岩,产珊瑚、海百合茎及海绵等化石,厚度大于630m。查果罗玛组为浅灰色厚层块状灰岩、白云质灰岩,厚600~736m,产腕足、苔藓虫、海百合茎等化石。扎杠组、柯尔多组、刚木桑组仅分布在塔尔玛附近。该区主要为达尔东组、查果罗玛组。

4. 措勤-达果-德庆白垩纪—古近纪陆内断陷盆地(K-E) V-1-5-4

该断陷盆地主要分布在措勤—达果—德庆一带。主要由捷嘎组(K_1j)、竞柱山组(K_2j)、日贡拉组(E_3r)、芒乡组(N_1m)组成。其中火山-沉积断陷盆地主要由捷嘎组、竞柱山组组成,压陷盆地主要由日贡拉组、芒乡组组成。

捷嘎组零星分布于措麦以南一带,岩性为岩屑石英砂岩、泥岩与泥灰岩,厚度大于294m。上白垩统竞柱山组为一套火山-沉积建造,下部为流纹质玻屑熔结凝灰岩、含砾晶屑熔结凝灰岩和熔结凝灰岩;中部为含凝灰质复成分砾岩、含砾砂岩、岩屑砂岩夹粉砂岩、灰岩;上部为英安岩和流纹质凝灰岩,凝灰岩中获 K-Ar 法年龄(84.81±1.47)Ma。竞柱山组为冲断带补偿盆地磨拉石-复陆屑建造,为河流相沉积;与下伏地层的角度不整合预示着碰撞造山作用的结束。整体反映为火山-沉积断陷盆地沉积环境。

冈底斯中部为日贡拉组呈北西西向分布于中部,下部为复成分砾岩、含砾钙质岩屑砂岩、流纹质含角砾凝灰熔岩、安山质凝灰岩、安山岩,夹生物碎屑灰岩与泥晶灰岩;上部为灰绿—深灰色薄—极薄层状粉砂岩、粉砂质泥岩与泥岩,夹白云岩、生物碎屑灰岩与沉凝灰岩;顶部为复成分砾岩与砂岩、粉砂岩互层;区域上分布于楠木林县邬郁盆地、青都盆地、申扎、仲巴等地,与下伏地层呈角度不整合接触。芒乡组主要分布于楠木林县索青乡日贡拉、姑发甫与直拉赖一带,呈零星分布,岩性为灰色含砾砂岩、粉砂岩、碳质页岩夹安山岩、凝灰岩与油页岩、煤层。整体反映为压陷盆地沉积环境。为一套湖泊砂岩粉砂岩组合、湖泊三角洲砂砾岩组合。

5. 达雄-底仁-德庆侏罗纪弧后盆地(J) V-1-5-5

该弧后盆地主要分布在达雄—底仁—德庆一带。主要由希湖群($J_{1-2}X$)、接奴群($J_{2-3}Jn$)组成。希湖群,岩性为砂质板岩、千枚岩夹少量硅质岩,为一套细屑浅变质复理石,厚度约5000m,含少量菊石化石。接奴群碎屑岩夹玄武岩-安山岩-英安岩组合。火山岩的岩石化学特征属钙碱性系列,显示出岛弧或洋岛特征。岩性为杂色砂岩、砾岩、粉砂质泥岩及砂质页岩夹中基性—中酸性火山岩及火山碎屑岩、含砾砂岩与砂质灰岩。

(六)隆格尔-工布江达活动陆缘(C—K) V-1-6

隆格尔-工布江达活动陆缘北以隆格尔-纳木错-仲沙断裂为界,向南以沙莫勒-麦拉-米拉山-洛巴堆断裂为界。区域上展现出西部、中部和东部分区和分段的特点。

带内前寒武纪变质岩大面积分布于念青唐古拉山及其以东至波密一带,构成了岛弧带的变质基底。前奥陶系岔萨岗岩群(AnOC)主要为一套绿片岩相变质岩系。有化石依据的奥陶系仅分布于该带东段的波密南部之上察隅一带,包括桑曲组(O_1s)、古玉组(O_2g)和拉久弄组(O_3l),主要为一套被动边缘盆地中的浅海碳酸盐岩夹碎屑岩建造。志留系未见,泥盆系局限与奥陶系见于同一地区,亦为被动边缘盆地中的浅海碳酸盐岩夹碎屑岩建造。

晚古生代石炭纪—二叠纪时期,该带从东向西的盆地性质、火山-沉积组合及其构造环境有较大差异。在当雄-羊八井北东向断裂以东至察隅一带,从北向南空间上显示出"北弧(岛弧)南盆(弧后盆地)"的格局。在当雄-羊八井北东向断裂以西至隆格尔一带,石炭系—二叠系主体表现为弧后(扩张)盆地中的火山-沉积序列。获得大量深色花岗闪长岩"包体"的 SHRIMP 锆石 U-Pb 年龄为 262.3Ma、(286±18)Ma。

早中三叠世受北侧特提斯大洋向南持续俯冲作用的制约,本带大部地区隆起剥蚀。在当雄-羊八井北东向断裂以西的措勤县江北乡一带,可见三叠系嘎仁错组($T_{1-2}g$)、珠龙组(T_3z)和江让组(T_3j)(纪占胜等,2007)浅海相碳酸盐岩为主夹碎屑岩建造,应为弧背(弧内)盆地沉积。当雄-羊八井北东向断裂以东却桑寺一带的查曲浦组($T_{1-2}c$),由早期局限盆地的浅海相碳酸盐岩-碎屑岩组合,向上过渡为海陆交互相碎屑岩沉积,并有强烈的火山活动,代表了冈底斯带发生的第二次造弧作用(王立全等,2004;潘桂棠等,2006)。

晚三叠世岩体成带东西向展布超过500km,晚三叠世岛弧岩浆事件(火山岩及其侵入岩)及上三叠统与下伏二叠系的不整合接触,均是冈底斯带第二次造弧作用的地质事件响应(王立全等,2004;潘桂棠等,2006)。

早中侏罗世承接三叠纪的构造古地理格局,大部地区表现为隆起剥蚀,仅在当雄-羊八井北东向断裂以西的仲巴县仁多乡南西约12km处嘎尔(昂拉仁错的南部)一带,可见弧背(弧内)盆地中的滨浅海相碳酸盐岩建造角度不整合于下拉组(P_2x)灰岩之上。上侏罗统—下白垩统则弄群[$(J_3—K_1)Z$]、捷嘎组(K_1j)见于隆格尔以西至葛尔一带,与下伏下拉组呈角度不整合接触,主要为一套巨厚的海陆交互相-滨浅海相的中酸性火山岩-碎屑岩和碳酸盐岩组合,属于典型岛弧活动边缘盆地沉积建造,代表了冈底斯带发生的第三次造弧作用(潘桂棠等,2006;朱弟成等,2008)。

1. 加木-隆格尔-尼雄-当雄-措多石炭纪—二叠纪陆缘裂谷(C—P) V-1-6-1

该陆缘裂谷分布在隆格尔—当雄的广大地区。主要由永珠组(C_1y)、来姑组[$(C_2—P_1)l$]、昂杰组(P_1a)、下拉组(P_2x)组成。主要为一套滨浅海相含大量中基性—中酸性系列火山岩的碎屑岩-碳酸盐岩组合。为复理石+基性火山岩+碳酸盐岩组合。

永珠组为一套陆棚至斜坡盆地相的碎屑岩及硅质岩夹灰岩、玄武岩-玄武安山岩组合,岩性为长石石英砂岩、岩屑砂岩、粉砂岩与泥岩韵律层夹灰岩透镜体,砂岩、粉砂岩中水平层理和虫穴发育,产双壳类 *Eochoristiles* sp. 和珊瑚 *Amplexus* sp. 及苔藓虫 *Rhombopora communis* Moore 等化石,为滨浅海相沉积,厚652m;分区中部的永珠组为一套粗碎屑岩沉积,变形较强,厚3500m。拉嘎组[$(C_2—P_1)l$]水体变深,发育上斜坡含冰融滑塌杂砾岩-碎屑岩夹玄武岩的深水沉积。为一套含冰融滑塌杂砾岩夹玄武岩-玄武安山岩的浅海沉积,岩性主要为含砾粉砂岩、含砾粉砂质板岩、含砾杂砂岩、长石石英砂岩等,含冷暖水型珊瑚和腕足类化石,底部具复成分杂砾岩;在分区北部常见黑色泥(板)岩夹层,其中含透镜状砾岩、砂砾岩、砂岩、泥灰岩等,具滑塌块体,并散布有花岗岩、砂岩、灰岩等冰川漂砾,在楠木林县北可见上斜坡水道相大型粗碎屑砂体,在江让存在属上斜坡的含砾滑塌块体,在江母嘎北坡一带见有数十米厚的玄武岩夹层;该组中生物为腕足类 *Stepanoviella* 及华南型腕足 *Phricodothyris* 和珊瑚 *Amplexocarinia* 与双壳 *Streblochndria* 等化石,在滑塌岩块中见腕足类 *Huanzina tenuisulcata*,*H. mushirebucaensis*,*Triertonia yarrolensis* 和珊瑚 *Parastaphyllum xainzaense*,*Multithecopora cateniformis* 等化石,时代归为晚石炭世—早二叠世,与下伏永珠组呈沉积不整合接触。昂杰组主体为一套浅海碳酸盐岩-碎屑岩夹玄武岩-玄武安山岩沉积,以细碎屑岩、灰岩为特征,在措勤县阿喔为复成分砾岩、砂砾岩、岩屑杂砂岩与薄层至极薄层含碳粉砂质泥板岩互层夹灰岩,顶部为灰白色变质石英质砾岩,厚208m,有些地区夹灰绿色火山角砾岩、紫红色流纹质熔结凝灰岩和绿泥石化玄武岩,灰岩中富含腕足类与海百合茎化石,上部可见具粒序层理的粗碎屑岩大型水道砂体,厚2754m;昂杰组以其底部复成分砾岩与下伏拉嘎组之间呈沉积不整合接触,沉积特征表明昂杰组为冷、暖交替,并伴有火山活动,含大量火山碎屑岩,局部可见形成于伸展裂陷盆地背景的由玄武岩和流纹质凝灰岩构成的"双峰式"组合。下拉组以碳酸盐岩为主,生物丰富;在阿喔为岩屑杂砂岩、含砾长石岩屑砂岩、砂砾岩、粉砂质泥板岩夹硅质岩、灰岩、火山质砂砾岩,厚317～1396m;在中北部区为大套碳酸盐岩,并以生物化石丰富、燧石条带发育为特征,下部偶夹蚀变玄武岩,产腕足类、双壳类和珊瑚、蜓、有孔虫及苔藓虫等化石,与昂杰组整合接触。该带石炭纪—二叠纪火山岩属于亚碱性-钙碱性系列,显示板块裂离活动沉积特征。

2. 忠玉-然乌(C—K) V-1-6-2

在忠玉—松多—伯舒拉岭一带,即早古生代—泥盆纪滨-浅海相的碎屑岩+碳酸盐岩稳定建造,只在伯舒拉岭一带出露,地层有奥陶系的桑曲组、古玉组、拉久弄组,零星出露于然乌—察隅一带。其中,古琴附近的桑曲组(O_1c)为灰色薄至中厚层角砾状灰岩、白云质灰岩、燧石条带灰岩、瘤状灰岩夹砂页岩建造。古玉组(O_2g)岩性主要为灰岩、白云岩、生物碎屑灰岩等建造。拉久弄组(O_3l)为新命名的地层单位,岩性为白云岩、白云质灰岩等建造。泥盆系为松宗群($D_{2-3}S$),分布在松宗—然乌一带,岩性为深灰色灰岩、砖红色白云质灰岩,下部夹硅质灰岩。可划分出龙果扎普组、布玉组、贡布山组等岩石地层单位,其中龙果扎普组(D_1l)岩性主要为白云岩、白云质灰岩夹泥岩、生物灰岩;布玉组(D_2b)岩性主要为白云岩、灰岩夹生物灰岩;贡布山组(D_3g)岩性主要为白云质灰岩、白云岩、灰岩、石英砂岩夹网纹状泥质灰岩、生物灰岩。

3. 旁多-门巴-工布江达-察隅石炭纪—白垩纪活动陆缘(C—K) V-1-6-3

该活动陆缘主要分布在当雄以东的旁多—门巴—工布江达—察隅一带。主要由诺错组(C_1n)、来姑组[$(C_2—P_1)l$]、雄恩错组(P_2x)、洛巴堆组(P_2l)、蒙拉组(P_3m)、纳错组(P_3n)、麦隆岗组(T_3m)、甲拉浦组(J_1j)、则弄群[$(J_3K_1)Z$]、设兴组(K_2s)组成。可以分为弧间盆地、弧后盆地、弧背盆地。

弧间盆地,在本区只零星分布,主要由则弄群、设兴组组成。上侏罗统—下白垩统则弄群,其南部火山岩之上的灰岩称捷嘎组(K_1j)。从东到西呈面状大面积分布于隆格尔-措麦断裂带和革吉-达雄断裂带之间,东西延伸达1000km,南北宽数千米到数十千米,平均厚度超过1000m。岩性变化大,垂向上,则弄群下部主要为火山熔岩夹火山碎屑岩,上部主要为沉积火山碎屑岩、火山碎屑沉积岩、正常火山岩质砂、砾岩夹火山熔岩和火山碎屑岩。空间上,在西部狮泉河地区则弄群上部出现了厚度巨大的粗面岩和碱性流纹岩,在措勤窝藏也出现了厚度超过100m的粗面岩。设兴组分布于拉萨—墨竹工卡一带,下部为杂色复成分砾岩、含砾中细粒钙质长石岩屑砂岩夹泥岩,上部为红褐色、黄褐色岩屑砂岩,含铁钙质砂岩夹泥质粉砂岩与泥岩,局部夹泥灰岩与安山岩、沉凝灰岩,产有介形虫、牡蛎和孢粉等化石,有海相与陆相分子,厚500~2435m,与塔克那组呈整合接触。为一套海陆交互相碎屑岩夹灰岩、火山岩组合,均表现为弧间盆地中的火山-沉积序列。

弧后盆地,分布在当雄以东,主要由诺错组、来姑组、雄恩错组、纳错组组成。

晚古生代石炭纪开始,该区由前石炭纪的被动边缘转化为活动边缘盆地,在嘉黎以北—波密—然乌一带,包括区域上广泛分布的诺错组、来姑组、雄恩错组与纳错组主要为一套滨浅海相含大量中基性—中酸性系列火山岩的碎屑岩-碳酸盐岩组合,其中于然乌乡原划来姑组剖面上,新发现含冰水砾石的复成分砾石层,部分砾石见有明显的冰压剪裂隙。石炭纪—二叠纪火山岩的岩石类型复杂多样,岩性包括变玄武岩、变安山玄武岩、变安山岩、英安岩、流纹岩及相关的火山碎屑岩等,具有钙碱性系列火山岩特征,形成于活动边缘环境。

诺错组为板岩夹结晶灰岩、变石英砂岩和变玄武岩、安山岩、流纹英安岩等,含腕足类和珊瑚 *Gangamopyllum* sp.、*Kueichouphullum* sp.、*Clisiophyllum* sp. 等化石,厚200~1100m,与下伏松宗群呈整合接触。来姑组:主要产于羊八井-当雄-那曲断裂东,火山岩厚40~565m,岩石类型以玄武岩、玄武安山岩、安山岩、英安岩等熔岩为主,其次是角砾熔岩和凝灰岩等,具有冰压剪裂隙的冰水砾石,总体显示从基性到酸性复杂多样的钙碱性系列组合特征,属于活动大陆边缘岛弧火山岩的构造环境(王立全等,2012),也有学者认为活动大陆边缘裂谷环境。雄恩错组(1:25万八宿县幅-然乌区幅新建,2007)分布在然乌一带,岩性为灰岩、白云质灰岩、白云岩夹生物碎屑灰岩、泥灰岩、板岩、砂岩等,产䗴类、珊瑚、腕足类等化石,厚511.9~1558m,为浅海碳酸盐岩沉积环境,时代归中二叠世栖霞期—茅口期。纳错组(1:25万八宿县幅-然乌区幅新建,2007)岩性为石英砂岩、长石石英岩屑砂岩、变砂砾岩、绢云板岩、含砾绢云板岩等,厚度大于1814m,与下伏雄恩组呈平行不整合接触,时代归属晚二叠世。

弧背盆地,主要分布在当雄—工布江达一带,分布不广,主要由麦隆岗组、甲拉浦组、洛巴堆组、蒙拉组等组成。

麦隆岗组出露在南部，下部为长石岩屑砂岩、页岩夹生物碎屑灰岩，中部为薄层条带状灰岩、黑色钙质页岩夹岩屑砂岩，上部为薄层生物碎屑灰岩及黑色页岩，林周至墨竹工卡一带由礁灰岩、生物碎屑灰岩及石英砂岩和页岩组成；该组产丰富的双壳类、珊瑚、腕足类、牙形石等化石，双壳类下部 *Pteria-Hofmanni* 化石组合，上部 *Myophoria（Costatoria）napengensis-Indopecten* 化石组合；厚 1590～3094m。甲拉浦组零星分布于林周、达孜等地，岩性为灰黑色砂岩、粉砂岩、页岩、灰岩夹火山岩，厚 933m；林周一带夹多层灰岩，达孜一带夹火山岩及煤层，与下伏麦隆岗组呈平行不整合接触，含植物与孢粉等化石，属潮坪、滨岸沼泽与碳酸盐岩缓坡沉积。中二叠统洛巴堆组和上二叠统蒙拉组由厚层块状灰岩、砂质板岩、安山岩、英安质凝灰岩组成，总体属弧间次级拉张背景下浅海-次深海沉积组合，是海底火山-喷流沉积环境；洛巴堆组下部为生物碎屑泥晶灰岩，局部夹中基性火山岩，中部为泥晶灰岩夹含燧石结核生屑灰岩；上部为生物碎屑灰岩夹岩屑砂岩、玄武安山岩、安山岩、英安岩、凝灰质砂岩，产珊瑚、腕足类与䗴类等化石，其中䗴类 *Neoschwagernina margaritae* Deprat，*Rangchienia* 等时代为中二叠世茅口期，厚 1000～2000m，不同地区的岩性、厚度变化较大，并与来姑组整合接触。

4. 左左-赛利甫白垩纪—古近纪陆内盆地（K—E）Ⅴ-1-6-4

其主要分布在左左—赛利甫一带，零星分布。主要由捷嘎组（K_1j）、竞柱山组（K_2j）、日贡拉组（E_3r）组成。由压陷盆地和火山-沉积断陷盆地组成。

压陷盆地，在区内零星分布，主要分布在隆格尔、孔隆、布钦日附近。主要由日贡拉组组成。日贡拉组呈北西西向分布于中部，下部为复成分砾岩、含砾钙质岩屑砂岩、流纹质含角砾凝灰熔岩、安山质凝灰岩、安山岩，夹生物碎屑灰岩与泥晶灰岩；上部为灰绿色—深灰色薄—极薄层状粉砂岩、粉砂质泥岩与泥岩，夹白云岩、生物碎屑灰岩与沉凝灰岩；顶部为复成分砾岩与砂岩、粉砂岩互层；区域上分布于楠木林县邬郁盆地、青都盆地、申扎、仲巴等地，与下伏地层呈角度不整合接触。在盆地边缘为棕红色砾岩夹含砾砂岩、砂质泥岩和钙质泥岩，向盆地内部相变为紫红色—灰绿色砂岩、粉砂岩、泥岩为主夹泥灰岩、含砾砂岩和凝灰岩，局部夹火山碎屑岩，为河流-扇三角洲-湖相沉积夹火山喷发堆积，出露厚 500～1500m。

火山-沉积断陷盆地，主要由捷嘎组、竞柱山组组成。捷嘎组是一套火山岩和灰岩组合。分布于狮泉河、措勤—申扎及果仑卖等地，在革吉县捷嘎剖面（命名地）岩性为杂色变砂岩、砾岩、玄武岩、安山岩、流纹质英安岩、凝灰岩、含生屑鲕粒灰岩夹硅质岩等，产双壳类、腹足类、圆笠虫等化石，厚 6070m；向东在措勤县郭龙为杂色岩屑石英砂岩、粉砂岩、泥岩互层夹含砾砂岩、圆笠虫灰岩与少量英安流纹质火山岩、火山碎屑岩，厚 2000m，整合于下伏则弄群之上；再向东北沉积岩增多，火山岩减少，厚度也变小，含有孔虫 *Orbitolina* sp. 和双壳类 *Neithea*，*Inoceramus* sp. 等化石，为活动边缘环境下频繁火山喷发的滨浅海交替的沉积环境。上白垩统竞柱山组（K_2j）为一套陆相磨拉石碎屑岩夹中基性火山岩建造，下部为流纹质玻屑熔结凝灰岩、含砾晶屑熔结凝灰岩和熔结凝灰岩；中部为含凝灰质复成分砾岩、含砾砂岩、岩屑砂岩夹粉砂岩、灰岩；上部为英安岩和流纹质凝灰岩，凝灰岩中获 K-Ar 法年龄（84.81±1.47）Ma，局部地区出露以中酸性火山岩为主的宗给组（K_2z），为冲断带补偿盆地磨拉石-复陆屑建造，为河流相沉积；与下伏不同时代地层呈角度不整合接触预示着碰撞造山作用的结束。整体为一套河流砂砾岩-粉砂岩泥岩夹火山岩组合。构造古地理单元为火山-沉积断陷盆地。

（七）冈底斯-下察隅活动陆缘（J—E）Ⅴ-1-7

冈底斯-下察隅活动陆缘北侧以沙莫勒-麦拉-米拉山-洛巴堆断裂与隆格尔-工布江达复合岛弧带相接，南侧在中部、东西两段则分别以打加南-拉马野加-江当乡断裂、达吉岭-昂仁-朗县-墨脱断裂与冈底斯南缘日喀则白垩纪弧前盆地、印度河-雅鲁藏布江结合带相邻。

带内前寒武纪变质岩分布于郭喀拉日山及其以东至下察隅一带,构成了岛弧带的变质基底;下古生界—泥盆系局限与前寒武系见于同一地区,为一套被动边缘盆地中的浅海碳酸盐岩夹碎屑岩建造,含有腹足类化石。晚古生代石炭纪—二叠纪的地层序列及构造环境属性主体表现为弧后盆地中含有火山岩的碎屑岩-碳酸盐岩建造。三叠系带内未见出露,其上被大面积侏罗纪—古近纪火山-沉积岩系不整合覆盖,以及大规模的白垩纪—古近纪中酸性侵入岩所占据。分为侏罗纪—白垩纪俯冲型火山-岩浆弧、古近纪碰撞型火山-岩浆弧、新近纪后碰撞岩浆弧。

1. 罗仓-达居石炭纪—二叠纪陆缘裂谷(C—P)Ⅴ-1-7-1

该陆缘裂谷主要分布在打加错—南木林一带。晚古生代石炭纪开始,该区由前石炭纪的被动边缘转化为活动边缘盆地。主要由永珠组(C_1y)、来姑组[(C_2—P_1)l]、昂杰组(P_1a)、下拉组(P_2x)组成。主要为一套滨浅海相含大量中基性—中酸性系列火山岩的碎屑岩-碳酸盐岩组合。

永珠组为一套浅海相以细粒碎屑岩为主体的粒序韵律性地层地质体,砂岩、粉砂岩建造夹灰岩透镜体,砂岩、粉砂岩中水平层理和虫穴发育,产双壳类 Eochoristiles sp. 和珊瑚 Amplexus sp. 及苔藓虫 Rhombopora communis Moore 等化石,为滨浅海相沉积,厚652m。来姑组主要为一套浅海相碎屑岩夹灰岩、玄武岩组合,具深水沉积特征的浅变质石英砂岩、板岩及泥质粉砂岩,二叠系碳酸盐岩和细碎屑岩。向上至拉嘎组[(C_2—P_1)l]水体变深,发育上斜坡含冰融滑塌杂砾岩-碎屑岩夹玄武岩的深水沉积;在林周一带,下部为含砾砂板岩、变长石石英砂岩、含生物碎屑长石砂岩,上部为含砾泥质粉砂岩夹粉砂质泥岩,顶部为含泥质灰岩,在八宿—然乌一带该组发育大量中基性—中酸性火山岩及灰岩透镜体,以及具有冰压剪裂隙的冰水砾石。昂杰组以细碎屑、灰岩为特征,含大量火山碎屑岩,局部可见形成于伸展裂陷盆地背景的由玄武岩和流纹质凝灰岩构成的"双峰式"组合;在措勤县阿喔为复成分砾岩、砂砾岩、岩屑杂砂岩与薄层至极薄层含碳粉砂质泥板岩互层夹灰岩,顶部为灰白色变质石英质砾岩,厚208m,有些地区夹灰绿色火山角砾岩,紫红色流纹质熔结凝灰岩和绿泥石化玄武岩,灰岩中富含腕足类与海百合茎化石,上部可见具粒序层理的粗碎屑岩大型水道砂体,厚2754m;昂杰组以其底部复成分砾岩与下伏拉嘎组之间呈沉积不整合接触,沉积特征表明昂杰组为冷、暖交替,并伴有火山活动。下拉组以碳酸盐岩为主,生物丰富;在阿喔为岩屑杂砂岩、含砾长石岩屑砂岩、砂砾岩、粉砂质泥板岩、夹硅质岩、灰岩、火山质砂砾岩,厚317~1396m;在中北部区为大套碳酸盐岩,并以生物化石丰富、燧石条带发育为特征,下部偶夹蚀变玄武岩,产腕足类、双壳类和珊瑚、蜓、有孔虫及苔藓虫等化石,与昂杰组整合接触。

整体反映为陆缘裂谷中央沉积环境。主要为一套滨浅海碳酸盐岩组合、河湖相含煤碎屑岩组合、湖泊砂岩-粉砂岩组合、溢流相火山岩组合等。

2. 狮泉河-南木林-拉萨-林芝二叠纪—白垩纪活动陆缘(P—K)Ⅴ-1-7-2

该活动陆缘分布在狮泉河—南木林—拉萨—林芝一带。主要由洛巴堆组(P_2l)、麦隆岗组(T_3m)、甲拉浦组[(T_3—J_1)j]、叶巴组($J_{1-2}r$)、多底沟组(J_3d)、麻木下组[(J_3—K_1)m]、楚木龙组(K_1c)、塔克那组(K_1k)、比马组(K_1b)、林布宗组(K_1l)、则弄群(K_1Z)、玉多组($K_{1-2}y$)、设兴组(K_2s)等组成。构造单元可分为弧前盆地、弧背盆地。

弧前盆地,分布在谢通门—桑日一带。主要由麻木下组、比马组、则弄群、玉多组组成。晚侏罗世—早白垩世火山作用以桑日群火山岩(J_3—K_1)为代表,位于冈底斯-下察隅火山岩带的南缘。麻木下组为结晶灰岩夹燧石结晶灰岩及凝灰岩建造,属滨浅海碳酸盐岩相。最近在谢通门县雄村麻木下组下部安山岩中获得 SHRIMP 锆石 U-Pb 年龄为 173.6Ma、凝灰岩(180.4±3.5)Ma(王立全等,2007),认为麻木下组下部火山岩包括了早—中侏罗世,相当于北部地区的叶巴组($J_{1-2}y$)。比马组(K_1b)被称为桑日群的上覆岩性段,断续分布于雅鲁藏布江北岸的桑日、尼木、曲水、南木林等地,呈近东西向断续出露,是继叶巴组火山岩之后的又一套陆缘弧火山岩。岩石组合为碎屑岩夹玄武安山岩、安山岩、英安岩、凝灰岩等,为英安岩和安山岩及安山质晶屑凝灰岩夹大理岩建造。最新获得谢通门县雄村桑日群麻木下组下部凝灰岩的 SHRIMP 锆石 U-Pb 年龄为 (180.4 ± 3.5) Ma(王立全等,2007),其值与北部地区叶巴组火山岩一致。则弄群、玉多组从东到西大面积分布于隆格尔-措卖断裂以南和狮泉河-永朱-纳木错-嘉黎断裂之间。主体为一套海陆交互相-滨浅海相的中酸性火山岩-碎屑岩和碳酸盐岩组合,属于典型岛弧边缘海盆地沉积。

弧背盆地,岩石地层包括多底沟组(J_3d)/林布宗组[$(J_3—K_1)l$]和楚木龙组(K_1c)/塔克那组(K_1t)/设兴组(K_2s)。叶巴组呈近东西向分布于拉萨—工布江达一带,为一套巨厚的火山岩与火山碎屑岩系,该组岩性主要为变英安岩、安山岩、流纹岩、火山碎屑岩夹碎屑岩和碳酸盐岩,叶巴组早侏罗世双峰式火山岩组合分布在拉萨、达孜至墨竹工卡之间。多底沟组出露于西南缘,岩性为浅海相灰岩、泥灰岩、角砾状内碎屑泥晶灰岩、角砾状泥晶灰岩、生物碎屑灰岩、生屑灰岩夹砂页岩,厚 700m,与却桑温泉组呈整合接触。林布宗组分布于拉萨、林周—墨竹工卡等地,主要为浅变质的滨海相变砂岩、板岩、碳质泥岩夹煤层及安山质凝灰岩组合,下部以板岩为主夹生物碎屑灰岩,与多底沟组呈整合接触。楚木龙组岩性以杂色粉砂岩、石英砂岩为主夹较多的砂砾岩、板岩、页岩,含煤层。塔克那组分布于林周—堆龙德庆一带,岩性为深灰色灰岩、泥灰岩、砂岩与泥页岩,局部夹凝灰质砂岩与含砾粗砂岩,为滨浅海相沉积。局部夹凝灰质砂岩与含砾粗砂岩,与下伏楚木龙组(K_1c)和上覆设兴组(K_2s)均呈整合过渡关系。设兴组分布于拉萨—墨竹工卡一带,下部为杂色复成分砾岩、含砾中细粒钙质长石岩屑砂岩夹泥岩,上部为红褐色、黄褐色岩屑砂岩,含铁钙质砂岩夹泥质粉砂岩与泥岩,局部夹泥灰岩与安山岩、沉凝灰岩。

3. 索堆-达居白垩纪—新近纪陆内断陷盆地(K—N) Ⅴ-1-7-3

主要分布于冈底斯山脉南麓,呈狭长带状,南东向分布。主要由秋乌组(E_2q)、大竹卡组[$(E_3—N_1)d$]组成。秋乌组为前陆盆地中的一套海陆交互相含薄煤层碎屑岩系不整合覆盖,以砂岩及页岩为主,夹细砾岩与薄煤层,含植物化石,该组区域上岩性变化较大,厚 100~800m,属于冈底斯带南麓新生代第一期陆相磨拉石沉积的主体,标志着残留海盆地彻底消亡,进入陆内造山过程。大竹卡组为洪冲积相砂砾岩粗碎屑沉积,具坳陷盆地沉积特征,为一套冲积扇砾岩组合、水下扇砂砾岩组合。

(八) 日喀则弧前盆地(K) Ⅴ-1-8

日喀则弧前盆地分布在扎马—昂仁—日喀则近东西向带状地区。主要由拉康组(K_1l)、昂仁组($K_{1-2}a$)、帕达那组(K_2p)等组成。

北以打加南-拉马野加-江当乡断裂、南以雅鲁藏布江结合带北界断裂为界。大面积分布白垩纪日喀则群一套复理石碎屑岩系,属弧前盆地沉积物。沉积序列为早期的冲堆组(K_1c)、拉康组和昂仁组主体为硅泥质复理石、泥砂质复理石建造,晚期帕达那组盆地萎缩、水体变浅,主体属浅海相碎屑岩及碳酸盐岩组合,最后以曲贝亚组(K_2q)滨海相碎屑岩及碳酸盐岩序列结束。冲堆组分布于日喀则冲堆、纳虾及查雪增等地带,岩性为灰绿色页岩夹细砂岩,偶夹紫红色硅质岩、灰岩,厚 73~294m;下部为硅泥质复理石,见水道砂体与滑塌构造,上部为泥砂质复理石,顶部为碳酸盐岩,含放射虫 *Patulibracchium grapevinensis* 及有孔虫 *Rotahpora* 等化石,时代为阿尔布晚期—赛诺漫早期,与晚侏罗世—早白垩世嘎学群[$(J_3—K_1)g$]呈断层接触。昂仁组为砾岩、含砾粗砂岩、砂岩、粉砂岩、页岩与泥晶灰岩呈韵律层,见由块状浊积岩席状砂体组成的水道扇舌形体,并夹砂岩-粉砂岩薄层,上部有半深海暗色页岩,含 *Chondrites* 类遗迹化石,是典型的贫氧环境;该组区域上岩性变化较大,厚 148~2946m;该组产双壳类

Valletia tombeki munierchalmas,*V.* sp.和放射虫 *Holocryptcantium barbui*,*Gongylothoras siphonofer* 以及有孔虫 *Clavihedbergella* sp. 等化石,时代为早白垩世晚期至晚白垩世早期,与冲堆组呈整合接触。帕达那组为杂色砂岩、钙质砂页岩、泥岩与泥灰岩呈韵律层,夹多层砾岩和介壳灰岩透镜体,厚度大于618m,富产双壳类、腹足、腕足、有孔虫、植物等化石,时代为晚白垩世中期康尼亚克期—早坎潘期,与昂仁组呈整合接触;区域上岩性有一定变化,厚337~1000m,为滨浅海沉积。曲贝亚组在错江顶—日喀则西,下部为黄绿色钙质砂岩夹生物碎屑泥质灰岩,产双壳和腹足类,上部灰色砂岩夹杂色钙质粉砂岩与泥灰岩,砂质泥灰岩中产有孔虫、双壳类、腹足类等化石,厚430~1113m,主要为滨海相沉积,时代属坎潘期至马斯特里赫期。

二、雅鲁藏布江弧后洋盆Ⅴ-2

印度河-雅鲁藏布江弧后洋盆作为拉达克-冈底斯-察隅弧盆系与喜马拉雅地块的重要分界,西段呈北西向展布,沿噶尔河向西延出国境,中、东段大致沿雅鲁藏布江谷地近东西向延展,向东至米林,然后绕过雅鲁藏布江大拐弯转折向南东一直延伸至缅甸,境内长达2000km以上。

该弧后洋盆主要由3个次级单元组成,主体部分为雅鲁藏布江深海盆地,中东段南侧发育朗杰学弧前盆地,以及仲巴孤立台地。

(一)雅鲁藏布江洋盆(P—N)Ⅴ-2-1

该带主要出露蛇绿岩、增生杂岩及次深-深海复理石、硅质岩及基性熔岩所组成的蛇绿混杂岩带,雅鲁藏布江蛇绿岩在西段由主带(北亚带)和南亚带(拉昂错-牛库蛇绿混杂岩带)组成,中段蛇绿岩保存最好,可见由地幔橄榄岩、堆晶杂岩、均质辉长岩、席状岩床(墙)杂岩、枕状熔岩及硅质岩组成的完整层序剖面。近年的区调工作发现,在雅鲁藏布江大拐弯地区存在变质蛇绿混杂岩带(1:25万墨脱县幅,2003),进一步证实雅鲁藏布江蛇绿岩东延并绕过大拐弯至墨脱一带。细分为雅鲁藏布江西、中、东3个段蛇绿混杂岩。雅鲁藏布江西段以夹持其间的仲巴-扎达地块相隔,可进一步分为南、北两个亚带。

该带内混杂岩的组成非常复杂,主要为上三叠统修康群(T_3X)和上侏罗统—下白垩统嘎学群[(J_3—K_1)G],属于斜坡-深海盆地相的复理石砂板岩和放射虫硅质岩-硅泥质岩夹块状或枕状玄武岩等组合,并混杂有大量二叠纪、三叠纪、侏罗纪—白垩纪碎屑岩或灰岩等岩块。

1. 札达-门士新生代陆内断陷盆地(K—N)Ⅴ-2-1-3

该断陷盆地分布在札达—门士一带。主要由古近系柳区群($E_{1-2}L$)、错江顶群($E_{1-2}C$)、秋乌组(E_2w)、竹卡组[(E_3—N_1)z]等组成。

压陷盆地,主要由古近系柳区群、错江顶群组成。古近系柳区群为一套含蛇绿岩砾石的陆相磨拉石,零星分布在蛇绿岩带中,不整合于蛇绿岩之上,这种蛇绿岩砾石很少同粗碎屑岩伴生,标志着蛇绿岩发生了上冲,此后才进入弧-陆碰撞造山过程。在弧前盆地上对应的是错江顶群,两者分别代表各自的楔顶增生,并没有跨两侧大陆沉积。为一套含蛇绿岩砾石的陆相磨拉石,岩性为杂色砾岩、砂砾岩、砂岩及泥页岩,含植物化石。错江顶群分为达机翁组(E_1d,或称曲下组)、日康巴组(E_2r,或称加拉孜组)。达机翁组(E_1d)为灰岩、生物碎屑或有孔虫灰岩夹砂砾岩,具底砾岩,顶部夹流纹质凝灰岩,中部含有孔虫 *Nummulites-Fascillites-Assilina* 化石组合(赵政璋等,2001),菊石类 *Dipoloceras* sp. 和双壳类 *Spondylus* sp. 及腹足类 *Syrnoia* sp.,*Velates tibeticus* 等化石(1:25万萨嘎县幅、桑桑区幅,2002),厚182m,连续沉积于曲贝亚组之上。日康巴组为砾岩、页岩、火山碎屑岩夹火山岩、灰岩与砂岩,含有孔虫 *Alveolina-Nummulites* 组合,腹足类 *Ampullospira* cf. *acuminata*,*Cyprcaedia* cf. *bellireticulata* 和双壳类 Pseudomiltha sp.,Corbula sp. 及菊石类 Diploceras sp. 等化石(1∶25 万萨嘎县幅、桑桑区幅，2002)，与达机翁组呈整合接触，为该区海相古近系的最高层位。

坳陷盆地陡坡带，主要由秋乌组、竹卡组组成。秋乌组以砂岩、页岩为主夹细砾岩与薄煤层。大竹卡群[$(E_3—N_1)D$]沿雅鲁藏布江带北侧展布，为一套含火山岩的磨拉石，岩性为砾岩、含砾砂岩、砂岩、泥岩夹中酸性火山岩、火山角砾岩、凝灰岩，产植物和腹足类、轮藻化石(赵政璋等，2001；河北省地质调查院，2005)，厚 150～1200m，与下伏秋乌组或白垩纪花岗岩呈不整合接触。

拉分盆地，主要由昂仁组组成，仅分布在仲巴以北地区。昂仁组为砾岩、含砾粗砂岩、砂岩、粉砂岩、页岩与泥晶灰岩呈韵律层，见由块状浊积岩席状砂体组成的水道扇舌形体，并夹砂岩-粉砂岩薄层，上部有半深海暗色页岩。

2. 仲巴-萨嘎-拉孜古生代—中生代洋盆(P—K) V-2-1-2

该洋盆分布在冈底斯山南缘拉日居—仲巴—白朗—朗县一带，沿雅鲁藏布江分布，分为不连续四段。主要由曲嘎组($P_{2-3}q$)、穷果群($T_{1-2}Q$)、修康群(T_3X)、沙赛组(T_3s)、拉吾且拉组(T_3l)、宋热岩组(T_3s)、江雄岩组(T_3j)、扎嘎组(J_2z)、底贡组(J_3d)、嘎学群[$(J_3—K_1)G$]等组成。

深海平原，主要由穷果群、修康群、沙赛组、拉吾且拉组、柳区群等组成。三叠纪—白垩纪蛇绿混杂岩和晚侏罗世—早白垩世的蛇绿岩、蛇绿混杂岩、构造混杂岩以及嘎学群次深-深海沉积。

海底浊积扇：三叠系穷果群、修康群及嘎学群。穷果群、修康群主要以板岩、粉砂岩为主，夹基性—中基性火山岩、硅质岩，中部偶见灰岩夹层。

硅泥质深海平原：上侏罗统—下白垩统嘎学群为一套次深-深海相杂色千枚岩、板岩、放射虫硅质岩、硅质板岩、变玄武岩、辉绿岩、中基性火山熔岩。

残余海盆，主要由曲嘎组、宋热岩组、江雄岩组、扎嘎组、底贡组等组成。中—上二叠统碎屑岩及碳酸盐岩组称曲嘎组，局部地区可见与下伏打昌群整合接触。其中宋热岩组为一套发育鲍马层序的中细粒、细粒砂岩夹板岩或两者呈互层，且含玄武岩，局部夹少量灰岩透镜体、泥砾岩，产双壳化石，见槽模构造，为斜坡相-深海平原沉积。江雄岩组为一套中细粒、细粒砂岩夹板岩或两者呈互层，且含少量泥砾岩的浊积岩系。中侏罗统扎嘎组主要为灰岩夹中、细粒石英砂岩、粉砂岩及页岩。上侏罗统底贡组以粉砂岩、页岩为主，夹细—中粒岩屑砂岩。

3. 仲巴-扎达孤立台地(T—K) V-2-1-3

仲巴-扎达孤立台地位于雅鲁藏布江碰撞结合带西段，东起萨嘎或拉孜，西至扎达以西被南、北两个分支的蛇绿混杂岩带所夹持，显然这已非结合带的"外来体"，而可能是早期离散大陆边缘的一个地壳裂块，两侧均以断层为界。

位于其基底上的奥陶系幕霞群(OM)、志留系德尼塘嘎组(Sd)、马攸木群(DM)和打昌群(CD)主体为一套浅海相碳酸盐岩-碎屑岩组合，与南侧喜马拉雅被动边缘盆地中的地层序列及组合特征一致。值得注意的是，从奥陶系到上部的石炭系，空间上形成一个背斜构造形态，且奥陶系和泥盆系的岩石组合具有较强的变质变形，其原生层理发生褶皱和被置换，形成了一些区域面理。

晚古生代早二叠世时期，仲巴地块开始与南侧喜马拉雅地块的初始分化，以下二叠统才巴弄组(P_1c)、中上二叠统姜叶马组($P_{2-3}j$)中发育玄武岩、玄武质角砾凝灰岩为标志，推测形成于裂陷-裂谷盆地环境，亦即冈底斯从印度分离或雅鲁藏布江初始扩张过程中的岩浆事件。

下—中三叠统穷果群($T_{1-2}Q$)为灰色薄层状灰岩、泥灰岩与页岩、粉砂岩的互层，是一套浅海相含碳酸盐岩的细碎屑建造。产菊石、双壳类及珊瑚化石，厚 304～973m，局部地区可见与下伏中—上二叠统整合接触。上三叠统称修康群(T_3X)是一套外陆架类复理石建造。为一套浅海或外陆架类复理石沉积，由灰色—灰黄色钙质砂岩、粉砂岩、板岩夹泥灰岩、硅质岩的不完整韵律互层组成，产双壳 $Halobia$ sp.，$H.$ cf. $distincta$，$H.$ $charlyana$，$H.$ cf. $convexa$，$H.$ $comata$，$H.$ $cordillerana$ $vietnamica$ 等化石，出露厚242~2000m，局部地区可见与下伏穷果群整合接触。

上三叠统沙赛组(T_3s)、拉吾且拉组(T_3l)(1:25万札达县幅新建，2004)主要出露于地层分区西部的阿依拉日居(山)地区，被夹持于北(支)蛇绿混杂岩带内呈北西—南东向的向斜构造"断块"产出。其中上三叠统沙赛组岩性以变质粗—细粒长石岩屑砂岩、含砾砂岩、粉砂岩为主，夹变质砾岩、板岩，下部夹生屑灰岩，灰岩夹层中获晚三叠世诺利期双壳化石 $Monotis$ sp.，以含火山岩成分的砾石和岩屑为特征，厚约926m，认为属于次深海的浊积扇(中扇)沉积；上三叠统拉吾且拉组以板岩与变质细砂岩互层为主，局部夹灰岩及粉砂岩，未获化石，与下伏沙赛(岩)组整合接触，顶部被断层所截，厚度大于170m。

上侏罗统底贡组(J_3g)以粉砂岩、页岩为主，夹细—中粒岩屑砂岩；上侏罗统—下白垩统嘎学群[(J_3—K_1)G]变质及变形的复理石建造，含蛇绿岩岩块和硅质岩及二叠纪大理岩等岩块，属于斜坡-深海盆地相的复理石砂板岩和放射虫硅质岩-硅泥质岩夹块状/枕状玄武岩等火山-沉积建造，并混杂有大量二叠纪、三叠纪、侏罗纪—白垩纪碎屑岩或灰岩和蛇绿岩等岩块，为一套次深-深海相杂色千枚岩、板岩、放射虫硅质岩、硅质板岩、变玄武岩、辉绿岩、中基性火山熔岩，含大量放射虫化石 $Mirifusus$ $guadalupensis$，$M.$ $bailieyi$，$Tripocyclia$ $joneoi$，$Acanthocircus$ $multicostata$ 等化石，出露厚度465~2380m，顶底为断层接触。

折巴(混杂岩)组(K_1z)为杂色泥岩、页岩、硅质岩、砂岩，底部为灰色砾岩或含砾粗砂岩建造。含灰岩、板岩、砂岩与玄武岩、硅质岩等外来岩块。桑单林组(K_2s)分布于雅鲁藏布江西部白旺、雄纳龙、章扎一带，岩石组合为碎屑岩夹少量安山玄武岩组合。

磴岗组($E_{1-2}d$)：分布于雅鲁藏布江西段，主要为半深海-深海浊积岩夹少量基性火山岩，岩性为页岩、岩屑细砂岩及含砾砂岩夹硅质岩，底部数十米至200多米灰白色石英砂岩，硅质岩中含丰富放射虫，已建立 $Amphipternis$-$Stylotrochus$(早古新世)，$Actiuomma$-$Orbula$(晚古新世)和 $lithomespilus$-$spongotrochus$(始新世)放射虫组合，与下伏桑单林混杂岩组不整合接触，厚698~3358m。郭雅拉组(E_2g)为硅质岩夹粉砂岩、页岩、灰岩及玄武岩，灰岩夹层中含较为丰富的有孔虫 $Orbitolites$ $contentinensis$，$Orbitolites$ sp.，$Assilina$ sp. 化石，与下伏磴岗组整合接触，厚3982m。

(二)朗杰学洋盆(T_3)Ⅴ-2-2

朗杰学洋盆位于雅鲁藏布江弧后洋盆东段之北亚带泽当(罗布莎)-加查-朗县米林蛇绿混杂岩带南侧，南界与喜马拉雅地块以北逆冲断裂分隔，沿仁布以东至琼结—曲松—扎日一带有较大宽度出露，总体呈东宽西窄的楔状体。由上三叠统朗杰学岩群($T_3Lj.$)及南部的玉门蛇绿混杂岩组成。

上三叠统朗杰学岩群主要为一套绿片岩相浅变质复理石浊积岩夹火山岩系，中—下部为斜坡-次深海盆地相碎屑岩夹灰岩薄层或透镜体、蚀变玄武岩，产双壳类、菊石、腹足类化石；上部为陆棚边缘-斜坡相碎屑岩夹灰岩薄层或透镜体、蚀变玄武岩及玄武质火山角砾岩等，产双壳类、腹足类、牙形石和植物化(1:5万曲德贡-琼果幅，2002；1:25万扎日区-隆子县幅，2004)。

玉门蛇绿混杂岩分布于上三叠统朗杰学岩群南侧，混杂岩的基本主体为上三叠统朗杰学岩群复理石浊积岩系，蛇绿岩主要为辉橄岩、辉长辉绿岩、玄武岩及玄武变质火山角砾岩等。

三、喜马拉雅被动陆缘Ⅴ-3

喜马拉雅被动陆缘包括喜马拉雅山脉全域及其北侧的地区，北以印度河-雅鲁藏布江弧后盆地南界断裂为界，南以主边界断裂(MBT)为界。区内以大面积出露前寒武纪变质岩和发育从(可能寒武纪)奥陶纪至新近纪基本连续的海相地层为特色,显生宙沉积地层总厚达12 500m。

全区从北到南表现出完整的被动大陆边缘沉积,由北向南划分为拉轨岗日被动陆缘盆地、北喜马拉雅碳酸盐岩台地、高喜马拉雅基底杂岩、低喜马拉雅被动陆缘盆地和西瓦里克前陆盆地。

(一) 拉轨岗日被动陆缘盆地(O—K) V-3-1

拉轨岗日被动陆缘盆地位于印度河-雅鲁藏布江结合带与北喜马拉雅碳酸盐台之间的东西向展布的狭长带状区域,东、西两侧均被藏南拆离系断失。在空间上,该带南以定日-岗巴-洛扎-错那断裂为界叠置在北喜马拉雅碳酸盐岩台地之上,北部又以札达-邛多江-玉门深大断裂背驮雅鲁藏布江结合带。

1. 萨迦-浪卡子-措美-隆子中生代被动陆缘(T—J) V-3-1-1

该分区的范围大致为定日-岗巴-洛扎断裂以北,雅鲁藏布江结合带南界断裂之南,西起普兰,向东经仲巴(南)、拉轨岗日、康马,东至隆子以东的地区。前寒武系和古生界主要出露在拉轨岗日变质核杂岩带之穹隆核部及周边,多数已变质,见变质岩部分。中生界广为分布,三叠系和侏罗系主要为浅海沉积,白垩系出现次深-深海沉积。新生界古新统毗邻雅鲁藏布江结合带零星分布,属海相沉积。

三叠系多数已浅变质,下—中三叠统称吕村组(T_{1-2}),以灰色、灰黑色粉砂质或碳质板岩为主夹石英砂,与下伏二叠系平行不整合接触。上三叠统涅如组(T_3n)主要由灰黑色粉砂质或钙质板岩、碳质板岩与(钙质)细砂岩、石英砂岩组成,东部洛扎地区夹有安山玄武岩、泥晶灰岩(向顶部增多),与吕村组整合接触。

陆坡-陆隆盆地沉积是侏罗系—白垩系,总体为细碎屑+火山岩(玄武岩、安山岩、凝灰岩)+硅质岩+碳酸盐岩组合建造,不同地方会出现单一或不同的建造组合。自下而上包括:①日当组($J_{1-2}r$)以灰黑色页岩为主,夹薄层砂岩、粉砂岩、泥灰岩及中基性火山岩,与下伏上三叠统涅如组整合接触。东部的隆子一带含硅质结核,以及夹有凝灰质砂岩;洛扎以南地区砂岩增多,为滨海-潮坪(道)沉积环境。②陆热组(J_2l)为灰色—灰黑色微晶灰岩、泥灰岩与钙质页岩、泥岩互层夹中基性火山岩,与日当组多为整合接触。③遮拉组($J_{2-3}z$)为灰色—灰黑色、杂色薄—中厚层(钙质)细砂岩与砂质、钙质页岩互层,夹火山岩(玄武岩、安山岩、凝灰岩)、硅质岩及灰岩等。④上侏罗统维美组(J_3w)为一套海滩相的灰白色厚层粗—细粒(含砾)石英砂岩,偶夹灰色薄层粉砂质泥岩,维美组底界为区域重要层序界面。上侏罗统—下白垩统称桑秀组$[(J_3—K_1)s]$,分布局限,主要出露在羊卓雍湖东南周围地区,为一套流纹岩-英安岩、玄武岩、凝灰岩、凝灰质砂岩及粉砂岩、粉砂质或钙质页岩及少数灰岩透镜体的火山-碎屑岩组合,局部地方下部还夹有砾岩,与维美组整合接触。

早白垩世开始,海平面迅速上升,出现了一套含缺氧事件的次深-深海碎屑沉积。下白垩统称甲不拉组(K_1j),为一套向上迅速加深的陆架-半深海黑色、灰黑色(粉砂质)页岩,硅质页岩夹(放射虫)硅质岩,钙质页岩,粉—细砂岩及灰岩薄层或透镜体,下部产箭石、菊石、腹足类及少量双壳类化石,厚500~1380m,与下伏维美组整合接触。羊卓雍湖之南局部地区下部发育有滑塌角砾岩,江孜东北地区下部含枕状安山质玄武岩。上白垩统称宗卓组(K_2z)为一套次深-深海相黑色、深灰色页岩,钙硅质页岩及砂岩,上部发育似层状—透镜状紫红色、紫灰色浮游有孔虫灰岩,凝灰质硅泥质灰岩及紫红色硅质粉砂质页岩的红色层段。宗卓组尤其是上部发育有大量的滑塌角砾和岩块的滑塌沉积,羊卓雍湖地区上部夹有较多的火山碎屑岩和玄武岩。该组下部含赛诺漫和康尼亚克期菊石化石,上部"红层"中采获马斯特里赫特期有孔虫 *Globotruncanita stuarti* 等化石。

2. 萨迦-康马晚古生代碎屑岩陆棚(Pz_2) V-3-1-2

该碎屑岩陆棚主要分布在康马一带,其他地区仅零星分布。主要由少岗群($C_{1-2}S$)、破林浦组

(P_1p)、康马组(P_2k)、基堵拉组(E_1j)等组成。

石炭系称少岗群或雇孜组(C_1g),其下段为深灰色粉砂质碳质绢云板岩、千枚岩及绢云石英片岩,厚30~80m;上段为灰色厚层大理岩化灰岩、含石英大理岩夹少量碳质绢云板岩,中石炭统为含冰海相的碎屑岩,中、上石炭统为碳酸盐岩,厚200~300m;顶底为断层接触。中国地质大学(北京)(2003)在康马地区雇孜组下段上部找到植物化石 *Cardiopteris* sp.,上段灰岩中采获腕足 *Productus productus* Matin 和菊石 *Eumorphoceras* sp. 等化石。

破林浦组为灰绿色粉砂质板岩夹粉、细砂岩及冰海相含砾砂岩、页岩、含砾灰岩。比聋组(P_1b)为浅灰色—浅灰黄色厚层中粒长石石英砂岩。中—上二叠统白定浦组($P_{2-3}b$),为大理岩化或结晶灰岩、白云质灰岩。

古近系基堵拉组为滨浅海相灰白色含砾石英砂岩夹深灰色泥晶生物灰岩透镜体,底部普遍含砾石,局部为砾岩,顶、底部富含褐铁矿,即 Hayden(1907)所称的"铁质砂岩";砂岩中发育冲洗交错层理及虫管,灰岩中产有孔虫 *Rotalia-Lockhartia* 化石组合带,介形虫 *Urolederis inflata*,*Brachycythere xizangensis*,*Bairdia plana* 等化石,时代属古新世丹尼期,厚120~380m,与下伏宗山组整合接触(1:25万江孜-亚东县幅、聂拉木县幅,2003)。

3. 定日-洞嘎晚古生代、中生代陆棚碳酸盐岩台地(O—K)V-3-1-3

该台地主要分布在分区西部,佩枯错以西,东部措美—隆子一带,其他地区零星分布。主要由沟陇日组(O_2g)、宗山组(K_2z)、白定浦组($P_{2-3}b$)组成。

沟陇日组,主要为一套碳酸盐沉积(灰岩、白云质灰岩),产丰富头足类、腕足类、珊瑚、牙形石等化石,厚300~1500m,其下与肉切村群呈断层接触。在普兰—扎达地区,下、中奥陶统相变为以碎屑岩为主的滨-浅海沉积。

宗山组相当于 Hayden(1907)岗巴岩系的峭壁灰岩、堆拉灰岩,为一套灰色中—厚层块状生屑灰岩夹泥灰岩及钙质页岩,产丰富有孔虫、双壳类、腹足类、海胆、珊瑚和藻类等化石,时代为晚白垩世坎潘期—马斯特里赫特期,厚200~400m,与岗巴村口组整合接触。札达地区的岗巴群与定日—岗巴地区的浅海陆架-半深海沉积环境不同,主要为粗中粒、中细粒—细粒砂岩夹页岩的滨海、浅海沉积,砂岩含海绿石,见楔状及鱼骨状交错层理,厚195m,与下伏门卡墩组整合接触。宗山组岩性与定日—岗巴地区大体相同,主要为一套含生屑泥晶灰岩和泥晶生屑灰岩的碳酸盐岩沉积,产丰富的有孔虫化石,厚476m以上,与下伏岗巴群整合接触(1:25万札达县幅,2004)。

中—上二叠统白定浦组,为大理岩化或结晶灰岩、白云质灰岩,含丰富海百合茎、苔藓虫、腕足、单体珊瑚及少量的腹足与菊石等化石,厚250m。整体反映为陆棚碳酸盐岩台地沉积特征。为一套开阔台地碳酸盐岩组合、台地陆源碎屑-碳酸盐岩组合。

(二) 北喜马拉雅碳酸盐岩台地(Pz—E)V-3-2

北喜马拉雅碳酸盐岩台地(Pz—E)南以喜马拉雅主拆离断裂(STDS)为界,北以吉隆-定日-岗巴-洛扎断裂为界。前寒武纪地层肉切村群[(Pt_3—ϵ)R]代表"泛非变质基底"之上的沉积盖层。区内主要发育寒武纪以上地层,二叠系见冈瓦纳相。古生代、中生代及古近纪为浅海沉积,地层发育齐全。奥陶纪—白垩纪时期,北喜马拉雅带主体表现为被动大陆边缘盆地中一套稳定的以浅海相碳酸盐岩为主夹碎屑岩的沉积序列。二叠纪为被动边缘裂解序列,夹基性火山岩。随后古近纪属于前陆盆地中的滨浅海碎屑岩-碳酸盐岩堆积,其形成与北侧雅鲁藏布江洋盆消亡、冈底斯岛弧带碰撞型火山岩的发育过程相一致。最高海相层位时限延至晚始新世普利亚本早期,新近系为一套河湖相磨拉石建造。

1. 贡当-亚来-岗巴显生宙陆棚碎屑岩盆地（O—E）Ⅴ-3-2-1

该盆地涵盖整个显生宙，地层比较连续。

下、中奥陶统在亚东—吉隆地区分别称甲村组（O_1j）和沟陇日组（O_2g），主要为一套碳酸盐沉积（灰岩、白云质灰岩），产丰富头足类、腕足类、珊瑚、牙形石等化石，厚300～1500m，其下与肉切村群呈断层接触。

志留系岩性两分明显且较稳定，分为石器坡组和普鲁组。石器坡组（S_1s）下部为石英砂岩、硅钙质页岩，上部为纸状页岩、钙质粉砂质页岩，含丰富的笔石化石，厚87～181m，与下伏红山头组整合接触。普鲁组（$S_{2-4}p$）岩性主要为粉砂质灰岩、泥质条带灰岩、瘤状灰岩、砂质大理岩夹少量粉砂岩、板岩，产头足类、牙形石、三叶虫等化石，与下伏石器坡组整合接触。东部定结、定日、聂拉木一带厚35～80m，西部普兰、扎达一带含砂质增加，具轻变质，厚度变大，可达700m。

泥盆系包括凉泉组、波曲组。凉泉组（D_1l）为灰色粉砂岩、页岩与薄层灰岩、泥灰岩互层，含丰富的笔石、牙形石、腕足类及双壳类等化石，与下伏普鲁组整合接触，厚400m；中段聂拉木地区厚度较小，一般为40～45m。波曲组（$D_{2-3}b$）岩性单一，为浅灰色中粗粒石英砂岩，含植物、孢粉化石；在西段普兰、扎达地区夹有碳酸盐岩，与下伏凉泉组之间有沉积间断，为平行不整合接触，厚70～340m。

二叠系主要为碎屑岩，包括基龙组和色龙群。基龙组（P_1j）下部称扎达日段，为一套含冰海相深灰色、墨绿色含砾（砂质）板岩，含砾砂岩，夹页岩、砂岩和玄武岩，含少量腕足化石碎片，区域分布不很稳定，厚30～970m，与下伏石炭系为平行不整合接触。基龙组上部亦称查雅段，主要以灰白色石英（岩状）砂岩为主，夹粉砂岩、砂质页岩，产冷水动物群的腕足类 *Stepanoviella* 和双壳类 *Eurydesma*、单体珊瑚、三叶虫等化石，岩性较稳定，厚700m。色龙群（$P_{2-3}S$）下部的曲布组（P_2q）为含舌羊齿植物化石的中—细粒石英砂岩夹页岩和玄武岩，厚约20m，与下伏基龙组呈断层或平行不整合接触；上部的曲布日嘎组（$P_{2-3}q$）为砂质页岩、粉砂岩，少量细砂岩夹生屑灰岩，含丰富的腕足类和珊瑚、苔藓虫等化石，厚300～355m，与曲布组整合接触。

曲龙共巴组（T_3q）主要为灰绿色、灰黑色页岩，粉砂质泥岩夹砂岩，产鱼龙化石及丰富的双壳类、菊石、牙形刺等化石，厚500～1500m，底界与土隆群整合接触。

普普嘎组（J_1p），主要为一套灰色—深灰色砂质页岩、砂岩与（鲕粒、生屑、微晶）灰岩不等厚互层，化石丰富，产双壳类、腕足类、菊石、腹足类、箭石、珊瑚、有孔虫等化石，出露厚度1230～2210m，与下伏德日荣组整合接触或局部与曲龙共巴组平行不整合接触；在西段普兰、扎达一带，下—中侏罗统以碳酸盐岩（微晶灰岩、鲕粒灰岩、生屑灰岩、泥灰岩）为主的沉积，称才里群（$J_{1-2}C$）；在定日西山普普嘎组发育有生物点礁。拉弄拉组和才里群顶部常见2.5～6.0m厚的紫红色铁质鲕粒层。

白垩系主要分布在东段定日—岗巴及洛扎—错那地区，以及西段的札达地区。分布于洛扎以南地区的下白垩统称拉康群（K_1L），中、下部为黑色碳质页岩夹灰岩，产小型变异类菊石 *Acrioceras* sp.，*Uhligia* sp.，*Ancyloceras* sp. 等化石；上部为灰黑色、灰黄色页岩，粉砂质页岩，粉砂岩；顶底多为断层接触，厚3000m以上。岗巴—定日地区的白垩系包括：①古错村组（K_1g）为一套含（菊石）钙质结核的深灰色粉砂质或泥质页岩夹含火山岩屑细—粉砂岩，产丰富的菊石和双壳类化石，厚636m，与下伏门卡墩组整合接触。②岗巴群（$K_{1-2}G$）下部的岗巴东山组（K_1g）为灰黑色页岩夹少量粉砂岩、细砂岩，产菊石、双壳类化石，时代为早白垩世凡兰吟—阿普特期，厚310～944m，与古错村组整合接触；中部的察且拉组（K_1c）为灰黄色粉砂岩、粉砂质页岩夹薄层状或透镜状泥灰岩，含有孔虫、双壳类及菊石等化石，时代为早白垩世阿尔布期，厚98～320m，与岗巴东山组整合接触；上部的岗巴村口组（K_2g）为黑色、深灰色页岩、钙质页岩夹泥灰岩、粉砂岩，产菊石、双壳类、海胆及有孔虫等化石，时代为晚白垩世赛诺漫期—三冬期，厚226～500m，下与察且拉组整合接触。

古近系基堵拉组为滨浅海相灰白色含砾石英砂岩夹深灰色泥晶生物灰岩透镜体,底部普遍含砾石,局部为砾岩,顶、底部富含褐铁矿。

2. 吉隆-定结-堆纳显生宙陆棚碳酸盐岩台地（O—E）Ⅴ-3-2-2

奥陶系—泥盆系为稳定的大陆边缘沉积,岩石组合为滨-浅海的碎屑岩+碳酸盐岩建造。

下、中奥陶统在亚东—吉隆地区分别称甲村组（O_1j）和沟陇日组（O_2g）,主要为一套碳酸盐沉积（灰岩、白云质灰岩）,产丰富头足类、腕足类、珊瑚、牙形石等化石,厚300～1500m,其下与肉切村群呈断层接触。在普兰—扎达地区,下、中奥陶统达巴劳组（O_1d）/下拉孜组（$O_{2-3}x$）相变为以碎屑岩为主,上部夹灰岩的滨-浅海沉积。上奥陶统红山头组（O_3h）为棕灰色—紫红色钙质、粉砂质页岩夹细砂岩建造,厚70～100m,与中奥陶统整合接触。

志留系岩性两分明显且较稳定,分为石器坡组和普鲁组。特征见前述。

泥盆系亚里组[$(D_3—C_1)y$]以灰黑色薄层灰岩、页岩为主夹少量砂岩,中下部含晚泥盆世法门期牙形石带化石 *Siphonodella praesulcata* 及重要分子 *Bispathodus costatus* 等,中上部含早石炭世杜内期底部菊石带化石 *Gattendofia yaliana* 及牙形石带化石 *Siphonodella sulcata* 等,厚66～100m,与下伏波曲组整合接触。在定日县帕卓地区,在该组靠底部的生物碎屑灰岩中采获四射珊瑚 *Weiningophyllum* cf. *sinense* H. D. Wang（华南地区早石炭世标准分子）和牙形石 *Siphonodella sulcata*, *Spathoganthodus* sp., *Eupriooniodina alternata*, *Falcodus* sp. 等化石,时代属早石炭世,亚里组在定结地区可能没包含晚泥盆世沉积,区域上为一穿时的地层单位（1:25万定结幅,2003）。

白垩系宗山组（K_2z）相当于 Hayden（1907）岗巴岩系的峭壁灰岩、堆拉灰岩,为一套灰色中—厚层块状生屑灰岩夹泥灰岩及钙质页岩,产丰富有孔虫、双壳类、腹足类、海胆、珊瑚和藻类等化石,时代为晚白垩世坎潘期—马斯特里赫特期,厚200～400m,与岗巴村口组整合接触。札达地区的岗巴群与定日—岗巴地区的浅海陆架-半深海沉积环境不同,主要为粗中粒、中细粒—细粒砂岩夹页岩的滨、浅海沉积,砂岩含海绿石,见楔状及鱼骨状交错层理,厚195m,与下伏门卡墩组整合接触。宗山组岩性与定日—岗巴地区大体相同,主要为一套含生屑泥晶灰岩和泥晶生屑灰岩的碳酸盐岩沉积,产丰富的有孔虫化石,厚476m以上,与下伏岗巴群整合接触（1:25万札达县幅,2004）。

三叠系—古近系为稳定大陆边缘的连续沉积,岩石组合为浅海相细碎屑岩+碳酸盐岩建造。

三叠系为浅海相碳酸盐岩和细碎屑岩沉积。下-中三叠统土隆群（$T_{1-2}T$）主要为生物碎屑灰岩、砂质灰岩、瘤状灰岩夹砂质页岩及粉、细砂岩,底部常见一层紫红色白云质灰岩、泥灰岩,含丰富的菊石、双壳类、腕足类、珊瑚和牙形刺等化石,厚45～650m,与下伏色龙群平行不整合或整合接触。土隆群为一穿时地层单元,东段定日县萨尔区库间的土隆群厚40m,顶界时代主要为早三叠世;西段扎达县马阳的普色拉剖面,土隆群时代为早中三叠世;中段聂拉木县土隆剖面,其顶界时代上延至晚三叠世诺利早期。上三叠统德日荣组（T_3d）以滨岸相灰白色石英砂岩夹细砾岩为主夹泥页岩,西段普兰地区相变为以灰岩为主的滨、浅海沉积,称奇玛拉组;聂拉木德日荣地区显示一定的海岸风成砂岩特征（江新胜等,2003）,产植物、双壳类等化石,厚一般为60～183m,区域上沿走向局部可尖灭缺失,德日荣组与下伏曲龙共巴组呈平行不整合接触,为区域一个重要层序界面。

下、中侏罗统包括聂聂雄拉组（J_1n）和拉弄拉组（J_2l）,主要为一套灰色—深灰色砂质页岩、砂岩与（鲕粒、生屑、微晶）灰岩不等厚互层,化石丰富,产双壳类、腕足类、菊石、腹足类、箭石、珊瑚、有孔虫等化石,出露厚度1230～2210m,与下伏德日荣组整合接触或局部与曲龙共巴组平行不整合接触;在西段普兰、扎达一带,下—中侏罗统以碳酸盐岩（微晶灰岩、鲕粒灰岩、生屑灰岩、泥灰岩）为主的沉积,称才里群（$J_{1-2}C$）;在定日西山普普嘎组发育有生物点礁。拉弄拉组和才里群顶部常见2.5～6.0m厚的紫红色铁质鲕粒层。上侏罗统称门卡墩组（J_3m）为灰黑色、灰绿色砂质或粉砂质页岩夹细砂岩及砂质灰岩,顶部为约30m厚的滨海相石英砂岩(砂岩层底界为区域上一个重要层序地层界面),含丰富的菊石、双壳类、箭石及腕足类等化石,厚241~1278m,与下伏拉弄拉组整合接触,在西段其下与才里群为平行不整合接触。

白垩系主要分布在东段定日—岗巴及洛扎—错那地区,以及西段的札达地区。分布于洛扎以南地区的下白垩统称拉康群(K_1L),中、下部为黑色碳质页岩夹灰岩,上部为灰黑色、灰黄色页岩,粉砂质页岩,粉砂岩。岗巴—定日地区的白垩系包括:①古错村组(K_1g)为一套含(菊石)钙质结核的深灰色粉砂质或泥质页岩夹含火山岩屑细—粉砂岩。②岗巴群($K_{1-2}G$)下部的岗巴东山组(K_1gb)为灰黑色页岩夹少量粉砂岩、细砂岩;上部的岗巴村口组为黑色、深灰色页岩,钙质页岩夹泥灰岩,粉砂岩。

古近系宗浦组($E_{1-2}z$)为滨浅海相生物碎屑灰岩、砾状灰岩夹泥灰岩及砂屑灰岩,自下而上鉴定出有孔虫 *Rotalia-Lockhartia*,*Keramosphaera-Actinosiphon*,*Miscellanea-Operculina-Daviesina* 组合带,以及丰富的六射珊瑚、介形虫、双壳类、腹足类、藻类、鹦鹉螺等化石(1:25万江孜-亚东县幅,2003),时代属古新世晚丹尼期—坦尼特期,厚380~580m,与基堵拉组整合接触。遮普惹组(E_2z)由灰色、灰黄色灰岩与灰黑色、灰绿色及紫红色砂质页岩相间组成,产丰富的有孔虫,少量介形虫、藻类、腹足类和双壳类等化石,厚147~1285m,未见顶,与宗浦组整合接触;在遮普惹组上部砂页岩中含丰富的浮游有孔虫及介形虫化石,建立了有孔虫组合带 *Alveolina-Nummulites-Orbitolites*,*Morozovella spinulosa-Acarinina bullbrooki* 和介形虫化石组合带 *Paracypris mayaensis-Bairdia zongpuxiensis*,*Phlyctenophora zongpuensis-Semicytheru Subsymmetros*。亦即北喜马拉雅地层分区的最高海相层位时限延至晚始新世普利亚本早期(1:25万江孜-亚东县幅,2003;李祥辉等,2000;李国彪等,2003)。

(三) 低喜马拉雅被动陆缘盆地(Pt_{2-3}/Pz—E) V-3-3

低喜马拉雅被动陆缘盆地位于喜马拉雅山脉南坡,以喜马拉雅主中央断裂带(MCT)为北界,南侧以主边界断裂带(MBT)与印度地盾前缘的西瓦里克后造山前陆盆地为邻。

区内的前寒武纪变质岩系组合特征总体与北侧高喜马拉雅基底杂岩带一致,新元古代(可能有寒武纪)浅变质岩系米里群[$(Pt_3—\epsilon)M$]为沉积于冈瓦纳大陆北缘的滨海相碎屑岩系,其上的下古生界至泥盆系主体为被动边缘盆地中的一套浅海相碎屑岩夹灰岩沉积。最为著名的晚古生代地层是石炭系—二叠系(C—P),为具冷水动植物群的冰水相和河流相碎屑岩,称之为冈瓦纳群。最具特征的在阿波尔地区见石炭系—二叠系中分布有约1000m厚的玄武岩,代表了大陆裂解。随后的中生代是与新特提斯洋有关的被动边缘盆地中的浅海相碎屑岩-碳酸盐岩沉积序列。始新统—中新统 Subathu 组属于前陆盆地中的海相→陆相磨拉石建造,标志着印度被动陆缘与亚洲活动边缘的碰撞及其前陆盆地的演化过程。

四、保山台地 V-4

保山台地(Pt_{2-3}/Pz—T)(为掸邦陆块北延部分)介于潞西-三台山结合带和昌宁-孟连对接带之间,出露地层主要为震旦系至侏罗系。

随着前寒武纪末至早古生代初泛大陆解体(Bozhko N A,1986;Lindsay J F et al,1987;Ilin A V,1991),古生代时期的保山地块随着原特提斯和古特提斯洋的发育而长期处于被动边缘发展状态(李兴振等,1999)。早古生代寒武系为类复理石砂板岩夹硅质岩、火山岩,具有浊流沉积特征;奥陶系—志留系为浅海-深水陆棚相碎屑岩-碳酸盐岩组合,并且具华北、华南混合型生物特征。晚古生代泥盆系向东水体逐渐变深,为沉积碎屑岩-碳酸盐岩组合。石炭系上部至下二叠统出现冈瓦纳相含砾沉积和以 *Stepanoviella* 和 *Eurydesma* 为代表的冷水动物分子,含冰川漂砾的碎屑岩和冷水动物群 *Eurydesma*

等,表明其强烈的亲冈瓦纳特征,并有玄武岩、安山玄武岩的喷溢,显示具有被动边缘裂陷-裂谷盆地性质。二叠纪末随着东侧特提斯大洋的俯冲消亡、弧-陆碰撞作用的开始,下中三叠统为前陆盆地中的一套局限浅海相碳酸盐岩夹碎屑岩沉积,并平行不整合于下伏地层之上;上三叠统为一套海陆交互相碎屑岩,局部夹中基性-中酸性火山岩,顶部出现红色磨拉石堆积,火山岩形成于与碰撞造山作用的构造环境。保山地块的构造变形、变质都很微弱,局部出露有新生代碱性花岗岩体。

由于昌宁-孟连带特提斯洋盆早二叠世末俯冲、早三叠世弧-陆碰撞,反映在该地块以东的保山-缅甸被动边缘一侧隆起并大面积缺失晚二叠世和三叠纪沉积,以西的耿马-沧源被动边缘一侧于三叠纪转化为边缘前陆盆地,早期沉积滨浅海相碎屑岩-碳酸盐岩组合,晚期陆相磨拉石堆积。中晚侏罗世地层不整合覆在三叠系之上,新生代叠加了西断东超的典型箕状盆地(戴苏兰等,1998)。

保山地块横向上具有两缘夹一块的构造格局,从东往西为耿马被动陆缘、保山陆表海盆地、潞西被动陆缘。

(一) 耿马被动陆缘($\mathbb{C}$—T_2)V-4-1

耿马被动陆缘主要指马利-同卡、昌宁-孟连洋盆西侧的被动边缘沉积带。紧贴西侧的保山陆表海被2条断裂带夹持呈长条带分布,东为沧源断裂带、昌宁断裂带,西为柯街-孟定断裂带,东邻昌宁-孟连蛇绿混杂岩。前寒武系至下古生界为一套浅变质碎屑岩夹碳酸岩盐及变基性火山岩。

泥盆系、中上二叠统为一套笔石页岩和砂泥质、硅质岩建造,石炭系—下二叠统为一套台地相碳酸盐岩。中生界为海相碳酸盐岩、碎屑岩及磨拉石堆积,局部夹基性和中酸性火山岩,显示前陆坳陷沉积特征。中生界不整合于下伏古生界之上,中生界为海相和陆相碳酸盐岩、碎屑岩及磨拉石沉积。第三系为陆相含煤碎屑岩。

1. 耿马-勐阿新元古代—二叠纪被动陆缘(Pt_3—P)V-4-1-1

孟统陆缘斜坡,分布于昌宁—勐统—永德亚练—耿马孟定一带,北段近南北走向,南段被南定河断裂右行错移后转为北东-南西走向,是耿马被动陆缘最东边的构造单元。

主要组成主为新元古界王雅岩组、允沟岩组。这是一套经区域低温动力变质作用改造的浅变质岩,变质程度为低绿片岩相。新元古界王雅岩组以石英片岩为主,夹少量变粒岩;允沟岩组以千枚岩为主,夹绿片岩、大理岩。王雅岩组以陆源碎屑沉积为主的巨厚海相地层,具有复理石韵律的特点,允沟岩组原岩表现出砂岩—粉砂岩—泥岩—碳酸盐岩的旋回性沉积特征。其沉积环境属被动大陆缘。

孟定陆缘斜坡,分布在孟统陆缘斜坡的两侧,东分布在沧源一带,西分布在耿马县勐简—孟定一带,西以柯街-孟定街断裂为界与保山陆表海相邻。

由经区域低温动力变质作用的寒武系芒告岩组和志留系—奥陶系孟定街岩群组成,变质程度达低绿片岩相。寒武系芒告岩组以千枚状石英杂砂岩为主,夹千枚岩、板岩、变质基性岩和变质酸性火山岩;志留系—奥陶系孟定街岩群以板岩、变质石英砂岩为主,夹绿片岩、片理化变质基性火山岩(杏仁状玄武岩)、硅质板岩、硅质灰岩。寒武系芒告岩组由下而上表现出两个由粗到细的沉积旋回,保留有较多的原生粒序层理,具有复理石沉积的特点。所夹有变质基性岩(杏仁状玄武岩)及酸性火山岩,有双峰式火山岩的特征。志留系—奥陶系孟定街岩群局部见递变粒序、类复理石韵律,粒度分布曲线呈向左上方凸出的弧型,具有典型的浊流沉积物的分布形式,孟定街岩群的沉积环境可能为大陆边缘斜坡相。总体具被动大陆边缘的沉积特征。

2. 西盟-勐马中侏罗世—早白垩世坳陷盆地(J_2—K_1)V-4-1-2

该坳陷盆地上叠在其他四级构造单元之上,分布于耿马被动陆缘的东部,呈长条带状展布,木戛断裂以北呈北东向延伸,以南呈近南北向弧形延伸。物质组成为中侏罗统勐戛组,与下伏地层不整合接触。下部岩性为灰紫色、紫红色、少量灰黄、灰白色、中厚层状细粒、中粒石英砂岩,粉砂质微细粒石英杂砂岩夹紫红色砂砾岩,薄层状(泥质)粉砂岩,粉砂质泥岩。石英砂岩中发育小型交错层理、平行层理。上部以紫红色、灰紫色、少量灰黄色、灰绿色粉砂质泥岩,泥岩为主,夹浅灰色—浅灰白色细粒岩屑石英杂砂岩、岩屑砂岩、不等粒石英砂岩、含凝灰质岩屑砂岩,靠上部偶夹泥质泥晶灰岩、介壳灰岩;靠下部夹含石膏白云岩。顶部岩性为灰紫色、灰黄色、灰色粉砂质泥岩,粉砂岩,介壳灰岩,泥质泥晶灰岩夹细粒长石岩屑砂岩、凝灰质长石砂岩,灰岩中含海相双壳类,砂岩中见水平虫迹,泥岩中含介形虫,发育水平层理。属海陆交互相沉积环境。

中三叠世碰撞造山后,海水退出,晚三叠世晚期进入造山后崩塌期,海水由南向北入侵,中侏罗世在这一地区沉积了勐嘎组海陆交替环境的红色碎屑岩。

(二) 保山陆表海盆地(ϵ-T_2) V-4-2

保山陆表海盆地分布在泸水—保山—施甸—永德一带,呈近南北向展布,南部向南西偏转。东以崇山断裂带、柯街-孟定街断裂带为界与昌宁-孟连蛇绿混杂岩和耿马被动陆缘为邻,西以怒江断裂带为界与其西的潞西被动陆缘相接。北端尖灭于福贡县匹河以北的崇山断裂带与怒江断裂带的交接部位,南部于镇康县南伞—耿马县河外一带延入缅甸境内。保山陆表海的主体为晚寒武世—早石炭世浅海沉积,上叠有二叠纪陆内裂谷火山岩及沉积岩以及三叠纪压陷盆地沉积和侏罗纪坳陷盆地。保山陆表海以北西向的勐波罗河断裂为界,北西部称为施甸陆表海,南东部称为永德陆表海。

1. 怒江-保山-永德-孟定寒武纪—三叠纪陆表海(ϵ—T) V-4-2-1

沉积记录从晚寒武世开始,未见底。晚寒武世早期由复理石沉积向上水体变浅,粉砂质泥质板岩发育透镜状层理,进入潮坪沉积环境(核桃坪组),中期的含棘屑灰岩、鲕粒灰岩是一套滨海浅滩相碳酸盐岩(沙河厂组),晚期的细碎屑沉积在粉砂岩中发育斜层理,泥质板岩中发育透镜状层理、水平纹层(保山组),显示潮坪沉积的特征。这是一个海退沉积过程。晚寒武世早期和晚期有火山活动,夹强蚀变安山岩、致密状玄武岩和少量英安岩。从奥陶纪开始进入稳定的陆表海发展时期,早奥陶世—早志留世,为浅海陆棚沉积环境,早奥陶世—晚奥陶世早期以滨浅海碎屑沉积为主,晚奥陶世晚期—早志留世水体明显加深,沉积了一套笔石页岩(仁和桥组),沉积环境发展为外陆棚盆地。中志留世开始进入碳酸盐岩台地构筑阶段,中—晚志留世为台缘浅滩碳酸盐岩沉积(栗柴坝组),表明这一时期有一次海退过程。早泥盆世又恢复海侵环境,由早期的潮坪沉积很快转为开阔台地碳酸盐岩沉积,至晚泥盆世晚期沉积了一套硅质岩夹少量泥质灰岩(大寨门组),含放射虫、海绵骨针硅质岩,具深水沉积特点,可能属台缘斜坡的深水环境。早石炭世亦为开阔台地碳酸盐岩沉积。

永德陆表海,主要分布在勐波罗河断裂南东的永德和勐捧地区,总体沉积建造与施甸陆表海基本相似,变化主要表现在早泥盆世以后的沉积活动。永德地区缺失中-晚泥盆世的沉积,这可能与中-晚志留世的海有关。但在永德以西的勐捧地区中泥盆世—晚泥盆世中期的开阔碳酸盐岩台地(何元寨组)常被早石炭世碳酸盐岩(香山组)超覆。早石炭世还出现一套火山沉积岩(张家田组),沿镇康县半坡寨—永德县张家田—小红山出露,岩石类型主要为蚀变含杏仁玄武岩、强碳酸盐化玄武质岩屑玻屑凝灰岩等,与半深水相的硅质岩、硅质泥岩共生。属陆内裂陷海槽玄武岩组合。

2. 施甸震旦纪—寒武纪被动陆缘(Z—ϵ) V-4-2-2

该被动陆缘位于施甸以南象弯等地,大致呈北东向展布,由震旦系—寒武系公养河群(Z-ϵG)组成,是一套次深海环境,发育鲍马序列的浊积岩建造,是潞西被动陆缘的最下部层位。是一套处于次深海斜坡扇环境的沉积。公养河群以浅海相为主的砂岩、泥(页)岩夹少量粉砂质硅质岩及薄层灰岩,具轻微变质,厚度大于7000m,据所含孢粉(疑源类)、海绵骨针和三叶虫残片化石,时代定为震旦纪—中寒武世,其上可与上寒武统整合接触,或被下奥陶统、中二叠统超覆。勐统群为石英片岩、绢云(石英)片岩夹硅质板岩,顶部出现条带状结晶灰岩,厚度大于3000m,其中所获疑源类化石显示较公养河群更新进的特点。

3. 太平街侏罗纪陆内压陷盆地(J)Ⅴ-4-2-3

该盆地分布在镇康—永德一带,叠置于卧牛寺陆内裂谷之上。底部早三叠世碳酸盐岩亦为碳酸盐岩台地浅滩沉积,与下伏的沙子坡组有相似的沉积环境,二者间为平行不整合接触,晚二叠世末期曾发生过沉积间断。

从早三叠世开始的海侵使水体不断加深,早-中三叠世的沉积环境也发生了从碳酸盐岩台地浅滩—开阔碳酸盐岩台地—台缘斜坡的变化(喜鹊林组)。晚三叠世早—中期发生了火山喷发事件,形成基性—酸性—中基性的喷发旋回,岩石类型以玄武岩、安山玄武岩为主,次为英安岩、流纹岩,少量为玄武质粗面安山岩、粗面安山岩、粗面岩,局部夹火山碎屑岩、沉积岩(牛喝塘组)。上覆的晚三叠世卡尼中期—诺利早期的台地碳酸盐岩(大塘组)和潮坪相碎屑岩(南梳坝组)平行不整合覆于火山岩之上;诺利中晚期三角洲相的碎屑岩(湾甸坝组)平行不整合盖在下伏南梳坝组和牛喝塘组火山岩之上。

受碰撞造山作用的影响,保山地块缺失晚三叠世晚期—早侏罗世沉积。中侏罗世的局部海侵仅在保山地块西部及其以西地区进行。早侏罗世早期随着海水的入侵经历了河流相—河口湾相(勐戛组)沉积环境的变化后,中侏罗世中期进入潮上带环境(柳湾组),中侏罗世晚期—晚侏罗世早期又回到河口湾相沉积(龙海组),完成了一个海进—海退的沉积旋回。

4. 怒江-镇康二叠纪陆内裂谷(P)Ⅴ-4-2-4

经过晚石炭世的间断,二叠纪进入伸展构造环境。早二叠世早期出现冰碛沉积,滨浅环境中沉积了一套含冷水生物冰碛含砾泥岩、石英砂岩(丁家寨组),早二叠世晚期伸展作用形成了陆内裂谷,基底为古生代陆表海。大量玄武岩(牛喝塘组)喷溢覆盖于丁家寨组之上,火山岩夹有少量粉砂质页岩、薄层状凝灰质泥岩、泥灰岩等,发育水平层理,且产牙形类和蜓类等化石,属正常浅海环境喷发沉积。火山喷发活动宁静后,中二叠世早期滨海相的凝灰质细碎屑岩(丙麻组)平行不整合盖于火山岩之上。随着海水的入侵,中二叠世晚期—晚二叠世发育的碳酸盐岩经历了台地浅滩—开阔碳酸盐岩台地—台地浅滩(沙子坡组)的沉积环境变化,表明退积型沉积已接近尾声,构造环境由伸展向挤压转换。

(三) 潞西被动陆缘(Z—T_2)Ⅴ-4-3

潞西被动陆缘分布在保山陆表海以西的保山芒宽—龙陵镇安—潞西芒海一带,呈南北—南西向向南撒开的带状展布。东以怒江断裂带为界,西以瑞丽断裂带为界与其西的班戈-腾冲岩浆弧为邻。北端尖灭于怒江断裂带和瑞丽断裂带的交会处,向南延入缅甸境内。

保山陆块西部前陆盆地是在三叠纪坳陷带基础上发展起来的,于中侏罗世班公湖-怒江洋闭合及高黎贡山逆推带向东推覆造山,在其前缘形成的前陆坳陷,也是一种后造山边缘前陆盆地,发育了中侏罗世陆相磨拉石-海相碎屑岩和碳酸盐岩。

1. 镇安-象达-芒海震旦纪—志留纪被动陆缘(Z—S)Ⅴ-4-3-1

芒海陆缘斜坡,分布在潞西芒海—龙陵木城一带,中为北东向展布,北为平河同碰撞岩浆杂岩,向南延入缅甸境内。以震旦系—寒武系公养河群为主体,上部泥板岩与砂岩互层夹硅质岩、硅质页岩,下部砂岩夹泥岩、薄层灰岩。构成复理石韵律,具浊流沉积特征,硅质岩及薄层状灰岩具深水沉积特点。

以寒武系—奥陶系莆满哨群为主体。岩性组合为钙质板岩、大理岩、微晶灰岩、棘屑灰岩与变质长石石英砂岩、粉砂质板岩、雏晶黑云(绢云)板岩、泥质板岩不等厚互层,夹绿片岩(变质基性火山岩)。砂岩中见钙质-泥质组成毫米级复理石韵律,硅泥质条带状灰岩形成的水下滑塌构造,具浊积岩沉积特征。属被动大陆缘斜坡环境。

2. 德宏-城关奥陶纪—二叠纪陆棚碳酸盐岩台地(O—P)Ⅴ-4-3-2

该台地分布在芒海陆缘斜坡和莆满哨陆缘斜坡以西的德宏—瑞丽姐勒一带。北东向展布,与瑞丽断裂带平行。沉积记录从奥陶纪开始,未见底。早奥陶世—晚奥陶世早期从河口湾相砂砾岩、石英砂岩夹页岩、粉砂岩(大矿山组)到潮坪相白云岩、灰岩夹砂泥质白云岩、灰岩(潞西组)显示出海进沉积的特点。晚奥陶世晚期—早志留世的笔石页岩(仁和桥组)整合在潞西组碳酸盐岩之上,保山陆表海奥陶纪以来的海侵已经波及到这里,但水体明显变浅,位于底部的黑色笔石页岩之上为砂泥质灰岩,显示滨海环境局限台地的沉积特征。早志留世以后,海水曾退出这一地区,出现了中志留世—早泥盆世的沉积间断,中泥盆世早期的砂泥质白云岩与紫红色钙质细砂岩互层岩(景坎组)平行不整合覆于仁和桥组之上,发育水平层理、沙纹层理等沉积构造,属障壁滨海岸沉积环境。中泥盆世晚期为一套碳酸盐岩夹少量灰白色细—中粒石英砂岩、薄层泥质粉砂岩,属滨海环境碳酸盐岩台地边缘的浅滩沉积。此后又经过较长时间的沉积间断,至中二叠世早期才出现滨海相碎屑岩(丙麻组)沉积,中二叠世晚期—晚二叠世发展为开阔台地碳酸盐岩沉积(沙子坡组)。

3. 风平-遮放中侏罗世—早白垩世坳陷盆地(J_2—K_1)Ⅴ-4-3-3

该盆地形成始于中侏罗世巴柔期,海水由北向南入侵,沉积了一套海陆交替环境的红色碎屑岩——勐嘎组,为一套海陆交互砂泥岩夹灰岩、基性火山岩组合,岩性为上部暗紫色砂质页岩、钙质细砂岩与基性火山岩,中部鲕状灰岩夹角砾状灰岩,下部暗紫色砂质页岩、钙质细砂岩,并有基性火山岩的喷发。至巴通期,海侵规模扩大,发展为滨海碳酸盐岩台地环境,沉积了一套滨海潮汐带碳酸盐体系的柳湾组,为陆源碎屑局限台地碳酸盐岩组合,岩性为薄—中层状介壳灰岩、鲕状灰岩夹石英砂岩、钙质页岩,局部夹石膏。龙海组(Jh)为一套远滨泥岩粉砂岩组合,上部为黄绿色泥岩、粉砂岩,下部为钙质泥岩。至晚侏罗世,海水逐步向北退缩,从而结束了云南全境海相沉积作用历史,转变为陆相湖泊沉积,并于早白垩世结束了该盆地的沉积。早白垩世为弄坎组(K_1n)海陆交互砂泥岩夹砾岩组合,上部中细粒砂岩,下部粗粒长石石英砂岩。

五、潞西-三台山洋盆Ⅴ-5

三台山残余海盆位于潞西地层小区北西侧,呈北东向之长条状,两侧为断裂所夹持,宽仅 2～4km,长达 115km,分布面积近 330km²。该海盆发育于早三叠世,其中的半深海浊积岩被称为扎多组,属三台山蛇绿混杂岩的基质部分,发育因构造挤入的洋壳碎片(超基性岩岩块)、灰岩岩块等。至中三叠世,该海盆即关闭,其上为伙马组不整合覆盖。伙马组为一套碳酸盐岩建造,中上部为白云岩、生物碎屑灰岩,下部含砾岩屑杂砂岩、复成分砾岩。底部见复成分砾岩,显示两者完全不同的沉积环境,也反映出早-中三叠世是云南地壳发展的洋陆转换时期。

第六节 西瓦里克前陆盆地Ⅵ

古近纪印度和亚洲大陆碰撞，地层普遍缺失，中新世形成喜马拉雅造山带，山前形成西瓦里克带前陆盆地，西瓦里克群[$(N_2—Qp_1)X$]厚度5000m以上，局部为第四纪冲积层覆盖，在西段局部可见含货币虫的海相灰岩和砂页岩。

上新世—更新世西瓦里克群，厚度1800m；主要为洪冲积，局部为湖相泥岩和泥质岩，见河流-冰水沉积砾石或砾岩，为前陆盆地磨拉石建造，含脊椎动物化石。

底部为巨厚层卵石层；下部为粗砂岩、细砂岩、粉砂质岩组成韵律层，向上为蓝灰色粗砂岩；中部是砾岩夹松散的砂岩层；上部为灰色硬砂质含云母砂岩。西瓦里克群下部年龄为14.6Ma(徐叔鹰，1995；向芳等，2002)，时代为中新世—上新世早期，为前陆盆地磨拉石建造，表现出向上变粗变厚、向南变细变新的变化趋势，并有盆地西部先沉积的特征。属于前陆盆地中的海相→陆相磨拉石建造，标志着印度被动陆缘与亚洲活动边缘的碰撞及其前陆盆地的演化过程。

第三章 西南地区火山岩大地构造特征

西南地区火山岩共划分出5个火山岩构造岩浆岩省、19个火山岩带、51个火山岩亚带，以及构造岩浆旋回、亚旋回(表3-1,图3-1,图3-2)。

表 3-1 西南地区火山岩分区表

一级	二级	三级
秦祁昆火山岩构造岩浆岩省Ⅰ	秦岭弧盆系火山岩带Ⅰ-1	西倾山-南秦岭陆缘裂谷火山岩亚带(Pz_1)Ⅰ-1-1
		南昆仑-玛多-勉略火山岩段(C—T)Ⅰ-1-2
上扬子陆块火山岩构造岩浆岩省Ⅱ	米仓山-大巴山被动大陆边缘火山岩带(Z—T_2)Ⅱ-1	米仓山古岛弧火山岩亚带(Pt_{2-3})Ⅱ-1-1
		龙门山古岛弧及陆缘裂谷火山岩亚带(Z—T_2)Ⅱ-1-2
	上扬子东南缘火山岩带Ⅱ-2	梵净山古增生楔火山岩亚带(Pt_3)Ⅱ-2-1
		雪峰山陆缘裂谷火山岩亚带(Nh)Ⅱ-2-2
		黔东都匀-镇远稳定陆块金伯利岩亚带(S)[遵义-梵净山底火山岩段(Z—O)]Ⅱ-2-3
		南盘江-右江前陆盆地火山岩亚带(T)Ⅱ-2-4
	上扬子西缘火山岩带Ⅱ-3	盐源-丽江陆缘裂谷火山岩亚带(Pz_2)Ⅱ-3-1
		康滇基底断隆火山岩亚带(攀西上叠裂谷火山岩亚带,T)Ⅱ-3-2
		峨眉山裂谷火山岩亚带Ⅱ-3-3
		滇东-黔西裂谷火山岩亚带(P_{2-3})Ⅱ-3-4
羌塘-三江岩构造火山岩构造岩浆岩省Ⅲ	巴颜喀拉火山岩带Ⅲ-1	碧口古岛弧火山岩亚带(Pt_{2-3})Ⅲ-1-1
		巴颜喀拉火山岩带(P)Ⅲ-1-2
		炉霍-道孚裂谷火山岩亚带(P—T_1)Ⅲ-1-3
		雅江洋岛火山岩带(T_3)Ⅲ-1-4
	甘孜-理塘-三江口火山岩带(P—T)Ⅲ-2	甘孜-理塘蛇绿混杂岩带(P—T_3)Ⅲ-2-1
		义敦-沙鲁岛弧火山岩带(T_3)Ⅲ-2-2
	中甸陆缘裂谷火山岩带(P)Ⅲ-3	
	西金乌兰-金沙江-哀牢山火山岩带Ⅲ-4	西金乌兰蛇绿混杂岩带Ⅲ-4-1
		金沙江蛇绿混杂岩带(D_3—P_3)Ⅲ-4-2
		哀牢山蛇绿混杂岩亚带(C—P)Ⅲ-4-3
	北羌塘-昌都-兰坪-思茅火山岩带Ⅲ-5	治多-江达-维西陆缘弧火山岩亚带(P_2—T)Ⅲ-5-1
		北羌塘-昌都-兰坪-思茅后碰撞火山岩亚带Ⅶ-5-2
		加若山-杂多-景洪岩浆弧火山岩亚带(P_2—T)Ⅶ-5-3
	乌兰乌拉-澜沧江火山岩带(P_2—T_2)Ⅲ-6	乌兰乌拉湖火山岩带Ⅲ-6-1
		北澜沧江火山岩带Ⅲ-6-2
		南澜沧江火山岩带(C—P)Ⅲ-6-3

续表 3-1

一级	二级	三级
羌塘-三江岩构造火山岩构造岩浆岩省Ⅲ	那底岗日-格拉丹冬-他念他翁山-崇山-临沧火山岩带Ⅲ-7	拉底岗日-格拉丹冬火山岩段Ⅲ-7-1
		他念他翁山火山岩段Ⅲ-7-2
		崇山临沧岩浆弧火山岩亚带（P—T）Ⅲ-7-3
班公湖-怒江-昌宁-孟连构造火山岩构造岩浆岩省Ⅳ	龙木错-双湖-类乌齐火山岩带Ⅳ-1	
	多玛-南羌塘-左贡增生弧盆系火山岩带Ⅳ-2	多玛地块增生火山岩亚带（Pz）Ⅳ-2-1
		扎普-多不杂岩浆弧火山岩亚带（J_3—K_1）Ⅳ-2-2
		左贡岩浆弧火山岩段（C—T）Ⅳ-2-3
	班公湖-怒江火山岩带Ⅳ-3	班公湖-改则火山岩段Ⅳ-3-1
		东巧-安多火山岩段Ⅳ-3-2
		丁青-怒江火山岩段Ⅳ-3-3
	昌宁-孟连火山岩亚带（Pz）Ⅳ-4	曼信深海平原火山岩段(D—C)Ⅳ-4-1
		铜厂街-牛井山-孟连蛇绿混杂岩段(C)Ⅳ-4-2
		四排山-景信洋岛-海山火山岩段(D_3—P)Ⅳ-4-3
冈底斯-喜马拉雅-腾冲火山岩构造岩浆岩省Ⅴ	冈底斯-察隅弧盆系火山岩带Ⅴ-1	昂龙岗日岩浆弧火山岩亚带Ⅴ-1-1
		那曲-洛隆弧前盆地(T_2—K)Ⅴ-1-2
		班戈-腾冲岩浆弧火山岩亚带(C—K)Ⅴ-1-3
		拉果错-嘉黎火山岩亚带(T_3—K)Ⅴ-1-4
		措勤-申扎岩浆弧火山岩亚带(J—K)Ⅴ-1-5
		隆格尔-工布江达复合岛弧带火山岩亚带（C—K）Ⅴ-1-6
		冈底斯-下察隅火山岩带（J—E）Ⅴ-1-7
		日喀则构造火山岩亚带（K）Ⅴ-1-8
	雅鲁藏布江构造火山岩带Ⅴ-2	雅鲁藏布蛇绿混杂岩亚带（T—K）Ⅴ-2-1
		朗杰学增生火山岩亚带（T_3）Ⅴ-2-2
		仲巴增生楔蛇绿混杂岩亚带（Pz—J）Ⅴ-2-3
	喜马拉雅构造火山岩带Ⅴ-3	康马-隆子构造火山岩亚带Ⅴ-3-1
	保山火山岩带Ⅴ-4	保山陆表海火山岩亚带（∈—T_2）Ⅴ-4-1
		潞西构造火山岩亚带（Z—T_2）Ⅴ-4-2
	潞西-三台山蛇绿混杂岩带Ⅴ-5	

西南地区的火山岩从早元古代到第四纪都有分布，先后有 3 次大规模的裂谷岩浆事件：长城纪、南华纪和中晚二叠世。这 3 次裂谷火山事件与 3 次超大陆裂解相关，为 Columbia 超大陆、Rodinia 超大陆、Gandwana 超大陆裂解。西南地区先后有 3 期多岛弧盆系火山活动，为早古生代、晚古生代、三叠纪—新生代。前两次已经形成碰撞造山系，第三次仅在特提斯-喜马拉雅形成碰撞造山系。

(1) 前南华纪火山岩主要出露于扬子陆块西缘之上，在扬子陆块北缘及西缘有时代为中新元古代的古老火山岩出露。变质或轻微变质的前南华纪火山岩主要出露在地块上，如冈底斯地块、中甸地块、昌都地块、保山地块等其上或边缘都有中新元古代变质或轻微变质的火山岩出露，大部分属于古岛弧火山岩，还有一部分属于古裂谷火山岩。

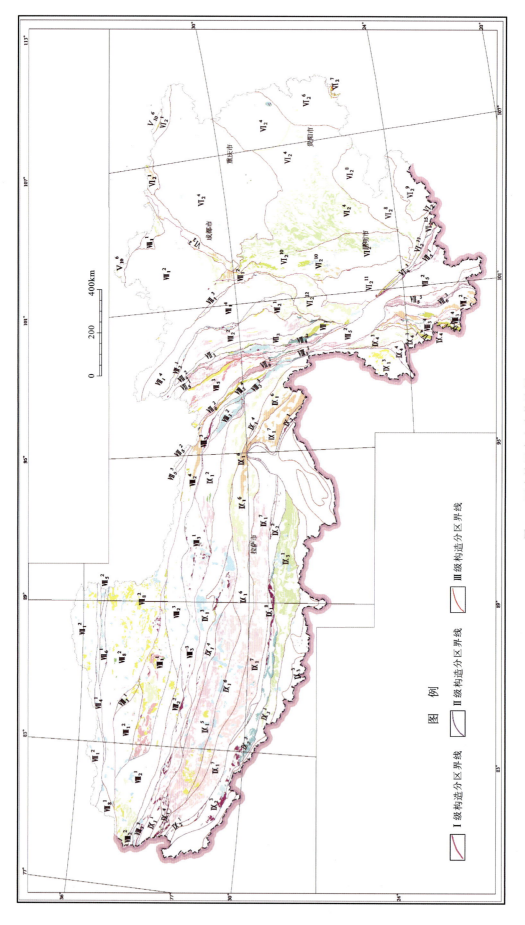

图 3-1 西南地区火山岩构造图

构造环境	构造相	构造相代号	AnNh	Nh—Z	$\in$—D_2	D_3—T_2	T_3—J_1	J_2—K_2	E—Q
稳定陆块		scb			395				
大陆伸展	裂谷	r	pr 132	123	123	114~115	113	112	107
	陆缘裂谷	mr	364	124	124	120	369	370	371
多岛弧盆系	洋岛	oi			180	180	180	180	180
	洋内弧	oa			190	190	190	190	190
	岛弧/古岛弧	ia	pa 144	523	523	188	521	550	550
	陆缘弧	ma	158	445	445	187	181	179 J_2-J_3 173 K_1^1 164	522
	弧后裂谷	bar		92	92	122	122	121	
	弧后盆地	bab	pbab 47	40~41	40~41	39	31	31	31
	火山弧	va						J_2-J_3K_1 377	K_1 376
碰撞及同碰撞	滞后弧	la		151	151	151	149	149	149
	前陆盆地	flb		54	54	61	52	52	52
	残留海盆	rsb				316~317	316~317		
	增生楔	aw	paw 64	62~63	62~63	62~63			
		ophiM 蛇绿混杂岩		66	66	66	66	66	66
		Σ 超镁铁质岩		200	200	200	200		
		ν 镁铁质杂岩		87	87	87	87		
	洋底	ofl		65	65	65	65		
	变质基底盐块	fmb	143 (25,8×8,14)						
后碰撞		pco						131	131
后造山环境		porg				135~136	138	142	137

图 3-2 西南地区火山岩构造组合着色方案

(2) 南华纪—震旦纪火山岩(本书界定的南华纪下限为 820Ma)主要出露于扬子地块之上(包括内部及周缘)。在西南该期火山岩总体表现为双峰式,被许多地质学家看作是 Rodinia 超大陆裂解的构造岩浆事件响应。陆松年等(2004)认为这次裂谷事件除了此点而外,还在于它是大陆地壳克拉通化的重要标志。

(3) 早古生代火山岩该时期的岩浆活动较为微弱,冈底斯弧断隆尼玛县帮勒村一带有少量分布,并以川西高原金沙江地区成带状分布的基性火山岩及火山碎屑岩较为特征,时代多属震旦纪—奥陶纪,在义敦、木里、宝兴、康定等地也有零星分布,时代可延续至泥盆纪,累计厚度均达数百米,偶逾千米。海西晚期至燕山早期是岩浆活动的又一高峰期,随着川西高原地区"沟、弧、盆"体系的发育和完善,岩浆活动尤为频繁和强烈,在义敦地区形成了火山弧。

(4) 泥盆纪火山岩在兰坪-思茅构造岩浆岩带上以发育弧后盆地的火山-沉积岩组合为特征。火山岩的主要赋存层位有志留纪—泥盆纪大凹子组、无量山岩群、石登群、龙洞河组、邦沙组、吉东龙组、沙木组、羊八寨组等,分布十分广泛。说明这期火山岩的喷发背景是大陆地壳伸展环境。

(5) 石炭纪—二叠纪火山岩主要出露于羌塘-三江造山系、班公湖-双湖-怒江对接带,甚至在雅鲁藏布江俯冲增生杂岩带中也有所出露,大多以构造岩块形式卷入到俯冲增生杂岩带中。

(6) 二叠纪峨眉山裂谷玄武岩事件,其波及范围不限于上扬子陆块西部的川、黔、滇、桂,而且波及到羌塘-三江造山系东部的川西、滇西地区,如大石包组玄武岩及其相当层位的玄武岩。在产出的地理环境上不仅有陆相,而且有海相。这一事件,现已被全球地学界公认为一次与地幔柱活动相关的大火成岩省事件。值得关注的是在冈底斯地块上也有同期的二叠纪玄武岩出露,其喷发的地球动力学背景可能与冈瓦纳大陆的裂解相关。

(7) 三叠纪—新生代火山岩主要出露羌塘-三江造山系、班公湖-双湖-怒江对接带、冈底斯-喜马拉雅造山系;中国西南地区以弧盆系火山岩组合、增生楔火山岩组合及后碰撞火山岩组合为主,构成西南地区中新特提斯多岛弧盆系,以及同碰撞弧火山岩组合和后碰撞 SH 系列火山岩组合。值得特别指出的是,伴随着青藏高原特提斯-喜马拉雅造山系的扩展和岩石圈增厚,后碰撞火山岩已经波及到塔里木陆块南缘的西昆仑一带。这些火山岩在岩石组合上大都以安山岩-英安岩-流纹岩为主,对其形成的构造环境暂时归于后造山环境。

第一节　秦祁昆火山岩构造岩浆岩省 I

秦祁昆火山岩构造岩浆岩省位于四川省西北部,包括玛沁-勉略构造岩浆岩带的西倾山亚带,仅跨其一隅,推测在南华纪。现今秦岭造山带的西倾山-南秦岭地块应与扬子陆块是相连一体的,处于裂解离散环境,形成火山岩,以陆缘裂谷火山岩组合为特征。

侏罗纪—白垩纪处碰撞(造山带)环境,形成的郎木寺组和财宝山组火山岩,以钾质和超钾岩质火山岩组合为特征。

秦岭弧盆系火山岩带 I-1

(一) 西倾山-南秦岭陆缘裂谷火山岩亚带(Pz_1) I-1-1

西倾山地块早古生代原属扬子陆块北部被动陆缘部分,后发生裂离西移,经历南华纪裂解阶段。

白衣沟群下部的赛伊阔组夹有变凝灰质碎屑岩,碎屑成分中有中酸性火山熔岩,可能代表着西倾山地块所经历的南华纪裂解阶段。属于陆缘裂谷火山岩组合。

在碰撞环境中形成的陆相碱性火山岩,主要赋存于下侏罗统郎木寺组和白垩系财宝山组中,以溢流相火山熔岩和爆发相火山碎屑岩为主。

1. 南秦岭陆缘裂谷火山岩段($Qb—O_1$) I-1-1-1

该带中早古生代地层普遍发育有一套基性侵入岩、火山岩及少量的超基性岩。经 Rb-Sr 同位素年代测定,绝对年龄为(447.9 ± 10.6)Ma,属晚奥陶世—早志留世产物。

北大巴山从晚青白口世—早古生代末曾发生过规模巨大的构造伸展作用。

2. 降扎-迭部火山岩段 I-1-1-2

前南华纪晚期火山活动扩散至盐边—平武及木里—若尔盖一线。该时期以大规模火山喷溢为主,伴有基性—超基性岩浆侵入。见于火地垭群、黄水河群中,下部为玄武岩-安山岩-流纹岩组合;上部为英安岩-流纹岩-粗面岩(局部)组合,构成上下两个火山喷溢旋回,韵律结构明显,且均经历了低-高绿片岩相变质作用,构成了火地垭群、黄水河群等地层单位的主体,厚度达数千米。

中生代时期,在若尔盖—降扎—色达地区,中生代中晚期火山岩发育,由陆相中基性-中酸性火山岩构成完整的喷发—溢流旋回,堆积厚度可达3000m。

(二)南昆仑-玛多-勉略火山岩段(C—T)Ⅰ-1-2

南华纪赛伊阔组代表着玛沁-勉略带的基底,在赛伊阔—热龙一带,碎屑成分中有中酸性火山熔岩,火山岩成分为安山质晶屑凝灰岩及熔岩,海相喷发,火山岩相为喷发-沉积相。

玛沁-勉略火山构造岩浆带震旦纪—新近纪火山岩仅见于西倾山亚带,产于碰撞(造山带)环境,属钾质和超钾岩质火山岩组合。

1. 早侏罗世郎木寺组火山岩Ⅰ-1-2-1

早侏罗世郎木寺组火山岩,分布范围较小,阿坝、班玛、久治等县境均见有沿断裂带分布的孤立的火山岩系。有火山熔岩、火山碎屑熔岩、火山碎屑岩等岩类产出,厚度一般150~500m不等,岩石类型为粗面安山岩、英安岩及安山质含角砾岩屑凝灰(熔)岩、英安质含角砾凝灰(熔)岩、安山质火山角砾岩、英安质角砾质凝灰岩。

郎木寺组火山岩相为爆发、溢流间互。郎木寺组早侏罗世火山岩与围岩表现为不整合接触,内部具沉积岩夹层。在局部地区(久治煤矿)可见火山岩系中夹有含煤地层,并见有少量植物化石,以此可推断郎木寺组火山岩属陆相。

2. 财宝山组Ⅰ-1-2-2

财宝山组主要为英安质火山角砾岩、英安岩和流纹岩,下部为爆发相英安流纹质火山角砾岩,上部为溢流相英安流纹岩或安山粗面岩。

其火山岩岩石学类型、组合特征及岩石化学、稀土、微量元素特征与郎木寺组基本相似,同属钾质和超钾岩质火山岩组合。

第二节 上扬子陆块火山岩构造岩浆岩省Ⅱ

著名的峨眉山玄武岩广泛分布在本带,从龙门山到攀西,再到川东南筠连一叙永一带。因其假整合覆于茅口组之上,在广大地区内又伏于宣威组或龙潭组之下,有人认为同宣威组呈相变关系。在攀西地区,玄武岩为上三叠统白果湾组假整合覆盖。玄武岩的喷发时间始于中二叠世末,主体喷发时间在晚二叠世早期,由西向东喷发时间逐渐变晚。

以小江断裂和金河断裂为界自东向西,峨眉山玄武岩岩石组合、形成构造环境不同,盐源-丽江岩段为海相陆源裂谷玄武岩分布区,川西南大陆裂谷岩段为以海陆交互相为主的大陆裂谷玄武岩分布区,川东南-贵州-云南岩段为大陆溢流玄武岩分布区。

该单元可以划分成3个火山岩带。

一、米仓山-大巴山被动大陆边缘火山岩带(上扬子北缘火山岩带)(Z—T$_2$)Ⅱ-1

该火山岩带先后有2期火山岩浆活动:第一期出现在中新元古代,可能有部分属于820Ma之后的裂谷火山岩浆事件;第二期出现在南华纪,对应着全球Rodinia超大陆裂解事件,在澳大利亚、劳伦大陆、扬子陆块及华夏地块上具有这期裂谷火山岩浆事件的记录。

该带主要有南华纪及前南华纪火山活动,二叠纪(海西晚期)峨眉山玄武岩仅沿龙门山断裂带及其前沿零星出露,分布少而且分散,绿灰色—暗红色,为陆相玄武岩。火山岩相以溢流相为主。

(一)米仓山古岛弧火山岩亚带(Pt_{2-3})Ⅱ-1-1

该带前南华纪火山活动主要分布于米仓山地区。后河岩群以爆发相中酸性火山凝灰岩为主,夹有溢流相石英拉斑玄武岩、橄榄玄武岩;火地垭群主要为英安质火山角砾岩、凝灰岩,属爆发相;黄水河群黄铜尖子组、关防山组以爆发相中酸性火山岩为主。

南华系盐井群火山岩构成了南华纪旋回主体,下部旋回由石门坎组的火山岩组成,上部旋回为黄店子组中的火山岩,形成于活动陆缘环境(海相)。石门坎组下部以溢流相玄武岩-流纹岩为主,上部以爆发相流纹岩(英安岩)-流纹质火山角砾岩、凝灰岩,或流纹质火山角砾岩-凝灰岩为主;黄店子组中的火山岩由安山岩-粗面岩、粗面岩-粗面质火山碎屑岩组成多个韵律,火山岩相以溢流相为主,西部黄店子一带中部偶有爆发相。

盐井群火山岩 SHRIMP 测年数据为(809±9)Ma。该群分下中上3部分,岩石组合略有差异:下部为玄武岩-流纹岩;中部为流纹岩-流纹斑岩;上部为粗面岩-粗面斑岩,上部含钾长石矿。总体上属于双峰式组合,形成于裂谷环境。

黄水河群(Pt_2H)岩性为灰绿色、紫灰色等杂色变质基性-中酸性火山岩,灰绿色变质碎屑岩,碳酸盐岩和变质火山碎屑岩。新元古界南华系盐井群(NhY)为由两套变质沉积岩与两套变质火山岩相间组成的地层体。

(二)龙门山古岛弧(Pt_{2-3})及裂谷(P_3)火山岩亚带Ⅱ-1-2

南华纪龙门山地区以流纹岩为主的中酸性火山岩沿前山断裂带呈带状分布,米仓山局部的火山岩(铁船山组)可能为该带的北延部分。

南华系盐井群火山岩、二叠纪(海西晚期)峨眉山玄武岩仅沿龙门山断裂带及其前沿零星出露,分布少而且分散,绿灰色—暗红色,为陆相玄武岩。火山岩相以溢流相为主。

二、上扬子东南缘火山岩带Ⅱ-2

该火山岩带先后出现4期火山岩浆活动:

(1)第一期出现在新元古代,火山岩形成于两种不同的构造环境。

① 属于古增生楔环境的火山岩岩石地层单元是新元古代梵净山群(Pt_3F)。该岩石地层单元实际上是一个非史密斯地层单元,在一大套深海-半深海浊流沉积岩构造岩片中混杂有超镁铁质岩和镁铁质岩(辉绿岩墙及辉长岩,或辉长辉绿岩),与深海浊流沉积伴生的有基性火山岩,其岩石组合为细碧岩-角斑岩-石英角斑岩,或细碧岩-石英角斑岩,伴有集块岩和火山角砾岩,细碧岩具有明显的枕状构造。板溪群芙蓉坝组($Pt_3^1 fr$)磨拉石不整合在这套增生杂岩之上。据 Zhou 等(2009)对梵净山群碎屑岩中碎屑锆石150个测年数据统计结果,其峰值为(872±3)Ma。属于 Rodinia 超大陆裂解前的洋陆转化事件记录。

② 属于古裂谷环境的是四堡群(Pt_3Sb)和下江群(Pt_3X),主要沿从江一带出露。四堡群是一套浅变质的具有退积型沉积充填序列的碎屑岩,其中夹有多层变基性熔岩(或中基性熔岩)。下江群整合覆盖在四堡群之上,该群是一套浅变质的细碎屑岩-钙泥质细碎屑岩,其中夹有3层以上的变基性熔岩。与上述2个含火山岩岩石地层单元伴生的有大致同期的双峰式侵入岩,据此推测从江一带的四堡群和下江群形成于古裂谷环境。采用 TIMS 法测得四堡群的年龄数据为(823±12)Ma,而侵入于四堡群的花岗岩测年数据为(825±2.4)Ma,采用 SHRIMP 测年测得该花岗岩的年龄数据为(826±5.9)Ma。是否属于 Rodinia 超大陆裂解的火山岩浆事件,尚存争议。

(2) 第二期火山岩浆活动出现在志留纪,属于稳定陆块环境的火山岩浆事件,沿黔东都匀—镇远一带集中出露,岩石组合为金伯利岩,属于侵出相,对其进行 K-Ar 法测年,获得数据有:411.79Ma,432Ma,448Ma 及 458Ma。其大陆动力学意义在于志留纪在上扬子陆块上存在着大陆岩石圈的伸展事件,这一事件在北大巴山一带形成晚奥陶世—早志留世斑鸠关组的粗面岩喷发和钾镁煌斑岩侵入,在黔东形成金伯利岩侵出。

(3) 第三期火山岩浆活动出现在晚泥盆世—三叠纪,主要出露在南盘江—右江一带,前期构成该带的裂谷,后期构成该带三叠纪前陆盆地。

(4) 第四期火山岩浆活动出现在古近纪,火山岩为碱性玄武岩,属于 SH 系列火山岩,形成于后碰撞环境,是印度次大陆同欧亚大陆碰撞的远程火山岩浆响应。

该火山岩带可以划分成 4 个火山岩亚带:梵净山古增生楔火山岩亚带(Pt_3)、雪峰山古裂谷火山岩亚带(Pt_3)、黔东都匀-镇远稳定陆块金伯利岩亚带(S)、南盘江-右江裂谷(D_3—P)及前陆盆地(T)火山岩亚带。

(一)梵净山古增生楔火山岩亚带(Pt_3)II-2-1

该带出露少量中新元古代基性—超基性岩(如变橄榄岩、变橄辉岩、变辉石岩、变辉长岩等,具铜、镍矿化)。从区域上看,这一套为出露在扬子板块东南缘的中元古代—新元古代早期的以低绿片岩相为主的火山-沉积岩系。

新元古界四堡群,共有 5 层,呈层状、透镜状夹于千枚岩、变质砂岩中。

(二)雪峰山陆缘裂谷火山岩亚带(Nh)II-2-2

该带的新元古代基性火山岩,是新元古代早期裂陷背景下的岩浆岩组合,反映为南华裂谷形成的物质记录。基性火山岩产出于下江群甲路组地层中,有 3 次岩浆喷发旋回。火山岩均为蚀变基性火山岩,岩石呈深绿色、灰绿色,蚀变为绿泥石千枚岩、绢云母绿泥石千枚岩。呈层状整合于暗色细屑沉积岩层中,伴有集块岩和火山角砾岩。

(三)黔东都匀-镇远稳定陆块金伯利岩亚带(S)II-2-3

新元古界下江群呈层状夹于以千枚岩为主的副变质岩中。

(四)南盘江-右江前陆盆地火山岩亚带(T)II-2-4

该带火山岩以玄武岩为主,近底部出现少许安山岩,总厚近千米,玄武岩发育枕状构造,属拉斑玄武岩系列。二叠纪火山岩,夹于滇东南丘北—富宁地区上二叠统海相地层下部,形成于晚古生代板内裂谷构造环境。三叠纪火山岩零星见于滇东南个旧—富宁地区,呈夹层产于下、中、上三叠统海相地层中,岩性主要为玄武岩、安山玄武岩,早期有玄武质凝灰岩、酸性凝灰岩及钛辉玄武岩。总体属拉斑系列,早期钛辉玄武岩偏碱性。古近纪火山岩仅见于滇东南砚山县白泥井和马关县花枝格两地古近纪地层中,为流纹质集块岩、凝灰岩及少量斑状流纹岩。新近纪火山岩偶见于滇东南屏边、马关,为白榴石碧玄岩,与板内高钾火山岩类似。

三、上扬子西缘火山岩带 II-3

(1) 第一期出现在中元古代,火山岩地层为河口岩群($Pt_2H.$),沿泸定—攀枝花一带出露,其中的火山岩岩石组合为安山岩-英安岩-流纹岩,属于典型的岛弧火山岩组合,形成于古岛弧环境。

(2) 第二期出现在中新元古代,可能有部分属于 820Ma 之后的裂谷火山岩浆事件。

① 沿龙门山一带出露的火山岩岩石地层单元有：中新元古界黄水河群（$Pt_{2-3}H$）。该岩群是一套变质程度达绿片岩相的火山岩系。其下部称干河坝组，由变质凝灰岩、次闪石岩、次闪斜长岩、绿泥斜长岩、绿帘阳起片岩及蚀变玄武岩、变酸性火山岩构成；中部称黄铜尖子组，U-Pb法同位素测年数据大于1043Ma，由钠长绿泥片岩、绿泥石英片岩夹变质英安岩、绿泥石英片岩、绿帘角闪岩、斜长角闪岩构成，其中含铜矿；上部称关防山组，由变质的中酸性火山碎屑岩、绢云绿泥片岩、绿泥石英片岩、变中酸性火山岩构成。恢复原岩应为玄武安山岩-安山岩-英安岩-流纹岩组合，可能形成于古岛弧环境，构成龙门山古岛弧火山岩。

② 沿盐源—丽江一带出露的有洱源岩群（$Pt_{2-3}E.$）。该岩群为一套含双峰式火山岩的碎屑岩-碳酸盐岩组合，变质成变玄武岩-变流纹岩-绢云千枚岩-绿泥片岩-结晶灰岩组合及绢云千枚岩-阳起片岩-变粉砂岩组合。形成于古裂谷环境，构成盐源-丽江古裂谷。

③ 沿泸定—攀枝花一带出露的有：中元古界大红山岩群（Pt_2D），中新元古界天宝山组（$Pt_{2-3}tb$）、则姑组（$Pt_{2-3}zg$）、盐边群（$Pt_{2-3}Y$）、昆阳群（$Pt_{2-3}Ky$）、康定群（$Pt_{2-3}K$），中新元古界大河边岩组（$Pt_{2-3}d$）。

大红山岩群总体上是一套高绿片岩相的富钠质火山岩-火山碎屑岩-镁质大理岩组合，其中曼岗河组和红山组明显是变质的火山岩地层。不排除其中有洋岛（海山）火山岩组合。变质火山岩中含有铜铁等金属矿产资源。推测形成于洋底环境。

天宝山组是会理岩群的一个组，其火山岩岩石组合为变流纹岩-千枚岩，形成于古弧后盆地环境。

则姑组是登相营岩群的一个组，其火山岩岩石组合为变质流纹岩-变质英安岩-变质火山角砾岩，形成于古弧后盆地环境。

盐边群是一套浅变质的火山岩系，火山岩岩石组合为变玄武岩-变英安岩-变流纹岩，形成于古岛弧环境。

康定群是一套变质程度达角闪岩相和麻粒岩相的火山岩系。该群下部称咱里岩组，SHRIMP测年数据为（830±7）Ma，主要由变质玄武岩和斜长角闪岩构成，变质玄武岩属拉斑系列火山岩，此外还有角闪石、黑云母斜长变粒岩、二长变粒岩浅粒岩；上部称冷竹关岩组，SHRIMP测年数据为（818±8）Ma，该岩组下部由角闪斜长变粒岩、黑云二长变粒岩夹斜长角闪岩、浅粒岩、黑云母片岩构成，偶见变质英安岩薄层；岩组上部为二长浅粒岩、黑云二长变粒岩夹黑云斜长变粒岩、斜长角闪岩，局部出现酸性火山岩。恢复原岩，总体上是：玄武岩-玄武安山岩-安山岩-英安岩组合，可能有少量的流纹岩，与康定群伴生的有大量同期的CA性侵入岩（可能为古老的TTG组合），故推测形成于古岛弧环境，可能包含形成于洋底环境的初始火山弧。大河边岩组为一套含火山碎屑的砂泥质岩石组合，变质成黑云变粒岩-二云母石英片岩-二云母片岩组合，可能形成于岛弧环境末期。

上述火山岩地层构成泸定—攀枝花一带的古弧盆系格局。不排除其中有大洋盆地的火山岩，如大红山岩群富钠质火山岩。

④ 沿滇东—黔西一带出露的有中新元古界烂包坪岩组（$Pt_{2-3}lb$）。烂包坪岩组是峨边岩群的一个岩组，岩石组合为玄武岩-玄武质凝灰岩，夹于峨边岩群以浅变质碎屑岩为主的沉积之中，推测形成于古弧后盆地环境。

（3）第三期火山岩浆活动出现在南华纪，对应着全球Rodinia超大陆裂解事件（详见上文）。

① 沿龙门山一带出露的火山岩地层是盐井群（NhY），SHRIMP测年数据为（809±9）Ma。该群分下中上3部分，岩石组合略有差异；下部为玄武岩-流纹岩；中部为流纹岩-流纹斑岩；上部为粗面岩-粗面斑岩，上部含钾长石矿。总体上属于双峰式组合，形成于裂谷环境。

② 沿泸定—攀枝花一带出露的火山岩地层是：南华纪苏雄组（Nh_1s）和开剑桥组（Nh_2k），二者的火山岩岩石组合都是玄武岩-英安岩-粗面岩-流纹岩，属于典型的双峰式组合，形成于裂谷环境。

（4）第四期火山岩浆活动出现在中晚二叠世，该期的峨眉山组（$P_{2-3}e$）玄武岩在上扬子陆块西部广为分布，并波及到夹金山的大石包一带，构成规模相当的火山岩省，并伴随着同期的双峰式侵入岩浆活动；火山岩岩石组合以大陆溢流玄武岩为主，火山喷发以陆相为主，在扬子陆块西缘出现少量海陆交互相，向西到松潘一带，演变为海相喷发。峨眉山玄武岩形成于裂谷环境。据四川省地质调查院对峨眉山组玄武岩测年数据的统计,时间段为 261.5~259.5Ma。目前普遍认为峨眉山玄武岩事件与地幔热柱活动相关,是全球大陆块裂解事件在扬子陆块上的响应。

(5)第五期火山岩浆活动出现在古近纪,仅在滇东—黔西一带有少量出露,岩石组合为碱玄岩,属于 SH 系列火山岩,形成于后碰撞环境,是印度次大陆与欧亚板块碰撞在扬子陆块西缘的火山岩浆响应。

该火山岩带可以划分成 4 个火山岩亚带:盐源-丽江陆缘裂谷火山岩亚带(P_3)、泸定-攀枝花古岛弧-弧后盆地(Pt_{2-3})及陆缘裂谷(P_3)火山岩亚带、峨眉山裂谷火山岩亚带、滇东-黔西裂谷火山岩亚带(P_{2-3})。

(一)盐源-丽江陆缘裂谷火山岩亚带(Pz_2)Ⅱ-3-1

沿盐源—丽江一带出露的有洱源岩群($Pt_{2-3}E.$)。该岩群为一套含双峰式火山岩的碎屑岩-碳酸盐岩组合,变质成变玄武岩-变流纹岩-绢云千枚岩-绿泥片岩-结晶灰岩组合及绢云千枚岩-阳起片岩-变粉砂岩组合。形成于古裂谷环境,构成盐源-丽江古裂谷。

1. 金河-菁河-金平陆棚火山岩段($Z—T_2$)Ⅱ-3-1-1

该火山岩也赋存于二叠纪峨眉山玄武岩中,为一套厚度较大的拉斑玄武岩组合,总体特征与丽江构造岩浆岩带类似,但未见粗面岩类出露。由致密状玄武岩、杏仁状玄武岩、火山角砾岩、凝灰岩等构成,厚度大于 4536m,构成 2 个爆发—溢流旋回。岩石地球化学特征表现为偏碱性的拉斑玄武岩系列。划归陆缘裂谷玄武岩组合。

2. 丽江构造火山岩段(P_{2-3})Ⅱ-3-1-2

火山岩主要赋存于二叠系峨眉山组、黑泥哨组,新近纪剑川组中。

丽江构造火山岩带是峨眉山组玄武岩发育较好的地区,鸡足山一带的峨眉山组玄武岩可达 5206m 厚,与下伏二叠系阳新组呈火山喷发不整合接触,与上覆三叠系青天堡组呈平行不整合接触。宾川鸡足山剖面上可划为 17 个喷发韵律,归为一个喷发旋回,2 个亚旋回。下亚旋回厚 4284m,由 12 个喷发韵律构成,属沉积-喷溢-爆发亚相,以深灰色、灰黑色、黄绿色、紫灰色玄武岩,粒玄岩、杏仁状玄武岩,玄武质熔结火山角砾岩,熔结凝灰岩,火山角砾熔岩,凝灰熔岩为主,少量为玄武质火山角砾岩、凝灰岩、火山集块岩,夹硅质岩层或含灰岩岩块;上亚旋回厚 922m,由 5 个喷发韵律构成,属喷溢-爆发亚相,以黑灰色、灰绿色、紫红色、粉红色致密状玄武岩、杏仁状玄武岩,玄武质凝灰岩,流纹质凝灰熔岩为主,少量为粒玄岩、安山玄武岩、安山岩。下亚旋回火山岩的 $SiO_2=46.25\%\sim55.47\%$,$alk=0.37\%\sim5.62\%$,$K_2O/Na_2O=0.16\sim0.89$,$K_2O/Na_2O<1$,属钾质火山岩系;上亚旋回火山岩 $SiO_2=47.89\%\sim74.75\%$,$alk=2.77\%\sim10.51\%$,$K_2O/Na_2O=0.28\sim2.59$,绝大多数样品的 $K_2O/Na_2O<1$,也属钾质火山岩。总体上看,丽江构造岩浆岩带的峨眉山组玄武岩属海相喷发环境,部分地段还发育良好的枕状构造;在大理、洱源等地的上亚旋回中可见一些粗面岩与玄武岩相伴产出。

新近纪剑川组仅零星出露于宾居街、向阳村等地,为一套粗面岩、粗面质火山角砾岩、集块岩。属大陆板内粗面岩组合。

3. 盐源-鹤庆边缘火山岩段($T—E$)Ⅱ-3-1-3

中三叠世晚期—晚三叠世晚期有酸性岩浆活动,为同碰撞过铝花岗岩组合。

在白衙地区有古近纪白衙构造岩浆段的后造山碱性岩-偏碱性花岗斑岩岩浆活动,属正长岩-正长斑岩组合,是喜马拉雅主碰撞造山作用结束之后,应力松弛导致的山根塌陷作用晚期的岩浆活动,相关矿产有金、铅锌、稀土等。

4. 柏林山陆缘裂谷火山岩段（Pt_{2-3}）Ⅱ-3-1-4

柏林山陆缘裂谷段主要以产出二叠纪海相拉斑玄武岩为特征，属陆缘裂谷环境的产物。

（二）康滇基底断隆火山岩亚带（攀西上叠裂谷火山岩亚带，T）Ⅱ-3-2

1. 河口、通安-东川、大红山裂谷火山岩段（Pt_{1-2}）Ⅱ-3-2-1

四川河口地区：河口群为一套浅—中等变质的火山-沉积岩系，变质火山岩都具有明显的韵律性，熔岩都有变余杏仁构造（周名魁等，1988；李云峰，2004），以含钠质火山岩和富含铁、铜矿产为特征，是我国著名的大型-超大型拉拉铜铁矿的赋矿层位。河口群石英角斑岩锆石 U-Pb LA-ICP-MS 年龄为（1722±25）Ma（王冬兵等，2012）和1680Ma（周家云等，2011，2012），代表了富纳质石英角斑岩的喷发年龄（孙志明，2012；王冬兵等 2012），从这些同位素测年的结果表明，河口群形成于古元古代末—中元古代早期，时代为（1722±25）～1680Ma。

东川地区：东川群黑山组中部的凝灰岩锆石 U-Pb 年龄值为（1503±7）Ma（孙志明等，2009），东川铜矿赋存的落雪组白云岩中的原生黄铜矿 Re-Os 同位素年龄为（1765±57）Ma（王生伟等，2012），因民组凝灰岩锆石 U-Pb 年龄值为（1742±13）Ma（Zhao et al，2010）。

大红山地区：中元古代大红山岩群也为区域低温动力变质作用形成的高绿片岩相变质岩，岩浆活动十分强烈，以基性岩浆活动为主。近年来赵新福和周美夫（2010）在大红山辉绿岩测得锆石 SHRIMP U-Pb 年龄为（1659±16）Ma，大红山岩群中的辉绿岩与康滇隆断带昆阳群中的辉绿岩基本是同一时期的产物，同属大陆板内拉张构造环境，沿元谋-大红山岩浆活动强烈，推测存在陆内裂谷构造。

2. 黄水河、峨边、盐边陆缘裂谷火山岩段（Pt_2）Ⅱ-3-2-2

黄水河地区：黄水河群火山岩顶界被震旦系不整合覆盖，区域上普遍可见新元古代的辉长岩（闪长岩）-花岗岩侵入其中。张理刚（1994）在黄水河群大理岩中获方铅矿 U-Pb 年龄 1440～1045Ma，侵入于黄水河群的闪长岩 U-Pb 年龄 1043Ma。此外，在芦山县白水河一带的黄水河群关防山组上部大理岩中产微古植物 *Asperatopsophosphaera*，*Lignum*，*Leiopsophosphaera*，*Trematosphaeridium*，以上属种常见于华北地区蓟县系至青白口系。1:25 万宝兴幅（2002）根据这些资料推测黄水河群形成的地质年代为中—新元古代青白口纪。

本次对黄水河群的研究中，也获得了新元古代岩浆岩年代学的资料，在黄水河群下部干河坝组的玄武岩和花岗岩中得到了830Ma 的年龄，由于这些岩浆岩的归属存在争议，黄水河群的玄武岩可能与盐边群的玄武岩具有相似的成因，并具有可对比性，因此，推测黄水河群形成年龄至少早于830Ma，因此认为将其时代置于 Pt_{2-3} 更为合适。

峨边群地区：峨边群主要分布于峨边及乐山金口河地区，为安宁河断裂带东侧的一套浅变质岩系，由变质沉积碎屑岩夹中基性火山熔岩，间有碳酸盐岩的一套岩石组合组成。根据侵入峨边群栅担桥组层型剖面中的辉绿岩脉的 SHRIMP 锆石 U-Pb 年龄（830～800Ma、780～745Ma；崔小庄等，2012），该年龄与康滇地区已报道的新元古代基性岩浆活动的时代基本一致，峨边群形成的时代应该早于辉绿岩侵位的时代（崔小庄等，2012）。

盐边群地区：主要分布于四川盐边地区，分布于安宁河断裂带的西侧，为一套碳泥质、碳硅质岩，少量碳酸盐岩和巨厚的枕状玄武岩，具有复理石、浊流沉积并伴有强烈海底火山喷发的特点，被认为是近似优地槽环境的产物。变质程度浅，为低绿片岩相。

沈渭洲等（2003）和朱维光等（2004）利用单颗粒锆石 U-Pb 法获得冷水箐杂岩（高家村杂岩）的同位素年龄分别为（936±7）Ma 和（840±5）Ma。Zhou 等（2006）利用 LA-ICPMS 获得盐边群砂岩中最年轻的一组锆石平均年龄为 840Ma，利用 SHRIMP 锆石 U-Pb 法获得侵入于盐边群的高家村和冷水箐岩体年龄为（812±3）Ma 和（806±4）Ma。两者综合限定盐边群形成时代在 840～810Ma 之间，为新元古代。

然而 Li Xianhua 等(2006)根据关刀山岩体(857±13)Ma(李献华等,2002)的同位素资料,依旧认为盐边群形成时代为920~900Ma,Sun Weihua 等(2008)也利用碎屑锆石得到盐边群存在两个峰值年龄900Ma、920Ma,锆石的波动范围在 1000~865Ma 之间,并认为盐边群是一个在扬子西部边缘 920~740Ma 的岩浆弧的背景下形成的;张传恒等(2008)也在荒田组的粗面安山岩中得到(825±12)Ma 的锆石 U-Pb 年龄,在渔门镇附近的乍古组少量的安山质凝灰岩层中得到了(866±8)Ma 的锆石 SHRIMP U-Pb 年龄,并认为盐边群形成的环境为弧前盆地裂谷。

杜利林等(2005)在盐边群底部荒田组玄武质岩石(原划为蛇绿岩)通过 SHRIMP 锆石 U-Pb 年代学研究,获得玄武质岩石岩浆结晶年龄为(782±53)Ma,认为盐边群形成时代为新元古代。同时获得其中继承性变质锆石年龄为(1837±14)Ma,并认为变质锆石年龄可能代表扬子地台西缘变质基底年龄,以证明扬子地台西缘可能存在古元古代变质基底。

3. 会理-峨山中元古代陆棚火山岩段(Pt_2)Ⅱ-3-2-3

昆阳地区:局部夹有海相火山岩、火山碎屑岩及砾岩、角砾岩,构成 3 个较完整的粗碎屑岩—泥岩—碳酸盐岩的沉积旋回。昆阳群富良棚凝灰岩的锆石 U-Pb 年龄值为(1047±15)~(1032±9)Ma(张传恒等,2007;尹福光等,2011),Greentree(2006)在滇中老吾山(Laowushan)的凝灰岩中获得锆石 U-Pb 年龄为(1142±16)Ma,代表了中元古代末期陆内裂谷盆地相关的岩浆事件。

会理地区:会理群主要分布于四川会理地区、会东地区。自下而上划分为力马河组、凤山营组和天宝山组。天宝山组为酸性火山岩及酸性火山凝灰岩,其岩性为变质细碎屑岩、大理岩夹少量变质火山岩、火山碎屑岩,是典型的陆源碎屑岩-碳酸盐岩建造。通安组三段为(1270±95)Ma(成岩)、(861±34)Ma(变质),通安组五段为(1082±13)Ma,天宝山组火山熔岩为(1036±12)Ma(尹福光,2010)。会理群的时代应该属于中元古代晚期。

登相营群—喜德地区:登相营群主要分布于四川冕宁泸沽、喜德—登相营地区,喜德、冕宁两县交界处。以变质沉积碎屑岩为主,夹变质碳酸盐岩和变质中性火山岩,由下而上划分为松林坪组、深沟组、则姑组、朝王坪组、大热渣组及九盘营组 6 个组级单位。

耿元生等(2007)在喜德镇瓦洛莫东则姑组的火山岩(变质英安岩)锆石离子探针铀-铅同位素分析$^{207}Pb/^{206}Pb$的加权平均年龄为(1030±19)Ma(MSWD=0.71)至(1017±17)Ma(MSWD=1.7),被认为是安山质火山岩形成的时间。在同一位置的云母石英片岩(变质火山碎屑岩),出现了 4 组年龄,最老的残留锆石的年龄为(3308±7.7)Ma,最年轻的锆石年龄为(1058±27)~(1031±25)Ma,并出现了(2552±22)Ma、1997Ma、2071Ma、2271Ma、(1558±15)Ma、(1428±17)Ma,这几组年龄数据表明了,在登相营群地区也存在太古宙的基底的信息,并经历了古元古代末期地质热事件的影响,中元古代中期的碎屑锆石[(1558±15)~(1428±17)Ma]表明,登相营群形成的年龄应该晚于(1428±17)Ma,最年轻的锆石年龄与安山岩的年龄一致,表明该年龄为同沉积的火山岩事件的年龄,因此,则姑组的形成年龄为(1058±27)~(1017±17)Ma,这一年龄值与区域上同期岩浆岩事件的年龄一致(天宝山组、黑山头组)。

4. 南华纪裂谷火山岩带Ⅱ-3-2-4

盐井地区:盐井群系九顶山小区地层。石门坎组主要分于宝兴石门坎和康定金汤一带,岩性以流纹岩质火山碎屑岩为主,底部夹少量灰质玄武岩,中下部为浅灰色、紫灰色变质流纹岩,流纹斑岩夹英安岩或粗面岩,顶部为灰绿色变质凝灰岩,灰色、紫灰色流纹质火山角砾岩夹浅灰色绢云千枚岩组成多个火山角砾岩→变质凝灰岩→绢云千枚岩的火山喷发沉积韵律,单个韵律厚一般 10~20m,下部常被断失或超覆于康定群之上,上部与蜂桶寨组整合分界(1:25 万宝兴县幅)。

黄店子组主要分布于宝兴黄店子-红山顶、康定金汤海螺沟及芦山关防山、黄水河等地,岩性为一套粗面质火山熔岩和火山碎屑岩。

苏雄地区:苏雄组由陆相基性-酸性火山岩及火山碎屑岩组成,与下伏峨边群不整合接触,上部英安斑岩全岩 Rb-Sr 法年龄为(812±15)Ma(刘鸿允,1991)。主要分布于四川大相岭、小相岭及甘洛、峨边等地,宝兴以南及二郎山一带亦有零星出露。苏雄组流纹岩的 SHRIMP 锆石 U-Pb 年龄为 $(803±12)$ Ma,代表了火山岩的喷发年龄(李献华等,2001)。开建桥组以陆相沉积火山碎屑岩为主,夹酸性火山熔岩。列古六组为一套砂、泥、砾碎屑岩夹沉凝灰岩、凝灰质粉砂岩。

5. 泸定-石棉-螺髻山古岛弧火山岩带(Pt_{2-3})Ⅱ-3-2-5

区内产出一系列同时期高钾-高硅花岗岩,如黄草山花岗岩[$(786±36)$ Ma,TIMS;700～650Ma,K-Ar]、摩挲营花岗岩(735Ma,U-Pb)、泸沽花岗岩(669Ma,U-Pb),应属后造山岩浆岩类型。

6. 华坪陆表海火山岩段 Ⅱ-3-2-6

该火山岩段分布于楚雄陆内盆地北端之华坪县、宁蒗县东部区域,由直接覆盖于结晶基底之上的震旦系、寒武系、奥陶系、志留系、泥盆系、二叠系陆表海环境的地层构成。晚二叠世全面转为海陆交互相环境,黑泥哨组为夹煤和玄武岩。

7. 楚雄前陆断陷火山岩岩段(Mz)Ⅱ-3-2-7

这一位于扬子陆块区边缘的裂谷盆地,发育于晚三叠世卡尼期,早期为陆源碎屑浊积岩-碳酸盐岩建造组合的云南驿组,其上则为厚达 2000m 的陆源碎屑浊积岩夹火山岩建造组合的罗家大山组,碎屑岩中具鲍马序列。

(三)峨眉山裂谷火山岩亚带 Ⅱ-3-3

晚古生代末期—中生代早期,因受扬子陆块西侧弧后扩张的影响,导致本区发生陆内裂谷作用。中-晚二叠世—早-中三叠世为破裂期,基性岩浆活动以多期侵入和火山喷溢为特征。为峨眉山玄武岩集中喷发的地段,分布在安宁-小江断裂带的东西两侧,以西划属康滇基底隆断带。中-晚二叠世峨眉山玄武岩,喷发不整合在中二叠世阳新组之上。岩性较为单一,岩石地球化学特征显示为常见的大陆板内溢流玄武岩。具有明显的高钛、低镁、低铝的特点,主要属亚碱性岩系列。地球化学图解中都落入大陆板内玄武岩区、大陆板内裂谷玄武岩区、大陆溢流玄武岩区。近年来,有许多研究者认为属地幔柱玄武岩。

(四)滇东-黔西裂谷火山岩亚带(P_{2-3})Ⅱ-3-4

1. 黔西北的大陆溢流玄武岩及潜火山相辉绿岩 Ⅱ-3-4-1

喷发相的玄武质火山岩层,下伏中二叠统茅口组灰岩,上覆上二叠统含煤岩系,岩石地层单位命名为峨眉山玄武岩组,时代定为中-晚二叠世。潜火山相辉绿岩的侵位地层均限于晚古生代,以中二叠统茅口组灰岩居多,产状以层状岩床为主。

2. 黔西南的偏碱性玄武岩及潜火山相辉绿岩 Ⅱ-3-4-2

火山喷发形成的玄武质熔岩和火山碎屑岩,仅见于镇宁县巴窝附近,下伏下—中二叠统四大寨组灰岩,上覆中—上二叠统领薅组陆源碎屑岩夹灰岩,时代为中二叠世。潜火山相辉绿岩分布于望漠—罗甸一带,侵位于下—中二叠统四大寨组灰岩中,产状均为层状岩床。

3. 曲靖陆表海火山岩段 Ⅱ-3-4-3

早古生代的进积沉积缺失上寒武统—中志留统,早一轮的海侵从晚志留世开始,其间海水时有进退,出现过 2 次海陆交互相环境,第一次发生在早泥盆世—中泥盆世早期(翠峰山组、西冲组),第二次为早二叠世(梁山组),皆为三角洲环境。峨眉山玄武岩喷发之后晚二叠世进入海陆交互环境(宣威组)。

第三节 羌塘-三江岩构造火山岩构造岩浆岩省Ⅲ

该单元的北界西段是康西瓦-苏巴什断裂带,过阿尔金大型走滑断裂向东的中段则是昆南断裂带与阿尼玛卿及勉略带的南缘断裂带,南界是班公湖-双湖-怒江火山岩构造岩浆岩省的北界断裂带和东界断裂带,西界至于国境线,东界以龙门山断裂带及其向南延伸部分与扬子火山岩构造岩浆岩省为邻。该单元划分为4个火山岩带。

一、巴颜喀拉火山岩带Ⅲ-1

该火山岩带先后有5期火山岩浆活动。

(1) 第一期出现在元古宙,火山岩地层:古元古代—中元古代大安岩群($Pt_{1-2}D$)和陈家坝岩群($Pt_{1-2}C$),中新元古代宁多岩群($Pt_{2-3}N$)、阳坝岩群($Pt_{2-3}Y$)和秧田坝岩群($Pt_{2-3}Yt$)。除了宁多岩群沿清水河一带出露以外,其余古老的变质火山岩都出露在碧口地块之上。

宁多岩群是一套变质程度达角闪岩相的变质火山岩系,恢复原岩为一套成熟度较高的碎屑岩-中基性火山岩-碳酸盐岩建造,获得的最新碎屑锆石年龄为618Ma(何世平等,2011)。可能属于古岛弧火山岩。

陈家坝岩群是一套变质程度达高绿片岩相的变质火山岩系,岩石组合为绿帘阳起片岩-绿帘绿泥片岩-绿帘绿泥角闪片岩-绢云石英钠长片岩-石英角斑岩-变安山岩,恢复原岩具有双峰式特征,可能形成于古裂谷环境。

大安岩群的火山岩岩石组合为变基性熔岩-变基性火山角砾岩-火山凝灰岩,可能形成于古岛弧环境,根据变形构造特征,可能属于卷入到古老增生楔中的同期古岛弧火山岩岩块(片)。

秧田坝岩群是一套变质碎屑岩-变质火山碎屑岩,形成弧后盆地环境。与秧田坝岩群同期的阳坝岩群则是一套变质的火山岩,岩石组合为变质熔岩-变质火山碎屑岩,含少量碎屑岩,形成于岛弧环境。二者共同构成这一时期的弧盆组合格局。

(2) 第二期火山岩浆活动出现在南华纪,火山岩地层是木坐组(Nhm),出露于碧口地块之上,岩石组合为大陆溢流玄武岩-玄武安山岩,形成于裂谷环境。

(3) 第三期出现在中晚二叠世,火山岩地层为大石包组($P_{2-3}d$),沿夹金山—贡嘎山—木里一带出露,岩石组合为大陆溢流玄武岩,海相喷发,形成于陆缘裂谷环境。

(4) 第四期出现在早侏罗世,火山岩地层有年宝组(J_1n)和郎木寺组(J_1lm),沿松潘地块零星出露。年宝组岩石组合为流纹岩-流纹质凝灰岩,郎木寺组岩石组合为玄武岩-玄武安山岩。二者都形成于后造山伸展环境。

(5) 第五期出现在古近纪和新近纪,火山岩地层是古近纪热鲁组(Er)、中新世查宝马组(N_1ch)、上新世石顶坪组(N_2s)。热鲁组的岩石组合为中酸性火山凝灰岩,在松潘地块上有所出露;茶宝马组为碱性玄武岩-辉绿岩-粗面岩;石顶坪组为安粗岩-粗面岩-玄武岩,主要沿可可西里出露。除了热鲁组以外,独属于SH系列火山岩,形成于后碰撞环境。

晚古生代—三叠纪时期,因受古特提斯洋向东俯冲制约,巴颜喀拉作为微陆块裂离西迁,先后经历了甘孜-理塘弧后洋盆、炉霍-道孚红海型裂谷阶段,分别形成陆缘裂谷和洋岛火山岩组合。

(一) 碧口古岛弧火山岩亚带(Pt_{2-3})Ⅲ-1-1

碧口群火山岩系主要产在桂花桥组和阴平组中,主要由基性火山岩和酸性火山岩组成,明显缺乏中性岩。变质基性火山岩主要出现于桂花桥沟组,阴平组中少量。酸性火山岩产在阴平组中,为一套海相火山岩系。

变质基性火山岩主要由基性火山熔岩和火山碎屑岩组成,其中基性火山熔岩尚保留有玄武岩特有的斑状结构或残余斑状结构,基性火山碎屑岩多为晶屑凝灰岩。经变质后,为一套低中级变质岩,主要有绿泥绿帘片岩、绿泥绿帘钠长片岩、钠长绿泥绿帘片岩及钠长绿帘阳起片岩等。SiO_2 变化范围为 $43.15\%\sim53.40\%$,平均为 47.23%;TiO_2 含量为 $0.60\%\sim2.20\%$,平均为 1.4%;Na_2O 含量为 $1.84\%\sim4.54\%$,平均为 2.46%;K_2O 含量为 $0.06\%\sim0.98\%$,平均为 0.3%,具高钠低钾特点;$CaO=8.97\%$,$MgO=6.56\%$,$TFeO=12.42\%$,$Al_2O_3=14.01\%$。在 SiO_2-(Na_2O+K_2O) 化学分类图中,岩石类型以正常玄武岩为主,有少量苦橄玄武岩、碧玄岩及玄武粗面岩。

变(中)酸性火山岩分布在阴平组,以火山凝灰岩包括晶屑凝灰岩和沉凝灰岩为主,熔岩稀少。SiO_2 含量为 $69.68\%\sim74.12\%$,$TiO_2=0.18\%$,$Al_2O_3=15.11\%$;平均 $Na_2O=5.78\%$,$K_2O=1.56\%$,K_2O、Na_2O 值的特征为 $Na_2O>K_2O$,$TFeO$、CaO、MgO 等值与中国石英角斑岩比较接近。在 SiO_2-(Na_2O+K_2O) 化学分类图中,岩石类型为流纹岩。

碧口群火山岩形成的大地构造环境应属火山弧,进一步细分,以龙门后山断裂为界,以南轿子顶一带为成熟的火山弧;以北火山岩洋壳成分更多一些,属弧前火山岩盆地,火山岩岩石组合应属古岛弧玄武岩-流纹岩组合。

(二) 巴颜喀拉火山岩亚带 (P) Ⅲ-1-2

晚二叠世大石包组主要为一套玄武岩,从岩石组合特征看,喷发活动以宁静溢流为主,间有爆发,喷溢次序由下至上为:辉石玄武岩夹凝灰岩或凝灰角砾岩—辉石玄武岩—枕状玄武岩—斑状玄武岩—致密块状玄武岩,是海底裂隙式喷发的产物。

晚三叠世如年各组火山岩主要分布于鲜水河断裂带北西段,爆发相的火山碎屑岩与溢流相的火山熔岩呈互层状交替产出,显示爆发相→溢流相的基本特征,火山喷发韵律,形成于大洋环境;晚侏罗世郎木寺组火山岩,属陆相火山岩。

(三) 炉霍-道孚裂谷火山岩亚带 (P—T_1) Ⅲ-1-3

晚古生代—三叠纪时期,因受古特提斯洋向东俯冲制约,巴颜喀拉作为微陆块裂离西迁,先后经历了甘孜-理塘弧后洋盆、炉霍-道孚红海型裂谷阶段,分别形成陆缘裂谷和洋岛火山岩组合。

1. 陆缘裂谷火山岩组合 Ⅲ-1-3-1

大石包组为一套玄武岩,其次有少量基性火山角砾岩。岩石与海相沉积岩伴生,其火山岩主要包括溢流熔相熔岩类玄武岩和爆发相玄武质熔结火山角砾岩及熔结凝灰角砾岩,火山岩喷溢序次由下至上为:辉石玄武岩夹凝灰岩或凝灰角砾岩—辉石玄武岩—枕状玄武岩—斑状玄武岩—致密块状玄武岩。

SiO_2 含量介于 $46.56\%\sim55.15\%$ 之间,属 SiO_2 适度饱和至不饱和类型;TiO_2 为 $1.50\%\sim3.72\%$,属高钛岩石;Al_2O_3 介于 $12.08\%\sim18.52\%$ 之间;Fe_2O_3 一般为 $2.07\%\sim3.87\%$,FeO 为 $4.67\%\sim9.90\%$,CaO 为 $4.57\%\sim10.80\%$,Na_2O 为 $2.44\%\sim4.43\%$,K_2O 介于 $0.35\%\sim4.56\%$ 之间,为碱量适度或富碱的岩石。与我国同类岩石相比,SiO_2、TiO_2、FeO 高,其他均低于我国玄武岩平均值(黎彤,1963)或变化不大。

岩石的碱度及岩石系列:特征值组合指数 σ 主要为 $4.67\sim10.78$,个别为 $2.07\sim3.76$,多数大于 4,表明主体属碱性岩系;AR 为 $1.42\sim3.15$,在 SiO_2-AR 图解中,绝大多数投入碱质区;在 Irvine(1971) 的 SiO_2-Alk 图中,亦主要显示碱性系列,表明为碱性玄武岩系列。在此基础上,利用 Ab-An-Or 图解及 K_2O-Na_2O 图解判断,大石包组玄武岩钾质、钠质类型均有产出。

在 TiO_2-K_2O-P_2O_5 图上,玄武岩样品均投入大洋拉斑玄武岩区;在 TiO_2-$10MnO$-$10P_2O_5$ 图上,样品均投入洋岛玄武岩区。综合上述特征,大石包组玄武岩来源于上地幔,为大洋环境(陆缘裂谷)下形成的产物。

2. 钾质-超钾质火山岩组合Ⅲ-1-3-2

在色达和阿坝的北部,郎木寺组火山岩呈规模不等的环形火山穹隆-盆地出现,主要岩石类型为中性的安山岩及其英安质火山碎屑岩,英安岩次之。其次为酸性火山岩。岩石类型主要为熔岩,其次为火山碎屑岩。

早侏罗世火山岩与围岩表现为不整合接触,即以火山岩盆的形式覆盖于围岩之上,和前述郎木寺组火山岩相同,属陆相火山岩,为钾质和超钾岩质火山岩组合。

(四) 雅江洋岛火山岩亚带(T_3)Ⅲ-1-4

如年各组火山岩主要分布于石渠-雅江亚带鲜水河岩段内,呈北西向展布。多呈透镜状、似层状产出,并与晚古生代碳酸盐岩块及中三叠世的灰岩块体、晚三叠世砂板岩呈构造混杂且相伴产出。

为灰绿色基性火山岩,可分为火山碎屑岩和火山熔岩。火山碎屑岩主要为玄武质凝灰岩及玄武质火山角砾岩,成分为玄武岩及橄榄玄武岩;火山熔岩主要为灰绿色蚀变玄武岩、致密块状玄武岩、橄榄玄武岩及杏仁状玄武岩。

火山岩相有溢流相和爆发相,以溢流相为主体。爆发相的火山碎屑岩与溢流相的火山熔岩呈互层状交替产出,显示爆发相→溢流相的火山喷发韵律。

火山岩 $SiO_2 < 45\%$,含铁指数在 33.59~65.67 之间,镁质指数在 34.33~66.41 之间,而长英指数在 1.61~10.24,相对较低;固结指数(SI)较高,在 32.73~65.98 之间,而分异指数较低,为 0.96~16.36。反映出测区如年各组基性火山岩,具上地幔原始岩浆的性质。基性岩浆在拉伸的大洋背景下,喷发过程中冷凝较快,岩石的里特曼指数在 -0.96~1.63 之间,$Na_2O > K_2O$,属极强太平洋型-强太平洋型(过钙性-钙性),为钙碱性系列玄武岩。仅一件样品里特曼指数为 2.79 左右,$Na_2O > K_2O$,为正常太平洋型(钙碱性)。CIPW 标准矿物计算主要为一套铁镁质矿物组合,钛铁矿、磁铁矿、铁橄榄石、镁橄榄石、透辉石、紫苏辉石、钙长石等含量较高,而钾、钠长石含量普遍较低。从而说明如年各组基性火山岩是上地幔 SiO_2 不饱和的玄武岩浆,在拉伸背景下,沿鲜水河断裂喷出地表而后冷凝形成的产物。

火山岩在硅碱图上,样品均投点于碱性系列玄武岩分布区。在 TiO_2-K_2O-P_2O_5 判别图上,投点主要落在大洋拉斑玄武岩区,是大洋环境下形成的产物,为洋岛拉斑玄武岩组合。

二、甘孜-理塘-三江口火山岩带(P—T)Ⅲ-2

(一) 甘孜-理塘蛇绿混杂岩亚带(P—T_3)Ⅲ-2-1

蛇绿混杂岩带沿甘孜—理塘—带展布,构成混杂岩带的主体建造是二叠纪—三叠纪的卡尔岩组[(PT)k.]和瓦能岩组[(PT)w.]。这两个岩组的岩石组合总体上是碱性玄武岩-响岩-粗面岩,岩石系列为拉斑-钙碱性系列。其中伴生有辉绿岩墙,富含凝灰质的深水浊流沉积,经强烈的构造变形和动力变质作用,形成以绿泥-阳起片岩为主的强烈页理化的构造岩片。在变形较弱的弱变形带,仍然保留有凝灰质的深水浊积岩(凝灰质细砂岩、凝灰质粉砂岩及泥岩或沉凝灰岩等)。除此而外,在主要由火山岩和火山浊流沉积构造岩片构成的混杂岩带中夹有超镁铁质岩和镁铁质岩的构造岩块和岩片,构成较为典型的蛇绿混杂岩带或混杂岩带。时代为二叠纪—三叠纪。显然,这套蛇绿混杂岩是在甘孜-理塘洋盆俯冲过程中形成的,此后又经过构造改造形成现在的面貌。

三江口构造岩浆岩段。赋存于白汉场蛇绿混杂岩中,为一套洋脊-洋盆火山岩组合,是区域上甘孜-理塘蛇绿混杂岩的南延部分。基质岩性较为单一,由深灰色、灰色薄层状粉砂岩,绢云粉砂质板岩,薄层状泥晶灰岩和少量玄武岩组成,为次深海盆沉积,其中见有少量薄层状岩屑长石石英砂岩,具槽模构造,为远源浊积岩。而构造块体较为复杂,包括石炭纪玄武岩岩片、石炭纪辉绿辉长岩岩片等构造块体和泥盆纪碳酸盐岩滑覆岩片,超基性岩、辉长辉绿岩、玄武岩类和火山碎屑岩等。其中玄武岩与洋中脊碱性玄武岩化学特征相似,北段有超基性岩断续出现,从以上特征分析,其混杂岩原始序列具有从超基性岩—辉长岩—枕状玄武岩—深海平原沉积的组合。基质、碳酸盐岩岩片中获得的古生物化石的时代从石炭纪—早三叠世。玄武岩中获得 Rb-Sr 等时线年龄值为 356Ma,近年来的 1∶5 万区域地质调查工作中在尼汝一带的辉长岩中获得了一些高精度的锆石 LA-ICPMS 年龄值:253Ma、262Ma、293Ma。表明该洋盆在早石炭世已经初具规模,二叠纪为鼎盛时期,早三叠世发生构造混杂。沿该蛇绿混杂岩的西部边缘,在洛吉、瓦厂等多地发现有蓝闪石、冻蓝闪石、3T 型多硅白云母等低温-高压环境的特征矿物,暗示了俯冲、消减作用的存在及向西的俯冲极性。

(二) 义敦-沙鲁岛弧火山岩亚带(T_3)Ⅲ-2-2

震旦纪—新近纪火山岩主要分布在玉龙-雄龙西亚带、义敦亚带和登龙-青达亚带中。

晚三叠世火山活动较强,火山岩极为发育,晚三叠世早期(曲嘎寺组)火山岩相见有溢流相、喷发相及次火山岩相 3 类岩石受区域动力变质作用,皆已不同程度变质。晚三叠世中晚期(图姆沟组)火山岩总体可划分为爆发相、溢流相及喷发相、火山颈相及喷发-沉积相等岩相。

新生代火山活动较弱,火山岩不发育,在局部地段夹于古近纪热鲁组和新近纪昌台组地层中,夹于热鲁组中的主要为中酸性火山凝灰岩,夹于昌台组中的是基性火山岩(杏仁状橄榄玄武岩)、中基性火山凝灰岩、火山凝灰熔岩,岩相以溢流相和喷发相为主。

1. 玉隆-雄龙西弧前火山岩段(T_3)Ⅲ-2-2-1

玉龙-雄龙西亚带具有弧前盆地性质,东邻甘孜-理塘蛇绿混杂岩带。形成曲嘎寺组和图姆沟组中安山岩-英安岩-流纹岩组合。

在玉龙-雄龙西段主要分布有震旦纪—新近纪火山岩,图姆沟组火山岩零星出露,火山岩岩石化学特征与义敦亚带相似,以富硅而贫铁、镁为主要特征,岩石类型见有正常类型和铝过饱和类型两种,除个别安山岩或安山质岩石外,岩石中分异指数普遍较高,主体为 60.92~96.17(安山岩为 46.07),而固结指数则普遍较低,其分异指数与岩石中 SiO_2 含量成正相关,表明由中性→酸性,岩浆分离结晶程度同步增大;里特曼指数 σ 为 0.03~2.24,属太平洋型钙碱性系列。是一套与大洋俯冲有关的火山岩岩石构造组合,结合沉积建造特征,初步判定为弧前盆地环境形成的火山岩。

2. 义敦岛弧火山岩段(T_3)Ⅲ-2-2-2

义敦带以沉积岩-玄武岩-集块岩为主构成韵律,局部火山岩由玄武质熔结火山集块岩和细碧岩等组成。

义敦带发育于晚三叠世的火山岩呈南北向展布,该带中心部位玄武岩-安山岩-流纹岩组合十分发育,组成多个爆发—溢流—沉积旋回,并构成义敦岛弧的主体,厚度多愈千米。西侧以发育玄武岩为主,厚度较小;东侧以发育酸性火山岩为特征,以英安岩及流纹岩为主。局部由中酸性次火山岩及集块岩、角砾岩构成火山机构。

近年 1∶25 万石渠县幅区域地质调查(四川省地质调查院,2004)在甘孜-理塘断裂带北段新发现侏罗纪基性火山岩,产于含侏罗纪化石的地层中,说明义敦火山弧带燕山晚期也有火山活动。岩性为玄武岩及玄武质凝灰岩,具柱状节理,为形成于陆内环境的陆相火山喷溢-喷发产物。

3. 登龙-日丁弧后盆地(T_{2-3})Ⅲ-2-2-3

登龙-日丁弧后盆地位于义敦岛弧西侧,大致以德莱-定曲断裂为界与西面中咱-中甸地块相邻接。该盆地是在陆壳基础上通过弧后扩张作用而形成,主要由一系列扩张程度不一的火山-沉积盆地构成,并发育有大量以白垩纪为主的后碰撞岩浆岩。

盆地中出露的最早地层为早-中三叠世党恩组和列衣组,前者由板岩、千枚岩夹岩屑砂岩和少量灰岩组成,局部存在层凝灰岩和基性火山岩;后者以中厚层状岩屑砂岩为主,夹千枚岩、板岩和粉砂岩。据沉积作用研究,碎屑主要来自陆源,且发育不完整的鲍马层序,属深海-半深海浊流沉积,形成于以堑-垒构造为特征的伸展环境。

弧后扩张较强烈的火山-沉积盆地,可能位于孔马寺—勉戈—农都柯一带,主要发育以晚三叠世晚期勉戈组钾玄武岩-流纹岩为特征的双峰式火山岩组合,Rb-Sr 等时线年龄值为 213.7Ma。弧后扩张相对较差的火山-沉积盆地,分布于登龙—青达一带,盆地内充填晚三叠世黑色砂泥质浊积岩、火山碎屑岩夹灰岩,局部含流纹质火山岩(曲嘎寺组、图姆沟组、拉纳山组)。盆地西部发育大量后碰撞花岗岩,均称高贡-格聂花岗岩带,多为复式岩体,呈岩基产出。早期以似斑状钾长花岗岩为主,晚期为似斑状黑云母二长花岗岩、二长花岗岩和碱长花岗岩。有的认为属 A 型花岗岩,有的则归属高钾过铝-强过铝花岗岩类。同位素年龄值一般在 115～76Ma 之间,代表性岩体有高贡岩体(115.8Ma,U-Pb;86.9Ma,K-Ar),措莫隆岩体(84.8Ma,K-Ar;76.8Ma,K-Ar),哈嘎拉岩体(78.1Ma,110.Ma,Rb-Sr)和罗措仁岩体(93Ma,K-Ar)。格聂岩体曾获两组黑云母 K-Ar 年龄值,分别为 16～7Ma 和 96～55Ma,近期又测获锆石激光剥蚀等离子质谱年龄值为 104.5Ma,表明该岩体形成时代应自白垩纪延到新近纪。

三、中甸陆缘裂谷火山岩带(P)Ⅲ-3

二叠纪中晚期处于一种引张环境,形成的岗达概组火山岩岩石化学特征为低镁高钛,极似于扬子陆块的"峨眉山玄武岩",指示形成于裂谷环境。

晚古生代时期,因受古特提斯洋向东俯冲制约,引发弧后扩张,原与扬子陆块为一体的中咱-中甸地块裂离西迁,形成陆缘裂谷,生成岗达概组火山岩,主要分布在中咱岩段西缘,形成了与区域总体构造线方向(北北西向)一致的基性喷出岩带。

火山岩主要为一套变质基性火山熔岩、火山碎屑岩。基性火山熔岩主要分为蚀变基性火山岩、蚀变辉斑玄武岩;基性火山碎屑岩主要为变质基性火山角砾岩、变质基性凝灰岩及变质基性沉凝灰岩等。

岩石化学成分基本稳定,岩石以略贫硅、铝而富铁、镁,略富钠而贫钾为主要特征。岩石中 $Na_2O>K_2O$,大部分里特曼指数 σ 小于 4,属太平洋型钙碱性系列;少数里特曼指数 σ 为 4～7,为太平洋型-弱大西洋型过渡类型之碱性系列。硅碱图解判别,大部分岩石投点于 A 区(碱性系列),少数投点于 S 区(亚碱性系列)与靠近 A 区附近;SiO_2-AR 图解判别,为碱性玄武岩,与里特曼指数判别略有差异。

Zr/Y - Zr 图解,分别投点于 MORB 区(洋中脊玄武岩)及 WPB 区(板内玄武岩);Ti/100 - Zr-Y×3 图解判别,主要投点于 B 区(洋中脊玄武岩)与 D 区(板内玄武岩)界线附近。综合判别其总体应属洋中脊-板内稳定构造环境下火山喷发成岩。其喷发环境早期应为处于拉张应力环境下火山喷发成岩,属大洋伸展(陆缘裂谷)环境;晚期该地逐渐趋于相对稳定,属与大洋环境有关的火山岩岩石构造组合,具陆缘裂谷火山岩组合特征。

四、西金乌兰-金沙江-哀牢山火山岩带Ⅲ-4

该火山岩带先后有 5 个时段的火山岩浆活动。

第一个时段出现在中新元古代,火山岩地层有中新元古代恰斯群($Pt_{2-3}Q$)、宁多群($Pt_{2-3}N$),以及新元古代巨甸岩群(P_3J)。

恰斯群出露于中甸地块之上,岩石组合为一套变质的玄武岩-安山岩-流纹岩,形成于古岛弧环境。宁多群沿西金乌兰—玉树一带出露,是构造卷入增生楔的变质基底岩块,其岩石组合为变质的中基性火山岩,形成于古岛弧环境。巨甸岩群沿中甸地块西缘出露,岩石组合为变质的碎屑岩+基性火山岩,推测形成于古裂谷环境。

第二个时段的火山岩浆活动出现在震旦纪—泥盆纪,涉及的火山岩地层较多:震旦纪—早寒武世茶马贡群[$(Z\epsilon_1)ch$]、早中寒武世小冲坝组($\epsilon_{1-2}x$)、早奥陶世蒙错那卡组(O_1mc)、志留纪—泥盆纪然西组[$(SD)r$]和早泥盆世依吉组(D_1y)。

除了依吉组出露于中甸地块之上以外,其余的火山岩地层都沿金沙江带出露。茶马贡群和小冲坝组的岩石组合为洋底溢流玄武岩,形成于洋岛环境。蒙错那卡组的岩石组合为变质的中基性火山岩,形成于陆缘裂谷环境。然西组的岩石组合为玄武岩-粗面玄武岩,形成于陆缘裂谷环境。依吉组的岩石组合为玄武岩-安山岩-流纹岩,形成于岛弧环境。

第三个时段的火山岩浆活动出现在石炭纪—三叠纪,火山岩地层有石炭纪—中二叠世西金乌兰群[$(CP_2)X$]、早二叠世冰峰组(P_1b)、早中二叠世额阿钦组($P_{1-2}e$)、晚二叠世岗达组(P_3g)、晚二叠世峨眉山组(P_3em)、二叠纪—早三叠世岗托岩组[$(PT_1)g.$]、西渠河岩组[$(PT_1)x.$]、二叠纪—三叠纪普水桥组[$(PT)p$]、早三叠世攀天阁组(T_1p)、中三叠世高山寨组(T_2g)、晚三叠世小定西组(T_3xd)、巴塘群(T_3B)、图姆沟组(T_3t)、曲嘎寺组(T_3q)。这一时段还出现多条蛇绿混杂岩带,成为构成增生楔的主题建造之一,如西金乌兰-玉树蛇绿混杂岩带、金沙江蛇绿混杂岩带、哀牢山蛇绿混杂岩带、藤条河蛇绿岩混杂岩带等。

第四个时段的火山岩浆活动出现在早中侏罗世,火山岩地层为立州组($J_{1-2}lz$),岩石组合为碱性玄武岩-玄武岩-凝灰岩,形成于后造山伸展环境。

第五个时段的火山岩浆活动出现在古近纪和中新世。火山岩地层有古近纪热鲁组(Er)和中新世查宝马组(N_1ch)。

热鲁组在中甸地块有所出露,岩石组合为中酸性火山凝灰岩,形成于后碰撞环境。查宝马组在甘孜-理塘、中甸地块及西金乌兰-玉树带均有所出露,岩石组合为碱性玄武岩,属于典型的 SH 系列,形成于后碰撞环境。

(一)西金乌兰蛇绿混杂岩带Ⅲ-4-1

构成蛇绿混杂岩带的蛇绿岩组分构造岩片(块)在带内相对集中成蛇形沟岩体群、巴音叉琼-八音查乌马岩体群、多彩-当江岩体群、隆宝岩体群和玉树岩体群。混杂有石炭纪—中二叠世的基性岩构造岩片和火山岩构造岩片。

火山岩的岩性为苦橄岩-苦橄玄武岩、杏仁状或块状或枕状玄武岩、橄榄玄武岩、辉石玄武岩、安山岩、粒玄岩及火山角砾岩、玄武质凝灰熔岩等,构成西金乌兰蛇绿混杂岩的重要组成部分。相伴产出的硅质岩中含有早石炭世—晚三叠世放射虫组合,获得锆石 U-Pb SHRIMP 年龄 221Ma。

得荣—古学地区出露的所称"嘎金雪山群",时代被定为早二叠世。现普遍认为,原岩由多个火山-沉积旋回组成,每一旋回以下部变质玄武岩和上部泥质或硅质灰岩为特征,为典型的玄武岩-碳酸盐岩建造。玄武岩普遍发育枕状构造,属拉斑玄武岩系列,形成于洋岛-海山环境。

(二)金沙江蛇绿混杂岩带(D_3—P_3)Ⅲ-4-2

金沙江蛇绿混杂岩带位于邓柯以南、剑川以北,即沿金沙江主断裂(盖玉-德荣断裂)以西、金沙江河谷与羊拉-鲁甸断裂以东的狭长区域展布。东邻中咱-中甸地块,西邻江达-德钦-维西陆缘火山弧,向北在邓柯一带与甘孜-理塘带相接。

中泥盆世出现局部拉张、裂陷,在羊拉—奔之栏—霞若—塔城一带,于裂陷盆地中形成浅海相-次深海相碳酸盐岩、硅泥质-砂泥质复理石建造,并有中基性火山岩喷发;到晚泥盆世时,盆地的拉张、裂陷程度加大,于羊拉—东竹林—石鼓一带为中轴的裂谷盆地中,发育以放射虫硅质岩-砂岩-泥岩组合为代表的半深海沉积,并伴随拉张型的大陆拉斑玄武岩喷发,标志着陆壳减薄开裂形成的裂谷盆地阶段。石炭纪—早二叠世早期,是金沙江洋盆扩张的重要时期,混杂岩中发现晚泥盆世—早二叠世、早二叠世—晚二叠世放射虫组合;洋脊-准洋脊型玄武岩锆石 U-Pb 年龄为(361.6 ± 8.5)Ma(陈开旭等,1998)、吉义独堆晶岩 Rb-Sr 等时线年龄为(264 ± 18)Ma(莫宣学等,1993)、移山湖辉绿岩墙角闪石 Ar-Ar 坪年龄为

(345.69 ± 0.91)Ma,等时线年龄为(349.06 ± 4.37)Ma,表明金沙江弧后洋盆形成时代确定为早石炭世,早二叠世早期是金沙江弧后洋盆扩展的鼎盛时期,洋盆宽度约为1800km(莫宣学等,1993)。早二叠世晚期—晚二叠世时期,由于金沙江洋壳的向西俯冲消减作用,形成洋内火山弧-弧后盆地和陆缘火山弧-弧后盆地的金沙江弧盆系的空间配置结构。

1. 嘎金雪山-贡卡-霞若-新主蛇绿混杂带(D_3—P)Ⅲ-4-2-1

蛇绿岩主要赋存在一套强变形弱变质的浅变质岩中。超镁铁岩中多构造岩片,强应变带中透镜化显明,洋脊玄武岩为变玄武岩、细碧岩和球粒玄武岩,在浅变质中广泛出露,属陆缘洋盆-洋脊火山岩组合。

近年来在东竹林堆晶辉长岩中获得了高精度的锆石LA-ICPMS年龄354Ma,属早石炭世,$\varepsilon_{Hf(t)}$值为$+10.3\sim+12.6$,Hf模式年龄T_{DM1}为$478\sim576$Ma(明显大于岩浆结晶年龄),结合Nb、Ta、Zr及Hf等高场强元素弱—明显负异常,显示了弧后扩张洋盆的特征。

2. 中心绒-竹巴龙-羊拉-东竹林洋岛-火山岩段Ⅲ-4-2-2

东竹林平移断层以北分布在蛇绿混杂岩以东,以南则分布在蛇绿混杂岩带的两侧,呈近南北向展布。石炭系申洛拱组、响姑岩为砂板岩、变质砂岩、结晶灰岩夹变玄武岩;中二叠统喀大崩岩组为变玄武岩夹结晶灰岩、变质砂岩与绢云板岩。浅变质岩系显示有半深海沉积特征,玄武岩之上的盖帽碳酸盐岩具海山-碳酸盐岩特征。

柯那岩组中的绿片岩,常量元素显示属铁质基性岩。喀大崩岩组构造变形也很强烈,火山岩虽绿片岩化,但玻基玄武岩、安山玄武岩、粗玄岩及集块角砾熔岩、火山碎屑岩的面貌可以识别。柯那岩组和喀大崩岩组的岩浆系列为拉斑玄武岩,具有LREE明显富集的REE分布型式,无Eu负异常,属洋岛玄武岩。

中心绒—竹巴笼地区,出露一套称为"中心绒群"的变质火山-沉积岩系,时代推断为早-中三叠世。该套岩系出露厚度巨大,由板岩、变质砂岩夹晶屑凝灰岩、蚀变玄武岩和细碧岩组成。沉积岩属火山复陆屑建造和灰色陆源碎屑建造。火山岩为玄武岩-玄武安山岩组合,兼具钙碱系列和拉斑系列特征。构造环境投影落入洋脊与岛弧的过渡区。

3. 鲁甸同碰撞岩火山岩段Ⅲ-4-2-3

沿塔城洋岛-海山的西缘呈北北西向延伸,北部东与金沙江蛇绿混杂岩相邻。火山岩不发育,与邻近两个岩段相近。

4. 崔依比碰撞后裂谷火山岩段Ⅲ-4-2-4

在鲁甸同碰撞岩浆杂岩以西呈狭长条带近南北—北西向分布,西以拖底断裂带为界与上兰-藤条河残余海盆相邻。崔依比碰撞后裂谷的主体是下中三叠统崔依比组,下部以安山玄武岩为主,夹硅质岩、灰岩,具半深海-浅海沉积特征;上部以流纹岩夹玄武质凝灰岩、凝灰质砂板岩为主,含双壳类及叶肢介化石,属滨海-海陆交互环境,具双峰式火山岩特征。玄武岩与流纹岩为同源岩浆经分离结晶作用形成。岩石大部分属钙碱性系列,少部为碱性系列,微量与稀土元素的成分点在各种判别图上,投影多在岛弧火山岩区,部分为洋岛、洋中脊和钙碱性区。从硅质岩中产放射虫,碳酸盐岩中含牙形石并具滑塌构造的特征判断,早期的半深海形成于伸展构造环境。崔依比组被鲁甸花岗岩拉美荣序列闪长岩侵入,上被上三叠统歪古村组不整合覆盖,地层时代应老于231Ma,为早中三叠世,早于早三叠世陆缘弧,应为碰撞过程中应力松弛期在大陆边缘形成的裂谷。

最近訾建威等(2013)用SHRIMP方法在攀天阁组流纹岩中获锆石U-Pb年龄$247\sim246$Ma,在崔依比组玄武岩和流纹岩中获锆石U-Pb年龄$246\sim237$Ma,与地质接触关系的判断基本吻合,崔依比组的地质时代为中三叠世安尼期。

(三) 哀牢山蛇绿混杂岩亚带 (C—P) Ⅲ-4-3

哀牢山蛇绿混杂岩带沿哀牢山出露,由火山岩构造岩片、超镁铁质岩构造岩片(块)、镁铁质岩构造岩片(块)、绿泥片岩构造岩片、硅质岩、泥硅质板岩构造岩片构成。火山岩主要是玄武岩,溢流相,拉斑系列,形成于洋底或洋中脊环境。早石炭世时在双沟—平掌—老王寨一带出现以洋脊玄武岩为代表的洋壳,在洋盆西侧的墨江布龙—五素一带发现裂离地块边缘的裂谷盆地中具有"双峰式"火山喷溢。在新平平掌见有紫红色硅质岩(C_1)和洋脊型火山岩,双沟辉长岩和斜长花岗岩的锆石 U-Pb 年龄为 362~328Ma(简平,1998),斜长花岗岩分异体单颗粒锆石 U-Pb 年龄为 256Ma,蛇绿岩中的系列同位素年龄为 345~320Ma(杨岳清等,1993;唐尚鹡等,1991;李光勋等,1989)。

墨江-绿春陆缘弧主体以晚二叠世—晚三叠世火山沉积岩和晚三叠世晚期花岗岩侵入为特色,260~250Ma 为俯冲造弧期,与晚二叠世弧火山岩时间相当。

1. 双沟蛇绿岩段 Ⅲ-4-3-1

该带沿九甲断裂带北东侧延绵 260 余千米,从景东以北向南东一直延伸至墨江县底马附近,被上三叠统不整合掩盖,形成颇为壮观的蛇绿混杂岩带。双沟-平掌蛇纹石化超镁铁岩-辉长岩-玄武岩-紫红色放射虫硅质岩构成了比较完整的"三位一体"蛇绿岩层序。

2. 上兰-蛇绿岩混杂岩带 Ⅲ-4-3-2

该带沿藤条河出露,由火山岩构造岩片、绿片岩构造岩片、超镁铁质岩构造岩片(块)、镁铁质岩构造岩片(块)及硅质岩和硅泥质板岩构造岩片构成。火山岩主要是玄武岩,拉斑系列,幔源,形成于洋中脊或洋底环境。绿片岩的原岩可能是中基性火山碎屑岩或凝灰质碎屑岩,形成于洋底高原或陆坡环境。其中的绿片岩、玄武岩等显示了典型的大洋低钾拉斑玄武岩的地球化学特征,在一些稀土元素、微量元素的判别图解中也主要落入洋中脊、P 型洋中脊玄武岩区。1:5万绿春等 4 幅区域地质调查在其中的变玄武岩中获锆石 LA-ICPMS 年龄(253.8±5.2)Ma,属晚二叠世。属陆缘洋盆-洋中脊火山岩组合。

五、北羌塘-昌都-兰坪-思茅火山岩带 Ⅲ-5

该火山岩带先后有 3 个时段的火山岩浆活动。

第一个时段的火山岩浆活动出现在中新元古代,涉及的火山岩地层有宁多岩群($Pt_{2-3}N$)和澜沧岩群($Pt_{2-3}L$),前者沿开心岭—江达有零星出露,后者沿临沧—景洪一带出露。

宁多岩群是一套变质程度达绿片岩相-角闪岩相的火山-沉积岩系。恢复原岩的岩石组合为成熟度较高的沉积碎屑岩-中基性火山岩-碳酸盐岩。该岩群中所获的 U-Pb 表面年龄为(1628±82)Ma、(1426±27)Ma 和(1555±91)Ma(李荣社等,2008)。火山岩恢复原岩,其岩石组合可能为玄武岩-安山岩-安山质火山碎屑岩,推测形成于古岛弧环境。

澜沧岩群是一套低绿片岩相含基性火山岩的含碳细碎屑岩无序岩石组合。按照岩石组合,划分成 4 个组,下部两个组为深水-半深水碎屑浊流沉积,变质成碳质绢云千枚岩-石英千枚岩组合;上部两个组为高压变质相,属于含基性火山岩的深水火山浊流沉积变质而成,可能形成于岛弧或陆缘弧环境。蓝闪石变质作用发生在印支期。

第二个时段的火山岩浆活动出现在泥盆纪—早白垩世,总体上属于多岛弧盆系活动形成的火山岩岩石组合。涉及到的火山岩地层较多:泥盆纪—石炭纪大凹子组(DCd)、晚古生代无量山群(Pz_2Wl)、早石炭世杂多群(C_1Z)和石凳群(C_1Sd),石炭纪—二叠纪龙洞河组(CPl)和下密地组(CPx),早中二叠世诺日巴嘎日保组($P_{1-2}n$),中二叠世高井槽组(P_2g),晚二叠世沙木组(P_3sm)、夏牙村组(P_3x)、羊八寨组(P_3y)、那益雄组(P_3n),早中三叠世马拉松多组($T_{1-2}m$)和帮沙组($T_{1-2}b$),中晚三叠世竹卡组($T_{2-3}z$),

晚三叠世巴塘群（T_3B）、甲丕拉组（T_3j）、洞卡组（T_3d）、忙怀组（T_3m）、巴钦组（T_3b）、鄂尔陇巴组（T_3el）、小定西组（T_3xd），早侏罗世芒汇河组（J_1mh），早中侏罗世那底岗日组（$J_{1-2}nd$），晚侏罗世—早白垩世旦荣组（J_3K_1d）。除此而外，还有一条颇具规模的蛇绿混杂岩带沿德钦—维西一带出露，称作德钦(-维西)蛇绿混杂岩带。

第三个时段的火山岩浆活动出现在古近纪—新近纪。涵盖的火山岩地层有古近纪沱沱河组（Et）和贡觉组（Eg），古近纪—中新世查宝马组（EN_1c），渐新世—中新世松西组（E_3N_1s），中新世拉屋拉组（N_1l）和上新世剑川组（N_2j）。

沱沱河组（Et）在开心岭—江达一带、昌都地块、那底岗日均有所出露，岩石组合为粗面岩-流纹岩-安粗岩-粗面质火山角砾岩，属于 SH 系列，形成于后碰撞环境。贡觉组（Eg）在开心岭—江达一带、昌都地块、格拉丹冬—类乌齐一带及澜沧江带均有所出露，岩石组合为粗面岩-安山岩-玄武岩，属于 SH 系列，形成于后碰撞环境。查宝马组（EN_1c）仅出露于那底岗日一带，岩石组合为粗面岩，属于 SH 系列，形成于后碰撞环境。松西组（E_3N_1s）仅出露于格拉丹冬—类乌齐一带，岩石组合为安山岩-碱性玄武岩，属于 SH 系列，形成于后碰撞环境。拉屋拉组（N_1l）仅在开心岭—江达一带的西藏境内有所出露，岩石组合为粗面岩-粗安岩-粗面质凝灰岩-粗面质火山角砾岩，属于 SH 系列，形成于后碰撞环境。剑川组（N_2j）仅出露于思茅地块之上，岩石组合为粗面岩-粗面质火山角砾岩。属于 SH 系列，形成于后碰撞环境。

（一）治多-江达-维西陆缘弧火山岩亚带（P_2—T）Ⅲ-5-1

弧火山岩的时空分布表明，江达-维西弧是由于金沙江大洋板块向西俯冲造成的，俯冲开始于二叠纪（P_2），碰撞开始于早三叠世（T_1），完成于晚三叠世（T_3），碰撞后还有具弧岩浆岩特点的岩浆活动（滞后型弧岩浆岩）。区内出露火山岩地层有沙木组（P_3s）、普水桥组（T_1p）、洞卡组（T_3dk）。

1. 江达构造岩浆岩段Ⅲ-5-1-1

区内出露火山岩地层有沙木组（P_3s）、普水桥组（T_1p）、洞卡组（T_3dk）。

沙木组（P_3s）、普水桥组（T_1p）火山岩岩石组合为玄武安山岩-安山岩-英安岩-流纹岩，属钙碱性系列。是金沙江带向西俯冲消减时形成的岛弧火山岩。

洞卡组（T_3dk）为安山岩、英安岩、玄武岩、凝灰岩、火山角砾岩、集块岩等夹砂岩、板岩沉积岩组合，与下伏地层为角度不整合接触。是金沙江带消减后两侧大陆发生碰撞形成的碰撞火山岩。该火山岩带先后有 3 个时段的火山岩浆活动。

2. 攀天阁同碰撞弧火山岩段（T_2）Ⅲ-5-1-2

洞卡组（T_3dk）为安山岩、英安岩、玄武岩、凝灰岩、火山角砾岩、集块岩等夹砂岩、板岩沉积岩组合，与下伏地层为角度不整合接触。是金沙江带消减后两侧大陆发生碰撞形成的碰撞火山岩。

3. 骑马坝陆缘斜坡火山岩段（S—P）Ⅲ-5-1-3

该火山岩段分布于墨江县城、绿春县县城、大水沟、骑马坝、者米等地，向南东进入越南。呈北西向展布，宽 2~40km，长 280km。由下古生界志留系水箐组、漫波组，上古生界泥盆系大中寨组、龙别组组成，主要为一套半深海浊积岩组合，其中龙别组为半深海硅泥质岩组合。

（二）北羌塘-昌都-兰坪-思茅后碰撞火山岩亚带Ⅲ-5-2

1. 羌北构造岩浆岩段Ⅲ-5-2-1

出露的火山岩地层有那底岗日组（T_3J_1n）、查保马组（EN_1c）、石坪顶组（N_1s）。

那底岗日组（T_3J_1n）为海陆交互相火山-沉积岩系。主要岩性有杂色安山岩、英安岩、流纹岩、晶屑凝灰岩、沉凝灰岩夹少量石英砂岩及岩屑长石砂岩，菊花山地区底部有厚数米的灰岩质砾岩，与下伏地层不整合接触。前人获得英安岩 Ar-Ar 法年龄 183Ma、194Ma，凝灰岩 SHRIMP 锆石 U-Pb 年龄为 220～205Ma。

那底岗日组向西是上三叠统鄂尔陇巴组（T_3el），主要分布于格拉丹冬周缘及雀莫错一带，厚度和岩性变化较大，格拉丹冬地区主要为灰绿色—灰紫色玄武岩、安山岩、流纹岩、火山角砾岩、流纹质凝灰岩，下部为喷发相，上部为溢流相，为海陆交互相喷发-沉积环境。鄂尔陇巴组现也称为那底岗日组，其中拉斑玄武岩的 SHRIMP 锆石 U-Pb 年龄为（220.4±2.3）Ma（付修根等，2009）；雀莫错地区下部为拉斑玄武岩，上部为石英砂岩夹泥晶灰岩、凝灰质砂岩、凝灰岩，该组锆石 U-Pb 年龄为（212±1.7）Ma。依据凝灰岩和英安岩 Ar-Ar 法年龄 183Ma、194Ma（朱同兴，2005），以及凝灰岩 SHRIMP 锆石 U-Pb 年龄为 219～205Ma（王剑等，2004；李才等，2007），由此确定其那底岗日组的底部含有晚三叠世晚期的地层，其上与雀莫错组呈微角度不整合接触，与下伏上三叠统巴贡组呈微角度不整合接触。

据王剑等（2007）研究，那底岗日组主量元素具有高 SiO_2（66.58%～80.90%）、低 TiO_2（0.12%～0.42%）的特征，属钙碱性系列（σ 平均为 1.245）；微量元素表现为大离子亲石元素 K、Rb、Ba 及不相容元素 Th 的高度富集和高场强元素 Nb、Ta、Ti 的亏损；稀土元素（La/Yb）$_N$>10，Eu 亏损较明显（δEu=0.53～0.88），配分曲线右倾、较陡。上述岩石地球化学特征表明，那底岗日和石水河的那底岗日组火山岩的岩浆源区为上地壳，为岛弧环境。

查保马组（EN_1c）为紫灰色、灰黄色玄武安山岩，粗面安山岩，粗面岩，粗面英安岩，夹有次火山岩；深灰色玄武安山玢岩、粗面斑岩，含壳源包体。厚度大于 2000m。中国地质大学（武汉）地质调查院（2006）用 SHRIMP 法获得查保马组火山岩锆石 U-Pb 年龄为 18.28Ma。与下伏五道梁组或更老的其他岩层呈角度不整合接触。

石坪顶组（N_1s）主要为杏仁状粗面安山岩、粗面英安岩、安山岩、英安岩和流纹岩类，偶见火山碎屑岩，为陆相中心式喷发的溢流火山岩，前人获得大量同位素年龄（K-Ar 法、Ar-Ar 法等）为 10.6～7.23Ma、4.27～2.11Ma，可能与俯冲板片断离导致的软流圈上涌-岩石圈减薄作用有关。

2. 昌都双向弧后火山岩段（P—T）Ⅲ-5-2-2

昌都-芒康构造岩浆亚带东侧的朱巴龙-贡卡二叠纪弧火山岩展布于芒康朱巴龙、西渠河桥—德钦贡卡、东竹林大寺一线，火山岩组合为玄武岩-玄武安山岩-安山岩-英安岩，以玄武岩-玄武安山岩为主。在岩石化学成分上，火山岩主要表现为亚碱性拉斑系列，少数为钙碱性系列。这种系列的多样性及拉斑系列为主的事实反映了弧火山岩的特征及火山弧的洋壳性质，表现出俯冲型火山岩特征。

昌都带区内出露的火山岩地层有夏牙村组（P_3x）、马拉松多组（$T_{1-2}m$）、甲丕拉组（T_3j）、贡觉组（Eg）、拉屋拉组（N_1l）。

夏牙村组（P_3x）、马拉松多组（$T_{1-2}m$）为安山玄武岩-安山岩-凝灰岩夹碎屑岩组合，火山岩属钙碱性系列。甲丕拉组（T_3j）为河湖-滨浅海相碎屑岩夹英安岩-流纹岩组合。贡觉组（Eg）为湖泊三角洲相砂砾岩、泥页岩夹少量英安岩-流纹岩组合。拉屋拉组（N_1l）为河流砂砾岩-粉砂岩泥岩夹粗面岩及火山碎屑岩组合。

晚古生代于昌都盆地内的火山岩分布零星。由于澜沧江洋板块与金沙江洋板块的相向俯冲，地块内形成了晚石炭世的中酸性火山岩（青泥洞）、中二叠世的安山岩与英安岩（芒康加色顶、海通灵芝河桥一带）、早—中二叠世的安山岩-英安岩-流纹岩组合等俯冲型弧火山岩，却缺失在同一时期发育于保山地块与中咱地块内的大陆板内张裂型玄武岩。

3. 兰坪双向弧后火山岩段（O—P）Ⅲ-5-2-3

兰坪构造岩浆岩带上以发育弧后盆地的火山-沉积岩组合为特征。火山岩的主要赋存层位有志留纪—泥盆纪大凹子组、无量山岩群、石登群、龙洞河组、邦沙组、吉东龙组、沙木组、羊八寨组等，分布十分广泛。

大凹子组的主要岩石类型为玄武岩、英安岩,少量安山玄武岩、流纹岩、凝灰岩,火山岩富集轻稀土,Eu具有不同程度的弱亏损,亏损高场强元素(Nb、Ta、Ti),具有正$\varepsilon_{Nd(t)}$值(3.86~4.39)和较高的Th/Ta比值(15~17),显示活动大陆边缘岛弧型钙碱性系列火山岩的地球化学性质。新近获得的火山岩锆石LA-ICPMS年龄为(421.2±1.2)Ma、(417.6±5.1)Ma;该套火山岩中赋存的大平掌铜矿的黄铁矿Re-Os等时线年龄为421.3Ma。本次编图划为陆缘弧-弧后盆地的玄武岩-英安岩组合,早古生代陆缘弧-弧后盆地火山岩的厘定表明了怒江-昌宁-孟连洋盆在早二叠世之前还发生过一次俯冲、消减事件,但洋盆并未彻底关闭,泥盆纪以来的古特提斯洋盆的演化是在早古生代末封闭洋盆的基础上开始的。

无量山岩群中的火山岩主要呈夹层状分布,研究程度较低,且有不同程度的变形-变质,现存岩石类型主要为钠长绿泥片岩、英安质糜棱岩、糜棱岩化黑云二长变粒岩、弱千糜岩化黑云斜长变粒岩、糜棱岩化斜长角闪岩、含角闪长英质初糜棱岩、黑云角闪斜长变粒岩、英安质板岩、绿帘黑云斑点板岩、角闪钠长斑点板岩等,恢复原岩后属钙碱性玄武岩-安山玄武岩-英安岩组合,本次编图划为弧后盆地火山岩组合。全岩Rb-Sr等时线年龄为285Ma,凝灰岩锆石LA-ICPMS年龄为(453±15)Ma,(445±20)Ma,(358±11)Ma。看来无量山岩群中的火山岩可能包含了早古生代、晚古生代两个地史时期的弧后盆地沉积。

石炭系—二叠系龙洞河组为一套厚度较大的中酸性凝灰岩组合,主要岩性为中酸性熔凝灰岩、英安质凝灰岩、沉凝灰岩,岩石地球化学特征具有明显的富钠、富镁特点,曾有研究者提出可能为一套石英角斑岩组合。

石登群为一套基性火山岩组合,主要岩石类型为灰绿色玄武岩、玄武安山岩、玄武安山质火山碎屑岩夹少量泥岩(板岩)、硅质岩、灰岩。岩石的$SiO_2=45.03\%\sim51.16\%$,$TiO_2=0.16\%\sim1.67\%$,$Al_2O_3=14.3\%\sim18.48\%$,$Na_2O+K_2O=0.47\%\sim3.94\%$,$K_2O/Na_2O=0.07\sim0.88$。主要属亚碱性岩系之拉斑玄武岩序列。

吉东龙组、沙木组的火山岩以玄武岩、安山玄武岩、安山岩、安山玄武质凝灰岩为主,安山玄武质火山角砾岩较少,岩石均已发生不同程度的变质。根据岩石化学成分分类命名,凝灰岩为安山质、玄武粗面安山质凝灰岩;绿片岩的原岩为玄武岩、粗面玄武岩;玄武质粗面安山岩、玄武岩的投影点落入粗面玄武岩、玄武质粗面安山岩区;安山岩的投影点落入玄武安山岩、玄武粗面安山岩及英安岩区。经硅-碱图解、AFM图解等判别,本期火山岩属亚碱性岩系列的钙碱性系列,形成于岛弧环境。

邦沙组为一套分布局限的玄武岩夹安山岩、英安(斑)岩、流纹质凝灰岩等。对其时代的认识有过多次反复,目前普遍认为属晚二叠世中-晚期,有可能延到早三叠世。也是一套弧后盆地环境的玄武岩-安山岩-英安岩组合。

4. 思茅双向弧后火山岩带(O—P)Ⅲ-5-2-4

中侏罗世有玄武岩喷发,思茅坳陷盆地有古生代基底,西部发育火山弧。

帮沙陆缘火山弧:分布在景洪勐罕以东地区,以上二叠统—下三叠统帮沙组为代表,下部为滨浅海砂岩、粉砂岩、泥岩组合,上部为火山岩组合。火山岩由玄武岩夹安山岩、英安(斑)岩、流纹质凝灰岩组成。是一套弧后盆地环境的玄武岩-安山岩-英安岩组合。

大平掌弧后盆地:位于思茅坳陷盆地中部小黑江—勐远一带,呈北西向零星分布。石炭系—二叠系龙洞河组为一套厚度较大的火山-沉积岩组合,由含浊沸石、绿纤石的英安质火山角砾熔岩,英安质凝灰岩夹凝灰质粉砂岩,放射虫硅质岩及细碧-角斑岩组成。岩石地球化学特征具有明显的富钠、富镁特点。

云仙弧后前陆盆地:沿忙怀-酒房断裂带(F_{16})的东侧北西向延伸,在思茅区云仙、勐腊象明等地有出露。中三叠统下坡头组、大水井山组、臭水组是冲积扇-浅海开阔台地碳酸盐岩—斜坡碳酸盐岩浊积岩的退积沉积,岩石中含较多火山物质,以凝灰质为主,底部砾岩中有较多的中性火山岩砾石。上三叠统威远江组、桃子树组和大平掌组是一套由台缘浅滩到潮坪的进积型沉积,含大量的凝灰岩灰质,桃子树组中夹火山集块和角砾。盆地的西侧发育倒向东的叠瓦状逆冲构造,这是一个弧后前陆盆地。

(三) 加若山-杂多-景洪岩浆弧火山岩亚带(P_2—T) Ⅲ-5-3

1. 加若山火山岩段 Ⅲ-5-3-1

出露的火山岩地层有那底岗日组(T_3J_1n)、查保马组(EN_1c)、石坪顶组(N_1s)。

沿龙木错-双湖缝合带的北侧,呈北西西向条带状断续出露宽约50km、长约300km的火山岩,其岩石类型为安山岩、英安岩、英安质晶屑凝灰岩或凝灰质熔岩、流纹质晶屑熔结凝灰岩及复成分晶屑岩屑凝灰岩,厚300~1000m。为俯冲型火山岩。

2. 杂多浆弧碰撞火山岩段(P_2—T) Ⅲ-5-3-2

该火山岩段展布于昌都-芒康构造岩浆亚带西侧的杂多—乌丽—妥坝—南佐一带,岩石组合为玄武岩、粗面玄武岩、玄武粗安岩、粗安岩、粗面安山岩、粗面英安岩、流纹岩。分为盆地、碰撞火山弧。

弧后盆地出露晚古生代下石炭统杂多群(C_1Z)和卡贡群(C_1K)、加麦弄群(C_2J),中二叠统开心岭群(P_2K)、东坝组(P_3d)和上二叠统乌丽群(P_3W)、沙龙组(P_3sl)。主体为一套浅海相碳酸盐岩-碎屑岩和中基性—中酸性火山岩建造,其中火山岩为岛弧型拉斑玄武岩→钙碱性玄武岩、安山岩、英安岩、流纹岩、钾玄岩及相应的火山碎屑岩组合。其中,卡贡群、中-上二叠统东坝组、沙龙组主体为一套滨浅海相碎屑岩及玄武安山岩、杏仁状/致密块状玄武岩、安山质角砾熔岩及变质凝灰岩夹灰岩组合;火山岩性质属于大陆拉斑-碱性系列玄武岩及安山岩,初步分析为与俯冲作用有关的弧后盆地环境。

在类乌齐—吉塘地区,见拉斑玄武岩-流纹岩"双峰式"组合,明显不同于东、西两侧地块区的含煤碎屑岩系卡贡群。日阿泽弄组"双峰式"火山岩系是地壳拉张变薄的裂谷(弧后)盆地产物。

碰撞火山弧(T_{2-3}),展布于吉塘杂岩东侧,由早中生代火山岩组成。三叠纪发生弧-弧碰撞作用,发育碰撞型火山岩、后碰撞弧火山岩及后碰撞伸展型火山岩。中-上三叠统竹卡群($T_{2-3}Z$)出露于中部,中上部以英安岩、流纹岩为主,夹凝灰岩及碎屑岩,熔岩中普遍具柱状节理;下部出现大量流纹-英安质火山角砾岩、角砾熔岩、岩屑晶屑凝灰岩、凝灰熔岩等,且碎屑沉积岩增多,局部夹大理岩,局部偶夹碳酸盐化蚀变玄武岩,显示碰撞火山岩环境。

3. 景洪岩浆弧火山岩段(P_2—T) Ⅲ-5-3-3

忙怀组火山岩,上部为火山岩,岩石类型以流纹岩为主,少量为英安岩、玄武质粗面安山岩,喷发不整合于二叠纪—石炭纪的浅变质岩系之上,其上被上三叠统小定西组火山岩平行不整合覆盖。玄武质粗安岩类属碱性玄武岩系列,英安岩、流纹岩类属亚碱性火山岩,主要属高钾英安岩、高钾流纹岩。主量元素与微量元素均显示既有板内伸展盆地火山岩的特征,同时又具有明显弧火山岩特征。酸性端元与基性端元之间不存在明显的同源演化特征,可能为碰撞造山后地壳松弛阶段的产物。彭头平等(2006)对云县棉花地的忙怀组流纹岩进行了锆石SHRIMP测年研究,获得(231.0±5.0)Ma的加权平均值,南部官房铜矿等地获锆石LA-ICPMS年龄为234.3Ma、234.8Ma、236.9Ma,均属中三叠世,与沉积岩夹层中的古生物鉴定成果一致。

上三叠统小定西组下部的红色砾岩不整合覆盖在中三叠统忙怀组流纹岩之上,上部的橄榄安粗岩组合以灰绿色玄武岩、暗绿色(杏仁状)安山玄武岩、安山岩、粗安岩为主,少量为弱熔结火山角砾岩、粗安质凝灰岩。属钠质火山岩,大多数样品为钙碱性系列,仅少量的粗面玄武岩、玄武质粗面安山岩属橄榄安粗岩系列。在各种地球化学图解中,小定西组火山岩显示了明显的弧火山的特点,同时也具有某些板内火山岩的属性。彭头平(2006)在玄武岩中获锆石SHRIMP U-Pb年龄213Ma、216Ma,属晚三叠世,与沉积岩夹层中的古生物鉴定成果一致。

下侏罗统芒汇河组为一套红色陆源碎屑沉积岩夹基性、中酸性、酸性火山岩,不整合覆于老地层之上,被中侏罗统和平乡组整合-假整合覆盖。碎屑岩属陆相河湖相环境。火山岩以石英斑岩、块状流纹岩为主，少量为灰色玄武岩、安山玄武岩、安山岩，常形成基性—中性—中酸性—酸性的喷发韵律，因横向变化大，也常有缺失。酸性火山岩可与极低 Sr 高 Yb 花岗岩类对比。在 K_2O-Na_2O 图解上，也主要落入 A 型花岗岩区；在 R_1-R_2 图解中主要落入"非造山花岗岩"区、"造山期后花岗岩"区。结合稀土元素配分曲线分析，本期火山岩可能是低压条件下，以斜长石为主要残留固相的角闪岩相变质岩系部分熔融形成的。1:25 万景洪幅区域地质调查在江桥一带的芒汇河组流纹岩中新近获得可信度较高的锆石 LA-ICPMS 年龄 $(196.7±2.3)$ Ma、$(198.1±3.5)$ Ma，属早侏罗世。

小定西组弧火山的属性明显滞后于区域地质构造发展阶段，岩浆的形成与古特提斯俯冲洋壳在深部脱水导致地幔楔形区的部分熔融及俯冲板片的断离、拆沉作用有关，应是造山后构造旋回盆山转换阶段的起始标志，红色砾岩的出现及与下伏地层的不整合接触也佐证了这一点。

六、乌兰乌拉-澜沧江火山岩带(P_2—T_2) Ⅲ-6

该火山岩构造岩浆岩省是分隔两个不同性质大陆边缘系统的大洋盆地的遗迹，南侧是冈瓦纳陆块群的大陆边缘系统，北侧是泛华夏陆块群的大陆边缘系统。该一级单元的北界是龙木错-双湖-类乌齐断裂带，东界是类乌齐-澜沧江西-昌宁-打洛断裂带，南界西段是噶尔-班戈-洛隆断裂带，向东转折成南北相断裂带，则是八宿-贡山-昌宁-耿马断裂带。

该火山岩带先后有 4 个时段的火山岩浆活动。

第一个时段的火山岩浆活动出现在中新元古代，称作吉塘岩群($Pt_{2-3}Jt$)，沿索县—类乌齐一带出露，构成他念他翁山脉的西延部分，吉塘岩群($Pt_{2-3}Jt$)是一套变质程度达高绿片岩相，局部达角闪岩相的无序岩石地层单元。恢复原岩属于碎屑岩夹中基性火山岩建造，岩石组合为角闪斜长片麻岩-变粒岩-斜长角闪岩-钠长片岩-石英片岩。可能形成于古岛弧环境。何世平等(2011)获得该岩群中绿泥片岩的原岩形成年龄为 $(965±55)$ Ma。

第二个时段的火山岩浆活动出现在新元古代—寒武纪，火山岩岩石地层单元称作西西岩群($Pt_3\in Y$)，主要出露于类乌齐—左贡一带，构成他念他翁山的主脊。该岩群是一套变质的中基性火山岩，可能由于岩性相近和出露于同一个地带，何世平等(2011)将该岩群并入吉塘岩群。结合区域上这个时期属于全球新元古代 Rodinia 超大陆裂解时期，因此暂且将其形成的构造环境划为裂谷。

第三个时段的火山岩浆活动出现在石炭纪—早白垩世，涉及的火山岩岩石地层单元有石炭纪—二叠纪混杂岩组(CP)、晚石炭世展金组(C_2z)和擦蒙组(C_2h)、晚三叠世甲丕拉组(T_3j)、早中侏罗世那底岗日组($J_{1-2}n$)、早白垩世美日切错组(K_1m)和去申拉组(K_1q)。

混杂岩组(CPm)沿多木拉—查多岗日—双湖一带出露，是一套含有火山岩构造岩片(块)、超镁铁质岩构造岩块、镁铁质岩构造岩块、超高压变质岩构造岩块、强烈片理化的绿片岩和蓝闪石片岩构造岩片，以及基质构成的含蛇绿岩构造岩块和高压超高压变质岩构造岩片及岩块的混杂岩。火山岩主要是拉斑玄武岩，与生物碳酸盐岩紧密伴生，构成典型的洋岛火山岩建造。展金组(C_2z)在龙木错—鲁玛江冬错一带和多木拉—双湖一带均有所出露，火山岩岩石组合主要为拉斑玄武岩，形成于陆缘裂谷环境。擦蒙组(C_2ch)仅出露于多木拉—双湖一带，岩石组合为拉斑玄武岩，形成于陆缘裂谷环境。在多木拉—查多岗日—双湖一带，展金组和擦蒙组的陆缘裂谷火山岩构造岩块与含蛇绿岩构造岩块、超高压高压变质岩构造岩片(块)的混杂岩紧密伴生，构成典型的俯冲增生杂岩带或增生楔。甲丕拉组(T_3j)沿索县—左贡一带仅有少量出露，岩石组合为英安岩-流纹岩，属于晚期岛弧火山岩组合，形成于岛弧环境。那底岗日组($J_{1-2}n$)沿多木拉—查多岗日—双湖一带出露，岩石组合为英安岩-流纹岩，形成于岛弧环境，属于晚期岛弧或远离俯冲带的岛弧火山岩组合。美日切错组(K_1m)出露于多木拉—双湖一带，岩石组合为流纹岩-流纹质凝灰岩，形成于岛弧环境。去申拉组(K_1q)沿多玛—巴青一带出露，岩石组合为安山岩-安山质凝灰岩，形成于岛弧环境。

上述这些形成于岛弧环境的火山岩同样以构造岩片(块)的形式产出，因此也属于在班公湖-双湖-怒江洋盆俯冲过程中构造卷入的岩片和岩块，是这一时期增生楔的组成部分。

第四个时段的火山岩浆活动出现在古近纪—全新世。涵盖的火山岩岩石地层单元有古近纪美苏组(Em)、沱沱河组(Et)和纳丁错组(En),古近纪—中新世查宝马组(EN_1c),渐新世—中新世松西组(E_3N_1s),新近纪—第四纪鱼鳞山组(NQy),更新世贡木淌组(Qpg)。

美苏组(Em)出露于龙木错—鲁玛江冬错一带,岩石组合为玄武岩-安山岩-流纹岩,属于较典型的弧火山岩组合,结合区域构造演化,其形成环境属于滞后弧。沱沱河组(Et)出露于多木拉—双湖一带,岩石组合为粗面岩-流纹岩-安粗岩-粗面质火山角砾岩,属于 SH 系列火山岩,形成于后碰撞环境。纳丁错组(En)沿多玛—巴青一带出露,岩石组合为安山岩-碱性玄武岩,属于 SH 系列,形成于后碰撞环境。查宝马组(EN_1c)同样沿多玛—巴青一带出露,岩石组合为粗面岩,属于 SH 系列火山岩,形成于后碰撞环境。松西组(E_3N_1s)在龙木错—鲁玛江冬错、多木拉—双湖一带及多玛—巴青一带均有所出露,岩石组合为粗面岩,属于 SH 系列火山岩,形成于后碰撞环境。鱼鳞山组(NQy)仅出露于多木拉—双湖一带,岩石组合为粗面岩,形成于后碰撞环境。贡木淌组(Qpg)沿多玛—巴青一带出露,岩石组合为橄榄玄武岩-碱性玄武岩-辉绿岩,属于 SH 系列火山岩,形成于后碰撞环境。

上述火山岩除了美苏组形成于滞后弧环境而外,其余都形成于后碰撞环境,而且其岩石组合都属于 SH 系列的火山岩组合,特别是在晚期组分中出现了橄榄玄武岩,说明后碰撞晚期岩石圈增厚到开始局部拆沉,造成幔源岩浆的喷出。

(一)乌兰乌拉湖火山岩段Ⅲ-6-1

乌兰乌拉火山岩段呈北北西向转北西展布,是东侧昌都地块及其开心岭-杂多陆缘弧带与西侧北羌塘地块的重要分界线。火山岩以火山碎屑岩形式构成混杂岩的基质部分,原称作若拉岗日群($T_{2-3}R$)(1:100 万改则幅,1986)。

在蛇绿岩组合中以中基性火山岩为主,为粗玄岩、玄武岩、气孔状安山岩、粗面岩、玄武质火山角砾岩、安山质晶屑岩屑凝灰岩等,1:25 万区域地质调查认为形成于板内-洋岛(或洋脊)过渡环境或陆内裂谷构造环境,相伴硅质岩中含有(晚奥陶世—)晚泥盆世、石炭纪、二叠纪放射虫组合。

(二)北澜沧江火山岩段Ⅲ-6-2

北澜沧江蛇绿混杂岩带呈北北西向转北西向展布,岩石类型以流纹岩为主,少量为英安岩、玄武质粗面安山岩,喷发不整合于二叠纪—石炭纪的浅变质岩系之上,其上被晚三叠世小定西组火山岩平行不整合覆盖。中国科学院广州地球化学研究所彭头平等(2006)对云县棉花地的忙怀组流纹岩进行了锆石 SHRIMP 测年研究,获得(231.0 ± 5.0)Ma 的加权平均值,南部官房铜矿等地获锆石 LA-ICPMS 年龄为 234.3Ma、234.8Ma、236.9Ma,均属中三叠世。

(三)南澜沧江火山岩段(C—P)Ⅲ-6-3

该岩段在新元古代澜沧岩群(Pt_3L)中有少量分布,且均为绿片岩,其原岩为基性火山岩。该类岩石在澜沧岩群中多呈夹层产出,分布广。澜沧岩群主要为一套变质的含火山岩复理石建造,绿片岩在绢云千枚岩、绢云石英千枚岩中多呈夹层产出,局部相对集中分布,与澜沧岩群其他岩石为次生面理接触,属澜沧岩群同沉积火山岩。火山岩形成于深海-半深海相喷发环境。结合前述资料绿片岩原岩更具大洋低钾拉斑玄武岩特征,可能为 Rodinia 超级大陆裂解时期形成的拉斑玄武岩。

吉岔火山弧,分布在维西县白济汛—维登一线以西,被断裂夹持呈长透镜状北北西向延伸。以吉岔超基性—基性-斜长花岗岩岩体群为主,岩体与围岩断层接触,围岩为二叠系吉东龙组。超基性岩有纯橄榄岩、单辉橄榄岩、橄榄单辉岩、斜辉橄榄岩等,基性岩以辉长岩为主,少量含斜长角闪石岩、角闪辉绿岩,另有斜长花岗岩和闪长岩。岩石地球化学特征属岛弧环境,与围岩弧火山岩一致。

吉东龙弧后盆地,由中二叠统吉东龙组、上二叠统沙木组组成,火山岩以玄武岩、安山玄武岩、安山岩、安山玄武质凝灰岩为主,安山玄武质火山角砾岩较少,岩石均已发生不同程度的变质。岩石化学属亚碱性岩系列的钙碱性系列，形成于岛弧环境。沉积岩属半深海斜坡环境。

晚三叠世后碰撞橄榄安粗岩组合赋存于晚三叠世小定西组中，仅分布于南澜沧江地区，为一套中基性的火山岩，其厚度变化大，岩性横向变化快。火山岩不整合于中三叠统忙怀组之上，并被下侏罗统芒汇河组或中侏罗统花开左组假整合所覆盖。彭头平等（2006）对层型剖面上的玄武岩进行了锆石SHRIMP测年研究，获得213Ma、216Ma的年龄值，属晚三叠世。与沉积岩夹层中的古生物鉴定成果一致。本次编图归入后碰撞橄榄安粗岩组合，属碰撞、造山作用结束后，陆内应力调整阶段，早期俯冲板片在深部的脱水、断离、拆沉作用过程中，壳-幔物质相互作用的产物。

早侏罗世高钾钙碱性英安岩-流纹岩组合赋存于芒汇河组中，与小定西组相伴出露，仅分布于南澜沧江地区。为一套夹红色陆源碎屑沉积岩的酸性、中酸性火山岩，厚度变化大，岩性横向变化快，一些地区甚至尖灭、消失。火山岩不整合于上三叠统小定西组之上，并被中侏罗统花开左组假整合所覆盖。1:25万景洪幅区域地质调查中，在江桥一带的芒汇河组流纹岩中新近获得可信度较高的锆石LA-ICPMS年龄(196.7 ± 2.3)Ma、(198.1 ± 3.5)Ma，属早侏罗世。

七、那底岗日-格拉丹冬-他念他翁山-崇山-临沧陆缘火山岩带Ⅲ-7

（一）那底岗日-格拉丹冬火山岩段Ⅲ-7-1

晚三叠世—早白垩世火山活动以北羌塘南缘上三叠统顶部（格拉丹冬地区）中基、中酸性火山岩和那底岗日组（J_1n）中酸性火山岩为代表，晚三叠世火山厚度150～1200m，属钙碱系列中酸性炎山岩，笔者认为属挤压背景下的弧火山岩。早侏罗世火山岩厚度近千米，在菊花山、拉相错—江爱山和那底岗日一带普遍存在。

（二）他念他翁山火山岩段Ⅲ-7-2

古—中元古代火山岩分布于本区西部他念他翁山类乌齐地区的吉塘岩群（$Pt_{1-2}J$）中。吉塘岩群变质中-中基性火山岩由斜长角闪片麻岩、黑云角闪二长片麻岩、斜长角闪岩、黑云二长变粒岩、黑云二长片麻岩和少量辉石岩等组成。斜长角闪岩多呈100～300m不等之层状、似层状及扁豆状夹于厚大的片麻岩、变粒岩中。辉石岩仅见于吉塘岩群核部博日松多等地，呈扁豆状。依据角闪质岩的岩石化学、岩石地球化学特征，恢复原岩为一套基性—中基性火山岩。吉塘岩群斜长角闪岩具高钾、低镁及微量元素高Rb、Ba、Th、U、Zr等特征，在造山带火山岩区内，其稀土配分型式亦属岛弧火山岩范围，表明吉塘岩群变质火山岩所反映的构造环境属活动大陆边缘岛弧。

三叠纪火山岩仅有中—晚三叠世竹卡群（$T_{2-3}Z$）火山岩，分布于俄让—竹卡。竹卡群火山岩在俄让一带厚2052m，以火山碎屑岩为主，有少量英安岩、流纹英安岩、流纹岩及流纹英安凝灰质熔岩，少见正常沉积岩，火山岩爆发指数高达95%，为强烈爆发式。火山岩一般以角砾或角砾凝灰岩开始，向上为凝灰岩、凝灰熔岩、英安岩或流纹英安岩及流纹岩，并构成了10个喷发韵律。主要岩石有流纹英安质晶屑凝灰岩、流纹英安质晶屑岩屑凝灰岩、流纹英安质岩屑凝灰岩、流纹质火山角砾凝灰岩、英安质凝灰角砾岩、片理化英安岩、片理化英安流纹岩、流纹岩及少量流纹斑岩、安山岩等。

（三）崇山-临沧陆缘火山岩段Ⅲ-7-3

崇山-临沧陆缘火山岩段分布于临沧花岗岩基以西的珠山—大蕨坝和三岔河—大四甲等地。包括中三叠世忙怀组火山岩及晚三叠世至早侏罗世小定西组火山岩两部分，并以中三叠世忙怀组火山岩分布最广，晚三叠世至早侏罗世小定西组火山岩厚度最大。岩石类型主要为英安岩，不整合覆于允沟岩组（Pt_3y）之上，与澜沧岩群（Pt_3L）为断层接触，其上被三岔河组（T_3sc）不整合覆盖。

第四节　班公湖-怒江-昌宁-孟连构造火山岩构造岩浆岩省Ⅳ

该火山岩带先后出现4个时段的火山岩浆活动。

第一个时段的火山岩浆活动出现在中新元古代，所涉及到的岩石地层单元有中元古代澜沧江岩群(Pt_2L)、新元古代王雅岩组(Pt_3w)和允沟岩组(Pt_3y)，上述岩石地层单元都出露于昌宁—孟连一带。

澜沧江岩群(Pt_2L)是一套低绿片岩相含基性火山岩的含碳细碎屑岩无序岩石组合。按照岩石组合，划分成4个组，下部两个组为深水-半深水碎屑浊流沉积，变质成碳质绢云千枚岩-石英千枚岩组合；上部两个组为高压变质相，属于含基性火山岩的深水火山浊流沉积变质而成，推测形成于古岛弧环境，在班公湖-怒江洋盆俯冲消减过程中构造卷入到增生楔中，并发生蓝闪石变质作用。目前所获得的同位素测年数据表明蓝闪石片岩变质作用发生在印支期。允沟岩组(Pt_3y)是一套含基性火山岩的细碎屑岩建造，变质成千枚岩-变石英砂岩-钠长阳起片岩组合。王雅岩组(Pt_3w)是一套含酸性火山岩的细碎屑岩建造，变质成千枚岩-钠长石英片岩组合。这两个岩组构成双峰式火山岩建造，可能形成于古裂谷环境。

第二个时段的火山岩浆活动出现在志留纪—二叠纪。涵盖的火山岩地层或含火山岩的地层有：晚古生代荣中岩群(Pz_2R)、嘉玉桥岩群(Pz_2J)，中泥盆世茶桑组(D_2c)，早石炭世邦达岩组(C_1b)，错绒沟岩组(C_1c)、古米岩组(C_1g)，石炭纪—二叠纪荣中岩群(Pz_2R)、俄学岩群[(C—P)E]、苏如卡岩组[(C—P)s]，早石炭世平掌组(C_1pz)，晚石炭世依柳组(C_1y)，石炭纪玄武岩(β)。此外，还有3条蛇绿混杂岩亚带：班公湖-怒江西段蛇绿混杂岩亚带、滇西丙中洛-马吉蛇绿混杂岩亚带及昌宁-孟连蛇绿混杂岩亚带。

荣中岩群(Pz_2R)沿怒江一带出露，岩石组合为玄武岩-生物碳酸盐岩，属于较典型的洋岛火山岩组合，以构造岩片(块)出露于增生楔中。嘉玉桥岩群(Pz_2J)沿聂荣一带和怒江一带均有所出露，是一套变质程度达高绿片岩相的半深海相碎屑浊流沉积岩，变质岩组合中有钠长片岩、黑云母斜长片岩、斜长角闪片岩等，属于中基性火山岩类变质而成，在嘉玉桥群中还夹有蛇绿岩组分的构造岩块。泥盆系—二叠系沿怒江带出露，其中涵盖多个岩石地层单元，这些岩石地层单元总体上属于一套从半深海碎屑浊流沉积岩到深海远洋碎屑浊流沉积岩，遭受强烈的透入性片理化，绝大部分以构造岩片的形式出露，其中夹有蛇绿岩组分的构造岩块(片)及其他岩石的构造岩片(块)：碳酸盐岩、砂岩、大理岩及深海远洋硅质岩等。其中在邦达岩组(C_1b)中夹有流纹岩，错绒沟岩组(C_1c)中夹有玄武岩及辉绿岩，俄学岩群[(C—P)E]中含有深海远洋硅质岩。平掌组(C_1pz)、依柳组(C_1y)和石炭纪玄武岩(β)都沿昌宁—孟连一带出露，平掌组的火山岩岩石组合为玄武岩-玄武安山岩，与生物碳酸盐岩伴生，属于典型的洋岛火山岩组合；依柳组的火山岩岩石组合为玄武岩-玄武安山岩-安山岩-粗面岩，同样与生物碳酸盐岩伴生，形成于洋岛环境。在班公湖-怒江洋盆俯冲消减过程中都构造卷入到增生楔中，成为其组成部分。

第三个时段的火山岩浆活动出现在中侏罗世—晚白垩世末，涵盖的火山岩岩石地层单元有中晚侏罗世接奴群($J_{2-3}Jn$)，早白垩世仲岗岩组(K_1z)、去申拉组(K_1q)，白垩纪玉多组($K_{1-2}y$)。这一时期还有大量的超镁铁质岩和镁铁质岩出露构成这一时期的蛇绿混杂岩。

接奴群($J_{2-3}Jn$)在班公湖—怒江西段聂荣一带均有出露，岩石组合为橄榄玄武岩-安山岩-英安岩-火山碎屑岩-碎屑岩，形成于岛弧环境。仲岗岩组(K_1z)、去申拉组(K_1q)和玉多组($K_{1-2}y$)只出露在班公湖-怒江带的西段。仲岗岩组(K_1z)的岩石组合为玄武岩-生物碳酸盐岩，为典型的洋岛海山火山岩组合，形成于洋岛海山环境。去申拉组(K_1q)的岩石组合为辉石安山岩-凝灰岩-碎屑岩，形成于岛弧环境。玉多组($K_{1-2}y$)的岩石组合为玄武岩-安山岩-英安岩-流纹岩-凝灰岩-碳酸盐岩，形成于岛弧环境。这些形成于不同环境的火山岩绝大部分呈构造岩片(块)产出，和这一时期的超镁铁质岩、镁铁质岩构造岩块(片)一起构成含蛇绿岩构造岩块的俯冲增生杂岩或增生楔。

第四个时段的火山岩浆活动出现在古近纪,火山岩岩石地层单元是美苏组(Em),沿班公湖-怒江带西段的日土—盐湖—达则错均有出露,岩石组合为玄武岩-安山岩-英安岩-火山碎屑岩,形成于滞后弧环境。

一、龙木错-双湖-类乌齐火山岩带 Ⅳ-1

龙木错-双湖火山岩段($Pz—T_2$)全长约1350km,西起龙木错,向东至清澈湖折向南,经羌马错后再折向东沿冈玛错—戈木日—玛依岗日—查桑南—双湖—阿尔下穷—扎萨—查吾拉一带分布,东延在拉龙贡村附近可能与北澜沧江蛇绿混杂岩带相接(李才,1987)。常构成混杂岩带,自西而东包括桃形湖混杂岩带、果干加年山混杂岩带和双湖混杂岩带。

奥陶纪、二叠纪火山岩往往作为蛇绿岩组成部分出现,多数为枕(块)状玄武岩。中三叠世末—晚三叠世因强烈碰撞造山隆起,在隆起区北侧近陆缘弧的边缘地带,发育陆相火山-沉积岩系(如上三叠统望湖岭组)不整合于蛇绿混杂岩之上;在隆起区南侧近海边缘地带,发育海陆交互相含煤碎屑岩系(如上三叠统土门格拉组)不整合于蛇绿混杂岩之上。

(一)角木日-肖茶卡火山岩段 Ⅳ-1-1

常见二叠纪灰岩与玄武岩类互层,构成洋岛结构。岩性为枕状玄武岩、基性火山角砾岩、凝灰岩和集块岩等,与低绿片岩和蓝片岩共生。角木日玄武岩可分为亚碱性岩系列的玄武岩和碱性系列的粗面玄武岩、碧玄岩和玄武质粗面安山岩(翟庆国等,2006)。岩石地球化学特征显示洋岛玄武岩OIB特征。

角木日洋岛,角木日蛇绿岩层序比较完整,具有洋岛增生杂岩的特点。蛇绿岩围岩为上石炭统或二叠系。蛇绿岩组合中主要岩石类型有辉石橄榄岩、橄榄辉石岩、辉长辉绿岩、橄榄辉长辉绿岩、块状玄武岩、枕状玄武岩和放射虫硅质岩。本带角木日至双湖一带,常见二叠纪灰岩与玄武岩类互层,构成洋岛结构。

(二)孔孔茶卡洋岛 Ⅳ-1-2

孔孔茶卡洋岛主要位于孔孔茶卡一带,在二叠纪地层中呈块状玄武岩、浅紫红色安山玄武岩、火山角砾岩等产出,个别地方出现透镜状薄层硅质岩,野外宏观观察有海山洋岛的特征。

(三)肖茶卡洋岛 Ⅳ-1-3

肖茶卡洋岛位于肖茶卡一带,岩性以灰绿色、暗紫红色中层—厚块状玄武岩,安山岩为主,夹火山角砾岩及灰色中厚层—块状微晶灰岩、深灰色薄—极薄层状凝灰质泥页岩、凝灰质细砂岩。据1:25万江爱达日那幅区域地质调查报告(成都地质调查中心,2003),多表现为板内拉斑玄武岩的大隆起形式,属不相容元素富集的配分型式,具典型洋岛玄武岩特点,部分岩石中Ba、Hf和K呈现负异常,表现出过渡型玄武岩特点。

二、多玛-南羌塘-左贡增生弧盆系火山岩带 Ⅳ-2

(一)多玛地块增生火山岩亚带(Pz) Ⅳ-2-1

火山岩活动总体较弱,但延续时间较长,从晚古生代—新生代均有火山喷发,而较为强烈的喷发是在古近纪。主要分布于屠路、卓垄、索哪狼宗、江把哪等地。主要分布于古近纪的美苏组火山岩地层中,而在擦蒙组、展金组、曲地组、日干配错群、木嘎岗日群、班公湖蛇绿混杂岩、沙木罗组中有少量的火山岩呈夹层、透镜体、岩块或岩片产出。区内晚古生代火山岩不发育,仅在西北部擦蒙组、展金组、曲地组的砂岩、板岩中有极少量的火山熔岩透镜体或夹层。其岩石类型有曲地组的含石榴石角闪安山岩,展金组的杏仁状粗玄岩、角闪安山岩、含角砾流纹质晶屑凝灰熔岩,擦蒙组的少量蚀变(杏仁状)安山岩,吞龙共巴组的橄榄玄武岩、玄武岩、气孔状蚀变基性熔岩、杏仁玄武岩。

火山岩见于海西期石炭系擦蒙组第二段(C_2c^2)、石炭系日湾擦卡组(C_1r)、二叠系展金组(P_1z)、二叠系曲地组($P_{1-2}q$)、二叠系龙格组第一段(P_2l^1)、印支期三叠系日干配错群第一段(T_3R^1),燕山期侏罗系那底岗日组($J_{1-2}n$)及喜马拉雅期古近系康托组、新近系鱼鳞山组(Ny)。不同程度、不同类型的火山活动,反映了岩浆-构造旋回的关系。其中以喜马拉雅期古近系康托组火山岩、新近系鱼鳞山组火山岩发育良好,岩石类型较为齐全,出露面积相对较大。不同时代火山岩主要特征分述如下。

海西期火山岩:海西期火山岩呈夹层产于石炭系至中二叠统不同地层中,据其顶、底板岩系都是海相沉积,火山岩无疑为海相喷溢-喷发成因。岩类主要为熔岩(基性为主,偶见中性),少量为火山碎屑岩。

印支期火山岩:印支期火山岩间夹于三叠系日干配错组(T_3R)。岩石类型有弱变质拉斑玄武岩、弱变质安山岩。三叠系日干配错组火山岩未做岩石主量元素、稀土元素、微量元素化学分析,结合同期变质基性侵入岩构造环境及变质沉积岩沉积相分析,推论其构造环境为板内环境→火山弧环境下的转换背景。

燕山期火山岩:燕山期火山岩仅见侏罗系那底岗日组($J_{1-2}n$)火山岩。

侏罗系那底岗日组火山岩出露于冈玛错—五指湖一线,西段以玄武岩为主,局部夹安山岩。东段有安山岩、玄武岩、火山角砾岩、凝灰岩等,较明显地表现出多次旋回式喷发及近火山口相特征。从岩性组合、下伏接触关系及玄武岩获取的全岩 K-Ar 年龄值 192.5~171Ma 与区域对比,确定其地质时代为早侏罗世晚期至中侏罗世。

结合稀土元素球粒陨石标准化稀土配分曲线和那底岗日组沉积相特点,从一个侧面反映该岩浆作用发生的构造背景应为海相大陆板内向火山弧构造转换背景(1:25 万日土县幅、1:25 万松西幅、1:25 万丁固幅、1:25 万加错幅、1:25 万改则县幅、日干配错幅,2005),可能与俯冲板片断离导致的软流圈上涌-岩石圈减薄作用有关。

(二)扎普-多不杂岩浆弧火山岩亚带(J_3—K_1)Ⅳ-2-2

晚侏罗世—早白垩世在班公湖-怒江洋盆主体向南俯冲消减的格局下,同时发生了向北的俯冲消减作用,相配套发育了晚侏罗世—早白垩世扎普-多不杂火山-岩浆增生弧(J_3—K_1)。火山岩主要赋存在白龙冰河组(J_3b)及雪山组[(J_3—K_1)x]中,岩石类型主要有玄武质角砾熔岩、中基—中酸性火山角砾岩、粒玄岩、粗安岩、杏仁状含角砾安山岩、安山岩、英安岩和流纹岩以及大量火山碎屑岩等,岩石地球化学分析确定其属钙碱性岩石系列,属火山弧玄武岩。火山岩的 Sr、Nd、Hf 及岩石地球化学特征表明,岩石具有钙碱性系列→高钾钙碱性系列中基性—中酸性火山岩特点,构造性质限定在大陆边缘岛弧环境,岩浆是俯冲沉积物熔体交代的地幔源区部分熔融产生高温玄武质岩浆底侵与不同程度地壳熔融较酸性岩浆混合形成。在多不杂矿区及其附近区域获得安山岩的 SHRIMP 锆石 U-Pb 年龄为(118.1±1.6)Ma、玄武安山岩年龄为[(111.9~105.7)±1.7]Ma(李金祥,2008)。

主体以白垩纪火山岩为主。火山岩主要赋存在美日切错组中,岩石类型主要有玄武质角砾熔岩、中基—中酸性火山角砾岩、粒玄岩、粗安岩、杏仁状含角砾安山岩、安山岩、英安岩和流纹岩以及大量火山碎屑岩等,岩石地球化学分析确定其属钙碱性岩石系列,属火山弧玄武岩。火山岩的 Sr、Nd、Hf 及岩石地球化学特征表明,岩石具有钙碱性系列→高钾钙碱性系列中基性—中酸性火山岩特点,构造性质限定在大陆边缘岛弧环境,岩浆是俯冲沉积物熔体交代的地幔源区部分熔融产生高温玄武质岩浆底侵与不同程度地壳熔融较酸性岩浆混合形成。在多不杂矿区及其附近区域获得安山岩的 SHRIMP 锆石 U-Pb 年龄为(118.1±1.6)Ma、玄武安山岩年龄为[(111.9~105.7)±1.7]Ma(李金祥,2008)。

（三）左贡岩浆弧火山岩段(C—T)Ⅳ-2-3

区内出露的火山岩沿北北西—南东向展布，出露地层在中南部为卡贡岩群($C_1K.$)、东坝组(P_2d)、沙龙组(P_3sl)、竹卡群($T_{2-3}Z$)、小定西组(T_3x)；西北部为日阿则弄组(C_1r)和晚古生代杂多群、开心岭群等。

晚古生代地层——无论是卡贡岩群、东坝组、沙龙组，还是北部的日阿则弄组、杂多群、开心岭群等，主体为一套海相碎屑岩-玄武安山岩、杏仁状、致密块状玄武岩、安山质角砾熔岩及变质凝灰岩-灰岩组合，局部为玄武岩-流纹岩-硅质岩组合；火山岩性质属于大陆拉斑-碱性系列玄武岩及安山岩，初步分析是一套活动大陆边缘沉积组合，即陆缘裂谷-大洋环境。也有人认为是与俯冲作用有关的陆缘火山弧环境。

竹卡群($T_{2-3}Z$)：中部、中上部以英安岩、流纹岩为主，夹凝灰岩及碎屑岩，熔岩中普遍具柱状节理；下部出现大量流纹-英安质火山角砾岩、角砾熔岩、岩屑晶屑凝灰岩、凝灰熔岩等，且碎屑沉积岩增多，局部夹大理岩、碳酸盐化蚀变玄武岩，显示碰撞火山岩环境，同位素年龄为 238.9Ma(Rb-Sr)。

小定西组(T_3x)：为双峰式火山岩组合，从流纹质火山岩→亚碱性玄武岩→碱长玄武岩→钾质粗面玄武岩→流纹岩，地球化学特征显示陆缘火山弧的构造环境。

南段竹卡-盐井带：沿澜沧江竹卡—盐井—石登一带发育的中三叠世碰撞型英安质-流纹质火山岩带，该带碰撞型火山岩基本与前述江达-维西碰撞型英安-流纹质火山岩特征相同。发育中晚三叠世竹卡群碰撞型英安质-流纹质火山岩。

三、班公湖-怒江火山岩带Ⅳ-3

班公湖-怒江火山岩带的火山岩多为蛇绿岩、增生杂岩的组成部分，以块状及枕状玄武岩产出。沿断裂带还发育晚白垩世—新近纪陆相火山喷发，以及新生代陆相走滑拉分盆地、第四纪谷地呈带状展布。

晚三叠世碱性玄武岩分布于晚三叠世确哈拉组地层中，呈透镜状或断片状断续分布于单堆—白雄一带，因缺乏年龄资料，据其与地层关系暂归为晚三叠世。主要由碱性玄武岩、粗面玄武岩组成。

早白垩世火山岩包括两套火山岩，即塔仁本洋岛型玄武岩和去申拉组火山岩。塔仁本洋岛型玄武岩，分布于班公湖-怒江缝合带上，以海相中心式喷发为主，主要岩石类型有灰绿色玻基玄武岩、黑色枕状玄武岩、黑绿色杏仁状玄武岩。岩石化学为碱性系列，富集轻稀土和高场强元素，为发育于大洋板块内部或边缘的洋岛型玄武岩，它的出现标志着班-怒洋已由成熟期转为衰退期。去申拉组火山岩，沿班公错-怒江缝合带近东西向断续分布，该火山岩为陆相中心式-裂隙式喷发，岩石呈层状产出，主要为安山质火山岩，其中发育有柱状节理，显示陆相火山岩特征，局部零星见有流纹质火山岩。火山岩层中夹有紫红色砾岩、砂岩。去申拉组火山岩与下伏早—中侏罗世木嘎岗日岩群、吐卡日组地层及塔仁本洋岛玄武岩呈角度不整合接触，与上覆新近纪康托组地层呈角度不整合接触。在安山岩中获得 K-Ar(全岩)年龄为(103.65±1.5)Ma，时代为早白垩世末期。不整合面上发育有底砾岩，该不整合为造山不整合，代表了班-怒洋的彻底关闭和造山作用的开始。

该火山岩带分为班公湖-改则、东巧-安多、丁青-怒江 3 个段。

（一）班公湖-改则火山岩段Ⅳ-3-1

该火山岩段分布在本带西段日土县的班公错至革吉县北部的纳屋错一带，典型出露地段主要包括日土蛇绿(混杂)岩、巴尔穷蛇绿(混杂)岩(扎普地区)、普公蛇绿岩(羌多)和纳屋错(革吉)蛇绿岩。岩石类型有蛇纹石化橄榄岩、二辉橄榄岩、单辉橄榄岩、橄榄斜长岩辉长岩、辉绿玢岩、辉绿岩和玄武岩等，均呈构造岩块，与围岩为断层、剪切带接触。

木嘎岗日岩群($J_{1-2}M$)下部见枕状玄武岩及三叠纪(?)硅质岩和中二叠世灰岩岩块,上部夹少量灰绿色凝灰质细砂岩,去申拉一带放射虫硅质岩经放射虫鉴定时代为侏罗纪。

(二) 东巧-安多火山岩段 IV-3-2

该火山岩段主要分布于东巧—安多,改则县东部的洞错北岸,向东可延续到日干配错以南的孜如错一带。洞错蛇绿岩是班公湖-怒江带中规模最大的蛇绿岩之一,层序完整,主要包括地幔橄榄岩、堆晶岩、枕状熔岩、岩墙(群)、斜长岩及放射虫硅质岩的构造单元,多已被构造肢解。混杂带的基质为木嘎岗日群。

(三) 丁青-怒江火山岩段 IV-3-3

该火山岩段指索县—巴青—丁青—八宿一带,共有28个超基性岩体。总体呈透镜状、扁豆状、似脉状,沿北西、北西西方向断续展布。丁青色扎区的加弄沟、宗白—亚宗一带可见完整蛇绿岩层序,自下而上为橄榄岩(包括云辉橄榄岩、辉橄岩、二辉橄榄岩夹含辉纯橄岩,厚度大于7500m)→堆晶岩(包括辉长苏长岩、二辉岩、角闪辉长岩,厚260m)→辉绿岩和辉长辉绿岩墙群→玄武质熔岩(包括拉斑玄武岩、霓玄岩、钛辉玄武岩)→放射虫硅质岩,扎玉-碧土玉曲河两岸的硅质岩中含晚石炭世放射虫 *Albaillella* sp. 及牙形刺等化石。在日隆山、娃日拉一带有厚度大于1200m的由纯橄岩、二辉橄榄岩互层组成的堆晶杂岩。

四、昌宁-孟连火山岩亚带 (Pz) IV-4

昌宁-孟连火山岩带位于柯街-扣勐断裂与勐勇-怕秋断裂间,产出地层有泥盆系曼信组(Dm)、下石炭统平掌组(C_1pz)及石炭系—二叠系光色组(CPg)。

沿滇西的昌宁—铜厂街—孟连一带出露,由超镁铁质岩、镁铁质岩、绿片岩、斜长角闪岩、变质玄武岩、枕状玄武岩、英云闪长岩等构造岩片及基质构成。在牛井山、孟连等地则由蛇纹岩、超基性、苦橄玢岩、辉长岩、辉绿岩等构造岩片(块),以及非蛇绿岩组分的碳酸盐岩、基底变质岩系的构造岩片(块)及强烈片理化基质构成,基质成分主要为远洋-深海浊积岩、火山碎屑岩等。在牛井山—铜厂街一带的斜长角闪岩中可见良好的火成堆积层理。其中的绿片岩、斜长角闪岩、枕状玄武岩的岩石地球化学特征具有明显的低钾特点,属典型的拉斑系列。稀土元素配分曲线呈轻稀土元素亏损型-平坦型,在大量的地球化学判别图解中也主要落入洋中脊玄武岩区、洋底拉斑玄武岩区。该蛇绿岩经历了复杂的构造演化,所获年龄主要有锆石LA-ICPMS年龄473Ma、445.9Ma、439Ma、412Ma;锆石单颗粒U-Pb年龄223Ma、330Ma、334Ma、349Ma;角闪石K-Ar等时线年龄385Ma;阳起石的K-Ar等时线年龄212Ma。结合晚三叠世三岔河组不整合覆于铜厂街一带的蛇绿混杂岩之上、平掌组洋岛玄武岩广泛分布等一系列地质事实分析(云南省成矿地质背景研究报告,2013),该蛇绿岩可能从Rodinia超大陆裂离之后就出现,一直延续到中三叠世末。

泥盆纪火山岩,仅出露于耿马县弄巴北西及回爱南的泥盆系曼信组中,与深灰色泥质硅质岩、放射虫硅质岩等呈韵律状产出,由于曼信组出露不全,该期火山岩在区内仅形成1~3个厚度不大的喷发-沉积韵律。出露面积小于$113.01km^2$,分布范围十分局限。主要岩石类型有粒玄岩、橄榄玄武岩、杏仁状角闪玄武岩及凝灰岩、沉凝灰岩。岩石特征如下:

早石炭世火山岩,出露于沧源县南撒、团结、耿马县大芒光房、永德县香竹林、鱼塘寨等地的早石炭世平掌组中,总体呈南北向展布,与下伏泥盆系温泉组呈喷发不整合接触,被鱼塘寨组碳酸盐岩整合覆盖。与中细粒岩屑杂砂岩、中—薄层粉砂岩、薄层含放射虫泥质硅质岩等共生,形成一个喷发旋回。喷发韵律以火山碎屑岩开始,熔岩结束,爆发相与溢流相相互交替。在永德县鱼塘寨、香竹林、耿马县干龙塘、勐撒农场等地多呈断片零星出露,在耿马县大芒光房至沧源县团结、南撒一带相对出露齐全。

该喷发旋回岩石类型有玄武岩、杏仁状玄武岩、安山玄武岩、杏仁状安山玄武岩、玻基玄武岩、粒玄岩、碧玄岩及安山玄武质火山角砾岩、玻屑凝灰岩等。其中玄武岩、杏仁状玄武岩、安山玄武岩、杏仁状安山玄武岩及玻屑凝灰岩分布最广。但在沧源县南撒,主要为安山玄武质火山角砾岩、玻屑凝灰岩,夹少量杏仁状玄武岩、致密状玄武岩,似为近喷发中心产物。

石炭-二叠纪火山岩,仅出露于耿马县弄巴北西的石炭纪—二叠纪光色组中,与浅紫红色放射虫硅质岩、硅质泥岩呈韵律状产出,形成若干个厚度不大的喷发-沉积韵律。显示了深海洋盆的产出构造背景。与周围地层均为断层接触,分布范围十分局限。

主要岩石类型有橄榄玄武岩、致密状玄武岩、杏仁状玄武岩、杏仁状橄辉玢岩、苦橄岩、次橄榄辉绿岩、粒玄岩、角闪玄武岩等。

(一) 曼信深海平原火山岩段(D—C)Ⅳ-4-1

曼信组上部夹枕状玄武岩,其喷发不整合接触关系清晰可见,玄武岩中 Rb、Ba、Th、Ta、Ti 等不相容元素及 LREE 富集,Cr、Ni、Co 等相容元素出现亏损,地球化学性质具洋岛玄武岩(OIB)的特征,表明地幔柱的活动在晚泥盆世已形成溢流玄武岩,地幔柱活动的位置处于大陆边缘。

(二) 铜厂街-牛井山-孟连蛇绿混杂岩段(C)Ⅳ-4-2

中部的牛井山一带,蛇绿混杂岩由超镁铁岩、镁铁岩、洋脊玄武岩与放射虫硅质岩组成。洋脊玄武岩的岩石类型有橄榄玄武岩、杏仁状橄辉玢岩、杏仁状玄武岩、致密状玄武岩、苦橄岩、钠长绿泥绿帘片岩。

洋脊玄武岩与放射虫硅质岩组合称为光色组,下部以橄榄玄武岩、杏仁状橄辉玢岩、杏仁状玄武岩、致密状玄武岩为主,夹灰色薄层状含放射虫硅质岩;中部由灰色薄层状含放射虫硅质岩、凝灰岩、杏仁状玄武岩、致密状玄武岩、苦橄岩组成多个沉积—喷发韵律;上部为紫红色含放射虫硅质岩夹灰色薄层状含放射虫灰岩;顶部主要为灰色薄层状含放射虫硅质岩。含放射虫灰岩的出现,其深度应在CCD面附近(3500~4000m)。玄武岩中的不相容元素及LERR明显亏损,大洋拉斑玄武岩的特征显著。玄武岩之上盖有薄层状紫红色含放射虫硅质岩,层序结构与蛇绿混岩套的上覆岩系相近,具有洋壳的结构特征。从光色组上部所含化石看,在厚约100m的紫红色及灰色硅质岩中,生物以牙形石 *Gnathodus bilineatus bilineatus* Roundy, *Scaliognathus anchoralis* Branson et Mehl,放射虫 *Albaillella cartalla*, *Latentifistula ruestae*, *Nazarovella gracilis* De Wever and Caridroit, *N. inflata* Sashida and Tonoshi, *Ishigaum trifustis* De Wever and Caridroit 等为代表,时代跨越早石炭世中期—中晚二叠世大约80~90Ma的地质时期,沉积速率极低,与深海洋盆的环境相吻合。硅质岩的地球化学性质表现出亲大陆边缘环境的特征,少部分具亲洋壳属性。综合分析认为,其喷发-沉积环境为离大陆边缘较近的洋壳盆地边缘地区。

孟连县曼信南部一带以洋脊玄武组合为主,下部为 LERR 平坦型的橄榄拉斑玄武岩、苦橄岩;中部为 LERR 中等富集型的单辉橄榄岩、苦橄岩、橄榄拉斑玄武岩、含紫苏辉石的碱性玄武岩、玄武质集块岩、含放射虫硅质岩(C_1^2—C_2^1);上部为 LERR 强富集型橄榄玄武岩和钠质粗面玄武岩、基性火山碎屑岩、含生物碎屑泥质灰岩夹凝灰质钙质泥岩(莫宣学等,1998)。

(三) 四排山-景信洋岛-海山火山岩段(D_3—P)Ⅳ-4-3

四排山-景信洋岛-海山火山岩段地区进一步划分为鱼塘寨海山碳酸盐岩组合和班康洋岛火山岩组合2个五级构造单元。海山碳酸盐岩组合叠置在洋岛火山岩组合之上,洋岛火山岩组合与下伏的曼信深海平原为喷发不整合接触。

班康洋岛火山岩组合以上石炭统平掌组为主,主要为一套火山岩夹中细粒岩屑石英杂砂岩、粉砂质泥岩、泥岩、硅质岩、灰岩、白云质灰岩。火山岩主要岩石类型有玄武岩、杏仁状玄武岩、安山玄武岩、杏仁状安山玄武岩、玻基玄武岩、粒玄岩、碧玄岩及安山玄武质火山角砾岩、玻屑凝灰岩等。其中玄武岩、杏仁状玄武岩、安山玄武岩、杏仁状安山玄武岩及玻屑凝灰岩分布最广，下部以喷溢相的玄武岩为主，上部以凝灰岩为主。在沧源县南撒，主要为安山玄武质火山角砾岩、集块岩、玻屑凝灰岩，夹少量杏仁状玄武岩、致密状玄武岩，似为近喷发中心产物。平掌组玄武岩的地球化学性质显示 Rb、Ba、Ta、Ti 等不相容元素及 LERR 富集，具 OIB 型岩浆特征，属地幔柱源玄武岩。

上叠碳酸盐岩为石炭系—二叠系鱼塘寨组[(C—P)y]，下伏洋岛火山岩由下石炭统平掌组($C_1 pz$) 1∶25 万临沧幅双江县班康鱼塘寨海山碳酸盐岩组合石炭系—下二叠统鱼塘寨组、中二叠统大名山组和上二叠统石佛洞组构成。位于底部的鱼塘寨组叠置在下伏的平掌组洋岛火山岩之上，在班康及香竹林一带见鱼塘寨组碳酸盐岩呈孤岛状覆于平掌组玄武岩之上，两套岩石间界线分明，界面波状起伏，接触界面四周为塌积岩裙。

第五节　冈底斯-喜马拉雅火山岩构造岩浆岩省 V

该火山岩构造岩浆岩省的北邻区是班公湖-怒江火山岩构造岩浆岩省，其南部边界至于国境线。东南端进入缅甸境内，向西延伸进入克什米尔及印度境内。可以划分成如下 5 个火山岩带。

一、冈底斯-察隅弧盆系火山岩带 V-1

冈底斯火山岩带先后有 5 个时段的火山岩浆活动。

第一个时段的火山岩浆活动出现在中新元古代，涉及的火山岩岩石地层单元是念青唐古拉岩群($Pt_{2-3} Nq.$)，在噶尔—措勤—申扎一带、当雄—波密—察隅一带、冈仁波齐峰—拉萨—林芝一带，以及墨脱—瓦泽一带均有出露，可能属于拉萨地块的基底岩系。该岩群是一套变质程度达角闪岩相的无序岩石地层单元，局部变质程度较低，为低绿片岩相。变质岩石组合为石英片岩-斜长角闪岩-角闪斜长变粒岩-石榴石角闪斜长片麻岩，及阳起绿帘绿泥片岩-大理岩-变砂岩-千枚岩。恢复原岩为含基性—中酸性火山岩的碎屑岩夹碳酸盐岩组合。在该岩群中所测斜长角闪岩（拉斑玄武岩）的锆石 U-Pb SHRIMP 年龄为($781±11$)Ma，还有其他方法所测变质深成侵入岩和侵入岩的年龄分别为($1283±206$)Ma 和($748±8$)Ma（转引自何世平等，2011）。根据与其伴生的深成侵入岩组合为古老的 TTG 岩套，推测可能属于古岛弧环境。缅甸境内及延入我国西藏境内的德姆拉岩群($Pt_{2-3} D.$)相当于念青唐古拉岩群($Pt_{2-3} Nq.$)。

近年来，在尼玛县帮勒村一带从念青唐古拉岩群中解体出一部分火山岩，岩石组合为一套以变流岩为主，变玄武岩为辅的拉斑系列双峰式火山岩组合。岩石地球化学已经表明：其形成的构造环境为陆缘裂谷（西藏自治区成矿地质背景研究报告，2013）。由此可见念青唐古拉岩群是一个无序的岩石地层单元，其中所含火山岩的变质程度不同，形成的构造环境也有所差异。

第二个时段的前二叠纪岔萨岗岩组($AnPc.$)出露于工布江达县松多一带，为一套绿片岩相变质岩系，夹基性火山岩。石英片岩及绿片岩的 Rb-Sr 等时线年龄分别为 507.7Ma、466Ma，相当于寒武纪—奥陶纪时期。考虑到 Rb-Sr 法测年的局限性，并结合区域地质构造演化特征，笔者认为岔萨岗岩组变质火山岩的时代可能属于寒武纪晚期，与泛非构造岩浆事件有关。

第三个时段的火山岩浆活动出现在石炭纪—早二叠世，涵盖的火山岩岩石地层单元有早石炭世张家田组($C_1 z$)、晚石炭世—早二叠世来姑组[$(C_2 P_1) l$]。

张家田组($C_1 z$)出露于滇西的潞西一带。张家田组的火山岩岩石组合为玄武岩-玄武质岩屑玻屑凝灰岩，与半深水相的硅质岩、硅质泥岩共生。岩石 $SiO_2=47.77\%$，全碱 $alk=3.06$，$K_2O/Na_2O=0.39$，$MgO=11.12\%$，经 AFM 图解判别属拉斑玄武岩系列，形成于裂谷环境。

来姑组[$(C_2P_1)l$]出露于当雄—波密—察隅一带，岩石组合为玄武岩-玄武安山岩-安山岩-英安岩-角砾熔岩-凝灰岩，总体显示从基性到酸性复杂多样的钙碱性系列组合特征，属于活动大陆边缘岛弧火山岩的构造环境或为活动大陆边缘裂谷环境。西藏同仁认为火山岩以玄武岩为主，属于裂谷环境火山岩组合。结合这一时期冈瓦纳超大陆强烈裂离，本书尊重西藏同仁的意见。

第四个时段得火山岩浆活动出现在中二叠世—古近纪末，涵盖的火山岩岩石地层单元有中二叠世洛巴堆组(P_2l)，早中三叠世查曲浦组($T_{1-2}c$)，晚三叠世谢巴组(T_3xb)，早中侏罗世叶巴组($J_{1-2}y$)，早白垩世去申拉组(K_1q)、则弄组(K_1zn)、比马组(K_1b)，早晚白垩世玉多组($K_{1-2}y$)、朱村组($K_{1-2}z$)，古新世典中组(E_1d)，始新世年波组(E_2n)、帕那组(E_2p)，古近纪美苏组(Em)。

洛巴堆组(P_2l)沿冈仁波齐峰—拉萨—林芝一带出露，岩石组合为：玄武岩-玄武安山岩-安山岩-英安岩-凝灰熔岩、凝灰岩。据耿全如等(2007)对其岩石地球化学研究，其投影范围接近于岛弧玄武岩类，与典型的大陆玄武岩、喜马拉雅带二叠纪玄武岩有区别。因此，判断洛巴堆组火山岩形成于陆缘弧或岛弧环境。

查曲浦组($T_{1-2}c$)沿冈仁波齐峰—拉萨—林芝一带出露，岩石组合为安山质火山角砾岩-辉石安山岩-火山角砾凝灰岩-安山岩-凝灰岩-英岩-凝灰质砂岩、砂岩等，火山岩同位素年龄值为(255 ± 4)Ma(SHRIMP U-Pb)，形成于岛弧环境。

谢巴组(T_3xb)仅出露于冈仁波齐峰—拉萨—林芝一带的然乌及其以南至察隅古拉乡一带，由一套滨-浅海相安山岩、英安岩、安山质角砾岩、凝灰岩等组成，火山岩性质为钙碱系列，形成于岛弧环境。

叶巴组($J_{1-2}y$)沿冈仁波齐峰—拉萨—林芝一带内的拉萨、达孜至墨竹工卡之间出露，岩石组合为玄武岩-英安岩，从微量元素和同位素特征看，玄武岩、英安岩均具有岛弧特征，而该组变玄武岩大部分样品落在陆缘岛弧和陆缘火山弧玄武岩区域，少数样品落在该区域附近的陆内裂谷及陆内拉张带范围(西藏成矿地质背景研究报告，2013)。综合火山岩岩石组合、岩石地球化学特征以及区域构造，推测其形成于岛弧环境，并可能有部分形成于弧后扩张环境，因此部分岩石组合具有双峰式特征。

去申拉组(K_1q)沿改则—班戈—八宿一带出露，岩石组合为玄武岩-玄武安山岩-安山岩，同位素年龄为(126 ± 2)Ma(Rb-Sr)。岩石地球化学研究表明：该组火山岩全部样品落入亚碱性区，在AFM图解中，全部样品落入钙碱性系列；REE配分曲线模式呈右斜型，轻稀土较重稀土分馏明显，玄武岩与安山岩曲线较为一致，反映了为同一岩浆演化的特点。火山碎屑岩具有Eu负异常，与玄武岩、安山岩的曲线，除Eu外其他元素具有相似性。稀土元素表明源区可能来自于地幔，并经低度部分熔融而成。Nb-Y判别图解中样品全部落入火山弧构造环境中。结合区域地质背景、产出特征，可以推定去申拉组为一套岛弧型钙碱性岩石系列，形成于成熟火山岛弧环境。

则弄组(K_1zn)和玉多组($K_{1-2}y$)大面积出露于隆格尔-措卖断裂以南和狮泉河-永朱-纳木错-嘉黎断裂之间，横跨改则-班戈-八宿和噶尔-措勤-申扎2个火山岩亚带，在当雄—波密—察隅一带，则弄组(K_1zn)也有所出露。这两个组主体为一套海陆交互相-滨浅海相的中酸性火山岩-碎屑岩和碳酸盐岩组合，属于典型岛弧边缘海盆地沉积。岩石组合为玄武安山岩-安山岩-英安岩-流纹岩-安山质凝灰岩-沉凝灰岩，主要属于中高钾钙碱性系列，地球化学特征显示形成于岛弧环境。同位素年龄值在128.6~81.5Ma之间。目前对于冈底斯中北部早-中白垩纪火山岩的俯冲极性争议较大，一些地质学家认为与班公湖-怒江洋向南俯冲及新特提斯洋向北俯冲的双向俯冲有关，也有的认为仅与新特提斯洋向北俯冲有关。值得关注的是，在格扎错-纳木错一带，则弄组和玉多组与超镁铁质岩、镁铁质岩以及古老的变质基底岩系的构造岩块伴生，此类岩石组合显示其形成环境属于弧后裂谷。

比马组(K_1b)沿冈仁波齐峰—拉萨—林芝一带的桑日、尼木、曲水、南木林等地断续出露。火山岩岩石组合为玄武安山岩-安山岩-英安岩-凝灰岩，夹于碎屑岩中。火山岩属钙碱性系列，形成于岛弧环境。

朱村组($K_{1-2}z$)仅出露于八宿县一带，主体为中酸性火山岩建造，与下伏地层为角度不整合接触。该组的火山岩岩石组合为玄武岩-玄武安山岩-安山岩-英安岩-流纹岩-中酸性火山碎屑岩。该组火山岩的CIPW标准矿物组合主要为Q+Ab+An+Or+C+Hy，属于过铝岩石系列；其次为Q+Ab+An+Or+

Di+Hy,属正常类型;A/CNK值同样以过铝岩石为主;σ值在0.44～3.85之间,个别为5.43,总体上属于安山岩和粗安岩系列。REE配分曲线模式为LREE明显富集的右斜型,具有较明显的负Eu异常。在$\lg \tau$-$\lg \delta$环境判别图式及$TFeO/MgO$-TiO_2判别图式投影中分别落入消减带火山岩及岛弧拉斑玄武岩区。形成于岛弧环境。

典中组(E_1d)在噶尔—措勤—申扎一带及冈仁波齐峰—拉萨—林芝一带均有所出露,岩石组合以安山岩为主,含少量英安岩、流纹岩、玄武安山岩和安粗岩,同时含相对应的火山碎屑岩。大量的同位素测年显示该组火山岩形成于65～60Ma。岩石地球化学已经表明属于钙碱性系列,绝大多数为偏铝质岩石(A/CNK<1)。岩石样品投点主要落在钙碱性区域,极少部分在高钾钙碱性区域,显示出大陆边缘弧火山岩特征。

年波组(E_2n)在噶尔-措勤-申扎、当雄-波密-察隅及冈仁波齐峰-拉萨-林芝3个火山岩亚带都有所出露。该火山岩形成于54Ma左右,岩石组合为安山岩-流纹岩-少量玄武粗安岩,其化学成分演化方向是从酸性到基性—中基性。SiO_2平均含量较高(64.5%),Al_2O_3平均含量约为14.1%,K_2O+Na_2O平均含量为5.34%,K_2O/Na_2O平均比值约为2,里特曼指数σ介于0.21～4.45之间,绝大多数比值小于3.3,为过铝质岩石(A/CNK>1),在K_2O-SiO_2岩石样品投点主要落在高钾钙碱性区域,极少部分落在钙碱性区域和钾玄岩区域。

帕那组(E_2p)出露范围同年波组,形成年龄介于48.7～43.9Ma之间,岩石组合为高钾流纹质熔结凝灰岩及少量熔岩。帕那组火山岩系SiO_2含量最高(66.8%～79.6%),Al_2O平均含量约为13.2%,K_2O+Na_2O含量高(平均含量为7.95%),K_2O/Na_2O平均比值约为2.3,里特曼指数σ介于0.68～3.92之间,绝大多数比值小于3.3,绝大多数为过铝质岩石(A/CNK>1)。在K_2O-SiO_2图中岩石样品投点主要落在高钾钙碱性区域,REE配分模式极为一致,呈向右倾平滑的稀土元素配分模式,相对于HREE,LREE强烈富集,具显著的负Eu异常,分别体现是$(La/Yb)_N=6.6～17.2$,$(Gd/Yb)_N=1.2～2.3$和$Eu/Eu^*=0.3～0.8$。总体上富集大离子亲石元素(如Cs,Rb,Th),相对亏损高场强元素(如Nb,Ta,Ti,Y等)。帕那组火山岩具有相对较低的初始Sr、同位素比值$[^{87}Sr/^{86}Sr(i)=0.70487～0.70612]$和变化较大的初始Nd比值$[\varepsilon_{Nd(i)}=-3.07～+5.49]$。形成于晚期岛弧环境。

典中组(E_1d)、年波组(E_2n)和帕那组(E_2p)自下而上构成了"林子宗火山岩"的3个喷发旋回,从上文可以看出各个喷发旋回的火山岩浆活动具有不同的特征。林子宗火山岩提供了从新特提斯洋俯冲消减过渡到印度-欧亚陆-陆碰撞的深部岩石圈响应的岩石学记录。

古近纪美苏组(Em)仅沿噶尔—措勤—申扎一带出露,岩石组合主要为一套基性-中性-酸性的火山岩系。同位素年龄值为58.4～34Ma(K-Ar),形成于岛弧或滞后弧环境,与新特提斯洋的俯冲及深部俯冲有关。

第五个时段的火山岩浆活动出现在中新世—全新世,涵盖的火山岩岩石地层单元有新近纪布嘎寺组(Nb)、第四纪贡布淌火山岩(Qg)、上新世芒棒组(N_2m)、早更新世火山岩(Qp_1)、晚更新世火山岩(Qp_3)和全新世火山岩(Qh)。

布嘎寺组(Nb)沿噶尔—措勤—申扎一带和当雄—波密—察隅一带均有所出露,岩石组合以粗面质熔岩为主,夹火山碎屑岩及少量凝灰质砂砾岩,属于钾质-超钾质岩系。前人获得了大量同位素年龄,为$(21.48±0.36)$Ma(全岩)、$(19.43±0.31)$Ma(全岩)、$(14.96±0.25)$Ma(全岩)、粗面岩20.1Ma(全岩K-Ar法)等。布嘎寺火山岩喷发时间为中新世早期,形成于后碰撞环境。贡布淌火山岩(Qg)仅沿噶尔—措勤—申扎一带出露,岩石组合为橄榄玄武岩-碱玄岩-碱玄质响岩等,属钾玄岩系列-钾质碱性玄武岩系列,源区属壳源。该火山岩区域上可以与赛利普组火山岩、许如错火山岩可以对比。1:25万措勤幅所发现的这些第四纪火山岩,是靠下伏松散堆积物来确定上覆火山岩属于第四纪火山岩的,证据显得不足。据周肃等(2005)在贡木淌火山所测得的全岩Ar-Ar年龄值为16.5～16.3Ma,因此不少学者倾向性地认为目前所发现的这些第四纪火山时代与布嘎寺火山岩(Nb)时代相当,并且认为与高原南北向正断层(南北向裂谷、地堑)具有成因上的关联。本书尊重西藏同仁在成矿地质背景研究报告中的意见,暂将其时代划归第四纪。结合区域地质构造格局和演化,认为其形成于后碰撞环境。

综上所述,第五个时段的火山岩浆活动主要与新特提斯洋盆的洋陆演化过程相关,可能有部分出露于该火山岩带北带的一些早期火山岩浆活动与班公湖-双湖-怒江洋的洋陆转化构成相关。

(一) 昂龙岗日岩浆弧火山岩亚带 V-1-1

该带主要可划分为火山熔岩、火山碎屑岩、火山-沉积碎屑岩及潜火山岩四大类。

1. 火山熔岩 V-1-1-1

安山岩:主要见于多爱组和帕那组一段。岩石呈灰黑色、紫红色,斑状结构,基质为似交织结构,块状、杏仁状构造。岩石由斑晶和基质组成,斑晶成分主要为斜长石、单斜辉石。

粗安岩:分布于多爱组、典中组一段及帕那组一段。岩石呈灰色、灰紫色,斑状结构,基质为霏细结构或包含微粒状结构、似交织结构。

石英粗安岩:主要见于多爱组,岩石呈灰紫色,斑状结构,基质微晶结构、似交织结构、块状构造。斑晶成分为斜长石、辉石。

流纹岩:主要见于典中组二段。岩石风化面呈褐红色,新鲜面呈灰色,斑状结构,基质霏细结构、微晶结构,流纹构造。

2. 火山碎屑岩 V-1-1-2

火山碎屑熔岩类包括安山质角砾熔岩、粗安质凝灰熔岩。安山质角砾熔岩主要分布于多爱组,岩石呈黑灰色—深灰色,角砾熔岩结构,块状构造,岩石主要由火山角砾、凝灰物、熔岩胶结物组成。安山质凝灰熔岩主要分布于多爱组上部,岩石呈深灰色—灰黑色,凝灰熔岩结构,块状构造,主要由凝灰物及熔岩胶结物组成。粗安质凝灰熔岩见于多爱组,岩石风化面呈褐灰色,新鲜面呈深灰色,凝灰熔岩结构,块状构造。流纹质凝灰熔岩主要分布于帕那组二段,出露较少,岩石呈灰色,凝灰熔岩结构,块状构造。

正常火山碎屑岩类:熔结火山碎屑岩亚类主要包括流纹质熔结凝灰岩、石英粗安质角砾熔结凝灰岩、辉石安山质含角砾熔结凝灰岩、流纹-英安质含角砾熔结凝灰岩、粗安质含角砾熔结凝灰岩等岩石类型。火山碎屑岩亚类包括火山角砾岩、凝灰岩、集块角砾岩等多种岩石类型,各岩石类型根据火山碎屑成分又可划分为流纹质、石英粗安质火山碎屑岩。

3. 火山-沉积碎屑岩 V-1-1-3

流纹质沉角砾沉凝灰岩分布于帕那组、多爱组上部,分布面积较广,岩石呈灰白色、淡绿色,角砾结构,块状构造。石英粗安质凝灰岩仅局限分布于帕那组下部,岩石呈灰色,角砾结构,块状构造。岩石由火山角砾、凝灰物及正常沉积物组成。

本区火山岩,形成于喜马拉雅陆块向冈底斯陆块俯冲,古洋盆消减及碰撞造山区域构造背景下。

(二) 那曲-洛隆弧前盆地 (T_2—K) V-1-2

盆地内的中—上三叠统出露于区域中西部,嘎加组($T_{2-3}g$)和确哈拉群($T_{2-3}Q$)主要为一套含中基性火山岩的碎屑岩夹灰岩的复理石建造,夹杂有少量的蛇绿岩块体。侏罗系主体为一套典型弧前盆地中的碎屑岩复理石沉积建造,其中以夹层出现角闪安山岩-安山岩-流纹岩,岩石为碱性-钙碱系列,具有活动陆缘岛弧火山岩的特点(1∶25万那曲县幅,2005)。

下白垩统多尼组(K_1d)与下伏拉贡塘组呈平行不整合接触,主要为滨海与海陆过渡相的含煤线碎屑岩沉积,时夹中酸性火山岩,属于弧前盆地逐渐萎缩的产物。上白垩统竞柱山组(K_2j)为一套陆相磨拉石碎屑岩夹中基性火山岩建造,局部地区出露以中酸性火山岩为主的宗给组(K_2z),与下伏不同时代地层呈角度不整合接触。上白垩统区域性的广泛不整合,标志着洋盆的消亡、弧-陆碰撞造山作用的开始,并相应出现晚白垩世辉石安山岩、安山岩和岩屑火山角砾岩等碰撞型的钙碱性系列火山岩。

(三) 班戈-腾冲岩浆弧火山岩亚带（C—K）Ⅴ-1-3

出露的最老地层原岩为火山-沉积建造的中元古界高黎贡山群深变质岩系，变质程度达高绿片岩-低角闪岩相，属陆块结晶基底。变质岩普遍糜棱岩化，沿怒江断裂带及龙陵-瑞丽断裂带，形成由糜棱岩组成的韧性剪切带。

1. 班戈岩浆弧火山岩段（C—K）Ⅴ-1-3-1

晚古生代石炭纪开始，该区由前石炭纪的被动边缘转化为活动边缘盆地，在嘉黎以北—波密—然乌一带，包括区域上广泛分布的诺错组（C_1n）、来姑组$[(C_2—P_1)l]$、雄恩错组（P_2x）与纳错组（P_3n）主要为一套滨浅海相含大量中基性-中酸性系列火山岩的碎屑岩-碳酸盐岩组合，其中于然乌乡原划来姑组剖面上，新发现含冰水砾石的复成分砾石层，部分砾石见有明显的冰压剪裂隙。石炭纪—二叠纪火山岩的岩石类型复杂多样，岩性包括变玄武岩、变安山玄武岩、变安山岩、英安岩、流纹岩及相关的火山碎屑岩等，具有钙碱性系列火山岩特征，形成于活动边缘环境。

该地带中生代未见下-中三叠统，上三叠统谢巴组（T_3x）仅分布于然乌及其以南至察隅古拉乡地带，由一套滨-浅海相安山岩、英安岩、安山质角砾岩、凝灰岩等组成，并不整合于下伏古生代地层之上。火山岩性质为钙碱系列，形成于俯冲（碰撞？）造山构造环境。

班戈-八宿弧后盆地：该盆地主体属于冈底斯热隆（深部岩浆岩）弧后的弧背盆地，主要为滨海与海陆过渡相的含煤线碎屑岩沉积，时夹中酸性火山岩，其与下伏拉贡塘组呈平行不整合接触。

碰撞火山弧（K_{1-2}）：最新资料揭示，该带火山岩是比较发育的，但由于其研究程度低，其归属存在较大争议和分歧：简单地说，一是作为地层的夹层，分别归为多尼组（K_1d）或拉贡塘组（$J_{2-3}l$）；二是称江巴组或竞柱山组（K_2j）；三是称朱村组（$K_{1-2}zh$）。主要岩石组合是中酸性火山岩及熔岩，岩性有英安岩-角闪安山岩-安山岩-流纹岩-中酸性火山角砾岩-凝灰岩等，岩石为碱性-钙碱系列火山岩，具有活动陆缘火山弧的特点。近来，精确的锆石 U-Pb 测年数据显示，其形成时代集中在 120~110Ma，显然不是拉贡塘组的夹层，因此笔者建议称朱村组（$K_{1-2}zh$）。

那曲-比如压陷盆地：上白垩统竞柱山组为一套陆相磨拉石碎屑岩夹中基性火山岩建造，局部地区出露以中酸性火山岩为主的宗给组，与下伏不同时代地层呈角度不整合接触。上白垩统的不整合面为区内重要的造山不整合，标志着洋盆的消亡、碰撞作用的开始，并出现晚白垩世辉石安山岩、安山岩和岩屑火山角砾岩等碰撞型的钙碱性系列火山岩。

2. 高黎贡山火山岩段（Pt_2）Ⅴ-1-3-2

高黎贡山岩群分布于怒江断裂和龙陵-瑞丽断裂以西的广大地区，该岩群经历了吕梁期低角闪岩相的中压区域动力热流变质，并受晋宁期低绿片岩相（黑云母级）区域低温动力变质作用、印支期低绿片岩相（绢云母-绿泥石级）区域低温动力变质作用和喜马拉雅期韧性剪切带动力变质作用的叠加改造以及热接触变质作用的叠加改造，现存岩石类型复杂，可分为云母片岩-云母石英片岩类、角闪片岩类、黑云母变粒岩-黑云斜长片麻岩、角闪变粒岩-角闪片麻岩类、浅粒岩类、透辉变粒岩类、大理岩类及斜长角闪岩类、石英岩类等九大类，并以黑云斜长变粒岩、黑云斜长片麻岩、角闪斜长变粒岩、角闪斜长片麻岩、斜长角闪岩、透辉变粒岩等为主。对该岩群岩石的原岩恢复研究认为，部分岩石原岩为火山岩，有斜长角闪岩、黑云斜长变粒岩、含角闪黑云二长石英糜棱岩、长英质超糜棱岩、富黑云斜长透辉变粒岩等。由于岩石变质深、变形强，原岩结构构造已完全消失，已无法进行喷发韵律和喷发旋回的划分。

3. 盈江火山岩段（Pt_3）Ⅴ-1-3-3

新元古代二道河岩组火山岩（Pt_3e）主要沿高黎贡山西侧的龙川江两岸或龙川江断裂带呈南北向条带断续分布，出露宽 0.4~1.5km，面积约 49.1km^2，岩性主要为变质流纹岩。由于后期动力变质作用叠加，各岩性间为构造面理接触，已无法进行喷发韵律和喷发旋回的划分，现存岩石类型有流纹质千糜岩、千糜岩化流纹岩、片麻状变质流纹岩。

二道河岩组变火山岩岩性单一，岩石SiO_2含量高，富钾，TiO_2含量低，P_2O_5含量低，$FeO^*/MgO=1.45\sim5.09$，较高。铝饱和指数$A/CNK\geqslant1.1$；特征参数Nb^*、P^*、Zr^*和Ti^*均小于1，Sr^*大于1，表明火山岩岩浆源于地壳。

在Rittman A的$lg\tau$-$lg\sigma$图上，火山岩投影点位于B区或C区，具造山带（岛弧或活动大陆边缘）火山岩特征。在Pearce的火山岩Ti-Zr图和Condie的Yb-La/Yb图上，火山岩投影点位于火山弧区或大陆边缘弧区。主量元素与微量元素图解判别均显示：二道河岩组变流纹岩具造山带火山岩（弧火山岩）特征。

上述资料表明，二道河岩组变火山岩具造山带火山岩特征。与二道河岩组同属梅家山岩群的九渡河岩组、宝华山岩组、单龙河岩组为一套陆源碎屑岩夹碳酸盐岩的含磷冷水沉积建造，故二道河岩组变火山岩可能为新元古代冈瓦纳大陆北部边缘冷水盆地封闭造山时形成的流纹岩。二道河岩组与九渡河岩组、宝华山岩组、单龙河岩组形成的梅家山岩群构成了冈瓦纳大陆北部边缘的褶皱基底。对该岩群有待进一步深入研究。

4. 腾冲后碰撞岩浆弧火山岩段（N—Q）Ⅴ-1-3-4

腾冲新生代火山是我国著名的年轻火山岩群之一，主要出露于龙川江弧形断裂带及其以西的广大地区，以腾冲火山-沉积盆地为中心展布。主要岩石类型为致密状玄武岩、杏仁状玄武岩安山岩、英安质安山岩，形成2个由基性—中性—中酸性的喷发旋回，第一旋回为上新世—早更新世，第二喷性旋回在更新世—全新世，中更新世为喷性间歇期。

腾冲地区的新时代火山活动（<3.6Ma）明显晚于新特提斯洋封闭的时间（60~50Ma），与主碰撞期的时间间隔明显大于一般意义上的后碰撞岩浆活动，因而也应属"后造山环境"的火山岩组合。

新近纪—第四纪的火山喷发堆积活动开始于新近纪上新世，结束于第四纪全新世。分布于怒江断裂带以西以腾冲为中心的广大区域，分布直径90余千米，出露面积约1057km^2。可划分为N_2、Q_1、Q_3、Q_4四个喷发时期，分别构成从基性—酸性、基性—中性的两个喷发旋回，是我国新近纪—第四纪以来三大强烈火山活动的区域之一。特别是全新世的火山喷发，火山锥保存完好，极为美丽壮观。现按喷发时期从老至新分述如下。

1）第一期（上新世）火山堆积（N_2m^β）

该期火山喷发堆积活动是这一火山喷发旋回最早期次的喷发活动。主要发育于1:25万潞西市幅北东部腾冲县芒棒、五合、团田、香柏河和龙陵县龙江及中部梁河县蔺家寨等地，属芒棒组中的玄武岩夹层，出露面积约164.2km^2；由一套基性火山岩组成，其上为早更新世中酸性火山岩（英安岩）喷发不整合所覆。本期火山喷发堆积活动主要形成面型分布的基性熔岩-橄榄玄武岩为主，安山玄武岩次之。由于长期风化剥蚀，火山机构多已被破坏而丘陵化。

2）第二期（早更新世）火山堆积（Q_1）

该期火山喷发、堆积活动主要发育于腾冲县团田、于河、勐安等地，另在芭蕉岭、龙家地一带有零星出露，出露面积约454.2km^2，其喷发不整合覆于新近系上新统芒棒组之上，由一套中酸性火山岩组成，与第一期火山堆积（N_2m^β）构成一个从基性→酸性的喷发旋回。可划分为3个亚期。

（1）第一亚期火山堆积。本亚期火山活动为一次爆发性火山活动，主要分布在腾冲县左所营、来凤山等地，为爆发形成的火山碎屑锥，锥体分布面积约0.75km^2，由于长期风化剥蚀，高大火山碎屑锥火山被分割呈环形分布的小山包，其内为平坦的负地形，应为原火山口之所在，由浮石与火山弹碎块组成的火山熔角砾岩组成。由于被剥蚀火山碎屑锥体周围为第二亚期角闪安山岩所覆盖，因而将本亚期火山爆发活动作为第二期火山堆积的第一亚期火山爆发活动。

（2）第二亚期火山堆积。该亚期火山活动是一次以岩浆溢出为主的火山活动，见于腾冲县芭蕉关、谷家寨、大坪子、朗蒲寨等地，由一套中性火山熔岩组成，以黑云角闪安山岩、角闪安山岩为主，局部地区夹有少量的流纹岩及英安岩。下伏地层为新近系上新统灰黑色气孔状橄榄玄武岩。

上述剖面厚1162m，岩石类型主要为角闪安山岩、辉石安山岩和二者的过渡类型，岩中普遍含黑云母，局部地区夹少量的流纹岩。该亚期火山活动以溢出为主，形成了一系列呈半环形分布的火山熔丘地貌，水系以溢出口为中心呈放射状分布。在来凤山角闪安山岩大六冲、英安岩中采同位素全岩样，经全岩K-Ar法测定，获绝对年龄值为0.949Ma、0.623Ma。其喷发时期无疑为早更新世。

（3）第三亚期火山堆积。该亚期火山堆积见于腾冲县大六冲、大坪山等地，也是一次以岩浆溢出为主的火山活动，多处可见溢出口。由一套酸性火山熔岩组成，主要为英安岩。由于熔岩偏酸性，黏度较大，往往形成尖锥状火山熔岩丘。

3）第三期（晚更新世）火山堆积

本期火山岩分布于腾冲县中和、邦老、三谊村等地，为一套溢出相的基性熔岩，出露面积$159.3km^2$。因遭受强烈的风化，熔岩表面多为风化黄土所覆盖，溢出口已不好辨认。可进一步划分为两个亚期。

（1）晚更新世第一亚期火山堆积。由下至上，底部为熔渣状、小气孔状橄榄玄武岩；中部为致密块状安山玄武岩；上部为致密块状安山玄武岩或橄榄岩，熔岩表面可见绳状构造及熔岩流动面，致密块状中柱状节理很发育，共有3层顶部见5～10cm的风化壳，尽管玄武岩已风化呈棕红色黏土，但其中仍可见清晰的气孔构造。以上特征说明，该火山活动具有幕式喷发的特点。

在邦老一带，清楚可见该亚期的玄武岩喷发不整合于中更新统Ⅲ级河流阶地堆积物之上。在邦老采同位素全岩样，经K-Ar法测定获绝对年龄值为0.494Ma。说明其喷发时期为晚更新世早期。

（2）晚更新世第二亚期火山堆积。本亚期火山堆积以腾冲县迭水河、水田坝一带发育较好。

该亚期火山岩主要为紫灰色气孔状橄榄玄武岩、致密状伊丁石橄榄玄武岩夹少量浅灰色斑状玄武岩，发育柱状节理，厚逾80m。喷发不整合于下覆晚燕山期灰白色粗粒花岗岩之上。但在腾冲县水田坝剖面上，该亚期火山岩底部出现玄武质角砾岩、凝灰岩，说明该亚期火山活动首先为火山爆发活动，然后才是熔岩溢出活动。

腾冲坝子钻孔资料证实，该亚期火山岩下覆地层为晚更新统河流阶地砂砾层堆积物，上覆地层为全新统湖沼相沉积。在小马鞍山该亚期火山熔岩中采同位素全岩样，经K-Ar法测定获绝对年龄值为0.3845～0.309Ma。根据上述资料，将该亚期玄武岩的喷发时期确定为晚更新世晚期。

4）第四期（全新世）火山堆积

第四期（全新世）火山喷发堆积活动主要发育于腾冲县老龟坡、打莺山、马鞍山等地，为一套中基性火山熔岩及火山碎屑岩，出露面积约$127km^2$。其火山机构保存完好，下伏地层为晚更新世深灰色橄榄玄武质浮岩。

代表该亚期火山岩的特征。爆发相主要为角砾集块岩，溢出相主要为黑灰色、深灰色气孔状玄武安山岩，安山岩，辉石安山岩，整体显示偏中性火山岩的特点。厚156m。喷发不整合于下更新统深灰色橄榄玄武质浮岩之上。在曲石街一带为爆发相，保留有圆锥状火山锥地貌，下部为暗灰色气孔状角砾安山岩，上部为安山质浮岩、火山弹、火山渣、火山角砾等。在腾冲县和顺区镇夷寨一带为灰黑色气孔状、致密块状橄榄辉石安山岩，并见其喷发不整合于上更新统冲积砾石层之上。

根据该期火山岩均喷发不整合于上更新统冲积层之上，且火山机构保存完好，故其喷发时期应为全新世（1∶25万腾冲县幅，2008）。

（四）拉果错-嘉黎火山岩亚带（T_3—K）Ⅴ-1-4

拉果错-嘉黎火山岩亚带位于南侧措勤-申扎火山-岩浆弧带和北侧班戈-八宿-腾冲岩浆弧带之间，北西自狮泉河，向南东经拉果错、麦堆、阿索、果芒错、格仁错、孜挂错，经申扎永珠、纳木错西，再向东经九子拉、嘉黎、波密等地，呈 NWW—NW—SE 向展布。该带西延被喀喇昆仑北西向大型走滑断裂截切后，可能与国外勒搁博西山-雅辛蛇绿岩带相连，包括日拉残余盆地（J_3—K_1）、拉果错-嘉黎蛇绿混杂岩（T_3—J_2）。

从东向西分为 3 段：拉果错-阿索蛇绿混杂岩带（J—K）沿改则县南部拉果乡—阿索一带出露分布，主要由变质橄榄岩、辉长岩、枕状玄武岩、斜长花岗岩、晚侏罗世—早白垩世放射虫硅质岩组成；永珠-纳木错蛇绿混杂岩带（J—K）蛇绿岩组合齐全，包括变质橄榄岩、堆晶岩、辉长岩、席状岩墙群、枕状玄武岩；东段-嘉黎-波密蛇绿混杂岩带（T_3—K）仅在个别地段出露蛇绿岩残块。在迫龙藏布南山的侏罗纪花岗岩中，见大小不等的呈捕房体产出的蛇绿岩残块和硅质岩。

（五）措勤-申扎岩浆弧火山岩亚带（J—K）Ⅴ-1-5

南以葛尔-隆格尔-措勤-措麦断裂带为界与隆格尔-念青唐古拉石炭纪—晚三叠世火山岩浆弧带东段相接，北以狮泉河-纳木错碰撞结合带为界与昂龙岗日-班戈-腾冲岩浆弧带西段相邻，呈近东西向的狭长带状展布。带内前寒武系—新生界均有出露，尤以大面积分布晚侏罗世—古近纪火山-沉积地层。

该带中生代属于活动边缘盆地中的火山-沉积岩组合。早白垩世末期为弧-弧或弧-陆碰撞的主造山期，该带中南部及其南侧的大部地区缺失下白垩统，仅在措勤-申扎岩浆弧带的北部及其边缘局部地段，形成以含中酸性火山岩的陆相（局部可能含海相夹层）碎屑岩为主的磨拉石建造（即上白垩统竞柱山组），并不整合于下伏地层之上。古新世—始新世林子宗群（$E_{1-2}L$）主要见于该带东段南部。渐新世日贡拉组（E_3r）和邦巴组（E_3b）为陆相碱性火山岩及火山碎屑岩系列（1:25 万革吉县幅，2003），岩石地球化学性质显示为后碰撞地壳加厚环境下的火山岩，K-Ar 年龄为 33.4～30.4Ma。新近纪火山岩主要见于该带西段的雄巴地区，可能属于后碰撞陆内伸展环境下的钾质-超钾质系列火山岩，获得系列同位素年龄为 15.9～2.5Ma（1:25 万措勤县幅，2003；1:25 万革吉县幅，2005；石和等，2005；陈贺海等，2007）。

（六）隆格尔-工布江达复合岛弧火山岩亚带（C—K）Ⅴ-1-6

南以沙莫勒-麦拉-洛巴堆-米拉山断裂为界与冈底斯-下察隅火山-岩浆弧带相接，北侧在西段以噶尔-隆格尔-措勤-措麦断裂带为界与措勤-申扎火山-岩浆弧相邻，在东段以纳木错-嘉黎-波密蛇绿混杂岩带为界与班戈-腾冲火山-岩浆弧带东段相接。带内以晚古生代火山-沉积地层和中生代—新生代岩浆岩的发育为特征。

晚古生代石炭纪—二叠纪时期，该带从东向西的盆地性质、火山-沉积组合及其构造环境有较大差异。在当雄-羊八井北东向断裂以东至察隅一带，从北向南空间上显示出"北弧（岛弧）南盆（弧后盆地）"的格局。在当雄-羊八井北东向断裂以西至隆格尔一带，石炭系—二叠系主体表现为弧后（扩张）盆地中的火山-沉积序列。获得大量深色花岗闪长岩"包体"的 SHRIMP 锆石 U-Pb 年龄为 262.3Ma、（286±18）Ma。

当雄-羊八井北东向断裂以东却桑寺一带的查曲浦组（$T_{1-2}c$），由早期局限盆地的浅海相碳酸盐岩-碎屑岩组合，向上过渡为海陆交互相碎屑岩沉积，并有强烈的火山活动，代表了冈底斯带发生的第二次造弧作用（王立全等，2004；潘桂棠等，2006）。晚三叠世岩体成带东西向展布超过 500km，晚三叠世岛弧岩浆事件（火山岩及其侵入岩）及上三叠统与下伏二叠系的不整合接触，均是冈底斯带第二次造弧作用的地质事件响应（王立全等，2004；潘桂棠等，2006）。

新生代古近纪林子宗群（$E_{1-2}L$）火山岩较广泛分布，相应花岗岩类侵入体时代为 69.2～39Ma；新近纪中新世花岗岩类侵入体集中大规模见于念青唐古拉地区，其形成与当雄-羊八井北东向大型走滑断裂密切相关，岩体的 SHRIMP 锆石 U-Pb 年龄为 18.3～11.1Ma（1:25 万当雄县幅，2002）。中新世及第四纪钾质-超钾质系列火山岩集中见于西段的雄巴—赛利普一带（四川省地质调查院，2003；1:25 万赛利普幅，2005）。

此外，在隆格尔-工布江达复合岛弧带中段南缘的松多乡一带前奥陶系岔萨岗岩群（AnOC）绿片岩相变质岩系中，新发现榴辉岩-蓝片岩高压变质岩"断片"出露于米拉山断裂带上，榴辉岩 SHRIMP 锆石 U-Pb 年龄为 291.9～242.4Ma，Sm-Nd 等时线年龄为 305Ma，认为原岩为石炭纪—二叠纪 MORB 型玄武岩。

1. 松多-伯舒拉岭增生杂岩带（Pt—O）Ⅴ-1-6-1

该增生杂岩带以基底岩系为主，岩石组合恢复后类似稳定大陆边缘沉积环境，大面积分布于念青唐古拉山及其以东至波密一带，构成了弧背断隆带的变质基底，其岩石地层特征及组合建造如下。

前震旦系念青唐古拉群是一套变形变质高绿片岩-角闪岩相相岩石组合。前奥陶系岔萨岗岩群（AnO）（松多杂岩）仅分布在该带东段的工布江达县加兴乡及以西至旁多一带，主要为一套绿片岩相变质岩系，原岩可能是以含基性火山岩的碎屑岩为主夹碳酸盐岩组合，推测为被动边缘盆地沉积形成。石英片岩及绿片岩的 Rb-Sr 等时线年龄分别为 507.7Ma、466Ma，相当于寒武纪—奥陶纪。

2. 嘉黎断隆（C—P）/隆格尔断隆火山岩段（∈—T_2）Ⅴ-1-6-2

嘉黎断隆带火山岩呈夹层产于石炭纪—二叠纪变沉积地层中，分布在波密—八宿一带的诺错组（C_2）与来姑组（C_2—P_1）地层中，包括变玄武岩、变安山玄武岩、变安山岩、英安岩、流纹岩、凝灰岩等。分布在林周地区洛巴堆组（P_2）中的火山岩，规模较大，岩性包括玄武岩、玄武质安山岩、安山岩、安山质角砾熔岩及相关的火山碎屑岩。在措勤地区，二叠纪火山岩呈夹层产于拉嘎组（P_1）地层中。该带这些石炭纪—二叠纪玄武岩具有高铝玄武岩特征，亏损 Nb、Ta 和 Ti 等高场强元素，显示岛弧火山岩特征，被解释为古特提斯北向俯冲的产物。

隆格尔断块亚带在当雄-羊八井北东向断裂以西至隆格尔一带的块体上，石炭系—二叠系主体识别出下石炭统永珠组（C_1）主要为一套浅海相碎屑岩夹灰岩、玄武岩组合，向上至拉嘎组（C_2—P_1）水体变深，发育上斜坡含冰融滑塌杂砾岩-碎屑岩夹玄武岩的深水沉积；下二叠统昂杰组（P_1）发育粗碎屑岩-含砾细碎屑岩组合，含大量火山碎屑岩，局部可见形成于伸展裂陷盆地背景的由玄武岩和流纹质凝灰岩构成的"双峰式"组合。

（七）冈底斯-下察隅火山岩亚带（J—E）Ⅴ-1-7

古近纪期冈底斯-下察隅晚燕山期—喜马拉雅期岩浆弧带为古近纪火山岩最为发育的区段之一，是雅鲁藏布江洋壳向北俯冲消亡，古近纪大规模造弧运动的产物，发育多个火山构造盆地，主体集中在林子宗火山岩中。主要层位是叶巴组和桑日群。

叶巴组火山岩西起达孜县白定村，东至墨竹工卡与桑日县交界处，近东西向长条状展布，南北最宽约 30km，东西长约 250km，两端尖灭。叶巴组主要为一套变火山-沉积地层。其中火山岩主要由占优势的玄武岩、长英质熔岩和少量安山岩以及大量长英质火山碎屑岩（如凝灰岩、火山角砾岩和火山集块岩等）组成（Zhu et al，2008）。达孜大桥南桥头叶巴组英安岩中获得了（174.2±3.6）Ma 的锆石 SHRIMP 年龄（Zhu et al，2008），结合在甲马沟侵位于叶巴组沉积地层的基性岩脉中获得的（188.1±3.4）Ma 锆石 SHRIMP 年龄，叶巴组火山岩浆活动的时代被限定为早侏罗世。叶巴组火山岩显示岛弧火山岩的地球化学特征，它可能与雅鲁藏布新特提斯洋盆在早侏罗世向北的俯冲作用有关（Chu et al，2006；董彦辉等，2006）。

桑日群由下部的麻木下组和上部的比马组火山岩构成。麻木下组火山岩零星出露于泽当马门、昂仁亚模萨拉达和措勤鸭洼等地，东西断续延伸 400 多千米，岩性包括安山岩、安山质角砾熔岩和安山质凝灰岩。最近在桑日群麻木下组底部安山岩中获得了 136.5Ma 的锆石 SHRIMP 年龄，这些安山岩具有高 Sr、Sr/Y，高 $(La/Yb)_N$ 值以及低 Y、Yb 和 HREE 含量的特点，与埃达克岩成分特征相似，可能与雅鲁藏布新特提斯洋壳较高角度的北向俯冲作用有关(Zhu et al,2009)。桑日群上部的比马组火山岩断续分布于雅鲁藏布江北岸的桑日、曲水、尼木、南木林、昂仁亚模萨拉达和措勤鸭洼等地,主要由玄武安山岩、安山岩、英安岩和凝灰岩组成,该组火山岩的Nb、Ta以及Zr、Hf、Sm、Ti等高场强元素相对于大离子亲石元素(如Rb、Ba和Sr)明显亏损,显示正常岛弧火山岩地球化学特点,可能与雅鲁藏布新特提斯洋板块向北的俯冲作用有关(朱弟成等,2006b)。

1. 叶巴火山岩段(J)Ⅴ-1-7-1

叶巴火山岩段主要出露地层为叶巴组(J_{1-2}),分布于冈底斯带中东部。叶巴组($J_{1-2}y$):早侏罗世双峰式火山岩组合分布在拉萨、达孜至墨竹工卡之间。大致为3套岩性,由于受新构造运动的影响,岩石发育一系列中、小型褶皱和断层,并具不同程度片理化,彼此之间叠置关系不清或为断层接触。第1岩性段((J_1y^1)岩性以厚层块状灰绿色和绿色浅变质玄武岩为主,夹数层紫红色基性熔结凝灰岩类和集块熔岩。第2岩性段(J_1y^2)岩性为浅灰色、灰绿色浅变质英安岩类。第3岩性段(J_1y^3)为一套浅变质玄武岩、英安岩和变质酸性凝灰岩组合,可分为从基性向酸性熔岩,酸性凝灰岩两个喷发韵律。

叶巴组火山岩具有"双峰式"火山岩的特征。SiO_2含量集中在41%~50.4%和64%~69%两个区间,主要为玄武岩和英安岩两类,缺SiO_2含量在50.5%~64%之间的中性火山岩,即存在所谓Daley gap。硅-碱图上显示主要为钙碱性系列[图3-3(a)]。由于Si、K、Na为活动性元素,岩石遭变质过程中易于变化,我们采用惰性元素Zr/TiO_2 - Nb/Y分类图验证[图3-3(b)],在此图上,叶巴组火山岩主要集中在玄武岩和英安岩区内,显示双峰式特点。

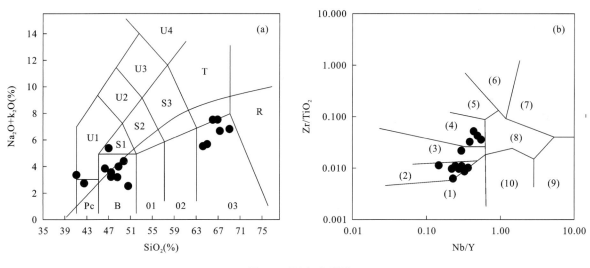

图3-3 TSA硅碱图

(a)TAS硅碱图(lemailre,1989;特引自Hiollison,1992);Pc.苦橄玄武岩;U1.碱玄岩、碧玄岩;U2.响岩、碱玄岩;U3.碱玄响岩;U4.响岩;S1.粗面玄武岩;S2.玄武质粗面响岩;S3.粗面安山岩;T.粗面岩;R.流纹岩;B.玄武岩;01.玄武安山岩;02.安山岩;03.英安岩。
(b)图据Wincherler,Lfloyd(1997):(1)拉斑玄武岩;(2)玄武安山岩、玄武岩;(3)安山岩;(4)流纹英安岩、英安岩;(5)流纹岩;(6)碱性流纹岩;(7)响岩;(8)粗面岩;(9)碧玄岩;(10)碱玄岩

玄武岩的显著特征是TiO_2含量极低,仅为0.66%~1.01%,平均为0.81%,远低于大陆拉斑玄武岩(2%)和MORB(1.8%)。玄武岩Fe_2O_3平均含量为5.18%,高于FeO平均含量(4.41%),说明岩石的氧化程度高;全铁含量平均为9.07%,低于大陆拉斑玄武岩(12.68%)、MORB(10.16%)和碱性橄榄玄武岩(12.17%)。玄武岩MAO的含量平均为6.96%,与碱性橄榄玄武岩(7%)相似(典型岩石参考值见李吕年,1992)。原始玄武岩的MgO>8%(McKenzie,Bickle,1988;江云亮等,2001),$Mg^{\#}=68~75$(Wilson,1989)。叶巴组玄武岩的MAO平均为6.96%,$Mg^{\#}$介于33~65之间,平均为57。

英安岩类SiO_2含量介于64.1%~68.9%之间,平均为66.28%;Na_2O+K_2O为5.57%~7.56%,

平均为 6.63%；$Na_2O/K_2O>1.1$，为富钠、钙碱性系列。岩石含铝指数 ACNK 介于 1～1.1 之间，平均为 1.02，为过铝质酸性岩。

叶巴组玄武岩的稀土总量 ΣREE 为 60.3×10^{-6}～135×10^{-6}，平均为 104.4×10^{-6}；英安岩的稀土总量较低，ΣREE 为 126.4×10^{-6}～167.9×10^{-6}，平均为 145×10^{-6}。在球粒阳石标准化的模式图中，玄武岩和英安岩均为轻稀土富集型，分布特征相似，轻、重稀土的分馏较明显。玄武岩的 $(Ce/Yb)_N=2.8$～6.2，平均为 3.8；$(La/Yb)_N=3.3$～7.8，平均为 4.7。英安岩的 $(Ce/Yb)_N=3.0$～6.0，平均为 4.6；$(La/Yb)_N=3.6$～7.3，平均为 6.0。玄武岩无 Eu 异常，$\delta Eu=0.96$～1.22，平均为 1.06。英安岩 Eu 略显负异常，$\delta Eu=0.8$～1.0，平均为 0.88。可见两类岩石均未经过显著的斜长石分离结晶作用。在微量元素经 MORB 标准化的蛛网图上，玄武岩和英安岩特征类似，均表现为 LILE 富集、HFS 亏损的特点。玄武岩亏损 Ti、Ta、Nb、Zr，Nb 和 Ta 仅略负亏损，$Nb^*=0.54$～1.17，平均为 0.84；玄武岩中 La/Sm 比值变化较小，10 件样品中有 8 件的该比值介于 3.2～3.75 之间，平均为 3.64。英安岩具有相似的特征，亏损 HFS 中 P、Ti，可能与岩浆演化过程中斜长石、磷灰石的分离结晶作用有关；Ta、Nb 略负异常，$Nb^*=0.74$～1.06，平均为 0.86。蛛网图中两类岩石的 K、Rb、Ba 等 LILE 元素含量极不稳定、变化范围大，与后期变质过程有关，而 HFS 则较稳定。

玄武质表现出 LREE 弱富集的 REE 配分模式和基本无分馏的 REE 特征，反映其源区可能主要由尖晶石相橄榄岩组成（郭锋等，2001）。叶巴组玄武岩 REE 及 HREE 分馏均不显著，Ce/Yb 比值不高（10 件样品中除 1 件高于 6 之外，有 9 件介于 3～4 之间，平均为 3.8）。部分熔融形成 MORB 之后，形成亏损上地幔，由它再次熔融产生的岩浆必定具有 LILE 高度亏损、HFSE 相对富集的特征。但研究区叶巴组火山岩具有相反的地球化学特征，且地壳的混染作用不明显，说明亏损上地幔在部分熔融之前经受过具有上地壳性质的流体的交代作用。早期的俯冲洋、陆壳物质在俯冲带深部发生脱水反应，形成的流体交代仰冲地幔楔，从而导致地幔源区中相对富集 LILE 而亏损 HFSE 和 Ti 等元素（郭锋等，2001）。

从微量元素和同位素特征看，叶巴组玄武岩、英安岩均具有岛弧特征，两者微量元素和稀土元素特征有相似性，可能有成因联系。源岩可能是早期俯冲带地幔楔或亏损上地幔，并受具有地壳特征的流体交代。

玄武岩类的 $\varepsilon Nd(t)=0.96$～10.03，平均为 2.64，$(^{87}Sr/^{86}Sr)_i=0.7043$～0.7064，平均为 0.7048；英安岩的 $\varepsilon Nd(t)=-1.42$～1.08，平均为 -0.04，$(^{87}Sr/^{86}Sr)_i=0.7038$～0.7049，平均为 0.7043。从同位素成分看，玄武岩和英安岩均来源于上地幔，两者 $\varepsilon_{Sr}(t)$ 变化范围很大，有些样品该值异常高，也可能与源区受到具地壳成分特征的流体不均匀交代有关。在固/液分配系数中，$Da_{Sm}>D_{Nd}$，$D_{Rb}<D_{Sr}$，所以亏损地幔 Sm/Nd 比值较原始地幔增高，因此以亏损地幔为源区的玄武岩的 $\varepsilon_{Nd}(t)$ 为大于 0 的正值，正值愈大源区地幔愈亏损；反之该参数为小于 0 的负值时，则表明源区是富集型地幔（Deniel，1998）。可见叶巴组玄武岩的源岩应为亏损地幔。

叶巴组玄武岩和英安岩均为钙碱性系列。玄武岩贫 Ti、K、P、Nb 和 Ta，英安岩也亏损 Ti、P，两者均表现为 LILE、LREE 略富集，这些特点都与岛弧火山岩相符。典型的岛弧钙碱性英安岩具有明显的 HFSE 负异常，为 LREE 富集型，但 REE 分异程度低，$(La/Yb)_N<10$，$Yb>2.5\times10^{-6}$，$Y\geqslant25\times10^{-6}$，且 $Mg^{\#}$ 值大约为 0.36（钱青，2001）。叶巴组英安岩与这些特征相似。利用 Ti/V 比值可区分不同类型玄武岩（Rollison，1992）。MORB 的 Ti/V 比值为 20～50，岛弧拉斑玄武岩为 10～20，钙碱性玄武岩大致为 15～40。叶巴组玄武岩的 Ti/V 为 16～30，平均为 21.9，类似岛弧玄武岩或钙碱性玄武岩。

在惰性元素 Zr-Nb-Y、Th/Hf-Ta/Hf 判别图解上（图 3-4），叶巴组玄武岩大部分样品落在陆缘岛弧和陆缘火山弧玄武岩区域，少数样品落在该区域附近的陆内裂谷及陆内拉张带范围，推测其形成环境应该为陆缘岛弧。

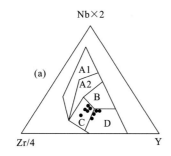 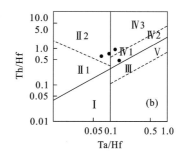

图 3-4 Zr-Y-Nb、Th/Hf-Ta/Hf 判别图

(a)Zr-Y-Nb 判别图(底图据 rollison,1992);A1.板内碱性玄武岩;A2.板内碱性玄武岩+板内拉班玄武岩;B.E-MORB;
C.板内拉斑玄武岩+火山弧玄武岩;D.火山弧玄武岩+N-MORB;

(b)Th/Hf-Ta/Hf 判别图(底图据江云亮等,2001);Ⅰ.板块发散边缘 N-MORB 区;Ⅱ.板块汇聚边缘(Ⅱ1.大洋岛弧玄武岩区;
Ⅱ2.陆缘岛弧及陆缘火山弧玄武岩区);Ⅲ.大洋板内洋岛、海山玄武岩区及 T-MORB、E-MORB 区;Ⅳ.大陆板内
(Ⅳ1.陆内裂谷及陆缘裂谷拉斑玄武岩区;Ⅳ2.陆内裂谷碱性玄武岩区;Ⅳ3.大陆拉张带或初始裂谷玄武岩区);Ⅴ.地幔柱玄武岩区

2. 林子宗群火山岩段(J_2—K_2) Ⅴ-1-7-2

林子宗群火山岩主要由中酸性火山岩组成,广泛分布于冈底斯岩浆岩带的南部,角度不整合于晚白垩世沉积变质岩层之上,东西展布大于 1200km,分布范围占冈底斯岩浆带面积的一半以上,与冈底斯岩基一起构成冈底斯带最主要的岩浆岩组合,代表着白垩纪晚期—早新生代(70～40Ma)青藏高原南部的一次重要的构造岩浆事件。

林子宗群火山岩岩石类型有安山岩、玄武安山岩、玄武粗面岩、钾玄岩、安粗岩、歪长粗面岩、英安岩、流纹岩及其相应的火山碎屑岩。前人的详细岩系地质填图表明,林子宗群火山岩自下而上分为3个旋回:典中组、年波组和帕那组,各自具有不同的岩石地球化学特征,为进行区域火山岩地层对比提供了很好的限定。已有的数据和测年结果表明林子宗群火山岩各个岩系具有以下地球化学特征。

典中组火山岩形成于 65～60Ma,主要由安山岩组成,含少量英安岩、流纹岩、玄武安山岩和安粗岩,同时含相对应的火山碎屑岩。SiO_2 含量变化范围较大(55.21%～72.41%);Al_2O_3 含量高,平均含量约为 16.38%;K_2O+Na_2O 平均含量最低(为 5.18%);K_2O/Na_2O 平均比值为 0.83;里特曼指数 σ 介于 1.00～4.18 之间,大多数小于 3.3,总体属于钙碱性岩系;绝大多数为偏铝质岩石(A/CNK<1)。岩石样品投点主要落在钙碱性区域,极少部分在高钾钙碱性区域。典中组火山岩系主要显示大陆边缘弧火山岩的特征。

年波组火山岩主要形成于 54Ma 左右,岩石组分变化相对较大,主要由安山岩和流纹岩组成,含少量玄武粗安岩,其化学成分演化方向是从酸性到基性—中基性。SiO_2 平均含量较高(64.5%);Al_2O_3 平均含量约为 14.1%;K_2O+Na_2O 平均含量为 5.34%,K_2O/Na_2O 平均比值约为 2;里特曼指数 σ 介于 0.21～4.45 之间,绝大多数比值小于 3.3;为过铝质岩石(A/CNK>1)。在 K_2O-SiO_2 图中岩石样品投点主要落在高钾钙碱性区域,极少部分落在钙碱性区域和钾玄岩区域。

帕那组形成年龄介于 48.7～43.9Ma 之间,火山岩岩性相对单一,主要为高钾流纹质熔结凝灰岩及少量熔岩。帕那组火山岩系 SiO_2 含量最高(66.8%～79.6%);Al_2O_3 平均含量约为 13.2%;K_2O+Na_2O 含量高(平均含量为 7.95%);K_2O/Na_2O 平均比值约为 2.3;里特曼指数 σ 介于 0.68～3.92 之间,绝大多数比值小于 3.3;绝大多数为过铝质岩石(A/CNK>1)。在 K_2O-SiO_2 图中岩石样品投点主要落在高钾钙碱性区域。帕那组火山岩 REE 平均含量为 $181.4×10^{-6}$,REE 配分模式极为一致,呈向右倾平滑的稀土元素配分模式,相对于 HREE,LREE 强烈富集,具显著的负 Eu 异常,分别体现为$(La/Yb)_N$=6.6～17.2,$(Gd/Yb)_N$=1.2～2.3 和 $Eu/Eu*$=0.3～0.8;总体上富集大离子亲石元素(如 Cs,Rb,Th),相对亏损高场强元素(如 Nb,Ta,Ti,Y 等);帕那组火山岩具有相对较低的初始 Sr 同位素比值

[^{87}Sr/^{86}Sr(i)=0.704 87～0.706 12]和变化较大的初始 Nd 比值[εNd(i)=－3.07～＋5.49]。

林子宗群火山岩提供了从新特提斯洋俯冲消减过渡到印度-欧亚陆-陆碰撞的深部岩石圈响应的岩石学记录。已有数据表明：林子宗群火山岩可能是由大陆边缘弧末期过渡到陆-陆碰撞过程中岩浆作用的结果，或俯冲的特提斯洋板片的断离或变陡导致软流圈地幔上涌，进而导致经历俯冲交代作用的岩石圈地幔发生部分熔融的产物。基性岩浆源自于俯冲带地幔源区，长英质岩浆主要源自陆壳重熔和岩浆混合作用。帕那组火山岩系主要以长英质火山岩为主，而且长英质火山岩-次火山岩在林子宗群火山岩中占有很大的比例，在整个林子宗群火山岩带均有分布。依据林子宗群长英质火山岩的野外分布、产状和厚度，结合元素地球化学和 Sr-Nd 同位素的特征，多数学者认为以帕那组为代表的林子宗群长英质火山岩是以陆壳重熔和岩浆混合作用为主的产物，而基性岩浆分异只起次要作用，当俯冲板片和陆源沉积物俯冲到一定深度（约 40km），在一定温压条件（压力约为 100MPa，温度约为 700℃）下，俯冲的物质达到角闪岩相时发生部分熔融，生成林子宗群火山岩和同时代花岗岩基的母浆——安山质熔浆。

3. 桑日增生岛弧火山岩段（J_3—K_1）Ⅸ-1-7-3

桑日群由下部的麻木下组和上部的比马组火山岩构成。麻木下组火山岩零星出露于泽当马门、昂仁亚模萨拉达和措勤鸭洼等地，东西断续延伸 400 多千米，岩性包括安山岩、安山质角砾熔岩和安山质凝灰岩。最近在桑日群麻木下组底部安山岩中获得了 136.5Ma 的锆石 SHRIMP 年龄，这些安山岩具有高 Sr、Sr/Y、高(La/Yb)$_N$ 值，以及低 Y、Yb 和 HREE 含量的特点，与埃达克岩成分特征相似，可能与雅鲁藏布新特提斯洋壳较高角度的北向俯冲作用有关（Zhu et al，2009）。桑日群上部的比马组火山岩断续分布于雅鲁藏布江北岸的桑日、曲水、尼木、南木林、昂仁亚模萨拉达和措勤鸭洼等地，主要由玄武安山岩、安山岩、英安岩和凝灰岩组成，该组火山岩的 Nb、Ta 以及 Zr、Hf、Sm、Ti 等高场强元素相对于大离子亲石元素（如 Rb、Ba 和 Sr）明显亏损，显示正常岛弧火山岩地球化学特点，可能与雅鲁藏布新特提斯洋板块向北的俯冲作用有关（朱弟成等，2006b）。

4. 冈底斯陆缘弧火山岩段（K_2—E）Ⅸ-1-7-4

晚白垩世末—古近纪的陆缘火山弧沉积，层位为古新世—始新世陆相林子宗（E_{1-2}）群火山岩，几乎覆盖全区，它们角度不整合于上白垩统设兴组（K_2）或更老地质体之上。林子宗群火山岩早期主要由安山岩、玄武岩、角砾熔岩和碎屑凝灰岩组成，中期为英安质熔岩、流纹岩、流纹质凝灰岩及湖相砂屑类岩、生物碎屑类岩夹层，晚期为粗安岩、流纹质熔结凝灰岩，柱状节理发育。这套火山岩同中酸性侵入岩之间有着复杂的同源异相关系，共同构成该陆缘山链的安第斯型"二元结构"。^{40}Ar/^{39}Ar 年龄为 65～41Ma，63～32Ma。

区域性不整合的最晚时限由林子宗群火山岩底部的 Ar-Ar 年龄所限定：林周盆地为 64.47Ma（Zhou et al，2004），林周盆地以西的马区为 60.5Ma（Zhou et al，2004），更西部的尼玛地区为 58.55Ma（谢国刚等，2003；1∶25 万措麦区幅），阿里地区为 60.68Ma（郭铁鹰等，1991）。

林子宗群火山岩的微量元素和稀土元素具有陆缘弧火山岩与陆内火山岩的双重特征。随着时间的推移，弧火山的特征逐渐减少，而陆内火山岩的特征逐渐增强，到了晚期帕那旋回，已经与典型的碰撞后钾质火山岩无大的区别。林子宗群火山岩的 Nb、Sr、Pb 同位素组成，给出一个共同信息，即从新特提斯洋俯冲体制向大陆转变的地球动力学环境。其早期（典中组）主要显示陆缘弧的特点，但又不完全相同于晚侏罗世—白垩纪典型的俯冲型火山岩（桑日群及叶巴组火山岩）。

特别是典中组和年波组中缺少埃达克质岩石，暗示西藏南部的地壳厚度在 50Ma 之前没有超过 40km（Kapp et al，1999），年波旋回中钾玄岩的出现，是陆内岩浆作用的重要标志。帕那组（50～40Ma）中少量埃达克质岩石的出现，则暗示岩浆源区中石榴子石残留相的存在和地壳加厚的开始。这一结果暗示，在林子宗群火山岩等的早-中期，藏南的平均地壳还是正常的，到 50Ma 以后，才显著地加厚。由此，印度-欧亚板块同碰撞阶段应该是始新世晚期。

在林子宗群火山岩之上，渐新世日贡拉组(E_3)为含流纹质含角砾凝灰熔岩、安山质凝灰岩、安山岩组合，渐新世—中新世大竹卡群(E_3N_1)中酸性火山岩、火山角砾岩、凝灰岩等，代表了后碰撞阶段的构造岩浆事件。

（八）日喀则构造火山岩亚带（K）Ⅴ-1-8

西段始新世日康巴组(E_2)局部发育有碰撞-后碰撞环境下的中酸性→钾质火山岩。

二、雅鲁藏布江构造火山岩带Ⅴ-2

该火山岩带先后有3个时段的火山岩浆活动。

第一个时段的火山岩浆活动出现在二叠纪，涵盖的火山岩岩石地层单元有早二叠世才弄把组(P_1c)和晚二叠世姜叶玛马组(P_3jy)。

才弄把组(P_1c)仅在仲巴—门土的公路沿线的玛旁雍错东北有所出露，岩石组合为变质基性火山岩-碳酸盐岩，属于较为典型的洋岛海山火山岩组合；以构造岩块的形式出露于雅鲁藏布江增生楔中，可能属于二叠纪特提斯多岛洋盆中洋岛环境火山岩残留的遗迹，在白垩纪—古近纪俯冲-碰撞过程中构造卷入到增生楔中。

姜叶玛马组(P_3jy)在雅鲁藏布江南岸的拉孜附近有较大面积的出露，以构造岩块集合体的形式产出。岩石组合为碳酸盐岩-玄武岩（基性火山岩），属于典型的洋岛海山火山岩组合。是在白垩纪—古近纪新特提斯洋俯冲消减过程中构造卷入的早期特提斯洋中洋岛海山火山岩的构造岩块。

第二个时段的火山岩浆活动出现在晚三叠世—始新世，涵盖的火山岩岩石地层单元有晚三叠世修群组(T_3x)、古新世—始新世磴岗组($E_{1-2}dg$)、始新世桑单林组(E_2s)、郭雅拉组(E_2g)和盐多组(E_2y)，此外还有大致同一时期的雅鲁藏布江蛇绿混杂岩带。

1）火山岩

修群组(T_3x)沿雅鲁藏布江带中西段广泛出露，火山岩岩石组合为玄武岩，夹于半深海-深海浊积岩中，形成于洋底环境或洋底高原环境。

桑单林组(K_2s)出露于雅鲁藏布江西部白旺、雄纳龙、章扎一带，火山岩岩石组合主要为安山玄武岩，夹于深海-半深海浊积岩中，形成于洋底环境或斜坡-半深海环境。

磴岗组($E_{1-2}dg$)、郭雅拉组(E_2g)出露于雅鲁藏布江西段，火山岩岩石组合主要为玄武岩（基性火山岩），夹于深海-半深海浊积岩中，形成于洋底或斜坡环境。

盐多组(E_2y)出露于普兰县一带，火山岩岩石组合为玄武岩-玄武质角砾熔岩-硅质岩及泥岩等，形成于洋底或洋底高原环境。

上述各个岩石地层单元的火山岩在晚白垩世—始新世新特提斯洋的俯冲消减过程中都卷入到增生楔中。

2）雅鲁藏布江蛇绿混杂岩带

雅鲁藏布江蛇绿混杂岩带大致沿雅鲁藏布江谷地两侧呈近东西向展布，延伸2200km以上，南北宽5~15km，在我国西藏境内断续出露长达1500km以上，其中有超镁铁质岩体（岩体群）161个。前人将该岩带划分为西、中、东3段，3段蛇绿混杂岩中的超镁铁质-镁铁质岩体（习惯上称作蛇绿岩体）都以构造岩块的形式产出，并与上三叠统、侏罗系—白垩系、古新统及始新统构造岩片（块）一起构成增生楔或俯冲增生杂岩带。其中修康群(T_3X)和嘎学群(J_3K_1G)的碎屑浊流沉积岩中含蛇绿岩块和硅质岩及二叠系大理岩等岩块，属于俯冲增生过程中卷入的外来岩块。硅质岩中的放射虫化石时代为中-晚三叠世、晚侏罗世-早白垩世。

第三个时段的火山岩浆活动出现在新近纪,火山岩岩石地层单元为布嘎寺组(Nb),仅在仲巴西部出露,岩石组合以粗面质熔岩为主,夹火山碎屑岩及少量凝灰质砂砾岩,属于钾质-超钾质岩系,形成于后碰撞环境。

(一)雅鲁藏布蛇绿混杂岩亚带(T—K)V-2-1

该带主要出露蛇绿岩、增生杂岩及次深海-深海复理石、硅质岩及基性熔岩所组成的蛇绿混杂岩带,雅鲁藏布江蛇绿岩在西段由主带(北亚带)和南亚带(拉昂错-牛库蛇绿混杂岩带)组成,中段蛇绿岩保存最好,可见由地幔橄榄岩、堆晶杂岩、均质辉长岩、席状岩床(墙)杂岩、枕状熔岩及硅质岩组成的完整层序剖面。近年的区调工作发现,在雅鲁藏布江大拐弯地区存在变质蛇绿混杂岩带(1:25万墨脱县幅,2003),进一步证实雅鲁藏布江蛇绿岩东延并绕过大拐弯至墨脱一带。细分为雅鲁藏布江西、中、东3个段蛇绿混杂岩。

该带内混杂岩的组成非常复杂,主要为上三叠统修康群(T_3)和上侏罗统—下白垩统嘎学群(J_3—K_1),属于斜坡-深海盆地相的复理石砂板岩和放射虫硅质岩-硅泥质岩夹块状或枕状玄武岩等组合,并混杂有大量二叠纪、三叠纪、侏罗纪—白垩纪碎屑岩或灰岩等岩块。

1. 仁布蛇绿混杂岩段 V-2-1-1

仁布蛇绿混杂岩段分布在仁布以东至雅鲁藏布江大拐弯一带,有南、北两个蛇绿混杂岩亚带之分,这里所述的实际上就是北亚带,基质为上三叠统修康群(T_3)和上侏罗统—下白垩统嘎学群(J_3—K_1)变质及变形的复理石建造,含蛇绿岩岩块和硅质岩及二叠系大理岩等岩块。蛇绿岩断续出露、剖面不完整,但地幔橄榄岩、堆晶岩和辉长-辉绿岩墙或岩脉及枕状玄武岩等蛇绿岩单元仍较发育,尤其以罗布莎含铬铁矿的地幔橄榄岩而闻名,岩石地球化学具有 E/N-MORB、OIB 和 IAB 型蛇绿岩特征。

罗布莎蛇绿岩中辉绿岩 SHRIMP 锆石 U-Pb 年龄为(162.9 ± 2.8)Ma(钟立峰等,2006),辉长-辉绿岩 Sm-Nd 等时线年龄为(177 ± 31)Ma(周肃等,2001),上部枕状玄武岩 Rb-Sr 等时线年龄为(173.27 ± 10.90)Ma(李海平等,1996);泽当蛇绿岩硅质岩中放射虫化石组合时代为晚侏罗世—早白垩世和中-晚三叠世,泽当蛇绿岩顶部和底部枕状玄武岩 Rb-Sr 等时线年龄为 215~168Ma(高洪学等,1995)。在加查—朗县一带蛇绿混杂岩中,王立全等(2008)获得辉绿岩 SHRIMP 锆石 U-Pb 年龄分别为(191.4 ± 3.7)Ma、(145.7 ± 2.5)Ma 和玄武岩 SHRIMP 锆石 U-Pb 年龄为(147.8 ± 3.3)Ma。在雅鲁藏布江大拐弯一带,墨脱雅鲁藏布超镁铁质岩中获得辉石冷却年龄(200 ± 4)Ma($^{40}Ar/^{39}Ar$)(耿全如等,2004),马尼翁-米尼沟变质蛇绿混杂岩带中测得斜长石和角闪石 K-Ar 年龄分别为(141.7 ± 2.46)Ma 和(218.63 ± 3.63)Ma(章振根等,1992)。综上所述,其形成时代为 T_3—K_1。

2. 中段蛇绿混杂岩段 V-2-1-2

中段蛇绿混杂岩段各单元出露齐全,集中分布且较为典型,是至今已知雅鲁藏布江结合带中保存较好的蛇绿岩及蛇绿混杂岩地段。该岩段在大竹卡、白岗、得几乡、路曲、吉定、汤嘎、昂仁、恰扎嘎、郭林淌等地均有不同程度的发育,地幔橄榄岩在大竹卡、白岗、吉定、昂仁等地出露宽度较大,最大宽度近20km;堆晶杂岩在白岗、大竹卡、吉定等地较为发育,剖面出露最大厚度近1km;辉长-辉绿岩墙群在带内均较发育,剖面出露厚度最大近700m。在大竹卡蛇绿岩中发育斜长花岗岩,产于堆晶杂岩层序的最顶部和席状岩床(墙)群的下部,呈不规则的小岩枝、囊状体或岩滴状产出。依据前人研究与近年来1:25万区域地质调查等成果,在得几乡蛇绿岩剖面发现的玻安岩(1:25万日喀则市幅,2003)以及在雅鲁藏布江东段蛇绿混杂岩带中发现的玻安岩(1:25万墨脱县幅,2002),认为区域蛇绿岩的形成与"岛弧环境"有关,应是"弧后扩张"的构造地质背景。

拉孜地区砂泥质混杂岩的硅质岩块中发现了较丰富的中-晚三叠世和晚侏罗世—早白垩世放射虫

组合(1:25万拉孜县幅,2003);采自大竹卡蛇绿岩中斜长花岗岩的锆石U-Pb年龄为139Ma(王希斌等,1987;Gopel et al,1984);对日喀则蛇绿岩的基性岩浆岩单元进行了U-Pb测年,结果为(120±10)Ma。

3. 俯冲增生杂岩段Ⅴ-2-1-3

该杂岩带组成非常复杂,由混杂岩和地层性岩片构成。混杂岩主要为上三叠统修康群(T_3)和上侏罗统—下白垩统嘎学群(J_3—K_1),属于斜坡-深海盆地相的复理石砂板岩和放射虫硅质岩-硅泥质岩夹块状/枕状玄武岩等火山-沉积建造,并混杂有大量二叠纪、三叠纪、侏罗纪—白垩纪碎屑岩或灰岩和蛇绿岩等岩块。

4. 西段蛇绿混杂岩段带Ⅴ-2-1-4

该带被夹持其间的仲巴-扎达地块分隔为南、北两个亚带。

南亚带,分布于仲巴-扎达地块以南,东起萨嘎,向西经仲巴(南)、拉昂错,至扎达则为上新世—更新世沉积物所掩盖,东西向长约600km。带内蛇绿岩及其蛇绿混杂岩各单元的出露不完整,缺失较为完整的蛇绿岩剖面,但蛇绿岩的规模大,尤其以地幔橄榄岩规模很大,分布面积广。带内是以晚三叠世—白垩纪修康群(T_3)和嘎学群(J_3—K_1)主体以一套斜坡-深海盆地相的复理石砂板岩和放射虫硅质岩夹玄武岩等火山-沉积建造为基质,以大量石炭纪、二叠纪、三叠纪、侏罗纪—白垩纪碎屑岩或灰岩和变形橄榄岩、堆晶辉长岩、岩墙群等为岩块组成混杂岩带。关于该带蛇绿岩的形成时代,据采自复理石砂板岩中的古生物化石和硅质岩中的放射虫组合,并结合蛇绿混杂岩带中的同位素年代学数据:洋岛型玄武岩K-Ar年龄为(168.49±17.41)Ma,洋岛型辉长岩K-Ar年龄为(190.02±19.12)Ma(1:25万萨嘎县幅,2002);拉昂错伟晶辉长岩脉中的钙斜长石$^{40}Ar/^{39}Ar$年龄为127.85Ma和休古嘎布变辉绿岩中角闪石的$^{40}Ar/^{39}Ar$年龄为(125.21±5.33)Ma等(1:25万扎达县-姜叶马幅和普兰县-霍尔巴幅,2004),初步认为西段南亚带蛇绿岩的形成时间为早侏罗世—早白垩世。如果考虑到混杂岩带中晚三叠世及其晚白垩世放射虫硅质岩的大量分布来分析,则洋盆发育的时限可能为晚三叠世—晚白垩世。1:25万桑桑区幅-萨嘎县幅(2003)和普兰县幅-霍尔巴幅(2004)区域地质调查新发现的古新世—始新世半深海-深海相碎屑岩、灰岩、放射虫硅质岩夹玄武岩[获得玄武岩K-Ar年龄(52.85±1.38)Ma、(78.81±1.67)Ma]沉积物,则代表了新特提斯雅鲁藏布江洋盆的残留海盆地沉积及其时限。

北亚带,分布于仲巴-扎达地块以北,东起萨嘎,向西经如角、公珠错、巴嘎、门士,至扎西岗以南,西延出国境,东西向长约800km,总体呈北西西转北西向的窄带状展布。带内具有与南亚带一致的特点,蛇绿混杂岩各单元的出露不完整,缺失较为完整的蛇绿岩剖面,蛇绿岩的规模和出露面积也较南亚带要小。在达吉岭、松多、如角、巴嘎等地,主要分布有蛇绿岩下部层序的地幔橄榄岩和辉长-辉绿岩墙群,局部地区上覆出露枕状/块状玄武岩和放射虫硅质岩。带内以一套侏罗纪—白垩纪的斜坡—深海盆地相的复理石砂板岩和放射虫硅质岩夹玄武岩等火山-沉积建造为基质,混杂有大量的石炭纪、二叠纪、三叠纪、侏罗纪—白垩纪碎屑岩或灰岩和变形橄榄岩、辉长辉绿岩岩墙等岩块。与南带相比,缺少三叠纪混杂基质。

蛇绿岩及其洋盆的发育时限为侏罗纪—白垩纪(1:25万萨嘎县幅,2002;1:25万扎达县-姜叶马幅和普兰县-霍尔巴幅,2004),而在加纳崩和龙吉附近红色泥晶灰岩的岩块中发现有丰富的深水型有孔虫化石(1:25万扎达县-姜叶马幅,2004),与喜马拉雅被动边缘盆地甲查拉组(E_{1-2})中的浅水型浮游有孔虫(1:25万江孜县幅,2002)的时代一致,代表了雅鲁藏布江洋盆的残留海盆地沉积及其时限。秋乌组(E_2)以前陆盆地中的一套海陆交互相含薄煤层碎屑岩系不整合覆盖,标志着残留海盆地彻底消亡,进入陆内造山过程。

印度河-雅鲁藏布结合带在西构造结(拉达克)地区可分为两支:南侧为主地幔断裂(MMT),北侧为主喀喇昆仑断裂(MKT)。在西构造结地区,印度-巴基斯坦板块与北部的欧亚板块没有直接接触,而是科希斯坦-拉达克岛弧与印度-巴基斯坦板块汇聚(Tahirkheli,1996)。MKT逆冲带也是一条蛇绿混杂带,被称为Chalt蛇绿混杂岩,岩石组成包括板岩、千枚岩、结晶灰岩、大理岩、砾岩,含辉长岩、蛇纹岩、安山岩、变玄武岩等,时代属晚白垩世早期。

(二)朗杰学增生火山岩亚带(T_3)Ⅴ-2-2

朗杰学增生楔主要出露晚三叠世的增生楔杂岩(上三叠统朗杰学群),其北界断裂(即雅鲁藏布江东段蛇绿混杂岩带的南界)称作仁布-乃东-朗县反向南倾逆冲断裂,表现为朗杰学增生杂岩向北逆冲在北侧的雅鲁藏布江蛇绿混杂岩之上;南界断裂称作拉孜-邛多江-扎日断裂,为一条明显的分割朗杰学增生楔与喜马拉雅被动边缘盆地的线性构造分界线,表现为北侧的增生楔杂岩向南逆冲到南侧的大陆边缘沉积地层(上三叠统涅如组和下侏罗统日当组)之上。

该带内的中生代增生楔杂岩主体由北部的上三叠系统朗杰学群(T_3)及其南部的玉门蛇混杂岩组成,上三叠统朗杰学群(T_3)主要为一套绿片岩相变质复理石浊积岩夹火山岩系。玉门蛇绿混杂岩分布于上三叠统朗杰学岩群混杂岩的基质主体为上三叠统朗杰学群(T_3)复理石浊积岩系,混杂岩中的"块体"包括有辉橄岩、辉长辉绿岩、玄武岩及玄武质火山角砾岩等。

1. 朗杰学增生杂岩段 Ⅴ-2-2-1

该带内的中生代增生楔杂岩主体由北部的上三叠统朗杰学群及其南部的玉门蛇混杂岩组成,上三叠统朗杰学群(T_3)主要为一套绿片岩相浅变质复理石浊积岩夹火山岩系,中-下部为斜坡-次深海盆地相碎屑岩夹灰岩薄层或透镜体、蚀变玄武岩,产双壳类、菊石、腹足类化石;上部为陆棚边缘-斜坡相碎屑岩夹灰岩薄层或透镜体、蚀变玄武岩及玄武质火山角砾岩等,产双壳类、腹足类、牙形石和植物化(1∶5万曲德贡-琼果幅,2002;1∶25万扎日区-隆子县幅,2004)。

2. 玉门复理石混杂岩段 Ⅴ-2-2-2

玉门蛇绿混杂岩分布于上三叠统朗杰学岩群的南侧,是1∶25万扎日区-隆子县幅(2004)在区域地质调查过程中的新发现。混杂岩的基质主体为上三叠统朗杰学群(T_3)复理石浊积岩系,混杂岩中的"块体"复杂、大小不一,包括辉橄岩、辉长辉绿岩、玄武岩及玄武质火山角砾岩等。

带内构造变形作用非常复杂,地层体之间乃至地层体内部均发育系列逆掩断层,并相伴发育一系列挤压片理化带、破碎带及次一级断层和紧闭倒转褶皱,总体形成一个扇状逆推楔形带(体),表现为"总体无序、局部有序(S_0尚可识别)"的构造-地层系统。上三叠统碎屑物源来自北侧(冈底斯)再旋回造山带大陆基块和火山弧成分(1∶5万曲德贡-琼果幅,2002;李祥辉等,2003,2004),认为是古特提斯消减过程中形成的增生楔型逆推构造带事件(?)。

(三)仲巴增生楔蛇绿混杂岩亚带(Pz-J)Ⅴ-2-3

晚古生代早二叠世时期,仲巴地块开始与南侧喜马拉雅地块发生初始分化,以下二叠统才巴弄组(P_1)、中上二叠统姜叶马组(P_{2-3})中发育玄武岩、玄武质角砾凝灰岩为标志,推测形成于裂陷-裂谷盆地环境,亦即冈底斯从印度分离或雅鲁藏布江初始扩张过程中的岩浆事件。

三、喜马拉雅构造火山岩带 Ⅴ-3

喜马拉雅构造火山岩带Ⅴ-3仅有一个时段的火山岩浆活动,从晚三叠世一直延续到早白垩世,涵盖的火山岩岩石地层单元有晚三叠世涅如组(T_3n)、早侏罗世日当组(J_1r)、中侏罗世遮拉组(J_2zh)、晚侏罗世—早白垩世桑秀组(J_3K_1s)、早白垩世甲不拉组(K_1jb)。上述各个火山岩岩石地层单元都沿康马—

隆子一带出露。

涅如组（T_3n）火山岩岩石组合主要为强蚀变玄武岩。玄武岩稀土元素总量很低，ΣREE 为 51.67×10^{-6}，$\delta Eu=0.9913$，没有 Eu 异常，稀土元素分异程度很低，LREE/HREE 为 3.2，Ce_N/Yb_N 为 2.7428，La_N/Yb_N 为 2.7275。其中 SiO_2、MgO 含量与雅鲁藏布蛇绿岩套中的玄武岩相似，岩浆源区也具有 MORB 性质。属于伸展动力学背景形成的玄武岩，结合产出的构造部位，认为形成于陆缘裂谷环境。在时间上，与新特提斯洋盆从晚三叠世开始的强烈扩张相对应。

日当组（J_1r）和遮拉组（J_2zh）火山岩岩石组合主要为蚀变玄武岩。玄武岩性质与早三叠世热马组玄武岩相似，兼具 E-MORB 和 OIB 地球化学特征，岩浆源区主体与 N-MORB 及 Om 组分混合有关（Jochum K R et al，1991），深部地幔热柱活动对其影响有所加强。反映较为强烈的伸展动力学背景，形成构造环境同晚三叠世涅如组火山岩。

桑秀组（J_3K_1s）出露最广，岩石组合主体为块状碱性玄武岩，夹有安山岩-英安岩-流纹英安岩等，局部还可见枕状玄武岩和柱状节理英安岩，总体上属于"双峰式"火山岩组合。桑秀组下部玄武岩与中侏罗世遮拉组玄武岩类似，形成于陆缘裂谷环境；而中上部玄武岩则与大洋板内玄武岩的关系非常密切，受到更大程度的源自深部地幔热柱物质的影响，岩浆源区特征更趋向于 P-MORB 和 Om。这些特点还暗示桑秀组玄武岩浆活动的中晚期深部地幔物质活动加剧，仍然反映强烈的伸展动力学背景。

甲不拉组（K_1jb）岩石组合主要为碱性玄武岩。高 TiO_2 含量显示其岩浆源区具 OIB 特征，其岩石地球化学特征不同于冈底斯同期火山岩，反映其形成于一种拉张减薄环境。总体上看，这一时期的火山活动继承了前期岩浆活动的特点，OIB 或 P-MORB 型岩浆对源区具有一定程度的贡献，但与桑秀组玄武岩相比，与地幔热柱有关的 OIB 型岩浆组分对源区贡献明显减弱，指示早白垩世岩石圈拉张程度减弱，拉张速率变慢。这可能与新特提斯洋由强烈扩张向收缩消减作用的转化相关。

综上所述，从晚三叠世开始到早白垩世出现在康马-隆子陆缘地带的以玄武岩和碱性玄武岩为主的岩石组合，构建了康马-隆子陆缘裂谷，该陆缘裂谷对应着新特提斯洋盆在这一时期的强烈扩张。

四、保山火山岩带 V-4

保山火山岩带分布于怒江断裂以东广大地区，由保山地块上不同时代的火山岩构成。主要出露有早二叠世卧牛寺组火山岩、晚三叠世牛喝塘组火山岩及中侏罗世勐戛组火山岩。

该火山岩带先后有 6 个时段的火山岩浆活动。

第一个时段的火山岩浆活动出现在晚寒武世，火山岩出露范围极其有限，仅在滇西的潞西一带有零星出露，称作核桃坪组（ϵ_3h），岩石组合为玄武岩-安山玄武岩-英安岩，在该组中获得了 498Ma 的锆石 LA-ICP-MS 年龄；岩石地球化学特征主要显示了岛弧火山岩的特点，可能属泛非运动过程中，冈瓦纳大陆拼合过程中的产物。该火山岩的发现为保山核桃坪、保山沙河厂、镇康芦子园等地的铅-锌-铜-铁矿的成矿作用过程提出了新的约束条件。属于弧盆系环境的岛弧或陆缘弧玄武岩-安山玄武岩组合。

第二个时段的火山岩浆活动出现在奥陶纪—泥盆纪，火山岩浆活动的地质记录可能全部保留在古生代蒲满哨群（$PzPm$）中，该群仅沿滇西的潞西一带出露。蒲满哨群是一套变质程度达角闪岩相，且变质程度不均一的无序岩石地层单元，构成该岩群的变质岩岩石组合为斜长角闪岩-斜长角闪片岩-角闪绿帘斜长片岩-黑云母斜长片岩-变英安岩-变流纹岩-变玄武岩。获得火山岩中火成锆石的 U-Pb ICP-MS 测年数据为 499Ma（云南省火山岩专题图件提供）。火山岩属拉斑系列，源区既有幔源，也有壳幔混源。目前对于蒲满哨群的研究还较差，有待于进一步研究。结合冈瓦纳超大陆演化及其构造岩浆活动特征，根据现有资料推测蒲满哨群可能是一个冈瓦纳超大陆裂离过程中在奥陶纪—泥盆纪的弧盆系活动的遗迹，并在此后有后期火山岩及其他成分构造岩块（片）的卷入。

第三个时段的牛喝塘组(T_3nh)沿保山地块西缘的潞西一带出露,岩石组合为玄武岩-安山玄武岩-英安岩、流纹岩,局部夹火山碎屑岩、沉积岩。定量化学命名为玄武岩、玄武安山岩、安山岩、英安岩、流纹岩,少量为玄武质粗面安山岩、粗面安山岩、粗面岩;总体上显示了亚碱性岩系之钙碱性岩系列与拉斑玄武岩系列过渡的特点。在硅-钾图解上,均落入高钾钙碱性系列,富钾特征明显。由东向西,由高碱、富钾渐变为低碱、富钠,长英质矿物增多,分异指数增大。在许多地球化学图解上,本期火山岩主体上落入大陆板内火山岩区,但有相当数量的样品落入钾玄岩或汇聚型板块边缘区。结合区域地质情况分析,可能形成于岛弧环境,之所以出现高钾特征,在于接近俯冲作用的晚期或者是仰冲盘陆壳厚度较大所致。

第四个时段的勐戛组(J_2m)沿保山地块西缘的施甸东别—鲁多一线以西出露,岩石组合为橄榄玄武岩-玄武质凝灰岩。按火山岩 TAS 图分类及硅-碱图分类,本期火山岩属碱性玄武岩系列之玄武质粗安岩、粗安岩。岩石碱含量高,富钠,TiO_2 含量低。稀土元素配分曲线属轻稀土富集型,结合区域地质构造分析,暂时将其划归岛弧环境火山岩。

第五个时段的芒棒组(N_2m)的岩石组合为碱性玄武岩-玄武岩;早更新世火山岩的岩石组合为英安岩-流纹岩;晚更新世火山岩的岩石组合为碱玄岩-玄武岩-玄武安山岩;全新世火山岩岩石组合为玄武安山岩-安山岩。总体上属于 SH 系列火山岩,结合区域地质构造格局和演化,火山岩岩石组合反映的动力学虽有伸展的成分,但整体上整个青藏高原仍然处于挤压的动力学背景,因此不属于后造山伸展环境,本书认为形成于后碰撞环境,与欧亚大陆同印度次大陆的碰撞后的后碰撞效应相关。

第六个时段的早更新世火山岩(Qp_1)、晚更新世火山岩(Qp_3)和全新世火山岩(Qh)3 个火山岩岩石地层单元都出露于腾冲一带。

该带的火山岩主要分布于冈底斯—腾冲地区,可分为 4 个亚带,关于腾冲地区新生代火山岩形成的构造环境尚有多种见解,赵崇贺等(1992)曾提出"滞后型弧"环境,云南的同仁认为第一个喷发旋回属于后造山双峰式组合,第二个喷发旋回厘定为后造山高钾钙碱性玄武岩-安山岩组合,归入新特提斯洋盆闭合(约 60Ma)后的后造山岩浆活动的产物。

(一) 保山陆表海火山岩亚带($\in$—T_2)Ⅴ-4-1

1. 施甸岛弧($\in_3$)Ⅴ-4-1-1

晚寒武世火山岩在英安岩中获得了 498Ma 的锆石 LA-ICP-MS 年龄,岩石地球化学特征主要显示了岛弧火山岩的特点,可能属泛非运动过程中,在冈瓦纳大陆外围的地块、陆块之间相互挤压、碰撞的产物。该火山岩的发现为保山核桃坪、保山沙河厂、镇康芦子园等地的铅-锌-铁-铜矿的成矿作用过程等提出了新的约束条件。

2. 卧牛寺陆缘裂谷火山岩段 Ⅴ-4-1-2

早二叠世卧牛寺组火山岩为一套裂隙式爆发-喷溢相与爆发-沉积相组成的基性火山岩系,以熔岩为主,夹火山碎屑岩,局部夹沉积岩。火山岩厚度变化较大,由北向南变薄,熔岩减少,而火山碎屑岩与沉积岩夹层相对增多。在泸水苗干山一带厚 1000m,保山高涧槽一带厚 742m,保山烫习街一带厚 427m,而到永德勐棒一带厚仅 36.5m。以保山芒宽高涧槽剖面为例,由下至上可划为 7 个喷发韵律,每一喷发韵律以红顶或喷发间断为标志,由熔岩开始,以紫红色、灰紫色熔岩、火山碎屑岩或沉积岩结束,溢流相与沉积相相互交替。

本期火山岩以基性熔岩为主,火山碎屑岩少见。岩石类型主要为致密状玄武岩、杏仁状玄武岩,少量为橄榄玄武岩、粒玄岩、凝灰岩等。以致密状玄武岩、杏仁状玄武岩分布最广。主要岩石特征如下。

本期火山岩 SiO_2 含量主要集中在基性岩区间内,SiO_2 饱和、低度不饱和或极度不饱和,碱含量高,富钠,TiO_2 含量高,P_2O_5 含量中等,FeO^*/MgO 高(平均为 2.06),具大陆拉斑玄武岩特点。在 Pearce T H 的 $FeO^*-MgO-Al_2O_3$ 图(图 3-5)上,5 件火山岩的投影点位于大陆板内区,2 件火山岩投影点位于洋岛和扩张中心岛屿区;在经丛柏林修正的玄武岩 $TiO_2-K_2O-P_2O_5$ 图(图 3-6)上,火山岩投影点 1 件位于大陆板内拉斑玄武岩区,4 件位于大陆板内碱性玄武岩区,2 件位于大洋拉斑玄武岩区。

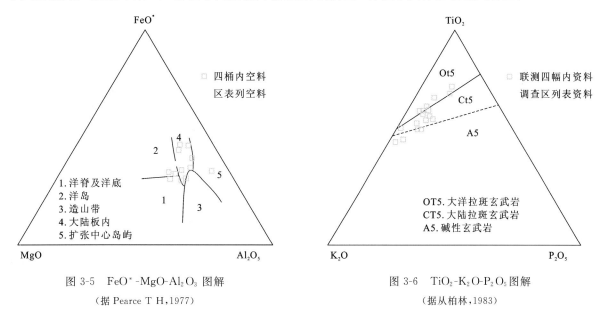

图 3-5 $FeO^*-MgO-Al_2O_3$ 图解　　　　　图 3-6 $TiO_2-K_2O-P_2O_5$ 图解

（据 Pearce T H,1977）　　　　　　　　　　（据丛柏林,1983）

火山岩高钛、富锆、贫磷、铌亏损,经少量及微量元素的构造环境判别,亦具大陆板内拉斑玄武岩特征。在玄武岩 $2Nb-Zr/4-Y$ 判别图(图 3-7)上,投影点位于板内拉斑玄武岩区;在玄武岩 $Ti/100-Zr-3Y$ 判别图(图 3-8)上,位于板内玄武岩区和岛弧钙碱性玄武岩区,但向板内玄武岩过渡。

本期火山岩夹碳酸盐岩,在烫习街玄武岩中发育有枕状构造,故本期火山岩形成于海相的喷发环境。在保山、永德等地本期火山岩夹碳酸盐岩、含植物碎片的陆源碎屑岩及与陆相火山喷发形成的泥石流有关的火山灰球凝灰岩,形成于以陆相为主并伴有海相的喷发环境。从区域资料分析,保山陆块从寒武纪到石炭纪一直处于相对稳定的状态,早二叠世,随着古特提斯洋由扩张转为消减,冈瓦纳大陆地壳进一步裂解,保山陆块转为相对拉张的构造环境,导致地幔岩浆上涌喷发,形成陆块内受离散构造控制的、与岩床状辉绿岩紧密共生、伴有碱性玄武岩的裂隙式喷发大陆溢流拉斑玄武岩。

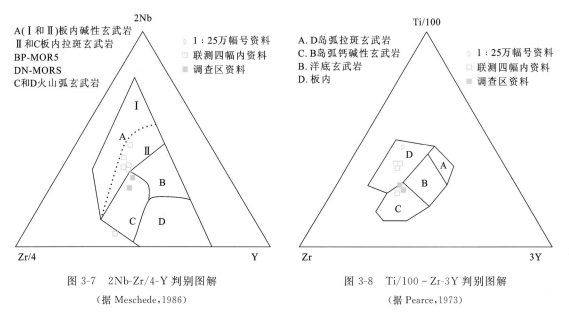

图 3-7 $2Nb-Zr/4-Y$ 判别图解　　　　　图 3-8 $Ti/100-Zr-3Y$ 判别图解

（据 Meschede,1986）　　　　　　　　　　（据 Pearce,1973）

3. 牛喝塘组火山岩段（T）Ⅴ-4-1-3

晚三叠世牛喝塘组火山岩与下伏早中三叠世喜鹊林组呈喷发不整合接触，被晚三叠世南梳坝组整合覆盖。岩石类型主要为致密状玄武岩、杏仁状玄武岩。

晚三叠世牛喝塘组火山岩岩石化学最大特点可分为两类：一类为碱玄岩，另一类为玄武岩。碱玄岩SiO_2含量低，碱含量高，富钠，TiO_2含量低；玄武岩SiO_2含量低，碱含量低，富钠，TiO_2含量最低。其C.I.P.W.标准矿物组合碱玄岩为$or+ab+an+di+ol+ne+ap+il+mt$，$SiO_2$极度不饱和，标准矿物中出现橄榄石和霞石；玄武岩为$(q+)or+ab+an+di+hy+ap+il+mt$，$SiO_2$过饱和或低度不饱和。岩石$\Sigma REE$为$73.56\times10^{-6}$，$Ce_N/Yb_N$为2.83，属轻稀土富集型，火山岩岩石化学性质与大陆板内碱性玄武岩或大陆板内拉斑玄武岩相似。

本期火山岩在区域上夹含植物碎片的红色陆源碎屑岩，故形成于陆相环境，为晚三叠世保山陆块陆内裂谷发育的拉斑玄武岩系列火山岩的西部火山岩。

4. 勐戛组火山岩段（J）Ⅴ-4-1-4

中侏罗统勐戛组火山岩与下伏上三叠统南梳坝组呈平行不整合接触，被中侏罗统柳湾组整合覆盖。以保山马料铺剖面为标准，大致可分一个喷发旋回，两个亚旋回。由下至上分别如下。

第一亚旋回厚209.40m，相当于马料铺剖面15、16两层，由灰绿色杏仁状橄榄状玄武岩与杏仁状玄武岩、紫红色碳酸盐化泥质粉砂岩构成。属溢流-沉积亚相。

第二亚旋回厚125.90m，相当于马料铺剖面17层，由灰绿色斑状玄武岩、杏仁状橄榄状玄武岩、粉砂质泥岩构成，属溢流-沉积亚相。

岩石类型主要为橄榄玄武岩，少量为基性、中基性凝灰岩，夹紫红色粉砂岩、泥质粉砂岩及钙质白云质粉砂岩等。碎屑岩多夹在中、上部，夹层较多，部分夹层的底部与玄武岩接触面凹凸不平，且有玄武岩岩块夹于碎屑岩中，显示有喷发间断，下部玄武岩中发育枕状构造，为海相火山活动产物。

根据TAS分类图（图3-9），火山岩的定量化学命名为玄武质安山岩、玄武质粗安岩、粗安岩，与矿物定名相比，部分岩石偏碱性。

从岩石化学成分看，岩石SiO_2含量为52.68%～59.02%，全碱$alk=3.02$～7.66，$K_2O/Na_2O=0.11$～0.42，SiO_2含量低，全碱含量中等或高，富钠，贫钾，为钠质火山岩。$\sigma=0.92$～4.50，1、2号两件样碱性程度低，3号样碱性程度高。按SiO_2-alk分类，1号样属亚碱性系列，3、4号样属碱性玄武岩系列。经AFM图（图3-10）进一步划分，亚碱性岩石富铁趋势明显，为拉斑玄武岩系列火山岩，而碱性玄武岩亦富铁，具高碱、高铁特征。

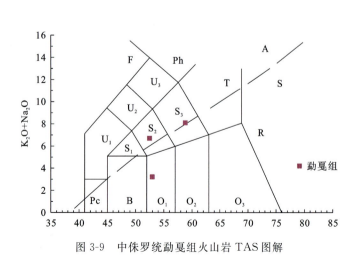

图3-9 中侏罗统勐戛组火山岩TAS图解　　　图3-10 中侏罗世勐戛组火山岩A-F-M图解

岩石 A/CNK=0.55～0.79，A/NK=1.74～3.52，为正常类型，标准矿物组合明显可分为 3 类：一类 SiO_2 过饱和，标准矿物组合为 q+or+ab+an+di+hy+ap+il+mt；一类 SiO_2 低度不饱和，标准矿物组合为 or+ab+an+hy+di+ol+ap+il+mt；一类 SiO_2 极度不饱和，标准矿物组合为 or+ab+an+di+ol+ne+ap+il+mt。从标准矿物组合及含量可以看出：SiO_2 过饱和岩石无 ne，具 hy，且 hy 大于 3％，Al_2O_3 小于 16％，属拉斑玄武岩系列；SiO_2 低度不饱和岩石具 cs，主要由于岩石中杏仁体过多造成 CaO 含量相对高而形成；SiO_2 极度不饱和岩石具 ne，无 hy 的火山岩均属碱性玄武岩系列，与图解判别基本一致。

火山岩固结指数(SI)为 3.58～34.40，明显小于 40(幔源原始岩浆 SI 值为 40)，岩石中 Mg 偏低。火山岩的分异指数(DI)变化大，为 30.36～66.09，拉斑玄武岩比戴里平均值(玄武岩 DI=35)略低，岩浆分异程度较玄武岩低；碱性玄武岩比戴里平均值(玄武岩 DI=35)高，分异岩浆特点明显。

根据《云南省区域地质志》(1992)，本期火山岩岩石 ΣY 为 84.90×10^{-6}，La_N/Yb_N 为 9.46，属轻稀土富集型，稀土配分形式与大陆裂谷碱性玄武岩相似。在 Rittman A 的 $lg\tau\text{-}lg(\sigma_{25\times100})$ 图(图 3-11)上，火山岩投影点位于 B 区和 C 区，具造山带(岛弧或活动大陆边缘)火山岩特征；在 Pearce 的 $F_1\text{-}F_2$ 图(图 3-12)，火山岩投影点位于 CAB 区及 SHO 区，亦具岛弧或活动大陆边缘火山岩特征。

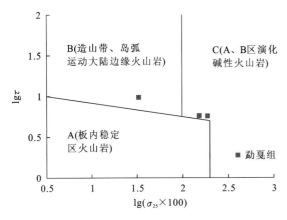

图 3-11 中侏罗统勐戛组火山岩 $lg\tau\text{-}lg(\sigma_{25\times100})$ 图
(据 Rittmann A，1970)

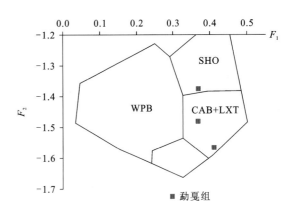

图 3-12 中侏罗统勐戛组火山岩 $F_1\text{-}F_2$ 图解
(据 Pearce J A，1976)

该期火山岩部分岩石中发育枕状构造，为海相火山活动产物。火山岩的形成与滇西古特提斯洋消减闭合、碰撞造山后的陆内拉张作用相关，为海相大陆板内碱性玄武岩。

(二)潞西构造火山岩亚带(Z—T_2)Ⅴ-4-2

1. 蒲满哨火山岩段(Pz)Ⅴ-4-2-1

云南省早古生代的火山岩浆作用不太发育，仅发育在潞西构造岩浆岩亚带的蒲满哨群，该火山岩带大致沿怒江西岸呈南北向狭长带状分布，在龙陵转至南西向，在瑞丽南西延入缅甸，其上被中晚三叠世伙马组不整合覆盖。

本期火山岩呈夹层产出于硅质岩、钙质粉砂质板岩、粉砂质绢云板岩、绢云千枚岩、二云石英片岩、黑云石英片、变粒岩等岩石中，并已变质，仅少数残留有火山岩结构，与变质碎屑岩间多为次生面理接触。现存岩石类型主要为斜长角闪岩、斜长角闪片岩、角闪绿帘斜长片岩、黑云角闪斜长片岩、黑云角闪斜长变粒岩、变质流纹岩、变质玄武岩等，对其原岩恢复研究认为，原岩为火山岩。在郭家寨剖面，夹层最厚达 28m，其他地区夹层厚仅数十厘米至数米。地层已变质变形，无法进行喷发旋回和喷发韵律的划分。

本期火山岩岩石类型主要为斜长角闪岩、斜长角闪片岩、角闪绿帘斜长片岩、黑云角闪斜长片岩、黑云角闪斜长变粒岩、变质流纹岩、变质玄武岩等。

上述资料表明，火山岩带的玄武安山岩、流纹岩类(钙碱性系列火山岩)为弧火山岩，而玄武岩类(拉斑玄武岩)则为板内火山岩。在同一时期、同一火山岩带，造山和拉张两种性质截然不同的火山岩同时存在,显然不可能。两种火山岩只可能是两期火山作用的产物。板内拉斑玄武岩的形成与怒江洋形成初期的拉张作用有关,而钙碱性火山岩的形成更可能与该洋的封闭、造山作用有关。

2. 平河同碰撞火山岩段(O)Ⅴ-4-2-2

火山岩仅在潞西构造混杂带白垩系基质(K_1)岩片中有少量分布。

片理化蚀变英安岩,斑状结构,基质变余霏细结构,片理化构造。斑晶由斜长石、石英组成,基质已强烈蚀变,由大量次生组分显微鳞片状绢云母及在其间变余的微粒-霏细状长英矿物组成,组分构定向明显,岩石显示片理化构造。原岩为英安岩,已强烈蚀变。

片理化蚀变英安流纹岩,斑状结构,基质具变余霏细结构,定向构造,斑晶由钾长石、斜长石、石英组成。

中酸性火山岩锆石 LA-ICP-MS U-Pb 同位素年龄为$(122.3±2.1)$Ma,当属早白垩世。

五、潞西-三台山蛇绿混杂岩带Ⅴ-5

仅在潞西—三台山一带有沿结合带呈串珠状分布的超镁铁岩小岩体群(《云南省区域地质志》称潞西岩带),大致延龙陵-瑞丽大断裂断续分布。主要包括三台山岩体群、坝头岩体、弄炳岩体以及营盘寨岩体群。三台山超基性岩的形成时代一直缺乏可靠的证据,全岩 Sm-Nd 法获得超基性岩形成年龄为349Ma。刘本培等(2002)认为三台山超基性岩可能代表蛇绿混杂岩或可能代表无根的蛇绿岩残片,龙陵-瑞丽大断裂可能代表板块缝合带。

第四章 西南地区侵入岩大地构造特征

西南地区侵入岩十分发育，岩石类型齐全，岩浆活动期次多，形成的大地构造环境复杂多样，时代上遍布古元古代—新近纪中新世，区域分布上以青藏高原及其东缘、扬子板块西缘及西南缘大量出露，另在扬子板块东南缘也有少量出露。

通过区域对比，在对西南地区侵入岩岩石构造组合、时代格架及侵入岩大地构造相、亚相全面厘定划分的基础上，将西南地区侵入岩主要划分为构造岩浆系统，并把构造岩浆系统单元划分出 5 级，即岩石构造组合（段）、构造岩浆亚带及相对应的蛇绿混杂岩（$o\varphi$）、构造岩浆带及相对应的蛇绿混杂岩（$o\varphi$）、构造岩浆亚省及相对应的蛇绿混杂岩（$o\varphi$）。西南地区侵入岩大地构研究中，对西南地区共划分一级侵入构造岩浆岩省 6 个，二级侵入构造岩浆岩带（亚省）18 个，三级侵入岩浆岩亚带 56 个，四级变质岩带 123 个（表 4-1，图 4-1）。

表 4-1 西南地区侵入岩分区表

一级	二级	三级
秦祁昆侵入岩构造岩浆岩省Ⅰ		南秦岭侵入岩浆岩亚带Ⅰ-1-1
扬子侵入构造岩浆岩省Ⅱ	上扬子侵入构造岩浆岩亚省Ⅱ-2	米仓山古陆缘侵入岩弧亚带（Pt_{2-3}）Ⅱ-2-1
		龙门山古岛弧侵入岩亚带（Pt_{2-3}，P_2）Ⅱ-2-2
		康滇基底断隆复合侵入岩弧亚带Ⅱ-2-3
		上扬子东南缘侵入岩亚带Ⅱ-2-4
		南盘江-个旧侵入岩亚带Ⅱ-2-5
		元谋-楚雄侵入岩亚带Ⅱ-2-6
		盐源-丽江侵入岩亚带Ⅱ-2-7
		哀牢山-点苍山复合侵入岩弧亚带Ⅱ-2-8
		金平侵入岩亚带（P_2，T，K_1）Ⅱ-2-9
北羌塘-三江多岛弧盆侵入构造岩省Ⅲ	可可西里-巴颜喀拉-松潘侵入岩弧带Ⅲ-1	黄龙俯冲侵入岩亚带（Nh，T_3）Ⅲ-1-1
		可可西里-巴颜喀拉侵入岩弧亚带（T_3—J_1）Ⅲ-1-2
	甘孜-理塘蛇绿混杂岩带（P—T）Ⅲ-2	
	义敦-沙鲁侵入岩弧带（T_3—E）Ⅲ-3	义敦侵入岩弧亚带（T_3—K）Ⅲ-3-1
		莫隆-格聂碰撞花岗岩带（K—E）Ⅲ-3-2
		普朗侵入岩弧亚带（T_{2-3}）Ⅲ-3-3
	中咱地块侵入岩带（E）Ⅲ-4	
	西金乌兰-金沙江-哀牢山蛇绿混杂岩带（D—T）Ⅲ-5	西金乌兰蛇绿混杂岩亚带（P—T_2）Ⅲ-5-1
		金沙江蛇绿混杂岩亚带（P—T）Ⅲ-5-2
		哀牢山蛇绿混杂岩亚带（P—T）Ⅲ-5-3

续表 4-1

一级	二级	三级
北羌塘-三江多岛弧盆侵入构造岩省Ⅲ	甜水海-北羌塘-昌都-兰坪-思茅双向俯冲弧陆侵入岩带(P—T)Ⅲ-6	甜水地块侵入岩亚带(T_3)Ⅲ-6-1
		北羌塘岩浆亚带Ⅲ-6-2
		昌都-兰坪陆块侵入岩亚带(P—T)Ⅲ-6-3
		思茅侵入岩亚带(P—T)Ⅲ-6-4
	乌兰乌拉-澜沧江蛇绿岩混杂带(P_2—T_2)Ⅲ-7	乌兰乌拉蛇绿混杂岩亚带(C—P)Ⅲ-7-1
		北澜沧江蛇绿混杂岩亚带(P—T)Ⅲ-7-2
		南澜沧江俯冲增生亚带(P—T)Ⅲ-7-3
	本松错-冈塘错-唐古拉-他念他翁-临沧侵入岩带Ⅲ-8	本松错-冈塘错花岗岩段Ⅲ-8-1
		唐古拉花岗岩亚带(Mz)Ⅲ-8-2
		他念他翁侵入岩弧亚带(Pt,P—T)Ⅲ-8-3
		碧落雪山-临沧构造岩浆岩带(Pt,T—K)Ⅲ-8-4
班公湖-怒江侵入构造岩省Ⅳ	龙木错-双湖蛇绿混杂岩带Ⅳ-1	龙木错-双湖蛇绿混杂岩带(C—P)Ⅳ-1-1
		查多岗日洋岛增生杂岩亚带(P_2)Ⅳ-1-2
	多玛-南羌塘-左贡增生地块侵入岩带Ⅳ-2	多玛地块碰撞侵入岩亚带(D_2,J_3—K_2)Ⅳ-2-1
		扎普-多不杂-热那错侵入岩弧亚带(K_1)Ⅳ-2-2
		吉塘-左贡侵入岩弧亚带(C—T)Ⅳ-2-3
	班公湖-怒江蛇绿岩混杂带(T_3—K_1)Ⅳ-3	聂荣增生复合侵入岩弧亚带(Pt_{2-3},J_1)Ⅳ-3-1
		嘉玉桥增生复合侵入岩弧亚带(Pt_{2-3}—J_1)Ⅳ-3-2
		班公湖-怒江蛇绿岩亚带(T_3—K_1)Ⅳ-3-3
	昌宁-孟连蛇绿(混杂)岩带(O—T_3)Ⅳ-4	
冈底斯-喜马拉雅多岛弧侵入构造岩浆岩省Ⅴ	冈底斯-察隅多岛弧盆侵入构造岩浆岩带Ⅴ-1	昂龙岗日侵入岩弧亚带(K_1—E_2)Ⅴ-1-1
		那曲-洛隆弧前盆地侵入岩亚带(J_3—K_1,K_2—E)Ⅴ-1-2
		班戈-腾冲侵入岩浆弧亚带(T_3—K_2,E—N)Ⅴ-1-3
		噶尔-拉果错-嘉黎蛇绿岩亚带(T_3—K_2)Ⅴ-1-4
		措勤-申扎侵入岩岛弧亚带(K—E)Ⅴ-1-5
		隆格尔-工布江达复合侵入岩弧亚带(K—N)Ⅴ-1-6
		南冈底斯-下察隅侵入岩亚带(T_3—J_1,K_2—N)Ⅴ-1-7
	雅鲁藏布江蛇绿混杂岩带(J—K)Ⅴ-2	西段:萨嘎-扎达蛇绿混杂亚带(J—K)Ⅴ-2-1
		中段:仁布-昂仁蛇绿混杂亚带(J—K)Ⅴ-2-2
		东段:仁布-泽当-大拐弯蛇绿混杂亚带(T_3—K_1)Ⅴ-2-3
		朗杰学增生楔侵入岩亚带(T_3)Ⅴ-2-4
	喜马拉雅侵入构造岩浆岩带Ⅴ-3	拉轨岗日被动陆缘弧亚带(O,J,K,N)Ⅴ-3-1
		北喜马拉雅侵入构造岩浆岩带(N)Ⅴ-3-2
		高喜马拉雅侵入构造岩浆岩带(N)Ⅴ-3-3
		低喜马拉雅侵入构造岩浆岩带(∈,N)Ⅴ-3-4
	保山地块侵入构造岩浆岩带Ⅴ-4	耿马被动陆缘弧亚带(T_3,E)Ⅴ-4-1
		西盟古岛弧(Pt)Ⅴ-4-2
		施甸板内裂谷侵入岩带(P_2)Ⅴ-4-3
		平达被动边缘弧亚带Ⅴ-4-4
	潞西三台山蛇绿混杂岩段Ⅴ-5	
印度陆块侵入构造岩浆岩省Ⅵ		

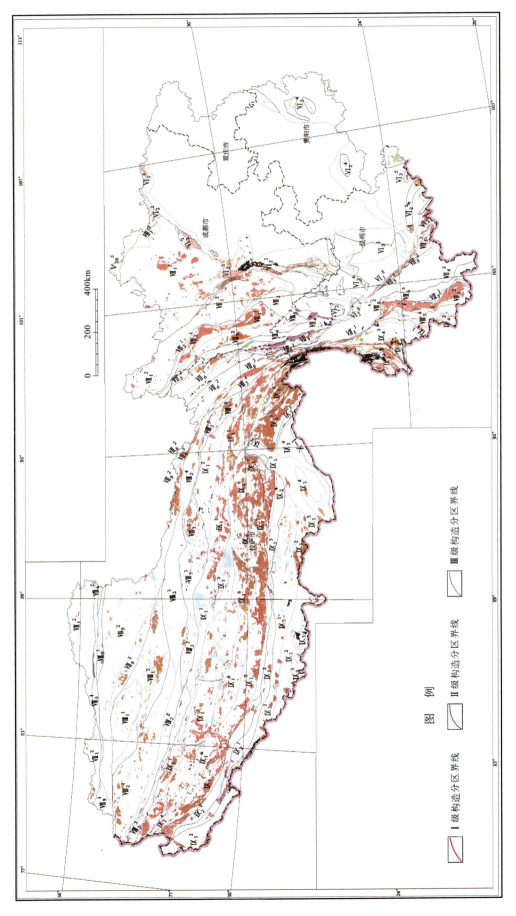

图 4-1 西南地区侵入岩构造图

构造岩浆省及相对应的蛇绿混杂岩($o\varphi$),厘定了构造岩浆带构造环境,研究了西南地区侵入岩代表的主洋盆关闭俯冲英云闪长岩、奥长花岗岩和花岗闪长岩(TTG)岩石构造组合,确定了板块俯冲方向,并可直接在图上读出构造环境及其演化的总体框架。

可分为5个主要岩浆旋回。

1) 前南华纪

南华纪以前元古宇侵入岩主要发育在扬子西南缘云南省境内,主要以俯冲-碰撞环境下中酸性片麻状花岗岩为主,如元谋杂岩(TTG)、哀牢山杂岩(TTG)、点苍山杂岩杂岩、高黎贡山片麻状花岗岩(TTG),侵入时代皆为元古宙,在瑶山地区主要发育裂谷双峰式侵入岩组合花岗岩。另在贵州梵净山、雪峰山地区少量发育青白口纪花岗岩。

基性超基性岩主要发育在扬子地块康滇基底断隆菜园子—东川一带,另外在大宝山、米仓山一带还有少许出露,皆属于与Columbia超大陆裂解有关的侵入岩。

2) 南华纪—中泥盆世

该期旋回的侵入岩,中酸性岩区内主要出露在扬子西缘米仓山、大巴山、康定、攀枝花一线,以前习称"彭灌杂岩""康定杂岩"等,为Rodinia超大陆汇聚俯冲、碰撞、转换伸展的产物:俯冲型花岗岩以彭灌杂岩、康定杂岩(Pt_{2-3})为代表,碰撞型花岗岩以米仓山一带光雾顶花岗岩(Z)为代表,转换伸展的后造山型花岗岩以石棉县一带的二长花岗岩-正长花岗岩(Z_1)为代表。在米仓山地区有南向北侵入岩组合分布,还呈现出很好的花岗岩极性。

其他中酸性侵入岩有云南东川东部、个旧—马关一带志留纪碰撞型的花岗岩,贵州麻江一带陆块内的含金刚石的金伯利岩。在西藏察隅西、米林一带有俯冲型花岗岩,藏南喜马拉雅一带有俯冲-碰撞型的花岗岩。

中泥盆世以后,西南地区进入特提斯演化阶段。

3) 晚泥盆世—中三叠世

晚古生代—中三叠世时期,受古特提斯大洋向东俯冲消减作用的制约,扬子板块的西南缘发育晚古生代多岛弧盆系。前锋弧之后(东侧)发育的昆中-昆南、勉县-略阳、北澜沧江、南澜沧江、金沙江-哀牢山、甘孜-理塘等蛇绿混杂岩带,在这些蛇绿混杂岩带演化,一系列弧-弧、弧-陆碰撞造成了羌塘—三江地区以中酸性为主的侵入岩发育。另外,最新的1:25万区调资料显示,冈底斯工布江达县发育有深色花岗闪长岩"包体"(262.3Ma),研究认为是冈底斯带晚古生代俯冲的岛弧型侵入体(王立全等,2008;朱弟成等,2008)。

这一旋回内,另一引人注目的岩浆活动事件是峨眉山地幔柱演化。其中心喷发位置,学界普遍认为在四川攀枝花一带,其形成的侵入岩主要为攀枝花一带的碱性花岗岩和基性超基性岩墙。

4) 晚三叠世—白垩纪旋回

由于古特提斯大洋向南的进一步俯冲消减,早-中三叠世冈底斯岛弧带从冈瓦纳大陆北缘裂离,雅鲁藏布江弧后洋盆初始形成;至晚三叠世时期,冈底斯岛弧带中北部沿狮泉河—纳木错—嘉黎一线撕裂,狮泉河-纳木错-嘉黎弧间洋盆开始形成。至此,奠定了中生代特提斯大洋南侧冈瓦纳大陆北缘喜马拉雅-冈底斯多岛弧盆系的基本格局,从北向南顺序表现为昂龙岗日岩浆弧→狮泉河-纳木错蛇绿混杂岩带→班戈-腾冲岩浆弧→噶尔-拉果错-嘉黎蛇绿岩→措勤-申扎侵入岩岛弧→隆格尔-工布江达复合侵入岩弧→南冈底斯-下察隅侵入岩弧。

5) 古近纪—第四纪旋回

在青藏高原地区,由于印度-欧亚碰撞在西藏冈底斯带形成了新生代的碰撞型花岗岩(E_1—N_1),如岩体有念青唐古拉山(N_1)。

在扬子陆块区域,因新生代以来其处于印度-欧亚碰撞后转换伸展阶段,于是在其西缘、西南缘广泛发育后造山型花岗岩、(正长)花岗斑岩,如北衙等。其次在贵州南部出露陆块内煌斑岩的岩浆活动。

第一节 秦祁昆侵入岩构造岩浆岩省 Ⅰ

秦祁昆侵入岩构造岩浆岩省位于康西瓦-木孜塔格-玛沁-勉县-略阳结合带以北,塔里木陆块、华北陆块以南的带状区域,西南地区内秦祁昆岩浆岩省仅出露秦岭岩浆岩带南秦岭亚带,境内侵入体少,其规模较小,且分布零星,主要散布于若尔盖唐克牧场、日干拉卜才和若隆柯、麻藏、下包座、且让、阿西等地。

西南地区南秦岭侵入岩浆岩亚带位于四川北面商丹结合带与南面玛多-勉略结合带之间,可划分为迭部陆缘弧岩段、西倾山后造山脉岩群和占洼陆缘裂谷岩段(D),因占洼陆缘裂谷岩段资料有限,这里不进行详述。

1. 迭部陆缘弧岩段（J_1）Ⅰ-1-1-1

岩性构造组合为闪长岩-石英闪长岩-花岗岩闪长岩-二长花岗岩,以石英闪长岩为主,其余岩类偶见。石英闪长岩体出露于日干拉卜才附近,规模稍大,呈南北向延长的透镜状岩株产出,出露面积近$8km^2$。岩体内发育有细晶花岗岩脉和伟晶花岗岩脉。

岩石地球化学特征上属于富硅高钾钙碱性系列,稀土元素配分图总体表现为向右的倾斜曲线,出现弱铕谷,推断岩浆源来自于上地幔,并且有下地壳物质混染。花岗岩投图上显示具有埃达克岩特征。

2. 西倾山后造山脉岩群（E）Ⅰ-1-1-2

此区脉岩不发育,有少数花岗细晶岩、花岗斑岩脉、闪长玢岩脉、石英闪长玢岩脉,主要侵入三叠纪地层中,少数侵入于石英二长岩中,与金矿关系密切。

第二节 上扬子侵入构造岩浆岩亚省 Ⅱ-2

一、米仓山古陆缘侵入岩弧亚带（Pt_{2-3}）Ⅱ-2-1

米仓山古陆缘侵入岩弧亚带介于秦岭造山带(北)与四川陆内前陆盆地(南)之间,西接龙门山基底逆推带,东延入西南地区外。位于上扬子地块北缘,西接米仓山突起,东端止于神龙架-黄陵基底隆起,呈北西—东西向延伸、向南西突出的弧形构造带。该带分布范围不大,但岩类多,岩石组合复杂,属中新元古代扬子陆块基底杂岩,过去习称"汉南杂岩"。带内可区分4种侵入构造岩浆岩环境岩段——陆内裂谷、陆缘裂谷、俯冲岛弧、碰撞岛弧。由南向北依次出露陆内裂谷碱性环状杂岩—陆缘裂谷基性超基性岩—陆缘弧TTG花岗岩—陆陆碰撞型花岗岩,岩浆岩段分带极性明显。

（一）旺苍水磨-南江坪河陆内裂谷碱性环状杂岩段（Pt_{2-3}）Ⅱ-2-1-1

该岩段分布于本亚带南部旺苍县水磨、南江县坪河一带,沿米仓山基底杂岩与四川盆地边界呈北东东向分布,是扬子陆块基底碱性杂岩出露最多的岩段,以中子园、水磨、坪河岩体为代表,岩性组合样式呈偏心式环状。

岩性构造组合为碳酸岩-霞石正长岩。其中坪河岩体规模较大,岩石自然共生组合模式为:中心为钛铁霞辉岩,向外依次出露霓霞岩→磷霞岩→霞石正长岩→钠闪正长岩→碱性正长岩→碳酸岩。

岩石地球化学特征显示为碱性岩,富铝高钙,低硅贫铁,全碱含量高。Na_2O/K_2O 除正长岩外,均大于1;组合指数(σ)一般大于5,少量大于9;标准矿物均出现霞石、钾霞石,属钠质碱性-过碱性岩。基性—超基性岩 Na_2O/K_2O 一般大于2.5,SiO_2 一般为43%左右,碱性正长岩 SiO_2 一般为55%~62%。随岩浆演化,碱度和 SiO_2 降低,铝增高。碳酸盐岩富 CaO/CO_2,贫 MgO、碱。

据该岩石组合及地球化学特征研究,该岩段具成岩于板内大陆裂谷岩浆岩杂岩组合特点。

(二) 旺苍东河陆缘弧后裂谷基性超基性岩组合(Pt_{2-3})Ⅱ-2-1-2

该岩段分布于旺苍县东河流域正源一带呈北东向展布,沿水磨-上两断裂分布,以正源、春术坪、大山角基性—超基性岩体为代表。岩性以基性岩为主,超基性岩零星见及。

其岩石构造组合为辉绿岩-辉长岩-辉石岩-橄榄岩,主要岩性为暗绿色微细粒辉绿岩、深灰色细粒角闪辉长岩、橄榄辉长岩、橄长岩、角闪辉长苏长岩、橄榄辉长苏长岩、辉石岩。研究表明,本区基性—超基性杂岩岩浆分异明显,具层状堆晶结构,可见流面构造。其成岩构造环境可能为陆缘裂谷或者弧后扩张。

(三) 南江官坝-沙河坝陆缘弧俯冲 TTG 岩段(Pt_{2-3})Ⅱ-2-1-3

该岩段为本亚带主体部分,分布于本亚带中部南江官坝、新民及英翠等地,向北东延入陕西城固县南部地区,以官坝岩体、沙河坝岩体为代表。

其岩石组合为石英闪长岩-英云闪长岩-斜长花岗岩-花岗闪长岩。岩石地球化学特征为钠质钙碱性系列,稀土总量略偏低、轻稀土富集、Eu 亏损为特点。

据该岩石组合及地球化学特征研究,该岩段为典型的陆缘弧俯冲 TTG 岩石组合。

(四) 米仓山、光雾山陆陆碰撞型花岗岩段(Z)Ⅱ-2-1-4

该岩段以亚带北部米仓山、光雾山岩体为代表,其岩石组合为黑云二长花岗岩-黑云正长花岗岩。岩石中含有闪长质、英云闪长岩质微小包体。

岩石地球化学特征为钾质钙碱性系列,稀土总量低、轻稀土富集,Eu 弱亏损。该组合岩石稀土元素特征以总量低、Eu 弱亏损的特点明显不同于本亚带俯冲型花岗岩。

二、龙门山古岛弧侵入岩亚带(Pt_{2-3},P_2)Ⅱ-2-2

该亚带大地构造位置大致为:西以丹巴-茂汶断裂与巴颜喀拉地块接界,东以江油-都江堰断裂与四川陆内前陆盆地相邻,北接米仓山-大巴山基底逆推带,南止康滇基底断隆带。本亚带侵入岩浆岩构造呈北东-南西向展布,呈大型基底推覆体产出,逆冲作用始于晚三叠世,晚白垩世隆升地表,至今仍有活动。由南向北可划分为天全-宝兴碰撞型古岛弧、彭灌古岛弧、轿子顶古岛弧、大宝山古裂谷、邓池沟陆内裂谷5个岩段。

(一) 天全-宝兴碰撞古岛弧(Z)Ⅱ-2-2-1

该古岛弧分布于本亚带西南与泸定-攀枝花复合侵入岩弧亚带结合部,大面积分布于天全紫石、昂州河、白沙河地区,在宝兴大鱼溪、芦山大川、大邑西岭(双河)雪山等地。岩体呈大型岩株、岩基产出,侵入早期康定群、黄水河群及早震旦世苏雄组、盐井群中。

其主体岩石组合为花岗闪长岩＋正长花岗岩＋二长花岗岩。其岩性为浅灰色中粒黑云花岗闪长岩，浅灰色、浅肉红色中粒黑云二长花岗岩，浅灰色、浅肉红色细中粒-中粗粒黑云正长花岗岩。

岩石地球化学特征属钙碱性系列，标准矿物计算部分含刚玉，属铝不饱和-弱过铝质岩石；稀土元素REE配分曲线呈"V"谷，明显铕亏损。

由其岩石组合和地球化学特征，该岩石组合属于俯冲后期到碰撞花岗岩，主体应归于碰撞环境。

(二) 彭灌古岛弧（Pt_{2-3}）Ⅱ-2-2-2

该岩段一般习称"彭灌杂岩"，分布在都江堰以西的汶川—九顶山一带。岩石组合以英云闪长岩＋黑云奥长花岗岩＋黑云花岗闪长岩为主，其次为角闪闪长岩＋石英闪长岩。岩体呈大型岩株、岩基，侵入于早期辉长岩-暗色闪长岩系及变质表壳岩康定群中，围岩接触带围岩蚀变不强，岩体可见几米的细粒化带（冷凝边），但部分地段发育边缘混合岩化带，形成宽1～50cm的条带状混合岩带；在与康定群接触带中，接触界面一般为锯齿状，普遍见花岗岩枝穿入围岩。普遍被后期二长花岗岩、正长花岗岩枝穿插于其中。本岩段基本岩石类型主要为英云闪长岩、奥长花岗岩，个别为花岗闪长岩。

地球化学特征、英云闪长岩-奥长花岗岩-花岗闪长岩岩石组合属钙碱性亚碱型。

英云闪长岩REE一般为$73.73×10^{-6}$～$155.38×10^{-6}$，高者$210.14×10^{-6}$，最低$21.42×10^{-6}$。δEu介于0.70～1.13之间，大部分为0.81～0.96，具弱负异常-弱正异常，属幔源岩浆受到陆壳混染；特征值$(La/Yb)_N$介于3.10～6.60之间，少部分高者为10.86～17.22，$(Ce/Yb)_N$介于2.68～13.50之间，显示轻稀土富集程度相对较高，重稀土则低度富集；配分曲线向右平缓倾型，但铕谷不明显。

奥长花岗岩REE较英云闪长岩略有增高，介于$56.30×10^{-6}$～$239.33×10^{-6}$。δEu集中于0.52～1.16之间，特征值$(La/Yb)_N$集中于3.07～9.69之间，显示轻稀土富集程度相对较高，重稀土则低度富集；配分曲线为向右平缓倾型，但铕谷不明显。

花岗闪长岩特征与奥长花岗岩类似，其REE为$90.97×10^{-6}$～$152.08×10^{-6}$，δEu介于0.57～0.93之间，δCe为0.97～1.03，$(La/Yb)_N$介于4.90～14.01之间，$(Ce/Yb)_N$介于4.16～9.96之间。

奥长花岗岩系微量元素多数具较低的丰度，采用维氏岩浆岩平均值为标准化做出的微量元素浓集曲线图中，英云闪长岩、奥长花岗岩、花岗闪长岩微量元素特征具很强的一致性，显示了同源岩浆演化系列特点。不相容元素中，大离子亲石元素Rb、Sr、Ba、Nb、Ta、U多具明显亏损，而高场强元素Hf在各岩类中强烈富集，富集系数为1.72～11.03，过渡元素得到了选择性的富集，Co、V具程度不同的富集，富集系数分别为3.59、1.02，而Ni丰度极不均匀，多数具明显的亏损，Cr、Ni具很低的丰度，与岛弧岩浆类似。相容元素Y、Sc均具明显富集，富集系数分别为1.87、3.05。特征值K/Rb随SiO_2升高而降低，主要与Rb的降低有关；Rb/Sr、Th/U总体变化不大。

从岩石组合特征上看，不容置疑本段侵入岩属于俯冲环境。

(三) 轿子顶古岛弧（Pt_{2-3}）Ⅱ-2-2-3

该岩段分布于宝兴北东大川镇至绵竹县轿子顶一带，以轿顶山岩体、轿子顶岩体、雪隆包岩体等为代表，包括轿顶山闪长岩和轿子顶TTG岩套2个岩石构造组合。

轿顶山闪长岩岩石构造组合：岩石构造组合为灰色细粒角闪闪长岩和灰色细中粒黑云角闪石英闪长岩。

轿子顶TTG岩石构造组合：为浅灰色细—中粒黑云角闪英云闪长岩、浅灰色细粒黑云奥长花岗岩、浅灰色细粒黑云奥长花岗岩、浅灰色中粒黑云花岗闪长岩。

(四) 大宝山古弧后裂谷SSZ蛇绿混杂岩段（Pt_{2-3}）Ⅱ-2-2-4

该岩段主要分布于此带南西部彭州市大宝镇—把伞地区，主要岩石构造组合为辉长岩-辉石岩-橄榄岩,岩性为暗绿色、黑色细粒网格状辉石蛇纹岩(辉石橄榄岩),灰绿色细粒蚀变角闪辉石岩,暗灰色辉石角闪岩及角闪辉长岩等,蛇纹岩出露较广。主要岩石类型为蚀变辉长岩和角闪辉长岩。

微量元素中不相容元素、大离子亲石元素 Rb、Sr、Ta、Zr 等低于维氏平均值,但 Sr 却高于地壳丰度值;Ba 部分富集,富集系数为 $1.01\sim1.92$;高场强元素 Hf 明显富集,富集系数为 $1.01\sim7.88$;U 略有富集,其他 Th、Nb、Zr 均具明显亏损。相容元素 Y 略具亏损,Sc 富集,富集系数为 $1.08\sim2.88$,过渡元素明显富集;Cr 丰度极不均匀,一般较低,但局部明显富集,富集系数 $1.07\sim7.37$;Mo 一般较低,但部分岩中强烈富集,富集系数达 $11.3\sim25.17$。配分型式呈强烈的"W"型,Cr、Ni 具很低的丰度,与岛弧岩浆类似,系被岛弧岩浆混染的结果。

据该岩石构造组合对比和地球化学特征,该构造岩浆环境可能属陆缘弧后裂谷。

(五)邓池沟陆内裂谷(P_2)Ⅱ-2-2-5

邓池沟陆内裂谷主要分布于龙门山陆缘岩浆弧亚带南西段天全白沙河、昂洲河、宝兴大鱼溪、小鱼溪等地,规模小,以天全灵关镇、昂州河基性—超基性小岩体及绵竹清平观音梁子大规模出露的辉绿岩等为代表。芦山大川、邛崃火石溪一带分异良好,岩体呈似层状,形成由伟晶辉长岩-细粒辉长岩、辉石岩-辉长岩或橄榄岩、橄辉岩-辉长岩组成的堆晶杂岩,这些堆晶分异形成的超镁铁质岩有时呈岩脉(墙)侵位于康定群、黄水河群变质火山岩中,并常具明显的铜镍矿化、铬铁矿化。

三、康滇基底断隆复合侵入岩弧亚带Ⅱ-2-3

该亚带北起康定,经泸定、石棉、西昌、攀枝花,延入云南境内,侵入活动期次多,岩类齐全,规模大,呈南北向带状,长达数百千米。以前习称的康定群,或者叫"康定杂岩""磨盘山杂岩""同德杂岩""元谋杂岩"等,是原康滇地轴重要组成部分。

(一)泸定-螺髻山-攀枝花俯冲型古侵入岩弧(Pt_{2-3})Ⅱ-2-3-1

1. 泸定、冕宁沙坝、攀枝花同德 TTG 岩石组合

此岩段呈近南北向断续带状,广泛分布于泸定、石棉擦罗、冕宁沙坝、攀枝花同德等地。岩石普遍受不同程度变形变质作用,片麻理较为常见,常被定名为片麻岩。主要由混合片麻岩、麻粒岩以及少量斜长角闪岩和石英-云母片岩组成。片麻岩的原岩多属英云闪长岩-奥长花岗岩-花岗闪长岩(TTG)组合,麻粒岩的原岩主要是辉长-苏长岩。近年来又陆续发表集中于 $850\sim750$ Ma(SHRIMP U-Pb)的较多年龄值数据(Zhuo et al,2002;Lirt,2003;郭春丽等,2007)。上述两个最大年龄值,可信度较差,且存在很大争议,本次没有采用。综合其他所获年龄值数据,暂定康定杂岩时代为中—新元古代。其主要为两种岩石组合:①石英闪长岩-闪长岩-辉(苏)长岩;②花岗闪长岩-奥长花岗岩-英云闪长岩。

石英闪长岩-英云闪长岩-斜长花岗岩-花岗岩闪长岩岩石组合,地球化学特征以富 Na、贫 K、碱质低为主要特征,属钠质钙碱性系列花岗岩;微量元素 Ba、U、Th、Zr、Hf 富集,Rb、Cr、Ni、Co 明显亏损,属不相容元素富集型,ΣREE 偏低,配分型式右倾,Eu 异常不明显,均为轻稀土富集型。副矿物组合为磁铁矿-锆石型。岩段以成分演化最为特征,从早至晚,岩石类型由石英闪长岩→英云闪长岩→斜长花岗→花岗闪长岩;镁铁质矿物递减,长英质矿物递增,斜长石牌号降低,K/Rb、$(La/Yb)_N$、$\Sigma Ce/\Sigma Y$、DI 递增,SI、Zr/Hf 递减。花岗岩投图属于 I 型花岗岩,为初生岛弧壳幔源岩浆产物。

2. 摩挲营俯冲花岗岩

该岩石组合分布于磨盘山及其东部,呈岩枝、岩基侵入康定群及会理群等浅变质岩系中,接触变质

较为明显。以会理摩挲营、德昌锦川岩体等为代表,岩石构造组合为花岗闪长岩-二长花岗岩-正长花岗岩,以二长花岗岩为主。岩体边缘见有细粒斑状二长花岗岩或其捕虏体,在会理岔河还产锡矿。总体富Si、K,过Al,贫Ca、Mg,DI、AR高,显示钙碱性钾质系列花岗岩特征。相容元素中大离子亲石元素相对富集,过渡族元素亏损,强不相容元素富集;稀土总量总体高,轻稀土富集,铕负异常明显。从早至晚,岩石化学参数中SI、DI依次降低,Al、Na、K、AR依次增高,稀土总量渐低。

(二) 石棉古后造山侵入岩段(Z_1)Ⅱ-2-3-2

该岩段广泛分布于冕宁泸沽、小相岭、汉源黄草山等地,呈近南北向断续带状延伸,主体产于本亚带TTG岩套以东,侵入登相营群等浅变质岩系中,在泸沽岩体边缘产铁、锡矿。同位素年龄锆石(Pb-Pb)为(669±6.8)Ma,K-Ar年龄为687Ma,时代为晚震旦世。

岩石构造组合为二长花岗岩-正长花岗岩,以钾长花岗岩为主体。岩体边缘常出现细粒斑状二长花岗岩或其捕虏体,岩石均富Si、K,过铝,贫Ca、Mg,属钾质钙碱性S型花岗岩,岩浆类型具硅过饱和、碱质、过铝质岩石特征,SI低,DI很高;微量元素中不相容元素富集,相容元素亏损,孙氏图解均呈右倾型,轻稀土富集,铕均显负异常,配分型式呈右倾型;构造环境判别属同碰撞花岗岩。以结构演化最为特征,从早至晚,岩石中斑晶含量递增,粒度由小至大,晶形由窄板状变为宽板状;基质由细中→粗中→中粗粒结构;斜长石略为减少,钾长石略为增高。岩石中SiO_2、K_2O略增,Al_2O_3、Na_2O略减;Sr、Ba、Zr、ΣREE递增,Rb、Cs、Al、Na递减;稀土配分曲线连续上叠,显示岩浆向富硅、富钾方向演化。副矿物磷灰石减少,锆石增多,锆石晶形式由简单变复杂,柱面发育程度变高。岩体边界呈齿状、不规则状,内接触带不发育定向构造,多含棱角状围岩捕虏体等特征表明超单元具被动侵位特征。以上特征结合有关图解,说明本岩段属于后造山抬升阶段被动侵位成岩。

(三) 冕宁-里庄-德昌上三叠统侵入岩弧(T_3)Ⅱ-2-3-3

该岩石构造组合分布于会理矮郎河,德昌马鹿等地呈岩株、岩基产出。北部德昌马路一带为二长花岗岩,局部含白云母;南部会理矮郎河一带为钾长花岗岩,偶含角闪石,K-Ar年龄值为214Ma,其侵位时代为晚三叠世。岩石组合为花岗闪长岩-二长花岗岩-钾长花岗岩。富Si、K,贫Fe、Mg、Ca,DI、AR高,SI低;微量元素中不相容元素富集,相容元素亏损;稀土总量较高,铕为中等至强烈负异常。从早至晚,黑云母减少,斜长石总体递减,钾长石、石英递增;岩石地球化学中,K_2O、Na_2O、DI有递增趋势,SI递减,AR增高又降低;微量元素中不相容元素富集程度渐增,K/Rb值较高;稀土配分型式由右倾型向平坦型变化;放射性能谱值均递增。以上各特征表明,岩浆分异作用增强,由中酸性向酸碱性发展,属钙碱性钾质过铝花岗岩。花岗岩投图为I-S型,多数投在S型花岗岩区域。

牦牛坪陆内碱性岩组合:此岩石构造组合均呈小岩脉产出,分布于冕宁牦牛坪及德昌大陆槽等地,岩性组合为碱性碳酸岩-英碱正长岩,碱性碳酸岩仅发现于冕宁地区。

西范坪斑岩体群位于盐源县桃子乡与云南省宁蒗县交界处,属扬子陆块西南缘锦屏山陆缘坳陷与玉树-中甸微陆块接合部南侧扬子陆块内侧,北邻甘孜-理塘结合带。斑岩体群由大小不等的百余个斑岩体组成。主要由石英二长斑岩、二长斑岩组成,少许闪长玢岩及云煌岩脉,西范坪矿化石英二长斑岩黑云母K-Ar年龄为34.6～34.1Ma,不含矿的石英二长斑岩的角闪石K-Ar年龄为33.5～32.2Ma,其成岩时代属古近纪。

冕西后碰撞花岗岩组合:仅出露于冕宁西部回龙及北部大桥一带,受NE向构造控制,呈岩基产出,主要岩性为二长花岗岩-花岗闪长岩。

矮郎河后碰撞花岗岩组合:该岩石构造组合分布于会理矮郎河、德昌马鹿等地,呈岩株、岩基产出。北部德昌马路一带为二长花岗岩,局部含白云母;南部会理矮郎河一带为钾长花岗岩,偶含角闪石,K-Ar年龄值为214Ma,其侵位时代为晚三叠世。

(四)攀西裂谷侵入岩段(P_2—T_2)Ⅱ-2-3-4

本岩段呈南北向分布,北至丹巴杨柳坪、康定四道牛棚,南至冕宁杨秀、西昌太和、德昌巴硐、米易白马、攀枝花红格等地均有出露。岩段内可划分2个岩石构造组合:①基性—超基性岩组合,分布最广,以产钒钛磁铁矿的层状辉长岩最为特征,次为产镍铂钯的超基性岩床、岩盆;②钙碱性-碱性正长岩类和碱性花岗岩类,主要分布在岩段南部。两者均以幔源岩浆岩为特点,为二叠纪—中三叠世泛华夏大陆裂解期岩浆活动产物。

该岩石组合主要包括3个岩体群:南部攀西地区力马河式岩体群、攀枝花层状辉长岩、北部地区杨柳坪岩床群。其中"攀枝花层状辉长岩"因含层状钒钛磁铁矿而闻名于世。

力马河式岩体群:由橄榄岩-辉石岩-辉长岩-闪长岩组合而成,蚀变强烈,具低钙、铝、碱质的特点,m/f较低,属镁铁质(超)基性岩。微量元素配分呈弱"W"型,ΣREE较高,轻稀土弱富集,铕弱正异常或负异常。从早至晚,铁钛矿物由较高→高→低,挥发分矿物由少→高→较高;副矿物组合中磁铁矿递增,钛铁矿递减,锆石渐减少,磷灰石总体大量增高;SiO_2、Na_2O、K_2O递增,MgO、CaO递减,DI、AR、A/CNK递增,SI、m/f递减;不相容元素含量增高,相容元素含量降低;ΣREE递增,铕由弱正异常变为弱负异常。

攀枝花层状辉长岩:以红格、白马、攀枝花、太和岩体为代表,是攀西裂谷碱性花岗岩-碱性正长岩-玄武岩-层状辉长岩"四位一体"组合之一。岩体多为层状、似层状、岩盆。侵入峨眉山玄武岩及震旦纪灯影组,成岩时代约260Ma。层状岩体岩石化学成分与中国及世界辉长岩平均成分比较,贫硅而富铁、钛及碱质,镁质偏低,m/f一般为0.59~2.2,属铁质-富铁质基性超基性岩系。在硅-碱图上,投影于(弱)碱性玄武岩区。标准矿物组合以Pl+Cpx+Ol±Ne为特征,标准Ne分子常见。微量元素分配呈"W"型,Cr、Co、Ni等明显亏损,大离子亲石元素及Th、Nb、P、Ti等不同程度富集,表明岩体经历过较强的分离结晶作用。稀土配分型式均为轻稀土富集型,轻稀土部分相对平坦,重稀土部分分馏强烈,铕明显正异常。

杨柳坪岩床群:以杨柳坪、康定四道牛棚、铜炉房等基性—超基性岩床为代表,多产于穹隆构造顶部,以含铂钯镍矿为特点。变质超基性—基性岩岩石类型属斜辉(二辉)橄榄岩-辉石岩-辉长岩系列。总体显示为轻稀土元素中等富集型,稀土配分曲线右倾,滑石岩及次闪石岩略具Eu异常;其REE高丰度值表明本区变质超基性岩源于富集型地幔。岩石的高稀土总量、轻稀土富集型特征,同源岩浆分异演化特点及伴随的玄武岩喷发特征,与攀西地区同构造环境下的同类岩石可以对比。

(五)会理-东川古裂谷段(Pt_{2-3})Ⅱ-2-3-5

该岩段零星分布于会理关河菜籽园到云南东川小江断裂以西的地带。基性超基性岩侵入岩以小岩体、岩墙、岩株产出。其中菜籽园一带主要岩性为灰绿色蛇纹岩(二辉、方辉橄榄岩)、墨绿色角闪(橄榄)单辉岩、二辉岩-橄榄岩,蛇纹石化强烈;东川地区岩性主要为辉长岩、辉绿岩,未见蛇纹石化。现在的研究对其裂谷环境下的岩浆活动产物持肯定态度,但其形成年龄还有争议,最新测年数据有会理县河口地区SHRIMP锆石1710Ma(关俊雷等,2012),学界普遍认为它应该属于古元古代末期—中元古代早期裂谷背景下大量地幔物质上涌的产物。

(六)武定陆内裂谷基性-超基性侵入岩段(P_2)Ⅱ-2-3-6

这一岩段主要集中出露于武定地区,以辉绿岩、辉长岩为主,另有少量的橄榄岩。单个岩体规模不大,但集中成片分布。岩石地球化学特征与同一地区的二叠纪峨眉山组玄武岩较为类似,具有高钛、低镁的特点,Co、Ni、Cr、Sc等强相容元素含量也较低,总体上属二叠纪峨眉山组玄武岩的同期异相产物。

由于原岩的钛含量较高,许多地区形成了大、中型的风化残积型的钛砂矿床。

(七)玉溪古裂谷双峰式侵入岩段(Pt_{2-3})Ⅱ-2-3-7

这一岩石构造组合分布广泛,属板内裂谷双峰式组合,集中出露于禄丰、易门、峨山、元江等地。禄丰地区以基性岩类为主,著名岩体包括鸡街水口箐碱性超基性岩体、马倌营(次)碱长花岗岩体;易门地区出露有九道湾花岗岩体;峨山地区出露有坡脚花岗岩体;元江地区研究程度较高的是牛尾巴冲岩体。

禄丰一带主要出露基性端元,为辉长岩、辉绿岩,少量碱性超基性岩、碱长花岗岩、花岗岩等,属碱性、偏碱性的拉斑玄武岩系列,未见明显的矿化现象。易门地区出露二长花岗岩及少量的辉长岩、辉绿岩,二长花岗岩属富钾的过铝质花岗岩,见有钨、锡矿化现象。峨山坡脚岩体主体部分为黑云二长花岗岩,中心部分出露少量石英闪长岩,周围有少量基性岩类共生。元江撮科、牛尾巴冲一带岩石类型十分复杂,酸性岩、基性岩、超基性岩都有出露,但单个岩体规模一般都不大。牛尾巴冲岩体由角闪闪长岩、石英闪长岩、英云闪长岩、花岗闪长岩、二长花岗岩构成,构成一个宽广的岩石化学成分演化系列,见金、铅矿化现象。

不同方法获得的同位素年龄为686~816Ma,峰值年龄为700Ma左右,属南华纪。基性端元与酸性端元应具有不同的源区及成岩过程,属伸张构造背景下的双峰式侵入岩组合,可能为Rodinia超大陆裂解的岩石学记录。

四、上扬子东南缘侵入岩亚带Ⅱ-2-4

上扬子东南缘侵入岩亚带为雪峰山隆起的核心部分,出露少量中新元古代基性-超基性岩(如变橄榄岩、变橄辉岩、变辉石岩、变辉长岩等,具铜、镍矿化)和中酸性侵入岩(主要有花岗闪长岩、英云闪出岩、石英闪长岩等)。从区域上看,这一套出露在扬子板块东南缘的中元古代—新元古代早期的低绿片岩相为主的火成-沉积岩系,包括广西的四堡群、贵州的梵净山群、湖南的冷家溪群、江西的双桥山群和九岭群、安徽的上溪群和浙北的双溪坞群等,一起被认为代表了"江南古岛弧"的产物(郭令智等,1980;水涛等,1988;沈渭洲等,1993)。因此,扬子板块东南缘又称"江南古岛弧""江南古陆""江南造山带""四堡造山带"等(郭令智等,1980;谢家荣等,1961;刘英俊等,1993;Li et al,2002)。不少学者认为,扬子与华夏两板块在970Ma左右沿皖南—赣东北—新余—郴州—云开大山西缘一带发生洋-陆俯冲碰撞,其洋壳俯冲消失之后的碰撞作用以陆-弧-陆碰撞形式继续向北西推进至江南-雪峰构造带东缘一线,为830~850Ma。扬子与华夏的碰撞拼合最终结束的时间为晋宁期。湘桂等中间地块与扬子板块间的洋盆向扬子板块俯冲-碰撞时,形成江南岛弧造山带。

(一)梵净山陆缘侵入岩段(Pt_{2-3})Ⅱ-2-4-1

1. 超基性-基性岩侵入岩组合

岩体呈层状、似层状多层次产于新元古界梵净山群变质砂岩、板岩、千枚岩等副变质岩系中,为厚度较大、结晶分异完整的岩体,从中心至边缘的岩性依次过渡出现辉石橄榄岩、橄榄辉石岩、辉长岩、辉长辉绿岩、辉绿岩。岩体与地层同步褶皱,且与梵净山群一并被青白口系板溪群角度不整合覆盖,还被新元古代梵净山时期构造岩浆旋回的白云母花岗岩穿插。贵州省地质调查院(2013)在角度不整合面之下的辉绿岩采样获得的年龄值为856Ma。

根据岩性和所属大地构造特征,推测其为弧后盆地拉张条件下岩浆活动的产物。

2. 碰撞强过铝花岗岩组合

白云母花岗岩呈岩株、岩脉、岩枝产出,物探资料显示地下深处可能存在隐伏岩基。岩体顶部时而分布有团块状和囊状伟晶岩体。侵位于褶皱的梵净山群中，之上为角度不整合面，而且不整合面之上的板溪群底部砾岩中，有大量白云母花岗岩砾石。不整合面之上板溪群红子溪组发育火山碎屑岩，其锆石U-Pb年龄为(814±6.3)Ma(高林志等，2010)，该年龄限定了梵净山褶皱及白云母花岗岩的时代上限。贵州省地质调查院地质志修编项目组对白云母花岗岩所含锆石作了测年，所获加权平均年龄为(835.5±1.5)Ma，可以代表岩浆侵位时间。

（二）上扬子东南缘稳定陆块侵入岩段(S,E)Ⅱ-2-4-2

1. 麻江-施秉志留纪陆内金伯利岩组合(S)Ⅱ-2-4-2-1

岩体成群出露于(云南)开远-(贵州)平塘-玉屏断裂带北西侧的麻江隆昌和施秉—镇远一带，以钾镁煌斑岩为主，伴有斑状云母橄榄岩、橄榄云煌岩等超镁铁质煌斑岩。岩体呈岩墙、岩脉、岩床产于小型断裂破碎带中，侵入围岩均为寒武系碳酸盐岩，其中镇远马坪等地的钾镁煌斑岩含有金刚石。所获测年高峰值为500～400Ma，形成时代置于志留纪末。志留纪末的广西(加里东)运动，使上扬子东南缘结束了洋陆转换，构成大陆板块环境。钾镁煌斑岩即在陆内伸展作用下侵位。

2. 黔东南(Ⅱ-2-4-2-2)和黔西南(Ⅱ-2-4-3-3)稳定陆块煌斑岩组合(E)

黔东南雷山等地的钙碱性煌斑岩，零星分布在雷山县高岩、牛兰，台江县南牛，三穗县岑松，从江县鸡脸等地，岩石为云煌岩和斜云煌岩，呈岩脉侵位于新元古界下江群中。

黔西南地区的钙碱性煌斑岩，成群分布于镇宁、贞丰、望漠三县交界地区，岩石均属云煌岩类，呈岩脉、岩枝、岩墙，个别为岩筒，侵位于中二叠统—中三叠统碳酸盐岩和碎屑岩中。

已知贵州和湖南此类钙碱性煌斑岩的测年数据均为中生代，最新的成果有新生代。从构造环境判断，侵位时期应在晚古生代—中生代构造岩浆旋回末期或之后大陆板内伸展阶段，时代应为中生代晚白垩世至新生代古近纪，尤以古近纪的可能性较大，故暂且定在古近纪。

（三）从江古裂谷侵入岩段(Qb—Nh)Ⅱ-2-4-3

1. 从江地区的裂谷超基性-基性岩

从江地区的裂谷超基性—基性岩属桂北超基性—基性岩分布地带的北延部分，桂北发育完整的岩体，从中心向两侧可依次出现橄榄岩或辉石橄榄岩-橄榄辉石岩-辉石岩-辉长岩-辉长辉绿岩-辉绿岩的岩石序列。从江地区出露的岩体规模很小，多为单独的超基性或基性侵入岩，多为岩床，少有岩脉。侵入围岩层位可由新元古界四堡群跨到下江群，围岩岩性有各种片岩、千枚岩等。依岩石地球化学特征判断，从江地区的超基性—基性侵入岩很可能是与下江群中基性火山岩同期同源玄武岩浆的产物，形成于新元古代下江时期的早期，亦属裂谷盆地岩石构造组合。

2. 从江刚边及归林地区的裂谷花岗斑岩

从江刚边及归林地区的裂谷花岗斑岩分布于摩天岭花岗岩体北端外缘地带，呈小型岩株侵位于新元古界下江群中。贵州省地质调查院地质志修编项目组作了一系列U-Pb测年，高峰期年龄为(798.0±4.1)～(751.0±4.0)Ma，形成于新元古代下江时期构造岩浆旋回的早期。从江刚边及归林地区花岗斑岩测试的年龄值，晚于摩天岭花岗岩。可能是同一地幔热柱作用的结果，先形成了深成摩天岭花岗岩，之后形成浅成花岗斑岩。

新元古代下江时期的地幔热柱作用，致华南陆块又裂解为扬子和华夏两个陆块，二者之间则为华南裂谷盆地。在此构造环境，地幔热柱的热能作用到浅部，致泥质岩、碎屑岩准原地局部熔融，形成过铝花岗斑岩。

3. 从江地区摩天岭陆内花岗岩及酸性脉岩

从江地区出露的摩天岭花岗岩仅是岩体的北端,大部分出露在广西,呈大型岩基侵入于新元古界四堡群,围岩主要是片岩、千枚岩、变质砂岩。最近的地质调查结论,是下江群沉积超覆于摩天岭花岗岩之上,产于下江群的基性火山岩锆石 U-Pb 年龄为(814±13)Ma,限定岩体侵位时间不可能晚于该年龄。贵州省地质调查院(2013)所作的锆石 U-Pb 年龄为(826.8±5.9)Ma,收集到的大量岩体测年数据得出的高峰期年龄为 826~819Ma,因而将摩天岭花岗岩及酸性脉岩的形成归于新元古代四堡时期构造岩浆旋回。

摩天岭花岗岩的化学成分,在构造环境判别图上的投点,多落于板内花岗岩区。新元古代四堡时期末,扬子陆块与华夏陆块的碰撞拼接和隆升,形成了华南陆块,形成大陆板块构造环境。在此背景下,软流圈上涌的高温使地壳泥质岩石部分熔融,形成摩天岭过铝花岗岩及酸性脉岩。

五、南盘江-个旧侵入岩亚带Ⅱ-2-5

师宗-弥勒断裂带和紫云-六盘水断裂带在区内围限区域,属滇黔桂"金三角"的组成部分,夹持于丹池断裂与右江断裂之间。

(一)富宁弧后裂谷基性侵入岩段(T_2)Ⅱ-2-5-1

富宁弧后裂谷基性侵入岩段位于滇东南富宁县周边,岩性组合类型为拉斑-偏碱性系列基性侵入岩组合,可分为早、晚两期,侵位的最高地层为三叠系。早期侵入体主要由钛辉辉绿岩-橄榄钛辉辉长辉绿岩-钛辉辉长辉绿岩-碱闪辉长岩组成,表现出层状侵入体的特点,属原地结晶分异的产物,分布较为广泛,是该构造岩浆岩带的主体,相关的矿产主要为钛铁矿、磁铁矿。晚期侵入体分布局限,仅见于富宁县城附近,主要由辉绿岩-橄榄辉长苏长岩岩-辉长苏长岩-闪长岩组成,相关的矿产主要为铜、镍。岩石的稀土元素、微量元素也具有某些弧火山岩的特点。表明整个滇东南地区的上地幔可能在二叠纪之后的某个地史时期曾遭受了一次大规模的俯冲作用改造,形成了大范围的弧火山岩型的地幔源区。因此,其形成可能与俯冲形成的弧后盆地拉张环境有关。

(二)八布蛇绿混杂岩段(P)Ⅱ-2-5-2

八布蛇绿混杂岩段位于富宁-那坡被动陆缘南部之麻栗坡县八布、金所湾、龙林一带,一套显示残余洋盆环境的蛇绿混杂岩、拉斑玄武岩、远洋细碎屑岩、硅质岩及超基性岩片的构造混杂。

该蛇绿混杂岩研究程度较低,甚至具体边界也无定论,主要物质组成、形成时代也众说纷纭,多数研究者将其与越南境内的"斋江蛇绿混杂岩"进行对比。该蛇绿混杂岩与《云南省区域地质志》所称八布镁铁岩-超镁铁岩区相当,并包括了浅变质的火山岩-泥质板岩的基质,外来岩块主要由金竹湾岩体群、茅草坪岩体群、龙林岩体群组成,主要岩石类型有变辉绿岩、蛇纹岩、斜长角闪岩、斜长角闪片麻岩,岩体边缘常见强烈的片理化现象。蛇纹岩按岩石化学成分可恢复为斜辉辉橄岩、二辉橄榄岩两类,前者可形成风化壳型的硅酸镍矿体,后者局部地段的铬铁矿含量较高,分别相当于蛇绿混杂岩中的变质橄榄岩单元、堆晶橄榄岩单元。

近年来的 1:5 万矿调工作中,在该蛇绿混杂岩中获得了 265Ma 的锆石 LA-ICPMS 年龄,结合区域上中-晚二叠世领薅组深水-半深水沉积广泛分布的地质事实,可以认为八布蛇绿混杂岩可能形成于二叠纪,其上覆可能被三叠纪的陆源碎屑浊积岩覆盖。它的出现,可能是广南陆内裂谷向南西迁移的结果。

(三) 个旧-老君山侵入岩段(S、K_{1-2}) Ⅱ-2-5-3

1. 志留纪同碰撞过铝花岗岩组合

这一岩石构造组合仅出露于南部的麻栗坡一带,也有人称为南温河花岗片麻岩。为一套岩性十分单一的似斑状黑云二长花岗岩,普遍发育有片麻状构造、眼球状长石碎斑。岩石地球化学特征主要显示了同碰撞-后碰撞的大地构造背景,S型花岗岩特征。其中获锆石 SHRIMP 年龄为 440Ma,TIMS U-Pb 年龄为 420Ma。与区域上的加里东运动相当,这一地区也普遍可见下泥盆统与下伏地层呈角度不整合接触,但相关的洋盆、俯冲带、造山带等难以确定。

2. 侏罗纪—早白垩世后碰撞辉长(绿)岩-闪长岩-二长花岗岩组合

这一岩石构造组合是该构造岩浆岩带的主体,分布十分广泛。单个岩体的规模都很小,呈岩墙、岩脉、岩株状产出,大量岩体的出露代表了一种区域性的地壳拉张作用。岩石的地球化学特征总体上显示了钙碱性系列的演化特点,具有板内-汇聚型板块边界岩浆活动的特点。在个旧地区为辉长岩-二长花岗岩组合,前者以贾沙岩体为代表,主要岩石类型为辉长岩,由于强烈的同化混染作用,在岩体边部形成一些闪辉二长岩、云辉二长岩、云闪二长岩等;后者以龙岔河岩体、神仙水岩体为代表,为单一的黑云母二长花岗岩。在岩石化学方面贾沙岩体的 $SiO_2=48.32\%\sim61.03\%$,$Al_2O_3=16.23\%\sim19.31\%$,$K_2O+Na_2O=7.29\%\sim12.31\%$,$K_2O/Na_2O=1.05\sim2.65$,属高钾钙碱性系列;微量元素比值蛛网图上具有明显的 Nb、Ta 负异常,显示了地壳物质的强烈混染作用;稀土元素配分曲线向右陡倾,负铕异常不明显。龙岔河岩体的 $SiO_2=68.53\%\sim72.16\%$,$K_2O+Na_2O=8.12\%\sim8.93\%$,$K_2O/Na_2O=1.57\sim1.87$,属高钾钙碱性系列;稀土元素总量有所降低,稀土元素配分曲线向右缓倾,具有弱的负铕异常。神仙水岩体的 $SiO_2=63.18\%\sim76.18\%$,$Al_2O_3=12.41\%\sim17.16\%$,$K_2O+Na_2O=8.04\%\sim9.76\%$,$K_2O/Na_2O=1.51\sim2.22$,仍属高钾钙碱性系列;稀土元素总量进一步降低,稀土元素配分曲线向右缓倾,具有中等程度的负铕异常。在 R_1-R_2 图解、Sr-Yb 图解上它们的位置不一致,并与晚白垩世后造山花岗岩有明显差异。文山薄竹山地区、马关老君山地区的早白垩世后碰撞岩石构造组合为单一的黑云母二长花岗岩,岩石学、岩石地球化学特征总体上与个旧地区类似,不再赘述。

(四) 瑶山古裂谷双峰式侵入岩段(Pt) Ⅱ-2-5-4

瑶山古裂谷双峰式侵入岩段位于本亚带西南边缘,云南元江东部地区,分布于古元古界瑶山岩群中。酸性端元为片麻状的英云闪长岩、花岗岩,基性端元为斜长角闪岩、镁铁闪石岩等,它们与表壳岩一起经历了角闪岩相的变质作用改造,宏观上呈脉状、似层状。斜长角闪岩具有拉斑玄武岩的岩浆演化趋势,镁铁闪石岩具有与玄武质科马提岩相当的岩石化学成分,属原始地幔橄榄岩较高程度(28%~35%)部分熔融的产物。酸性端元与扬子西南缘其余各古元古代结晶中的正片麻岩差异较大,总体上显示了极低 Sr 高 Yb 花岗岩的特点,应属伸展构造背景的产物,可能属 Columbia 超大陆汇聚之前的岩浆作用记录,也可能暗示了瑶山岩群的时代可能比其余结晶基底的时代要古老一些。近年来,在其中的基性-超基性岩中发现了铜-镍硫化物的矿化线索。

(五) 马关西陆缘裂谷基性-超基性侵入岩段(P_2,N) Ⅱ-2-5-5

1. 陆缘裂谷基性-超基性岩石构造组合(P_2)

该组合出露于南溪镇—马关一带,主要沿南溪—古林箐—木厂—马关一线呈弧型分布,与区域构造线的展布方向一致,单个岩体呈岩脉、岩株状产出,岩体长轴与区域构造线的变化协调一致。规模最大的南溪 132 电站岩体长约 7.4km,宽 0.5~1.1km,面积约 5.32km²。主要岩石类型有辉绿岩、石英辉绿岩、辉长辉绿岩等，岩石普遍蚀变，表现为辉石的次闪石化、绿泥石化，斜长石的钠黝帘石化、绢云母化。岩石的 $SiO_2=48.96\%\sim49.63\%$，$Al_2O_3=12.70\%\sim16.25\%$，$TiO_2=1.26\%\sim1.38\%$，$Na_2O=1.68\%\sim1.70\%$，$K_2O=0.95\%$，具有明显的中钛、低钾的特点，与区域上的峨眉山组玄武岩有明显差异，但确与弥勒-师宗断裂带附近的峨眉山组玄武岩十分类似，总体上显示了岛弧区基性岩浆岩的特点。

2. 煌斑岩-富钾玄武岩筒组合（N）

该组合仅见于马关八寨、木厂等地，已经发现 40 多个岩体，呈岩筒、岩管、岩脉、岩墙状侵入到早古生代地层中。单个岩体沿北西向、北东向两组构造展布。产镁铝榴石，偶见蓝刚玉。同位素年龄集中于 $21\sim11.8Ma$。

六、元谋-楚雄侵入岩亚带 Ⅱ-2-6

该构造岩浆岩带相当于程海-宾川断裂带与元谋-绿汁江断裂带之间的区域，单个岩体的规模不大，但岩石构造组合复杂，记录了这一地质构造单元的复杂演化历史。主要分属元古宙、南华纪、晚古生代、侏罗纪—早白垩世。

（一）元谋古岛弧（Pt_{2-3}）Ⅱ-2-6-1

1. 元古宙奥长花岗岩组合（Pt_{2-3}）

该构造岩浆岩带主要分布于川滇交界华坪、永仁、元谋等地，大多数为前人划分的普登岩群中的正片麻岩类，川滇交界地区著名的大田石英闪长岩体也划归这一岩石构造组合，1:5万元谋幅划分为元古宙吕梁期大罗岔片麻状花岗岩。主要岩石类型有片麻状石英闪长岩、英云闪长岩、花岗闪长岩、二长花岗岩等，并与普登岩群表壳岩系一道经历了角闪岩相的区域动力-热流变质作用。在花岗岩的 An-Ab-Or 图解中主要落入英云闪长岩-花岗闪长岩-奥长花岗岩区，显示了明显的奥长花岗岩趋势。在张旗的 Sr-Yb 花岗岩分类图解中主要属低 Sr 低 Yb 花岗岩、低 Sr 高 Yb 花岗岩，部分样品属高 Sr 高 Yb 花岗岩类，与冈底斯构造岩浆岩带的元古宙花岗岩较为类似，应属高压麻粒岩相-角闪岩相温-压环境的部分熔融物。可能属全球 Columbia 超大陆汇聚事件的反映。

2. 南华纪板内裂谷双峰式侵入岩组合（Nh）

这一岩石构造组合主要集中分布于元谋地区，以中酸性、酸性端元占绝对优势，基性端元仅零星出露，岩体规模也很小，多为中酸性、酸性端元中的捕虏体。著名岩体包括物茂花岗岩体，主要岩石类型为花岗闪长岩-二长花岗岩，局部发育碱性花岗岩、石英闪长岩等；属铝过饱和岩石系列，稀土元素配分曲线向右陡倾斜，负铕异常不明显，岩浆分异程度较低。不同方法获得的同位素年龄主要在 $830\sim700Ma$ 之间，应属 Rodinia 超大陆裂解的岩石学记录。

（二）礼社江后碰撞花岗岩段（K_1）Ⅱ-2-6-2

该岩段出露于礼社江一带的红河断裂带北东侧，规模较小，主要岩石类型为花岗岩，岩体侵位的最高层位为晚三叠世云南驿组。从空间展布上看，属个旧一带的后碰撞花岗岩带向北西方向的自然延伸。故划为侏罗纪—早白垩世的后碰撞侵入岩组合。

（三）古岛陆缘裂谷基性-超基性岩段（Qb）Ⅱ-2-6-3

这一岩石构造组合分布较为零星，主要岩体包括川滇交界的冷水箐岩体、元谋一带的金沙坪岩体等，主要为斜长角闪岩、变辉长岩、辉石岩等。属岛弧裂谷钙碱性基性—超基性岩组合，其中赋存有磁铁矿。1∶5万老城幅在小月旧斜长角闪岩中获全岩 Rb-Sr 年龄 891Ma,冷水箐岩体中也获锆石 U-Pb 年龄 936Ma、全岩 K-Ar 年龄 1112Ma,属青白口纪。应属全球 Rodinia 超大陆汇聚的记录,在扬子陆块区普遍存在这一构造事件的记录。

(四)后造山侵入岩段(E)Ⅱ-2-6-4

该岩段主要分布在沙桥和铁锁两地,岩石组合以古近纪富碱花岗(斑)岩-正长(斑)岩为主,是幔源碱性-偏碱性岩浆与下地壳物质相互作用的产物,相关的矿产主要为铜、钼及少量金。

七、盐源-丽江侵入岩亚带Ⅱ-2-7

盐源-丽江侵入岩亚带位于扬子陆块南西边缘,东以程海断裂带与楚雄陆内盆地分界,西以三江口-白汉场断裂与羌塘-三江多岛弧为邻。

(一)洱海陆内伸展双峰式裂谷侵入岩段(Nh)Ⅱ-2-7-1

该构造岩浆岩带的中酸性、酸性端元主要分布在点苍山云弄峰、洱海东侧的挖色一带,呈岩墙、岩株状产出,侵入于古元古界苍山岩群中,被奥陶系向阳寺组不整合覆盖。主要岩性有似斑状黑云二长花岗岩、中粒黑云二长花岗岩、中细粒黑云二长花岗岩、中粒黑云斜长花岗岩等。中性岩类被称为周城岩体,被上述二长花岗岩花岗岩侵入,主要岩石类型为细粒石英闪长岩。基性端元为大沟箐岩体、上兴庄岩体,岩体具分带现象,边缘相为细粒角闪辉长岩,内部相为中粒角闪辉长岩,呈岩株、岩瘤侵位于古元古界苍山岩群中,从出露面积看,中酸性、酸性端元远大于中性、基性端元。看来属"异源双峰式"侵入岩组合,同位素年龄为 U-Pb 法 748Ma、660Ma,K-Ar 法 799Ma、667Ma,均属南华纪。应属区域上 Rodinia 超大陆裂解过程中的岩浆作用记录。

(二)盐源陆缘裂谷基性岩段(P_2)Ⅱ-2-7-2

该岩段主要分布在本亚带北东盐源县东部区域,成狭长型展布,另在丽江翠玉、大理邓川、祥云—凤仪一带也有,分布单个岩体规模不大,但常成群、成带出现。以辉绿岩为主,次为辉长岩,少数岩体中心可见少量单辉橄榄岩、角闪橄榄岩。著名岩体有邓川岩体群、水长岩体群、荒草坝岩体群、迎凤村岩体群、祥云新村岩体等。本期侵入岩属亚碱性岩系之拉斑玄武岩系列,富钛特点明显,最高可达 4.88%,绝大多数镁铁质岩石的[Mg]指数远小于65;一些超镁铁质岩石中明显的正铈异常表明,它们应属原地结晶分异的堆晶岩。在主量元素、稀土元素、微量元素等方面,辉绿岩、辉长岩与该地区的峨眉山组玄武岩有着十分相似的特征。

(三)宁蒗、北衙、祥云后造山正长斑岩段(E)Ⅱ-2-7-3

该岩段分布在宁蒗、北衙、祥云县3个区域,为喜马拉雅造山运动相对应的"后造山"钙碱性-过碱性花岗岩的范畴;是印度次大陆主碰撞造山作用结束之后,由于应力松弛导致的山根塌陷作用晚期,来源于地幔深部的碱性、偏碱性岩浆与地壳相互作用的产物。可划分为两类既有差别、又有联系的岩石构造组合。其中的正长岩-正长斑岩组合可能主要以幔源物质为主,陆壳物质的混染程度较低,相关的矿产主要有金、铅、稀土等,以北衙为代表;而富碱花岗(斑)岩-正长(斑)岩组合是幔源碱性-偏碱性岩浆与下地壳物质相互作用的产物,相关的矿产主要为铜、钼及少量金,以祥云为代表。

八、哀牢山-点苍山复合侵入岩弧亚带Ⅱ-2-8

该分区为紧邻哀牢山断裂带南部的狭长地带,东西两侧被红河断裂、哀牢山断裂控制,带内被不同尺度断裂分割,是由无序地质单元组成的构造带。包括点苍山中古岛弧岩、哀牢山古岛弧。

(一)点苍山古岛弧(Pt_2,T)Ⅱ-2-8-1

点苍山古岛弧位于大理市点苍山、罗平山一带,主要出露2套岩石构造组合:中元古代俯冲-同碰撞花岗岩组合、三叠纪同碰撞过铝花岗岩组合。部分地段发育有蛇绿混杂岩的残片。

1. 中元古代俯冲花岗岩组合

此类岩石构造组合是本岩段的主体部分,以各种正片麻岩的形式分布于古元古代苍山岩群中,主要沿点苍山洱源县凤羽东侧至大理市大波箐一线分布。现存岩石面貌主要为角闪二长花岗质初糜棱岩、黑云二长花岗质初糜棱岩,岩石的 $SiO_2=69.43\%\sim72.99\%$, $Al_2O_3=13.28\%\sim14.85\%$, $K_2O/Na_2O=1.30\sim1.14$。$A/NCK=0.93\sim1.06$,属偏铝质花岗岩。稀土元素配分曲线向右陡倾,负铕异常不明显,$Sr=196\times10^{-6}\sim719\times10^{-6}$,$Yb=0.84\times10^{-6}\sim0.97\times10^{-6}$。沙绍礼(2001)认为形成于岛弧、同碰撞环境。

2. 三叠纪同碰撞过铝花岗岩组合

该组合仅零星出露于该构造岩浆岩带的中部,呈北北西向岩株状、脉状侵入于古元古界苍山岩群及古元古代花岗岩中。主要岩石类型为灰白色中粗粒黑云二长花岗岩、中粗粒钾长花岗岩,为偏铝质花岗岩。许志琴等(2012)在其中获得了243.8Ma、241.0Ma 的锆石 LA-ICPMS 年龄,可能属德钦洋盆、金沙江洋盆闭合过程中形成的同碰撞花岗岩。该构造岩浆岩带中还有少量的蛇绿混杂岩残片。

(二)哀牢山古岛弧(Pt_1,T,K_1,E)Ⅱ-2-8-2

该古岛弧为哀牢山断裂带、红河断裂带所夹持的区域,岩石构造组合较为复杂,不同的岩石构造组合相对集中分布,主要有古元古代火山弧-同碰撞花岗岩组合、青白口纪岛弧钙碱性系列基性—超基性侵入岩组合、三叠纪同碰撞过铝花岗岩组合、早白垩世后碰撞花岗岩组合、古近纪陆内俯冲-同碰撞花岗岩组合,部分地段还可见蛇绿混杂岩的残片。

1. 阿德博古元古代 TTG 花岗岩组合

该类岩石构造组合主要集中出露于南部的阿德博一带,以各种片麻岩的形式分布于古元古界哀牢山岩群中,同表壳岩系一同经历了角闪岩相的变形-变质作用。1∶5万大坪街幅称为阿德博序列,主要岩石类型有片麻状细粒-中细粒黑云二长花岗岩,少量细粒二云二长花岗岩、中粒黑云二长花岗岩。岩石地球化学特征表现为富铝、富钠的特点,A/CNK 普遍大于1.1,平均为1.134,总体上属过铝质花岗岩,Na_2O 普遍大于3.2%。在 An-Ab-Or 图解中,所有样品的投影点主要落入花岗闪长岩-奥长花岗岩区,显示了 TTG 的岩浆演化趋势。在张旗的 Sr-Yb 花岗岩分类图解中,几乎所有样品均落入高 Sr 低 Yb 花岗岩区,属典型的埃达克岩。在阿德博附近有离子吸附型的稀土元素矿床产于该套花岗岩中。

2. 三叠纪同碰撞过铝花岗岩组合

该类岩石构造组合主要出露于元阳老县城周围,为不同程度糜棱岩化的二长花岗岩,属同碰撞的过铝花岗岩组合。

3. 侏罗纪—早白垩世后碰撞花岗岩组合

此类岩石构造组合分布广泛,在南部的马安底、中部的元江-羊岔街、北部的者龙等地均有广泛出露,一些岩体走向延伸可超过100km,主要岩性为角闪黑云二长花岗岩,另见一些黑云角闪石英二长岩、角闪黑云石英闪长岩等,并有不同程度的糜棱岩化。岩石的 $SiO_2=68.31\%\sim75.21\%$,多数样品的 $Na_2O>3.2\%$,$K_2O/Na_2O=1.39\sim2.14$,属高钾钙碱性花岗岩类;多数样品属常见的低 Sr 高 Yb 花岗岩类,少数属极低 Sr 高 Yb 花岗岩类,向晚白垩世的后造山花岗岩过渡。获锆石 U-Pb 年龄 186.9Ma、(111 ± 10)Ma。

4. 古近纪陆内俯冲-同碰撞花岗岩组合

该岩石构造组合主要沿红河断裂带南西侧展布,呈长条状的岩脉、岩株出露,主要集中于龙脖河、羊岔街、庆丰等地。主要岩性为正长花岗岩,少量二长花岗岩,属陆内同碰撞的过铝花岗岩组合。

九、金平侵入岩亚带(P_2、T、K_1)Ⅱ-2-9

该亚带东以哀牢山断裂为界,与哀牢山深变质带相邻,西北以阿墨江断裂为界,为被夹持的一块三角形区域。主要发育3套岩石构造组合:二叠纪陆缘裂谷拉斑系列基性—超基性岩组合、二叠纪—三叠纪(高)镁闪长岩组合、早白垩世后碰撞高钾钙碱性花岗岩组合。

(一)陆缘裂谷拉斑系列基性-超基性岩组合(P)

该岩石构造组合分布广泛,多数岩体规模小,但岩石类型复杂,辉绿岩、辉长岩、辉石岩、橄辉岩、橄榄岩均有出露,并常常表现为由中心→边部基性程度降低的趋势,可能是深部结晶分异、多次上侵的结果。而金平县—亚拉寨一带的基性—超基性岩床可能是原地结晶分异的产物。著名岩体有金平白马寨基性—超基性岩体,其中产中型铜镍硫化物矿床,基性岩多具有负铕异常,微量元素比值蛛网图上具有明显的 Nb、Ta、P、Ti 负异常,锶同位素组成 $i=0.710\,974\sim0.722\,667$,$\varepsilon Nd(t)=-13.17\sim-12.09$,表明白马寨岩体的岩浆受到了地壳物质的同化混染。不同岩体之间的岩石化学、岩石地球化学变化也较为明显,与这一地区的峨眉山组玄武岩在总体上相似的情况下又有明显的差异。地幔柱引起的地壳裂解、藤条河洋盆向东的俯冲消减作用都可能对其产生了影响。

(二)(高)镁闪长岩组合

此类岩石构造组合分布于该构造岩浆岩带的北东侧,集中分布于老乌寨—期咱迷—水碓冲、坡头—大坪街—平安寨—老金山一带。1:5万金平幅称为期咱迷序列,主要岩石类型有细中粒-中粒角闪闪长、辉长闪长岩、细-中细粒角闪石英二长岩、细中粒-中粒似斑状黑云石英二长岩等,岩体中可见蛇纹岩、橄榄岩、绿片岩和变基性岩、斜长角闪岩等大小不一的捕虏体。岩石化学成分、稀土元素、微量元素等变化较大,岩石成因可能是较为复杂的,稀土元素配分曲线向右陡倾,负铕异常明显,在花岗岩的 Sr-Yb 图解上,样品的投影点可落在不同的区域。

(三)早白垩世后碰撞高钾钙碱性花岗岩组合

这类岩石构造组合分布于上述大片的(高)镁闪长岩的内部,1:5万金平幅称为枯岔河序列,主要岩石类型为黑云二长花岗岩,少量的英云闪长岩、花岗闪长岩等,密切共生的辉长岩、辉绿岩可能是后碰撞阶段早期的岩浆活动。二长花岗岩的 $SiO_2=70.68\%\sim72.12\%$,$Na_2O=4.12\%\sim4.71\%$,$K_2O=3.42\%\sim4.52\%$;在张旗的花岗岩 Sr-Yb 图解上属高 Sr 低 Yb 花岗岩-低 Sr 低 Yb 花岗岩类,属较高温-压条件下的部分熔融物。与常见的碰撞、造山花岗岩的差异是较为明显的,但样品数比较少,代表性有待进一步验证。

第三节　北羌塘-三江多岛弧盆侵入构造岩省Ⅲ

羌塘-三江多岛弧侵入构造岩省位于康西瓦-南昆仑-玛多-玛沁-勉县-略阳对接带与班公湖-双湖-怒江-昌宁-孟连对接带之间,北以康西瓦-木孜塔格-玛沁-勉县-略阳结合带为界,南抵锡伐利克后碰撞压陷盆地带,受控于古特提斯洋向东俯冲制约的晚古生代多岛弧盆系转化形成的造山系,类似于太平洋向西俯冲制约形成的东南亚多岛弧盆系。

羌塘-三江多岛弧侵入构造岩省最显著的侵入岩环境有3种:侵入岩弧、弧后洋盆以及残余在前两者中间的地块。根据弧与弧盆对应的关系,羌塘-三江多岛弧侵入构造岩省可划分为可可西里-巴颜喀拉-松潘侵入岩弧带、甘孜-理塘蛇绿混杂岩带、义敦-沙鲁里侵入岩弧带、中咱地块侵入岩带、西金乌兰-金沙江-蛇绿混杂岩带、甜水海-北羌塘-昌都-兰坪-思茅双向俯冲陆块侵入岩带、乌兰乌拉-澜沧江蛇绿混杂岩带、崇山-临沧侵入岩弧带。

一、可可西里-巴颜喀拉-松潘侵入岩弧带Ⅲ-1

该带北以康西瓦-南昆仑-玛沁-勉县-略阳对接带为界,南西以甘孜-理塘结合带和西金乌兰-金沙江结合带中西段为界,东以龙门山-锦屏山-三江口断裂带为界,总体呈一不对称的倒三角形,东西长大于2600km,南北宽120~600km。中酸性侵入岩主要为208~157Ma,130~97Ma。

（一）黄龙俯冲侵入岩亚带（Nh,T_3）Ⅲ-1-1

该亚带分布于川北平武一带,出露范围不大。包括大刀岭古岛弧、摩天岭陆缘弧TTG岩段、白马后造山岩群3个岩段。

1. 大刀岭古岛弧岩段（Nh）Ⅲ-1-1-1

该岩段分布于川北青川县哑巴嘴背斜两翼及倾伏端,侵入碧口群变质岩系,边缘定向构造发育。主要岩石组成为闪长岩、石英闪长岩、花岗闪长岩。采用全岩Rb-Sr等时线年龄测定,获得石英闪长岩年龄值为(545.0±12.9)Ma,花岗闪长岩年龄值为(772.5±83.5)Ma,其成岩时代为南华纪。岩石地球化学显示钠质低硅高镁特点。推测环境可能属于洋内弧岩浆岩环境。

2. 摩天岭陆缘弧TTG岩段（J_1）Ⅲ-1-1-2

该岩段分布于川北平武北东红岩山、擂鼓顶以东麻山及北部两岔河山神包等地,岩体规模小,多呈独立小岩株产出。岩石组合主要为黑云石英闪长岩—黑云英云闪长岩—黑云斜长花岗岩—黑云花岗闪长岩。采用K-Ar法获得英云闪长岩年龄值为(200.2±4)Ma、(214±27)Ma,黑云斜长花岗岩(197.1±2)Ma、黑云花岗闪长岩209~185Ma,成岩时代为早侏罗世。

3. 马脑壳后造山岩群（E）Ⅲ-1-1-3

岩石组合为花岗斑岩-斜长花岗岩脉-闪长玢岩脉-辉绿岩脉。成岩环境属于后造山拉伸阶段。脉岩分布十分广泛,与本区金矿化密切相关。

（二）可可西里-巴颜喀拉侵入岩弧亚带（T_3—J_1）Ⅲ-1-2

该亚带指康西瓦-木孜塔格-玛沁结合带以南、西金乌兰湖-金沙江缝合带以北的地区。是可可西里-巴颜喀拉-松潘侵入岩弧带主体部分。

1. 可可西里同碰撞侵入岩弧（J_1）Ⅲ-1-2-1

该侵入岩弧位于藏北部康西瓦-木孜塔格-玛沁结合带以南地区，岩浆活动极不发育，仅见有早侏罗世二长花岗岩-花岗闪长岩零星分布。岩石属高钾钙碱性-碱性系列，部分为钾玄岩系列。

2. 松潘-马尔康陆缘GG组合侵入岩弧（J_1）Ⅲ-1-2-2

该侵入岩弧分布于炉霍-道孚断裂带以东，塔藏断裂带以西的红原—马尔康—色达三角地区。由老到新可划分夏曲弧后基性岩组合、黑水-道孚陆缘弧俯冲GG花岗岩组合、马尔康后碰撞花岗岩组合、金木达后造山双峰式侵入岩组合4个岩石组合类型。

夏曲弧后基性岩组（J_1）：分布极为零星，主要分布于色达县大章夏曲一带，1:25万色达幅将其划分为早侏罗世辉绿辉长岩。侵入西康群地层中，呈岩脉或者小岩株产出，岩石类型为辉绿玢岩、辉绿辉长玢岩，其成岩环境可能为弧后扩张。全岩Rb-Sr测年（219±12）Ma，属于晚三叠世到早侏罗世。

黑水-道孚陆缘弧俯冲GG花岗岩组合（J_1）：该岩石组合为本岩弧主体，以羊拱海、达盖寨等岩体为代表，侵入晚三叠世变质岩中，岩性组合为花岗闪长岩-二长花岗岩-正长花岗岩，以二长花岗岩为主，正长花岗岩少见。花岗闪长岩主要为壳源花岗岩，石英闪长岩、石英二长闪长岩可能是壳幔混合层熔融的产物。岩石属高钾钙碱性-碱性系列，部分为钾玄岩系列。包括四姑娘山花岗岩（G）（J_1），主要分布于小金县四姑娘山、丹巴县马奈及理县孟通沟等地，呈岩基或岩株产出，岩性组合为二长闪长岩-正长岩-二长花岗岩。色达-确洛寺TTG花岗岩（J_1），呈零星分布，岩体规模小，单一岩体岩性组合常发育不全，斜长花岗岩出露极少，石英闪长岩-英云闪长岩系分布于本亚带西北部和上杜柯-达维断裂带内，代表性岩体有西窝山、纳玛措、加则、日部、巴亚措等岩体，岩体多呈岩株、岩盆、岩钟状侵位于中晚三叠世碎屑岩中。岩石组合及岩石矿物、化学成分及稀土、微量元素特征显示陆缘弧岩浆岩特点。羊拱海G1G2花岗岩，此岩石组合以羊拱海、达盖寨等岩体为代表，侵入晚三叠世变质岩中，内接触带常见围岩捕虏体，岩性组合为花岗闪长岩-二长花岗岩-正长花岗岩，以二长花岗岩为主，正长花岗岩少见。

马尔康后碰撞花岗岩组合：位于金川县与马尔康县交界处的杜柯河、梭磨河两岸，以可尔因岩体为代表，仅划分一个岩石构造组合——可尔因过铝花岗岩。

该岩石组合以含原生白云母，产锂铍、铌钽为特征，以马尔康可尔因岩体为代表。侵入最新地层为上三叠统侏倭组，接触面外倾，倾角17°～59°不等，围岩出现几千米至十余千米宽的角岩化带，角岩类型有矽线石黑云母长英角岩、黑云母长英角岩、二云石英角岩、石榴阳起斜长角岩、黑云阳起长英角岩等，岩体顶部常见有围岩残留顶盖或捕虏体。岩石蚀变较明显，主要有黏土化、绢云母化、次闪石化、钠黝帘石化、绿泥石化及电气石化等，局部构造变形较强烈；岩体中见暗色包体，伟晶岩脉极为发育。在二云母二长花岗岩中获得217Ma的锆石激光探针年龄，二云二长花岗岩和黑云母二长花岗岩中获锆石U-Pb同位素年龄分别为203.8Ma和206.4Ma，在二云母二长花岗岩中获有Rb-Sr等时线年龄为201Ma。结合岩体侵入的最新地层为上三叠统新都桥组进行综合分析，认为可尔因岩体的形成时代应为早侏罗世。

金木达后造山岩脉群：①基性脉岩，主要岩石类型为辉绿玢岩、辉绿辉长玢岩。②中性脉岩，区内均有分布，呈"顺层"状或与岩层呈不同角度斜交侵入西康群地层中，围岩略显角岩化、硅化、碳酸盐化。脉体一般宽1～4m，长10～100m，最长达3～5km。岩石类型为（石英）闪长岩、石英闪长玢岩等。③酸性脉岩，酸性岩脉较为发育，岩脉一般宽数十厘米至3m，个别5～20m，长2～10m，部分30～50m。主要有花岗细晶岩、花岗斑岩、斜长花岗斑岩、花岗闪长斑岩、二长花岗斑岩等。

3. 炉霍-道孚弧后裂谷蛇绿混杂岩段（T）Ⅲ-1-2-3

该岩段分布于康定—道孚—炉霍—色达等地，沿炉霍-道孚断裂带（裂谷带）展布，其南东段与鲜水河断裂带展布一致，以康定八美、色达然充等地出露较全，属中晚三叠世如年各岩组组成部分之一。

仅包含1个岩石构造组合:玄武岩-科马提(质)岩-辉长岩-辉绿岩-辉石橄榄岩-斜方橄榄岩-二辉橄榄岩-蛇纹岩等。该期基性—超基性侵入岩岩石组合及地球化学特征显示为板内,结合区域背景分析,其成岩构造环境可能与弧后扩张有关。

4. 石渠-雅江陆缘侵入岩段(T_1)Ⅲ-1-2-4

该岩段主要分布于九龙放马坪、康定塔公等地,前者岩体规模较大,主要岩性有石英闪长岩、英云闪长岩、花岗闪长岩、二长花岗岩以及黑云正长花岗岩等;后者岩体规模小,但岩石组合复杂,岩石组合为石英闪长岩→石英二长闪长岩→英云闪长岩→二长花岗岩。岩体侵入晚三叠世变质岩,接触变质明显。获得九龙猎塔胡黑云角闪石英闪长岩 LA-ICP-MS 年龄 226.6Ma,石渠崩崖英云闪长岩锆石 U-Pb 年龄为 181.8Ma,其成岩时代应为晚三叠世—早侏罗世。该岩石构造组合常与石英闪长岩共生,斜长花岗岩较少见。

在 SiO_2-K_2O 图解中,该岩石组合均显示高钾钙碱性系列特点,在 R_1-R_2 图解中主要为造山旋回早期碰撞前钙碱性岩石组合特点,综合地质、岩石组合等特点判断,该组合岩石成岩环境可能为陆缘弧。在 Rb-Sr-Ba 图解中,均投入高 Ba-Sr 花岗岩及相邻区域,且随岩浆演化,高 Ba、Sr 特征愈明显。Nb、P、Ti 的亏损较为明显,结合岩石普遍具 Nb*、Sr* 负异常和高钾钙碱性特点,表明放马坪岩体群组合岩浆主要来自地壳,并受到玄武质岩石(下地壳或者地幔)混染。

色吉玛-吉日寺活动陆缘弧组合:该岩段分布于九龙、石渠,以九龙顶天柱岩体群、石渠色吉玛岩体群为代表,岩石组合为二长岩-正长岩。顶天柱二长岩-正长岩体位于九龙县汤古,岩体呈不规则圆形,侵入上三叠统新都桥组砂、板岩中。外接触带受热变质现象明显,角岩化普遍,岩体接触面内倾,为一小岩株。本区顶天柱岩体和羊房沟岩体岩石组成皆具明显的环带状分布特点,自中心向外,依次为角闪正长岩→辉石正长岩→角闪二长岩;石渠一带则表现为石英正长岩→二长岩→英云闪长岩或花岗闪长岩。正长岩体中黑云母 K-Ar 法测定同位素年龄值为 197.1Ma(1978),属早侏罗世侵入体。

塔公 TTG 组合:该岩段主要分布于九龙放马坪、康定塔公等地,前者岩体规模较大,主要岩性有石英闪长岩、英云闪长岩、花岗闪长岩、二长花岗岩以及黑云正长花岗岩等;后者岩体规模小,但岩石组合复杂,岩石组合为石英闪长岩-石英二长闪长岩-英云闪长岩-二长花岗岩。岩体侵入晚三叠世变质岩,接触变质明显。四川省地质调查院(2004)采用锆石激光探针等离子质谱(LA-ICP-MS)年龄测定方法,获得九龙猎塔胡黑云角闪石英闪长岩年龄 226.6Ma,石渠崩崖英云闪长岩锆石 U-Pb 年龄为 181.8Ma,其成岩时代应为晚三叠世—早侏罗世。

石渠怎布贡碰撞花岗岩组合:分布于石渠及九龙地区,以石渠怎布贡、德格塔马、九龙放马坪等岩体为代表,岩体侵位于上三叠统两河口组地层中,与围岩的接触面外倾,接触界面呈锯齿状、枝杈状等多种形态。内接触带上常见大小不等的围岩捕房体,且具定向排列,总体与围岩产状相近;在岩体的外接触带有程度不同的同化混染、硅化、角岩化等热接触变质现象,内部仅有轻微的绢云母化、黏土化、绿泥石化等气液蚀变现象,花岗闪长岩中包含较多的暗色包体。岩石组合为(石英二长闪长岩-石英二长岩)-花岗闪长岩-二长花岗岩,主要为花岗闪长岩-二长花岗岩,岩体边缘可出现石英二长闪长岩及石英二长岩、二长花岗岩等。暗色矿物组合均为黑云母±角闪石,以黑云母为主。前人采用黑云母 K-Ar 法,在塔马岩体中获得 206～200Ma 的成岩年龄数据,四川省地质调查院(2005)采用锆石激光探针等离子质谱(LA-ICP-MS)年龄测定,在塔马岩体中粗粒黑云二长花岗岩中获得 187.5Ma 年龄数据,显示岩体成岩时代应属早侏罗世。

甲基卡后碰撞花岗岩组合:该岩段分布于康定、石渠地区,以康定甲基卡岩体、石渠扎乌龙岩体、卡吉亚岩体为代表,以含白云母、强过铝为特点,其中甲基卡岩体、石渠扎乌龙岩体产稀有金属矿。岩体侵位于中-晚三叠世变质岩,内部由黑云母及白云母定向排列而显示定向构造,由岩体中心向外呈环状分布,其产状与岩体接触面轮廓大体一致。岩体内普遍发生微斜长石化、钠长石化、白云母化、电气石化等交代蚀变作用。围岩遭受强烈热液接触变质,形成透辉石-十字石-红柱石-堇青石热力变质带,其范围可达数十平方千米。

伟晶岩脉环绕岩体成群分布，不同类型伟晶岩具不同含矿性，而且其产出位置又与岩体接触带距离密切相关。由岩体向外，微斜长石型伟晶岩分布于岩体内，向外依次出现微斜长石-钠长石型伟晶岩、钠长石型伟晶岩、锂辉石型伟晶岩、锂云母型伟晶岩，后二者为稀有金属矿含矿岩石。

踏卡-滴痴山后碰撞花岗岩组合：该岩段主要分布于九龙地区，在石渠地区见有与多金属矿化相关的零星小岩体（如渣龙岩体、丘达岩体等），岩体多侵入于穹隆核部，呈不规则卵圆型，岩体侵入变质三叠纪地层或更老变质岩层中。石渠渣龙岩体采用全岩 Rb-Sr 法，获得 101.8Ma 年龄数据（侯增谦等，2001）。九龙新火山岩体前人采用 K-Ar 法获得二长花岗岩年龄为 130Ma，四川省地质调查院（2005，2006）采用锆石激光探针等离子质谱（LA-ICP-MS）年龄测定，获得二长花岗岩成岩年龄数据为（133.3±1）Ma，时代属早白垩世。

九龙后造山脉岩群：据岩石种类可划分为博念沟钙碱性岩脉群和踏卡碱性岩 2 个脉岩组合。①博念沟岩脉群，分布于石渠、九龙、木里一带，以木里博念沟岩群为代表，此类岩脉组合与金铜矿化关系密切，主要岩石类型有次闪石岩、煌斑岩石英闪长玢岩、黑云角闪石二长闪长玢岩、英云闪长斑岩、角闪黑云花岗闪长斑岩。②踏卡陆隆碱性岩脉群。

5. 折多山同碰撞花岗岩段（N）Ⅲ-1-2-5

折多山同碰撞花岗岩段分布于鲜水河断裂带南东段的康定地区，侵入晚三叠世变质岩系，围岩发生明显的接触变质，岩体边部见宽 2～5m 的冷凝边，岩体中常出现变质砂岩及板岩捕房体，接触变质较强。其岩石组合为花岗闪长岩-粗粒似斑状二长花岗岩-中粒二长花岗岩-细粒二长花岗岩。见钨、锡、铅锌矿化。同位素年龄为（15.4±0.6）Ma、10.1Ma、3.76Ma、4.96Ma，时代属喜马拉雅期。

在 R_1-R_2 构造成因判别图上，投点主要落在造山晚期的花岗岩（次碱性二长岩）区与同碰撞花岗岩（深熔二云母淡色花岗岩）的交叠区域；在 Ta-Yb 图解上，投点落在同碰撞花岗岩区和火山弧花岗岩区的交界部位；在 Rb-(Yb+Ta) 构造环境判别图上，投点均落在同碰撞花岗岩区。因此，折多山岩体具造山期后同碰撞花岗岩的特征，结合藏东地区的构造演化特征，岩体很可能是鲜水河断裂活动形成的同构造花岗岩。在微量稀土元素 Th/Yb 与 Ta/Yb 的投点图上，折多山花岗岩样品全部落在橄榄玄粗岩系列，这与主量元素 K_2O-SiO_2 图解得出的岩石类型相似，结合稀土元素总量分布范围较宽的事实，可以推测折多山花岗岩很可能含有深源岩浆岩的组分，特别是下地壳成分。总体而言，折多山岩体以高 Ba、低 Rb、低 Sr 花岗岩为主，Nb^*、Sr^* 均小于 1，表明其主体来源于与消减作用无关的地壳熔融。

6. 木里巴亨陆缘裂谷岩段 Ⅲ-1-2-6

木里巴亨陆缘裂谷岩段仅见于本亚带南部的木里巴亨，沿断裂带呈小岩株产出，侵入于三叠纪变质岩系，外接触带具角岩化、矽卡岩化等。岩性分带较明显，中心为中粗粒含黑云母正长岩，过渡相为中粒正长岩和霓辉正长岩，边缘为石英正长岩，可见少量黑榴石正长岩细脉。

霓辉正长岩属主要岩石类型之一，具细粒—中粒、斑状结构，块状构造，成分为正长石-微纹长石 76%、中更长石 10%、霓辉石 12%、石英<1%，局部见烧绿石，斑晶为钾长石。

二、甘孜-理塘蛇绿混杂岩带（P—T）Ⅲ-2

甘孜-理塘蛇绿混杂岩带北西起自青海治多，经玉树向南东经四川甘孜、理塘，再往南到木里，交接于小金河-三江口-虎跳峡断裂，长约 800km，宽 6～50km。岩带的东西均以断层为界，东邻可可西里-巴颜喀拉构造岩浆岩弧带，西接义敦-沙鲁里侵入岩弧带。

蛇绿岩由基性—超基性堆晶岩、辉长岩、辉绿岩墙、洋脊型拉斑玄武岩和放射虫硅质岩组成，除理塘禾尼—热水塘一带出露较完整的蛇绿岩层序外，大多被肢解呈构造岩块散布于基质中。侵入岩为超基性岩（T）—辉长岩—灰岩—花岗闪长岩演化序列，反映了洋岛-活动大陆边缘弧构造环境。基质、碳酸盐岩岩片中获得的古生物化石的时代从石炭纪—早三叠世；1:5 万区调工作中在尼汝一带的辉长岩中获得了一些高精度的锆石 LA-ICPMS 年龄值有 253Ma、262Ma、293Ma。表明该洋盆在早石炭世已经初具规模,二叠纪为鼎盛时期,早三叠世发生构造混杂。

根据义敦-沙鲁里侵入岩弧时代(T_3^1—T_3^2)及其上陆相煤系地层的时代(T_3^3)判断,甘孜-理塘洋板块可能自晚三叠世早期(T_3^1)开始向西俯冲,在晚三叠世末(T_3^3)洋盆闭合,为古特提斯洋体系中一个寿命较短的弧后洋盆。近年的 1∶5 万和 1∶25 万区调工作,先后在木里瓦厂、新龙坡差和石渠起钨等地发现海相侏罗纪地层,主要为一套滨-浅海相碳酸盐岩-碎屑岩建造,产珊瑚、层孔虫、水螅、胶足、苔藓、藻类、孢粉及遗迹等化石,表明甘孜-理塘弧后洋盆消亡后仍存在侏罗纪残留海盆沉积。

三、义敦-沙鲁里侵入岩弧带(T_3—E)Ⅲ-3

义敦-沙鲁里岛弧带(T_3)也称义敦侵入岩弧,也有称昌台-乡城岛弧带(李兴振等,2002),以居德来-定曲、木龙-黑惠江断裂和甘孜-理塘蛇绿混杂岩带的马尼干戈-拉波断裂为其东界,包括义敦-白玉-乡城-稻城及三江口地区。义敦-沙鲁里岛弧是在中咱地块东部被动陆缘基础上,于晚三叠世早中期受甘孜-理瑭洋向西俯冲制约形成的。

(一)义敦侵入岩弧亚带(T_3—K)Ⅲ-3-1

义敦-沙鲁里岛弧带深成岩浆规模较大,构成非常醒目的带状岩浆弧,可以分为东、西两个亚带。

1. 沙鲁里陆缘弧花岗岩岩段

该岩段北起甘孜,南至稻城,呈南北向带状展布,以冬措-措交马岩体为代表。岩体侵入于上三叠统变质岩,被古近纪砂砾岩不整合覆盖。岩体外接触变质带宽数百米至千余米,最宽可达 4km 以上,由内到外可分为 3 个变质带:绿帘石、黑云母带,堇青石、红柱石角岩带,斑点板岩带。岩性主要为黑云花岗闪长岩-黑云二长花岗岩-黑云正长花岗岩,北部的措交玛岩体边缘局部可见角闪黑云石英闪长岩,花岗岩中常见少量角闪石(0~3%);南部冬措岩体不含角闪石,且常有黑云正长花岗岩产出。

2003 年四川省地质调查院获得 Ar-Ar 法测定年龄为 191.16Ma(二四九岩体)、193.42Ma(通宵岩体),主体属晚三叠世,可能跨早侏罗世。四川省地质调查院(2004)又在理塘老林口一带采用激光探针等离子质谱(LA-ICP-Ms)测定锆石 U-Pb 年龄,获得理塘老林口粗中粒黑云母二长花岗岩年龄为 226.4Ma,理塘二十九道班暗色石英闪长岩年龄为 210.7Ma,黑云母二长花岗岩年龄为 225.7Ma。上述多方法测定年龄均显示,岩体成岩时代主要为晚三叠世。

2. 义敦岛弧花岗岩岩段

该岩段包括奔达闪长岩、扎瓦拉活动陆缘弧石英二长岩-二长花岗岩、汪欠 TTG、红卓埃达克质岩(含铜斑岩)等 4 个岩石组合。

侵入岩浆活动的时代主要为 193.42~178Ma,其次是白垩纪(133~73Ma),以中细粒黑云母花岗闪长岩、斑状二长花岗岩、二长花岗岩、黑云母正长花岗岩、二长花岗斑岩、花岗岩为主,属钙碱性→高钾钙碱性系列岩类,具 S 型花岗岩特点。

(二)莫隆-格聂碰撞花岗亚带(K—E)Ⅲ-3-2

此岩段规模较大,呈南北向带状分布于本亚带西部的石渠高贡、雀儿山及乡城格聂、茨林措等地。可划分茨林措和雀儿山 2 个岩石构造组合。

1. 茨林措后碰撞高钾钙碱性过铝花岗岩

该岩石构造组合主要分布于稻城县、乡城县一带,另在北部的德格县硐中达、娘布柯也有出露。岩体规模一般较小,以细粒、斑状、具明显铜矿化为特征。四川省地质调查院(2004)采用锆石激光探针等离子质谱(LA-ICP-MS)年龄测定方法,获得147.2～69.5Ma的成岩年龄,多数为96.6～69.5Ma,其时代属白垩纪。

2. 雀儿山高钾-钾玄岩质过铝花岗岩

该岩石构造组合分布于本岩段北部,代表性岩体主要有高贡、雀儿山岩体和格聂岩体等,岩性组合含黑云二长花岗岩-正长花岗岩-碱长花岗岩,以偶见白云母、过铝为特点。岩体与围岩呈侵入接触,侵入最新地层为晚三叠世变质岩,接触变质较强。吕伯西等(1993)采集高贡、雀儿山黑云母二长花岗岩,分别采用黑云母 K-Ar 法、锆石 U-Pb 法进行年龄测定,获得 87Ma、88Ma 的年龄数据。四川省地质调查院(2005)在义敦海子山采集格聂岩体细粒斑状黑云母二长花岗岩,采用锆石激光探针等离子质谱(LA-ICP-MS)年龄测定方法,获得 104.5Ma 年龄数据,其时代为早白垩世。

(三)普朗侵入岩弧亚带(T_{2-3})Ⅲ-3-3

普朗侵入岩弧亚带广泛出露于属都海、普朗、红山等地,岩体数量众多、规模不等,主要岩石类型有闪长岩、石英闪长(玢)岩、石英二长斑岩、二长花岗岩等。岩石的 $SiO_2=55.94\%\sim65.68\%$,$MgO=0.15\%\sim2.87\%$,$K_2O=2.85\%\sim4.28\%$,$Na_2O=3.65\%\sim4.63\%$,$K_2O/Na_2O\leqslant1$,$A/CNK<1$,属偏铝质岩石。稀土元素配分曲线呈明显的右倾斜型,无铕异常出现。岩石的 $Yb=1.13\times10^{-6}\sim1.66\times10^{-6}$,$Sr=740\times10^{-6}\sim1452\times10^{-6}$,按照张旗的 Sr-Yb 花岗岩分类方案,属典型的高 Sr 低 Yb 花岗岩类(埃达克岩),可能属甘孜-理塘洋盆向西高角度俯冲,在榴辉岩相的温-压条件下为中等程度的部分熔融物。同位素年龄为 237～214Ma,主要属中-晚三叠世。本期岩石构造组合也是普朗超大型斑岩铜矿赋存的主要载体。

此外,在义敦-沙鲁里岛弧带北段德格—昌台地区出露系列超基性—基性岩,在空间上与晚三叠世曲嘎寺组和图姆沟组(T_3)或根隆组和勉戈组(T_3)火山岩系紧密共生。岩石类型为斜辉辉橄岩、纯橄榄岩、斜辉橄榄岩、单辉橄榄岩、辉长岩等,贫钙、贫铝、贫碱至弱碱,m/f 值达到 8.38,属镁质超镁铁岩类,可能是与弧间裂谷盆地形成一致的底侵超基性—基性岩。

四、中咱地块侵入岩带(E)Ⅲ-4

中咱地块侵入岩带西以金沙江结合带为界,东邻勉戈-青达柔弧后盆地带,呈狭长梭状展布。古生代属于扬子陆块西部被动边缘的一部分,晚古生代中晚期由于甘孜-理塘洋的打开,使中咱-中甸地块从扬子陆块裂离。该地块岩浆活动十分不发育,仅在云南剑川附近发育后造山岩浆杂岩。

岩石组合为古近纪花岗斑岩、石英二长斑岩、闪长斑岩和正长岩,侵入于宝相寺组、金丝厂组中,这是一套后造山富碱花岗(斑)岩-正长(斑)岩组合,属喜马拉雅主碰撞造山作用结束之后,由于应力松弛导致的山根塌陷作用晚期,来源于地幔深部的碱性、偏碱性岩浆与地壳相互作用的产物,但混入了更多的地壳物质。相关的矿产主要为铜、钼、金等。

五、西金乌兰-金沙江-哀牢山蛇绿混杂岩带 (D—T)Ⅲ-5

该带贯穿藏、青、川、滇,沿羊湖—西金乌兰湖—通天河—金沙江—哀牢山一带断续分布,长约1800km,展布方向由近东西向转为南东—南南东向,出国境后与越南马江蛇绿岩带相连(李兴振等,1991)。

一般认为金沙江洋是导因古特提斯大洋向北东俯冲作用而形成的弧后洋盆(潘桂棠等,1997;王立全等,1999;Ueno et al,1999a,1999b;Metcalfe,2002)。主体构成北东侧玉龙塔格-巴颜喀拉前陆盆地与南东侧羌塘-昌都-兰坪-思茅地块的重要分界。该带向西于拉竹龙附近被阿尔金大型走滑断裂左行错移后走向不明（可能与泉水沟-郭扎错断裂带相接）。

（一）西金乌兰蛇绿混杂岩亚带（P—T_2）Ⅲ-5-1

西金乌兰蛇绿混杂岩（C—T）主要沿拉竹龙—拜惹布错—萨玛绥加日—西金乌兰湖一带呈近东西向展布，不同地段出露混杂岩的时代及组成变化极大。西部羊湖一代，超基性—基性侵入岩呈带状断续出露，有大小不等的4个岩体，最大出露面积18km^2，最小出露面积0.10km^2，主要岩石类型有滑石化橄榄辉石岩、辉石角闪辉长岩、辉长辉绿岩。蚀变辉长岩的K-Ar年龄为199Ma(2005)，表面超基性—基性的侵入岩时间应早于侏罗纪，属于海西晚期—印支期岩浆活动的产物。

在岗扎日—西金乌兰湖一带，主要为辉橄岩、堆晶辉长岩、辉长-辉绿岩、枕状与块状玄武岩、苦橄岩等，伴生的硅质岩含中-晚二叠世放射虫化石，以及大量辉绿岩墙群。在明镜湖辉绿岩中角闪石同位素测年为(345.69±0.91)Ma（1:25万可可西里湖幅，2003）。岩石类型有辉绿岩、辉长辉绿岩；岩石化学特征上反映属大洋拉斑玄武岩系列，属钙性、钙碱性系列，A/CNK<1，属于正常岩石类型。稀土元素表明岩浆来源于上地幔，在部分熔融上升过程中受到陆壳物质的轻度混染。

（二）金沙江蛇绿混杂岩亚带（P—T）Ⅲ-5-2

1. 金沙江蛇绿混杂岩段（P—T）Ⅲ-5-2-1

金沙江蛇绿（混杂）岩段分布在金沙江主断裂（盖玉-德荣断裂）以西、金沙江河谷与羊拉-鲁甸断裂以东的狭长区域，东邻中咱微陆块，西邻江达-维西火山弧，南至鲁甸，向北在邓柯一带与甘孜-理塘蛇绿岩带相接。主要由洋脊玄武岩、准洋脊玄武岩与蛇纹岩（变方辉橄榄岩）、堆晶辉长岩、辉绿岩墙、放射虫硅质岩等组成，被后来的构造运动所肢解。

混杂岩中发现晚泥盆世—早二叠世、早二叠世—晚二叠世放射虫组合；洋脊-准洋脊型玄武岩锆石U-Pb年龄为(361.6±8.5)Ma（陈开旭等，1998），吉义独堆晶岩Rb-Sr等时线年龄为(264±18)Ma（莫宣学等，1993）。

2. 鲁甸陆缘侵入岩弧（T_{1-2}）Ⅲ-5-2-2

该构造岩浆岩带大致位于德钦-雪龙山断裂带与金沙江断裂带之间，属德钦洋盆向东俯冲、金沙江洋盆向西俯冲形成的共用岩浆弧。

岩段由断续的岩体呈南北向展布，著名的岩体包括鲁甸花岗岩体、白茫雪山花岗岩体、羊拉花岗岩体、九阿杂岩体。主要岩石类型包括石英闪长岩、英云闪长岩、花岗闪长岩、二长花岗岩等。总体上构成东、西两个岩带，西岩带主要由九阿杂岩体、白茫雪山岩体构成，东岩带由羊拉岩体、鲁甸岩体构成，分别为德钦洋盆向东俯冲消减、金沙江洋盆向西俯冲消减形成的俯冲花岗岩组合。花岗岩明显侵入中三叠世攀天阁组、金沙江蛇绿混杂岩、德钦蛇绿混杂岩中。在花岗岩Sr-Yb图解中，东岩段的鲁甸花岗岩的投影点位于低Sr低Yb花岗岩区，白茫雪山花岗岩的投影点位于低Sr高Yb花岗岩区；再往东，与三江口-白汉场洋盆向西俯冲相关的普朗构造岩浆岩带的投影点位于高Sr低Yb花岗岩区。这些资料说明三江口-白汉场洋盆向西俯冲的角度较陡，而德钦洋盆向东俯冲的角度较缓，金沙江洋盆向西俯冲的角度介于二者之间；也说明高角度的俯冲消减作用有利于斑岩铜矿的形成，而低角度的俯冲消减作用可能是弧后盆地形成及VMS成矿的先决条件。

近年来的1:5万区域地质调查、科研工作中，在这一地区的花岗岩中进行了大量的锆石LA-ICPMS年龄测定，获得的年龄数据集中于255～245Ma之间，属晚二叠世—早三叠世。结合岩石化学、岩石地球化学特征反映的构造背景分析，认为本期岩浆是在俯冲阶段形成的，但岩浆的喷发、侵位是在碰撞、碰撞后伸展的大地构造背景中。

3. 德钦蛇绿混杂岩段(C—T)Ⅲ-5-2-3

德钦蛇绿混杂岩段分南北两部分出露，西以德钦-雪龙山断裂带为界，东界各有不同。北部分布在德钦一带，南北向延伸，被北西向的东竹林平移断层左行错移成南北两段，西邻乌兰乌拉-澜沧江结合带的澜沧江弧-陆碰撞带。北段东以阿登各断裂为界而与金沙江蛇绿混杂岩相邻，向北延入西藏；南段出露在白茫雪山以西，东被上叠的压陷盆地掩盖。南部沿雪龙山呈北西向透镜状分布，东以维西-乔后断裂为界与江达-维西-绿春陆缘弧相接，西邻昌都-兰坪-思茅地块。

德钦蛇绿岩组合，主要由超镁铁岩、辉长岩、辉绿岩、枕状玄武岩和硅质岩等组成，受构造挤压作用影响，多以构造岩片形式产出，可见变质橄榄岩块体边缘为韧性剪切带。寄主围岩为低绿片岩相浅变质岩，被 S_1 劈理置换，成分层与劈理平行，部分具复理石特征。简平等(2003)用 SHRIMP 方法获得白马雪山辉长岩的锆石 U-Pb 年龄为 285～282Ma，蛇绿岩的形成不晚于早二叠世。北部的贡卡、白茫雪山一带及南部的雪龙山地区都有分布，岩石组合特征及赋存形式与哀牢山地区双沟蛇绿岩相似。

(三) 哀牢山蛇绿混杂岩亚带(P—T)Ⅲ-5-3

哀牢山蛇绿混杂岩亚带位于哀牢山西麓，北西向延伸，东西两侧分别以哀牢山断裂带和九甲断裂带为界，东接上扬子古块的哀牢山变质基底杂岩，西邻阿墨江被动陆缘和昌都-兰坪-思茅地块，北西被哀牢山断裂带斜截后消失在弥渡德直以南，向南撒开延入越南。

1. 双沟蛇绿混杂岩段(C—P)Ⅲ-5-3-1

沿九甲断裂带北东侧延绵 260 余千米，从景东以北向南东一直延伸至墨江县底马附近，被上三叠统不整合掩盖，形成颇为壮观的蛇绿混杂岩带。双沟-平掌蛇纹石化超镁铁岩-辉长岩-玄武岩-紫红色放射虫硅质岩构成了比较完整的"三位一体"蛇绿岩层序。其他地区则因构造破坏，蛇绿岩各单元以无根的透镜状岩片赋存在寄主围岩中。蛇绿岩层序自下而上为变质橄榄岩、堆晶岩、基性熔岩和放射虫硅质岩。

钟大赉等(1998)报道哀牢山带双沟辉长岩单斜辉石的 $^{40}Ar/^{39}Ar$ 坪年龄为(339.2±13.6)Ma；简平等(1998)测得双沟辉长岩锆石 U-Pb 年龄为(362±41)Ma，斜长花岗岩锆石 U-Pb 下交点年龄为(328±16)Ma。哀牢山洋开始打开的时间可能在晚泥盆世，洋脊扩张的高峰时段在早石炭世，这与墨江被动陆缘上泥盆统出现放射虫硅质岩是吻合的。

2. 绿春陆缘侵入岩弧(T_3,J—K_1)Ⅲ-5-3-2

该构造岩浆岩段大致为九甲断裂带与哀牢山断裂带、藤条河断裂带所夹持的区域，属双沟洋盆向东俯冲、藤条河洋盆向西俯冲形成的共用岩浆弧。主要发育有 3 套岩石构造组合：二叠纪—早三叠世的辉长(绿)岩-橄榄岩组合，中-晚三叠世的同碰撞-碰撞后伸展的过铝花岗岩组合，早白垩世的后碰撞高钾钙碱性花岗岩组合。

1) 辉长(绿)岩-橄榄岩组合

在该构造岩浆岩带中分布有一些规模不大的辉长岩、橄榄岩体，在以往的研究中并未引起人们的足够重视。在双沟以北地区由于岩石普遍变形强烈，曾被认为属双沟蛇绿混杂岩中的基性、超基性岩被构造作用肢解而成。但在南部变形很弱的普耳寨一带也有类似岩体产出。其岩石地球化学特征也多显示岛弧钙碱性岩浆的特点。结合鲁甸构造岩浆岩带中有与俯冲作用相关的(高)镁闪长岩-辉长岩-辉橄岩组合(即前人所称的工农弧间蛇绿混杂岩)产出的事实分析，本书将其厘定为与俯冲作用相关的辉长(绿)岩-橄榄岩组合。但总体上研究程度偏低，还有较大的提升空间。

2) 中-晚三叠世俯冲花岗岩组合

中-晚三叠世花岗岩组合是该构造岩浆岩带的主体，一些岩体规模较大，如黄连山岩体，主要岩石类型为二长花岗岩、正长花岗岩，另有少量流纹斑岩、花岗斑岩。一些流纹斑岩与高山寨组中的流纹岩呈渐变过渡关系。岩石的 $SiO_2=72.42\%\sim77.81\%$，$TiO_2=0.08\%\sim0.52\%$，$K_2O+Na_2O=5.26\%\sim8.05\%$，具高 SiO_2、富 K_2O 的特征。在 Sr-Yb 分类图解中，绝大多数样品落入低 Sr 低 Yb 花岗岩区，应属俯冲构造背景下，高压麻粒岩相温-压环境的部分熔融物，并非同碰撞-碰撞后伸展构造背景花岗岩的特点。在绿春、鲁甸地区的三叠纪花岗岩、花岗闪长岩、三叠纪高山寨组流纹岩、流纹斑岩中进行了大量的锆石 LA-ICPMS 年龄测定，获得的年龄数据集中于 $255\sim245Ma$ 之间，属晚二叠世—早三叠世。

3）早白垩世后碰撞高钾钙碱性花岗岩组合

这类岩石构造组合分布零星，仅在洛恩等地出露，主要岩性为花岗闪长岩、细粒二长花岗岩等，但缺乏相关的岩石化学、岩石地球化学资料。相邻构造岩浆岩带的同类岩石中曾获得 145Ma 的同位素年龄，故将其暂时划为区域上的早白垩世后碰撞高钾钙碱性花岗岩组合。

3. 藤条河蛇绿混杂岩段（P）Ⅲ-5-3-3

藤条河蛇绿混杂岩段呈北西向展布于老猛河两岸，在金水河镇以南延入越南境内，被老猛断裂带夹持，北东与金平-平河东陆棚相邻，西与上兰复理石组合和哀牢山蛇绿混杂岩相接。

以石炭纪三台坡岩组蛇绿混杂岩为代表，由片理化、蛇纹石化超镁铁质绿片岩、含放射虫硅质岩、碳酸盐岩等岩片组成，寄主围岩为古生代绿片岩相浅变质岩系，以绢云千枚岩为主。岩石普遍片理化，D_1S_1 流劈理基本置换了原生层理，更由于后期三叠纪正长花岗岩的侵入而进一步复杂化，晚三叠世歪古村组不整合覆于老猛蛇绿混杂岩之上。

其中的绿片岩、玄武岩等显示了典型的大洋低钾拉斑玄武岩的地球化学特征，在一些稀土元素、微量元素的判别图解中也主要落入洋中脊、P 型洋中脊玄武岩区。1:5 万绿春等 4 幅区调在其中的变玄武岩中获锆石 LA-ICPMS 年龄(253.8±5.2)Ma，属晚二叠世，比 1:5 万谷地新寨幅依据其中的灰岩岩片所含牙形石确定的时间（早石炭世）要晚一些。蛇绿混杂岩的形成及最终定型是一个复杂漫长的过程，从区域地质资料分析，该蛇绿混杂岩的形成与金沙江蛇绿混杂岩基本相同，属陆缘洋盆-洋中脊火山岩组合。

六、甜水海-北羌塘-昌都-兰坪-思茅双向俯冲弧陆侵入岩带（P—T）Ⅲ-6

北羌塘南以龙木错-双湖-查吾拉结合带为界，北以羊湖-西金乌兰湖-金沙江结合带为界，其西北至喀喇湖，东北以乌兰乌拉湖-北澜沧江结合带为界。

（一）甜水地块侵入岩亚带（T_3）Ⅲ-6-1

由于受北侧康西瓦-苏巴什古特提斯洋俯冲关闭及其晚三叠世强烈的弧-陆碰撞造山作用的影响，在塔什库尔干-甜水海地块西部北侧，表现为与俯冲作用有关的中钾钙碱性系列的岛弧型花岗岩类，岩石演化序列为闪长岩→石英闪长岩→英云闪长岩→花岗闪长岩→二长花岗岩，其中单颗粒锆石 U-Pb 年龄，闪长岩为 $228.9\sim208Ma$，二长花岗岩为 $(214.4\pm1.1)Ma$。

在塔什库尔干-甜水海地块的西南部发育有后碰撞造山期岩浆事件，岩石序列分为石英闪长岩-花岗闪长岩组合、二长花岗岩-二长白岗岩组合。岩浆活动有两期，一期 K-Ar 法年龄值为 $172\sim169Ma$，另外一期年龄为 $93\sim74Ma$。

（二）北羌塘岩浆亚带 Ⅲ-6-2

北羌塘地区北以金沙江结合带西沿的若拉岗日-西金乌拉（乌兰乌拉）为界，南为龙木错-双湖-查吾拉断裂（结合带）。北羌塘岩浆侵入活动相对较弱，是青藏高原内侵入岩出露面积最小的地区，岩浆侵入活动主要集中在中新生代。

中生代侏罗纪—白垩纪花岗岩类相对较发育,集中分布在普若岗日、藏色岗日-玛尔果茶卡东山小带、类乌齐-长毛岭小型斑岩(岩脉、岩枝)等。

1. 普若岗日陆缘碰撞侵入岩岩段(K_3—E)Ⅲ-6-2-1

该亚带侵入岩浆活动十分不发育,仅零星分布一些晚白垩世—古近纪碰撞性花岗岩(如普若岗日花岗岩)。

2. 藏色岗日-玛尔果茶卡侵入岩岩段(J_3—K_2)Ⅲ-6-2-2

该岩段主要以中-晚侏罗世和白垩纪中酸性花岗岩为主,也有新生代花岗岩零星分布,大致沿独雪山、藏色岗日、那底岗日、玛尔果茶卡一带展布。

中-晚侏罗世中酸性花岗岩主要分布在那底岗日及玛尔果茶卡一带,岩石组合主要有石英二长闪长岩-二长花岗岩-二长花岗斑岩-花岗闪长斑岩-石英闪长玢岩和石英斑岩等。

本期的岩浆活动,既表现为中深成的岩浆侵入活动,又有岩浆的浅成和超浅成侵入活动。中深成侵入岩主要为二长花岗岩,与中侏罗统为明显侵入接触关系。浅成侵入岩体主要为花岗闪长斑岩、二长花岗斑岩和石英斑岩,与早侏罗世花岗闪长岩和二长花岗岩的侵入关系多处可见,并有小岩枝穿入围岩中。

嘎错地区二长花岗斑岩年龄为(166 ± 2)Ma。资料表明,玛尔果茶卡地区中酸性侵入岩年龄值为164～144Ma,表明中酸性岩浆活动时间大致为中-晚侏罗世。

中、晚侏罗世中酸性侵入岩在ACF图解中,岩石化学成分投点落入S型区,表明其成分具有壳源特征。在Rb-Hf-Ta图上,大部分投影点位于弧花岗岩区,且靠近碰撞后花岗岩区。在不同构造环境判别图上,大部分岩石投影点位于弧花岗岩区,显示了火山弧花岗岩特征。上述特点与测区内早侏罗世花岗岩相似,说明二者在源区组成、构造背景上有一致性,为同一岩浆活动演化的产物。

晚白垩世花岗岩主要分布在独雪山、藏色岗日、普若岗日一带,岩浆活动规模最大,主要为晚白垩世的同碰撞-碰撞后的高钾钙碱性花岗岩-花岗斑岩组合,K-Ar法年龄为94.8Ma,其岩石镜下多具"碎斑熔岩"的结构特征,为浅成-超浅成相侵入岩,呈规模巨大的岩基状产出。

新生代侵入岩规模较小,零星出露,岩石组合为二长花岗岩-花岗岩-石英正长斑岩-二长斑岩,还有煌斑岩和碱性岩等。

(三)昌都-兰坪陆块侵入岩亚带(P—T)Ⅲ-6-3

该亚带位于昌都-兰坪盆地,受澜沧江洋板块与金沙江板块的相向俯冲影响。侵入岩主要时代为新生代,以小岩体出露。岩石组合为花岗闪长斑岩-二长花岗斑岩-(辉石或石英)正长斑岩等。

新生代岩浆岩的研究显示,俯冲到昌都地块之下并留存在地幔中的金沙江洋板片,可能为喜马拉雅期玉龙斑岩带及斑岩型铜矿提供了源区条件。沈敢富等(2000)在研究"三江"地区新生代富碱性侵入岩时划分出3个岩段,其中玉龙-芒康斑岩段位于北澜沧江、金沙江走滑裂束之间,斑岩与贡觉等盆地火山岩相伴生。它可分为2个岩群。玉龙-海通斑岩群,有马拉松多、多霞松多、莽总、扎尕、玉龙、恒星错、夏日多等岩体,其主要的岩石类型是二长花岗斑岩。芒康斑岩群,有各贡弄、色礼、色错、马牧普等岩体,其岩石类型主要为正长斑岩,次为二长花岗岩。此类斑岩为走滑拉伸构造环境,应为后造山侵入岩。

二叠纪—中三叠世侵入岩发育在贡觉北西地区,主要岩石组合为花岗闪长岩-二长花岗岩,应系金沙江板块俯冲形成的花岗岩。

1. 江达-维西陆缘碰撞侵入岩岩段(T_3)Ⅲ-6-3-1

江达地区以碰撞型花岗岩为主,岩石组合为英云闪长岩-黑云母花岗岩-花岗岩。英云闪长岩分布于冬普一带,时代为加里东期(462Ma,吕伯西等,1993),呈岩基产出,围岩为下古生界波罗群变质岩系。黑云母花岗岩呈岩株产出于普水桥一带,时代为海西末期(229Ma),是壳源重熔型,被下三叠统普水桥组底砾沉积不整合覆盖。印支晚期花岗岩类自北向南有多加岭、江达(211Ma,吕伯西等,1993)、仁达、仁弄、安美西(194Ma,吕伯西等,1993)、加仁、白茫雪山、鲁甸等岩体,沿金沙江结合带旁侧呈带状分布,为碰撞型花岗岩。

2. 类乌齐-长毛岭小型斑岩(岩脉、岩枝)岩段(K_2)Ⅲ-6-3-2

该时期的侵入岩性主要有二长花岗岩、正长花岗岩、花岗闪长岩、石英闪长岩、闪长岩及花岗闪长斑岩、二长花岗斑岩等。K-Ar 年龄为 74.9Ma、66.5Ma。

(四)思茅侵入岩亚带(P—T)Ⅲ-6-4

该构造岩浆岩带位于澜沧江断裂带以东、酒房断裂及吉岔断裂带以西的地区,以出露早二叠世的(高)镁闪长岩-辉长岩-辉橄岩组合为特征,其他岩石构造组合还有侏罗纪—早白垩世的后碰撞辉绿岩-石英闪长岩-花岗闪长岩-二长花岗岩组合,晚白垩世后造山的钙碱性-过碱性花岗岩组合,古近纪早期陆内俯冲-同碰撞花岗岩组合、古近纪晚期后造山富碱花岗斑岩-正长斑岩组合。

侏罗纪—早白垩世侵入岩组合:侏罗纪—早白垩世的后碰撞辉绿岩-石英闪长岩-花岗闪长岩-二长花岗岩组合分布较为广泛,但单个岩体规模都很小,通常集中呈片出露,也是进一步划分构造岩浆岩段的主要依据之一。谷扎构造岩浆岩段为石英闪长岩-花岗闪长岩组合,吉岔岩段为石英闪长岩组合,曼湾岩段为花岗闪长岩-二长花岗岩-辉绿岩组合,景洪构造岩浆岩段仅见零星的二长花岗岩出露。岩石地球化学特征与其他地区的同期岩石构造组合有一定的相似性,属高钾钙碱性系列,部分样品显示了所谓 C 型埃达克岩的特点。属挤压碰撞造山作用结束后,陆内应力调整阶段的产物。

晚白垩世侵入岩组合:该构造岩浆岩带的晚白垩世侵入岩属后造山阶段的二长花岗岩-花岗斑岩-正长花岗岩组合,单个岩体的规模更小,主要集中出露于吉岔构造岩浆岩段南部、景洪构造岩浆岩段中部。岩石类型有浅色二长花岗岩、正长花岗岩、花岗斑岩等,岩石化学、岩石地球化学特征与区域上的同期岩石构造组合类似。代表了区域上印支造山旋回最终结束的时间。

古近纪古新世侵入岩组合:该构造岩浆岩带的古近纪古新世侵入岩属陆内俯冲-同碰撞-碰撞后伸展岩石构造组合,仅分布于吉岔构造岩浆岩段中部,主要岩石类型为花岗闪长岩、二长花岗岩等,SiO_2=69.69%~76.36%,TiO_2=0.21%~0.44%,Fe_2O_3+FeO+MnO=1.82%~3.60%,具高 SiO_2、富 K_2O 的特征。在 Sr-Yb 分类图解中,主要落入极低 Sr 高 Yb 花岗岩区,应属挤压碰撞之后的伸展作用的产物。

此外,在谷扎构造岩浆岩段,还发育有少量渐新世的后造山侵入岩组合,主要岩石类型为正长斑岩、石英二长岩、花岗斑岩、石英斑岩等,研究程度更低,不再赘述。

七、乌兰乌拉-澜沧江蛇绿岩混杂带(P_2—T_2)Ⅲ-7

该带包括了传统意义的乌兰乌拉湖、北澜沧江和南澜沧江蛇绿混杂岩带 3 个次级侵入岩单元。侵入岩主要有晚古生代和中生代两类,另有零星分布的新生代斑岩。

(一)乌兰乌拉湖蛇绿混杂岩亚带(C—P)Ⅲ-7-1

乌兰乌拉湖蛇绿混杂岩带呈北北西向转北西向展布,是东侧昌都地块及其开心岭-杂多陆缘弧带与西侧北羌塘地块的重要分界线,构造位置即是原北澜沧江结合带或断裂带的北段,该带北延交接于西金乌兰湖-金沙江结合带,南延交接于班公湖-双湖-怒江对接带。带内以叠瓦状断块为基本构造特征,不仅发育逆冲推覆构造,还有走滑剪切构造,变形层次较深,韧性剪切带发育。带内物质组成复杂,不同时代(D_{1-2},D_{2-3},C—P,T)及不同成因的岩块或构造透镜体大小混杂,并经历多期构造变形,且有高压变质相带相伴。混杂岩基质主体是一套强变形构造改造的灰黑色砂板岩夹火山碎屑岩组合,原称作若拉岗日群(T_{2-3})(1:100万改则幅,1986)。

蛇绿岩组合的岩性主要为辉绿岩、辉绿玢岩,少数为辉长岩、辉长-辉绿岩和橄榄岩、叶蛇纹石岩,中基性火山岩主要为粗玄岩、玄武岩、气孔状安山岩、粗面岩、玄武质火山角砾岩、安山质晶屑岩屑凝灰岩等,1:25万区域地质调查认为形成于板内-洋岛(或洋脊)过渡环境或陆内裂谷构造环境,相伴硅质岩中含有(晚奥陶世—)晚泥盆世、石炭纪、二叠纪放射虫组合。

蛇绿混杂岩(C—P):主要位于拉竹龙—拜惹布错—萨玛绥加日—西金乌兰湖一带,呈近东西方向展布,该岩石地层单元称西金乌兰岩群,以混杂岩为主要特点,由碎屑岩-碳酸盐岩-硅质岩岩片、超基性-基性岩岩片和基底变质岩构成,也有学者称碎屑岩组和火山岩组两部分,二者均呈断层接触。不同地段出露混杂岩的时代及组成变化极大。在拉竹龙—拜惹布错—羊湖一带,蛇绿混杂岩与北侧巴颜喀拉山群(T)呈断层接触,出露有基性火山岩,基性—超基性岩、碳酸盐岩和硅质岩等。小长岭—拜惹布错一带,蛇绿混杂岩南侧与侏罗系雁石坪群(J_2-K_1)呈断层接触,主要由角闪岩相变质岩系、基性-中酸性火山岩、硅质岩和少量超基性岩组成。长湖蛇—尖头湖一带,蛇绿混杂岩(T)主要由变质砂岩、绢云母板岩为主,夹硅质板岩、玄武岩和大理岩,以及橄榄辉石岩、辉石岩、辉长岩、辉绿岩等组成。在治多当江—多彩及玉树隆宝湖—立新乡一带,主要由放射虫硅质岩、蚀变玄武岩及绿泥片岩、蚀变辉绿岩及辉绿玢岩、糜棱岩化辉长岩、阳起石片岩、斜长角闪片岩、强蛇纹石化辉石橄榄岩、绿帘石-阳起石化辉石岩等岩石类型组成。

(二) 北澜沧江蛇绿混杂岩亚带(P—T)Ⅲ-7-2

北澜沧江蛇绿混杂岩带呈北北西向转北西向展布,北段在类乌齐一带发现有侵位于石炭系中的超镁铁岩(1:20万类乌齐幅,1992)和洋中脊玄武岩;中南段在类乌齐—吉塘地区于石炭系卡贡群中发现为深水沉积盆地的浊积岩,为一套硅灰泥复理石沉积,与该沉积组合共生的还见拉斑玄武岩-流纹岩"双峰式"组合。获得玄武岩 SHRIMP 锆石 U-Pb 年为 361.4Ma。该蛇绿混杂岩带东侧脚巴山至竹卡兵站发育碎屑岩-英安岩-流纹岩弧火山岩组合及晚三叠世 S 型花岗岩,西侧类乌齐吉塘地区也有类似的弧火山岩组合,表明类乌齐-曲登(北澜沧)江洋壳的俯冲消减具有双向俯冲的特征,类似于现今东南亚马鲁古海峡发生的洋壳双向俯冲导致弧-弧碰撞的实例。该带在新生代早期曾发生过强烈的左旋韧性剪切叠加改造作用。

(三) 南澜沧江俯冲增生亚带(P—T)Ⅲ-7-3

超基性岩出露于临沧县江边—景谷县岔河—崴里—半坡—景洪县南联山一带,单个岩体规模较小,但整个岩带纵贯全区,长度超过110km,宽度10~15km。

由北往南有吉岔岩体、半坡岩体、旧街岩体、大谷地岩体、南联山岩体、怕冷岩体和曼秀岩体等。这些被称为橄榄岩-闪长岩型杂岩体(张旗,张魁武,李达周,1986、1988),并认为可能属"阿拉斯加"型岩体,经1:25万区域地质调查重新研究后,将其划分为(高)镁闪长岩-辉长岩-橄榄岩组合,吉岔岩体已在吉岔火山弧中叙述,不再赘述;半坡岩体、南联山岩体为一套超镁铁岩-镁铁岩-闪长岩-石英闪长岩组合,其中超镁铁岩主要为单辉橄榄岩,镁铁岩以辉长岩为主;旧街岩体、大谷地岩体、怕冷岩体主要岩石类型有闪长岩、石英闪长岩、石英二长闪长岩;曼秀岩体为辉长岩和闪长岩。

半坡岩体超镁铁岩的岩石化学特征显示存在2类超镁铁岩,一类属变质橄榄岩,另一类为超镁铁质堆晶岩。前者 LREE 弱富集,后者呈平坦型或 MREE 弱富集。镁铁岩的岩石化学特征表现出明显的富铝趋势,在 F_1-F_2-F_3 图解中投影点主要落入 CAB 区,显示出较典型的与俯冲作用相关的地球化学特征。闪长岩的岩石化学特征属正常类型和铝过饱和类型,稀土元素分布型式为右倾的 LEER 富集型,LREE 和 HREE 分异明显,微量元素投影点落入火山弧花岗岩。

吉岔岩体中闪长岩中锆石年龄为(297±6)Ma(魏君奇等,2008),辉长岩 SHIMP 锆石年龄为(280±6)Ma(简平等,2004);李钢柱等用 ID—TIMS 方法在半坡岩体闪长岩中获锆石年龄 294.9Ma(2012),南联山岩体辉长闪长岩中获锆石年龄 298.4Ma(2011);1:25 万景洪市幅用 LA-ICP-MS 方法在南联山岩体闪长岩内获锆石年龄为 305～300Ma,曼秀岩体的辉长岩获锆石年龄 307.4Ma,闪长岩锆石年龄 291.3Ma,雅口岩体辉长岩获锆石年龄为(296±10)Ma(王晓峰,2012)。此外,大谷地岩体的闪长岩曾获得过 Rb-Sr 年龄 319Ma。可以看出,(高)镁闪长岩-辉长岩-橄榄岩组合的年龄主要为 307.9～294.4Ma,表明形成时期不会晚于晚石炭世。

八、本松错-冈塘错-唐古拉-他念他翁-临沧侵入岩带Ⅲ-8

(一)本松错-冈塘错花岗岩段Ⅲ-8-1

本松错复合岩基位于龙木错-双湖缝合带以南约 50km,属材玛尔错-角木日洋岛增生混杂带,是该地区最大的花岗岩复合岩基,面积达 1800km²。该岩基被古近系康托组(E_3k)不整合覆盖,且不同期次的花岗岩之间为侵入或断层接触关系,并且可见大量围岩的捕房体(1:5万戈木日幅报告)。

晚寒武世花岗岩为眼球状花岗片麻岩、花岗质片麻岩,加权平均年龄为(497.1±3.0)Ma,MSWD=0.37。在 Nb-Y 中,所投点基本落在弧火山和同碰撞花岗岩区域;Rb-(Yb+Nb)图解中,所投点主要落在同碰撞区域;Ta-Yb 图解中所投点落在同碰撞区域;Rb-(Yb+Ta)图解中所投点也落在同碰撞区域,但这里的同碰撞没有排除后碰撞构造环境。

早奥陶世片麻状花岗岩、花岗闪长岩,其 $^{206}Pb/^{238}U$ 加权平均年龄为(481.3±3.2)Ma,MSWD=0.027。在 Nb-Y 中,落在弧火山和同碰撞花岗岩区域;Rb-(Yb+Nb)图解中,投在板内花岗岩和同碰撞区域。经分析,在早奥陶世该花岗岩形成于碰撞环境。

中奥陶世为中粗粒二云母钾长花岗岩,其 $^{206}Pb/^{238}U$ 加权平均年龄为(469.1±3.6)Ma(MSWD=1.5)。所投点都位于 Syn-COLG(同碰撞花岗岩)区域,同碰撞没有排除后碰撞构造环境。在 Nb-Y、Rb-(Yb+Nb)、Ta-Yb、Rb-(Yb+Ta)图解中均落在同碰撞区域。

晚三叠世花岗岩其岩性主要为(斑状)黑云母花岗岩、花岗闪长岩、黑云母二长花岗岩等。似斑状黑云母花岗闪长岩微量元素经过原始地幔标准化的分配模式图上,Rb、Th、Nd 富集,Sr、Nb 相对亏损,总体属于大离子亲石元素 LILE 相对富集、高场强元素 HFS 较亏损类型。与前面分析的寒武纪、早奥陶世、中奥陶世花岗岩及上地壳微量元素地幔标准化蛛网图相似。$\Sigma REE=302.62\times10^{-6}$～$439.87\times10^{-6}$,平均为 371.24×10^{-6},总量均大于世界上花岗岩稀土平均含量(250×10^{-6})。D1167-1H1,D1167-1H2 轻、重稀土元素分馏较为明显,$(La/Yb)_N=26.56$～28.69,平均 27.63,轻稀土富集型,配分曲线强烈右倾。$\delta Eu=0.56$～0.69,负异常,与 S 型花岗岩相似,与上地壳配分曲线基本一致。LA-ICP-MS U-Pb 同位素年龄为(216.6±1.5)Ma(MSWD=0.96),通过不同的构造环境判别图对该花岗岩进行判别,在 Nb-Y、Rb-(Yb+Nb)、Ta-Yb、Rb-(Yb+Ta)图解中均落在同碰撞区域。

冈塘错晚侏罗世白云母花岗岩,稀土配分曲线呈右倾型,轻稀土相对富集,重稀土相对亏损。具有非常明显的 Eu 负异常,但各样品具有的异常程度不一致。岩石中,Rb、Th、K 和 La 强烈富集,而 Ce、Nd、Sm 和 Tb 略有富集;Ba 和 Sr 元素有较强烈的亏损,K、Nb 和 Ti 则相对略有亏损。白云母花岗岩 $^{206}Pb/^{238}U$ 加权平均值为(152±1)Ma,为岩体的侵位年龄。

(二)唐古拉花岗岩亚带(Mz)Ⅲ-8-2

唐古拉山岩体呈一东西向的带状分布,分布在格拉丹冬—唐古拉山口—查吾拉—拉龙贡一带,长 400km、宽 60～40km,其西侧出露较宽,向东逐渐变窄。唐古拉山岩体与区内的恩达岩组、石炭系、二叠系呈侵入接触,并被侏罗纪那底岗日组、雀莫错组、古近纪沱沱河组不整合覆盖。

唐古拉山岩体是一个由几种不同的岩石组成的复式岩体,按照其内部岩石成分及结构的差异可进一步划分出中粗粒二长花岗岩-粗粒黑云母二长花岗岩-中粒似斑状黑云母二长花岗岩-中细粒黑云母二长花岗岩等岩石组合。

侵入岩均属于亚碱性中的钙碱性系列的岩石。其 SiO_2 多大于65％；A/CNK 除一个外，均大于1；在 CIPW 标准矿物计算中，绝大部分样品中不出现 Di，而出现 C，反映其应属于主要由沉积岩熔融而成的 S 型花岗岩，但在熔融过程中可能存在一定的混染。在 Q-Ab-Or 图解上，投点区相对比较集中，反映了岩浆花岗岩的特征。在 AR-SiO_2 图解上看，投点的分布趋势与碱性分界线的趋势一致，反映唐古拉山岩体具有同源演化的特点。

从稀土元素特征上看，岩石样品的轻、重稀土的分馏程度不是很高，但都表现出一定的负铕异常，显示出地壳重熔型花岗岩的特点。

前人曾获得过$(240±41)$Ma 的全岩 Rb-Sr 等时线年龄。在唐古拉山岩体的不同侵入体中分别获得了$(232.1±7.7)$Ma、$(213±63)$Ma、$(205±69)$Ma、190Ma 的锆石 U-Pb 等时线年龄。在珠劳拉山口一带的中粗粒二长花岗岩中也获得了$(196.3±1.89)$Ma 的黑云母 K-Ar 年龄。

(三) 他念他翁侵入岩弧亚带(Pt、P—T) III-8-3

该构造单元侵入岩分布广、规模大，常称类乌齐-东达山花岗岩带，其南延为著名的滇西临沧花岗岩带，以三叠纪花岗岩基为主体，尚有部分白垩纪碰撞型花岗岩。

二叠纪俯冲型花岗岩组合：仅见于吉曲盆地西侧的敦日给、贡青弄、巴将弄、错囊等地，侵位于吉塘岩群(AnD.)变质岩系中，岩石类型有片麻状细粒花岗闪长岩-英云闪长岩-二长花岗岩、斑状细粒黑云二长花岗岩、中细粒黑云二长花岗岩-黑云正长花岗岩，获得锆石 U-Pb 法年龄$(269±18)$Ma、$(244±5)$Ma (1∶25万丁青县幅，2006)。

三叠纪—早侏罗世花岗岩组合：呈规模较大的复式岩基，岩石组合为石英闪长岩-花岗闪长岩-黑云二长花岗岩。

石英闪长岩-花岗闪长岩一般规模较小，分布于大岩基边部或断裂带旁侧，与华南同熔型花岗岩相似。岩石的化学成分与国内同类岩石相近，其 A/CNK 平均为1.19，略低于华南同熔型花岗岩，ACK 则与 I 型花岗岩相近。在$(Al-Na-K)-(Fe^{2+}+Mg)$图解中投在斜长石-角闪石-黑云母区内，属 I 型花岗岩范围。在 Rb-$(Y+Nb)$判别图中则落在岛弧花岗岩区中。岩石的稀土元素配分型式为轻稀土富集型，与广西本洞英云闪长岩稀土配分型式相似。

晚三叠世黑云二长花岗岩为主体的岩基，岩石具花岗结构、似斑状结构，与华南改造型花岗岩之副矿物组合特征相似。岩石之化学成分 SiO_2 较高，MgO、CaO 偏低，CIPW 标准矿物组合含刚玉分子0.16~4.66，A/CNK 为0.93~1.41，为铝过饱和类型。$K/(Na+K)=0.43\sim0.67$，$C/ACF=0.08\sim0.25$，与华南改造型花岗岩相似。$Fe^{3+}/TFe=0.013\sim0.269$，与 S 型花岗岩相当；alk=5.90~8.52，显著高于 S 型；$K_2O>Na_2O$，K_2O 平均含量为4.34％，高于中国同类岩石，表明物源区为上部地壳。

岩石之微量元素，K/Rb=138~222，Nb/Sr=1.05~2.13，均表明其物源为上地壳物质。其微量元素蛛网图显示 Rb、Th 富集，P、Ti 亏损，与碰撞 S 型花岗岩类似。岩石之稀土配分型式为轻稀土富集，具明显铕负异常，相似于地壳重熔花岗岩(陈德潜，1982；王中刚，1984)。东达山岩基侵入最新地层为早石炭世卡贡组，全岩 Rb-Sr 等时线年龄为$(219.6±0.4)$Ma(1∶20万芒康幅，1991)；黑云母 K-Ar 年龄为194Ma(李永森，1987)，故其时代为晚三叠世。

白垩纪花岗岩组合：岩体多呈岩株产出，侵入最高层位为晚三叠世阿堵拉组，发育角岩化、矽卡岩化和云英岩化。岩石以黑云二长花岗岩为主，具细粒花岗结构、似斑状结构，局部片麻状构造。岩石中斜长石具环带构造，$2V(+)=72°$，$2V(-)=88°$，有序度$\delta=0.65$，An=27~35，属中更长石。黑云母经电子探针检测，含 TiO_2、FeO 较高，MgO、Al_2O_3 偏低，$M'=23.04$，MF=25.66，属铁质黑云母(张德泉等，1988)。副矿物以磁铁矿-锆石-褐帘石-钛铁矿组合为主，并见有少量石榴石、锆石，与华南改造型花岗岩的矿物组合相似。岩石化学成分属铝过饱和类型，A/CNK 为1.02~1.25，K/Na+K 和 Fe^{3+}/TFe 分别为0.01~0.44 和0.3~0.48，上述均具 S 型花岗岩特征。岩石之稀土元素配分型式为轻稀土富集、具明显铕负异常的，为右倾平缓曲线，与上地壳重熔型花岗岩相似(王中刚，1984)。

（四）碧落雪山-临沧构造岩浆岩带（Pt、T—K）Ⅲ-8-4

碧落雪山-临沧构造岩浆岩带呈南北向展布于碧落雪山、崇山、凤庆、临沧、勐海一带，是云南省规模最为宏大的一条构造岩浆岩带，其中的临沧花岗岩基是东南亚地区最大的花岗岩基，面积约 7000km^2。其东界为著名的澜沧江断裂带，西界为崇山断裂带、竹塘-双江断裂带。主要有元古宙的片麻状花岗岩、二叠纪—三叠纪的俯冲-同碰撞花岗岩组合、晚白垩世的后造山花岗岩组合。另有少量石炭纪铜厂街蛇绿混杂岩的外来岩片，早白垩世后碰撞的花岗闪长岩-二长花岗岩连续出露。

元古宙（?）侵入岩：该构造岩浆岩带的古元古代侵入岩以各种片麻岩的形式分布于崇山岩群、大勐龙岩群中，或呈规模不等的捕虏体散布在临沧花岗岩基中。主要岩石类型有片麻状中细粒黑云二长花岗岩，以及少量的片麻状中细粒黑云正长花岗岩、片麻中细粒黑云花岗闪长岩，三者呈渐变过渡关系。在判别花岗岩板块构造环境的 R_1-R_2 图解中，多数投影点落入同碰撞花岗岩区。稀土元素配分型式为轻稀土富集型，略具铕亏损。这些资料反映了其有可能形成于同碰撞环境。按照张旗（2006）的 Sr-Yb 花岗岩分类方案，本期花岗岩主要属常见的低 Sr 高 Yb 花岗岩，少量样品属低 Sr 低 Yb 花岗岩、极低 Sr 高 Yb 花岗岩。结合稀土元素配分曲线分析，这些片麻状花岗岩主体部分可能是含斜长石-角闪石的角闪岩相变质岩系在较高的压力条件下部分熔融形成的。

二叠纪—三叠纪侵入岩：该构造岩浆岩带的主体部分为三叠纪的同碰撞二长花岗岩组合，但由于工作程度的差异，景洪、勐海一带的二叠纪英云闪长岩-花岗闪长岩组合并未单独列出，在北纬 23°以南的地区将二者进行合并表示为 $\gamma\delta$-$\gamma\eta$PT。在凤庆一带的二叠纪侵入岩以片麻状二长花岗岩为主，在岩石化学、岩石地球化学、侵位时代上与临沧一带的二叠纪侵入岩也有差异。

二叠纪英云闪长岩-花岗闪长岩组合：在临沧以南地区，二叠纪英云闪长岩-花岗闪长岩主要出露于临沧花岗岩基中央地带，由于三叠纪二长花岗岩的上侵吞食，多呈不规则条带状、团块状分布于二长花岗岩中，主体部分沿临沧县谢家村-圈内-双江县祠堂一带分布。另外，沿景谷县边江乡—澜沧县曼昭—芒海一带也有出露。其余则呈大小不一的孤岛状包体分布于二长花岗岩中，二者有明显的侵入接触关系。主体岩性为花岗闪长岩，英云闪长岩仅在局部地段分布。在 R_1-R_2 图解上，样品投影点主要落入"地幔分异花岗岩区"，表明二叠纪的英云闪长岩-花岗闪长岩组合中有相当数量的地幔物质加入；在张旗（2006）的 Sr-Yb 花岗岩分类图解中，主要属常见的低 Sr 高 Yb 花岗岩，少数样品属低 Sr 低 Yb 花岗岩，主要属高压麻粒岩相-角闪岩相温-压条件下的部分熔融物；目前获得的同位素年龄主要属晚二叠世[254.5Ma、(262±37)Ma]。在凤庆一带的二叠纪片麻状二长花岗岩主要分布于三叠纪花岗岩基的边缘地段，侵入到中元古界澜沧岩群、古元古界大勐龙岩群、古元古代片麻状花岗闪长岩中，并被三叠纪二长花岗岩侵入，主要岩石类型为二长花岗岩，并见斜长角闪岩、变粒岩暗色包体。在 R_1-R_2 图解上，样品投影点主要落入"同碰撞花岗岩区"；在张旗（2006）的 Sr-Yb 花岗岩分类图解中，落入高 Sr 低 Yb 花岗岩区，应属榴辉岩相温-压条件下的部分熔融物；目前获得的同位素年龄主要属石炭纪—早二叠世（288Ma、345Ma）。二者均未见明显的矿化现象。

三叠纪二长花岗岩组合：三叠纪的二长花岗岩是该构造岩浆岩带的主体，一些岩体规模巨大，可根据其中的矿物粒度、结构等进行进一步细分。如1:25万临沧幅划分出中细粒（含角闪石）黑云二长花岗岩、似斑状（细）中粒-中（细）粒黑云二长花岗岩、中粗粒黑云二长花岗岩、似斑状中粗粒黑云二长花岗岩4个填图单元。而碧落雪山地区工作程度较低，表示为 $\eta\gamma$T。但在岩石化学、岩石地球特征上，从碧落雪山—凤庆—临沧—勐海表现出高度的一致性，在 R_1-R_2 图解上，样品投影点主要落入"同碰撞花岗岩区""碰撞前花岗岩区"；在张旗（2006）的 Sr-Yb 花岗岩分类图解中，主要属常见的低 Sr 高 Yb 花岗岩，少数样品属低 Sr 低 Yb 花岗岩，主要属高压麻粒岩相-角闪岩相温-压条件下的部分熔融物；其中获得了大量的同位素年龄，主要属中-晚三叠世；近年来的锆石 LA-ICPMS 年龄主要在 230Ma 左右，应该代表了这一巨大的构造岩浆岩带的形成时间，也是怒江-昌宁-孟连洋盆关闭后，弧-陆碰撞造山作用的起始时间。未见明显矿化现象。

二叠纪—三叠纪花岗岩组合（$\gamma\delta$-$\eta\gamma$PT）：这是目前工作程度下对该构造岩浆岩带南段的表示方法。

其主体部分为二长花岗岩,其中的闪长岩、英云闪长岩、花岗闪长岩等呈规模不等的捕虏体散布其中,图面上又难以分开表达。同位素年龄数据也显示了晚二叠世、中-晚三叠世两期岩浆活动的存在。勐海一带见与花岗岩相关的离子吸附型稀土元素矿床。

晚白垩世侵入岩:该构造岩浆岩带的晚白垩世侵入岩分布较为广泛,单个岩体规模不大,部分呈岩脉状产出,但局部地段可集中出露。主要岩石类型为细粒二长花岗岩、正长花岗岩、花岗斑岩等。岩石化学特征表现为"高硅、富碱、低镁铁"的特点,属后造山钙碱性-过碱性花岗岩组合,具有某些A型花岗岩的特点。在 R_1-R_2 图解上,样品投影点主要落入"非造山花岗岩区";在张旗的 Sr-Yb 花岗岩分类图解中,主要属极低 Sr 高 Yb 花岗岩,属低压角闪岩相温-压条件下的部分熔融物。

第四节 班公湖-怒江侵入构造岩省Ⅳ

双湖-班公湖-怒江-昌宁-孟连对接带,西起乌孜别里山口,主体向东经班公湖、安多至索县,后转向沿怒江南下经丁青、八宿至碧土,继续南延受碧罗雪山-崇山变质地块的阻隔及南北向强烈逆冲带的叠覆而不明,再次显露即与昌宁-孟连对接带连为一体,呈一反"S"形带状展布,成为泛华夏大陆南缘晚古生代羌塘-三江造山系与冈瓦纳大陆北缘中生代冈底斯-喜马拉雅造山系的重要分界(潘桂棠等,2002a,2008)。

对接带内广泛出露古生代—中生代蛇绿岩、蛇绿混杂岩、增生杂岩,以及元古宙基底残块和大量古生代—中生代"岩块",记录了青藏高原古特提斯大洋形成演化的地质信息。班公湖-双湖-怒江-昌宁-孟连对接带是青藏高原中部一条重要的古特提斯大洋最终消亡的巨型结合带,构筑了冈瓦纳大陆与劳亚-泛华夏大陆分界线(潘桂棠等,1997,2004b,2008;李才等,2006a,2008;王立全等,2008a)。

包括多玛-南羌塘-左贡增生地块侵入岩带、班公湖-怒江蛇绿岩混杂带。

一、龙木错-双湖蛇绿岩混杂带Ⅳ-1

果干加年山早石炭世斜长花岗岩组合:斜长花岗岩主要位于桃形湖、果干加年山地区,与蛇绿岩伴生。在冈玛错—玛依岗日一带出露有花岗岩类侵入体,岩石组合为花岗闪长岩-巨斑状黑云母花岗岩-白云母花岗岩。岩体的 SHRIMP 锆石 U-Pb 年龄为 350.7~300.1Ma(1:25 万玛依岗日幅,2005),为石炭纪。

冈玛错-玛依岗日中生代侵入岩组合:在冈玛错—玛依岗日一带,分布有晚三叠世花岗岩侵入体,岩石为花岗岩-花岗闪长岩-闪长岩组合,形成于碰撞环境的过铝质钙碱性系列"S"花岗岩(黄小鹏等,2007),获得 SHRIMP 锆石 U-Pb 年龄为 224.7~210Ma(1:25 万玛依岗日幅,2005)。

在冈玛错—玛依岗日一带,也发育有侵入体,其岩石类型主要有花岗岩、黑云母花岗岩、白云母花岗、石英闪长岩等,花岗岩的全岩 K-Ar 法和锆石 U-Pb 法年龄为 197.3~152.4Ma(李延平等,2005;1:25 万玛依岗日幅,2005),为侏罗纪花岗岩类,构造成因多属后碰撞型构造背景下的壳源花岗岩类。

清彻湖-本松错中生代侵入岩为花岗岩-花岗闪长岩-闪长岩组合,晚三叠世花岗岩出露于西端的清彻湖、黄羊泉、美马错地区,中部的宁日错、本松错、冈塘错和果干加年山一带。中部岩石类型主要为斑状二云母花岗岩和巨斑状黑云母花岗岩,还有正长斑岩和花岗闪长岩株出露,为强过铝质花岗岩,属于S型花岗岩,其 A/CNK>1,低 Sr、Ba、Ti,富 K、Rb、Th,具较强烈的 Eu 负异常(δEu=0.26~0.53,平均 0.36),形成于大陆碰撞环境(黄小鹏等,2007)。羌塘地块中部出露强过铝质的二云母碱长花岗岩、白云母碱长花岗岩、电气石白云母碱长花岗岩,A/CNK 比值大于 1.1。单颗粒锆石 U-Pb 年龄为(224.7±1.3)Ma,(222.4±0.6)Ma,210Ma,(236±56)Ma。西端的岩石类型有黑云母花岗岩、闪长岩、花岗闪长斑岩、花岗斑岩等。岩石化学成分 SiO_2 为 66.21%~77.69%,A/NCK 值为 0.79~1.08,明显小于

1.1，里特曼指数（σ）为1.10～2.23，小于3.3，为次铝的钙碱性系列岩石。在判别花岗岩成因的A-C-F图解中，投影点大多落于S型花岗岩区。综合分析认为属S型成因，物质主要来源于地壳。花岗岩获得了(288 ± 1)Ma～(220 ± 7)Ma的$^{206}Pb/^{238}U$表面年龄。

查桑—双湖侏罗纪—白垩纪花岗岩组合：在查桑—双湖一带，岩体规模较大，花岗岩的K-Ar年龄为178～135Ma。双湖地区羌塘盆地中央隆起带东段发育晚中生代花岗岩-花岗闪长岩组合，多呈椭圆形、圆形的小型岩株，近东西向延长，侵位于二叠系火山岩、变质岩系地层中。岩体K-Ar法年龄值为160.5Ma，为中-晚侏罗世（李延平等，2005）；在该带中西段的泽错-清彻湖、茶布-鲁谷西-鱼鳞山及依布茶卡西北三地区，侵位时代在中晚侏罗世—晚白垩世（少量岩体有K-Ar年龄，为113～68Ma）。本松错和蜈蚣山地区主要为白云母、黑云母花岗岩，锆石U-Pb年龄为(153.3 ± 1.2)Ma。岩体的围岩在中、西段多为石炭系—二叠系，东段为侏罗系及上三叠统。最西段的多湖花岗岩体（Kγ）和窝尔巴错岩体（Kγ）均侵入于石炭系霍尔巴错群擦蒙组、二叠系吉普日阿组中，时代为白垩纪。岩石类型有花岗岩-黑云母花岗岩-二长花岗岩-花岗闪长岩-石英闪长岩组合，研究程度不高，可能属碰撞阶段造山期壳源花岗岩类。

新生代侵入岩组合：新生代侵入岩数量较少，多为浅成脉状侵入体，已知有花岗斑岩、正长斑岩、白云母伟晶岩脉等，侵入于侏罗系中，以西部美多南侧的正长斑岩最大，面积约30km²。双湖地区的格拉丹冬岩体主要由二长花岗岩组成，其单颗粒锆石U-Pb年龄为(40 ± 3)Ma，Rb-Sr等时线年龄为(47 ± 014)Ma，斜长石、角闪石、黑云母K-Ar年龄分别为37.1Ma、48Ma和45.8Ma，形成于始新世。岩石富碱，高钾（$K_2O>Na_2O$），属高钾钙碱性系列。微量元素以富集LREE、LILE和相对亏损HFSE为特征，εNd(t)为-610～-411（白云山等，2006），为后碰撞构造环境。

二、多玛-南羌塘-左贡增生地块侵入岩带Ⅳ-2

从西向东包括多玛、南羌塘、左贡、扎普-多不杂-热那错等侵入岩弧亚带。

（一）多玛地块碰撞侵入岩亚带（D_2，J_3—K_2）Ⅳ-2-1

多玛（增生）地块（Pz）侵入岩亚带是原位构造镶嵌在班公湖-双湖-怒江-昌宁对接带中的洋岛-洋内弧增生地块，其南北两侧均为蛇绿混杂岩带所包绕，是随着特提斯大洋的最后关闭被夹持在这一巨型蛇绿混杂岩带内的。

本亚带侵入岩主要为中酸性花岗岩，时代从中泥盆世到晚白垩世都有出露。中泥盆世中酸性侵入岩仅见于区域西北角尼亚格祖附近，岩性为中细粒斑状黑云石英闪长岩，其锆石U-Pb年龄为(381 ± 39)Ma，可能属于岛弧型花岗岩（1:25万喀纳幅，2005）。早-中侏罗世中酸性侵入岩较少出现，普格牙尔嘎石英闪长岩的黑云母K-Ar法年龄为(186.6 ± 1.8)Ma，岩石为亚碱性-钙碱性系列花岗岩，形成于与碰撞作用有关的岛弧环境。大量出现的晚侏罗世—白垩纪花岗岩类侵入体与南部扎普-多不杂火山-岩浆弧发育的时间一致，在西北部泽错—窝尔松西—巴错一带形成长约300km的花岗岩带，其中高钾钙碱性黑云母二长花岗岩和花岗闪长岩占绝对优势，强过铝质白云母二长花岗岩次之，获得Ar-Ar年龄为(101.42 ± 0.18)Ma，形成于碰撞构造环境的花岗岩（钟华明等，2005，2006），仅在银利沟发育辉石二长岩，其锆石U-Pb年龄为(121.3 ± 0.6)Ma，表现出与俯冲有关的钾玄岩地球化学特征（钟华明等，2007）。在东南部多玛—塔普查山—加错—鲁谷一带，岩石类型有花岗闪长岩、黑云母花岗岩、二长花岗岩及石英闪长岩等，少量岩体K-Ar年龄为113～68Ma，形成于碰撞作用的岛弧环境。

（二）扎普-多不杂-热那错侵入岩弧亚带（K_1）Ⅳ-2-2

扎普-多不杂岩浆弧带（J_3—K_1）主体位于多玛地块南缘，南侧与班公湖-怒江蛇绿混杂岩带相邻。主体沿乌江—扎普—多不杂—热那错一线，呈北西西-南东东方向的狭窄带状展布。

一直以来与班公湖-怒江洋向北俯冲配套的岩浆弧没有得到较好的研究,江西省地质调查研究院(2005)首次在班公湖-怒江带北侧划分出晚侏罗世—早白垩世陆缘火山-岩浆弧带,主要分布在乌江—扎普—多不杂—热那错一线。总体表现为具有洋岛-海山和洋内岛弧性质的增生地块,其上的三叠纪—中侏罗世发育残余-残留海盆地中的次深海相碎屑岩夹薄层灰岩→深水陆棚相碎屑岩-碳酸盐岩→浅海相碳酸盐岩夹碎屑岩的堆积序列,局部夹有基性-中基性火山岩,构成了扎普-多不杂火山-岩浆弧带的基底。

在扎普-多不杂岩浆弧带中,与其弧火山岩时空一致发育了乌江—扎普—多不杂—热那错一线的花岗岩带,出露一系列晚侏罗世—早白垩世花岗闪长岩、石英闪长岩、石英闪长玢岩、花岗闪长斑岩体,侵位于中侏罗统夏里组(J_2)和上侏罗统—下白垩统雪山组(J_3—K_1)地层中。热那错东花岗闪长岩SHRIMP锆石 U-Pb 年龄为(154.2 ± 1.3)Ma(王立全等,2008),多不杂矿区含矿花岗闪长斑岩SHRIMP 锆石 U-Pb 年龄为 121.1~120.9Ma(曲晓明等,2006;佘宏全等,2006,2009;李金祥,2008)。昌隆河花岗岩黑云母单矿物 K-Ar 法年龄为 123.7Ma、拉热拉 Rb-Sr 法同位素年龄为(138.8 ± 6.9)Ma、单颗粒锆石 U-Pb 谐和年龄为(120.9 ± 0.3)Ma(李金祥,2008)。晚侏罗世—白垩纪岩浆活动发育于与俯冲作用有关的岛弧构造环境(李金祥,2008),形成了班公湖-怒江结合带北侧一条重要的斑岩型-矽卡岩型 Cu-Au-Fe-Pb-Zn 等多金属成矿带。

最后,晚白垩世随着南侧班公湖-怒江洋盆的关闭与弧-陆碰撞作用而结束岩浆演化过程。

(三) 吉塘左贡侵入岩亚带 Ⅳ-2-3

侏罗纪花岗岩零星出露,岩体呈 NW-SE 向延伸。北端侵入于东大桥组(J_2d)中,南西侧侵入于阿堵拉组(T_3a)中。岩石类型主要为黑云母二长花岗岩,次为花岗细晶岩。黑云母二长花岗岩富 Rb、Pb、Nb、B、W、Sn、Zr,其中 W 高出维氏值 2 倍,Sn 高出维氏值 260 倍以上。Rb/Sr 值平均为 0.44,低于华南改造型花岗岩的值(5.77),但较陆壳均值(0.24,Taylor,1965)要高许多。显然,本期二长花岗岩应是陆壳重熔融产物。ΣREE 为 79.02×10^{-6}~311.45×10^{-6},平均为 207.35×10^{-6},和华南花岗岩平均值(204×10^{-6})接近。$\Sigma Ce/\Sigma Y=6.22$~17.87,平均为 12.0;$(La/Yb)_N=6.39$~31.64,平均为 14.69,属轻稀土富集型,曲线右倾斜特性显著。δEu 都小于 1,为 0.36~0.78,平均为 0.42,铕亏损显著,曲线向右倾斜,在 Eu 处形成显著低谷。二长花岗岩类应是在造山期后环境下由上地壳物质重熔融形成的 A 型花岗岩。

三、班公湖-怒江蛇绿岩混杂带(T_3—K_1)Ⅳ-3

班公湖-怒江结合带西起班公错、改则,经班戈、丁青,东至八宿、碧土一带,东西向延长 2000km,南北宽 8~50km,由近东西向、北西西向转为北西到北北西方向展布。

班公湖-怒江结合带由规模巨大的蛇绿岩、增生杂岩带,以及被夹持其中的残余弧或岛弧变质地块构成。沿断裂带还发育晚白垩世—新近纪陆相火山喷发,新生代陆相走滑拉分盆地、第四纪谷地呈带状展布。班公湖-怒江结合带可划分为班公湖-怒江蛇绿混杂岩带、聂荣侵入岩弧、嘉玉桥侵入岩弧和昌宁-孟连蛇绿混杂岩带等几个次级构造单元。

(一) 聂荣侵入岩弧亚带(Pt_{2-3},J_1)Ⅳ-3-1

聂荣复合弧(Pt_{2-3},J_1)夹持于班公湖-怒江结合带中段南北两条蛇绿混杂岩亚带之间,主要为两期岩浆岩事件。

中-新元古界侵入岩(Pt_{2-3}):中—新元古界侵入岩指聂荣岩群(Pt_{2-3}),主要为钾长条带状混合岩、片麻岩、黑云变粒岩、斜长角闪岩等,安多附近片麻岩锆石 U-Pb 年龄为(519 ± 12)Ma(许荣华,1983)、530Ma 和 2000Ma(常承法等,1986,1988),侵入其中的二长花岗岩 U-Pb 法(SHRIMP)年龄为($814\pm$

18)Ma,片麻岩两个锆石 SHRIMP U-Pb 年龄分别为(491±1.15)Ma、(492±1.11)Ma,时代暂定为中-新元古代,与周围呈断层接触。其中 530～491Ma 的年代学数据,可能是"泛非期"造山热事件记录。

中生代俯冲型花岗岩:早侏罗世侵入岩分布于聂荣地块之上,总体呈近东西向展布,出露面积约 1300km²,呈岩基状产出,主要包括聂荣和白雄南两个复式岩体,并侵入在聂荣岩群和嘉玉桥岩群之中。岩石组合主要包括英云闪长岩-花岗闪长岩-二长花岗岩-正长花岗岩。据接触关系、岩性及结构特征,可划分为 6 个侵入体单元,由早到晚依次为英云闪长岩(J_1)、含斑花岗闪长岩(J_1)、巨斑状角闪二长花岗岩(J_1)、巨斑状二长花岗岩(J_1)、含斑二长花岗岩(J_1)和正长花岗岩(J_1)。含斑花岗闪长岩的锆石 U-Pb SHRIMP 年龄为分别为 185～4.1Ma、177.7～3.3Ma,黑云母 Ar-Ar 坪年龄为 171.29～0.84Ma、黑云母 Ar-Ar 等时线年龄为 172.3～2.6Ma;角闪石 Ar-Ar 等时线年龄为 174～19Ma;巨斑状角闪二长花岗岩锆石 U-Pb SHRIMP 年龄为 170.9～6.3Ma、黑云母 Ar-Ar 坪年龄为 187.9～0.96Ma、黑云母 Ar-Ar 等时线年龄为 186.5～3.1Ma。侵入岩地球化学性质显示为具陆缘弧属性的钙碱性系列火成岩,为 I 型花岗岩特征(朱弟成等,2008),与俯冲作用有关,可能为班公湖-怒江洋壳南向俯冲与增生作用的弧岩浆岩。

(二) 嘉玉桥侵入岩弧亚带(Pt_{2-3}—J_1)Ⅳ-3-2

嘉玉桥侵入岩弧亚带位于西藏洛隆以东的嘉玉桥一带,夹持于班公湖-怒江结合带中段南北两条蛇绿混杂岩亚带之间,侵入岩岩浆事件与聂荣复合弧相似,主要分为两期岩浆岩事件。

中-新元古界花岗岩组合:增生体核部的花岗片麻岩中获 U-Pb 年龄(507±10)Ma(岩浆锆石,SHRIMP 测试),说明其中有泛非期岩浆侵入,这与察隅陆块结晶基底有相似之处。

侏罗纪碰撞-后碰撞侵入岩组合:侏罗纪花岗岩基侵入于同卡结晶基底岩片的中部和北部,由黑云二长花岗岩、似斑状黑云二长花岗岩组成,其岩石化学特征属 Chappel 和 White 所划的 S 型花岗岩。与杂岩伸展形成有关。

(三) 班公湖-怒江蛇绿岩亚带(T_3—K_1)Ⅳ-3-3

班公湖-怒江蛇绿混杂岩带(T_3—K_1)的蛇绿岩均呈构造块体混杂于古生代—中生代地层中或逆冲推覆到白垩纪—新近纪地层之上。蛇绿岩内部亦发育有叠瓦式逆冲断层系,断层运动方向以往南逆冲为主导。

班公湖-怒江洋准确的打开时间,尚无定论。但从班公湖-怒江蛇绿岩中火山岩的最老同位素年龄 191Ma(邱瑞照等,2002,辉长岩 Sm-Nd 全岩-矿物内部等时线)及地层关系来判断,其打开时间似不晚于晚三叠世。

在班公湖-怒江结合带以南的冈底斯北带,主要在中段与西段广泛分布有 I 型英云闪长岩、花岗闪长岩、二长花岗岩等,侵位时代大致在 170～100Ma 之间,主要呈岩基和岩株产出,在空间上与同时期的钙碱性火山岩共生,且含有较多暗色岩石包体,是班公湖-怒江洋向南俯冲消减的产物。最近还发现,在结合带以北也有与上述时代大体相同的俯冲型花岗岩及斑岩矿床的存在,说明班公湖-怒江洋板块可能存在双向俯冲。

关于班公湖-怒江洋闭合、拉萨地块与羌塘地块碰撞拼合的时间,可以通过蛇绿岩与上覆地层的不整合关系、形成于碰撞-后碰撞环境的强过铝花岗岩的时代来判断。研究表明,班公湖-怒江蛇绿岩局部被晚侏罗世地层不整合覆盖,普遍被晚白垩世地层不整合覆盖;冈底斯北带和中带出露的强过铝含白云母花岗岩的年龄多在 145～74Ma 之间。由此可以推断,班公湖-怒江洋闭合、拉萨地块与羌塘地块碰撞拼合的时间,可能自晚侏罗世(约 159Ma)开始,于早白垩世末(约 99Ma)完成(郭铁鹰等,1991;邱瑞照等,2002)。

按蛇绿岩出露地域自西向东可分为分西、中、东 3 段,叙述如下。

西段:班公湖-改则蛇绿混杂岩段(T_3—K_1),位于班公湖至那屋错、改则、色哇一带,出露 35 个岩体群,岩体面积一般几至十几平方千米,向西延出国境。在班公湖一带,基本沿班公湖南北两岸分布,总体呈北西西展布。蛇绿岩分布区域构造十分发育,断裂纵横交错,各岩石单元或岩块、岩片间呈断层接触。蛇绿岩呈北西西向展布于喀纳、龙泉山、超麻兹东、斯潘古尔、班公山、姜玛一带。各蛇绿岩体出露面积大小不一,蛇绿岩层序组合亦有不同。

班公湖南岸可见完整的蛇绿岩层序,自下而上为变质橄榄岩→堆晶辉长岩→辉绿岩墙群→块状及枕状玄武岩和共生的放射虫硅质岩。

改则洞错蛇绿岩层序自下而上为变质橄榄岩→堆晶岩(由含长纯橄岩、橄榄岩、橄长岩、层状橄榄辉长岩组成)→辉长岩与辉绿岩组成的岩墙群和枕状玄武岩,但多已被肢解,其中堆晶岩厚可达2000m,玄武岩厚1400m。基性熔岩属拉斑玄武岩序列。基性—超基性岩体群构造侵位于木嘎岗日岩群和含固着蛤的白垩纪礁灰岩中,并包裹大小不等的灰岩块体。

在嘎公拉钦娃剖面南端见由石榴二云石英片岩和辉长岩质糜棱岩组成的韧性剪切带,产状总体往南倾,其南侧(上盘)为较完整的蛇绿岩层序组合,北侧(下盘)为苦橄玄武岩、玄武岩夹紫红色硅质岩组成的深海沉积物,具有雅鲁藏布江"洋内型"剪切带(许志琴等,1997)的特点。在片岩获白云母K-Ar法年龄(159.5 ± 1.6)Ma(由中国地震局地质与地球物理研究所测定),可能代表洋内俯冲的变形变质事件。

班公湖北岸麦克尔、拉木吉雄、查拉木、巴尔穷北、喀纳一线,出露宽10~25km,呈北西西向展布。混杂岩带总体表现为砂泥质构造混杂岩带,由一系列东西向韧性剪切片理化带夹蛇纹岩、大理岩、砂岩透镜体组成。剪切片理产状主要倾向北、北东,并伴有倾向北、北东的中高角度逆冲断层发育。在龙泉山一线,蛇绿混杂岩岩片长约4km,宽1~2km。岩性为蛇纹岩、糜棱岩化蛇纹岩、辉长岩、辉绿玢岩及细碧岩等。

综合分析,这些蛇绿岩体以班公山-姜玛断裂为界划分为北亚段和南亚段,两段蛇绿岩层序及成因存在明显差异,即南亚段层序发育较全,多形成于洋中脊环境;而北亚段蛇绿岩被构造肢解变形要强于南亚带,成因多为洋岛环境(曹圣华等,2005)。同时在物质组成、地质结构上也有明显差异,即北亚段主体为砂泥质混杂带,南亚段主体为蛇绿混杂带。

在北亚段北侧为晚侏罗世—早白垩世陆缘岩浆岩弧,蛇绿岩又被晚侏罗世—早白垩世沙木罗组不整合覆盖,故北亚段蛇绿混杂岩是中-晚侏罗世由中特提斯洋向北俯冲消亡形成;南亚段南侧为晚白垩世—始新世岩浆弧,蛇绿岩局部被晚白垩世竞柱山组不整合覆盖,故南亚段蛇绿岩主要是早白垩世末由中特提斯残余弧盆向南俯冲消亡形成。

测年资料显示:申拉蛇绿岩的层状辉长岩SHRIMP锆石U-Pb年龄为(221.6 ± 2.1)Ma;舍拉玛沟辉长岩SHRIMP锆石U-Pb年龄为(190.8 ± 2.7)Ma(1:25万改则县幅、日干配错幅,2004),班公湖蛇绿岩形成时代为晚三叠世—早白垩世,自东向西同时张开,中侏罗世向南俯冲,洋盆在早白垩世末封闭。

中段:尼玛-东巧-安多蛇绿岩混杂岩段($J_1—K_1$),分布于尼玛、东巧、安多至索县一带,东西长500km,南北宽100多千米。区内约30多个岩体,面积一般1~10km^2。在东巧堆晶辉长岩中获得SHRIMP锆石U-Pb年龄为(187.8 ± 3.7)Ma,获得安多蛇绿岩中斜长花岗岩的SHRIMP锆石U-Pb年龄为(175.1 ± 5.1)Ma,显示其形成时代为早侏罗世—早白垩世。

该蛇绿混杂岩段自北而南可划分为2个蛇绿混杂岩段,以及东巧错岩浆弧亚段。

东巧-安多北亚段:岩体群呈北东方向展布,包括安多东、西超基性岩体、枕状玄武岩,多普尔曲基性堆晶岩,捷日窝玛基性岩墙群,呈北西西-南东东方向展布。蛇绿岩单元有变质橄榄岩→超镁铁质-镁铁质杂岩→超镁铁质-镁铁质堆晶杂岩→镁铁质席状岩墙杂岩→镁铁质火山杂岩→放射虫硅泥质岩。变质橄榄岩块以东巧西岩体出露面积最大,约45km^2,地表呈似豆荚状构造侵位于木嘎岗日岩群之中,赋存有铬铁矿矿床。堆晶杂岩块岩石类型有异剥橄榄岩、纯橄榄岩、伟晶异剥辉石岩、橄榄辉长岩、辉石橄榄岩、辉长岩等,呈零乱分布,在构造侵位过程中卷入了大量的灰岩与砂岩岩块,以及紫红色放射虫硅质岩、硅泥质岩、玄武岩、安山质角砾熔岩等块体。

最新研究结果(孙立新,2011)显示,西藏安多县多普尔曲一带蛇绿岩中新发现的斜长花岗岩具有低钾高钠、高锶、低铷和低ΣREE的大洋斜长花岗岩特征，同位素指示其为地幔源区产物，锆石 U-Pb SHRIMP 测年结果为(188.0±2.0)Ma，结合地质资料分析认为其代表了洋壳形成的年龄，时代为早侏罗世，与班公湖-怒江结合带西段蛇绿岩时代基本同时。

切里湖-达如错-蓬错中亚段：呈北北西-南南东向延伸，超基性岩主要分布于东巧区南蒙作山脊一带，在达如错东山可见大于1km厚的超基性堆晶岩。辉长岩分布于机部乡东侧山脊日阿空一带，另在江穷果、贡巴曲一带也见基性、超基性岩。超基性岩多呈构造块体侵位于木嘎岗日岩群中，岩石破碎并具强烈蛇纹石化、滑石化等蚀变。蛇绿岩组合由蛇纹石化辉橄岩、蚀变辉长岩、杏仁状玄武岩、蚀变玄武岩、放射虫硅质岩等单元组成。其中辉橄岩具镁铁质、贫铝、贫碱；而辉长岩具镁质、强碱、高铝特征，具有大洋中脊辉长岩特点。玄武岩岩石地球化学特征主体表现为拉斑玄武岩系列，其中大部分属洋岛型拉斑玄武岩，部分属岛弧型拉斑玄武岩。

班公湖-怒江结合带中段不同地段均被区域性竞柱山组不整合覆盖，局部被沙木罗组不整合覆盖。蛇绿岩形成时代为三叠纪—早白垩世，构造侵位于晚白垩世。

东巧错岩浆弧亚段：依据岩体的时空分布、地质特征、岩石化学及地球化学特征，结合板块构造关系，可分为俯冲期I型弧花岗岩、碰撞期S型花岗岩两种岩石组合。

早白垩世俯冲I型弧花岗岩：岩石组合为石英闪长岩-花岗闪长岩，活动时间为103Ma，与早白垩世去申拉组弧火山岩时间相当，空间上相依存在。属钙碱性系列和高钾钙碱性系列，在A-C-F图解上均位于I型花岗岩区，在R_1-R_2变异图解上位于板块碰撞前区；A/CNK＝0.84～0.97，显示I型花岗特征。

晚白垩世碰撞S型花岗岩系列：其岩浆活动时限为96.9～77.5Ma，与I型弧花岗岩密切交生或相依分布，岩浆规模显著增大。岩石组合为二长花岗岩-二长花岗斑岩-花岗斑岩-正长花岗岩，花岗岩岩相分带清楚，中心部分为斑状二长花岗岩、花岗斑岩和正长花岗岩，边部为中细粒二长花岗岩，岩浆结晶分异明显。花岗岩Rb/Sr＝0.22～14.3，大部分大于0.5，表明岩浆物源以壳源为主，花岗岩属于陆壳重熔型花岗岩，具有同碰撞花岗岩的特征。

东段-索县-八宿蛇绿岩混杂岩段(T_3—J_2)：指索县—巴青—丁青—八宿一带，共有28个超基性岩体，总体呈透镜状、扁豆状、似脉状沿北西、北西西方向断续展布。丁青色扎区的加弄沟、宗白—亚宗一带可见完整蛇绿岩层序，自下而上为橄榄岩(包括云辉橄榄岩、辉橄岩、二辉橄榄岩夹含辉纯橄岩，厚＞7500m)→堆晶岩(包括辉长苏长岩、二辉岩、角闪辉长岩，厚260m)→辉绿岩和辉长辉绿岩墙群→玄武质熔岩(包括拉斑玄武岩、霓玄岩、钛辉玄武岩)→放射虫硅质岩，扎玉-碧土玉曲河两岸的硅质岩中含晚石炭世放射虫 *Albaillella* sp. 及牙形刺等化石。在日隆山、娃日拉一带有厚＞1200m的由纯橄岩、二辉橄榄岩互层组成的堆晶杂岩。

东段岩体最大蛇绿岩为丁青蛇绿混杂岩。其中东岩体长85km，宽2～6km，呈北西西展布；西岩体长30km，宽2～8km。

形成时代：2008年西藏自治区地质调查院1:5万类乌齐县幅等4幅区域地质调查项目在丁青蛇绿岩带纳永拉剖面采集了堆晶辉长岩样品并从中分选出锆石，用Cameca IMS-1280型二次离子质谱(SIMS)进行定年测定，获得了(217.8±1.6)Ma的U-Pb年龄，时代为晚三叠世。四川区调队1:20万类乌齐幅、拉多幅区调项目1993年于丁青县拉根多一带在基性碎斑糜棱岩中获辉石^{40}Ar-^{39}Ar同位素年龄值(197.3±3.3)Ma，属早侏罗世，为蚀变年龄。在丁青一带有中侏罗世德吉国组(J_2dj)角度不整合于其上，在丁青县卡玛多中侏罗世东大桥组(J_2d)砾岩中见有超基性岩与硅质岩砾石分布，推测丁青蛇绿岩形成于中侏罗世之前。因此丁青蛇绿岩形成于晚三叠世—中侏罗世。

与蛇绿岩混杂在一起的是晚三叠世—侏罗纪的复理石远洋沉积体，现构成混杂岩基质，是混杂岩主体。

四、昌宁-孟连蛇绿(混杂)岩带(O—T_3)Ⅳ-4

昌宁-孟连蛇绿岩亚带位于西侧保山地块与东侧临沧-澜沧地块(岩浆弧带)之间，向北延伸被碧罗雪山-崇山变质地块占据,再向北直至贡山丙中洛一带。

蛇绿混杂岩主要出露于凤庆郭大寨,向南经耿马勐永、双江牛井山后一带,再现于孟连至曼信,延绵约265km。蛇绿混杂岩主要为云县铜厂街、双江县牛井山、孟连等3个岩体。

孟连地区的超镁铁岩呈岩墙或岩脉产出,共有30多个大小不等的超基性岩体,可归并为9个岩体(群),岩石类型均为超浅成相的辉橄玢岩、苦橄玢岩、斜长苦橄玢岩。岩石地球化学均落入超镁铁质堆晶岩区。朱勤文等(1999)也认为孟连地区苦橄岩普遍发育枕状构造、堆晶结构、淬火结构,是水下喷出相的夭折堆晶岩。

牛井山共圈定出9个超基性岩片,超镁铁岩、镁铁岩、洋脊玄武岩和放射虫硅质岩虽然没有在同一剖面出现,甚至于构造接触,但具有蛇绿岩完整层序的所有要素。

铜厂街地区共圈定出4个超基性岩片。蛇绿混杂岩由超镁铁岩、镁铁岩和绿片岩组成,岩石变形强烈,片理十分发育。超镁铁岩不太发育,多为构造夹片分布于断裂带中,主要岩石类型为蛇纹石岩。镁铁岩有两种岩石类型,斜长角闪片岩和变辉绿岩、变辉长岩。绿片岩分为绿泥片岩、阳起片岩两大类。

超镁铁岩岩石化学特征显示为超镁铁质堆晶岩,按标准矿物组合可定名为二辉橄榄岩→橄长岩→橄榄二辉辉长岩。镁铁岩中的斜长角闪片岩大部分残余原普通辉石短柱状假象,系由普通辉石变质形成,说明曾遭受过洋底变质作用,其原岩可能为辉石岩类;变辉绿岩、变辉长岩侵入于绿片岩中,属变质辉绿岩-辉长岩岩墙。镁铁岩和绿片岩都具有较为典型的洋中脊或洋底低钾拉斑玄武岩的地球化学特点,在$MgO\text{-}CaO\text{-}Al_2O_3$图解中,绝大多数样品的投影点位于科尔曼(1977)所圈定的镁铁质堆晶岩区,且分布于大西洋洋中脊玄武岩平均成分投影点的周围。中部的牛井山一带,蛇绿混杂岩由超镁铁岩、镁铁岩、洋脊玄武岩与放射虫硅质岩组成。超镁铁岩的镁质超镁铁岩以方辉橄榄岩(蛇纹岩)为主,少量铁质超镁铁岩为蚀变辉石橄榄岩、变质单辉橄榄岩、斜长辉石岩和含长角闪石岩等。镁铁岩主要有斜长角闪岩、纹层状斜长角闪岩和斜长角闪片岩,夹浅色英云闪长岩、斜长花岗岩,曾遭受洋底变质作用改造。洋脊玄武岩的岩石类型有橄榄玄武岩、杏仁状橄辉玢岩、杏仁状玄武岩、致密状玄武岩、苦橄岩、钠长绿泥绿帘片岩。

镁质超镁铁岩主要为方辉橄榄岩,REE等不相容元素严重亏损,Cr、Ni等强不相容元素高度富集,属典型的变质地幔岩;铁质超镁铁岩的REE分布型式由明显的富集型向平坦型过渡,部分变质单辉橄榄岩可见堆晶结构,属岩浆结晶分异过程中不同阶段形成的超镁铁岩质堆晶岩。镁铁质岩具较为典型的洋中脊及洋底低钾拉斑玄武岩特征,在Zr-Nb、Zr-Y地幔类型图解中位于亏损地幔源区。可是,其中的Rb、Ba、Th等强不相容元素又出现富集,显示在亏损地幔源之上叠加有OIB玄武岩。

近年来,在铜厂街蛇绿混杂岩中获得了大量的LA-ICPMS U-Pb年龄数据,主要有王立全等(2012)在云县盘河获得的473Ma、445.9Ma、439Ma;1:25万凤庆县幅在牛井山剖面上获得的412Ma;1:25万临沧幅在干龙潭剖面上获得的330Ma、334Ma、349Ma;从柏林(1994)曾报道了铜厂街一带辉长岩中的角闪石K-Ar等时线年龄385Ma,阳起石的K-Ar等时线年龄212Ma。综上所述,铜厂街蛇绿混杂岩可能经历了漫长的演化历史,在早奥陶世地史时期就已经发育有典型的洋壳。

第五节　冈底斯-喜马拉雅侵入构造岩浆岩省Ⅴ

冈底斯-喜马拉雅侵入构造岩浆岩省位于班公湖-双湖-怒江-昌宁-孟连对接带以南的广大区域,主体是受控于古特提斯大洋向南俯冲制约的中新生代多岛岩浆岩弧盆系。班公湖-双湖-怒江-昌宁对接带是冈瓦纳大陆的北界,伯舒拉岭-高黎贡山属于冈瓦纳中生代前锋弧。在前锋弧后面发育晚古生代—中生代冈底斯-喜马拉雅多岛弧盆系、弧后扩张、弧-弧碰撞、弧-陆碰撞的地质演化历史。

按照其构造岩浆作用的特点,可以划分成冈底斯-察隅多岛弧盆侵入构造岩浆岩带、雅鲁藏布江蛇绿混杂岩带、喜马拉雅侵入构造岩浆岩带。

一、冈底斯-察隅多岛弧盆侵入构造岩浆岩带 V-1

雅鲁藏布江结合带北侧与班公湖-双湖-怒江-昌宁对接带南侧之间近东西向的狭长地域,长约 2500km,南北宽 150～300km,为面积达 $45×10^4 km^2$ 的巨型岩浆岩带。它的东部绕过雅鲁藏布江大拐弯,沿近南北向,经过察隅出国境进入缅甸北部;西部由狮泉河出国境到达巴基斯坦北部。

冈底斯带以发育巨大的花岗岩基和广泛出露中、新生代火山岩为特征,是青藏高原最重要的岩浆弧及碰撞岩浆岩带。班公湖-怒江特提斯洋壳向南俯冲可能开始于早中生代,晚白垩世前闭合造山(潘桂棠等,1997,2004),冈底斯带内的永珠-嘉黎弧间裂谷带于晚古生代末至三叠纪裂开,早白垩世闭合。新特提斯扩张以及雅鲁藏布特提斯洋板块向北与班公湖-怒江洋板块向南相向俯冲、大洋消亡、碰撞造山是形成冈底斯带岩浆活动的主要地质作用,形成分布广泛、时间跨度大的复合岩浆弧及碰撞岩浆岩带。

按照弧、盆关系和空间分布,该带划分为昂龙岗日侵入岩浆弧亚带,那曲-洛隆弧前盆地侵入岩亚带,班戈-腾冲侵入岩浆弧亚带,噶尔-拉果错-嘉黎蛇绿混杂岩亚带,狮泉河-措勤-纳木错侵入岩浆弧亚带,隆格尔-工布江达复合侵入岩弧亚带,南冈底斯-下察隅侵入岩弧亚带 6 个次级侵入构造岩浆岩单元。

(一) 昂龙岗日侵入岩弧亚带(K_1—E_2) V-1-1

昂龙岗日岩浆弧位于西段,从东向西大体沿物玛—檬咔—昂龙岗日—日松一带,总体呈北西西向展布,西延被喀喇昆仑北西向走滑断裂截断。主要由 3 个岩体构成:阿翁错复式岩体、昂龙岗日岩体、盐湖复式岩体。以白垩系花岗岩侵入岩为主,古近纪花岗岩零星发育,表现为 3 个主要岩浆活动期。

早白垩世俯冲期(主体年龄 120～100Ma):岩石组合为闪长岩-石英闪长岩-英云闪长岩-花岗闪长岩-黑云母花岗岩,属 I 型花岗岩,物源为幔源型。

晚白垩世碰撞期(主体年龄 91～64Ma):岩石组合为花岗闪长岩-花岗岩,属同碰撞期 S 型花岗岩,物源以地壳局部重熔为主。在日土以西的晚白垩世花岗岩,岩石组合为石英闪长岩-英云闪长岩-花岗闪长岩,属 I-S 型花岗岩,物源为以幔源为主的壳幔混合,总体表现为滞后弧的特点。

古近纪后碰撞期(主体年龄 50～30Ma):岩石主要为花岗岩板岩类侵入体,为碰撞期后 S 型花岗岩,物源为壳源型。

(二) 那曲-洛隆弧前盆地侵入岩亚带(J_3—K_1,K_2—E) V-1-2

那曲-洛隆弧前盆地位于班公湖-双湖-怒江-昌宁对接带南侧与尼玛-边坝-洛隆逆冲断裂带北侧之间。

那曲-洛隆弧前盆地中的侵入岩浆活动较弱。主要见有晚侏罗世—早白垩世俯冲花岗岩岩体分布于洛隆以北的局部地区,岩性为英云闪长岩-花岗闪长岩-二长花岗岩;晚白垩世碰撞型花岗岩分布在亚带中部比如附近;晚白垩世晚期—古近纪后造山双峰式侵入岩发育在亚带东部那曲河南北岸地区。

(三) 班戈-腾冲侵入岩浆弧亚带(T_3—K_2,E—N) V-1-3

1. 班戈-伯舒拉侵入岩弧岩段(J—K_1,K_2,E—N) V-1-3-1

该岩段位于班公湖-怒江蛇绿混杂岩带和雅鲁藏布蛇绿混杂岩带之间,是班公湖-怒江洋和印度河-雅鲁藏布江洋相向俯冲形成的共用复合陆缘弧。

东部的扎西则—三缅村一带,晚三叠世以波密花岗岩带为代表。在勇打石、卡达桥一带,广泛侵位于前寒武纪及古生代地层中,花岗岩 Rb-Sr 等时线年龄为 227～210Ma,时代可能为晚三叠世—早侏罗世,属于俯冲岛弧花岗岩。在然乌以南的扎西则-三缅村侵入岩带,以伯舒拉岭、波密扎西则、德母拉、竹瓦根、三缅村等巨大花岗岩基为代表，岩石类型以二长花岗岩、花岗闪长岩为主，其次为少量的石英闪长岩及浅成相的花岗闪长斑岩等，同位素年龄主要为192～178Ma、128～99Ma和85～72Ma三个峰期（陈福忠等，1994；1:25万八宿县幅、然乌区幅，2007），早侏罗世和早白垩世为俯冲型岛弧花岗岩，晚白垩世为碰撞型花岗岩。而在然乌西北至那曲罗马一带，早侏罗世侵入岩零星出露于嘉黎县以东地区，主要岩性为英云闪长岩、黑云花岗闪长岩、黑云二长花岗岩等，岩体全岩Rb-Sr等时线年龄为(195.3±7)Ma（1:20万波密县幅，1995）；晚侏罗世—晚白垩世侵入岩带较多出现，岩性主要有角闪石英闪长岩、黑云母花岗闪长岩、英云闪长岩、二云母二长花岗斑岩(E)等岩石类型，岩体K-Ar和Rb-Sr等时线年龄为153.9～77.8Ma，形成于特提斯洋侏罗系—白垩系南俯冲、古近纪碰撞的构造演化过程。西部班戈：与此同时，该带在班戈—青龙乡—崩错一带岩基由数个岩体组成，岩性为黑云角闪石英闪长岩、角闪黑云英云闪长岩、角闪石黑云母花岗闪长岩、角闪黑云母二长花岗、斑状黑云二长花岗岩、二云母二长花岗岩、黑云正长花岗岩等，单矿物及全岩K-Ar和全岩Sm-Nd同位素年龄为124～77.8Ma，即以早期(K_1)俯冲TTG组合、中期(K_2)俯冲GG-G组合、晚期(E_{1-2})碰撞型花岗岩。

另外在班戈以东的青藏铁路附近出露新近纪花岗岩，岩石组合为斜长花岗岩、花岗闪长岩、花岗岩、二长花岗岩。岩石组合特征属于俯冲型TTG组合，可能属于滞后型俯冲弧环境。

2. 高黎贡山古岛弧(Pt)及盈江晚三叠世侵入岩弧岩段(T_3) V-1-3-2

1）高黎贡山古岛弧组合(Pt)

该古岛弧侵入到古元古代的高黎贡山基底岩系中，经历了角闪岩相的区域动力-热变质作用的改造，以各种片麻岩的面貌与表壳岩系共生。1:25万腾冲幅、潞西幅首次对其进行了系统厘定，其出露面积占前人划分的高黎贡山岩群出露面积的60%～70%，广泛出露于高黎贡山主峰、铜笔关自然保护区等地，主要岩性为片麻状的二长花岗岩、花岗闪长岩、英云闪长岩（包括斜长花岗岩）、石英闪长岩、闪长岩等，常见大量中深变质岩的捕虏体，捕虏体与花岗岩之间既有渐变过渡的界线，也有截然的界线。其实际的岩石组合为石英闪长岩-英云闪长岩-花岗闪长岩-花岗岩，但在Ab-An-Or图解中，绝大多数样品落入花岗闪长岩-奥长花岗岩区，明显缺乏英云闪长岩端元。根据本次工作的技术规范厘定为奥长花岗岩组合(TTG)。

多数样品具有较低的A/NCK值（绝大多数＜1.10），属偏铝质花岗岩；轻稀土元素的分馏明显强于重稀土元素，负铕异常不明显（绝大多数介于0.6～1.03之间）。在不同的地球化学图解中，投影点主要落入火山弧花岗岩区-同碰撞花岗岩区，总体上显示其源区以壳源物质为主，但有相当部分的幔源物质加入的特点，类似于地壳演化早期常见的TTG岩系的演化特征。

2）盈江晚三叠世侵入岩弧组合

该侵入岩弧组合主要出露于梁河、陇川、苏典、盈江等地，呈北东向、南北向条带状展布，与高黎贡山古岛弧犬牙交错，与区域构造线的展布方向一致，由西向东依次可划分为支那-盈江花岗岩带、梁河-户撒花岗岩带、勐养-南京里花岗岩带，总出露面积约2139.km^2。以二长花岗岩为主，少量的花岗闪长岩、石英闪长岩，局部地段见少量的英云闪长岩。

本期花岗岩具有高硅、富碱、铝过饱和的特征，平均A/NCK=1.13。在A-B图解中表现为随B值的降低，A值缓慢增加，类似于Barbarin(1996)分类中的含堇青石过铝花岗岩(CPG)，但未出现堇青石矿物；稀土总量变化较大(109.61×10^{-6}～500.84×10^{-6})，具有中等程度的负铕异常(0.38～0.91)，轻稀土元素的分馏程度较重稀土元素明显，绝大部分样品表现出明显的正Tb异常的特点。在各种岩石地球化学图解中，本期花岗岩的投影点可落入火山弧、同碰撞、碰撞后花岗岩区。近年来许志琴等(2008)在梁河、芒东一带的三叠纪花岗岩中获得的锆石LA-ICPMS年龄为206Ma、209Ma、219Ma，与昌宁-孟连洋盆闭合的时间相比略有滞后，但空间分布上与三台山蛇绿混杂岩有很好的对应关系。结合主元素地球化学特征分析，本期花岗岩可能是俯冲→碰撞岩浆活动环境。

3. 腾冲北后碰撞花岗岩段(J_3—K_1) V-1-3-3

该岩段主要分布于沿固东街—梁河—五岔路一线以东，腾冲北的广大地区，主要岩性为花岗闪长岩、二长花岗岩,另见少量的闪长玢岩、石英闪长岩、正长花岗岩等出露,厘定为后碰撞高钾钙碱性花岗岩组合。时代为晚侏罗世晚期—早白垩世。

4. 边马后造山侵入岩段(K_2) V-1-3-4

该岩段主要分布于固东—腾冲—梁河一线以西、古永—梁河一线以东的地区,主要岩性为中细粒黑云二长花岗岩、似斑状黑云二长花岗岩,另有少量的石英闪长岩、正长花岗岩、碱长花岗岩。这里所指碱长花岗岩是将斜长石 An<10 的钠长石计为钾长石统计的结果,尽管全岩中的总碱含量也很高(7.58%～9.10%),但并未出现实际的碱性矿物。

本期花岗岩的岩石化学成分变化不大,总体上具有高硅、富碱、过铝、低钙、低镁的特点,在 A/CNK-A/NK 图解上显示属过铝质花岗岩;负铕异常明显(0.11～0.62,平均 0.45),具有接近"海鸥"型的稀土元素配分曲线,显示了高度分异演化或低度部分熔融花岗岩的特点。在 R_1-R_2 图解中本期花岗岩主要落入非造山区花岗岩-同碰撞花岗岩-造山期后花岗岩三者的过渡地段;在张旗(2006)的 Sr-Yb 花岗岩分类图解中,本期花岗岩主要位于极低 Sr 高 Yb 花岗岩区域,少数样品属低 Sr 低 Yb 花岗岩;在 K_2O-Na_2O 图解中,本期花岗岩的投影点主要落入 A 型花岗岩区,少数投影点落入 S 型花岗岩区。暗示了与侏罗纪—早白垩世花岗岩相比,岩浆的形成过程中可能有更多的上地壳变质沉积岩(或成熟地壳)组分的加入,或是岩浆源区进一步上升、压力进一步降低的结果。

5. 腾冲西后造山侵入岩段(K_2—E) V-1-3-5

该岩段主要集中分布于古永—梁河一线以西的地区,主要岩石类型为二长花岗岩、正长花岗岩、花岗斑岩,另有少量的花岗闪长岩、碱长花岗岩(将斜长石 An<10 的钠长石计为钾长石)出露。尽管全岩中的总碱含量(K_2O+Na_2O)也很高(7.50%～8.87%),但并未出现碱性矿物。

从区域地质演化上分析,缅甸境内的新特提斯洋盆的闭合对区内的地壳演化肯定有一定的影响,花岗闪长岩-二长花岗岩组合可能与这一作用相关;而正长花岗岩-花岗斑岩-碱长花岗岩组合可能与随后的应力松弛、岩浆源区上移进入上地壳变质沉积岩区有关。本期花岗岩的全岩同位素年龄主要集中为 3 个阶段,花岗闪长岩及二长花岗岩主要集中在 66～58Ma,正长花岗岩主要为 54～52Ma,花岗斑岩及碱长花岗岩主要为 43～41Ma,可能分别代表了印度次大陆与欧亚大陆强烈碰撞及地壳加厚、应力松弛及地壳均衡调整、山根塌陷及地壳伸展的 3 个既有联系、也有差别的地壳发展演化阶段。

(四)噶尔-拉果错-嘉黎蛇绿岩亚带(T_3—K_2) V-1-4

噶尔-拉果错-嘉黎蛇绿岩亚带位于南侧措勤-申扎岩浆弧带和北侧班戈-八宿-腾冲岩浆弧带之间,北西自噶尔县北地区,向南东经拉果错、麦堆、阿索、果芒错、格仁错、孜挂错,经申扎永珠、纳木错西,再向东经九子拉、嘉黎、波密等地,呈 NWW—NW—SE 向展布。该带西延被喀喇昆仑北西向大型走滑断裂截切后,可能与国外勒搁博西山-雅辛蛇绿岩带相连。从西向东分为 3 段。

1. 西段:噶尔-阿索蛇绿混杂岩段(J—K) V-1-4-1

该段在噶尔县北沿改则县南部拉果乡—阿索一带出露分布,主要由变质橄榄岩、辉长岩、枕状玄武岩、斜长花岗岩、晚侏罗世—早白垩世放射虫硅质岩组成,野外未见到真正的混杂岩基质,块体边界被剪切,在强烈剪切的基性火山岩和蛇纹岩中见大小不等的早白垩世郎山灰岩"岩块"。以拉果错蛇绿混杂岩露头为最宽,达几千米,组合齐全,由地幔橄榄岩、堆晶岩、辉长岩和灰绿岩岩墙、枕状玄武岩、硅质岩组成,向东被岷千日-中仓右旋走滑断层截切,在阿索可见其相应露头。阿索地区辉长岩中 K-Ar 同位素年龄为(118.7±4.57)Ma、(87.64±2.97)Ma;拉果错地区辉长岩年龄为 180～176Ma(Ar-Ar 年龄和锆石U-Pb),硅质岩放射虫时代为早-中侏罗世。

2. 中段：永珠-纳木错蛇绿混杂岩段（J—K）Ⅴ-1-4-2

该段蛇绿岩组合齐全，包括变质橄榄岩、堆晶岩、辉长岩、席状岩墙群、枕状玄武岩。硅质岩中产中侏罗世—早白垩世放射虫，永珠地区席状岩墙群、基性—超基性堆晶杂岩露头十分壮观，岩墙群中辉长岩的锆石 U-Pb 和 Rb-Sr 等时线年龄为 178～114Ma，根据枕状玄武岩之上放射虫硅质岩中产 *Acaeniotyie* sp.，*Parvicingula* sp. 等中侏罗世—早白垩世放射虫，即海底扩张的时代可能为侏罗纪—早白垩世。纳木错西岸玄武岩的岩相学、岩石地球化学具有洋脊拉斑玄武岩或准洋脊玄武岩的特征，形成于大洋板块扩张环境。蛇绿岩形成时代经 Rb-Sr 等时线测年为 173～166Ma。

3. 东段：嘉黎-波密蛇绿混杂岩段（T_3—K）Ⅴ-1-4-3

该岩段仅在个别地段出露蛇绿岩残块。在迫龙藏布南山的侏罗纪花岗岩中，见大小不等的呈捕虏体产出的蛇绿岩残块和硅质岩，岩石地球化学特征显示了岛弧和弧后扩张环境，扩张洋盆形成于三叠纪。和钟铧等（2006）对嘉黎凯蒙蛇绿岩的研究结果，认为兼具有 IAT 和 MORB 地球化学特征，预示着凯蒙蛇绿岩形成于不成熟弧后盆地环境，并获得蛇绿岩中橄长岩 SHRIMP 锆石 U-Pb 年龄为（218.2±4.6）Ma，说明在晚三叠世时期洋壳就已出现。

（五）措勤-申扎侵入岩岛弧亚带（K—E）Ⅴ-1-5

措勤-申扎岩浆弧带南以噶尔-隆格尔-措勤-措麦断裂带为界与隆格尔-念青唐古拉石炭纪—晚三叠世火山岩浆弧带东段相接，北以狮泉河-纳木错碰撞结合带为界与昂龙岗日-班戈-腾冲岩浆弧带西段相邻，呈近东西向的狭长带状展布，从西向东分为 3 段。

亚带内有早侏罗世（较少）—早白垩世和晚白垩世（主体）角闪英云闪长岩、石英闪长岩、黑云母花岗闪长岩、黑云母二长花岗岩、黑云母斜长花岗岩、黑云母钾长花岗岩，以及花岗闪长斑岩、花岗斑岩、石英闪长玢岩、英安玢岩、流纹斑岩等岩石类型；晚侏罗世—早白垩世岩性以俯冲型花岗岩为主；晚白垩世花岗岩岩石性质主体以碰撞性中钾-高钾钙碱性系列的偏铝质花岗岩为主，部分地区出现钾玄岩系列的过铝质花岗岩。亚带在整个中生代呈石英闪长岩→花岗闪长岩→二长花岗岩→钾长花岗岩的演化规律，侵入岩浆活动与板块俯冲→碰撞作用有关，获得大量同位素年代学数据为 185.3～65Ma（1∶25 万措勤县幅、邦多区幅、措麦区幅、尼玛区幅、热布喀幅、申扎县幅等，2002）。

古近纪侵入岩较少，以孤立岩体出现，岩石类型主要为黑云花岗闪长岩、二长闪长岩、黑云母正长花岗岩、黑云母二长花岗岩、二长花岗岩、黑云母石英二长岩，以及花岗斑岩、花岗闪长斑岩和石英斑岩等，大量同位素年龄为 63.4～27.14Ma（1∶25 万措勤县幅、邦多区幅、措麦区幅、尼玛区幅、热布喀幅、申扎县幅，2002），并由早到晚显示出同碰撞花岗岩→后碰撞及地壳加厚型花岗岩的构造环境演化系列。

中新世侵入岩为花岗闪长斑岩、黑云二长花岗岩、黑云母二长花岗岩、白云母花岗岩、花岗斑岩、石英斑岩，同位素年龄为 22.2～14.2Ma（1∶25 万申扎县幅，2002），形成于碰撞后地壳伸展环境。

（六）隆格尔-工布江达复合侵入岩弧亚带（K—N）Ⅴ-1-6

隆格尔-工布江达复合岛弧带南以沙莫勒-麦拉-洛巴堆-米拉山断裂为界与冈底斯-下察隅火山-岩浆弧带相接，北侧在西段以噶尔-隆格尔-措勤-措麦断裂带为界与措勤-申扎火山-岩浆弧相邻，在东段以纳木错-嘉黎-波密蛇绿混杂岩带为界与班戈-腾冲火山-岩浆弧带东段相接。亚带主要发育中生代—新生代侵入岩。

1. 西段：隆格尔-许如错侵入岩弧段（K—E）Ⅴ-1-6-1

该侵入岩弧段分布于当雄-羊八井北东向断裂以西至噶尔一带。

侏罗纪—早白垩世花岗岩类侵入体主要为钙碱性系列偏铝质花岗岩类，大量同位素年龄为 163～

106Ma，地球化学特征显示为俯冲构造环境下的科迪勒拉Ⅰ型花岗岩。

晚白垩世花岗岩类侵入体由花岗闪长岩、花岗闪长斑岩、黑云母花岗岩、白云母花岗岩、二云母花岗岩和花岗斑岩组成，其K-Ar同位素年龄为94～70Ma，岩石属于强过铝质花岗岩，显示与碰撞作用有关的S型花岗岩的特征。

古近纪花岗岩零星分布，岩石特征与东段相近。

新近纪花岗岩主体分布在西段最东部念青唐古拉山一带，系拉萨地块中部出露的巨型侵入岩岩基，其面积超过1500km²，以大面积出露的黑云母二长花岗岩为主体，黑云母二长花岗岩 SHRIMP U-Pb 年龄为(18.3 ± 0.4)Ma，中粗粒黑云母二长花岗岩 SHRIMP U-Pb 年龄为(11.01 ± 0.24)Ma。测年结果均表明念青唐古拉新近纪花岗岩形成于中新世，属拉萨地块内部最年轻的巨型花岗岩岩基，其侵位结晶时代处于青藏高原地壳由南北向挤压增厚向东西向伸展的转变时期，岩浆来源于地壳局部熔融，属后碰撞构造-岩浆活动的产物（刘琦胜等，2005）。

2. 中段：当雄-工布江达侵入岩弧段（K—N）Ⅴ-1-6-2

该侵入岩弧段分布于当雄-羊八井北东向断裂以东，经过工布江达至帕隆藏布一线。

二叠纪花岗岩：二叠纪花岗岩出露在工布江达北西约20km，前奥陶系、石炭系—二叠系变沉积岩，呈岩枝状产出。在早白垩世花岗岩体中可见二叠纪花岗岩残余，岩性为黑云母二长花岗岩，锆石SHRIMP定年结果表明其侵位于263Ma，地球化学特征属过铝质，A/CNK=1.08～1.14，CIPW标准矿物中刚玉分子数较高，无透辉石，其特征与典型S型花岗岩一致，形成于同碰撞构造背景（Zhu et al，2009）。

晚三叠世—侏罗纪花岗岩：主要为钙碱性系列偏铝质花岗岩类，已有同位素年龄为193～161.16Ma，属于与俯冲-碰撞作用有关的I→S型花岗岩。

白垩纪花岗岩：为淡色（白云母、二云母）花岗岩，其地球化学特征可与喜马拉雅中新世淡色花岗岩对比，是壳内沉积变质岩部分熔融的产物，与后碰撞阶段地壳缩短增厚有关（Ding，Lai，2003），同位素年龄为133.9～100Ma。

古近系花岗岩：规模较小，主要分布在岩段东部，呈小岩株产出，岩性以二长花岗岩、花岗闪长岩、花岗闪长玢岩为主，属于偏铝质高钾钙碱性同碰撞花岗岩。

3. 东段：察隅侵入岩段（J—K$_2$）Ⅴ-1-6-3

该岩段分布于帕隆藏布及其以东到察隅一带。

侏罗纪—早白垩世花岗岩（少数）分布于帕隆藏布附近和亚带最南端，岩石组合为石英闪长岩、花岗闪长岩、二长花岗岩，属准铝质到弱过铝质高分异Ⅰ型花岗岩类。可能是在班公湖-怒江海洋岩石圈南向俯冲的地球动力学背景下，由俯冲带之上的幔源岩浆既提供热量诱发拉萨微陆块自身的古老地壳物质重熔，又与该壳源熔体混合形成母岩浆，再经历高程度分离结晶作用形成（朱弟成等，2009）。

晚白垩世花岗岩类大面积分布在察隅一带，属于钙碱性系列铝质-过铝花岗岩类（1:25万墨脱县幅，2002），同位素年龄为100～70Ma，显示为碰撞-后碰撞构造环境。

4. 察隅西残留弧岩段（∈）Ⅴ-1-6-4

该残余弧侵入岩是近年来的1:25万区调填图和科研发现的，仅在察隅一带有所出露，为寒武纪—奥陶纪片麻状英云闪长岩和片麻状二长花岗岩，其锆石U-Pb年龄为461.66Ma、639Ma（1:20万松冷幅-竹瓦根幅区调报告，1999）。

（七）南冈底斯-下察隅侵入岩弧亚带（T$_3$—J$_1$，K$_2$—N）Ⅴ-1-7

南冈底斯-下察隅岩浆弧亚带（J—E）北侧以沙莫勒-麦拉-米拉山-洛巴堆断裂与隆格尔-工布江达复合岛弧亚带相接，南侧在中部、东西两段则分别以打加南-拉马野加-江当乡断裂、达吉岭-昂仁-朗县-

墨脱断裂与冈底斯南缘日喀则白垩纪弧前盆地、印度河-雅鲁藏布江结合带相邻。作为青藏高原南部一条规模巨大、非常清晰的陆缘岩浆弧（周详等，1988；刘增乾等，1990；莫宣学等，1993；潘桂棠等，1994），西段呈北西向展布沿噶尔河北侧西延出国境与拉达克岩浆弧相接，中、东段大体沿雅鲁藏布江北侧的冈底斯山和郭喀拉日山近东西向延展至林芝，然后绕过雅鲁藏布江"大拐弯"转折向南东一直延伸至缅甸境内，中国境内长达2000km以上。

亚带内由规模较大的深成中酸性侵入岩构成，以发育大型带状复式岩基（外带）为特征。已知的同位素年龄值在130～20Ma之间，属燕山晚期—喜马拉雅期的产物，显示出从俯冲—碰撞—后碰撞的大地构造背景。

与俯冲作用有关的侵入岩浆活动非常发育，已有大量同位素年龄为131～55.1Ma。其中，早期侵入相为规模不大的闪长岩等，多见于岩带南缘；主侵入相为石英闪长岩-石英二长岩-花岗闪长岩-花岗岩组合，与前者有明显侵入关系，岩石组合显示中钾-高钾钙碱性系列偏铝质岩石，地球化学特征显示为一会聚板块边缘的岛弧环境。据金城伟（1984，1978）等研究，主侵入相岩石特点同I型花岗岩吻合，其Sr/Sr初比为0.7057～0.7047，说明与上地幔部分熔融或下地壳重熔有关；最新研究成果显示，原白垩纪花岗岩时代绝大多数为新生代，且其中一些古近纪岩体为TTG组合——英云闪长岩和花岗闪长岩，揭示了古新世时雅鲁藏布江洋壳还在俯冲，甚至很强烈，从岩石学角度约束了印-亚两大陆块俯冲时限，说明碰撞时限并不在65Ma，而是始新世或更晚。近年来日喀则地区发现的蓝片岩形成时代为59.29Ma（Ar-Ar，李才等，2007），也提供了佐证。

晚期侵入相与碰撞作用有关，多属S型花岗岩，应是上部地壳重熔产物。除叠加于带状岩基外，更多呈单独岩体产出。部分岩体大致沿弧背断隆分布，构成所谓"内带"，其同位素年龄值多为50～20Ma。岩石类型具有二长花岗岩→钾长花岗岩→石英正长岩→花岗斑岩向酸性增大方向演化的特征。地球化学特征显示始新世初始碰撞型（陆缘弧）花岗岩→渐新世大陆碰撞型花岗岩→渐新世后碰撞及地壳加厚型火山岩的构造环境演化系列。

值得一提的是18～12Ma发生了源于加厚下地壳或早先俯冲洋壳的埃达克质含矿斑岩侵位事件（侯增谦等，2003；芮宗瑶等，2003；Chung et al，2003；Hou et al，2004），这些岩浆活动受碰撞后南北向堑-垒构造与东西向右旋韧脆性剪切带引张部位的制约，在谢通门、尼木至拉萨一带广泛分布有花岗岩类斑岩体，主要岩石类型有花岗闪长斑岩、二长花岗斑岩、石英二长斑岩，少数为碱长花岗斑岩和碱性花岗斑岩，主体侵位于白垩纪-古近纪的花岗岩类岩基中，造成就了大规模的斑岩型铜多金属成矿作用（曲晓明等，2003；侯增谦等，2003，2004；芮宗瑶等，2003；李光明等，2004；高永丰等，2003）。

上述侵入岩均以复式岩体产出，其成因模式显然同印度与亚洲大陆板块的俯冲-碰撞过程相对应，体现了活动大陆边缘深成岩带的形成特点。

二、雅鲁藏布江蛇绿混杂岩带（J—K）Ⅴ-2

雅鲁藏布江蛇绿混杂岩带作为冈底斯-察隅弧盆系与喜马拉雅地块的重要分界，西段呈北西向展布，沿噶尔河向西延出国境，中、东段大致沿雅鲁藏布江谷地近东西向延展，向东至米林，然后绕过雅鲁藏布江大拐弯转折向南东一直延伸至缅甸，境内长达2000km以上。

该带的北界断裂称达吉岭-昂仁-仁布-朗县-墨脱断裂，达吉岭向西沿雅鲁藏布江北岸经公珠错、噶尔河西南岸延出境外与印度河断裂相接，呈北西走向；达吉岭向东经昂仁至拉孜以后沿雅鲁藏布江南岸近东西走向延伸，经白朗、仁布、泽当、加查、朗县，至米林后绕雅鲁藏布江大拐弯转折至墨脱，然后折向南东延至缅甸。

该带主要出露由蛇绿岩、增生杂岩及次深-深海复理石、硅质岩及基性熔岩组成的蛇绿混杂岩带，可细分为雅鲁藏布江西（萨嘎-扎达）、中（仁布-昂仁）、东（仁布-泽当-大拐弯）3个段蛇绿混杂岩，以及一个洋岛环境亚带。

（一）西段：萨嘎-扎达蛇绿混杂岩亚带（J—K）Ⅴ-2-1

该亚带分布于萨嘎以西，西延出国境，总体呈北西西向展布。该带被夹持其间的仲巴-扎达地块分隔为南、北两个亚带。

南亚带，分布于仲巴-扎达地块以南，东起萨嘎，向西经仲巴（南）、拉昂错，至扎达则为上新世—更新世沉积物所掩盖，东西向长约600km。带内蛇绿岩及其蛇绿混杂岩各单元的出露不完整，缺失较为完整的蛇绿岩剖面，但蛇绿岩的规模大，尤其以地幔橄榄岩规模很大，分布面积广。带内是以晚三叠世—白垩纪修康群（T_3）和嘎学群（J_3—K_1）主体为一套斜坡-深海盆地相的复理石砂板岩和放射虫硅质岩夹玄武岩等火山-沉积建造为基质，以大量石炭纪、二叠纪、三叠纪、侏罗纪—白垩纪碎屑岩或灰岩和变形橄榄岩、堆晶辉长岩、岩墙群等为岩块组成的混杂岩带。关于该带蛇绿岩的形成时代，据采自复理石砂板岩中的古生物化石和硅质岩中的放射虫组合，并结合蛇绿混杂岩带中的同位素年代学数据：洋岛型玄武岩K-Ar年龄为（168.49±17.41）Ma、洋岛型辉长岩K-Ar年龄为（190.02±19.12）Ma（1:25万萨嘎县幅，2002）；拉昂错伟晶辉长岩脉中的钙斜长岩^{40}Ar-^{39}Ar年龄为127.85Ma和休古嘎布变辉绿岩中角闪石的^{40}Ar-^{39}Ar年龄为（125.21±5.33）Ma等（1:25万扎达县-姜叶马幅和普兰县-霍尔巴幅，2004），初步认为西段南亚带蛇绿岩的形成时间为早侏罗世—早白垩世。如果考虑到混杂岩带中晚三叠世及其晚白垩世放射虫硅质岩的大量分布来分析，则洋盆发育的时限可能为晚三叠世—晚白垩世。1:25万桑桑区幅-萨嘎县幅（2003）和普兰县幅-霍尔巴幅（2004）区调新发现的古新世—始新世半深海-深海相碎屑岩、灰岩、放射虫硅质岩夹玄武岩［获得玄武岩K-Ar年龄（52.85±1.38）Ma、（78.81±1.67）Ma］沉积物，则代表了新特提斯雅鲁藏布江洋盆的残留海盆地沉积及其时限。

北亚带，分布于仲巴-扎达地块以北，东起萨嘎，向西经如角、公珠错、巴噶、门士，至扎西岗以南，西延出国境，东西向长约800km，总体呈北西西转北西向的窄带状展布。带内具有与南亚带一致的特点，蛇绿混杂岩各单元的出露不完整，缺失较为完整的蛇绿岩剖面，蛇绿岩的规模和出露面积也较南亚带小。在达吉岭、松多、如角、巴噶等地，主要分布有蛇绿岩下部层序的地幔橄榄岩和辉长-辉绿岩墙群，局部地区上覆出露枕状/块状玄武岩和放射虫硅质岩。带内以一套侏罗纪—白垩纪的斜坡-深海盆地相的复理石砂板岩和放射虫硅质岩夹玄武岩等火山-沉积建造为基质，混杂有大量的石炭纪、二叠纪、三叠纪、侏罗纪—白垩纪碎屑岩或灰岩和变形橄榄岩、辉长辉绿岩岩墙等岩块。与南带相比，缺少三叠纪混杂基质。

蛇绿岩及其洋盆的发育时限为侏罗纪—白垩纪（1:25万萨嘎县幅，2002；1:25万扎达县-姜叶马幅和普兰县-霍尔巴幅，2004），而在加纳崩和龙吉附近红色泥晶灰岩的岩块中发现有丰富的深水型有孔虫化石（1:25万扎达县-姜叶马幅，2004），与喜马拉雅被动边缘盆地甲查拉组（E_{1-2}）中的浅水型浮游有孔虫（1:25江孜县幅，2002）的时代一致，代表了雅鲁藏布江洋盆的残留海盆地沉积及其时限。秋乌组（E_2）以前陆盆地中的一套海陆交互相含薄煤层碎屑岩系不整合覆盖，标志着残留海盆地彻底消亡，进入陆内造山过程。

（二）中段：仁布-昂仁蛇绿混杂岩亚带（J—K）Ⅴ-2-2

该亚带东起仁布、白朗、拉孜、昂仁，西延至萨嘎，呈东西向沿雅鲁藏布江沿岸带状展布，长约600km，北侧与喀则弧前盆地相接，南侧与喜马拉雅地块相邻。

各蛇绿混杂岩单元出露齐全，集中分布且较为典型，是至今已知雅鲁藏布江结合带中保存较好的蛇绿岩及蛇绿混杂岩地段。在大竹卡、白岗、得几乡、路曲、吉定、汤嘎、昂仁、恰扎嘎、郭林淌等地均有不同程度的发育，地幔橄榄岩在大竹卡、白岗、吉定、昂仁等地出露宽度较大，最大宽度近20km；堆晶杂岩在白岗、大竹卡、吉定等地较为发育，剖面出露最大厚度近1km；辉长-辉绿岩墙群在带内均较发育，剖面出露厚度最大近700m。在大竹卡蛇绿岩中发育斜长花岗岩，产于堆晶杂岩层序的最顶部和席状岩床（墙）群的下部，呈不规则的小岩枝、囊状体或岩滴状产出。依据前人研究与近年来1:25万区域地质调查等成果,在得几乡蛇绿岩剖面发现的玻安岩(1:25万日喀则市幅,2003),以及雅鲁藏布江东段蛇绿混杂岩带中发现的玻安岩(1:25万墨脱县幅,2002),认为区域蛇绿岩的形成与"岛弧环境"有关,应是"弧后扩张"的构造地质背景。拉孜地区砂泥质混杂岩的硅质岩块中发现较丰富的中-晚三叠世和晚侏罗世—早白垩世放射虫组合(1:25万拉孜县幅,2003),采自大竹卡蛇绿岩中斜长花岗岩的锆石 U-Pb 年龄为139Ma(王希斌等,1987;Gopel et al,1984),对日喀则蛇绿岩的基性岩浆岩单元进行了 U-Pb 测年,结果为$(120±10)$Ma。

(三) 东段:仁布-泽当-大拐弯蛇绿混杂岩亚带(T_3—K_1)Ⅴ-2-3

该亚带分布在仁布以东,泽当到雅鲁藏布江大拐弯一线,紧邻冈底斯火山-岩浆弧带南缘展布。蛇绿混杂岩主要出露于仁布、泽当、罗布莎、加查、朗县和雅鲁藏布江大拐弯等地,蛇绿岩断续出露、剖面不完整,但地幔橄榄岩、堆晶岩及辉长-辉绿岩墙或岩脉及枕状玄武岩等蛇绿岩单元仍较发育,尤其以罗布莎含铬铁矿的地幔橄榄岩而闻名,岩石地球化学具有 E/N - MORB,OIB 和 IAB 型蛇绿岩特征。

罗布莎蛇绿岩中辉绿岩 SHRIMP 锆石 U-Pb 年龄为$(162.9±2.8)$Ma(钟立峰等,2006),辉长-辉绿岩 Sm-Nd 等时线年龄为$(177±31)$Ma(周肃等,2001),上部枕状玄武岩 Rb-Sr 等时线年龄为$(173.27±10.90)$Ma(李海平等,1996);泽当蛇绿岩硅质岩中放射虫化石组合时代为晚侏罗世—早白垩世和中-晚三叠世,泽当蛇绿岩顶部和底部枕状玄武岩 Rb-Sr 等时线年龄为$215\sim168$Ma(高洪学等,1995)。在加查—朗县一带蛇绿混杂岩中,王立全等(2008)获得辉绿岩 SHRIMP 锆石 U-Pb 年龄分别为$(191.4±3.7)$Ma、$(145.7±2.5)$Ma 和玄武岩 SHRIMP 锆石 U-Pb 年龄为$(147.8±3.3)$Ma。在雅鲁藏布江大拐弯一带,墨脱雅鲁藏布超镁铁质岩中获得辉石冷却年龄$(200±4)$Ma(^{40}Ar-^{39}Ar,耿全如等,2004),马尼翁-米尼沟变质蛇绿混杂岩带中测得斜长石和角闪石 K-Ar 年龄分别为$(141.7±2.46)$Ma 和$(218.63±3.63)$Ma(章振根等,1992)。综上所述,其形成时代为 T_3—K_1。

(四) 朗杰学增生楔侵入岩亚带(T_3)Ⅴ-2-4

朗杰学增生楔(T_3)相当于前述的雅鲁藏布江东段蛇绿混杂岩南亚带,位于雅鲁藏布江结合带东段之北亚带—泽当(罗布莎)-加查-朗县-米林蛇绿混杂岩带的南侧,南界与喜马拉雅地块以北倾逆冲断裂分隔,沿仁布以东至琼结—曲松—扎日一带以较大宽度出露。主要发育晚三叠世辉橄岩、辉长辉绿岩,以及洋岛玄武岩等。

三、喜马拉雅侵入构造岩浆岩带Ⅴ-3

喜马拉雅位侵入构造岩浆岩带南以主边界断裂(MBT)为界,北以雅鲁藏布江结合带南界断裂为界,平均宽度约 300km。根据大地构造相的差异,自北而南分为拉轨岗日被动陆缘弧亚带、北喜马拉雅侵入构造岩浆岩亚带、高喜马拉雅侵入构造岩浆岩亚带和低喜马拉雅侵入构造岩浆岩亚带 4 个次级构造单元。

(一) 拉轨岗日被动陆缘弧亚带(O,J,K,N)Ⅴ-3-1

拉轨岗日被动陆缘弧亚带位于印度河-雅鲁藏布江结合带与北喜马拉雅碳酸盐岩台地之间的东西向展布的狭长带状区域,东、西两端均被藏南拆离系断失。

亚带以新生代花岗岩为主,奥陶纪、侏罗纪花岗岩仅出露个别岩体,白垩纪时期辉绿岩脉发育,局部发育其他类型中-基性岩脉。

1. 泛非期岩浆岩

奥陶纪花岗岩主要为片麻状二长花岗岩,为碰撞构造环境产物。

该岩带岩体的形成年龄应为558～451Ma；锆石$^{207}Pb-^{206}Pb$表面年龄值为1144～1064Ma，应代表继承锆石的年龄；锆石U-Pb法下交点年龄为33～27Ma(误差大)，反映了后期构造改造信息，与云母类矿物所测年龄36～12.5Ma相近，代表岩体形成后热事件(云母类矿物重结晶)的年龄，与喜马拉雅期强烈的伸展拆离变形有关。

2. 侏罗纪岩浆岩

侏罗纪花岗岩仅出露在雅鲁藏布带萨嘎与昂仁之间地段，岩石类型为变质斑状黑云二长花岗岩，出露面积34km²，岩石属铝过饱和类型、钙碱性系列，显示S型或改造型花岗岩的特征。据其产出特征以及结合构造环境分析，暂将其时代归属侏罗纪(1∶25万桑桑区幅，2003)，为俯冲阶段产物。

3. 白垩纪岩浆岩

白垩纪侵入岩主要分布在羊卓雍错东南地区，岩性主要为辉长辉绿岩、辉绿岩和少量超镁铁质岩。镁铁质侵入体多呈岩墙近东西向产出，覆盖面积达$4×10^4km^2$。侵位地层有上三叠统修康群及涅如组、上侏罗统—下白垩统混杂岩及下-中侏罗统日当组。与围岩多以脆性断层接触，局部也可见到侵入接触关系。最近获得的15件锆石U-Pb年龄数据表明，这些岩石主要侵位于132Ma，被认为是代表了措美-Bunbury大火成岩省剥蚀和变形后的残余(Zhu et al,2009)。

4. 新生代岩浆岩

新生代侵入岩体较多，呈近东西向带状展布，较大的主要有3个侵入体，其岩性为二云母花岗岩、黑云母二长花岗岩以及含电气石花岗岩。它们分别侵入下古生界、石炭系、二叠系、三叠系和侏罗系中。岩体出露的部位常伴随断裂构造，其侵位年龄小于40Ma，主要侵位于23Ma及其以后。属于过铝质S型花岗岩，与印度-欧亚板块碰撞后背景有关。

(二) 北喜马拉雅侵入构造岩浆岩亚带(N)Ⅴ-3-2

北喜马拉雅侵入构造岩浆岩亚带以新近纪花岗岩为主，局部发育有辉长辉绿岩。

新近纪侵入岩体众多，大小不等，呈近东西向带状展布，主要为二云母花岗岩、片麻状二长花岗岩、黑云母二长花岗岩等，以及含电气石花岗岩类，具片麻状构造。岩体出露的部位常伴随断裂构造。除在打拉复式岩体中获得44Ma的花岗岩侵位年龄外(戚学祥等，2008)，该带岩体侵位时代小于40Ma，主要侵位于23Ma以后，属于过铝质S型花岗岩。

(三) 高喜马拉雅侵入构造岩浆岩亚带(N)Ⅴ-3-3

高喜马拉雅侵入构造岩浆岩亚带以中新世淡色花岗岩为主。

该亚带呈近东西向展布，主要有片麻状中粗粒二云母花岗岩、中粒黑云母花岗岩、中细粒似斑状二长花岗岩、中细粒似斑状二云母花岗岩、细粒似斑状二云母二长花岗岩。岩体多是顺层产出的小岩床或岩株，围岩一般是早古生代或元古宙地层。接触变质微弱，侵入岩的岩性以含电气石的白云母花岗岩为主(20～10Ma)。在东构造结可见古近纪、新近纪超基性岩。高喜马拉雅淡色花岗岩通常被认为与碰撞有关，从巴基斯坦到不丹，断续延伸约1500km。这些淡色花岗岩最主要特征是几乎所有岩体中均出现了电气石，没有变形且石英含量少，长石含量高，另出现少量白云母，年龄变化于26～2Ma，形成于水饱和条件下(Singh,Jain,2002)。

(四) 低喜马拉雅侵入构造岩浆岩亚带(∈,N)Ⅴ-3-4

低喜马拉雅侵入构造岩浆岩亚带岩浆活动不发育，只有少量寒武纪和新近纪花岗岩出露。

寒武纪花岗岩：主要为片麻状二长花岗岩，面积超过300km²，岩体中含有大理岩、石英片岩和基性岩等围岩捕虏体，其原岩为过铝质二长花岗岩，属于陆内后造山伸展环境岩浆活动产物。

新近纪花岗岩：主要为淡色电气石花岗岩，呈小岩株产出。这些淡色花岗岩最主要特征是几乎所有岩体中均出现了电气石，没有变形且石英含量少，长石含量高，另出现少量白云母，年龄变化于26～2Ma，形成于水饱和条件下(Singh,Jain,2002)。为板块碰撞后构造阶段产物，显示了花岗岩时代由南至北由老变新的趋势。

四、保山地块侵入构造岩浆岩带Ⅴ-4

保山侵入构造岩浆岩带界于南怒江断裂(即潞西-三台山断裂)和昌宁-孟连对接带之间。

(一)耿马被动陆缘弧亚带(T_3,E)Ⅴ-4-1

该亚带主要分布于沧源县羊棉大寨-耿马县城西侧的耿马大山—永德县班尾一带，呈北东向的舒缓反"S"形分布。其主体部分为晚三叠世侵位的俯冲型花岗闪长岩-二长花岗岩；其次为古近纪始新世早期侵位的碰撞型闪长玢岩、花岗闪长斑岩、二长花岗岩；始新世晚期侵位的陆内次多斑流纹岩、次英安(斑)岩、石英斑岩等分布较为局限。总体上表现为随侵位时代的推移，岩浆活动的强度降低，产状由深成岩向浅成岩、超浅成岩演变。

1. 晚三叠世俯冲型花岗岩

晚三叠世俯冲型花岗岩以耿马大山花岗岩体、云岭岩体、癞痢头山岩体等为代表，单个岩体规模不大，但大量的小岩体构成了一条北起昌宁，经云岭、耿马大山，南至勐马镇的中-晚三叠世花岗闪长岩-二长花岗岩带。近年来的1:5万区域地质调查工作在云岭一带获得了大量高精度的锆石 LA-ICPMS 年龄，均集中分布于228～224Ma之间，与临沧花岗岩基的主体部分(二长花岗岩)的年代相近，也是怒江-昌宁-孟连洋盆关闭后的弧-陆碰撞造山时间。在 CIPW 标准矿物中普遍出现数量不等的刚玉分子，而不出现透辉石分子，显示了一般的过铝S型花岗岩的特点；稀土配分曲线表现为轻稀土富集、分异明显，重稀土较为平坦的特点，具有中等程度的负铕异常，岩浆的结晶分异作用并不强烈，且部分熔融的残留组分中也无大量的斜长石，暗示了其源区可能以中、下地壳为主。$\delta^{18}O=8.44‰～9.50‰$(SMOW)，多显示了Ⅰ型花岗岩的特征。本期花岗岩主要显示了火山弧花岗岩、板内花岗岩或地幔分异花岗岩的特点，并未出现同碰撞花岗岩的特点。结合保山地块东缘发育弧火山岩性质的上三叠统牛喝塘组火山岩分析，怒江-昌宁-孟连洋盆闭合后的弧-陆碰撞过程中可能在深部存在洋壳向西的反向俯冲作用。

2. 始新世早期碰撞型花岗岩

始新世早期中酸性侵入岩类主要为闪长玢岩、花岗闪长斑岩、闪长斑岩和二长花岗岩。岩石地球化学特征多显示了S型花岗岩的特点，但无石榴石、堇青石等S型花岗岩的特征矿物出现，地球化学成分投影点也多位于火山弧花岗岩区或火山弧花岗岩区-同碰撞花岗岩区-板内花岗岩区三者的过渡地带。其侵位的最新地质体为古近纪勐腊组(Em)，并获得了(50.30±1.23)Ma(全岩 K-Ar)、52(-11,+9)Ma(锆石 U-Pb)的同位素年龄值。

3. 始新世晚期侵位的陆内花岗岩

始新世晚期中酸性侵入岩主要岩石类型为次英安斑岩，另见少量的次英安质流纹斑岩、含角砾次英安斑岩、次英安斑岩质熔角砾岩、斑流纹岩、石英斑岩、次英安岩，主要为次火山岩-超浅成岩类。稀土配分曲线形态变化较大，表现为由轻稀土富集型向平坦的"海鸥"型过渡；在洋中脊花岗岩标准化的微量元素比值蛛网图上，其总体形态表现为板内花岗岩中常见的大隆起的形式。与前述晚三叠世花岗岩、始新世早期的花岗岩类存在 Nb、Ta 的明显负异常，有较为明显的差异，属典型的陆内花岗岩。

(二) 西盟古岛弧(Pt) Ⅴ-4-2

西盟古岛弧分布于西盟县西盟镇—傈僳一带，呈近南北向弧形延伸。出露古元古代片麻状过铝花岗闪长岩-花岗岩组合，在 An-Ab-Or 图解中落入花岗闪长岩区及花岗岩区；在 R_1-R_2 图解中则主要落入同碰撞花岗岩区。糜棱岩化强烈。

(三) 施甸板内裂谷侵入岩亚带(P_2) Ⅴ-4-3

施甸板内裂谷侵入岩亚带为陆内裂谷拉斑玄武岩系列的辉绿岩组合，单个岩体规模较小，但常成群、成带分布，岩性以辉绿岩为主，少量辉长岩、辉橄岩、橄榄玢岩。岩石化学、岩石地球化学特征与保山地块上广泛分布的早二叠世卧牛寺组有一定的相似性，但高钛特征不太明显，$TiO_2>2.8\%$ 的样品较少，多数为 $1.5\%\sim2.5\%$；固化指数 SI、[Mg] 都较低，远小于与地幔橄榄岩平衡的原始玄武岩浆。推测岩浆的形成过程中也可能涉及到斜方辉石的不一致熔融作用。出露于保山市北庙水库一带的辉绿岩的洪积-残坡积层中赋存有大型的钛砂矿；雪蒙山二辉橄榄岩岩体可能为一火山通道，其中可见铜、镍矿化现象。

(四) 平达被动边缘弧亚带 Ⅴ-4-4

平达被动边缘弧亚带分布在保山陆表海以西的保山芒宽—龙陵镇安—潞西芒海一带，呈南北—南西向向南撒开的帚状展布，东以怒江断裂带为界，西以瑞丽断裂带为界与其西的班戈-腾冲山浆弧为邻，北端尖灭于怒江断裂带和瑞丽断裂带的交会处，向南延入缅甸境内。

奥陶纪碰撞型花岗岩：分布在龙陵镇安—平达一带，近南北向展布。以平河岩体为主，主要岩性为中细粒黑云二长花岗岩、似斑状中粒-中粗粒黑云二长花岗岩，少量花岗闪长岩。

岩石化学显示花岗岩具有明显的富铝特征，稀土元素配分曲线向右倾斜，半数以上样品的 $\delta Eu>0.60$，属同碰撞过铝花岗岩组合。近年来的 1:25 万、1:5 万区域地质调查工作中，在石缸河、麻玉河、龙陵郭家寨等地的花岗岩中获得了大量的锆石 LA-ICPMS 测年数据，其年龄主要集中在 $490\sim460$ Ma 之间，比泛非运动核心区的年龄滞后 $20\sim30$ Ma，可能代表了区域上泛非造山运动在外围地区的持续碰撞、造山作用。

侏罗纪花岗岩：此类岩石构造组合仅发现一个岩体——蚌渺岩体，其出露面积约 85.3 km^2，主要岩石类型有似斑状细粒角闪黑云二长花岗岩、似斑状中粗粒黑云角闪二长花岗岩、含角闪黑云二长花岗岩、中细粒黑云二长花岗岩等。不同岩石类型之间为渐变过渡关系，粒度较粗者多分布于岩体内部，较细者多分布于边缘地段，可能为原地结晶分异的产物。岩石的 $SiO_2=65.83\%\sim68.95\%$，$K_2O/Na_2O=0.87\sim1.22$，$K_2O+Na_2O=6.38\%\sim7.54\%$，稀土元素配分曲线为明显的右倾斜型，负铕异常不明显，$Sr=429\times10^{-6}\sim595\times10^{-6}$，$Yb=0.95\times10^{-6}\sim1.26\times10^{-6}$。按照张旗(2006)的 Sr-Yb 花岗岩分类方案，属典型的高 Sr 低 Yb 花岗岩类，应属俯冲板片或造山带山根在榴辉岩相条件下的部分熔融物。黑云母 K-Ar 年龄值为 164Ma，属中侏罗世晚期。

新近纪花岗岩：分布于平河构造岩浆岩亚带的象达、苏帕河等地。岩石组合为二长花岗岩-正长花岗岩-碱长花岗岩组合，总的特点与冈底斯构造岩浆岩带上的同类岩石构造组合完全可以对比，是缅甸境内新特提斯洋关闭过程中的弧-陆碰撞及碰撞后伸展背景的产物。见铌、钽、铍等稀有金属矿化现象，著名的"黄龙玉"就是本期花岗岩的岩浆期后低温石英脉。

五、潞西三台山蛇绿混杂岩段 Ⅴ-5

同火山岩部分。

第五章 西南地区变质岩大地构造特征

对西南地区变质岩系进行了详细的变质地质体的形成时代、变质时代、岩浆岩年代学、岩石化学研究,研究了变质相或相系构造环境(大地构造亚相、相)及其时空分布规律,归纳了岩石构造组合类型和所属大地构造属性,西南地区共划分一级变质域 6 个,二级变质区 16 个,三级变质地带 65 个,四级变质岩带 123 个(表 5-1,图 5-1)。

表 5-1 西南地区变质岩分区表

一级	二级	三级
秦祁昆变质域Ⅰ	秦岭变质区Ⅰ-1	西倾山-南秦岭变质带Ⅰ-1-1
		勉略蛇绿混杂岩变质带Ⅰ-1-2
扬子变质域Ⅱ	上扬子变质区Ⅱ-1	米仓山-大巴山变质带Ⅱ-1-1
		龙门山变质带Ⅱ-1-2
		川中变质带Ⅱ-1-3
		扬子陆块南部变质带Ⅱ-1-4
		上扬子东南缘变质带Ⅱ-1-5
		雪峰山变质带Ⅱ-1-6
		上扬子东南缘古弧盆系变质带Ⅱ-1-7
		南盘江-右江变质带Ⅱ-1-8
		富宁-那坡变质带Ⅱ-1-9
		康滇基底断隆变质带Ⅱ-1-10
		楚雄变质带Ⅱ-1-11
		盐源-丽江变质带Ⅱ-1-12
		哀牢山变质带Ⅱ-1-13
		都龙变质带Ⅱ-1-14
巴颜喀拉-北羌塘-昌都-思茅变质域Ⅲ	巴颜喀拉变质区Ⅲ-1	碧口变质带Ⅲ-1-1
		可可西里-松潘变质带Ⅲ-1-2
		炉霍-道孚蛇绿混杂岩变质带Ⅲ-1-3
		雅江变质带Ⅲ-1-4
	甘孜-理塘变质区Ⅲ-2	甘孜-理塘蛇绿混杂岩变质带Ⅲ-2-1
		义敦-沙鲁变质带Ⅲ-2-2
	中咱-中甸变质区Ⅲ-3	中咱变质带Ⅲ-3-1
	西金乌兰-金沙江-哀牢山变质区Ⅲ-4	西金乌兰蛇绿混杂岩变质带Ⅲ-4-1
		金沙江蛇绿混杂岩变质带Ⅲ-4-2
		哀牢山蛇绿混杂岩变质带Ⅲ-4-3
	甜水海-北羌塘-昌都-兰坪-思茅变质区Ⅲ-5	甜水海-北羌塘变质带Ⅲ-5-1
		昌都变质地带Ⅲ-5-2
		兰坪-思茅变质地带Ⅲ-5-3
	乌兰乌拉-澜沧江变质区Ⅲ-6	乌兰乌拉蛇绿混杂岩变质带Ⅲ-6-1
		北澜沧江蛇绿混杂岩变质带Ⅲ-6-2
		南澜沧江变质带Ⅲ-6-3
	崇山-临沧变质区Ⅲ-7	碧罗雪山-崇山变质带Ⅲ-8-1
		临沧变质带Ⅲ-8-2

续表 5-1

一级	二级	三级
双湖-怒江-孟连变质域Ⅳ	龙木错-双湖变质带Ⅳ-1	龙木错-双湖-曲登蛇绿混杂岩变质带Ⅳ-1-1
		查多岗日洋岛增生杂岩变质带Ⅳ-1-2
		查桑-查布增生杂岩变质带Ⅳ-1-3
		蓝岭高压变质带Ⅳ-1-4
	南羌塘-左贡变质区Ⅳ-2	多玛变质带Ⅳ-2-1
		南羌塘变质带Ⅳ-2-2
		左贡变质带Ⅳ-2-3
	班公湖-怒江变质区Ⅳ-3	聂荣(地体)变质带Ⅳ-3-1
		嘉玉桥(地体)变质带Ⅳ-3-2
		班公湖-怒江蛇绿岩变质带Ⅳ-3-3
		昌宁-孟连蛇绿混杂岩变质带Ⅳ-3-4
冈底斯-喜马拉雅-腾冲变质域Ⅴ	冈底斯-察隅变质区Ⅴ-1	昂龙岗日变质岩带Ⅴ-1-1
		那曲-洛隆变质岩带Ⅴ-1-2
		班戈-腾冲变质岩带Ⅴ-1-3
		拉果错-嘉黎变质岩带Ⅴ-1-4
		措勤-申扎变质岩带Ⅴ-1-5
		隆格尔-工布江达变质岩带Ⅴ-1-6
		冈底斯-下察隅变质岩带Ⅴ-1-7
	雅鲁藏布江变质区Ⅴ-2	雅鲁藏布蛇绿混杂岩变质带Ⅴ-2-1
		朗杰学增生楔变质带Ⅴ-2-2
		仲巴变质带Ⅴ-2-3
	喜马拉雅变质区Ⅴ-3	拉轨岗日变质带Ⅴ-3-1
		北喜马拉雅变质带Ⅴ-3-2
		高喜马拉雅变质带Ⅴ-3-3
		低喜马拉雅变质带Ⅴ-3-4
	保山变质区Ⅴ-4	耿马变质带Ⅴ-4-1
		西盟变质带Ⅴ-4-2
		潞西变质带Ⅴ-4-3
印度变质域Ⅵ		

西南地区变质岩出露比较广泛,变质岩石、变质作用类型和变质强度(相及相系)亦较齐全,以区域变质作用及其变质岩类为主。从区域变质岩类的出露型式上看,可分面型和线型两种。面型出露者,多属构成各大小陆块基底的前寒武系和古生代以来各活动型盆地;线型分布者,则与各构造-岩浆带,特别是板块边界相吻合。依其区域变质特征可进一步划分为东部陆块区、西部造山带。

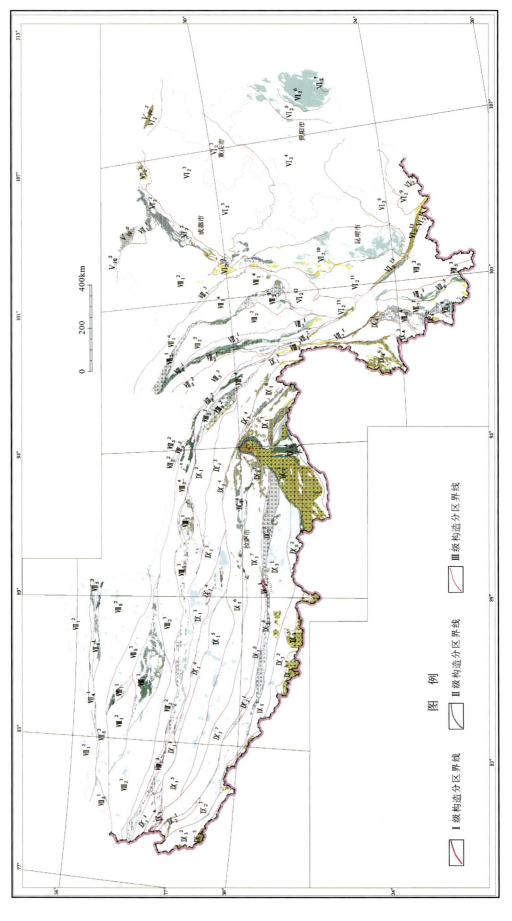

图 5-1 西南地区变质构造图

东部陆块区主要为扬子变质域。扬子变质域(陆块区)的西界为哀牢山断裂带,西北界为程江-木里、龙门山断裂带,北界为大巴山-略阳-勉县(勉略)-城口断裂。扬子变质域变质基底形成于约 820Ma 结束的晋宁-武陵造山运动,基底之上不整合覆盖未变质的沉积盖层,从青白口纪晚期的板溪群—南华系—震旦系直至显生宙地层。

浅变质的中-新元古代岩层分布范围较早前寒武系广泛,在扬子陆块区西缘绿片岩相变质的大红山群形成时代接近 1.7Ga,与其时代接近或年轻的有河口群(~1.7Ga)和通安组(1—4 段),时代更新的依次为东川群和昆阳群等以碳酸盐为主的沉积层。它们的变质程度均较低,以低绿片岩相为主。

特别引人注目的是扬子陆块区的绝大部分地区受到新元古代早期构造运动的明显影响,形成与弧有关的地层系统,如梵净山群、四堡群等接近 900~820Ma 形成的地层和一系列侵入体。其上不整合覆盖新元古代中—晚期具盖层性质的南华系、震旦系等地层。指示晋宁造山运动结束后,陆块区基底完成了克拉通化,进入构造上相对稳定期,但边缘的少数地区仍受到洋-陆碰撞作用的影响。

西部造山带主要包括羌塘-三江变质域、班公湖-怒江变质域和冈底斯-喜马拉雅变质域。

古元古代变质作用是西藏地区基底的固结阶段,主要变质地层是聂拉木群、念青唐古拉山群、吉塘岩群、阿木岗群的下部。变质作用为中压区域动力热流变质作用,形成绿片岩相、角闪岩相的前进变质带,并伴生超变质的混合岩化作用。在西南三江南段地区全部划属古岩群中元古界的地层,即高黎贡山岩群、西盟岩群、崇山岩群、大勐龙岩群、雪龙山岩群、石鼓岩群、苍山岩群、哀牢山岩群、普登岩群、瑶山岩群、猛洞岩群,是一次区域动力热流变质作用。所形成的变质地体构成了三江南段地区地壳的结晶基底,岩石变质强度达角闪岩相,并伴有混合岩化作用。

新元古代变质作用是指发生在 1000~850Ma 时期的变质作用,相当于整个青白口纪地史时期。涉及怒江断裂带-沧源断裂带以东的中、新元古代地层,即澜沧岩群、团梁子岩组、巨甸岩群等,它们经受区域低温动力变质作用,变质强度达低绿片岩相-高绿片岩相。

金沙江变质地带的海西期变质作用发生在扬子地块西部边缘的震旦系—下二叠统活动带沉积中。变质作用早期出现低压相系的变质热穹隆,形成低绿片岩相到角闪岩相的绢云-绿泥石、黑云母、红柱石-石榴石、堇青石-镁铁闪石的矽线石带的前进矿物带。晚期出现大面积的区域低温动力变质作用,形成低绿片岩相的变质岩。它们的形成可能与古特提斯海大洋壳向东或向北的俯冲作用而导致的弧型深成作用有联系。

怒江变质岩带的嘉玉桥群是海西期中高压型区域低温动力变质作用。双湖-澜沧江变质地带海西期变质作用,在双湖地区是绿片岩相区域低温动力变质作用,在戈木日地区的蓝闪石片岩相为高压型埋深变质作用。这些不同类型的变质地体与吉塘群和阿木岗群下部新元古代的变质地体空间上共生在一起。

印支期变质作用主要发生在可可西里-金沙江变质区、昌都变质地带和昆仑-巴颜喀拉变质区。变质作用类型主要有高压型蓝闪石片岩相和葡萄石-绿纤石相的埋藏变质作用,以及广泛分布的区域低温动力变质作用。

高压埋深标志作用沿着萨玛绥加日-金沙江缝合带出现,西段在可可西里地区的迎春口、狮头山和黑熊山带,原岩主要是玄武质火山岩和含基性火山岩的复理石建造。此外沿着缝合带向南在四川和云南境内也有这种埋深变质作用出现。这种变质作用是由古特提斯洋壳俯冲带埋深而引起的。本期区域低温动力变质作用分布广泛,是印支期变质旋回的晚期标志作用。

燕山期变质作用主要发生在班公湖-怒江缝合带及其两侧地区,变质作用类型有中高压型埋深变质作用、低压区域动力热流变质作用以及区域低温动力变质作用。这些变质作用的发生主要受到班公错-

怒江裙弧边缘海洋壳俯冲作用及其封闭导致的弧-陆碰撞作用的控制，洋壳的俯冲深埋导致了日土变质岩和丁青地区的中高压型葡萄石-绿纤石相的低绿片岩相的变质作用。洋壳朝南向冈底斯-念青唐古拉岛弧之下的俯冲，同样导致了班戈—洛隆地区与花岗岩类深成作用共生的低压高温型绿片岩相到角闪岩相的前进变质作用。这两类变质作用大致同时期地形成了一对双变质带。缝合带两侧的低绿片岩相（千枚岩型）的区域低温动力变质作用是由这个弧后盆地封闭导致的弧-陆碰撞作用产生的，它们是燕山期标志旋回的晚期变质作用。

值得提出的是双湖-澜沧江标志地带的燕山期低温动力变质作用以及昌都地区印支期—燕山期葡萄石-绿帘石相的埋深变质作用，可能是由可可西里-金沙江缝合带陆内汇聚作用引起的。因此它们应属于印支期的变质作用。

燕山晚期到喜马拉雅期的标志作用主要发生在藏中南变质地区和高喜马拉雅变质地区。变质作用的类型有低压型区域动力热流变质作用、高压型埋深变质作用、中压型区域动力热流变质作用和区域低温动力变质作用。这些变质作用分别发生在新特提斯海收缩、封闭而导致大陆碰撞和陆内汇聚的各个阶段中，构成了一个良好的燕山晚期—喜马拉雅期变质旋回。

第一节　秦祁昆变质域Ⅰ

西南地区秦祁昆变质域只包含了秦岭变质区（Ⅰ-1）。

秦岭变质区位于四川北部边缘，其主体部分在青海、甘肃、陕西、湖北、河南境内，四川省仅断续跨及局部地段。

（一）西倾山-南秦岭变质带Ⅰ-1-1

西倾山-南秦岭变质带以荷叶-牙沟、岷江、雪山、唐泥沟-木座等断裂带为界，该带分布在九寨沟南部及若尔盖以北的降扎一带。

受变质地层为震旦系和古生界。均属低绿片岩相，为晚古生代变质作用之产物。该地带可划分出绢云母-绿泥石带和黑云母带。

（1）绢云母-绿泥石带：变质岩石为板岩、变质砂岩、千枚岩、泥质结晶白云岩等。

（2）黑云母带：变质岩石为千枚岩、变质砂岩、大理岩、变质凝灰岩、变质中酸性火山岩。

（二）勉略蛇绿混杂岩变质带Ⅰ-1-2

勉略蛇绿混杂岩变质带构造上属于勉县-略阳蛇绿混杂岩带（P—T），向西即为布青山-玛多-玛沁俯冲增生杂岩带，构成北侧西倾山地块与南侧可可西里-松潘前陆盆地的重要分界。空间上从西往东分布于迭部南—略阳—洋县—高川一带。

带内以三叠纪构造混杂岩的大量分布，以及呈构造块体出露的古生代地层为显著特征，包括大关山组（P_{1-2}）、叠山组（P_3）和中-上三叠统塔藏岩组（T_{2-3}）（1∶25万若尔盖县幅，2008）。主要由玄武岩、硅质岩、碳酸盐岩及大量的复理石岩块或岩片组成，尤其以半深海-深海盆地中含火山的复理石为主，强烈剪切变形，但变质程度较弱，构成蛇绿混杂岩主要基质组分。变质岩组合主要为各类板岩、千枚岩类等浅变质岩。

第二节 扬子变质域Ⅱ

扬子变质域(陆块区)的西界为哀牢山断裂带,西北界为程江-木里、龙门山断裂带,北界为大巴山-略阳-勉县(勉略)-城口。扬子变质域变质基底形成于约820Ma结束的晋宁-武陵造山运动,基底之上不整合覆盖未变质的沉积盖层,从青白口纪晚期的板溪群—南华系—震旦系直至显生宙地层。

上扬子变质区可进一步划分为:米仓山-大巴山变质带、龙门山变质带、川中变质带、扬子陆块南部变质带、上扬子东南缘变质带、雪峰山变质带、上扬子东南缘古弧盆系变质带、南盘江-右江变质带、富宁-那坡变质带、康滇基底断隆变质带、楚雄变质带、盐源-丽江变质带、哀牢山变质带和都龙变质带。

(一) 米仓山-大巴山变质带Ⅱ-1-1

米仓山-大巴山变质带西接龙门山基底逆推带,东延入西南地区外。位于上扬子地块北缘,西接米仓山突起、东端止于神龙架-黄陵基底隆起,呈北西—东西向延伸、向南西突出的弧形构造带。区内地层发育齐全,从前震旦纪基底、震旦系到白垩系均有出露。基底由黄陵新太古代—古元古代变质杂岩,中、新元古代神农架群中-浅变质碳酸盐岩-火山碎屑岩系和晋宁期中酸性侵入岩、基性杂岩等构成,盖层由角度不整合于基底之上的震旦系—下三叠统浅海相碳酸盐岩-碎屑岩建造构成。

(二) 龙门山变质带Ⅱ-1-2

该带西以丹巴-茂汶断裂与巴颜喀拉地块接界,东以江油-都江堰断裂与四川陆内前陆盆地相邻,北接米仓山-大巴山基底逆推带,南止康滇基底断隆带。受变质地层为中元古界黄水河岩群、火地垭群,为绿片岩相单相变质,属晋宁期区域低温动力变质作用。

黄水河岩群(Pt_{2-3})为一套变质中基性-酸性火山岩、碎屑岩、碳酸盐岩建造,主要岩性由混合片麻岩、片岩、石英岩、变粒岩及白云质大理岩等组成。黄水河岩群可以进一步分成干河坝岩组、黄铜尖子岩组及关防山岩组。

干河坝岩组(Pt_{2-3})岩性以变玄武岩、变安山岩、安山质火山角砾岩为主,夹火山角砾岩、英安岩、少量流纹岩、凝灰岩及片岩等。由南向北火山碎屑岩数量减少,凝灰岩及沉积岩增多。自下而上可分出多个火山喷发韵律,火山原岩为一套细碧角斑岩建造。

黄铜尖子岩组(Pt_{2-3})主要分布于芦山快乐乡、黄水河地区及大邑麦秧林一带。岩性主要为钠长绿泥片岩、绿泥石英片岩夹变质英安岩、绢云石英片岩、绿帘角闪岩、斜长角闪岩及少量碳酸盐岩。在区域上岩性变化较大,由南向北火山岩逐渐减少,变质沉积岩和各类片岩有增多趋势。

关防山岩组(Pt_{2-3})主要岩性为绢云石英片岩、含绿泥石英片岩夹块状石英岩、变英安岩及绢云片岩,夹中酸性火山岩及少量石墨片岩、大理岩等,在芦山县白水河一带大理岩中产微古植物化石。原岩为一套以正常沉积碎屑岩为主夹火山碎屑岩的沉积岩。其上被震旦纪地层不整合超覆。

黄水河岩群3个组自下而上从以变质火山岩为主逐渐过渡到以副变质岩为主,其中下部的火山岩属细碧-角斑岩建造,且下部还见有放射虫硅质岩及硅质大理岩。张洪刚(1983)在黄水河群大理岩中获方铅矿U-Pb年龄为1440~1045Ma,侵入于黄水河群的闪长岩U-Pb年龄为1043Ma。黄水河岩群变火山岩锆石SHRIMP U-Pb年龄为(876±17)Ma(Yan et al,2004)。

(三) 川中变质带Ⅱ-1-3

川中变质带位于四川盆地中部的平昌、南充、威远一带。东南以华蓥山断裂为界与川东南变质地带接壤,西北以洪雅-巴中断裂为界与宝兴-南江变质地带相邻,西南以天全-宜宾断裂为界与会理变质地带相接。该带呈北东向延伸,长达 500km 以上,宽 120~180km。

区内大面积为中生界红层掩盖,基底埋深达 5~11km。目前,钻入基底的超深井只有龙女寺和威远两处,基底性质只能根据航磁、地震、深钻资料,且与出露区基底对比,对川中变质地带隐伏的基底作如下推断:磁性正异常区由偏基性的地体组成,类似于攀西地区冕宁沙坝和攀枝花同德一带的杂岩;负异常区由偏酸性的地体组成,包括斜长花岗岩(如威基井所见)、奥长花岗质片麻岩、变粒岩、变质火山岩(如龙基井所见),这种地体类似于康定-攀枝花变质地带康定杂岩中的上部层位和元古宙奥长花岗岩部分;弱磁性和中性区由中基性、中性地体组成,它们类似康定-攀枝花变质地带康定杂岩中部层位(主要为斜长角闪岩、变粒岩)和元古宙英云闪长岩等。

(四)扬子陆块南部变质带 Ⅱ-1-4

该变质带西接康滇断隆,东北以七耀山断裂与川中前陆盆地分界,南界从西向东为师宗-南丹-都匀断裂。总体反映为由新元古代开始至中三叠世演化的碳酸盐岩台地。

区内的西部会理变质岩带位于沪定-攀枝花变质地带以东,西界大致是大渡河、安宁河断裂带,北东侧以天全-宜宾断裂与川中变质地带分界,向东、向南延入云南省,南北长 400 余千米、东西宽 100 多千米。变质地层以会理群为代表,包括登相营群、峨边群。变质岩有变质砂岩、结晶灰岩、结晶白云岩、板岩、千枚岩、大理岩等,原岩为陆屑-碳酸盐岩建造,局部有基性-中酸性火山岩产出。变质矿物组合单调,典型岩石的变质矿物共生组合为绢云绿泥片岩、石英绢云片岩、石英绿泥绢云片岩、钙质绿泥石英片岩、二云母石英片岩、石英白云母大理岩、变粒岩。据此判断,为绿片岩相单相变质,属典型的区域低温动力变质作用。

区内东部的梵净山变质岩带内出露前震旦纪地层,包括 3 个部分,最下部为变质碎屑岩-岩浆岩岩系,中部为浅变质碎屑岩,上部为砂页岩,分别称为梵净山群、板溪群、澄江组和南沱组。梵净山群(Qb)顶界为武陵运动造成的不整合面,从下到上为白云寺亚群(淘金河组、余家沟组、肖家河组、回香坪组 4 个单元),由变质沉积岩和基性岩组成若干沉积-岩浆旋回;核桃坪亚群(包括铜厂组、洼西组、独岩塘组 3 个单元),由浅变质的砂岩、粉砂岩、泥岩、凝灰岩组成陆源碎屑浊积岩。板溪群(Qb)分为 2 个组,红子溪组由板岩、变质砂岩、粉砂岩组成,局部夹大理岩;鹅家坳组由变余砂岩、变余凝灰岩、沉凝灰岩夹少量板岩组成。澄江组(Nh)由含砾砂岩、砂岩夹页岩组成,底部以紫红色粗砂岩与下伏板溪群平行不整合接触。南沱组(Nh)为一套冰积砾岩(杂砾岩),与下伏澄江组平行不整合接触。

(五)上扬子东南缘变质带 Ⅱ-1-5

该带西接康滇断隆,东北以七耀山断裂与川中前陆盆地分界,南界从西向东为师宗-南丹-都匀-慈利-大庸断裂。总体反映为由新元古代开始至志留纪被动边缘演化的特征。

带内变质地质体主要出露在余庆、铜仁等地。基底变质岩系主要为分梵净山群(Qb)和板溪群(Qb),梵净山群由变质沉积岩和基性岩组成,板溪群为板岩、变质砂岩、粉砂岩、凝灰岩,局部夹大理岩。

(六)雪峰山变质带 Ⅱ-1-6

该带由慈利-大庸断裂和融安-河池断裂所围限。由 T_3—J 时期的构造运动形成由南西向北东的推覆构造,逆冲断层和褶皱走向主体为北东或北北东向,在北段部分存有北西向滑断裂切割这些逆冲断层和褶皱。

区内发育冷家溪群、梵净山群、四堡群等新元古代早期浅变质基底。各变质地质单元特征同"扬子陆块南部变质带"。

(七)上扬子东南缘古弧盆系变质带 Ⅱ-1-7

该带为雪峰山隆起的核心部分,主要为变质细砂岩、含砾板岩、泥岩、冰碛岩夹凝灰岩建造。从区域上看,这一套出露在扬子板块东南缘的中元古代—新元古代早期的低绿片岩相为主的火山-沉积岩系,为梵净山群。

(八) 南盘江-右江变质带 II-1-8

该带位于师宗-弥勒断裂带和紫云-六盘水断裂带所限制范围内,夹持于丹池断裂与右江断裂之间。该带内变质岩主要分布在瑶山一带,呈北西向之长条状沿红河断裂带北东侧分布,出露宽10km,长92km。两侧为断裂所限定,由古元古界瑶山岩群组成,变质强度达角闪岩相,属中压区域动力热流变质作用的产物,是滇东南地区的结晶基底。

瑶山岩群(Pt_1)主要岩性为黑云斜长变粒岩-片麻岩、角闪斜长变粒岩-片麻岩夹大理岩、斜长角闪岩。原岩建造为含中基性火山岩的泥岩砂泥岩建造。

(九) 富宁-那坡变质带 II-1-9

富宁-那坡变质带位于滇东南之屏边、河口、文山、马关、西畴、砚山、广南、富宁等县范围。根据变质岩特征不同可进一步划分为屏边变质岩带和八布变质岩带。

屏边变质岩带:分布于屏边县城及其周围,分布宽1~10km,长48km。由南华系—震旦系屏边群半深海-斜坡环境浊积岩(砂板岩)组成,并发育冰筏砾石;后期受区域低温动力变质作用的改造,变质程度为低绿片岩相。

八布变质岩带:位于麻栗坡县八布、金竹湾一带,由八布蛇绿混杂岩组成,由变玄武岩、透闪石岩、蛇纹岩、辉长岩、硅质岩、泥质板岩等经强烈的构造混杂而成,基质显示了强烈的剪切变形特点,可能是残余洋盆关闭后陆-陆碰撞作用的产物。

(十) 康滇基底断隆变质带 II-1-10

该带北起沪定,南至玉溪、石屏,宽十余千米至数十千米,西界为金河-箐河断裂,东界大致在大渡河、安宁河断裂一线。

该带以较大范围出露扬子地台元古宇基底变质岩系,并较集中呈南北向的带状沿康定—攀西—玉溪一带分布,上古生界及中-新生界广泛发育为特征。

元古宙地层在康定—攀西—玉溪一带不同地区的名称完全不同,分别被称为康定岩群(Pt_2)、苴林岩群(Pt_2)、大红山岩群(Pt_2)、河口岩群(Pt_2)、下村岩群(Pt_2)、普登岩群(Pt_2)和小溜口岩组(Pt_2)等,构成结晶基底的绿岩带。

苴林岩群仅见于元谋、姜驿一带,为一套变质的海相砂泥质岩夹基性火山岩组合,主要岩性以云母斜长片麻岩、花岗片麻岩、混合岩化云英片岩、角闪片岩为主,夹变粒岩及少量大理岩,获得锆石U-Pb同位素年龄为1725Ma。苴林岩群中各岩组基本地质特征如下。

普登岩组:岩性以云母斜长片麻岩、花岗片麻岩、混合岩化云英片岩、云英片岩、角闪片岩为主,夹变粒岩及少量大理岩等,底部出露不全。其中角闪片岩主要出现于该组顶部,岩石中局部可见残留的变余斑状结构、变余杏仁状构造,原岩为一套海相砂泥质岩夹中基性火山岩。变质程度属于高角闪岩相变质。

路古模岩组:主要由石英岩夹石英片岩、云英片岩等组成,又习称为"石英岩段"。原岩为一套滨浅海相的石英砂岩夹泥岩建造。变质程度属于高绿片岩相变质。

凤凰山岩组:主要以大理岩为主,夹云英片岩、千枚岩,下部夹少量变质砂岩。本组自下而上泥质组分渐增,并常于大理岩中形成条带。原岩为一套浅海泥质碳酸盐岩建造。变质程度属于低绿片岩相-绿片岩相(未分)变质。

海资哨岩组:主要为石英片岩、云英片岩、绿泥片岩、黑云石英片岩、千枚岩,夹少量云英岩。原岩为一套浅海相泥砂岩建造。变质程度属于低绿片岩相变质。

阿拉益岩组：主要为石英钠长浅粒岩、钠长片岩夹斜长角闪片岩、大理岩及少量黑云斜长片岩、碳质片岩等，底部局部见变余层状火山角砾岩。原岩为一套火山岩和碎屑岩组合。变质程度属于高绿片岩相变质。

关于苴林岩群的形成时代，邓尚贤等(2001)得到普登岩组中变拉斑玄武岩(角闪岩相正变质岩)钕模式年龄 TDM 为 1700～1600Ma，变碱性玄武岩 TDM 为 1000～800Ma；同时，还获得约 1000Ma 的 Rb-Sr 全岩等时线年龄。苴林岩群锆石 U-Pb 年龄为 2478Ma(吕世琨等，2001)。上述特征与点苍山岩群变拉斑玄武岩和碱性玄武岩相似。苴林岩群变质岩角闪石的 Ar-Ar 坪年龄为 (781.4 ± 6.6)Ma、白云母 Ar-Ar 坪年龄为 (651.7 ± 3.4)Ma(朱炳泉，2001)。

河口岩群(Pt_2)：仅分布于四川省会理县河口、云南省永仁以东等地区。主要由石英钠长岩(细碧角斑岩)、片岩、大理岩等组成，由下而上进一步细分为大营山岩组、落凼岩组、长冲岩组，与上覆会理群因民组石英片岩、大理岩为整合接触。

大营山岩组：主要以变钾角斑岩(石英钠长岩)为主夹白云石英片岩，下部为浅色变砂岩及白云石英片岩。变质程度属于低绿片岩相变质。

落凼岩组：主要以白云石英片岩、石英钠长岩为主，夹石榴黑云片岩、变砂岩及大理岩透镜体，是区域最重要的含铜层位，与下伏大营山岩组、上覆长冲岩组整合接触。变质程度属于以低绿片岩相为主，局部高绿片岩相变质。

长冲岩组：主要由气孔状石英钠长岩、白云钠长片岩、榴云片岩及石榴角闪片岩，夹碳质板岩及含铜大理岩透镜体组成。变质程度属于高绿片岩相变质。

获得会理拉拉厂长冲岩组的细碧角斑岩锆石 U-Pb 模式年龄 1712Ma，云南姜驿河口岩群中钠长浅粒岩的锆石 U-Pb 模式年龄 1725Ma，会理拉拉厂侵入落凼岩组中的辉绿岩脉全岩 K-Ar 法年龄值为 1488Ma，以及侵入到会理黎溪、拉拉厂河口岩群中的辉长岩体的 K-Ar 法年龄值分别为 1004Ma、1145Ma、1620Ma。获得河口岩群中辉绿岩 SHRIMP 锆石 U-Pb 年龄 1700Ma(孙志明等，2008)。

下村岩群：主要是指以含矽线石、十字石、铁铝榴石、红柱石等特征矿物的云母片岩、云母石英片岩、钠长石英岩为主，夹少量绿泥片岩、变粒岩及白云大理岩组合。自下而上分为五马箐岩组、汞山岩组、吴家沟岩组、小荒田岩组及核桃湾岩组，归属古元古代晚期。下村岩群出露于会理县下村、顺河、岔河、米易-德昌、木里县-锦屏以及丹巴县等。

五马箐岩组：主要由含黑云母、石榴石、红柱石、矽线石等特征矿物的云母片岩、石英片岩及变粒岩组成。属低角闪岩相变质岩系。

汞山岩组：主要以十字石二云片岩为主，夹石榴石十字石二云片岩及石英岩透镜体。属低角闪岩相变质岩系。

吴家沟岩组：岩性以钠长石英岩、云母钠长片岩、石英片岩不等厚互层为主，有较多辉绿岩脉侵入。属低绿片岩相变质岩系。

小荒田岩组：主要以绢云片岩、二云片岩、云母石英片岩为主，夹黑云石英岩、石英岩透镜体。属低绿片岩相-绿片岩相(未分)变质岩系。

核桃湾岩组：主要以阳起片岩、二云片岩为主，夹基性火山角砾岩及角砾凝灰岩。属低绿片岩相变质岩系。

下村岩群的变质强度达高绿片岩相-低角闪岩相，主要由含有矽线石、十字石、石榴子石等特征变质矿物的各类型片岩及大理岩组成。

大红山岩群、小溜口岩组(Pt_2)：中元古代内部的地层序列及其时代，不同地区之间的对比及其划分体系争论至今，昆阳群、会理群、盐边群、登相营群、东川群和峨边群(Pt_2)等中元古界岩石地层，是康定-西昌变质带变质基底的重要组成部分，主要岩石类型为千枚岩、板岩、砂岩、结晶灰岩夹火山岩与火山碎屑岩，其中分布在磨盘山-绿汁江断裂以东的地层中含有大量的基性-中酸性火山岩及火山碎屑岩，具活动型建造特点，灰岩或白云岩中发育大量的藻叠层石和微古植物化石等。

东川群(Pt_2)：分布于东川因民—落雪一带，包括因民组、落雪组、黑山组(或鹅头厂组)和青龙山组

(或绿汁江组),获得因民组火山岩锆石 U-Pb 年龄 1685Ma、1676Ma,黑山组凝灰岩 SHRIMP 锆石 U-Pb 年龄 1503Ma 和 Rb-Sr 等时线年龄 1644Ma,青龙山组变流纹岩 SHRIMP 锆石 U-Pb 年龄 1270Ma(孙志明等,2008;云南省第三地质大队,1990)。

因民组:下部为砾岩夹白云质粉砂岩及板岩;中部为铁质板岩及泥砂质白云岩夹板岩、赤铁矿层,具干裂纹、波痕、斜层理及色调粒级韵律;上部为砂质白云岩夹板岩,具色调粒级韵律及斜层理、波痕构造。顶与落雪组整合过渡。属甚低绿片岩相变质。

落雪组(Pt_2):主要为厚层至块状含藻白云岩,夹硅质白云岩和泥质白云岩,下部有硅质团块,底部粉砂泥质白云岩夹钙泥质板岩薄层,具硅质条带状和马尾丝状构造。下部及底部为 Cu-Fe 矿的主要赋存层位,底与因民组、顶与鹅头厂组整合接触。属甚低绿片岩相变质。

黑山组(Pt_2):主要为一套碳质绢云板岩、粉砂质板岩,夹火山凝灰岩,其年龄为 1503Ma(孙志明等,2008),下部夹碳酸盐岩,中上部常夹变石英砂岩或粉砂岩层,普遍含星散状黄铁矿为特色。下与落雪组、上与青龙山组整合接触,含疑源类化石的地层。属甚低绿片岩相变质。

青龙山组(Pt_2):主要为一套中厚层-块状白云岩和灰岩,间夹碳质板岩或泥质灰岩,含有丰富的叠层石和疑源类化石。与上覆大营盘组(平行)不整合接触,与下伏黑山组整合接触。属甚低绿片岩相变质。

会理群(Pt_2):主要分布于会理、会东和东川一带。主要岩性为一套浅变质的细碎屑岩、变碳酸盐岩夹少量变质火山岩。会理群由下而上分为力马河组、凤山营组及天宝山组。获得会理群天宝山组英安岩全岩 Rb-Sr 法年龄值为 906.7Ma(中国科学院地质研究所,1981),该组石英斑岩中锆石 U-Pb 法年龄值为 1466Ma(中国科学院地质研究所,1985);凤营山组结晶灰岩全岩 Rb-Sr 法年龄值为 1540Ma(成都地质矿产研究所,1980);川西会理一带会理群天宝山组酸性火山岩锆石 SHRIMP U-Pb 年龄为 (1028±8)Ma(耿元生等,2007)。

力马河组(Pt_2):主要岩性为石英岩、变石英砂岩夹绢云千枚岩、片岩,碎屑粒度自下而上逐渐变粗,石英岩夹层增多,下与淌塘组、上与凤山营组整合接触。属低绿片岩相变质。

凤山营组(Pt_2):主要岩性为一套薄-中厚层状泥、砂质白云岩及灰岩,底部见少许钙质碎屑岩,与下伏力马河组、上覆天宝山组整合接触。属甚低绿片岩相变质。

天宝山组(Pt_2):主要以千枚岩和英安质凝灰熔岩、凝灰岩为主,夹变质砂岩、片岩,常见球砾状构造,与下伏凤山营组超覆不整合接触。属低绿片岩相变质。天宝山组形成时间为 (1036±12)Ma。

盐边群(Pt_2):仅分布于盐边县龙胜乡至桔子坪一带。下部为巨厚的海相枕状玄武岩系,上部为板岩、粉砂岩、砂砾岩组成的复理石沉积和少量塌积岩组成的地层,称为盐边群。自下向上可进一步细分为荒田组、渔门组、小坪组和乍古组。

荒田组:主要为一套变质火山岩及少量变质沉积岩。其下部为变质枕状玄武岩、玄武质火山角砾岩,夹少量绢云板岩、绿片岩;中部为硅质板岩、板岩、千枚岩及硅质岩,偶夹变质玄武岩;上部为变质玄武岩(粗玄岩或细玄岩)、变玄武质角砾岩夹少量硅质板岩;顶部为变安山岩、变安山凝灰角砾岩等。属甚低绿片岩相变质。

渔门组:主要为薄层浅变质碎屑岩组成的韵律互层。下部为碳质板岩、绢云板岩、硅质板岩夹结晶灰岩透镜体及变质泥灰岩、砂质灰岩;中上部为变质凝灰质板岩、砂质板岩、板岩等构成互层。属甚低绿片岩相变质。

小坪组:主要由绢云板岩、砂质板岩、碳质绢云板岩夹变质砂岩及碳质板岩组成,底部为厚层状变质凝灰质细砾岩及变质砂岩。该组粒序层发育并具有包卷层理及波状冲刷面等。属甚低绿片岩相变质。

乍古组:主要为绢云板岩,底部由变质凝灰质砾岩或砂砾岩镜体组成,砾岩之砾石多为火山熔岩;下部常夹碳质板岩和变质细砂、粉砂岩;上部夹白云质灰岩与白云质板岩,局部白云质灰岩呈角砾状。属甚低绿片岩相变质。

四川盐边县荒田盐边群玄武岩锆石 SHRIMP U-Pb 年龄为 (782±53)Ma(杜利林等,2005);四川盐边高家村角闪辉长岩锆石 U-Pb TIMS 年龄为 (840±5)Ma 和 (842±5)Ma,角闪石 Ar-Ar 年龄为 (790±1)Ma

(朱维光等,2004);四川盐边冷水箐侵位于盐边群上部岩系中的辉长岩锆石 U-Pb TIMS 年龄为(936±7)Ma(沈渭洲等,2003)。

昆阳群(Pt_2):主要出露于云南省武定、禄丰、安宁、易门、晋宁、玉溪等地区。主要为一套浅变质的陆源碎屑岩、碳酸盐岩及少量火山岩,含有丰富的 Fe-Cu 矿产。自下而上分为黄草岭组、黑山头组、大龙口组、美党组。

黄草岭组:主要为一套以千枚岩、板岩为主的地层,底部出露不全。属甚低绿片岩相变质。

黑山头组:下部岩性为绢云板岩、石英粉砂岩、石英砂岩;上部岩性为石英粉砂岩、黑色绢云板岩、石英岩、粉砂岩、泥灰岩、安山质凝灰岩。属甚低绿片岩相变质。

大龙口组:主要为一套碳酸盐岩石地层。属甚低绿片岩相变质。

美党组:主要为一套碎屑岩夹碳酸盐岩,底部含较多的泥灰岩扁豆体。属甚低绿片岩相变质。

登相营群(Pt_2):分布于喜德、冕宁二县交界处,岩性为千枚岩、板岩、变砂岩、大理岩夹中酸性火山岩,上被苏雄组不整合超覆。由下而上分为松林坪组、深沟组、则姑组、朝王坪组、大热渣组、九盘营组。

松林坪组(Pt_2):岩性以绢云(黑云)千枚岩为主,夹变质粉砂岩-砾岩及大理岩,与上覆深沟组整合接触。属甚低绿片岩相变质。

深沟组(Pt_2):主要由石英岩、千枚岩夹大理岩组成,常见韵律层及小型交错层理。下段为石英岩、变石英砂岩及少量石英绢云千枚岩组成韵律层;上段为条纹状石英绢云千枚岩夹少量变质石英砂岩。上与则姑组、下与松林坪组整合接触。属甚低绿片岩相变质。

则姑组(Pt_2):下段岩性为厚层状变质火山砾岩、流纹岩、凝灰质砂岩夹变质凝灰岩及千枚岩;上段岩性为变质流纹岩、凝灰岩及杏仁状英安岩。与上覆朝王坪组、下伏深沟组整合接触。属甚低绿片岩相变质。

朝王坪组(Pt_2):主要由变质杂砂岩夹细砾岩、粉砂质千枚岩和条纹-条带状粉砂岩组成,常见小型交错层理、冲刷面。与上覆大热渣组、下伏则姑组整合接触。属甚低绿片岩相变质。

大热渣组(Pt_2):主要为厚层至块状白云岩和薄至中厚层状白云质灰岩,与上覆九盘营组、下伏朝王坪组整合接触。属甚低绿片岩相变质。

九盘营组(Pt_2):主要岩性由上而下分为千枚岩段、变质砂岩段、千枚岩段,与上覆观音崖组不整合接触,与下伏大热渣组整合接触。属甚低绿片岩相变质。

从登相营群岩石组合、叠层石组合面貌分析,可与会理群、昆阳群对比,时代归属中元古代。

峨边群(Pt_2):仅分布于四川省峨边县金口河及其以东地区。该群主要以变质沉积碎屑岩为主,夹少量碳酸盐岩及酸性-基性火山岩、火山碎屑岩。由下而上包括桃子坝组、枷担桥组、烂包坪组、茨竹坪组。

桃子坝组(Pt_2):岩性主要由板岩、安山质火山岩和板岩夹白云岩与安山玄武质火山熔岩、火山碎屑岩组成,上与枷担桥组整合接触。属甚低绿片岩相变质。

枷担桥组(Pt_2):主要岩性为硅化白云岩、板岩夹灰岩,与下伏桃子坝组整合接触,与上覆烂包坪组平行不整合接触。属甚低绿片岩相变质。

烂包坪组(Pt_2):下部岩性为流纹质-安山质-玄武质岩屑、晶屑凝灰岩、砂砾质凝灰岩、凝灰质砾岩及变质玄武岩不等厚互层,底部为砾岩;上部为杏仁状-致密状-斑状玄武岩和玄武质凝灰岩。与上覆茨竹坪组整合接触,与下伏枷担桥组平行不整合接触。属甚低绿片岩相变质。

茨竹坪组(Pt_2):岩性主要以中层-块状变质石英砂岩、粉砂岩及板岩不等厚互层为主,夹变质砾岩、碳质板岩,含微古植物化石。与下伏烂包坪组整合接触,与苏维组疑不整合接触。属甚低绿片岩相变质。

(十一)楚雄变质带 II-1-11

楚雄变质带位于云南省中部华坪、永仁、元谋、大姚、牟定、南华、楚雄、双柏、新平等县范围,东以绿汁江断裂与滇中中新元古界变质基底分界,西以程海断裂带与盐源-丽江被动陆缘为邻。其分布范围东西宽 135km,南北长 400km。

该变质岩带出露于元谋县城、姜驿等地,与普登变质岩带相伴产出。由中元古界苴林岩群组成,是扬子古陆块上的古裂谷(或古弧-盆系)沉积;在全球 Rodinia 超大陆汇聚的背景下,遭受了高绿片岩相区域低温动力变质作用的改造,是扬子古陆块褶皱基底的组成部分。

(十二)盐源-丽江变质带 Ⅱ-1-12

盐源-丽江被动陆缘位于扬子古陆块南西边缘,东以程海断裂带与楚雄陆内盆地分界,西以三江口-白汉场断裂与羌塘-三江多岛洋为邻。由于多期构造破坏,呈现南北两段分布,北部是其主体,呈近南北向之长条状,见丽江、鹤庆、洱源、大理、永胜、弥度等县的部分地段,宽 15~50km,长达 300km;南段出现于云南西南部之金平县一带,大致为一三角形,宽 1~26km,长 56km。二者相距 300km 以上。由奥陶纪—三叠纪地层组成,该带内地质体基本未变质。

(十三)哀牢山变质带 Ⅱ-1-13

该变质岩带为紧邻哀牢山断裂带南部的狭长地带,东西两侧被红河断裂、哀牢山断裂控制,带内被不同尺度断裂分割,是由无序地质单元组成的构造带。该带可进一步划分为点苍山变质岩带和哀牢山变质岩带。带内前寒武系仅见于洱源—大理—哀牢山一带,包括古元古界点苍山岩群和哀牢山岩群(Pt_1)、中元古界大理岩群和龙川岩群(Pt_2)、新元古界罗坪山岩群(Pt_3)变质地层。其余大部地区出露古生界—中生界未变质地层,尤其以峨眉山玄武岩和三叠系大面积分布为特征。

点苍山岩群(Pt_2):出露于大理市点苍山,总体组成一个 NNW-SSE 向延伸的深变质带。主要为一套高绿片岩相-角闪岩相的中深变质岩系,岩性主要为各类片麻岩、片岩、变粒岩及大理岩、角闪岩等。由于断裂发育,不同岩性组合常呈断块出露,包括下部河底岩组、上部双鸳峰岩组(《云南省区域地质志》,1990)。

河底岩组(Pt_1):由黑云(角闪)斜长变粒岩与眼球状二长混合岩、花岗质片麻岩等夹大理岩、石墨片岩、角闪片岩组成,岩石强烈混合岩化。据上部含较多角闪质岩石及变粒岩夹大理岩及石墨片岩等初步判别,该组原岩主要为一套含火山岩的泥质碎屑岩。

双鸳峰岩组(Pt_1):以各类变粒岩为主,夹较多的大理岩、阳起片岩、绿泥绢云石英片岩等。阳起片岩化学成分接近基性岩,部分岩石中可见残留的变余砂状结构和斜层理构造等,显示原岩为一套碎屑岩-碳酸盐岩-基性火山岩组合。

点苍山岩群的时代归属历来众说纷纭。点苍山岩群斜长角闪岩 Rb-Sr 等时线年龄为(876.96±11)Ma(翟明国等,1993),漾濞县城北点苍山岩群斜长角闪岩 Sm-Nd 等时线年龄为(2408±67.8)Ma(沙绍礼等,1999),点苍山岩群混合岩的锆石 ^{206}Pb-^{238}U 年龄为 1754Ma、^{207}Pb-^{235}U 年龄为 1866Ma、^{207}Pb-^{206}Pb 年龄为 1992Ma(陈福坤等,1991)。

哀牢山岩群(Pt_2):仅分布于哀牢山一带,主要为一套混合片麻岩、斜长片麻岩、花岗片麻岩及变粒岩夹斜长角闪岩、大理岩组合,呈 NW-SE 向的带状沿哀牢山分布,向北延至南涧县密滴附近,向南延入越南。获得锆石 U-Pb 谐和年龄为 2037.1~2003.8Ma、1971.9~1672.2Ma(云南省第三地质大队,1990)。哀牢山岩群自下而上分为小羊街岩组、阿龙岩组、凤港岩组和乌都坑岩组。

乌都坑岩组:岩性主要为奥长白云片岩、石墨片岩与石英片岩、黑云质眼球状混合岩夹石榴黑云斜长变粒岩、角闪斜长片麻岩。

凤港岩组:岩性主要为大理岩夹斜长角闪岩、矽线黑云二长片麻岩、黑云斜长片麻岩、变粒岩、斜长角闪岩。

阿龙岩组:上部岩性为大理岩夹薄层斜长角闪岩、透辉角闪斜长变粒岩;下部岩性为石榴角闪斜长片麻岩、斜长角闪岩、矽线黑云(或二云)二长片麻岩、黑云斜长片麻岩、斜长角闪岩夹黑云钾长透辉岩、钾长方柱透辉岩等。

小羊街岩组：上部岩性为红柱中长二云片岩、石榴红柱二云片岩、黑云变粒岩、黑云斜长片麻岩、二云石英片岩夹薄层斜长角闪岩；下部岩性为均质混合岩、黑云斜长片麻岩夹角闪（透辉）变粒岩、黑云片岩。

哀牢山岩群具递增变质带，属于以低角闪岩相为主，局部达高绿片岩相变质程度。原岩为中基性-基性火山岩的类复理石组成。获得斜长角闪岩 Sm-Nd 等时线年龄为 (1367.1 ± 46.1) Ma、全岩 Rb-Sr 等时线年龄为 (1070 ± 13.6) Ma（翟明国，1990）；获得变钠质火山岩 Pb-Pb 等时线年龄为 (1596 ± 85) Ma、变钠质火山岩 Sm-Nd 等时线年龄为 (1330 ± 80) Ma（常向阳，1998）；获得哀牢山岩群小羊街组斜长角闪岩 Sm-Nd 等时线年龄为 (814 ± 20) Ma（朱炳泉，2001）。

大理岩群 (Pt_2)：仅分布于云南省点苍山及哀牢山一带，岩性主要为以大理岩、绿泥片岩、绿帘黝帘阳起石片岩等为主，夹斜长角闪岩。变质程度以高绿片岩相为主，局部低角闪岩相变质。

龙川岩群 (Pt_2)：主要为千枚岩、板岩、大理岩，底部为石英岩。变质程度为低绿片岩相。

（十四）都龙变质带 II-1-14

该带位于滇东南中南部边缘，分布于麻栗坡县南温河的猛洞一带。由古元古界猛洞岩群组成，岩石中的片理、片麻理呈环状分布，显示了穹隆构造的特点。从区域上看，属一规模较大的变质核杂岩的一隅，约 4/5 的面积在越南境内，云南境内部分仅为该变质核杂岩的西北角。变质岩系的形成时间可能属古元古代末期，但变质核杂岩的形成时期较晚，为侏罗纪—早白垩世地史时期的产物。

第三节　巴颜喀拉-北羌塘-昌都-思茅变质域 III

一、巴颜喀拉变质区 III-1

巴颜喀拉变质区北以康西瓦-南昆仑-玛沁-勉县-略阳对接带为界，南西以甘孜-理塘结合带和西金乌兰-金沙江结合带中西段为界，东以龙门山-锦屏山-三江口断裂带为界。次级构造单元包括有碧口变质带、可可西里-松潘变质带、炉霍-道孚蛇绿混杂岩变质带和雅江变质带。区内前寒武纪变质岩系偶见出露，以浅变质三叠纪陆源碎屑复理石建造广泛分布为特征，褶皱变形强烈。

（一）碧口变质带 III-1-1

该带周围被断裂围限，北缘以塔藏-勉略结合带与南秦岭晚古生代造山带为邻，西侧以岷江断裂为界，南东侧以平武-阳平关-勉县断裂带与龙门山逆推带相接。

新太古代—古元古代鱼洞子变质基底杂岩由表壳岩（片岩、浅粒岩、变粒岩类、灰色条带状磁铁石英岩、斜长角闪岩岩石组合）和变质古侵入体-浅红色花岗片麻岩、灰色黑云斜长片麻岩构成。斜长角闪岩锆石 U-Pb 年龄为 (2655 ± 27) Ma，侵入岩的花岗岩锆石 U-Pb 年龄为 (2693 ± 9) Ma，模式年龄为 (3017 ± 69) Ma。中—新元古代黑木林-峡口驿基底缝合带、阳坝岩浆弧、秧田坝弧后盆地构成北东向前南华纪碧口古弧盆系的主体。其中黑木林-峡口驿基底缝合带由镁质超基性岩岩块夹杂构造片岩组成。在其西北阳坝岩浆弧为由陈家坝组-阳坝岩组钙碱性变安山玄武岩、酸性熔岩、火山碎屑岩组合和铜厂-二里坝-白雀寺-阳坝钙碱性闪长岩［(816 ± 36) Ma，U-Pb，白雀寺辉石闪长岩］-花岗闪长岩（816Ma，U-Pb，白雀寺）-石英花岗闪长岩-二长花岗岩［835Ma，U-Pb，青白石；(835 ± 33) Ma，U-Pb，乐素河］组合所构成。秧田坝弧后盆地分布于阳坝岩浆弧之西北，与阳坝组在横向上时有相变和过渡现象，主要由中-新元古代碧口群 (Pt_{2-3}) 变质杂砂岩-千枚岩-变凝灰质砂岩夹酸性火山岩构成，为弧后盆地相。火山岩

SHRIMP 锆石 U-Pb 年龄集中在 840～776Ma(闫全人等,2003)。

(二) 可可西里-松潘变质带Ⅲ-1-2

可可西里-松潘变质带位于新疆东南部阿尔金走滑断裂以东,向东经西藏北部至青海,延至四川。其北侧为木孜塔格-布青山蛇绿混杂岩带和玛多-玛沁增生楔,南侧为甘孜-理塘蛇绿混杂岩带和西金乌兰湖-金沙江蛇绿混杂岩带。

可可西里-松潘变质带变质岩主要为:南华系—震旦系白依沟组($Nh—Z_1$)岩性为含砾凝灰岩、凝灰质砂岩、粉砂质板岩及冰碛砾岩,其中火山岩的锆石 U-Pb 年龄为 716Ma;古生界为被动边缘盆地中一套浅海-斜坡相的细碎屑岩、碳酸盐岩夹硅质岩,局部夹有大量的火山岩(如二叠纪玄武岩等),岩石变形较强。南华系—二叠系变质作用较低,变质矿物主要有绢云母、方解石、钠长石、绿泥石、石英及部分绿帘石,局部出现了(雏晶)黑云母矿物,总体属于低绿片岩相。

该带内绝大部分被三叠系复理石所覆盖,三叠系厚度巨大,在四川习称西康群,青海南部巴颜喀拉山至可可西里一带称巴颜喀拉群(T)。以变质砂岩、绢云板岩为主,次有少量的结晶灰岩。岩石中出现绢云母、绿泥石、微粒石英及方解石、白云石等新生矿物。总体属于甚低绿片岩相变质。

(三) 炉霍-道孚蛇绿混杂岩变质带Ⅲ-1-3

炉霍-道孚蛇绿混杂岩变质带与鲜水河断裂带的西段基本一致,沿断裂带由具强烈的构造变形和复杂的物质组成,已发现层状堆晶超基性岩、辉长岩、橄榄玄武岩、玄武质火山角砾岩、深海浊积岩系、放射虫硅质岩及二叠纪灰岩块体。

受变质地层主要为如年各组(T_{2-3}),主要变质岩石类型有绢云板岩、变基性火山岩、结晶灰岩(大理岩)和变质砂岩,变基性火山岩已变质形成钠长阳起石片岩、阳起石片岩、钠长阳起石岩、阳起钠长岩等。

炉霍-道孚蛇绿混杂岩的变质程度总体较低,变质砂岩中的杂基黏土矿物全部蚀变分解,生成绢云母、绿泥石及微粒石英集合体等新生矿物,有时见雏晶黑云母,胶结物中的硅质成分为次生加大石英碎屑颗粒,石英碎屑颗粒的次生加大边有的包含纤、片状矿物的一部分,总体属低绿片岩相的绢云母-绿泥石带(1:25 万康定县幅,2003)。

(四) 雅江变质带Ⅲ-1-4

该带内基底变质岩系包括中元古界下村岩群(Pt_2),出露在九龙—木里地区的穹状体之核部。主要为高绿片岩相-角闪岩相的变质岩层,岩性大多为黑云(角闪)斜长片麻岩、夹变粒岩、斜长角闪岩和各种片岩、大理岩等,原岩为泥质碎屑岩-火山岩组合。中-新元古界碧口岩群(Pt_{2-3})仅出露于文县—平武地区(1:25 万略阳县幅,2006),岩性主要以浅变质基性和酸性火山熔岩及同源火山碎屑岩为主,夹正常沉积的泥钙质岩,含铜硫铁矿及金矿。变质岩石组合下部为变质双峰式火山岩组合,岩石类型有绿片岩、白云母钠长片岩和少量蓝片岩及千枚岩等;中部为变质火山碎屑沉积岩组合,以绿泥(绿帘)白云母片岩为主,夹有绿片岩及千枚岩等;上部为变质沉积岩组合,由变长石杂砂岩和千枚岩组成互层产出,构成复理石岩系。碧口群出现的变质矿物有角闪石、白云母、绿泥石、绿帘石、钠长石、石英、铁氧化物、方解石、黑硬绿泥石等,偶见绿纤石等。大致以钠质闪石+绿帘石共生为特征,属于蓝片岩相,变质温度 $T=300～400℃$,压力 $P=0.5～0.6GPa$。以钠长石+绿泥石+阳起石共生组合为特征,属于低绿片岩相,变质温度 $T=350～450℃$,压力 $P=0.4～0.5GPa$(魏春景,1994;刘鹤等,2008)。

二、甘孜-理塘变质区Ⅲ-2

甘孜-理塘变质区构造位置上属于甘孜-理塘蛇绿混杂岩带,该点可以进一步划分为甘孜-理塘蛇绿混杂岩变质带和义敦-沙鲁变质带两个次级变质带。

(一) 甘孜-理塘蛇绿混杂岩变质带Ⅲ-2-1

该带北西自西邓柯,向南东经甘孜转向南,经理塘至川滇交界处的三江口,然后向西折转沿哈巴雪山、玉龙雪山西侧南延至剑川,在乔后北与南延的金沙江结合带交接,在剑川以南可能由于扬子陆块西南角向西的掩冲而被截断或掩覆。其北西端可能在西邓柯—玉树一带与可可西里-金沙江-哀牢山变质带相接。

该带是一个由早石炭世—晚三叠世洋脊型拉斑玄武岩、苦橄玄武岩、镁铁质与超镁铁质堆晶岩、辉长岩-辉绿岩墙、蛇纹岩、放射虫硅质岩与复理石组成的蛇绿混杂岩带。外来沉积岩块体的时代,从奥陶纪到三叠纪都有,基质为早石炭世和晚三叠世的砂板岩及火山岩。

带内的绿片岩相变质地质体主要指结合带内各构造混杂岩块中的岩石,其岩石类型主要见有板岩、变质砂岩、变质碳酸盐岩、变质基性火山岩及石英片岩等,构成了甘孜-理塘变质带的主体。总体变质程度较浅,在变质沉积碎屑岩石中,常出现绢云母、石英、绿泥石、方解石及白云石等,较少出现黑云母;在变质碳酸盐岩中,主要变质矿物为方解石、白云石及少许绢云母、石英等;在变质基性火山岩中,常出现绿泥石、钠长石、阳起石、绢云母、黝帘石、次闪石及少许石英等,部分见有黑云母的出现。

在板岩类、千枚岩类、变质正常碎屑岩类和火山岩类岩石中,上述变质矿物组合显示以低绿片岩相为主的变质作用特征。据其变质矿物共生组合及变质矿物反应,推断其变质作用温压条件大致相当于温度 $T=400\sim450℃$、压力 $P=0.2\sim1.0GPa$。

在甘孜-理塘蛇绿混杂岩带中,沿新龙以西—理塘—木里—三江口一带,含蓝闪石变质矿物类岩石呈"岩块"状断续产在低绿片岩相的变细粒-粉粒长石石英砂岩与(凝灰质)板岩、粉砂岩和蚀变基性火山岩及硅质岩等混杂岩中(1:20万义敦幅;四川省地质调查院,1:5万三翟桑幅;1:25万新龙县幅,2003)。含蓝闪石变质矿物类岩石主要见有以下3类:含蓝闪石绿黝帘石阳起石片岩、含蓝闪石绿泥阳起片岩及含蓝闪石蚀变玄武岩,原岩为一套变质基性火山岩。

在甘孜-理塘俯冲变质岩带中,岩石变质矿物组合主要为蓝闪石-阳起石-绿泥石-绿黝帘石-钠长石,其出现了特征变质矿物蓝闪石、阳起石等,同时出现了常见变质矿物如绿泥石、绿黝帘石等。据上述主要变质特征矿物及其组合,峰期变质作用温压条件应在 $350℃$、$0.6\sim0.7GPa$ 范围内,具有蓝片岩相的初始特征。由于蓝片岩出露局限,反映了大部分岩石因为发生增温变质作用多已转变成了绿片岩相岩石,其温压条件为 $T=350℃$、$P=0.7GPa$。而大面积发生绿片岩相变质作用阶段(折返抬升、推覆就位阶段)的温压条件应为 $T=400\sim450℃$、$P=0.4\sim0.52GPa$ 范围内。

此外,理塘之南甲洼附近发现榴闪岩(1:20万义敦幅),结合蓝片岩分布,反映该变质带峰期变质作用存在高压-超高压相特征。结合区域上的下-中侏罗统(J_{1-2})滨浅海碎屑岩直接不整合于蛇绿混杂岩之上(王康明等,2003),因此,区域变质作用应形成于俯冲-碰撞过程,时间应为晚三叠世。

(二) 义敦-沙鲁里变质带Ⅲ-2-2

义敦-沙鲁里变质带构造位置属于义敦岛弧,也有称昌台-乡城岛弧带(李兴振等,2002),以居德来-定曲、木龙-黑惠江断裂和甘孜-理塘蛇绿混杂岩带的马尼干戈-拉波断裂为其东界,包括义敦-白玉-乡城-稻城及三江口地区。义敦-沙鲁里变质带内的变质地质作用,以基底变质岩系的变质为主,盖层变质作用较弱。

带内前寒武系出露于南端东侧恰斯地区,与扬子陆块相似的地壳结构有前震旦系变质基底和震旦系及其以后的古生界及下中三叠统沉积盖层。地层包括青白口系下喀莎组(Qb)、南华系木座组(Nh)和震旦系蜈蚣口组(Z_1),主体为一套绿片岩相变质岩系,震旦系水晶组(Z_2)为浅海碳酸盐岩建造。早古生代为稳定的滨浅海相台型碳酸盐岩-碎屑岩建造,晚古生代以来至中三叠世主要为一套被动边缘裂陷盆地中的深水陆棚-斜坡相变碎屑岩夹硅质岩及火山岩建造。青白口系—中三叠统变质作用较低,变质岩组合为板岩、千枚岩、片岩、变质砂岩、变质基-酸性火山岩及碳酸盐岩等。

带内上三叠统变质作用很低，变质岩组合为板岩、千枚岩、变质砂岩、变质基-酸性火山岩及碳酸盐岩等，各类岩石中的变质矿物组合为绢云母、石英、绿泥石、方解石等。依据岩石类型及矿物组合，推算变质温压条件为 $T=250\sim260℃$、$P=0.1GPa$ 总体属于甚低绿片岩相变质特征。

三、中咱-中甸变质区Ⅲ-3

中咱-中甸变质区构造上相当中咱-中甸地块，西以金沙江结合带为界，东邻勉戈-青达柔弧后盆地，呈狭长梭状展布。古生代属于扬子大陆西部被动边缘的一部分，晚古生代中晚期由于甘孜-理塘洋的打开，使中咱-中甸地块从扬子陆块裂离。该地块历经基底形成和稳定地块盖层发育两个阶段。

1. 基底岩系变作用特征

石鼓岩群（Pt_{2-3}）仅分布于云南省丽江市塔城—石鼓一带（1:25万中甸县幅，2003）。由德国人Misch（1947）创名于丽江县石鼓镇，系指丽江县塔城—石鼓一带的变质岩系，厚逾万米，自下而上包括羊坡岩组（Pt_{2-3}）、陇巴岩组（Pt_3）和塔城岩组（Pt_3）。

中-新元古界羊坡岩组（Pt_{2-3}）变质及变形强烈，岩性为黑云母片岩、斜长角闪岩、矽线石榴黑云母片麻岩等，应属扬子陆块基底。在黎明乡羊坡岩组斜长角闪岩中获 Sm-Nd 模式年龄 1369.8～1343.8Ma（翟明国，1990），石鼓岩群变质岩 Rb-Sr 等时线年龄为（996.1±33.2）Ma（翟明国等，1993）。

变质岩主要矿物共生组合：黑云母＋斜长石＋石英＋矽线石、黑云母＋斜长石＋石英＋铁铝榴石、黑云母＋白云母＋石英、铁铝榴石＋黑云母＋白云母＋斜长石＋石英、黑云母＋斜长石＋普通角闪石＋石英＋铁铝榴石。依据矿物共生组合，推算变质温压条件为 $T=450\sim700℃$，属于一套高绿片岩相-角闪岩相变质岩系（1:25万中甸县幅，2003）。

新元古界陇巴岩组和塔城岩组（Pt_3）变质程度较低，变形较强，变质岩石为黑云母片岩、黑云母石英片岩、钠长片岩、阳起石片岩、绿泥石英片岩、绿泥岩片岩、绢云绿泥片岩夹变基性火山岩等组合。变质岩的变质矿物主要为绿泥石、绿帘石、阳起石、钠长石、黑云母、白云母、黝帘石、方解石、白云石、石英、斜长石等。据其变质矿物组合特征及其变质反应，确定其形成的温压条件大致为 $T=500\sim575℃$、$P=0.2\sim0.6GPa$，属于绿片岩相（未分）-高绿片岩相变质特征。

下喀莎组（Qb）时代归属青白口纪，仅分布于四川木里县水洛下喀莎一带。为一套变质火山岩、火山碎屑-陆源碎屑岩系地层。下部为千枚岩夹碳质板岩、变质长英粉砂岩、凝灰岩、钠长石英片岩；中部钠长（石英）浅粒岩、钠长片岩、钠长石英与石英片岩、云母片岩、千枚岩不等互层；上部为绿帘阳起片岩、绿泥钠长片岩、钠长片岩、钠长次闪片岩偶夹斜长石英浅粒岩透镜体。获得单颗锆石 U-Pb 年龄值为（855±8）Ma，（1083±2）Ma，其时限范围应属青白口纪（胡金城等，1994）。

木座组（Nh）由厚层块状含砾变砂岩、变质砂岩（或变质砾岩）组成，可相变为含砾千枚岩夹含砾长石杂砂岩及白云岩透镜体，部分地区火山碎屑物质增多，相变为凝灰砾岩、含砾砂岩、绢云绿泥片岩及夹灰岩扁豆体的绿泥绢云千枚状沉凝灰岩。层位相当于南沱组冰碛层时代，至于砾岩性质是否具冰碛砾岩的特征，还有待进一步研究。

蜈蚣口组和水晶组（Z）分布于平武县北、巴丹和中甸等地，其中蜈蚣口组岩性为绢云石英千枚岩夹变质砂岩或结晶灰岩的泥砂质建造，大体层位与陡山沱组相当，变质岩组合为千枚岩、石英岩、石英片岩、粉砂岩、凝灰质含砾砂岩夹少量白云岩、白云质灰岩、泥质白云岩。水晶组为微晶白云岩、硅质条带白云岩、富藻白云岩等。

上述青白口纪—震旦纪地层的变质较浅，其变质矿物主要为绢云母、白云母、钠更长石、绿泥石、阳起石、黝帘石、石英、方解石及白云石等，其出现了低绿片岩相的特征变质矿物绢云母、绿泥石、黝帘石等，故其总体应属低绿片岩相-绿片岩相（未分）。据其变质矿物组合特征及其变质反应确定其形成的温压条件为 $T=350\sim500℃$、$P=0.2\sim1.0GPa$（1:25万新龙县幅，2003）。

2. 盖层岩系变质作用特征

下古生界在中咱-中甸地块东西两侧变质程度差异较大,在金沙江结合带东侧巴塘-日雨-哀牢山断裂与德来-定曲、木龙-黑惠江断裂之间(即地块西侧),下古生界地层主体为一套滨浅海-浅海相浅变质碎屑岩、碳酸盐岩,夹变基性-中基性火山岩。变质岩石类型主要为白云母片岩、石英片岩、千枚岩、板岩、变砂岩、条带状大理岩、白云质石英大理岩及变基性-中基性火山岩等,变质矿物主要为绢云母、白云母、绿泥石、阳起石、黝帘石、石英、方解石及白云石等,其出现了低绿片岩相的特征变质矿物绢云母、绿泥石、黝帘石等,故总体应属低绿片岩相。

以居德来-定曲、木龙-黑惠江断裂和甘孜-理塘结合带的马尼干戈-拉波断裂为其东界,包括义敦-白玉-乡城-稻城及三江口地区,上古生界变质极低,属于甚低绿片岩相。上古生界—中生界基本未变质。

四、西金乌兰-金沙江-哀牢山变质区 Ⅲ-4

该变质区对应的大地构造单元为西金乌兰-金沙江-哀牢山结合带,介于西侧北羌塘-昌都-兰坪陆块与东侧中咱-中甸陆块和巴颜喀拉前陆盆地之间。自西藏北部羊湖、郭扎错,经西金乌兰湖一直延到邓柯-玉树,向南则经巴塘、得荣-奔子栏-点苍山西侧,更南延展进入越南北部与马江蛇绿岩带相连(李兴振等,1991)。

西金乌兰-金沙江-哀牢山变质区各时代地层遭受了强烈的构造变形和变质,使地层的原始层序和相互关系遭受严重破坏,带内挤压破碎、片理化及糜棱岩化极为发育。主要由蛇纹石化超镁铁岩(辉石岩-纯橄榄岩)、超镁铁堆晶岩、辉长岩-辉绿岩墙群、洋脊型玄武岩及硅质岩和放射虫硅质岩组成,与其他被肢解的泥盆纪、石炭纪、二叠纪、三叠纪等灰岩"块体"及其绿片岩"基质"构成蛇绿混杂岩带。根据变质岩在区域上表现出的不同特征,该变质区可以进一步划分为 3 个次级变质带,分别为:西段西金乌兰蛇绿混杂岩变质带、中段金沙江蛇绿混杂岩变质带和南段哀牢山蛇绿混杂岩变质带。

此外,带内呈构造"岩块"出露的前寒武纪变质岩,包括宁多岩群(Pt_{1-2})中深变质岩块、新元古代巨甸岩群(Pt_3)中浅变质岩块,新变质作用特点与西侧"昌都-兰坪变质带"相一致。

(一) 西金乌兰蛇绿混杂岩变质带 Ⅲ-4-1

该带大致位于通天河以西,沿拉竹龙—拜惹布错—萨玛绥加日—西金乌兰湖一带,主体呈近东西方向展布,延伸至拉竹龙附近被阿尔金大型走滑断裂左行错移后走向不明(可能与泉水沟-郭扎错断裂带相接),主体构成北侧可可西里-松潘前陆盆地西部与南侧北羌塘-甜水海地块的重要分解。带内以发育晚古生代—三叠纪蛇绿混杂岩为其主要特征,其上被上三叠统不整合覆盖。

带内除局部发育中深变质的前寒武纪变质岩"块体"和纤闪石化辉石岩、蛇纹纤闪石化橄辉岩等变质超镁铁质岩"块体"以外,大量出现的变质岩石以千枚岩化、片理化变质砂岩,板岩,千枚岩,片岩和变质中基性火山岩等为主。包括有:绢云母方解石石英千枚板岩、硅质千枚板岩、含细砂绢云母千枚板岩等;含硅质千枚岩、硅质千枚岩、绢云母千枚岩等;糜棱岩化绢云母石英千枚片岩、绢云母千枚片岩、碳质绢云母千枚片岩、阳起石绢云母片岩、二云母白云质石英片岩等;钠长阳起绿帘石岩、钠长绿帘阳起石岩(基性岩);石英岩类和大理岩类。

在板岩、千枚岩、石英岩中,出现的特征变质矿物主要有绢云母、绿泥石、硬绿泥石等。具有以下几种矿物共生组合:石英+长石+绢云母、绢云母+石英+碳质、石英+菱铁矿、石英+方解石+绢云母、石英+绢云母+白云石、石英+长石+绢云母+碳质、石英+绢云母、石英+绿泥石+菱铁矿+硬绿泥石、石英+绢云母+黝帘石+碳质、石英+绢云母+绿泥石+硬绿泥石、斜长石+石英+绢云母。

在千枚片岩、片岩和变质中基性火山岩中,出现的特征变质矿物主要有绢云母、绿泥石、黑云母等。具有以下几种矿物共生组合:钠长石+阳起石+绿帘石+石英+黑云母、绢云母+石英+黑云母、石英+绢云母(白云母)+方解石、绢云母+石英、石英+长石+绢云母+绿帘石+黑云母、蛇纹石+纤闪石+绿泥石+方解石、绿泥石+绿帘石+石英。

依据上述矿物组合,初步推断其变质温度 $T=375\sim500$℃,压力 $P=0.2\sim1.0$GPa,主体应为低绿片岩相,局部变质程度稍高而定为绿片岩相(未分)。依据辉长岩的全岩 K-Ar 法年龄为 199Ma(1∶25万黑石北幅、羊湖幅,2005),辉长岩的 $^{40}Ar-^{39}Ar$ 法坪年龄分别为 (228.9 ± 4.9)Ma、(249.5 ± 4.7)Ma、(212.9 ± 5.5)Ma(1∶25万玛尔盖茶卡幅、岗扎日幅,2005),结合区域上蛇绿混杂岩被上三叠统不整合覆盖,认为变质作用形成于三叠纪的碰撞造山过程。上三叠统及其之上的地层未变质。

(二) 金沙江蛇绿混杂岩变质带Ⅲ-4-2

金沙江蛇绿混杂岩带位于通天河以东,沿治多、玉树,经德格西、巴塘至石鼓以西,总体沿金沙江主断裂(盖玉-德荣断裂)以西、金沙江河谷与羊拉-鲁甸断裂以东的狭长区域展布。东邻中咱-中甸地块,西邻江达-德钦-维西陆缘火山弧。带内以发育晚古生代—三叠纪蛇绿混杂岩为其主要特征,其上被上三叠统不整合覆盖。

带内除局部发育中深变质的前寒武纪变质岩"块体"和纤闪石化辉石岩、蛇纹纤闪石化橄辉岩等变质超镁铁质岩"块体"以外,大量出现的变质岩石以板岩、千枚岩、片岩和变质中基性火山岩等为主,岩石类型主要包括绢云母石英千枚板岩、硅质千枚板岩、含细砂绢云母千枚板岩等;含硅质千枚岩、硅质千枚岩、绢云母千枚岩等;阳起石绢云母片岩、二云母白云质石英片岩、绿泥阳起石片岩、绿泥阳起钠长片岩、角闪石英片岩、斜长角闪片岩等;钠长阳起绿帘石岩、钠长绿帘阳起石岩(基性岩);石英岩类和大理岩类。

在板岩、千枚岩、石英岩中,出现的特征变质矿物有绿泥石、绿帘石、阳起石、钠长石、黝帘石、方解石、绢云母及石英等,局部可见少许白云母、黑云母及白云石等。

在片岩和变质中基性火山岩中,出现典型矿物组合为角闪石+石英+酸性斜长石+绿帘石、黑云母+绢云母+帘石、阳起石+绿帘石+钠长石+方解石、角闪石+斜长石+绿帘石、斜长石+角闪石+石英、绿泥石+蛇纹石+磁铁矿、白云母+黑云母+石英、绿泥石+绢云母+黑云母。

上述岩石中的变质矿物组合内,既出现较广泛的绢云母、绿泥石特征矿物,又发育有标志性的浅蓝绿色角闪石、黑云母矿物,未出现十字石。因此,发育低绿片岩相→高绿片岩相变质作用,总体属于以绿片岩相(未分)为主,并包括低温度区间的高绿片岩相。据变质矿物共生组合及变质反应等推测其形成的温压条件大致为温度 $T=350\sim570$℃,压力 $P=0.2\sim1.0$GPa(1∶25万新龙县幅,2003;1∶25万石渠县幅、治多县幅、玉树县幅,2005)。

此外,在玉树隆宝湖—立新乡一带的石炭纪—三叠纪蛇绿混杂岩中,于糜棱岩化辉长岩、阳起石片岩、云母片岩、云母石英片岩、斜长角闪片岩等"基质"变质岩石组合内,发现榴闪岩和蓝闪片岩。在白玉山岩乡一带(1∶20万白玉县幅、雄松区幅,1992),分布有高绿片岩相变质的基性火山岩、泥质碎屑岩夹有大理岩、少量石英岩,主要矿物共生组合为蓝闪石+黑硬绿泥石+钠长石+绿帘石(蓝闪钠长绿泥片岩)、白云母+黑云母+石英(二云母石英片岩)、黑云母+绿泥石+透闪石+方解石+石英(含透闪方解石石英岩)。反映该变质带峰期变质作用存在高压-超高压相特征。

结合区域上的上三叠统甲丕拉组(T_3)陆相-海陆交互相碎屑岩直接不整合于蛇绿混杂岩之上,认为区域变质作用应形成于俯冲-碰撞过程,时间应为二叠纪—晚三叠世。上三叠统及其之上的地层未变质。

从其空间分布上可划分为北东、南西两段:上兰-绿春变质地带,石鼓-中甸变质地带。

1. 上兰-绿春变质地带

该带可划分为雪龙山变质岩带、德钦变质岩带和上兰变质岩带3个四级变质单元。其中雪龙山变质岩带由古元古界雪龙山岩群组成,是一套变质程度达角闪岩相的中压区域动热变质作用的产物,是上兰-绿春变质区的结晶基底残片。德钦变质岩带由德钦蛇绿混杂岩和马邓岩群(相当于前人划分的新元古界德钦岩群 2、3 段)组成,是德钦洋盆关闭后弧-陆碰撞变质作用产物。而上兰变质岩带是金沙江洋盆关闭过程中的中三叠世上兰残余海盆沉积。

2. 石鼓-中甸变质地带

该带可进一步划分为 3 个四级变质地质单元。

其中石鼓变质带由古元古界石鼓岩群组成,是一套变质程度达角闪岩相的片麻岩、变粒岩,是本变质区的结晶基底。

巨甸变质带由中元古界巨甸岩群组成,是一套大陆边缘斜坡的沉积,岩石经受了区域低温动力变质作用,其变质强度达高绿片岩相,构成三江地区的褶皱基底。

三江口变质带由白汉场蛇绿混杂岩组成,岩石中蓝闪绿片岩的出现说明其是俯冲-碰撞变质作用的产物;而塘布谷变质岩带的低绿片岩相变质,显然与洋盆关闭后的弧-陆碰撞作用有关。

(三) 哀牢山蛇绿混杂岩变质带Ⅲ-4-3

哀牢山蛇绿混杂岩主要分布于西侧兰坪地块与扬子陆块西南缘活化基底冲断带间,东以哀牢山断裂为界与哀牢山深变质带相邻,西以墨江断裂为界与思茅地块东缘的墨江-绿春火山弧相邻,东南端延至越南境内,北端在弥渡附近尖灭。带内以发育晚古生代—三叠纪蛇绿混杂岩为其主要特征,其上被上三叠统不整合覆盖。

哀牢山蛇绿混杂岩内的变质岩组合、变质作用特点与"金沙江蛇绿混杂岩"相似。此外,哀牢山北东侧潘家寨火山岩已变质成绿片岩和蓝片岩(王义昭,2000),其岩石化学和地球化学特征表明为大陆裂谷型粗面玄武岩和玄武岩,以低 Si 和高 Ti、高碱为特征,与峨眉山玄武岩相似,但现已卷入混杂岩中,蓝片岩中的蓝闪石为铁钠钙闪石和蓝透闪石。值得注意的是在漠沙-马鹿塘间 244km 处以构造岩块出露的含蓝闪钠长绿泥片岩,其原岩为杏仁状玄武岩,是在洋内俯冲与弧-陆碰撞过程的基础上,经后期叠加改造形成,变质强度为高压蓝片岩相。

上三叠统一碗水组不整合于蛇绿混杂岩之上,其底部砾岩中含蛇绿岩与铬铁矿碎屑,可以认为哀牢山蛇绿岩及其变质作用的定位时代是在晚三叠世(一碗水组)沉积之前。推论变质时间应为二叠纪—晚三叠世,上三叠统及其之上的地层未变质。

哀牢山蛇绿混杂岩变质带可划分为藤条河变质带和马邓变质岩带。藤条河变质岩带分布于绿春变质地带之南东部,红河县车古、元阳县沙拉托、黄毛岭,金平县老猛等地,呈北西向长条状,宽 1~15km,长 50km。由藤条河蛇绿混杂岩与上兰组组成,应是与该变质地带北西端的上兰变质岩带为同一碰撞变质作用的产物。马邓变质岩带位于哀牢山断裂带西侧,由哀牢山蛇绿混杂岩与马邓岩群组成,马邓岩群的强烈变形与蓝闪片岩的存在,显示它们与该变质区北西端的德钦变质岩带可能是同一弧-陆碰撞变质作用的产物。

五、甜水海-北羌塘-昌都-兰坪-思茅变质区Ⅲ-5

(一) 甜水海-北羌塘变质带Ⅲ-5-1

北羌塘-甜水海变质区南以龙木错-双湖-查吾拉结合带为界,北以羊湖-西金乌兰湖-金沙江结合带为界,其西北至喀喇湖,东北以乌兰乌拉湖-北澜沧江变质带为界。北羌塘-甜水海变质区可划分为甜水海变质带、北羌塘变质带和那底岗日-格拉丹冬变质带。

带内古生界、中生界大面积出露,全区以三叠系、侏罗系—白垩系广泛分布为特色,山间断陷盆地陆相沉积的古近系和新近系亦较多分布,前寒武纪变质岩局部出露。

该带前寒武纪变质岩系包括长城系甜水海岩群(Ch)、蓟县系岔路口岩组(Jx)。

甜水海岩群(Ch)时代为长城纪,主要出露在甜水海、阿克赛钦湖及其喀拉喀什河上游,在红其拉甫北有零星分布(1:25万麻扎幅、神仙湾幅、岔路口幅、阿克萨依幅,2004,2005)。岩石组合可划分三部分,上部主要为中层变质钙质砂岩和含碳千枚岩夹暗灰色硅质灰岩;中部为变质长石砂岩,局部夹钙质粉砂岩或不均匀的互层;下部为薄层—中层状砂岩、粉砂岩及凝灰砂岩夹少量石英岩。岩群主要为一套浅变质细碎屑岩夹泥质岩,岩石变形非常强烈,变质较浅。发育一系列紧闭尖棱褶皱、顺层掩卧褶皱及强劈理化带。

岔路口岩组(Jx)主要出露在甜水海、阿克赛钦湖及喀拉喀什河上游,在红其拉甫北有零星分布(1:25万麻扎幅、神仙湾幅、岔路口幅、阿克萨依幅,2004,2005)。其中岔路口岩组以块状石英岩、含碳石英片岩为主,下部为变砂板岩,向东至阿克萨依湖北部变为黑色石英岩夹含碳绢云石英片岩。

下古生界(Pz_1)在该带内分布较为广泛,主要为一套浅海相碳酸盐岩-碎屑岩沉积组合,主要为浅变质的泥质岩-长英质岩类的变砂岩、板岩、千枚岩类及少量的钙镁质岩。主要变质矿物组合为绢云母＋绿泥石＋石英,绿泥石＋石英＋斜长石,绢云母＋绿泥石＋斜长石＋石英,矿物组合显示变质程度为甚低绿片岩相,相当于绢云母-绿泥石带。

区域上可见下泥盆统广泛不整合于下伏地层之上,上古生界及其之上的中生界地层未变质。

(二)昌都变质地带Ⅲ-5-2

昌都变质区所对应大地构造单元为昌都弧盆系,位于西金乌兰-金沙江结合带以西,乌兰乌拉湖-澜沧江结合带以东的区域。昌都变质区可进一步划分3个次级变质带,分别为治多-江达-维西变质带、昌都变质带、开心岭-杂多变质带。

区内前寒武纪变质岩系分布非常局限,主体发育有较完整的上古生界,全区以三叠系、侏罗系—白垩系广泛分布为特色,山间断陷盆地陆相沉积的古近系和新近系局部分布。

1. 治多-江达-维西变质带Ⅲ-5-2-1

该带位于青海省南部,呈NW向展布,夹持于西金乌兰湖-金沙江蛇绿混杂岩带与昌都-兰坪双弧后前陆盆地之间,其上出露最老地层为中-上三叠统结隆组,为弧后前陆盆地构造环境,其上发育晚三叠世巴塘群岩浆弧。

2. 昌都变质带Ⅲ-5-2-2

该带处于青海省南部,NW向展布,构造位置为三江弧盆系的主体组成部分,其北侧为治多-江达陆缘弧带(P_2—T_2),南侧为开心岭-杂多-景洪岩浆弧(P_2—T_2)。中下元古界组成古老的变质基底,发育复杂构造演化过程。

3. 开心岭-杂多变质带Ⅲ-5-2-3

开心岭-杂多岩浆弧(P_2—T_2)呈带状位于青海省南部,NW向展布,北侧为昌都-兰坪双弧后前陆盆地(Mz),南侧为羌北地块。该带石炭纪为稳定的陆表海沉积,其上发育二叠纪岩浆弧,后被不同时代陆内盆地覆盖。

该带前寒武纪变质岩系包括宁多岩群和雪龙山岩群(Pt_{1-2})、吉塘岩群(AnD)下部岩组(或恩达岩组,Pt_{1-3})和草曲群(Pt_3)。

下-中元古界宁多岩群(Pt_{1-2}):出露于昌都盆地东缘的戈波北东侧小苏莽、加来多地区,以及东侧的"可可西里-金沙江-哀牢山变质带"中(1:25万黑石北湖幅、可可西里湖幅、曲麻莱县幅、治多县幅、玉树县幅,2002,2005;1:25万囊谦县幅、江达县幅、贡觉县幅和芒康县幅,2007)。岩性主要以黑云斜长片麻岩、石英片岩、石英岩、浅粒岩为主,夹斜长角闪片岩、角闪石片岩、大理岩及透辉石岩,岩石以发育透入性区域片理、片麻理为特征。

按岩石化学特征,将宁多岩群变质岩分为泥质长英质变质岩、中基性变质岩和钙质变质岩三大类:泥质变质岩类包括各类片麻岩、石英片岩、石英岩及二云片岩;中基性变质岩类包括角闪黑云斜长片麻岩、斜长角闪片岩、角闪片岩;钙质变质岩类包括各类大理岩及透辉石岩。宁多岩群典型变质岩石的矿物组合为:

红柱石+黑云母+白云母+斜长石+石英(含红柱石二云母片岩);

角闪石+黑云母+斜长石+石英(黑云角闪斜长片麻岩);

红柱石+铁铝榴石+黑云母+白云母+斜长石+钾长石+石英(石榴红柱二云母片岩);

铁铝榴石+黑云母+白云母+斜长石+钾长石+石英(石榴二云母片岩);

毛发状矽线石+铁铝榴石+黑云母+白云母+斜长石+石英(矽线石榴黑云斜长片麻岩);

矽线石+堇青石+黑云母+铁铝榴石+斜长石+石英(含矽线堇青黑云斜长片麻岩);

普通辉石+角闪石+黑云母+斜长石(透辉角闪斜长片麻岩);

方解石+透辉石+透闪石+金云母+石英(金云母透闪透辉大理岩)。

据以上变质岩石中的特征变质矿物及其共生组合,可确定其变质相为低角闪岩相,根据变质岩石中出现矽线石、堇青石,划归堇青石-矽线石带,属中低压相系,其变质作用温压条件应为 $T=575\sim640℃$、$P=0.3\sim0.8GPa$(1:20万类乌齐幅、拉多幅、白玉县幅、雄松区幅,1992)。

雪龙山岩群(Pt_{1-2}):主要分布于兰坪盆地东侧雪龙山一带,上部岩性以(角闪)黑云斜长变粒岩、(含十字蓝晶)二云石英片岩为主,石英岩、角闪透辉大理岩、斜长角闪片岩较少,岩石具混合岩化现象;中部岩性以石榴二云石英片岩、(石榴)黑云斜长变粒岩、含榴黑云斜长片麻岩为主,黑云石英片岩、斜长角闪片岩较少,岩石混合岩化现象明显;下部为黑云斜长变粒岩、(黑云)斜长角闪岩、二云(石英)片岩及少量(含角闪)黑云斜长片麻岩、大理岩,岩石普遍混合岩化。据变质作用程度,该岩带可划分为十字石-蓝晶石带及铁铝榴石带,前者为岩带主体。

十字石-蓝晶石带:十字石或蓝晶石的首次出现为该带的划分标志,主要矿物共生组合为石英+黑云母+十字石、石英+黑云母+斜长石+铁铝榴石+蓝晶石、石英+黑云母+斜长石+铁铝榴石+普通角闪石、斜长石+透辉石+普通角闪石、石英+黑云母+斜长石+普通角闪石。在共存的角闪石-斜长石之间的矿物形成温度为 $450\sim600℃$(1:25万中甸县幅,2003)。

铁铝榴石带:主要变质矿物为黑云母、铁铝榴石、白云母、斜长石及普通角闪石,主要矿物共生组合为石英+白云母+黑云母+斜长石+铁铝榴石、石英+黑云母+斜长石+普通角闪石。

综合分析上述资料,雪龙山岩群的变质作用类型为中压型区域动力热流变质,可划分为铁铝榴石带和十字石-蓝晶石带,变质作用强度分别为高绿片岩相和低角闪岩相。

恩达岩组(Pt_{1-3}):属于前泥盆系吉塘岩群(AnD)的下部岩组,为一套角闪岩相(局部麻粒岩相)变质岩系,断续出露于依布茶卡东、当木江-仓来拉以及他念他翁山一带(1:25万日干配错幅、仓来拉幅、杂多县幅、丁青县幅、昌都县幅、八宿县幅,2005,2007)。

恩达岩组片麻岩的 Rb-Sr 同位素年龄为 (757.1 ± 268.4)Ma(雍永源,1987),侵入于吉塘岩群西西岩组中的变质侵入体中获得 U-Pb 锆石法等时线上交点同位素年龄为 (1245 ± 24)Ma(1:25万杂多幅,2005)。岩性主要由角闪岩相的黑云斜长片麻岩、黑云变粒岩、角闪斜长片麻岩、条带状混合岩夹石英片岩、矽线石榴斜长片麻岩、黑云长石片岩、大理岩组成。各类岩石的代表性矿物共生组合如下。

泥砂质岩类:白云母+黑云母+(铁铝榴石)+十字石+石英+石墨(或堇青石、矽线石)、白云母+十字石+斜长石+石英;

基性岩类:普通角闪石+斜长石;

碳酸盐岩类:白云母+方解石、透闪石+白云母+方解石。

据矿物组合确定其变质程度为低角闪岩相,矿物组合中出现十字石;而堇青石、矽线石矿物的出现,显示局部具有麻粒岩相变质特征;自然重砂测量该岩组范围内有蓝晶石分布,属于中压条件。属于区域动力热流变质作用,早期变质作用为新元古代,遭受了后期变质作用的叠加。

草曲群(Pt_3):分布于昌都县面达乡长青可南东草曲一带沟,四周与上三叠统浅变质岩系以断层为界,其上角度不整合覆盖有少量第三系贡觉组。上部为绢云绿泥片岩、白云石英片岩,中下部为砾岩、石英片岩、千枚岩、石英岩、长石石英岩及绢云绿泥片岩,夹变质基性火山岩等,原岩为砾岩、泥质砂岩、钙质页岩夹基性火山岩建造。西藏区调队(1991)在基性火山岩夹层中获得同位素(锆石U-Pb)年龄值为999Ma和876Ma,与青白口纪时期相当(1:20万邓柯幅,1993)。

典型岩石的共生矿物组合为绿泥石+绢云母+石英+白云母±方解石,变质程度为低绿片岩相。

相当于草曲群(Pt_3)变质岩地层在东侧"金沙江蛇绿混杂岩"中呈构造"岩块"分布,被称作巨甸岩群(Pt_3)。主要为含碳质绢云千枚岩、碳质黏板岩、绢石英千枚岩、绢云千枚岩、钠长阳起片岩组成,原岩为中基性火山岩及含火山碎屑沉积建造。该岩群岩石中以出现黑云母+白云母组合为特征,其主要变质矿物有硬绿泥石、黑硬绿泥石、钠更长石、阳起石等。据矿物共生组合分析,该岩群主要经历了变质强度达低绿片岩相-绿片岩相(未分)的区域低温动力变质作用。

盖层岩系变质作用特征:古生界在该带内分布局限,不同地区、地段的地层和岩石组合及变质作用有差异。从岩石的变质作用特点出发,主要包括下奥陶统青泥洞群(O_1)分布于昌都盆地东缘,为浅海相石英砂岩、细砂岩、板岩夹结晶灰岩;吉塘岩群(AnD)上部岩组或酉西岩组(Pz_1)呈带状于昌都盆地西缘分布,由各类片岩和底部复成分砾岩组成,片岩的岩性主要为白云母钠长石英片岩、绿泥白云母钠长石英片岩、绿泥白云母钠长片岩、绿泥钠长石英片岩、二云母片岩、白云母绿泥钠长石英片岩、绿泥白云母石英片岩等,原岩为活动大陆边缘砂泥质岩石、中酸性火山岩夹基性火山岩组合。

(三)兰坪-思茅变质地带Ⅲ-5-3

兰坪-思茅变质区位于羌塘-三江变质域之西部,是羌塘-三江变质域内基底残块分布范围最多的区域。

以无量山-桥头河变质地带为代表,指兰坪-思茅盆地内中轴断裂带以东,把边江断裂带以西的区域,大致与兰坪盆地的范围相当。该范围内可划分出吉东龙变质岩带与无量山-桥头河变质岩带两个四级变质单元。前者是位于德钦洋盆内二叠系的半深海环境的浊积岩建造,在德钦洋脊的演化过程中卷入俯冲带而发生碰撞变质。无量山-桥头河变质岩带是在早期的碰撞造山变质带的基础上,深部热流沿无量山断裂上涌而形成的一条复合变质带。呈长条状沿无量山断裂两侧分布,断裂穿过的地层,即无量山岩群(PzWl.)和三叠系、侏罗系、白垩系红层等均受热流作用影响发生褪色、镜铁矿化,生成黑云母斑点、雏晶红柱石、雏晶董青石;而早期区域变质形成的板劈理、千枚理仅发育在无量山岩群中;古近纪勐野井组不整合覆盖在褪色的白垩系红层之上。这一热变质宽2~5km,长可达300km,是一区域高温低压热变质的产物。

六、乌兰乌拉-澜沧江变质区Ⅲ-6

(一)乌兰乌拉蛇绿混杂岩变质带Ⅲ-6-1

带内构造特征以叠瓦断块为基本特征,不仅发育逆冲推覆构造,还有走滑剪切构造,变形层次较深,韧性剪切带发育。带内物质组成复杂,不同时代(D_{1-2}、D_{2-3}、C—P、T)及不同成因的岩块或构造透镜体大小混杂,并经历多期构造变形。混杂岩基质主体是一套强烈变形改造的灰黑色砂板岩夹火山碎屑岩组合,原称作若拉岗日群(T_{2-3})(1:100万改则幅,1986)。

带内物质组成复杂,经历多期构造变形,除混杂岩中发育了低绿片岩相变质作用之外,在大横山、若拉岗日至狮头山、黑熊山,东西长逾300km的带内,发现了黑云钠长硬玉岩、含蓝闪石硬玉变质角闪辉长岩、含蓝闪石钠长黑云硬玉岩等新的高压变质岩石类型(李才等,2003)。含硬玉岩类的原岩主要为辉长岩或辉绿岩墙(床),围岩的原岩为灰岩(蓝闪大理岩)、砂岩(变质石英砂岩)、玄武岩(含蓝闪石变质玄武岩),时代为石炭纪—二叠纪。

原辉长岩矿物组合:斜长石+单斜辉石+(黄褐色)角闪石+黑云母;高压低温矿物组合:钠长石+硬玉+霓石+绿帘石+青铝闪石+绿泥石+楣石。其中斜长石转变为钠长石和硬玉,黄褐色角闪石转变为青铝闪石,辉石转变为霓石、绿帘石等矿物。根据变质矿物组合估算,硬玉形成时的压力 $P=0.4\sim 0.8GPa$,温度 $T=300℃$,硬玉转变为绿纤石的压力 $P=0.2\sim 0.6GPa$、温度 $T=360\sim 400℃$,主变质期后有一个降压升温的过程。主变质期已形成蓝片岩相变质特征。

(二) 北澜沧江蛇绿混杂岩变质带Ⅲ-6-2

该变质岩带很窄,处于澜沧江结合带。受变质地层有早石炭世日阿泽弄岩组($C_1r.$)、卡贡岩组($C_1k.$)。

1. 变质岩石类型、变质矿物及矿物组合

日阿泽弄岩组变质岩石类型有片理化基性火山岩、蚀变基性糜棱岩、绢云石英板岩、绢云板岩、片理化石英杂砂岩等,以变质基性岩为主,夹少量砂岩、板岩。变质矿物及组合:基性岩类为绿泥石+斜黝帘石+阳起石+钠长石;泥砂质岩类为绢云母+绿泥石+石英。卡贡岩组变质岩石类型有绢云千枚岩、绿泥绢云千枚岩、变质钙质细粒石英杂砂岩、绢云石英千枚岩、粉砂质绿泥绢云千枚岩、变质岩屑石英杂砂岩、变质石英砂岩、粉砂质绢云千枚岩等。变质矿物及组合:绢云母+绿泥石+石英。

2. 变质相带、变质相系

上述变质岩石及变质矿物组合说明北澜沧江变质岩带日阿泽弄岩组、卡贡岩组为区域低温动力变质作用,为低绿片岩相的绢云母-绿泥石带,主变质期可能为海西期。需要说明的是日阿泽弄岩组、卡贡岩组处于澜沧江结合带,目前未能发现低温高压变质矿物组合,也未发现典型的洋壳残片,需从变质岩的角度加强该带的工作。

3. 原岩恢复

由于岩石变形变质较弱,原岩的成分、结构构造基本保留。日阿泽弄岩组原岩为一套基性火山岩夹少量碎屑岩、黏土岩地层体。卡贡岩组原岩为一套碎屑岩夹黏土岩,局部夹灰岩。

(三) 南澜沧江变质带Ⅲ-6-3

南澜沧江变质带位于澜沧江断裂带与无量山断裂之间的区域,可进一步划分为两个四级变质地质单元,即团梁子变质岩带和龙洞河变质岩带。

团梁子变质岩带:由中元古界团梁子岩组组成,是古元古界大勐龙岩群结晶基底之上的一套古裂谷环境的沉积。由千枚岩、石英千枚岩及绿片岩组成,其变质程度为高绿片岩相,属区域低温动力变质。绿片岩及侵入其中的变质次辉绿岩中新近获得了 $1671\sim 1630Ma$ 的锆石 LA-ICPMS 年龄。前人将景洪一带的疆峰铁矿、国防铁矿的围岩也称为大勐龙岩群,但从钻孔岩芯的编录资料看,仅为一套(高)绿片岩相的变质岩系,变质火山岩中的凝灰结构仍清晰可见,与区域上所称的大勐龙岩群相去甚远,可能与团梁子岩组相当。赋存其中的大勐龙式铁矿很可能与惠民式铁矿、滇中地区中元古代的 IOCG 型矿床大致属同一地史时期、同一大地构造背景(Columbia 超大陆的裂解)的产物。

龙洞河变质岩带:由志留系—泥盆系大凹子组、石炭系—二叠系龙洞河组组成,是一套陆缘裂谷的火山碎屑岩-火山岩熔岩组合,由于深埋于厚逾万米的三叠系、侏罗系、白垩系和古近系红层之下,埋深变质作用使岩石发生了极低级变质,表现为火山熔岩中的斜长石、暗色矿物、火山玻璃等已转变为绿泥石或绿帘石、葡萄石、绿纤石、沸石等,火山碎屑岩中的胶结物转变为沸石或绿纤石。

七、崇山-临沧变质带Ⅲ-7

崇山-临沧变质带主要沿福贡—碧罗雪山—临沧—勐海一线分布,东以澜沧江断裂与澜沧江弧陆碰撞带为邻,西以怒江断裂带、崇山断裂带为界,南部以临沧花岗岩的边界为界,与怒江-昌宁-孟连对接带相接。北延入西藏,南经大勐龙延入缅甸。该变质区可以划分为碧罗雪山-崇山变质带和临沧变质带

该变质带主要分布在贡山县拉嘎贝-碧罗雪山西麓,呈东西宽仅5~30km的窄长条带近南北向延伸,主体在云县—临沧—勐海一带。东邻澜沧江弧陆碰撞带,西接怒江-昌宁-孟连对接带。受变质地层主要是基底变质岩系,古生界变质较浅,而中生界则未变质。

前寒武纪变质地层包括有前泥盆系吉塘岩群(AnD)、下-中元古界崇山岩群(Pt_{1-2})、中元古界大勐龙岩群(Pt_2)和新元古界习谦岩组(Pt_3)和澜沧岩群(Pt_3)。

崇山岩群(Pt_{1-2}):系指沿碧罗雪山和崇山山脉分布的中深变质岩系(1:25万贡山县、中甸县幅,2003),下部由石榴矽线黑云斜长片麻岩、含榴矽线黑云片岩、石英岩为主夹黑云二长变粒岩、黑云斜长变粒岩及少量奥长-斜长角闪岩、大理岩组成,岩石中混合岩化程度普遍较强。上部主要由具有一定混合岩化的黑云石英片岩、斜长变粒岩及角闪变粒岩、大理岩、角闪片岩组成。

元古宙变质作用崇山变质岩带中出现的典型矿物有黑云母、斜长石、铁铝榴石、普通角闪石、透辉石及矽线石,典型的矿物共生组合为石英+斜长石+黑云母(黑云斜长片麻岩)、石英+斜长石+黑云母+普通角闪石+透辉石(透辉角闪斜长变粒岩)、石英+斜长石+黑云母+矽线石(矽线黑云片岩)、斜长石+黑云母+普通角闪石+透辉石(斜长角闪岩)。矿物组合反映了崇山变质岩带的元古宙变质作用强度至少达低角闪岩相,局部可达高角闪岩相。

在南邻碧江县子椤甲该岩群的黑云斜长变粒岩中获锆石U-Pb和谐年龄922Ma,斜长角闪岩的同位素模式年龄集中于1100~1000Ma,片麻岩集中于1900~1600Ma,片麻岩的模式年龄大致相当于大勐龙岩群样品的模式年龄,斜长角闪岩的模式年龄近似但略低于澜沧岩群蓝片岩的Sm-Nd等时线年龄。暂将岩群内所获年龄(922Ma)视为变质变形年龄,原岩形成年代置于古-中元古代。

新元古界习谦岩组(Pt_3):由黑云母石英片岩、角闪斜长变粒岩、大理岩、角闪片岩组成,面理置换明显,S_2面理具有透入性特征,表现为顺层剪切,掩卧褶皱发育,岩石普遍显示达高绿片岩相变质。获得角闪石英岩K-Ar年龄(956.6±34.4)Ma,斜长角闪岩锆石^{207}Pb-^{206}Pb年龄为738~727Ma,角闪石K-Ar年龄为(397.84±8.87)Ma,存在多期构造热事件活动。

中元古界大勐龙岩群(Pt_2)和新元古界澜沧岩群(Pt_3):主要出露在临沧-澜沧地块中。多数已被侵入岩浆岩所捕获呈岩块状零星分布,岩石类型主要为黑云母斜长变粒岩夹黑云母斜长片麻岩,属高绿片岩相。其中澜沧岩群(Pt_3)遭受过几次构造热事件改造,总体以石英云母质构造片岩为主夹变粒岩、千枚岩、大理岩和变质基性岩剪切透镜体,属高绿片岩相。

另外,邻接西侧昌宁-孟连对接带的牛井山、粟义蓝片岩带内卷入的变质地层主要为新元古界澜沧岩群,其中含有的高压变质矿物组合为俯冲型动力变质特征,并明显与其东侧临沧花岗岩及以红柱石为代表的高温变质组成成对变质带(张志斌等,2003)。

该带内的古生界出露较少,其中变质地层包括石炭系莫得岩群(C)。

石炭系莫得岩群(C):属于基底变质岩系之上的沉积盖层,主要岩性有变质砂岩、绢云板岩、绢云千枚岩、结晶灰岩、大理岩及少量变玄武岩。变质矿物为绢云母、绿泥石、阳起石、绿帘石等,属低变质的甚低绿片岩相绢云母-绿泥石带。

第四节 双湖-怒江-孟连变质域Ⅳ

双湖-怒江-孟连变质域西起龙木错-双湖、绥加日以西,经若拉岗日、乌兰乌拉湖西北,向南东于拉

龙贡村巴附近与类乌齐-曲登蛇绿混杂岩带相接,向南东沿北澜沧江和南澜沧江一带展布。根据变质区内各区域变质地质体特征划分为 3 个变质带:龙木错-双湖变质带、南羌塘-左贡变质区、班公湖-怒江变质区。

一、龙木错-双湖变质带 IV-1

龙木错-双湖变质带现今主要出露于冈玛日—戈木日—角木日—玛依岗日—恰格勒拉一带,该带主要由石炭系—二叠系浅变质的低绿片岩相含砾板岩、砂板岩和强烈变形-变质的蓝片岩、绿片岩、千糜岩、糜棱岩等中-高压蓝片岩相变质岩系,以及分布其中的超基性岩、堆晶(辉长)岩、枕状玄武岩、放射虫硅质岩、结晶灰岩、大理岩等大小不等的岩块(片)和辉长岩-绿岩脉/岩墙组成(1∶25 万查多岗日幅、布诺错幅、丁固幅、加错幅、玛依岗日幅、吐错幅、江爱达日那幅等,2005),表现为较典型的蛇绿构造混杂岩特征。

该带内变质相系较多,主要为绿片岩相、角闪岩相、蓝片岩相和榴辉岩相等。

绿片岩相变质作用的一套地层及其岩石,主要位于托和平错-查多岗日洋岛增生杂岩带和呈"构造岩块"产出在蛇绿混杂岩中的古生代地层,以及蛇绿混杂岩中的"基质"岩系中,地表出露于托和平错-查多岗日、戈木日、果干加年山、玛依岗日等地,分布面积较广。变质地层包括奥陶系下古拉组(O_1)、塔石山组(O_{2-3}),志留系三岔沟组(S),泥盆系长蛇山组(D)、平沙沟组(D_1)、查桑组(D_{2-3}),石炭系擦蒙组(C_1)、展金组(C_2—P_1)、瓦垄山组(C),二叠系曲地组(P_1)、长蛇湖组(P_1)、鲁谷组(P_2)和雪源河组(P_2)。除局部地层保留可识别的有限层序(S_0)以外,大部地层经历了强烈的多次构造面理置换与韧性剪切,原始层理(S_0)已不复存在(1∶5万双湖—角木日地区 4 幅区调,2008)。

上述浅变质地层以发育碳酸盐岩、碎屑岩及洋岛型基性-中基性火山岩组合为特征,尤其以擦蒙组(C_1)为一套含冰筏坠石的次深海-深海复理石沉积为特征。古生代构造-地层中的变质岩石类型主要有板岩类、千枚岩岩类、片岩类、大理岩类、变质玄武岩类、变质玻基辉石岩类、变质杂砾岩类等浅变质岩石。由于一些岩石遭受了不同程度的韧性变形作用的改造,部分岩石具有明显的糜棱岩化现象,有些岩石已被改造成糜棱岩。

角闪岩相所涉及的前奥陶系(AnO)变质地层及变质岩主要见于羌塘中部的阿木岗、齐陇乌如和玛尔果茶卡一带,其下部称阿木岗岩组(AnO),上部称齐陇乌如岩组(AnO)。前者以石英片岩夹变质石英砂岩和斜长角闪片岩为主,下部为绢云石英片岩和绿泥石英片岩,上部为变质石英砂岩夹石榴黑云片岩;后者的下部为石榴云母片岩、绢云石英片岩,中部为石英片岩夹大理岩,上部为角闪片岩。

蓝片岩相变质岩主要出露于冈玛错、果干加年山、玛依岗日、冈塘错、角木日、那若、双湖西等地,多为大小不等的构造块体,产在上述的绿片岩相-角闪岩相变质带中。蓝片岩的岩石类型包括石榴蓝闪阳起片岩、绿帘蓝闪片岩、绿泥蓝闪片岩、(含)蓝闪大理岩、蓝闪白云(绢云、黑硬绿泥石、硬绿泥石)片岩、蓝闪阳起片岩等。原岩成分复杂,主要为古生代的冰海杂砾岩、复理石碎屑岩、玄武岩、火山碎屑岩、大理岩、蛇绿杂岩等(李才等,2006;王立全等,2006)。已有的研究资料显示,蓝片岩带从冈玛错到双湖以东的才多茶卡东西向展布长约 400km(李才等,1997;邓希光等,2001,2002;Kapp P et al,2003;王立全等,2006)。

榴辉岩相变质岩主要出露在戈木地区的石榴石白云母片岩和白云母蓝闪石片岩中,在此处发现了呈透镜状产出的榴辉岩。榴辉岩的主要变质矿物组合为 Gt+Omp+Phe+Rut,变质温压条件计算表明其形成温度不超过 500℃,压力在 1.56~2.35GPa 之间。根据温压条件估算,该榴辉岩属于低温型(C 型)榴辉岩,它的形成与新疆西天山和北祁连的低温型榴辉岩类似,而与高原周缘产出的高温型榴辉岩差别很大(李才等,2006)。它与蓝片岩均是低温高压变质作用的产物,也是确定该变质地带为古俯冲带和板块缝合带的重要证据之一。榴辉岩和蓝片岩在当时可能处于不同的地壳层次,在后期抬升的过程中,与蓝片岩构造混杂并一起出露地表。

二、南羌塘-左贡变质区 Ⅳ-2

南羌塘-左贡变质区在区域上根据不同的岩石建造组合特征可以进一步划分3个变质带,分别为多玛变质带、南羌塘变质带、左贡变质带。

(一) 多玛变质带 Ⅳ-2-1

该带大面积分布有晚古生代和中生代地层,新生代地层相对局限。

上古生界(Pz_2)主要分布在多玛变质区内,为一套浅海相碳酸盐岩-碎屑岩及中基性火山岩沉积组合,主要发育浅变质的泥质岩-长英质岩类的变砂岩、板岩、千枚岩类及少量的钙镁质岩。主要变质矿物组合为绢云母+绿泥石+石英、绿泥石+石英+斜长石、绢云母+绿泥石+斜长石+石英,矿物组合显示变质程度为甚低绿片岩相,相当于绢云母-绿泥石带。

区域中生代地层大面积分布,主要为一套碎屑岩、碳酸盐岩及中基性火山岩组合,未变质。

(二) 南羌塘变质带 Ⅳ-2-2

变质低,几乎不变质。局部有低绿片岩相区域变质。

(三) 左贡变质带 Ⅳ-2-3

该带分布在吉塘—左贡一带,带内受变质地层主要是基底变质岩系,古生界变质较浅,而中生界则未变质。前寒武纪变质地层主要为吉塘岩群(Pz_1)下部。而盖层变质岩主要为吉塘岩群(AnD)上部酉西岩组(Pz_1)。

吉塘岩群下部(Pz_1)为一套角闪岩相(局部麻粒岩相)变质岩系,断续出露于依布茶卡东、当木江-仓来拉以及他念他翁山一带(1:25万日干配错幅、仓来拉幅、杂多县幅、丁青县幅、昌都县幅、八宿县幅,2005,2007)。

该套岩石Rb-Sr同位素年龄为(757.1 ± 268.4)Ma(雍永源,1987),侵入于吉塘岩群酉西岩组中的变质侵入体中获得U-Pb锆石法等时线上交点同位素年龄为(1245 ± 24)Ma(1:25万杂多幅,2005),岩性主要由角闪岩相的黑云斜长片麻岩、黑云变粒岩、角闪斜长片麻岩、条带状混合岩夹石英片岩、矽线石榴斜长片岩、黑云长石片岩、大理岩组成。

酉西岩组(Pz_1)主要分布于左贡地块上,变质岩石组合以白云石英片岩、二云石英片岩、石英岩、白云母片岩为主,夹少量大理岩及绿帘阳起石片岩,岩石中钠长石化蚀变强烈。岩石以发育透入性区域片理、片麻理为特征,在岩石中塑性流变褶皱、紧闭顶厚同斜褶皱、"N"型褶皱、石香肠构造十分发育。

在吉塘岩群酉西岩组(Pz_1)白云石英片岩中,选用白云石采用Ar-Ar法测定年龄为(251.5 ± 2.6)Ma,反映出变质年龄为早三叠世早期(何世平,2010)。

雍永源(1987)获得片岩的全岩Rb-Sr法变质年龄值为371.1Ma,并认为可能为活动边缘盆地中的一套火山-沉积组合,原岩为一套碎屑岩、泥质岩和火山岩建造。

三、班公湖-怒江变质区 Ⅳ-3

班公湖-怒江变质区西起自班公湖、改则,经班戈、丁青,东至八宿、碧土一带,东西向延长2000km,南北宽8~50km,呈近东西向、北西西向转为北西到北北西方向展布。

班公湖-怒江变质区内由规模巨大的蛇绿岩、增生杂岩带,以及被夹持其中的残余弧或岛弧变质地块构成。从构造属性及特点考虑,可进一步划分为聂荣变质带、嘉玉桥变质带、班公湖-怒江蛇绿混杂岩变质带和昌宁-孟连蛇绿混杂岩变质带4个次级变质带。沿断裂带还发育晚白垩世—新近纪陆相火山喷发、新生代陆相走滑拉分盆地、第四纪谷地呈带状展布。

（一）聂荣变质带 Ⅳ-3-1

聂荣变质带夹持于班公湖-怒江结合带中段南北两条蛇绿混杂岩亚带之间，其构造属性及时代，不同学者有不同的命名。潘桂棠等(1997)称"聂荣隆起"并将其与"嘉玉桥变质地体"一起归属冈瓦纳大陆晚古生代—中生代前锋弧的残块，主要出露地层为中-新元古界聂荣岩群(Pt_{2-3})、前寒武系扎仁岩群($An\epsilon$)、上古生界嘉玉桥岩群(Pz_2)、侏罗系—白垩系和古近系。

聂荣岩群(Pt_{2-3})分布于班公湖-怒江变质地带中段的聂荣—安多一带，主要由片麻岩类和部分斜长角闪岩类组成，其中片麻岩类的分布范围远远大于斜长角闪岩类。具体岩石类型有黑云母二长片麻岩、黑云母斜长片麻岩、黑云母角闪斜长片麻岩、二云斜长片麻岩、角闪斜长片麻岩、含石榴石角闪透辉石斜长片麻岩、斜长角闪岩、黑云斜长角闪岩、辉石斜长角闪岩等。

聂荣片麻杂岩中主要变质矿物有透辉石、石榴石、普通角闪石、黑云母、白云母、斜长石、碱性长石、石英等，它们在不同岩石类型中出现的种类和含量有所区别，因此出现了不同的岩石类型。其中普通角闪石、黑云母、白云母、斜长石、碱性长石、石英在不同岩石类型中均可出现，透辉石、特别是石榴石仅出现在个别的岩石类型中。

聂荣片麻杂岩的同位素年代学资料主要有 Sm-Nd 等时线年龄 $600Ma\pm$、锆石(SHRIMP)U-Pb 年龄$(491\pm1.15)Ma$、$(492\pm111)Ma$、$(814\pm)18Ma$、$(515\pm14)Ma$(1:25万安多县幅，2004)。在安多附近片麻岩中锆石 U-Pb 年龄值为$(519\pm12)Ma$(许荣华，1983)、530Ma 和 2000Ma(常承法，1986，1988)，其侵位时代可能为新元古代，变质时代为新元古代末期。

扎仁岩群($An\epsilon$)在聂荣残余弧地块内部较局限分布，主要由各类片岩和大理岩组成，此外出露少量斜长角闪岩。

扎仁岩群和聂荣片麻杂岩的变质程度一致，均为角闪岩相，且两者密切伴生，处于同一变质带内，它们应经历了相同期次的变质作用，其主变质期应为新元古代末期，后期遭受了海西期和燕山期变质作用的叠加。

在上述前寒武纪变质岩系之上，即为嘉玉桥岩群(Pz_2)一套绿片岩相的浅变质岩系。中-上侏罗统拉贡塘组(J_{2-3})为半深海-深海碎屑岩复理石，超覆不整合于下伏变质岩系之上，为未变质地层。

（二）嘉玉桥变质带 Ⅳ-3-2

在嘉玉桥变质带内的变质岩系，与聂荣变质带类似，出露的地层主要为中—新元古界卡穷岩群(Pt_{2-3})、上古生界嘉玉桥岩群(Pz_2)、俄学岩群($C-P$)和荣中岩群($C-P$)。

卡穷岩群(Pt_{2-3})分布于八宿县才麻玛果牛场-目特、曲扎湖西巴子-孟格等地，岩性主要为斜长片麻岩、斜长角角闪岩、变粒岩及大理岩等一套中-深变质岩系。1:25万八宿县幅区调(2005)对同卡镇卡穷之卡穷岩群进行地质调查时，新发现含矽线石石榴石蓝晶石黑云片岩、含蓝晶石石榴石矽线石黑云二长片麻岩、斜长角闪岩、榴辉岩及麻粒岩等，尤其是首次发现退变质榴辉岩，呈包体产于含蓝晶石榴矽线黑云二长片麻岩中，呈 NW-SE 向串珠状展布，与围岩片麻理一致。

泥质岩类的变质矿物组合为蓝晶石＋铁铝榴石＋黑云母＋白云母＋斜长石、矽线石＋铁铝榴石＋蓝晶石＋黑云母＋钾长石；基性岩类的变质矿物组合为铁铝榴石＋普通角闪石＋斜长石、铁铝榴石＋普通角闪石＋斜长石；榴辉/闪岩的变质矿物组合为角闪石＋单斜辉石＋石榴石＋石英。

上述变质矿物组合说明卡穷岩群为低角闪岩相，局部进入高角岩相-角闪岩相(未分)，包括蓝晶石带和矽线石带。蓝晶石的大量出现及石榴斜长角闪岩中铁铝榴石与普通角闪石共生，说明其进入典型的中压相系，变质条件大致为 $P=0.3GPa$，$T=575\sim640°C$。依据榴辉/闪岩的变质矿物组合，局部地段其峰期变质条件可能介于中压麻粒岩相与榴辉岩相间的过渡环境(1:25万八宿县幅，2007)。在八宿同卡镇卡穷岩群花岗片麻岩中，获得 SHRIMP 锆石 U-Pb 年龄为$(507\pm10)Ma$，可能是"泛非期"造山热事件的地质记录(李才等,2008)。

嘉玉桥岩群(Pz_2)构成北西-南东向为主的复式背斜,主要岩石类型有黑云钠长片岩、白云钠长片岩、绿泥钠长片岩、阳起钠长片岩、绿帘钠长片岩、绿帘绿泥片岩、白云钠长石英片岩、二云钠长石英片岩、绿泥白云钠长石英片岩、绢云石英片岩、石英岩、绢云母千枚岩、大理岩、变质长石石英砂岩、变质结晶灰岩、变质英安岩、变质英安质凝灰岩等。

1:25万八宿县幅区调(2007)依据所采化石时代及岩性组合特征,确定嘉玉桥群(Pz_2)为晚古生代一套绿片岩相的碎屑岩夹碳酸盐岩变质岩系,并可进一步确定划出惜机卡岩组、瞎绒曲岩组和怒江岩组。其中惜机卡岩组(Pz_2)由含堇青石二云方解石片岩、钠长绿泥片岩、结晶灰岩、绢云石英片岩组成;瞎绒曲岩组(Pz_2)为结晶灰岩,采获珊瑚 *Cyathaxoniidae* sp. 等化石;怒江岩组(Pz_2)以白云母片岩、绿泥钠长片岩、千枚岩为主,局部夹大理岩。

俄学岩群(C—P)分布于嘉玉桥群的西南,主要变质岩石为变质砂岩、绢云板岩、绢云千枚岩、石英片岩、黑云石英片岩、石榴石英片岩、石榴二石片岩、钠长阳起片岩、钠长绿帘阳起片岩、黝帘阳起片岩、绿泥绿帘片岩、阳起片岩、角闪片岩、大理岩及少量蛇纹岩构造块体。主要变质矿物为绢云母、绿泥石、黑云母、石榴石、阳起石、绿帘石及钠长石等,属绿片岩相(未分)至高绿片岩相,包括绢云母-绿泥石带、黑云母带至铁铝榴石带的递增变质带,属区域低温动力变质作用特征。

荣中岩群(C—P)分布于嘉玉桥岩群的东南角,为一套火山-沉积岩系;变质岩石有蚀变安山岩、蚀变玄武岩、粉砂质板岩、结晶灰岩等;属低绿片岩相的绢云母-绿泥石带。

(三) 班公湖-怒江蛇绿混杂岩变质带Ⅳ-3-3

班公湖-怒江结合带内分布着众多的基性—超基性岩体(群),它们多与玄武质火山岩、深海沉积的放射虫硅质岩等共同构成蛇绿混杂岩。

蛇绿岩既记录了与洋盆扩张、俯冲-碰撞作用有关的构造-变质历史,又遭受了后期构造-变质作用的叠加改造。变质基性岩和变质超基性岩所形成的主要岩石类型有钠长绿泥片岩、钠长绢云绿泥片岩、方解石绿泥片岩、绿绿帘片岩、绿泥阳起片岩、黝帘绿泥片岩、角闪斜长片岩、绿帘角闪片岩、角闪绿帘片岩、滑石蛇纹片岩、菱镁矿片岩、蛇纹岩、透闪石岩、葡萄石纤闪石岩、绿纤葡萄石岩等,岩石中出现的变质矿物有蛇纹石、透闪石、滑石、绢云母、绿帘石、绿泥石、阳起石、绿纤石、葡萄石、钠长石等。上述这些变质矿物在不同岩石类型中出现的种类和含量有所不同,在变质超基性岩中出现大量的蛇纹石、滑石、透闪石,在变质基性岩中以绿色低温变质矿物等为主。

在班公湖-怒江结合带内,除局部及断续发育蛇绿岩"块体"以外,大量发育并出露一套强烈构造置换、剪切变形、浅变质及构造叠置的岩石地层,被称作混杂岩。班公湖-怒江结合带内的混杂岩从东向西的时代由老变新,相应的变质地层、岩石组合及变质特征亦有差异。

在班公湖-怒江结合带中西段,于班公湖至那屋错、改则、色哇一带,以及尼玛、东巧至安多一带,广泛分布一套泥质板岩、变岩屑杂砂岩、变砂岩、粉砂岩夹结晶灰岩、硅质灰岩、硅质岩、绿泥石片岩、碎裂岩、糜棱岩等,称作木嘎岗日岩群(J_{1-2}),为其外来岩块和复理石基质的构造混杂岩。岩块成分复杂,以变砂岩、结晶灰岩、变火山岩、硅质岩等岩块规模大。该群主要变质岩石类型有绢云母板岩、硅质板岩、钙质板岩、砂质-粉砂质板岩、碳质粉砂质板岩、绢云母千枚岩、黑云母千枚岩、云母石英片岩、结晶灰岩、变质岩屑砂岩、变质长石石英砂岩、变质中基性火山岩等(西藏自治区区域地质志,1993;《西藏自治区岩石地层》,1997;1:25万班戈县、兹格塘错幅、那曲县幅、帕度错幅、昂达尔错幅、改则县幅、日干配错幅、喀纳幅、日土县幅等,2003,2005)。

此外,在班公湖-怒江变质带西段木嘎岗日群变质岩屑砂岩中出现硬玉+石英组合,在显微镜下可见榍石转变成金红石这一指示压力升高的变质反应,在泥质岩石中出现了黑硬绿泥石、红帘石、多硅白云母等,指示局部地段变质作用为高压类型《西藏自治区区域地质志》,1993;王建平等,2003)。在木嘎岗日岩群日阿色玄武岩夹层中获得K-Ar法年龄值为167.5Ma,可能代表该期变质作用的年龄。

在班公湖-怒江结合带东段,即指索县—巴青—丁青—八宿—碧土一带,已知出露的是晚古生代—

中侏罗世混杂岩,包括上古生界嘉玉桥岩群(Pz_2)、下石炭统邦达岩组和错绒沟口岩组(C_1)、石炭系—二叠系俄学岩组和荣中岩组(C—P)、上三叠统瓦达岩群和孟阿雄群(T_3)、下-中侏罗统希湖群和罗冬群(J_{1-2})等(1:25万八宿县幅、芒康县幅、昌都县幅,2007)。

其中上古生界嘉玉桥岩群(Pz_2)为一套以高绿片岩相为主,局部低角闪岩相的变质岩系,以出现石榴石、黑云母、堇青石、蓝晶石特征矿物为标志;石炭系—二叠系俄学岩组和荣中岩组(C—P)为一套绿片岩相(未分)-高绿片岩相的变质岩系,出现绢云母-绿泥石带、黑云母带至铁铝榴石带的递增变质带,属区域低温动力变质作用特征。

下石炭统邦达岩组和错绒沟口岩组(C_1)主要的变质岩石有变质砂岩、绢云千枚岩、结晶灰岩、大理岩及少量变玄武岩;在曲扎湖一带变质加深,出现较多绿帘阳起片岩、绿泥绿帘片岩、阳起片岩等。变质矿物为绢云母、绿泥石、阳起石、绿帘石及少量黑云母等,属于低变质的低绿片岩相、绢云母-绿泥石带和黑云母带。

浅变质的上三叠统瓦达岩群和孟阿雄群(T_3)、下-中侏罗统希湖群和罗冬群(J_{1-2})仅为变质的板岩类、千枚岩类、变砂岩及火山岩、结晶灰岩等,属甚低绿片岩相变质特征。区域上主体为沙木罗组(J_3—K_1)不整合于东段蛇绿混杂岩之上,底砾岩中见有超基性岩与硅质岩砾石分布,标志着盆山转换的开始。

此外,在班公湖-怒江变质带东段怒江结合带边界断裂附近的石英岩中,发现硬玉+石英组合,指示局部地段变质作用为高压类型(《西藏自治区区域地质志》,1993;王建平等,2003)。

(四)昌宁-孟连蛇绿混杂岩变质带Ⅳ-3-4

由于后期构造的强烈改造,在空间上呈现互不相连的南、北两段,可划分为两个三级变质地质单元,北段称丙中洛变质地带(Ⅱ-3-4-1),南段称双江-惠民变质地带(Ⅱ-3-4-2)。

1. 丙中洛变质地带Ⅳ-3-4-1

该带位于怒江-孟连变质区之北段,即贡山县、福贡县范围之怒江两侧,仅可划分为一个四级变质单元——丙中洛变质岩带,呈一狭窄之倒三角形,两侧为断层所限定。该变质岩带是中三叠世地史时期怒江-昌宁-孟连洋盆关闭后弧-陆碰撞作用的产物。变质地质体为铜厂街蛇绿混杂岩(CToφm)和石炭系—二叠系陆缘斜坡半深海沉积,本次变质的变质作用强度属高压低绿片相。

2. 双江-惠民变质地带Ⅳ-3-4-2

该带位于怒江-孟连变质区之中南段,即云南省昌宁、双江、澜沧、孟连等县范围,呈近南北向长条状展布,宽1~30km,长达360km,即昌宁-孟连洋盆关闭后的残迹的位置。该变质地带可划分出两个四级变质地质单元,即铜厂街变质岩带与惠民变质岩带。

惠民变质岩带:是班公湖-怒江-昌宁-孟连变质域的基底残片,由中元古界澜沧岩群组成。可能在Rodinia超大陆的汇聚事件中(1200~900Ma),澜沧岩群遭受了一次区域低温动力变质作用的改造,其变质程度可达高压绿片岩相,形成了早期区域性面理及多硅白云母(硅原子参数[Si]=3.270~3.410,平均为3.335);在古特提斯洋盆的俯冲、消减过程中,部分澜沧岩群被再次卷入其中,叠加了低温-高压的俯冲变质作用,在双江、粟义、富永一带出现大量的蓝闪石片岩,典型的低温-高压变质矿物有蓝闪石、硬玉质辉石、硬柱石、多硅白云母等。在双江—粟义一带,由西向东构成了3条各具特色的南北向低温-高压变质带:大芒光房蓝片岩带(劈理域内的柱状-微粒状蓝闪石、作为普通辉石变质反应边出现的硬玉质辉石或霓辉石-蓝闪石环带)、粟义蓝片岩带(低温-高压矿物种类齐全、含量高,蓝闪石、青铝闪石、多硅白云母、硬柱石均可见到,可见普通辉石→硬玉质辉石或霓辉石→蓝闪石→阳起石的反应边结构,记录了低温增压→减压增温的变质过程)、南榔蓝片岩带(低温-高压变质矿物有蓝闪石、青铝闪石、多硅白云母和黑硬绿泥石,未发现硬柱石)。本期多硅白云母的硅原子参数[Si]=3.436~3.752,平均为3.555。

从西往东，岩石的变质程度逐渐加深，低温-高压变质矿物组合不尽相同，所反映的构造物理环境也有所不同。大芒光房蓝片岩带所处构造层次最浅，变质矿物以绿泥石、绢云母和少量白云母为主，原岩面貌部分保留，未出现典型的高压矿物组合，仅出现蓝闪石和少量硬玉质辉石；粟义蓝片岩带的变形-变质程度都有所加深，变质矿物以蓝闪石、绿泥石、绢（白）云母为主，蓝闪石、硬玉质辉石、硬柱石、多硅白云母等组成了比较典型的低温-高压变质矿物组合；南梛蓝片岩带以富含铁铝榴石而区别于粟义蓝片岩带，所出现的高压矿物组合也发生了变化，以青铝闪石和多硅白云母为主，少量蓝闪石和硬玉质辉石，未发现硬柱石，类似于西阿尔卑斯山的高级蓝片岩，青铝闪石的大量出现也表明其生成次序较晚，温度偏高，已达绿帘角闪岩相，处于地壳的中浅构造层次。三者的空间展布清晰地指示了昌宁-孟连洋盆向东俯冲、消减的运动学过程。

铜厂街变质岩带：主要由铜厂街蛇绿混杂岩组成，并包括了洋岛-海山的石炭系平掌组，石炭系—二叠系鱼塘寨组，被动大陆边缘沉积的南段组和温泉组，活动大陆边缘沉积的拉巴组、雨崩组，洋内弧沉积的老厂组及其上的海山台地碳酸盐岩。由于老厂组洋内弧火山岩、海山台地碳酸盐岩的变质现象较弱，本次研究未包括在变质岩部分。在洋壳的俯冲、消减过程中，洋岛-海山作为正地貌，作为残片保留在结合带中的可能性也较其他地貌单元大得多。在铜厂街蛇绿混杂岩和拉巴组、南段组中均可见到低温-高压变质作用的矿物组合，如蓝闪石、多硅白云母、硬玉质辉石等。铜厂街蛇绿混杂岩早期的洋底变质作用可达角闪岩相，但这类角闪岩相的岩石主要集中分布于云县盘河农场、双江县牛井山等地，分布零星，多呈岩片散布于蛇绿混杂岩中，故主体变质作用仍按绿片岩相表达。

第五节　冈底斯-喜马拉雅-腾冲变质域 V

一、冈底斯-察隅变质岩区 V-1

冈底斯-察隅变质区位于印度河-雅鲁藏布江结合带北侧与班公湖-双湖-怒江-昌宁对接带南侧之间近东西向的狭长地域，为一长约 2500km，南北宽 150～300km，面积达 $45\times10^4\,\mathrm{km}^2$ 的巨型构造-岩浆带。

从北到南依次分为 8 个次级变质岩带，包括昂龙岗日变质岩带、那曲-洛隆变质岩带、班戈-腾冲变质岩带、拉果错-嘉黎变质岩带、措勤-申扎变质岩带、隆格尔-工布江达变质岩带、冈底斯-下察隅变质岩带和日喀则变质岩带。

（一）昂龙岗日变质岩带 V-1-1

昂龙岗日变质岩带位于冈底斯变质岩区西段，沿物玛—昂龙岗日—日松一带呈北西西向展布，带内出露变质岩主要为中生代浅变质地层，低绿片岩相变的主要岩石类型有变质（粉）砂岩、变质砾岩、粉砂质板岩、泥质板岩、钙质板岩、结晶灰岩及变质中基性、中酸性火山岩等，其中变质碎屑岩类、板岩类、千枚岩类、大理岩类和结晶灰岩分布广泛，构成该类浅变质岩系的主体。

（二）那曲-洛隆变质岩带 V-1-2

那曲-洛隆变质岩带位于班公湖-双湖-怒江-昌宁对接带南侧与尼玛-边坝-洛隆逆冲断裂带北侧之间，盆地内出露地层主体为中生界，侏罗系—白垩系构成了区内沉积的主体。带内变质岩主要为中生代浅变质岩地层。

(三) 班戈-腾冲变质岩带 V-1-3

1. 班戈-腾冲变质岩亚带 V-1-3-1

班戈-腾冲变质岩带位于班公湖-怒江消减杂岩带和东延的印度河-雅鲁藏布江消减杂岩带之间,往南沿入云南境内,分布于怒江-瑞丽断裂带北西侧。班戈-腾冲变质带内地层从晚古生代—新生代均有出露,其中变质岩系主要是前寒武系深变质岩和寒武系一套浅变质岩;古生代—中生代地层主要为浅变质。

前寒武纪基底岩系主体分布于北东向当雄-那曲走滑断裂带东部,主体沿那曲罗马-边坝南-然乌-贡山-腾冲的伯舒拉岭火山-岩浆弧带分布,出露有古中元古界德玛拉岩群(Pt_{1-2})和中新元古界念青唐古拉岩群(Pt_{2-3})以角闪岩相为主的深变质岩系,以及新元古界—寒武纪波密群($Pt_3—\epsilon$)以绿片岩相为主的浅变质岩系,构成了该岛弧带的变质基底。

德玛拉岩群(Pt_{1-2}):岩性主要为一套片岩、变粒岩、片麻岩、斜长角闪岩、大理岩等组成的中-深变质岩系,获得两组 Sm-Nd 年龄 2264.06～2145.96Ma、1598.01～1524.46Ma(1:20 万松冷幅、竹瓦根幅,1995),以及 Sm-Nd 等时线年龄 2138Ma,时代归属古-中元古代。

德玛拉岩群中主要的变质特征矿物有石榴石、矽线石、红柱石、蓝晶石、普通角闪石、透辉石、透闪石、方柱石及黑云母等。矿物组合如下(1:25 万八宿县幅、然乌幅,2007)。

泥质岩类:铁铝榴石+蓝晶石+黑云母+白云母+斜长石+石英、铁铝榴石+单斜辉石+斜长石+石类;

基性岩类:普通角闪石+铁铝榴石+斜长石+石英、紫苏辉石+普通辉石+角闪石+黑云母+石英;

钙质岩类:石榴石+透辉石+透闪石+方解石。

前述德玛拉岩群出现的特征变质矿物有矽线石、蓝晶石、石榴石、红柱石、透辉石、普通角闪石、紫苏辉石等。其中,红柱石大多出现在八宿县城西的笑纳错(湖)德玛拉岩群剖面上(原称念青唐古拉群),应是岩浆后期热接触变质作用的产物。鉴于此,然乌—察隅一带的德玛拉岩群大体上为低角闪岩相至高角闪岩相,中压相系,相当蓝晶石带,部分矽线石带,属区域动力热流变质作用,变质温压条件大体为 $T=570～700℃$、$P=0.3～1.0GPa$。

念青唐古拉岩群(Pt_{2-3}):主要分布于当雄—羊八井—雪古拉一线以北的念青唐古拉主脊一带,另在申扎县以东仁错贡玛、仁错约玛至它多雄一带,尼玛县以东帮勒西侧等地亦有出露。主要由黑云二长片麻岩、石英片麻岩、花岗片麻岩、角闪斜长变粒岩、斜长角闪岩、磁铁石英岩、片岩、大理岩等组成,获得角闪石 Ar-Ar 法年龄为 $(845±15)Ma$(吉林大学,2003)。

片麻岩类的主要岩石类型有黑云斜长(二长)片麻岩、石榴黑云斜长片麻岩、角闪斜长片麻岩、石榴角闪黑云斜长片麻岩等,在松宗附近出露有矽线石榴黑云斜长片麻岩(变粒岩)和含石榴黑云钾长片麻岩(1:20 万松宗幅,1994);斜长角闪岩类的主要岩石类型有斜长角闪岩、石榴斜长角闪岩、透辉斜长角闪岩;片岩类的主要岩石类型有石榴白云片岩、石榴二云片岩、石榴十字二云片岩、石榴蓝晶黑云片岩、阳起绿帘绿泥片岩、石榴石英片岩、黑云石英片岩、二云石英片岩及角闪片岩等;大理岩类的主要岩石类型有大理岩、石英大理岩、透辉石大理岩、透闪大理岩、含金云母透闪石大理岩等。根据变质岩石的分布特征和相互关系,带内变质相从绿片岩相(未分)—高绿片岩相—角闪岩相均有出现,该套变质岩系中明显存在角闪岩相和绿片岩相两个主要变质相。

在尼玛县东侧,主要以高绿片岩相为主,局部可达低角闪岩相(1:25 万尼玛区幅,2002),变质温压条件大致为 $T=500～575℃$、$P=0.2～0.6GPa$;向东至申扎一带,主要以低角闪岩相为主,变质温压条件大致为 $T=540～695℃$、$P=0.4～0.67GPa$(1:25 申扎县幅,2002);再向东至松宗一带,主要以高角闪岩相变质程度为主。

念青唐古拉岩群由西向东变质程度增高,具递增变质性质,在泥质岩石中可划分铁铝榴石带、十字石带、蓝晶石带、矽线石带4个前进变质带(李才等,2005)。在斜长角闪岩中获得角闪石^{39}Ar-^{40}Ar年龄数据为(845 ± 15)Ma,780~748Ma,代表念青唐古拉岩群的区域变质作用年龄。

根据上述资料,角闪岩相变质岩石分布广泛,矿物组合中十字石、蓝晶石、矽线石、石榴石广泛出现而没有出现红柱石、堇青石等低压相系的特征变质矿物,也不存在高压相系的特征变质矿物组合。因此,将班戈-八宿-腾冲变质带中的念青唐古拉岩群总体划入角闪岩相(未分),压力类型应属中压相系。

波密群($Pt_3—\epsilon$):岩性主要为二云石英片岩、变砂岩、粉砂岩、中酸性火山岩夹薄层大理岩、板岩、千枚岩等浅变质岩系。在通麦之南云母石英片岩中获锆石U-Pb年龄564Ma(涂光炽,1982),时代为新元古代—寒武纪。

波密群岩石中变质矿物仅见绢云母、绿泥石,属低绿片岩相、绢云母-绿泥石带,为区域低温动力变质作用。1:20万松冷、竹瓦根幅于阿扎曲剖面上见有硬绿石,因此,波密群为中压相系。

2. 腾冲变质地带 V-1-3-2

该带分布于怒江-瑞丽断裂带北西侧之高黎贡山区,即贡山县独龙江、福贡县架科底、泸水县鲁掌、腾冲县、梁河县、盈江县、陇川县等地,为一南北向之长条状。可划分为3个四级变质地质单元,即贡山变质岩带、独龙江-梁河变质岩带和高黎贡山变质岩带。其中高黎贡山变质岩带由古元古界高黎贡山岩群组成,为中压区域动热变质作用的产物,其变质程度达角闪岩相(低角闪岩相-高角闪岩相),是冈底斯-喜马拉雅变质域的结晶基底。独龙江-梁河变质岩带的受变质地层是一套上古生界的被动陆缘沉积,以泥盆系、二叠系为主,属于弧盆系环境,是区域低温动力变质作用的产物,其变质程度为低绿片岩相。贡山变质岩带位于本变质地带北端,沿高黎贡山断裂东侧分布,受变质地层为一套石炭纪的被动陆缘斜坡浊积岩系,属碰撞变质作用的产物,变质作用强度为高压绿片岩相,变质作用的发生应与怒江洋盆的俯冲及洋盆关闭后弧-弧碰撞作用有关。

(四)拉果错-嘉黎变质岩带 V-1-4

拉果错-嘉黎变质岩带沿狮泉河—阿索—永珠—嘉黎—波密一线,北西自狮泉河,向南东经拉果错、麦堆、阿索、果芒错、格仁错、孜挂错,经申扎永珠、纳木错西,再向东经九子拉、嘉黎、波密等地,呈NWW—EW—SE方向展布。

拉果错-嘉黎变质岩带由于受大型逆冲与后期走滑断裂的影响,带内蛇绿岩呈断续状出露,主要分布在阿里地区狮泉河、尼玛县邦多区阿索、申扎县北永珠、格仁错、当雄县纳木错西岸、嘉黎县久之拉等地。构造混杂岩以中深层次构造变形为主,强构造变形带由呈北西西向的糜棱岩化带、糜棱岩带、千糜岩化带及片理化带构成,混杂岩主要由复理石岩、蛇绿岩、火山(岛弧)岩、碳酸盐岩与碎屑岩等块体组成。在变质超基性岩中出现大量的蛇纹石、滑石、透闪石,在变质基性岩中以绿色低温变质矿物为主,在各类板岩、千枚岩、结晶灰岩中发育绢云母、黑云母(雏晶)、白云母、葡萄石、绿泥石、绿帘石、阳起石、葡萄石、钠长石、方解石等。

此外,该带内见有念青唐古拉岩群呈"构造岩块"产在蛇绿混杂岩中,在申扎县久如错局限分布,主要由黑云二长片麻岩、石英片麻岩、花岗片麻岩、斜长角闪岩、角闪斜长变粒岩、片岩、石英岩、大理岩等组成角闪岩相变质岩系。

(五)措勤-申扎变质岩带 V-1-5

措勤-申扎变质岩带南以噶尔-隆格尔-措勤-措麦断裂带为界,北以狮泉河-纳木错碰撞结合带为界,呈近东西向的狭长带状展布。带内主要为古生代—中生代碎屑岩-碳酸盐岩盖层沉积组合、上古生界碎屑岩-碳酸盐岩(局部中基性火山岩)的初始岛弧火山-沉积组合,主要表现以甚低绿片岩相为主、局部低绿片岩相的变质作用特点。中生界碎屑岩-碳酸盐岩-中基性及中酸性火山岩的岛弧火山-沉积组合,具有总体未变质、局部甚低绿片岩相的变质作用特征。

(六) 隆格尔-工布江达变质岩带 V-1-6

隆格尔-工布江达变质岩带南以沙莫勒-麦拉-洛巴堆-米拉山断裂为界,北侧在西段以噶尔-隆格尔-措勤-措麦断裂带为界,在东段以纳木错-嘉黎-波密蛇绿混杂岩带为界。带内以晚古生代火山-沉积地层和中生代—新生代岩浆岩的发育为特征。

带内前寒武系变质岩大面积分布。该带变质岩系为前寒武纪德玛拉岩群(Pt_{1-2})、念青唐古拉岩群(Pt_{2-3})、波密群($Pt_3—\epsilon$),以及前奥陶纪岔萨岗岩群(AnO)。

前3个岩群特征与V-1-3-1一致。前奥陶纪岔萨岗岩群(AnO):主要沿工布江达县加兴乡及以西至旁多一带分布,其岩性主要为片岩、变砂岩、角闪石片岩、钙铝榴异剥石岩、榴辉岩、斜长角闪岩、蛇纹岩、阳起石片岩、绿帘石岩、石英片岩、绿泥石片岩、大理岩等。

绿片岩类:主要岩性有黑云钠长绿帘蓝闪石片岩、绿帘钠长蓝闪石片岩、钠长蓝闪绿帘方解石片岩、绿泥钠长绿帘阳起石片岩、绿泥绿帘钠长蓝闪石片岩、绿泥绿帘石片岩等。主要矿物为蓝闪石、黑云母、白云母、钠长石、绿帘石、石英、方解石、绿泥石、阳起石等,副矿物有磷灰岩、榍石、钛铁矿、磁铁矿等。

角闪石岩类:主要岩性有蓝闪石化绿帘角闪石岩、蓝闪石化辉石斜长角闪石岩等。主要矿物为角闪石、斜长石、辉石等,副矿物有榍石、钛铁矿、磷灰石等。

大理岩类:分布很少,呈扁豆体夹于绿片岩中,岩性有细晶大理岩、中晶大理岩、含石英大理岩、条带状大理岩等。矿物成分主要为方解石,含有少量绢云母、绿泥石、绿帘石、阳起石、石英等,副矿物有钛铁矿、榍石等。

蛇纹岩类:分布很少,呈透镜体夹于绿片岩中,其间还夹钙铝榴石异剥石岩、绿帘石化蓝闪石化含钛铁矿角闪辉石岩等。主要岩性有蛇纹岩、滑石蛇纹岩、次闪石蛇纹岩等。主要矿物为蛇纹石等,副矿物有磁铁矿、钛铁矿等。

榴辉岩类:呈包体产于岔萨岗岩组绿片岩中,主要岩性有金红石榴辉岩、石英榴辉岩、多硅白云母榴辉岩等(杨经绥等,2006)。主要矿物为石榴子石和绿辉石,含有少量金红石、石英、多硅白云母等,副矿物有锆石等。

岔萨岗岩群中绿泥石片岩Sm-Nb同位素年龄为466Ma、石英片岩Rb-Sr同位素年龄为507.7Ma及绿片岩Sm-Nb等时年龄为1516Ma(西藏自治区地质矿产勘查开发局,1994),其时代暂归前奥陶纪。近年在岔萨岗岩群中发现榴辉岩出露于沙漠勒-米拉山-洛巴堆断裂带上,获得榴辉岩SHRIMP锆石U-Pb年龄为291.9~242.4Ma和Sm-Nd等时线年龄为305Ma,认为其原岩为石炭纪—二叠纪MORB型玄武岩(杨经绥等,2006;1:25万拉萨市幅、泽当镇幅,2007)。

(七) 冈底斯-下察隅变质岩带 V-1-7

冈底斯-下察隅变质岩带内前寒武系变质岩大面积分布,出露于郭喀拉日山及其以东至下察隅一带,构成了拉达克-冈底斯-下察隅岩浆弧带的变质基底。该带变质岩系为前寒武纪德玛拉岩群(Pt_{1-2})、林芝岩群($Pt_1 l$)、念青唐古拉岩群(Pt_{2-3})、波密群($Pt_3—\epsilon$),以及前奥陶纪岔萨岗岩群(AnO)。

带内各变质岩特征见隆格尔-工布江达变质岩带内具体叙述。

带内浅变质岩主要为古生代—中生代地层($O_1—K_2$),广泛分布于冈底斯-下察隅变质带内,在空间上主体与中生代—新生代中酸性深成岩带和钙碱性火山岩带伴生。区域性林子宗群(E_{1-2})广泛不整合,标志着盆-山转换的开始,林子宗群及其之上的地层未变质。大致以北东向的当雄-羊八井大型走滑断裂为界,东西段的变质程度有差异。

位于当雄-羊八井断裂以东的八宿—腾冲一带,下古生界碎屑岩-碳酸盐岩盖层沉积组合、上古生界碎屑岩-碳酸盐岩-中基性及中酸性火山岩的岛弧火山-沉积组合,主要表现为低绿片岩相变质作用特点。中生界碎屑岩-碳酸盐岩-中基性及中酸性火山岩的岛弧火山-沉积组合,总体显示为甚低绿片岩相变质程度。

位于当雄-羊八井断裂以西的革吉—尼玛—班戈一带，下古生界碎屑岩-碳酸盐岩盖层沉积组合、上古生界碎屑岩-碳酸盐岩（局部中基性火山岩）的初始岛弧火山-沉积组合，主要表现以甚低绿片岩相为主、局部低绿片岩相的变质作用特点。

二、雅鲁藏布江变质区 V-2

雅鲁藏布江变质区对应于雅鲁藏布江结合带，雅鲁藏布江结合带作为拉达克-冈底斯-察隅弧盆系与喜马拉雅地块的重要分界，西段呈北西向展布，沿噶尔河向西延出国境，中、东段大体沿雅鲁藏布江近东西向延展，向东至米林，然后绕过雅鲁藏布江大拐弯转折向南东一直延伸至缅甸境内，中国境内长达 2000km 以上。

雅鲁藏布江变质区中包含了主体部分为印度河-雅鲁藏布江蛇绿混杂岩带、中东段南侧发育有朗杰学增生楔，以及西段南、北两支蛇绿混杂岩带之间的仲巴地块 3 个次级构造单元。

（一）雅鲁藏布江蛇绿混杂岩变质带 V-2-1

雅鲁藏布江蛇绿混杂岩变质带主要由蛇绿岩、增生杂岩及次深-深海复理石、硅质岩及基性熔岩所组成，在西段由主带（北亚带）和南亚带组成，中段蛇绿岩保存最好，可见由地幔橄榄岩、堆晶杂岩、均质辉长岩、席状岩床（墙）杂岩、枕状熔岩及硅质岩组成的完整层序剖面。近年来的专题研究工作在罗布莎蛇绿岩及其豆荚状铬铁矿石中，发现金刚石、硅金红石、柯石英、蓝晶石、TiFe 合金和 TiSi 合金等系列超高压矿物（杨经绥等，2002，2004；白文吉等，2000；方青松等，1981）。

在雅鲁藏布江蛇绿混杂岩带内，除局部及断续发育蛇绿岩"块体"以外，大量发育并出露一套强烈构造置换、剪切变形、浅变质及构造叠置的岩石地层，被称作混杂岩。具体包括下-中三叠统穷果群（T_{1-2}）、上三叠统修康群和沙赛组及拉吾且拉组（T_3）、上侏罗统—下白垩统嘎学群（J_3—K_1）、下白垩统桑单林组（K_2），以及古近系蹬岗组（E_{1-2}）、郭雅拉组（E_2）和盐多组（E_2）。上述各岩石地层总体为一套变形、变质的斜坡-深海盆地相的复理石砂板岩和放射虫硅质岩-硅泥岩夹块状或枕状玄武岩等火山-沉积建造，其中含有大量的蛇绿岩岩块和硅质岩及二叠系大理岩等岩块。

上述各岩石地层均遭受了不同程度的变质作用，形成一套中浅变质岩系。主要的岩石类型有板岩、千枚岩、片岩、变质基性—超基性岩、变质砾岩、变砂岩、变质灰岩-白云岩、大理岩等。片岩的岩石类型有绿泥片岩、绿帘阳起片岩、蛇纹（片）岩、透闪片岩等，局部出现具有高压变质特征的蓝闪片岩、黑硬绿泥石片岩等（李才等，2007）。

1. 蓝片岩相变质作用特征

在雅鲁藏布江混杂岩中的蓝片岩相变质特征的岩石，主要分布于雅鲁藏布江结合带西段北亚带的曲松热嘎拉沟一带，西延可与老武起拉的高压相岩石相连接，沿阿依拉深断裂分布构成一个高压变质带，可能指示与雅江带向北的俯冲有关（1:25 万狮泉河幅、斯诺乌山幅，2004）。在雅鲁藏布江结合带中段，从萨嘎向东经昂仁、拉孜、日喀则、仁布至泽当，长达 600km、宽 5km 的狭长范围内断续分布（刘国惠，1984；肖序常等，1984；李才等，2007）。

变质地层主要为上侏罗统—下白垩统嘎学群（J_3—K_1），代表性岩石类型有蓝闪（阳起）绿泥片岩、蓝闪钠长片岩、蓝闪绿泥绢云片岩、黑硬绿泥片岩、黑硬绿泥阳起片岩、含硬柱石变辉长岩、含绿纤石变基性岩和绿纤石板岩、阳起黑硬绿泥硅质板岩等。原岩主要为中基性火山岩、超基性岩、硬砂岩、硅质岩和泥质岩等，属于深海复理石建造及蛇绿岩。

岩石中出现蓝闪石、硬柱石、黑硬绿泥石等高压相系的标志性矿物，主要变质矿物组合有绿纤石＋绿泥石＋绿帘石＋钠长石、绿纤石＋绿泥石＋绢云母＋石英、硬柱石＋绿帘石＋阳起石＋钠长石＋绿泥石、蓝闪石＋绿泥石＋阳起石＋钠长石＋石英、蓝闪石＋黑硬绿泥石＋绿泥石＋钠长石＋石英、蓝闪石+绿泥石+绢云母+石英、黑硬绿泥石+绿泥石+阳起石+钠长石+石英、黑硬绿泥石+绢云母+阳起石+石英+钠长石等。矿物组合属于蓝闪石-硬柱石片岩相。

肖序常等(1984)发现有含蓝闪石类、硬柱石(?)、黑硬绿泥石等特征矿物的蓝片岩,并划分出两个变质岩带:含蓝闪石类、黑硬绿泥石的蓝闪片岩及其南侧(宽约3km)的含硬绿泥石的绿片岩。李才等(2007)获得卡堆蓝片岩的蓝闪石^{40}Ar-^{39}Ar年龄为(59.29 ± 0.83)Ma,其值代表了印度河-雅鲁藏布江洋壳消亡和印度-亚洲大陆碰撞的时间。古近系柳区群(E_{1-2})为前陆盆地中一套含蛇绿岩砾石的陆相磨拉石,标志着雅鲁藏布江洋盆的彻底消亡,进入弧-陆碰撞造山过程。

2. 高绿片岩相变质作用特征

高绿片岩相变质特征的岩石主要分布于雅鲁藏布江结合带东段,主体沿米林以西至墨脱县一带的雅鲁藏布江大拐弯分布。蛇绿混杂岩主要由变质镁铁质岩、超镁铁质岩、石英岩和云母石英片岩、大理岩组成,局部地段也有来自两侧的元古宙南迦巴瓦岩群和念青唐古拉岩群(Pt_{2-3})的外来岩块卷入(1:25万墨脱县幅,2002)。

辉长岩已经变质成角闪岩类、斜长角闪岩类、含石榴石角闪岩、方柱透辉岩等,呈独立的块体被包含在绿片岩或石英片岩之中,也可以与超镁铁岩块共生。蚀变强烈的超镁铁岩已变质形成蛇纹滑石直闪石片岩、方解石蛇纹石滑石片岩、蛇纹石化橄榄辉石岩等。变质矿物主要为蛇纹石、滑石、透闪石、普通角闪石或阳起石、透辉石、黑云母、石英、更中长石、绿泥石、绿帘石等。

石英岩和云母石英片岩这类岩石在混杂带中出露最为广泛,岩石类型一般可定为含白云母石英岩、含石榴石二云石英片岩、含云母长石石英片岩、长石石英绢云母片岩、条带状石英岩、长石黑云石英片岩、长石二云石英片岩等,部分具强烈糜棱岩化现象,形成细粒的糜棱岩。原岩是含泥质硅质岩、泥质长石石英砂岩等的变质产物。这类岩石的矿物成分以石英为主,一般含数量不等的斜长石、钾长石、白云母、黑云母、石榴子石、方解石等。

变质碳酸盐岩呈岩块夹持在绿片岩、角闪岩和石英片岩中,主要矿物除方解石外(少量样品以白云石为主),一般含有镁橄榄石、金云母、尖晶石、透辉石、磷灰石、白云母、斜长石、石英、黑云母、黄铁矿、方柱石、透闪石等,构成各种类型的大理岩。

依据上述变质岩石类型及矿物共生组合,以出现普通角闪石、石榴子石、阳起石为特征,初步认为应属高绿片岩相变质程度。初步计算的温压条件为$T=550\sim600℃$、$P=0.73GPa$,属于高压相系(1:25万墨脱县幅,2002)。

3. 低绿片岩相变质作用特征

低绿片岩相变质岩石广泛分布于雅鲁藏布江结合带中,穷果群(T_{1-2})、修康群和沙赛组及拉吾且拉组(T_3)、嘎学群($J_3—K_1$)、桑单林组(K_2),以及蹬岗组(E_{1-2})、郭雅拉组(E_2)和盐多组(E_2)等岩石地层均发育该类型的变质作用。主要岩石类型为千枚岩、绢云母石英片岩、硅质千枚岩、变质砂岩、变质凝灰岩、变基性-中基性火山岩和结晶灰岩等,原岩建造相当于含火山岩、硅质岩的碎屑复理石岩系。

变质岩中的新生矿物主要有绢云母、绿泥石、绿帘石、阳起石、蓝闪石、(黑)硬绿泥石、蛇纹石、透闪石、钠长石、石英等,主要矿物组合有绿泥石+绢云母+石英+钠长石、硬绿泥石+绿泥石+绢云母+石英+钠长石、硬绿泥石+绢云母+石榴石+石英、绢云母+石英+钠长石+石英等。属于低绿片岩相,其中硬绿泥石为三斜晶系,与一般单斜晶系的硬绿泥石不同,形成时的压力可能较高,仍属于高压相系。

(二) 朗杰学增生楔变质带 V-2-2

朗杰学增生楔(T_3)位于雅鲁藏布江结合带东段之北亚带-泽当(罗布莎)-加查-朗县-米林蛇绿混杂岩带的南侧,南界与喜马拉雅地块以北倾逆冲断裂分隔,沿仁布以东至琼结—曲松—扎日一带以较大宽度出露(1:5万曲德贡-琼果幅,2002;1:25万扎日区-隆子县幅,2004)。

该带内的中生代增生楔杂岩主体由北部的上三叠统朗杰学岩群(T_3)及其南部的玉门蛇绿混杂岩组成,上三叠统朗杰学岩群(T_3)中下部为斜坡-次深海盆地相碎屑岩夹灰岩薄层或透镜体、蚀变玄武岩;上部为陆棚边缘-斜坡相碎屑岩夹灰岩薄层或透镜体、蚀变玄武岩及玄武质火山角砾岩等(1:5万曲德贡-琼果幅,2002;1:25万扎日区-隆子县幅,2004)。玉门蛇绿混杂岩分布于上三叠统朗杰学岩群的南侧,混杂岩的基质主体为上三叠统朗杰学岩群(T_3)复理石浊积岩系,蛇绿岩主要为辉橄岩、辉长辉绿岩、玄武岩及玄武质火山角砾岩等(1:25万扎日区-隆子县幅,2004)。

位于邛多江-卡拉断裂和寺木寨断裂之间的玉门-塔马敦蛇绿混杂岩,以及区内大面积出露分布的上三叠统朗杰学岩群(T_3)中,常见特征变质矿物为绿泥石、绢云母、钠长石、浊沸石、葡萄石等。变基性岩主要变质矿物共生组合为 Chl+Ab、Lau+Pre+Ab+Chl、Lau+Pre+Chl±Cal、Ab+Ser+Chl、Ab+Chl+Lau+Cal、Lau+Pre+Chl±Qz;变质泥质岩的主要变质矿物共生组合为 Ser+Do+Qz、Ser+Chl 等。上述矿物共生组合相当于温克勒沸石相典型组合之沸石+葡萄石+绿泥石+石英组合,其形成条件大致为 $T=200\sim360℃$、$P=0.2\sim0.3GPa$(温克勒,1976)。

(三)仲巴变质带 V-2-3

仲巴变质带位于雅鲁藏布江结合带西段,东起萨嘎,西至扎达以西,即雅鲁藏布江带西段蛇绿混杂岩带分南、北两亚带所夹持的北西-南东向的狭长地带。区内主要出露古生界至白垩系较稳定的浅海沉积以及新近系上新统—第四系更新统陆相沉积(1:25万萨嘎县幅,2002;扎达县-姜叶马幅、普兰县-霍尔巴幅,2004)。

前奥陶系齐吾贡巴群(?)主要为一套绿片岩相变质岩,原岩可能为一套浅海相含钙质或白云质的泥砂质沉积岩系,其层位相当于肉切村群(《西藏自治区区域地质志》,1997),时代可能为新元古代—寒武纪,构成了地块的变质基底。

岩石中的变质矿物组合为:绢云母+绿泥石+白云母+石英+钠长石、绢云母+绿泥石+石英+方解石、绿泥石+绢云母+石英(泥质岩类);方解石+白云母+黑云母+绿泥石、白云母+方解石+绢云母、方解石+钠长石+绢云母(碳酸盐岩类)。变质矿物组合反映系低绿片相变质,郭铁鹰等(1991)在拉梅拉山口的阳起石岩中测获的变质温度为<450℃。

前奥陶系齐吾贡巴群低绿片相变质岩之上的奥陶系幕霞群(O)、志留系德尼塘嘎组(S)主体为一套浅海相碳酸盐岩-碎屑岩组合,岩石主要为板理化的碎屑岩至砂板岩和重结晶灰岩等,属于甚低绿片相变质。上古生界—中生界地层基本未变质。

三、喜马拉雅变质区 V-3

喜马拉雅变质区南以主边界断裂(MBT)为界,北以印度河-雅鲁藏布江结合带南界断裂为界,平均宽度约300km。带内以大面积出露前寒武系结晶岩系和浅变质岩为特征,又称大喜马拉雅或中央结晶岩带。在西段有较大面积的古生界和少量的中、新生界分布,并分别超覆在前寒武系变质岩之上。

根据各区域变质岩情况分为拉轨岗日变质带、北喜马拉雅变质带、高喜马拉雅变质带和低喜马拉雅变质带4个次级变质单元构造带。

(一)拉轨岗日变质带 V-3-1

拉轨岗日变质带位于印度河-雅鲁藏布江结合带与喜马拉雅主拆离断裂(STDS)之间东西向展布的狭长带状区域,东、西两侧均被藏南拆离系断失。

拉轨岗日变质带内较为特征的是,沿普兰—定日—康马一线分布一系列由变质岩和深成岩组成的穹隆体,构成近东西向展布的伸展穹隆体带,被称为北喜马拉雅穹隆带(Burg et al,1984;Hodges,2000)。穹隆主体由两类不同的花岗岩组成:一类是片麻状的古生代斑状花岗岩,另一类是新生代二云母花岗岩或浅色花岗岩(Debon et al,1984;邓晋福等,1996),岩体周围是糜棱岩化的片麻岩。古生界—中生界主要为被动边缘盆地中的一套浅海碳酸盐岩-碎屑岩沉积,其中下-中二叠统以发育含冰水砾石的浅海相碎屑岩为特征。

前寒武系主要分布于拉轨岗日主峰—康马一线,呈多个孤立的、规模不等的穹隆状近东西向展布,构成串珠状的分布特征。基底变质岩系由表壳岩系拉轨岗日岩群(Pt_{2-3})和侵入其内的花岗质变质深成侵入体组成,两者构成穹隆的核部,核内部常为中新生代花岗岩体侵入。在由基底变质岩系组成的核部周围,常为石炭系—二叠系所环绕,两者为构造接触,其间发育韧性剪切带,具变质核杂岩的结构特征(《西藏自治区地质志》,1993;1∶25万定结县幅、陈塘区幅,2002;1∶25万隆子县幅、扎日区幅,2003;1∶25江孜县幅、亚东县幅,2003)。此外,前寒武纪地层肉切村群(Pt_3—$\in$)在紧邻喜马拉雅主拆离断裂(STDS)附近零星分布。

1. 拉轨岗日岩群(Pt_{2-3})

拉轨岗日岩群变质岩石构成了拉轨岗日被动陆缘盆地的基底,断续出露于拉轨岗日—康马—隆子县也拉香波倾日一带(1∶25万定结县幅、江孜县幅、洛扎县幅、隆子县幅,2002),呈构造穹隆状(构造窗)断续产出。该岩群经历了多期次变形-变质作用叠加改造。

拉轨岗日岩群主要岩石类型有(石榴)二云片岩、(石榴)黑云片岩、石榴蓝晶二云片岩、石榴十字二云片岩、蓝晶十字石榴二云片岩、石英片岩、石榴二云石英片岩、十字蓝晶云母石英片岩、蓝晶云母石英片岩、(石榴)十字云母石英片岩、黑云斜长(二长)片麻岩(变粒岩)、十字石榴黑云斜长片麻岩、角闪斜长片麻岩、斜长角闪(片)岩、石榴斜长角闪岩、黑云角闪片岩、石英大理岩、金云母大理岩、含透辉石大理岩、石英岩、白云石英岩、石榴石英岩等。原岩类型主要为黏土岩、泥质(粉)砂岩、长石砂岩、中基性火山岩、火山凝灰岩等,原岩为一套陆源碎屑岩-碳酸盐岩夹火山岩的类复理石建造。主要特征变质矿物有蓝晶石、十字石、石榴石、角闪石、黑云母、白云母等,变质矿物共生组合具有如下特点。

泥质岩石中主要矿物组合为:石榴石+黑云母+白云母+石英+十字石+蓝晶石、蓝晶石+十字石+黑云母+白云母+石英+石榴石、石榴石+蓝晶石+十字石+白云母+石英;铁镁质岩石中代表性矿物组合为:角闪石+斜长石+石英+石榴石+透辉石;长英质岩石中代表性矿物组合为:斜长石+石英+黑云母+钾长石+角闪石+石榴石;碳酸盐系列中代表性矿物组合为:方解石+石英+透辉石+金云母+透闪石。

不同岩石系列代表性矿物组合指示了拉轨岗日岩群变质程度应为低角闪岩相,压力类型应属中压相系,局部温度压力条件可能偏高或偏低,属区域动力热流变质作用类型(1∶25万隆子县幅,2002;1∶25江孜县幅、亚东县幅,2003;1∶25万日喀则幅,2002)。据普通角闪石(Am)-斜长石(Pl)Ca分配等温线图解,绿帘斜长角闪岩经历的变质温度约为480~530℃;据石榴石(Gt)-黑云母(Bi)Mg-Fe分配温度计图解结果,含十字石榴二云片岩及含石榴二云石英片岩经历的变质温度约为550~620℃(1∶25万江孜县幅、亚东县幅,2003)。

拉轨岗日岩群正片麻岩SHRIMP年龄为(1812±7)Ma(1∶25万定结县幅,2003;廖群安等,2007)。侵入该套地层的变质深成侵入体锆石U-Pb上交点年龄为(1283±206)Ma(1∶25万斯诺乌山、狮泉河幅,2005);侵入拉轨岗日岩群的康马花岗质片麻岩锆石U-Pb上交点年龄为(562±4)Ma(Scharer et al,1986),片麻状花岗岩锆石U-Pb年龄为558Ma(许荣华等,1996),片麻状黑云二长花岗岩锆石U-Pb年龄为(461.2±1.6)Ma、眼球状片麻花岗岩锆石U-Pb年龄为(478.1±1.6)Ma、片麻状二云母二长花岗岩锆石U-Pb上交点年龄为(485±59)Ma、片麻状细粒黑云二长花岗岩脉锆石U-Pb上交点年龄为486Ma,侵入拉轨岗日岩群的哈金桑惹岩体锆石U-Pb年龄为490Ma、波东拉岩体锆石U-Pb年龄为500Ma(刘文灿等,2004);康马含褐帘石黑云二长片麻岩SHARMP锆石U-Pb年龄分别528~504Ma[平均(515.4±9.3)Ma]、869~835Ma[平均(849±27)Ma](许志琴等,2005)。

根据岩石组合、变质变形特征以及其上覆奥陶系的发现,拉轨岗日岩群可与聂拉木岩群进行对比,总体上相当于聂拉木岩群的中上部。结合上述同位素年代学资料,将拉轨岗日岩群的时代划为中-新元古代。鉴于1:25万定结县幅获得拉轨岗日岩群正片麻岩(古侵入体)SHRIMP年龄为(1812 ± 7)Ma,不排除拉轨岗日岩群时代下延至古元古代的可能。

2. 变质深成侵入体

变质深成侵入体呈串珠状展布的诸多穹隆的核部,分布有数个变质深成侵入体,如阿马岩体、普农抗日岩体、康马岩体、哈金桑惹岩体、波东拉岩体等(《西藏自治区区域地质志》,1993;1:25万定结县幅、陈塘区幅,2002;1:25江孜县幅、亚东县幅,2003)。这些侵入体均侵入到拉轨岗日岩群中,并共同经历了角闪岩相变质作用的改造,与拉轨岗日岩群一起构成了该变质地带的结晶基底。不同空间上的变质深成侵入体,在岩石学、岩石化学、地球化学特征、变质变形特征以及同位素年龄值等方面也具有极大的相似性,可能反映了类似的演化过程。

康马岩体出露于康马县城以北的门兰多达乡和得多乡之间,平面上呈南北向延展,与围岩拉轨岗日岩群呈伸展拆离断层接触关系。岩体片麻理发育,产状与围岩片理产状基本一致。岩体的岩石类型简单,主要为二(黑)云母二长花岗岩,从岩体中心到边缘,岩石在组构和矿物成分方面出现规律性变化,从中心到边缘,片麻理发育程度递减,岩石粒度变细,黑云母含量降低。主要组成矿物为斜长石、碱性长石和石英,次要矿物主要是黑云母和白云母。长英质矿物的集合体常构成定向分布的齿状镶嵌条带,黑云母、白云母定向分布构成片麻状构造。在岩石化学成分方面,高钾、高硅,属铝过饱和系列,成因类型属S型花岗岩(《西藏自治区区域地质志》,1993,1:25万定结县幅、陈塘区幅,2002)或具同熔型特征的A型花岗岩(1:25江孜县幅、亚东县幅,2003)。

前人对康马岩体做过大量的同位素年代学工作,取得了一批同位素年龄数据:全岩Rb-Sr等时线年龄(484.55 ± 6.34)Ma(王俊文等,1981)和(484 ± 14)Ma(德蓬等,1980);锆石U-Pb年龄(521 ± 38)Ma(德蓬等,1980)、(558 ± 16)Ma(德蓬等,1980)、(562 ± 4)Ma(Urs Scharer et al,1986)、(509 ± 6)Ma(Jeffrey Lee et al,2002)和(509 ± 18)Ma(Jeffrey Lee et al,2002);黑云母的K-Ar年龄31.8Ma(张玉泉等,1981)和36~22Ma(周云生等,1986);黑云母和白云母^{39}Ar-^{40}Ar年龄(20.4 ± 0.6)Ma和(17.6 ± 0.6)Ma(Maluski H et al,1988)。综合归纳同位素年龄数据集中分布于562~484Ma和31.8~17.6Ma两个时间段,前者代表了"泛非造山"构造事件中的岩体形成年龄,后者记录了渐新世—中新世后碰撞地壳加厚过程中的构造-热事件。1:25江孜县幅、亚东县幅区域地质调查(2003)采用锆石U-Pb法和Ar-Ar法对康马岩体、哈金桑惹岩体、波东拉岩体进行了系统测试,其中锆石U-Pb法年龄值558~451Ma代表了岩体形成年龄,^{39}Ar-^{40}Ar法年龄值36~12.5Ma代表了云母的重结晶年龄。

3. 肉切村岩群(Pt_3—$\in$)

肉切村岩群在紧邻STDS附近零星分布,下部岩石遭受变形作用改造,出现黑云母变粒岩质糜棱岩、大理岩质糜棱岩、白云母花岗质糜棱岩等糜棱岩,为韧性剪切带糜棱岩,原岩可能为聂拉木岩群(Pt_{2-3})中深变质岩系;上部为一套浅变质云母-钙质石英片岩、二云片岩、白云母片岩、二云石英片岩、黑云石英片岩、绿泥片岩、绿泥石英片岩、钠长绿泥片岩、板岩及千枚岩夹灰岩、结晶灰岩、变质砂岩,含丰富微古植物化石,在亚东的北坳组中见海百合茎化石,因而认为其包含寒武纪地层(1:25万隆子县幅、扎日区幅,2003),原岩主体为泥砂质黏土岩、泥质砂岩、杂砂岩和碳酸盐岩及少量的基性或中酸性火山岩。

岩石中主体出现黑云母+阳起石、绢云母+绿泥石低级变质矿物组合特征,应属于低绿片岩相变质特征(局部可能达到高绿片岩相)。刘国惠等(1988,1990)在亚东县幅多塔至上亚东的"肉切村群"(北坳组)中获得U-Pb等时线年龄为640Ma和686Ma,赵政璋等(2001)提供"肉切村群"的U-Pb年龄为515~410Ma。据此,认为肉切村群上部浅变质地层很可能为震旦纪—寒武纪,并经历了"泛非期"造山运动的主变质事件,变质程度为低绿片岩相(局部为高绿片岩相)。

古生代—中生代地层(O—K),广泛分布于拉轨岗日变质带中,其中下古生界曲德贡岩组和朗巴岩组(Pz_1)发生较强的变质作用,是康马-隆子(拉轨岗日)变质带内构造穹隆体的主要盖层变质岩系。由于受穹隆体中新近纪花岗岩体和拆离断层的双重作用,主要形成一套高绿片岩相为主、次为角闪岩相的变质岩系。主要岩石有片麻岩、变粒岩、混合片麻岩、条带状混合岩、片岩、千枚岩、大理岩等。

绿片岩相铁铝榴石带矿物共生组合有:Alm+Bit+Mu+Qz、Alm+Bit+Pl+Qz、Alm+Bit+Mu+Pl+Qz(变质泥质岩及碎屑岩);Alm+Hb+Bit±Qz、Alm+Ab+Hb+Bit±Qz、Alm+Act+Chl+Bit(变质基性岩)。

低角闪岩相十字石带矿物共生组合有:St+Alm+Bit+Mu+Qz、St+Alm+Pl+Bit+Qz(变质泥质岩及碎屑岩);Hb+Pl+Qz、Hb+Ab+Bit±Qz(变质基性岩)。

角闪岩相蓝晶石-矽线石带矿物共生组合为:Ky+Sil+Bit+Qz、Ky+Sil+Alm+Bit+Pl+Qz、Ky+Sil+Alm+Pl+Kf+QZ。

变质岩带曾经历了早期中压、中温变质环境向晚期降压增温环境转变的多期变质过程。曲德贡岩组为一套含基性火山岩的类复理石火山质硬砂岩建造,具活动带沉积特征。1:25万加查幅(1995)曾在邛多江采集全岩Rb-Sr年龄为(401.55±59.59)Ma、(501.11±64.45)Ma,中国地质大学(北京)(2003)在康马隆起带与曲德贡岩组相当的朗巴岩组中上部采获 *Actinoceratida*(? *Ormoceras* sp.)、*Michelinoceras longatum*、*Pentagonopentagonalis nyalamensis*、*Pentagonocyclicus* sp. 等化石,其时代划为早古生代。

在喜马拉雅主拆离断裂(STDS)与定日-岗巴-洛扎-错那断裂(THS)之间的喜马拉雅构造带,肉切村岩群(Pt_3—$\in$)以上层位的古生界主要为奥陶系—泥盆系(1:25万日新幅、札达县幅、姜叶马幅,2004),为形成于滨浅海环境的碎屑岩-碳酸盐岩沉积建造。岩石类型主要为板岩、千枚岩、变质砂岩、重结晶灰岩等。变质矿物主要为绢云母、绿泥石、方解石等,变质程度以甚低绿片岩相为主,局部为低绿片岩相,低压相系。泥盆系及其以上的三叠系—白垩系未变质。

《西藏自治区区域地质志》(1993)认为拉轨岗日岩群变质岩经历了早加里东期和喜马拉雅期2期变质作用;刘国惠等(1990)认为存在加里东期、海西期和喜马拉雅期3期变质作用,并以海西期为主期变质。1:25万区域地质调查资料有关变质期的认识也不统一,云南省地质调查院(1:25万隆子县幅、扎日区幅,2003)确定该群经历了元古宙、早加里东期、喜马拉雅期3期变质作用;中国地质大学(武汉)(2002)在1:25万定结县幅、陈塘区幅野外验收报告中记载了新元古代(晋宁期)和喜马拉雅期2期变质作用。上述资料显示,对于后期喜马拉雅期变质作用的认识较为一致,张旗等(1986)在拉轨岗日岩群中用角闪石K-Ar法也获得过26Ma的年龄值,但对早期(或主期)区域变质作用的期次及时代分歧较大。

目前,对于早期变质作用的期次和时代的认识,主要是依据间接证据进行分析和推论来获取的。间接证据主要体现在拉轨岗日岩群的原岩建造特征、岩石组合特征、变质变形特点、野外地质产状和上覆地层时代、岩体侵位时代等方面。在原岩建造、岩石组合和变质变形特征方面,拉轨岗日岩群与聂拉木岩群或聂拉木岩群中、上部可进行对比(《西藏自治区岩石地层》,1997;1:25江孜县幅、亚东县幅,2003)。从产状来看,在大部分地段,拉轨岗日岩群居于花岗质古变质深成侵入体和上覆石炭系—二叠系变质盖层之间,在康马隆起周围的拉轨岗日岩群与石炭系—二叠系变质地层之间首次发现并确认了奥陶系的存在(1:25江孜县幅、亚东县幅,2003),因此,拉轨岗日岩群原岩形成时代应早于古变质花岗质侵入体和奥陶系。在一些古变质花岗质侵入体中,已获取了一些同位素年代学资料,从已获得的同位素年龄数据看,该类岩体的形成年龄约为500Ma(见变质深成侵入体部分),古变质花岗质侵入体具有同构造期花岗岩特征,与变质作用同期或稍后,受同一构造-热事件控制,可大致代表变质作用时代。

综上所述,拉轨岗日岩群原岩形成时代应在新元古代或新元古代以前,早期变质作用可能发生在新元古代末期—加里东早期,即泛非期,后期叠加了喜马拉雅期区域变质作用。

(二)喜马拉雅变质带

北喜马拉雅变质带(V-3-2)南以喜马拉雅主拆离断裂(STDS)为界,北以吉隆-定日-岗巴-洛扎断裂为界,相当于通常所称的特提斯喜马拉雅南带。前寒武纪地层肉切村岩群(Pt_3—$\in$)代表"泛非变质基底"之上的沉积盖层。

高喜马拉雅基底杂岩变质带（Ⅴ-3-3）介于藏南拆离系（STDS）与主中央断层（MCT）之间，以大面积出露前寒武纪结晶岩系和浅变质岩为特征，又称大喜马拉雅或中央结晶岩带。

低喜马拉雅变质带（Ⅴ-3-4）位于喜马拉雅山脉南坡，以喜马拉雅主中央断裂带（MCT）为北界，南侧以主边界断裂带（MBT）与印度地盾前缘的西瓦里克后造山前陆盆地为邻。

喜马拉雅变质带内最古老变质岩，是喜马拉雅山脉以南、印度东北部比哈尔—奥利萨一带出露的太古宇下部片麻岩，以及在印度西北部阿拉瓦利山一带3Ga的下部深变质基底岩群（称作老变质岩群）。中-晚元古界在我国西藏南部称聂拉木岩群（Pt_{2-3}）和亚东岩群（Pt_{2-3}）、东部南迦巴瓦地区称南迦巴瓦岩群（Pt_{2-3}），主要为一套高角闪岩相（局部麻粒岩相"包体"）变质岩系，以出现蓝晶石、十字石和中长石等中压相系特征变质矿物为其重要标志。

近年来1:25万区域地质调查，继墨脱县南迦巴瓦岩群中进一步证实有高压麻粒岩外，在该带西延的定结县、亚东及帕里一带也相继发现基性麻粒岩和与之伴生的深成相-超浅成相超镁铁岩，从东向西构成了一条断续分布有高压麻粒岩和榴辉岩的高压变质相带，其上的新元古界（可能包括寒武系）为一套绿片岩相的碎屑岩-碳酸盐岩系，构成了结晶基底之上的变质基底岩系。

1. 聂拉木岩群（Pt_{2-3}）

聂拉木岩群指分布于聂拉木县县城南北的一套东西向延展的前震旦纪变质片岩、片麻岩、变粒岩、混合岩及大理岩等。以康山桥断层为界分为两部分，前者称之为"下部结晶岩系"和"上部结晶岩系"，后者称之为下部曲乡岩组和上部江东岩组。

聂拉木岩群"下部"（曲乡岩组）以含蓝晶石、十字石、石榴石等特征变质矿物的片岩和片麻岩类为特征，原岩主要为陆缘碎屑岩；"上部"（江东岩组）以含矽线石、石榴石等特征变质矿物的片岩和片麻岩、石英岩以及出现大理岩为特征，原岩中除了陆缘碎屑岩外，含有大量碳酸盐岩。聂拉木岩群经历了多期变质变形作用改造，特别是在强烈喜马拉雅期造山运动的影响下，变质、变形特点复杂，具有变质杂岩特征。

聂拉木岩群主要由片麻岩（变粒岩）、片岩、石英岩、大理岩、角闪岩等一套中深变质岩石组成，原岩主要为泥质砂质陆缘碎屑岩夹碳酸盐岩和中基性火山岩，相当于含火山岩的类复理石建造。其中部分岩石的原岩应为深成花岗质侵入体和（超）基性侵入体。混合岩化作用和接触变质作用发育，出现大量的混合岩（条带状混合岩、眼球状混合岩和混合片麻岩）和一些接触变质岩。各类岩石因矿物种类和含量不同，出现不同的岩石类型。

片麻岩类：黑云斜长（二长）片麻岩、矽线黑云斜长（二长）片麻岩、石榴黑云斜长（二长）片麻岩、石榴矽线黑云斜长（二长）片麻岩、矽线（石榴）二云二长片麻岩、黑云钾长片麻岩、矽线二云钾长片麻岩、（石榴）角闪斜长片麻岩、（角闪）透辉斜长片麻岩、方柱透辉斜长片麻岩、方柱二长片麻岩、含石墨石榴黑云斜长片麻岩等。个别地点出现含堇青黑云斜长片麻岩和透辉硅灰片麻岩，可能为接触变质作用的产物。

片岩类：黑云片岩、蓝晶黑云片岩、十字蓝晶黑云片岩、石榴二云片岩、矽线二云片岩、（石榴）二云石英片岩、矽线黑云（二云）石英片岩、矽线石榴二云片岩、白云石英片岩、角闪（石英）片岩、透辉石英片岩、石墨石英片岩、石榴白云石英岩等。

石英岩类：石英岩、云母石英岩、方柱石英岩、绿帘方柱石英岩、矽线白云石英岩、石榴白云石英岩、矽线石榴黑云石英岩、二云长石石英岩、角闪石英岩、（石榴）角闪斜长石英岩等。

大理岩类：透辉大理岩、金云（黑云）大理岩、（透辉）石英大理岩、金云透辉大理岩、方柱大理岩、方柱透辉大理岩、十字透辉大理岩、透辉石墨大理岩、绿帘透辉大理岩等。

角闪岩类及其他岩石类型：斜长角闪岩、石榴斜长角闪岩、透辉斜长角闪岩、斜辉透辉岩、斜长角闪透辉岩、二长方柱透辉岩、方柱钾长（二长）透辉岩、透辉方柱石岩等。

聂拉木岩群的变质矿物种类非常复杂，包括石榴石、蓝晶石、矽线石、十字石、黑云母、白云母、角闪石、透辉石、方柱石、堇青石、硅灰石、斜长石、钾长石、石英、绿帘石、绿泥石、阳起石等。通过野外地质调查和室内综合研究认为，聂拉木岩群从北往南具有黑云母带→角闪石带→矽线石带→十字石→蓝晶石带的分布规律,并且在不同的岩组内部具有不同的变质带分布特点(1:25万聂拉木幅、江孜县幅-亚东县幅、定结县幅-陈塘区幅,2002)。

黑云母带:主要岩石类型有黑云母二长片麻岩、黑云母大理岩、花岗质糜棱岩等。矿物共生组合如下。

变质泥质岩和泥砂质岩类:Bi+pl+Q、Bi+Dol+Q、Bi+Ms+Q+Ab、Bi+chl+Ms+Q+Ab。

变质碳酸盐岩类:Dol+Bi+Q、Dol+Ms+Ab+Q。

花岗质岩类:Q+Ab+or+Bi。

角闪石带:该带主要岩石类型有黑云母二长片麻岩、角闪石斜长变粒岩、斜长变粒岩、黑云母大理岩、黑云母斜长片麻岩、黑云母斜长变粒岩等。矿物共生组合如下。

变质泥砂质岩类:Q+Ab+Bi+Hb、Q+Ab+Bi、Hb+pl+Ep+Zo+Q。

变质火山质岩类:Q+Ab+or+Hb、Q+Ab+Hb、Q+Ab+or+Bi+Ms+Tou。

变质碳酸盐岩类:Dol+pl+An+Di+Sc+Au、Dol+Sc+Bi、Dol+Di+Sc+pl+Kp、Dol+Sc+Kp、Dol+Bi+Q。

矽线石带:该带岩石类型主要有矽线石黑云母石英片岩、含矽线石黑云母斜长片麻岩、眼球状混合岩、铁铝榴石矽线石二云母二长片麻岩、黑云母斜长变粒岩、花岗质糜棱岩等。其矿物共生组合主要如下。

变质泥质岩和泥砂质岩:Q+Ab+Bi+Ms+Gr、Q+Ab+BI+Sill、Q+Ab+Or+Bi、Q+Ab+Or+Bi+Ms、Q+Ab+Bi+Ms+Sill、Q+Ab+Or+Bi+Ms+Tou+Sill、Q+Ab+Or+Bi+Ms+Ald+Sill、Q+Ab+Or+Bi+Ms+Sill、Q+Ab+Bi+Ms。

富钙质的泥砂质或钙质页岩:Dol+Di+Bi+Q+Or+TL、Dol+Di+Ab+An。

十字石带:该带内的岩石组合为十字石榴二云片岩、黑云斜长角闪片岩、透闪金云大理岩、长石二云片岩、石榴二云片岩、石英大理岩。矿物组合为St+Q+Mus±Bi、St+Alm+Bi+Mus+Q。

蓝晶石带:该带内的岩石组合为含蓝晶石榴云母片岩、石榴云母石英片岩、黑云石英片岩和云母石英片岩。岩石矿物组合为Bi+Pl+Kf+Q、Bi+Hb+Pl+Kf+Q。

依据上述变质岩石类型及矿物共生组合,以出现石榴石、蓝晶石、矽线石、十字石矿物为特征,初步认为应属角闪岩相变质程度。依据十字石-蓝晶石矿物带,推算变质温压条件为 $T=620\sim675℃$、$P=0.3\sim1.0GPa$,属于高角闪岩相变质,中压相系。

前人已在聂拉木岩群获取了大量的同位素年龄数据:中国科学院贵阳地球化学研究所(1973)获得 Rb-Sr 等时线年龄 659Ma 和 U-Pb 年龄 664Ma;Xu R H 等(1985)在黑云二长片麻岩中获得锆石 U-Pb 等时线年龄 1250Ma;卫管一等(1989)在混合岩中获得锆石 U-Pb 年龄 658Ma,在云母片岩中获得黑云母 Rb-Sr 和 K-Ar 年龄分布范围为 42~10Ma;刘国惠(1990)在蓝晶带石英岩中获得锆石 U-Pb 法等时线年龄为 $(1921±212)Ma$。综合归纳上述年龄数据,可明显地分为 3 组:1921~1250Ma、664~658Ma 和 42~10Ma,上述研究者多认为 3 组年龄数据分别代表了聂拉木岩群原岩形成年龄、主期变质作用年龄和叠加变质年龄。

在新一轮 1:25 万区域地质调查中,在聂拉木岩群中获得了一些新的同位素年龄数据。成都地质矿产研究所(2002)在片岩、片麻岩中获得的全岩 Rb-Sr 等时线年龄分别为 $(792±65)Ma$ 和 $(845±76)Ma$,在混合岩中获得的全岩 Rb-Sr 等时线年龄为 $(458±103)Ma$。认为 $(792±65)Ma$ 和 $(845±76)Ma$ 代表聂拉木岩群主期(晚元古期)变质作用年龄,458±103Ma 可能反映了加里东期构造-热事件。

河北省区调队(2004)在什布奇—丘八一带黑云斜长变粒岩中,获得(SHRIMP)U-Pb 锆石年龄信息:第一组为 $(2634±82)\sim(2259±78)Ma$,加权平均值为 2450Ma;第二组为 $(1978±65)\sim(1455±48)Ma$,加权平均值为 1807Ma;第三组为 $(1183±32)\sim(839±39)Ma$,加权平均值为 950Ma。同时还获得了 $(3208±99)Ma$ 碎屑锆石、$(764±30)\sim(559±21)Ma$ 的结晶锆石零散年龄值(点)信息。认为 2450Ma 为其成岩时代,即形成时代为古元古代;1807Ma、950Ma 为变质和叠加变质年龄;$(764±30)\sim(559±21)Ma$ 为更晚的叠加变质年龄。

综合前人和新一轮1:25万区域地质调查中的工作成果,可将在聂拉木岩群所获取的同位素年龄数据大致分为4组:2450～1250Ma、950～792Ma、664～458Ma、42～10Ma。其中2450～1250Ma年龄值应代表原岩的形成时代,950～792Ma代表新元古期(前泛非期)构造-热事件年龄,664～458Ma与泛非运动在时间上吻合,42～10Ma代表喜马拉雅期构造-热事件年龄。

2. 亚东岩群（Pt_{2-3}）

亚东岩群是中国地质大学(北京)(2003)从原"聂拉木岩群"中分解出来的一套新建构造地层单位,其重要特征之一是在亚东岩群中分布有大小不一的辉石岩、角闪石岩以及高压麻粒岩等暗色"包体"。该群主要分布在亚东县幅的西部、南部及江孜县幅东南侧国境线附近,在空间位置上处于聂拉木岩群之下,比聂拉木岩群变质程度更高、层位更低,但两者未见直接接触关系。

亚东岩群的主体岩性为片麻岩、片岩和石英岩。主要岩石类型有矽线黑云斜长片麻岩、石榴二云二长片麻岩、石榴黑云二长片麻岩、角闪黑云斜长片麻岩、角闪黑云二长片麻岩、黑云钾长片麻岩、矽线二云钾长片麻岩、矽线黑云二长片麻岩、石榴黑云二长片麻岩、石榴二云石英岩、黑云石英岩、长石石英岩、黑云母片岩、黑云阳起石片岩。由于混合岩化作用和韧性变形作用改造而出现混合岩、糜棱岩或糜棱岩化岩石。与聂拉木岩群相比,亚东岩群除了不发育大理岩、钙硅酸盐外,主体岩性与之相似。目前,关于亚东岩群的形成时代,还未得到可靠的年龄数据。

片麻岩类的变质矿物主要组成有黑云母、白云母、角闪石、石榴石、矽线石、堇青石及钾长石、斜长石、石英;变粒岩类的变质矿物主要为黑云母、角闪石、石榴石、钾长石、斜长石、石英;石英岩类的矿物组成为石英、黑云母,少量白云母、石榴石、长石。矿物组合显示为麻粒岩相。

亚东岩群的一个重要特征是在该群发现有正变质成因的暗色"角闪岩类"包体。包体的主要岩石类型有含石榴斜长辉石角闪岩(高压麻粒岩)、磁铁角闪单辉岩、透辉角闪岩、斜长角闪透辉岩等。"高压麻粒岩"的基本特征为岩石具有粒柱状变晶结构,块状构造。组成矿物为普通角闪石(45%)、透辉石(25%)、斜长石(20%)、石英(5%)、石榴石(<5%)。透辉石多已退变为绿色角闪石而呈残留状,主期矿物组合为单斜辉石+石榴石+斜长石+(棕黄色角闪石?)。发育绿色角闪石与斜长石的文象交生体(后成合晶结构),为退变质成因。

在基性包体中,运用角闪石Ar-Ar法测年获得310Ma、44～32Ma和15～10Ma三组同位素年龄数据,3组年龄数据未能反映出早期变质作用的时代,310Ma可能是其退变年龄,代表海西运动的影响;44～32Ma与喜马拉雅造山运动有关;15～10Ma代表喜马拉雅带中新世以来的与强烈伸展作用有关的退变作用。

3. 南迦巴瓦岩群（Pt_{2-3}）

南迦巴瓦岩群分布于南迦巴瓦地区及雅鲁藏布江大拐弯内、外侧,时代列为前震旦纪(张旗,1981;尹集祥等;1984)。该群外围被带状展布的雅鲁藏布蛇绿混杂岩带紧紧环绕,二者之间为韧性剪切带。该群一个重要的特征是出现高压麻粒岩相包体(1:25万墨脱县幅,2002;1:25万林芝县幅,2003;1:25万隆子县幅、扎日区幅,2003),并经历了多期变质变形作用的改造。

张振根(1987)运用Rb-Sr等时线法测得南迦巴瓦岩群同位素年龄值为(749.38±37.22)Ma;1:20万波密幅(1995)在西兴拉的阿尼桥片岩组内的斜长石角闪岩中获得Rb-Sr等时线年龄值为(1064±82)Ma,在多雄拉片麻岩获得Rb-Sr等时线年龄值为(961±139)Ma;成都地质矿产研究所(1997)在直白的布弄隆运用U-Pb法,获得直白高压麻粒岩、片麻岩岩组花岗质片麻岩中锆石的同位素年龄值为(1312±16)Ma;云南省地质调查院(2003)在米林县学卡村斜长(透辉)角闪岩中获得Sm-Nd等时线年龄值为(1182±150)Ma。以上同位素年龄值显示,南迦巴瓦岩群形成时代可能为古中元古代。

成都地质矿产研究所(2002)将南迦巴瓦岩群划分为3个非正式的岩性段,自下而上分别为直白岩组、多雄拉混合岩和派乡岩组,三者之间均以构造界面分割。直白岩组主体岩性为一套含高压麻粒岩、石榴角闪岩、蓝晶石榴二长片麻岩透镜体(夹层)的富铝片麻岩及花岗质片麻岩;多雄拉混合岩由条带状混合岩、眼球状混合岩、肠状混合岩等构成,个别地段残留有混合程度低的变粒岩、片麻岩、钙硅酸盐岩等,指示混合岩为原地变质岩部分熔融所成;派乡岩组主体岩性为黑云变粒岩、黑云片岩、大理岩、钙硅酸盐岩等,其中大理岩和钙硅酸盐岩是这套岩石组合的主要标志。从上述3个岩组的岩性特征来看,除了直白岩组中出现一些包括"高压麻粒岩"在内的透镜体外,南迦巴瓦岩群3个岩组的主体岩性特征与聂拉木群相似。

高压麻粒岩透镜体赋存于直白—派乡—多空—线的直白岩组中,围岩主要为富铝片麻岩,有时为大理岩。组成高压麻粒岩透镜体的主要岩石类型有石榴单斜辉石岩(榴辉岩)、富铝系列的石榴蓝晶二长片麻岩(麻粒岩)和含云透辉榴闪岩、石榴透辉斜长角闪岩等基性麻粒岩。其中基性麻粒岩具有石榴单斜辉石岩(榴辉岩)的退变特征。

成都地质矿产研究所(2002)、郑来林等(2004)在石榴蓝晶二长片麻岩(麻粒岩)中识别出3个世代的变质矿物组合。第一期变质矿物组合为多硅白云母+黑云母+斜长石+石英,它们呈包裹体残留于蓝晶石、石榴石变斑晶矿物中,定向分布形成的片理与围岩主期片理高角度斜交,变质温压条件为$T=614\sim800℃$,$P=0.48\sim0.93GPa$;第二期变质矿物组合为石榴石+蓝晶石+三元长石+金红石+石英±石墨,为峰期变质矿物组合,变质温压条件为$T=850℃$,$P=1.65\sim1.8GPa$;第三期变质矿物组合为石榴石+矽线石+斜长石+黑云母+堇青石+尖晶石,其中黑云母、堇青石和尖晶石、斜长石等常呈后成合晶环绕石榴石分布构成冠状反应边结构,矽线石具有蓝晶石的板状晶形假相,指示该期变质矿物组合为峰期变质矿物组合经快速减压作用的产物,变质温压条件为$T=621\sim726℃$,$P=0.6\sim0.7GPa$。上述3个变质阶段代表了高压麻粒岩相变质作用从峰期前的增温增压到峰期后近等温减压的过程,反映了地壳由增厚到减薄的地球动力学过程。

在石榴单斜辉石岩中,也常存在3个世代的变质矿物组合,但缺乏峰期前的变质矿物组合。第一世代峰期矿物组合为单斜辉石+石榴石+石英,石榴石变斑晶中可以见到有浑圆状的石英细小包裹体,且可见有放射状的裂隙,表明经历了一个压力快速释放的过程;第二世代矿物组合为单斜辉石+紫苏辉石+斜长石+角闪石(褐色),以石榴石变斑晶周围的白色冠状的后生合晶为代表;第三世代矿物组合为角闪石+斜长石,以角闪石交代先期矿物为标志。3个世代矿物组合显示,岩石在峰期高压麻粒岩相变质后,经过等温降压、降温降压过程,揭示其曾经历快速隆升的构造演化历史。

对于高压麻粒岩相变质作用发生的时代,丁林等(1999)在石榴蓝晶高压麻粒岩中测得的锆石U-Pb年龄和在石榴单斜辉石岩中测得的单斜辉石的^{40}Ar-^{39}Ar年龄集中分布于$69\sim45Ma$,代表高压麻粒岩相峰期变质年龄;在石榴蓝晶石片麻岩中的退变质组合中得到的年龄为$(22.6\pm5.7)Ma$,石榴角闪花岗岩中角闪石的^{40}Ar-^{39}Ar坪年龄为$(17.5\pm0.3)Ma$,代表后期退变质作用的年龄。成都地质矿产研究所(2002)在派乡江对岸角闪石岩(深成侵入体)中测得角闪石^{40}Ar-^{39}Ar年龄为$(575.20\pm5.24)Ma$,与丹娘花岗质片麻岩(深成侵入体)中测得的锆石U-Pb年龄值$552\sim525Ma$接近,这些深成侵入体可能为同构造期侵位,代表在"泛非期"有过一次构造-热事件。同位素年龄数据显示,高压麻粒岩相变质作用发生在喜马拉雅期。

古生代—中生代地层(O—K),在西段有较大面积的古生界和少量的中、新生界分布,并分别超覆在前寒武系变质岩之上。新元古界—寒武系米里群(Pt_3—∈)之上的下古生界岩石类型主要为板岩、千枚岩、变质砂岩、重结晶灰岩等,变质矿物为绢云母、绿泥石、方解石等,原岩为碎屑岩-碳酸盐岩沉积建造,变质程度为甚低绿片岩相。上古生界—中生界地层未变质。

四、保山变质区 V-4

保山变质区构造位置上相当于保山地块,位于东侧班公湖-双湖-怒江-昌宁结合带南段与西侧潞西-三台山断裂之间,变质区内可以划分出耿马变质岩带、西盟变质岩带和潞西变质带3个变质带,3个变质带各可以划出一个变质岩带,分别为勐统变质岩带、西盟变质岩带和三台山变质岩带。变质区以发育前寒武纪变质岩系和古生界—中生界较稳定沉积盖层为特征。

古-中元古界崇山岩群(Pt_{1-2})呈带状出露一套岩浆-变质杂岩系,新元古界澜沧岩群(Pt_3)为一套微晶片岩、变质砂岩及板岩。新元古界上部地层勐统群(Pt_3)为石英片岩、绢云(石英)片岩夹硅质板岩,顶部出现条带状结晶灰岩。公养河群($Z—\in_2$)为以浅海相为主的砂岩、泥(页)岩夹少量粉砂质硅质岩及薄层灰岩。

(一)耿马变质带Ⅴ-4-1

勐统变质岩带是该变质地带结晶基底之上的古弧盆系沉积,变质作用发生于兴凯期(泛非期),是一次区域低温动力变质作用,变质强度达高绿岩相,是冈瓦纳大陆汇聚事件在变质作用方面的反映。

(二)西盟变质带Ⅴ-4-2

西盟变质岩带为保山变质地带的结晶基底,受变质地层为古元古界西盟岩群,是古元古代末期中压区域动热变质作用的产物,其变质强度达低角闪岩相。

(三)潞西变质带Ⅴ-4-3

位于龙陵、瑞丽之间的瑞丽江断裂旁侧,是早三叠世残余海盆关闭后陆-陆碰撞作用的产物,由三台山蛇绿混杂岩与残余海盆台地碳酸盐岩沉积组成。

总体表现为由老到新,变质程度逐渐变弱,即由片岩→千枚岩→板岩、变质石英砂岩。矿物共生组合也发生变化,片岩为钠长石＋黑云母＋绢(白)云母＋石英;千枚岩为绢云母＋绿泥石＋石英;板岩为绢云母＋石英。由所出现的变质矿物共生组合分析,区内主期变质强度总体为低绿片岩相变质特征(包括绿泥石带及黑云母带)。浅变质之上的古生界—中生界未变质。

第六章 西南地区大地构造特征

通过对大地构造相的鉴别、厘定和划分,揭示了陆块和造山带结构组成及其演变和发展规律。陆块区,均经早期陆核形成→新太古代—元古宙的洋陆转换、增生、碰撞聚集形成稳定陆块(即基底形成阶段),其后产生碰撞后裂谷事件(华北长城纪裂谷事件,扬子、塔里木南华纪裂谷事件),尔后经碎屑岩"填平补齐"进入陆架碳酸盐岩台地稳定的地壳构造单元,为陆块区地壳三大阶段发展演化的基本规律。而绝大多数造山带均为洋陆转换中的弧盆系及其被卷入的基底残块移置(地块)组成,而且主要由多岛弧盆系中弧后盆地(弧后洋盆)俯冲消减、弧-弧、弧-陆或陆-陆碰撞造山形成,因而产生各种不同大地构造相,如果造山带由不止一个弧后盆地(弧后洋盆)的消减碰撞造山形成,则可产生多个大地构造相及构造相的转化。一般来说陆块和造山带结构由不同大地构造相相互叠加构成,它们相互间是按一定序次和级别分布的。因此本次大地构造编图依据陆块区和造山系地质构造的形成演化规律和基本特征,划分出三大相系,即造山系(弧盆系/大陆边缘系)相系、陆块区相系及对接带相系(对应一级构造单元)。在弧盆系/大陆边缘系相系中,划分出三大相,即岛弧系大相、弧盆系大相及地块大相,进而将三大相依据造山带洋-陆构造体制和盆山构造体制时空结构转换过程的特定大地构造环境,划分为大地构造相及其亚相。

编图中以沉积建造、火山岩建造、侵入岩浆建造、变质建造,大型变形构造及其物化遥的研究为基础底图。沉积建造构造图、火山岩建造构造图、侵入岩浆建造构造图、变质岩建造构造图、大型变形构造图和物化遥综合信息解译图是作为大地构造相图的实际材料图。即强调1:25万建造构造图是1:50万大地构造相图的实际材料图,通过研究各类建造构造图,确定岩石单位各建造形成的构造环境,并按同一构造环境归纳上升为同一岩石构造组合,这一岩石构造组合成为大地构造相的基本最低级别的相单元岩石构造组合或亚相(五级或四级)。按大地构造相分析方法,提出了西南地区构造单元由6个一级构造单元、18个二级构造单元、70个三级构造单元表、195个四级构造单元组成,并明确了不同级别构造单元的地质特征及其鉴别标志(表6-1,图6-1)。

表6-1 西南地区构造单元划分表

一级	二级	三级	四级
秦祁昆造山系 I	秦岭弧盆系 I-1	西倾山-南秦岭地块(Pz_1) I-1-1	南秦岭被动大陆边缘/基底逆冲带(Qb—O_1) I-1-1-1
			降扎-迭部被动大陆边缘(Pz—T_2) I-1-1-2
			北大巴山被动大陆边缘 I-1-1-3
		玛多-勉略结合带(P—T) I-1-2	塔藏混杂岩带 I-1-2-1
扬子陆块区 II	上扬子陆块 II-1	米仓山-大巴山被动大陆边缘(Z—T_2)推覆体(T_2—N) II-1-1	米仓山古岛弧(Pt_{2-3}) II-1-1-1
			旺苍-南江被动大陆边缘(Z—T_2) II-1-1-2
			大巴山被动大陆边缘(Z—T_2) II-1-1-3

续表 6-1

一级	二级	三级	四级
扬子陆块区 II	上扬子陆块 II-1	龙门山被动大陆边缘（Z—T_2）推覆体（T_2—N）VI-1-2	宝兴古岛弧(Pt_{2-3}) II-1-2-1
			彭灌古岛弧(Pt_{2-3}) II-1-2-2
			轿子顶古岛弧(Pt_{2-3}) II-1-2-3
			盐井古裂谷(Nh) II-1-2-4
			五龙外陆棚(S—D) II-1-2-5
			唐王寨碳酸盐岩台地(D—C) II-1-2-6
			龙门前山陆棚(Z—T_2) II-1-2-7
			漩口-汉旺楔顶盆地(T_3—J) II-1-2-8
		川中前陆盆地(Mz) II-1-3	成都山前坳陷 II-1-3-1
			雅安凹陷 II-1-3-2
			龙泉山前隆 VI-1-3-3
			梓潼凹陷 II-1-3-4
			苍溪隆起 II-1-3-5
			剑门关隆起 II-1-3-6
			通江凹陷 II-1-3-7
			威远隆起 II-1-3-8
			南充凹陷 II-1-3-9
			自贡凹陷 II-1-3-10
			赤水凹陷 II-1-3-11
			华蓥山压陷盆地 II-1-3-12
			筠连-叙永陆表海 II-1-3-13
		扬子陆块南部碳酸盐岩台地(Pz) II-1-4	昭通-威宁碳酸盐岩台地(Pz) II-1-4-1
			开阳金钟至南龙陆缘裂谷($Pt_3^1 x$) II-1-4-2
			遵义碳酸盐岩台地(Z—O) II-1-4-3
			凉山-昭通-威宁陆源碎屑-碳酸盐岩台地(D—C) II-1-4-4
			普安罐子窑-水城台缘斜坡-台盆(D_2—P_1) II-1-4-5
			毕节燕子口-印江碳酸盐岩台地(P_2—T_2) II-1-4-6
			安顺龙宫-贵阳青岩台地边缘-斜坡(T_{1-2}) II-1-4-7
			平塘-安顺旧州陆缘裂谷(T_{1-2}) II-1-4-8
			桐梓夜郎-大方新场压陷盆地(T_3—J) II-1-4-9
			茅台山间盆地($K_2 m$) II-1-4-10

续表6-1

一级	二级	三级	四级
扬子陆块区Ⅱ	上扬子陆块Ⅱ-1	上扬子陆块东南缘被动边缘盆地(Pz_1)Ⅱ-1-5	梵净山古弧盆(Pt_3)Ⅱ-1-5-1
			黄平旧州山间盆地(K_2m)Ⅱ-1-5-2
			铜仁-三都被动边缘斜坡($Z—O_2$)Ⅱ-1-5-3
			独山-荔波碳酸盐岩台地(D—C)Ⅱ-1-5-4
			荔波方村-朝阳陆缘裂谷(T_{1-2})Ⅱ-1-5-5
			江口-都匀王司碳酸盐岩台地($Z—O_3$)Ⅱ-1-5-6
		雪峰山陆缘裂谷盆地(Nh)Ⅱ-1-6	从江刚边-归林及宰便陆缘裂谷Ⅱ-1-6-1
			黎平肇兴陆缘裂谷(Nh)Ⅱ-1-6-2
			天柱坪地-黎平龙额盆地(Z—∈)Ⅱ-1-6-3
			天柱-黎平贯洞碳酸盐岩台地(C—P)Ⅱ-1-6-4
			天柱-帮洞压陷盆地(J_{1-2})Ⅱ-1-6-5
			榕江车江山间盆地(K_2m)Ⅱ-1-6-6
			雷山板内岩浆岩(χB)Ⅱ-1-6-7
		上扬子东南缘古弧盆系(Pt_2)Ⅱ-1-7	从江-锦屏陆缘裂谷(Pt_3^1)Ⅱ-1-7-1
			从江甲路磨拉石盆地(Pt_3^1)Ⅱ-1-7-2
			从江尧等古弧盆(Pt_3^1)Ⅱ-1-7-3
			从江摩天岭后碰撞岩浆岩(Pt_3^1)Ⅱ-1-7-4
		南盘江-右江前陆盆地(T)Ⅱ-1-8	罗平外陆棚斜坡($T_1—T_3$)Ⅱ-1-8-1
			丘北陆缘斜坡($T_1—T_3$)Ⅱ-1-8-2
			个旧台地($T_1—T_3$)Ⅱ-1-8-3
			瑶山古元古代中深变质杂岩(Pt_1)Ⅱ-1-8-4
		富宁-那坡被动边缘(Pz)Ⅱ-1-9	屏边陆坡-陆隆Ⅱ-1-9-1
			都龙-西畴陆棚碳酸盐岩台地Ⅱ-1-9-2
			广南陆内裂谷Ⅱ-1-9-3
			八布残余海盆Ⅱ-1-9-4
		康滇基底断隆(攀西上叠裂谷,T)Ⅱ-1-10	河口、通安-东川、大红山裂谷(Pt_{1-2})Ⅱ-1-10-1
			黄水河、峨边、盐边陆缘裂谷(Pt_2)Ⅱ-1-10-2
			会理-峨山中元古代陆棚-台地(Pt_2)Ⅱ-1-10-3
			苏雄-澄江南华纪裂谷Ⅵ-1-10-4
			泸定-石棉-螺髻山古岛弧(Pt_{2-3})Ⅱ-1-10-5
			雅砻江-宝鼎裂谷盆地($T_3—K$)Ⅱ-1-10-6
			太和-红格-禄丰裂谷(C—P)Ⅱ-1-10-7
			江舟裂谷盆地($T_3—K$)Ⅱ-1-10-8
			米市裂谷盆地Ⅱ-1-10-9
			华坪陆表海Ⅱ-1-10-10
			曲靖陆表海Ⅱ-1-10-11
		楚雄前陆盆地(Mz)Ⅱ-1-11	云南驿前陆逆冲带(T_3)Ⅱ-1-11-1
			大姚坳陷盆地($T_3—E$)Ⅱ-1-11-2

续表 6-1

一级	二级	三级	四级
扬子陆块区Ⅱ	上扬子古陆块Ⅱ-1	盐源-丽江陆缘裂谷盆地(Pz_2)Ⅱ-1-12	金河-箐河-金平陆棚($Z—T_2$)Ⅱ-1-12-1
			丽江陆缘裂谷(P_{2-3})Ⅵ-1-12-2
			盐源-鹤庆边缘台地($T—E$)Ⅱ-1-12-3
			松桂断陷盆地(T_3)Ⅱ-1-12-4
			南板河陆坡-陆隆Ⅱ-1-12-5
		哀牢山变质基底杂岩(Pt_1)Ⅱ-1-13	点苍山中深变质杂岩(Pt_1)Ⅱ-1-13-1
			哀牢山中深变质杂岩(Pt_1)Ⅱ-1-13-2
		都龙变质基底杂岩(Pt)Ⅱ-1-14	都龙陆源碎屑-碳酸盐岩台地Ⅱ-1-14-1
			富宁-那坡被动陆缘Ⅱ-1-14-2
		金平被动陆缘相($S—P$)Ⅱ-1-15	
羌塘-三江造山系Ⅲ	巴颜喀拉地块(T_3)Ⅲ-1	碧口古弧盆系($Pt_{2-3}—T_2$)、黄龙被动陆缘($Nh—T_2$)Ⅲ-1-1	平武-青川被动大陆边缘($Z-D$)Ⅲ-1-1-1
			碧口古弧盆系(Pt_{2-3})Ⅲ-1-1-2
			雪山-文县被动大陆边缘($Z—P$)Ⅲ-1-1-3
		巴颜喀拉前陆盆地(T_3)Ⅲ-1-2	丹巴变质基底杂岩(Pt_{1-2})Ⅲ-1-2-1
			松潘前陆盆地(T)Ⅲ-1-2-2
			若尔盖断陷盆地($J—N$)Ⅲ-1-2-3
		炉霍-道孚裂谷($P—T_1$)Ⅲ-1-3	
		雅江残余盆地(T_3)Ⅲ-1-4	石渠-雅江前渊盆地(T_3)Ⅲ-1-4-1
			江浪-长枪陆缘裂谷($Pz—T$)Ⅲ-1-4-2
			九龙同碰撞岩浆杂岩($J—K$)Ⅲ-1-4-3
	甘孜-理塘弧盆系($P—T_3$)Ⅲ-2	甘孜-理塘蛇绿混杂岩带($P—T_3$)Ⅲ-2-1	禾尼-热水塘蛇绿岩Ⅲ-2-1-1
			康嘎-贡岭俯冲增生杂岩(T)Ⅲ-2-1-2
			水洛-恰斯陆壳残片($Pt—T$)Ⅲ-2-1-3
			依吉外来岩块Ⅲ-2-1-4
			玉龙雪山外来岩块Ⅲ-2-1-5
			白汉场蛇绿岩(混杂)岩Ⅲ-2-1-6
		义敦-沙鲁里岛弧(T_3)Ⅲ-2-2	玉隆-雄龙西弧前盆地(T_3)Ⅲ-2-2-1
			格咱外火山-岩浆弧(T_3)Ⅲ-2-2-2
			昌台弧间盆地(T_{2-3})Ⅲ-2-2-3
			赠科同碰撞岩浆杂岩($D—T_2$)Ⅲ-2-2-4
			登龙-青达弧后扩张盆地Ⅲ-2-2-5
			高贡-措莫隆弧后板内火山-岩浆岩带Ⅲ-2-2-6

续表 6-1

一级	二级	三级	四级
羌塘-三江造山系Ⅲ	中咱-中甸地块Ⅲ-3	中咱碳酸盐岩台地(Pz—T)Ⅲ-3-1	石鼓中元古代变质杂岩带Ⅲ-3-1-1
			中咱-拖顶碳酸盐岩台地(Pz—T_1)Ⅲ-3-1-2
			益站陆内裂谷Ⅲ-3-1-3
			中甸陆棚Ⅲ-3-1-4
			剑川后造山岩浆杂岩带Ⅲ-3-1-5
	西金乌兰-金沙江-哀牢山结合带(D—T_2)Ⅲ-4	西金乌兰结合带Ⅲ-4-1	
		金沙江结合带(D_3—P_3)Ⅲ-4-2	嘎金雪山-贡卡-霞若-新主蛇绿混杂岩(D_3—P)Ⅲ-4-2-1
			中心绒-朱巴龙-羊拉-东竹林洋岛-海山Ⅲ-4-2-2
			鲁甸同碰撞岩浆杂岩Ⅲ-4-2-3
			崔依比碰撞后裂谷Ⅲ-4-2-4
			额阿钦-白玉陆壳-雪龙山基底残块Ⅲ-4-2-5
			德钦蛇绿混杂岩Ⅲ-4-2-6
		哀牢山结合带(C—P)Ⅲ-4-3	双沟蛇绿岩Ⅲ-4-3-1
			上兰-藤条河残余海盆Ⅲ-4-3-2
			南溪增生杂岩Ⅲ-4-3-3
			墨江被动陆缘(S—D)Ⅲ-4-3-4
	甜水海-北羌塘地块(Pt_{2-3}—K_1)Ⅲ-5	甜水海地块(Pt_{2-3}—K_1)Ⅲ-5-1	
		北羌塘地块(D—T_2)Ⅲ-5-2	
	昌都-兰坪-思茅地块Ⅲ-6	治多-江达-维西-绿春陆缘弧(P_2—T)Ⅲ-6-1	治多-江达岩浆弧带Ⅲ-6-1-1
			维西陆缘弧Ⅲ-6-1-2
			绿春陆缘弧Ⅲ-6-1-3
		昌都-兰坪-思茅双向弧后前陆盆地(P—T)Ⅲ-6-2	昌都双向弧后前陆盆地(P—T)Ⅲ-6-2-1
			兰坪双向弧后前陆盆地Ⅲ-6-2-2
			思茅双向弧后前陆盆地Ⅲ-6-2-3
		那底岗日-开心岭-杂多-景洪岩浆弧(P_2—J)Ⅲ-6-3	那底岗日-格拉丹冬陆缘弧(T_3—J_1)Ⅲ-6-3-1
			开心岭-杂多浆弧(P_2—T)Ⅲ-6-3-2
			杂多浆弧(P_2—T)Ⅲ-6-3-3
			景洪岩浆弧(P_2—T)Ⅲ-6-3-4
	乌兰乌拉-澜沧江结合带Ⅲ-7	乌兰乌拉结合带Ⅲ-7-1	
		北澜沧江结合带Ⅲ-7-2	
		南澜沧江俯结合带Ⅲ-7-3	团梁子南段增生杂岩Ⅲ-7-3-1
			岔河-半坡蛇绿混杂岩Ⅲ-7-3-2
	本松错-冈塘错-唐古拉-他念他翁-临沧岩浆弧Ⅲ-8	本松错-冈塘错岩浆弧Ⅲ-8-1	
		唐古拉岩浆弧Ⅲ-8-2	
		他念他翁岩浆弧Ⅲ-8-3	
		崇山-临沧地块(增生弧)Ⅲ-8-4	碧罗雪山-崇山变质基底(Pt_2)Ⅲ-8-4-1
			临沧岩浆弧（P—T）Ⅲ-8-4-2

续表 6-1

一级	二级	三级	四级
班公湖-怒江-昌宁-孟连对接带 Ⅳ	龙木错-双湖-类乌齐结合带 Ⅳ-1	龙木错-双湖蛇绿混杂岩带（Pz—T_2）Ⅳ-1-1	
		托和平错-查多岗日洋岛增生杂岩带（C—T_2）Ⅳ-1-2	
		类乌齐-曲登蛇绿混杂岩（D—T_2?）Ⅳ-1-1-3	
	多玛-南羌塘-左贡增生弧盆 Ⅳ-2	多玛地块（Pz）Ⅳ-2-1	
		南羌塘增生盆地（Pz,T_3—J）Ⅳ-2-2	
		扎普-多不杂岩浆弧（J_3—K_1）Ⅳ-2-3	
		类乌齐弧后前陆盆地（T_3—J）Ⅳ-2-4	
		左贡增生杂岩带（Pt/C）Ⅳ-2-5	
	班公湖-怒江对接带 Ⅳ-3	聂荣（地体）增生弧（Pt_{2-3},Pz_2—K_1）Ⅳ-3-1	扎仁增生杂岩 Ⅳ-3-1-1
			聂荣岩群（Pt_{2-3}）Ⅳ-3-1-2
			增生盆地 Ⅳ-3-1-3
		嘉玉桥（地体）增生弧（Pt_{2-3},Pz_2—J）Ⅳ-3-2	碰撞-后碰撞侵入岩 Ⅳ-3-2-1
			高级变质杂岩 Ⅳ-3-2-2
			中-低级变质岩 Ⅳ-3-2-3
		班公湖-怒江蛇绿岩杂岩（D—K_1）Ⅳ-3-3	班公湖-怒江对接带西段 Ⅳ-3-3-1
			班公湖-怒江对接带中段 Ⅳ-3-3-2
			班公湖-怒江对接带东段 Ⅳ-3-3-3
			班公湖-怒江对接带南段 Ⅳ-3-3-4
		昌宁-孟连蛇绿混杂岩带（Pz）Ⅳ-3-4	温泉陆缘斜坡（D）Ⅳ-3-4-1
			曼信深海平原（D—C）Ⅳ-3-4-2
			铜厂街-牛井山-孟连蛇绿混杂岩（C）Ⅳ-3-4-3
			四排山-景信洋岛-海山（D_3—P）Ⅳ-3-4-4
冈底斯-喜马拉雅多岛弧盆系 Ⅴ	冈底斯-察隅弧盆系 Ⅴ-1	昂龙岗日岩浆弧 Ⅴ-1-1	
		那曲-洛隆弧前盆地（T_2—K）Ⅴ-1-2	
		班戈-腾冲岩浆弧（C—K）Ⅴ-1-3	班戈岩浆弧（C—K）Ⅴ-1-3-1
			高黎贡山中深变质杂岩（Pt）Ⅴ-1-3-2
			盈江后碰撞岩浆弧（K）Ⅴ-1-3-3
			腾冲后碰撞岩浆弧（N—Q）Ⅴ-1-3-4

续表 6-1

一级	二级	三级	四级
冈底斯-喜马拉雅多岛弧盆系 V	冈底斯-察隅弧盆系 V-1	拉果错-嘉黎蛇绿混杂岩（T_3—K）V-1-4	日拉残余盆地（J_3—K_1）V-1-4-1
			拉果错-嘉黎蛇绿混杂岩（T_3—J_2）V-1-4-2
		措勤-申扎岩浆弧（J—K）V-1-5	则弄火山弧（K）V-1-5-1
			革吉-玉多裂谷盆地（C—J）V-1-5-2
		隆格尔-工布江达复合岛弧带（C—K）V-1-6	松多-伯舒拉岭增生杂岩带（Pt—O）V-1-6-1
			嘉黎断隆（C—P）/隆格尔断块（∈—T_2）V-1-6-2
			松多高压变质岩带（P）V-1-6-3
			洛巴堆-查曲浦被动陆缘（P—J_1）V-1-6-4
		冈底斯-下察隅火山岩浆弧（J—E）V-1-7	叶巴残余弧（J）V-1-7-1
			拉萨弧背盆地（J_2—K_2）V-1-7-2
			桑日增生岛弧（J_3—K_1）V-1-7-3
			冈底斯陆缘弧（K_2—E）V-1-7-4
		日喀则弧前盆地（K）V-1-8	
	雅鲁藏布江结合带 V-2	雅鲁藏布蛇绿混杂岩（T—K）V-2-1	罗布莎蛇绿混杂岩带 V-2-1-1
			大竹卡蛇绿混杂岩带 V-2-1-2
			休康俯冲增生杂岩带 V-2-1-3
			萨嘎蛇绿混杂岩带 V-2-1-4
			昂仁-拉孜高压-超高压变质带 V-2-1-5
		朗杰学增生楔（T_3）V-2-2	朗杰学增生杂岩 V-2-2-1
			玉门复理石混杂岩 V-2-2-2
		仲巴地块（Pz—J）V-2-3	马攸木地块（Pz）V-2-3-1
			休古嘎布混杂岩带（T—E）V-2-3-2
			休康混杂岩带 V-2-3-3
	喜马拉雅地块 V-3	拉轨岗日被动陆缘盆地（Pt_{2-3}/Pz—E）V-3-1	康马陆缘盆地（Pz）V-3-1-1
			陆缘斜坡（T—K）V-3-1-2
			拉轨岗日变形变质杂岩（E—N）V-3-1-3
		北喜马拉雅碳酸盐岩台地（Pz—E）V-3-2	
		高喜马拉雅基底杂岩（Pt_{1-2}）V-3-3	高级变质杂岩 V-3-3-1
			碰撞侵入岩-后造山侵入岩 V-3-3-2
		低喜马拉雅被动陆缘盆地（Pt_{1-2}/Pz—E）V-3-4	低级变质杂岩 V-3-4-1
			陆缘裂谷盆地 V-3-4-2
	保山地块 V-4	耿马被动陆缘（∈—T_2）V-4-1	勐统陆缘斜坡（Pt_3）V-4-1-1
			孟定陆缘斜坡（Pz_1）V-4-1-2
			耿马同碰撞岩浆杂岩（T,E）V-4-1-3
			富岩坳陷盆地（J）V-4-1-4
		西盟基底变质杂岩（Pt_1）V-4-2	勐卡中深变质杂岩（Pt_1）V-4-2-1

续表 6-1

一级	二级	三级	四级
冈底斯-喜马拉雅多岛弧盆系 V	保山地块 V-4	保山陆表海盆地（∈—T_2）V-4-3	施甸陆表海缓坡（∈—C）V-4-3-1
			永德陆表海（∈—D）V-4-3-2
			卧牛寺陆内裂谷（P）V-4-3-3
			镇康陆表海（T）V-4-3-4
			等子铺坳陷盆地（J）V-4-3-5
		潞西被动陆缘相（Z—T_2）V-4-4	芒海陆缘斜坡（Z—∈）V-4-4-1
			蒲满哨陆缘斜坡（Pz）V-4-4-2
			平河同碰撞岩浆杂岩（O）V-4-4-3
			德宏陆源碎屑-碳酸盐岩台地 V-4-4-4
	三台山结合带 V-5		
印度陆块区 VI			

第一节　秦祁昆造山系 I

秦祁昆造山系位于康西瓦-木孜塔格-玛沁-勉县-略阳结合带以北,塔里木陆块、华北陆块以南的带状区域,也有学者称中央造山带或中央造山系。延入西南地区内仅限于局部地区,属于秦岭弧盆系一个大相单元范围。

秦岭弧盆系（I-1）位于中央造山系的中部,是华北陆块与扬子陆块古生代汇聚形成的多期复合构造带,其范围与前人所称秦岭造山带基本一致。西南地区包括西倾山-南秦岭地块（Pz_1）和玛多-勉略蛇绿结合带（P—T）等 2 个三级构造单元。

一、西倾山-南秦岭地块（Pz_1）I -1-1

该地块位于北面商丹结合带与南面玛多-勉略结合带之间。北部出露前南华纪基底岩系。南部古生界地层与扬子陆块同期地层基本相似,但具有较多深水相沉积。三叠系发育深水浊积岩和台地碳酸盐岩。早古生代原属扬子陆块北部被动陆缘部分,自晚古生代起发生裂离北移,与扬子陆块主体以勉略洋相隔,至晚三叠世洋盆闭合并卷入碰撞造山。西南地区仅包括南秦岭基底逆冲带（Qb—O_1）、降札-迭部被动大陆边缘和北大巴山被动大陆边缘 3 个相单元。

1. 南秦岭被动大陆边缘/基底逆冲带（Qb—O_1）I -1-1-1

该带位于城（口）-巴（山）断裂以北,属南秦岭构造带裂谷系的南带。在重庆市境内仅占东西长约 70km,南北宽约 13km 范围。该带从区域资料分析,在晚青白口世至南华纪时,堆积了 >5000m 厚的火山角砾岩粗碎屑砾岩及碳酸盐沉积岩（并具有重力滑塌现象）。早古生代寒武系在城（口）-巴（山）断裂以南主要为碳质深水盆地相,然而跨过断裂之后,往北,过红椿坝之后转为水深更大的深水硅质岩沉积相。再向北,它又转变为深水泥质岩相和深海相相间沉积格局。从同时代的早古生代地层原始沉积厚度反映出在断裂上盘越靠近断裂面地层厚度越大,下盘则相应时代地层越靠近断裂面反而越薄。这种地层沉积厚度变化规律暗示了这些断裂当时发生了同倾向的大型犁式伸展作用。

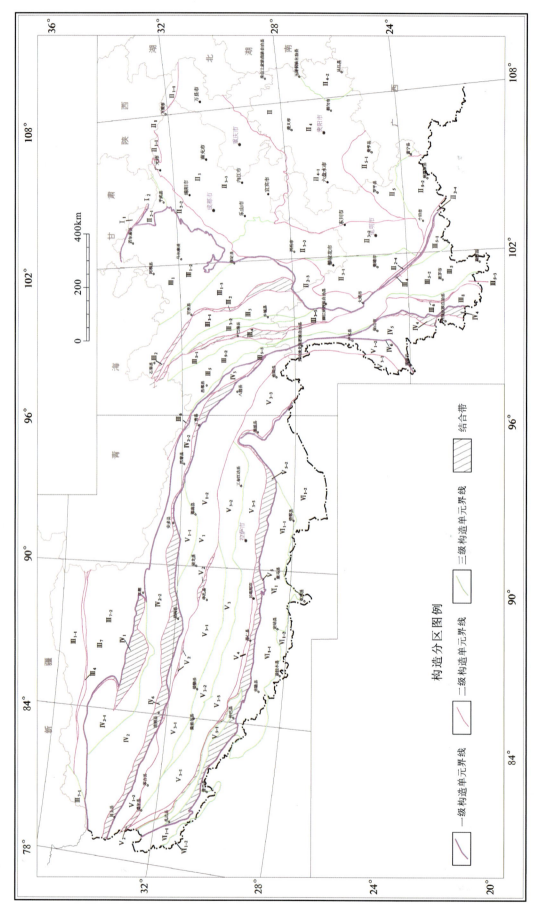

图 6-1 西南地区大地构造分区图

该带中早古生代地层普遍发育有一套基性侵入岩、火山岩及少量的超基性岩。经 Rb-Sr 同位素年代测定,绝对年龄为 (447.9 ± 10.6) Ma,属晚奥陶世—早志留世产物。

北大巴山从晚青白口世—早古生代末曾发生过规模巨大的构造伸展作用。北大巴山晚青白口世至古生代构造伸展以后,因区域性岩石圈动力学作用方式的改变,北大巴山发生了强烈的构造反转,构造变形由早期的拉伸转变为挤压冲断。

北大巴山主要是印支期碰撞造山作用和燕山期陆内逆冲推覆作用叠加改造的结果,形成了北大巴山逆冲推覆构造。北大巴山处在秦岭微板块的仰冲部位,由一系列逆冲断裂及秦岭区新元古代浅变质地质体及早古生代火山-沉积岩系构成,为大型推覆格架,具有基底卷入变形的厚皮构造特点。

2. 降扎-迭部被动大陆边缘($Pz—T_2$) V-1-1-2

南邻接玛曲-荷叶俯冲增生杂岩,北界为甘肃境内的碌曲-成县断裂。构造上呈逆冲-推覆体产出,主要出露古生界地层。下寒武统为非补偿碳硅质建造,不整合于南华纪磨拉石建造之上,缺失震旦纪地层。上-中寒武统和奥陶系为一套浅海陆源碎屑岩和非补偿泥硅质岩组合,局部夹火山岩。志留系为复陆屑砂岩、粉砂岩、板岩及硅质岩,夹生物碎屑灰岩,局部呈现鲍马序列特征。向上过渡为早泥盆世湖相镁质碳酸盐岩建造,中泥盆统为含磷、铁陆源碎屑岩建造。下石炭统为红色碎屑岩建造。二叠系至下、中三叠统为浅海碳酸盐岩夹碎屑岩建造。总体上属于被动陆缘环境的稳定性沉积。西南地区内仅限于若尔盖地区北端局部范围,出露最老地层为志留系,缺失三叠纪沉积,并存在侏罗纪—古近纪断陷盆地砾岩夹泥岩组合,夹陆相安山质火山岩和凝灰岩。

3. 北大巴山被动大陆边缘 I-1-1-3

南以城口-房县断裂与上扬子陆块的米仓山-南大巴山被动大陆边缘相邻接,以北红椿断裂为限,位于川陕渝交界地带。主要出露南华纪、震旦纪和寒武纪地层。

南华系由基性火山岩、凝灰质板岩和砾岩组成。基性火山岩属玄武岩系列,获知同位素年龄值为 1019~711Ma。据此认为形成于被动大陆边缘裂谷环境。震旦系下部为深色薄层砾质页岩、碳质页岩夹不等量灰岩,上部为碳酸盐岩夹薄层硅质岩和泥质页岩。下寒武统以浅海相碳泥质岩和碳酸盐岩为特征。中、上寒武统为碳酸盐岩夹泥质条带。总体上显示被动大陆边缘环境稳定沉积的特征。

二、玛多-勉略结合带(P—T) I -1-2

该带分布于西倾山地块(北)与摩天岭地块(南)之间,北以玛曲-略阳断裂为界,南以玛曲-荷叶断裂为限,以广泛出露中-晚三叠世构造混杂岩(习称塔藏群)为主要特征。基质由巨厚的砂、板岩互层组成,为浊流沉积产物,其中发现中-晚三叠世介壳和菊石化石,硅质岩产三叠纪放射虫化石,常见异地保存的植物碎片,局部夹有基性火山岩、火山碎屑岩和滑塌堆积岩块。火山岩属拉斑系列,外来岩块多为晚古生代灰岩,以晚二叠世为主。构造上显示强烈剪切变形,变质程度为低绿片岩相。

第二节 上扬子陆块 II -1

上扬子陆块为中国扬子陆块组成部分。前新元古代的扬子陆块区克拉通基底太古宙及古元古代地层出露很少,依据地质、地球物理资料,通常推断四川盆地之下为陆核。从东冲河杂岩的花岗片麻岩中获得大于 3000Ma 的数据,黄陵背斜水月寺岩群的辉石片麻岩(原岩奥长花岗岩)的锆石 U-Pb 等时线上交点年龄为 (2891 ± 160) Ma,侵入其中的花岗闪长岩锆石 Pb-Pb 等时线年龄为 2315Ma。以中元古代中低级变质火山-沉积岩系广泛发育为特色的上扬子古陆西缘的碧口群、通木梁群、白水群、黄水河群,康滇带的大红山群、河口群、东川群、会理群、昆阳群,东南缘梵净山群、四堡群、冷家溪群,总体表现为扬子周边由岛弧-弧后盆地组成的弧-盆系火山-浊流沉积组合类型。新元古代南华纪期间,扬子陆块边缘是弧-盆系继续发育,还是表现为广泛的大陆边缘裂谷？尤其是817~829Ma±的大规模花岗岩侵位是弧岩浆岩,还是裂谷期的表现？仍存在激烈的争论。

晋宁期造山事件后,康滇为隆起剥蚀区。雪峰隆起的构造性质及其对扬子东南缘古生代盆地的制约需进一步探讨。南华纪早期(800~700Ma)在扬子东南缘和西缘,出现弧陆碰撞后上叠裂谷盆地,裂谷盆地中充填沉积了康滇苏雄、开建桥等双峰式陆相火山岩组合(780~760Ma)。从莲沱沉积期开始,裂谷盆地由裂陷沉降逐渐过渡萎缩,至南沱期冰碛岩广布于扬子陆块。其后灯影期沉积盖层的广泛超覆,构筑了初始碳酸盐岩台地,中晚寒武世—奥陶纪碳酸盐岩台地,以及石炭纪—二叠纪(至茅口期)镶边碳酸盐岩台地。从南华纪到早古生代的扬子陆块,似乎整体上位于原特提洋(含华南洋)海域中,类似于大巴哈马式台地的大陆岛。在扬子陆块西南缘的南盘江-右江石炭纪—二叠纪多个碳酸盐岩台地和其间含放射虫硅质岩的深海盆地,台-盆相间的海相沉积一直延续到中三叠世,晚三叠世转化为前陆盆地。二叠纪中期扬子西缘有大规模玄武岩喷溢。由于扬子陆块古生代时长期处于赤道附近,在温热的古气候环境下,陆表海及浅水海陆交互相沉积了多套富含有机质生烃层系。侏罗纪以来,川东、黔西南地区发育多层次大型席状逆冲-推覆构造。

扬子古陆块进一步划分为米仓山-大巴山被动大陆边缘($Z—T_2$)、龙门山被动大陆边缘($Z—T_2$)、川中前陆盆地(Mz)、扬子陆块南部碳酸盐岩台地(Pz)、上扬子东南缘被动边缘盆地(Pz_1)、雪峰山陆缘裂谷盆地(Nh)、上扬子东南缘古弧盆系(Pt_2)、南盘江-右江前陆盆地(T)、富宁-那坡被动边缘盆地(Pz)、康滇基底断隆(攀西上叠裂谷,P)、楚雄前陆盆地(Mz)、盐源-丽江陆缘裂谷盆地(Pz_2)、哀牢山变质基底杂岩(Pt_1)、墨江被动陆缘(S—P)、都龙变质基底杂岩(Pt)、金平被动陆缘相(S—P)等三级单元。

一、米仓山-大巴山被动大陆边缘($Z—T_2$) Ⅱ-1-1

米仓山-大巴山被动大陆边缘位于上扬子地块北缘,西接米仓山突起、东端止于神龙架-黄陵基底隆起,呈北西—东西向延伸、向南西突出的弧形构造带。区内地层发育齐全,从前震旦纪基底、震旦系到白垩系均有出露。由中-新元古代基底变质岩系、南华纪中酸性火山岩、磨拉石建造和相关花岗岩,以及震旦纪—志留纪和二叠纪—中三叠世稳定性海相沉积组成,缺失泥盆纪—石炭纪地层。先后历经古岛弧、后造山裂谷和被动大陆边缘演化过程,于晚三叠世因秦岭洋闭合引起碰撞造山,导致基底逆推上隆。

包括米仓山古岛弧(Pt_{2-3})、旺苍-南江被动大陆边缘($Z—T_2$)、大巴山被动大陆边缘($Z—T_2$)3个单元。米仓山古岛弧,以出露基底变质岩系为主要特征,由后河群混合岩化斜长角闪岩、片麻岩和变粒岩组合,以及火地垭群变质碳酸盐岩-火山碎屑岩-板岩组合构成,认为区域上相当于康定杂岩和黄水河群,均为岛弧环境产物。旺苍—南江被动大陆边缘和南大巴山被动大陆边缘,主要发育南华纪中酸性火山岩和磨拉石建造(铁船山组、耀岭河组),以及震旦纪—中三叠世浅海-滨海相碎屑岩-碳酸盐岩建造,前者属被动大陆边缘裂谷环境的产物,后者为被动大陆边缘稳定性沉积。

二、龙门山被动大陆边缘($Z—T_2$)/推覆体($T_2—N$) Ⅱ-1-2

龙门山被动大陆边缘/推覆体西以丹巴-茂汶断裂与巴颜喀拉地块接界,东以江油-都江堰断裂与四川陆内前陆盆地相邻,北接米仓山-大巴山基底逆推带,南止康滇基底断隆带。

经历长期多次构造变动,构造变形强烈,为由一系列叠置推覆体和滑覆体组成的前陆逆冲楔,地层分布交错、零乱,出露多不完整连续,但其地层特征属华南(扬子)地层区的组成部分。包括古元古界康定群和中元古界的黄水河群。康定群($ArPt_1$)为一套变质混合杂岩系;黄水河群(Pt_2)岩性为灰绿色、紫灰色等杂色变质基性-中酸性火山岩、灰绿色变质碎屑岩、碳酸盐岩和变质火山碎屑岩。新元古界南华系盐井群(Nh)为由两套变质沉积岩与两套变质火山岩相间组成的地层体。震旦系观音崖组(Z_1)以砂页岩为主,夹白云岩及灰岩;灯影组(Z_2)以白云岩为主,夹白云质灰岩及硅质岩条带。寒武系邱家河组(ϵ_1)由硅质岩、碳硅质板岩、千枚岩组成,油房组(ϵ_1)为浅变质碎屑岩、火山碎屑岩。奥陶系陈家坝组(O_1)为一套浅变质碎屑岩;宝塔组(O_{2-3})由灰色中-厚层状灰岩组成。志留系茂县群(S)以千枚岩、板岩为主夹变质砂岩、泥灰岩及生物碎屑灰岩。上古生界包括捧达组(D_1)、河心组(D_{2-3})、长岩窝组(C_1)、石喇嘛组(C_2—P_1)、铜陵沟组(P_2)、峨眉山玄武岩组(P_{2-3})6个组。泥盆系为轻微变质的钙质、泥质、白云质碳酸盐岩和泥、砂质岩不等厚互层;石炭系—二叠系以碳酸盐岩为主,中上二叠统以玄武岩为特征,不同岩石常组成互层状韵律层。

侵入岩以花岗岩类为主,闪长岩类次之,基性—超基性岩较少。火山岩以酸性火山岩类为主,基性火山岩类次之,中性火山岩类较少,大致呈带状展布。南华纪、早古生代、晚古生代岩浆活动为3个高峰期。

该单元呈北东-南西向展布,其间以北川-映秀断裂可分为西部后山带和东部前山带。后山带包括宝兴古岛弧、彭灌古岛弧、轿子顶古岛弧和盐井古裂谷4个单元。前三者以出露由通木樑群和黄水河群组成的基底变质岩系为特征,主要为中-新元古代变质中基性火山岩组合和复理石建造(变粒岩、绿片岩和绢云石英片岩),部分发生混合岩化,其上可见盖覆有志留纪和泥盆纪稳定陆缘沉积残余。据岩石地球化学分析,应属岛弧环境产物,现呈大型基底推覆体产出,逆冲作用始于晚三叠世,晚白垩世隆升地表,至今仍有活动。盐井古裂谷,主要特征是分布一套南华纪陆相中-基性火山岩和少量粗面岩,以及变质砂-泥岩建造和大理岩(盐井群),另还存在同时期钾长花岗岩,表明其形成于后造山裂谷环境。

前山带呈一系列逆冲岩片产出,按岩石-构造组合、形成环境和分布范围,可划分为4个亚单元。五龙被动大陆边缘、唐王寨碳酸盐岩台地和龙门前山被动大陆边缘,主要由震旦纪—中三叠世浅海-陆表海碎屑岩-碳酸盐岩组成,为大陆架环境的稳定沉积。漩口-汉旺楔顶盆地位于前缘部位,主要分布晚三叠世含煤碎屑岩以及少量侏罗纪—白垩纪红层,为中生代陆内前陆盆地系统的组成部分。因强烈的逆冲-推覆作用,发育著名的灌宝飞来峰群,主要由泥盆纪—中三叠世碳酸盐岩组成,少数为震旦纪和志留纪地层,下伏原地系统一般为晚三叠世地层。构成这些堆覆体和逆冲岩片的主要断裂,如茂汶-丹巴断裂、北川-映秀断裂和江油-都江堰断裂,自西而东,力学性质分别表现为韧性→韧脆性→脆性,形成时代显示变新趋势。

本单元历经中-新古元代岛弧、南华纪后造山和震旦纪—中三叠世被动大陆边缘等主要演化过程,又遭受晚三叠世以来的强烈挤压,最终成为基底逆推带耸立于扬子陆场西缘。

三、川中前陆盆地(Mz) II-1-3

其北西边界大体以城口-房县、江油-都江堰断裂带和小江断裂带划分,西部紧邻龙门山前陆推覆造山带川西前陆盆地带,为晚三叠世前陆推覆、逆冲作用及构造加积负载作用下形成的前陆断陷盆地。

其周边出露有中元古界峨边群(Pt_2)以岛弧相的变质碎屑岩为主,夹碳酸盐岩及酸-基性火山岩、火山碎屑岩及板岩。南华系(Nh)为裂谷系的苏雄组、开建桥组、列古六组,为酸性-中基性火山岩、火山碎屑岩、砂-砾岩。震旦系—二叠系从陆表海发育碳酸盐岩台地。以碳酸盐岩为主,夹粉砂岩、页岩。

川中前陆盆地以堆积了巨厚的中-新生代陆相红色碎屑岩-蒸发岩及山前磨拉石建造为特征,第四系松散堆积物尤为发育。褶皱及断裂成NE-SW向展布,与龙门山断裂带平行。向东龙泉山前缘隆起带分割川西前陆盆地与川中陆内坳陷盆,为二者之间的过渡地带,由陆相中生界红色碎屑岩建造组成的箱状复式背斜构造,构造线方向NE-SW向,西侧龙泉山断裂带地表出露断续,为一发育于中生界的犁状滑脱面。东部川中地区为川中陆内坳陷盆地带,由岩浆杂岩及各类片麻岩构成结晶基底,褶皱基底缺失,盖层发育基本完整,陆相中生界尤为发育,褶皱多为穹隆、短轴背斜及鼻状构造组成宽缓构造,深部由多个隐伏滑脱面组成叠加构造。该带威远、龙女寺等地基底长期处于隆起状态,可能代表上扬子古陆核的一部分。晚二叠世坳陷幅度逐步增大,并形成相对的坳陷盆地。川南峨眉山断块北部及西部边界均由断裂带所控制,区内元古宙褶皱基底裸露,澄江期火山岩及岩浆岩发育,二者为角度不整合,盖层薄而发育不完整,二叠纪大陆拉斑玄武岩喷发强烈,印支期沉降幅度较小,北部大于南部,峨眉山一带逆冲推覆构造发育。筠连—叙永一带叠加褶皱发育,西部靠凉山地区构造线近南北向,压性断裂发育,背斜紧密而向斜开阔;东部构造线近东西向,紧密线状褶皱为主,断裂不发育。

可分为成都山前凹陷、雅安凹陷、龙泉山前隆、梓潼凹陷、苍溪隆起、剑门关隆起、通江凹陷、威远隆起、南充凹陷、自贡凹陷、赤水凹陷、华蓥山压陷盆地、筠连-叙永陆表海和万州坳陷盆地。表现为河、湖相砂、砾-粉砂、泥岩沉积建造组合特征。二桥组河湖相复成分砂岩建造组合(T_3e)、火把冲组河湖相石英砂岩-粉砂岩-碳质泥含煤建造组合(T_3h),侏罗系的自流井组河湖相泥岩-石英砂岩-含铁砂岩建造组合(J_1z)和沙溪庙组(J_2s)、遂宁组(J_3sn)、蓬莱镇组(J_3p)河湖相长石石英砂岩-钙质黏土岩建造组合,早白垩世的窝头山组河湖相砾岩-长石石英砂岩建造(K_1w)及三道河组河湖相砾岩-长石石英砂岩-泥岩建造(K_1s)。

四、扬子陆块南部碳酸盐岩台地(Pz)Ⅱ-1-4

该台地西接康滇断隆,东北以七耀山断裂与川中前陆盆地分界,南界从西向东为师宗-南丹-都匀-慈利-大庸断裂。总体反映为由新元古代开始至中三叠世演化的碳酸盐岩台地,碳酸盐岩台地盖在梵净山群等前震旦纪地层之上。全区从震旦纪到三叠纪大部分地区处于稳定的构造环境,盖层除缺失泥盆系外,总体比较齐全,但各地发育程度不一。据岩石构造组合特征、断代及分布差异可细分为陆缘裂谷、碳酸盐陆表海、碎屑岩陆表海、周缘前陆盆地。陆缘裂谷主要发育在南华系,为一套冰碛岩、含砾砂岩、细砂岩及泥岩建造;震旦纪—奥陶纪为稳定的克拉通发育阶段,表现为低幅度的地壳升降运动,接受灰岩、白云岩夹粉砂岩、泥岩沉积,属碳酸盐陆表海沉积;加里东运动使得扬子东南缘褶皱造山,开始遭受剥蚀,在黔北西侧形成周缘前陆盆地,沉积了志留系的粉砂岩、细砂岩、泥岩;志留纪末加里东造山运动结束之后,到泥盆纪开始整个华南地区的沉积环境与古地理得以真正统一,海水从南东向北西侵入,形成了泥盆纪的碎屑岩陆表海沉积和石炭纪—中三叠世的碳酸盐陆表海沉积,其中,峨眉山火山岩事件在西部地区表现强烈,从西向东喷发堆积了巨厚的陆相至海相的基性火山岩;到中三叠世约220Ma印支运动结束,扬子陆块区的海相沉积历史结束。除了上述优势相外,上叠了侏罗系坳陷盆地,由河-湖相含煤碎屑岩组合、湖泊泥岩粉砂岩组合、冲积扇砂砾岩组合组成。

断裂主体为向北西逆冲的弧形冲断系。褶皱跟随断裂线形分布,呈隔挡-隔槽式构造形态。深部具有一系列逆冲滑脱构造,断层走向与区域构造线方向一致,普遍东倾并向西逆冲,组成叠瓦状构造。

包含昭通-威宁碳酸盐岩台地、开阳金钟-南龙陆缘裂谷(Pt_3^1x)、遵义松林-清镇铁厂冰川碎屑岩(Nh)、遵义碳酸盐岩台地(Z—O)、凤岗陆棚碎屑岩(S)、威宁-独山陆源碎屑-碳酸盐岩台地(D—C)、普安罐子窑-水城台缘斜坡-台盆(D_2—P_1)、毕节燕子口-印江碳酸盐岩台地(P_2—T_2)、织金-金沙海陆交互相(P_3^1,P_3x)、盘县-威宁板内岩浆岩($\beta\mu P_{2-3}em$)、安顺龙宫-贵阳青岩台地边缘-斜坡(T_{1-2})、板庚台地边缘-斜坡(T_{1-2})、平塘-安顺旧州陆缘裂谷(T_{1-2})、桐梓夜郎-大方新场压陷盆地(T_3—J)、茅台山间盆地(K_2m)。

1. 昭通-威宁碳酸盐岩台地(Pz)Ⅱ-1-4-1

该台地分布在滇东北的昭通—会泽一带,北东向展布。西为巧家陆内裂谷,南为曲靖陆表海。寒武纪—中三叠世基本为连续沉积。早古生代的进积沉积由于海水加深而变得比较平缓,开阔碳酸盐岩台地与潮坪环境交替出现,中志留统嘶风崖组—上志留统菜地湾组的浅海陆源细碎屑岩是这一沉积旋回的终结。

下泥盆统坡松冲组河湖-滨海相砾岩平行不整合盖在下伏老地层之上,自此开始的新一轮的海侵-海退的沉积沉积旋回与曲靖陆表海大同小异。

二叠纪峨眉山玄武岩分布广泛。

以褶皱作用为主,长轴状褶皱多呈北东向展布,紧密排列,五星背斜、黄华-盐津背斜对古生代的沉积作用有控制,表明褶皱作用古生代时已经存在。

2. 开阳金钟至南龙陆缘裂谷(Pt₃x)Ⅱ-1-4-2

开阳金钟-南龙陆缘裂谷表现为半深海陆缘碎屑变质砂岩-板岩沉积建造组合特征。对应地层是新元古界清水江组(Pt_3^1q),为一套凝灰岩-凝灰质板岩-板岩建造组合。反映为陆缘裂谷沉积建造组合特征。

3. 遵义碳酸盐岩台地(Z—O)Ⅱ-1-4-3

该台地总体反映为一陆表海碳酸盐岩台地滨浅海陆源碎屑-碳酸盐岩组合特征。可进一步分为震旦系陡山沱组(Z_1d)、灯影组(Z_1dy)礁、滩相藻磷块岩-白云岩沉积建造组合,属碳酸盐陆表海沉积。寒武系牛蹄塘组($\in_1n$)滞流盆地碳质泥页岩建造组合,为陆表海碎屑岩沉积;明心寺组($\in_1m$)、金顶山组($\in_1j$)、湄潭组(O_1m)砂页岩-灰岩建造组合,为陆表海碎屑岩沉积;清虚洞组($\in_1q$)、高台组($\in_2g$)、石冷水组($\in_2s$)、娄山关组($\in Ols$)局限台地白云岩建造组合,属典型的碳酸盐陆表海沉积。奥陶系桐梓组(O_1t)、红花园组(O_1h)、十字铺组(O_2s)、宝塔组($O_{2-3}b$)生物屑灰岩建造组合,属典型的碳酸盐陆表海沉积。

4. 凉山-昭通-威宁陆源碎屑-碳酸盐岩台地(D—C)Ⅱ-1-4-4

该台地西以小江断裂与康滇基底断隆带相接,东以峨边-金阳断裂与四川陆内前陆盆地相邻,东部筠连—叙永地区亦包括在内,北界为七曜山断裂。

区内主要分布震旦纪—古生代以及中生代地层,仅有少量基底变质岩系出露。中古元代变质岩系(峨边群)局限分布于的峨边地区,以变质沉积岩为主,夹少量碳酸盐岩及酸-中基性火山岩。不整合于南华纪苏雄组陆相火山岩之下。在区域上,被认为相当于会理群。震旦纪—泥盆纪地层由扬子型稳定的碳酸盐岩-碎屑岩建造组成,赋存重要的碳酸盐岩容矿的层控铅-锌矿床(大梁山、团宝山)。基本缺失石炭系。受攀西裂谷作用影响,区内广泛分布晚二叠世大陆溢流玄武岩。下、中三叠统为海陆交互相碎屑岩建造和蒸发岩建造。自晚三叠世起,转化为陆内前陆盆地环境,堆积上三叠统和侏罗系陆相复陆屑建造和红色复陆屑建造,基本缺失白垩纪地层。白垩纪后卷入陆内挤压-走滑作用。

总体反映为一陆表海碳酸盐岩台地滨浅海陆源碎屑-碳酸盐岩组合特征。可进一步将泥盆系分为邦寨组(D_2b)陆表海碎屑岩滨岸三角洲相石英砂岩、砂砾岩-含赤铁矿砂岩建造组合;丹林组(D_1d)、舒家坪组(D_1sh)、独山组上段宋家桥段(D_2d^2)、蟒山组($D_{1-2}m$)陆表海碎屑岩滨岸陆源碎屑滩相石英砂岩-页岩—含铁砂岩建造组合;龙洞水组(D_2l)、革老河组(D_3g)陆表海碳酸盐岩浅海相生物屑灰岩-泥质灰岩建造组合;独山组下段鸡泡段(D_2d^1)、望城坡组(D_3w)、尧梭革组(D_3y)陆表海碳酸盐岩半局限台地相白云岩-生物屑灰岩建造组合;高坡场组($D_{2-3}g$)陆表海局限台地相白云岩-泥质条带白云岩建造组合。石炭系分为祥摆组陆表海碎屑岩滨岸湖泊-沼泽相含煤碎屑岩-黏土岩建造组合;九架炉组(C_3j)湖泊-沼泽相含铁、铝黏土岩-碎屑岩建造组合;汤耙沟组(C_3t)、旧司组(C_3j)、上司组(C_3s)、大埔组($C_{3-2}d$)陆表海碳酸盐岩半局限台地相-开阔台地相生物屑灰岩-白云岩建造组合;黄龙组(C_2h)、马平组(C_2m)陆表海碳酸盐岩开阔台地相生物碎屑灰岩建造。

5. 普安罐子窑-水城台缘斜坡-台盆(D₂—P₁)Ⅱ-1-4-5

普安罐子窑-水城台缘斜坡-台盆总体反映为陆表海碳酸盐岩台缘斜坡-台盆硅、泥质岩组合特征。可进一步将泥盆系分为融县组(D_3r)陆表海碳酸盐岩台缘生物屑灰岩建造组合;火烘组(D_2h)、榴江组(D_3l)陆表碎屑岩台盆相泥灰岩-泥质粉砂岩建造及硅质岩-硅质页岩建造;五指山组(DCw)陆表海碳酸盐岩台缘斜坡-盆地相泥质条带灰岩建造。石炭系威宁组(CPw)陆表海碳酸盐岩台缘生物礁、滩相生物屑、砂砾屑灰岩建造组合;睦化组(C_1m)、打屋坝组(C_1d)陆表海碳酸盐岩与碎屑岩形成的生物屑硅质团块灰岩-碳质黏土岩建造、黏土岩-硅质岩建造组合;南丹组(CPn)陆表海碳酸盐岩台缘斜坡-盆地相含燧石生物屑灰岩-砾屑灰岩-硅质岩建造组合。早二叠世龙吟组（P_1ly）陆表海碎屑岩台缘斜坡-盆地相砂、页岩-泥灰岩-碳质页岩建造组合；包磨山组（P_1b）陆表海滨海-陆棚相泥晶灰岩-黏土岩建造组合；四大寨组（$P_{1-2}s$）陆表海碳酸盐岩台缘斜坡-盆地相碳酸盐岩浊积岩-碳质泥质灰岩-砾屑灰岩建造组合。

6. 毕节燕子口-印江碳酸盐台地（P_2—T_2）Ⅱ-1-4-6

该台地总体反映为陆表海浅海碳酸盐岩组合特征。可进一步将二叠系分为梁山组（P_2l）陆表海碎屑岩滨岸湖泊-沼泽相含煤碎屑岩-黏土岩建造组合；栖霞组（P_2q）、茅口组（P_2m）陆表海碳酸盐岩半局限台地相生物碎屑灰岩-燧石灰岩建造组合；龙潭组（P_3l）陆表海碎屑岩潟湖三角洲相砂、泥质灰岩-含煤碎屑岩建造组合；合山组（P_3h）陆表海碳酸盐夹碎屑岩浅海台地相生物碎屑灰岩-燧石灰岩夹粉砂质黏土岩建造组合。三叠系分为夜郎组（T_1y）、大冶组（T_1d）陆表海碳酸盐夹碎屑岩浅海台地相灰岩-黏土岩建造组合；嘉陵江组（$T_{1-2}j$）陆表海碳酸盐开阔-半局限台地相灰岩-白云岩建造组合；关岭组（T_2g）、巴东组（T_2b）陆表海碳酸盐局限台地相白云岩-灰岩-黏土岩建造组合。

7. 安顺龙宫-贵阳青岩台地边缘-斜坡（T_{1-2}）Ⅱ-1-4-7

安顺龙宫-贵阳青岩台地边缘-斜坡总体反映为陆表海浅海边缘-斜坡碳酸盐岩组合特征。对应地层是安顺组（$T_{1-2}a$）、坡段组（T_2p）、垄头组（T_2l）。安顺组（$T_{1-2}a$）反映为陆表海台地边缘滩相白云岩-灰质白云岩-藻屑、砂屑、砾屑白云质灰岩建造组合；坡段组（T_2p）、垄头组（T_2l）为陆表海台地边缘滩相藻屑、砂屑、砾屑灰岩-生物屑灰岩建造组合。该亚相不具明显的斜坡，仅见少许由灰岩-砾屑灰岩建造组合楔状体。

8. 平塘-安顺旧州陆缘裂谷（T_{1-2}）Ⅱ-1-4-8

平塘-安顺旧州陆缘裂谷主要反映紫云-水城裂陷槽盆边缘形成的台地边缘斜坡-盆地相沉积建造组合特征。对应地层是罗楼组（$T_{1-2}l$）、新苑（T_2x）。罗楼组（$T_{1-2}l$）陆缘裂谷近台地边缘斜坡相灰岩-泥灰岩-砾屑灰岩-页岩建造组合；新苑组（T_2x）反映为陆缘裂谷近陆缘的盆地相的一套泥页岩-泥灰岩建造组合。

9. 桐梓夜郎-大方新场压陷盆地（T_3—J）Ⅱ-1-4-9

桐梓夜郎-大方新场压陷盆地主要反映晚三叠世—侏罗纪的一套河湖相砂岩、粉砂岩、泥岩沉积建造组合特征。对应地层是晚三叠世的火把冲组（T_3h）、二桥组（TJe），侏罗系自流井组（$J_{1-2}z$）、沙溪庙组（J_2sh）、遂宁组（J_3s）、蓬莱镇组（J_3p）。

可进一步将三叠系分为火把冲组（T_3h）陆表海碎屑岩湖泊-沼泽石英砂岩-粉砂岩-碳质泥含煤建造组合；二桥组（TJe）陆表海碎屑岩河湖相沉积复成分砂岩建造组合。侏罗系自流井组（$J_{1-2}z$）陆表海碎屑岩河湖相泥岩-石英砂岩-含铁砂岩建造组合；沙溪庙组（J_2sh）、遂宁组（J_3s）、蓬莱镇组（J_3p）陆表海碎屑岩湖相长石石英砂岩-钙质黏土岩建造组合。

10. 茅台山间盆地（K_2m）Ⅱ-1-4-10

茅台山间盆地为前陆磨拉石盆地的大型河湖相沉积。主要反映冲积、河流、砂砾岩、粉砂岩、泥岩建造组合特征。

五、上扬子陆块东南缘被动边缘（Pz_1）Ⅱ-1-5

上扬子陆块东南缘被动边缘分布于黔东南地区的黎平、榕江、从江、剑河、锦屏和雷山等县，向南和向东延入广西和湖南。最老地层为新元古界四堡群，主要地层为青白口系及南华系浅变质的陆源碎屑岩系，其次为零星分布的古生代及中生代地层。

包含梵净山古弧盆(Pt_3^1)、梵净山后碰撞岩浆(Pt_3^1)、芙蓉坝磨拉石盆地(Pt_3^1)、梵净山-雷山陆缘裂谷碎屑岩(Pt_3^1)、松桃两界河-从江黎家坡陆棚斜坡(Nh)、江口-都匀王司碳酸盐台地(Z—O_3)、铜仁-三都被动边缘斜坡(Z—O_2)、黄平重安江-三都烂土前陆盆地(S)、镇远-施秉-麻江板内岩浆岩($\kappa\chi S$)、独山-荔波碳酸盐台地(D_1—C)、凯里炉山-荔波甲良碳酸盐岩台地(P_2—P_3)、荔波方村-朝阳陆缘裂谷(T_{1-2})、黄平旧州山间盆地(K_2m)。

1. 梵净山古弧盆(Pt_3)Ⅱ-1-5-1

该地区的基性—超基性岩组合出露于梵净山,有基性岩-超基性岩组合和细碧岩-石英角斑岩组合2种类型,它们共同构成了梵净山地区中元古代的(弧后)蛇绿岩组合。发育的中元古代地层有梵净山群,为以陆缘碎屑浊积岩为主的边缘海盆地(弧后盆地)复理石沉积组合。

1) 基性—超基性侵入岩组合

基性—超基性岩组合产出于梵净山地区,侵位于梵净山群中,是一套较复杂的基性和超基性的岩石组合。呈层状、似层状产出,产状与副岩系基本一致,并与地层同步褶皱。单个岩体一般厚数十米,延长数千米,个别延长约20km。从岩体中心向两侧,可依次出现超基性岩-基性侵入岩的结晶分异序列,包括了超基性侵入岩和基性侵入岩2类岩石。

2) 细碧岩-石英角斑岩组合

细碧岩-石英角斑岩组合产出于梵净山群回香坪组及肖家河组上部,主要呈层状整合在暗色细屑沉积岩中,单层厚几米至一二百米。发育于回香坪组中的本组合与基性—超基性岩密切共生并产在边部。

根据岩流分异序列的差别,本组合又分为细碧岩-石英角斑岩和细碧岩-角斑岩2个亚组合。前者分异好、厚度大,单个岩流由内到外依次出现细碧岩-角斑岩-石英角斑岩,以完整的依次分异序列和绚丽多彩的枕状细碧岩为特征;后者发育差、厚度小,由岩流中心的细碧岩向外,直接为石英角斑岩,以缺角斑岩和细碧岩不具枕状构造而区别于前者。

3) 梵净山群

梵净山群根据岩相建造特征及岩性组合差异,自下而上为淘金河组(Pt_2tj)、余家沟组(Pt_2y)、肖家河组(Pt_2x)、回香坪组(Pt_2h),为深海盆地相变质砂岩-绢云母板岩-变质辉绿岩建造组合;铜厂组(Pt_2t)、洼溪组(Pt_2w)、独岩塘组(Pt_2d)为半深海-深海斜坡相浅变质砂岩-绢云母板岩-绢云母千枚岩复理石建造组合。

2. 黄平旧州山间盆地(K_2m)Ⅱ-1-5-2

黄平旧州山间盆地出露面积不大,零星分布,保留最大厚度1050m。是一套炎热干燥气候条件下河湖相冲积、河流的红色磨拉石建造。反映为一套砖红色砾岩-含砾砂岩-泥岩建造组合特征。

3. 铜仁-三都被动边缘斜坡(Z—O_2)Ⅱ-1-5-3

铜仁-三都被动边缘斜坡主要反映该区域陆表海碳酸盐台地边缘斜坡-盆地的沉积建造组合特征。可进一步分为陡山沱组(Z_1d)台地-斜坡相含磷白云岩-泥质白云岩及泥质白云岩-碳质黏土岩建造组合;九门冲组(ϵ_1j)斜坡相灰岩-碳质页岩建造组合;变马冲组(ϵ_1b)、杷郎组(ϵ_1p)斜坡相-盆地相碳质黏土岩-粉砂岩-黏土岩建造组合;乌训组(ϵ_1w)斜坡相灰岩夹黏土岩组合;凯里组($\epsilon_{1-2}k$)台地边缘-斜坡相灰岩-泥灰岩-黏土岩组合;车夫组($\epsilon_{2-3}c$)、比条组(ϵ_3b)、都柳江组(ϵ_2d)、杨家湾组(ϵ_2y)、三都组($\epsilon_{2-3}s$),以及寒武系-奥陶系锅塘组(ϵOg)台地边缘-斜坡相泥质条带灰岩-砾屑灰岩建造组合;同高组(O_1tg)外陆棚黏土岩建造组合;烂木滩组($O_{1-2}l$)外陆棚瘤状灰岩-黏土岩建造组合;赖壳山组(O_2l)内陆棚相砂页岩-灰岩建造组合。

4. 独山-荔波碳酸盐台地(D_1—C)Ⅱ-1-5-4

该台地总体反映为一陆表海碳酸盐岩台地碳酸盐岩组合特征。将泥盆系分为龙洞水组(D_2l)、革老河组（D_3g）陆表海碳酸盐岩浅海相生物屑灰岩-泥质灰岩建造组合，独山组下段鸡泡段（D_2d^1）、望城坡组（D_3w）、尧梭革组（D_3y）陆表海碳酸盐岩半局限台地相白云岩-生物屑灰岩建造组合。

石炭系分为汤耙沟组（C_3t）、旧司组（C_3j）、上司组（C_3s）、大埔组（$C_{3-2}d$）陆表海碳酸盐岩半局限台地相-开阔台地相生物屑灰岩-白云岩建造组合；黄龙组（C_2h）、马平组（CPm）陆表海碳酸盐岩开阔台地相生物碎屑灰岩建造。

5. 荔波方村-朝阳陆缘裂谷（T_{1-2}）Ⅱ-1-5-5

该陆缘裂谷主要反映陆缘形成的台地边缘斜坡-盆地相沉积建造组合特征。罗楼组（$T_{1-2}l$）反映为陆缘裂谷近台地边缘斜坡相瘤状灰岩-泥灰岩-砾屑灰岩-页岩建造组合；新苑组（T_2x）反映为陆缘裂谷近陆缘的盆地相的一套粉砂岩-泥页岩建造组合。

6. 江口-都匀王司碳酸盐岩台地（$Z—O_3$）Ⅱ-1-5-6

该台地主要反映陆表海碳酸盐台地边缘的一套碳酸盐岩组合特征。可进一步分为震旦系陡山沱组（Z_1d）台地相含磷白云岩建造，灯影组（Z_1dy）台地相白云岩建造；寒武系清虚洞组（$\in_1q$）台地边缘滩相砂屑粉晶灰岩-砂屑泥晶灰岩-藻灰岩-白云质灰岩建造组合，高台组（$\in_2g$）、石冷水组（$\in_2s$）、娄山关组（$\in O_1$）台地边缘滩相白云质灰岩-鲕（豆）粒白云质灰岩-白云岩建造组合；奥陶系桐梓组（O_1t）、红花园组（O_1h）的生物发育，富含头足类、三叶虫、腕足类、海绵等生物化石的台地边缘滩（礁）相生物碎屑灰岩建造。

六、雪峰山陆缘裂谷盆地（Nh）Ⅱ-1-6

雪峰山陆缘裂谷盆地由慈利-大庸断裂和安化-溆浦-融安-河池断裂所围限。由 $T_3—J$ 时期的构造运动形成的由南西北东的推覆构造、逆冲断层和褶皱走向主体为 NE 或 NNE 向，在北段部分存有 NW 向滑断裂切割这些逆冲断层和褶皱。

总体反映为由新元古代至南华纪陆缘裂谷演化的特征。为南华纪—奥陶纪上扬子东南缘斜坡带，广泛出露南华纪至早古生代地层，由南华系陆缘裂谷的含砾砂岩、粉砂岩、冰碛岩、泥岩夹凝灰岩组合，震旦系—寒武系盆地边缘的硅质岩、碳质泥岩组合，奥陶系陆缘斜坡的泥灰岩、钙质泥岩组合构成。

叠加了较多的白垩系断陷盆地，以沅麻盆地最为突出，主要岩石建造为砾岩、含砾砂岩、细砂岩和泥岩组合，属洪冲积-河流相-湖相沉积。沅麻盆地在白垩纪红色岩系沉积之前，盆地空间已开始形成，这是因为燕山运动形成了一系列走向北东的隆起带和凹陷等，这些凹陷为白垩纪岩系的充填（堆积）提供了空间。换句话说，白垩纪岩系的沉积严格受燕山期北东向构造的控制。

包含从江刚边-归林及宰便陆缘裂谷岩浆岩（$\beta\mu Pt_3^1x$）、黎平肇兴陆缘裂谷盆地碎屑岩（Nh）、天柱坪地-黎平龙额台盆（$Z—\in$）、天柱-黎平贯洞碳酸盐岩台地（$C—P$）、天柱邦洞压陷盆地（J_{1-2}）、榕江车江山间盆地（K_2m）、雷山板内岩浆岩（χB）。

1. 从江刚边-归林及宰便陆缘裂谷岩浆岩（Pt_3^1）Ⅱ-1-6-1

从江刚边-归林及宰便陆缘裂谷岩浆岩主要反映壳源过铝质花岗岩-幔源拉斑玄武质系列岩组合。

从江地区的新元古代基性火山岩，是新元古代早期裂陷背景下的岩浆岩组合，反映为南华裂谷形成的物质记录。基性火山岩产出于下江群甲路组地层中，有3次岩浆喷发旋回。火山岩均为蚀变基性火山岩，岩石呈深绿色、灰绿色，蚀变为绿泥石千枚岩、绢云母绿泥石千枚岩。岩石具斑状结构、间隐结构等，致密块状构造，在上部可见气孔、杏仁状构造。

壳源过铝质花岗岩岩石类型有细粒、中细粒二长花岗岩、中细粒似斑状二长花岗岩；中粒、粗中粒、细中粒二长（正长）花岗岩、中粒似斑状二长（正长）花岗岩；粗粒似斑状二长花岗岩；细粒正长花岗岩、细粒斑状正长花岗岩等。尚有岩脉产出，主要为细粒花岗岩脉，其次为云英岩脉、长英岩脉和伟晶岩脉等。具粒状结构、斑状结构、似斑状结构等。岩石蚀变类型多,主要有钾长石化、硅化、云英岩化、高岭土化、绢云母化、电英岩化及绿泥石化等,蚀变程度较高。

2. 黎平肇兴陆缘裂谷盆地碎屑岩(Nh)Ⅱ-1-6-2

黎平肇兴陆缘裂谷盆地碎屑岩主要反映冰期陆缘裂谷盆地浅海陆棚-盆地砂砾岩、粉砂岩-泥岩组合特征。可进一步分为长安组(Nh_1c)早南华纪陆缘裂谷冰川滨岩-陆棚-斜坡复成分冰碛砂、砾岩-泥岩沉积建造组合;富绿组(Nh_1f)冰川滨浅海复成分冰碛砂、砾岩-泥岩沉积建造组合;晚南华世黎家坡组(Nh_2l)冰川浅海-斜坡复成分冰碛砂、砾岩-泥岩沉积建造组合。

3. 天柱坪地-黎平龙额盆地(Z—∈)Ⅱ-1-6-3

该盆地主要反映震旦系—寒武系陆缘裂谷盆地硅、泥质组合特征。可进一步分为陡山沱组(Z_1d)盆地泥质白云岩-碳质黏土岩建造组合;老堡组($Z∈_1$)盆地相硅质岩-碳质硅质岩建造组合;渣拉沟组($Z∈_{1-2}zh$)盆地相碳质泥岩-含磷硅质岩建造组合;牛蹄塘组($∈_1n$)滞流盆地碳质泥页岩建造组合。

4. 天柱-黎平贯洞碳酸盐岩台地(C—P)Ⅱ-1-6-4

该台地主要反映上叠于裂谷盆地残存的浅海碳酸盐岩组合特征。黄龙组(C_2h)、马平组(CPm)、栖霞组(P_2q)、茅口组(P_2m)均表现为陆表海碳酸盐岩开阔台地相生物碎屑灰岩-燧石灰岩建造组合;合山组(P_3h)为陆表海浅海碳酸盐岩台地相生物碎屑灰岩-燧石灰岩夹碎屑岩建造组合。

5. 天柱邦洞压陷盆地(J_{1-2})Ⅱ-1-6-5

天柱邦洞压陷盆地表现为河、湖相砂、砾-粉砂、泥岩沉积建造组合特征。仅见于天柱县邦洞一带,面积约$15km^2$。主要岩性为紫红色黏土岩、砂岩,残留厚为$160\sim706m$。对应的地层是沙溪庙组(J_2s),表现为系干热气候下的浅水湖滨相紫红色黏土岩、砂岩沉积建造组合。

6. 榕江车江山间盆地(K_2)Ⅱ-1-6-6

榕江车江山间盆地为前陆磨拉石盆地的大型河湖相沉积,主要反映冲积、河流、砂砾岩、粉砂岩、泥岩建造组合特征。车江山间盆地为一套砖红、紫红色中厚层至厚层块状角砾岩、砾岩、砂砾岩,夹少量红色含砾石英砂岩、含砾粉砂岩,夹层厚$5\sim40m$不等。砾岩多分布在大断层旁侧,或被后期断层切割,有的直接覆盖于断层破碎带之上(如中潮)。砾岩中砾石的分选性、磨圆度均较差,砾石成分多来自附近的地层中,具"就地取材"特征。由于砾岩中普遍含钙质,加之岩层产状较平缓,节理又发育,常形成独特的"陡崖层叠石峰群立"的"丹霞"地貌景观。从岩性岩相特征,其沉积环境总体为山间盆地沉积,表现为山前洪积相及河流冲积相的冲积、河流砂砾岩-粉砂岩-泥岩的建造组合。

7. 雷山板内岩浆岩(χB)Ⅱ-1-6-7

雷山板内岩浆岩以偏碱性超基性岩为代表,有煌斑岩和碳酸岩两种岩石类型,由于该区碳酸岩出露极少,缺乏较详细资料。煌斑岩岩类有钾镁煌斑岩,斑状云母橄榄岩、橄辉云煌岩、苦橄玢岩、云煌岩及斜云煌岩,呈岩体群产于区域性大断裂旁侧的次级构造裂隙中,常呈脉状侵入在新元古代浅变质岩中,与围岩多为突变侵入接触,界线清晰,蚀变甚弱。有的岩体内尚有深源包体或地壳浅部岩石之捕房体。一般呈单个岩体,规模较小,长宽一般在$100m$以内,厚几厘米至几米。

七、上扬子东南缘古弧盆系(Pt_2)Ⅱ-1-7

上扬子东南缘古弧盆系为雪峰山隆起的核心部分,主要为变质细砂岩、含砾板岩、泥岩、冰碛岩夹凝灰岩建造,另在桂北元宝山一带出露少量中新元古代基性—超基性岩(如变橄榄岩、变橄辉岩、变辉石岩、变辉长岩等，具铜、镍矿化）和中酸性侵入岩（主要有花岗闪长岩、英云闪出岩、石英闪长岩等）。

1. 从江-锦屏陆缘裂谷碎屑岩（Pt_3^1）Ⅱ-1-7-1

新元古代早期，扬子陆块与华南陆块再次发生裂解，其间南华裂谷海槽形成，从江—锦平地区为陆缘裂谷斜坡-盆地相的沉积建造组合。斜坡区出现近源浊积岩、滑塌-滑移等沉积类型，盆地区为巨厚的陆源碎屑浊积岩，出现远源浊积岩、等深流、悬浮-化学沉积等沉积类型，其鲍马层序以 Tc-e、Td-e 序列的细碎屑沉积为主，为典型的深水盆地相沉积。

可进一步分为乌叶组（Pt_3^1）陆缘裂谷棚内盆地相碳质千枚岩-绢云母千枚岩组合；番召组（Pt_3^1）陆缘裂谷陆缘斜坡相浅变质砂岩（滑积岩）-绢云母板岩-绢云母石英千枚岩建造组合；清水江组（Pt_3^1）、平略组（Pt_3^1）陆缘裂谷陆缘斜坡滑积岩-凝灰岩-凝灰质板岩-板岩建造组合；隆里组（Pt_3^1）陆缘裂谷滨岸陆棚浅变质长石石英砂岩-绢云母板岩建造组合；拱洞组（Pt_3^1）陆缘裂谷半深水-深水盆地浅变质砂岩-粉砂质板岩-绢云母千枚岩建造组合。

2. 从江甲路磨拉石盆地（Pt_3^1）Ⅱ-1-7-2

武陵运动使中、新元古代地层出现角度不整合关系，使中元古代地层发生绿片岩相区域动力变质作用。同时也形成了前陆磨拉石盆地沉积，在从江地区发育新元古代甲路组一段浅变质砂岩-绢云母板岩-千枚岩沉积建造组合。

甲路组一段：主要为灰色、灰绿色中-厚层变质细砂岩、变质粉砂岩、石英绿泥绢云千枚岩、粉砂质绢云母千枚岩及绢云母片岩。在从江根勇一带底部见变质砾岩。变质砾岩产于底部，颜色为灰色、灰绿色，其下部砾石含量较高，达 40%，往上含量逐渐减少，过渡为含砾绿泥千枚岩。

3. 从江尧等古弧盆（Pt_3^1）Ⅱ-1-7-3

该区产出超基性侵入岩。相邻桂北地区有枕状玄武岩-石英角斑岩组合出露。岩体呈岩株、岩脉产出，围岩为四堡岩群鱼西组和唐柳岩组。岩体普遍具分异性，一般见橄榄岩、辉石橄榄岩、橄榄辉石岩 3 个岩相或橄榄岩、辉石岩 2 个岩相，最多可见橄榄岩、辉石橄榄岩、橄榄辉石岩及辉长岩 4 个岩相。岩体蚀变强烈，主要有闪石化、蛇纹石化、滑石化、绿泥石化等。古弧盆发育的中元古代地层有四堡岩群，为以陆缘碎屑浊积岩为主的边缘海盆地（弧后盆地）复理石沉积组合。包括文通岩组（Pt_2w）深海盆地石英片岩-绢云母石英千枚岩建造组合；唐柳岩组（Pt_2t）深海盆地还原环境石英绿泥绢云片岩-石英绢云母片岩-千枚岩组合；鱼西组（Pt_2y）半深海斜坡环境绢云母石英千枚岩-砂质绢云母千枚岩-绢云石英片岩夹变质石英砂岩、变质细砂岩建造组合。

4. 从江摩天岭后碰撞岩浆岩（Pt_3^1）Ⅱ-1-7-4

从江地区形成有壳源二长花岗岩-正常花岗岩-碱长花岗岩组合，代表了后碰撞岩浆岩构造热事件，它反映了本区武陵造山运动的结束。组合岩类出露极少，缺乏较详细资料。

八、南盘江-右江前陆盆地（T）Ⅱ-1-8

师宗-弥勒断裂带和紫云-六盘水断裂带在区内围限区域，属滇黔桂"金三角"的组成部分，夹持于丹池断裂与右江断裂之间。总体反映三叠纪南盘江-右江前陆盆地的演化特征。是从泥盆纪至中三叠世发育于华南板块西缘的一个陆缘复合盆地，其主体位于扬子板块之上，其东以钦防海槽为界，南邻特提斯洋盆。中生代以前沉积建造具有扬子板块的特点，主要的变化是三叠纪，随着古特提斯洋在中印支期—晚印支期相继关闭，转化为前陆盆地，沉积以复理石为主。

经历了由活动到稳定的发展过程，震旦系发育类复理石建造，早古生代为碳酸盐岩-碎屑岩建造，中奥陶世可能隆升成陆，缺失上奥陶统和志留系。晚古生代南邻的广西发生张裂，可能延入本区，石炭纪火山岩属拉斑玄武岩系列。拉张环境使本区逐步发展成为深水海盆,滇东有比较厚的复理石沉积。上古生界形成台盆相间的格局,盆地相为细粒石英砂岩和硅质岩、硅质泥岩夹少量砂质页岩,台地相以碳酸盐岩为主。中生界转化为前陆盆地,由砂泥岩夹少量灰岩组成。新生界零星出现在一些断陷盆地中,砚山组(E)为黄红色夹灰色砾岩、含砾砂岩夹砂岩、粉砂岩、泥岩;小龙潭组(N_1)为砂泥岩、泥岩、钙质泥岩、泥灰岩夹煤;茨营组(N_2)由砂、砾和泥灰岩组成。

火山岩整个石炭纪均有发育,以玄武岩为主,近底部出现少许安山岩,总厚近千米,玄武岩发育枕状构造,属拉斑玄武岩系列。二叠纪火山岩,夹于区上二叠统海相地层下部,形成于晚古生代板内裂谷构造环境。三叠纪火山岩零星见于滇东南个旧—富宁地区,呈夹层产于下、中、上三叠统海相地层中,岩性主要为玄武岩、安山玄武岩,早期有玄武质凝灰岩、酸性凝灰岩及钛辉玄武岩。总体属拉斑系列,早期钛辉玄武岩偏碱性。古近纪火山岩仅见于滇东南砚山县白泥井和马关县花枝格两地古近纪地层中,为流纹质集块岩、凝灰岩及少量斑状流纹岩。新近纪火山岩偶见于滇东南屏边、马关,为白榴石碧玄岩,与板内高钾火山岩类似。

基性超基性侵入岩零星分布于滇东南马关、八布、富宁等地,呈岩床、岩盆、岩墙等产出,侵入最高层位为上三叠统,形成时代推断为二叠纪—晚三叠世。中酸性侵入岩有志留纪和侏罗纪—白垩纪两个时期。三叠纪偏碱性超基性岩,分布于黔西南贞丰、镇宁、望谟三县交界地带,主要呈岩脉和岩墙成群侵位于紫云-垭都裂陷带P_2—T_2地层的断裂破碎带及层间裂隙中,构成一个岩带。岩性主要为斑状橄玄辉岩,次为斑状玄橄辉岩、斑状辉橄云岩、斑状橄辉云岩,部分岩体具爆发角砾岩,可能属滇黔桂裂谷盆地横向扩张与强烈凹陷阶段晚期幔源偏碱性超基性岩浆分异浅成侵位的产物。岩浆活动的主要特点是海西期、印支期海底基性-酸性火山喷发岩和基性侵入岩广泛发育。构造线以北西向为主,褶皱构造具有侏罗山式特点。

包含罗平外陆棚、丘北陆缘斜坡、个旧台地、册亨-罗甸陆缘裂谷(T_1—T_3^1)、兴义泥凼-贞丰者相台缘-斜坡(T_2)、兴义-紫云碳酸盐台地(P_2—T_3^1)、乐旺碳酸盐孤立台地(D_2—P)、冗渡-桑郎台地斜坡-盆地(D_2—P)、罗甸-罗悃陆内裂谷岩浆岩(P_2)、普安-大厂板内岩浆岩(P_{1-2})、贞丰-鲁贡板内岩浆岩(χB)、沙子-龙场海陆交互盆地(P_3、T_3)、龙场压陷盆地(T_3)、白碗窑-茂井山间盆地(K_2、E_{1-2})。

九、富宁-那坡被动边缘(Pz)Ⅱ-1-9

富宁-那坡被动陆缘位于滇东南之屏边、河口、文山、马关、西畴、砚山、广南、富宁等县范围。由一套被动陆缘环境的次深海陆坡-陆隆,浅海陆棚陆源碎屑-碳酸盐岩台地,碳酸盐岩台地为主的沉积组成,东侧还发育陆缘裂谷深水沉积和局部的残余海盆沉积,最大的特点是一系列的向北凸出的古生代地层断续逆冲在三叠纪地层之上。最下出露的屏边群(NhZ)为陆缘裂陷盆地的粉砂绢云板岩与细砂岩、粉砂岩互层,夹含砾板岩。寒武纪为被动陆缘的下陆架的细碎屑岩演化为上陆架的砂质泥岩、粉砂岩与碳酸盐互层。奥陶纪转变为碳酸盐岩台地。本区缺少志留系沉积。上古生界可分2套系统。泥盆系下部主要由碎屑岩组成,晚古生代大部为灰岩,局部为碎屑岩,页岩,夹煤层及铝土矿。石炮组(T_1)为深灰色、灰绿色泥岩、火山碎屑岩夹灰岩、灰质砾岩;罗楼组(T_1)主要见于南部,为深灰黑色灰岩、生物屑灰岩、条带灰岩、砾状灰岩、泥灰岩夹泥岩及凝灰岩;板纳组(T_2)为灰色、黄绿色泥岩夹粉砂岩、细砂岩及灰岩;兰木组(T_2)为细砂岩、粉砂岩与泥岩互层;平寨组(T_3)由砂泥岩夹少量灰岩组成,顶部出露不全。

新生界零星出现在一些断陷盆地中,砚山组(E)为黄红色夹灰色砾岩、含砾砂岩夹砂岩、粉砂岩、泥岩;小龙潭组(N_1)为砂泥岩、泥岩、钙质泥岩、泥灰岩夹煤;茨营组(N_2)由砂、砾和泥灰岩组成。

可划分屏边陆坡-陆隆、都龙-西畴陆棚碳酸盐岩台地、广南陆内裂谷、八布残余海盆。

1. 屏边陆坡-陆隆Ⅱ-1-9-1

屏边陆坡-陆隆位于富宁-那坡被动陆缘之西部边缘,呈北西向之长条状分布于屏边县新现、玉屏、白河一带。由南华系—震旦系屏边群组成,是一套显示次深海环境的浊积岩(砂板岩)建造组合,以存在显示冰海环境的含砾板岩夹层为特征。

2. 都龙-西畴陆棚碳酸盐岩台地Ⅱ-1-9-2

该台地位于滇东南屏边、河口、马关、文山、麻栗坡、西畴等县范围。根据其沉积岩建造组合特征,可以划分为2个五级构造古地理单元:都龙陆源碎屑-碳酸盐岩台地、古木-西畴碳酸盐岩台地。

都龙陆源碎屑-碳酸盐岩台地:位于河口县古林箐、屏边县和平、文山县平坝、马关县都龙、广南县珠街、富宁县田蓬等地,由震旦系—寒武系浪木桥组、寒武系冲庄组、大寨组、田蓬组、龙哈组、唐家坝组,寒武系—奥陶系博莱田组,奥陶系下木都底组、独树柯组、闪片山组、老寨组、冷水沟组、木同组组成,是一套浅海陆棚环境的沉积,表现为潮坪陆源碎屑与浅海台地碳酸盐岩的多次交替。属台地陆源碎屑-碳酸盐岩组合。

古木-西畴碳酸盐岩台地:位于富宁-那坡被动陆缘中部,即西畴县西洒、砚山县阿猛、广南县八宝、文山县古木等地,由泥盆系坡松冲组、坡脚组、古木组、东岗岭组、革当组,泥盆系—石炭系炎方组,石炭系黄龙组,石炭系—二叠系马平组,二叠系阳新组、龙潭组、吴家坪组组成。是一套开阔台地碳酸盐岩沉积建造组合。

3. 广南陆内裂谷Ⅱ-1-9-3

广南陆内裂谷分布于丘北县城、广南县董堡、杨柳井、富宁县郎恒、板仓、花甲、者桑等地,呈北西-南东向之长条状。由泥盆系达莲塘组、榴江组、五指山组,石炭系坝达组、顺甸河组,石炭系—二叠系他披组,二叠系岩头组、领薅组组成。为次深海环境的深水碳酸盐-硅质岩沉积,是在台地环境内发育出的陆缘裂谷沉积。

4. 八布残余海盆Ⅱ-1-9-4

八布残余海盆位于富宁-那坡被动陆缘南部之麻栗坡县八布、金所湾、龙林一带。由一套形成于二叠纪、显示残余洋盆环境的八步蛇绿混杂岩所组成。二叠系拉斑玄武岩、远洋细碎屑岩、硅质岩及超基性岩片的构造混杂显示这一洋盆的存在。

十、康滇基底断隆(攀西上叠裂谷,T)Ⅱ-1-10

区内出露中-新元古代基底变质岩系,呈南北向展布,分布面积较大。习称的康定群,为一套混合岩化中-深变质岩系,主要由混合片麻岩、麻粒岩以及少量斜长角闪岩和石英-云母片岩组成,集中且断续分布于中部地带。传统认为是结晶基底,形成时代定为新太古代—古元古代或古元古代。据近期研究新成果表明,所称的康定群,实际上绝大部分为岩浆杂岩,片麻岩的原岩多属英云闪长岩-奥长花岗岩-花岗闪长岩(TTG)组合,麻粒岩的原岩主要是辉长-苏长岩,仅少量角闪岩-绿片岩相变质岩的原岩为火山-沉积岩系。认为已属非正常地层,建议以康定杂岩命之。已获知的同位素年龄值较多,测年方法各异,且新老数据不一致,如20世纪60—70年代测获的900~600Ma(K-Ar);80年代后相继测得1700~1000Ma(U-Pb),1128~1140Ma(Sm-Nd),乃至2957Ma(Pb-Pb)和2404Ma(Rb-Sr)等年龄值;近年来又陆续发表集中于850~750Ma(SHRIMP U-Pb)的较多年龄值数据。上述两个最大年龄值,可信度较差,且存在很大争议。综合其他所获年龄值数据,暂定康定杂岩时代为中-新元古代。杂岩中所确定的TTG组合和辉长岩-闪长岩组合,指示形成的构造环境应为岛弧或活动大陆边缘。盐边群、会理群、河口群以及相当地层为一套浅变质岩系,传统认为是褶皱基底,时代曾定为中元古代或中-古元古代。盐边群主要出露在区内西南部,底部为砂泥质碎屑岩建造,中部由巨厚海相拉斑玄武岩组成,上部为具浊流沉积特征的砂泥质复理石建造。南华系列古六组不整合覆盖其上,并有高家村[(812±3)Ma]和冷水箐[(806±4)Ma]等辉长岩体侵入其中。就其形成的构造环境,目前已知有蛇绿岩套、弧前盆地、弧后盆地、岛弧和地幔柱成因等认识。根据近期岩石地球化学资料,盐边群玄武岩兼具红海型和岛弧拉斑玄武岩双重特征,冷水箐辉长岩体显示岛弧成因(SSZ型)。结合在区内产出的构造部位,采纳弧前盆地环境的意见。已获的盐边群玄武岩同位素年龄值有1009Ma、1203Ma(Rb-Sr)、(841±10)Ma、820Ma(U-Pb)和(782±53)Ma(SHRIMP)等,近期另获盐边群变质砂岩锆石年龄值为837Ma。据上综合,暂定盐边群时代为中元古代晚期—新元古代早期。会理群和河口群集中出露于区内东南部会理—会东地区。会理群下部为陆源碎屑岩建造夹少量中-基性火山岩,中部为碳酸盐岩建造,上部为变质中-酸性火山岩建造。已知火山岩测获年龄值主要有(1466±21)Ma(Rb-Sr)、(1028±9)Ma(SHRIMP U-Pb)、(958±16)Ma和(961±27)Ma(U-Pb);另据凰山营组结晶灰岩全岩Rb-Sr法测年,获1540Ma。据此暂定会理群时代为中元古代晚期。形成的构造环境应为弧后盆地。河口群分布有限,出露于会理黎溪一带,由一套变钠质火山岩、片岩、变质砂岩和大理岩组成,原岩主要是陆源碎屑-泥质建造和细碧角斑岩建造。其中片岩和大理岩内还侵位有基性-超基性侵入岩(兴隆)和超基性熔岩(牛金树)。获知变纳质火山岩的同位素年龄值为1712Ma(U-Pb),贯入其中的辉绿岩脉为1488Ma(K-Ar)。据此可确定河口群时代为中元古代早期。变钠质火山岩为钠化的中-酸性火山岩,岩石化学特征显示类似岛弧成因。基性—超基性侵入岩和超基性火山岩,推测可能是弧后扩张导致弧下地幔楔熔融上侵的产物。

1. 河口、通安-东川、大红山古洋盆(Pt_{1-2})Ⅱ-1-10-1

四川河口地区:河口群为一套浅-中等变质的火山-沉积岩系,变质火山岩都具有明显的韵律性、熔岩都有变余杏仁构造(周名魁等,1988;李云峰,2004),以含钠质火山岩和富含铁、铜矿产为特征,是我国著名的大型-超大型拉拉铜铁矿的赋矿层位。早期的河口群细碧角斑岩中锆石U-Pb法模式年龄为1712Ma(李复汉等,1988),奠定了河口群为古元古代的产物的观点,孙家骢等(1983)根据锆石U-Pb年龄(1725Ma)确认其形成于古元古代,并与滇中的阿拉益组的火山-沉积变质系对比。

近些年的同位素年代学的研究也支持了李复汉(1988)的这一观点,河口群石英角斑岩锆石U-Pb LA-ICP-MS年龄为(1722±25)Ma(王冬兵等,2012)和1680Ma(周家云等,2011,2012),代表了富钠质石英角斑岩的喷发年龄(孙志明,2012;王冬兵等2012),从这些同位素测年的结果表明,河口群形成于古元古代末—中元古代早期,时代为(1722±25)～1680Ma。

东川地区:东川群黑山组中部的凝灰岩锆石U-Pb年龄值为(1503±7)Ma(孙志明等,2009),东川铜矿赋存的落雪组白云岩中的原生黄铜矿Re-Os同位素年龄为(1765±57)Ma(王生伟等,2012),因民组凝灰岩锆石U-Pb年龄值为(1742±13)Ma(Zhao X F et al,2010)。任光明等(2013)对东川群黑山组英安岩的岩浆岩锆石采用ICP-MS测年,获得了(1515±23)Ma的年龄,在因民组的凝灰质岩中采用ICP-MS测年,获得了(1719±40)Ma的年龄,在粉砂质板岩的碎屑锆石中采用ICP-MS测年,获得了(1749±22)Ma的集中年龄,并在其中的碎屑锆石中获得了(3662±32)Ma的继承锆石年龄。

在四川会理通安地区原划的通安组一段底部的砾岩中获得了(1722±14)Ma的锆石ICP-MS年龄,并在其中的继承锆石中获得了(3328±28)Ma的年龄(任光明等,2012,未发表年龄)。

大红山地区:中元古界大红山岩群也为区域低温动力变质作用形成的高绿片岩相变质岩,岩浆活动十分强烈,以基性岩浆活动为主。近年来赵新福和周美夫在大红山辉绿岩测得锆石SHRIMP U-Pb年龄(1659±16)Ma(2010),大红山岩群中的辉绿岩与康滇隆断带昆阳群中的辉绿岩基本是同一时期的产物,同属大陆板内拉张构造环境,沿元谋-大红山岩浆活动强烈,推测存在陆内裂谷构造。早期的韧性变形以小型构造为特征。

胡霭琴等(1988)获得大红山岩群红山组变钠质熔岩锆石U-Pb年龄为(1665.55±10.86)Ma,曼岗河组及红山组的全岩与矿物的Sm-Nd等时线年龄为(1657±82)Ma,因此将该群归属于中元古界。孙克祥等(1991、1993)依据红山组U-Pb年龄为1725Ma,老厂河组下伏的底巴都组Rb-Sr等时线年龄为1706Ma、U-Pb年龄为1840Ma,认为大红山时代也为中元古代早期。近些年来,大红山群的锆石同位素测年取得了重大的进展,一些高质量的同位素年代学资料的发表,限定了大红山岩群形成及变质的时代,曼岗河组凝灰岩中锆石U-Pb年龄为(1675±8)Ma(Greentree,2012),含矿围岩中的英安斑岩锆石U-Pb年龄为(1729±31)Ma,老厂河组厚层变质沉积岩中的薄层变质火山岩LA-ICP-MS U-Pb同位素为(1711±4)Ma和(1686±4)Ma(杨红等,2012),限定老厂河组的形成年龄范围为1711～1686Ma;在变质基性岩(石榴斜长角闪岩)中变质锆石的 ^{206}Pb-^{238}U 年龄为(849±12)Ma(杨红等,2012)。以上同位素测年结果表明,大红山岩群形成的年龄可能在(1729±31)~(1675±8)Ma,大红山岩群在~850Ma 经历了一期新元古代变质事件,这期变质可能是与扬子地台西缘新元古代岩浆事件有关的区域变质事件(杨红等,2012)。表明大红山岩群的时代与河口群的时代大体相当,并且物质组合表明与河口群形成的环境大致相当(孙志明,2012)。

2. 黄水河、峨边、盐边陆缘裂谷(Pt_2)Ⅱ-1-10-2

黄水河地区:由下至上划分为"火山岩组""绿片岩组""碳酸盐岩碎屑岩组"及"火山碎屑岩组"等4个组级单位。1983年,张洪刚等将上述3组分别命名为干河坝组、黄铜尖子组及关防山组,并统称为黄水河群,这一划分方案为该岩系奠定了基础。

黄水河群火山岩顶界被震旦系不整合覆盖,区域上普遍可见新元古代的辉长岩(闪长岩)-花岗岩侵入其中。张洪刚(1983)在黄水河群大理岩中获方铅矿 U-Pb 年龄 1440~1045Ma,侵入于黄水河群的闪长岩 U-Pb 年龄为 1043Ma。此外,在芦山县白水河一带的黄水河群关防山组上部大理岩中产微古植物 *Asperatopsophosphaera*, *Lignum*, *Leiopsophosphaera*, *Trematosphaeridium*,以上属种常见于华北地区蓟县系至青白口系。1:25万宝兴幅(2002)根据这些资料推测黄水河群形成的地质年代为中-新元古代青白口纪。

本次对黄水河群的研究中,也获得了新元古代岩浆岩年代学的资料,在黄水河群下部干河坝组的玄武岩和花岗岩中得到了830Ma的年龄,由于这些岩浆岩的归属存在争议,黄水河群的玄武岩可能与盐边群的玄武岩具有相似的成因,并具有可对比性,因此,推测黄水河群形成年龄至少早于830Ma,因此认为将其时代置于 Pt_{2-3} 更为合适。

峨边群地区:峨边群主要分布于峨边及乐山金口河地区,为安宁河断裂带东侧的一套浅变质岩系,由变质沉积碎屑岩夹中基性火山熔岩,间有碳酸盐岩的一套岩石组合组成。根据侵入峨边群柳担桥组层型剖面中的辉绿岩脉的 SHRIMP 锆石 U-Pb 年龄(830~800Ma,780~745Ma,崔小庄等,2012),该年龄与康滇地区的已报道的新元古代基性岩浆活动的时代基本一致。峨边群形成的时代应该早于辉绿岩侵位的时代(崔小庄等,2012)。

盐边群地区:主要分布于四川盐边地区,分布于安宁河断裂带的西侧,为一套碳泥质、碳硅质岩,少量碳酸盐岩和巨厚的枕状玄武岩,具有复理石、浊流沉积并伴有强烈海底火山喷发的特点,被认为是近似优地槽环境的产物。变质程度浅,为低绿片岩相。

盐边群的时代主要有中元古代和新元古代两种观点,四川省第一区域地质测量大队在1:20万盐边幅区调报告中,报道了原盐边群冷水箐辉长岩的形成年龄为1112Ma,却将盐边群划为古元古代。李继亮(1981)利用Rb-Sr全岩等时线获得盐边群玄武岩的年龄为(1006±58.5)Ma;李复汉(1988)获得盐边群玄武岩的全岩Rb-Sr年龄为(1203±73)Ma。《四川省区域地质志》(四川省地质矿产勘查开发局,1991)根据前人的研究和区域地质,将盐边群划为中元古代。沈渭洲等(2003)和朱维光等(2004)利用单颗粒锆石U-Pb法获得冷水箐杂岩(高家村杂岩)的同位素年龄分别为(936±7)Ma 和(840±5)Ma。Zhou 等(2006)利用 LA-ICPMS 获得盐边群砂岩中的最年轻的一组锆石平均年龄为840Ma,利用SHRIMP锆石 U-Pb 法获得侵入于盐边群的高家村和冷水箐岩体为(812±3)Ma 和(806±4)Ma,两者综合限定盐边群形成时代在840~810Ma之间,为新元古代。然而 Li Xianhua 等(2006)根据关刀山岩体(857±13)Ma(李献华等,2002)的同位素资料,依旧认为盐边群形成时代为920~900Ma,Sun Weihua 等(2008)也利用碎屑锆石得到盐边群存在两个峰值年龄900Ma、920Ma,锆石的波动范围在1000~865Ma之间,并认为盐边群在一个处于扬子西部边缘920~740Ma左右的岩浆弧的背景下形成的。张传恒等(2008)也在荒田组的粗面安山岩中得到(825±12)Ma的锆石 U-Pb 年龄,在渔门镇附近的乍古组少量的安山质凝灰岩层中,得到了(866±8)Ma 的锆石 SHRIMP U-Pb 年龄,并认为盐边群形成的环境为弧前盆地裂谷。

杜利林等(2005)在盐边群底部荒田组玄武质岩石(原划为蛇绿岩)通过 SHRIMP 锆石 U-Pb 年代学研究,获得玄武质岩石岩浆结晶年龄为(782±53)Ma,认为盐边群形成时代为新元古代。同时获得其中继承性变质锆石年龄为(1837±14)Ma,并认为变质锆石年龄可能代表扬子地台西缘变质基底年龄,以证明扬子地台西缘可能存在古元古代变质基底。

以上的年龄主体是对"盐边群"中的玄武质岩石以及一些岩体进行的同位素测年所获得的,从集中的年龄来看,主体集中于840~810Ma之间,因此,大部分学者认为盐边群形成于该阶段或更年轻(杜利林等,2005)。但是,对盐边群的副变质岩并没有有效的年代学的限定,仅有少量的碎屑锆石年龄(Zhou et al,2006)限定其形成于840Ma之后,对玄武质岩浆岩和基性岩浆岩与副变质岩的关系没有进行深入的研究,Sun Weihua等(2007)对盐边群玄武岩进行研究后认为具有N-MORB型的岩浆岩。因此,没有充足的依据认为整个盐边群形成的时代就是这些岩浆岩形成的时代,本书认为,盐边群形成的时代应该老于这些岩浆岩形成的时代,其时代可能为新元古代早期或中元古代。

3. 会理-峨山中元古代陆棚-台地(Pt_2)Ⅱ-1-10-3

昆阳群地区:从下到上为黄草岭组、黑山头组、大龙口组、美党组。分布于滇中地区的罗茨、玉溪、石屏等地区,以板岩、千枚状板岩、变质石英砂岩、粉砂岩、碳酸盐岩、硅质岩等为主,局部夹有海相火山岩、火山碎屑岩及砾岩、角砾岩,构成3个较完整的由粗碎屑岩—泥岩—碳酸盐岩沉积旋回。未见底,顶被震旦系或更新地层不整合覆盖。其岩性、岩相组合特征及变质程度均与会理群类似,并可逐组对比。推测昆阳群的时代可能属于中元古代晚期,与会理群的时代大致相当。

昆阳群富良棚凝灰岩的锆石 U-Pb 年龄值为(1047±15)~(1032±9)Ma(张传恒等,2007;尹福光等,2011)、Greentree(2006)在滇中老吾山的凝灰岩中获得锆石 U-Pb 年龄为(1142±16)Ma,代表了中元古代末期陆内裂谷盆地相关的岩浆事件。

峨山-曲江断裂以南,弱应变域形成以黄草岭背斜为核心的宽缓褶皱,轴向近南北。褶皱外围断裂发育,以北东向断裂最为强势,西部卷入元谋-绿汁江大型逆冲构造,断面向东倾,倾角40°~70°,指示向西逆冲运动。

峨山-曲江断裂以北发育北东向挤压构造,褶皱呈紧密线状排列,断裂以逆冲断裂为主。在易门一带的狮子山为逆冲走滑构造,中部为近直立的走滑构造带,两侧为逆冲构造,西侧向北西逆冲,东侧向南东逆冲。东川一带,发育近南北向延伸的大型走滑构造,倾竖褶皱与直立的走滑脆韧性剪切带相间。北西向的峨山-曲江断裂和石屏断裂,是古近纪以来的右行走滑断裂。

会理群:会理群主要分布于四川会理地区、会东地区。自下而上划分为力马河组、凤山营组和天宝山组。力马河组(四川地质局力马河队,1957年命名为力马河层)主要岩性为石英岩、变石英砂岩、绢云母千枚岩、片岩等,其原岩为一套碎屑沉积岩,碎屑粒度由下而上逐渐变粗,石英岩的夹层也逐渐增多。凤山营组由汤克成(1941)命名的凤山营系演变而来,其主要岩性为灰色薄-中厚层条带状灰岩、泥质-砂质白云岩,底部见少量钙质碎屑岩,局部地区在中下部含菱铁矿层。天宝山组为天宝山组中的酸性火山岩及酸性火山凝灰岩。

会理群的岩性为变质细碎屑岩、大理岩夹少量变质火山岩、火山碎屑岩,是典型的陆源碎屑岩-碳酸盐岩建造。它经受区域动力变质作用,为低绿片岩相。据天宝山组变英安岩全岩 Rb-Sr 年龄值906.7Ma(牟传龙,2003),凤山营组结晶灰岩全岩 Rb-Sr 年龄值1540Ma(?),会理群凝灰中获得 SHRIMP U-Pb 岩浆锆石年龄,通安组三段为(1270±95)Ma(成岩)、(861±34)Ma(变质),通安组五段为(1082±13)Ma,天宝山组火山熔岩为(1036±12)Ma(尹福光,2010)。会理群的时代应该属于中元古代晚期。

登相营—喜德群地区:登相营群主要分布于四川冕宁泸沽、喜德登相营地区,喜德、冕宁二县交界处。以变质沉积碎屑岩为主,夹变质碳酸盐岩和变质中性火山岩,由下而上划分为松林坪组、深沟组、则姑组、朝王坪组、大热渣组及九盘营组6个组级单位。

耿元生等(2007)在喜得镇瓦洛莫东则姑组的火山岩(变质英安岩)锆石离子探针铀-铅同位素分析$^{207}Pb-^{206}Pb$ 的加权平均年龄为(1030±19)Ma(MSWD=0.71)~(1017±17)Ma(MSWD=1.7),被认为是安山质火山岩形成的时间,该样品中少量获得较老年龄结果[(1676±38)Ma~(1604±31)Ma]的锆石应为继承锆石,表明该区曾存在16亿年左右的古老岩石(耿元生等,2007);在同一位置的云母石英片岩(变质火山碎屑岩),出现了4组年龄,最老的残留锆石的年龄为(3308±7.7)Ma,最年轻的锆石年龄为(1058±27)~(1031±25)Ma,并出现了(2552±22)Ma、1997Ma、2071Ma、2271Ma、(1558±15)Ma、(1428±17)Ma,这几组年龄数据表明,在登相营群地区也存在太古宙的基底的信息,并经历了早元古代末期地质热事件的影响;中元古代中期的碎屑锆石[(1558±15)~(1428±17)Ma]表明,登相营群形成的年龄应该晚于(1428±17)Ma,最年轻的锆石年龄与安山岩的年龄一致,表明该年龄为同沉积的火山岩事件的年龄。因此,则姑组的形成年龄为(1058±27)~(1017±17)Ma,这一年龄值与区域上的同期岩浆岩事件的年龄一致(天宝山组、黑山头组)。

在九盘营的变英安岩采用SHRIMP法获得了(824±6)Ma锆石U-Pb年龄(任光明等,2012),表明,九盘营形成的时间可能为(824±6)Ma左右,在九盘营—喜德镇公路之间露有良好的露头。野外调查表明,九盘营组与下伏的大热渣组之间被后期的辉绿岩脉所充填,未见二者直接接触的界线,据1∶20万区域地质调查报告,二者之间为断层接触,说明九盘营组可能与下伏的大热渣组之间存在不整合界面,但被后期的构造及侵入岩所改造,侵入到九盘营的基性侵入岩中获得了(774±10)Ma的测年数据(任光明等,2012)。从同位素年龄结果表明,九盘营组形成的时代为新元古代青白口纪的晚期—南华纪的早期,形成时代界于(824±6)~(774±10)Ma之间。

由于登相营群下部的松林坪组、深沟组未获得岩浆岩锆石的年龄,因此,无法确定登相营群的下限时代,需要进一步研究。

元谋群地区:分布于云南元谋苴林及龙川江一带。元谋群包括海资哨组、凤凰山组、路枯模组3个组,为一套区域动力浅变质岩,其岩性和层序可分别与会理群天宝山组、风山营组、力马河组相对比。元谋地区出露有限的古元古界普登岩群,属角闪岩变质的结晶基底,其上的中元古界苴林岩群为一套区域低温动力变质作用形成的高绿片岩相变质岩。岩浆活动比较强烈,侵入岩具火山弧-同碰撞TTG花岗岩特征。

近期的同位素测年结果表明,苴林岩群的主体可能并非均为太古宙—古元古代形成的,而是不同时期的沉积-构造-岩浆作用形成的一个复合杂岩带。

任光明等(2013)在苴林岩群的杂岩中获得了大量的锆石年龄,含石榴石云母石英片岩碎屑锆石ICP-MS年龄为(1264±27)Ma,白岗岩岩浆岩锆石ICP-MS年龄为(786±3)Ma,二云母花岗岩岩浆岩锆石ICP-MS年龄为(825±12)Ma,角闪石片麻岩岩浆岩锆石ICP-MS年龄为(841±27)Ma,继承锆石为(1005±28)Ma,片麻状花岗岩岩浆岩锆石ICP-MS年龄为(1045±16)Ma,花岗闪长岩岩浆岩锆石ICP-MS年龄为(829±4)Ma。以上的年龄及岩石组合表明,苴林岩群为一个不同时期、不同物质组成的变质-岩浆杂岩体,而岩浆岩锆石年龄分为两个年龄段,一组是(1045±16)~(1005±28)Ma之间,一组为(841±27)~(786±3)Ma之间。前一组与区域上10Ga±的岩浆岩事件一致,代表格林威尔旋回结束碰撞造山的岩浆岩的年龄,其侵位于苴林岩群中,碎屑岩锆石限定了苴林岩群形成的下限年龄,表明苴林岩群形成的时代界于(1264±27)Ma~(1005±28)Ma之间,与会理群、昆阳群的时代相当,表明它们是在同一地质时期形成的岩石组合,并经历了晋宁期构造、岩浆事件的改造的一个杂岩带。

普登地区:普登群,是指在云南元谋—牟定地区,叠伏在元谋群(苴林岩群)路枯模组石英岩之下的一套混合岩化显著的中深变质地层(刘存林,1960),元谋变质岩研究历史比较长,因此,普登群的名称也经历了较为复杂的变革,并且出现了多种的对比划分方案。最早由骆耀南等(1982)正式创建普登群,之后云南省《区域地质志》(1990)将其改回普登组并划归苴林岩群,但其层位及时代均未改变,由于其岩石组合和岩性与康定群极其相似或可大致对比(尹福光等,2007),不同时期的研究者和科研单位均将其划分为早元古代(成都西南地质研究所,1963;云南省地质矿产勘查开发局,1965;云南省地质矿产勘查开发局第三地质队,1970;武希彻等,1982;李希勋等,1984;吕世琨,1987;云南省地质矿产勘查开发局区调所,1990;代清华等,2004),普登组再生锆石(混合岩化)U-Pb一致曲线法年龄为2478Ma(吴懋德,1985),也是将其划分为古元古代的主要依据之一,而部分研究者认为其形成于太古宙(骆耀南等,1982;吕世琨等,1985,1995)。

在旺苍英萃米仓山杂岩体原定中元古界后河岩群斜长变粒岩中获得锆石SHRIMP年龄(851±7)Ma,

其值与前人所获数据差异较大,显示与米仓山杂岩中普遍的一次岩浆侵入时间相似(四川地质矿产勘查开发局川西北地质大队,2012)。其时代跨及新元古代青白口纪,从而其归属后河岩群或火地垭群存在争议。在汉南杂岩刘家坪组(陕西省岩石地层,1997)地层中变质安山岩中获得锆石 SHRIMP 年龄(824±8)Ma,侵入其中的英云闪长岩新获锆石 SHRIMP 年龄值(827±7.8)Ma,从而将该套火山岩时代确定为新元古代青白口纪(四川地质矿产勘查开发局川西北地质大队,2012)。

4. 苏雄-澄江南华纪裂谷 Ⅱ-1-10-4

苏雄-澄江南华纪裂谷分布于云南柳坝塘、澄江地区,四川省盐井、大营盘、苏雄地区。

柳坝塘地区:柳坝塘组主要出露于昆明以南的晋宁县柳坝塘地区以及昆明以西的易门县军哨、七贤村一带,禄丰县清水沟、安宁县中村、华家箐等地。最早由邓家藩于 1961 年命名,主要为一套黑色碳质板岩夹薄层硅质岩与碳酸盐岩的组合,底部具底砾岩的特征。

对柳坝塘组的时代及层位的划分一直具有争议,主要是有两种观点,一种观点认为它是中元古代地层(云南省地质矿产勘查开发局,1961;刘鸿允等,1963;云南省地质矿产勘查开发局第二区测队七分队,1969;云南省地质矿产勘查开发局,1990;吴懋德,1990;云南省地质矿产勘查开发局,1996,李志伟等,1999;吕世琨等,2001),晋宁柳坝塘组碳质板岩中获得 10.02Ga 的全岩 Rb-Sr 等时线年龄(刘鸿允等,1963),其下部的砾岩具有底砾岩的性质,不整合于中元古界昆阳群顶部,并将其作为昆阳群的最上部层位。另一种观点认为,柳坝塘组的时代为青白口纪或新元古代(云南省地质矿产勘查开发局区调队,1980;云南省地质矿产勘查开发局区调队,1997;沈少雄,1997),并认为相当于澄江组的层位。

作者经过调查研究后认为,柳坝塘组与东川地区的三凤口组(廖光宇等,1980)、大营盘组(成都地质矿产研究所,1988)层位及时代相当,其不整合于东川地区东川群、云南滇中地区的昆阳群及四川会理地区的会理群之上,底部发育铁质风化壳,并产出满银钩式铁矿,其上被南华系澄江组砂岩或震旦系观音崖组不整合覆盖,表明它是中元古代末格林威尔造山作用之后隆升、剥蚀作用之后快速堆积,底部具有磨拉石建造的一套铁质岩石组合,时代早于南华系澄江组而晚于中元古代晚期的会理群,因此,综合考虑,认为将其置于青白口纪更为合适。

澄江地区:澄江组一名来源于"澄江砂岩",最早由米士定名(1942),并将其置于震旦系的中部,其下与下震旦统昆阳系角度不整合,与上伏的上震旦统下部的南沱冰碛岩弱不整合接触,澄江砂岩主体为一套紫红色的杂砂岩,底部为粗大的砾岩,在云南滇中地区广泛出露。刘鸿允等(1963)经过研究后认为,澄江组应该置于震旦系的下界,下伏的昆阳系时代应该归属于古元古代,二者之间的不整合代表了晋宁运动的界面。

澄江组被认为是 Rodinia 超大陆解体后所形成的康滇裂谷盆地(时限为 820～635Ma)中最早接受的沉积,因为它大面积分布且角度不整合于中元古代褶皱基底之上。

近年来江新胜等(2013)利用锆石 SHRIMP 定年研究,将澄江组底部年龄限制在(800±5)Ma,认为其在横向上与康滇地区的苏雄组及开建桥组为同时异相的沉积,在滇东陆良地区陆良组获得下段底部年龄 820Ma,上段底部年龄 800Ma,在盆地内分别相当于柳坝塘组和澄江组,柳坝塘组角度不整合伏于澄江组之下,高角度不整合覆于会理群黑山头组之上,并以此推断,Rodinia 超大陆解体后形成的第一套沉积物的时代在 820Ma。

盐井地区:盐井群系九顶山小区地层,四川省地质矿产勘查开发局二区测队 1976 年命名于宝兴县盐井以北,原始定义为由两套变质沉积岩与两套变质火山岩相间组成的地层体,自下而上包括雅斯德组、石门坎组、蜂桶寨组和黄店子组 4 个岩石地层单位。1:25 万宝兴幅区调(四川省地质调查院,2002)在宝兴盐井正层型剖面上发现雅斯德组中含有较多的火山岩,鉴定成果反映其原岩应为一套块状流纹岩夹流纹质凝灰熔岩,与上覆石门坎组岩石组合相近,故将雅斯德组并入石门坎组,认为盐井群实际上仅含石门坎组、蜂桶寨组和黄店子组 3 个岩石地层单位,并将其置于震旦纪,平行不整合伏于陈家坝组或微不整合伏于观音崖组之下。

石门坎组主要分于宝兴石门坎和康定金汤一带,岩性以流纹岩质火山碎屑岩为主,底部夹少量玄武岩,中下部为浅灰色、紫灰色变质流纹岩、流纹斑岩夹英安岩或粗面岩,顶部为灰绿色变质凝灰岩。具有由灰色、紫灰色流纹质火山角砾岩夹浅灰色绢云千枚岩组成的多个火山角砾岩→变质凝灰岩→绢云千枚岩的火山喷发沉积韵律,单个韵律厚一般10~20m左右,下部常被断失或超覆于康定群之上;上部与蜂桶寨组整合分界(1:25万宝兴县幅)。

蜂桶寨组主要分布于康定金汤海螺沟及宝兴盐井蜂桶寨—五龙一带,为一套变质泥岩、砂岩组合。下部以灰白色钠长白云母片岩为主夹白云母石英钠长片岩、片理化长石石英砂岩;中部为灰黑色碳质白云母微晶片岩夹中薄层变质细粒长石石英砂岩,向上以片岩为主,砂岩变薄减少呈条带状出现;上部为灰色薄层白云母石英片岩、白云母微晶片岩及钙质白云母钠长片岩,顶部夹流纹质晶屑凝灰岩。与上覆黄店子组和下伏石门坎组变质火山岩系均为整合接触,标志清楚。

黄店子组主要分布于宝兴黄店子-红山顶、康定金汤海螺沟及芦山关防山、黄水河等地,岩性为一套粗面质火山熔岩和火山碎屑岩。下部为灰色、灰白色、紫灰色、杂色块状薄片理化粗面岩,石英粗面岩,斑状粗面岩。岩石普遍含正长石斑晶,粒径2~6mm不等,含量5%~15%,基质为细粒-隐晶质,局部含凝灰质而显片理化。整体看,粗面岩略显斑状-块状的韵律结构。上部为灰白色、灰绿色、紫灰色、杂色凝灰质含角砾粗面岩、片理化含角砾凝灰熔岩、凝灰质千枚岩夹斑状粗面岩、含斑粗面岩、火山角砾凝灰熔岩、凝灰质千枚岩夹斑状粗面岩、含斑粗面岩。火山角砾岩呈塑性不规则状,一般2~5cm,占30%左右。角砾成分主要为粗面质岩屑,也有部分正长石。从剖面看,粗面质火山角砾岩与粗面岩呈互层状,显示火山活动爆发相与熔岩相的相互交替。平行不整合伏于陈家坝组或微不整合伏于观音崖组之下。

盐井群在区域对比及时代划分上前人意见分歧较大。有人根据岩石系列的相似性,认为分布于盐井-五龙断裂带北侧的盐井群与南侧的黄水河群大体相当,同属前震旦纪,且后者仅相当于前者的一部分(1:20万宝兴幅,1976)。也有人根据岩性、分布范围及变质程度的不同,认为盐井群位于黄水河群之上,二者属上、下关系,其时代同属前震旦纪(1:20万邛崃幅,1976;张洪刚等,1983)。上述认识由于缺乏古生物及年龄证据,分歧尚无定论。四川省地质矿产勘查开发局(1997)在地层清理过程中,对正层型剖面上的黄店子组上部深灰色厚层粗面岩中采集了钾长石样品,由中国科学院地质研究所以 ^{40}Ar-^{39}Ar 快中子活化法测定其年龄值,结果为:代表钾长石形成的一个坪年龄值为 tp2=(578.5±19.5)Ma,年龄谱最后一个阶段的视年龄值为(633.1±14.5)Ma,反映后期变质热事件的一个坪年龄值 tp1=(131.5±2.8)Ma(四川省地质矿产勘查开发局,1997),1:25万宝兴县幅将其与攀西地区的苏雄组及开建桥组对比,将其置于下震旦统;潘桂棠等(2013)在青藏高原及邻区地质图中,将其置于南华纪;本次研究采用了潘桂棠等(2013)的观点,将其划归为南华纪。

大营盘地区:相当于青白口群,由成都地质矿产研究所1988年新创名。该群包括四川冕宁泸沽、喜德的九盘营组,会理的龙泉组,通安的滥坝组,会东的双水井组;云南东川的营坪组及花椒寨组,滇中的军哨组、柳坝塘组等。该群是区内前震旦系最高的群级单位,其含义为:顶为震旦系不整合覆盖,以不整合或假整合超覆在中元古代东川群、昆阳群、会理群、喜德群之上,时限为970~820Ma间的地层。是一套黑灰绿色、紫红色浅变质海相含铁碎屑岩,底部常有透镜状或薄层状赤铁矿(或菱铁矿)或铁质板岩,是区内重要铁矿层位,厚可达1400m。并认为大营盘群可和川黔交界上板溪群对比,时代应属新元古代早期。

苏雄地区:苏雄组(开建桥组)由四川省地质矿产勘查开发局第一区测队1965年命名,1971年1:20万马边幅区域地质调查报告引用。命名剖面位于四川省甘洛县苏雄。该组由陆相基性-酸性火山岩及火山碎屑岩组成,与下伏峨边群不整合接触,上部英安斑岩全岩 Rb-Sr 法年龄(812±15)Ma(刘鸿允,1991)。主要分布于四川大相岭、小相岭及甘洛、峨边等地,宝兴以南及二郎山一带亦有零星出露。苏雄组流纹岩的 SHRIMP 锆石 U-Pb 年龄为(803±12)Ma,代表了火山岩的喷发年龄(李献华等,2001)。开建桥组以陆相沉积火山碎屑岩为主,夹酸性火山熔岩。列古六组为一套砂、泥、砾碎屑岩夹沉凝灰岩、凝灰质粉砂岩。

5. 泸定-石棉-螺髻山古岛弧(Pt_{2-3})Ⅱ-1-10-5

与之相应,区内产出的一系列同时期高钾-高硅花岗岩,如黄草山花岗岩[(786±36)Ma,TIMS;700~

650Ma,K-Ar]、摩挲营花岗岩(735Ma,U-Pb)、泸沽花岗岩(669Ma,U-Pb),应属后造山岩浆岩类型。

6. 雅砻江-宝鼎裂谷盆地(T_3—K)Ⅱ-1-10-6、太和-红格-禄丰裂谷(C—P)Ⅱ-1-10-7、江舟裂谷盆地(T_3—K)Ⅱ-1-10-8、米市裂谷盆地Ⅱ-1-10-9

震旦系—下古生界为形成于被动大陆边缘环境的碳酸盐岩-碎屑岩建造,呈残余盖层散布于区内。晚古生代时期,除早二叠世浅海碳酸盐岩分布较多外,基本缺失泥盆纪和石炭纪地层,表明进入裂前隆起期。晚古生代末期—中生代早期,因受扬子陆块西侧弧后扩张的影响,导致本区发生陆内裂谷作用。中-晚二叠世—早-中三叠世为破裂期,基性岩浆活动以多期侵入和火山喷溢为特征。峨眉山玄武岩集中喷发的地段,分布在安宁-小江断裂带的东西两侧,以西划属康滇基底隆断带。中-晚二叠世峨眉山玄武岩,喷发不整合在中二叠世阳新组之上。岩性较为单一,岩石地球化学特征显示为常见的大陆板内溢流玄武岩。具有明显的高钛、低镁、低铝的特点,主要属亚碱性岩系列。地球化学图解中都落入大陆板内玄武岩区、大陆板内裂谷玄武岩区、大陆溢流玄武岩区。近年来,有许多研究者认为属地幔柱玄武岩。基性侵入岩在这一时期也处于活跃状态,以陆缘裂谷碱性-拉斑玄武岩系列基性—超基性岩组合为特征。中-晚三叠世火山岩以碱性玄武岩-斑岩或粗面岩为主,构成双峰式组合,并大量发育同时期同源层状基性—超基性堆晶侵入岩。早-中三叠世以碱酸性岩浆侵位为主,由霞石正长岩、英碱正长岩、碱性花岗岩和碱性粗面岩-流纹岩组成。上述火山岩和侵入岩在裂谷中轴带构成醒目的构造-岩浆岩带,赋存著名的钒钛磁铁矿床以及伟晶岩型-气成型 Nb-Ta-Zr(Hf)矿床。晚三叠世成谷期,在裂谷中轴隆起带两侧分别发生断陷形成裂谷盆地,堆积巨厚的下部红色磨拉石建造(丙南组)和上部陆相含煤建造(大荞地组或白果湾上煤组),显示"下粗上细"的双层结构沉积特征。自晚三叠世末至早白垩世转入裂后坳陷期,发生普遍的面型沉降,形成统一的坳陷盆地,堆积宝鼎组(白果湾上煤组)含煤砂页岩建造以及侏罗纪—早白垩世红色复陆屑建造(下红层),呈披盖式覆盖于本区。晚白垩世至古近纪时期,盆地渐趋萎缩,小范围沉积了一套含膏盐的河湖相红色蒸发岩建造(上红层),并伴有钾质煌斑岩和碱性杂岩侵位,后者赋存有重要的稀土矿床(如牦牛坪、大陆乡)。最终因卷及新生代陆内挤压-走滑作用,结束了裂谷演化历史。尽管受到后期构造的强烈影响,但"两堑夹一垒"的裂谷构造形式依然清晰存在。

7. 华坪陆表海Ⅱ-1-10-10

华坪陆表海分布在楚雄内陆盆地北部的华坪一带,底部出露不全,从早震旦世开始的沉积记录显示,观音崖组为紫红色海绿石砂岩、页岩夹白云岩,灯影组白云岩之上沧浪铺组平行不整合覆盖,缺失下寒武统筇竹寺组。在靠北的蝉战河一带奥陶纪—志留纪为陆源碎屑与碳酸盐岩混积的滨海沉积,向南不远的龙洞—华坪一带,中泥盆统缩头山组砂砾岩直接盖在下寒武统沧浪铺组之上,缺失奥陶纪—早泥盆世沉积。

中泥盆统缩头山组砂砾岩、粉砂岩、页岩组合是又一次海侵的信号,中泥盆统烂泥箐组—中二叠统阳新组构筑了退积型开阔碳酸盐岩台地,早二叠世中期在河口湾出现海陆交互相沉积(梁山组),以灰色、灰白色不等粒石英砂岩,局部夹紫红色豆状铝土矿为特征,预示着海退的开始。晚二叠世全面转为海陆交互相环境,黑泥哨组为夹煤和玄武岩。

8. 曲靖陆表海Ⅱ-1-10-11

曲靖陆表海原与华宁陆表海相通,因小江断裂的分隔而划属滇东碳酸盐岩,在宣威—曲靖一带广泛分布。沉积建造与华宁陆表海比较相似,但也发生了一些变化。在陆良牛头山一带,下南华统陆良组底砾岩不整合于昆阳群板岩之上,顶与牛头山组渐变过渡,区域上见牛头山组底与澄江组整合,顶被南沱组冰碛砾岩不整合覆盖。陆良组为三角洲前缘沉积,牛头山组为泥砂坪沉积,表明从南华纪开始这里已出现海陆交互相沉积。早古生代的进积沉积缺失上寒武统—中志留统,早一轮的海侵从晚志留世开始,其间海水时有进退,出现过2次海陆交互相环境,第一次发生在早泥盆世—中泥盆世早期(翠峰山组、西冲组),第二次为早二叠世(梁山组),皆为三角洲环境。峨眉山玄武岩喷发之后晚二叠世进入海陆交互环境(宣威组)。

牛头山复式背斜向北东倾伏,古生代盖层以褶皱、断裂同等发育为特征。褶皱多为长轴状,羊场背斜对沉积作用的控制反映出在早古生代已经存在。走向断裂平行褶皱轴向,北部的牛栏江断裂最大,构造线方向多为北东向。

十一、楚雄前陆盆地(Mz)Ⅱ-1-11

楚雄前陆盆地位于云南省中部华坪、永仁、元谋、大姚、牟定、南华、楚雄、双柏、新平等县范围,东以绿汁江断裂与滇中中新元古界变质基底分界;西以程海断裂带与盐源-丽江被动陆缘为邻。在结晶基底与褶皱基底形成后抬升,仅边缘部分为震旦系—三叠系陆表海沉积所覆盖,大部分地区仍处于剥蚀状态,直到晚三叠世才开始全区大规模坳陷,发育了分布面积超过 40 000 km^2、沉积厚度逾万米的大姚红色坳陷盆地。可进一步划分出 2 个四级构造古地理单元:云南驿前陆逆冲带、大姚坳陷盆地。

1. 云南驿前陆逆冲带(T_3)Ⅱ-1-11-1

云南驿前陆逆冲带位于楚雄陆内盆地西南部之楚雄新村、三街、祥云县禾甸、米甸等地,呈北西-南东向之长条状,由上三叠统之云南驿组、罗家大山组、花果山组组成。这一位于扬子陆块区边缘盆地,发育于晚三叠世卡尼期,早期为陆源碎屑浊积岩-碳酸盐岩建造组合的云南驿组,其上则为厚达2000m的陆源碎屑浊积岩夹火山岩建造组合的罗家大山组,碎屑岩中具鲍马序列。

2. 大姚坳陷盆地(T_3—E)Ⅱ-1-11-2

大姚坳陷盆地是楚雄前陆盆地的主体部分,占据了该盆地的绝大部分(70%)面积,分布于云南中部元谋、大姚、姚安、牟定、南华、楚雄、双柏及新平等县范围。盆地发育始于晚三叠世诺利期,经历侏罗纪、白垩纪至古近纪古新世、始新世,在长达1.8亿年的时限内,盆地沉降速率与沉积速率基本协调一致,保持了较为稳定水体深度,在气候干旱、炎热的环境下,沉积了厚度达万米的红色陆源碎屑岩建造。可划分为三叠系白土田组,侏罗系冯家河组、张河组、蛇店组、妥甸组,白垩系高峰寺组、普昌河组、马头山组、江底河组,古近系元永井组、赵家店组,均为一套内陆湖泊相红色砂岩、泥质岩建造组合。其中马头山组、江底河组是砂岩型铜矿的主要赋存层位;从古近纪开始,湖水逐渐咸化,从淡水湖泊转变为咸水湖泊,沉积了丰富的石盐、芒硝、石膏等矿产。

十二、盐源-丽江陆缘裂谷盆地(Pz_2)Ⅱ-1-12

盐源-丽江被动陆缘位于扬子古陆块南西边缘,东以程海断裂带与楚雄陆内盆地分界,西以三江口-白汉场断裂与羌塘-三江多岛弧盆为邻。由于多期构造破坏,呈现南北两段分布,北部是其主体,呈近南北向之长条状见于丽江、鹤庆、洱源、大理、永胜、弥渡、等县的部分地段;南段出现于云南西南部之金平县一带,大致为一三角形。由奥陶纪—三叠纪地层组成,可划分为5个四级构造古地理单元:金河-箐河-金平陆棚、丽江陆缘裂谷、盐源-鹤庆边缘台地、松桂断陷盆地、南板河陆坡-陆隆。

1. 金河-箐河-金平陆棚(Z—T_2)Ⅱ-1-12-1

金河-箐河-金平陆棚位居东缘,构造上表现为前缘逆冲带,由一系列叠瓦状逆冲岩片构成,岩片以发育震旦纪—古生代滨海-浅海相碳酸盐岩-碎屑岩建造为主要特征,显示大陆架稳定沉积环境。

由奥陶系—志留系大坪子组,志留系康廊组、青山组,泥盆系班满到组、莲花曲组、烂泥箐组、长育村组、干沟组,石炭系横阱组,石炭系—二叠系水长阱组、尖山组,二叠系阳新组组成。以广泛发育开阔台地碳酸盐岩组合为特征。

2. 丽江陆缘裂谷（P_{2-3}）Ⅱ-1-12-2

丽江陆缘裂谷位于源盐-丽江被动陆缘之东侧，见于丽江县鸣音、永胜县松坪、鹤庆县中江、宾川县鸡足山等地。该裂谷的形成明显受控于程海断裂带，近南北向展布，由二叠系峨眉山组玄武岩、黑泥哨组组成。岩石组合及岩石地球化学特征主要显示了大陆边缘裂谷火山岩的特点，与滇中—滇东北地区的峨眉山组玄武岩有较大差异。

主要沿程海断裂西侧分布，火山岩赋存于二叠系峨眉山组、黑泥哨组，与下伏二叠系阳新组呈火山喷发不整合。属沉积-喷溢-爆发成因，岩石类型多样，有玄武岩、粒玄岩、杏仁状玄武岩、玄武质熔结火山角砾岩、熔结凝灰岩、火山角砾熔岩、凝灰熔岩，少量玄武质火山角砾岩、凝灰岩、火山集块岩，夹硅质岩层或含灰岩岩块。除少量粗面岩类属碱性火山岩系列外，其他岩类均属亚碱性火山岩，主要显示了大陆板内玄武岩的特点，但也具有大陆板块边缘裂谷玄武岩的特点。这一地区晚二叠世沉积环境属三角洲平原，海陆交互含煤碎屑岩中夹玄武岩。

3. 盐源-鹤庆被动边缘台地（T—E）Ⅱ-1-12-3

盐源-鹤庆边缘台地位于鹤庆县北衙、云鹤，丽江县大研、九子海、高寒等地，呈近南北向展布。由三叠系青天堡组、白衙组、中窝组组成。以发育陆棚碳酸盐岩建造组合为特征。顶部中窝组是滇西地区铝土矿、锰矿的主要赋存层位。

鹤庆被动陆缘平行不整合覆盖在丽江陆缘裂谷之上，呈南北向展布。与滇中古陆缺失早中三叠世沉积不同，盐源-丽江被动陆缘从早三叠世开始海侵，使滨浅海碎屑岩（青天堡组）平行不整合盖在上三叠统黑泥哨组之上，向北可超覆盖在峨眉山玄武岩上。随着海侵，中三叠世由潮下-潟湖发展为局限台地，下部为泥质碳酸盐岩夹细碎屑岩，向上出现白云质灰岩、灰岩（白衙组）。海盆边缘围绕滇中古陆西部分布，南部到达宾川一带。中三叠世末—晚三叠世早期曾出现短暂的沉积间断，卡尼期最早出现的一层铝土矿层，很快又转入局限台地，沉积作用持续到晚三叠世中期，沉积了灰黑色泥质灰岩、鲕状灰岩、黑色灰岩、含燧石结核灰岩。中三叠世晚期—晚三叠世晚期有酸性岩浆活动，为同碰撞过铝花岗岩组合。

在白衙地区有古近纪白衙构造岩浆段的后造山碱性岩-偏碱性花岗斑岩岩浆活动，属正长岩-正长斑岩组合，是喜马拉雅主碰撞造山作用结束之后，应力松弛导致的山根塌陷作用晚期的岩浆活动，相关矿产有金、铅锌、稀土等。

4. 松桂断陷盆地（T_3）Ⅱ-1-12-4

松桂断陷盆地位于盐源-丽江被动陆缘之东侧，出露于永胜县松坪，宁蒗县战河、石拉格、大兴镇等地，呈近南北向展布，是一套内陆凹陷盆地沉积，由上三叠统松桂组、白土田组组成，为一套三角洲环境的沉积。

晚三叠世卡尼晚期海水开始退缩，卡尼末期沉积环境转换为三角洲平原，比楚雄陆内盆地更早地沉积了滨海沼泽含煤碎屑岩（松桂组）。到诺利末期，近海河湖相的环境已经占据主导（白土田组），湖盆已与楚雄盆地相通，为侏罗纪坳陷盆地的发展奠定了基础。

被始新统宝相寺组不整合覆盖，古近纪宁浪构造岩浆段的后造山碱性岩-偏碱性花岗斑岩岩浆活动，后造山富碱花岗（斑）岩-正长（斑）岩组合，是喜马拉雅主碰撞造山作用结束之后，应力松弛导致的山根塌陷作用晚期的岩浆活动。

中生代盖层以发育开阔宽缓的复式向斜为主，伴有少量走向断层。近南北向展布。

5. 南板河陆坡-陆隆 Ⅱ-1-12-5

南板河陆坡-陆隆位于云南省中部宁蒗县西侧之翠玉、大理市东侧之凤仪、黄草坝与云南省东南部之金平县营盘、南板河等地，两地虽相距300km，但其沉积建造组合相同，均可划分为奥陶系海东组、南板河组,为一套浊积岩组成,显示其是一套半深海环境的陆坡-陆隆沉积。

十三、哀牢山变质基底杂岩(Pt_1)Ⅱ-1-13

紧邻哀牢山断裂带南部的狭长地带,东西两侧被红河断裂、哀牢山断裂控制,带内被不同尺度断裂分割,是由无序地质单元组成的构造带,包括点苍山中深变质杂岩(Pt_1)、哀牢山中深变质杂岩(Pt_1)。

基底哀牢山岩群(Pt_1)主要由一套角闪岩相为主的深变质岩系组成,下部为片麻岩夹变粒岩,中部为大理岩夹片麻岩、变粒岩,上部为变粒岩、片麻岩、片岩,产微古化石。哀牢山岩群的同位素年龄为1971.9~1672.2Ma。

古生界地层为马邓岩群,可分4个岩组,但各组之间均被断层分割,不具上下层序。岔河岩组(Pz)为绢云板岩、硅质绢云板岩夹砂岩、粉砂岩;大平坝岩组(Pz)为片理化变质细砂岩、粉砂岩、千枚岩、结晶灰岩;转马路岩组为千枚岩、变质粉砂岩、绿片岩和糜棱岩;外麦地岩组以变质碎屑岩为主,部分碳酸盐岩。

该分区中三叠系亦呈构造夹片出现,被称为干塘坝岩群(T),其下部为灰白色、灰色劈理化石英质砾岩、变质石英砂岩,中上部为劈理化石英岩、绢云石英千枚岩、千枚岩。

该分区局部出现新生界古近系、新近系,仍采用宝相寺组(E)和金丝场组(N),主要为砂泥岩夹煤。

1. 点苍山中深变质杂岩(Pt_1)Ⅱ-1-13-1

点苍山中深变质杂岩位于大理市点苍山、罗平山一带,由古元古界中-深变质杂岩苍山岩群与中元古界浅变质岩系洱源岩群组成。由于变质作用强度的差异、变质作用的时间与受变质地层的不同,可以划分为2个五级构造单元。

苍山古元古界中深变质杂岩:分布于大理市洱海西侧之点苍山,宽约10km,长约70km,两侧为断裂所限定。由古元古界苍山岩群组成,是一套变质强度达角闪岩相的片麻岩、变粒岩、角闪岩、大理岩。

洱源中元古界浅变质岩系:分布于点苍山变质基底杂岩之北段洱源县城及罗平山一带,出露宽13km,长33km,四周多为断层限定,由中元古界浅变质的洱源岩群组成,是一套变质程度达绿片岩相的绢云千枚岩、绢云石英千枚岩、石英片岩夹绿帘阳起片岩、黑云绿泥片岩、片理化流纹岩与硅质岩、大理岩的变质地层,可能与中元古界昆阳群一起构成上扬子古陆块的褶皱基底。

2. 哀牢山中深变质杂岩(Pt_1)Ⅱ-1-13-2

其分布与哀牢山山脉北东坡基本一致,呈北西向之长条状展布于红河南西侧之南华县马街、楚雄市西舍路、双柏县鄂嘉、新平县戛洒、元江县新城、金平县阿德博等地。两侧为红河断裂、哀牢山断裂所夹持,宽仅18~27km,长达450km。由古元古界哀牢山岩群组成,是一套变质程度达角闪岩相的片麻岩、变粒岩、角闪岩、片岩、大理岩组合。岩石中发育多组面理,显示其经受过多次构造变形与变质,是扬子古陆块的结晶基底。在局部地段,可见少量中元古代大河边组分布,是一套变质程度达绿片岩相的变粒岩、片岩组合。

十四、都龙变质基底杂岩(Pt)Ⅱ-1-14

都龙变质基底杂岩呈穹隆状结构样式分布在麻栗坡县南温河一带,核部为古元古代猛洞岩群南秧田岩组角闪岩相变质岩,主要岩石类型为黑云斜长片麻岩、变粒岩夹二云片岩、斜长角闪岩,新元古代新寨岩组高绿片岩相变质岩和志留纪片麻状花岗岩、白垩纪花岗岩。

志留纪片麻状花岗岩具陆内裂谷双峰式侵入岩组合的特征。侏罗纪—早白垩世的花岗岩与薄竹山地区花岗岩相似,主要岩石类型为似斑状黑云母二长花岗岩,属钾质富碱花岗岩、偏铝质花岗岩、后碰撞高钾钙碱性花岗岩,岩浆可能起源于俯冲板片在地幔中的断离、拆沉作用。钨、锡矿化与该花岗岩的活动有关。

南温河拆离构造与丘北逆冲叠瓦构造是一个完整的拆离构造系统,变质核杂岩的隆升引发核部边缘的拆离作用,产生向北运动的动力。拆离前缘遇阻后转换为向上逆冲,从而形成叠瓦状构造。持续活动至白垩纪。

猛洞岩群中的石英角闪斜长片麻岩 SHRIMP 锆石 U-Pb 年龄为$(761±12)$Ma 和$(829±10)$Ma。南捞片麻岩(Ngn)与猛洞岩群、新寨岩组、南温河序列呈构造接触关系,被南温河序列花岗岩侵入。锆石获得了 411～390Ma 的年龄。

根据其沉积岩建造组合特征,可以划分为 2 个四级构造古地理单元:都龙陆源碎屑-碳酸盐岩台地(Ⅱ-1-14-1)、富宁-那坡被动陆缘(Ⅱ-1-14-2)。

1. 都龙陆源碎屑-碳酸盐岩台地Ⅱ-1-14-1

都龙陆源碎屑-碳酸盐岩台地位于河口县古林箐、屏边县和平、文山县平坝、马关县都龙、广南县珠街、富宁县田蓬等地,由震旦系—寒武系浪木桥组,寒武系冲庄组、大寨组、田蓬组、龙哈组、唐家坝组,寒武系—奥陶系博莱田组,奥陶系下木都底组、独树柯组、闪片山组、老寨组、冷水沟组、木同组组成,是一套浅海陆棚环境的沉积,表现为潮坪陆源碎屑与浅海台地碳酸盐岩的多次交替。属台地陆源碎屑-碳酸盐岩组合。

2. 富宁-那坡被动陆缘Ⅱ-1-14-2

富宁-那坡被动陆缘分布在滇东南的屏边—西畴—富宁一带,呈向北西突出的弧形北东向展布。划分为砚山断陷盆、西畴陆棚和八布蛇绿岩。

分布在富宁-那坡被动陆缘的南部,从新元古代南华纪—二叠纪有比较连续的沉积记录,只是志留纪出现沉积间断。南华纪—早震旦世,位于最西部的南华系—下震旦统屏边群的绢云板岩、绢云粉砂质板岩夹含砾板岩、变质粉砂岩是一套半深海斜坡相沉积;上震旦统—下寒武统浪木桥组页岩、粉砂岩夹含磷粉砂岩、磷块岩透镜体、白云质灰岩,底部的砾岩平行不整合覆于屏边群之上,这与滇中古陆同时代的灯影组含磷有相似之处,只是水体更深。下寒武统冲庄组—下中寒武统大寨组的组石英砂岩、粉砂岩和泥岩系滨浅海相沉积;中寒武统田蓬组至下奥陶统下木都底组细碎屑岩与灰岩间互产出,属滨浅海中台地边缘-潮坪相沉积;下奥陶统独树柯组—中奥陶统木同组潮坪与碳酸盐岩开阔台沉积地交替进行。与滇中的陆表海一样,也经历了志留纪的海退,隆升剥蚀后,下泥盆统坡松冲组的砾岩不整合盖在下伏老地层上,这套海陆交互相碎屑岩被下泥盆统坡脚组的远滨相砂岩、粉砂岩夹泥灰岩整合覆盖。从下泥盆统古木组开始—中二叠统阳新组为开阔台地碳酸盐岩沉积,与滇东碳酸盐岩台地一样完成了晚古生代退积型碳酸盐岩沉积。峨眉山玄武岩喷溢后,海退使下二叠统龙潭组显示海陆交互相特征,吴家坪组为局限台地的灰岩和铝土矿。

岩浆活动微弱,文山地区的峨眉山组火山岩主要为致密状玄武岩、火山角砾岩、凝灰岩、沉凝灰岩,与硅质岩、硅泥质灰岩共生,具有半深水沉积特征。

侏罗纪—早白垩世的花岗岩在薄竹山地区出露,主要岩石类型为似斑状黑云母二长花岗岩,部分地段为细粒黑云母二长花岗岩。属钾质富碱花岗岩、偏铝质花岗岩,属后碰撞高钾钙碱性花岗岩。岩浆可能起源于俯冲板片在地幔中的断离、拆沉作用。全岩 Rb-Sr 同位素年龄为$(147±3)$Ma,黑云母 K-Ar 同位素年龄为 115Ma,钾长石 K-Ar 同位素年龄为 100Ma。铜、铅、锌矿化作用可能与本期花岗岩相关。

十五、金平被动陆缘(S—P)Ⅱ-1-15

金平被动陆缘相以哀牢山断裂为界与哀牢山深变质带相邻,西北以阿墨江断裂为界与哀牢山洋盆相邻。主要由志留系至二叠系深水-半深水相灰绿色绢云硅质板岩、变岩屑砂岩、钙质绢云硅质板岩、泥晶灰岩、绿泥片岩和硅质岩等组成,局部地区出现蓝晶石片岩。在硅质岩中发现有早石炭世放射虫

Albaillella paradoxa (?),*Deffaadree*,*Astroentactinia multis pinisa* Won。老王寨放射虫硅质岩的硅同位素(δ^{30}Si)值为0.2‰,与丁悌平(1984)划分的深海环境δ^{30}Si(−0.6‰~0.18‰,平均0.16‰)值接近。泥盆纪和石炭纪的硅质岩稀土元素的ΣREE为47.56×10^{-6}~137.93×10^{-6},轻重稀土分馏明显,LREE为7.07×10^{-6}~9.46×10^{-6},$(La/Yb)_N$为0.61~10.63,稀土配分模式为轻稀土富集右倾型,负Eu异常明显,δEu为0.58~0.79,显示半深海至深海环境。在新平平掌见有紫红色硅质岩(C_1),一般认为紫红色放射虫硅质岩代表广阔远洋沉积。在该带中还鉴别出更多的洋脊、准洋脊型火山岩。

下奥陶统海东组底部出露不全,为滨海石英砂岩;下奥陶统南板河组—中上奥陶统向阳组为斜坡浊流沉积;晚奥陶世—早志留世,大坪子组、康廊组和青山组沉积了约2700m厚的开阔台地碳酸盐岩;可能与这一时期的海退有关,但在局部地区仍保留有斜坡扇半深海浊流沉积,如上志留统—中泥盆统世班满到地组。

盆地沉积分划从早泥盆世开始,大理一带,下中泥盆统莲花曲组为页岩夹薄层灰岩;上泥盆统长育村组和下石炭统横阱组为薄层状硅质岩夹灰岩;上石炭统—下二叠统水长阱组为薄层白云岩、灰岩夹硅质岩,具台地斜坡半深水沉积特征;中二叠统阳新组为开阔碳酸盐岩台地。另外,金平地区莲花曲组为薄层含放射虫硅质板岩、粉砂质板岩泥质板岩夹灰岩透镜体,属斜坡浊流沉积,且时代上延至中泥盆世,从北向南渐趋变新具穿时性。另外,中泥盆统烂泥箐组—中二叠统阳新组,金平地区连续沉积了开阔台地碳酸盐岩。峨眉山玄武岩喷发不整合盖于阳新灰岩之上,上二叠统黑泥哨组为海陆交互相环境。岩浆活动不强烈,除峨眉山玄武岩外,三叠纪有同碰撞过铝花岗岩侵入。

内部褶皱平缓开阔,两翼对称性较好,断裂不发育。边部受大型变形构造及大断裂的影响,发育紧闭状褶皱和走向断层,东西两侧构造线呈北东向,南端受点苍山左行走滑构造影响,转为北西走向。

第三节　羌塘-三江造山系Ⅲ

羌塘-三江造山系位于康西瓦-南昆仑-玛多-玛沁-勉县-略阳对接带与班公湖-双湖-怒江-昌宁-孟连对接带之间,北以康西瓦-木孜塔格-玛沁-勉县-略阳结合带为界,南抵锡伐利克后碰撞压陷盆地带,是受控于古特提斯洋向东俯冲制约的晚古生代多岛弧盆系转化形成的造山系,类似于太平洋向西俯冲制约形成的东南亚多岛弧盆系。

从昆仑前锋弧和康滇陆缘弧以日本群岛裂离型式裂离出的唐古拉-他念他翁残余弧是构成泛华夏大陆西南缘的晚古生代前锋弧。夹持于该前锋弧与早古生代昆仑前锋弧之间的玉龙塔格-巴颜喀拉地块、甘孜-理塘弧盆系、中咱-中甸地块、西金乌兰湖-金沙江-哀牢山结合带、昌都-兰坪-思茅地块、乌兰乌拉湖-澜沧江结合带、崇山-临沧地块、北羌塘-甜水海地块等地的广大区域,是晚古生代—中生代多岛弧盆系发育、弧后扩张、弧-弧碰撞、弧-陆碰撞的地质演化历史。三叠纪的印支岛弧造山作用,最终完成主体泛华夏大陆群的定型,并成为欧亚大陆的组成部分。中三叠世末,除甘孜-理塘带和西金乌兰湖-金沙江带西段尚有残留海-残余海盆地,以及局部地区于晚三叠世形成碰撞后裂陷或裂谷盆地外,大部地区均以前陆盆地中的浅海-海陆交互相(T_3—J_1)沉积和内陆河流盆地(J_3及以后)紫红色碎屑岩沉积为特征。

一、巴颜喀拉地块(T_3)Ⅲ-1

巴颜喀拉地块东部边缘分布有零星的前南华纪基底岩系和较大面积的古生代变质盖层。中-新元古代变质火山-沉积岩系以及岩浆杂岩,局限出露于雪隆包、雅斯德、公差[(798±24)Ma,U-Pb]、格宗(1585Ma,864Ma,U-Pb)等变质穹隆体交接部,具混合岩化和片理化-片麻理化柔流褶皱特征。局部分布震旦系大理岩和结晶灰岩。奥陶系为白云岩、大理岩夹石英岩、片岩;志留系为厚层千枚岩夹灰岩,在丹巴地区变质加深，出现矽线石、红柱石、蓝晶石、石榴石及黑云母变质相带；泥盆系以白云岩、结晶灰岩为主夹千枚岩，变质程度在丹巴地区亦变深，出现黑云母及石榴石变质矿物。石炭系—下二叠统由结晶灰岩含硅质条带组成；上二叠统为以大石包组为代表的海相枕状玄武岩、火山角砾岩和凝灰岩，并伴随有同期含铜-镍矿的基性—超基性岩侵位。

三叠系西康群是区内分布最广泛的地层。早-中三叠世继承被动陆缘演化，沉积一套浅海相碎屑岩和碳酸盐岩，局部发育浊积岩。因中三叠世末北侧发生碰撞造山，使之由被动陆缘转化为晚三叠世周缘前陆盆地，发育一套退积式层序的砂泥质复理石和浊积岩。自晚三叠世末起，继之发生逆冲-滑脱构造作用，叠置加厚引起地壳重熔，产生碰撞型花岗岩侵入(206～201Ma，U-Pb；164Ma 和 152Ma，Rb-Sr)。同时沿北缘局部发育晚三叠世—早侏罗世河湖相含煤碎屑岩建造，并伴有中-酸性火山岩产出，在若尔盖地区，发育第四纪山前坳陷冲积扇堆积。

综上可以认为，该盆地具有陆壳基底，震旦纪—早古生代时期原属上扬子陆块西缘的组成部分。自晚古生代起，因弧后扩张演变为裂离型陆缘，具"堑垒式"构造特征。中三叠世末，由于北侧发生碰撞造山，则在此基础上，转化为晚三叠世前陆盆地，发育巨厚的浊积岩系。继之多层次逆冲-滑脱构造作用，叠置增厚引起地壳重熔，产生中生代中-晚期碰撞型花岗岩侵位。受新生代逆冲-走滑作用控制，在北缘若尔盖地区发育第四纪山前冲积扇堆积。

包括碧口古弧盆系(Pt_{2-3}—T_2)、黄龙被动陆缘(Nh—T_2)、巴颜喀拉前陆盆地、炉霍-道孚裂谷和雅江残余盆地 4 个单元。

（一）碧口古弧盆系(Pt_{2-3}—T_2)、黄龙被动陆缘(Nh—T_2)Ⅲ-1-1

其周围被断裂围限，北缘以塔藏-勉略结合带与南秦岭晚古生代裂陷盆地为邻，西侧以岷江断裂为界，南东侧以平武-阳平关-勉县断裂带与龙门山逆推带相接。细分为平武-青川被动大陆边缘(Z—D)、碧口古弧盆系(Pt_{2-3})、雪山-文县被动大陆边缘(Z—P)。

新太古代—古元古代鱼洞子变质基底杂岩由表壳岩(片岩、浅粒岩、变粒岩类、灰色条带状磁铁石英岩、斜长角闪岩岩石组合)和变质古侵入体——浅红色花岗片麻岩、灰色黑云斜长片麻岩构成。斜长角闪岩锆石 U-Pb 年龄为(2655±27)Ma，侵入岩的花岗岩锆石 U-Pb 年龄为(2693±9)Ma，模式年龄为(3017±69)Ma。中-新元古代黑木林-峡口驿基底缝合带、阳坝岩浆弧、秧田坝弧后盆地构成北东向前南华纪碧口古弧盆系的主体。其中黑木林-峡口驿基底缝合带由镁质超基性岩块夹杂构造片岩组成，在其西北阳坝岩浆弧由陈家坝组-阳坝岩组钙碱性变安山玄武岩、酸性熔岩、火山碎屑岩组合和铜厂-二里坝-白雀寺-阳坝钙碱性闪长岩[(816±36)Ma，U-Pb，白雀寺辉石闪长岩]-花岗闪长岩(816Ma，U-Pb，白雀寺)-石英花岗闪长岩-二长花岗岩[835Ma，U-Pb，青白石；(835±33)Ma，U-Pb，乐素河]组合所构成。秧田坝弧后盆地分布于阳坝岩浆弧之西北，与阳坝组在横向上时有相变和过渡现象，主要由中-新元古代碧口群(Pt_{2-3})变质杂砂岩-千枚岩-变凝灰质砂岩夹酸性火山岩构成，为弧后盆地相，火山岩 SHRIMP 锆石 U-Pb 年龄集中在 840～776Ma(闫全人等，2003)。南华系—震旦系白依沟组(Nh—Z_1)岩性为含砾凝灰岩、凝灰质砂岩、粉砂质板岩及冰碛砾岩，其中火山岩的锆石 U-Pb 年龄为 716Ma，代表南华纪的裂谷建造。古生代到早中三叠世作为扬子陆块西部的被动大陆边缘，为稳定的碎屑岩-碳酸盐岩沉积。上三叠世由于勉县-略阳洋盆闭合及其碰撞造山，发生强烈褶皱变形，形成造山剥蚀区，晚三叠世、侏罗纪—白垩纪末接受沉积。同时有大量与碰撞作用有关的花岗岩侵入，阳坝岩体花岗闪长岩 LA-ICP-MS 锆石 U-Pb 年龄为 215Ma(秦江峰等，2005)。

1. 平武-青川被动大陆边缘(Z—D)Ⅲ-1-1-1

平武-青川被动大陆边缘限于地块西南部范围，主要由震旦纪—泥盆纪陆缘浅海碎屑岩-碳酸盐岩建造组成。北界分布有厚达 600～800m 的糜棱岩带，是基底与盖层韧性剪切带的标志。南界青川-平武断裂两侧的志留系和泥盆系千枚岩中，存在渗透性劈理和 A 型褶皱，显示韧性逆冲剪切带的特征，为推覆构造的前锋断裂。根据岩石-构造组合的差异，细分为平武陆棚和青川外陆棚 2 个次级单元。

2. 碧口古弧盆系（Pt_{2-3}）Ⅲ-1-1-2

碧口古弧盆系位于地块的中南部，区内限于嘉陵江以西范围，主要出露中-新元古代碧口群绿片岩相变质火山-沉积岩系[1475Ma，Sm-Nd；(1611±18)Ma，Sm-Nd；866Ma，Rb-Sr；840～776Ma，SHRIMP U-Pb]，下部以陆屑复理石建造为主；中部由基性和中-酸性火山岩组成，分属拉斑系列和钙碱性系列；上部为陆屑-火山碎屑建造，偶见火山岩。嘉陵江以东陕西省峡口驿—黑木林—巩家河一带，分布有基性—超基性岩体，侵入于碧口群上部的泥-碳质板岩及碳酸盐岩中，据近期锆石 U-Pb 法测计，获 839.2Ma。本次综合分析认为，碧口群的形成时代为中-新古元代，应属元古宙弧盆系构造环境的产物。

3. 雪山-文县被动大陆边缘（Z—P）Ⅲ-1-1-3

雪山-文县被动大陆边缘位于地块北部范围，主要出露震旦纪和古生代地层。下古生界发育不全，通常志留系平行不整合于震旦系之上。震旦系以碳酸盐岩建造为主。志留系为杂陆屑建造夹生物碎屑灰岩。泥盆系由陆源碎屑岩建造和浅海相碳酸盐岩建造组成。石炭系—二叠系为碳酸盐岩夹陆源碎屑岩。下-中三叠统由浅海相灰岩和白云质灰岩组成。总体上，震旦系—中三叠统为一套被动大陆边缘环境下形成的稳定性沉积，具有相似于扬子型沉积盖层的特征。区内包括黄龙碳酸盐岩台地和雪山陆棚。

（二）巴颜喀拉前陆盆地（T_3）Ⅲ-1-2

巴颜喀拉前陆盆地位于新疆东南部阿尔金走滑断裂以东，向东经西藏北部至青海，延至四川。其北侧为木孜塔格-布青山蛇绿混杂岩带（P—T）和玛多-玛沁增生楔（P—T），南侧为甘孜-理塘蛇绿混杂岩带（P_2—T_2）和西金乌兰湖-金沙江蛇绿混杂岩带（C—P_2）。可划分为丹巴变质基底杂岩（Pt_{1-2}）、松潘前陆盆地（T）、若尔盖断陷盆地（J）和可可西里断陷-走滑盆地（E—N）。

（三）炉霍-道孚裂谷（P—T_1）Ⅲ-1-3

炉霍-道孚裂谷盆地（P—T，蛇绿混杂岩带？）与鲜水河断裂带的西段基本一致，沿断裂带具强烈的构造变形和复杂的物质组成，已发现层状堆晶超基性岩、辉长岩、橄榄玄武岩、玄武质火山角砾岩、深海浊积岩系、放射虫硅质岩及二叠纪灰岩块体，认为是蛇绿混杂岩带（1：25 万炉霍幅、色达县幅，2005，2007；《四川省岩石地层》，1997；侯立玮，1995；潘桂棠等，1997，2004a）。

《四川省区域地质志》（1990）将该带解释为晚三叠世的裂陷海槽，王小春等（2000）则解释为二叠纪—三叠纪的古裂谷。近年来 1：25 万区域地质调查（1：25 万炉霍幅、色达县幅、康定县幅，2003，2005，2007），在道孚县城南如年各岩组（T_{2-3}）硅质岩中发现 *Oertlispongus inaequispinosus* 和 *Muelleritortis cochleata* 两个放射虫组合（梁斌等，2004），其时代分别相当于中三叠世拉丁期早期、拉丁期晚期，并获得辉长岩 LA-ICP-MS 锆石 U-Pb 年龄为（207.2±1.2）Ma（1：25 万炉霍幅、色达县幅，2005，2007），时代为晚三叠世。

从蛇绿岩组合及其发育程度来看，认为炉霍—道孚一带曾经有过扩张洋盆；而地表所见的蛇绿岩及混杂岩组分或是原地裂离形成的有限洋盆，或可能是雅江残余盆地沿鲜水河大型左旋走滑断裂带出露的洋壳基底，有待于进一步工作。

（四）雅江残余盆地（T_3）Ⅲ-1-4

雅江残余盆地介于鲜水河裂谷与甘孜-理塘结合带之间范围，东界以锦屏山-小金河断裂为限，西延入青海境内。与可可西里-松潘前陆盆地相似，区内广布三叠纪西康群地层。中三叠统为陆棚浅海碎屑岩夹灰岩，局部出现浊积岩系，属于被动大陆边缘的沉积产物。上三叠统广为分布，下部为退积式层序的浊积岩系，含薄壳型双壳类化石，上部为进积式层序的浊积岩系，含厚壳型双壳类化石，顶部（雅江组）出现滨海-潮汐相沉积，显示向上变浅逐渐充填淤塞而消亡。在区内东缘的长枪、江浪和踏卡等变质穹隆核部,可见前南华纪基底和古生代变质盖层出露。基底变质岩系由石榴二云石英片岩、石榴黑云角闪片岩夹大理岩组成,原岩应为火山-沉积建造,不整合于下奥陶统石英岩之下,曾报道有K-Ar法同位素年龄值为1838.6Ma和1930Ma(江浪)。古生代地层显示绿片岩相变质。奥陶系—志留系原岩为陆棚浅海-外陆棚半深海碎屑岩夹灰岩建造,偶夹火山岩。石炭系—二叠系为砂板岩、结晶灰岩夹变质玄武岩和硅质板岩。推断构造环境应为陆缘裂谷海槽。自晚三叠世末起,因碰撞造山导致发生多层次逆冲-滑脱构造作用,地壳叠置增厚引起重熔,产生由石英闪长岩-花岗闪长岩-正长花岗岩组成的碰撞型岩浆杂岩侵入,形成时代以侏罗纪—白垩纪为主(187.5Ma,170.7Ma,LA-ICP-MS;101.8Ma,Rb-Sr),少数为晚三叠世(226.6Ma,LA-ICP-MS)。雅江残余盆地(T)东、西两侧分别由炉霍-道孚蛇绿混杂岩带和甘孜-理塘蛇绿混杂岩带所围限,一般认为是巴颜喀拉三叠纪海盆的重要组成部分,以发育晚三叠世巨厚复理石为特征。

其花岗岩类侵入体集中分布于盆地东部的沙鲁—麦地龙一带,侵位时代总体可分出238～179Ma和137～97Ma两组,早期岩体部分偏I型花岗岩特征,晚期岩体均属S型花岗岩类。新生代侵入岩仅见于康定的折多山复式岩基中,岩性为A型二长花岗岩体,侵位时代为中新世(15～10Ma)。

雅江盆地基本上与可可西里-松藩前陆盆地同步发育和演化,但前者显示向上变浅—充填淤塞而结束的特征,推断是碰撞时受不规则大陆边缘控制而成为残余盆地。根据地球物理资料,曾有人提出盆地之下存在残留洋壳的认识,尚待进一步工作证实。

包括3个单元:石渠-雅江前渊盆地、江浪-长枪陆缘裂谷和九龙同碰撞岩浆杂岩。

二、甘孜-理塘弧盆系(P—T_3)Ⅲ-2

甘孜-理塘弧盆系位于雅江残余盆地(东)与义敦-沙鲁里弧盆系(西)之间,向北西延入青海境内,在玉树歇武一带与西金乌兰-金沙江结合带西段交汇;向南东至甘孜转向南,经理塘县过川滇交界处三江口延入云南境内。

该结合带由甘孜-理塘弧后洋盆于晚三叠世向西俯冲乃至弧-陆碰撞而形成。带内发育蛇绿混杂岩和增生杂岩,含有包括大型陆壳基底残块的不同时代外来岩块,并局部保存有侏罗纪残留海盆的滨-浅海沉积。

(一)甘孜-理塘蛇绿混杂岩带(P—T_3)Ⅲ-2-1

甘孜—理塘结合带北西起自青海治多,经玉树歇武寺以西,向南东过甘孜、理塘,南下至木里一带,呈一NW-SE向的不对称反"S"形构造带,向西延伸归并于羊湖-金沙江结合带中,南延交接于小金河-三江口-虎跳峡断裂,其长度约800km,宽度变化在5～50km之间。

甘孜—理塘结合带的蛇绿岩主要由洋脊型拉斑玄武岩、苦橄玄武岩、镁铁质与超镁铁质堆晶岩、辉长岩、辉绿岩墙、蛇纹岩(变质橄榄岩)及放射虫硅质岩等组成。层序保存较完整的蛇绿岩主要分布于理塘禾尼、木里美沟、玛劳等地,自下及上为变质橄榄岩、堆晶杂岩、席状岩墙、枕状玄武岩和放射虫硅质岩。变质橄榄岩主要包括蛇纹岩、方辉橄榄岩和二辉橄榄岩,其M/F为8.46～9.33,属镁质超基性岩。堆晶岩系自下而上依次为纯橄榄岩、次闪石化单辉橄榄岩、橄榄辉石岩、辉长岩和斜长岩,穿插堆晶杂岩的席状岩墙由辉绿岩、辉绿玢岩和少量辉长岩组成。玄武岩常具枕状构造,以低K_2O、中TiO_2,具平坦型REE配分型式为特征,与现代大洋中脊玄武岩相似(莫宣学等,1993),相当于E-MORB型(张旗,2001),并发育洋岛碱性玄武岩(1:25万石渠县幅,2004)。

据古生物及年代学研究,在该带南段蛇绿岩中的玄武岩时代为晚二叠世,北段蛇绿岩中的玄武岩LA-ICP-MS锆石U-Pb年龄为217±11Ma(四川省地质调查院,1:5万木拉幅),时代为晚三叠世,相伴产出的硅质岩中发现有早石炭世—晚三叠世放射虫化石。表明甘孜—理塘弧后洋盆于石炭纪自南而北逐渐打开,洋盆主体形成时代为二叠纪—晚三叠世早期,洋壳俯冲于晚三叠世中期,闭合于晚三叠世末期,并在新龙—木里依吉地段内发育蓝片岩,理塘之南甲洼附近形成榴闪岩。

结合带内下-中侏罗统称立洲组(J_{1-2})滨浅海碎屑岩、上侏罗统称瑞环组(J_3)碳酸盐岩夹少量碎屑岩地层的发现(王康明、戴宗明等,2003),以及下白垩统双伍山组或万秀山组(K_1)区域不整合覆盖,标志着残留海的消失、陆内汇聚造山作用的开始。

(二) 义敦-沙鲁里岛弧(T_3)Ⅲ-2-2

义敦-沙鲁里岛弧带(T_3)也称义敦岛弧,也有称昌台-乡城岛弧带(李兴振等,2002),以居德来-定曲、木龙-黑惠江断裂和甘孜-理塘蛇绿混杂岩带的马尼干戈-拉波断裂为其东界,包括义敦-白玉-乡城-稻城及三江口地区。义敦-沙鲁里岛弧是在中咱地块东部被动陆缘的基础上,于晚三叠世早中期受甘孜-理塘洋向西俯冲制约形成。

义敦-沙鲁里岛弧基底。前寒武系出露于南端东侧恰斯地区,与扬子陆块相似的地壳结构——前震旦系变质基底和震旦系及其以后的古生界及下中三叠统沉积盖层,说明它们原先是扬子陆块的一部分(李兴振等,1991)。青白口系下喀莎组(Qb)、南华系木座组(Nh)和震旦系蜈蚣口组(Z_1)主体为一套绿片岩相变质岩系,震旦系水晶组(Z_2)为浅海碳酸盐岩建造。

早古生代为稳定的滨浅海相台型碳酸盐岩-碎屑岩建造,晚古生代以来受西部金沙江洋盆打开的影响,开始出现被动边缘拉张型火山岩,皆为滨浅海相碎屑岩和碳酸盐岩夹基性火山岩建造。其中泥盆系依吉组(D_1)、崖子沟组(D_{2-3})为被动边缘裂陷盆地中的陆棚相碎屑岩-碳酸盐岩夹基性火山岩组合。在早石炭世,随着甘孜-理塘洋盆的打开,中咱地块同步从扬子陆块裂离出来,构成义敦-沙鲁里岛弧带的基底。这也表明岛弧带是在扬子陆块陆壳基底的堑垒构造之上发展起来,内部包含老基底的地块。二叠纪开始,演化明显有别于西部中咱稳定型沉积,二叠系冈达概组(P_{2-3})主要为被动边缘裂陷盆地中的一套变基性火山岩-碳酸盐岩-碎屑岩组合。

中生代早中三叠世,东西部的沉积环境差异明显,西部党恩组(T_1)、列衣组(T_2)主要为被动边缘裂陷盆地中的一套深水陆棚-斜坡相变碎屑岩夹硅质岩及火山岩建造,东部领麦沟组(T_1)、三珠山组和马索山组(T_2)为被动边缘盆地中一套较稳定的浅海相碳酸盐岩和细碎屑岩组合。

晚三叠世义敦-沙鲁里岛弧。晚三叠世卡尼期和诺利早期为火山岛弧及弧间盆地的活动型火山-沉积建造,曲嘎寺组(T_3)和图姆沟组(T_3)为一套浅海相碳酸盐岩夹中基性-中酸性火山岩组合,构成典型的岛弧火山岩带,是晚三叠世卡尼期首次造弧活动的产物,其 Rb-Sr 同位素年龄为 220Ma。其间发育的根隆组(T_3)和勉戈组(T_3)发育"双峰式"火山岩组合,构成弧间裂谷盆地的主体,火山活动年龄为 232～210Ma(叶庆同等,1991;徐明基等,1993;侯增谦等,1995),与之共生的还有辉绿岩墙群。上部包括喇嘛垭组(T_3)和英珠娘河组(T_3)为滨浅海相含煤(线)碎屑岩组合,含双壳类和丰富的植物等化石,标志着甘孜-理塘洋盆闭合与弧-陆碰撞造山作用。

义敦-沙鲁里岛弧与甘孜-理塘蛇绿混杂岩带有密切的时空关系,在火山弧北段(赠科-昌台地区)自东向西依次可见以下的空间配置:甘孜-理塘蛇绿混杂岩带→外火山弧(东安山岩带)→弧间裂谷盆地(双峰式火山岩带)→内火山弧(西安山岩带)→弧后区(勉戈-青达柔弧后盆地)。总的来说火山岩东老西新,火山活动中心自东向西迁移。在弧的中南段(乡城地区),火山岩的空间配置大致可与北段对比,所不同的是未见弧后区火山岩出露,弧后位置被前弧期末—主弧期初期火山岩占据,火山活动中心有自西向东迁移的趋势。

义敦-沙鲁里岛弧带深成岩浆规模较大,构成非常醒目的带状岩浆弧,可以分为东西两个亚带。东亚带侵入岩浆活动的时代为 237.5～208Ma,侵位形成与晚三叠世岛弧火山岩同期异相,岩石类型以中粗粒斑状二长花岗岩为主,次为花岗闪长岩,少量闪长岩、闪长玢岩、花岗斑岩等,从早到晚岩石为闪长岩→花岗闪长岩→二长花岗岩→花岗岩→花岗斑岩,亦即向酸碱质增高、钾钠比增大的方向演化。尤其是东亚带南段的部分二长闪长玢岩-花岗斑岩小岩体(年龄 235～208Ma)控制了斑岩型铜矿床的生成,如普朗特大型斑岩型 Cu 矿、雪鸡坪中型斑岩型 Cu 矿等。后碰撞造山期花岗岩年龄为 208～138Ma,主要岩石类型为二云母花岗岩和钾长花岗岩,次为二长花岗岩和二长闪长岩,叠加在俯冲期花岗岩带之上,主要发育于岛弧带的北段。西亚带侵入岩浆活动的时代主要为193.42～178Ma,其次是白垩纪(133～73Ma),个别为57～39Ma,并可上延至始新世,侵位形成于甘孜-理塘洋盆消减后的后碰撞至碰撞后造山期构造环境,亦是川西地区矽卡岩型、云英岩-石英脉型(Cu)W-Sn(Ag)矿成矿带。西亚带侵入岩以中细粒黑云母花岗闪长岩、斑状二长花岗岩、二长花岗岩、黑云母正长花岗岩、二长花岗斑岩、花岗岩为主,属钙碱性→高钾钙碱性系列岩类,具S型花岗岩特点。古近纪花岗岩主要发现于雀儿山—格聂一带复式岩基中,岩性为中细粒黑云母二长花岗岩和黑云母花岗岩。

强烈构造运动始于晚三叠世末,甘孜-理塘洋盆沿俯冲带收缩为残留盆地,持续到早中侏罗世。晚侏罗世开始义敦岛弧主体隆起,至新生代受逆冲断裂的控制,发育断陷盆地中的河湖相碎屑磨拉石沉积。新生代以来为陆内造山作用时期(65～15Ma),岩浆活动也较发育,叠加在前期弧岩浆岩和同碰撞花岗岩分布区内,主体为似斑状中细粒钾长花岗岩。

此外,在义敦-沙鲁里岛弧带北段德格—昌台地区出露系列超基性—基性岩,在空间上与晚三叠世曲嘎寺组和图姆沟组(T_3)或根隆组和勉戈组(T_3)火山岩系紧密共生;岩石类型为斜辉辉橄岩、纯橄榄岩、斜辉橄榄岩、单辉橄榄岩、辉长岩等,贫钙、贫铝、贫碱至弱碱,m/f值达到8.38,属镁质超镁铁岩类,可能是与弧间裂谷盆地形成一致的底侵超基性—基性岩。介于歇武-甘孜-理塘-三江口结合带(东)与中咱-中甸-地块(西)之间范围,南延入云南,该弧盆系是由甘孜-理塘弧后洋盆于晚三叠世向西俯冲导致在陆壳基础上而形成的,相继经历挤压—扩张更迭的复杂过程,主要由玉隆-雄龙西弧前盆地、格咱外火山-岩浆弧、昌台弧间盆地、赠科同碰撞岩浆杂岩、登龙-青达弧后盆地和高贡-措莫隆同碰撞岩浆杂岩6个单元组成。

1. 玉隆-雄龙西弧前盆地(T_3)Ⅲ-2-2-1

玉隆-雄龙西弧前盆地位于西侧义敦岛弧与东侧甘孜-理塘蛇绿混杂岩带之间。该火山-沉积盆地以玉隆扎拿卡剖面较为完整,主要出露上三叠统,由基层火山岩、火山碎屑岩、陆源碎屑浊积岩夹灰岩角砾组成。火山碎屑源自盆内水下喷发产物,陆源碎屑均为相对远源的高成熟度石英和长石。此外,正常见由崩落和水下滑塌作用形成的滑混堆积,众多灰岩角砾和块体散布于玄武岩中。据沉积相序及其组合分析认为,该盆地演化过程为早期拉张断陷,伴随基性火山活动;中期以沉积为主,以发育陆源碎屑海底扇与浊积岩为特征;晚期又出现较强烈的海底火山活动,伴随产生火山碎屑浊流沉积。包括玉隆弧前斜坡盆地和雄龙西弧前斜坡盆地。

2. 格咱外火山-岩浆弧(T_3)Ⅲ-2-2-2

外弧火山-侵入杂岩带位于甘孜-理塘蛇绿构造混杂岩带的西侧,由第一亚旋回中性火山岩和与其相邻的中酸性深成岩-次火山岩构成,以安山岩和安山质火山碎屑岩为主体的外弧火山岩是晚三叠世卡尼期首次造弧活动的产物,其Rb-Sr同位素平均年龄为220Ma。

中酸性深成岩和次火山岩与"安山岩线"成对出现、相依分布,构成尼亚姜措-稻城花岗岩带,该带北起尼亚姜措,经措交玛、勇杰、昌台山至稻城汞巴拉和姜措,绵延数百千米,有数十个岩体,呈近SN向带状展布,这些岩体多为多期次、多成因复式岩体,岩石类型有闪长岩、石英闪长岩、花岗闪长岩、黑云母花岗岩、黑云母二长花岗岩。火山-岩浆弧主体形成于印支早、晚两期,平均年龄分别为226Ma和204Ma。印支早期代表性岩体有尼亚姜措岩体(K-Ar法,221.1Ma)(川西地调队区调报告)、加多措岩体(K-Ar法,225～224Ma)(川西地调队区调报告)、措交玛部分岩体(K-Ar法,227Ma)(张能德,1991)及冬措岩体部分岩相。印支晚期代表性岩体有冬措部分岩体(K-Ar法,206Ma;Rb-Sr法,208Ma;U-Pb法,200Ma)(张能德,1991)、啊吉森多岩体(K-Ar法,201Ma)(川西地调队区调报告)和然西公岩体(K-Ar法,207Ma)(川西地调队区调报告)。上述资料表明,占花岗岩带绝对优势的印支早期闪长岩类定位于晚三叠世卡尼中期,成因类型主要为Ⅰ型,定位时期与西侧火山岩形成时代基本相当,代表俯冲造弧火山-岩浆作用始于晚三叠世卡尼早中期;印支晚期花岗岩类以浅色花岗岩类为主,岩石成因类型为S型,代表弧-陆碰撞成弧火山-岩浆作用发生于晚三叠世瑞替克期。古近纪有甫哥构造岩浆段的后造山碱性岩-偏碱性花岗斑岩岩浆活动,属正长岩-正长斑岩组合,是喜马拉雅主碰撞造山作用结束之后,应力松弛导致的山根塌陷作用晚期的岩浆活动。

外弧火山-侵入杂岩带中的矿产在岛弧南端的中甸弧区中集中产出,主要为与中酸性次火山岩有关的斑岩型及矽卡岩型铜、钼、金多金属矿床,如春都、雪鸡坪、烂泥塘等斑岩型铜、钼及金矿,红山、朗都等矽卡岩型铜多金属矿。

3. 昌台弧间盆地(T_{2-3}) Ⅲ-2-2-3

岛弧裂谷盆地火山岩带位于外火山-岩浆弧带的西侧,火山-侵入杂岩由"双峰"式火山岩和与之共生的辉绿岩墙群构成,断续分布于岛弧裂谷的轴部地带。双峰岩石组合是呷村第二亚旋回火山活动的产物,产于呷村组中段,玄武岩的 Rb-Sr 全岩等时线年龄为 217Ma(叶庆同,1991),呷村矿区含矿流纹岩系的 Rb-Sr 全岩等时线年龄为 232～203Ma(徐明基等,1989);嘎衣穷矿区强烈蚀变的含矿英安质火山岩,K-Ar 法年龄为 221～210Ma,矿体的矿石铅同位素模式年龄为 229～211.8Ma。由此推定,双峰岩石组合之酸性火山岩年龄下限为 229Ma,上限为 212Ma,表明双峰式火山活动发生于晚三叠世卡尼中晚期,继外弧火山-侵入杂岩之后而活动。辉绿岩墙群主要发育于岛弧裂谷带北段,即昌台与赠科火山岩发育区之间,呈似层状顺层贯入根隆组和呷村组下段火山-沉积岩系内。

弧间裂谷盆地已成为喷流-沉积型(黑矿型)块状硫化物银-铅-锌多金属矿的重要赋矿盆地,主要有呷村 Ag 多金属矿床、嘎衣穷 Ag 多金属矿床、胜莫隆 Ag 多金属矿床、却开隆巴 Ag 多金属矿床、东山脊 Ag 多金属矿床等。

4. 赠科同碰撞岩浆杂岩($D-T_2$) Ⅲ-2-2-4

内火山-岩浆弧带位于弧间裂谷盆地火山岩带的西侧,由第三亚旋回(晚三叠世诺利期)中酸性火山岩和与之共生的闪长岩-闪长玢岩及黑云母花岗岩-花岗斑岩构成,成为内弧主体,为以英安岩-安山英安岩及其火山碎屑岩为主体的内弧火山岩。

中酸性火山岩以英安岩-安山英安岩及其火山碎屑岩为主,构成的"英安岩线"与外弧的"安山岩线"相比,规模大为逊色,酸性程度明显增高,与之相伴的熔岩丘和次火山岩大量发育。闪长岩-闪长玢岩成群成带分布,集中于赠科地区,主要呈小岩株或岩瘤大量产出,主要分布于火山岩系的西侧,并与之密切共生,部分侵入于火山岩系内,局部见其侵入并插穿岛弧裂谷阶段的辉长辉绿岩,多数岩体被勉戈组地层覆盖,揭示其形成时代与呷村组第三亚旋回火山活动时间相当,但可能稍晚,代表了初始弧-陆碰撞时的岛弧环境。

5. 登龙-青达弧后扩张盆地 Ⅲ-2-2-5

弧后扩张盆地火山岩带总体位于内火山-岩浆弧带的西侧,局部有重叠。义敦岛弧的弧后火山岩属上三叠统勉戈组,火山-地层层位与以前划分的拉纳山组(T_3^2)相当。火山岩系北起白玉县登龙乡,南至独龙沟,宽约 5～10km,沿走向延伸约 120km,呈 NNW 向带状延伸,与昌台火山弧平行展布。弧后火山岩系由上下两段组成,下段为玄武质熔岩和玄武质凝灰岩,体积不大,延伸不远,集中分布于勉戈、拉巴沟等地;上段为酸性火山岩系,由下部英安质熔岩、英安质碎屑岩和上部以流纹质熔结凝灰岩为主的流纹质岩系构成。酸性火山岩系规模远大于基性岩系,厚达数百米,并被上覆黑色板岩系整合覆盖。总体上,弧后区以双峰式火山活动为重要特征。

义敦岛弧弧后盆地中的双峰火山岩系是在陆壳基底上在强烈的拉张构造环境中发育起来的,具备形成火山岩型浅成低温 Au、Ag 多金属矿床的大地构造条件,沿着该火山岩带(勉戈组)除已发现了农都柯中型 Au-Ag 多金属矿床和孔马寺大型汞矿床外,区域化探和微波遥感资料还共同显示出塔格、达日柯、独龙沟等多处综合矿化异常,显示了该火山岩带良好的成矿前景。

6. 高贡-措莫隆弧后板内火山-岩浆岩带 Ⅲ-2-2-6

弧后板内火山-岩浆岩带位于弧后扩张盆地火山岩带的西侧(大陆一侧),呈带状与弧后盆地中的火山岩大体平行展布,其间被更晚形成的以砂屑岩为主的拉纳山地层隔开。板内火山岩地层属晚三叠世图姆沟组(T_3t),层位上与弧后盆地中的勉戈组相当,火山岩岩性为流纹岩。板内的岩浆岩发育于柯鹿洞-乡城断裂与矮拉-日雨断裂带夹持的狭长区域,北起石渠高贡、南抵巴塘巴措仁,构成第二条较大规模的花岗岩带,即高贡-措莫隆花岗岩带,岩体侵位于上三叠统图姆沟组,呈明显的侵入接触;岩体多为复式岩体,早次为似斑状钾长花岗岩,晚次为似斑状黑云母二长花岗岩和钾长花岗岩;岩石成因类型为A型,反映一种弧-陆碰撞后陆壳隆升伸展的应力体制,指示着一种碰撞造山后的形成环境(Pearce J A,1996);岩浆持续时限8~29Ma不等,如高贡岩体早次成岩115.8Ma,晚次成岩86.9Ma(姚武员,1989);措莫隆岩体早次成岩84.8Ma,晚次成岩76.8Ma,该岩浆事件的高峰处于87Ma左右。

弧后板内火山-岩浆岩带中的岩体常常伴随有Sn、Ag多金属矿化,并已有多个Sn、Ag多金属矿床发现,如连龙(西直沟)中型Sn、Ag、Bi多金属矿床和夏塞特大型Ag多金属矿床等,形成了一条规模很大的Sn、Ag多金属矿化花岗岩带。除此而外,发育规模很大的与板内火山岩有关的黄铁矿型Ag、Au、Cu、Pb多金属物化探异常,展示了极其广阔的找矿前景。

三、中咱-中甸地块Ⅲ-3

中咱-中甸地块(Pt_2/Pt_3—T_2)西以金沙江结合带为界,东邻勉戈-青达柔弧后盆地带,呈狭长梭状展布。古生代属于扬子陆块西部被动边缘的一部分,晚古生代中晚期由于甘孜-理塘洋的打开,使中咱-中甸地块从扬子陆块裂离。在裂离之前,该地块随扬子陆块的运动沉浮不定,造成了与扬子陆块主体沉积特征既有区别又有联系的特点。该地块历经三大发展阶段,即基底形成阶段、稳定地块形成阶段和地块褶皱隆升的反极性造山阶段。

基底为变质结晶基底,南段石鼓岩群羊坡岩组(Pt_{2-3})为一套高绿片岩相-角闪岩相变质岩。新元古界为一套被动边缘盆地沉积的绿片岩相碎屑岩夹变基性火山岩组合。

地块的稳定盖层由古生界碎屑岩和碳酸盐岩组成,显示稳定台型沉积。早二叠世晚期由于金沙江洋壳向西的俯冲消减,中咱-中甸地块二叠纪则为被动大陆边缘裂陷盆地。三叠纪开始,由于金沙江洋盆俯冲消亡演变为残留海盆地,弧-陆碰撞造山作用使得中咱-中甸地块的下三叠统布伦组(T_1)、中三叠统洁地组(T_2)不整合于下伏古生界之上,发育滨浅海相碎屑岩夹灰岩组合。至晚三叠世时期的强烈弧-陆碰撞造山作用,导致了地块上古生代地层的褶皱变形,并使晚三叠世地层不整合覆于其上,发育一套滨浅海相碎屑岩夹灰岩及煤线。

地块上构造变形样式从地块中轴向西部,从无劈理、宽缓的等厚褶皱到同斜倒转、紧密的劈理褶皱,显示由弱到强的变化,呈现一种反极性造山作用。这种反极性造山作用使中咱-中甸地块向西逆冲推覆,构成三江地区东侧一条重要的区域性规模逆冲带,自晚三叠世之后未再接受沉积。至三叠纪末两侧洋盆相继闭合,导致卷入碰撞造山作用,发生褶皱逆冲和隆升剥蚀。划分为5个四级构造单元:石鼓中元古代变质杂岩带、中咱-拖顶碳酸盐岩台地(Pz—T_1)、中甸陆棚(P—T)、益站陆内裂谷(P_1—P_3)、剑川后造山岩浆杂岩带亚相(E)。

(一)石鼓中元古代变质杂岩带Ⅲ-3-1-1

中甸地块的中元古代变质基底分布在巨甸—石鼓一带,呈北西向展布,北东与古生代拖顶碳酸盐岩台地构造相接,西以金沙江断裂带(F_{23})为界与金沙江蛇绿混杂岩相邻。其由两部分组成,下部的石鼓岩群经区域热流动力变质作用改造,变质强度达角闪岩相,主要有含蓝晶石二云石英片岩、石英岩、黑云斜长变粒岩-片麻岩、斜长角闪岩等,为一套中压相系变质岩;上部的巨甸岩群是一套区域动力变质岩,变质强度为低绿片岩相,岩石以千枚岩为主夹钠长阳起片岩、钠长透闪片岩,原岩建造为一套斜坡半深海盆地沉积。

石鼓岩群以结晶片理为特征,发育与片理平行的掩卧褶皱,被始新统不整合覆盖。巨甸岩群的千枚理（S_1）已全面置换原生层理，S_1与成分层基本平行。构造线呈北西向延伸。

（二）中咱-拖顶碳酸盐岩台地（Pz—T_1）Ⅲ-3-1-2

该台地位于中咱-中甸地块北部，东以德莱-定曲断裂与登龙-青达弧后盆地相分，西以里甫-日雨断裂与金沙江蛇绿混杂岩带相邻接。

具明显的3层结构，基底为中元古代石鼓岩群和巨甸岩群；古生代盖层以碳酸盐岩台地为特征，二叠纪有玄武岩浆喷出；中生代盖层与古生代盖层间为不整合接触，也基本是碳酸盐岩台地；古近纪断陷盆地在剑川一带披盖在中元古代基底之上，岩浆活动强烈。已知区内出露最老地层为茶马山群，由一套绿片岩相变质的碳酸盐岩和碎屑岩及中基性火山岩组成，位于寒武系之下，推测时代为前寒武纪。早古生代地层主体以碳酸盐岩-碎屑岩-碳酸盐岩沉积序列为特征，总体上为被动大陆边缘滨海-陆棚沉积环境。其中早寒武世小坝冲组含高钛低镁玄武岩，有时伴有少量英安岩和流纹岩，具陆缘裂谷环境特征。

晚古生代发生弧后扩张，使之从扬子陆块西缘裂离西移，作为微陆块分隔东面甘孜-理塘洋盆与西面金沙江洋盆，并从被动大陆边缘演变为碳酸盐岩台地。泥盆系至二叠系为浅海碳酸盐岩夹碎屑岩，且多为生物碎屑灰岩、鲕粒灰岩和礁灰岩，指示为台地边缘浅滩环境，局部为开阔台地。主要分布于东部的上二叠统冈达概组，由玄武岩、基性凝灰角砾岩和燧石灰岩组成；其中基性火山熔岩占60%，以碱性系列为主，部分显示碱性系列与拉斑系列过渡特征；岩石化学特征为低镁高钛，极似于扬子陆场的"峨眉山玄武岩"，指示形成于裂谷环境。中-下三叠统茨冈组，分布于然乌卡和茨冈一带，由鲕状灰岩、砾状灰岩、白云质灰岩和砂、页岩组成，含众多双壳类、腹足、菊石等化石，仍继续碳酸盐岩台地沉积。上三叠统存在两类不同的地层。在茨巫—得荣一带，以浊积岩包含大量外来沉积岩块为特征，厚度巨大，岩块大小不等，一般为灰岩，含䗴科化石，指示源自古生界碳酸盐岩。浊积岩具粒序层理、沙纹理层和底面印模，显示鲍马序列特征。前人曾命之为"泥砾混杂堆积"，以示区别于"构造混杂堆积"。据沉积特征和分布部位，应属海底塌积岩组合，可能是台地斜坡或地堑盆地的沉积产物。另在巴塘拉纳山地区产出一套晚三叠世地层，上部由页岩、砂岩和灰岩组成，局部夹煤层；下部由火山碎屑岩、砂岩、粉砂岩夹灰岩和黏土岩组成；底部为中酸性火山岩，主要是粗面质角砾集块岩、角砾英安岩、英安质熔岩，属钙碱系列，构造环境图解上投影在岛弧火山岩区。这套地层分布局限，且周围均为断层所切，推测可能是来自西面藏东江达陆缘弧的逆冲岩片。

晚三叠世末发生弧-陆碰撞造山，引起中咱-白松台地逆冲推覆，从中心向西，变形样式由无劈理宽缓等厚褶皱变为紧密劈理的同斜倒转褶皱，显示反极性造山作用的特征。同时，构造叠置导致地壳增厚重熔，产生晚三叠世碰撞型花岗岩侵入，其中最大的如扎瓦拉岩体，由二长花岗岩、花岗闪长岩、石英闪长岩组成，已知角闪石K-Ar年龄值为208.9Ma，黑云母K-Ar年龄值为217Ma。

（三）盐站陆内裂谷 Ⅲ-3-1-3

二叠系冰峰组、冈达概组为砂板岩夹火山岩，冰峰组夹玄武岩，冈达概组夹玄武岩、安山岩、凝灰岩和灰岩，为台缘陆缘碎屑-碳酸盐岩沉积环境。火山岩岩石地球化学特征与上扬子古陆块滇中一带的峨眉山组类似，显示了一般的大陆板内溢流玄武岩的特点。

（四）中甸陆棚 Ⅲ-3-1-4

中甸陆棚北部近南北走向，南部偏转为北西走向，中部被三叠纪盖层掩盖。中寒武统银厂沟组—中奥陶统南板河组仍以斜坡深水沉积为主。上奥陶统—志留系的大坪子组、康廊组与丽江被动边缘的开阔碳酸盐岩台地不同，变为局限台地白云岩与含砂泥质灰岩沉积。泥盆系—石炭系基本保持滨浅海环境，上泥盆统塔利坡组—上石炭统顶坡组才出现开阔台地碳酸盐岩沉积。

(五) 剑川后造山岩浆杂岩带Ⅲ-3-1-5

上始新统宝相寺组湖泊三角洲相的红色粗碎屑岩由多个向上变细的沉积旋回组成，底部紫红色砾岩不整合盖在中元古代巨甸岩群之上。渐新统金丝厂组河流相粗碎屑岩不整合覆于宝相寺组上。宝相寺组、金丝厂组是喜马拉雅造山期晚始新世构造作用之后的山间磨拉石建造，与思茅地块始-渐新统勐腊组相当。

老君山岩浆段的古近纪花岗斑岩、石英二长斑岩、闪长斑岩和正长岩侵入于宝相寺组、金丝厂组中，这是一套后造山富碱花岗(斑)岩-正长(斑)岩组合，应属喜马拉雅主碰撞造山作用结束之后，由于应力松弛导致的山根塌陷作用晚期，来源于地幔深部的碱性、偏碱性岩浆与地壳相互作用的产物，但混入了更多的地壳物质。相关的矿产主要为铜、钼、金等。

四、西金乌兰-金沙江-哀牢山结合带($D—T_2$)Ⅲ-4

西金乌兰-金沙江-哀牢山结合带自西藏北部羊湖、郭扎错经西金乌兰湖一直延到邓柯-玉树，向南则经巴塘、得荣-奔子栏-点苍山西侧，转向南东经哀牢山延出国境，与越南北部马江带相接。一般认为金沙江洋是导因于古特提斯大洋向北东俯冲作用形成的弧后洋盆(潘桂棠等，1997；王立全等，1999；Ueno et al，1999a，1999b；Metcalfe，2002)。该带是由北段的近东西向转向南段的南东向展布，延伸长约1800km，呈一东西转南东向的不对称反"S"形构造带，主体构成北东侧玉龙塔格-巴颜喀拉前陆盆地与南东侧羌塘-昌都-兰坪-思茅地块的重要分界。该带向西于拉竹龙附近被阿尔金大型走滑断裂左行错移后走向不明(可能与泉水沟-郭扎错断裂带相接)。

现今的展布形态明显分为西段的西金乌兰蛇绿混杂岩带、北段的金沙江蛇绿混杂岩带和南段的哀牢山蛇绿混杂岩带3段，西金乌兰-金沙江带在区域上与哀牢山带同属洋盆消减、弧-陆碰撞结合带，无论从洋盆的形成、俯冲、消亡以及两侧大陆边缘的演化历史来看，两者均可对比，因而同属一个弧-陆碰撞结合带。上三叠统区域广泛的不整合，是盆-山转换的标志。

现今展布形态，自北而南明显可分为3段，即北西向西金乌兰带、南北向金沙江带和北西向哀牢山带3个单元。

(一) 西金乌兰结合带Ⅲ-4-1

西金乌兰结合带大致位于邓柯以西，沿拉竹龙—拜惹布错—萨玛绥加日—西金乌兰湖一带，主体呈近东西方向展布，延伸至拉竹龙附近被阿尔金大型走滑断裂左行错移后走向不明(可能与泉水沟-郭扎错断裂带相接)，构成北侧可可西里-松潘前陆盆地西部与南侧北羌塘-甜水海地块的重要分界。带内以发育晚古生代—三叠纪蛇绿混杂岩为其主要特征，其上被上三叠统不整合覆盖。局部存在黑硬绿泥石、硬玉和榴辉岩等高压变质矿物和岩石包体。

西金乌兰蛇绿混杂岩($C—T$)主要沿拉竹龙—拜惹布错—萨玛绥加日—西金乌兰湖一带呈近东西向展布，不同地段出露混杂岩的时代及组成变化极大。火山岩的岩性为苦橄岩-苦橄玄武岩、杏仁状或块状或枕状玄武岩、橄榄玄武岩、辉石玄武岩、安山岩、粒玄岩及火山角砾岩、玄武质凝灰熔岩等，构成西金乌兰蛇绿混杂岩的重要组成部分。相伴产出的硅质岩中含有早石炭世—晚三叠世放射虫组合，获得锆石U-Pb SHRIMP年龄221Ma。

该蛇绿混杂岩带的构造特征主体表现为一系列北西西-南东东向断片组合，在通天河一带发育无根的推覆体外貌，可见构造混杂岩以向北的楔状冲断体逆冲推覆于新近系红色碎屑岩之上。构造变形主要表现为一系列北西西-南东东向断裂构造及强烈的片理化，并发育北西-南东向的开阔褶皱，局部出现系列的倾伏褶皱。

蛇绿岩多呈被肢解残片产出，仅徐表地区出露较为完整的蛇绿岩剖面，自下而上由变质橄榄岩、辉石-辉长堆晶岩、辉长-辉绿岩墙、斜长花岗岩、洋脊型玄武岩及放射出硅质岩组成。

得荣—古学地区出露的所称"嘎金雪山群",时代被定为早二叠世。现普遍认为,原岩由多个火山-沉积旋回组成,每一旋回以下部变质玄武岩和上部泥质或硅质灰岩为特征,为典型的玄武岩-碳酸盐岩建造。玄武岩普遍发育枕状构造,属拉斑玄武岩系列,形成于洋岛-海山环境。

(二) 金沙江结合带(D_3-P_3)Ⅲ-4-2

金沙江蛇绿混杂岩带位于邓柯以南、剑川以北,即在金沙江主断裂(盖玉-德荣断裂)以西、金沙江河谷与羊拉-鲁甸断裂以东的狭长区域展布。东邻中咱-中甸地块,西邻江达-德钦-维西陆缘火山弧,向北在邓柯一带与甘孜-理塘带相接。

金沙江洋盆于泥盆纪初在扬子西缘早古生代变质"软基底"的基础上,昌都-兰坪地块与中咱地块的分裂形成雏形,开始古特提斯金沙江弧后洋盆的扩张、发展和演化。在早泥盆世开阔浅海陆棚背景上,中泥盆世出现局部拉张、裂陷,在羊拉—奔之栏—霞若—塔城一带,于裂陷盆地中形成浅海相-次深海相碳酸盐岩、硅泥质-砂泥质复理石建造,并有中基性火山岩喷发;到晚泥盆世时,盆地的拉张、裂陷程度加大,于羊拉—东竹林—石鼓一带为中轴发育以放射虫硅质岩-砂岩-泥岩组合为代表的半深海沉积,并伴随拉张型的大陆拉斑玄武岩喷发,标志着陆壳减薄开裂形成的裂谷盆地阶段。石炭纪—早二叠世早期,是金沙江洋盆扩张的重要时期,混杂岩中发现晚泥盆世—早二叠世、早二叠世—晚二叠世放射虫组合;洋脊-准洋脊型玄武岩锆石 U-Pb 年龄为(361.6±8.5)Ma(陈开旭等,1998)、吉义独堆晶岩 Rb-Sr 等时线年龄为(264±18)Ma(莫宣学等,1993)、移山湖辉绿岩墙角闪石 Ar-Ar 坪年龄为(345.69±0.91)Ma 和等时线年龄为(349.06±4.37)Ma,表明金沙江弧后洋盆形成时代确定为早石炭世,早二叠世早期是金沙江弧后洋盆扩展的鼎盛时期,洋盆宽度约为 1800km(莫宣学等,1993)。早二叠世晚期—晚二叠世时期,由于金沙江洋壳的向西俯冲消减作用,形成洋内火山弧-弧后盆地和陆缘火山弧-弧后盆地的金沙江弧盆系的空间配置结构,金沙江洋盆于早二叠世晚期开始向西俯冲消减于昌都-兰坪陆块之下,自东向西形成朱巴龙-羊拉-东竹林洋内弧及其西侧的西渠河-雪压央口-吉义独-工农弧后盆地(洋壳基底),江达-德钦-维西陆缘火山弧及其西侧的昌都-兰坪弧后盆地(陆壳基底)。

早中三叠世斜向俯冲碰撞,金沙江弧后洋盆消亡转入残留海盆地的发展阶段,盆地中形成次深海相的细屑浊积岩夹细碧角斑岩、含放射虫硅质岩与泥灰岩组合,为碳酸盐岩、硅质-砂泥质复理石和火山岩建造。在西侧形成江达-德钦-维西火山-岩浆弧及其火山弧西侧的昌都-兰坪弧后前陆盆地(T_{1-2})。

晚三叠世开始,金沙江带进入全面弧-陆碰撞造山阶段,于金沙江带内及其后缘的边缘前陆盆地中堆积形成碎屑磨拉石含煤建造,并不整合在金沙江蛇绿混杂岩之上。总体变形样式为一系列向西逆冲推覆的叠瓦构造和伴生的一系列褶皱,同时保留了一些早期构造形迹,叠加了一些走滑型韧性剪切。

此外,在该带中南段还出露分布有三叠纪中酸性花岗岩类侵入体,岩石类型主要为花岗闪长岩,次有二长花岗岩和石英二长岩,仅有少量属钾长花岗岩、斜长花岗岩和闪长岩,属于钙碱性系列Ⅰ型花岗岩,获得岩体同位素年龄为 227.08~208.25Ma,应形成于碰撞作用的构造环境。

1. 嘎金雪山-贡卡-霞若-新主蛇绿混杂岩(D_3—P)Ⅲ-4-2-1

蛇绿岩主要赋存在一套强变形弱变质的浅变质岩中,变质强度仅达低绿片岩相或极低级变质,具复理石特征,为斜坡-盆地的远洋细碎屑沉积,但劈理发育,岩层的完整性遭破坏,被称为二叠系—三叠系西渠河岩组。蛇绿岩主要由洋脊型玄武岩、蛇纹石化超镁铁岩、超镁铁堆晶岩、辉长岩、辉绿岩墙群及放射虫硅质岩构成被肢解的蛇绿岩及蛇绿混杂岩(莫宣学,沈上越等,1998)。超镁铁岩多为构造岩片,强应变带中透镜化明显,洋脊玄武岩为变玄武岩、细碧岩和球粒玄武岩,在浅变质中广泛出露,属陆缘洋盆-洋脊火山岩组合。

近年来在东竹林堆晶辉长岩中获得了高精度的锆石 LA-ICPMS 年龄 354Ma,属早石炭世,εHf(t) 值为 +10.3~+12.6,Hf 模式年龄 t_{DM1} 为 576~478Ma(明显大于岩浆结晶年龄),结合 Nb、Ta、Zr 及 Hf 等高场强元素弱-明显负异常,显示了弧后扩张洋盆的特征,为大陆边缘洋盆。简平等(2003)在金沙江蛇绿岩带中获锆石 SHRIMP U-Pb 年龄：层状角闪辉长岩的年龄为(328±8)Ma,书松斜长岩为(329±7)Ma,可以认为金沙江洋开始打开的时间不会晚于早石炭世。

产状总体向西倾,以倒向东的叠瓦状构造为主,平面以剪切透镜阵列的网结状构造为特征,晚期叠加右行走滑和正断层。

2. 中心绒-朱巴龙-羊拉-东竹林洋岛-海山 Ⅲ-4-2-2

东竹林平移断层以北分布在蛇绿混杂岩以东,以南则分布在蛇绿混杂岩带的两侧,呈近南北向展布。中泥盆统迪公岩组、上泥盆统柯那岩组由千枚岩、变质砂岩和结晶灰岩组成,具斜坡扇半海沉浊积岩特征,柯那岩组夹绿片岩;石炭系申洛拱组响姑岩为砂板岩、变质砂岩、结晶灰岩夹变玄武岩;中二叠统喀大崩岩组为变玄武岩夹结晶灰岩、变质砂岩与绢云板岩。浅变质岩系显示有半深海沉积特征,玄武岩之上的盖帽碳酸盐岩具海山-碳酸盐岩特征。

柯那岩组中的绿片岩,常量元素显示属铁质基性岩。喀大崩岩组构造变形也很强烈,火山岩虽绿片岩化,但玻基玄武岩、安山玄武岩、粗玄岩及集块角砾熔岩、火山碎屑岩的面貌可以识别。柯那岩组和喀大崩岩组的岩浆系列为拉斑玄武岩,具有 LREE 明显富集的 REE 分布型式,无 Eu 负异常,属洋岛玄武岩。

斜坡半深海浊积岩、洋岛玄武岩、盖帽碳酸盐岩组成了洋岛-海山构造环境样式。这是自中泥盆世发育起来的洋岛-海山,与洋脊型蛇绿岩形成配套关系。

中心绒—竹巴笼地区,出露一套称为"中心绒群"的变质火山-沉积岩系,时代推断为早-中三叠世。该套岩系出露厚度巨大,由板岩、变质砂岩夹晶屑凝灰岩、蚀变玄武岩和细碧岩组成。沉积岩属火山复陆屑建造和灰色陆源碎屑建造。火山岩为玄武岩-玄武安山岩组合,兼具钙碱系列和拉斑系列特征。构造环境投影落入洋脊与岛弧的过渡区。构造复杂,局部可见强烈剪切造成的劈理化、破碎带和揉褶现象,显示弧前增生楔特征,应属构造混杂岩范畴。

西部产出以贝拉和王大龙等为代表的晚三叠世—侏罗纪碰撞型花岗岩,主要为石英闪长岩、二长闪长岩、石英正长岩、正长花岗岩等,属正常和铝过饱和岩石类型。岩体一般侵入于构造混杂岩中,边缘具混合岩化特征。

3. 鲁甸同碰撞岩浆杂岩 Ⅲ-4-2-3

鲁甸同碰撞岩浆杂岩沿塔城洋岛-海山的西缘呈北北西向延伸,北部东与金沙江蛇绿混杂岩相邻。断续延绵 230km 以上,北部在德钦羊拉一带出露,南部在玉龙县鲁甸一带规模最大,最宽达 12km。

岩石类型复杂,主要划分为 2 个序列,打米杵序列以黑云二长花岗岩为主,拉美荣序列有黑云石英闪长岩、黑云斜长花岗岩、黑云花岗闪长岩等。以上 2 个序列都含有辉绿岩、角闪辉长岩等混染包体和闪长岩、石英闪长岩混成包体。地球化学特征显示,打米杵序列二长花岗岩具有 LREE 强烈富集的 REE 分布型式,Eu 负异常中等-弱,^{87}Sr-^{86}Sr 的初始比值为 0.733 03、0.722 05,在区分 Ⅰ 型和 S 型的 ACF 图中落入 S 型花岗岩区；拉美荣序列的黑云石英闪长岩、黑云斜长花岗岩、黑云花岗闪长岩具 LREE 强烈富集的 REE 分布型式,δEu 负异常中等-弱,^{87}Sr-^{86}Sr 的初始比值分别为 0.719 51、0.718 42、0.726 63,在区分 Ⅰ 型和 S 型的 ACF 图中多数落入 Ⅰ 型花岗岩区,少数落入 S 型花岗岩区。打米杵序列二长花岗岩 ^{87}Sr-^{86}Sr 的初始比值皆大于 0.708,与 S 型花岗岩相似,但岩石中含黑云母和角闪石,不含白云母,表明也属 Ⅰ 型花岗岩。以上岩石皆属钙碱性系列。可以看出,鲁甸花岗岩的构造背景与俯冲-同碰撞构造环境有关,闪长岩是金沙江洋盆向西俯冲,洋壳部分熔融且岩浆与地幔楔作用之后上升过程中与地壳物质发生混染形成,二长花岗岩形成于同碰撞构造环境,鲁甸同碰撞岩浆杂岩是陆缘弧的根部叠加同碰撞花岗岩。

拉美荣序列被上三叠统歪古村组不整合覆盖,又见闪长岩侵入于下中三叠统崔依比组中,侵位时期为中三叠世。打米序列二长花岗岩侵入的最高层位为上三叠统歪古村组,侵位时期为晚三叠世,属板块汇聚构造阶段,中-晚三叠世碰撞造山期的岩浆活动。前人在鲁甸花岗岩基中曾获得过 231~214Ma 的同位素年龄,与据接触关系判断的岩浆活动时间吻合。

4. 额阿钦-白玉陆壳-雪龙山基底残块Ⅲ-4-2-4

额阿钦-白玉陆壳-雪龙山基底残块分布于白玉—巴塘崩札一带,以出露所称的"额阿钦群"为主要特征,为一套浅-中深变质岩系,由各类片岩、千枚岩、板岩、大理岩和混合岩组成。呈构造混杂产出,特点是含较多大型志留纪—二叠纪外来沉积岩块。中-深变质岩,曾被认为属元古宙基底岩系,与青海宁多群或藏东雄松群对比,本次暂作基底残片处理,可以细分为额阿钦基底残片和白玉外来岩块。

雪龙山基底残块出露在雪龙山地区的古元古界雪龙山岩群中,主要岩石类型有角闪斜长变粒岩、黑云斜长变粒岩、片麻岩、斜长角闪岩夹大理岩,为区域动热变质作用形成的中压角闪岩相变质岩系。其中的斜长角闪岩及斜长角闪片岩的稀土元素配分型式为平坦型,无明显 Eu 亏损,与洋中脊玄武岩较为近似。微量元素成分点投影落入或接近岛弧玄武岩。

德钦蛇绿混杂岩处于大型变形构造中,次级脆韧性剪切带与斜歪倾伏褶皱组成的叠瓦状构造倒向西,北段构造岩以千糜岩为代表,南段发育糜棱岩,断面总体产状 50°～80°∠50°～70°,总体显示向西逆冲运动,暗示曾有过向东俯冲消减的过程。位于德钦蛇绿混杂岩以东的攀天阁陆缘碰撞弧在空间上是向东俯冲的极性标志,攀天阁组流纹岩中获锆石 U-Pb 年龄为 247～246Ma,表明俯冲时期应在晚二叠世以前。

5. 德钦蛇绿混杂岩Ⅲ-4-2-5

德钦蛇绿混杂岩分南北两部分出露,西以德钦-雪龙山断裂带为界,东界各有不同。北部分布在德钦一带,南北向延伸,被北西向的东竹林平移断左行错移面南北 2 段,西邻乌兰乌拉-澜沧江结合带的澜沧江弧陆碰撞带。北段东以阿登各断裂为界与金沙江蛇绿混杂岩相邻,向北延入西藏;南段出露在白茫雪山以西,东被上叠的压陷盆地掩盖。南部沿雪龙山呈北西向透镜状分布,东以维西-乔后断裂为界与江达-维西-绿春陆缘弧相接,西邻昌都-兰坪-思茅地块。

北段可分为 2 个岩石构造组合,即浅变质岩-绿片岩组合和德钦蛇绿岩组合。

浅变质岩-绿片岩组合以千枚岩、板岩、变质砂岩、绿片岩为主,夹外来灰岩岩块。主要出露在德钦一带,变形变质特征与哀牢山地区的古生代马邓群比较相似。

德钦蛇绿岩组合,主要由超镁铁岩、辉长岩、辉绿岩、枕状玄武岩和硅质岩等组成,受构造挤压作用影响,多以构造岩片形式产出,可见变质橄榄岩块体边缘为韧性剪切带。寄主围岩为低绿片岩相浅变质岩,被 S_1 劈理置换,成分层与劈理平行,部分具复理石特征。简平等(2003)用 SHRIMP 方法获得白马雪山辉长岩的锆石 U-Pb 年龄为 285～282Ma,蛇绿的形成不晚于早二叠世。北部的贡卡、白茫雪山一带及南部的雪龙山地区都有分布,岩石组合特征及赋存型式与哀牢山地区双沟蛇绿岩相似。

(三)哀牢山结合带(C—P)Ⅲ-4-3

哀牢山结合带位于哀牢山西麓,北西向延伸,东西两侧分别以哀牢山断裂带和九甲断裂带为界。东接上扬子陆块,西邻阿墨江被动陆缘和昌都-兰坪-思茅地块,北西被哀牢山断裂带斜截后消失在弥渡德苴以南,向南撒开延入越南。

哀牢山蛇绿混杂岩带由下而上依次为变质橄榄岩(包括二辉橄榄岩和方辉橄榄岩)、堆晶杂岩(包括辉石岩、辉长岩、辉长斜长岩、斜长花岗岩)及辉绿岩、基性熔岩(包括钠长玄武岩和辉石玄武岩等)及含放射虫硅质岩。

哀牢山弧后洋盆在中晚泥盆世浅海陆棚碳酸盐岩台地背景下,出现局部拉张,在九甲-安定断裂带西侧,于裂陷盆地中沉积了中上泥盆统次深海泥砂质夹硅质沉积。石炭纪—早二叠世是哀牢山弧后洋盆进一步扩张定型时期,在近陆边缘的石炭纪—二叠纪台地碳酸盐岩多呈孤立岛链状分布,并有硅泥质复理石夹玄武岩,兰坪-思茅地块从扬子大陆块裂离而成独立的地块。早石炭世时在双沟—平掌—老王寨一带出现以洋脊玄武岩为代表的洋壳,在洋盆西侧的墨江布龙—五素一带发现裂离地块边缘的裂谷盆地中具有"双峰式"火山喷溢。在新平平掌见有紫红色硅质岩(C_1)和洋脊型火山岩,双沟辉长岩和斜长花岗岩的锆石 U-Pb 年龄为 362~328Ma(简平,1998),斜长花岗岩分异体单颗粒锆石 U-Pb 年龄为 256Ma,蛇绿岩中的系列同位素年龄为 345~320Ma(杨岳清等,1993;唐尚鹑等,1991;李光勋等,1989)。因而,认为哀牢山蛇绿岩的形成时代不会晚于早石炭世,早石炭世—早二叠世代表了哀牢山弧后洋盆整体扩张发育时代。此外,哀牢山北东侧潘家寨火山岩已变质成绿片岩和蓝片岩(王义昭等,2000),蓝片岩中的蓝闪石为铁钠钙闪石和蓝透闪石,其岩石化学和地球化学特征表明为大陆裂谷型粗面玄武岩和玄武岩。

哀牢山弧后洋盆于早二叠世末或晚二叠世初开始向西俯冲,西南侧兰坪-思茅陆块东缘形成了墨江-绿春陆缘弧。墨江-绿春陆缘弧主体以晚二叠世—晚三叠世火山沉积岩和晚三叠世晚期花岗岩侵入为特色,260~250Ma 为俯冲造弧期,与晚二叠世弧火山岩时间相当。

晚古生代末—晚三叠世,扬子大陆块向西斜向楔入,由于弧-陆碰撞作用形成的太忠-李仙江同碰撞型火山岩,叠加于二叠纪俯冲型陆缘火山弧之上或其东侧,发育了一套具岛弧性质的玄武安山岩-英安岩-流纹岩等钙碱性火山岩组合。在区域上,上三叠统一碗水组不整合于蛇绿岩之上,其底部砾岩中含有蛇绿岩与铬铁矿碎屑。所以,可以认为哀牢山蛇绿岩的定位时代是在中三叠世末、晚三叠世(一碗水组)沉积之前。

侏罗纪进入陆内构造演化阶段,该时期可能由于前一阶段逆冲-推覆的强烈造山作用,山势急剧抬升。由于重力失衡作用,在逆冲推覆带后缘形成反滑或伸展,使哀牢山群和苍山群变质基底逐渐被构造剥露,出现在核杂岩中所见的一系列构造变形形迹。晚白垩世末—古近纪,该带全面进入陆内汇聚造山过程,发育系列逆冲推覆与走滑剪切构造,并导致成矿物质的再分配、聚集形成著名的哀牢山 Au 成矿带。

划分为 4 个四级构造单元。

1. 双沟蛇绿岩Ⅲ-4-3-1

双沟蛇绿岩沿九甲断裂带北东侧延绵 260 余千米,从景东以北向南东一直延伸至墨江县底马附近,被上三叠统不整合掩盖,形成颇为壮观的蛇绿混杂岩带。双沟-平掌蛇纹石化超镁铁岩-辉长岩-玄武岩-紫红色放射虫硅质构成了比较完整的"三位一体"蛇绿岩层序,其他地区则因构造破坏,蛇绿岩各单元以无根的透镜状岩片赋存在寄主围岩中。蛇绿岩层序自下上为变质橄榄岩、堆晶岩、基性熔岩和放射虫硅质岩。

钟大赉等(1998)报道哀牢山带双沟辉长岩单斜辉石的 ^{40}Ar-^{39}Ar 坪年龄为 (339.2 ± 13.6)Ma,简平等(1998)测得双沟辉长岩锆石 U-Pb 年龄为 (362 ± 41)Ma,斜长花岗岩锆石 U-Pb 下交点年龄为 (328 ± 16)Ma。哀牢山洋开始打开的时间可能在晚泥盆世,洋脊扩张的高峰时段在早石炭世。这与墨江被动陆缘上泥盆统出现放射虫硅质岩是吻合的。

2. 上兰-藤条河残余海盆Ⅲ-4-3-2

上兰-藤条河残余海盆分南北两部分,北部出露在工农—乔后一带,呈南北转北西向的狭窄条带分布,位于崔依比裂谷以西,西以工农断裂带为界与昌都-兰坪-思茅地块相邻,向北延伸后被上三叠统歪古村组不整合覆盖,向南在乔后被黑惠江断裂斜截。南部出露在哀牢山西麓的驾车—老集寨一带,东以哀牢山断裂带和老猛断裂带为界与上扬子陆块相邻,西以藤条河断裂带为界而与昌都-兰坪-思茅地块相邻。可分为 3 个五级构造单元。

上兰复理石组合:是上兰-藤条河残余海盆中分布最广的岩石-构造组合,以中二叠统上兰组为主体,岩石组合为页岩、粉砂岩、细砂岩夹灰岩、放射虫硅质岩,砂岩中可见粒序层理,强应变带中以千枚岩为主,具半深海斜坡沉积特征。在南部,上兰组下部以砂板岩为主,夹薄层状泥灰岩,具不完整的鲍马层序,属半深海槽盆沉积;上部砂岩地、板岩夹中-厚层状泥粉晶灰岩,具浅海沉积特征。晚三叠世石英斑岩侵入上兰组中,含丰富的双壳类化石,属中三叠世安尼期。可以看出,上兰组早期为半深海斜坡环境,晚期具滨浅海沉积特征。

工农蛇绿岩组合：分布在上兰-藤条河残余海盆最西部工农一带，呈长透镜条带南北向延伸，两端尖灭长约19km。主要由辉绿岩、辉长岩、斜长角闪岩和角闪单辉岩、斜辉橄榄岩组成，稀土元素配分型式均为平坦型，多数样品Eu显正异常，是金沙江洋盆向西俯冲消减过程中陆缘扩张的产物，曾获（207±9.5）Ma的Rb-Sr全岩等时线年龄值，也可能属与吉岔岩体类似的（高）镁闪长岩-辉长岩-橄榄岩组合。

老猛蛇绿岩组合：呈北西向展布于老猛河两岸，在金水河镇以南延入越南境内。被老猛断裂带夹持，北东与金平-海东陆棚相邻，西与上兰复理石组合和哀牢山蛇绿混杂岩相接。

以1:5万谷地新寨幅新建石炭纪三台坡岩组为代表的蛇绿混杂岩，由片理化、蛇纹石化超镁铁质、绿片岩、含放射虫硅质岩、碳酸盐岩等岩片组成，寄主围岩为古生代绿片岩相浅变质岩系，以绢云千枚岩为主。岩石普遍片理化，D_1S_1流劈理基本置换了原生层理，更由于后期三叠纪正长花岗岩的侵入而进一步复杂化，晚三叠世歪古村组不整合覆于老猛蛇绿混杂岩之上。

其中的绿片岩、玄武岩等显示了典型的大洋低钾拉斑玄武岩的地球化学特征，在一些稀土元素、微量元素的判别图解中也主要落入洋中脊、P型洋中脊玄武岩区。1:5万绿春等4幅区域地质调查在其中的变玄武岩中获锆石LA-ICPMS年龄（253.8±5.2）Ma，属晚二叠世，比1:5万谷地新寨幅依据其中的灰岩岩片所含牙形石确定的时间（早石炭世）要晚一些。蛇绿混杂岩的形成及最终定型是一个复杂漫长的过程，从区域地质资料分析，该蛇绿混杂岩的形成与金沙江蛇绿混杂岩基本相同的，属陆缘洋盆-洋中脊火山岩组合。

上兰-藤条河残余海盆的3个五级构造单元皆为构造接触，构造背景各异。作为主体部分的上兰复理石组合代表了由半深海环境向滨浅海过渡的进积沉积，是金沙江带的一个残余海盆；工农蛇绿岩组合是碰撞造山期间扩张盆地的产物，是崔依比碰撞后裂谷盆地的一部分；老猛蛇绿岩组合为金沙江洋盆的残留部分，形成时期较晚。

3. 南溪增生杂岩Ⅲ-4-3-3

夹持在九甲断裂带和哀牢山断裂带间的浅变质岩带，称为古生代马邓岩群，主要为板岩、千枚岩、变质砂岩，夹结晶灰岩、硅质岩和绿片岩。区域低温动力变质作用特征明显，变质强度虽然仅达低绿片岩相，但变形极强，遭受3期变形改造。第一期变形见板劈理和流劈理（D_1S_1），平行层理分布，基本或完全置换原生层理，新生的绢云母、绿泥石及雏晶黑云母沿D_1S_1面理定向排列，是俯冲时期顺层剪切作用所致。第二期变形以斜歪倾伏褶皱（D_2f_2）+倾竖褶皱（D_2f_2）+褶劈理（D_2S_2）+皱纹线理（D_2L_2）+小型韧性剪切带的构造共生组合为特征，形成收缩-侧向拉伸构造，斜歪倾伏褶皱与逆冲韧性剪切带组成倒向南西的叠瓦状构造，倾竖褶皱与走滑韧性剪切带组成左行走滑剪切系统，总体向西逆冲运动，并兼有左行走滑的构造系统是中三叠世碰造山形成的主构造。第三期变形为共轴叠加的大型叠瓦状构造，将上叠的晚三叠世压陷盆地沉积岩系一并卷入，由北东向南西逆冲运动，是古近纪始新世的挤压构造作用的反映。

马邓岩群经多期构造变形改造，地层层序已无法恢复，但岩石组合特征与其西墨江盆地志留系—二叠系相似，有的甚至可以对比。其上被上三叠统不整合覆盖。以发育叠瓦构造为特征的马邓岩群处于哀牢山造山带与墨江被动陆缘的衔接部位——前陆冲断带。

4. 墨江被动陆缘（S—D）Ⅲ-4-3-4

墨江被动陆缘位于哀牢山蛇绿混杂岩以东的墨江被动陆缘，西以阿墨江断裂带为界与昌都-兰坪-思茅地块相接，呈北西向南东撒开的帚状展布，北起墨江以北，向南延入越南。出露最早的地层为志留系，未见底。下中志留统水箐组、中上志留统曼波组为半深海斜坡相浊积岩。下泥盆统倮红组、大中寨组和龙别组，除大中寨组发育鲍马序列并见槽模、沟模，为碎屑浊积岩外，倮红组和龙别组则发育钙质浊积岩，亦为半深海斜坡环境。

中上泥盆统南边山组下部为一套中粗粒的石英岩屑砂岩，具滨海相沉积特征；上部由岩屑砂岩、粉砂岩、泥岩组成向上变细的沉积韵律，顶部为薄层状含放射虫硅质岩，表现出浅海陆棚的一个退积沉积旋回。

上述不同沉积环境显然代表了不同的构造背景，将以退积沉积旋回为代表的陆棚沉积划分为碧溪陆棚，斜坡相沉积划分为骑马坝陆缘斜坡。

墨江被动陆缘的两侧发育叠瓦状逆冲构造，中部以复式背斜为主。东侧的叠瓦状构造与南溪前陆冲断带过渡相接，由脆韧性变形渐变为脆性变形；西部阿墨江断裂带向西逆冲于昌都-兰坪-思茅地块的中生代红层之上。

五、甜水海-北羌塘地块（Pt_{2-3}—K_1）Ⅲ-5

北羌塘南以龙木错-双湖-查吾拉结合带为界，北以羊湖-西金乌兰湖-金沙江结合带为界，其西北至喀喇湖，东北以乌兰乌拉湖-北澜沧江结合带为界。北羌塘-甜水海地块可以进一步分为甜水海地块、北羌塘地块带2个次级构造单元。

（一）甜水海地块（Pt_{2-3}—K_1）Ⅲ-5-1

该地块位于阿尔金走滑断裂南段以西，泉水沟-郭扎错北岸断裂以南，可能是羌北地块在阿尔金断裂以西延伸部分，以石炭系—二叠系、三叠系大面积分布为特征。

地块基底为前古元古界布伦阔勒岩群（Pt_1），主要为一套富含石榴石、矽线石的高角闪岩相变质岩系，其中发育一套含铁石英岩建造，构成区域上重要的沉积-变质型磁铁矿床含矿层位。长城系甜水海岩群（Ch）主要为一套浅变质细碎屑岩夹泥质岩，岩石变形十分强烈；蓟县系岔路口岩组（Jx）出露于甜水海东部，以黑色—灰黑色块状石英岩、黑色含碳石英片岩为主。古-中元古界变质岩系构成了地块的变质基底，其上青白口系肖尔克谷地岩组（Qb）为一套浅变质碎屑岩-碳酸盐岩建造，以含藻纹层为特征，构成了地块变质基底之上的初始沉积盖层。下古生界寒武系—石炭系为一套浅海相碳酸盐岩-碎屑岩沉积组合，代表稳定地块上陆表海盆地中的沉积序列。上古生界下-中二叠统主要为一套深水陆棚-斜坡相碎屑岩-碳酸盐岩夹硅质岩和玄武岩、火山角砾岩组合，属于被动边缘裂陷盆地中的沉积序列。中生界三叠系—白垩系为一套滨浅海相碎屑岩-碳酸盐岩建造，代表稳定地块上陆表海盆地中的沉积序列。新生界主要以第四系为主，少量新近系，缺古近系沉积。

由于受北侧康西瓦-苏巴什古特提斯洋俯冲关闭及其晚三叠世强烈的弧-陆碰撞造山作用的影响，在塔什库尔干-甜水海地块西部北侧，表现为与碰撞作用有关的中钾钙碱性系列的岛弧型花岗岩类，岩石演化序列为闪长岩→石英闪长岩→英云闪长岩→花岗闪长岩→二长花岗岩，其中单颗粒锆石 U-Pb 年龄闪长岩为228.9～208Ma，二长花岗岩为(214.4±1.1)Ma。在塔什库尔干-甜水海地块的西南部发育有后碰撞造山期岩浆事件，岩石序列分为石英闪长岩→花岗闪长岩组合、二长花岗岩→二长白岗岩组合，岩浆活动有两期，一期 K-Ar 法年龄值为172～169Ma，另外一期年龄为93～74Ma。

塔什库尔干-甜水海地块北侧的泉水沟-红柳滩-郭扎错北岸断裂，至今仍为一条活动的大规模北倾逆断裂，沿断裂发育上新世（可能至第四纪）火山岩。

1. 碳酸盐岩台地 Ⅲ-5-1-1

无论是甜水海地区还是羌北地区，其主体均为稳定地块上陆缘海盆地中的一套浅海相碎屑岩-碳酸盐岩沉积建造。

甜水海地区大致包括以下地层单位：三岔口组（O_1）、饮水河群（O_{2-3}）、普尔错群（S）、龙木错组（S）、兽形湖组（D_1）、雅西尔群（D_{1-2}），角度不整合于志留系普尔错群之上、拉竹龙组（D_{2-3}）、月牙湖组（C_1）、恰提尔群（C_2）。

2. 陆棚(-斜坡)碎屑岩Ⅲ-5-1-2

早中生代拉竹龙西称万泉河群(T_1),与下伏与拉竹龙组呈角度不整合接触(?)。月牙湖地区称康鲁组(T_1)/硬水泉组(T_{1-2})/康南组(T_2),表现为月牙湖地区康鲁组(T_1)底部陆相砂砾岩不整合于下伏地层之上?,横向上相变为滨浅海相碎屑岩-碳酸盐岩沉积序列。此后一直到中三叠世,主要为被动边缘盆地中的一套浅海相碎屑岩-碳酸盐岩沉积建造。

甜水海地区晚古生代下-中二叠统神仙湾组(P_{1-2})、中二叠统碧云山组或空喀山口组(P_2)和上二叠统温泉山组(P_3)主要为一套深水陆棚-斜坡相碎屑岩-碳酸盐岩夹硅质岩和玄武岩、火山角砾岩组合,属于被动边缘裂陷盆地中的沉积序列。中生代三叠系—白垩系为一套滨浅海相碎屑岩-碳酸盐岩建造,代表稳定地块上陆缘海盆地中的沉积序列。

(二)北羌塘地块($D—T_2$)Ⅲ-5-2

北羌塘地块位于北侧羊湖-西金乌兰湖-金沙江洋盆和南侧龙木错-双湖洋盆之间,受其俯冲关闭以及强烈碰撞作用的双重影响,北羌塘地块晚三叠世—早白垩世发育弧后前陆盆地,以砂泥质浊积岩→浅海碳酸盐岩→三角洲-河流相碎屑岩系建造为主。

上三叠统菊花山组(T_3)分布于盆地南部甜水河北岸、照沙山、菊花山等地,主要为弧后前陆盆地中的一套浅海相碳酸盐岩沉积;以中-上侏罗统分布最为广泛,统称为雁石坪群,发育了大面积分布的浅海相→滨浅海相碳酸盐岩夹碎屑岩建造。早期的中侏罗世地层雀莫错组、布曲组和夏里组总体构成一个海侵—海退旋回,主要为浅海相碎屑岩-碳酸盐岩组合;晚期的索瓦组和白龙冰河组(J_3)构成一个完整的海进—海退旋回,主要为滨浅海相碎屑岩-碳酸盐岩沉积,最后以雪山组($J_3—K_1$)一套巨厚的三角洲-河流相碎屑岩系代表羌塘前陆盆地由海相向陆相转变和前陆盆地的充填消亡。

新生代受印度与亚洲大陆碰撞造山作用的影响,坳陷和断陷盆地中较广泛地发育河湖相碎屑岩和新生代碱性火山岩沉积。新生界自下而上有沱沱河组(E_{1-2})、雅西错组(E_3)、五道梁组(N_1)、查保马组(N_1)、曲果组(N_2)、布隆组(N_2,沱沱河一带)和康托组(E_3-N_1)、鱼鳞山组(E_3-N_1)、唢呐湖组(N_{1-2})、石平顶组(N_2,羌塘一带)。其中沱沱河组和查保马组最具代表性。

沱沱河组(Et)为紫红色、砖红色厚层状复成分砾岩夹灰质岩屑砂岩、粉砂质泥岩夹灰质中细粒岩屑砂岩、复成分砾岩与中细粒岩屑砂岩及生物碎屑微晶灰岩组成的韵律层,厚606.43m。河流-湖相三角洲-湖相沉积。

查保马组(N_1c)为紫灰色、灰黄色玄武安山岩、粗面安山岩、粗面岩、粗面英安岩,夹有次火山岩、深灰色玄武安山玢岩、粗面斑岩,含壳源包体。厚度大于2000m。中国地质大学(武汉)地质调查院(2006)用SHRIMP法获得查保马组火山岩锆石U-Pb年龄为18.28Ma。与下伏五道梁组或更老的其他岩层呈角度不整合接触。

古近纪火山岩主由超钾质岩系、钾玄岩系和高钾钙碱岩系等3个系列组成,大量同位素年龄(K-Ar法、Ar-Ar法等)为44.66~22.5Ma。上新世火山岩见于石平顶组(N_2)地层中,岩石类型主要为杏仁状粗面安山岩、粗面英安岩、安山岩、英安岩和流纹岩类,偶见火山碎屑岩,为陆相中心式喷发的溢流火山岩,获得大量同位素年龄(K-Ar法、Ar-Ar法等)为10.6~7.23Ma、4.27~2.11Ma,可能与俯冲板片断离导致的软流圈上涌-岩石圈减薄作用有关。

六、昌都-兰坪-思茅地块Ⅲ-6

昌都-兰坪-思茅地块位于西金乌兰-金沙江-哀牢山结合带以西,乌兰乌拉湖-澜沧江结合带和班公湖-双湖-怒江-昌宁对接带中南段以东的区域。地块内发育有较完整的上古生界,全区以三叠系、侏罗系—白垩系广泛分布为特色,东西两侧分别对称发育一个陆缘火山-岩浆弧。

昌都-兰坪地块自东向西可进一步划分为：东为治多-江达-维西-绿春陆缘弧带，中间为昌都-兰坪-思茅双向弧后前陆盆地，西为那底岗日-开心岭-杂多-景洪陆缘弧带。

（一）治多-江达-维西-绿春陆缘弧（P_2—T）Ⅲ-6-1

治多-江达-维西-绿春陆缘弧呈 NW 向展布，夹持于西金乌兰湖-金沙江蛇绿混杂岩带（C—P_2）与昌都-兰坪思茅双弧后前陆盆地（Mz）之间，其上出露最老地层为中-上三叠统结隆组，为弧后前陆盆地构造环境，其上发育晚三叠世巴塘群岩浆弧。

从北向西出现了江达、维西、绿春 3 个岩浆弧带。

1. 治多-江达岩浆弧带Ⅲ-6-1-1

该带是以昌都地块为基底发育起来的，从物质组成和大地构造演化格局分析，大致包括基底杂岩相、碳酸盐台地相、陆缘火山弧相（俯冲火山岛弧亚相、碰撞火山弧亚相）、弧前盆地相及深成岩浆弧相。

基底杂岩：基底为中-下元古界宁多岩群（Pt_{1-2}）和新元古界草曲群（Pt_3），为一套绿片岩相变质岩系，原岩为碎屑岩夹碳酸盐岩、变基性火山岩，获得基性火山岩的锆石 U-Pb 年龄为 999Ma 和 876Ma。早古生代可能为隆起区，未见早古生代地层。

碳酸盐台地（Pz）：晚古生代[多吉版组（D_1）、森扎组（D_2）、冬拉组（D_3）、菁雀组（C_1）、汪果组（C_2）、吉东龙组（P_1）、禹功组（P_2）]为次稳定型被动边缘盆地-裂陷盆地中的陆棚相碎屑岩-碳酸盐岩夹中基性火山岩建造。

俯冲火山岛弧（P_3T_{1-2}）：主要由晚古生代和早三叠世地质体组成，发育岛弧性质的玄武安山岩-安山岩-英安岩-流纹岩系列的火山岩组合，以沙木组（P_3）、夏牙村组（P_3）、普水桥组（T_1）、马拉松多组（T_{1-2}）为代表，反应初始弧盆沉积，相当于弧盆系发育增生的准造山阶段。

碰撞火山弧（T_3）：主要位于江达地区，以上三叠统为主，不整合在其下伏地层之上，反映构造体制进入造山阶段。上三叠统自下而上分为东独组、公也弄组及洞卡组（T_3），主体为一套滨浅海相-浅海相（局部深水相）碎屑岩、碳酸盐岩及大量中酸性火山岩，构成了江达地区的主火山弧区。

弧前盆地：主要为中三叠世上兰组和色容寺组（T_2），为一套海陆家互相-浅海相碎屑岩、碳酸盐岩及中酸性火山岩建造，位于岛弧带东侧，即弧前盆地沉积，相当于弧盆系发育增生的准造山阶段。

深成岩浆弧：该岩浆弧早期有加里东期冬普英云闪长岩（462Ma，吕伯西等，1993），呈岩基产出，分布在下古生界波罗群变质岩系中。海西末期壳源重熔型普水桥黑云母花岗岩株（229Ma），被下三叠统普水桥组底砾岩沉积不整合覆盖。印支晚期所形成的碰撞型花岗岩类自北向南有多加岑、江达（211Ma，吕伯西等，1993）、仁达、仁弄、安美西（194Ma，吕伯西等，1993）、加仁、白茫雪山、鲁甸等岩体，沿金沙江结合带旁侧呈带状分布。

该岩基也展布在南部绿春一带，同位素年龄为 230～211Ma（吕伯西等，1993）。主要为 I 型黑云母二长花岗岩、钾长花岗岩，少数为二云母花岗岩，为同碰撞期产物。

晚三叠世所形成的碰撞型花岗岩类自北向南有仁达、安美西、加仁、白茫雪山、鲁甸、大团、新安寨、巴德等岩体，沿金沙江结合带旁侧呈带状分布，岩性为二长花岗岩、花岗闪长岩体、闪长岩体、石英闪长岩、石英二长岩、正长花岗岩等，为正常-铝过饱和系列岩石，^{87}Sr-^{86}Sr 初始值可达 0.7175。

沿走向的分段性和不同时间、不同构造-岩浆事件的叠加，是江达-维西弧的主要特点。

演化概述：基底杂岩相和碳酸盐岩台地相是原特提斯阶段产物，江达-维西岩浆弧带主体是二叠纪晚期开始—早中三叠世，由于金沙江洋盆向西俯冲消减于昌都-兰坪陆块之下，在早期被动边缘的基础上转化为活动边缘，进入陆缘岩浆弧发育阶段（岛弧、弧前盆地），晚三叠世开始进入碰撞造山阶段，为碰撞火山弧建造。其陆缘弧西侧发育陆壳基底的昌都弧后前陆盆地。

火山岩从早到晚发育拉斑玄武岩系列→钙碱性系列→钾玄武岩系列火山岩，火山岩性质标志着岛弧产生—发展—成熟的完整过程（莫宣学等，1993）。

大量中酸性火山岩,构成了江达地区的主火山弧区(东独组、公也弄组及洞卡组),在主弧区的西侧,则发育生达-车所乡-下拉秀弧后裂陷盆地,沉积一套深水盆地中碎屑岩-碳酸盐岩夹硅质岩及玄武岩组合,玄武岩具枕状构造,岩石性质为低 TiO_2 拉斑玄武岩及其玄武质凝灰岩。晚三叠世晚期的波里拉组(T_3)浅海相灰岩,阿堵拉组和夺盖拉组(T_3)海陆交互相含煤碎屑岩系,标志着活动边缘盆地萎缩至消亡的发展过程,此后进入后碰撞陆内造山作用阶段。

2. 维西陆缘弧Ⅲ-6-1-2

维西-绿春陆缘弧在中部(乔后以北)分布在德钦蛇绿混杂岩和金沙江蛇绿混杂岩之间,被德钦-雪龙山断裂带和工农断裂带夹持,呈窄长条带南北一南东向延伸。南部沿哀牢山西坡呈北西向条带分布,主要夹在阿墨江断裂带和九甲断裂带之间。自西向东划分为 3 个次级构造单元:上兰三叠纪弧间盆地、攀天阁三叠纪火山弧、崔依比三叠纪裂谷火山岩浆带。

上兰三叠纪弧间盆地:分布于上兰以东一带,呈近南北向狭长带状受断裂夹持。主要分布中三叠统上兰组绢云千板岩夹少量泥晶灰岩,见原始沉积构造(薄层状灰岩、板岩与硅质岩呈韵律状互层),显示复理石建造特征,变质已达低绿片岩相。以 S_0 为变形面的挤压褶皱十分发育,遭受晚期脆性断裂作用,显示该构造带曾遭受多期构造作用的改造。结合区域资料,后期脆性断裂极可能为喜马拉雅运动的产物。此外在乔后龙底村一带,该组微角度不整合于下二叠统吉东龙组之上,可能为金沙江洋于早二叠世洋壳消亡、洋盆关闭的产物。

攀天阁三叠纪火山弧:分布于主要上兰以东一带,分布中三统攀天阁岩组变酸性火山岩夹少量变质砂板岩以及晚三叠世、始新世磨拉石建造。

酸性火山岩主要为一套具碰撞特点的壳源型英安岩-流纹岩组合。岩石地球化学特征主要为造山带钙碱性火山岩系列,微量元素及稀土元素分析具同碰撞岩浆岩岩石化学特征,与同碰撞花岗岩或 S 型花岗岩特征类似。

该带构造变形表现主要有两期。早期层次较深,表现在中三叠统攀天阁岩组中的塑性褶皱及韧性剪切带,剪切带中普遍见流纹质糜棱岩、千糜岩化硅质板岩等。由于区内上三叠统石钟山组磨拉石沉积不整合覆于中三叠统攀天阁组之上,而两者建造特征及构造变形均表现明显差别,构造变形极不均匀,一般在两侧断裂带旁表现强烈,远离断裂带则渐次减弱;岩石一般变质弱,变质程度仅达低绿片岩相,变质强弱变化与构造变形间亦表现了与构造变形间类似的特点,综上所述,可知该带主要变形变质期应属印支晚期。晚期变形表现为近南北向的褶皱和断裂,已影响至始新世,可能与喜马拉雅期东西向挤压有关。

崔依比三叠纪裂谷火山岩浆带:分布于攀天阁三叠纪火山弧以东,主要由上三叠统崔依比组中基性火山岩、砂泥质建造夹硅质岩和花岗岩组成,见上三叠统诺利阶石钟山组磨拉石建造不整合之上。

该带晚三叠世崔依比组以中基性火山岩为主,常见喜马拉雅期次火山岩及花岗岩、辉绿岩侵入,周围为熔岩。火山熔岩自下而上有由基性突变到酸性的特点,显双峰式裂谷火山活动特征。经地球化学特征判别岩石具岛弧拉斑玄武岩特征,反映具早期拉张裂陷作用的特点。从火山岩特点看应是金沙江俯冲阶段弧火山岩浆活动的产物,但其沉积相却反映弧间裂谷及深水盆地特征,这种现象极可能是金沙江结合带碰撞后,应力转呈拉张,在原来火山弧的位置形成弧内裂谷所致。由于其活动时间比金沙江带俯冲消减作用时间晚,以至有人称其为滞后型弧火山岩(莫宣学,1993)。

3. 绿春陆缘弧Ⅲ-6-1-3

绿春陆缘弧划分为 5 个四级构造单元,其中五素陆缘裂谷是基底,上叠有太忠火山弧和李仙江弧后盆地,盖层为玉碗水压陷盆地。

五素陆缘裂谷:这套双峰式火山岩夹深水相放射虫硅质岩,在布龙曾获得石炭纪放射虫,是形成于墨江被动陆缘之上的裂谷,与哀牢山洋扩张过程的伸张构造环境有关。

太忠火山弧和李仙江弧后盆地:位于哀牢山蛇绿混杂岩以西,分布在阿墨江断裂带和九甲断裂带之间,上叠在墨江被动陆缘和五素陆缘裂谷之上。

李仙江弧后盆地的下部为中二叠统高井朝组,上部主要为上二叠统羊八寨组。高井朝组具大陆边缘斜坡海山结构特征,在碎屑浊积岩的上部夹中厚层状灰岩,含 *Miselina claudiae*、*Verbeekina minor*,之上为火山岩,火山岩之上盖有浅水台地碳酸盐岩,含 *Neoschwageyina*。垂向上具浊积岩-火山-台地碳酸盐岩的海山结构。火山岩以玄武熔岩、安山岩为主,部分火山碎屑岩。上二叠统羊八寨组为一套含火山岩的滨海-沼泽相含煤建造,含植物大羽羊齿 *Gigantopteris* sp.,火山岩由玄武岩、安山岩、流纹岩组成。稀土元素分布型式呈弱富集的近平坦型到强烈富集的右倾斜型,与岛弧火山岩基本相似(莫宣学,沈上越等,1998)。

玉碗水压陷盆地:位于哀牢山断裂带南西侧之墨江县玉碗水、红河县垤玛、绿春县牛孔、元阳县戈奎、俄扎等地,呈北西向之长条状展布,宽 1~30km,长达 360km。在墨江县泗南江、江城县高山寨也有该类型盆地存在。是西金乌兰-金沙江-哀牢山洋盆于中三叠发生碰撞造山后首次接受的前陆盆地型沉积。由上三叠统玉碗水组、三合洞组、挖鲁八组、麦初箐组组成。其特征是:前陆盆地沉积底部的玉碗水组是一套山前磨拉石建造,底部粗屑磨拉石(砾石)可达 300m 厚,其上近千米亦为粗碎屑岩建造,并夹有中酸性火山岩。玉碗水组底部砾岩说明该压陷盆地的沉积处于盆地的陡坡带,接近碰撞带的位置。

(二) 昌都-兰坪-思茅双向弧后前陆盆地(P—T)Ⅲ-6-2

昌都-兰坪-思茅双向弧后前陆盆地 NW 向展布,是三江弧盆系的主体组成部分,其北侧为治多-江达陆缘弧带(P_2—T_2),南侧为开心岭-杂多-景洪岩浆弧(P_2—T_2)。古中元古界组成古老的变质基底,发育复杂构造演化过程,可划分为变质基底杂岩(Pt_2)、被动陆缘(O_1)、陆表海(C)、火山弧(P)、弧后前陆盆地(T)、羌北弧后前陆盆地(J)、周缘前陆盆地(K)、断陷-走滑盆地(E—N)。

1. 昌都双向弧后前陆盆地(P—T)Ⅲ-6-2-1

基底其上的早古生代青泥洞群(O_1)、曾子顶组(O)和志留系恰拉卡组(S),主要为被动边缘盆地中的一套深水陆棚-斜坡相复理石浊积岩系夹薄层灰岩沉积。晚古生代昌都地块进入稳定的盖层发展阶段,泥盆系—二叠系发育齐全,为昌都地块上出现的第一个稳定盖层沉积。在地块内部总体为陆表海盆地中的一套浅海台地型碳酸盐岩和碎屑岩沉积;在地块东、西两侧边缘主要为次稳定-活动型沉积,沉积厚度较大,并有中基性火山岩夹层的出现,西侧也称马查拉隆起带。

变质基底杂岩(Pt_2),主要由古中元古界宁多岩群($Pt_{1-2}N.$)构成,为石英岩-云母片岩-大理岩(斜长角闪岩)变质建造,为区域动力热流变质作用形成,达低角闪岩相铁铝榴石变质相带,原岩为砂泥质-碳酸盐岩(基性火山岩)建造,反映被动陆缘构造环境。

被动陆缘(O_1),下奥陶统不整合覆盖于变质基底之上,为石英砂岩-页岩-安山岩建造(灰色中厚层状细粒石英砂岩中夹少量板岩),为被动陆缘构造环境。其上泥盆系为安山岩-火山角砾岩-砾岩建造、砂岩-页岩-石灰岩建造,含层孔虫、珊瑚、腕足化石,为陆缘裂谷环境。表明O—D的由被动陆缘向陆缘裂谷环境的变迁。

陆表海(C),石炭系为海相稳定沉积,下统杂多群为石英砂岩+粉砂岩-灰岩-粉砂岩-白云岩建造,含腕足(*Chonetinella* sp.)、珊瑚(*Lophophyllum* sp. *Syringopora interemixta*),反映碎屑岩陆表海向碳酸盐岩陆表海过渡;上部加麦弄组为粉砂岩-砂岩-灰岩、生物碎屑灰岩-粉砂岩建造,含䗴、腕足、珊瑚化石,表明又一个碎屑岩陆表海-碳酸盐岩陆表海的构造旋回。同期侵入岩(301Ma)组合,为过铝质钙碱性系列,反映克拉通构造环境。

火山弧(P),发育砂岩-灰岩-玄武安山岩建造、安山岩-玄武岩-灰岩建造、灰岩-砂岩-中基性火山岩建造,富含䗴、腕足、菊石、珊瑚化石,为火山盆地-局限台地相沉积,综合为陆缘弧构造环境。在诺日巴尕日堡组一段中发育煤层及石膏岩。

弧后前陆盆地(T),主要由甲丕拉组(砂岩-砾岩-粉砂岩建造)、波里拉组(生物屑泥晶灰岩-灰岩-砂岩建造)、巴贡组(石英砂岩-粉砂岩-灰质页岩建造)组成,含双壳、珊瑚、腕足及植物化石,反映弧后前陆盆地构造环境。在甲丕拉组中发育石膏层及黄铁矿化。同期侵入岩不发育，少量辉长岩（244Ma，LA-ICP-MS）组合，钙碱性系列，活动大陆边缘环境。

周缘前陆盆地（K），K 不整合覆盖在下伏侏罗系之上，为石英砂岩-粉砂岩-泥岩建造，淡水湖相沉积，周缘前陆盆地构造环境。发育石英闪长岩（93Ma）-闪长玢岩组合，为后造山构造环境。

贡觉断陷-走滑盆地（E—N），E—N 平行不整合覆盖在下伏地层之上，为砾岩-砂岩-粉砂岩建造，发育粗安山岩-粗面岩-火山碎屑岩建造，为走滑盆地构造环境。

2. 兰坪双向弧后前陆盆地 III-6-2-2

兰坪坳陷盆地基本无古生代基底，盖层由上三叠统歪古村组、三合洞组、挖鲁八组和麦初箐组组成，与东部的一碗水压陷盆地相比，歪古村组以湖相三角洲砂岩为主，底部仅有厚度不大的砂砾岩；三合洞组为浅海台地碳酸盐岩，介壳碎片非常少；挖鲁八组以粉砂岩、泥岩为主，为海陆棚相；麦初箐组仍为海陆交互相环境。

下侏罗统漾江组、中侏罗统花开左组—下白垩统虎头寺间各组为湖相沉积，漾江组与下伏上三叠统麦初箐组整合过渡，下白垩统景星组和虎头寺组是重要的砂岩铜矿层位。古新统勐野井组为咸水湖泊，以含钾盐著称，始新统等黑组转为淡水湖泊沉积。

3. 思茅双向弧后前陆盆地 III-6-2-3

思茅坳陷盆地有古生代基底，西部发育火山弧，盖层以下划分出邦沙陆缘火山弧、南光陆缘斜坡、大平掌弧后盆地和云仙弧后前陆盆地等 5 个四级构造单元。

邦沙陆缘火山弧：分布在景洪勐罕以东地区，以上二叠统—下三叠统邦沙组为代表，下部为滨浅海砂岩、粉砂岩、泥岩组合，上部为火山岩组合。火山岩由玄武岩夹安山岩、英安（斑）岩、流纹质凝灰岩组成。是一套弧后盆地环境的玄武岩-安山岩-英安岩组合。

南光陆缘斜坡：分布在景洪勐罕以东南光一带，出露面积不大，呈南北向展布。中上泥盆统南光组为一套浊积岩，由砾岩、砂砾岩、岩屑砂岩、粉岩、板岩组成，含中酸性凝灰质，浊积扇常发育鲍马层序。含植物斜方薄皮木 Leptophloeum sp.。

大平掌弧后盆地：位于思茅坳陷盆地中部小黑江—勐远一带，呈北西向零星分布。石炭系—二叠系龙洞河组为一套厚度较大的火山-沉积岩组合，由含浊沸石、绿纤石的英安质火山角砾熔岩、英安质凝灰岩夹凝灰质粉砂岩、放射虫硅质岩及细碧-角斑岩组成。岩石地球化学特征具有明显的富钠、富镁特点。大凹子组的主要岩石类型为玄武岩、英安岩，少量安山玄武岩、流纹岩、凝灰岩，火山岩富集轻稀土，Eu 具有不同程度的弱亏损，亏损高场强元素（Nb、Ta、Ti），具有正 $\varepsilon Nd(t)$ 值（3.86～4.39）和较高的 Th/Ta 比值（15～17），显示活动大陆边缘岛弧型钙碱性系列火山岩的地球化学性质。新近获得的火山岩锆石 LA-ICP-MS 年龄为（421.2±1.2）Ma、（417.6±5.1）Ma，该套火山岩中赋存的大平掌铜矿的黄铁矿 Re-Os 等时线年龄为 421.3Ma。表明了怒江-昌宁-孟连洋盆在早二叠世之前还发生过一次俯冲消减事件。

云仙弧后前陆盆地：沿忙怀-酒房断裂带的东侧北西向延伸，在思茅区云仙、勐腊象明等地有出露。中三叠统下坡头组、大水井山组、臭水组是从冲积扇—浅海开阔台地碳酸盐岩-斜坡碳酸盐岩浊积岩的退积沉积，岩石中含较多火山物质，以凝灰质为主，底部砾岩中有较多的中性火山岩砾石。上三叠统威远江组、桃子树组和大平掌组是一套由台缘浅滩到潮坪的进积型沉积，含大量的凝灰岩，桃子树组中夹火山集块和角砾。盆地的西侧发育倒向东的叠瓦状逆冲构造，这是一个弧后前陆盆地。

无量山弧后前陆冲断带：位于临沧岩浆弧的北东方向，卷入冲断带的二叠系—三叠系已发生动力变质，千枚理全面置换原生层理，以千枚理为变形面形成褶皱式窗棱构造，棱柱呈杆状紧密排列，形成更大规模的杆状北西向近水平延伸，显示由南西向北逆冲运动。

昌都-兰坪-思茅地块东侧的岛弧火山岩与哀牢山洋向西俯冲有关，起始于中二叠世以前；西侧的弧火山岩是昌宁-孟连洋向西俯冲的极性标志，陆缘火山弧形成于晚二叠世晚期，弧后前陆盆地形成于中三叠世,西邻的澜沧江弧陆碰撞带中岛弧火山岩的时代最早为中二叠世。不难看出,地块两侧洋盆的俯冲时期都在中二叠世以前,哀牢山洋向西俯冲在晚二叠世晚期悄然停止,昌宁-孟连洋向西俯冲持续发展,直至中三叠世还有陆缘弧活动。两侧形成的对冲格局是中三叠世—晚三叠世碰撞造山的结果。

下侏罗统小红桥组为滨海相粉砂岩、泥岩,底部的砾岩不整合盖在老地层之上。中侏罗统和平乡组滨海潮坪碎屑岩夹灰岩、泥灰岩。上侏罗统坝注路组—上白垩统曼宽组为湖相碎屑沉积,白垩系比兰坪坳陷盆地齐全。上覆也为古近纪勐野井组、等黑组。中侏罗世有玄武岩喷发,古近纪有后造山过碱性-钙碱性岩侵入。

(三) 那底岗日-开心岭-杂多-景洪岩浆弧(P_2—J)Ⅲ-6-3

那底岗日-开心岭-杂多-景洪岩浆弧呈带状位于北羌塘-昌都-兰坪-思茅双弧后前陆盆地(Mz)的南部边缘。

1. 那底岗日-格拉丹冬陆缘弧(T_3—J_1)Ⅲ-6-3-1

那底岗日-格拉丹冬陆缘弧有前奥陶纪地层零星出露,主要为一套片岩类,被侏罗纪地层不整合覆盖,被中生代花岗岩类侵入,或者与其他地层呈断层接触。

该带晚古生代与北羌塘整体一致,为被动边缘环境。二叠纪中晚期到三叠纪早期,由于受南侧的龙木错-双湖古特提斯向北的俯冲消减和北侧的金沙江特提斯洋向南的俯冲消减共同作用,形成弧后盆地和陆缘弧环境。侏罗纪进入弧后前陆盆地环境。在龙木错-双湖蛇绿混杂带以北,北羌塘南缘的冈玛错—那底岗日—格拉丹冬一带,晚三叠世那底岗日组(T_3n)为一套陆相火山岩,岩性为玄武质火山角砾岩、玄武岩、石英安山岩、安山岩、流纹岩和角砾凝灰岩等,角度不整合于石炭纪—二叠纪不同地层之上。那底岗日组火山岩为钙碱性玄武岩系列,微量元素表现为强不相容元素富集,非活动性元素Nb、Ta亏损,Sr、P、Ti的强烈负异常,具弧火山岩地球化学特征,反映"滞后弧"岩浆活动。鄂尔陇巴组(T_3e)以火山岩为主,岩性为玄武岩、安山岩、流纹岩、凝灰岩、火山角砾岩。鄂尔陇巴组火山岩从早期的碱性玄武岩系列过渡到钙碱性系列,总体上属于陆缘弧与安第斯型活动边缘。

大致沿独雪山、藏色岗日、那底岗日、玛尔果茶卡有中-晚侏罗世和白垩纪中酸性花岗岩产出,也有新生代花岗岩分布比较零星。

2. 开心岭-浆弧(P_2—T)Ⅲ-6-3-2

该带石炭纪为稳定的陆表海沉积,其上发育二叠纪岩浆弧,后被不同时代陆内盆地覆盖。可划分为陆表海(C)、火山弧(P-T)、断陷-走滑盆地(E—N)。

陆表海(C),石炭系为稳定的陆表海沉积,下石炭统杂多群为板岩-砂岩-火山岩建造、砂屑灰岩-生物灰岩建造,含腕足(*Chonetinella* sp.)、珊瑚(*Lophophyllum* sp.,*Syringopora interemixta*)及三叶虫(*Cummingella* sp.)等化石;上石炭统加麦弄组为粉砂岩-砂岩-灰岩、生物碎屑灰岩-粉砂岩建造,含䗴、腕足、菊石、珊瑚及植物化石,为又一次碎屑岩陆表海-碳酸盐岩陆表海的构造旋回。

火山弧(P),开心岭群由下而上为砂岩-灰岩-玄武岩建造、凝灰岩-安山岩-流纹岩建造(287Ma)、生物灰岩-砂岩建造,含腕足、珊瑚、䗴及菊石化石,反映陆缘弧构造环境;同期侵入岩为正常花岗岩(251Ma),过铝质高钾钙碱性系列,为弧-陆碰撞构造环境。

晚三叠世发育侵入岩为闪长岩-石英闪长岩(207Ma)-英云闪长岩组合,偏铝质钙碱性系列,为活动大陆边缘弧构造环境。

白垩纪发育二长花岗岩-正长花岗岩组合(126Ma),为后碰撞构造环境。

断陷-走滑盆地(E—N),为复成分砾岩-石灰岩建造、泥灰岩粉砂岩-膏岩建造,淡(咸)水湖相-冲积扇相沉积,走滑拉分盆地环境。同期侵入岩为正长岩(100.26Ma)-正长斑岩(10.71Ma)组合,碱性系列,为后造山环境。

3. 杂多浆弧(P_2—T)Ⅲ-6-3-3

杂多浆弧位于昌都盆地西缘。分为陆缘裂谷盆地、碰撞火山弧。

陆缘裂谷盆地，包括晚古生代下石炭统杂多群和卡贡群(C_1)、加麦弄群(C_2)、中二叠统开心岭群(P_2)、东坝组和上二叠统乌丽群(P_3)、沙龙组(P_3sl)。主体为一套浅海相碳酸盐岩-碎屑岩和中基性-中酸性火山岩建造，其中火山岩为岛弧型拉斑玄武岩→钙碱性玄武岩、安山岩、英安岩、流纹岩、钾玄岩及相应的火山碎屑岩组合。其中，卡贡群(C_1)、中-上二叠统东坝组(P_2)、沙龙组(P_3)主体为一套宾浅海相碎屑岩及玄武安山岩、杏仁状/致密块状玄武岩、安山质角砾熔岩及变质凝灰岩夹灰岩组合。火山岩性质属于大陆拉斑-碱性系列玄武岩及安山岩，初步分析为与俯冲作用有关的陆缘火山弧环境。

在类乌齐—吉塘地区，于前人所定的石炭系卡贡群中，发现日阿泽弄组上部和玛均弄组上部均为深水沉积盆地的浊积岩，为一套硅灰泥复理石沉积，与该沉积组合共生的还见拉斑玄武岩-流纹岩"双峰式"组合，明显不同于东、西两侧地块区的含煤碎屑岩系卡贡群。日阿泽弄组"双峰式"火山岩系是地壳拉张变薄的裂谷(弧后)盆地产物。

碰撞火山弧(T_{2-3})，展布于吉塘杂岩东侧，由早中生代火山岩组成。三叠纪发生弧-弧碰撞作用，发育碰撞型火山岩、后碰撞弧火山岩及后碰撞伸展型火山岩。中-上三叠统竹卡群(T_{2-3})出露于中部，中上部以英安岩、流纹岩为主，夹凝灰岩及碎屑岩，熔岩中普遍具柱状节理；下部出现大量流纹-英安质火山角砾、角砾熔岩、岩屑晶屑凝灰岩、凝灰熔岩等，且碎屑沉积岩增多，局部夹大理岩，局部偶夹碳酸盐化蚀变玄武岩，显示碰撞火山岩环境。

4. 景洪岩浆弧(P_2—T)Ⅲ-6-3-4

景洪岩浆弧北部沿澜沧江呈窄长条带南北向展布，东以吉岔断裂为界，西以澜沧江断裂带为界，东为兰坪地块，西为碧罗雪山-崇山变质基底杂岩。在兰坪兔峨北西尖灭。南部从沙漠澜沧江大拐弯开始近南北向向南延伸，经景洪延入缅甸。西仍以澜沧江断裂带为界与临沧岩浆弧相接，东以忙怀-酒房断裂带为界与思茅地块相邻。是一个由中元古代基底(?)、中二叠世弧火山岩、中三叠世陆缘弧和侏罗纪—白垩纪盖层组成的三级构造单元。

中三叠统忙怀组，北部出露于兔峨以北，南部分布在曼湾以南的澜沧江断裂带和忙怀-酒房断裂带之间地区。下部以板岩、粉砂岩为主，含中三叠世标准化石。上部为火山岩，岩石类型以流纹岩为主，少量为英安岩、玄武质粗面安山岩，喷发不整合于二叠纪—石炭纪的浅变质岩系之上，其上被晚三叠世小定西组火山岩平行不整合覆盖。玄武质粗安岩类属碱性玄武岩系列，英安岩、流纹岩类属亚碱性火山岩，主要属高钾英安岩、高钾流纹岩。主量元素与微量元素均显示既有板内伸展盆地火山岩的特征，同时又具有明显弧火山岩特征。酸性端元与基性端元之间不存在明显的同源演化特征。可能为碰撞造山后地壳松弛阶段的产物。彭头平等(2006)对云县棉花地的忙怀组流纹岩进行了锆石 SHRIMP 测年研究，获得(231.0 ± 5.0)Ma 的加权平均值，南部官房铜矿等地也获锆石 LA-ICPMS 年龄：234.3Ma、234.8Ma、236.9Ma，均属中三叠世。与沉积岩夹层中的古生物鉴定成果一致。

上三叠统小定西组下部的红色砾岩不整合覆盖在中三叠统忙怀组流纹岩之上，上部的橄榄安粗岩组合以灰绿色玄武岩、暗绿色(杏仁状)安山玄武岩、安山岩、粗安岩为主，少量为弱熔结火山角砾岩、粗安质凝灰岩。属钠质火山岩，大多数样品为钙碱性系列，仅少量的粗面玄武岩、玄武质粗面安山岩属橄榄安粗岩系列。在各种地球化学图解中，小定西组火山岩显示了明显的弧火山的特点，同时也具有某些板内火山岩的属性。彭头平在玄武岩中获锆石 SHRIMP U-Pb 年龄 213Ma、216Ma，属晚三叠世。与沉积岩夹层中的古生物鉴定成果一致。

下侏罗统芒汇河组为一套红色陆源碎屑沉积岩夹基性、中酸性、酸性火山岩，不整合覆于老地层之上，被中侏罗统和平乡组整合-假整合覆盖。碎屑岩属陆相河湖相环境。火山岩以石英斑岩、块状流纹岩为主，少量为灰色玄武岩、安山玄武岩、安山岩，常形成基性—中性—中酸性—酸性的喷发韵律，因横向变化大，也常有缺失。酸性火山岩可与极低 Sr 高 Yb 花岗岩类对比。在 K_2O-Na_2O 图解上，也主要落入 A 型花岗岩区；在 R_1-R_2 图解中主要落入"非造山花岗岩"区、"造山期后花岗岩"区。结合稀土元素配分曲线分析，本期火山岩可能是低压条件下，以斜长石为主要残留固相的角闪岩相变质岩系部分熔融形成的。1:25 万景洪幅区域地质调查在江桥一带的忙汇河组流纹岩中新近获得锆石 LA-ICP-MS 年龄(196.7±2.3)Ma、(198.1±3.5)Ma，属早侏罗世。

在民乐一带，基底为中元古界团梁子岩组和中三叠统忙怀组，盖层底部为上三叠统小定西组，中间为下侏罗统忙汇河组，上部为中侏罗统—白垩系红层。

从区域上看，晚三叠世以前洋盆已经封闭，与大洋俯冲有关的构造旋回最晚也应在晚三叠世结束，晚三叠世以后进入盆山转换构造阶段。小定西组弧火山的属性明显滞后于区域地质构造发展阶段，岩浆的形成与古特提斯俯冲洋壳在深部脱水导致地幔楔形区的部分熔融及俯冲板片的断离、拆沉作用有关。应是造山后构造旋回盆山转换阶段的起始标志，红色砾岩的出现及与下伏地层的不整合接触也佐证了这一点。

下侏罗统忙汇河组火山岩明显属碰撞后裂谷环境，是兰坪-思茅侏罗纪—白垩纪红层盆地快速伸展成盆的前奏，也是滇西古特提斯构造演化最终结束后新一轮构造旋回开始的标志。早侏罗世碰撞后裂谷开创的新一轮伸展构造环境，为中侏罗世—始新世的坳陷盆地沉积打下了基础。

七、乌兰乌拉-澜沧江结合带Ⅲ-7

乌兰乌拉-北澜沧江结合带西起绶加日以西，经若拉岗日、乌兰乌拉湖西北，向南东至拉龙贡村巴附近、类乌齐—曲登一带。该带除在绶加日、若拉岗日南、黑熊山、乌兰乌拉湖等地零星分布超镁铁岩以外，主要见一套浅变质的中基性火山岩分布于混杂岩中。该带可细化为乌兰乌拉湖蛇绿混杂岩带、北澜沧江蛇绿混杂岩带和南澜沧江蛇绿混杂岩带 3 个次级构造单元。

（一）乌兰乌拉结合带Ⅲ-7-1

乌兰乌拉湖蛇绿混杂岩带呈北北西向转北西向展布，是东侧昌都地块及其开心岭-杂多陆缘弧带与西侧北羌塘地块的重要分界线，构造位置即是原北澜沧江结合带或断裂带的北段，该带北延交接于西金乌兰湖-金沙江结合带，南延交接于北澜沧江蛇绿混杂岩带。带内以叠瓦状断块为基本构造特征，不仅发育逆冲推覆构造，还有走滑剪切构造，变形层次较深，韧性剪切带发育。带内物质组成复杂，不同时代(D_{1-2}、D_{2-3}、C—P、T)及不同成因的岩块或构造透镜体大小混杂，并经历多期构造变形，且有高压变质相带相伴。混杂岩基质主体是一套强变形构造改造的灰黑色砂板岩夹火山碎屑岩组合，原称作若拉岗日群(T_{2-3})(1:100 万改则幅，1986)。

蛇绿岩组合的岩性主要为辉绿岩、辉绿玢岩，少数为辉长岩、辉长-辉绿岩和橄榄岩、叶蛇纹石岩，中基性火山岩主要为粗玄岩、玄武岩、气孔状安山岩、粗面岩、玄武质火山角砾岩、安山质晶屑岩屑凝灰岩等，1:25 万区域地质调查认为形成于板内-洋岛(或洋脊)过渡环境或陆内裂谷构造环境，相伴硅质岩中含有(晚奥陶世—)晚泥盆世、石炭纪、二叠纪放射虫组合。

上三叠统苟鲁山克错组或甲丕拉组(T_3)不整合覆盖于混杂岩之上，代表晚三叠世晚期闭合造山的形成过程。李才等(2003a)在狮头山、黑熊山等地发现黑云钠长硬玉岩、含蓝闪石硬玉角闪辉长岩、含蓝闪石钠长黑云硬玉岩等高压变质岩，时代为石炭纪—二叠纪。

（二）北澜沧江结合带Ⅲ-7-2

北澜沧江蛇绿混杂岩带往西可能在查吾拉以东的拉龙贡村附近与龙木错-双湖蛇绿混杂岩带相交接；向南呈北北西向的狭长带状沿北澜沧江西岸展布，主要分布于类乌齐县岗孜乡日阿则弄、曲登乡，经脚巴山西侧，南延至卡贡一带，沿碧罗雪山-崇山变质地体东界澜沧江断裂进一步南延则可能与南澜沧江结合带相接。该蛇绿混杂岩带由于被东侧开心岭-杂多-竹卡二叠纪—晚三叠世火山弧向西的逆冲掩盖，(蛇绿)构造混杂岩断续出露，部分地段的韧性剪切带具有相当的规模。

晚古生代下石炭统杂多群和卡贡群(C_1)、加麦弄群(C_2)，中二叠统开心岭群(P_2)、东坝组和上二叠统乌丽群(P_3)、沙龙组(P_3sl)，主体为一套浅海相碳酸盐岩-碎屑岩和中基性-中酸性火山岩建造。其中，卡贡群(C_1)、中-上二叠统东坝组(P_2)、沙龙组(P_3)主体为一套宾浅海相碎屑岩及玄武安山岩、杏仁状/致密块状玄武岩、安山质角砾熔岩及变质凝灰岩夹灰岩组合；火山岩性质属于大陆拉斑-碱性系列玄武岩及安山岩，初步分析与俯冲作用有关的陆缘火山弧环境。

于前人所定的石炭系卡贡群中，发现日阿泽弄组上部和玛均弄组上部均为深水沉积盆地的浊积岩，为一套硅灰泥复理石沉积，与该沉积组合共生的还见拉斑玄武岩-流纹岩"双峰式"组合，明显不同于东、西两侧地块区的含煤碎屑岩系卡贡群。日阿泽弄组"双峰式"火山岩系是地壳拉张变薄的裂谷（弧后）盆地产物。

被卷入脆韧性剪切带的南段组发育斜歪倾伏褶皱和褶劈理及窗棂构造，斜歪倾伏褶皱（D_2f_2）以流劈理（D_1S_1）为变形面，从弱变形域—强应变带，褶皱两翼从闭合—紧闭状变化，转折端从等厚—相似型变化，轴面劈理为褶劈理（D_2S_2）。石英岩、石英砂岩等强硬岩层出现窗棂构造（D_2L_2）。韧性剪切带表现为小型片内褶皱带、无根褶皱带和褶劈理密集带，构造岩为千糜岩、千枚岩。叠瓦状构造系统向东倾，指示由东向西逆冲运动。构造时限为中三叠世碰撞造山时期。

在云南无量山地区，以无量山岩群为代表，为一套砂泥质岩石为主夹砂砾岩、碳酸盐岩、硅质岩、基性-中酸性火山岩及火山碎屑岩沉积。出现的变质岩石类型主要为绢云板岩、绢云千枚岩及变质砂岩，局部出现英安质板岩、石英岩和大理岩。变质泥质岩石中以普遍出现由某些矿物或矿物集合体构成的变斑，使岩石呈现变斑状或斑点构造为特征。在无量山岩群的变质流纹岩中获得（全岩Rb-Sr等时线）成岩年龄为295Ma，以及201Ma的后期改造年龄。

该构造区内可见3个世代的构造变形形迹。除早期构造形迹分布限制于下部地层以外，晚期构造在构造区内3个三级构造单元中具有相似的特征。其中D_1、D_2世代构造形迹以小型构造为主，构造变形具脆韧性，D_4世代主要发育大中型构造，构造变形为脆性。

（三）南澜沧江结合带(C—P)Ⅲ-7-3

南澜沧江结合带分布在无量山南至景洪一线的窄长条带，夹持在澜沧江断裂带和忙怀-酒房断裂带之间，上被侏罗纪—白垩纪盖层覆盖，出露不连续。主体由增生杂岩和蛇绿混杂岩两部分组成。

1. 团梁子-南段增生杂岩Ⅲ-7-3-1

构成澜沧俯冲增生杂岩的主要有元古宇(?)团梁子岩组、石炭系—二叠系南段组和上二叠统拉巴组、中二叠统吉东龙组、上二叠统沙木组。

团梁子岩组，是一套强变形弱变质的细碎屑沉积岩系，夹少量的绿片岩、变质次辉绿岩。属区域低温动力变质作用，变质强度达低绿片岩相，变形变质后的岩石以绢云千枚岩为主，部分板岩、绿片岩。千枚岩中D_1S_1面理已经全面置换原生层理，构造分异的成分层与面理平行，沿D_1S_1有大量石英细脉贯入。原划为早古生代。D_1S_1是被卷入向下俯冲作用的顺层剪切作用所致，以D_1S_1面理为变形面的叠瓦状逆冲构造是碰撞造山时期的主构造，断面向西倾，指示向东逆冲运动。近年的1:25万区域地质调查工作中，在绿片岩、变质次辉绿岩中获得的锆石LA-ICP-MS年龄为1700~1600Ma(?)，被视为中元古代地层。基性岩的岩石地球化学特征主要显示离散型板块边缘的构造背景，这与上扬子古块中元古代的伸展构造环境非常吻合，推测中元古代为上扬子古陆块的一部。

南段组主要由不等粒石英砂岩、岩屑石英杂砂岩、含砾石英杂砂岩、含长石石英砂岩、长石石英砂岩、页岩和黏板岩组成，其上被上二叠统拉巴组整合覆盖，下部常与中元古界澜沧岩构造接触。发育少量粒序层理、平行层理、微斜层理及不完整的鲍马层序（ad、abd），砂岩底部有沟模、槽模等沉积构造，表现出近源浊积岩的特征，沉积环境为被动大陆边缘次深海大陆斜坡-大陆隆。

拉巴组主要由灰色岩屑石英砂岩、黄绿色页岩、灰黑色放射虫硅质岩、紫红色页岩、泥灰质生物碎屑灰岩、钙质板岩组成，夹少量沉玄武安山质岩屑凝灰岩、凝灰岩。其中砂岩的概率曲线显示悬浮总体占整个粒度分布的绝大部分,曲线中波折。上凸形态,斜率较小,显示出浊流沉积的特征(钟大赍,1998)。泥灰质碳酸盐岩中见发育粒序层理、平行层理、微斜层理、水平层理、包卷层理,各种沉积构造与其粒度结构相关出现,明显为一套钙质浊积岩,其组成鲍马层序组合形式有 abcde、abcd、abd、de 等。硅质岩中的放射虫以泡沫虫为主,个体丰富,属种单调,放射刺不发育,代表较深水海洋环境。结合浊流碎屑中普遍含中基性、中酸性火山碎屑和长石,并夹少量沉玄武安山质岩屑凝灰岩、凝灰岩,说明源区已发生火山喷发活动,而这一时期正是岛弧火山岩的喷发高峰期,其沉积环境为活动大陆边缘大陆坡附近受陆源影响较大的深水盆地。

南段组和拉巴组的浊流沉积是被动大陆边缘向活动大陆边缘转换的表现和结果,南段组沉积厚度大,其浊积岩具快速堆积的特征,常与低温高压变质的蓝闪石片岩构造接触,沉积环境可能位于消减带附近。拉巴组岩屑石英砂岩与南段组砂岩相似,但代表深水沉积的放射虫硅质岩和由深海泥形成的红色页岩指示其沉积深度更大,应是海沟构造环境的沉积。另外,在南段陆缘斜坡以东的临沧岩浆弧二长花岗岩中捕虏有被刮削、拼贴到俯冲带上盘陆壳中的蛇绿混杂岩,被花岗岩上侵运移。因此,南段陆缘斜坡和拉巴无蛇绿岩碎片浊积岩不仅反映了被动大陆边缘向活动大陆边缘的转换,同时也证实存在俯冲增生楔。

在吉东一带,由中二叠统吉东龙组、上二叠统沙木组组成,火山岩以玄武岩、安山玄武岩、安山岩、安山玄武质凝灰岩为主,安山玄武质火山角砾岩较少,岩石均已发生不同程度的变质。岩石化学属亚碱性岩系列的钙碱性系列,形成于弧后盆地环境。沉积岩属半深海斜坡环境。

2. 岔河-半坡蛇绿混杂岩Ⅲ-7-2-2

超基性岩出露于临沧县江边—景谷县岔河—崴里—半坡—回头山一带,单个岩体规模较小,但整个岩带纵贯全区,长度超过 110km,宽度为 10～15km。

镁铁-超镁铁杂岩与上古生界浅变质岩混杂,被下侏罗统就康组中-基性、酸性火山岩角度不整合覆盖。主要有江边角闪辉长岩体、岔河辉长岩体、茂密河辉长岩体、崴里镁铁-超镁铁杂岩体、半坡镁铁-超镁铁杂岩体。另外还有一些规模很小的基性岩脉。由于该岩带侵入于上二叠统、上三叠统中,并被下侏罗统所覆盖,故无疑属晚三叠世—早侏罗世岩浆活动的产物。

由北往南有吉岔岩体、半坡岩体、旧街岩体、大谷地岩体、南联山岩体、怕冷岩体和曼秀岩体等。这些被称为橄榄岩-闪长岩型杂岩体(张旗,张魁武,李达周,1986,1988),并认为可能属"阿拉斯加"型岩体,经 1:25 万区域地质调查重新研究后,将其划分为(高)镁闪长岩-辉长岩-橄榄岩组合。吉岔岩体、半坡岩体、南联山岩体为一套超镁铁岩-镁铁岩-闪长岩-石英闪长岩组合,其中超镁铁岩主要为单辉橄榄岩,镁铁岩以辉长岩为主。旧街岩体、大谷地岩体、怕冷岩体主要岩石类型有闪长岩、石英闪长岩、石英二长闪长岩,曼秀岩体为辉长岩和闪长岩。

半坡岩体超镁铁岩的岩石化学特征显示存在 2 类超镁铁岩,一类属变质橄榄岩,另一类为超镁铁质堆晶岩。前者 LREE 弱富集,后者呈平坦型或 MREE 弱富集。镁铁岩的岩石化学特征表现出明显的富铝趋势,在 F_1-F_2-F_3 图解中投影点主要落入 CAB 区,显示出较典型的与俯冲作用相关的地球化学特征。闪长岩的岩石化学特征属正常类型和铝过饱和类型,稀土元素分布型式为右倾的 LEER 富集型,LREE 和 HREE 分异明显,微量元素投影点落入火山弧花岗岩区。

吉岔岩体中闪长岩锆石年龄为$(297±6)$Ma(魏君奇等,2008),辉长岩 SHIMP 锆石年龄为$(280±6)$Ma(简平等,2004);李钢柱等用 ID-TIMS 方法在半坡岩体闪长岩中获锆石年龄为 294.9Ma(2012),南联山岩体辉长闪长岩中获锆石年龄 298.4Ma(2011);1:25 万景洪市幅用 LA-ICP-MS 方法在南联山岩体闪长岩内获锆石年龄为 305～300Ma,曼秀岩体的辉长岩获锆石年龄为 307.4Ma,闪长岩锆石年龄为 291.3Ma,雅口岩体辉长岩获锆石年龄为$(296±10)$Ma(王晓峰,2012)。此外,大谷地岩体的闪长岩曾获得过 Rb-Sr 年龄 319Ma。可以看出,(高)镁闪长岩-辉长岩-橄榄岩组合的年龄主要为 307.9～294.4Ma,表明俯冲作用启动时期不会晚于晚石炭世。

八、本松错-冈塘错-唐古拉-他念他翁-临沧岩浆弧Ⅲ-8

(一) 本松错-冈塘错岩浆弧Ⅲ-8-1

本松错-冈塘错岩浆弧分布于龙木错-双湖蛇绿混杂带南侧，整体呈东西向展布。东西延伸约90km，南北宽约40km。

擦蒙组、展金组、曲地组普遍经受区域变质，形成变质砂岩、板岩、千枚岩、片岩等，劈理顺层发育并随地层一起发生褶皱，为低绿片岩相变质作用。晚石炭世至中二叠世地层中有基性火山岩夹层和大量顺层侵入的辉长岩及辉绿岩。龙格组和日干配错组不均匀变质，古近系、新近系不变质。

本松错是一个多期次侵入的复式花岗岩基，1:25万玛依岗日幅区域地质调查报告（吉林大学，2004），岩体时代有晚侏罗世、晚三叠世和奥陶纪、晚寒武世。侵入岩的主要岩石类型有黑云母花岗岩、巨斑状黑云母花岗岩、白云母花岗岩、二云母花岗岩、电气石白云母花岗岩、似斑状二云母花岗岩、花岗闪长岩、花岗斑岩、正长斑岩、闪长岩、花岗质片麻岩等。

(二) 唐古拉岩浆弧Ⅲ-8-2

晚三叠世碰撞型花岗岩类侵入体分布于唐古拉山口以东至仓来拉一带，岩石类型为花岗闪长岩-二长花岗岩，获得黑云母Ar-Ar法年龄值为(215±4)Ma(晚三叠世)。侏罗纪—白垩纪为碰撞-后碰撞期侵入岩浆活动，中酸性侵入岩沿藏色岗日—玛尔果茶卡—江爱达日那—唐古拉山—查吾拉一带呈北西-南东向展布，岩石属于花岗闪长岩-二长花岗岩-花岗闪长斑岩-二长花岗斑岩-石英斑岩组合，岩石的K-Ar法年龄为186.3Ma、178～135Ma、165.5～122Ma、94.8Ma(1:25万布诺错幅、江爱达日拉幅等，2005)；东段格拉丹冬获得K-Ar年龄为135～78Ma(1:25万赤布张错幅、安多县幅，2002；1:25万仓来拉幅，2005)。

(三) 他念他翁岩浆弧Ⅲ-8-3

他念他翁岩浆弧出露有古-中元古代吉塘岩群($Pt_{1-2}J.$)，新元古代酉西岩组(Pt_3Y)，中二叠世东坝组(P_2d)、晚二叠世沙龙组(P_3sl)，中三叠世俄让组(T_2e)、中-晚三叠世竹卡群($T_{2-3}\hat{Z}$)、晚三叠世小定西组(T_3x)，并伴有岩浆侵入活动。

吉塘岩群($Pt_{1-2}J.$) 为该构造单元的变质结晶基底，为一套深变质岩系，与上覆地层均呈断层接触，岩性组合为黑云斜长片麻岩、黑云钾长片麻岩、花岗片麻岩、黑云斜长二辉片麻岩、斜长角闪岩等，其间有元古宙片麻状花岗岩侵入，变质达角闪岩相-麻粒岩相，其原岩可能为一套泥砂质岩夹基性火山岩的地层体。

酉西岩组(Pt_3Y) 为该构造单元的褶皱基底，为一套绿片岩相变质岩系，呈断块状产出，岩性组合有钠长二云石英片岩、钠长二云片岩、绢云绿泥片岩、钠长绿帘阳起片岩、钠长片岩等，其原岩为活动大陆边缘火山岩夹碎屑岩建造，可能为原特提斯沉积的产物。

中二叠世东坝组(P_2d)、晚二叠世沙龙组(P_3sl)： 前者为一套台地相碳酸盐岩夹碎屑岩、少量火山岩建造；后者为一套基性玄武岩夹碎屑岩及碳酸盐岩建造，均表现为活动大陆边缘沉积，与澜沧江洋盆向昌都-思茅陆块消减有关。

中三叠世俄让组(T_2e) 主要岩性为粉砂质板岩，变质长石石英砂岩，为一套大陆边缘碎屑岩、黏土岩沉积建造。

中-晚三叠世竹卡群($T_{2-3}\hat{Z}$)、晚三叠世小定西组(T_3x) 为澜沧江洋盆向昌都-思茅陆块俯冲、消减而演化成的陆缘火山弧建造序列，为一套陆缘火山弧中酸性火山熔岩、火山碎屑岩、碱性火山岩夹正常沉积岩建造，其分布范围广，厚度大，具典型陆缘火山弧特征。

该构造单元在沉积建造演化过程中,同时发育消减型（Ⅰ型）花岗岩,共同构成该岩浆弧。

（四）崇山-临沧增生弧Ⅲ-8-4

崇山-临沧增生弧沿福贡—碧罗雪山—临沧—勐海一线分布,东以澜沧江断裂与澜沧江结合带为邻,西以怒江断裂带、崇山断裂带为界,南部以临沧花岗岩的边界为界,与怒江-昌宁-孟连对接带相接。北延入西藏,南经大勐龙延入缅甸。划分为2个四级构造单元。

1. 碧罗雪山-崇山变质基底(Pt_2)Ⅲ-8-4-1

碧罗雪山-崇山变质基底分布在贡山县拉嘎贝-碧罗雪山西麓,呈东西宽仅5~30km的窄长条带近南北向延伸。东邻澜沧江结合带,西接怒江-昌宁-孟连对接带,由2部分组成,即碧罗雪山同碰撞岩浆杂岩和崇山变质基底杂岩。

1）碧罗雪山同碰撞岩浆杂岩(T—K)

碧罗雪山同碰撞岩浆杂岩以三叠纪二长花岗岩为主,岩石地球化学类型属钙碱性系列,同碰撞强过铝花岗岩。

2）崇山变质基底杂岩(Pt_1)

崇山变质基底杂岩由古元古界崇山岩群和片麻状花岗岩组成。崇山岩群岩石类型为黑云斜长变粒岩-片麻岩、角闪斜长变粒岩-片麻岩、斜长角闪岩,岩石经历了古元古代末期中压区域动力热流变质作用,变质强度达角闪岩相,是羌塘-三江变质域的结晶基底。片麻状花岗岩以黑云二长花岗岩为主,少量钾长花岗片麻岩、黑云斜长花岗岩,属闪长岩-花岗岩组合。在An-Ab-Or图解中落入花岗闪长岩区及花岗岩区;在R_1-R_2图解中则主要落入同碰撞花岗岩区。结合稀土元素配分曲线分析,前者可能属低压下,以斜长石为主要残留固相（无石榴石）的角闪岩相变质岩部分熔融形成的;而后者可能是含斜长石-角闪石-石榴石-辉石的高压麻粒岩在较高的压力条件下部分熔融形成的。后期被三叠纪花岗岩侵入包围,常以残留体样式产出。

2. 临沧岩浆弧(P—T)Ⅲ-8-4-2

临沧岩浆弧分布在云县—临沧—勐海一带,东以澜沧江断裂带为界,西以花岗岩边界为界,东邻澜沧江结合带,西接昌宁-孟连对接带。

1）临沧同碰撞岩浆杂岩(P—T)

被前人称为"临沧花岗岩基"的大片三叠纪二长花岗岩属后碰撞型岩体,它的侵位曾被认为隔断了昌宁-孟连蛇绿岩与东部弧火山岩的毗邻关系,使昌宁-孟连洋的俯冲方向变得模糊。1:25万临沧县幅找到并圈出了英云闪长岩-花岗闪长岩,它们侵入于古元古界大勐龙岩群角闪岩相变质岩中,被中-晚三叠世黑云二长花岗岩侵入[锆石U-Pb年龄为(234~219)±1Ma],再被中侏罗统花开左组不整合覆盖。在R_1-R_2图解中,投影点多落入地幔分异的花岗岩和碰撞前花岗岩区,少量落入同碰撞花岗岩区,应属俯冲作用鼎盛时期岩浆活动的产物。在英云闪长岩中获锆石U-Pb年龄,上交点为1996.57Ma,代表了源区特质的成岩年龄;下交点为264.63Ma,代表了英云闪长质岩浆中锆石结晶年龄,即英云闪长岩岩浆结晶年龄。该套TTG岩系的极性指示昌宁-孟连洋向东俯冲。

临沧花岗岩基中的英云闪长岩-花岗闪长岩-花岗岩组合与澜沧江断裂带以东的（高）镁闪长岩-辉长岩-橄榄岩组合是晚石炭世—早二叠世俯冲构造背景下岩浆活动的产物,反映了俯冲过程中随着深度的加深,俯冲板片与大陆岩石圈的下地壳—上地幔发生局部熔融,在下地壳—上地幔过渡部位的局部熔融产生英云闪长岩-花岗闪长岩-花岗岩组合,并向上侵位;在上地幔局部熔融产生的岩浆在上侵过程中与石榴石上地幔、尖晶石上地幔发生混染,使其中的MgO含量不同程度地升高（最高可达7.35%）形成（高）镁闪长岩-辉长岩-橄榄岩组合。在平面上,英云闪长岩-花岗闪长岩-花岗岩组合靠近海沟,（高）镁闪长岩-辉长岩-橄榄岩组合向大陆一侧发展。

2) 大勐龙基底残块（Pt）

大勐龙变质基底杂岩位于崇山-大勐龙地块之南段，其空间位置在昌宁-孟连洋盆关闭后的弧-陆碰撞造山作用过程中大部分被临沧岩浆弧的同碰撞花岗岩所占据，组成变质基底杂岩的大勐龙群只以残块的形式分布于临沧同碰撞岩浆杂岩中。大勐龙岩群亦为一套角闪岩相的变粒岩、片麻岩、角闪岩，局部夹有大理岩，由于其与崇山变质基底杂岩沿走向遥遥相对，变形-变质特征、岩性组合等二者基本一致，有可能两者为同一套地层被后期构造肢解而分离。

3) 粟义蓝闪石高压变质带（C—P）

粟义蓝闪岩高压变质带主要由中元古界澜沧岩群曼来组和惠民组组成，蓝片岩相变质岩由千枚岩、石英片岩和蓝闪石片岩、绿片岩和少量变粒岩组成，具有典型的低温-高压变质矿物组合：蓝闪石、青铝闪石、硬玉、硬玉质辉石、硬柱石、多硅白云母等。流劈理（D_1S_1）全面置换原生层理，蓝闪石沿流劈理定向生长，并构成 D_1S_1 连续劈理。

由西向东构成了2条各具特色的南北向低温-高压变质带：粟义蓝片岩带和南榔蓝片岩带。粟义蓝片岩带的低温高压变质矿物以蓝闪石、硬玉、硬玉质辉石、硬柱石为主，处于地壳浅部构造层次。南榔蓝片岩带以富含铁铝榴石而区别于粟义蓝片岩带，高压矿物组合与粟义蓝片岩相似。

4) 西定基底残块（Pt_2）

西定陆壳残片主要由中元古界澜沧岩群的南木岭组和勐井山组组成，岩石类型有碳质千枚岩、绢云千枚岩、碳质石英千枚岩和绢云石英千枚岩，变质矿物以绢（白）云母、绿泥石为主，出现了多硅白云母、黑硬绿泥石等显示低温-高压环境的矿物。岩石变形强烈，流劈理（D_1S_1）置换原生层理，后期叠加褶劈理（D_2S_2）。

第四节　班公湖-怒江-昌宁-孟连对接带 Ⅳ

班公湖-怒江-昌宁-孟连对接带，西起乌孜别里山口，主体向东经班公湖、安多至索县，后转向沿怒江南下经丁青、八宿至碧土，继续南延受碧罗雪山-崇山变质地块的阻隔及南北向强烈逆冲带的叠覆而不明，再次显露即与昌宁-孟连对接带联为一体，呈一反"S"形带状展布，成为泛华夏大陆南缘晚古生代羌塘-三江造山系与冈瓦纳大陆北缘中生代冈底斯-喜马拉雅造山系的重要分界（潘桂棠等，2002a，2008）。

对接带内广泛出露古生代—中生代蛇绿岩、蛇绿混杂岩、增生杂岩，以及元古宙基底残块和大量古生代—中生代"岩块"，记录了青藏高原古特提斯大洋形成演化的地质信息。班公湖-怒江-昌宁-孟连对接带是青藏高原中部一条重要的古特提斯大洋最终消亡的巨型结合带，构筑了冈瓦纳大陆与劳亚-泛华夏大陆分界线（潘桂棠等，1997，2004b，2008；李才等，2006a，2008；王立全等，2008a），包括龙木错-双湖-类乌齐-南澜沧江结合带（Pz—T）、南羌塘增生弧盆系（Pz—K_1）、左贡地块（Pt/C，T_3—J 前陆盆地）、吉塘变质地块（Pt/C，T_3 岩浆弧）、临沧桑地块、班公湖-怒江结合带（Pz_2—K_1）等次级构造单元。

上述对接带区内广泛出露古生代—中生代蛇绿岩、蛇绿混杂岩和俯冲增生杂岩，以及元古宙基底岩系和大量古生代—中生代"构造岩块"，表现为局部有序地层与不同时代、不同构造环境、不同变质程度和不同变形样式等总体无序混杂岩组成的复杂俯冲增生地层系统，记录了古特提斯大洋形成演化的地质信息。

一、龙木错-双湖-类乌齐结合带 Ⅳ-1

龙木错-双湖-类乌齐结合带主体位于北羌塘地块与南羌塘残余盆地之间，其北界为龙木错-清澈湖-玉环湖-大熊湖-玛依岗日-爱达江日-双湖断裂，南界为龙木错-清澈湖-阿鲁错-丁固-肖茶卡-双湖断裂,向东在双湖以东大致沿阿尔下穷-扎萨-查吾拉断裂,于拉龙贡村巴附近与类乌齐-曲登蛇绿混杂岩带相接。该带向西于龙木错附近被阿尔金大型走滑断裂截断。

依据结合带分段出露的空间展布特征,将龙木错-双湖-类乌齐结合带进一步分为龙木错-双湖蛇绿混杂岩带、托和平错-查多岗日洋岛增生杂岩带和类乌齐-曲登蛇绿混杂岩带3个次级构造单元。

(一) 龙木错-双湖蛇绿混杂岩带($Pz—T_2$)Ⅳ-1-1

龙木错-双湖蛇绿混杂岩带是南、北羌塘盆地的重要分界线,全长约1350km,近来的区域地质调查和科学研究取得了许多新进展和新发现。该带西起龙木错,向东至清澈湖折向南,经羌马错后再折向东沿冈玛错-戈木日-玛依岗日-查桑南-双湖-阿尔下穷-扎萨-查吾拉一带分布,东延在拉龙贡村附近可能与类乌齐-曲登蛇绿混杂岩带相接(李才,1987)。该带向西被阿尔金大型走滑断裂左行位移后,在喀剌昆仑地区的走向尚不完全清楚。

龙木错-双湖缝合带现今主要出露于冈玛日—戈木日—角木日—玛依岗日—恰格勒拉一带,该带主要由石炭系—二叠系浅变质含砾板岩、砂板岩和强烈变形的蓝片岩、绿片岩、千糜岩、糜棱岩等中-高压变质岩系,以及分布其中的超基性岩、堆晶(辉长)岩、枕状玄武岩、放射虫硅质岩、结晶灰岩、大理岩等大小不等的岩块(片)和辉长岩-绿岩脉/岩墙组成(1:25万查多岗日幅—布诺错幅、1:25万丁固幅—加错幅、1:25万玛依岗日幅、1:25万吐错幅—江爱达日那幅,2005),表现为较典型的蛇绿构造混杂岩特征。

古生代蛇绿岩发现有奥陶纪—志留纪蛇绿岩、二叠纪蛇绿岩、石炭纪—二叠纪洋岛-洋脊型玄武岩和辉长-辉绿岩墙/脉群、泥盆纪—二叠纪和三叠纪放射虫硅质岩,以及二叠纪洋岛-海山增生混杂岩、泥盆纪—二叠纪构造混杂岩等。奥陶纪—志留纪蛇绿岩,主要见于蛇绿梁—果干加年山一带,为一套绿片岩相变质的蛇绿岩,主要由辉石橄榄岩、堆晶辉石岩、堆晶辉长岩、斜长岩和枕状玄武岩等岩石类型组成,最新获得堆晶辉长岩SHRIMP锆石U-Pb年龄为467~432Ma(李才等,2008;王立全等,2008),为典型的洋脊(MORB)型。二叠纪蛇绿岩主要于羌塘中部的红脊山、角木日、雪水河、玛依岗日南北坡、角才茶卡东、纳若和恰格勒拉及双湖以东的多木茶卡等地分布,延长超过450km,蛇绿岩组合中主要有辉石橄榄岩、橄榄辉石岩、辉长辉绿岩、橄榄辉长辉绿岩、枕(块)状玄武岩和放射虫硅质岩,形成于大洋中脊环境(翟庆国等,2005)。在双湖以东的才多茶卡以北的灰黑色硅质岩中,产晚泥盆世法门期和二叠纪的放射虫化石(朱同兴等,2005)。以辉长岩、辉绿岩和辉长-辉绿岩为代表的基性岩墙/脉群,在冈玛日—戈木日—角木日—玛依岗日—恰格勒地段,以及向东至双湖地区均有大量分布,长逾800km,宽数十千米至百余千米;尤其在波扎亚龙—达尔应—玛依岗日地区基性岩墙密集出露,Sm-Nd等时线年龄戈木日辉绿岩为(299±95)Ma,龙尚果辉绿岩为(314±41)Ma,而锆石U-Pb年龄为312Ma,这些年龄值相当于晚石炭世晚期。上述研究表明龙木错-双湖特提斯洋盆的形成时代至少可以追溯到中奥陶世—早志留世,并一直延续至中三叠世。

该带内与蛇绿混杂岩紧密相伴产出一套榴辉岩-蓝片岩-含多硅白云母片岩组合的中-高压变质岩系,分布范围总体与蛇绿混杂岩的区域相一致,主要岩石类型有蓝闪石-青铝闪石云母及石英片岩类、含蓝闪石-青铝闪石阳起石片岩类、含蓝闪石-青铝闪石钠长石片岩类,羌塘榴辉岩呈透镜状产出于石榴石白云母片岩和白云母蓝闪石片岩中。蓝片岩主要有早二叠世晚期和晚三叠世两个时代,前者主要以冈玛日地区为代表,蓝闪石变质年龄为282~275Ma(邓希光等,2000,2001);后者以戈木错、红脊山、多木茶卡等地为代表,^{39}Ar-^{40}Ar坪年龄蓝闪石为237~220Ma(1:25万江爱达日那幅,2005;李才等,2006)、白云母为220Ma、多硅白云母为219~217Ma(李才等,2006)、青铝闪石为223Ma(鲍佩声等,1999;孙宪森等,2003)。此外,蓝片岩的原岩Sm-Nd等时线年龄为272~252Ma,斜长角闪岩的原岩Sm-Nd等时线年龄为268Ma(李才等,2002,2004),岩石地球化学具有洋脊(MORB)型、洋岛(OIB)型特征。

在果干加年山、角木日,以及双湖西侧地区,广为发育泥盆纪—二叠纪构造混杂岩和奥陶纪—二叠纪构造岩片。构造混杂岩发育主要为猫耳山岩组(D)和红脊山岩组(P)。前者主要由石英岩、绿帘石英阳起斜长片岩、蓝晶石榴云母石英岩、浅粒岩、斜长角闪岩和大理岩组成的岩块构成;后者由灰绿色变砂岩、含砾砂岩、粉砂质板岩、千枚岩夹辉长岩、辉绿岩、灰岩和硬柱石蓝闪片岩组成的岩块构成,于红脊山地区分布。在拜惹布错、长岭等地发现的蛇绿岩可能属龙木错-双湖蛇绿岩带的西端再现。而从双湖向东至拉龙贡村的数百千米地段，目前尚未发现蛇绿岩、蛇绿混杂岩和大洋沉积物，而是以较大断裂构造的形式存在。1:25万仓来拉幅区域地质调查(2005)，在查吾拉断裂带及其南侧巴青乡—江绵乡一带前寒武系吉塘岩群酉西岩组中，新发现低温高压变质(蓝片岩相)矿物——多硅白云母，获得 ^{39}Ar-^{40}Ar 法测年结果为(230±1)Ma，为中三叠世末期，这与区域上查吾拉晚三叠世碰撞花岗岩形成时间基本同时。

下中三叠统未见分布，可能具有残留海盆地沉积，中三叠世末—晚三叠世因强烈碰撞造山隆起，大部地区缺失沉积，在隆起区北侧近陆缘弧的边缘地带，发育陆相火山-沉积岩系(如上三叠统望湖岭组)不整合于蛇绿混杂岩之上；在隆起区南侧近海边缘地带，发育海陆交互相含煤碎屑岩系(如上三叠统土门格拉组)不整合于蛇绿混杂岩之上。自此以后，由于逆冲-褶皱构造作用隆起，大部地区缺失，局部见有晚白垩世和新生代断陷盆地中河湖相碎屑磨拉石沉积分布。

此外，该带中部的冈玛错—玛依岗日一带出露有花岗岩类侵入体。石炭纪花岗岩体分布于玛依岗日南、果干加年山等地，岩性为巨斑状黑云母花岗岩、白云母花岗岩，岩体的 SHRIMP 锆石 U-Pb 年龄为 350.7～300.1Ma(1:25万玛依岗日幅，2005)。晚三叠世花岗岩侵入体分布在冈玛错—玛依岗日一带，主要为花岗岩-花岗闪长岩-闪长岩组合，形成于碰撞环境的过铝质钙碱性系列 S 型花岗岩(黄小鹏等，2007)，获得 SHRIMP 锆石 U-Pb 年龄为 224.7～210Ma(1:25万玛依岗日幅，2005)。侏罗纪花岗岩类侵入体在冈玛错—玛依岗日一带亦较为发育，岩石类型主要有花岗岩、黑云母花岗岩、白云母花岗、石英闪长岩等，构造成因多属后碰撞造山期壳源花岗岩类，获得全岩 K-Ar 法和锆石 U-Pb 法年龄为 197.3～152.4Ma(李延平等，2005；1:25万玛依岗日幅，2005)。

(二) 托和平错-查多岗日洋岛增生杂岩带(C—T_2)Ⅳ-1-2

托和平错-查多岗日洋岛增生杂岩带呈一巨大的构造岩块夹持于龙木错-双湖结合带中，以发育晚古生代碳酸盐岩、碎屑岩及洋岛型基性-中基性火山岩组合为特征，主要分布于托和平错、查多冈日一带的擦蒙组(C_1)、展金组(C_2—P_1)、日湾茶卡组(C_1)和鲁谷组(P_2)中，岩石类型有橄榄玄武岩、含气孔及杏仁状橄榄玄武岩、含气孔及杏仁状玄武岩、含气孔及杏仁状玄武安山岩、杏仁状安山岩等。而发育于展金组洋岛火山岩之上的曲地组(P_1)、龙格组(P_2)、吞龙共巴组(P_2)和吉普日阿组(P_3)主要为一套滨浅海相碎屑岩夹灰岩，以及浅海相碳酸盐岩夹碎屑岩和生物礁序列，应是形成于洋岛火山建隆过程中的海山沉积环境。

下中三叠统欧拉组(T_{1-2})仅在区内西部的多玛南部、加措西南部局部出露，以一套白云质碳酸盐岩为主，其下部夹泥岩、粗玄岩和放射虫硅质岩，显示为龙木错-双湖洋盆消亡闭合后残留海盆地中的浅海-次深海相沉积。晚三叠世强烈碰撞造山，托和平错—查多岗日及龙木错—双湖一带大部隆起缺失沉积，仅在隆起区的边缘沉积陆相碎屑岩-海陆交互相含煤碎屑岩系(如上三叠统土门格拉组)或火山-沉积岩系(如上三叠统望湖岭组)，不整合于洋岛增生杂岩和蛇绿混杂岩之上。自此以后，由于逆冲-褶皱构造作用造山隆起，仅局部地段见有晚白垩世和新生代断陷盆地中的河湖相碎屑磨拉石沉积分布。

岩石类型有橄榄玄武岩、含气孔及杏仁状橄榄玄武岩、含气孔及杏仁状玄武岩、含气孔及杏仁状玄武安山岩、杏仁状安山岩等。其中展金组基性-中基性火山岩，总体上具有富 TiO_2、K_2O+Na_2O 之特点，与大洋碱性玄武岩的岩石化学成分非常一致，大多数样品分析结果主体属于钾玄岩系列。常量、微量元素的火山岩构造环境的判别皆表明区内展金组基性-中基性系列火山岩产于大洋岛屿碱性玄武岩或洋岛拉斑玄武岩区。

(三) 类乌齐-曲登蛇绿混杂岩(D—T_2?)Ⅳ-1-3

类乌齐-曲登蛇绿混杂岩带相当于原北澜沧江断裂带(结合带)的南段，往西可能在查吾拉以东的拉龙贡村附近与龙木错-双湖蛇绿混杂岩带相接；向南呈北北西向的狭长带状沿北澜沧江西岸展布，主要分布于类乌齐县岗孜乡日阿则弄、曲登乡，经脚巴山西侧，南延至卡贡一带，沿碧罗雪山-崇山变质地体东界澜沧江断裂进一步南延则与南澜沧江结合带相接(图中未出露)。该蛇绿混杂岩带由于被东侧开心岭-杂多-竹卡二叠纪—晚三叠世火山弧向西的逆冲掩盖,(蛇绿)构造混杂岩断续出露,部分地段的韧性剪切带具有相当的规模。

类乌齐-曲登蛇绿混杂岩带呈北北西向转北西展布,北段在类乌齐一带发现有侵位于石炭系中的超镁铁岩(1:20万类乌齐幅,1992)和洋中脊玄武岩,大部分地段被东侧杂多-类乌齐-东达山二叠纪—中三叠世火山弧向西逆冲掩盖,尚未见蛇绿混杂岩/混杂岩出露。中南段在类乌齐—吉塘地区,于前人所定的石炭系卡贡群中,发现日阿泽弄组上部和玛均弄组上部均为深水沉积盆地的浊积岩,为一套硅灰泥复理石沉积,与该沉积组合共生的还见拉斑玄武岩-流纹岩"双峰式"组合,明显不同于东、西两侧地块区的含煤碎屑岩系卡贡群。日阿泽弄组"双峰式"火山岩系是地壳拉张变薄的裂谷(弧后)盆地产物,玄武岩不相容元素具单隆起分布模式曲线,稀土元素具近平坦型配分型式和轻稀土略有富集的特点,表明其具有 E-MORB 特点,应是弧后扩张出现洋壳的地球化学特征,玛均弄组玄武岩石化学资料说明属于洋内热点环境的洋岛(王建平,2003)。

该带于曲登乡—脚巴山一带的混杂岩带中,下石炭统卡贡群(C_1)由一套浅变质(局部绿片岩相)、强片理化的碎屑岩夹灰岩和玄武岩组成,应形成于次深海-深海盆地中的含火山岩的复理石浊积岩建造中。最新获得玄武岩 SHRIMP 锆石 U-Pb 年龄为 361.4Ma(王立全等,2008),玄武岩的岩石化学成分、稀土元素特征均显示为洋脊和洋岛环境(1:25万昌都县幅,2007)。上二叠统沙龙组(P_3)以玄武岩、玄武质凝灰岩为主,夹板岩、砂岩及灰岩扁豆体,属半深海-深海相沉积环境,所获 *Squamularia grandis* sp. 化石为晚二叠世(1:25万昌都县幅,2007)。卡贡群和沙龙组变形强烈,大部地区原始层理(S_0)已被构造面理(S_1)置换,并发育轴面流劈理,应为洋壳俯冲-碰撞挤压机制下构造剪切变形作用的产物,实则为一局部有序的构造岩块。

该蛇绿混杂岩带东侧在脚巴山至竹卡兵站为碎屑岩-英安岩-流纹岩弧火山岩组合及晚三叠世 S 型花岗岩,西侧类乌齐吉塘地区仍有类似弧火山岩组合,表明类乌齐-曲登(北澜沧)江洋壳的俯冲消减具有双向俯冲消减的特征,类似于现今东南亚马鲁古海峡发生的洋壳双向俯冲导致弧-弧碰撞的实例。该带在新生代早期曾发生过强烈的左旋韧性剪切叠加作用。

二、多玛-南羌塘-左贡增生弧盆Ⅳ-2

多玛-南羌塘-左贡增生弧盆北侧为龙木错-双湖-类乌齐结合带,南侧为班公湖-怒江结合带,为特提斯大洋俯冲消减产生的一套构造增生地质体。区内前石炭纪地层未出露,大面积分布有晚古生代和中生代地层,新生代地层相对局限,且具有晚石炭世—早二叠世早期的冰水沉积、冷暖型生物混生和海相层位西高东低三大特点。

进一步分为多玛地块、南羌塘增生盆地和扎普-多不杂岩浆弧带5个次级构造单元。

(一) 多玛地块(Pz)Ⅳ-2-1

多玛(增生)地块是原位构造镶嵌在班公湖-双湖-怒江-昌宁对接带中的洋岛-洋内弧增生地块,其南北两侧均为蛇绿混杂岩带所包绕,具有相对稳定地块的火山-沉积序列与演化特征,随着特提斯大洋的最后关闭被夹持在这一巨型蛇绿混杂岩带内。

中-上志留统栗柴坝组为一套浅海相碎屑岩夹碳酸盐岩组合,无化石依据。晚古生代下石炭统擦蒙组(C_1)主要为以含砾板岩为特征的冰水沉积夹碎屑岩及基性火山岩组合,展金组(C_2—P_1)、曲地组(P_1)和普日阿组(P_3)主体为一套浅海相-深水陆棚相碎屑岩及碳酸盐岩夹玄武岩组合。中生代下中三叠统欧拉组(T_{1-2})为一套浅海相白云质碳酸盐岩夹粗玄岩建造,上三叠统日干配错群(T_3)为一套浅海相-深水陆棚相碎屑岩及碳酸盐岩夹玄武岩组合;早-中三叠世粗玄岩和晚三叠世橄榄拉斑玄武岩、细碧岩和玄武质熔结凝灰岩等,地球化学分析具有残留-残余海盆地中的海山-洋岛火山岩特点。晚三叠世末—早侏罗世时期,由于北侧龙木措-双湖构造带的强烈碰撞作用,早中侏罗世多玛区表现为残留(边缘)海盆地性质,从早至晚为次深海相碎屑岩夹薄层灰岩→深水陆棚相碎屑岩-碳酸盐岩→浅海相碳酸盐岩夹碎屑岩的堆积序列,局部夹有中基性火山岩。晚侏罗世—早白垩世,随着南部扎普-多不杂火山-岩浆弧的发育,开始转变弧后盆地,索瓦组和白龙冰河组(J_3)、雪山组(J_3—K_1)和欧利组(K_1)构成一个完整的海进—海退旋回,以发育一套滨浅海相碳酸盐岩及碎屑岩沉积为特征。最后,晚白垩世随着南侧班公湖-怒江洋盆的关闭与弧-陆碰撞作用,上白垩统阿布山组(K_2)以发育弧后前陆盆地中的陆相磨拉石沉积为特征。

中酸性花岗岩类侵入体相对出露较多,中泥盆世中酸性侵入岩仅见于区域西北角尼亚格祖附近,岩性为中细粒斑状黑云石英闪长岩,其锆石 U-Pb 年龄为(381 ± 39)Ma,可能属于岛弧型花岗岩(1:25 万喀纳幅,2005)。早-中侏罗世中酸性侵入岩较少出现,普格牙尔嘎石英闪长岩的黑云母 K-Ar 法年龄为(186.6 ± 1.8)Ma,岩石为亚碱性-钙碱性系列花岗岩,形成于与碰撞作用有关的岛弧环境。大量出现的晚侏罗世—白垩纪花岗岩类侵入体与南部扎普-多不杂火山-岩浆弧发育的时间一致,在西北部泽错—窝尔松西—巴错一带形成长约 300km 的花岗岩带,其中高钾钙碱性黑云母二长花岗岩和花岗闪长岩占绝对优势,强过铝质白云母二长花岗岩次之,获得 Ar-Ar 年龄为(101.42 ± 0.18)Ma,为形成于碰撞构造环境的花岗岩(钟华明等,2005,2006),仅在银利沟发育辉石二长岩,其锆石 U-Pb 年龄为(121.3 ± 0.6)Ma,表现出与俯冲有关的钾玄岩地球化学特征(钟华明等,2007)。在东南部多玛—塔普查山—加错—鲁谷一带,岩石类型有花岗闪长岩、黑云母花岗岩、二长花岗岩及石英闪长岩等,少量岩体 K-Ar 年龄为 113~68Ma,形成于碰撞作用的岛弧环境。

始新世—渐新世发育中基性火山岩,为一套高钾的钙碱性橄榄玄武岩、玄武安山岩、安山岩、安山质火山角砾岩、安山质晶屑凝灰组合,大量的同位素年龄介于 36~19.1Ma 之间(1:25 万松西幅、1:25 万丁固幅、1:25 万加错幅、1:25 万改则县幅、日干配错幅,2005),可能与俯冲板片断离导致的软流圈上涌-岩石圈减薄作用有关。

(二) 南羌塘增生盆地 (Pz,T_3—J) IV-2-2

南羌塘增生盆地,位于北侧龙木错-双湖蛇绿混杂岩带与南侧班公湖-怒江蛇绿混杂岩带之间,向西与多玛(增生)地块相接,向东与左贡地块相连。区内以大面积中生界的分布为特征,变形以褶皱为主,局部表现为脆性断层,褶皱表现为复式背向斜,褶皱轴面总体为北西向或北北西向,局部可见隔挡式或隔槽式褶皱。

南羌塘盆地内古生界未出露,依据西侧多玛地块晚古生代的洋岛-洋内弧增生作用,推测可能为古生代增生楔。其上已知可见的最老地层为下三叠统孜狮桑组(T_1),主要为一套浅海相碳酸盐岩、角砾状玄武岩组合,产 Neospathodus homeri-Neospathodus triangularis 牙形刺组合带(1:25 万帕度错幅,2005)。上三叠统肖茶卡群(T_3)下部主要由中层-厚块状玄武岩、安山玄武岩、火山角砾岩与安山岩组成,熔岩枕状构造发育,夹较多灰岩夹层或透镜体,K-Ar 年龄为(223 ± 5)Ma(1:25 万江爱达日那幅,2005);中部为碳酸盐岩夹碎屑岩组合,以发育海绵礁灰岩、角砾状灰岩为特征;上部为碎屑岩夹泥灰岩,以含火山凝灰质为特点。总体形成一套典型的(洋岛)海山沉积序列,基性-中基性火山岩具有拉斑系列→亚碱性-碱性系列地球化学特征,显示洋岛构造环境。亦即,三叠纪南羌塘盆地是在古生代增生楔基底上的残余海盆地。

晚三叠世末—早侏罗世,由于北侧龙木错-双湖构造带的强烈碰撞作用,早中侏罗世南羌塘盆地区表现为残留(边缘)海盆地性质,从早至晚为次深海相碎屑岩夹薄层灰岩→深水陆棚相碎屑岩-碳酸盐岩→浅海相碳酸盐岩夹碎屑岩的堆积序列,局部夹有中基性火山岩。早白垩世末,随着南侧班公湖-怒江洋盆的关闭与弧-陆碰撞作用,南羌塘残留海盆地最终增生消亡,上白垩统阿布山组(K_2)以发育前陆盆地中的陆相磨拉石沉积为特征。由于班公湖-怒江洋盆的打开,羌塘隆起带作为班公湖-怒江洋盆的大陆边缘背景应运而生,在其隆起区和边缘形成了与班公湖-怒江洋盆形成时代一致的沉积体系。隆起区沉积体系标志隆起带结束,称楔顶盆地(坳陷盆地)沉积(前述)。

(三) 扎普-多不杂岩浆弧（J_3—K_1）Ⅳ-2-3

扎普-多不杂岩浆弧带（J_3—K_1）主体位于多玛地块南缘，南侧与班公湖-怒江蛇绿混杂岩带相邻。主体沿乌江—扎普—多不杂—热那错一线，呈北西西-南东东方向的狭窄带状展布。

一直以来与班公湖-怒江洋向北俯冲配套的岩浆弧没有得到较好的研究，江西省地质调查研究院（2005）首次在班公湖-怒江带北侧划分出晚侏罗世—早白垩世陆缘火山-岩浆弧带，主要分布于乌江—扎普—多不杂—热那错一线。带内晚古生代的地层序列与北侧多玛地块相似，总体表现为具有洋岛-海山和洋内岛弧性质的增生地块，其上的三叠纪—中侏罗世发育残余-残留海盆地中的次深海相碎屑岩夹薄层灰岩→深水陆棚相碎屑岩-碳酸盐岩→浅海相碳酸盐岩夹碎屑岩的堆积序列，局部夹有基性-中基性火山岩，构成了扎普-多不杂火山-岩浆弧带的基底。

晚侏罗世—早白垩世在班公湖-怒江洋盆主体向南俯冲消减的格局下，同时发生了向北的俯冲消减作用，相配套发育了晚侏罗世—早白垩世扎普-多不杂火山-岩浆增生弧（J_3—K_1）。火山岩主要赋存在白龙冰河组（J_3）及雪山组（J_3—K_1）中，岩石类型主要有玄武质角砾熔岩、中基-中酸性火山角砾岩、粒玄岩、粗安岩、杏仁状含角砾安山岩、安山岩、英安岩和流纹岩以及大量火山碎屑岩等，岩石地球化学分析确定其属钙碱性岩石系列，属火山弧玄武岩。火山岩的Sr、Nd、Hf及岩石地球化学特征表明，岩石具有钙碱性系列→高钾钙碱性系列中基性-中酸性火山岩特点，构造性质限定在大陆边缘岛弧环境，岩浆是俯冲沉积物熔体交代的地幔源区部分熔融产生高温玄武质岩浆底侵与不同程度地壳熔融较酸性岩浆混合形成。在多不杂矿区及其附近区域获得安山岩的 SHRIMP 锆石 U-Pb 年龄为 $(118.1±1.6)$ Ma、玄武安山岩年龄为 $[(111.9～105.7)±1.7]$ Ma（李金祥，2008）。

尤其重要是在扎普-多不杂岩浆弧带中，与其弧火山岩时空一致发育了乌江—扎普—多不杂—热那错一线的花岗岩带，出露一系列晚侏罗世—早白垩世花岗闪长岩、石英闪长岩、石英闪长玢岩、花岗闪长斑岩体，侵位于中侏罗统夏里组（J_2）和上侏罗统—下白垩统雪山组（J_3—K_1）地层中。热那错东花岗闪长岩 SHRIMP 锆石 U-Pb 年龄为 $(154.2±1.3)$ Ma，多不杂矿区含矿花岗闪长斑岩 SHRIMP 锆石 U-Pb 年龄为 $121.1～120.9$ Ma（曲晓明等，2006；佘宏全等，2006，2009；李金祥，2008）。昌隆河花岗岩黑云母单矿物 K-Ar 法年龄为 123.7 Ma，拉热拉 Rb-Sr 法同位素年龄为 $(138.8±6.9)$ Ma，单颗粒锆石 U-Pb 谐和年龄为 $(120.9±0.3)$ Ma（李金祥，2008）。晚侏罗世—白垩纪岩浆活动发育于与俯冲作用有关的岛弧构造环境（李金祥，2008），形成了班公湖-怒江结合带北侧一条重要的斑岩型-矽卡岩型 Cu-Au-Fe-Pb-Zn 等多金属成矿带。

最后，晚白垩世随着南侧班公湖-怒江洋盆的关闭与弧-陆碰撞作用，上白垩统阿布山组（K_2）以发育弧后前陆盆地中的陆相磨拉石沉积为特征。

1. 俯冲火山岛弧Ⅳ-2-3-1

俯冲火山岛弧主体以白垩纪火山岩为主。火山岩主要赋存在美日切错组中，岩石类型主要有玄武质角砾熔岩、中基-中酸性火山角砾岩、粒玄岩、粗安岩、杏仁状含角砾安山岩、安山岩、英安岩和流纹岩以及大量火山碎屑岩等，岩石地球化学分析确定其属钙碱性岩石系列，属火山弧玄武岩。火山岩的Sr、Nd、Hf及岩石地球化学特征表明，岩石具有钙碱性系列→高钾钙碱性系列中基性-中酸性火山岩特点，构造性质限定在大陆边缘岛弧环境，岩浆是俯冲沉积物熔体交代的地幔源区部分熔融产生高温玄武质岩浆底侵与不同程度地壳熔融较酸性岩浆混合形成。在多不杂矿区及其附近区域获得安山岩的 SHRIMP 锆石 U-Pb 年龄为 $(118.1±1.6)$ Ma、玄武安山岩年龄为 $[(111.9～105.7)±1.7]$ Ma（李金祥，2008）。

2. 俯冲侵入岩Ⅳ-2-3-2

在扎普-多不杂岩浆弧带中，尤其重要是与其弧火山岩时空一致发育了乌江—扎普—多不杂—

热那错一线的花岗岩带,出露一系列晚侏罗世—早白垩世花岗闪长岩、石英闪长岩、石英闪长玢岩、花岗闪长斑岩体,侵位于下中侏罗统—下白垩统中。热那错东部花岗闪长岩 SHRIMP 锆石 U-Pb 年龄为(154.2±1.3)Ma(王立全等,2008),多不杂矿区含矿花岗闪长斑岩 SHRIMP 锆石 U-Pb 年龄为 121.1~120.9Ma(曲晓明,佘宏全等,2005;李金祥,2008)。昌隆河花岗岩黑云母单矿物 K-Ar 法年龄为 123.7Ma,拉热拉 Rb-Sr 法同位素年龄为(138.8±6.9)Ma、单颗粒锆石 U-Pb 谐和年龄为(120.9±0.3)Ma(李金祥,2008)。

(四) 类乌齐弧后前陆盆地(T_3—J)Ⅳ-2-4

类乌齐弧后前陆盆地位于南羌塘增生盆地的东延部位,东西界线分别是北澜沧江大断裂和班公湖-怒江结合带(东支),北隔桑多-多色北北西断裂与南羌塘增生盆地相邻,南至德钦-扎玉北西向断裂。

盆地内三叠系仅见上统,由下往上分为东达村组、甲丕拉组、波里拉组和巴贡组。东达村组(T_3)沿左贡县城东往北至乌齐达以南分布,由砂页岩与灰岩组成。最上部的巴贡组(T_3)以页岩与细砂岩、粉砂岩韵律互层,被认为是丁青-碧土洋盆消亡残余弧陆块向西斜向俯冲的前陆坳陷产物。侏罗系仅在夏雅南北及左贡县田妥东有小片分布,为滨岸相紫红色砂岩、泥岩夹杂色粉砂质泥岩和不稳定灰岩,不整合于三叠系之上。晚三叠世—中侏罗世沉积地层可能为丁青-碧土洋盆消亡,残余弧陆块向西南斜向俯冲的前陆盆地产物,褶皱变形表现为前陆褶冲带的构造样式。

由中生代地层构成。早-中三叠世由于受到北澜沧江弧-弧碰撞造山作用的制约,缺失下中三叠统沉积,晚三叠世结扎群(T_3)分布于北部,主要由碎屑岩及碳酸盐岩夹少量火山岩组成,上部含煤。南部左贡一带晚三叠世地层为锅血普组/乱泥巴组/桑多组,底部为一套具有前陆盆地性质的磨拉石堆积,中部为碳酸盐岩,上部为分布较广的细碎屑岩沉积,含煤线。侏罗系(土托组 J_2/东大桥组 J_2/小索卡组 J_3)为滨岸相紫红色砂岩、泥岩夹杂色粉砂质泥岩和不稳定灰岩,第三系为陆相含煤碎屑岩。

(五) 左贡增生杂岩带(Pt/C)Ⅳ-2-5

变质基底为前泥盆系吉塘岩群(AnD)变质岩,下部恩达岩组(Pt_{1-3})为一套角闪岩相(局部麻粒岩相)变质岩系,原岩为一套火山岩-沉积岩建造;上部西西岩组(Pz_1)为一套绿片岩相变质岩系,原岩为一套碎屑岩及火山岩建造,雍永源等(1990)获得片岩的全岩 Rb-Sr 法变质年龄值为 371.1Ma,推断可能为活动边缘盆地中的一套火山-沉积岩组合。上古生界泥盆系未见出露,已知石炭系主体为北澜沧江洋盆西侧被动边缘盆地浅海相碎屑岩夹生物灰岩沉积→裂陷-裂谷盆地半深海相的碎屑岩复理石、玄武岩及流纹岩"双峰式"夹灰岩组合。中-上二叠统东坝组(P_2)、沙龙组(P_3)主体为一套宾浅海相碎屑岩及玄武安山岩、杏仁状或致密块状玄武岩、安山质角砾熔岩及变质凝灰岩夹灰岩组合;火山岩性质属于大陆拉斑-碱性系列玄武岩及安山岩,初步分析形成于与俯冲作用有关的陆缘火山弧环境。

早-中三叠世由于受到北澜沧江弧-陆碰撞造山作用的制约,地块隆起并缺失下中三叠统沉积,上三叠统甲丕拉组(T_3)为前陆盆地中的磨拉石堆积,之上的波里拉组为海相碳酸盐岩及阿堵拉组和夺盖拉组的含煤碎屑岩,不整合覆于下伏地层之上。侏罗系为滨岸相紫红色砂岩、泥岩夹杂色粉砂质泥岩和不稳定灰岩,第三系为陆相含煤碎屑岩。

区内最为显著的侵入体是晚三叠世东达山巨型花岗岩岩基,岩性复杂多样:黑云母花岗闪长岩、花岗闪长岩、黑云母二长花岗岩、二长花岗岩、石英黑云二长岩等。二叠纪—三叠纪时期的花岗岩类侵入体亦较发育,东达山花岗岩基具有与俯冲和碰撞作用有关的 I+S 型花岗岩特征。晚二叠世—早中三叠世石英闪长岩-二长岩、英云闪长岩小岩体,星散状分布在晚三叠世主体花岗岩基中及其边缘,岩石属于与俯冲有关的 I 型花岗岩。晚三叠世花岗岩基由斜长花岗岩、花岗闪长岩和二长花岗岩 3 个单元组成,花岗闪长岩 Rb-Sr 年龄为 219.6~215.5Ma,二长花岗岩 K-Ar 年龄为 194Ma。岩石属铝过饱和 S 型花岗岩,形成于同碰撞-后碰撞构造环境。

三叠纪碰撞型花岗岩类岩体在甘穷朗、麦机、松写及德青玛棍果等地相对较发育,早-中三叠世岩体侵位于二叠纪花岗岩类岩体中,在军达可见上三叠统甲丕拉组(T_3)不整合超覆于岩体之上,岩石类型为斑状细粒黑云二长花岗岩、中细粒黑云二长花岗岩、中粒黑云正长花岗岩,属于与碰撞作用有关的花岗岩类。晚三叠世花岗岩类侵入体分布最为广泛,早期以闪长岩和花岗闪长岩为主,晚期为二长花岗岩;岩石类型有黑云母花岗闪长岩、花岗闪长岩、黑云母二长花岗岩、二长花岗岩、石英黑云二长岩、粗粒斑状花岗岩等,Rb-Sr同位素年龄主体为220~194Ma。

前寒武系变质及变形作用强烈,上古生界大多被断裂肢解为断片,中生界则主要为宽缓褶皱。北西-南东向的逆断层发育,尤其以地块东、西两侧相向对冲的叠瓦状逆冲断层及推覆体构造发育为特征。

三、班公湖-怒江对接带 Ⅳ-3

西起自班公湖、改则,经班戈、丁青,东至八宿、碧土一带,东西向延长2000km,南北宽8~50km,呈近东西向、北西西向转为北西到北北西方向展布。该带向西受右旋走滑喀喇昆仑断裂斜切,延至巴基斯坦北部的帕米尔地区,可能与主喀拉昆仑断裂(MKT)相连,向东南延入缅甸。

由规模巨大的蛇绿岩、增生杂岩带,以及被夹持其中的残余弧或岛弧变质地块构成。沿断裂带还发育晚白垩世—新近纪陆相火山喷发,以及新生代陆相走滑拉分盆地、第四纪谷地呈带状展布。班公湖-怒江结合带可划分为班公湖-怒江蛇绿混杂岩带、聂荣残余弧地块、嘉玉桥残余弧地块和昌宁-孟连蛇绿混杂岩带等4个次级构造单元。

上述对接带区内广泛出露古生代—中生代蛇绿岩、蛇绿混杂岩和俯冲增生杂岩,以及元古宙基底岩系和大量古生代—中生代"构造岩块",表现为局部有序地层与不同时代、不同构造环境、不同变质程度和不同变形样式等总体无序混杂岩组成的复杂俯冲增生地层系统,记录了青藏高原古特提斯大洋形成演化的地质信息。

(一) 聂荣(地体)增生弧(Pt_{2-3},Pz_2—K_1) Ⅳ-3-1

聂荣(地体)增生弧夹持于班公湖-怒江结合带中段南北两条蛇绿混杂岩亚带之间,聂荣残余弧地块之上主要出露地层为中-新元古界聂荣岩群(Pt_{2-3})、前寒武系扎仁岩群($An\epsilon$)、上古生界嘉玉桥岩群(Pz_2)、侏罗系—白垩系和古近系。包括扎仁增生杂岩亚相、聂荣构造残片亚相(T_3—K_1)。

中-新元古界聂荣岩群(Pt_{2-3})主要为混合岩、片麻岩、黑云变粒岩、斜长角闪岩等,侵入其中的二长花岗岩U-Pb法(SHRIMP)年龄为(814 ± 18)Ma,时代暂定为中-新元古代。前寒武纪地层称扎仁岩群($An\epsilon$),以石榴矽线二云片岩、黑云斜长石英片岩、蓝晶石-矽线石榴二云片岩为主夹斜长角闪岩、大理岩等,与聂荣岩群呈断层接触。嘉玉桥岩群(Pz_2)主要由片岩、千枚岩、变砂岩、大理岩、片岩等组成,时代归晚古生代,与周围呈断层接触。中-上侏罗统拉贡塘组(J_{2-3})仅在南侧零星分布,岩性主要为砂岩夹粉砂质泥岩-页岩、页岩与灰岩。上侏罗统—下白垩统郭曲群(J_3K_1)为浅海陆棚沉积的砂砾岩组合,与下伏地层古生界嘉玉桥岩群(Pz_2)为角度不整合接触。

地块内发育侏罗纪—白垩纪花岗岩类侵入体,侵位于聂荣岩群和嘉玉桥岩群中。由早到晚依次为英云闪长岩、含斑花岗闪长岩(锆石SHRIMP年龄为185~178Ma)、巨斑状角闪二长花岗岩(锆石SHRIMP年龄为171Ma)、巨斑状二长花岗岩、含斑二长花岗岩和正长花岗岩,主要显示Ⅰ型特征(朱弟成等,2008),可能为班公湖-怒江洋壳南向俯冲与增生作用的弧岩浆岩。

1. 扎仁增生杂岩 Ⅳ-3-1-1

扎仁增生杂岩与嘉玉桥增生弧相似之处是同样形成了一套杂岩,不同学者有不同的命名。周详等归属羌塘-三江复合板片中的他念他翁变形变质岛链(1986)。《西藏自治区区域地质志》(1993)归为羌塘-三江复合板片南缘的陆缘增生链,时代定为前二叠系阿木岗群。《西藏自治区地层清理》(1997)称"安多片麻岩"与吉塘岩群对比,时代为前震旦纪。潘桂棠等(1997)称"聂荣隆起"并将其与"嘉玉桥变质地体"一起归属冈瓦纳大陆晚古生代—中生代前锋弧的残块,主要出露地层为聂荣岩群(Pt_{2-3})、前寒武纪扎仁岩群($An\epsilon$),被郭曲群(J_3K_1)不整合覆盖。

2. 聂荣杂岩群(Pt_{2-3})Ⅳ-3-1-2

聂荣杂岩群主要为钾长条带状混合岩、片麻岩、黑云变粒岩、斜长角闪岩等,安多附近片麻岩锆石U-Pb 年龄为(519 ± 12)Ma(许荣华,1983)、530Ma 和 2000Ma(常承法等,1986,1988),侵入其中的二长花岗岩 U-Pb 法 SHRIMP 年龄为(814 ± 18)Ma,片麻岩两个锆石 SHRIMP U-Pb 年龄分别为(491 ± 1.15)Ma、(492 ± 1.11)Ma,时代暂定为中-新元古代,与周围呈断层接触。其中 530~491Ma 的年代学数据,可能是"泛非期"造山热事件记录。

前寒武纪地层称扎仁岩群($An\epsilon$)(1:25 万那曲县幅新建,2004),以石榴矽线二云片岩、黑云斜长石英片岩、蓝晶石榴二云片岩、矽线二云片岩为主夹斜长角闪岩、大理岩等,分布局限,与聂荣岩群呈断层接触。

3. 郭曲增生盆地Ⅳ-3-1-3

增生盆地以不整合覆盖于增生变形杂岩之上的郭曲群(J_3K_1)沉积为特征。为一套深灰色浅海陆棚沉积组合,主要岩性底部为底砾岩及砂砾岩,中部为凝灰质砂岩、粉砂岩、钙质板岩、泥岩等,上部为砂质板岩。是在杂岩定形后形成的沉积盆地。

(二)嘉玉桥(地体)增生弧Ⅳ-3-2

嘉玉桥(地体)增生弧(Pt_{2-3},Pz_2—J)包括增生伸展盆地亚相(J_2)、邦达中浅变质杂岩亚相(T_3—J_2)、卡穹增生杂岩亚相(Pt_{1-2}),与聂荣(地体)增生弧类似,以嘉玉桥岩群(Pz_2)为主体,为一套绿片岩相的碎屑岩夹碳酸盐岩变质岩系。各岩群、岩组之间常呈断层和韧性剪切构造接触,属于增生杂岩构造-地层系统。中生代残余弧地块大部隆起,仅边缘地带沉积滨浅海相-浅海相碎屑岩及碳酸盐岩组合。晚侏罗世晚期海水退去,自此以后发育陆相磨拉石沉积。

该带岩浆活动除古生代有较强的基性火山活动外,中酸性和少量基性火山岩主要发育于中生界下部。侏罗纪中酸性侵入岩为碰撞造山阶段形成的富硼的陆壳重熔型花岗岩类,可能为班公湖-怒江洋向南俯冲有关的弧岩浆岩构造环境。

该增生弧被晚期(瓦达、罗冬混杂岩 T_3J)蛇绿混杂岩、增生盆地(J_2)叠覆并改造。主体由嘉玉桥增生杂岩构成。

1. 同卡碰撞-后碰撞侵入岩体Ⅳ-3-2-1

核部的花岗片麻岩中获 U-Pb 年龄(507 ± 10)Ma(岩浆锆石,SHRIMP 测试),说明其中有泛非期岩浆侵入,这与察隅陆块结晶基底有相似之处。侏罗纪花岗岩基侵入于同卡结晶基底岩片的中部和北部,由黑云二长花岗岩、似斑状黑云二长花岗岩组成,其岩石化学特征属 Chappel 和 White 所划的 S 型花岗岩。

2. 卡穹高级变质杂岩Ⅳ-3-2-2

混熔化+片麻理化岩组:卡穹岩群由蓝晶白云母石英片岩、含矽线石榴蓝晶黑云片岩、黑云斜长片麻岩、矽线蓝晶黑云斜长片麻岩、混合岩化矽线黑云斜长片麻岩、石榴黑云斜长片麻岩、矽线黑云斜长片麻岩、角闪斜长片麻岩、黑云二长花岗片麻岩、黑云斜长变粒岩、含矽线黑云斜长变粒岩、黑云二长变粒岩、斜长角闪岩及榴辉岩包体和少量大理岩组成。在混合岩化黑云斜长片麻岩、变粒岩中获锆石 U-Pb 同位素上交点年龄为 1334Ma,其变质年龄与非洲大陆前寒武纪基巴拉旋回、卡拉圭-安科勒旋回造山变质作用时期相当。

3. 邦达中-低级变质岩Ⅳ-3-2-3

由晚古生代嘉玉桥岩群($Pz_2J.$)之邦达岩组($C_1b.$)、错绒沟口岩组($C_1c.$)构成,分布于八宿县邦达、错绒沟口一带,为大陆坡底洋盆边缘(陆隆)沉积。邦达岩组($C_1b.$)下部夹玄武岩、流纹岩,局部地段夹硅质岩,中部为灰黑色变质灰岩、大理岩、千枚岩组合。错绒沟口岩组($C_1c.$)为灰黑色、浅黄色石英绢云母千枚岩夹灰黑色变质石英砂岩,上部夹灰黑色变质砂质灰岩,并含玄武岩及辉绿岩。

从早期沉积体系来看,应是与晚古生代蛇绿岩同时形成的远洋沉积物,大洋俯冲消减时产生混杂岩,受后期改造褶叠层形成。

综上所述,嘉玉桥增生弧是由不同事件组成的。是两次事件还是一次事件的持续发展存在较大争议。嘉玉桥晚古生代蛇绿混杂岩遗迹虽揭示了古特提斯形成、发展以及消减过程,但在班公湖-怒江结合带中只出现在东段,西段没有。而增生杂岩主期面理定型于中侏罗世,且被中侏罗世马里组不整合,是另一次事件的反应。而此次事件正好与班公湖-怒江结合带中展现出一部分蛇绿岩形成时间完全一致,该时段的蛇绿岩从东到西基本贯穿了整个结合带,是形成的主体。其他如白垩纪或晚古生代蛇绿岩在结合带中不连续,局部残留。因此,对于班公湖-怒江结合带则产生了不同观点和解释:是从古特提斯开始持续到燕山期的新特提斯演化还是以新特提斯为主,在其形成过程中斜切了古特提斯遗迹,导致局部残留,以至于在嘉玉桥一带有两个时代的蛇绿岩叠加。

(三)班公湖-怒江蛇绿混杂岩带($D—K_1$)Ⅳ-3-3

班公湖-怒江蛇绿混杂岩带的蛇绿岩均呈构造块体混杂于古生代—中生代地层中或逆冲推覆到白垩纪—新近纪地层之上。蛇绿岩内部亦发育有叠瓦式逆冲断层系,断层运动方向以往南逆冲为主导。依据区域蛇绿岩的组合及其特征分西、中、东3段叙述如下。

1. 班公湖-怒江对接带西段Ⅳ-3-3-1

在西段班公湖至那屋错、改则、色哇一带,出露35个岩体群,岩体面积一般几平方千米至十几平方千米,班公湖南岸可见完整的蛇绿岩层序,自下而上为变质橄榄岩→堆晶辉长岩→辉绿岩墙群→块状及枕状玄武岩和共生的放射虫硅质岩。获得去申拉蛇绿岩中辉长岩的SHRIMP锆石U-Pb年龄为(221.6 ± 2.1)Ma、舍拉玛沟辉长岩SHRIMP锆石U-Pb年龄为(190.8 ± 2.7)Ma(1:25万改则县幅、日干配错幅,2004)。

木嘎岗日岩群(J_{1-2})岩性由轻变质的岩屑石英砂岩、长石石英砂岩、钙质岩屑砂岩、岩屑石英杂砂岩、长石石英杂砂岩、长石岩屑杂砂岩组成韵律层系,中下部见枕状玄武岩及三叠纪(?)硅质岩和中二叠世灰岩岩块,上部夹少量灰绿色凝灰质细砂岩,去申拉一带放射虫硅质岩经放射虫鉴定时代为侏罗纪。

班公湖-怒江结合带西段基性、超基性岩被断裂剪切分割成大小不等的块体,其边部有明显片理化;基性—超基性岩体群构造侵位于木嘎岗日岩群和含固着蛤的白垩纪礁灰岩中,并包裹大小不等的灰岩块体。

班公湖南岸可见完整的蛇绿岩层序,自下而上为变质橄榄岩→堆晶辉长岩→辉绿岩墙群→块状及枕状玄武岩和共生的放射虫硅质岩。改则洞错蛇绿岩层序自下而上为变质橄榄岩→堆晶岩(由含长纯橄岩、橄榄岩、橄长岩、层状橄榄辉长岩组成)→辉长岩与辉绿岩组成的岩墙群和枕状玄武岩,但多已被肢解,其中堆晶岩厚可达2000m,玄武岩厚1400m。基性熔岩属拉斑玄武岩序列。基性—超基性岩体群构造侵位于木嘎岗日岩群和含固着蛤的白垩纪礁灰岩中,并包裹大小不等的灰岩块体。

在嘎公拉钦娃剖面南端见由石榴二云石英片岩和辉长岩质糜棱岩组成韧性剪切带,产状总体向南倾,其南侧(上盘)为较完整的蛇绿岩层序组合,北侧(下盘)为苦橄玄武岩、玄武岩夹紫红色硅质岩组成的深海沉积物,具有雅鲁藏布江"洋内型"剪切带(许志琴等,1997)的特点。在片岩获白云母K-Ar法年龄(159.5 ± 1.6)Ma(由中国地震局地质与地球物理研究所测定),可能代表洋内俯冲的变形变质事件。

班公湖北岸麦克尔、拉木吉雄、查拉木、巴尔穷北、喀纳一线,出露宽10~25km,呈北西西向展布。混杂岩带总体表现为砂泥质构造混杂岩带,由一系列东西向韧性剪切片理化带夹蛇纹岩、大理岩、砂岩透镜体组成;剪切片理产状主要倾向北、北东,并伴有倾向北、北东的中高角度逆冲断层发育。在龙泉山一线,蛇绿混杂岩岩片长约4km,宽1~2km。岩性为蛇纹岩、糜棱岩化蛇纹岩、辉长岩、辉绿玢岩及细碧岩等;基质为绿泥绢云母板岩、岩屑砂岩、大理岩夹细碧岩、角斑岩等,板岩中产早-中侏罗世孢粉。

总之,班公湖带南、北两条亚带的蛇绿岩层序及成因存在明显差异,即南亚带层序发育较全,多形成于洋中脊环境,而北亚带蛇绿岩被构造肢解变形要强于南亚带,成因多为洋岛环境(曹圣华等,2005);同时在物质组成、地质结构上也有明显差异,即北亚带主体为砂泥质混杂带,南亚带主体为蛇绿混杂带。

2. 班公湖-怒江对接带中段Ⅳ-3-3-2

班公湖-怒江对接带中段分布于尼玛、东巧、安多至索县一带,东西长500km,南北宽100多千米。区内约30多个岩体,面积一般1~10km^2。在东巧堆晶辉长岩中获得SHRIMP锆石U-Pb年龄为(187.8±3.7)Ma、获得安多蛇绿岩中斜长花岗岩的SHRIMP锆石U-Pb年龄为(175.1±5.1)Ma,显示其形成时代为早侏罗世—早白垩世。

班公湖-怒江结合带中段不同地段均被上白垩统竟柱山组(K_2)区域性不整合覆盖,局部被沙木罗组(J_3—K_1)不整合覆盖。SSZ型蛇绿岩形成时代在三叠纪—早白垩世。

由蛇绿岩、木嘎岗日岩群复理石岩片和确哈拉远洋沉积地体、东恰错增生楔逆推带(表壳残块)混杂而成。该带自北而南可划分为2个蛇绿混杂岩亚带。

东巧-安多北亚带:岩体群包括安多东、西超基性岩体、枕状玄武岩,多普尔曲基性堆晶岩,捷日窝玛基性岩墙群,呈北西西-南东东方向展布。蛇绿岩单元有变质橄榄岩→超镁铁质-镁铁质杂岩→超镁铁质-镁铁质堆晶杂岩→镁铁质席状岩墙杂岩→镁铁质火山杂岩→放射虫硅泥质岩。变质橄榄岩块以东巧西岩体出露面积最大,约45km^2,地表呈似豆荚状构造侵位于木嘎岗日岩群之中,赋存有铬铁矿矿床。堆晶杂岩块岩石类型有异剥橄榄岩、纯橄榄岩、伟晶异剥辉石岩、长橄榄岩、橄榄辉长岩、辉石橄榄岩、辉长岩等,呈零乱分布,在构造侵位过程中卷入了大量的灰岩与砂岩岩块,以及紫红色放射虫硅质岩、硅泥质岩、玄武岩、安山质角砾熔岩等块体。

最新研究结果(孙立新,2011)显示,西藏自治区安多县多普尔曲一带蛇绿岩中新发现的斜长花岗岩具有低钾高钠、高锶、低铷和低ΣREE的大洋斜长花岗岩特征,同位素指示其为地幔源区产物,锆石U-Pb SHRIMP测年结果为(188.0±2.0)Ma,结合地质资料分析认为其代表了洋壳形成的年龄,时代为早侏罗世。

切里湖-达如错-蓬错亚带:呈北北西-南南东向延伸,超基性岩主要分布于东巧区南蒙作山背一带,在达如错东山可见大于1km厚的超基性堆晶岩。辉长岩分布于机部乡东侧山脊日阿空一带,另在江穷果、贡巴曲一带也见基性、超基性岩。超基性岩多呈构造块体侵位于木嘎岗日岩群中,岩石破碎并具强烈蛇纹石化、滑石化等蚀变。蛇绿岩组合由蛇纹石化辉橄岩、蚀变辉长岩、杏仁状玄武岩、蚀变玄武岩、放射虫硅质岩等单元组成。其中辉橄岩具镁铁质、贫铝、贫碱,而辉长岩具镁质、强碱、高铝,具有大洋中脊辉长岩特点。玄武岩岩石地球化学特征主体表现为拉斑玄武岩系列,其中大部分属洋岛型拉斑玄武岩,部分属岛弧型拉斑玄武岩。

班公湖-怒江结合带中段不同地段均被区域性竟柱山组不整合覆盖,局部被沙木罗组不整合覆盖。蛇绿岩形成时代在三叠纪—早白垩世,构造侵位于晚白垩世。

3. 班公湖-怒江对接带东段Ⅳ-3-3-3

东段指索县—巴青—丁青—八宿一带,共有28个超基性岩体。总体呈透镜状、扁豆状、似脉状沿北西、北西西方向断续展布。丁青色扎区的加弄沟、宗白—亚宗一带可见完整蛇绿岩层序,自下而上为橄榄岩(包括云辉橄榄岩、辉橄岩、二辉橄榄岩夹含辉纯橄岩,厚>7500m)→堆晶岩(包括辉长苏长岩、二辉岩、角闪辉长岩,厚260m)→辉绿岩和辉长辉绿岩墙群→玄武质熔岩(包括拉斑玄武岩、霓玄岩、钛辉玄武岩)→放射虫硅质岩,扎玉-碧土玉曲河两岸的硅质岩中含晚石炭世放射虫 Albaillella sp. 及牙形刺等化石。在日隆山、娃日拉一带有厚>1200m 的由纯橄岩、二辉橄榄岩互层组成的堆晶杂岩。

在丁青岩体南侧,上侏罗统底砾岩中见有超基性岩与硅质岩砾石分布,已知蛇绿岩形成时代为石炭纪—侏罗纪。

在该地段物质组成及时空演化十分复杂,表现为不同时代、不同成因、不同性质的构造岩片组成的一条跨时空的结合带。大致由变形变质杂岩(古-中元古代同卡结晶基底岩片、晚古生代嘉玉桥变质核岩片)、陆壳残片(早石炭世邦达-错绒沟口陆隆沉积岩片、晚三叠世孟阿雄碳酸盐岩片、中侏罗世德吉国-马里岩片)、蛇绿混杂岩片(石炭纪—二叠纪俄学-荣中蛇绿岩片、三叠纪丁青-卡玛多蛇绿岩片)、俯冲增生杂岩[晚三叠世—早侏罗世罗冬硅泥质混杂岩片、晚三叠世—白垩纪(?)瓦达蛇绿混杂岩片]等组成。这里只介绍三叠纪丁青-卡玛多蛇绿混杂岩。

丁青蛇绿混杂岩:岩体为最大,其中东岩体长 85km,宽 2~6km,呈北西西展布;西岩体长 30km,宽 2~8km。总体呈透镜状、扁豆状、似脉状沿北西、北西西方向断续展布。丁青色扎区的加弄沟、宗白-亚宗一带可见完整蛇绿岩层序,自下而上为橄榄岩(包括云辉橄榄岩、辉橄岩、二辉橄榄岩夹含辉纯橄岩)→堆晶岩(包括辉长苏长岩、二辉岩、角闪辉长岩)→辉绿岩和辉长辉绿岩墙群→玄武质熔岩(包括拉斑玄武岩、霓玄岩、钛辉玄武岩)→放射虫硅质岩。在日隆山、娃日拉一带有由纯橄岩、二辉橄榄岩互层组成的堆晶杂岩。

形成时代:西藏自治区地质调查院 1:5 万类乌齐县等 4 幅区域地质调查项目 2008 年在丁青蛇绿岩带纳永拉剖面采集了堆晶辉长岩样品并从中分选出锆石,用 Cameca IMS-1280 型二次离子质谱(SIMS)进行定年测定,获得了(217.8±1.6)Ma 的 U-Pb 年龄,时代为晚三叠世。四川区调队 1:20 万类乌齐幅、拉多幅区域地质调查项目 1993 年于丁青县拉根多一带在基性碎斑糜棱岩中获辉石 ^{40}Ar-^{39}Ar 同位素年龄值(197.3±3.3)Ma,属早侏罗世,为蚀变年龄。在丁青一带有中侏罗世德吉国组(J_2dj)角度不整合于其上,在丁青县卡玛多中侏罗世东大桥组(J_2d)砾岩中见有超基性岩与硅质岩砾石分布,推测丁青蛇绿岩形成于中侏罗世之前。因此丁青蛇绿岩形成于晚三叠世—中侏罗世。

与蛇绿岩混杂在一起的是晚三叠世—侏罗纪的复理石远洋沉积体,现构成混杂岩基质,是混杂岩主体。

(四)昌宁-孟连对接带(Pz)Ⅳ-3-4

昌宁-孟连对接带位于西侧保山地块与东侧临沧-澜沧地块(岩浆弧带)之间,向北延伸被碧罗雪山-崇山变质地块占据,再向北直至贡山丙中洛一带,仅见断续出露有类似昌宁-孟连带泥盆纪—石炭纪的复理石砂板岩及少量硅质岩。南延可能接马来西亚的文冬-劳勿带(潘桂棠等,1997;张旗等,2001)。包括铜厂街-牛井山-孟连蛇绿混杂岩(C)、四排山-景信洋岛-海山(D_3—P)。

在曼信和铜厂街两地,发现具 N-MORB 特征的洋脊玄武岩,铜厂街的时代为中泥盆世(张旗等,1993,年龄 385Ma),其余为早石炭世,与其伴生的硅质岩为远洋非补偿性盆地沉积。在曼信、孟连等地洋脊及准洋脊玄武岩中见有多层呈透镜状产出、具枕状构造的苦橄岩。在云县铜厂街地区发育方辉橄榄岩、堆晶二辉岩-辉长岩、席状岩墙群、玄武岩、放射虫硅质岩和外来灰岩块等组成的蛇绿混杂堆积,基质由两部分岩石组成:一类为强烈变形和剪切形成的绢云片岩、绢云石英片岩(张旗等,1992),原岩主要为一套复理石碎屑岩系;另一类为阳起片岩、绿帘阳起片岩,由蛇绿岩上部端元玄武岩及火山碎屑岩系变质而成,这些都表明了古海洋扩张脊的存在。在曼信、依柳、老厂等地还有石炭纪—二叠纪的洋岛玄武岩出露,在层序上位于洋脊、准洋脊玄武岩之上,并与其上的灰岩层一起构成海山所具有的玄武岩-灰岩组合,两者之间常为过渡关系。据刘本培等(1993)研究,上述地区玄武岩层之上的石灰岩均不含陆源碎屑,为远离大陆的台地碳酸盐岩。三叠纪弧-陆碰撞作用,早三叠世东边盆地带已褶皱隆升遭受剥蚀,开始向西部前渊供给物源(李兴振等,1999,2002),最终被普遍上三叠统不整合覆盖。

可进一步划分为 4 个四级构造单元。

1. 温泉陆缘斜坡(D)

由泥盆系温泉组构成,岩性主要为岩屑石英(杂)砂岩、粉砂岩、粉砂质泥岩、泥岩和含角砾的(粉砂质)泥岩,夹放射虫硅质岩、硅质泥岩、含砂质灰岩、生物屑灰岩。在碎屑岩、泥质岩组合中,普遍发育4种沉积层序:一为鲍马序列;二为由泥质岩与呈透镜(层)体产出的岩屑石英(杂)砂岩构成的水道沉积序列;三为由薄层状砂岩与泥岩呈韵律状互层构成的浊流远端低密度流序列;四为均一的含砾泥岩组成的泥流沉积序列。岩屑石英(杂)砂岩冲刷面构造发育,底面常具沟模、槽模构造。含植物 *Zosterophyllum yunnanicum* Hsü、*Drepanophycus spinaeformis* Goeppert;笔石 *Monograptus yukonensis* Jackson et Lenz、*Neomonograptus himalayensis* Mu et Ni;腕足 *Dicoelostrophia punctata* Wang 等古生物化石,地层时代为早-晚泥盆世。

温泉组总体代表了一套大陆斜坡相沉积。由薄层状硅质岩与薄层状硅质泥岩/凝灰质泥岩呈互层状组成的韵律性基本层序则代表了次深海环境的沉积。

2. 曼信深海平原(D—C)

由曼信组组成的深海平原的岩性主要为灰色—浅灰色、灰黑色、青灰色薄层状放射虫硅质岩,浅灰色、浅灰绿色薄层状硅质泥岩,夹少量岩屑石英杂砂岩、粉砂岩、泥岩、深灰色、灰黑色薄层状含砂质灰岩。层理薄,层面平整,单层延伸稳定。含丰富的牙形石化石,时代为早泥盆世晚期—晚泥盆世。

硅质岩地球化学特征研究表明,曼信组硅质岩与生物作用有密切关系,为大陆边缘型硅质岩,沉积于离陆地较近的洋壳盆地。结合所含深水相的牙形石、放射虫,与温泉组碎屑岩间呈相变关系,沉积受陆缘物质影响显著,沉积环境为与大陆斜坡相接的深海平原盆地。

曼信组上部夹枕状玄武岩,其喷发不整合接触关系清晰可见,玄武岩中 Rb、Ba、Th、Ta、Ti 等不相容元素及 LREE 富集,Cr、Ni、Co 等相容元素出现亏损,地球化学性质具洋岛玄武岩(OIB)的特征,表明地幔柱的活动在晚泥盆世已形成溢流玄武岩,地幔柱活动的位置处于大陆边缘。

3. 铜厂街-牛井山-孟连蛇绿混杂岩(C) Ⅳ-3-4-3

由凤庆郭大寨向南经耿马勐永、双江牛井山后,再现于孟连至曼信,延绵约 265km。虽与两侧均为构造接触,温泉陆缘斜坡、曼信深海平原和四排山-景信洋岛-海山分布在蛇绿混杂岩以西,澜沧俯冲增生杂岩分布于其东。部分地段被上三叠统三岔河组、中侏罗统花开左组不整合覆盖。将主体部分划为牛井山超镁铁岩、堆晶岩组合(被临沧花岗岩捕房的部分为湾河超镁铁岩角闪片岩、斜长花岗岩组合)。

牛井山超镁铁岩、堆晶岩组合主要由3部分组成:超镁铁岩、镁铁岩、洋脊玄武岩和放射虫硅质岩,它们虽然没有在同一剖面出现,甚至于构造接触,但具有蛇绿岩完整层序的所有要素。

北部的铜厂街蛇绿混杂岩由超镁铁岩、镁铁岩和绿片岩组成,岩石变形强烈,片理十分发育。超镁铁岩不太发育,多为构造夹片分布于断裂带中,主要岩石类型为蛇纹石岩。镁铁岩有两种岩石类型,斜长角闪片岩和变辉绿岩、变辉长岩。绿片岩分为绿泥片岩、阳起片岩两大类。

超镁铁岩岩石化学特征显示为超镁铁质堆晶岩,按标准矿物组合可定名为二辉橄榄岩→橄长岩→橄榄二辉辉长岩。镁铁岩中的斜长角闪片岩大部分残余原普通辉石短柱状假象,系由普通辉石变质形成,说明曾遭受过洋底变质作用,其原岩可能为辉石岩类;变辉绿岩、变辉长岩侵入于绿片岩中,属变质辉绿岩-辉长岩岩墙。镁铁岩和绿片岩都具有较为典型的洋中脊或洋底低钾拉斑玄武岩的地球化学特点,在 $MgO-CaO-Al_2O_3$ 图解中,绝大多数样品的投影点也位于科尔曼(1977)所圈定的镁铁质堆晶岩区,且分布于大西洋洋中脊玄武岩平均成分投影点的周围。中部的牛井山一带,蛇绿混杂岩由超镁铁岩、镁铁岩、洋脊玄武岩与放射虫硅质岩组成。超镁铁岩的镁质超镁铁岩,以方辉橄榄岩(蛇纹岩)为主,少量铁质超镁铁为蚀变辉石橄榄岩、变质单辉橄榄岩、斜长辉石岩和含长角闪石岩等。镁铁岩主要有斜长角闪岩、纹层状斜长角闪岩和斜长角闪片岩,夹浅色英云闪长岩、斜长花岗岩,曾遭受洋底变质作用改造。洋脊玄武岩的岩石类型有橄榄玄武岩、杏仁状橄辉玢岩、杏仁状玄武岩、致密状玄武岩、苦橄岩、钠长绿泥绿帘片岩。

镁质超镁铁岩主要为方辉橄榄岩，REE等不相容元素严重亏损，Cr、Ni等强不相容元素高度富集，属典型的变质地幔岩；铁质超镁铁岩的REE分布型式由明显的富集型向平坦型过渡，部分变质单辉橄榄岩可见堆晶结构，属岩浆结晶分异过程中不同阶段形成的超镁铁岩质堆晶岩。镁铁质岩具较为典型的洋中脊及洋底低钾拉斑玄武岩特征，在Zr-Nb、Zr-Y地幔类型图解中位于亏损地幔源区，但是，其中的Rb、Ba、Th等强不相容元素又出现富集，显示在亏损地幔源之上叠加有OIB玄武岩。这一特征与昌宁-孟连洋盆的西缘有大量OIB玄武岩存在的地质事实相吻合。其原因有：①当上升地幔柱接近岩石圈板块时，由于扩张速度增大，地幔物质在升高的洋脊抽力下朝着洋中脊流动，在洋脊下面的宽阔地带减压熔融上涌，虽在流动过程中产生不断亏损的富集成分的熔体(牛跃龄，2002)，但并不彻底，造成洋脊玄武岩中出现不相容元素的富集；②像冰岛那样产生以洋脊为中心的热点事件。

洋脊玄武岩与放射虫硅质岩组合称为光色组，下部以橄榄玄武岩、杏仁状橄辉玢岩、杏仁状玄武岩、致密状玄武岩为主夹灰色薄层状含放射虫硅质岩；中部由灰色薄层状含放射虫硅质岩、凝灰岩、杏仁状玄武岩、致密状玄武岩、苦橄岩组成多个沉积-喷发韵律；上部为紫红色含放射虫硅质岩夹灰色薄层状含放射虫灰岩；顶部主要为灰色薄层状含放射虫硅质岩。含放射虫灰岩的出现，其深度应在CCD面附近(3500~4000m)。玄武岩中的不相容元素及LERR明显亏损，大洋拉斑玄武岩的特征显著。玄武岩之上盖有薄层状紫红色含放射虫硅质岩，层序结构与蛇绿混岩套的上覆岩系相近，具有洋壳的结构特征。从光色组上部所含化石看，在厚约100m的紫红色及灰色硅质岩中，生物以牙形石 *Gnathodus bilineatus bilineatus* Roundy，*Scaliognathus anchoralis* Branson et Mehl；放射虫 *Albaillella cartalla*，*Latentifistula ruestae*，*Nazarovella gracilis* De Wever and Caridroit，*N. inflata* Sashida and Tonoshi，*Ishigaum trifustis* De Wever and Caridroit等为代表，时代跨越早石炭世中期—中晚二叠世大约80~90Ma的地质时期，沉积速率极低，与深海洋盆的环境相吻合。硅质岩的地球化学性质表现出亲大陆边缘环境的特征，少部分具亲洋壳属性。综合分析认为，其喷发-沉积环境为离大陆边缘较近的洋壳盆地边缘地区。

湾河超镁铁岩角闪片岩、斜长花岗岩组合呈构造残片或捕房体状分布于临沧花岗岩中，主要岩石类型有蛇纹岩、辉石岩、磁铁辉石岩、斜长辉石岩、角闪(石)岩、辉石角闪片岩、(纹层状)斜长角闪岩、斜长花岗岩等。由于后期花岗岩的改造，使该蛇绿混杂岩的出露范围十分有限，且无较好的层序。在磁铁辉石岩、斜长角闪岩中均可见不同矿物分别相对集中形成的条带状构造，应属变余的火成堆积层理，现已闭坑的湾河铁矿的开采对象就是磁铁辉石岩中成层状分布的磁铁矿层。岩石组合及岩石地球化学特征与牛井山蛇绿混杂岩类似，故其可能为早期的俯冲板片被刮削、拼贴到俯冲带上盘的陆壳中，后期的花岗岩上侵过程中将其捕房并向上运移。

孟连县曼信南部曼信一带以洋脊玄武组合为主，下部为LERR平坦型的橄榄拉斑玄武岩、苦橄岩；中部为LERR中等富集型的单辉橄榄岩、苦橄岩、橄榄拉斑玄武岩、含紫苏辉石的碱性玄武岩、玄武质集块岩、含放射虫硅质岩(C_1^2—C_2^2)；上部为LERR强富集型橄榄玄武岩和钠质粗面玄武岩、基性火山碎屑岩、含生物碎屑泥质灰岩夹凝灰质钙质泥岩(莫宣学，沈上越等，1998)。

从柏林(1994)曾报道铜厂街一带蛇绿混杂岩中辉长岩的角闪石K-Ar等时线年龄为385Ma；双江县东约12km的蒙化寨一带的纹层状斜长角闪岩(变质堆晶辉长岩，为铜厂街蛇绿混杂岩在临沧花岗岩体中的捕房体)的铅同位素模式年龄平均约为381Ma，为晚泥盆世。干龙塘剖面辉长岩获锆石U-Pb年龄为349.05~330.69Ma，代表了铜厂街蛇绿混杂岩原岩的成岩年龄上限，相当于早石炭世。洋盆扩张初始时间大约在晚泥盆世，持续至早石炭世以后，与古生物化石的时代吻合。

铜厂街-牛井山-孟连蛇绿混杂岩具备斯坦曼三位一体的蛇绿岩组合要素，超镁铁岩、镁铁岩、洋脊玄武岩与紫红色放射虫硅质组成的洋壳序列是古特提斯洋的一部分。中北部受构造改造强烈，蛇绿混杂岩有较明显的片理化现象，部分发生脆韧性变形，与两侧的沉积单元有构造混杂，甚至将澜沧岩群陆壳残片卷入。主要构造面理向东倾斜，运动学特征指示由北东向南西逆冲推覆运动。南部构造变形明显减弱，但掩盖较大。

沉积岩夹层基本无陆源碎屑成分，向上逐渐增多。中细粒岩屑石英杂砂岩、粉砂质泥岩、泥岩常组成不完整的鲍马层序，其型式有 de、acd、cde 等。砾质泥岩，砾石为中细粒岩屑杂砂岩，呈透镜体状或扁平状，基质为灰紫色、灰色粉砂岩、灰紫色泥岩，具水道沉积特点。平掌组中、上部凝灰质砂、页岩，灰岩中获大量的珊瑚、腕足、苔藓虫等生物化石，其中珊瑚 *Caninia*，*Clisiophyllum* sp.，*Dibunophyllum* sp.，*Neoclisiophyllum* sp.，*Lithostrotion irregulare* (Philips)，*Diphyllum convexum* (Yu)，*Lithostrotion* sp.，*Syringopora* sp.，*Kueichouphyllum* sp.；腕足 *Gigontoproductus* aff. moderatus，*Striatifera* sp.，*Dictyoclostus* inflatus，*Echinoconchus lianshanensis* 等均为下石炭统大塘阶—德坞阶的标准属种或重要分子，时代为早石炭世。

4. 四排山-景信洋岛-海山（D_3—P）Ⅳ-3-4-4

上叠碳酸盐岩为石炭系—二叠系鱼塘寨组（CPy），下伏洋岛火山岩由石炭系平掌组（$C_1\widehat{pz}$）、1∶25万临沧幅双江县班康鱼塘寨海山碳酸盐岩组合石炭系—下二叠统鱼塘寨组、中二叠统大名山组和上二叠统石佛洞组构成。位于底部的鱼塘寨组叠置在下伏的平掌组洋岛火山岩之上，在班康及香竹林一带见鱼塘寨组碳酸盐岩呈孤岛状覆于平掌组玄武岩之上，两套岩石间界线分明，界面波状起伏，接触界面四周为塌积岩裙。中上部之泥晶生物碎屑灰岩、泥晶砂砾屑灰岩中含丰富的生物化石、内碎屑颗粒，多呈被磨蚀状，被泥晶基底式-孔隙式胶结；在亮晶生物碎屑灰岩中，除具内碎屑外，尚含种类繁多的生物化石，颗粒明显磨蚀，具一定分选，部分颗粒具泥晶化现象，且被亮晶方解石孔隙式胶结，为特征的台地浅滩相沉积。在其顶部，见泥晶生物碎屑灰岩中含白云岩团块，发育帐篷构造，具古喀斯特现象，表明其曾一度暴露于水上。海山碳酸盐岩虽然位于深水盆地中，但沉积环境水体不深，无碍避，受风浪影响大。

中二叠统大名山组下部主要为块状中粗晶白云岩、生物碎屑泥晶灰岩夹少量白云质灰岩，上部为浅灰色—灰白色厚层块状泥晶生物碎屑灰岩、亮晶生物碎屑灰岩夹白云质灰岩、细-中晶白云岩，灰岩中含珊瑚、海百合茎、苔藓虫、介屑、有孔虫、海绵及藻等种类繁多的生物化石，其沉积环境为开阔台地-局限台地，其中亮晶生物碎屑灰岩中颗粒具明显的泥晶化现象，其微环境应为浅滩。与下伏鱼塘寨组整合接触。

大名山组中还有一套较深水的深灰色—灰黑色薄-中层状泥晶灰岩，夹少量硅质岩条带或团块。在较深水碳酸盐岩与台地碳酸盐的相变带，出现含硅质条带和团块的深灰色薄-中层状粉泥晶灰岩、粉泥晶生物碎屑灰岩层。

上二叠统石佛洞组浅水沉积的亮晶生物碎屑灰岩、亮晶生物碎屑团块鲕粒灰岩中，生物种类丰富，颗粒磨蚀明显，亮晶胶结，含藻、鲕粒，为台地浅滩沉积。另有泥晶灰岩夹薄层状硅质岩，发育水平层理，明显反映为一种较深水沉积特征。还可见一套由混杂角砾岩逐渐过渡到砂屑灰岩的沉积，角砾成分以灰岩为主，次为细粒岩屑砂岩、岩屑杂砂岩，砂屑灰岩中发育正粒序层理，在灰黑色薄层泥晶灰岩中，发育滑塌构造，具浊流沉积特征。

海山碳酸盐岩组合，石炭纪以碳酸盐岩台地叠置在洋岛火山岩上，中-晚二叠世继续发育碳酸盐岩台地，同时也出现较深水碳酸盐岩沉积是大陆边缘海山地貌环境的沉积特征，从其中的深水沉积环境的水体逐渐变浅，并发育混积型浊流沉积可以推侧海水在逐渐退缩，大陆边缘海山碳酸盐岩向海岸推进。

班康洋岛火山岩组合以上石炭统平掌组为主，主要为一套火山岩夹中细粒岩屑石英杂砂岩、粉砂质泥岩、泥岩、硅质岩、灰岩、白云质灰岩。火山岩主要岩石类型有玄武岩、杏仁状玄武岩、安山玄武岩、杏仁状安山玄武岩、玻基玄武岩、粒玄武岩、碧玄岩及安山玄武质火山角砾岩、玻屑凝灰岩等。其中玄武岩、杏仁状玄武岩、安山玄武岩、杏仁状安山玄武岩及玻屑凝灰岩分布最广，下部以喷溢相的玄武岩为主，上部以凝灰岩为主。在沧源县南撒，主要为安山玄武质火山角砾岩、集块岩、玻屑凝灰岩，夹少量杏仁状玄武岩、致密状玄武岩，似为近喷发中心产物。平掌组玄武岩的地球化学性质显示 Rb、Ba、Ta、Ti 等不相容元素及 LERR 富集，具 OIB 型岩浆特征，属地幔柱源玄武岩。

第五节 冈底斯-喜马拉雅多岛弧盆系Ⅴ

冈底斯-喜马拉雅多岛弧盆系位于班公湖-双湖-怒江-昌宁-孟连对接带以南的广大区域，主体是受控于古特提斯大洋向南俯冲制约的中生代多岛弧盆系转化形成的多岛弧盆系。班公湖-双湖-怒江-昌宁对接带是冈瓦纳大陆的北界，伯舒拉岭-高黎贡山属于冈瓦纳中生代前锋弧。在前锋弧后面（南侧）发育拉达克-冈底斯-察隅弧盆系（C—E）、保山地块（$Pt_{2-3}/Pz—T$）、印度河-雅鲁藏布江结合带（T—K）、喜马拉雅地块（$Pt_{2-3}/Pz—E$）、缅甸弧盆系（K—E）等晚古生代—中生代的地质历史，它包含了晚古生代—中生代冈底斯-喜马拉雅多岛弧盆系发育、弧后扩张、弧-弧碰撞、弧-陆碰撞的地质演化历史。该区出露分布的狮泉河-纳木错-嘉黎和雅鲁藏布江蛇绿混杂岩，是目前青藏高原乃至中国大陆内，保存最好、最完整的蛇绿岩"三位一体"组合，代表了特提斯洋向南俯冲诱导出的一系列"藕断丝连"的中生代弧间及弧后扩张盆地。

班公湖-双湖-怒江-昌宁对接带以南、狮泉河-纳木错-嘉黎蛇绿混杂岩带以北广大区域上白垩统竞柱山组的区域性不整合，标志着残留古特提斯大洋及其南侧弧间洋盆消亡、弧-陆或弧-弧碰撞造山；狮泉河-纳木错-嘉黎蛇绿混杂岩带以南区域性林子宗群（E_{1-2}）广泛不整合，标志着雅鲁藏布江带弧后洋盆消亡、弧-陆碰撞造山。自此之后，青藏高原及邻区各陆块、地块全面拼合，进入欧亚大陆汇聚造山过程。古近系下部除在喜马拉雅带有滨浅海相碎屑岩夹碳酸盐岩沉积外，其余大部地区新生代为一套内陆盆地的陆相碎屑岩，并发育高钾钙碱性火山岩系。

从北向南分带，包括冈底斯-察隅弧盆系、保山地块、雅鲁藏布江结合带、喜马拉雅地块等4个单元。

一、冈底斯-察隅弧盆系Ⅴ-1

冈底斯-察隅弧盆系指印度河-雅鲁藏布江结合带北侧与班公湖-双湖-怒江-昌宁对接带南侧之间近东西向的狭长地域，长约2500km，南北宽150～300km，为一面积达$45×10^4 km^2$的巨型构造-岩浆带。该弧盆系构造区相当于李春昱（1982）所称的拉达克-冈底斯-察隅造山带，属于土耳其-中伊朗-冈底斯中间板块的东部，长期以来被赋予拉萨地体（Dewey et al，1988；Yin，Harrison，2000）、冈底斯-念青唐古拉板片（周详等，1985；刘增乾等，1990）、拉萨陆块（肖序常等，1988）和冈底斯造山带（Hsü et al，1995；潘桂棠等，1997）等不同地质单元属性。1999年以来青藏高原空白区1∶25万区域地质调查与研究，在冈底斯带变质基底、古生代盖层、中生代火山岩浆序列及构造环境等方面获得了大量新资料，取得了一系列新认识；表明冈底斯构造-岩浆带经历了复杂的岛弧造山作用（潘桂棠等，2004b，2006；王立全等，2004，2008b）。

从北到南依次分为8个次级构造单元，包括昂龙岗日岩浆弧、那曲-洛隆弧前盆地、班戈-腾冲岩浆弧、狮泉河-申扎-嘉黎蛇绿混杂岩、措勤-申扎岩浆弧、隆格尔-工布江达复合岛弧带、冈底斯-下察隅岩浆弧带和日喀则弧前盆地。

（一）昂龙岗日岩浆弧Ⅴ-1-1

昂龙岗日岩浆弧位于西段，从东向西大体沿物玛—檫咔—昂龙岗日—日松一带，总体呈北西西向展布，西延被喀喇昆仑北西向走滑断裂截断。

该带广泛出露的中上侏罗统—上白垩统明显不同于东段班戈火山-岩浆弧，接奴群（J_{2-3}）发育复理石-类复理石建造，夹基性火山岩和放射虫硅质岩，应为弧前边缘海盆地沉积，其上的日松组（$J_3—K_1$）和郎山组（K_1）则为弧前盆地萎缩过程中形成的一套浅海-滨海相碳酸盐岩和碎屑岩组合。竞柱山组（K_2）以含中酸性火山岩的陆相碎屑岩为主（局部可能含海相夹层）的磨拉石建造，区域不整合于下伏地层之上,标志着北侧班公湖-怒江特提斯洋盆的消亡、弧-陆碰撞造山作用的开始。新生代主要受系列逆冲及走滑断裂控制,发育断陷盆地中的碎屑岩沉积。

昂龙岗日火山-岩浆弧带中最为引人注目的是白垩纪花岗岩类侵入体大面积分布,并以规模巨大的花岗岩岩基产出。表现为早白垩世俯冲期(主体年龄为120～100Ma)、晚白垩世碰撞期(主体年龄为91～64Ma)花岗闪长岩-花岗岩类系列侵入体,主要岩石类型为石英闪长岩、英云闪长岩、花岗闪长岩和二长花岗岩等,侵位于接奴群(J_{2-3})复理石碎屑岩地层中。中-上侏罗统复理石岩系在构造上表现为南缓北陡的同斜倒转或斜歪复式褶皱,以区域透入性的顺层流劈理为运动面,经再度叠加变质-变形形成,且发育一系列南倾的逆冲断层,被定义为以弧前增生杂岩为基底的火山岩浆弧——增生弧(尤如东爪哇火山岩浆弧)。

(二) 那曲-洛隆弧前盆地(T_2—K) V-1-2

那曲-洛隆弧前盆地位于班公湖-双湖-怒江-昌宁对接带南侧与尼玛-边坝-洛隆逆冲断裂带北侧之间,盆地内出露地层主体为中生界,侏罗系—白垩系构成了区内沉积的主体。盆地内岩浆活动微弱,构造变形作用中等,变质程度低。

盆地内的中-上三叠统出露于区域中西部,嘎加组和确哈拉群(T_{2-3})主要为一套含中基性火山岩的碎屑岩夹灰岩的复理石建造,夹杂有少量的蛇绿岩块体。侏罗系主体为一套典型弧前盆地中的碎屑岩复理石沉积建造,其中以夹层出现角闪安山岩-安山岩-流纹岩,岩石为碱性-钙碱系列,具有活动陆缘岛弧火山岩的特点(1∶25万那曲县幅,2005)。

下白垩统多尼组(K_1)与下伏拉贡塘组呈平行不整合接触,主要为滨海与海陆过渡相的含煤线碎屑岩沉积,时夹中酸性火山岩,属于弧前盆地逐渐萎缩的产物。上白垩统竞柱山组(K_2)为一套陆相磨拉石碎屑岩夹中基性火山岩建造,局部地区出露以中酸性火山岩为主的宗给组(K_2),与下伏不同时代地层呈角度不整合接触。上白垩统区域性的广泛不整合,标志着洋盆的消亡、弧-陆碰撞造山作用的开始,并相应出现晚白垩世辉石安山岩、安山岩和岩屑火山角砾岩等碰撞型的钙碱性系列火山岩。

那曲-洛隆弧前盆地中的侵入岩浆活动较弱,主要见有晚白垩世花岗岩类岩体分布于那曲以东和洛隆以北的局部地区。主要岩性为黑云二长花岗岩、黑云斜长花岗岩、角闪石英正长闪长岩、花岗闪长岩、黑云钾长花岗岩、黑云石英闪长岩等,K-Ar年龄为93.9～67.2Ma(1∶25万那曲县幅、比如县幅,2004),总体属于碰撞-后碰撞型碱性-钙碱性系列花岗岩类。

那曲-洛隆弧前盆地主要发育与碰撞-后碰撞作用有关的大尺度复式褶皱和近东西走向的北倾逆冲断层,以及系列的北东向走滑断裂,控制了新生代断陷盆地和走滑拉分盆地的分布和河湖相碎屑岩的沉积。

(三) 班戈-腾冲岩浆弧(C—K) V-1-3

班戈-腾冲岩浆弧位于班公湖-怒江消减杂岩带和东延的印度河-雅鲁藏布江消减杂岩带之间。冈底斯-念青唐古拉岩浆弧是班公湖-怒江洋和印度河-雅鲁藏布江洋相向俯冲形成的共用复合陆缘弧。陆缘弧内发育有弧间裂谷盆地/弧后盆地,有弧后盆地带的超基性岩。陆缘弧带北部念青唐古拉带属于班公湖-怒江陆缘弧,南部冈底斯岩浆弧为印度河-雅鲁藏布江带的陆缘弧。包括班戈岩浆弧(C—K)、高黎贡山中深变质杂岩(Pt_2)、腾冲后碰撞岩浆弧(N—Q)、盈江后碰撞岩浆弧(K)。

1. 班戈岩浆弧(C—K) V-1-3-1

不同学者对该带给予了不同的命名。从时间格架来分析,包括3个层次的事件:古特提斯、新特提斯及新生代断陷盆地和走滑拉分盆地等。从空间格架来看,新特提斯即中生代格架清晰,具有较明显沉积分异或分带,空间上从南到北从东到西可分为那曲-比如陆缘盆地、班戈-八宿弧后前陆盆地、郎山弧后拉张。

出露古中元古界德玛拉岩群(Pt_{1-2}),以角闪岩相为主的深变质岩系(高级杂岩),以及新元古界—寒武纪波密群($Pt_3—\epsilon$?)以绿片岩相为主的浅变质岩系(中低级杂岩),构成了盆地的变质基底。

早古生界奥陶系桑曲组(O_1s)、古玉组(O_2g)、拉久弄巴组(O_3l)、晚古生界泥盆系龙果扎普组(D_1l)、布玉组(D_2b)、贡布山组(D_3g),主体为一套较稳定被动边缘盆地中的深水陆棚相含笔石碎屑岩建造;泥盆纪,演变为含大量生物化石的浅海相碳酸盐岩夹碎屑岩组合。

晚古生代石炭纪开始,该区由前石炭纪的被动边缘转化为活动边缘盆地,在嘉黎以北—波密—然乌一带,包括区域上广泛分布的诺错组(C_1)、来姑组($C_2—P_1$)、雄恩错组(P_2)与纳错组(P_3)主要为一套滨浅海相含大量中基性-中酸性系列火山岩的碎屑岩-碳酸盐岩组合,其中于然乌乡原划来姑组剖面上,新发现含冰水砾石的复成分砾石层,部分砾石见有明显的冰压剪裂隙。石炭纪—二叠纪火山岩的岩石类型复杂多样,岩性包括变玄武岩、变安山玄武岩、变安山岩、英安岩、流纹岩及相关的火山碎屑岩等,具有钙碱性系列火山岩特征,形成于活动边缘环境。

中生代未见下-中三叠统,上三叠统谢巴组(T_3)仅分布于然乌及其以南至察隅古拉乡地带,由一套滨-浅海相安山岩、英安岩、安山质角砾岩、凝灰岩等组成,并不整合于下伏古生代地层之上;火山岩性质为钙碱系列,形成于俯冲(碰撞?)造山构造环境。

班戈-八宿弧后盆地:主体属于冈底斯热隆(深部岩浆岩)弧后的弧背盆地,晚中生代经历了沉陷—稳定—残留海封闭—断陷几个演化阶段,系与大陆边缘挤压有关的前陆盆地沉积。由中-上侏罗统拉贡塘组(J_{2-3})组成。发育盆地至斜坡相的中低密度浊积岩与上斜坡滑塌灰岩体相沉积序列。

前陆隆起:由下白垩统多尼组(K_1)代表,主要为滨海与海陆过渡相的含煤线碎屑岩沉积,时夹中酸性火山岩,其与下伏拉贡塘组呈平行不整合接触。

郎山隆后盆地(K_{1-2}):为下白垩统郎山组,以灰岩为主体,时代为阿尔布(比)—土伦期。

俯冲侵入岩-碰撞侵入岩($T_3—K_2$):东部—扎西则—三面村,晚三叠世以波密花岗岩带为代表,在勇打石、卡达桥一带,广泛侵位于前寒武纪及古生代地层中,花岗岩Rb-Sr等时线年龄为227~210Ma,属于碰撞型岛弧花岗岩。在然乌以南的扎西则-三缅村侵入岩带,以伯舒拉岭、波密扎西则、德母拉、竹瓦根、三缅村等巨大花岗岩基为代表,岩石类型以二长花岗岩、花岗闪长岩为主,其次为少量的石英闪长岩及浅成相的花岗闪长斑岩等,同位素年龄主要为192~178Ma,128~99Ma和85~72Ma三个峰期(陈福忠等,1994;1:25万八宿县幅、然乌区幅,2007),形成于后碰撞造山构造环境。而在然乌西北至那曲罗马一带,早侏罗世侵入岩零星出露于嘉黎县以东地区,主要岩性为英云闪长岩、黑云花岗闪长岩、黑云二长花岗岩等,岩体全岩Rb-Sr等时线年龄为(195.3±7)Ma(1:20万波密县幅区调,1995);晚侏罗世—晚白垩世侵入岩带较多出现,岩性主要有角闪石英闪长岩、黑云母花岗闪长岩、英云闪长岩、二云母二长花岗斑岩等岩石类型,岩体K-Ar和Rb-Sr等时线年龄为153.9~77.8Ma,形成于特提斯洋南向俯冲-碰撞的构造演化过程。与此同时,该带在班戈—青龙乡—崩错一带岩基由数个岩体组成,岩性为黑云角闪石英闪长岩、角闪黑云英云闪长岩、角闪石黑云母花岗闪长岩、角闪黑云母二长花岗、斑状黑云二长花岗岩、二云母二长花岗岩、黑云正长花岗岩等岩石类型,单矿物及全岩K-Ar和全岩Sm-Nd同位素年龄为124~77.8Ma,即以碰撞作用为主的岛弧型花岗岩类侵入体。新生代花岗岩类侵入岩浆活动较弱,主要见于班戈—桑雄一带,K-Ar法年龄为59.4~49.5Ma(1:25万多巴区幅、班戈县幅,2002),岩石性质属S型花岗岩。

后造山(碰撞)侵入杂岩(K_2^2):分布于班戈与色林错一带,岩体在岩性上分为钾长花岗岩和花岗闪长斑岩两种,锆石U-Pb年龄测定是(113.7±0.5)Ma,花岗岩的微量元素显示出较好的规律性,大离子亲石元素(LILE)中Rb、Th、U、K、Pb明显富集,Ba、Sr明显亏损,与岛弧型花岗岩存在显著差别。同样在高场强元素(HFSE)中,Nb、Ta、Ti亏损明显,但Zr、Hf相对富集,这与岛弧型花岗岩也是明显不同的,显示出了A型花岗岩的特征。岩体稀土元素含量总体较高($\Sigma REE=122.37\times10^{-6}~291.19\times10^{-6}$,平均为$201.31\times10^{-6}$),相对富集轻稀土元素(LREE/HREE=4.89~9.58,平均5.93),Eu负异常明显($\delta Eu=0.14~0.54$,平均0.34),分布模式为向右缓倾的"V"形。主元素、微量元素及稀土元素特征决定了班公湖-怒江缝合带中段的这些岩体具有A型花岗岩的亲和性,在A型花岗岩的系列判别图中,它们都落在A型花岗岩区,岩浆的形成温度高,部分接近900℃,平均为833℃,这些都说明它们属A型花岗岩无疑。

碰撞火山弧（K_{1-2}）：主要岩石组合是中酸性火山岩及熔岩,岩性有英安岩-角闪安山岩-安山岩-流纹岩-中酸性火山角砾岩-凝灰岩等,岩石为碱性-钙碱系列火山岩,具有活动陆缘火山弧的特点。近年来,精确的锆石U-Pb测年数据显示,其形成时代集中在120～110Ma。

那曲-比如压陷盆地：上白垩统竟柱山组（K_2）为一套陆相磨拉石碎屑岩夹中基性火山岩建造,局部地区出露以中酸性火山岩为主的宗给组（K_2）,与下伏不同时代地层呈角度不整合接触。上白垩统的不整合面为区内重要的造山不整合,标志着洋盆的消亡、碰撞作用的开始,并出现晚白垩世辉石安山岩、安山岩和岩屑火山角砾岩等碰撞型的钙碱性系列火山岩。那曲-洛隆前陆盆地主要发育与碰撞-后碰撞作用有关的大尺度的复式褶皱和近东西走向的北倾逆冲断层,以及系列的北东向走滑断裂,控制了新生代断陷盆地和走滑拉分盆地的分布及河湖相碎屑岩的沉积。

2. 高黎贡山中深变质杂岩（Pt_2）Ⅴ-1-3-2

高黎贡山中深变质杂岩北段（福贡以北）沿高黎贡山断裂带东侧呈条带状南北向分布,东为片马后碰撞岩-后造山浆杂岩,西为盈江陆棚。福贡以南东以怒江断裂带和瑞丽断裂带为界,与其东的怒江-昌宁-孟连对接带、崇山-临沧地块、保山地块相邻。瑞丽断裂带以西分布较广,被花岗岩侵入后被限定成不规则的块体。

基底残块由中元古界高黎贡山岩群构成,这是一套经中压区域动热变质作用改造的深变质岩,其变质程度达角闪岩相。岩性组合以斜长（二长）变粒岩、斜长石英岩及其过渡性岩石类型为主,间夹少量浅粒岩、斜长角闪岩,偶见大理岩透镜体。经韧性剪切改造后,多表现为片状石英岩、斜长二云片岩、斜长片麻岩、二长片麻岩、构造片岩、构造片麻岩及糜棱岩等构造岩组合。其在空间上被区域性断裂或花岗岩所围限。

3. 盈江后碰撞岩浆弧（K）Ⅴ-1-3-3

盈江陆棚：主要分布在固东一带,其北部因花岗岩侵位呈零星分布,南部被花岗岩侵位后相对集中出露在盈江—邦读一带。以晚古生代浅海沉积为主体,其上零星盖有三叠纪盖层。

晚古生代浅海沉积记录从早泥盆世开始,未见底。早期为河口湾相含砾细粒砂岩夹粉砂岩（狮子山组）,晚期为局限碳酸盐岩地相板岩、含碳质板岩、细晶灰岩、粉晶白云岩（关上组）。分布比较局限,仅在盈江周围出露。早二叠世浅海碎屑沉积主要为一套砂泥质-碳酸盐岩组合,岩石类型有泥质粉砂岩、粉砂质板岩、绢云板岩夹含砾板岩组合（邦读组、空树河组）,生物结晶灰岩。灰岩中含丰富的古生物化石,以䗴科为主,伴生有苔藓虫、腕足类等,时代属早二叠世。这套地层分布比较广,其中的含砾板岩可能是早二叠世冰期的产物。与下伏的泥盆系断层接触。晚二叠世早期开阔台地碳酸盐岩（大东厂组）整合覆于浅海碎屑岩之上,到晚期又转为滨海碎屑沉积（大坝组）。虽然整个沉积过程不连续,但总体属浅海陆棚沉积环境。

梁河俯冲期-同碰撞岩浆杂岩：晚三叠世的花岗岩主要出露于梁河、陇川、苏典、盈江等地,呈北东向、南北向条带状展布,与区域构造线的展布方向一致侵入于中元古代、晚古生代基底岩石之中,以二长花岗岩为主,含少量的花岗闪长岩、石英闪长岩,局部地段见英云闪长岩。

岩石化学显示有"高硅、富碱、铝过饱和"的特征,稀土元素具有中等程度的负铕异常（0.38～0.91）,轻稀土元素的分馏程度较重稀土元素明显,绝大部分样品表现出明显的正Tb异常的特点。在各种岩石地球化学图解中,本期花岗岩的投影点可落入火山弧、同碰撞、碰撞后花岗岩区。许志琴等（2008）在梁河、芒东一带的三叠纪花岗岩中获得的锆石LA-ICPMS年龄为206Ma、209Ma、219Ma。但空间分布上与三台山蛇绿混杂岩有很好的对应关系。结合主元素地球化学特征分析,本期花岗岩可能并非是俯冲→碰撞→碰撞后伸展这一动力学过程的完整记录,即花岗岩的形成与碰撞造山导致地壳加厚的挤压性构造无关,而是与碰撞后的岩石圈松弛、地幔物质上涌导致的张性构造相联系。与本期花岗岩相关的矿化主要为离子吸附型的稀土矿床。

片马后碰撞岩-后造山岩浆杂岩：北段的沿巴坡——片马一带，呈南北向分布，南部主要沿固东街—梁河—五岔路一线以东的广大地区分布，主要岩性为花岗闪长岩、二长花岗岩，另见少量的闪长玢岩、石英闪长岩、正长花岗岩等。

表现出较为宽广的岩石学及地球化学成分变化特点，主体上为过铝质花岗岩，在 $K_2O\text{-}Na_2O$ 图解中，投影点多落入 A 型花岗岩区，大多数花岗闪长岩的投影点落入 I 型花岗岩区。在 $R_1\text{-}R_2$ 图解上，花岗岩主要落入碰撞前花岗岩区，并向同碰撞花岗岩区过渡。

这套岩浆杂岩地球化学特征较为复杂，难以用一个简单的动力学过程进行解释。花岗岩全岩 Rb-Sr、U-Pb 同位素年龄为 160～110.7Ma，为晚侏罗世—早白垩世。这一时期属造山后崩塌阶段，岩浆的形成可能与俯冲板片的断离引起的拆沉作用相关，属后碰撞阶段深部壳-幔物质相互作用的产物。区域上与其相关的矿化主要有铁、铅、锌等。

4. 腾冲后碰撞岩浆弧（N—Q）V-1-3-4

槟榔江碰撞后裂谷：分布在古永—梁河一线以西地区，呈近南北向延伸。主要岩石类型为二长花岗岩、正长花岗岩、花岗斑岩，另有少量的花岗闪长岩、碱长花岗岩。岩石化学具有"高硅、富碱、过铝、低钙、低镁"的特点，属过铝质花岗岩。稀土元素配分曲线接近"海鸥"型，二长花岗岩类具有明显的正 Tb 异常，而在正长花岗岩、花岗斑岩、碱长花岗岩中未见这一现象。本期花岗岩的全岩同位素年龄主要集中为 3 个阶段，花岗闪长岩及二长花岗岩主要集中在 66～58Ma，正长花岗岩主要为 54～52Ma，花岗斑岩及碱长花岗岩主要为 43～41Ma，时代主要属古近纪。

从区域地质演化上分析，新特提斯洋盆的闭合对区内的地壳演化肯定有一定的影响，花岗闪长岩-二长花岗岩组合可能与这一作用相关；而正长花岗岩-花岗斑岩-碱长花岗岩组合可能与随后的应力松弛阶段的岩浆活动有关。区域上与其相关的矿化主要有钨、锡等高温元素组合，代表性矿床有梁河县来利山丝瓜坪大型锡矿床、腾冲县新岐中型钨锡矿床等。

腾冲新生代火山弧：是我国著名的年轻火山岩群之一，主要出露于龙川江弧形断裂带及其以西的广大地区，以腾冲火山-沉积盆地为中心展布。主要岩石类型为致密状玄武岩、杏仁状玄武岩安山岩、英安质安山岩，形成 2 个由基性—中性—中酸性的喷发旋回，第一旋回为上新世—早更新世，第二喷性旋回在更新世—全新世，中更新世为喷性间歇期。

火山岩的岩石地球化学特征显示了明显的弧火山岩特征，但火山岩浆喷发的时期与缅甸境内的新特提斯洋关闭的时间（66～58Ma）有明显的时间差。从区域构造演化分析，腾冲地区的新生代火山岩无疑属板内岩浆活动的产物，上新世—早更新世的岩浆活动显示了张性构造背景中常见的"双峰式"岩浆活动的特点，晚更新世—全新世的岩浆演化趋势与一些俯冲带上的岩浆演化趋势类似，源区显然受到了俯冲消减作用的影响。

（四）拉果错-嘉黎蛇绿混杂岩（T_3—K）V-1-4

拉果错-嘉黎蛇绿混杂岩位于南侧措勤-申扎火山-岩浆弧带和北侧班戈-八宿-腾冲岩浆弧带之间，北西自狮泉河，向南东经拉果错、麦堆、阿索、果芒错、格仁错、孜挂错，经申扎永珠、纳木错西，再向东经九子拉、嘉黎、波密等地，呈 NWW—NW—SE 向展布。该带西延被喀喇昆仑北西向大型走滑断裂截切后，可能与国外勒搁博西山-雅辛蛇绿岩带相连。包括日拉残余盆地（J_3—K_1）、拉果错-嘉黎蛇绿混杂岩（T_3—J_2）。

该蛇绿混杂岩是一个由蛇绿岩、增生杂岩和深海复理石组成的独立蛇绿混杂岩带，延伸千余千米，宽 3～35km，受大型走滑断裂和逆冲构造的影响，蛇绿混杂岩空间上断续出露。从嘉黎-波密蛇绿混杂岩带→永珠-纳木错蛇绿混杂带→拉果错-阿索蛇绿混杂岩带→狮泉河蛇绿混杂岩带，洋盆发育时间分别为三叠纪、晚三叠世—早白垩世、晚侏罗世—早白垩世和早白垩世早期，具有逐步年轻的趋势。进一步综合研究表明该带是在弧间裂谷盆地基础上发展起来的一系列断续分布的小洋盆，弧-弧碰撞的时序也是东早西晚,显示斜向闭合的特点。

1. 日拉残余盆地($J_3—K_1$) V-1-4-1

日拉残余盆地由一套下部以灰色—灰绿色—灰黑色橄榄质、辉石橄榄质砂岩、砾岩,中部夹放射虫硅质岩,向上岩层中钙质成分增多,最后过渡到正常灰岩沉积为主的岩石组合构成,生物地层资料确定日拉组为晚侏罗世—早白垩世沉积产物。岩石地层称索尔碎屑岩和日拉组 J_3K_1r 灰岩,角度不整合于辉石橄榄岩之上,且盆地相与蛇绿岩组合伴生,围岩则为古生代地层。

2. 拉果错-嘉黎蛇绿混杂岩($T_3—J_2$) V-1-4-2

拉果错-嘉黎蛇绿混杂岩从西向东分为3段。

拉果错-阿索蛇绿混杂岩带(J—K):沿改则县南部拉果乡—阿索一带出露分布,主要由变质橄榄岩、辉长岩、枕状玄武岩、斜长花岗岩、晚侏罗世—早白垩世放射虫硅质岩组成,野外未见到真正的混杂岩基质,块体边界被剪切,在强烈剪切的基性火山岩和蛇纹岩中见大小不等的早白垩世郎山灰岩"岩块"。以拉果错蛇绿混杂岩露头为最宽,达几千米,组合齐全,由地幔橄榄岩、堆晶岩、辉长岩和辉绿岩岩墙、枕状玄武岩、硅质岩组成,向东被岷千日-中仓右旋走滑断层截切,在阿索可见其相应露头。阿索地区辉长岩中 K-Ar 同位素年龄为(118.7±4.57)Ma、(87.64±2.97)Ma;拉果错地区辉长岩年龄为 180~176Ma(Ar-Ar 年龄和锆石 U-Pb),硅质岩放射虫时代为早-中侏罗世。

永珠-纳木错蛇绿混杂岩带(J—K):蛇绿岩组合齐全,包括变质橄榄岩、堆晶岩、辉长岩、席状岩墙群、枕状玄武岩。硅质岩中产中侏罗世—早白垩世放射虫,永珠地区席状岩墙群、基性—超基性堆晶杂岩露头十分壮观,岩墙群中辉长岩的锆石 U-Pb 和 Rb-Sr 等时线年龄为 178~114Ma,枕状玄武岩之上放射虫硅质岩中产 *A. caeniotyie* sp.,*Parvicingula* sp. 等中侏罗世—早白垩纪世放射虫,海底扩张的时代可能为侏罗纪—早白垩世。纳木错西岸玄武岩的岩相学、岩石地球化学具有洋脊拉斑玄武岩或准洋脊玄武岩的特征,形成于大洋板块扩张环境。蛇绿岩形成时代经 Rb-Sr 等时线测年为 173~166Ma。

嘉黎-波密蛇绿混杂岩带($T_3—K$):仅在个别地段出露蛇绿岩残块。在迫龙藏布南山的侏罗纪花岗岩中,见大小不等的呈捕虏体产出的蛇绿岩残块和硅质岩,岩石地球化学特征显示了岛弧和弧后扩张环境,扩张洋盆形成于三叠纪。和钟铧等(2006)对嘉黎凯蒙蛇绿岩的研究结果,认为兼具有 IAT 和 MORB 地球化学特征,预示着凯蒙蛇绿岩形成于不成熟弧后盆地环境,并获得蛇绿岩中橄长岩 SHRIMP 锆石 U-Pb 年龄为 218.2±4.6Ma,说明在晚三叠世时期洋壳就已出现。

(五)措勤-申扎岩浆弧(J—K) V-1-5

措勤-申扎岩浆弧带南以葛尔-隆格尔-措勤-措麦断裂带为界与隆格尔-念青唐古拉石炭纪—晚三叠世火山岩浆弧带东段相接,北以狮泉河-纳木错碰撞结合带为界与昂龙岗日-班戈-腾冲岩浆弧带西段相邻,呈近东西向的狭长带状展布。带内前寒武系—新生界均有出露,尤以大面积分布晚侏罗世—古近纪火山—沉积地层,以及白垩纪—古近纪中酸性侵入岩为特征。由则弄火山弧(K)、玉多裂谷盆地(C—J)组成。

该带内前寒武系偶见出露,构成岩浆弧带的变质基底。岩性以流纹岩为主夹碳酸盐岩,获得 SHRIMP 锆石年龄为 496.3Ma、499.4Ma,揭示"泛非造山"之后的初始裂陷-裂谷盆地环境。奥陶系—泥盆系主体为一套较稳定被动边缘盆地中的浅海相碳酸盐岩为主夹碎屑岩组合,石炭纪—二叠纪开始表现为被动边缘向活动边缘盆地转化的过渡性质——初始岛弧出现。该带中生代属于活动边缘盆地中的火山-沉积岩组合。早白垩世末期为弧-弧或弧-陆碰撞的主造山期,该带中南部及其南侧的大部地区缺失下白垩统,仅在措勤-申扎岩浆弧带的北部及其边缘局部地段,形成以含中酸性火山岩的陆相(局部可能含海相夹层)碎屑岩为主的磨拉石建造(即上白垩统竞柱山组),并不整合于下伏地层之上。古新世—始新世林子宗群(E_{1-2})主要见于该带东段南部。渐新世日贡拉组和邦巴组(E_3)为陆相碱性火山岩及火山碎屑岩系列(1:25 万革吉县幅,2003),岩石地球化学性质显示为后碰撞地壳加厚环境下的火山岩,K-Ar 年龄为 33.4~30.4Ma。新近纪火山岩主要见于该带西段的雄巴地区,可能属于后碰撞陆内伸展环境下的钾质-超钾质系列火山岩,获得系列同位素年龄为 15.9～2.5Ma(1:25 万措勤县幅,2003;1:25 万革吉县幅、2005;石和等,2005;陈贺海等,2007)。

该带内侵入岩浆活动较为发育,有早侏罗世(较少)—早白垩世和晚白垩世(主体)角闪英云闪长岩、石英闪长岩、黑云母花岗闪长岩、黑云母二长花岗岩、黑云母斜长花岗岩、黑云母钾长花岗岩,以及花岗闪长斑岩、花岗斑岩、石英闪长玢岩、英安玢岩、流纹斑岩等岩石类型。古近纪侵入岩较少,以孤立岩体出现,岩石类型主要为黑云花岗闪长岩、二长闪长岩、黑云母正长花岗岩、黑云母二长花岗岩、二长花岗岩、黑云母石英二长岩,以及花岗斑岩、花岗闪长斑岩和石英斑岩等,大量同位素年龄为 63.4～27.14Ma,并由早到晚显示出碰撞型花岗岩→后碰撞及地壳加厚型花岗岩的构造环境演化系列。中新世侵入岩为花岗闪长斑岩、黑云二长花岗岩、黑云母花岗岩、白云母花岗岩、花岗斑岩、石英斑岩,同位素年龄为 22.2～14.2Ma(1:25 万申扎县幅,2002),形成于后碰撞地壳伸展环境。

断裂构造发育,近东西向的北倾逆冲断裂发育,并叠加在早期断层之上,使断裂带内进一步炭化、泥化,并显示左行走滑的特征;其次是北东向、北西向断层切割近东西向断层,并被南北向断层切割,显示张扭性断层性质。尤其是近南北向断层系发育最晚,控制了中新世—第四纪南北向地堑或半地堑式断陷盆地的展布,如当惹雍错断陷盆地等。

1. 则弄火山弧(K)Ⅴ-1-5-1

该带的火山岩的赋存地层被称为则弄群(J_3K_1),其南部火山岩之上的灰岩称接嘎组(K_1)。从东到西呈面状大面积分布于隆格尔-措麦断裂带和革吉-达雄断裂带之间,东西延伸达 1000km,南北宽数千米到数十千米,平均厚度超过 1000m。

除了在噶尔荣列夹硅化灰岩、大理岩化灰岩以及生物碎屑灰岩,在措勤达瓦错西、措勤窝藏、尼玛荣纳拉、当惹雍错西岸出露有石英砂岩、岩屑砂岩、杂砂岩、粉砂岩、粉砂质泥岩、及薄层砾岩外,该带岩性主要为安山岩、英安岩、流纹岩等中酸性火山熔岩以及英安质、流纹质凝灰岩、熔结凝灰岩等火山碎屑岩和火山角砾岩。垂向上,则弄群下部主要为火山熔岩夹火山碎屑岩,上部主要为沉积火山碎屑岩、火山碎屑沉积岩、正常火山岩质砂、砾岩夹火山熔岩和火山碎屑岩。空间上,在西部狮泉河地区则弄群上部出现了厚度巨大的粗面岩和碱性流纹岩,在措勤窝藏也出现了厚度超过 100m 的粗面岩。

在尼玛荣纳拉、当惹雍错西岸则弄群底部砂岩中产早白垩世植物化石 *Cladophlebis* cf. *browniana*,在灰岩中产早白垩世圆笠虫化石 *Orbitoliniides*,*Mesorbitolina* cf. *parva*,在该群火山岩上覆地层中产早白垩世植物 *Ptilophyllum* sp.,*Pity-oeladus* sp.,腹足类 *Nerinea* sp. 和双壳类 *Anisocardia*(*Autiguicypprina*)sp. 化石等;在申扎你阿章,该群下部地层中产侏罗纪—白垩纪腹足 *Nerinella* sp. 及早白垩世腹足 *Pseudamaura subfoti*,*Adizoptyxis affinis*,*A. coquandiana*,*Mesoglauconia bagoinensis*,*Nerinella schicki* 等化石。则弄群火山岩的时代除得到上述化石约束外,在措勤夏东英安岩中获得 Rb-Sr 年龄为 114～111Ma,措勤达瓦错西夹举则弄群下部之顶的安山玄武岩中获得 128.64Ma 的 Ar-Ar 年龄为(1:25 万措勤县幅);在当惹雍错西岸郎穷该群下部之顶的角闪英安岩中获得 124.47Ma 的 Ar-Ar 年龄为(1:25 万邦多区幅);在申扎扎贡该群下部安山岩中获得 128.54Ma 的 Ar-Ar 年龄为(1:25 万申扎县幅)。结合其他同位素年代学方法,已有年龄数据给出了 128.6～81.5Ma 的年龄,表明中冈底斯火山活动主要发生于早白垩世,晚期可能跨越到晚白垩世。

有数据显示冈底斯则弄群火山岩包括部分中钾钙碱性系列的中基性岩石和占优势的高钾钙碱性系列的中酸性火山岩,不同于传统岛弧火山岩,但与中安第斯厚地壳背景下的岛弧火山岩相似。则弄群中基性火山岩很可能与来自消减沉积物和/或变玄武质洋壳的含水流体引起上及地幔楔物质的部分熔融有关,并在岩浆上升过程中经历了明显的分离结晶作用和中上部地壳物质的同化混染(即 AFC 过程),长英质火山岩很可能主要与地壳重熔有关,但并不能完全排除镁铁质岩浆的分离结晶作用。

2. 革吉-玉多裂谷盆地(C—J)Ⅴ-1-5-2

革吉-玉多裂谷盆地分布于革吉—达雄一带,位于则弄弧北侧,拉果错-阿索-申扎-纳木错断裂以南。

位于则弄弧背后,且处于张裂环境,称弧后盆地。岩石地层名称主要为玉多组,局部还包括错果组(接奴群)。革吉—它日错一带主要以浅海相碎屑岩和碳酸盐岩沉积为主,晚期以开阔台地相灰岩沉积为主。盐湖地区以火山岩、碎屑岩和灰岩为主。

该岩浆弧内侵入岩浆活动较为发育,有早侏罗世(较少)—早白垩世和晚白垩世(主体)角闪英云闪长岩、石英闪长岩、黑云母花岗闪长岩、黑云母二长花岗岩、黑云母斜长花岗岩、黑云母钾长花岗岩,以及花岗闪长斑岩、花岗斑岩、石英闪长玢岩、英安玢岩、流纹斑岩等岩石类型;岩石性质主体属于以中钾-高钾钙碱性系列的偏铝质花岗岩为主,部分地区出现钾玄岩系列的过铝质花岗岩,并存在从石英闪长岩→花岗闪长岩→二长花岗岩→钾长花岗岩的演化规律,侵入岩浆活动与板块俯冲→碰撞作用有关,获得大量同位素年代学数据为185.3~65Ma(1:25万措勤县幅、邦多区幅、措麦区幅、尼玛区幅、热布喀幅、申扎县幅等,2002)。

古近纪侵入岩较少,以孤立岩体出现,岩石类型主要为黑云花岗闪长岩、二长闪长岩、黑云母正长花岗岩、黑云母二长花岗岩、二长花岗岩、黑云母石英二长岩,以及花岗斑岩、花岗闪长斑岩和石英斑岩等,大量同位素年龄为63.4~27.14Ma(1:25万措勤县幅、邦多区幅、措麦区幅、尼玛区幅、热布喀幅、申扎县幅,2002),并由早到晚显示出碰撞型花岗岩→后碰撞及地壳加厚型花岗岩的构造环境演化系列。

中新世侵入岩为花岗闪长斑岩、黑云二长花岗岩、黑云母花岗岩、白云母花岗岩、花岗斑岩、石英斑岩,同位素年龄为22.2~14.2Ma(1:25万申扎县幅,2002),形成于碰撞后地壳伸展环境。

(六)隆格尔-工布江达复合岛弧带(C—K)Ⅴ-1-6

隆格尔-工布江达复合岛弧带南以沙莫勒-麦拉-洛巴堆-米拉山断裂为界与冈底斯-下察隅火山-岩浆弧带相接,北侧在西段以噶尔-隆格尔-措勤-措麦断裂带为界与措勤-申扎火山-岩浆弧相邻,在东段以纳木错-嘉黎-波密蛇绿混杂岩带为界与班戈-腾冲火山-岩浆弧带东段相接。带内以晚古生代火山-沉积地层和中生代—新生代岩浆岩的发育为特征。

带内前寒武系变质岩大面积分布于念青唐古拉山及其以东至波密一带,构成了岛弧带的变质基底。前奥陶系岔萨岗岩群(AnO)主要为一套绿片岩相变质岩系。有化石依据的奥陶系仅分布于该带东段的波密南部之上察隅一带,包括桑曲组(O_1)、古玉组(O_2)和拉久弄组(O_3),主要为一套被动边缘盆地中的浅海碳酸盐岩夹碎屑岩建造。志留系未见,泥盆系局限与奥陶系见于同一地区,亦为被动边缘盆地中的浅海碳酸盐岩夹碎屑岩建造。

晚古生代石炭纪—二叠纪时期,该带从东向西的盆地性质、火山-沉积组合及其构造环境有较大差异。在当雄-羊八井北东向断裂以东至察隅一带,从北向南空间上显示出"北弧(岛弧)南盆(弧后盆地)"的格局。在当雄-羊八井北东向断裂以西至隆格尔一带,石炭系—二叠系主体表现为弧后(扩张)盆地中的火山-沉积序列。获得大量深色花岗闪长岩"包体"的SHRIMP锆石U-Pb年龄为262.3Ma、(286±18)Ma。

早中三叠世受北侧特提斯大洋向南持续俯冲作用的制约,本带大部地区隆起剥蚀。在当雄-羊八井北东向断裂以西的措勤县江北乡一带,可见三叠系嘎仁错组(T_{1-2})、珠龙组和江让组(T_3)(纪古胜等,2007)浅海相碳酸盐岩为主夹碎屑岩建造,应为弧背(弧内)盆地沉积。当雄-羊八井北东向断裂以东却桑寺一带的查曲浦组(T_{1-2}),由早期局限盆地的浅海相碳酸盐岩-碎屑岩组合,向上过渡为海陆交互相碎屑岩沉积,并有强烈的火山活动,代表了冈底斯带发生的第二次造弧作用(王立全等,2004;潘桂棠等,2006)。

晚三叠世岩体成带东西向展布超过500km,晚三叠世岛弧岩浆事件(火山岩及其侵入岩)及上三叠统与下伏二叠系的不整合接触,均是冈底斯带第二次造弧作用的地质事件响应(王立全等,2004;潘桂棠等,2006)。

早中侏罗世承接三叠纪的构造古地理格局,大部地区表现为隆起剥蚀,仅在当雄-羊八井北东向断裂以西的仲巴县仁多乡南西约12km处嘎尔(昂拉仁错的南部)一带,可见弧背(弧内)盆地中的滨浅海相碳酸盐岩建造角度不整合于下拉组（P_2）灰岩之上。上侏罗统—下白垩统则弄群（J_3—K_1）、捷嘎组（K_1）见于隆格尔以西至噶尔一带，与下伏下拉组（P_2）呈角度不整合接触，主要为一套巨厚的海陆交互相-滨浅海相的中酸性火山岩-碎屑岩和碳酸盐岩组合，属于典型岛弧活动边缘盆地沉积建造，代表了冈底斯带发生的第三次造弧作用（潘桂棠等，2006；朱弟成等，2008）。

隆格尔-工布江达复合岛弧带内侏罗纪—白垩纪侵入岩浆活动非常强烈，构成了青藏高原南部中生代—新生代巨型岩浆岩带。该带侵入岩形成时代以白垩纪为主，其次为侏罗纪及其上的二叠纪和三叠纪，时代跨度大，岩石类型复杂，空间上东西差异性明显。在帕隆藏布及其以东地区（东段），侏罗纪—白垩纪花岗岩类侵入体主体属于钙碱性系列铝质-过铝花岗岩类（1:25万墨脱县幅，2002），同位素年龄为195.3～100Ma，显示为碰撞-后碰撞构造环境。在当雄-羊八井北东向断裂以东至帕隆藏布一带（中段），侏罗纪花岗岩类侵入体主要为钙碱性系列偏铝质花岗岩类，已有同位素年龄为193～161.16Ma，属于与俯冲-碰撞作用有关的I→S型花岗岩，而白垩纪花岗岩类侵入体为淡色（白云母、二云母）花岗岩，其地球化学特征可与喜马拉雅中新世淡色花岗岩对比，是壳内沉积变质岩部分熔融的产物，与后碰撞阶段地壳缩短增厚有关（Ding，Lai，2003），同位素年龄为133.9～100Ma。当雄-羊八井北东向断裂以西至葛尔一带（西段），侏罗纪—早白垩世花岗岩类侵入体主要为钙碱性系列偏铝质花岗岩类，大量同位素年龄为163～106Ma，地球化学特征显示为俯冲构造环境下的科迪勒拉I型花岗岩；晚白垩世花岗岩类侵入体由花岗闪长岩、花岗闪长斑岩、黑云母花岗岩、白云母花岗岩、二云母花岗岩和花岗斑岩组成，其K-Ar同位素年龄为94～70Ma，岩石属于强过铝质花岗岩，显示与碰撞作用有关的S型花岗岩的特征。隆格尔-工布江达复合岛弧带侏罗纪—白垩纪花岗岩类侵入体从东向西的时空演化特征，充分揭示了岛弧带北侧特提斯大洋斜向俯冲-碰撞作用的迁移过程。由于这种迁移过程导致冈底斯岛弧带的分段及差异性，可能正是冈底斯成矿带东、西段不同矿床类型及成矿作用的内在原因。

新生代古近纪林子宗群（E_{1-2}）火山岩较广泛分布，相应花岗岩类侵入体时代为69.2～39Ma；新近纪中新世花岗岩类侵入体集中大规模见于念青唐古拉地区，其形成与当雄-羊八井北东向大型走滑断裂密切相关，岩体的SHRIMP锆石U-Pb年龄为18.3～11.1Ma（1:25万当雄县幅，2002）。中新世及第四纪钾质-超钾质系列火山岩集中见于西段的雄巴—赛利普一带（四川省地质调查院，2003；1:25万赛利普幅，2005）。

此外，在隆格尔-工布江达复合岛弧带中段南缘的松多乡一带前奥陶系岔萨岗岩群（AnO）绿片岩相变质岩系中，新发现榴辉岩-蓝片岩高压变质岩"断片"出露于米拉山断裂带上，榴辉岩SHRIMP锆石U-Pb年龄为291.9～242.4Ma，Sm-Nd等时线年龄为305Ma，认为原岩为石炭纪—二叠纪MORB型玄武岩。

从东到西分别称为洛巴堆-查曲浦逆冲带、松多高压变质岩带、嘉黎断隆/隆格尔断块和松多-伯舒拉岭增生杂岩带。

1. 松多-伯舒拉岭增生杂岩带（Pt—O）Ⅴ-1-6-1

以基底岩系为主。岩石组合恢复后类似稳定大陆边缘沉积环境，大面积分布于念青唐古拉山及其以东至波密一带，构成了弧背断隆带的变质基底。

前震旦系念青唐古拉群是一套变形变质高绿片-角闪岩相相岩石组合。前奥陶系岔萨岗岩群（AnO）（松多杂岩）仅分布在该带东段的工布江达县加兴乡及以西至旁多一带，主要为一套绿片岩相变质岩系，原岩可能是以含基性火山岩的碎屑岩为主夹碳酸盐岩组合，推测为被动边缘盆地沉积形成；石英片岩及绿片岩的Rb-Sr等时线年龄分别为507.7Ma，466Ma，相当于寒武纪—奥陶纪时期。

在隆格尔-工布江达断隆带中段南缘的松多乡一带前奥陶系岔萨岗岩组（AnO）绿片岩相变质岩系中，新发现榴辉岩-蓝片岩高压变质岩"断块"出露于沙漠拉-米拉山-洛巴堆断裂带上（杨经绥等，2006；1:25万拉萨市幅-泽当镇幅区调，2007），榴辉岩SHRIMP锆石U-Pb年龄为291.9～242.4Ma，Sm-Nd等时线年龄为305Ma，认为其原岩为石炭纪—二叠纪MORB型玄武岩（杨经绥等，2006，2007；李天福等，徐向珍等，2007）。对于松多榴辉岩-蓝片岩高压变质成因认识争论较大，主要有两种观点，一种观点认为代表了古特提斯洋的残迹,并作为拉萨地块(即冈底斯带)内部的南、北拉萨地块分化性边界(杨经绥等,2006,2007),另外一种观点认为是北部古特提斯大洋向南俯冲的残迹经后期折返作用的产物(王立全等,2008)。

2. 嘉黎断隆(C-P)/隆格尔断块($\in$—T_2) V-1-6-2

盖层建造显示从稳定到张裂活动的演化趋势。

早古生代地层零星出露于察隅和申扎等地区。嘉黎断隆分布于该带东段的波密南部的察隅一带,包括桑曲组(O_1)、古玉组(O_2)、拉久弄组(O_3)和泥盆纪(D_{2-3})松宗组,主要为一套被动边缘盆地中的浅海碳酸盐岩夹碎屑岩建造,且泥盆纪直接假整合于奥陶纪地层之上。隆格尔断块西段在申扎出露较全,包括扎杠组(O_1)、柯尔多组(O_2)、刚木桑组(O_{2-3})、申扎组(S_1)、德悟卡下组(S_1)和扎弄俄玛组(S_{2-3})、达尔东组(D_1)、查果罗玛组(D_{2-3})等,是一套连续的浅海相沉积,以碎屑岩-盐酸盐岩建造为主,显示陆棚台地环境。

晚古生代石炭纪—二叠纪时期,断隆带表现为从印度大陆即冈瓦纳大陆北缘裂离并出现活动性沉积-冈瓦纳相沉积及多岛洋。

嘉黎断隆在当雄-羊八井东部的块(地)体上可识别出诺错组(C_1)、来姑组(C_2—P_1)、西马组(P_3x)以及石炭系—二叠系松多岩群(C—P)浅变质岩系等地质单元,主要为一套浅海碳酸盐岩-次深海斜坡相复理石夹中基性火山岩建造,并出现较深水硅质岩,主体表现为裂解扩张盆地中的火山-沉积序列。

隆格尔断块在当雄-羊八井北东向断裂以西至隆格尔一带的块体上,石炭系—二叠系主体有:下石炭统永珠组(C_1)主要为一套浅海相碎屑岩夹灰岩、玄武岩组合,向上至拉嘎组(C_2—P_1)水体变深,发育上斜坡含冰融滑塌杂砾岩-碎屑岩夹玄武岩的深水沉积;下二叠统昂杰组(P_1)发育粗碎屑岩-含砾细碎屑岩组合,含大量火山碎屑岩,局部可见形成于伸展裂陷盆地背景的由玄武岩和流纹质凝灰岩构成的"双峰式"组合;下拉组(P_2)发育一套碳酸盐岩。

在隆格尔地区的古生界断块之上三叠纪地层的发现是最新的研究成果,主要是在原下拉组之上新发现的一套碳酸盐岩沉积。自下而上划分为:早三叠世印度期至中三叠世拉丁期末期的嘎仁错组(新建)、中三叠世拉丁期末期至晚三叠世卡尼期的珠龙组和晚三叠世诺利期的江让组。措勤地区海相三叠系的发现说明冈底斯西部发育早三叠世印度期—晚三叠世诺利期的海相碳酸盐岩地层,而非原来认为的三叠系缺失。

断隆带上还有晚三叠世晚期和中侏罗世两套不整合在晚古生代地层之上的沉积体系,主要分布措勤县江北乡一带,命名为晚三叠世敌布错组(T_3),是一套碎屑岩组合,含火山质砂砾岩和硅质岩。无独有偶,在其东北部的申扎一带,也发现了一套以多布日组(T_3)为代表的碎屑岩-碳酸盐岩组合,且平行不整合下伏二叠系之上。除此之外,在班戈东恰错和措勤以西、打加错鸭洼也有三叠纪地层零星出露,特别是晚三叠世地层均以不整合覆盖于下部地层之上,确认了该地区在晚三叠世晚期有一次重要的拉伸事件,导致晚三叠世早期之前的地层发生强烈的褶皱运动,之后形成冈底斯北缘大陆边缘盆地中的深水沉积。该伸展事件直到中侏罗世结束,表现为马里组/桑卡拉佣组、却桑温泉组等与下覆古生界区域伸展主期面理形成的不整合事件。

鉴于三叠纪事件复杂,可以划分为早中三叠世和晚三叠世两个构造阶段。早中三叠世代表了断隆地块(体)从喜马拉雅块体离散后早期的陆缘盆地事件。晚三叠世—中侏罗世普遍不整合与盆地事件,则代表了羌塘地块(体)和冈底斯(断隆)地块(体)分离后相对于班-怒洋形成时两侧大陆边缘响应的构造与沉积事件。

3. 松多高压变质岩带(P) V-1-6-3

松多高压变质岩带为西藏地质矿产勘查开发局综合普查大队在开展1:100万拉萨幅区域地质调查时建立的(1979),1:25万林芝县幅、门巴区幅、当雄县幅、拉萨幅和泽当镇幅区域地质调查将其归为前奥陶系,进一步划分为雷龙库岩组、马布库岩组和岔萨岗岩群,前二者均主要由陆源碎屑岩变质而成,特别是与上述区域地质调查划分的界线严重不吻合,本次研究暂将二者称为雷龙库岩组,后者沿用其名。

雷龙库岩组(AnOl):主要分布于门巴、松多和嘉黎一带,为一套片状无序变质岩系。岩性以石英岩、石英云母片岩、石英片岩、黑云母片岩和二云母片岩为主,夹有多层斜长片麻岩、大理岩。厚度逾2000m。

岔萨岗岩组(AnOc):分布于墨竹工卡—松多—工布江达一线,为一套变质大洋低钾-中钛拉斑玄武岩夹变质碎屑岩(西藏自治区地质调查院,2006),与雷龙库组呈断层接触,厚2924.7m。岩石类型有绢云绿泥片岩、绿帘绿泥钠长片岩、绿泥阳起绿帘片岩、阳起绿帘片岩、绢云石英片岩、含阳起绿帘绿泥钠长片岩、方解绿泥绢云钠长片岩、绢云石英片岩、片理化凝灰质砂岩、钠长绿帘阳起石片岩、斜长角山岩、角闪片岩、榴辉岩和大理岩等。

该组原岩为一套中基性火山-沉积岩系,尚未发现化石。1:20万沃卡幅在岔萨岗岩组绿片岩中测得Sm-Nd等时线年龄466Ma和1516Ma(1994),前者为变质年龄,后者为成岩年龄;杨经绥等测得榴辉岩相的SHRIMP U-Pb同位素变质年龄为中三叠世(2006)。上述同位素年龄资料表明,岔萨岗岩组的原岩时代为中元古代,其后经历了新元古代—寒武纪泛非期变质作用和二叠纪高压/超高压(?)变质作用以及喜马拉雅期隆升剥蚀作用和大规模推覆、走滑产生的物质挤出作用而露出地表(杨经绥等,2006)。此种现象表明,中新世冈底斯带处于挤压地球动力环境。松多高压变质带是构造薄弱部位,是应力积聚和释放的场所,尤其是断层发育,为推覆构造的形成创造了条件。松多榴辉岩为俯冲形成,其LA-ICPMS锆石U-Pb年龄为$(293±14)\sim(250±12)$Ma[加权平均年龄$(260±16)$Ma](陈松永等,2008),SHRIMP锆石U-Pb年龄为$(292.9±12.8)\sim(242.4±15.2)$Ma(徐向珍等,2007),工布江达南东榴闪岩LA-ICPMS锆石U-Pb年龄为273.4~232.7Ma(李奋其,2010),隆格尔-工布江达地区石炭纪—中三叠世处于岛弧环境。

前奥陶纪松多岩群(AnOS.),属念青唐古拉岩群($Pt_{1-2}Nq.$)结晶基底与沉积盖层之间的变形域,是松多榴辉岩的产出层位,变形变质程度明显较石炭系—二叠系高。该构造层同构造变质程度总体为高绿片岩相,主要生成绿帘石、黑云母、绿泥石、绢云母、白云母等矿物,其次为普通角闪石、石榴子石和透闪石等。发育歪斜、倒转褶皱,发育一系列同向低角度顺层韧性剪切带和伴生的褶叠层、无根褶皱、肠状褶皱,拉伸线理、布丁构造极其发育。具有后期构造面理S_1彻底置换原生沉积面理S_0的现象。在羊八井—松多—工布江达一线的高压变质带内,韧性变形极为发育。据李化启等人的研究,在尼洋河-马布库-拥木切南北向剖面,存在3条韧性剪切带。糜棱面理倾斜均向南,倾角40°~50°,近南北向横向拉伸线理、不对称褶皱发育,定向薄片中的σ型长石旋转斑及石榴子石的压力影均指示自南向北的剪切方向;在该韧性剪切带的边缘部位见有退变榴辉岩的透镜体,透镜体的长轴与韧性剪切带构造线方向一致,且有石榴子石流动变形等现象,显示退变榴辉岩经受了韧性剪切带的变形改造;韧性剪切带糜棱岩白云母^{40}Ar-^{39}Ar为230~220Ma,与该区印支期碰撞型花岗岩、角度不整合界面形成时代一致,反映是在碰撞过程中形成的。

羊八井-松多-工布江达高压变质带飞来峰构造发育,由10余个大小不等的飞来峰构成。推覆体及飞来峰由前奥陶纪岔萨岗岩组变质基性火山岩构成,内部发育近东西向的同斜褶皱及脆性、脆韧性叠瓦状断层和片理。推覆体及飞来峰规模大小不等,平面形态常呈条带状,不规则状或透镜状。单个面积1.5~65km²不等,在地貌上常形成孤立的山峰。前奥陶纪岔萨岗岩组飞来峰被推掩到拉萨-冈底斯岩浆弧渐新世—中新世大竹卡组之上,因此,其构造定位时间应晚于中新世。

4. 洛巴堆-查曲浦被动陆缘($P—J_1$)Ⅴ-1-6-4

在嘉黎断隆带南侧拉萨却桑寺、墨竹工卡一带展布一套独立的地层体系,分别称乌鲁龙组(P_1)、洛巴堆组(P_2)、蒙拉组(P_3)、列龙沟组(P_3)、查曲浦组(T_{1-2}),由早期局限盆地的浅海相碳酸盐岩-碎屑岩组合,向上过渡为海陆交互相碎屑岩沉积并有强烈的火山活动——陆缘裂谷盆地;而麦隆岗组(T_3)灰岩相当于残余盆地;仲巴县仁多乡南西约12km处嘎尔(昂拉仁错的南部)一带,可见滨浅海相碳酸盐岩建造角度不整合于下拉组(P_2)灰岩之上。

整个古生代沉积特点及接触关系,揭示出冈瓦纳北缘从稳定到张裂活动演化过程的阶段性。该断隆块(地)体与其南侧的喜马拉雅大陆之间出现的晚三叠世深海复理石(修康群和朗杰学岩群)表明,此时多岛洋已经形成。

整个弧背断隆带上叠加了很复杂的岩体,因此,有学者又称复合弧。

晚古生代岩体。在该带东段工布江达县西约15km处白垩纪花岗岩体中,最新获得大量深色花岗闪长岩"包体"的SHRIMP锆石U-Pb年龄为262.3Ma(朱弟成等,2008);在嘉黎-易贡藏布断裂南侧巴索错—手拉及共哇—斯列多不家一带,分布有4个黑云二长花岗岩侵入体,其单矿物锆石U-Pb年龄为(286±18)Ma(1:25万嘉黎县幅,2005),被认为是与晚古生代火山岩相关的岛弧型(?)花岗闪长岩。这些信息表明,冈底斯带晚古生代发生了首次造弧作用。

晚三叠世岩体。除在工布江达发现的晚三叠世岩浆侵入事件外,近年在中段南木林杠波乌日和下波一带(李才等,2003)、当雄东门巴地区(杨德明等,2005)还发现了晚三叠世侵入岩(已有SHRIMP锆石年龄为215.2~207.5Ma)。这些晚三叠世岩体成带东西向展布超过500km,以强烈富集大离子亲石元素(Rb、Th),相对亏损高场强元素(Nb、Ta、Zr等)为明显特征,显示岛弧岩浆岩的亲缘性(和钟铧等,2005)。

侏罗纪—白垩纪岩体。**东段**:在帕隆藏布及其以东地区,侏罗纪—白垩纪花岗岩类侵入体主体属于钙碱性系列铝质-过铝花岗岩类(1:25万墨脱县幅,2002),同位素年龄为195.3~100Ma,显示为同碰撞-后(造山)碰撞构造环境。**中段**:在当雄-羊八井北东向断裂以东至帕隆藏布一带(中段),侏罗纪花岗岩类侵入体主要为钙碱性系列偏铝质花岗岩类,已有同位素年龄为193~161.16Ma(1:25万门巴区幅,2003),属于与俯冲-碰撞作用有关I→S型花岗岩;而白垩纪花岗岩类侵入体为淡色(白云母、二云母)花岗岩(Ding,Lai,2003;翟庆国等,2004,2005;杨德明等,2005),同位素年龄为133.9~100Ma。其地球化学特征可与喜马拉雅中新世淡色花岗岩(邓晋福等,1994)对比,是壳内沉积变质岩部分熔融的产物,与后碰撞阶段地壳缩短增厚有关。**西段**:当雄-羊八井北东向断裂以西至噶尔一带(西段),侏罗纪—早白垩世花岗岩类侵入体主要为钙碱性系列偏铝质花岗岩类,大量同位素年龄为163~106Ma(1:25万措麦区幅、热布喀幅,2002),地球化学特征显示为俯冲构造环境下的科迪勒拉I型花岗岩(吴旭铃,陈振华,2005);晚白垩世花岗岩类侵入体由花岗闪长岩、花岗闪长斑岩、黑云母花岗岩、白云母花岗岩、二云母花岗岩和花岗斑岩组成,其K-Ar同位素年龄为94~70Ma(1:25万申扎县幅,2003),岩石属于强过铝质花岗岩,显示与碰撞作用有关的S型花岗岩的特征。

(七) 冈底斯-下察隅火山岩浆弧(J—E)Ⅴ-1-7

拉达克-冈底斯-下察隅岩浆弧带北侧以沙莫勒-麦拉-米拉山-洛巴堆断裂与隆格尔-工布江达复合岛弧带相接,南侧在中部、东西两段则分别以打加南-拉马野加-江当乡断裂、达吉岭-昂仁-朗县-墨脱断裂与冈底斯南缘日喀则白垩纪弧前盆地、印度河-雅鲁藏布江结合带相邻。作为青藏高原南部一条规模巨大、非常清晰的陆缘岩浆弧带(周详等,1988;刘增乾等,1990;莫宣学等,1993;潘桂棠等,1994),西段呈北西向展布沿噶尔河北侧西延出国境与拉达克岩浆弧相接,中、东段大体沿雅鲁藏布江北侧的冈底斯山和郭喀拉日山近东西向延展至林芝,然后绕过雅鲁藏布江"大拐弯"转折向南东一直延伸至缅甸境内,中国境内长达2000km以上。

带内前寒武系变质岩分布于郭喀拉日山及其以东至下察隅一带,构成了岛弧带的变质基底;下古生界—泥盆系局限与前寒武系见于同一地区,为一套被动边缘盆地中的浅海碳酸盐岩夹碎屑岩建造,含有腹足类化石。晚古生代石炭纪—二叠纪的地层序列及构造环境属性主体表现为弧后盆地中含有火山岩的碎屑岩-碳酸盐岩建造。三叠系带内未见出露,其上被大面积侏罗系-古近系火山-沉积岩系不整合覆盖,以及大规模的白垩纪-古近纪中酸性侵入岩所占据。分为侏罗纪—白垩纪俯冲型火山-岩浆弧、古近纪碰撞型火山-岩浆弧、新近纪后碰撞岩浆。

根据其物质建造特点及在大地构造相分析基础上划分出冈底斯-德玛拉杂岩带、拉萨弧背盆地、叶巴残余弧、桑日增生弧、冈底斯陆缘弧等6个构造单元。

1. 叶巴残余弧(J) V-1-7-1

叶巴残余弧呈近东西向分布于当雄-羊八井北东向断裂以东,大致沿东段中部达孜—章多—增期—工布江达南一线展布,南以奴玛-沃卡脆韧性剪切带(蒋光武等,2002)与桑日群(J_3—K_1)相邻,南北宽约20~50km,东西展布约220km。

主要以叶巴组火山弧沉积为代表,分布于冈底斯带中东部。叶巴组(J_{1-2})主要为一套巨厚的火山岩与火山碎屑岩系,岩性为变英安岩、安山岩、流纹岩、火山碎屑岩夹碎屑岩和碳酸盐岩组合,属于活动边缘盆地中的滨浅海相火山-沉积建造。火山岩具有明显的负 Nb、Ta 异常和负 Ti 异常,富集 LILE、Th 和 LREE,显示典型岛弧火山岩特征,其中英安岩 SHRIMP 锆石 U-Pb 年龄为(181.7 ± 5.2)Ma、流纹岩 SHRIMP 锆石 U-Pb 年龄为(174.4 ± 1.7)Ma。谢通门县雄村一带的凝灰岩中的 SHRIMP 锆石 U-Pb 年龄为(180.4 ± 3.5)Ma,时代与北侧叶巴组火山岩一致,另有 SHRIMP 锆石 U-Pb 年龄为(195 ± 4.6)~(175 ± 5)Ma 的花岗闪长斑岩体,进一步为确证早侏罗世晚期雅鲁藏布江新特提斯洋壳向北俯冲作用提供了同位素年代学约束。

2. 拉萨弧背盆地(J_2—K_2) V-1-7-2

拉萨弧背盆地分布于桑日弧和叶巴弧以北,属于岛弧上的火山沉积物或岛弧上的沉积盖层和边缘沉积物,是一套活动边缘的沉积层序。

弧背盆地内岩石地层包括多底沟组(J_3)、林布宗组(J_3—K_1)和楚木龙组(K_1)、塔克那组(K_1)、设兴组(K_2)。林布宗组(J_3—K_1)海陆交互相含煤(线)碎屑岩系火山碎屑岩组合,塔克那组(K_1)滨浅海相碳酸盐岩夹碎屑岩组合,设兴组(K_2)海陆交互相碎屑岩夹灰岩、火山岩组合,均表现为弧背盆地中的火山-沉积序列。

3. 桑日增生岛弧(J_3—K_1) V-1-7-3

桑日增生岛弧以上侏罗统—下白垩统桑日群(J_3—K_1)为代表,分布于冈底斯带南缘,是雅鲁藏布洋壳向北俯冲的岩石学记录。

桑日群以大量岛弧型钙碱性火山岩和弧缘碎屑岩及弧前斜坡碳酸盐岩重力流沉积为特征,岛弧的基底有可能是早中侏罗世雅鲁藏布洋盆俯冲消减的增生楔,其主要证据来自桑日群火山岩的研究,具有高 Sr、Sr/Y、高$(La/Yb)_N$值以及低 Y、Yb 和 HREE 含量的特点,与埃达克岩成分特征相似,其成因与受到上覆地幔楔交代的板片熔体的部分熔融有关,雅鲁藏布洋壳板片是其主要熔融源区。上部比马组火山岩显示正常岛弧火山岩地球化学特点,可能与来自板片的含水流体引起上覆地幔楔发生不同程度的部分熔融有关。

4. 冈底斯陆缘弧(K_2—E) V-1-7-4

该陆缘弧由规模较大的深成侵入岩和火山岩构成。

其深成相组合即规模巨大的冈底斯中酸性侵入岩带,以发育大型带状复式岩基(外带)为特征。已知的同位素年龄值在130~20Ma之间,显示出从俯冲—碰撞—后碰撞的大地构造背景。

与俯冲作用有关的侵入岩浆活动非常发育,已有大量同位素年龄为131~55.1Ma。其中,早期侵入相为规模不大的闪长岩等,多见于岩带南缘。主侵入相为石英闪长岩-石英二长岩-花岗闪长岩-花岗岩组合,与前者有明显侵入关系,岩石组合显示中钾-高钾钙碱性系列偏铝质岩石,地球化学特征显示为一汇聚板块边缘的岛弧环境。据金城伟等(1978)的研究,主侵入相岩石特点同 I 型花岗岩吻合,其 Sr/Sr 初始比值为0.7047~0.7057,说明与上地幔部分熔融或下地壳重熔有关。最新研究成果显示,原白垩纪花岗岩时代绝大多数为新生代,且其中一些古近纪岩体为 TTG 组合(英云闪长岩和花岗闪长岩),揭示了古新世时雅鲁藏布江洋壳还在俯冲,甚至很强烈,从岩石学角度约束了印-亚两大陆块俯冲时限,说明碰撞时限并不在65Ma,而是始新世或更晚。近年来日喀则地区发现的蓝片岩形成时代为59.29Ma(Ar-Ar,李才等,2007),也提供了佐证。

晚期侵入相与碰撞作用有关,多属 S 型花岗岩,应是上部地壳重熔产物。除叠加于带状岩基外,更多呈单独岩体产出。部分岩体大致沿弧背断隆分布,构成所谓"内带",其同位素年龄值多为 50～20Ma。岩石类型具有二长花岗岩→钾长花岗岩→石英正长岩→花岗斑岩向酸性增大方向演化的特征。地球化学特征显示始新世初始碰撞型(陆缘弧)花岗岩→渐新世大陆碰撞型花岗岩→渐新世后碰撞及地壳加厚型火山岩的构造环境演化系列。

值得一提的是 18～12Ma 发生了源于加厚下地壳或早先俯冲洋壳的埃达克质含矿斑岩侵位事件(侯增谦等,2003;芮宗瑶等,2003;Chung et al,2003;Hou et al,2004),这些岩浆活动受碰撞后南北向堑-垒构造与东西向右旋韧脆性剪切带引张部位的制约;在谢通门、尼木至拉萨一带广泛分布有花岗岩类斑岩体,主要岩石类型有花岗闪长斑岩、二长花岗斑岩、石英二长斑岩,少数为碱长花岗斑岩和碱性花岗斑岩,主体侵位于白垩纪—古近纪的花岗岩类岩基中,构造成就了大规模的斑岩型铜多金属成矿作用(曲晓明等,2003;侯增谦等,2003,2004;芮宗瑶等,2003;李光明等,2004;高永丰等,2003)。

上述侵入岩均以复式岩体产出,其成因模式,显然同印度与亚洲大陆板块的俯冲-碰撞过程相对应,体现了活动大陆边缘深成岩带的形成特点。

与上述复式侵入岩岩相组合相对应的是晚白垩世末—古近纪的陆缘火山弧沉积,层位为古新世—始新世陆相林子宗(E_{1-2})火山岩,几乎覆盖全区,它们角度不整合于上白垩统设兴组(K_2)或更老地质体之上。林子宗火山岩早期主要由安山岩、玄武岩、角砾熔岩和碎屑凝灰岩组成,中期为英安质熔岩、流纹岩、流纹质凝灰岩及湖相砂屑类岩、生物碎屑类岩夹层,晚期为粗安岩、流纹质熔结凝灰岩,柱状节理发育。这套火山岩同中酸性侵入岩之间有着复杂的同源异相关系,共同构成该陆缘山链的安第斯型"二元结构"。$^{40}Ar-^{39}Ar$ 年龄为 65～41Ma、63～32Ma。

区域性不整合的最晚时限由林子宗火山岩底部的 Ar-Ar 年龄所限定:林周盆地为 64.47Ma(Zhou et al,2004),林周盆地以西的马区为 60.5Ma(Zhou et al,2004),更西部的尼玛地区为 58.55Ma(谢国刚等,2003,1∶25 万措麦区幅),阿里地区为 60.68Ma(郭铁鹰等,1991)。

林子宗火山岩的微量元素和稀土元素具有陆缘弧火山岩与陆内火山岩的双重特征。随着时间的推移,弧火山的特征逐渐减少,而陆内火山岩的特征逐渐增强,到了晚期帕那旋回,已经与典型的碰撞后钾质火山岩无大的区别。林子宗火山岩的 Nb、Sr、Pb 同位素组成,给出一个共同信息,从新特提斯洋俯冲体制向大陆转变的地球动力学环境。其早期(典中组)主要显示陆缘弧的特点,但又不完全相同于晚侏罗世—白垩纪典型的俯冲型火山岩(桑日群及叶巴组火山岩)。

特别是典中组和年波组中缺少埃达克质岩石,暗示西藏南部的地壳厚度在 50Ma 之前没有超过 40km(Kapp et al,1999),年波旋回中钾玄武岩的出现,是陆内岩浆作用的重要标志。帕那组(50～40Ma)中少量埃达克质岩石的出现,则暗示岩浆源区中石榴子石残留相的存在和地壳加厚的开始。这一结果暗示,在林子宗火山岩等的早-中期,藏南的平均地壳还是正常的,到 50Ma 以后,才显著地加厚。由此,印度-欧亚板块同碰撞阶段应该是始新世晚期。

在林子宗群火山岩之上,渐新世日贡拉组(E_3)为含流纹质含角砾凝灰熔岩、安山质凝灰岩、安山岩组合,渐新世—中新世大竹卡群(E_3N_1)为中酸性火山岩、火山角砾岩、凝灰岩等,代表了后碰撞阶段的构造岩浆事件。

(八)日喀则弧前盆地(K)Ⅴ-1-8

日喀则弧前盆地位于冈底斯火山-岩浆弧带中段的南缘,北侧以打加南-拉马野加-江当乡北倾逆冲断裂与冈底斯-下察隅岩浆弧带相邻,南侧以雅鲁藏布江结合带北界反向南倾逆冲断裂为界,呈东西向的狭长带状展布。区内仅有白垩系—新近系,其中大面积分布白垩系日喀则群(K),为一套典型弧前盆地复理石碎屑岩建造。

日喀则群早期紫红色含放射虫硅质岩、硅质页岩的复理石,直接覆盖在属于雅鲁藏布蛇绿岩端元的枕状熔岩之上,因而部分蛇绿混杂岩构成了弧前盆地的基座;相反在靠近火山-岩浆弧带边缘,局部地段可见日喀则群弧前盆地沉积物不整合覆盖于南冈底斯岩基上。总体由日喀则群构成一个近东西向的大型复式向斜。

古近系—新近系自下而上为残留盆地中的错江顶群(E_{1-2})、秋乌组(E_2)和断陷盆地中的大竹卡组(E_3—N_1)磨拉石建造,主要分布于冈底斯山脉南麓。西段始新世日康巴组(E_2)浅海相碎屑岩、灰岩及火山岩序列(河北省地质调查院,2002),为该区海相古近系的最高层位。局部发育有与碰撞-后碰撞环境下的中酸性→钾质火山岩。

1. 弧前陆坡 V-1-8-1

沉积序列为早期的冲堆组(K_1)和昂仁组(K_{1-2}),主体为硅泥质复理石、泥砂质复理石建造,晚期帕达那组(K_2)盆地萎缩、水体变浅,主体属浅海相碎屑岩及碳酸盐岩组合,最后以曲贝亚组(K_2)滨海相碎屑岩及碳酸盐岩序列结束。

2. 弧前增生楔 V-1-8-2

古近纪错江顶群(E_{1-2}),以角度不整合覆盖于弧前沉积序列(日喀则群——昂仁组、帕达那组、曲贝亚组)之上,下部曲下组以砂砾岩、页岩为主;上部加拉孜组为以碳酸盐岩和砂岩为主的地层体,时代为古-始新世,反应弧前盆地楔顶增生。

二、雅鲁藏布江结合带 V-2

印度河-雅鲁藏布江结合带作为拉达克-冈底斯-察隅弧盆系与喜马拉雅地块的重要分界,西段呈北西向展布,沿噶尔河向西延出国境,中、东段大致沿雅鲁藏布江谷地近东西向延展,向东至米林,然后绕过雅鲁藏布江大拐弯转折向南东一直延伸至缅甸,境内长达 2000km 以上。

该结合带的北界断裂称达吉岭-昂仁-仁布-朗县-墨脱断裂,达吉岭向西沿雅鲁藏布江北岸经公珠错、噶尔河西南岸延出境外与印度河断裂相接,呈北西走向;达吉岭向东经昂仁至拉孜以后沿雅鲁藏布江南岸近东西走向延伸,经白朗、仁布、泽当、加查、朗县,至米林后绕雅鲁藏布江大拐弯转折至墨脱,然后折向南东延至缅甸。该断裂是雅鲁藏布江(新特提斯)洋盆的消减、闭合及碰撞过程有关的逆冲推覆构造,总体表现为反向南倾的逆冲断裂系。

雅鲁藏布江结合带南界断裂亦称仲巴-拉孜-邛多江断裂,该断裂的西段呈北西走向,从萨嘎向西,经仲巴(南)、拉昂错(南),然后潜伏于新近纪—第四纪扎达盆地之下。中、东段沿雅鲁藏布江南岸近东西向延展,自萨嘎向东经拉孜、江孜、羊卓雍湖(北部),然后呈北西西向经邛多江,至扎日以东与北东向拆离断层交会。该断裂为北倾的向南逆冲系,断裂之北为蛇绿岩、蛇绿混杂岩(西段)、下-中三叠统穹果群、上三叠统修康群类复理石及上三叠统—白垩系砂泥质混杂岩,东段主要为上三叠统朗杰学岩群次深-深海浊积砂板岩,常见北侧岩层逆冲到南侧上三叠统涅如组、侏罗系–白垩系以及古近系、前寒武系之上。

该结合带主要由 3 个次级单元组成,主体部分为雅鲁藏布江蛇绿混杂岩带,中东段南侧发育朗杰学增生楔,以及西段南、北两支蛇绿混杂岩带之间的仲巴地块。

(一) 雅鲁藏布蛇绿混杂岩(T—K) V-2-1

该带主要出露蛇绿岩、增生杂岩及次深-深海复理石、硅质岩及基性熔岩所组成的蛇绿混杂岩带,雅鲁藏布江蛇绿岩在西段由主带(北亚带)和南亚带(拉昂错-牛库蛇绿混杂岩带)组成,中段蛇绿岩保存最好,可见由地幔橄榄岩、堆晶杂岩、均质辉长岩、席状岩床(墙)杂岩、枕状熔岩及硅质岩组成的完整层序剖面。近年的区域地质调查工作发现,在雅鲁藏布江大拐弯地区存在变质蛇绿混杂岩带(1∶25 万墨脱县幅,2003),进一步证实雅鲁藏布江蛇绿岩东延并绕过大拐弯至墨脱一带。细分为雅鲁藏布江西、中、东 3 个段蛇绿混杂岩。雅鲁藏布江西段以夹持其间的仲巴-扎达地块相隔,可进一步分为南、北 2 个亚带。

该带内混杂岩的组成非常复杂,主要为上三叠统修康群(T_3)和上侏罗统—下白垩统嘎学群(J_3-K_1),属于斜坡-深海盆地相的复理石砂板岩和放射虫硅质岩-硅泥质岩夹块状或枕状玄武岩等组合,并混杂有大量二叠纪、三叠纪、侏罗纪—白垩纪碎屑岩或灰岩等岩块。

东段蛇绿混杂岩带分布在仁布以东至雅鲁藏布江大拐弯一带,称作罗布莎混杂岩群(T—K),基质为上三叠统修康群(T_3)和上侏罗统—下白垩统嘎学群(J_3-K_1)变质及变形的复理石建造,含蛇绿岩岩块和硅质岩及二叠系大理岩等岩块。罗布莎蛇绿岩中辉绿岩 SHRIMP 锆石 U-Pb 年龄为(162.9±2.8)Ma(钟立峰等,2006),辉长-辉绿岩 Sm-Nd 等时线年龄为(177±31)Ma(周肃等,2001),上部枕状玄武岩 Rb-Sr 等时线年龄为(173.27±10.90)Ma(李海平等,1996)。采自大竹卡蛇绿岩中斜长花岗岩的锆石 U-Pb 年龄为 139Ma(王希斌等,1987),Gopel 等(1984)对日喀则蛇绿岩的基性岩单元进行了 U-Pb 测年,结果为(120±10)Ma。雅鲁藏布江洋盆的形成时间至少可以下延至中三叠世。依据蛇绿混杂岩带之北侧桑日群底部的岛弧型火山岩 SHRIMP 锆石 U-Pb 年龄为(180.4±3.5)Ma(张万平等,2009),以及叶巴组岛弧型火山岩 SHRIMP 锆石 U-Pb 年龄为(181.7±5.2)Ma(耿全如等,2006)、(174.4±1.7)Ma(董彦辉等,2006),可以限定雅鲁藏布江弧后洋盆于早侏罗世晚期已经开始向北俯冲消减,并一直延续至晚白垩世。

在罗布莎蛇绿岩及其豆荚状铬铁矿石中,发现金刚石、硅金红石、柯石英、蓝晶石、TiFe 合金和 TiSi 合金等系列高压矿物(杨经绥等,2002,2004;白文吉等,2001;中国地质科学研究院地质所金刚石组,1981)。在雅鲁藏布江中段蛇绿混杂岩带南部发育有高压变质带,从萨嘎向东经昂仁、拉孜、日喀则、仁布,在长达 600km、宽度 5km 的狭长范围内断续分布。李才等(2007)获得卡堆蓝片岩的蓝闪石 $^{40}Ar-^{39}Ar$ 年龄为(59.29±0.83)Ma,其值代表了印度河-雅鲁藏布江洋壳消亡和印度-亚洲大陆碰撞的时间。古近系柳区群(E_{1-2})为前陆盆地中一套含蛇绿岩砾石的陆相磨拉石,标志着雅鲁藏布江洋盆的彻底消亡,进入弧-陆碰撞造山过程。

1. 罗布莎蛇绿混杂岩带 V-2-1-1

该杂岩带分布在仁布以东至雅鲁藏布江大拐弯一带,有南、北两个蛇绿混杂岩亚带之分,这里所述的实际上就是北亚带,而南亚带被称作朗杰学增生楔(详见下述)。该亚带紧邻冈底斯火山-岩浆弧带南缘展布,主要出露于仁布、泽当、罗布莎、加查、朗县和雅鲁藏布江大拐弯等地,称作罗布莎混杂岩群(T—K),基质为上三叠统修康群(T_3)和上侏罗统—下白垩统嘎学群(J_3-K_1)变质及变形的复理石建造,含蛇绿岩岩块和硅质岩及二叠系大理岩等岩块。蛇绿岩断续出露、剖面不完整,但地幔橄榄岩、堆晶岩及辉长-辉绿岩墙或岩脉及枕状玄武岩等蛇绿岩单元仍较发育,尤其以罗布莎含铬铁矿的地幔橄榄岩而闻名,岩石地球化学具有 E/N-MORB、OIB 和 IAB 型蛇绿岩特征。

罗布莎蛇绿岩中辉绿岩 SHRIMP 锆石 U-Pb 年龄为(162.9±2.8)Ma(钟立峰等,2006),辉长-辉绿岩 Sm-Nd 等时线年龄为(177±31)Ma(周肃等,2001),上部枕状玄武岩 Rb-Sr 等时线年龄为(173.27±10.90)Ma(李海平等,1996);泽当蛇绿岩硅质岩中放射虫化石组合时代为晚侏罗世—早白垩世和中-晚三叠世,泽当蛇绿岩顶部和底部枕状玄武岩 Rb-Sr 等时线年龄为 215~168Ma(高洪学等,1995)。在加查—朗县一带蛇绿混杂岩中,王立全等(2008)获得辉绿岩 SHRIMP 锆石 U-Pb 年龄分别为(191.4±3.7)Ma、(145.7±2.5)Ma 和玄武岩 SHRIMP 锆石 U-Pb 年龄为(147.8±3.3)Ma。在雅鲁藏布江大拐弯一带,墨脱雅鲁藏布超镁铁质岩中获得辉石冷却年龄(200±4)Ma($^{40}Ar-^{39}Ar$)(耿全如等,2004),马尼翁-米尼沟变质蛇绿混杂岩带中测得斜长石和角闪石 K-Ar 年龄分别为(141.7±2.46)Ma 和(218.63±3.63)Ma(章振根等,1992)。综上所述,其形成时代为 T_3-K_1。

2. 大竹卡蛇绿混杂岩带 V-2-1-2

该杂岩带东起仁布、白朗、拉孜、昂仁,西延至萨嘎,呈东西向沿雅鲁藏布江沿岸带状展布约 600km,北侧与日喀则弧前盆地相接,南侧与喜马拉雅地块相邻。带内的构造变形作用强烈,基本可分划出蛇绿混杂岩相、俯冲增生杂岩相和高压变质相等。

各单元出露齐全,集中分布且较为典型,是至今已知雅鲁藏布江结合带中保存较好的蛇绿岩及蛇绿混杂岩地段。在大竹卡、白岗、得儿乡、路曲、吉定、汤嘎、昂仁、恰扎嘎、郭林淌等地均有不同程度的发育,地幔橄榄岩在大竹卡、白岗、吉定、昂仁等地出露宽度较大,最大宽度近20km;堆晶杂岩在白岗、大竹卡、吉定等地较为发育,剖面出露最大厚度近1km;辉长-辉绿岩墙群在带内均较发育,剖面出露厚度最大近700m。在大竹卡蛇绿岩中发育斜长花岗岩,产于堆晶杂岩层序的最顶部和席状岩床(墙)群的下部,呈不规则的小岩枝、囊状体或岩滴状产出。依据前人研究与近年来1:25万区域地质调查等成果,在得儿乡蛇绿岩剖面发现的玻安岩(1:25万日喀则市幅,2003),以及雅鲁藏布江东段蛇绿混杂岩带中发现的玻安岩(1:25万墨脱县幅,2002),认为区域蛇绿岩的形成与"岛弧环境"有关,应是"弧后扩张"的构造地质背景。

拉孜地区砂泥质混杂岩的硅质岩块中发现较丰富的中-晚三叠世和晚侏罗世—早白垩世放射虫组合(1:25万拉孜县幅,2003),采自大竹卡蛇绿岩中斜长花岗岩的锆石U-Pb年龄为139Ma(王希斌等,1987),Gopel等(1984)对日喀则蛇绿岩的基性岩浆岩单元进行了U-Pb测年,结果为(120 ± 10)Ma。

3. 休康俯冲增生杂岩带V-2-1-3

该杂岩带组成非常复杂,由混杂岩和地层性岩片构成。混杂岩主要为上三叠统修康群(T_3)和上侏罗统—下白垩统嘎学群(J_3—K_1),属于斜坡-深海盆地相的复理石砂板岩和放射虫硅质岩-硅泥质岩夹块状/枕状玄武岩等火山-沉积建造,并混杂有大量二叠纪、三叠纪、侏罗纪—白垩纪碎屑岩或灰岩和蛇绿岩等岩块。

4. 仲巴-萨嘎蛇绿混杂岩带V-2-1-4

该杂岩带分布于萨嘎以西,西延出国境,总体呈北西西向展布。该带被夹持其间的仲巴-扎达地块分隔为南、北两个亚带。

南亚带,分布于仲巴-扎达地块以南,东起萨嘎,向西经仲巴(南)、拉昂错,至扎达则为上新世—更新世沉积物所掩盖,东西向长约600km。带内蛇绿岩及其蛇绿混杂岩各单元的出露不完整,缺失较为完整的蛇绿岩剖面,但蛇绿岩的规模大,尤其以地幔橄榄岩规模很大,分布面积广。带内是以晚三叠世—白垩纪修康群(T_3)和嘎学群(J_3—K_1)主体为一套斜坡-深海盆地相的复理石砂板岩和放射虫硅质岩夹玄武岩等火山-沉积建造为基质,以大量石炭纪、二叠纪、三叠纪、侏罗纪—白垩纪碎屑岩或灰岩和变形橄榄岩、堆晶辉长岩、岩墙群等为岩块组成的混杂岩带。关于该带蛇绿岩的形成时代,据采自复理石砂板岩中的古生物化石和硅质岩中的放射虫组合,并结合蛇绿混杂岩带中的同位素年代学数据:洋岛型玄武岩K-Ar年龄为(168.49 ± 17.41)Ma、洋岛型辉长岩K-Ar年龄为(190.02 ± 19.12)Ma(1:25万萨嘎县幅,2002);拉昂错伟晶辉长岩脉中的钙斜长石^{40}Ar-^{39}Ar年龄为127.85Ma和休古嘎布变辉绿岩中角闪石的^{40}Ar-^{39}Ar年龄为(125.21 ± 5.33)Ma等(1:25万扎达县-姜叶马幅和普兰县-霍尔巴幅,2004)。初步认为西段南亚带蛇绿岩的形成时间为早侏罗世—早白垩世。如果考虑到混杂岩带中晚三叠世及其晚白垩世放射虫硅质岩的大量分布来分析,则洋盆发育的时限可能为晚三叠世—晚白垩世。1:25万桑桑区幅-萨嘎县幅(2003)和普兰县-霍尔巴幅(2004)区域地质调查新发现的古新世—始新世半深海-深海相碎屑岩、灰岩、放射虫硅质岩夹玄武岩[获得玄武岩K-Ar年龄(52.85 ± 1.38)Ma、(78.81 ± 1.67)Ma]沉积物,则代表了新特提斯雅鲁藏布江洋盆的残留海盆地沉积及其时限。

北亚带,分布于仲巴-扎达地块以北,东起萨嘎,向西经如角、公珠错、巴嘎、门士,至扎西岗以南,西延出国境,东西向长约800km,总体呈北西西转北西向的窄带状展布。带内具有与南亚带一致的特点,蛇绿混杂岩各单元的出露不完整,缺失较为完整的蛇绿岩剖面,蛇绿岩的规模和出露面积也较南亚带小。在达吉岭、松多、如角、巴嘎等地,主要分布有蛇绿岩下部层序的地幔橄榄岩和辉长-辉绿岩墙群,局部地区上覆出露枕状/块状玄武岩和放射虫硅质岩。带内以一套侏罗纪—白垩纪的斜坡-深海盆地相的复理石砂板岩和放射虫硅质岩夹玄武岩等火山-沉积建造为基质,混杂有大量的石炭纪、二叠纪、三叠纪、侏罗纪—白垩纪碎屑岩或灰岩和变形橄榄岩、辉长辉绿岩岩墙等岩块。与南带相比,缺少三叠纪混杂基质。

蛇绿岩及其洋盆的发育时限为侏罗纪—白垩纪(1:25万萨嘎县幅,2002;1:25万扎达县-姜叶马幅和普兰县-霍尔巴幅,2004),而在加纳崩和龙吉附近红色泥晶灰岩的岩块中发现有丰富的深水型有孔虫化石(1:25万扎达县-姜叶马幅,2004),与喜马拉雅被动边缘盆地甲查拉组(E_{1-2})中的浅水型浮游有孔虫(1:25 江孜县幅,2002)的时代一致,代表了雅鲁藏布江洋盆的残留海盆地沉积及其时限。秋乌组(E_2)以前陆盆地中的一套海陆交互相含薄煤层碎屑岩系不整合覆盖,标志着残留海盆地彻底消亡,进入陆内造山过程。

印度河-雅鲁藏布结合带在西构造结(拉达克)地区可分为两支:南侧为主地幔断裂(MMT)、北侧为主喀喇昆仑断裂(MKT)。在西构造结地区印度-巴基斯坦板块与北部的欧亚板块没有直接接触,而是科希斯坦-拉达克岛弧与印度-巴基斯坦板块汇聚(Tahirkheli,1996)。MKT逆冲带也是一条蛇绿混杂带,被称为 Chalt 蛇绿混杂岩,岩石组成包括板岩、千枚岩、结晶灰岩、大理岩、砾岩、含辉长岩、蛇纹岩、安山岩、变玄武岩等,时代属晚白垩世早期。

5. 昂仁-拉孜高压-超高压变质带 V-2-1-5

在雅鲁藏布江中段蛇绿混杂岩带南部发育有高压变质带,从萨嘎向东经昂仁、拉孜、日喀则、仁布,在长达600km、宽度5km的狭长范围内断续分布。肖序常等(1984)发现有含蓝闪石类、硬柱石(?)、黑硬绿泥石等特征矿物的蓝片岩,并划分出两个变质岩带——含蓝闪石类、黑硬绿泥石的蓝闪片岩及其南侧(宽约3km)的含硬绿泥石的绿片岩。李才等(2007)获得卡堆蓝片岩的蓝闪石^{40}Ar-^{39}Ar年龄为$(59.29±0.83)Ma$,其值代表了印度河-雅鲁藏布江洋壳俯冲消亡和印度-亚洲大陆碰撞的时间。

6. 柳区楔顶盆地 V-2-1-6

古近系柳区群(E_{1-2})为一套含蛇绿岩砾石的陆相磨拉石,不整合于蛇绿岩之上,这种蛇绿岩砾石很少同粗碎屑岩伴生,标志着蛇绿岩发生了上冲,此后才进入弧-陆碰撞造山过程。在弧前盆地上对应的是错江顶群,两者分别代表各自的楔顶增生,并没有跨两侧大陆沉积。

(二) 朗杰学增生楔(T_3) V-2-2

朗杰学增生楔相当于前述的雅鲁藏布江东段蛇绿混杂岩南亚带,位于雅鲁藏布江结合带东段之北亚带-泽当(罗布莎)-加查-朗县-米林蛇绿混杂岩带的南侧,南界与喜马拉雅地块以北倾逆冲断裂分隔,沿仁布以东至琼结—曲松—扎日一带以较大宽度出露。

1. 朗杰学增生杂岩 V-2-2-1

朗杰学增生楔主要为上三叠统朗杰学群,其北界表现为朗杰学增生杂岩向北逆冲在北侧的雅鲁藏布江蛇绿混杂岩之上;南界断裂称作拉孜-邛多江-扎日断裂,为一条明显的分割朗杰学增生楔与喜马拉雅被动边缘盆地的线性构造分界线,表现为北侧的增生楔杂岩向南逆冲到南侧的大陆边缘沉积地层(上三叠统涅如组和下中侏罗统日当组)之上。

该带内的中生代增生楔杂岩主体由北部的上三叠统朗杰学群及其南部的玉门蛇混杂岩组成,上三叠统朗杰学群(T_3)主要为一套绿片岩相浅变质复理石浊积岩夹火山岩系,中-下部为斜坡-次深海盆地相碎屑岩夹灰岩薄层或透镜体、蚀变玄武岩,产双壳类、菊石、腹足类化石;上部为陆棚边缘-斜坡相碎屑岩夹灰岩薄层或透镜体、蚀变玄武岩及玄武质火山角砾岩等,产双壳类、腹足类、牙形石和植物化石(1:5万曲德贡-琼果幅,2002;1:25万扎日区幅、隆子县幅,2004)。

2. 玉门复理石混杂岩 V-2-2-2

玉门蛇绿混杂岩分布于上三叠统朗杰学岩群的南侧,是1:25万扎日区-隆子县幅(2004)在区域地质调查过程中的新发现;混杂岩的基质主体为上三叠统朗杰学群(T_3)复理石浊积岩系,混杂岩中的"块体"复杂,大小不一,包括有辉橄岩、辉长辉绿岩、玄武岩及玄武质火山角砾岩等。

带内构造变形作用非常复杂,地质体之间乃至地质体内部均发育系列逆掩断层,并相伴发育一系列挤压片理化带、破碎带及次一级断层和紧闭倒转褶皱,总体形成一个扇状逆推楔形带(体),表现为"总体无序、局部有序(S_0尚可识别)"的构造-地层系统。上三叠统碎屑物源来自北侧(冈底斯)再旋回造山带大陆基块和火山弧成分(1:5万曲德贡-琼果幅,2002;李祥辉等,2003,2004),认为是古特提斯消减过程中形成的增生楔型逆推构造带事件。

(三) 仲巴地块(Pz—J)Ⅴ-2-3

仲巴-扎达地块位于雅鲁藏布江碰撞结合带西段,东起萨嘎或拉孜,西至扎达以西被南北两个分支的蛇绿混杂岩带所夹持,显然这已非结合带的"外来体",而可能是早期离散大陆边缘的一个地壳裂块,两侧均以断层为界。裂块南北两侧的混杂岩中含大量的"基底"型滑塌岩块似乎同这种裂块的形成过程有关,以后又受到晚白垩世构造混杂作用的叠加和改造,从而形成目前的面貌。出露地块的时代下限已达下古生界或更早,其上局部见少量三叠系呈假整合覆盖。现有资料显示,该地块具有走滑隆升特点——其变形变质基底和杂岩的出露就是有力证据。由此划分出前奥陶系齐吾贡巴群(?)主要为一套绿片岩相变质岩,原岩可能为一套浅海相含钙质或白云质的泥砂质沉积岩系,顶部与含早奥陶世头足类化石的奥陶系断层接触,其层位相当于肉切村群(《西藏自治区区域地质志》,1997),时代可能为新元古代—寒武纪,构成了地块的变质基底。

位于基底其上的奥陶系幕霞群(O)、志留系德尼塘嘎组(S)、马攸木群(D)和打昌群(C)主体为一套浅海相碳酸盐岩-碎屑岩组合,与南侧喜马拉雅被动边缘盆地中的地层序列及组合特征一致。值得注意的是,从奥陶系到上部的石炭系,空间上形成一个背斜构造形态,且奥陶系和泥盆系的岩石组合具有较强的变质变形,其原生层理发生褶皱和被置换,形成了一些区域面理。

晚古生代早二叠世时期,仲巴地块开始与南侧喜马拉雅地块的初始分化,以下二叠统才巴弄组(P_1)、中上二叠统姜叶马组(P_{2-3})中发育玄武岩、玄武质角砾凝灰岩为标志,推测形成于裂陷-裂谷盆地环境,亦即冈底斯从印度分离或雅鲁藏布江初始扩张过程中的岩浆事件。

三、喜马拉雅地块Ⅴ-3

喜马拉雅位地块南以主边界断裂(MBT)为界,北以印度河-雅鲁藏布江结合带南界断裂为界,平均宽度约300km。区内以大面积出露前寒武系变质岩和发育从奥陶纪至新近纪基本连续的海相地层为特色,显生宙沉积地层总厚达12 500m。由于卷入强烈的碰撞造山作用,形成世界上最高的山脉,呈略向南凸出的弧形山系,山脉走向与构造线方向基本一致。

根据大地构造相的差异,自北而南分为拉轨岗日被动陆缘盆地、北喜马拉雅碳酸盐岩台地、高喜马拉雅基底杂岩带和低喜马拉雅被动陆缘盆地等4个次级构造单元。

(一) 拉轨岗日被动陆缘(Pt_{2-3}/Pz—E)Ⅴ-3-1

拉轨岗日被动陆缘(Pt_{2-3}/Pz-E)位于印度河-雅鲁藏布江结合带与北喜马拉雅碳酸盐岩台之间的东西向展布的狭长带状区域,东、西两端均被藏南拆离系断失。在空间上,该带南以定日-岗巴-洛扎-错那断裂(THS)为界叠置在北喜马拉雅碳酸盐岩台之上,北部又以札达-邛多江-玉门深大断裂背驮雅鲁藏布江结合带,相当于通常所称的特提斯喜马拉雅北带或拉轨岗日构造带。该带地层变形强烈,呈东西向的逆冲-褶皱极为发育,前寒武系和古生界主要出露在拉轨岗日变质核杂岩带之穹隆核部及周边。拉轨岗日被动陆缘盆地基底为中-新元古界拉轨岗日岩群(Pt_{2-3}),主要为一套绿片岩相-角闪岩相变质岩系,获得正片麻岩中锆石SHRIMP年龄为(1812±7)Ma(1:25万定结县幅,2003),康马穹隆花岗质片麻岩的原岩形成时代为869~835Ma,并经历了泛非造山事件(528~504Ma)的影响(许志琴等,2005)。下古生界曲德贡岩组(Pz_1)主要为一套以绿片岩相为主、次为角闪岩相的变质岩系,黑云斜长片麻岩Rb-Sr年龄为501Ma(1:20万加查幅,1995;1:25万定结县幅,2002)。

晚古生代泥盆系未见，石炭系—二叠系主要为被动边缘盆地中的一套浅海碳酸盐岩-碎屑岩组合沉积，其中下-中二叠统以发育含冰水砾石的浅海相碎屑岩为特征。中生代以被动大陆边缘沉积为特征。晚侏罗世开始，由于受雅鲁藏布江新特提斯洋强烈扩张作用的影响，拉轨岗日被动陆缘转化为陆缘裂陷-裂谷盆地环境，发育次深-深海相复理石沉积，夹有多层玄武岩、安山玄武岩和安山岩以及"双峰式"火山岩组合，并出现镁铁质岩。获得大量火山岩 SHRIMP 及 LA-ICPMS 锆石年龄为 150～130Ma。随后的古新统—始新统甲查拉组（E_{1-2}）属于前陆盆地中的浅海碎屑岩堆积（李国彪等，2004），其形成与北侧雅鲁藏布江洋盆消亡、冈底斯岛弧带碰撞型火山岩的发育过程相一致。

该带沿普兰—定日—康马一线分布一系列由深成岩和变质岩组成的穹隆体，构成近东西向展布的伸展穹隆体带，被称为北喜马拉雅穹隆带（Burg et al，1984；Hodges，2000）。穹隆主体由两类不同的花岗岩组成：一类是片麻状的古生代斑状花岗岩；另一类是新生代二云母花岗岩或浅色花岗岩（Debon et al，1984；邓晋福等，1996）。岩体经历了强烈韧性剪切变形，大量同位年龄数据为 558～484Ma，代表了泛非期造山作用的构造-岩浆事件。新生代侵入岩则代表了与伸展拆离断裂系有关的构造-岩浆热事件。

花岗岩穹隆构造表现为 3 层结构：下（核）部是活化的花岗岩熔融体及前寒武纪片麻岩系；中部是古生界为主体的片岩滑脱系；顶部是中生代被动大陆边缘沉积。

1. 康马陆缘盆地（Pz）Ⅴ-3-1-1

晚古生代泥盆系未见，石炭系—二叠系主要为被动边缘盆地中的一套浅海碳酸盐岩-碎屑岩组合沉积，其中下-中二叠统以发育含冰水砾石的浅海相碎屑岩为特征。主体在东西向沿拉轨岗日狭长带状展布，但大都被核杂岩拆离系断失，在空间上，表现为不连续。

2. 陆缘斜坡（T—K）Ⅴ-3-1-2

三叠纪开始，由于新特提斯洋开启的影响，陆壳发生撕裂，形成完整的被动大陆边缘结构，以古生代沉积为基底，明显分化为南北两带，北带表现为被动大陆边缘在成熟期进一步沉降，沉降从三叠纪持续到早白垩世，可以识别出包括下中三叠统吕村组（T_{1-2}）、穷果群（T_{1-2}）、上三叠统涅如组（T_3）、修康群，下中侏罗统田巴群（J_{1-2}）、日当组（J_{1-2}）、中侏罗统陆热组（J_2）和中上侏罗统遮拉组（J_{2-3}）浅海碳酸盐岩-碎屑岩或深水外陆架相细碎屑沉积，并发育多层玄武岩、安山玄武岩和安山岩。晚侏罗世桑秀组（J_3—K_1）、甲不拉组（K_1）和宗卓组（K_2）为一套浅海碳酸盐岩-碎屑岩或深水外陆架相细碎屑，局部地段发育次深-深海相复理石沉积，夹有多层玄武岩、安山玄武岩和安山岩以及"双峰式"火山岩组合，并出现镁铁质岩。大量火山岩 SHRIMP 及 LA-ICPMS 锆石年龄为 150～130Ma，其中藏南 131Ma 的镁铁质岩浆事件、133Ma 的地壳重熔事件，指示大印度北东部在 130Ma 左右再次发生了分裂或沉降。大量地球化学分析显示出亚碱性系列火山岩，其形成与新特提斯洋开启的伸展背景有关。

3. 拉轨岗日变形变质杂岩（E—N）Ⅴ-3-1-3

碰撞侵入岩-后造山侵入杂岩：指穹隆构造核部的熔融体，由两类不同的花岗岩组成：一类是片麻状的古生代斑状花岗岩，另一类是新生代二云母花岗岩或浅色花岗岩，岩体周围是糜棱岩化的片麻岩及其之上的浅变质古生界—中生代界沉积岩系。早期花岗岩类侵入体主要为片麻状二长花岗岩、片麻状二云母二长花岗岩和片麻状黑云母二长花岗岩等，岩体经历了强烈韧性剪切变形，大量同位年龄数据为 558～484Ma（1:25 万江孜县幅-亚东县幅，2002；许志琴等，2005），代表了泛非期造山作用的构造-岩浆事件。新生代侵入岩主要是二云母花岗岩、二长花岗岩、二云二长花岗岩、黑云母二长花岗岩，以及含电气石花岗岩等岩石类型，系列 ^{39}Ar-^{40}Ar 法年龄为 45.48～43.36Ma，反映了印度-亚洲大陆碰撞作用的构造-岩浆热事件；而系列 ^{39}Ar-^{40}Ar 法年龄为 20.4～13.46Ma，则代表了与伸展拆离断裂系有关的构造-岩浆热事件（Chen et al，1990；Burchfiel et al，1992；孙鸿烈等，1994；1:25 万江孜县幅-亚东县幅、聂拉木县幅，2002；许志琴等，2005）。

高级变质杂岩-中-低级变质杂岩：片麻岩系为中-新元古界拉轨岗日岩群(Pt_{2-3})，主要为一套绿片岩相-角闪岩相变质岩系，以出现十字石、蓝晶石变质矿物为特征，获得正片麻岩中锆石 SHRIMP 年龄为(1812 ± 7)Ma(1∶25 万定结县幅，2003)，康马穹隆花岗质片麻岩的原岩形成时代为 869～835Ma，并经历了泛非造山事件(528～504Ma)的影响(许志琴等，2005)。下古生界已发生较强的变质作用，出露于东段乃东县曲德贡乡地区，称曲德贡岩组(Pz_1)，主要以一套绿片岩相为主，次为角闪岩相变质岩系，黑云斜长片麻岩 Rb-Sr 年龄为 501Ma(1∶20 万加查幅，1995)。

片岩滑脱系：以古生代地层为主。目前发现最老地层是 1∶25 万定结县幅在康马隆起带与曲德贡岩组岩性大体相似的朗巴岩组中的上部，新发现奥陶系碳酸盐岩-碎屑岩建造，以含鹦鹉螺、棘皮类化石为标志，属于被动边缘盆地沉积。

(二) 北喜马拉雅碳酸盐岩台地(Pz-E) Ⅴ-3-2

北喜马拉雅碳酸盐岩台地南以喜马拉雅主拆离断裂(STDS)为界，北以吉隆-定日-岗巴-洛扎断裂为界，相当于通常所称的特提斯喜马拉雅南带。前寒武纪地层肉切村群(Pt_3—∈)代表"泛非变质基底"之上的沉积盖层。古生代奥陶纪—白垩纪时期，北喜马拉雅带主体表现为被动大陆边缘盆地中一套稳定的以浅海相碳酸盐岩为主夹碎屑岩的沉积序列。二叠纪为被动边缘裂解序列，夹基性火山岩。随后古近系属于前陆盆地中的滨浅海碎屑岩-碳酸盐岩堆积，其形成与北侧雅鲁藏布江洋盆消亡、冈底斯岛弧带碰撞型火山岩的发育过程相一致。最高海相层位时限延至晚始新世普利亚本早期，新近系为一套河湖相磨拉石建造。

带内构造样式表现为一系列向北倾斜的北西西向断层和夹于其间的不同类型的褶皱，是一个典型的褶皱构造冲断带。褶皱构造总体呈近东西—北西西向展布，与区域构造线平行，卷入变形的最新地层为始新统。北喜马拉雅碳酸盐岩台地的南部边界断裂为藏南拆离系(STDS)，是世界上规模最大的正断层体系，沿喜马拉雅北坡绵延展布(Burg et al，1984；Burchfiel et al，1992)。该断层系将浅变质-未变质的特提斯喜马拉雅沉积岩系直接叠置于高级变质的高喜马拉雅结晶岩系之上。已有研究成果证明藏南拆离系(STDS)上盘相对于下盘做向北的下滑运动，大量数据显示断层活动时代为 24～12Ma (Hodges，2000；尹安，2001；Searle，Godin，2003；Zhang，Guo，2007)。

1. 碳酸盐岩台地 Ⅴ-3-2-1

奥陶纪—泥盆纪时期，北喜马拉雅带主体表现为被动大陆边缘盆地中一套稳定的以浅海相碳酸盐岩为主夹碎屑岩的沉积序列，石炭系为一套滨浅海相碎屑沉积，并平行不整合于下伏地层之上。

晚古生代石炭纪—二叠纪为被动陆缘裂解序列。其中，石炭系、二叠系是典型的冈瓦纳相沉积，发育海相杂砾岩，并产 *Stpanouiella* 动物群，舌羊齿植物群以及 *Lytouolasma-Costiferina* 动物群等冷温型生物组合，基本没有特提斯暖温型生物混生。最新资料还显示在下二叠统基龙组(P_1)和中上二叠统色龙群(P_{2-3})中含有大量基性火山岩，主要为玄武岩、安山玄武岩和火山角砾岩，岩石性质具有大陆拉斑玄武岩的特点。该时期的基性岩浆活动在高喜马拉雅基底杂岩带亦有表现，被称作 Abor，Panjal 暗色岩(朱弟成，2004，2006)。而且石炭系底部的含砾石英砂岩与亚里组灰岩之间，有明显的沉积间断，存在不整合关系，这一不整合称裂谷不整合，是早期的伸展运动，为冈瓦纳裂解前奏。

2. 陆棚碎屑岩 Ⅴ-3-2-2

中生代三叠纪—白垩纪主要为一套较稳定被动大陆边缘沉积的滨浅海相碳酸盐岩-碎屑岩序列，未见火山活动，火山活动迁移至北侧的拉轨岗日被动陆缘盆地中。

土隆群($T_{1+2}T$)，岩性单一，主要为灰黑色厚层状生物泥质灰岩，为浅海陆棚相，与色龙群(P_{2-3})直接接触。曲龙共巴组除底部 15m 的含砾石英砂岩直接覆盖于土隆群之上，代表滨海相外，其上地层为一浅海碳酸盐和潮坪相泥-砂质沉积，为向上海水变浅的海退层序。德日荣组(T_3dr)岩性为灰白色厚层-块状中粗粒石英砂岩，滨岸砂坝相，偶见植物化石碎屑，时代可能为晚三叠世晚期瑞替期。

从以上可看出,早中三叠世为碳酸盐岩与细碎屑岩混积的陆棚沉积体系背景,局部层位发育浅滩相;晚三叠世早期总体处于细碎屑岩系组成的深水陆棚(外陆棚)沉积体系背景,这个时期的海平面可以代表三叠纪时期的最大海侵面;晚三叠世晚期总体处于三角洲沉积体系背景,沉积物不仅粒度粗,成分成熟度和结构成熟度高,而且地层厚度大,表明其沉积环境和构造背景都发生了很大的变化。

侏罗系聂聂雄拉群和门卡墩组主要分布于测区聂聂雄拉山、拉弄拉山和门布一带,呈近东西向展布,地层层序基本完整,并具有良好的菊石、腕足类和双壳类生物化石带控制。早中侏罗世为碳酸盐岩与细碎屑岩混积的滨岸沉积体系背景,包括开阔台地相、近滨相、前滨相,局部层位发育鲕粒灰岩浅滩相、生物礁相、生物钻孔砂岩相;中侏罗世晚期—晚侏罗世早期为内陆棚混积沉积体系背景;晚侏罗世中晚期为外陆棚沉积体系背景。侏罗纪的底界面已下穿至上三叠统德日荣组砂岩内部,它构成了中生代最重要的层序界面之一。侏罗系岩石地层的底界面实际上是一个重要的初始海泛面,它标志着晚三叠世瑞替期海平面大幅度下降之后,侏罗纪新海侵作用的开始。

早白垩世继承侏罗纪新海侵作用,海平面的急剧上升,形成外陆棚-斜坡沉积体系,发育前陆早期复理石建造沉积,向上逐渐演化为陆棚水道相和三角洲体系沉积;中白垩世阿普第—阿尔毕期大规模全球性海侵,形成深水盆地黑色页岩沉积体系,全球大洋缺氧事件沉积发育,这个时期的海平面不仅是白垩纪时期的最大海侵面,而且也是整个中生代以来的最大海侵面;晚白垩世由外陆棚和内陆棚沉积体系交替出现,但形成外陆棚环境的时限要大于内陆棚环境,直到晚白垩世晚期,才出现持续的海平面下降事件,沉积环境也转变为以内陆棚或砂坝或碳酸盐岩台地沉积体系为主体。

3. 前陆盆地 V-3-2-3

随后的古近系基堵拉组(E_1)、宗浦组(E_{1-2})、遮普惹组(E_2)为滨浅海碎屑岩-碳酸盐岩堆积,显示滨岸-陆棚背景,表明在白垩纪末发生了大规模海退,并导致浮游有孔虫在极为短暂的时间内灭亡。

古新世早期以内陆棚沉积体系为主,这一时间的海平面可以代表古近纪的最大海侵面;古新世中期以内陆棚背景三角洲沉积体系为主;古新世晚期—中始新世为开阔台地及生物浅滩沉积体系,顶部局部地区还残留灰绿色、紫红色页岩系沉积。

古新世晚期—Thanetian 期,区内发生大规模海侵,从而导致 *Miscellanea-Operculina* 动物群的兴起,反映该期岗巴、定日一带处于一种具有较好透光性和富氧条件的开阔海陆架或碳酸盐岩台地环境。

古新世末期发生海退,较深水相底栖大有孔虫 *Miscellanea*、*Deviesina* 等属种的绝灭,造成区内短时期曝露水面遭受剥蚀作用,形成古新统/始新统之间的一个区域性的不整合。

在岗巴宗浦溪剖面可清楚地看到古新统宗浦组顶部的侵蚀面及始新统遮普惹组底部的沉积底砾岩。该不整合及其上底砾岩的形成除了受全球海平面变化的影响外,可能更为重要的影响因素是板块的碰撞而引起本区的陆壳抬升。

(三) 高喜马拉雅基底杂岩(Pt_{1-2}) V-3-3

高喜马拉雅基底杂岩带介于藏南拆离系(STDS)与主中央断层(MCT)之间,以大面积出露前寒武纪结晶岩系和浅变质岩为特征,又称大喜马拉雅或中央结晶岩带。在西段有较大面积的古生界和少量的中-新生界分布,并分别超覆在前寒武纪变质岩之上。

该带内最老变质岩是太古宇下部片麻岩、古元古界 Rampur 片麻岩群;中新元古界聂拉木岩群(Pt_{2-3})、东部南迦巴瓦地区称南迦巴瓦岩群(Pt_{2-3}),主要为一套角闪岩相(局部麻粒岩相"包体")变质岩系。其锆石 U-Pb 年龄值分别集中分布在 2500~2100Ma、1144~1064Ma、1990~1795Ma、845~736Ma、553~461Ma、69~42Ma 和 28.8~10.3Ma 等多个时段,其中 553~461Ma 应为"泛非造山期"构造事件,69~42Ma 代表了大拐弯地区碰撞构造事件,而 28.8~10.3Ma 对应着该区地壳加厚和相继的地壳减薄过程(1:25 万墨脱县幅、江孜县幅-亚东县幅、定结县幅,2003;卫管一等,1989;Maluski,1988;丁林等,1999;李德威等,2003)。其上的新元古界(可能包括寒武系)为一套绿片岩相的碎屑岩-碳酸盐岩系,构成了结晶基底之上的变质基底岩系。

古生代寒武纪—泥盆纪时期,主要为被动边缘盆地中一套稳定的滨浅海相碎屑岩-碳酸盐岩沉积建造。晚石炭世—早二叠世期间出现大面积大陆溢流玄武暗色岩,称 Panjal 暗色岩,厚达 2500m,分布于克什米尔地区,喷发于边缘海和陆上地区,向东南减薄,至 Chandra 河谷上游的 Baracha La 尖灭,锆石 U-Pb 年龄为 (284 ± 1) Ma,认为与 Panjal 暗色岩浆事件有关(Steck,2003)。自晚二叠世起,随着新特提斯的开启,形成新特提斯被动大陆边缘盆地,沉积了中生代滨浅海相碎屑岩-碳酸盐岩沉积序列。在早白垩世(凡兰吟—阿尔布期)发生了一次火山事件,喷发沉积了大量火山碎屑和由碱性—拉斑质基性熔岩,与印度东北部的 Rajmahal 暗色岩相当,标志着印度洋的最后拉开。古新世丹尼期地层称 Stumpa 滨海相石英砂岩(E_1),不整合于下伏地层之上,其上为古新世 Shige La 组海相灰岩(E_1)、晚古新世—早始新世 Kong 组(E_{1-2})含火山碎屑的海相碎屑岩,属于前陆盆地中的海相磨拉石建造,标志着仰冲洋壳的侵蚀和印度被动陆缘与亚洲活动边缘的碰撞。结合古地磁数据,表明弧-陆碰撞高峰时间约为 50Ma (Patriat,Achache,1984)。高喜马拉雅基底杂岩带内的岩浆活动主要有泛非期的花岗闪长岩类、新近纪的淡色花岗岩类和超镁铁岩类。

1. 高级变质杂岩 V-3-3-1

中央结晶岩杂岩主要为中新元古界聂拉木岩群(Pt_{2-3}),在东部南迦巴瓦地区称南迦巴瓦岩群(Pt_{2-3}),主要为一套角闪岩相(局部麻粒岩相"包体")变质岩系和混合岩。变质岩系以出现蓝晶石、十字石和中长石等中压相系特征变质矿物为其重要标志;混合岩主要为片麻状花岗闪长岩、片麻状黑云母钾长花岗岩等岩石类型。近年来的工作在南迦巴瓦岩群、定结县、亚东及帕里一带还发现了一条近东西向断续分布有高压麻粒岩和榴辉岩的高压变质相带高压麻粒岩和与之伴生的深成相超镁铁岩及超浅成相超镁铁岩(岩石类型为深成相尖晶石橄榄方辉岩、尖晶石橄榄二辉岩和浅成相苦橄玄武岩、玻基辉橄岩)。其上的新元古界(可能包括寒武系)为一套绿片岩相的碎屑岩-碳酸盐岩系,构成了结晶基底之上的变质基底岩系。

2. 碰撞侵入岩-后造山侵入岩 V-3-3-2

高喜马拉雅基底杂岩带内的岩浆活动主要有泛非期的花岗闪长岩类和新近纪的淡色花岗岩类和超镁铁岩类。泛非期的花岗闪长岩类主要有片麻状花岗闪长岩、片麻状黑云母钾长花岗岩等岩石类型,获得岩体的锆石 SHRIMP 年龄为 513～502Ma,应为泛非期构造事件的岩浆响应。

^{40}Ar-^{39}Ar 年龄为 29～14Ma,则反映后期伸展拆离构造作用的影响(1:25 万江孜县幅-亚东县幅,2002)。新近纪淡色花岗岩较发育,岩体呈近东西向主体沿 STDS 及其南侧附近分布,主要岩石类型有电气石二云二长花岗岩、含电气石白云母二长花岗岩、白云母二长花岗岩等,以发育白云母-二云母花岗岩为特征,年龄值介于 17.39～11.50Ma 之间(1:25 万萨嘎县-吉隆县幅,2002),被认为是主中央推覆断裂(MCT)剪切生热引起地壳的部分熔融(England et al,1992),或是藏南拆离系(STDS)伸展减压引起的部分熔融(Harrison et al,1995;Guillot et al,1995)。在高喜马拉雅变质结晶岩系中发现与高压麻粒岩伴生的深成相超镁铁岩和超浅成相超镁铁岩,岩石类型为深成相尖晶石橄榄方辉岩、尖晶石橄榄二辉岩和浅成相苦橄玄武岩、玻基辉橄岩,其中尖晶石橄榄方辉岩中锆石的 SHRIMP 年龄平均值为 (16.71 ± 0.54) Ma(1:25 万定结县幅-陈塘区幅,2002),表明超镁铁质岩体形成与喜马拉雅造山带的构造隆升及其相关的伸展拆离作用、高压麻粒岩退变质作用、淡色花岗岩侵位同时,与青藏高原晚新生代隆升过程中的壳幔反应和圈层耦合密切相关。

(四)低喜马拉雅被动陆缘盆地(Pt_{1-2}/Pz-E) V-3-4

低喜马拉雅被动陆缘盆地位于喜马拉雅山脉南坡,以喜马拉雅主中央断裂带(MCT)为北界,南侧以主边界断裂带(MBT)与印度地盾前缘的西瓦里克后造山前陆盆地为邻。主中央断裂(MCT)为位于高喜马拉雅基底杂岩带与低喜马拉雅褶冲带(低喜马拉雅被动陆缘盆地)之间的北倾逆冲断裂,是一条宽约几百米的韧性剪切带,也是低喜马拉雅褶冲带一系列推覆体构造的根部。依据淡色花岗岩的侵位年龄为 27.5~10Ma(U-Pb 法,张宏飞等,2004),淡色花岗岩和剪切变形同步发生时间为 22Ma 左右(Parrish et al,1993;Holts et al,1994,1996,1999),以及始新世海相层被卷入推覆冲断事件中等信息,表明 MCT 在渐新世时已开始活动,中新世强烈活动。

区内的前寒武纪变质岩系组合特征总体与北侧高喜马拉雅基底杂岩带一致,新元古代(可能有寒武纪)浅变质岩系米里群(Pt_3—ϵ)为沉积于冈瓦纳大陆北缘的滨海相碎屑岩系,其上的下古生界至泥盆系主体为被动边缘盆地中的一套浅海相碎屑岩夹灰岩沉积。最为著名的晚古生代地层是石炭系—二叠系(C—P),为具冷水动植物群的冰水相和河流相碎屑岩,称之为冈瓦纳群。最具特征的是在阿波尔地区见石炭系—二叠系中分布有约 1000m 厚的玄武岩,代表了大陆裂解。随后的中生代是与新特提斯洋有关的被动边缘盆地中的浅海相碎屑岩-碳酸盐岩沉积序列。始新统—中新统 Subathu 组属于前陆盆地中的海相→陆相磨拉石建造,标志着印度被动陆缘与亚洲活动边缘的碰撞及其前陆盆地的演化过程。

该带的奥陶纪花岗岩侵位于前寒武纪变质岩中,为 500~470Ma 岩浆活动的高峰期,是泛非期造山作用(Pan - African orogen)及其演化过程的产物。

低喜马拉雅褶冲带(低喜马拉雅被动陆缘盆地)主要由一系列向南逆冲的冲断层及推覆体组成,中-新元古代高喜马拉雅变质结晶岩系顺主中央断裂带(MCT)向南仰冲到低喜马拉雅褶冲带的新元古代浅变质岩系和古生代地层之上,新元古代浅变质岩系又逆冲推覆在古生代地层之上,使其低喜马拉雅褶冲带往往会出现变质程度异常的层序,即变质程度低的岩层位于层序的下部,变质程度高的岩层位于层序的上部。低喜马拉雅褶冲带的推覆构造与主中央断裂带(MCT)同步发生,主要发生于中新世,带内不同大小、规模的推覆体依次由北向南推覆,空间上呈叠瓦状构造,伴随推覆。是一条宽约几百米的韧性剪切带,也是低喜马拉雅褶冲带一系列推覆体构造的根部。

1. 低级变质杂岩 V-3-4-1

区内的前寒武系变质岩系组合特征总体与北侧高喜马拉雅基底杂岩带一致,新元古代(可能有寒武纪)浅变质岩系米里群(Pt_3—Pz)为沉积于冈瓦纳大陆北缘的滨海相碎屑岩系夹灰岩沉积。

2. 陆缘裂谷盆地 V-3-4-2

冈瓦纳群,为具冷水动植物群的冰杂砾岩和火山岩组合,集中分布于主边界断层的北侧。

其中火山岩主要由杏仁状玄武岩及火山角砾岩组成,具有由火山角砾岩→杏仁状玄武岩→钙质页岩构成的爆发→喷溢→沉积的火山-沉积旋回。Garzanti 等(1990)指出沿喜马拉雅山分布的石炭纪—二叠纪火山岩(包括中尼泊尔的 Nar Tsum 细碧岩、西喜马拉雅 Panjal 暗色岩和东喜马拉雅 Abor 火山岩)具有一致的地球化学指标,代表了大陆裂解过程中局部地区发生拉斑玄武岩的大量喷发为特征的极好例子(Roberts et al,1984;Eldholm et al,1987;Austin et al,1990),表现从地壳伸展初期的碱质到最后裂解阶段的拉斑玄武质(Caironi et al,1996;Vannay et al,1993;Pogue et al,1992)。

随后的中生代是与新特提斯洋有关的被动边缘盆地中的浅海相碎屑岩-碳酸盐岩沉积序列,集中分布于尼泊尔及其以西的印度地区(Amatya,Jnawali,1994)。始新统—中新统 Subathu 组下部为含有孔虫页岩和灰岩,上部为含植物碎片的冲积平原相砂岩、页岩沉积,标志着印度被动陆缘与亚洲活动边缘的聚敛及其残留盆地的演化过程。

低喜马拉雅褶冲带(低喜马拉雅被动陆缘盆地)主要由一系列向南逆冲的冲断层及推覆体组成,中-新元古代高喜马拉雅变质结晶岩系顺主中央断裂带(MCT)向南仰冲到低喜马拉雅褶冲带的新元古代浅变质岩系和古生代地层之上,新元古代浅变质岩系又逆冲推覆在古生代地层之上,使其低喜马拉雅褶冲带往往会出现变质程度异常的层序,即变质程度低的岩层位于层序的下部,变质程度高的岩层位于层序的上部。低喜马拉雅褶冲带的推覆构造与主中央断裂带(MCT)同步发生,主要发生于中新世,带内不同大小、规模的推覆体依次由北向南推覆,空间上呈叠瓦状构造,伴随推覆构造作用常常形成一系列的倒转褶皱、飞来峰、构造窗。

关于 MCT 活动时间：依据淡色花岗岩的侵位年龄为 27.5~10Ma（U-Pb 法，张宏飞等，2004），淡色花岗岩和剪切变形同步发生时间为 22Ma 左右（Parrish et al，1993；Hodlts et al，1994，1996，1998），以及始新世海相层被卷入推覆冲断事件中等信息，表明 MCT 在渐新世时已开始活动，中新世强烈活动。

四、保山地块（Pt_{2-3}/Pz—T）Ⅴ-4

保山地块（为掸邦陆块北延部分）界于南怒江断裂（即潞西-三台山断裂或结合带）和昌宁-孟连对接带（南接清莱-劳勿-文冬带）之间，出露地层主要为震旦系至侏罗系。前寒武系崇山岩群（Pt_{1-2}）主要为一套角闪岩相变质岩系，新元古界澜沧岩群（Pt_3）和公养河群（Z—ϵ_2）主要为一套绿片岩相变质岩系，原岩为海相碎屑岩夹灰岩组合（云南省地质矿产勘查开发局，1990）。随着前寒武纪末至早古生代初泛大陆解体（Bozhko N A，1986；Lindsay J F et al，1987；Ilin A V，1991），古生代时期的保山地块随着原特提斯和古特提斯洋的发育而长期处于被动边缘发展状态（李兴振等，1999）。早古生代寒武系为类复理石砂板岩夹硅质岩、火山岩，具有浊流沉积特征；奥陶系—志留系为浅海-深水陆棚相碎屑岩-碳酸盐岩组合。晚古生代泥盆系向东水体逐渐变深，表明西部接近物源区，东部临近较深水盆地，为沉积碎屑岩-碳酸盐岩组合。石炭系上部至下二叠统出现冈瓦纳相含砾沉积和以 *Stepanoviella* 和 *Eurydesma* 为代表的冷水动物分子，含冰川漂砾的碎屑岩和冷水动物群 *Eurydesma* 等，表明其强烈的亲冈瓦纳特征，并有玄武岩、安山玄武岩的喷溢，显示具有被动边缘裂陷-裂谷盆地性质。二叠纪末随着东侧特提斯大洋的俯冲消亡、弧-陆碰撞作用的开始，下中三叠统为前陆盆地中的一套局限浅海相碳酸盐岩夹碎屑岩沉积，并平行不整合于下伏地层之上；上三叠统为一套海陆交互相碎屑岩，局部夹中基性-中酸性火山岩，顶部出现红色磨拉石堆积，火山岩形成于碰撞造山作用的构造环境。保山地块的构造变形、变质都很微弱，局部出露有新生代碱性花岗岩体。

由于昌宁-孟连带特提斯洋盆早二叠世末俯冲、早三叠世弧-陆碰撞，反映在该地块以东的保山-缅甸被动边缘一侧隆起并大面积缺失晚二叠世和三叠纪沉积，以西的耿马-沧源被动边缘一侧于三叠纪转化边缘前陆盆地，早期沉积滨浅海相碎屑岩-碳酸盐岩组合，晚期为陆相磨拉石堆积。中晚侏罗世地层不整合覆在三叠系之上，新生代叠加了西断东超的典型箕状盆地（戴苏兰等，1998）。

保山地块横向上具有两缘夹一块的构造格局，从东往西为耿马被动陆缘、保山陆表海、潞西被动陆缘。纵向上具 3 层结构，即西盟变质基底杂岩、保山陆表海和上叠坳陷盆地。

（一）耿马被动陆缘（ϵ—T_2）Ⅴ-4-1

耿马被动陆缘主要指马利-同卡、昌宁-孟连洋盆西侧的被动边缘沉积带。北段在察瓦龙以北至扎玉、嘉玉桥一带，有泥盆系—二叠系出露。南段位于柯街-南汀河断裂与昌宁-孟连消减杂岩相之间，出露地层从前寒武系至第三系。南段前寒武系至下古生界为一套浅变质碎屑岩夹碳酸岩盐及变基性火山岩。其中西盟群下部变质核杂岩变质较深，达角闪岩相，局部有混合岩化。

构造变形比较强烈，在南部昌宁—耿马一带，形成一系列向西倒向的褶皱和逆冲推覆，形成喜马拉雅式的褶冲断系。北部左贡一带，形成直立的紧闭褶皱。由于韧性剪切，沿贡山以南的怒江两岸，岩层被强烈片理化，形成糜棱岩带。

泥盆系、中上二叠统为一套笔石页岩和砂泥质、硅质岩建造，石炭系—下二叠统为一套台地相碳酸盐岩。中生界为海相和陆相碳酸盐岩、碎屑岩及磨拉石堆积，局部夹基性和中酸性火山岩，显示前陆坳陷沉积特征。中生界不整合于下伏古生界之上，中生界为海相和陆相碳酸盐岩、碎屑岩及磨拉石沉积。第三系为陆相含煤碎屑岩。

侵入岩存在印支期（耿马大山花岗岩）、燕山期（大雪山一带二长花岗岩）及喜马拉雅期（耿马大山、南腊、班老一带二长花岗岩）花岗岩类。中酸性侵入岩为碰撞造山阶段形成的富钙的陆壳重熔型花岗岩类。

岩浆活动除古生代有较强的基性火山活动外,中酸性和少量基性火山岩主要发育于中生界下部。与被动边缘带的碎屑复理石、硅质岩和碳酸盐岩相伴生,暂将其归入大陆边缘裂谷型。

耿马被动陆缘紧贴西侧的保山陆表海,被2条断裂带夹持呈长条带分布,东为沧源断裂带、昌宁断裂带,西为柯街-孟定断裂带,东邻昌宁-孟连蛇绿混杂岩。划分为4个四级构造单元。

1. 孟统陆缘斜坡(Pt_3)Ⅴ-4-1-1

孟统陆缘斜坡分布于昌宁—勐统—永德亚练—耿马孟定一带,北段近南北走向,南段被南定河断裂右行错移后转为北东-南西走向,是耿马被动陆缘最东边的构造单元。

主要组成为新元古界王雅岩组、允沟岩组。这是的一套经区域低温动力变质作用改造的浅变质岩,变质程度为低绿片岩相。新元古界王雅岩组以石英片岩为主,夹少量变粒岩;允沟岩组以千枚岩为主夹绿片岩、大理岩。王雅岩组为以陆源碎屑沉积为主的巨厚海相地层,具有复理石韵律的特点,允沟岩组原岩表现出砂—粉砂—泥—碳酸盐岩的旋回性沉积特征。

2. 孟定陆缘斜坡(Pz_1)Ⅴ-4-1-2

孟定陆缘斜坡分布在孟统陆缘斜坡的两侧,东分布在沧源一带。西分布在耿马县勐简—孟定一带,西以柯街-孟定街断裂为界与保山陆表海相邻。

由经区域低温动力变质作用的寒武系芒告岩组和志留系—奥陶系孟定街岩群组成,变质程度达低绿片岩相。寒武系芒告岩组以千枚状石英杂砂岩为主夹千枚岩、板岩、变质基性岩和变质酸性火山岩;志留系—奥陶系孟定街岩群以板岩、变质石英砂岩为主,夹绿片岩、片理化变质基性火山岩(杏仁状玄武岩)、硅质板岩、硅质灰岩。寒武系芒告岩组由下而上表现出2个由粗到细的沉积旋回,保留有较多的原生粒序层理,具有复理石沉积的特点。变质硅质灰岩中获牙形石 *Belodella* cf. *resima*, *Hindeodella equidentata*, *Panderodus striatus*,有奥陶纪—志留纪的生物色彩。夹有变质基性岩(杏仁状玄武岩)及酸性火山岩,有双峰式火山岩的特征。志留系—奥陶系孟定街岩群局部见递变粒序、类复理石韵律,粒度分布曲线呈向左上方凸出的弧型,具有典型的浊流沉积物的分布形式,孟定街岩群的沉积环境可能为大陆边缘斜坡相。

孟统陆缘斜坡和孟定陆缘斜坡的浅变质岩,变形变质特征具有向上递减的特征,位于底部的王雅岩组片岩中发育片理(S_1),以白云母为主的鳞片状矿物定向分布,为连续劈理,局部出现黑云母,石英有细粒化及拔丝现象,片理形成的构造环境为中浅部构造层次。位于其上的新元古界允沟岩组和寒武系芒告岩组以千枚理为主,域组构发育,微劈石由石英为主的颗状矿物组成,压扁拉长后定向排列。劈理域由绢云母等鳞片状矿物与石英颗粒相间定向分布,新生矿物以绢云母为主,石英出现塑性变形,形成的构造环境为浅部构造层次。位于最上部的志留系—奥陶系孟定街岩群以板劈理为特征,软弱岩层中,板劈理呈微间隔密集状分布,在变质石英砂岩等强硬的岩石中,劈理间隔变宽,一般为0.5～1.2mm,呈微-小间隔状,板理面有绢云母和少量的水云母定向分布。板劈理对原生层理进行了部分构造置换,$S_1//S_0$ 的现象普遍可见。形成的构造环境为表部构造层次向浅部构造层次过渡的部位。

这种从老到新的地层叠置关系不变,S_1 构造面理从宏观看与大套岩层平行,在构造置换弱的部位,小尺度也可见 $S_1//S_0$,表明它们是伸展构造环境的表现和结果,可能与昌宁-孟连洋盆的扩张有关。发育叠瓦状逆冲构造,断面总体向东倾,小型构造指示向西逆冲运动。在西盟地区新元古界王雅岩组、允沟岩组逆掩在元古宙角闪岩相变质杂岩之上,核部糜棱理近水平平缓分布,向外构造面理由缓变陡,倾向东—南东,倾角15°～60°,褶劈理(S_2)指示由南东向北西逆冲运动。

3. 耿马同碰撞岩浆杂岩(T_3E)Ⅴ-4-1-3

耿马同碰撞岩浆杂岩主要分布于沧源县羊棉大寨-耿马县城西侧的耿马大山—永德县班尾一带,呈北东向的舒缓反"S"形分布。其主体部分为晚三叠世侵位的花岗闪长岩-二长花岗岩,其次为古近纪始新世早期侵位的闪长玢岩、花岗闪长斑岩、二长花岗岩,始新世晚期侵位的次多斑流纹岩、次英安(斑)

岩、石英斑岩等分布较为局限。总体上表现为随侵位时代的推移,岩浆活动的强度降低,产状由深成岩向浅成岩、超浅成岩演变。

晚三叠世花岗闪长岩-二长花岗岩在 CIPW 标准矿物中普遍出现数量不等的刚玉分子,而不出现透辉石分子,显示了一般的过铝 S 型花岗岩的特点;稀土配分曲线表现为轻稀土富集、分异明显,重稀土较为平坦的特点,具有中等程度的负铕异常,岩浆的结晶分异作用并不强烈,且部分熔融的残留组分中也无大量的斜长石,暗示了其源区可能以中、下地壳为主。$\delta^{18}O=8.44‰\sim9.50‰$(SMOW),多显示了 I 型花岗岩的特征。本期花岗岩主要显示了火山弧花岗岩、板内花岗岩或地幔分异花岗岩的特点,并未出现同碰撞花岗岩的特点。暗示了怒江-昌宁-孟连洋盆闭合后的弧-陆碰撞过程中可能在深部存在洋壳向西的反向俯冲作用。晚三叠世已进入碰撞造山作用的晚期,更大的可能是在即将开始的造山后崩塌作用转换阶段的局部拉张构造环境的岩浆活动结果,属盆山转换构造的前期构造岩浆活动。

花岗闪长岩-二长花岗岩侵位的最高层位为上三叠统三岔河组(T_3sc),并被中侏罗统花开左组(J_2h)不整合覆盖。细粒黑云二长花岗岩中的黑云母进行 K-Ar 法年龄测定,获 220.85Ma 的年龄值,中细粒黑云二长花岗岩中还获得过 210Ma 的年龄值(Rb-Sr 法)。

始新世早期中酸性侵入岩类主要闪长玢岩、花岗闪长斑岩、闪长斑岩和二长花岗岩。岩石地球化学特征多显示了 S 型花岗岩的特点,但无石榴石、堇青石等 S 型花岗岩的特征矿物出现,地球化学成分投影点也多位于火山弧花岗岩区或火山弧花岗岩区-同碰撞花岗岩区-板内花岗岩区三者的过渡地带。其侵位的最新地质体为古近纪勐腊组(Em)。并获得了(50.30 ± 1.23)Ma(全岩 K-Ar)、$52(-11,+9)$Ma(锆石 U-Pb)的同位素年龄值。

始新世晚期中酸性侵入岩主要岩石类型为次英安斑岩,另见少量的次英安质流纹斑岩、含角砾次英安斑岩、次英安斑岩质熔角砾岩、斑流纹岩、石英斑岩、次英安岩。主要为次火山岩-超浅成岩类。稀土配分曲线形态变化较大,表现为由轻稀土富集型向平坦的"海鸥"型过渡;在洋中脊花岗岩标准化的微量元素比值蛛网图上,其总体形态表现为板内花岗岩中常见的大隆起的形式。与前述晚三叠世花岗岩、始新世早期的花岗岩类存在 Nb、Ta 的明显负异常有较为明显的差异,属典型的板内花岗岩。

4. 富岩坳陷盆地(J)Ⅴ-4-1-4

富岩坳陷盆地上叠在其他四级构造单元之上,分布于耿马被动陆缘的东部,呈长条带状展布,木戛断裂以北呈北东向延伸,以南呈近南北向弧形延伸。物质组成为中侏罗统勐嘎组,与下伏地层不整合接触。下部岩性为灰紫色、紫红色、少量灰黄色、灰白色中厚层状细粒、中粒石英砂岩、粉砂质微细粒石英杂砂岩夹紫红色砂砾岩、薄层状(泥质)粉砂岩、粉砂质泥岩。上部以紫红色、灰紫色、少量灰黄色、灰绿色粉砂质泥岩、泥岩为主,夹浅灰色—浅灰白色细粒岩屑石英杂砂岩、岩屑砂岩、不等粒石英砂岩、含凝灰质岩屑砂岩,靠上部偶夹泥质泥晶灰岩、介壳灰岩;靠下部夹含石膏白云岩。顶部岩性为灰紫色、灰黄色、灰色粉砂质泥岩、粉砂岩、介壳灰岩、泥质泥晶灰岩夹细粒长石岩屑砂岩、凝灰质长石砂岩,灰岩中含海相双壳类,砂岩中见水平虫迹,泥岩中含介形虫,发育水平层理。属河口湾海陆交互相沉积环境。

下部的石英砂岩中发育小型交错层理、平行层理。石英杂砂岩粒度分析曲线由跳跃和悬浮总体两部分组成,表现出滨浅海砂岩特征。上部一开始出现的细粒石英砂岩具透镜状层理、脉状层理、小型沙纹交错层理。粒度分析曲线表现出沉积介质非单向水流的特点。靠下部的泥岩属潟湖潮坪相沉积,由此往上,砂岩中见小-中型槽状交错层理、沙纹交错层理、平行层理,其砂岩应属潮道三角洲相沉积。除含有大量海相双壳类化石外,还可见部分含淡水介形虫,总体显示出三角洲地区的沉积特点,潮控沉积与河控沉积交替出现,海陆交替的特征较清楚。

中三叠世碰撞造山后,海水退出,晚三叠世晚期进入造山后崩塌期,海水由南向北入侵,中侏罗世在这一地区沉积了勐嘎组海陆交替环境的红色碎屑岩。

(二)西盟基底变质杂岩(Pt_1)Ⅴ-4-2

西盟基底变质杂岩分布于西盟县西盟镇—傈僳一带,呈近南北向弧形延伸。主要组成为元古宇西盟岩群,这是一套遭受区域动热变质作用,岩石变质强度达角闪岩相,并伴有混合岩化作用的变质岩系,主要岩石类型有黑云斜长变粒岩、斜长角闪片岩、云母石英片岩、大理岩,岩石强烈糜棱岩化。所形成的变质地体构成了保山地块的结晶基底。同时伴有古元古代片麻状花岗闪长岩-花岗岩组合,在An-Ab-Or图解中落入花岗闪长岩区及花岗岩区;在R_1-R_2图解中则主要落入同碰撞花岗岩区。糜棱岩化强烈。

西盟变质基底杂岩位于逆掩构造的下盘,西盟岩群中发育的片理、片麻理与花岗质岩石中的糜棱面理近水平分布,边缘逐渐变陡,呈长条状穹隆产出。上盘为勐统-沧源逆冲叠瓦构造,卷入的新元古界王雅岩组和允沟岩组褶劈理化明显,所组成的叠瓦状构造由核部向东产状逐渐变陡,指示由东向西逆冲推覆运动。

(三) 保山陆表海盆地($\in$—T_2) V-4-3

保山陆表海盆地分布在泸水—保山—施甸—永德一带,呈近南北向展布,南部向南西偏转。东以崇山断裂带、柯街-孟定街断裂带为界与昌宁-孟连蛇绿混杂岩和耿马被动陆缘为邻,西以怒江断裂带为界与其西的潞西被动陆缘相接。北端尖灭于福贡县匹河以北的崇山断裂带与怒江断裂带的交接部位,南部于镇康县南伞-耿马县河外一带延入缅甸境内。保山陆表海的主体为晚寒武世—早石炭世浅海沉积,上叠有二叠纪陆内裂谷火山岩及沉积岩以及三叠纪压陷盆地沉积和侏罗纪坳陷盆地。保山陆表海以北西向的勐波罗河断裂为界,北西部称为施甸陆表海,南东部称为永德陆表海。

1. 施甸陆表海($\in$—C) V-4-3-1

施甸陆表海的沉积记录从晚寒武世开始,未见底。晚寒武世早期为复理石沉积,向上水体变浅,粉砂质泥质板岩发育透镜状层理,进入潮坪沉积环境(核桃坪组),中期的含棘屑灰岩、鲕粒灰岩是一套滨海浅滩相碳酸盐岩(沙河厂组),晚期的细碎屑沉积在粉砂岩中发育斜层理,泥质板岩中发育透镜状层理、水平纹层(保山组),显示潮坪沉积的特征。这是一个海退沉积过程。晚寒武世早期和晚期有火山活动,夹强蚀变安山岩、致密状玄武岩和少量英安岩。从奥陶纪开始进入稳定的陆表海发展时期,早奥陶世—早志留世,为浅海陆棚沉积环境,早奥陶世—晚奥陶世早期以滨浅海碎屑沉积为主,晚奥陶世晚期—早志留世水体明显加深,沉积了一套笔石页岩(仁和桥组),沉积环境发展为外陆棚盆地。中志留世开始进入碳酸盐岩台地构筑阶段,中-晚志留世为台缘浅滩碳酸盐岩沉积(栗柴坝组),表明这一时期有一次海退过程。早泥盆世又恢复海侵环境,由早期的潮坪沉积很快转为开阔台地碳酸盐岩沉积,至晚泥盆世晚期沉积了一套硅质岩夹少量泥质灰岩(大寨门组),含放射虫、海绵骨针硅质岩,具深水沉积特点,可能属台缘斜坡的深水环境。早石炭世亦为开阔台地碳酸盐岩沉积。

晚寒武世火山岩在英安岩中获得了498Ma的锆石LA-ICPMS年龄,岩石地球化学特征主要显示了岛弧火山岩的特点,可能属泛非运动过程中,在冈瓦纳大陆外围的地块、陆块之间相互挤压、碰撞的产物。该火山岩的发现为保山核桃坪、保山沙河厂、镇康芦子园等地的铅-锌-铁-铜矿的成矿作用过程等提出了新的约束条件。

2. 永德陆表海($\in$—D) V-4-3-2

永德陆表海主要分布在勐波罗河断裂南东的永德和勐捧地区,总体沉积建造与施甸陆表海基本相似,变化主要表现在早泥盆世以后的沉积活动。永德地区缺失中晚泥盆世的沉积,这可能与中晚志留世的海退有关。但在永德以西的勐捧地区中泥盆世—晚泥盆世中期的开阔碳酸盐岩台地(何元寨组)常被早石炭世碳酸盐岩(香山组)超覆。早石炭世还出现一套火山沉积岩(张家田组),沿镇康县半坡寨—永德县张家田—小红山出露,岩石类型主要为蚀变含杏仁玄武岩、强碳酸盐化玄武质岩屑玻屑凝灰岩等,与半深水相的硅质岩、硅质泥岩共生。岩石$SiO_2=47.77\%$,全碱$alk=3.06$,$K_2O/Na_2O=0.39$,$MgO=11.12\%$,经AFM图解判别属拉斑玄武岩系列,属陆内裂陷玄武岩组合。

3. 卧牛寺陆内裂谷(P)Ⅴ-4-3-3

经过晚石炭世的间断,二叠纪进入伸展构造环境。早二叠世早期出现冰碛沉积,滨浅环境中沉积了一套含冷水生物冰碛含砾泥岩、石英砂岩(丁家寨组),早二叠世晚期伸展作用形成了陆内裂谷,基底为古生代陆表海。大量玄武岩(牛喝塘组)喷溢覆盖于丁家寨组之上,火山岩夹有少量粉砂质页岩、薄层状凝灰质泥岩、泥灰岩等,发育水平层理,且产牙形类和䗴类等化石,属正常浅海环境喷发沉积。火山喷发活动宁静后,中二叠世早期滨海相的凝灰质细碎屑岩(丙麻组)平行不整合盖于火山岩之上。随着海水的入侵,中二叠世晚期—晚二叠世发育的碳酸盐岩经历了台地浅滩—开阔碳酸盐岩台地—台地浅滩(沙子坡组)的沉积环境变化,表明退积型沉积已接近尾声,构造环境由伸展向挤压转换。

二叠纪火山岩赋存于卧牛寺组中,为一套裂隙式爆发-喷溢相与爆发-沉积相组成的基性火山岩系,以致密状玄武岩、杏仁状玄武岩分布最广,局部可见少量安山玄武岩。夹火山碎屑岩,局部夹沉积岩。岩石化学属碱性-亚碱性基性火山岩,多数属亚碱性系列的拉斑玄武岩系列火山岩,少数属碱性玄武岩系列。结合微量元素、稀土元素特征分析,本期火山岩与消减作用无关,属大陆板内环境的产物,是昌宁-孟连洋盆向东俯冲在后缘形成拉张构造环境的结果。

4. 镇康陆表海(T)Ⅴ-4-3-4

镇康陆表海分布在镇康—永德一带,叠置于卧牛寺陆内裂谷之上。底部早三叠世碳酸盐岩亦为碳酸盐岩台地浅滩沉积,与下伏的沙子坡组有相似的沉积环境,二者间为平行不整合接触,晚二叠世末期曾发生过沉积间断。

从早三叠世开始的海侵使水体不断加深,早-中三叠世的沉积环境也发生了从碳酸盐岩台地浅滩—开阔碳酸盐岩台地—台缘斜坡的变化(喜鹊林组)。晚三叠世早-中期发生了火山喷发事件,形成基性—酸性—中基性的喷发旋回,岩石类型以玄武岩、安山玄武岩为主,次为英安岩、流纹岩,少量为玄武质粗面安山岩、粗面安山岩、粗面岩,局部夹火山碎屑岩、沉积岩(牛喝塘组)。上覆的晚三叠世卡尼中期—诺利早期的台地碳酸盐岩(大塘组)和潮坪相碎屑岩(南梳坝组)平行不整合覆于火山岩之上;诺利中晚期三角洲相的碎屑岩(湾甸坝组)平行不整合盖在下伏南梳坝组和牛喝塘组火山岩之上。

晚三叠世火山岩的岩石化学和地球化学显示具亚碱性岩系之钙碱性岩系列与拉斑玄武岩系列过渡的特点,投影点落入大陆板内火山岩区,但有相当数量的样品落入钾玄岩区或汇聚型板块边缘区。火山活动的时间点与耿马同碰撞岩浆杂岩大致相同,也应属盆山转换的前期构造岩浆活动。

根据晚三叠世火山岩上下接触关系推测,火山活动时期为晚三叠世卡尼—诺利中期。喷发使地貌环境发生变化,形成了南梳坝组碎屑岩与大塘组灰岩的相变关系,也形成了上覆地层逐层超覆的接触关系。

5. 等子铺坳陷盆地(J)Ⅴ-4-3-5

等子铺坳陷盆地分布在保山以东的道街—等子铺一带,叠置于卧牛寺陆内裂谷之上。

受碰撞造山作用的影响,保山地块缺失晚三叠世晚期—早侏罗世沉积。中侏罗世的局部海侵仅在保山地块西部及其以西地区进行。早侏罗世早期随着海水的入侵经历了河流相-河口湾相(勐嘎组)沉积环境的变化后,中侏罗世中期进入潮上带环境(柳湾组),中侏罗世晚期—晚侏罗世早期又回到河口湾相沉积(龙海组),完成了一个海进—海退的沉积旋回。

中侏罗世早期火山岩主要岩石类型为橄榄玄武岩,少量玄武质凝灰岩、气孔状玄武岩,下部玄武岩中发育枕状构造。属碱性玄武岩系列之玄武质粗安岩、粗安岩。岩石碱含量高,富钠,TiO_2含量低。稀土元素配分曲线属轻稀土富集型,与大陆裂谷碱性玄武岩相似。该期火山岩的形成,与碰撞造山后的陆内应力调整作用相关,是造山后崩塌阶段盆山转换的表现和结果。与羌塘-三江造山系三叠纪碰撞造山后,于侏罗纪出现伸展调整作用是一致的。

(四)潞西被动陆缘(Z—T$_2$)Ⅴ-4-4

潞西被动陆缘分布在保山陆表海以西的保山芒宽—龙陵镇安—潞西芒海一带,呈南北—南西向向南撒开的帚状展布。东以怒江断裂带为界,西以瑞丽断裂带为界与其西的班戈-腾冲山浆弧为邻。北端尖灭于怒江断裂带和瑞丽断裂带的交会处,向南延入缅甸境内。划分出4个四级构造单元,彼此间多为构造接触。

叠瓦状逆冲岩片构造较为发育,在施甸第三系盆地两侧,可以看到奥陶系和泥盆系的逆冲推覆和褶皱。在六库-漕涧的花石桥—来福桥一带可见石炭系和寒武系依次向西的逆冲推覆及向西倒转的褶皱。

保山陆块西部前陆盆地是在三叠纪坳陷带基础上发展起来的,于中侏罗世潞西-三台山洋闭合及高黎贡山逆推带向东推覆造山,在其前缘形成的前陆坳陷,也是一种后造山边缘前陆盆地,发育了中侏罗世陆相磨拉石-海相碎屑岩和碳酸盐岩。

1. 芒海陆缘斜坡(Z—∈)Ⅴ-4-4-1

芒海陆缘斜坡分布在潞西芒海—龙陵木城一带,呈北东向展布,北为平河同碰撞岩浆杂岩,向南延入缅甸境内。以震旦系—寒武系公养河群为主体,上部泥板岩与砂岩互层夹硅质岩、硅质页岩,下部砂岩夹泥岩、薄层灰岩。目前将地层时代置于震旦纪—中寒武世。遭受极低级-低绿岩相变质作用的改造。砂岩杂基含量较高,与泥板岩构成复理石韵律,具浊流沉积特征,硅质岩及薄层状灰岩具深水沉积特点。这是一套斜坡相的浊积岩,位于大陆被动边缘。

其东部受怒江断裂带的影响,卷入强应变带中发生动力变质作用,形成绢云千枚岩,变质程度达低绿片岩相。

2. 蒲满哨陆缘斜坡(Pz)Ⅴ-4-4-2

蒲满哨陆缘斜坡分布在保山芒宽—龙陵镇安一带,夹持于怒江断裂带和瑞丽断裂带之间,北端尖灭于两断裂带的交会处,南端被平河同碰撞岩浆杂岩相隔位于芒海陆缘斜坡之北。

以寒武系—奥陶系蒲满哨群为主体。岩性组合为钙质板岩、大理岩、微晶灰岩、棘屑灰岩与变质长石石英砂岩、粉砂质板岩、雏晶黑云(绢云)板岩、泥质板岩不等厚互层,夹绿片岩(变质基性火山岩)。砂岩中见低角度的斜层理、平行层理,钙质-泥质组成毫米级复理石韵律,硅泥质条带状灰岩形成的水下滑塌构造,具浊积岩沉积特征。在细碎屑岩和碳酸盐岩中产三叶虫、腕足类、海林檎、苔藓虫、有孔虫、双壳类、植物、藻类等化石,具晚寒武世—奥陶纪生物色彩,地层时代置于晚寒武世—早奥陶世。属被动大陆缘斜坡环境。

变基性火山岩的岩石地球化学特征主要显示了岛弧火山岩的特点,可能属泛非运动过程中,在冈瓦纳大陆外围的地块、陆块之间相互挤压、碰撞的产物。

3. 平河同碰撞岩浆杂岩(O)Ⅴ-4-4-3

平河同碰撞岩浆杂岩分布在龙陵镇安—平达一带,近南北向展布。以平河岩体为主,主要岩性为中细粒黑云二长花岗岩、似斑状中粒-中粗粒黑云二长花岗岩,少量花岗闪长岩。

岩石化学显示花岗岩具有明显的富铝特征,稀土元素配分曲线向右倾斜,半数以上样品的 $\delta Eu > 0.60$,属同碰撞过铝花岗岩组合。近年来的1:25万、1:5万区域地质调查工作中,在石缸河、麻玉河、龙陵郭家寨等地的花岗岩中获得了大量的锆石 LA-ICPMS 测年数据,其年龄主要集中在490~460Ma之间,比泛非运动核心区的年龄滞后20~30Ma,可能代表了区域上泛非造山运动在外围地区的持续碰撞、造山作用。

4. 德宏陆源碎屑-碳酸盐岩台地Ⅴ-4-4-4

德宏陆源碎屑-碳酸盐岩台地分布在芒海陆缘斜坡和蒲满哨陆缘斜坡以西的德宏—瑞丽姐勒一带。

北东向展布,与瑞丽断裂带平行。沉积记录从奥陶纪开始,未见底。早奥陶世—晚奥陶世早期从河口湾相砂砾岩、石英砂岩夹页岩、粉砂岩(大矿山组)到潮坪相白云岩、灰岩夹砂泥质白云岩、灰岩(潞西组)显示出海进沉积的特点。晚奥陶世晚期—早志留世的笔石页岩(仁和桥组)整合在潞西组碳酸盐岩之上,保山陆表海奥陶纪以来的海侵已经波及到这里,但水体明显变浅,位于底部的黑色笔石页岩之上为砂泥质灰岩,显示滨海环境局限台地的沉积特征。早志留世以后,海水曾退出这一地区,出现了中志留世—早泥盆世的沉积间断,中泥盆世早期的砂泥质白云岩与紫红色钙质细砂岩互层岩(景坎组)平行不整合覆于仁和桥组之上,发育水平层理、沙纹层理等沉积构造,属障壁滨海岸沉积环境。中泥盆世晚期为一套碳酸盐岩夹少量灰白色细-中粒石英砂岩、薄层泥质粉砂岩,属滨海环境碳酸盐岩台地边缘的浅滩沉积。此后又经过较长时间的沉积间断,至中二叠世早期才出现滨海相碎屑岩(丙麻组)沉积,中二叠世晚期—晚二叠世发展为开阔台地碳酸盐岩沉积(沙子坡组)。

德宏陆源碎屑-碳酸盐岩台地处于沉积盆地边缘,海侵时期才有沉积活动,水体也要浅一些,但总是处于滨海环境。其上叠有中晚侏罗世海相坳陷盆地沉积(勐戛组—龙海组)。

五、三台山结合带 V-5

三台山结合带仅在潞西三台山一带有沿结合带呈串珠状分布的超镁铁岩小岩体群(《云南省区域地质志》称潞西岩带),大致延龙陵-瑞丽大断裂断续分布。主要包括三台山岩体群、坝头岩体、弄炳岩体以及营盘寨岩体群。三台山超基性岩的形成时代一直缺乏可靠的证据,全岩 Sm-Nd 法获得超基性岩形成年龄为 349Ma。刘本培等(2002)认为,三台山超基性岩可能代表蛇绿混杂岩或可能代表无根的蛇绿岩残片,龙陵-瑞丽大断裂可能代表板块缝合带。

普拉底陆缘斜坡为一套经俯碰撞变质作用改造的变质石英砂岩、变质砂岩、绢云板岩、绢云千枚岩夹硅质板岩与粉砂质板岩、大理岩与绿泥阳起片岩,变质程度达高压绿片岩相。其复理石结构具被动大陆边缘斜坡构造环境的沉积特征。

早期面理(D_1S_1)具分带性,上部发育板劈理,下部发育千枚理,并见(D_1S_1)面理平行原生层理($S_1//S_0$),以($S_1//S_0$)复合面理为变形面形成紧密排列的紧闭-同斜褶皱,轴面劈理为褶劈理(D_2S_2)。D_1S_1 构造面理为俯冲时期顺层剪切的结果,新生的绢云母、绿泥石、阳起石等矿物沿 D_1S_1 定向生长;紧闭-同斜褶皱为逆冲折返阶段的构造形迹,轴面劈理为褶劈理(D_2S_2),虽透入性有限,但局部地方也出现绢云母、绿泥石等新生矿物。

丙中洛蛇绿混杂岩主要岩石类型为糜棱岩化角闪石岩、变余辉长辉绿岩、变余辉绿玢岩,受变形变质作用影响,与围岩构造接触,并出现糜棱岩化。寄主围岩为一套遭受叠加变质作用改造的变质岩,其中的变质砂岩-变质石英砂岩-板岩-千枚岩组合具区域低温动力变质作用特征;石榴二云石英片岩-红柱二云石英片岩-石榴十字二云石英片岩-变粒岩组合,除构造变形更为强烈外,有明显的热变质叠加。

糜棱岩化角闪石岩、变余辉长辉绿岩、变余辉绿玢岩具亚碱性拉斑玄武岩的岩石化学特征,地球化学成分投影点多落入或接近洋岛玄武岩。这是一套处于强烈构造变形带中的蛇绿混杂岩,它是连接西藏怒江蛇绿混杂岩与昌宁-孟连蛇绿混杂岩之间的枢纽。

第六节 印度陆块区 VI

印度陆块区只出露了西瓦里克前陆盆地。青藏高原南部邻区的印度陆块太古宙(AR)基底位于印度克拉通的中南部,由片麻岩-绿岩组成(Naqvi,Narain,1978;Goodwin,1991),称为达瓦尔(Dharwar)克拉通。元古宙(PT)基底位于北部,主要由中新元古代造山带环绕达瓦尔克拉通的北东和南面分布,造山活动时间从 1.7Ga 持续到 700Ma,Sengör(1996)称之为 Ghapuvalli(或 Ghats-Satpura-Aravalli)造山带,并在 Rakhabdev 还识别出了前陆。在中新元古代 Ghapuvalli 造山带中,围绕 Dharwar 克拉通东、西、南部的安第斯型大陆边缘形成时间为 1.5～1.0Ga,沿边缘碰撞时间可能发生于 1.1Ga,并持续至大约 750Ma 完成,750～550Ma 代表后碰撞缩短、盆岭型伸展和走滑变形作用,可能还受到环冈瓦纳泛非期影响。在印度北部泛非造山带的证据较多,主要记录在喜马拉雅地区。泛非期变质基底之上,被寒武纪裂谷事件火山-碎屑沉积及奥陶纪以来的稳定型沉积覆盖。

早古生代的地层主要在喜马拉雅地区,寒武纪($\in$)早期的地层主要在 Punjab 的盐岭和中喜马拉雅带的 Spiti 地区。在盐岭地区,底部为盐岩假晶带,其上为白云岩和砂岩;砂岩上覆为黑色的 Neobolus 页岩,其上为红色或紫红色的砂岩带,这些地层均无化石,发育泥裂构造和虫穴遗迹,是典型近陆潮坪沉积环境。Spiti 地区的 Haimanta 系由板岩、云母石英岩和白云质灰岩组成。奥陶纪(O)由薄层状页岩、灰岩、石英岩、砂岩和砾岩组成。志留纪(S)为硅质灰岩。

晚古生代继承早古生代的稳定克拉通环境,泥盆纪(D)为碳酸盐岩台地沉积,石炭纪(C)以后为著名的冈瓦纳超群(C—J),主要出露在东部的 Damodar 和 Sone 河谷及拉甲马哈尔山,为大陆地台内部冰川河流相沉积,主要为板岩和冰碛岩,含冈瓦纳冷水动植物群,并作为冈瓦纳重要标志。侏罗纪(J)潘吉亚大陆开始分离,在印度地台中部发育地堑沉积,充填了上侏罗统到下白垩统的砂砾岩沉积,北部侏罗纪下部为玄武岩、安山岩夹泥页岩,中部为砂岩夹灰岩,上部为厚层泥岩。白垩纪(K)底部为陆相泥岩,中部为海相灰岩、泥灰岩,含珊瑚化石,顶部为玄武岩。

古地磁数据表明,晚白垩世印度板块以非常高的速度(18～20cm/a)从冈瓦纳大陆裂解(Klootwijk et al,1992;Gaina et al,2007),印度从澳大利亚和非洲分离,朝向亚洲运动。白垩纪末发生大规模火山活动,形成世界上最大的大火成岩省之一的德干熔岩流(厚>2000m,面积>$50 \times 10^4 km^2$),主要由多层拉斑玄武岩组成,还有少量碱性玄武岩、霞石岩、煌斑岩和碳酸岩,年龄为 68～60Ma(Sheth et al,2005),尽管传统认为与 Réunion 地幔柱活动有关(Morgan,1981;Richards et al,1989),但是无论从喷发持续的时间、喷发速率、地幔源区还是从板块运动轨迹来看,更可能是塞舌尔从印度裂离有关(Mahoney,1988;Sheth et al,1999,2005),标志冈瓦纳大陆的最终解体。

古近纪印度和亚洲大陆碰撞,地层普遍缺失,中新世形成喜马拉雅造山带,山前形成希瓦里克带前陆盆地,西瓦利克群(N_2—Qp_1)厚 5000m 以上,局部为第四纪冲积层覆盖,在西段局部可见含货币虫的海相灰岩和砂页岩。

第七章　西南地区大型变形构造特征

对西南地区大型变形构造进行了详细的变形时代及变形构造类型研究,揭示西南地区大型变形构造主要形成于古生代以来的两个大陆演化旋回,共计划分出挤压型、拉张型、剪切型和其他型大型变形构造共计 22 个,其中:挤压型大型变形构造 14 个、拉张型大型变形构造 3 个、剪切型大型变形构造 5 个。

西南地区的大型变形构造分别属于西藏-三江构造系、扬子陆块构造系、华南构造系和秦祁昆构造系。

一、秦祁昆构造系

秦祁昆构造系主体在甘肃和陕西,西南地区仅跨其玛沁-略阳逆冲叠瓦构造带和大巴山逆冲叠瓦构造带的一小段,是西藏-三江造山系和扬子陆块与秦祁昆造山系的分界构造。

1. 玛沁-略阳逆冲叠瓦构造带

该构造带西至玛沁向东经郎木寺、甘肃武都达陕西略阳,区内长约 200km,是西藏-三江造山系与秦祁昆造山系的分界构造。断层的断层面多北倾,倾角 60°～80°。

由多条平行的叠瓦状断层及其间的褶皱组成,可见志留系白龙江群硅质页岩建造、砂板岩建造在不同地段逆冲推覆于三叠系复理石建造之上,且可见到滑塌型混杂岩建造。其夹持的岩块大小不一,形态各异,劈理、片理发育,具矿物碎斑化与走向排列构成的线理。沿断层地表硅化、褐铁矿化醒目,地貌上常呈直线沟谷和悬崖陡坎景观。

形成的主要时代为二叠纪,古近纪初有强烈活动,其一方面下伏地层被断续出露的古近纪类磨拉石建造角度不整合覆盖,另一方面又控制红色类磨拉石建造的分布、产出形态、岩相特征等,并再次被复活的断裂破坏。

2. 大巴山逆冲叠瓦构造带

该构造带北西端起于陕西西乡,其东端经过湖北省房县,总体呈向南凸出的弧形,区内长 30 多千米,为扬子陆块与秦祁昆造山系的分界构造。

构造带内劈理、片理发育,其产状与主断裂面一致。主断面倾向北。岩石破碎,炭化、糜棱岩化、构造透镜体、擦痕与磨光面均很发育,常见拖褶皱。带内线性构造强烈,发育次级褶皱、断裂构造,断裂构成逆冲叠瓦状构造。

活动历时长,控制着两侧的沉积作用,构造以北的震旦系—寒武系为半深海环境沉积,属造山带建造类型;以南,是扬子地块的浅海陆棚沉积。三叠纪发生强烈滑脱剪切作用。

二、扬子陆块

扬子陆块包括龙门山逆掩推覆构造带、盐源-丽江逆掩推覆构造带、安宁河逆冲-走滑构造带和小江逆冲断裂构造。龙门山到盐源构造带是呈北东方向延展的一组大型变形构造,其在地质、地貌、地球物理异常上均有显示。古生代到三叠纪,该组大型变形构造是扬子陆块区和西藏-三江造山带的分界线。新生代以来,是青藏高原的东南边界。

1. 龙门山逆掩推覆构造带

该构造带北起广元,南达泸定长逾 400km,走向北东。北界断裂为茂汶深大断裂、青川大断裂,南界是江油-灌县大断裂,中央断裂是北川-映秀深断裂带。内部纵横交错的断裂将其分割成若干岩片。

卷入构造的地质体由基底杂岩和盖层两部分组成,前者主要由花岗质、闪长质和铁镁质岩石组成,显示出刚性的特征;而盖层则由震旦纪、志留纪—二叠纪和三叠纪早期地层组成,主要为浅海相沉积和部分火山岩组合。

前缘有推覆岩片侵蚀后残留的飞来峰群,其推覆面为龙门山前缘断裂,波状延展,有强构造挤压劈理化,显示后期构造的改造作用,飞来峰主要为二叠系碳酸盐岩建造,下伏地层以三叠系须家河组为主。

推覆时间。自西向东,可分为 3 期:第一阶段,侏罗纪开始形成龙门山逆冲推覆体和置于须家河组之上的飞来峰;第二阶段,白垩纪—古近纪龙门山持续逆冲推覆作用;第三阶段,新近纪龙门山逆冲推覆带又一次活跃,并向前山迁移。

推覆面形态。各推覆岩片的后缘或前缘的断裂皆向北西倾,倾角从上而下由缓变陡,具上凸形态特征。

在龙门山构造带西南端的北西翼,为金汤弧逆冲叠瓦构造(简称金汤弧形构造),可分出弧形构造前缘、弧形构造中部和弧形构造核部 3 个部分。弧形构造前缘位于卧龙—凉水井—汉牛—半扇门一线之南。弧顶在扑鸡沟顶—贵强湾一带。其西翼从汉牛、半扇门延伸到丹巴以西,东翼向北东延展至汶川一带。涉及地层从震旦系—三叠系,但以上古生界和三叠系西康群为主。

金汤弧形构造经历了 3 期重要的变形。第一期依据伸展滑脱构造涉及地层和保存形式推测其可能与晚古生代的拉张背景有关。第二期为从北往南的逆冲推覆构造,形成一系列轴面向北的倒转褶皱,并伴随一系列近东西向断层,时限为晚三叠世至早侏罗世。第三期为东西向的挤压,时限大致为燕山晚期。

2. 盐源-丽江逆掩推覆构造带

该构造带从云南入四川。沿小金河、盐源到石棉西油坊,走向北北东,前缘断裂为金河-程海深大断裂,后缘断裂为小金河深大断裂。

盐源-丽江逆掩推覆构造席卷了整个盐源-丽江被动大陆边缘,在木里附近,该构造向南突出成弧形。

其西北部由以二叠纪玄武岩和碳酸盐岩为基底的三叠纪盆地组成,古近纪红色磨拉石建造与其呈角度不整合。东南缘由一系列叠瓦状冲断层及逆冲岩片组成,导致震旦纪及古生代地层出现明显的重复现象,构造变形相对较为简单且宽缓。

经历了两期重要的变形。早期遭受南北向挤压;晚期东西向挤压加强了弧度。推覆构造可能始成于晚三叠世末。但据古生代地层逆冲于第三系红崖子组之上,推断主要定型于新生代。推覆面形态,由北西倾,向南逐渐转为北倾,倾角随之由陡变缓。

该构造在二叠纪曾经历过张裂作用,伴随陆缘裂谷型火山岩喷发,后随推覆作用一起卷入逆掩推覆构造。

3. 安宁河逆冲-走滑构造带

该构造带位于康滇基底杂岩(攀西上叠裂谷)中,是元古宙末以来长期活动的深断裂系,晚古生代至早中生代活动性增强,新生代以来的新构造活动强烈,地震频繁。

纵贯康滇基底杂岩分布区,北起金汤向南沿大渡河到石棉,经冕宁、德昌、会理,过金沙江入云南与易门构造带相连。西南境内长 400km,是峨眉山玄武岩浆喷发的主要通道之一。

构造带沿安宁河谷发育,由 4~6 条平行的南北向断裂组成,宽几千米到十几千米。多向西倾,倾角 50°~75°。切割了前震旦系、上震旦统、寒武系、下奥陶统、下二叠统及侏罗纪、白垩纪红层,并对白果湾组等有明显的控制作用,沿断裂带有海西期的玄武岩及基性岩、超基性岩分布,前震旦纪地层普遍糜棱化。

古元古代末期直到新近纪都有活动,早期是近东西向的逆冲推覆,晚期为具右旋性质的逆冲。

4. 小江大型逆冲断裂构造带

该构造带北起石棉,经普雄、布拖,沿小江进入云南,长300km,为康滇基底与凉山-昭通碳酸盐岩台地的分界构造。

据航磁、重力物探资料,沿构造带有一系列异常和重力等值线密集带,经校正后的重力异常位置显示,构造带在深部向东倾斜。

该断裂是峨眉山玄武岩浆喷发的主要通道,并有海西期的基性岩侵位。沿断裂带形成一系列新生代盆地,地貌上呈地堑式坳陷,控制了泥炭、褐煤的沉积。沿断裂带有多处温泉,沿断裂带岩石强烈破碎,在普雄河东岸可见挤压破碎带。

二叠纪末峨眉山玄武岩浆喷发的主要通道,并有基性岩侵位;新生代沿断裂带形成一系列新生代盆地,地貌上呈地堑式坳陷。

该构造变形带卷入的有中元古代陆缘低绿片岩相沉积岩系(昆阳群)、新元古代碎屑岩-碳酸盐岩沉积岩系(柳坝塘-灯影组)、古生代陆表海沉积岩系、中二叠世陆内裂谷火山岩系、三叠纪陆内盆地碎屑碳酸盐岩沉积岩系。

持续活动至今,二叠纪强烈拉张,成为大规模基性岩浆喷发通道,三叠纪挤压,古近纪先张裂后左行走滑,将弥勒-师宗断裂带错移成东西两段。

三、华南构造系

大型变形构造呈向北突出的弧形北东向延伸,以逆冲-推覆构造和叠瓦状构造为主,向北突出的两翼往往伴有构造转换性质的走滑断裂,属挤压-剪切构造类型,构造活动起始于晚三叠世,至侏罗纪达到高潮。

从北向南划分出4条大型变形构造:弥勒-师宗大型逆冲构造、南盘江大型逆(对)冲构造、丘北逆冲叠瓦构造、南温河拆离构造。

1. 弥勒-师宗大型逆冲构造带

该构造带北东向展布,向北西微突,长319km,宽0.2~14km,被小江断裂左行错移为东西两段。西段自红河县经建水县官厅北东向延伸,西止于马龙河-鱼泡江断裂,东被石屏断裂截断,北东向长78.5km,宽0.2~10km。东段自开远市小龙潭经弥勒县、师宗县至富源县黄泥河,呈向北西突出的北东向弧形延伸,西端被小江断裂截断,东端被黄泥河断裂斜切,北东长240km,宽3~13.5km,北西边界为弥勒-师宗断裂带,南东以罗平断裂带为界。

这条位于被动大陆边缘的大型构造带主要由早三叠世被动陆缘沉积岩系(飞仙关组、洗马塘组、嘉陵江组)、中三叠世外陆棚半深水盆地沉积岩系(关岭组)、中-晚三叠世陆缘台地碳酸盐岩(个旧组、法郎组)、中-晚三叠世陆缘斜坡盆地浊流沉积(罗娄组、石炮组-平寨组)和晚三叠世滨海沉积(把南-火把冲组)组成。也有少量石炭纪—二叠纪、二叠纪玄武岩卷入其中。

由多条逆冲断裂和所夹持的复式褶皱组成。逆冲断裂强烈挤压破碎,断裂面向北西倾,倾角40°~60°,由北向南逆冲运动。褶皱以层理为变形面,等厚型开阔-闭合状斜歪褶皱为主,轴面向北西倾。逆冲断裂和褶皱相间形成倒向南东的叠瓦状构造样式。具地壳表部层次变形的特征。

弥勒-师宗断裂带早期可能有过张裂活动,晚三叠世由北西向南东逆冲推覆运动是其最大的特点。早期有铁矿。

2. 南盘江逆冲构造带

该构造带北东向展布,由开远向北东经弥勒县江边、丘北县官寨至广南县底圩,呈向北西突出的弧形延伸,西部止于小江断裂带,东部归并于富宁断裂带,东西长250km,南北宽2.5～31.5km。北界为南盘江断裂带,南以新店-底圩断裂带为界。

由早三叠世被动陆缘沉积岩系、中三叠世外陆棚半深水盆地沉积岩系、中-晚三叠世陆缘台地碳酸盐岩、中-晚三叠世陆缘斜坡盆地浊流沉积、晚三叠世滨海沉积组成,少量晚古生代断陷盆地台沟相沉积卷入。

南盘江构造变形带的北半部逆冲断裂的断面总体向北倾,倾角40°～70°,南半部逆冲断裂的断面总体向南倾,倾角30°～60°。北半部与弥勒-师宗断裂为同一构造体系,由北向南逆冲运动,形成时间早,推测发生在晚三叠世末期;南半部与丘北逆冲系统相伴,由南向北逆冲运动,形成时间晚,与南部变质核杂岩的拆离构造为同一系统,构造作用发生在白垩纪。皆反映出地壳表部层次脆性变形的特征。

前期有铅锌、铁等矿产,同期有汞、金矿。

3. 丘北逆冲叠瓦构造带

该构造带北东向展布,长225km,宽30～89km,北以新店-底圩断裂带为界,南界为砚山断裂带,西端被屏边断裂带截断,东端归于富宁断裂带,被麻栗坡走滑断裂右行错移成东西两段。

西段自蒙自县雨过铺向北东至砚山县平远街至麻栗坡断裂,长55.4km,宽30～40.6km;东段由砚山县平远街向东经丘北县至广南县东,长169.9km,宽33.3～89km。

该构造变形带与南盘江大型逆(对)冲构造毗邻,由晚古生代断陷盆地台沟相沉积岩系(坡松冲-领薅组)、浅海碳酸盐岩台地沉积岩系(黄龙组—吴家坪组)、早三叠世被动陆缘沉积岩系(飞仙关组、洗马塘组、嘉陵江组)、中-晚三叠世陆缘台地碳酸盐岩(个旧组、法郎组)、中-晚三叠世陆缘斜坡盆地浊流沉积(罗娄组、石炮组—平寨组)和晚三叠世滨海沉积(把南-火把冲组)组成。

以多条逆冲断裂为格架,间夹复式褶皱构成叠瓦构造。断裂多形成破碎带,碎裂岩化、角砾岩化等脆性构造岩为主,断面多向南东倾,倾角30°～60°。褶皱以等厚型开阔-闭合状斜歪褶皱为主,枢纽起伏呈线状排列,轴面向南东倾,倾角20°～60°。显示由南向北逆冲运动的特征。

该构造带与南部的南温河拆离构造为同一构造系统,是拆离构造前缘的逆冲推覆带。向北运动的速率差异形成北东向走滑断裂,构造带东端也归并入走滑构造系统。形成于白垩纪。

前期有铁、锰等矿产,同期有汞、金矿。

4. 南温河拆离构造带

该构造带呈穹隆状结构样式分布在麻栗坡县南温河一带,东西长36km,南北宽41km。北以天生桥断裂带为界,向南延入越南。西部被北西向断裂切断,东部被文山-麻栗坡断裂带错失。

核部为古元古代南秧田岩组角闪岩相变质岩系、新元古代新寨岩组高绿片岩相变质岩系、志留纪片麻状花岗岩和白垩纪花岗岩。外围为中寒武统田蓬组台地陆源碎屑-碳酸盐岩。

拆离构造以南温河断裂带为主,这是一条围绕"穹隆"式核部杂岩向北突出的弧形构造带,宽1.5～2.8km,断面产状向北西—北—北东方向缓倾斜,倾角25°～45°。下盘为韧性变形,糜棱岩带宽800～2000m,S构造岩以石英构造片岩为主;L构造岩以花岗质糜棱为主,矿物拉伸线理透入性分布,向北西—北—北东方向倾伏,倾伏角25°～40°,指示总体向北滑脱拆离。上盘为中寒武统田蓬组千枚岩夹大理岩,千枚理平行产状与下盘构造片理基本一致,枢纽与拆离带平行的顺层掩卧褶皱指示上盘向下滑动。

南温河拆离构造与丘北逆冲叠瓦构造是一个完整的拆离构造系统,变质核杂岩的隆升引发核部边缘的拆离作用,产生向北运动的动力。拆离前缘遇阻后转换为向上逆冲,从而形成叠瓦状构造。持续活动至白垩纪。

前期有铌、钽、绿柱石等矿产,同期有钨、锡矿产。

四、西藏-三江构造系

西藏-三江构造系分布在西藏—三江地区的大型变形构造，多数是 3 级或 4 级大地构造单元的分界构造，主要有甘孜-理塘逆冲走滑构造带、西金乌兰-金沙-哀牢山逆冲走滑构造带、班公湖-怒江逆冲走滑构造带、雅鲁藏布逆冲走滑构造带。

1. 甘孜-理塘逆冲走滑构造带

该构造带由扬子陆块与义敦岛弧碰撞后形成，变形强烈，近 S-N 向带状展布，最宽达 23km。东界以坐景寺-昂给断裂为界，断面西倾，倾角 45°～80°，与雅江被动陆缘带相邻。西边界断层为拉波断裂带，断面产状 270°∠76°，与义敦-沙鲁里岛弧相邻。主要由二叠系、三叠系构成，下部为洋壳沉积物、玄武岩、超基性岩及古生界外来岩块构成的蛇绿混杂岩，以及杂陆屑式碎屑岩及岛弧火山岩、被动陆缘复理石沉积等地质体。

甘孜-理塘蛇绿混杂岩带晚二叠世末开始扩张为洋盆，晚三叠世向西俯冲，形成大量密集的韧性断层、紧闭褶皱和流劈理，在中段发现有蓝闪石变质矿物。

侏罗纪以后陆内汇聚，进一步形成逆冲推覆构造及平移剪切断层。其构造样式为蛇绿混杂岩、脆-韧性断层、推覆构造，斜歪褶皱、枢纽轴面同斜褶皱，主要表现为中深-中浅构造层次的变形。同时，向西的俯冲碰撞过程中，形成了大量的复理石类复理石增生楔、加积楔。

2. 三江口-白汉场大型逆冲断裂构造

其北东向延伸长 174km，宽 2.5～32km，可分为 3 段。北段分布在三江口一带，长 28.5km，由于虎跳峡推覆体的掩盖分为东西两支，西支宽 2.5～7km，东支宽 4.7～8.8km；西支东以洛吉断裂带为界，东及南面以推覆体为界；东支西界为新民断裂，东以三江口断裂为界。中段被南北向长 35.6km，宽 51km 的大型推覆体掩盖。南段由中甸热水塘向南经虎跳峡至丽江白汉场南，长 94.8km，宽 2.6～32km，西以洛吉断裂为界，东界为三江口断裂。向北延入四川境内，南端被黑惠江断裂斜截。

卷入构造变形带的主要为二叠纪沉积岩和基性火山岩，沉积岩中发育递变韵律层，夹放射虫硅质岩和薄层状泥质灰岩，具深水盆地沉积特征；火山岩以玄武岩为主，部分火山碎屑岩，熔岩发育枕状构造。在三江口一带，基性火山岩中夹有泥盆纪、石炭纪及早二叠世的碳酸盐岩块，并见喷出相的玻基辉石岩（超基性岩）；白汉场附近见变形的蛇绿混杂岩。有明显的构造混杂现象。在中村洛吉一带含基性火山岩的砂泥质夹硅质岩建造一直延续到早三叠世。

构造格架显示出逆冲断裂夹复式背斜的特点，断面总体向西—北西倾斜，倾角 50°～80°。北段在三江口一带及南段的白汉场附近，部分岩石遭受动力变质改造，千枚理（S_1）基本置换原生层理，成分层平行 S_1 面理普遍出现，可能是早期向北西俯冲形成的构造形迹；在晚期向东的逆冲过程中，与未被面理置换的层理成为复式褶皱的变形面。根据中村洛吉一带火山-沉积岩的时代为早三叠世，早期的俯冲作用应发生在早三叠世。

3. 鲜水河左行走滑构造

鲜水河左行走滑构造位于鲜水河谷两岸，呈北北西—北西向波状延伸，向南泸定一带，向北收敛于昆仑山口之南，长逾 500km。北东界以亚龙-罗柯断裂为界与可可西里-松潘周缘前陆盆地相隔，南西界以打龙-交纳断裂与雅江残余盆地相邻。

构造带上有强烈的挤压破碎现象，表现为有密集的断层带、劈理带、挤压片理带、破碎裙皱带。断裂面产状以北东倾向、陡倾角为主。板岩常炭化、石墨化，砂岩、砾岩多被碾搓成碎块戎构造透镜体，玄武岩多已片理化且片理又遭揉皱，花岗岩常形成碎裂岩或糜棱岩。其中如年各组，张宽忠（1:25 万炉霍幅，2011）认为含有大量不同时代、不同形成环境、不同岩性的灰岩、蚀变超基性岩、辉长岩、火山岩等外来岩块。

二叠纪至晚三叠世,根据沉积建造分析,本带主要为一张性断裂带。晚三叠世中-晚期,即由张裂转化为挤压、碰撞。新近纪,断裂带又一次发生重大变化。迁就前期的北西向断层而形成北西—北西西向左行走滑断层。

该构造的大地构造属性长期以来均存在争议。《云南省区域地质志》将该断裂带解释为晚三叠世的裂陷海槽,潘桂棠等(2004)认为是一个构造混杂岩带,王小春则解释为二叠纪—三叠纪的古裂谷。莫宣学(1982)和邓永福(1984)等认为是"从晚三叠世开始拉张形成的深海裂谷,于晚三叠世闭合",1∶25万炉霍幅认为是结合带(或构造混杂岩带)。

4. 川西穹隆构造

在西藏-三江造山系东缘陆缘裂谷带上,出露多个穹隆构造,根据成因可分为变质核杂岩穹隆构造、岩浆核杂岩穹隆构造。

1) 江浪-长枪穹隆群

江浪-长枪穹隆群分布在江浪-长枪陆缘裂谷,从南至北,依次出露长枪、江浪、踏卡变质穹隆,北边痴滴山核部,受逆冲断层影响,出露石炭纪和志留纪地层,是一隐伏变质穹隆。

该变质穹隆群是印支末期—燕山早期双向收缩和热隆联合作用产物,由内核、滑脱构造带及盖层三部分组成。内核由震旦纪地层组成,滑脱构造带由震旦纪—石炭纪地层组成,盖层由二叠纪—早三叠世底部地层组成。

多层次韧性滑脱特征,核部变质杂岩内部,为多层次韧性剪切滑脱。上覆盖层则褶皱发育,各系、(组)之间为剥离脆韧性滑脱接触。核部变质杂岩与上覆盖层间韧性滑脱断层界线,位于石英岩段顶部。在穹隆体顶剥离滑脱断层位于石炭纪与志留纪地层间,表明裂谷扩张从石炭纪已经开始。

2) 丹巴穹隆群

丹巴穹隆群出露多个穹隆构造。根据成因可分为变质核杂岩穹隆构造、岩浆核杂岩穹隆构造。其形态多呈浑圆状、椭圆状或不规则的椭圆状。南北长约3~15km、东西宽约3~13km。岩浆核杂岩穹隆构造有格宗穹隆;变质核杂岩穹隆有春牛场穹隆、青杠林穹隆、妥皮穹隆、公差穹隆。

(1) 岩浆穹隆构造。

格宗穹隆构造展布于丹巴县城南东方向约10km的格宗乡南部,长轴延伸长约14km、短轴延伸长约3~8km,面积约51.34km^2。由基底和盖层两部分组成。

核部为晋宁—澄江期斜长花岗岩,局部出露花岗闪长岩及蚀变二长花岗岩体。发育大量的基性脉岩及酸性脉岩,盖层主要由震旦系蜈蚣口组、水晶组,奥陶系大河边组,志留系通化组及泥盆系危关组地层所组成。沿核杂岩四周呈环带状分布,地层往四周倾斜,倾角在25°~55°之间。由核部向四周地层倾角由缓变陡。

在格宗岩浆核杂岩与上震旦统之间的沉积不整合界面上发育韧性剪切带。上震旦统顶部与志留系通化组下部的接触界上发育一系列的顺层劈理化带。岩石经滑脱剪切作用,揉皱强烈。

在印支末期经历了由北向南的推覆挤压形成近东西向的褶皱,在此基础上,在燕山期构造应力场发生改变,表现为近东西向压缩(挤压),从而形成轴线延伸近北北西向的格宗椭圆形穹隆构造。换句话说格宗穹隆构造是在印支末期及燕山早期双向收缩的产物。

(2) 公差变质核杂岩穹隆构造。

变质核杂岩穹隆构造,东西宽约3~14km、南北长约2~15.5km,面积为7.67~98.16km^2。由基底和盖层组成。

核部由前震旦纪基底混合片麻岩组成。公差混合片麻岩是前震旦系火山-沉积变质地层,经后期构造-岩浆热事件改造的结果;盖层沿变质核杂岩四周分布,由核部向四周依次出露震旦系蜈蚣口组、水晶组,志留系通化组,泥盆系危关组。地层向四周倾斜,倾角一般在25°~47°之间,由核向四周地层产状由缓变陡。盖层构造变形强烈,次级褶皱十分发育。

变质核杂岩穹隆构造由前震旦系变质核杂岩、滑脱带及震旦系—泥盆系盖层所组成。穹隆核部变质程度较高，由混合片麻岩、混合花岗岩组成，混合岩化强烈。核部为矽线石带，向四周依次为蓝晶石带→铁铝榴石带→黑云母带→绢云母-绿泥石带。具同心环带渐进变质带的特征。显示出同心圆状热扩散效应。从而表明在变质作用过程中，由核部向四周变质强度逐渐减弱。

5. 西金乌兰-金沙-哀牢山逆冲走滑构造带

该构造带由西藏境内的西金乌兰逆冲走滑构造带，四川、西藏境内的金沙江逆冲走滑构造带和云南境内的金沙江-哀牢山逆冲走滑构造带构成。

1) 西金乌兰逆冲走滑构造带

该地区包括混杂岩、俯冲增生杂岩和陆壳残块。混杂岩以晚古生代西金乌兰蛇绿混杂岩为主，俯冲增生杂岩以若拉岗日岩群增生杂岩主体，陆壳残块以古生代表壳残块为主。

增生杂岩（T_3），是该带中的主体，岩石地层单元称若拉岗日岩群，发育一套具有消减特征的岩石组合，主要由三叠系复理石-类复理石建造及部分硅质岩、基性火山岩组成，局部有含二叠系灰岩岩块的滑塌-混杂建造产出。目前已在玛尔盖茶卡等地发现少量超基性岩体侵位，变质基性火山岩中尚见蓝闪片岩发育。在西金乌兰湖及蛇形沟等地发现倾向向南的构造面。根据三叠纪前陆盆地、火山岩浆弧及蛇绿岩等空间配置，结合深部地球物理特征，提出西金乌兰构造混杂岩带构造极性向南俯冲的认识。

蛇绿混杂岩（CP），主要位于拉竹龙—拜惹布错—萨玛绥加日—西金乌兰湖一带呈近东西方向展布，该亚相的岩石地层单元称西金乌兰岩群，以混杂岩为主要特点，由碎屑岩-碳酸盐岩-硅质岩岩片、超基性—基性岩岩片和基底变质岩构成，也有学者称碎屑岩组和火山岩组两部分，二者均呈断层接触。不同地段出露混杂岩的时代及组成变化极大。在拉竹龙—拜惹布错—羊湖一带，蛇绿混杂岩与北侧巴颜喀拉山群（T）呈断层接触，出露有基性火山岩、基性—超基性岩、碳酸盐岩和硅质岩等。小长岭—拜惹布错一带，蛇绿混杂岩南侧与侏罗系雁石坪群（$J_2—K_1$）呈断层接触，主要由角闪岩相变质岩系、基性-中酸性火山岩、硅质岩和少量超基性岩组成。长湖蛇—尖头湖一带，蛇绿混杂岩（T）主要由变质砂岩、绢云母板岩为主，夹硅质板岩、玄武岩和大理岩，以及橄榄辉石岩、辉石岩、辉长岩、辉绿岩等组成。在治多当江—多彩及玉树隆宝湖—立新乡一带，主要由放射虫硅质岩、蚀变玄武岩及绿泥片岩、蚀变辉绿岩及辉绿玢岩、糜棱岩化辉长岩、阳起石片岩、斜长角闪片岩、强蛇纹石化辉石橄榄岩、绿帘石-阳起石化辉石岩等岩石类型组成。

表壳残块雅西尔组、拉竹龙组是一套稳定陆棚相碎屑岩-碳酸盐岩沉积组合，以断块形式产出。

2) 金沙江逆冲走滑构造带

金沙江逆冲走滑构造带沿金沙江一线展布，成向东突出的弧形，长 330km，宽 15~20km，其东界断裂为金沙江深大断裂。

沿构造带各类构造岩块，准原地系统的蛇纹石化超基性岩、辉橄岩、堆晶辉长岩、斜长花岗岩等岩块，与外来的雄松群、查马贡群、志留系、泥盆系的玄武岩、片岩、千枚岩、放射虫硅质岩、灰岩等岩块组成"金沙江蛇绿混杂岩带"。

航磁资料显示主断裂切割深度 40km 以上（蔡振京，1984），据重力资料计算切穿地壳深入地幔（晏贤富，1981）。从该带几个典型航磁异常计算，断面总体西倾，倾角较大。

早石炭世开始裂离为洋盆，早二叠世开始向西俯冲，中晚三叠世碰撞闭合，后期有复活表现。并伴有超基性—基性和中酸性岩浆侵入。

3) 云南境内的金沙江-哀牢山逆冲走滑构造带

云南境内的金沙江-哀牢山逆冲走滑构造带是一个广义的构造带。它包括次一级的大型变形构造 8 条，即德钦-雪龙山大型逆冲断裂构造、金沙江逆冲叠瓦构造、点苍山左行走滑构造、阿墨江逆冲叠瓦构造、双沟逆冲叠瓦构造、滕条河逆冲走滑构造、哀牢山逆冲构造叠加左行走滑构造、红河右行走滑构造。

德钦-雪龙山大型逆冲断裂构造：近南北向延伸，长 246km，宽 0.2~14km，北段由西藏延入，经德钦至中枝北,长142.6km,宽1~14km,西界为德钦-雪龙山断裂带,东界为阿登各断裂,德钦以南为倮托洛断裂;中段由中枝北沿澜沧江东经白济汛至维西北,以德钦-雪龙山断裂带为主,长56.4km,宽0.2~0.5km。南段沿雪龙山呈北西向延伸,南到兰坪至狮山,长47.3km,宽0.5~7.4km,西界为德钦-雪龙山断裂,东界为维西-乔后断裂。

北段的物质组成有古生代绿片岩相变质岩系(德钦岩群)、石炭纪蛇绿混杂岩、被动陆缘沉积岩系,晚三叠世压陷盆地(歪古村组-麦初箐组)和侏罗纪—白垩纪坳陷盆地沉积岩系不整合覆盖在上述变形变质岩之上。此外,还有三叠纪同碰撞花岗岩、白垩纪二长花岗岩侵入。中段被晚三叠世压陷盆地覆盖。

南段物质组成除上述地质体外,还有古元古代雪龙山岩群,变质程度达角闪岩相,以及古元古代变质花岗岩。

该大型变形构造带平面表现出剪切透镜体的特征,次级脆韧性剪切带与斜歪倾伏褶皱组成的叠瓦状构造倒向西,北段构造岩以千糜岩为代表,南段发育糜棱岩,断面产状倾向50°~80°,倾角50°~70°,总体显示向西逆冲运动,具中浅层次变形特征。

金沙江逆冲叠瓦构造:南北向展布,向北延入西藏、四川,南至乔后被黑惠江断裂斜切,长352km,宽8~28km。北段由四川、西藏延入,经羊拉、嘎金雪山至奔子栏,长109km,宽12.3~22.4km。西界为羊拉、嘎金雪山断裂带;东界为金沙江断裂带。中段由奔子栏向南经霞若至鲁甸,长149.4km,宽7.8~28.3km,西以倮托洛断裂、楚格扎正断裂为界;东以金沙江断裂带、鲁甸-石钟山断裂为界;南段由鲁甸—乔后,长93.7km,宽7.5~11.6km。西界为维西-乔后断裂;东界为鲁甸-石钟山断裂。

卷入该大型变形构造的有晚古生代斜坡-海山盆地沉积岩系(迪公组-喀大崩组)、蛇绿混杂岩,早-中三叠世残余海盆沉积岩系(上兰组等)、碰撞弧酸性火山岩(攀天阁组)、中-晚三叠世弧间盆地火山-沉积岩系(崔依比组)、晚三叠世压陷盆地沉积岩系(歪古村组-麦初箐组)、三叠纪碰撞花岗岩(鲁甸花岗岩)。

金沙江大型变形构造带西临德钦-雪龙山大型逆冲断裂构造,从西往东,排列有攀天阁碰撞弧、上兰残余盆地、崔依比碰撞后裂谷、鲁甸同碰撞花岗岩和金沙江蛇绿混杂岩带。

攀天阁碰撞弧的构造变形主要有两期,早期表现为三叠纪攀天阁组流纹岩中的韧性变形,剪切带中普遍见流纹质糜棱岩,集中发育在东侧的工农断裂带,韧性剪切带断面产状250°~270°∠50°~70°,指示向东逆冲,晚期构造变形影响至始新统,为近南北向的断裂和褶皱。

上兰残余盆地内的具复理石特征的岩石已发生较强的变形,S_1全面置换层理,以S_1为变形面的褶皱呈闭合状直立褶皱,挤压变形强烈。沿工农断裂带分布的超镁铁-镁铁质岩呈构造透镜体出现,片理化、蛇纹石化十分强烈。

崔依比造山后裂谷夹于拖底断裂与吉义独断裂、霞若断裂之间,火山岩显示双峰式裂谷火山活动的特征,西侧的拖底断裂,走向330°~340°,断面东倾,挤压破碎带宽50m,由东向西逆冲;东侧的吉义独断裂和霞若断裂呈网结状展布,呈北北东向延伸,断面产状260°~270°∠70°~80°,发育S-L构造岩,以构造片岩、钙质糜棱岩为主,早期向东逆冲,晚期叠加右行走滑。

金沙江蛇绿混杂带主要分布泥盆纪—二叠纪玄武岩、火山碎屑岩、硅质岩、碳酸盐岩,岩石普遍变质,各组岩石以透镜状构造岩片排列,总体面理向西倾,与西倾的逆冲断裂系统构成叠瓦状构造。其中除柯那岩组(D_3k)的千枚岩、变质砂岩夹绿片岩、硅质岩和大理岩条带,残留有递变韵律,为斜坡深水沉积外,申洛拱组(C_1s)、响姑组(CPx)和喀大崩组(P_2k)中的碳酸盐岩均显示浅水沉积特征,但它们所夹的绿片岩、变玄武岩的地球化学特征指示属洋岛玄武岩。

晚三叠世压陷盆地不整合盖在早期逆冲构造系统之上,早期构造应发生在晚三叠世以前至攀天阁组流纹山形成之后的中三叠世。晚期叠加的右行走滑断层发生在古近纪。

点苍山左行走滑构造:北西向展布,北端在乔后北被黑惠江断裂斜截,向南沿点苍山至西洱河后被侏罗系红层覆盖,长76.6km,宽12~17.7km。西以维西-乔后断裂、石门关断裂为界,东以洱源断裂为界。

从西往东主要由古生代低绿片岩相变质岩、古元古代陆块角闪岩相结晶基底、新元古代陆缘绿片岩相变质岩、奥陶纪—泥盆纪陆缘沉积岩系，以及新元古代二长花岗岩、三叠纪二长花岗岩等组成。西侧尚有少量中生代红层卷入。

元古宇苍山岩群（PtC.）以片麻岩、云母片岩、大理岩和角闪质岩为主，发育S-L构造，片状岩石中S-C组构显著，花岗质岩石中普遍见近水平矿物拉伸线理，指示左行走滑剪切。

西侧边界的维西-乔后断裂，北起维西以西，向南经乔后沿点苍山西麓顺黑惠江而下，在西洱河附近被晚期断裂截断。该断裂带由多条次级断裂组成，构成100～1000m的构造破碎带，角砾岩及透镜体杂于其中，是一条具右行走滑剪切的脆性断裂。

东侧边界的洱源断裂因第四系掩盖出露较差，性质不明。是形成于古近纪的一条左行走滑构造，南可与哀牢山构造带相接。

阿墨江逆冲叠瓦构造：北起弥渡县德苴，南沿哀牢山西坡经景东县太忠后沿阿墨江、李仙江南东延伸入越南，北端被红河断裂带斜截，长375km，宽1～58.24km。西部边界为阿墨江断裂带，东界的北段为九甲断裂带，墨江以南为把边江断裂带。

卷入构造带的主要有中-晚二叠世弧火山岩、弧后盆地碎屑岩、碳酸盐岩以及少量的石炭纪钠长玄武岩、辉石岩。晚三叠世压陷盆地沉积岩系不整合覆盖在晚古生代火山-沉积岩之上。

由逆冲断层和等厚型斜歪倾伏褶皱组成的叠瓦状构造倒向西，逆冲断裂皆为脆性断层，以碎裂岩化、角砾岩化为主形成构造破碎带，断面倾向NE，倾角50°～75°。褶皱轴面向NE倾斜，倾角45°～80°，整个叠瓦状构造显示出由东向西逆冲运动的特征。

持续活动至古近纪，早期将下古生界卷入，形成一系列倒向西面的叠瓦状构造，成为晚三叠世压陷盆地的基底，始新世将晚三叠世压陷盆地卷入挤压构造，仍保持北东向南西逆冲，渐新世叠加左行走滑剪切。

双沟逆冲叠瓦构造：北起弥渡县直力，南至金平县勐拉北，呈向南西突出的弧形北西向展布，长362km，宽0.6～21km。北段沿哀牢山西坡经镇源县九甲至元江县安定，长219.2km，宽0.6～13.8km，西界为九甲断裂带，东界为哀牢山断裂带。南段由安定向南西经绿春至金平县勐拉西，北西向长142.8km，宽2～21.4km，西以牛孔断裂为界，东界为滕条河断裂带。北端被红河断裂带斜截，南东端被滕条河断裂带斜切。

卷入构造带的有石炭纪蛇绿混杂岩，寄主围岩为古生代马邓岩群（PzM.），变质程度达绿片岩相，残余沉积结构显示该套浅变质岩系包含有志留纪—石炭纪大陆被动边缘的深水盆地沉积岩系、碳酸盐岩及二叠纪弧后盆地的火山-碎屑沉积，还有晚三叠世压陷盆地磨拉石沉积、同碰撞花岗岩。

双江逆冲叠瓦构造是哀牢山缝合带的主体部分，沿九甲断裂带有超镁铁质-镁铁质岩向南西逆冲在古生界和上三叠统之上，这些无根的透镜状蛇纹石化超镁铁质-镁铁质岩岩片从景东以北向南东一直延伸至墨江县底马附近，延绵260余千米，形成颇为壮观的蛇绿混杂岩带。它们的寄主围岩为古生代马邓石群（PzM.），这套低绿片岩浅变质岩系的主要岩石组合为绢云板岩、绢云千枚岩、绿片岩、变质岩屑砂岩及灰岩，可与其以西墨江盆地志留纪—二叠纪地层对比。表现出志留纪—石炭纪被动大陆盆地沉积、二叠纪弧盆地火山-碎屑沉积的特征。晚三叠世压陷盆地沉积岩系（玉碗水组—麦初箐组）不整合覆盖在古生界马邓岩群之上，玉碗水组以磨拉石建造为特征并夹有酸性火山岩。三叠纪同碰撞花岗岩侵入在浅变质岩中。

构造带内可划分出3期构造变形，第1期构造变形的主要构造形迹为板劈理和流劈理（D_1S_1），平行层理分布，基本或完全置换原生层理，新生的绢云母、绿泥石及雏晶黑云母沿D_1S_1面理定向排列，以S构造岩为主，在韧性剪切带中发育千糜岩。属浅部构造层次变形。第2期构造变形的构造共生组合比较丰富，为斜歪倾伏褶皱（D_2f_2）+倾竖褶皱（D_2f_2）+褶劈理（D_2S_2）+皱纹线理（D_2L_2）+小型韧性剪切带。数米以内的小型褶皱占据主导，形成从数米—毫米—显微级别的多级配套样式。斜歪倾伏褶皱和倾竖褶皱皆以D_1S_1面理为变形面，两翼呈闭合-同斜状，翼部减薄转折端增厚现象显著，以向相似形褶皱过渡-相似形褶皱为主；轴面劈理为褶劈理（D_2S_2），于微褶皱拐点形成的微形韧性剪切带将微褶皱翼部拖拽切断;平行褶皱枢组分布的皱纹线理由微褶皱转折端形成。小型韧性剪切带常表现为片内褶皱带、无根褶皱带、褶劈理密集带等。属浅部构造层次变形。

斜歪倾伏褶皱与逆冲韧性剪切带组成叠瓦状构造,倾竖褶皱与走滑韧性剪切带组成走滑剪切系统,这两套相间共存的构造系统组成了颇具特色的收缩-侧向拉伸构造,也就是转换构造。

逆冲断裂向北东倾斜,断面产状 240°～250°∠50°～70°,表现出由北东向南西逆冲运动的特征;走滑构造以左行走滑剪切为主,伴有少量右行走滑运动。

第 3 期构造变形共轴叠加在第 2 期构造组合之上,并将不整合覆于第 2 期构造变形之上的晚三叠世压陷盆地沉积岩系一并卷入。以 D_2S_2 面理为变形面的第 3 期构造变形,形成等厚型斜歪缓倾伏褶皱(D_3f_3),两翼较 f_2 褶皱宽缓,以开阔状褶皱为主,少量闭合褶皱。逆冲断裂发育脆性构造岩,断面仍向北东倾斜,倾角 50～80°,与 f_3 褶皱组成表部构造层次的叠瓦状逆冲构造系统,由北东向南西逆冲运动。为表部构造层次变形。

以上 3 期构造变形,反映了双沟构造带从俯冲—折返造山的构造过程,由第 1 期构造变形所反映的俯冲作用始于早二叠世;第 2 期构造变形所反映的碰撞造山阶段发生在三叠纪,从晚三叠世发育山前磨拉石建造推断,碰撞造山的高潮期为中三叠世;第 3 期构造变形所反映的共轴叠加变形,始发于古近纪始新世。

滕条河逆冲走滑构造:展布在哀牢山南段,由元阳县都葵向南东方向延伸,经金平县老猛、勐拉延入越南,长 166km,宽 2～13km。西以滕条河断裂带为界,东界为哀牢山断裂带和勐拉断裂带。北端在都葵一带被哀牢山断裂带斜切。

卷入构造带的主要物质组成有石炭纪—二叠纪蛇绿混杂岩、被动陆缘沉积岩系,中三叠世残余海盆复理石沉积、碰撞弧酸性火山岩和晚三叠世压陷盆地磨拉石沉积岩系。

中三叠世残余海仅保留有上兰组板岩夹变质砂岩和片理化灰岩,此外还分布有石英斑岩。板岩中次生面理发育,被板劈理(S_1)置换后的原生层理仍具有复理石韵律的特征。石英斑岩与围岩呈次生构造面理接触。可见以层理为变形面的等厚型开阔状陡斜歪缓倾伏褶皱具侏罗式褶皱的特征。

岩石普遍片理化,D_1S_1 流劈理基本置换了原生层理,多以千枚状板岩、千枚岩和绿片岩出现。这可能与早期的俯冲作用有关。

以 D_1S_1 面理为变形面的构造组合形成了该断裂带的主导构造:倾竖褶皱(D_2f_2)+褶劈理(D_2S_2)+皱纹线理(D_2L_2)+小型韧性剪切带。倾竖褶皱转折端增厚,为向相似型褶皱过渡的 Ⅰc 型褶皱和 Ⅱ 型相似型褶皱,两翼呈紧闭-同斜状;倾竖褶皱的翼部常发育直立的走滑韧性剪切带,其间的旋转碎斑系指示右行走滑剪切,构造共生组合也反映出右行走滑的特征。

以上 2 期构造变形可能形成于三叠纪碰撞造山时期,为浅部构造层次变形。

哀牢山逆冲走滑构造:哀牢山逆冲走滑构造在云南区内长 402km,宽 1～22km,北起南华县直力以南,经元江、金平马鞍底延入越南。北段由南华县直力至元江县羊岔街,长 177.3km,宽 1～18.5km;南段由羊岔街经元阳县新街、金平马鞍底延入越南,长 224.3km,宽 18.5～21.7km。

构造带西以哀牢山断裂带为界,东以水塘断裂带和红河断裂为界,呈向南东突出的弧形帚状北西南东向展布。

该构造带物质组成以古元古代陆块角闪岩相结晶基底变质岩系和三叠纪同碰撞二长花岗岩、古近纪二长花岗岩为主,少量新元古代高绿片岩相变质岩、晚古生代蛇纹岩也被卷入。总体面貌以糜棱岩化的花岗质岩石为特征。

大型变形构造的两侧为左行走滑韧性剪切带,即西侧的哀牢山断裂带和东部的水塘断裂带;中部为逆冲-推覆构造,浪堤断裂带和羊岔街断裂带两条主干断裂组成倒向南西的叠瓦状构造。北段早期逆冲推覆构造与晚期左行走滑构造紧密相连,表现为平行排列的强应变带;南段,随着帚状向南东打开,叠瓦状构造有更多的表现。东侧的走滑韧性剪切带(水塘断裂带)被脆性变形的红河断裂小角度斜切,在遥感影像上有着显著的线性特征。

整个大型变形构造有 2 期叠加变形。第 1 期构造变形的构造共生组合为:斜歪倾伏褶皱(D_2f_2)+

褶劈理(D_2L_2)+b 型线理(D_2L_2)+小型韧性剪切带。斜歪倾伏褶皱以片麻理($Sn+1$)为变形面,有 2 种主要的褶皱样式,其中相褶皱多为紧闭-同斜状,揉流褶皱具明显的不协调性。相似褶皱发育轴面劈理,皆为褶劈理(D_2S_2)样式,揉流褶皱的轴面劈理只发育在长英质脉体不发育的互层状岩层中。b 型线理以皱纹线理和窗棂构造为主;小型韧性剪切带断面产状 30°~60°∠70°~85°,表现为无根褶皱带,构造片理带、褶劈理带,发育糜棱岩,明显表现出地壳深部构造层次的变形特征。斜歪倾伏褶皱在北段强应变带内规模不大,波长一般小于 20m,米至厘米级的小型褶皱更为发育,"SMZ"褶皱逐级配套。南段褶皱规模变大,出现填图级别的斜歪倾伏褶皱。斜歪倾伏褶皱与逆冲型韧性剪切带组成的叠瓦状构造倒向南西,由北东向南西逆冲推覆的运动学特征十分明显,与双沟逆冲叠瓦构造一脉相承,应为中-晚三叠世碰撞造山时期的构造形迹。第 2 期构造变形以强大的左行走滑剪切叠加在早期构造之上,宽度大于 1km,最宽可达 3~4km。卷入变形的花岗质岩石被改造为 L 构造岩,近水平分布的矿物拉伸线理(D_3L_3)密集排列,具有很强的透入性,糜棱岩中旋转碎斑系发育,指示左行走滑剪切运动。早期构造组合被强烈改造,窗棂构造(L_2)沿棱柱叠加近水平分布的矿物拉伸线理(L_3),f_2 褶皱转折端被拉伸呈线杆状构造。具深部构造层次变形的特征。从古近纪花岗岩被改造的地质现象判断,构造时限可能为渐新世以前。

该大型变形构造前期石墨矿、铜矿、大理岩中的红宝石矿、伟晶岩中的海蓝宝石、水晶及独居石都与后期重结晶作用有关。

红河右行走滑构造:北起洱源县右所,经洱海、弥渡、元江、元阳、沿礼社江、元江延入越南,长 522km,宽 0.1~1km,北西-南东走向,北段(至元江)走向 330°,南段(元江以南)走向 290°~310°。

断裂带南西盘为古元古代角闪岩相变质的哀牢山岩群,为扬子陆块结晶基底,此外还有侵入于哀牢山岩群的三叠纪、古近纪花岗岩。北东盘为大面积出露的中生界。沿红河断裂带常形成槽形坳陷,古近纪、第四纪沉积盆地沿坳陷堆积。

前人认为红河断裂带早期为韧性变形,晚期为脆性变形,早期的韧性变形曾发生过大规模的左行走滑位移,推测错移量为 350~400km,晚期的脆性变形为右行走滑,位移量 5~6km。我们将红河断裂南西盘的韧性变形归属哀牢山逆冲走滑构造,红河右行走滑构造限定为更新世的脆性变形。

红河右行走滑构造带由数条平行断裂组成,在影像上有显著的线性特征,北段由南往北依次斜切水塘断裂带、羊岔街断裂带、浪堤断裂带和哀牢山断裂带,致使哀牢山逆冲走滑构造在五顶山以西尖灭。两盘岩石碎裂岩化、角砾岩化,断面向北东陡倾,产状 30°~60°∠70°~80°。

沿线分布的古近纪—更新世的断陷盆地,其边控断裂多为正断层,右行走滑错移可影响到哀牢山东麓的洪积扇。可见其早期为正断层,晚期转换为右行走滑。构造时限为更新世。

6. 双湖-北澜沧江逆冲走滑叠瓦构造带

该构造带北界为托和平错-吐错-查吾拉断裂,南界为冈玛日-查桑断裂。

托和平错-吐错-查吾拉断裂大体位于他念他翁岛链带的北缘,其相当部分地段发育在附近的中生界地层中,且明显切割某些新近纪山间盆地,表明断裂的新近冲断活动已属碰撞事件范畴。该断裂产状变化较大,其东、西段冲断面均向北倾,而中段则以南倾为主,相应伴有反向逆冲现象。

冈玛日-查桑断裂是区内一条重要的逆冲带,它从羌塘中部的变形-变质杂岩中切过,但在西亚尔岗以东似乎不见踪迹,推测可能被前述断裂所斜切或归并。在冈玛日地段,毗邻断裂南侧发育中新世大型山间盆地,似乎具有单侧压陷式构造盆地性质。其北部构造边界表现出强烈的同沉积-后沉积冲断特征,无疑是该断裂的最近活动显示。值得注意的是,在冈玛错以西断裂南侧的中新世山间盆地之下,尚见早白垩世陆相磨拉石盆地的发育。虽然后者在羌塘—三江地区主要是一种与特提斯海退有关的残留型盆地,但不能完全排除断裂活动对其持续沉降的影响。因此,该断裂的冲断活动有可能始于早-中白垩世,而以中新世前后为盛。

位于杂岩系岛链南缘的逆推断裂形迹延续性较差,大多被后期的北东或北西向断层所破坏。目前在先遣—玉扎—肖茶卡一线可以见到它们的一些片段,往往导致羌南边缘海的石炭纪—二叠纪地层向南侧毗邻班公湖-怒江带的中生代地层逆冲，显然代表该聚敛体系的逆推前缘。

值得引起重视的是在托和平错-吐错-查吾拉断裂东段所见，少量上述地层（以C_1为主）构成"飞来峰"，明显推覆在毗邻断裂南侧的大片三叠系或侏罗系之上。冈玛日—查桑断裂一线亦多处发现此类地层断块产出，规模最大者为日湾擦卡推覆体，主要由下石炭统组成，其西部推覆于主冲断层上盘附近的变形-变质杂岩之上，东则被该断裂带内另一叠瓦状断层所冲断。在东段查桑一带，类似的移置地层单元包括下石炭统和中上泥盆统，均呈断块夹持在该冲断带之中。其南侧肖茶卡附近的小块下石炭统以及八宿然乌村附近的$D-P_1$断块，可能代表此类地层单元分布的最南沿，它表明这一移置构造的"前锋"已跨越变形-变质杂岩岛链，部分达及冈瓦纳亲缘地层分布区。由此可见，华夏亲缘型地层断块的分布，同上述主干逆推断层有一定关系，但并不拘于其中的某一断裂形迹。因此，它们很可能是一巨大推覆构造岩席的残片，其推覆根部似在他念他翁岛链带以北，而同目前所见主干逆推断层无关。根据宏观地质关系判断，这一推覆岩席构造大致始于晚侏罗世—早白垩世之间，而基本定位于晚白垩世或古近纪之前，显然是一种较早序次的构造形迹。不难看出，目前所见的主干逆推断层并不是这一推覆岩席构造的直接承袭和发展，而是作为另一种晚序次构造形迹以叠加；其强烈的晚期冲断活动对早序次构造岩席起着明显的切割肢解作用，并最终使之呈零散的断块残留。

7. 南澜沧江逆冲走滑叠瓦构造带

该构造带由西藏经梅里雪山丫口延入，向南沿澜沧江南延，至澜沧江大拐弯受南定河断裂北东走滑影响，大型变形构造向北东突出后又急转南下经景洪出境，区内长896km，宽0.5～29km，分为3段。北段由梅里雪山丫口向南沿碧罗雪山东侧至兔峨北，长276.6km，宽0.5～17.5km，西界为澜沧江断裂带，东界为吉岔断裂带；中段由兔峨北经保山瓦窑至凤庆大寺北，长194.7km，宽0.5～6.7km，以澜沧江断裂带为主；南段由澜沧江大拐弯南下，沿临沧花岗岩基东侧经大朝山、景洪延入缅甸境内，长424.9km，宽1～29km，西以澜沧江断裂带为界，东界为忙怀-酒房断裂带。

北段卷入大型变形构造的有晚古生代岛弧蛇绿混杂岩（吉岔）、陆缘弧火山岩、弧后盆地沉积岩系（沙木组、吉东龙组）、中三叠世碰撞弧酸性火山岩（忙怀组）、三叠纪花岗闪长岩。中侏罗世坳陷盆地不整合覆盖在变形构造之上，晚期有白垩纪、古近纪二长花岗岩侵入其中。

中段以澜沧江断裂带为主体，卷入断裂带的主要为古生代无量山岩群绿片岩相变质岩，有少量白垩纪二长花岗岩侵入带内。

南段卷入了中元古代变质基底，中元古代团梁子岩组千枚岩，变质程度达绿片岩相；晚古生代陆缘弧石英闪长岩、弧后盆地碳酸盐岩（拉竹河组），中三叠世碰撞弧酸性火山岩（忙怀组），三叠纪弧后镁铁-超镁铁杂岩（半坡）、闪长岩，晚三叠世—早侏罗世陆相火山-沉积岩系（小定西组、芒汇河组）。

大型变形构造呈平行线状展布，北段以脆性变形为主，主要表现为近南北向的断裂及其所夹持的线性褶皱相间，断裂多为脆性变形，岩石强烈片理化、出现构造石香肠及无根褶皱，主断面向西陡倾，断面产状250°∠70°，构造透镜体指示向东逆冲运动。褶皱以层理为变形面，以等厚型开阔-闭合褶皱为主，在强应变带见轴面西倾的紧闭褶皱。

中段为脆韧性变形，以千枚理（S_1）为变形面的褶皱式窗棂构造多级别配套紧密排列成大型线性构造沿无量山北西-南东向展布，构成无量山主脊，主要构造面向南西陡倾，由西向东逆冲运动的特征比较明显。结合本大型变形构造南段主期构造变形开始向东逆冲的特征，其构造时限可能在中三叠世以后。

南段以脆韧性变形为主，明显有3期叠加构造。第1期构造组合以流劈理（D_1S_1）为特征，在中元古代团梁子岩组千枚岩中普遍发育，表现为大致与岩石成分层平行的千枚理，与昌宁-孟连洋盆向东俯冲有关，构造时限在石炭纪—二叠纪时期。

第2期构造变形主要表现为韧性剪切带，其构造样式由小型斜歪倾伏褶皱（D_2f_2）+褶劈理（D_2S_2）+皱纹线理（D_2L_2）+小型韧性剪切带组成。小型斜歪倾伏褶皱以流劈理（D_1S_1）为变形面，呈闭合-同斜状，以等厚-相似型及相似型褶皱为主，轴面劈理为褶劈理，沿枢纽发育皱纹线理，沿翼部拐点发育小型韧性剪切带，将褶皱分割成片内褶皱，并具叠瓦状特征。主要构造面向西倾，韧性剪切带内的小型叠瓦构造倒向东，指示向东逆冲运动。韧性剪切带被早侏罗世裂陷盆地沉积不整合覆盖,构造活动时限为中-晚三叠世弧陆碰撞时期。

第3期构造变形发生在古近纪,侏罗系—白垩系卷入后形成开阔-闭合状等厚型复式褶皱,卷入脆韧性剪切带的中侏罗统花开左组砾岩、砂岩、粉砂岩、泥岩均千糜岩化,脆韧性剪切带的断面向西倾,小型构造指示向东逆冲运动。

澜沧江逆冲推覆构造位于弧后一侧,逆冲运动方向与临沧花岗岩以西的位于前陆一侧的双江逆冲叠瓦构造相反,共同组成了弧陆碰撞带的反冲式扇状构造,从构造发展顺序分析,东侧弧后的澜沧江逆冲推覆构造发生的时间应晚于双江逆冲叠瓦构造。

8. 昌宁-孟连逆冲叠瓦构造带

该构造带从西向东依次细分为勐统-沧源逆冲叠瓦构造带、西盟逆掩推覆构造带、双江逆冲叠瓦构造带。

1) 勐统-沧源逆冲叠瓦构造带

该构造带北起昌宁大田坝,南西延入缅甸,被南定河断裂右行错移后呈南北向反S形展布,长237km,宽7~44km,可分为南北两段。北段向南至永德崇岗被南定河断裂右行错移,长138km,宽14~34km,西以柯街-孟定断裂带为界,东以沧源断裂带、昌宁断裂带为界;南段由永德崇岗向南西经孟定沧源延入缅甸,长99km,宽14~44km,西界仍为柯街-孟定断裂带,东界为沧源断裂带的南延部分。

倒向西的叠瓦状结构样式平行分布,脆韧性逆冲断层与斜歪倾伏褶皱相间,在南段由柯街-孟定断裂带、南腊断裂、南板断裂、福荣断裂、班半山断裂、沧源断裂带和昌宁断裂带组成的叠瓦状构造尤为明显,断面倾向90°~140°,倾角35°~80°。构造岩以千枚岩为主,具低绿片岩相变质特征,部分强应变带有千糜岩产出。

主要有4期构造变形,新元古代被动陆缘绿片岩相变质岩系为原特提斯时期浅部构造层次的变形变质结果,是大型构造内最早期的构造形迹。从岩层与千枚理(D_1S_1)平行的特征判断,可能与伸展作用有关。第2期构造变形,早古生代被动陆缘沉积岩系板劈理(D_2S_1)与岩层大致平行,强应变带与弱应变域相间,其构造变形发生在二叠纪昌宁-孟连洋盆俯冲时期。第3期构造变形发生在中三叠世碰撞造山时期,晚古生代被动陆缘沉积岩系及其下伏岩层被卷入叠瓦状构造之中,晚三叠世前陆盆地磨拉石沉积岩系整合覆于叠瓦状构造之上,发育早期构造面理(D_1S_1、D_2S_1)的岩层中普遍形成褶劈理(D_3S_2)。第4期构造变形共轴叠加在叠瓦状构造之上,从不整合覆于早期叠瓦状构造之上的侏罗纪—白垩纪裂陷沉积岩系也被卷入的情况看,构造活动发生在古近纪。

三叠纪有铝过饱和二长花岗岩侵入,古近纪有陆内类埃达克岩及板内花岗岩活动。

2) 西盟逆掩推覆构造带

该构造带呈向南东突出的宽缓弧形展布,南北—北东向长110km,东西—南东向宽23~31km。由新厂向南经西盟镇、英腊后转向南西延伸至缅甸境内。西盟断裂将新元古代低绿片岩相千枚岩、绿片岩逆掩在元古宇角闪岩相变质杂岩、糜棱岩化花岗岩之上,核部糜棱理近水平平缓分布,向外构造面理由缓变陡,倾向东—南东,倾角15°~60°,褶劈理(S_2)指示由南东向北西逆冲运动。

新元古界千枚岩区域上与勐统-沧源逆冲叠瓦构造相连,其中也发育褶劈理(D_3S_2),并被中侏罗统花开左组不整合覆盖,西盟逆掩推覆构造是前述大型构造的逆掩部分。

3) 双江逆冲叠瓦构造带

该构造带近南北向展布,北端收敛于云龙县漕涧北东的崇山断裂带,南端从沧源延入缅甸,长413km,宽0.6~32km,可分为3段。北段由云龙县漕涧向南经保山市瓦窑至昌宁县大田坝,长76.46km,宽0.6~4km,被崇山断裂带、瓦窑断裂夹持;中段由昌宁县大田坝向南经铜厂街、牛井山至木戛,长240.5km,宽7~25.9km,南定河以北西界为昌宁断裂带,东界为双江断裂带,南定河以南西界以怕秋断裂和罗夺断裂为界,东界以蚂蚁堆断裂带、大文断裂带和斗阁断裂带为界;南段由木戛向南经勐连延入缅甸境内,长96km,宽5~36km,西以中侏罗统花开左组不整合界线为界,东主要以水塘断裂带为界。

北段夹持的主要为昌宁-孟连洋盆的斜坡浊积岩和海山碳酸盐岩,皆为构造岩片。此外还有奥陶纪及三叠纪二长花岗岩卷入其中。东西两侧限定大型构造的断裂有明显的差异,崇山断裂带为韧性剪切带,构造岩为糜棱岩、构造片岩,S_2褶劈理发育,小型斜歪褶皱指示向西逆冲运动。瓦窑断裂为脆性逆冲断层,构造岩主要表现为岩石的碎裂和破劈理化。

中段是昌宁-孟连对接带的主要碰撞带,南定河以北卷入大型变形构造的主要有晚古生代被动陆缘沉积岩系、洋岛-海山火山岩及碳酸盐岩、蛇绿混杂岩、活动陆缘沉积岩系。其中,泥盆纪被动陆缘的斜坡相浊积岩(温泉组)、石炭纪洋岛玄武岩(平掌组)、铜厂街蛇绿岩和活动陆缘无序浊积岩(南段组)以断片型式产出。

南定河以南卷入大型变形构造的中-新元古代古岛弧绿片岩相千枚岩、绿片岩(澜沧岩群),泥盆纪被动陆缘斜坡浊积岩(温泉组),石炭纪——二叠纪由洋中脊玄武岩和超镁铁质-镁铁质岩组成的蛇绿岩、活动陆缘火山-沉积岩系(南段组、拉巴组)等均已发生变形变质作用,以韧性-脆韧性变形为特征,变质程度达绿片岩相,在干龙塘、粟义—南椰一带的绿片岩中蓝闪石、硬玉等高压变质矿物沿S_1片理生长。

南段将上述晚古生代被动陆缘沉积岩系、洋岛-海山火山岩及碳酸盐岩、蛇绿岩、活动陆缘火山-沉积岩系等卷入大型变形构造带,弱应变域以脆性变形为主,强应变带以脆韧性变形为特征。晚三叠世前陆盆地磨拉石沉积岩系、侏罗纪沉积岩系不整合覆盖于叠瓦状构造之上。

中-南段以剪切透镜体(弱应变域)与韧性剪切带(强应变带)相间构成网结状构造样式,剖面上则表现为叠瓦片与逆冲断裂相间的叠瓦状构造,总体倒向西,面理产状总体向东倾。

存在3期构造变形。第1期构造变形,其构造组合为流劈理+矿物拉伸线理,连续的流劈理(D_1S_1)平行岩层成分分布,在变形的超镁铁质-镁铁质岩中角闪石沿流劈理面定向排列形成矿物拉伸线理,蓝闪石等高压变质矿物沿流劈理定向生长,发生在石炭纪——二叠纪的俯冲时期。第2期构造变形,构造组合为斜歪倾伏褶皱+褶劈理+皱纹线理+窗棱构造+韧性剪切带。斜歪倾伏褶皱(D_2f_2)以流劈理(D_1S_1)为变形面,从弱变形域—强应变带,褶皱两翼从闭合—紧闭状变化,转折端从等厚—相似型变化,轴面劈理为褶劈理(D_2S_2)。软弱岩层发育皱纹线理(D_2L_2),石英岩、石英砂岩等强硬岩层出现窗棱构造(D_2L_2)。韧性剪切带表现为小型片内褶皱、无根褶皱带和褶劈理密集带,构造岩为千糜岩、千枚岩。叠瓦片与韧性剪切带组成的叠瓦状构造系统向东倾,指示由东向西逆冲运动。构造时限为中三叠世碰撞造山时期。第3期构造变形,为古近纪逆冲推覆构造,逆冲断层破坏早期叠瓦状构造系统,推覆体覆于叠瓦状构造之上。

双江逆冲叠瓦构造是昌宁-孟连对接带发生弧-陆碰撞的大型构造形迹,以中段表现最为特征,卷入构造带的岩石强变形弱变质明显,脆韧性-韧性变形行为表明为地壳中浅层次构造变形;北段及南段以脆-脆韧性变形为主,属浅表层次构造变形。大型变形构造内有铜、铁、锑、银铅锌、铝土、金等矿产。

9. 班公湖-怒江逆冲走滑构造带

该构造带主要以班公湖-怒江结合带为构造背景,但其展布范围已扩及冈底斯念青唐古拉山链的北缘地带。目前初步识别的主要逆推断层达4~5条,从宏观地质关系上看,这些断裂大多具有由北向南逆冲性质,其新近期活动已明显涉及许多第三纪陆相磨拉石沉积,有的则直接控制了某些含油气山间盆地的生成,表明该断裂体系主要是在白垩纪末到第三纪期间成型的,显然同沿班公湖-怒江带发生的地体拼贴及随后的进一步碰撞变型有关。

作为结合带北界的班公湖康托兹格塘错断裂在大部分地段都表现以中缓中陡角度向南逆冲。位于结合线主混杂带南缘的日土-改则-丁青断裂也是一条巨大的南向逆推断层。

在西藏境内,班公湖-怒江聚敛系断裂组合,同样具有复式逆冲推覆构造性质,总体可能构成类似叠瓦扇的构造形态。

在云南境内分为两支。一支沿该黎贡山,长560km,宽0.2~16.5km。北段南北向延伸,向北延入西藏,往南经贡山西至泸水北,南北长250km,宽0.2~16.5km,西以高黎贡山断裂带为界,东以怒江断裂带为界;南段由泸水向南到龙陵后转为南西延伸,经瑞丽延入缅甸境内,长310km,宽0.35~15km,北西边界为高黎贡山断裂带、片马断裂带,南东边界为瑞丽断裂带。

北段由高黎贡山断裂带、阿格举断裂、阿薄娃断裂、马吉断裂和怒江断裂带组成平行直立逆冲-走滑剪切系统，构造面主体向东陡倾，倾角70°~85°，两侧由西向东逆冲，中部右行走滑运动。

南段由高黎贡山断裂带、片马断裂和瑞丽断裂带及次级韧性剪切带组成逆冲构造系统，斜歪倾伏褶皱与韧性剪切带相间的透镜状剪切阵列为基本构造样式。断面倾向北西，倾角35°~70°，以向南东逆冲为主，叠加右行走滑运动。

卷入大型构造的中元古代高绿片岩-低角闪岩相陆块结晶基底岩系，古元古代片麻状花岗岩，三叠纪花岗岩、闪长岩等均已变形，糜棱岩化强烈，侏罗纪—白垩纪二长花岗岩侵入于上述岩系中，虽然其构造变形的起始时限不清，但构造活动至多持续至白垩纪。

另一支沿怒江呈一系列的逆冲-走滑断裂构造，南北向延伸，长445km，宽0.1~5.5km。北段经贡山向南到福贡，南北长145km，宽0.5~10km，西以怒江断裂带为界，东以普拉底断裂为界；中段由福贡向南经泸水到镇安北，南北长230km，宽0.1~0.5km；南段由镇安向南经三江口至龙陵县罕拐被北东向的勐波罗河断裂切断，长70km，宽0.5~5.5km，中-南段以怒江断裂带为主。

由怒江断裂带其郎断裂、片毕里断裂、普拉底断裂组成平行直立的逆冲-走滑构造系统，水平-缓倾伏同斜-紧闭褶皱及韧性剪切带相间产出，糜棱岩化强烈，早期由西向东逆冲运动，形成糜棱岩带，以韧性变形为主；晚期转为右行走滑运动，形成水平拉伸线理及以倾竖褶皱为代表的小型构造组合。中南段的怒江断裂带，陡倾伏-倾竖褶皱与小型脆韧性剪切带相间形成强变形构造带，除糜棱岩外，构造片岩、千糜岩也较发育，表现出脆韧性变形的特征。大型构造与外围岩石呈过渡状，无明显边界，接触带附近可见外围岩石变形强烈，发育小型倾竖褶皱。

卷入大型构造的震旦纪—中寒武世沉积岩系公养河群、早古生代陆表海碳酸盐-碎屑岩沉积岩系、晚古生代被动陆缘沉积岩系、蛇绿混杂岩、中元古代高绿片岩-低角闪岩相陆块结晶基底岩系及古生代、中生代花岗岩均已发生构造变形，持续活动至新生代。

10. 申扎-工布江达逆冲走滑构造带

该构造带分为东西两段。西段为隆格尔-纳木错-仲沙断裂，是冈底斯弧背冲断带的主断裂形迹。它具有向北逆推性质，致使其南侧的古生代地层逆冲于北侧的侏罗系、白垩系以至第三系陆相盆地沉积之上，从而构成上述弧背断隆带的北界。作为弧背断隆南界的察仓德来断裂，具有南向逆推性质，它导致弧背断隆带古生代地层向南侧的陆缘火山-岩浆弧逆冲。

东段工布江达地区展示一较完整的推覆构造，在其冲断前缘的侏罗纪和白垩纪地层中，断续可见来自北侧麦龙岗群(T_3)灰岩的构造席残块产出。上述推覆构造形迹往往被岩浆弧中最晚期的花岗岩所吞没，表明其生成时期与陆缘火山-岩浆弧的崛起相近，并在大规模超碰撞事件发生前已基本定型。其中"叶巴组"的变形-变质组构，可能反映早期陆缘岛弧拼贴增生到冈底斯-念青唐古拉微陆块边缘时，所产生的聚合挤压效应，似乎是本聚敛系最早序次的构造形迹。嘉黎-然乌断裂是另外一条规模较大的逆推断层，具有向南逆冲性质。在断裂以东的波密—然乌一带发育深层次的变质岩。它同断裂南侧的断隆主体之间，(相比西侧)缺失了措勤-纳木错弧间裂谷带的东延部分。

11. 新生代南北向地堑构造

在冈底斯及藏南地区，发育一系列新生代近南北向展布的地堑构造。主要由一系列近SN向的断块山地及断陷盆地或断陷谷地所构成。在断陷盆地内，第四系和现代湖泊及大面积的沼泽发育。从西向东依次为塔若错地堑、当惹雍错地堑、查藏错地堑、当雄地堑、康马地堑。

12. 雅鲁藏布逆冲走滑构造带

该带包括3条主干逆推断裂(带)，自北而南依次为达机翁-彭错林-朗县断裂、达吉岭-昂仁-仁布断裂和扎达-拉孜-邓多江断裂。三者均呈北西西—近东西向纵贯缝合带展布，并成为其缝合结构中的重要构造界面。

达吉岭-昂仁-仁布断裂位于雅鲁藏布江蛇绿岩带的南侧附近，它由一系列主要向南的蛇绿岩构造冲片所组成，表现了强烈的剪切应变特征，代表一个洋-陆碰撞部位，总体上构成以壳-幔型滑脱聚敛为特征的一种逆冲推覆构造，直接同新特提斯主域J—K小洋盆的消减—闭合过程有关。由于该断裂在缝合带结构中位置居中，并已构成日喀则弧前蛇绿岩地体同仲巴-朗杰学陆缘移置地体之间的构造拼贴边界；因此，我们又称其为主中央蛇绿岩仰冲逆推断层，正是它给整个断裂体系提供了最典型的壳-幔型滑脱聚敛机制。

缝合带南界断裂是札达-拉孜-邛多江断裂，沿断裂带上盘发育一条宽约30km的蛇绿岩-复理石混杂带，向东延伸可达350km。其中，无论是复理石基质（T_3—J_1为主），还是混杂的外来岩块和洋壳（沉积）岩片，均显示了强烈的剪切变形特征。这同其南侧附近喜马拉雅沉积带的低应变面貌形成对照，类似某种逆冲推覆构造的前缘。因此，札达-拉孜-邛多江断裂显然同其洋壳板块的俯冲运动有关，故又称之为主前缘俯冲逆推断层，它同样具有壳-幔型滑脱聚敛性质。对比主中央蛇绿岩仰冲逆推断层可以看出，其大部分地段缺乏洋壳蛇绿岩的仰冲岩片，表明其主要滑脱构造界面可能位于俯冲洋板块顶部与上覆沉积-消减混杂楔之间。该断裂最引人注目之处是在拉昂错附近，几个巨大的蛇绿岩上冲混杂体似沿断裂带压盖产出，部分蛇绿岩混杂体已明显推覆到南侧的喜马拉雅特提斯沉积带及某些结晶岩之上。

综上所述，雅鲁藏布聚敛系断裂组合是一种复合的逆冲推覆构造体系，前期以主逆推系的壳-幔型滑脱机制为基础，主要属于缝合聚敛效应范畴（周详等，1989）。后期是主逆推体制扩展受滞后派生的，具有壳内逆推性质。两者的复合，导致雅鲁藏布江缝合带的浅部地壳构造形态类似一个扇状冲起，而仲巴-朗杰学地体正是其构造带的强应变核心。

13. 藏南拆离构造带

藏南拆离构造带，分隔高喜马拉雅前寒武纪变质基底与中生代地层。在主拆离带上盘下白垩统拉康组向北低角度倾伏的次级逆冲断层中保留的拉伸线理、层间不对称剪切褶皱、旋转碎斑及组构特征展示出自北向南逆冲的运动性质，但在高喜马拉雅变质基底与中生代之间发育的糜棱面理、拉伸线理、不对称剪切褶皱和旋转布丁又清晰地显示主拆离带自南向北伸展拆离的构造变形特点，这些变形特征从侧面证实了前人的早期逆冲、后期伸展拆离变形的研究成果。沿主拆离带侵位的浅色花岗岩体边部发育与伸展拆离构造一致的糜棱岩化构造特征，黑云母和白云母Ar-Ar等时线年龄为14.1～10.7Ma。此外，在主拆离带上盘下白垩统拉康组不同岩性层间多发育规模不等的层间破碎带，为岩浆活动和成矿作用提供了空间。

在藏南拆离构造带内，还存在有若干穹隆构造。包括拉轨岗日穹隆、拉古龙拉穹隆、康马穹隆、亚堆穹隆等。穹隆的主要岩性为中新元古代的变质岩，并往往伴有新近纪的花岗岩侵入。

14. 喜马拉雅逆冲叠瓦构造带

主中央断裂在山链根带变形-变质杂岩展示一较深层次的南向逆冲推覆构造变形，其推覆根带大体介于高喜马拉雅带与低喜马拉雅带之间，低喜马拉雅带浅变质岩系中众多中深变质的"异地岩石单元"均是其前沿推覆岩席的组成部分。它使两个不同构造层次的集成岩石单元发生构造叠置，并导致反向等变形的出现以及部分壳熔花岗岩的生成侵位，清楚地反映了聚敛运动体制下的中深层次壳型滑脱构造特征。

后缘逆推组合的断裂形迹，导致强应变中生代地层向南逆冲到北喜马拉雅带相对弱应变的中-新生界层系之上。该断裂已构成拉轨岗日过渡型壳片同北喜马拉雅陆（棚）型壳片之间的构造界面，表明它具有被动陆缘相邻地壳单元之间"准原地"逆冲性质。一条规模宏大的北倾韧性正断层，使基本未变质的北喜马拉雅特提斯层系缓斜滑覆在"中央结晶岩"之上，是伸展体制下的一种壳型滑脱构造。它是主中央上冲壳片在深部推覆爬升过程中，于其后缘产生北滑伸展效应的产物，因此，该伸展构造发生的时间应同主中央断裂活动时间大体一致或略晚，是造山带伸展构造体制的又一种重要表现形式，而具有碰撞造山带构造背景所赋予的一些特色。

第八章 结 语

一、上扬子陆块基底的认识

上扬子陆块基底以康滇地区出露的前南华纪为代表。在上扬子陆块西南缘沿着康定—渡口—元谋—易门一线的南北方向,也就是传统的"康滇地轴"地区,断续分布着前南华纪地层,是我国南方前南华纪地层出露最为广泛的地区之一。由前南华纪所谓的"变质结晶基底"和褶皱基底构成。

1."结晶基底"问题

耿元生等(2008)认为以康定杂岩或康定岩群为代表的变质结晶基底主要是由大量的新元古代(850~750Ma)岩浆杂岩和少量的中-新生代的变质地层组成,因此所谓的结晶基底可能并不存在。沙坝地区和同德地区所谓的"麻粒岩"是变质的辉长岩体,区域上并不存在麻粒岩相变质作用。沙坝"麻粒岩"的岩体侵位年代为822~793Ma,同德"麻粒岩"岩体的侵位年代为(822±11)Ma。这与前人认识差别非常大,是否存在结晶基底,还需进一步深入研究。

2. 褶皱基底相关问题

主要为一套浅变质的沉积岩夹火山岩。早中元古代由以河口群(大红山群、汤丹群)、东川群、昆阳群(会理群)为代表的3套浅变质火山-沉积岩系组成,构成了上扬子陆块前南华纪褶皱基底。但是,对前南华纪的研究一直存在很大的争议,历来存在"正八组"和"倒八组"之争。

目前,在 SHRIMP U-Pb 岩浆锆石年龄测定及地层时代厘定,LAM-ICPMS U-Pb 地层碎屑锆石年龄测定及物源分析取得了重大进展。东川群中黑山组凝灰中获得 SHRIMP U-Pb 岩浆锆石年龄(1503±17)Ma(孙志明,2009),会理群凝灰中获得 SHRIMP U-Pb 岩浆锆石年龄,通安组三段为(1082±13)Ma,通安组五段为(1270±95)Ma、(861±34)Ma,天宝山组火山熔岩为(1036±12)Ma(尹福光,2010),在昆阳群黑山组富良棚段火山岩中也获得(1052±15)Ma 年龄,在河口岩群的火山岩中获得(1722±25)Ma 年龄(王冬兵,2012)。在大红山群中,SHRIMP U-Pb 岩浆锆石年龄为(1675±8)Ma(Greentree,2008),LAM-ICPMS U-Pb 地层碎屑锆石年龄测定及物源分析证实扬子地块在晚古元古代至古元古代(2780~1860Ma)向大红山群提供了物源。河口群中,碎屑锆石年龄最年轻的为(1400±8)Ma,可能代表变质年龄,次新的为(1825±13)Ma,代表了成岩年龄(Greentree,2006)。河口岩群上部钠长浅粒岩获得(1987±8)Ma 的颗粒锆石 ^{207}Pb-^{206}Pb 年龄值(吴根耀,2006),李复汉等(1988)曾获 1712Ma 的钠长浅粒岩锆石 U-Pb 模式年龄。因此,认为河口岩群时限为 1950~1700Ma(袁海华等,1987;刘肇昌等,1996;王冬兵等,2011)。

汤丹群现阶段还无准确的测年数据,据地质现象有两种不同的看法,著者认为与大红山群、河口岩群相当,通过野外实地调研发现,汤丹群与上覆地层因民组为不整合接触,时代应老于(1503±17)Ma。但还有待精确定年数据进一步证实。汤丹群碎屑锆石年龄有两组:3576~3364Ma、3575Ma(Greentree,2006),说明沉积时物源区年龄应大于 2500Ma。

可以得出如下结论与建议:①东川及滇中地区中元古代地层自身是"正层序",并未出现大的逆冲推覆而形成"倒层序"。②从现今所获得的年龄数据,东川地区沉积时间在1500Ma左右,而滇中地区沉积时间在1000Ma左右,这样体现出两个地区的地层不是同一时段的沉积产物,所以不能进行简单的对比。③在现阶段,东川与滇中地区之间的时空格架不十分清楚的情况下,建议各自保持自己的地层分区，独立建立自己的地层序列，东川地区为汤丹群（洒海沟组、望厂组、菜园湾组、平顶山组）、东川群（因民组、落雪组、黑山组、青龙山组）等8个组，时限大致为Calymmian—Ectasian期。滇中地区为昆阳（黄草岭组、黑山头组、大龙口组、美党组）等4个组，时限大致为Tonian—Stenian期。

前南华纪，扬子陆块西南缘经历了1800～1600Ma、1600～1300Ma、1300～1100Ma、1100～1000Ma 4个主要阶段的演化，前三次的地质记录都表现为拉张运动，后一次为挤压造山运动。1800～1600Ma，在大红山地区、河口地区、东川地区形成于近东西向的裂谷盆地环境（刘肇昌等，1996；赵彻终，1999），结束于河口造山运动。1600～1300Ma，以东川群沉积为代表，只出露于东川因民地区，为一被动陆缘下的伸张环境，结束于三凤口造山运动。1300～1100Ma，以老武山组火山岩、通安组三段沉积为代表，在菜籽园—麻塘东西地区为板内裂谷-洋盆，老武山为裂谷盆地（Greentree，2008）。1100～1000Ma阶段，以力马河组、天宝组、通安组五段、黑山头组沉积为代表，菜籽园-麻塘裂谷-洋盆向北俯冲或双向俯冲，在天宝山地区形成火山岛弧，在菜籽园-麻塘东西裂谷-洋盆之南的富良棚地区形成岛弧型火山岩，结束于满银沟造山运动。与整个上扬子陆块Rodinia超大陆形成同步（Li Z X，1996；Greentree，2006）。

二、秦祁昆造山带与扬子陆块分界线-塔藏构造混杂岩的厘定

秦岭造山带与扬子陆块分界线通常指阿尼玛卿-勉略结合带。该结合带呈北西西-南东东向沿布青山、阿尼玛卿山延伸，至玛曲附近匿迹于西倾山逆冲推覆构造带及若尔盖地块的西侧；向东在康县-勉略再次有所显露。而对匿迹段是否在地表出露及出露于九寨沟县塔藏一带的构造混杂岩的性质有争议。

塔藏构造混杂岩带呈北西-南东向线性展布于南坪上四寨、塔藏及隆康等地。往北西，被荷叶断裂带斜接叠覆而匿迹；往南东，在文县西北部断失于未变质的泥盆系台地相砂页岩夹灰岩逆冲构造岩片之下。塔藏构造混杂岩带是一个由不同时代、不同来源、不同大小的各种不同构造岩片相互叠置拼接而成。其中，主要形成于中二叠世—中三叠世裂谷构造环境中，以"塔藏岩组"为代表的变质细碧岩、放射虫硅质岩及含有晚古生代外来灰岩块体的浊积复理石层混杂而成的构造岩片，以及广泛分布于中，为主要形成于晚三叠世早期（卡利期）陆缘半深水斜坡-深水盆环境中的浊积复理石建造，构成了塔藏裂谷型构造混杂岩带的主体，并普遍遭受到了低绿片岩相区域低温动力变质作用的影响。此外，在塔藏带内部，大致以塔藏—隆康一线为界，其两侧的各级逆冲断层大多分别倾向南西和北东，整体表现为对冲式逆冲断裂组合特征。与之相伴而生的有强劈理化揉皱变形带、挤压型构造角砾岩-构造透镜体带及多世代同构造分泌石英脉或方解石脉带等。尔后，又遭受南北向、北东向等多组晚期断层的切错和叠加改造。

其中，所称"塔藏岩组"因含有多层细碧岩-细碧质火山碎屑岩及放射虫硅质岩等而备受重视。目前已获得的细碧岩K-Ar法全岩年龄值可分为两组：一组为277±Ma，大致相当于P_1与P_2的理论分界年龄值；另一组为231～224Ma，大致相当于地质年代表中的中三叠世晚期—晚三叠世初期。

初步认为，塔藏构造混杂岩拉张初现于二叠纪或更早，并在早-中三叠世随着断裂切割深度和扩张度的加大，幔源海相细碧岩、放射虫硅质岩及浊积野复理石层等混杂共生组合。其后，被晚三叠世早期浊积复理石层全面覆盖。

三、三江造山带前寒武纪地质

（1）哀牢山岩群是原岩复杂的年轻变质杂岩带。主要体现在：①已有数据证明哀牢山岩群的原岩物质至少包含新元古代[(700±6)Ma]岩浆岩、中寒武世(509Ma)沉积地层、中-晚三叠世(240～220Ma)岩浆岩及中侏罗世(170Ma)地层，可以确定哀牢山岩群不是以往认为的主体形成于古元古代"地层"。②哀牢山岩群深变质岩的变质时代为31～25Ma，当今所见的哀牢山岩群变质岩系主要是由地质历史上的中-浅变质或未变质的地层和岩浆岩在该时期发生变质变形作用形成的。③哀牢山变质带的源区物质特征和主要岩浆事件与扬子陆块西缘十分相似，不能简单地认为哀牢山变质带是扬子陆

块前寒武纪结晶基底,但整个哀牢山变质带具有明显的亲扬子的构造属性。

(2) 西盟岩群不属于元古宇,当今所见的西盟岩群的物质主要由两部分组成:①碳酸盐岩夹碎屑岩(现今的怕可岩组原岩);②后期侵入的花岗岩(现今老街子组原岩)。并受后期逆冲推覆(剪切作用)影响发生变质变形作用。碳酸盐岩夹碎屑岩可能是寒武纪—早奥陶世($\in -O_1$)的沉积地层,花岗岩为晚奥陶世(~456Ma)侵入岩,后期剪切作用时代不明。

(3) 崇山岩群:①崇山岩群不能全部划为中元古界,其原岩存在奥陶纪[(468±9)Ma]花岗质岩石和一些时代不明的基性岩及沉积岩,后期主要变质作用发生在~70Ma 和~30Ma 两个时期。②崇山剪切带南段新生代以来至少经历了两期不同环境下的韧性变形:第一期(D_1)为纯剪条件下的收缩变形,发生的温度条件大约在 550~650℃(角闪岩相),表现为一些褶皱构造、石香肠或透镜体构造的发育及石英的 C 轴组构图呈斜方对称式;第二期(D_2)为单剪递进条件下的左行走滑剪切变形,表现形式为走滑剪切面理的发育及各类岩石遭受韧性剪切变形从而改造成糜棱岩;③崇山剪切带南段的左行韧性剪切作用起始时代在 22Ma 左右或略早于 22Ma。

四、保山地块归属

1. 寒武纪存在火山(裂谷)事件

在晚寒武世早期($\in_3^1$)双麦地群浅变质岩系首次发现有变玄武岩、变流纹岩及凝灰岩等火山岩夹层(云南省地质调查院、贵州省地质调查院)。

保山西部的下岩箐、板桥以西的白岩凹、一碗水等地寒武系中,火山岩不甚发育,但分布广泛,呈厚数厘米、数十厘米至数十米夹层产于上寒武统核桃坪组、保山组、沙河厂组的粉砂质泥岩、粉砂岩间。寒武纪桃坪组火山岩岩石类型主要为致密状玄武岩、斑状玄武岩、玄武安山岩、强蚀变安山岩、安山质沉凝灰岩等。其岩石化学特征与富集型大洋拉斑玄武岩相似。桃坪组与火山岩互层的泥质板岩产三叶虫 *Blackwelderia baoshanensis* Luo, *B. eria* sp. *Parashen-giaelongata* Luo., *Wayaonia hetaopingensis* Lo.。保山组的沉凝灰岩中产腕足 *Eoorthis doris* (Walcott);三叶虫 *Mictosaukia Walcotti* (Mansuy), *M. batangensis* Chu, *Lophosaukia baoshanensis* Xiang, *Saukia grabaui* Sun, *Proceratopyge fenhwangensis* Hsiang, *Hewenia typica* Zhou。在银川街、观音寺一带上寒武统沙河厂组产火山岩夹层地层中发现有大量 *Liushuicephalus shidianensis* Luo, *Baoshanaspis*? sp. 等三叶虫化石(贵州省地质调查院)。时代归属晚顶寒武世。

2. 奥陶纪花岗岩的发现

在保山地块东缘,云龙县槽涧一带,云南省地质调查院在原古元古界崇山岩群($Pt_1C.$)、大勐龙岩群($Pt_1D.$)中解体出大量花岗岩,并获得岩浆结晶锆石激光拉曼法(LA ICPMS)年龄(448.2±3.8)Ma。本期构造-热事件中的主期时限相当于晚奥陶世,为泛非运动在本区的存在提供了重要的依据,说明混杂岩带东南侧的保山地块具亲冈瓦纳特征。

在保山地块西缘,平河岩体主要岩石类型为中细粒黑云二长花岗岩、似斑状中粒-中粗粒黑云二长花岗岩。董美玲等(2012)测得平河岩体的锆石 U-Pb 年龄变化于 486~480Ma 之间,表明这些花岗岩类侵位于早奥陶世。沿三台山村—正平乡—镇安镇—黄草坝—勐冒—龙新一线奥陶纪花岗岩主要为中粒似斑状黑云母二长花岗岩、细-中粒黑云母二长花岗岩、中粗粒黑云母二长花岗岩、细粒黑云母花岗闪长岩、粗粒黑云母钾长花岗岩、碎裂中细粒花岗闪长岩、糜棱岩化黑云母二长花岗岩。熊昌利等(2012)获得硝塘乡岩体及南侧勐冒岩体(东带)2件花岗岩石 U-Pb 测年数据,其 ^{206}Pb-^{238}U 年龄加权平均值分别为(454.7±1.5)Ma。刘琦胜等(2012)测得板厂山岩体二云二长花岗质糜棱片麻岩的 SHRIMP 锆石 U-Pb 年龄为(473±7)Ma。这样表现出岩浆弧的分带性,西带就位晚而东带就位早,可能代表了早古生代保山地块西缘与增生作用有关的岩浆弧。

3. 中奥陶统与上寒武统之间的平行不整合界线的发现

新发现区内缺失早奥陶世沉积(贵州省地质调查院)。在王家山、大寨、岔河等地,首次发现中奥陶统与上寒武统之间的平行不整合界线。寒武纪末,地壳开始抬升,同时发生海退,保山组碳酸盐岩台地被暴露剥蚀,剥蚀程度各地不同,施甸县王家山及梨树寨,保山组第三段被剥蚀掉,第二段被中上奥陶统蒲缥组平行不整合覆盖。在王家山剖面保山组第二段采获大量晚寒武世晚期的三叶虫化石:古索克虫未定种 Eosaukia sp.,保山盔索克虫 Lophosaukia baoshanensis Xiang in Sun et Xiang,无拟柯尔定虫未定种 Akoldinioidia sp.,满苏氏小矛尾虫 Lonchopygella mansuyi (Kobayashi, 1933),宽章氏虫 Changia lata (Sun in Sun et Xiang, 1979),扩展章氏虫 Changia expansa (Xiang in Sun et Xiang, 1979),杂索克虫未定种 Mictosaukia sp.,小球接子未定种 Micragnostus sp.,卡尔文虫未定种 "Calvinella"? sp.,其中,章氏虫、卡尔文虫是保山一碗水剖面保山组第二段的常见分子。

在上覆的原老尖山组下部采获小贵州虫未定种 Kweichowilla sp. 和属种未定 gen. et sp. Indet,经中国科学院南京地质古生物研究所鉴定,属晚奥陶世;同样,在柳水地区,在原老尖山组底部采获斜视虫未定种 Illaenus sp.,属种未定 gen. et sp. indet.,经中国科学院南京地质古生物研究所鉴定,时代属中晚奥陶世;岔河地区,在第5层石英砂岩段中采获较多腕足化石伪正形贝(未定种) Nothorthis sp.,美丽准薄皱贝 Leptellina pulchra Cooper,卡敖斯正形贝 Orthis carausii Salter,伸长正形贝 Orthis extensa Fang, ? 奥皮基纳贝(未定种)? Oepikina sp.,鉴定时代为中奥陶世,次椭圆形日射海林檎 Heliocrinus subovalis Reed,鉴定时代为早-中奥陶世。

因区内缺失下统特马豆克阶和弗洛阶地层。证明保山地块在晚寒武世末—中奥陶世之交,发生了明显的地壳隆升事件。

这些发现,地质意义巨大,表明保山地块存在与冈瓦纳大陆相同的泛非运动,解决了长期争论的归属问题,应归属冈瓦纳大陆。结合云南省地质调查院在1:25万填图中,建立了昌宁-孟连板块结合带,同时也说明了冈瓦纳大陆与欧亚大陆的分界。

五、西南三江地区特提斯大洋两大陆的早古生代增生造山作用

1. 耿马-西盟早古生代增生造山作用

通过对耿马-西盟新元古代—早古生代地质体的沉积环境判识、构造解析分析,侵入岩高精度测年等手段,认为新元古代—寒武纪为一套碎屑岩夹碳酸盐岩、基性火山岩的类复理石建造,其经历了多期的变形-变质作用,沉积环境可能为大陆边缘斜坡相。新元古界王雅岩群中的变质火山岩以变质流纹岩、二长变粒岩、长英质变粒岩为主,其原岩为流纹岩,尚出现少量变基性火山岩,火山岩略显双峰式特征,其形成可能与大陆边缘拉张作用相关。有奥陶纪二长花岗岩侵入,锆石 LA-ICPMS U-Pb 定年结果分别为 (477.7 ± 6.3)Ma、(452.3 ± 2.9)Ma、(420.9 ± 8.4)Ma。构造边界断裂带由西向东逆冲。内部形成了一套以顺层韧性剪切为特征的构造-岩层。并伴以顺层掩卧褶皱、各类面理、线理和小型脆韧性剪切带组成特定的构造共生组合。总体表现为奥陶系向西(保山地块)增生,并伴有岩浆侵入活动。

2. 东达山-崇山-临沧早古生代增生造山作用

东达山-崇山-临沧现主体为花岗岩和前寒武系大勐龙岩群、澜沧岩群及吉塘岩群所构成。上部很少有中生代盖层。其前缘断裂即澜沧江大断裂。在北段昌都盆地西侧的类乌齐—吉塘—登巴一带,西侧吉塘岩群(AnЄ)变质岩系和东达山花岗岩带向东逆冲在弧火山岩带的石炭纪—二叠纪—三叠纪地层之上。在南段云县—景洪一带,临沧花岗岩带及澜沧岩群(AnЄ)变质岩向西逆冲在二叠纪—三叠纪弧火山岩带之上,临沧花岗岩带内部也形成一系列逆冲岩席(杨振德,1996)。

奥陶纪二长花岗岩出露在云龙县槽涧附近,呈北西向展布,两侧被断裂夹持,岩体中见有三叠纪二

长花岗岩侵入其中。获得(448.2±3.8)Ma的岩浆锆石结晶年龄值。奥陶纪花岗岩具有典型的造山带花岗岩的特点。在东达山-临沧微陆块的大中河地区,王保弟(2012)首次在云县-景谷火山弧带中部大中河地区发现一套早古生代岛弧中基性-中酸性火山岩系,获得LA-ICPMS锆石U-Pb同位素年龄为~420Ma,确认了"三江"造山带南段晚志留世火山岩浆事件的存在。

总之,东达山-临沧微陆块上,有奥陶纪花岗岩侵入到崇山岩群中。有形成于活动大陆边缘的岛弧环境的基性-中酸性火山岩系。整个微陆块向东逆冲在东部思茅地块上,前寒武系发育了一系列叠瓦状逆冲断裂,同时发育韧性剪切带。大勐龙岩群、澜沧岩群、吉塘岩群和崇山岩群都强烈片理化,S_0普通被S_1所置换,其变形面主体为S_1,并形成大型复式背形,西冀产状较陡,东冀产状总体较缓,次级褶皱连续发育,并以紧闭-同斜褶皱为主,相伴有较为发育的D_1S_1褶劈理构造,局部发育有小型逆冲韧性剪切带,在强应变部位D_1S_1褶劈理全面置换S_0面理而成为岩石的宏观面理。构造演化上,表现出昌宁-孟连洋向东俯冲,在思茅地块上增生,并形成增生岛弧。也表明了昌宁-孟连洋在早古生代就存在,并有向东、向西俯冲的迹象。这样,南澜沧江带很可能是一个陆-弧碰撞型造山带,北澜沧江-乌兰乌拉湖带为陆-陆碰撞型造山带。

六、南盘江盆地归属

北面是扬子地块,东南方有云开地块和大明山微陆块,西南面是越北地块。南部有较大的古生代台地型沉积区,即西面的西畴台地和东面的靖西台地。北部也有不少小片的古生代台地型沉积区。南盘江盆地的归属一直有争议,有3种认识:一是认为与扬子相近,为扬子大陆边缘的延伸体;二是认为属于华南,从西向东,以弥勒-师宗断裂、河池-南丹断裂与扬子陆块相隔。三是认为属于越北陆块,麻栗坡蛇绿混杂岩属于扬子陆越北陆块的分界线。

现有较多证据认为它与越北陆块在多方面有其相似性。1945年,黄汲清将越南北部可能属前寒武纪的片麻岩和片岩构成的半椭圆形地块命名为越北地块。越南地质文献称为斋江隆起,认为是元古宇变质杂岩。杂岩周围出露寒武系和下奥陶统,含三叶虫和腕足类化石的中寒武统河江组不整合于杂岩之上。越北地块北端伸入滇东南麻栗坡地区,为花岗片麻岩等。据1:20万区调资料,周围中上寒武统以碳酸盐岩为主,广泛出露;下奥陶统以碎屑岩为主,零星分布。早泥盆世海陆交互相沉积超覆于中寒武统—下奥陶统不同层位之上。晚古生代地层和下伏寒武系—奥陶系一起构成平缓开阔的褶曲。显然,寒武系开始已属地台盖层。早泥盆世前的长期隆起剥蚀,使残留的下奥陶统分布局限,新海侵超覆到更老地层之上。因此,越北地块范围不仅限于变质基底出露区,也包括周围盖层分布区。越北地块变质基底之上,没有扬子地块广泛分布的震旦系,也未见可靠的下寒武统。二者很可能是不同的构造单元。它们的地层序列和结构构造大都与南面的越北地块很相似,即泥盆系直接超覆于寒武系(局部为下奥陶统)之上。在早古生代,它们可能是一个统一的桂滇-越北地块。晚古生代的南盘江海是其裂解的结果。裂解出来的古陆碎块在海中成为孤立的水下台地(吴浩若,2003)。

越北地块的北界为文山-蒙自间向北突出的弧形断裂带。东界的北西-南东向文山-麻栗坡断裂带,南延入越南境内,成为向东突出的弧形断裂带,其东侧为八布-Phungu洋盆(吴根耀等,2001)。越北地块西侧为新生代的红河断裂带截切,原来范围可能更大。

主要参考文献

白瑾,张学祺.云南大红山矿区构造和大红山群的划分[J].地科院天津地矿所所刊第3号,1981.
白文吉,方青松,张仲明.西藏雅鲁藏布江蛇绿岩带罗布莎地幔橄榄岩成因[J].岩石矿物学,1999,18(3):193-206.
白文吉,胡旭峰,杨经绥,等.雅鲁藏布缝合史与喜马拉雅山-青藏高原隆升史的分辨[J].西藏地质,1994;(11):93-102.
鲍佩声,王军.青藏高原缝合带的岩石学、地球化学及其构造意义[M]//肖序常,李廷栋.青藏高原的构造演化与隆升机制.广州:广东科技出版社,2000:137-189.
蔡新平.扬子地台西缘新生代富碱斑岩中的深源包体及其意义[J].地质科学,1992,27(2):98.
蔡振京.藏东川西及其以南地区深部地质构造特征[C]//青藏高原地质文集.北京:地质出版社,1984,15:201-208.
曹俊,彭东,郭建强,等.塔藏构造混杂岩带特征[J].中国地质,2002,29(4):387-391.
曹仁关.云南西部古生物地理与大地构造演化[J].中国地质科学院院报,1986,13:37-50.
曹树恒等.攀枝花—西昌地区航磁异常特征及其找矿关系的初步研究[R].四川省地质局,1981.
常承法,潘裕生,郑锡澜,等.青藏高原地质构造[M].北京:科学出版社,1982:1-91.
常承法,郑锡澜.中国西藏南部珠穆朗玛地区地质构造特征及其青藏高原东西向诸山系形成的探讨[J].中国科学D辑:地球科学,1973,2:190-201.
常承法.青藏高原地质构造演化[M].北京:科学出版社,1992:243-255.
常承法.特提斯及青藏碰撞造山带的演化特点[M]//大陆岩石圈构造与资源.北京:海洋出版社,1992:1-18.
常向阳,朱炳泉,邹日,等.金平龙脖河铜矿区变钠质火山岩系地球化学研究:II. Nd、Sr、Pb同位素特征与年代学[J].地球化学,1998,27(4):361-66.
陈炳蔚,李永森,曲景川,等.三江地区主要大地构造问题及其与成矿的关系[J].地矿部地质专报,构造地质、地质力学,第11号,1991.
陈炳蔚,王铠元,刘万喜,等.怒江、澜沧江、金沙江地区大地构造[M].北京:地质出版社,1987:1-197.
陈发景,汪新文,张光亚,等.中国中新生代含油气盆地构造和动力学背景[J].现代地质,1992,6(3):317-327.
陈福忠,刘朝基,雍永源,等.藏东花岗岩类及铜锡金成矿作用[M].北京:地质出版社,1994:1-79.
陈明,何文劲,梁斌,等.川西高原西康群极低级变质岩特征[J].四川地质学报,2001,21(2):65-69.
陈天佑.东川矿区前寒武系昆阳群因民组下伏地层层位的探讨[J].西南矿产地质,1989,3(1):27-30.
陈廷方.云南腾冲火山岩岩石学特征[J].沉积与特提斯地质,2003,23(4):56-61.
陈廷方,赵崇贺.腾冲新生代火山群岩石化学和地球化学特征[J].西南工学院学报,1995,10(4):102-108.
陈文寄,李齐,周新华,等.西藏高原南部两次快速冷却事件的构造含义[J].地震地质,1996,18(2):109-115.
陈毓蔚,许荣华.西藏南部中酸性岩中锆石铀-铅计时讨论[J].地球化学,1981(2):128-135.
陈岳龙,罗照华,刘翠.对扬子克拉通西缘四川康定-冕宁变质基底的新认识——来自Nd同位素的证据[J].地球科学,2001,26(3):279-285.
陈岳龙,罗照华,赵俊香,等.从锆石SHRIMP年龄及岩石地球化学特征论四川冕宁康定杂岩的成因[J].中国科学(D辑),2004,34(8):687-697.
陈智梁,陈世瑜,周铭魁,等.扬子地块西部边缘地质构造演化[M].重庆:重庆出版社,1987:1-172.
陈智梁,刘宇平,等.全球定位系统测量与青藏高原东部流变构造[J].第四纪研究,1998(3):263-270.
陈智梁,刘宇平.藏南拆离系[J].特提斯地质,1996,20:31-51.
陈智梁,孙志明,Royden L H,等.四川沪定昔格达组的堰塞湖成因及意义[J].第四纪研究,2004,24(6):614-620.
陈智梁.特提斯地质一百年[J].特提斯地质,1994(18):1-22.
程立人,王天武,李才,等.藏北申扎地区上二叠统木纠错组的建立及皱纹珊瑚组合[J].地质通报,2002,21(3):140-143.
程素华,赖兴运.四川丹巴地区中低压变质作用及P-T轨迹[J].岩石学报,2005,21(3):819-828.
程裕淇.中国区域地质概论[M].北京:地质出版社,1994:1-517.
迟效国,李才,金巍,等.藏北新生代火山作用的时空演化与高原隆升[J].地质论评,1999,45(增刊):978-986.
从柏林,张儒媛.攀西地区的大地构造演化——中元古和晚元古代的造山作用[J].科学通报,1987(10):763-767.
从柏林.攀西古裂谷的形成与演化[M].北京:科学出版社,1988:1-96.
崔军文,朱红,武长得.青藏高原岩石圈变形及其动力学[M].北京:地质出版社,1992.

崔银亮,秦德先,陈耀光.云南省龙脖河铜矿区火山岩地质及岩石化学特征研究[J].矿产与地质,2004;18(6):532-536.

崔银亮,秦德先,高俊,等.云南金平龙脖河铜矿床与新平大红山铁铜矿床对比研究[J].中国工程科学,2005,7(增刊),195-201.

崔作舟,尹周勋,高恩源,等.青藏高原地壳结构构造及其与地震的关系[J].中国地质科学院院报,1990(21):215-226.

代清华,罗显辉."元谋古陆"斑岩型金矿[J].云南地质,2004,23(3):310-320.

戴传固,刘爱民,王敏,等.贵州西部峨眉山玄武岩铜矿特征及成矿作用[J].贵州地质,2004,21(2):71-75.

戴恒贵.康滇地区昆阳群和会理群地层、构造及找矿靶区研究[J].云南地质,1997,16(1):1-39.

邓晋福,莫宣学,罗照华,等.青藏高原岩石圈不均一性及其动力学意义[J].中国科学(D辑),2001,31(3):55-60.

邓晋福,赵海玲,莫宣学,等.扬子大陆的陆内俯冲与大陆的缩小——由白云母(二云母)花岗岩推导[J].高校地质学报,1995,1(1):50-57.

邓尚贤,王江海,朱炳泉.云南元谋苴林岩群变质作用P-T-t轨迹及其地球动力学意义[J].中国科学(D辑),2001;31(2):127-135.

邓尚贤,王江海,朱炳泉.云南苍山变质带前寒武纪正变质岩的地球化学特征及其形成时代[J].地球化学,2001,30(2):147-154.

邓万明,孙宏娟.青藏北部板内火山岩的同位素地球化学与源区特征[J].地学前缘,1998,5(4):307-317.

邓万明,尹集祥,呙中平.羌塘茶布双湖地区基性、超基性岩和火山岩研究[J].中国科学(D辑),1996,26(4):296-301.

邓万明,郑锡澜,松本征夫.青海可可西里地区新生代火山岩的岩石特征和时代[J].岩石矿物学杂志,1996,15(4):289-298.

邓万明.藏北东巧-怒江超基性岩带的岩石成因.喜马拉雅地质(Ⅱ)[M].北京:地质出版社,1984:83-98.

邓万明.西藏阿里北部的新生代火山岩——兼论陆内俯冲作用[J].岩石学报,1989,6(3):1-11.

邓万明.青藏北部新生代钾质火山岩微量元素和Sr、Nd同位素地球化学研究[J].岩石学报,1993,9(4):379-387.

青藏项目专家委员会.青藏高原形成演化、环境变迁与生态系统研究[M].北京:科学出版社,1995:288-298.

邓万明.西羌塘第三纪钠质基性火山岩的地球化学特征及成因探讨[J].中国科学D辑,2001,31(增刊):43-54.

丁林,张进江,周勇,等.青藏高原岩石圈演化的记录:藏北超钾质及钠质火山岩的岩石学与地球化学特征[J].岩石学报,1999,15(3):408-421

丁林,周勇,张进江,等.藏北鱼鳞山新生代火山岩及风化壳复合堆积物的组成和时代[J].科学通报,2000,45(14):1475-1481.

丁林,钟大赉,潘裕生,等.喜马拉雅东构造结上新世以来快速抬升的裂变径迹证据[J].科学通报,1995,40(16):1497-1500.

丁林,钟大赉.西藏南迦巴瓦峰地区高压麻粒岩相变质作用特征及其构造地质意义[J].中国科学D辑,1999,29(5):385-397.

董方浏,莫宣学,侯增谦,等.云南兰坪盆地喜马拉雅期碱性岩 $^{40}Ar/^{39}Ar$ 年龄及地质意义.岩石矿物学杂志,2005,24(2):103-109.

董国臣,莫宣学,赵志丹,等.西藏林周盆地林子宗火山岩研究近况[J].地学前缘,2002,8(1):153-153.

董学斌,王忠民,谭承泽,等.亚东-格尔木地学断面古地磁新数据与青藏高原地体演化模式的初步研究[J].中国地质科学院院报,1990(21):139-148.

董彦辉,许继峰,曾庆高,等.存在比桑日群弧火山岩更早的新特提斯洋俯冲记录么?[J].岩石学报,2006,22(3):661-668.

董云鹏,朱炳泉,常向阳,等.滇东师宗-弥勒带北段基性火山岩地球化学及其对华南大陆构造格局的制约[J].岩石学报,2002,18(1):37-46.

杜德勋,罗建宁,李兴振,等.昌都地块沉积演化与古地理[J].岩相古地理,1997;17(4):1-17.

杜利林,耿元生,杨崇辉,等.扬子地台西缘新元古代TTG的厘定及其意义[J].岩石矿物学杂志,2006,25(4):273-281.

杜利林,耿元生,杨崇辉,等.扬子地块西缘盐边群玄武质岩石地球化学特征及SHRIMP锆石U-Pb年龄[J].地质学报,2006,79(6):805-813.

杜利林,耿元生,杨崇辉,等.扬子地台西缘康定群的再认识:来自地球化学和年代学证据[J].地质学报 2008,81(11):1562-1577.

杜利林,杨崇辉,耿元生,等.扬子地台西南缘高家村岩体成因:岩石学,地球化学和年代学证据[J].岩石学报,2009,25(8):1897-1908.

段其发,杨振强,王建雄,等.青藏高原北羌塘盆地东部二叠纪高 Ti 玄武岩的地球化学特征[J].地质通报,2006.25(5-6):156-162.

樊祺诚,刘若新,魏海泉,等.腾冲活火山的岩浆演化[J].地质论评 1999,45(增刊):895-904.

冯本智,卢民杰.康滇地轴上的前寒武纪变质杂岩研究的进展[J].吉林大学学报(地球科学版),1982(4):109-110.

冯本智.论扬子准地台西缘前震旦纪基底及其成矿作用[J].地质学报,1989,(4):338-348.

冯本智,等.康滇地区前震旦纪地质与成矿[M].北京:地质出版社,1990:1-202.

甘肃省地质矿产局.甘肃省区域地质志.中华人民共和国地质矿产部地质专报[M].北京:地质出版社,1989.

甘肃省地质矿产局.甘肃省岩石地层[M].武汉:中国地质大学出版社,1997.

甘晓春,赵凤清,金文山,等.华南火成岩中捕获锆石的早元古代-太古宙 U-Pb 年龄信息[J].地球化学,1996,25(2):112-120.

高洪学,宋子季.西藏泽当蛇绿混杂岩研究新进展[J].中国区域地质,1995(4):316-322.

高俊,龙脖河铜矿区东矿带火山岩特征[J].矿产与地质,2003,17(4):526-529.

高山,Qiu Yun-min,凌文黎.崆岭高级变质地体单颗粒锆石 SHRIMP U-Pb 年代学研究——扬子克拉通＞3.2Ga 陆壳物质的发现[J].中国科学 D 辑:地球科学,2001,31(1):27-35.

高延林,肖序常,常承法,等.西南地区构造单元划分及地质特征[M].北京:地质出版社,1988.

葛肖虹,任收麦,刘永红,等.中国西部的大陆构造格架[J].石油学报,2001,22(5):1-5.

葛肖虹,任收麦,马立祥,等.青藏高原多期次隆升的环境效应[J].地学前缘,2006,13(6):118-130.

耿全如,潘桂棠,金振民.西藏冈底斯带叶巴组火山岩地球化学及成因[J].地球科学——中国地质大学学报,2006,30(6):747-760.

耿全如,潘桂棠,刘宇平,等.雅鲁藏布大峡谷地区蛇绿混杂岩带初步研究[J].沉积与特提斯地质,2000,20(1):28-43.

耿全如,潘桂棠,王立全,等.西藏冈底斯带叶巴组火山岩同位素地质年代[J].沉积与特提斯地质,2006,26(1):1-7.

耿全如,潘桂棠,王立全,等.班公湖-怒江带,羌塘地块特提斯演化与成矿地质背景[J].地质通报,2011,31(8):1261-1274.

耿全如,潘桂棠,郑来林,等.论雅鲁藏布大峡谷地区冈底斯岛弧花岗岩带[J].沉积与特提斯地质,2001,21(2):16-22.

耿全如,潘桂棠,郑来林,等.藏东南雅鲁藏布江蛇绿混杂带的物质组成及形成环境[J].地质科学,2004,39(3):1-19.

耿全如,潘桂棠,郑来林,等.南迦巴瓦地区雅鲁藏布构造带中石英(片)岩的岩石地球化学特征及其变质条件[J].地质科学,2004,24(1):76-82.

耿全如,王立全,潘桂棠,等.西藏冈底斯带洛巴堆组火山岩地球化学及构造意义[J].岩石学报,2007,23(11):2699 2714.

耿全如,王立全,潘桂棠,等.西藏冈底斯带石炭纪陆缘裂陷作用:火山岩和地层学证据[J].地质学报,2007,81(9):1259-1276.

耿元生,杨崇辉,杜利林,等.天宝山组形成时代和形成环境-锆石 SHRIMP U-Pb 年龄和地球化学证据[J].地质论评,2007,53(4):556-563.

耿元生,杨崇辉,王新社,等.扬子地台西缘结晶基底的时代[J].高校地质学报,2007,13(3):429-441.

耿元生,杨崇辉,王新社,等.扬子地台西缘变质基底演化研究[M].北京:地质出版社,2008.

勾永东.川西甘孜-雀儿山地区推覆构造的厘定[J].四川地质学报,2001,21(4):193-198.

辜学达,李宗凡,黄盛碧,等.四川西部地层多重划分对比研究新进展[J].中国区域地质,1996(2):114-122.

关俊雷,郑来林,刘建辉,等.四川会理县河口地区辉绿岩体的锆石 SHRIMP U-Pb 年龄及其地质意义[J].地质学报,2011,85(4):482-490.

贵州省地质矿产局.贵州省区域地质志[M].北京:地质出版社,1987.

贵州省地质矿产局.贵州省岩石地层[M].武汉:中国地质大学出版社,1997.

桂林冶金地质研究所变质岩铜矿专题组.东川铜矿的地层岩石特征及其与成矿的关系[J].地质与勘探,1975(4):18-25.

郭春丽,王登红,陈毓川,等.川西新元古代花岗质杂岩体的锆石 SHRIMP U-Pb 年龄、元素和 Nd-Sr 同位素地球化学研究:岩石成因与构造意义[J].岩石学报,2007,23(10):2457-2470.

郭建强,游再平,王大可.松潘-甘孜造山带东缘大水沟地区变质变形作用[J].中国区域地质,1999,18(3):312-319.

郭建强,游再平,杨军,等.四川石棉地区田湾与扁路岗岩体的锆石 U-Pb 定年[J].矿物岩石,1998,18(1):91-94.

郭铁鹰,梁定益,张益智,等.西藏阿里地质[M].武汉:中国地质大学出版社,1991.

郭新峰,张元日,程庆云,等.青藏高原亚东-格尔木地学断面岩石圈电性研究[J].中国地质科学院院报,1990(21):191-202.

国家地震局地质研究所,云南省地震局.滇西北地区活动断裂[M].北京:地震出版社,1990.
韩建恩,余佳,孟庆伟,等.西藏阿里札达盆地第四纪砾石统计及其意义[J].地质通报,2005,24(7):630-636.
韩建恩,余佳,孟庆伟,等.西藏阿里札达盆地香孜剖面孢粉分析[J].地质力学学报,2005,11(4):320-327.
韩乃仁,欧阳成甫,李文桦,等.云南澜沧老厂石炭—二叠系地层新见[J].地层学杂志,1991,15(1):56-58.
韩润生,刘丛强,马德云,等.易门式大型铜矿床构造成矿动力学模型[J].地质科学,2003,38(02):200-213.
韩润生,刘丛强,孙克祥,等.易门式铜矿床的多因复成成因[J].大地构造与成矿学,2000,24(02):146-154.
韩吟文,陈北岳,柳建华,等.扬子陆块西缘晚古生代玄武岩浆的性质和演化[J].地球科学,1999,24(3):234-239.
郝杰,瞿明国.罗迪尼亚超大隆与晋宁运动和震旦系[J].地质学报,2004,39(1):139-152.
郝太平.金沙江中段元古宙变质岩的Sm-Nd同位素年龄报道[J].地质论评,1993,39(1):52-56.
郝子文.青藏高原前寒武纪岩石地层划分、对比—兼论"三江"构造带基底特征[J].四川地质学报,1997,17(2):84-91.
何元庆,姚檀栋,沈水平,等.冰芯与其它记录所揭示的中国全新世大暖期变化特征[J].冰川冻土,2003,25(1):11-18.
贺节明,陈国豪,杨兆兰,等.康滇灰色片麻岩[M].重庆:重庆出版社,1988,1-174.
洪大卫.碱性花岗岩的构造环境分类及其鉴别标志[J].中国科学B辑,1995,25:418-426.
侯立玮,戴丙春,俞如龙,等.四川西部义敦岛弧碰撞造山带与主要成矿系列[M].北京:地质出版社,1994.
侯立玮,付小方,等.松潘—甘孜造山带东缘穹隆状变质地体[M].成都:四川大学出版社,2002.
侯立玮.扬子克拉通西缘穹状变形变质体的类型与成因[J].四川地质学报,1996,16(1):6-1.
侯立玮等.松潘-阿坝造山带东缘穹窿状变质地质条件[M].成都:四川大学出版社,2004.
侯增谦,侯立玮,叶庆同,等.三江地区义敦岛弧构造—岩浆演化与火山成因块状硫化物矿床[M].北京:地震出版社,1995,4-134.
侯增谦,李红阳.试论幔柱构造与成矿系统-以三江特提斯成矿域为例[J].矿床地质,1998,17(2):97-113.
侯增谦,莫宣学,朱勤文,等."三江"古特提斯地幔热柱——洋中脊玄武岩证据[J].地球学报,1996,17(4):362-375.
侯增谦,潘桂棠,王安建,等.青藏高原碰撞造山带:Ⅱ.晚碰撞转换成矿作用[J].矿床地质,2006,25(5):521-543.
侯增谦,曲晓明,王淑贤,等.西藏高原冈底斯斑岩铜矿带辉钼矿Re-Os年龄值:成矿作用时限与动力学背景应用[J].中国科学D辑,2003,33(7):609-618.
侯增谦,曲晓明,周继荣,等.三江地区义敦岛弧带碰撞造山过程:花岗岩记录[J].地质学报,2001,75(4):484-496.
侯增谦,王二七,莫宣学,等.青藏高原碰撞造山与成矿作用[M].北京:地质出版社,2008.
侯增谦,杨岳清,曲晓明,等.三江地区义敦岛弧造山带演化和成矿系统[J].地质学报,2004,78(1):109-120.
侯增谦,杨竹森,徐文艺,等.青藏高原碰撞造山带:I.主碰撞造山成矿作用[J].矿床地质,2006,25(4):337-358.
侯增谦,由晓明,杨竹森,等.青藏高原碰撞造山带:Ⅲ.后碰撞伸展成矿作用[J].矿床地质,2007,25(6):629-651.
侯增谦,卢记仁,林盛中.峨眉地幔柱轴部的榴辉岩—地幔岩源区:主元素、痕量元素及Sr、Nd、Pb同位素证据[J].地质学报,2005,79(2):200-219.
胡霭琴,朱炳泉,朱乃绢,等.关于云南大红山群时代的研究[J].国际元古活动带地球化学和成矿作用讨论会论文摘要,1988:23.
胡斌,戴塔根,胡瑞忠,等.滇西地区壳体大地构造单元的划分及其演化与运动特征[J].大地构造与成矿学,2005,29(4):537-544.
胡道功,吴珍汉,江万,等.西藏念青唐古拉岩群SHRIMP锆石U-Pb年龄和Nd同位素研究[J].中国科学D辑,2005,35(1):29-37.
胡建民,孟庆任,石玉若,等.松潘-甘孜地体内花岗岩锆石SHRIMP U-Pb及其构造意义[J].岩石学报,2005,21(3):867-874.
胡世华,等.川西义敦岛弧火山-沉积作用[M].北京:地质出版社,1991.
胡享生,莫宣学,范例.西藏江达古沟-弧-盆体系的火山岩石学与地质学标志[C]//青藏高原地质文集.北京:地质出版社,1990:1-14.
胡云中,唐尚鹑,王海平,等.哀牢山金矿地质[M].北京:地质出版社,1995:227-248.
花友仁.对东川铜矿地层的划分和区域构造的探讨[J].地质论评,1959,19(4):155-162.
黄怀曾,王松产,黄路桥,等.岩浆岩地球化学特征及其在高原隆升中的意义.亚东-格尔木岩石圈地学断面综合研究——青藏高原岩石圈结构构造和形成演化[M].北京:地质出版社,1996:41-51.
黄怀曾,王松产,张忆平.青藏高原碰撞、固结的过程及隆升机理[J].中国地质科学院院报,1990,21:95-106.
黄怀增,王松产,黄路桥,等.青藏高原岩浆活动及岩石圈演化[M].北京:地质出版社,1993:10-46.

黄汲清,陈炳蔚.中国及邻区特提斯海的演化[M].北京:地质出版社.1987:21-58.

黄汲清,陈国铭,陈炳蔚.特提斯-喜马拉雅构造域初步分析[J].地质学报,1984,58(1):1-17.

黄汲清.中国主要大地构造单位[M].北京:地质出版社,1954.

黄汲清.中国地质构造基本特征初步总结[J].地质学报,1960(2):117-135.

黄继钧,伊海生,林金辉.羌塘盆地构造特征及油气远景初步分析[J].地质科学,2004,39(1):1-10.

黄立言,卢德厚,李小鹏,等.藏北色林错-蓬错-安多地带的深部地震探测[C]//西藏地球物理文集.北京:地质出版社,1990:25-37.

黄勇,牟世勇,贺永忠,等.藏北羊湖地区孢粉组合及其1.3万年以来的古气候变化[J].沉积与特提斯地质,2004;24(2):45-50.

黄仲权.昆阳群的滑覆构造的控矿作用[J].云南地质,1997;16(1):40-51.

霍勤知,曾俊杰,董玉书,等.扬子板块西北边缘碧口增生体的形成与演化[J].甘肃地质学报,2002;11(2).

计文化,陈守建,赵振明,等.西藏冈底斯构造带申扎一带寒武系火山岩的发现及其地质意义[J].地质通报,2009;28(9):1350-1354.

季建清,钟大赉,张连生.青藏高原东南部新生代挤出块体西边界[J].科学通报,2000;45(2):128-133.

季绍新,余根峰,邢文臣.试论青藏高原岩浆活动史及其与板块构造的关系[J].火山地质与矿产,2001,22(1):31-40.

简平,刘敦,孙晓猛.滇川西部金沙江石炭纪蛇绿岩SHRIMP测年:古特提斯洋壳演化的同位素年代学制约[J].地质学报,2003,7(2):217-228.

简平,刘敦一,孙晓猛.滇西北白马雪山和鲁甸花岗岩基SHRIMP U-Pb年龄及其地质意义[J].地球学报,2003,24(4):337-342.

简平,刘敦一,孙晓猛,等.滇川西部金沙江石炭纪蛇绿岩SHRIMP测年[J].地质学报,2003,77(2):217-228.

江万,莫宣学,赵崇贺,等.青藏高原冈底斯花岗岩带花岗闪长岩及其中岩石包体的岩石学特征[J].特提斯地质,1998,22:90-96.

江万,张双全,莫宣学,等.青藏高原冈底斯带中段花岗岩及其中铁镁质微粒包体地球化学特征[J].岩石学报,1998;15(1):89-97.

江新胜,朱同兴,冯心涛,等.藏南特提斯晚三叠世海岸风成沙丘的发现及其意义[J].成都理工大学学报,2003,30(5):417-452.

江元生,周幼云,王明光,等.西藏冈底斯山中段第四纪火山岩特征及地质意义[J].地质通报,2003,22(1):16-20.

姜枚,吕庆田,史大年,等.用天然地震探测青藏高原中部地壳、上地幔结构[J].地球物理学报,1996,39(4):470-482.

解广轰,等.青藏高原周边地区新生代火山岩的地球化学特征——古老富集地幔存在的证据.新生代火山岩年代学与地球化学[M].北京:地震出版社,1992:400-427.

金成伟,许荣华.喜马拉雅和冈底斯中段的花岗岩类.中法喜马拉雅考察成果(1980)[M].北京:地质出版社,1984:273-294.

金成伟,周云生.喜马拉雅和冈底斯弧形山系中的岩浆岩带及其成因模式[J].地质科学,1978,4:297-312.

金振民.喜马拉雅造山带西构造结含柯石英榴辉岩的发现及其启示[J].地质科技情报,1999;18(3):1-5.

阚泽忠,乔正福.四川会理-河口地区褶皱基底的双层结构[J].四川地质学报,1999;19(3):204-209.

阚泽忠,钟长洪,王康明.康滇构造-岩浆带华力西—印支期裂谷构造-岩浆演化,二十世纪末中国各省区域地质调查进展[M].北京:地质出版社,2003.

孔华,奚小双,金振民,等.康滇地轴冕宁杂岩的Sm-Nd同位素地质年代学初步研究[J].矿物岩石,2003,23(4):85-90.

孔祥儒,刘士杰,窦秦川,等.攀西地区地壳和上地幔中的电性结构[J].地球物理学报,1987,30(2):136-143.

孔祥儒,王谦身,熊绍柏.西藏高原西综合地球物理与岩石圈结构的研究[J].中国科学D辑,1996,26(4):308-315.

匡耀求,张本仁,欧阳建平.扬子克拉通北西缘碧口群的解体与地层划分[J].地球科学——中国地质大学学报,1999,24(3):251-286.

赖明宗.四川盐边前震旦纪蛇绿岩套的地球化学特征[J].攀西地质,1983(1):35-53.

赖绍聪,邓晋福,赵海玲,等.青藏高原北缘火山作用与构造演化[M].西安:陕西科学技术出版社,1996.

赖绍聪,刘池阳,O'Reilly S Y.北羌塘新第三纪高钾钙碱性火山岩系的成因及其大陆动力学意义[J].中国科学(D辑),31(增刊):2001:34-42.

赖绍聪,张国伟,裴先治.南秦岭勉略结合带琵琶寺洋壳蛇绿岩的厘定及其大地构造意义[J].地质通报,2002,21(8-9):465-470.

赖绍聪.青藏高原新生代火山岩矿物化学及其岩石学意义——以玉门、可可西里及芒康岩区为例[J].矿物学报,1999,19(2):236-244.

赖绍聪.青藏高原新生代三阶段造山隆升模式:火成岩岩石学约束[J].矿物学报,2000,20(2):182-190.

赖兴运,程素华,陈军元.中、低压变质作用与大陆造山——兼论四川丹巴的变质带[J].地学前缘,2003,10(4):327-339.

黎敦朋,李新林,周小康,等.阿牙克库木湖幅地质调查新成果及主要进展[J].地质通报,2004,23(5-6):590-594.

李才,程立人,胡克,等.西藏龙木错-双湖古特提斯缝合带研究[M].北京:地质出版社,1995.

李才,范和平,徐峰.青藏高原北部新生代火山岩岩石学特征及其构造意义[J].现代地质,1989,3(1):58-69.

李才,王天武,李惠民,等.冈底斯地区发现印支期巨斑花岗闪长岩——古冈底斯造山的存在证据[J].地质通报,2003,22(5):364-366.

李才,徐仲勋.西藏冈底斯西段海相始新世地层的发现及其地质意义[J].中国区域地质,1988(1):71-73.

李才,杨德明,和钟铧,等.青藏高原北部可可西里狮头山含硬玉岩类的基本特征及地质意义[J].地质通报,2003,22(5):297-302.

李才.龙木错-双湖-澜沧江板块缝合带与石炭二叠纪冈瓦纳北界[J].长春地质学院学报,1987,17(2):155-166.

李才.羌塘基底质疑[J].地质论评,2003,49(1):4-9.

李朝阳,刘玉平,叶霖,等.有关贵州成矿研究中的几个问题讨论[J].矿物岩石地球化学通报,2003,22(4):350-355.

李春昱.中国板块构造的轮廓[J].中国地质科学院院报,1980,2(1):11-22.

李春昱,王荃,刘雪亚,等.亚洲大地构造图(1:800万)及说明书[M].北京:地质出版社,1982.

李春昱.1963."康滇地轴"地质构造发展历史的初步研究[J].地质学报,1963,43(3):214-229

李大明,李齐,陈文寄.腾冲火山区上新世以来的火山活动[J].岩石学报,2000,16(3):362-371.

李大鹏,陈岳龙,罗照华,等.康定杂岩黑云母、角闪石^{39}Ar-^{40}Ar年龄及其意义[J].岩石学报,2006,22(11):2753-2761.

李大鹏,陈岳龙,罗照华,等.四川康定-冕宁地区变质侵入岩的地球化学及Nd同位素研究[J].岩石学报,2008,24(6):1251-1260.

李德威,刘德民,廖群安,等.藏南萨迦拉轨岗日变质核杂岩的厘定及其成因[J].地质通报,2003,22(5):302-307.

李定谋,曹志敏,覃功炯,等.哀牢山蛇绿混杂岩带金矿床[M].北京:地质出版社,1998,1-137.

李定谋,王立全,须同瑞.金沙江构造带铜金矿成矿与找矿[M].北京:地质出版社,2002,1-251.

李复汉,覃嘉铭,申玉连,等.康滇地区的前震旦系[M].重庆:重庆出版社,1988,1-396.

李光明,冯孝良,黄志英,等.西藏冈底斯构造带中段多岛弧-盆系及其演化[J].沉积与特提斯地质,2000,20(4):38-46.

李光明,潘桂棠,王高明.西藏铜矿资源的分布规律与找矿前景初探[J].矿物岩石,2002,22(2):30-34.

李光明,王高明,高大发,等.西藏冈底斯铜矿资源前景与找矿方向[J].矿床地质,2002,21(增刊):144-147.

李光明.藏北羌塘地区新生代火山岩岩石特征及其成因探讨[J].地质地球化学,2000,28(2):38-44.

李厚民,毛景文,张长青,等.滇黔交界地区玄武岩铜矿有机质的组成、结构及成因[J].地质学报,2004,78(4):519-526.

李吉均,文世宣,张青松,等.青藏高原隆起的时代、幅度和形式的探讨[J].中国科学,1979(6):608-616.

李继亮,张凤秋,王守信.四川盐边元古代蛇绿岩的稀土元素分配特点[M].岩石学研究(第三辑).北京:地质出版社,1983:37-44.

李继亮.攀西地区前震旦系Rb-Sr年龄讨论[M].中国科学院同位素地质论文摘要汇编,1981.

李继亮.川西盐边群的优地槽岩石组合[J].中国地质科学院院报,1984.第9号:21-34.

李家振,张有瑜,骆红玨.西藏当雄羊应乡地热田新生代火山岩特征及其成因探讨[J].现代地质,1992,6(1):96-109.

李建兵,江元生,周幼云.青藏高原冈底斯岩浆带麦嘎一带首次发现第四纪火山岩[J].中国地质,2001,28(12):43-43.

李建国,周勇.西藏西部札达盆地上新世孢粉植物群及古环境[J].微体古生物学报,2001,18(1):89-96.

李建国,周勇.西藏札达盆地晚上新世古植被型分析[J].古地理学报,2002,4(1):52-58.

李江,覃小锋,陆济璞,等.瓦石峡幅、阿尔金山幅地质调查新成果及主要进展[J].地质通报,2004,23(5-6):579-584.

李江海,穆剑.我国境内格林威尔期造山带的存在及其对中元古代末期超大陆再造的制约[J].地质科学,1999,34(3):259-272.

李金高,德曲.措勤-纳木错缝合带特征及其找矿意义探讨[J].西藏地质,1993(2):38-44.

李立主,赵支刚,贺金良,等.再论盐源模范村喜马拉雅期斑岩铜矿床地质特征及找矿前景[J].四川地质学报,2005,25(4):215-223.

李璞,戴橦谟,张梅英,等.西藏希夏邦马地区岩绝对年龄值数据的测定[J].科学通报,1965(10):925-926.

李秋生,彭苏萍,高锐,等.青藏高原北部巴颜喀拉构造带基底隆起的地震学证据[J].地质通报,2003,22(10):782-788.

李日俊.藏北阿木岗群中发现放射虫硅质岩[J].西藏地质,1994,1(11):127.
李生.四川锦屏山地区推覆构造带特征及其研究意义[J].沉积与特提斯地质,2004,24(1):70-77.
李天福.东川矿区"小溜口组"地层特征及与因民组的接触关系[J].云南地质,1993,12(1):1-11.
李廷栋.青藏高原隆升过程和机制[J].地球学报,1995(1):1-9.
李廷栋.对青藏高原地质构造主要特点的再认识[M]//青藏高原岩石圈结构构造和形成演化.北京:地质出版社,1996,160-163.
李廷栋.揭示青藏高原的隆升——青藏高原亚东-格尔木地学剖面[J].地球科学,1997,21(1):34-39.
李廷栋.亚欧地质图[M].北京:地质出版社,1997.
李廷栋.青藏高原地质科学研究的新进展[J].地质通报,2002,21(7):370-376.
李文昌,莫宣学.西南"三江"地区新生儿构造及其成矿作用[J].云南地质,2001,20(4):333-346.
李文昌,潘桂棠,侯增谦,等.西南"三江"多岛弧盆-碰撞造山成矿理论与勘查技术[M].北京:地质出版社,2010.
李文昌,尹光候,卢映祥,等.中甸普朗复式斑岩体演化的^{40}Ar-^{39}Ar同位素依据[J].地质学报,2009,83(10):1421-1429.
李文昌,尹光候,卢映祥,等.西南"三江"格咱火山-岩浆弧中红山-属都蛇绿混杂岩带的厘定及其意义[J].岩石学报,2010,26(6):1661-1671.
李文昌,曾普胜.云南普朗超大型斑岩铜矿特征及成矿模型[J].成都理工大学学报:自然科学版,2007,34(4):436-446.
李希勣,吴懋德,段锦荪.昆阳群的层序及顶底问题[J].地质论评,1984,30(5):399-408.
李希勣.建立康滇地轴区中-晚元古代层型剖面的雏议[J].云南地质,1993,12(1):101-108.
李希勣.再论建立康滇地轴区中晚元古代层型剖面问题[J].云南地质,1999,18(1):89-91.
李献华,李正祥,葛文春,等.华南新元古代花岗岩的锆石U-Pb年龄及其构造意义[J].矿物岩石地球化学通报,2001,20(4):271-273.
李献华,李正祥,周汉文,等.川西南关刀山岩体的SHRIMP锆石U-Pb年龄、元素和Nd同位素地球化学——岩石成因与构造意义[J].中国科学(D辑),2002,32:60-68.
李献华,李正祥,周汉文,等.川西新元古代玄武质岩浆岩的锆石U-Pb年代学、元素和Nd同位素研究:岩石成因与地球动力学意义[J].地学前缘,2002,9(4)329-338.
李献华,周汉文,李正祥,等.扬子块体西缘新元古代双峰式火山岩的锆石U-Pb年龄和岩石化学特征[J].地球化学,2001,30(4):315-322.
李献华,周汉文,李正祥,等.川西新元古代双峰式火山岩成因的微量元素和Sm-Nd同位素制约及其大地构造意义[J].地质科学,2002,37(3):264-276.
李祥辉,王成善,胡修棉等.西藏最新非碳酸盐海相沉积及其对新特提斯关闭的意义[J].地质学报,2001,75(3):314-321.
李晓勇,谢国刚,徐银保,等.西藏中南部尼雄-文部地区中-晚二叠世坚扎弄组的发现及其地质意义[J].地质通报,2002,21(6):339-344.
李兴振,许效松,潘桂棠.泛华夏大陆群与东特提斯构造域演化[J].岩相古地理,1995,15(4):1-13.
李兴振,刘文均,王义昭,等.西南三江地区特提斯构造演化与成矿(总论)[M].北京:地质出版社,1999:1-276.
李兴振,刘增乾,潘桂棠,等.西南三江地区构造单元划分及地史演化[M].中国地质科学院成都地质矿产研究所所刊(13).北京:地质出版社,1991:1-19.
李兴振,潘桂棠,罗建宁.论三江地区冈瓦纳和劳亚大陆的分界[C]//青藏高原地质文集编委会.青藏高原地质文集(20),北京:地质出版社,1990:217,230.
李永森,陈炳蔚.怒江、澜沧江、金沙江地区构造与成矿[J].矿床地质,1991,10(4):289-299.
李裕夫,罗建宁,等.青藏高原地层[M].北京:科学出版社,2001:10-211.
李日俊,陈从喜,买光荣,等.陆-陆碰撞造山带双前陆盆地模式—来自大别山、喜马拉雅和乌拉尔山带的证据[J].地球学报,2000,21(1):7-16.
李泽琴,王奖臻,刘家军,等.拉拉铁氧化物-铜-金-钼-稀土矿床Re-Os同位素年龄及其地质意义[J].地质找矿论丛,2003,18(1):39-42.
李中海,等.川西藏东地区地层与古生物(第一册)[M].成都:四川人民出版社,1982.
李忠雄,周明魁,张开国,等.康滇地轴中段前震旦系马鞍山组的发现及特征[J].沉积与特提斯地质,2001,20(1):63-77.
李佐臣,裴先治,丁仨平,等.川西北平武地区南-里花岗闪长岩锆石U-Pb定年及其地质意义[J].中国地质,2007,34(6):1003-1012.
梁斌,何文劲,谢启兴,等.川西北壤塘地区三叠纪西康群极低级变质作用[J].矿物岩石,2003,23(1):42-45.

梁斌,谢启兴,何文劲,等.川西北壤塘金成矿带中基性岩脉及其与金成矿作用的关系[J].四川地质学报,2002,22(2):82-85.

梁定益,聂泽同,郭铁鹰,等.西藏阿里喀喇昆仑南部的冈瓦纳-特提斯相石炭、二叠系[J].地球科学,1983(1):9-27.

梁定益.青藏高原首批1:25万区域地质调查地层工作若干进展点评[J].地质通报,2004,23(1):24-26.

梁华英.青藏高原东南缘斑岩铜矿成岩成矿研究取得新进展[J].矿床地质,2002,21(4):365.

廖群安,李德威,袁晏明,等.西藏高喜马拉雅定结和北喜马拉雅拉轨岗日古元古花岗质片麻岩的年代学及其意义[J].中国科学D辑,2007,37(12),1579-1587.

廖忠礼,莫宣学,潘桂棠,等.西藏南部过铝花岗岩的分布及其意义[J].沉积与特提斯地质,2003,23(3):12-20.

林宝玉,王乃文,等.西藏地层[M].北京:地质出版社,1989:1-228.

林方成,杨家瑞,陈慈德,等.义敦成矿带铜银铅锌锡矿产资源调查评价进展与潜力[J].四川地质学报,2003,23(3):141-145.

林广春,李献华,李武显.川西新元古代基性岩墙群的SHRIMP锆石U-Pb年龄元素和Nd-Hf同位素地球化学:岩石成因与构造意义[J].中国科学D辑,2006,36(7):630-645.

林广春.扬子西缘瓦斯沟花岗岩的元素Nd同位素地球化学——岩石成因与构造意义[J].岩石矿物学杂志,2008,27(5):398-405.

林清茶,夏斌,张玉泉,等.哀牢山-金沙江碱性岩带南段云南金平八一村钾质碱性花岗岩锆石SHRIMP U-Pb年龄[J].地质通报,2005(5):420-423.

林仕良,雍永源.藏东喜马拉雅期A型花岗岩岩石化学特征[J].四川地质学报,1999,19(3):210-214.

凌文黎,高山,郑海飞,等.扬子克拉通黄陵地区崆岭杂岩Sm-Nd同位素地质年代学研究[J].科学通报,1998,43(1):86-89.

刘宝珺,许效松,等.中国南方岩石相古地理图集[M].北京:科学出版社,1994.

刘宝珺,许效松,潘杏南,等.中国南方古大陆沉积地壳演化与成矿[M].北京:科学出版社,1993.

刘本培,冯庆来,方念乔,等.滇西南昌宁-孟连带和澜沧江带古特提斯多岛洋构造演化[M].地球科学,1993,18(5):529-538.

刘朝基,刁志忠,张正贵.川西藏东特提斯地质[M].成都:西南交通大学出版社,1996.

刘朝基,曾绪纬,金久堂.康滇地区基性—超基性岩[M].重庆:重庆出版社,1988.

刘福田,刘建华,何建坤,等.滇西特提斯造山带下扬子地块的俯冲板片[J].科学通报,2000,45(1):79-83.

刘国惠,金成伟,王富宝,等.西藏变质岩及火成岩[J].矿物岩石地球化学,1990(11):1-320.

刘海龄,王子江,施小斌,等.古特提斯缝合带澜沧江段花岗岩高温高压实验模拟[J].热带海洋学报,2004,23(2):10-187.

刘红英,夏斌,张玉.攀西会理猫猫沟钠质碱性岩锆石SHRIMP定年及其地质意义[J].科学通报,2004,49(14):1431-1438.

刘红英,夏斌,梁华英,等.攀西茨达和太和层状岩体时代[J].高校地质学报,2004,10(2):179-185.

刘宏兵,熊绍柏,于桂生.藏北西部地壳浅层速度结构及构造地质意义.青藏高原形成演化、环境变迁与生态系统研究[M].北京:科学出版社,1996:25-31.

刘鸿飞.拉萨地区林子宗火山岩系的划分和时代归属[M].西藏地质,1993,2:59-69.

刘旗,王帮全,李振江,等.川西雅江-道孚地区三叠系西康群若干地质问题研究进展与分歧[J].四川地质学报,2003(2):70-76.

刘旗,王帮全.康定—丹巴地区康定群变质核杂岩地层研究与进展[J].四川地质学报,2003,23(3):129-133.

刘燊,迟效国,李才,等.藏北新生代火山岩系列的地球化学及成因[J].长春科技大学学报,2001,31(3):230-234.

刘卫明,刘继顺,尹利君,等.东川运动及其对东川矿区褶皱构造的影响[J].地质力学学报,2012,18(1):42-50.

刘文中,徐士进,王汝成,等.攀西麻粒岩锆石U-Pb年代学新元古代扬子陆块西缘地质演化新证据[J].地质论评,2005,51(4):470-476.

刘兴起,沈吉,王苏民,等.青海湖16ka以来的花粉记录及其古气候古环境演化[J].科学通报,2002,47(17):1351-1355.

刘俨然,金明霞,邢雪芬,等.西昌-滇中地区花岗岩类及其含矿特征[M].重庆:重庆出版社,1988.

刘焰,钟大赉.东喜马拉雅地区高压麻粒岩岩石学研究及构造意义[J].地质科学,1998,33(3):267-281.

刘宇平,陈智梁.喜马拉雅南北向伸展构造的变质岩的压力-温度(P-T)轨迹证据[J].特提斯地质,1994(18):52-60.

刘宇平,潘桂棠,耿全如,等.南迦巴瓦构造结的楔入及其构造效应[J].特提斯与沉积地质,2000,29(1):52-59.

刘宇平,智梁,邓昌蓉.从显微构造论藏南喜马拉雅SN向伸展构造[J].中国地质科学院成地质矿产研究所所刊,1993,

17:81-95.

刘玉平,叶霖,李朝阳,等.滇东南发现新元古代岩浆岩:SHRIMP 锆石 U-Pb 年代学和岩石地球化学证据[J].岩石学报,2006,22(4):916-926.

刘增乾,李兴振,叶庆同,等.三江地区构造岩浆带的划分与矿产分布规律[M].北京:地质出版社,1993:1-245.

刘增乾,李兴振,叶庆同,等.三江地区构造岩浆带的划分与矿产分布规律[M]//地质专报(34).北京:地质出版社,1993:6-85.

刘增乾,徐宪,潘桂棠,等.青藏高原大地构造与形成演化[M].北京:地质出版社,1990:7-50.

刘增乾.从地质新资料试论冈瓦纳北界及青藏高原地区特提斯的演变[C]//青藏高原地质文集,1983,12:11-24.

刘肇昌,李友凡,钟惠康,等.扬子地台西缘及邻区裂谷构造及金属成矿[J].有色金属矿产与勘查,1995,4(2):70-76.

刘肇昌.扬子地台西缘构造演化与金属成矿[M].成都:电子科技大学出版社,1996:1-147.

刘振声,王洁民.青藏高原南部花岗岩地质地球化学[M].成都:四川科技出版社,1994:1-133.

刘志飞,王成善.西藏南部雅鲁藏布江缝合带的沉积-构造演化[J].同济大学学报,2000,28(5):537-541.

卢德源,黄立言,陈纪平,等.青藏高原北部沱沱河-格尔木地区地壳和上地幔的结构模型和速度分布特征[C]//西藏地球物理文集.北京:地质出版社,1990:51-62.

卢民杰.川西-滇东地区早元古宙变质岩系及其区域变质作用与地壳演化[J].长春地质学院学报,1986,总45(3):12-22.

陆松年,于海峰,李怀坤,等.中国前寒武纪重大地质问题研究[M].北京:地质出版社,2006:1-206.

陆松年,于海峰,赵风清,等.青藏高原北部前寒武纪地质初探[M].北京:地质出版社,2002:1-125.

陆松年.新元古时期 Rodinia 超大陆研究进展评述[J].地质论评,1998,44(5):489-495.

陆松年.初论"泛华夏造山作用"与加里东和泛非造山作用的对比[J].地质通报,2004,23(9-10):852-958.

吕伯西,钱祥贵.滇西新生代碱性火山岩、富碱斑岩深源包体岩石学研究[J].云南地质,1999,18(2):127-143.

吕伯西,王增,张能德,等.三江地区花岗岩类及其成矿专属性[M].北京:地质出版社,1993:17-130.

吕金刚,王炬川,褚春华,等.青藏高原可可西里带西段卧龙岗二长花岗斑岩锆石 SHRIMP U-Pb 定年及其地质意义[J].地质通报,2006,25(6):721-724.

吕庆田,许志琴.印度板块俯冲仅到特提斯喜马拉雅之下的地震层析证据[J].科学通报,1998,43(12):1308-1311.

吕世琨,戴恒贵.康滇地区建立昆阳群(会理群)层序的回顾和重要赋矿层位的发现[J].云南地质,2001,20(1):1-24.

吕世琨.元谋变质岩若干基础地质问题探讨[J].云南地质,1996,15(1):19-30.

罗本家,戴光亚,潘泽雄.班公湖-丁青缝合带老第三纪陆相盆地含油前景[J].地球科学,1996,21(3):163-167.

罗建宁,张正贵,陈明,等.三江特提斯沉积地质与成矿[M].北京:地质出版社,1992,22-99.

罗建宁.大陆造山带沉积地质学研究中的几个问题[J].地学前缘,1994,1(1-2):177-183.

罗君烈.滇西特提斯造山带的演化及基本特征[J].云南地质,1990,9(4):247-290.

罗君烈.滇西特提斯的演化及主要金属矿床成矿作用[J].云南地质,1991(1):1-10.

罗君烈,李志伟.云南中西部喜马拉雅期岩浆及成矿研究新进展[J].云南地质,2001,20(3):229-242.

罗孝桓,张生辉,薛迎喜,等.川滇黔相邻区矿产资源调查评价重点选区研究[R].北京:中国地质调查局,2003.

罗昭华,肖序常,曹永清,等.青藏高原北缘新生代幔源岩浆活动及构造运动性质[J].中国科学(D辑),2001,31(增刊):8-13.

罗照华,莫宣学,万渝生,等.青藏高原最年轻碱性玄武岩 SHRIMP 年龄的地质意义[J].岩石学报,2006,22(3):578-584.

罗志立,等.龙门山造山带的掘进和四川盆地的形成与演化[M].成都:成都科技大学出版社,1994.

罗志立.扬子古板块的形成及其对中国南方大地构造发展的影响[J].地质科学,1979,14(2):127-138.

罗志立.川中是一个古陆核吗?[J].成都地质学院学报,1986,13(3):65-73.

骆耀南,等.龙门山-锦屏山陆内造山带[M].成都:四川科学技术出版社,1997.

骆耀南.康滇构造带的古板块历史演化[J].地球科学 1983(3):93-102.

骆耀南.中国攀枝花-西昌裂谷带[C]//中国攀西裂谷文集(1).北京:地质出版社,1985:1-25.

马鸿文.西藏玉龙斑岩铜矿带花岗岩类与成矿[M].武汉:中国地质大学出版社,1990:1-158.

马钦忠,李吉均.晚新生代青藏高原北缘构造变形和剥蚀变化及其与山脉隆升关系[J].海洋地质与第四纪地质,2003,23(1):27-34.

马润则,刘登忠,陶晓风,等.冈底斯西段第四纪钾质火山岩的发现及赛利普组的建立[J].成都理工大学学报,2008,35(1):87-92.

马新民,向树元,王国灿,等.东昆仑阿拉克湖地区第四纪地层时代厘定及环境变迁[J].沉积与特提斯地质,2006,26(1):

67-73.

马杏垣,等.中国前寒武纪构造格架及研究方法[M].北京:地质出版社,1989.

马永生,陈跃昆,苏树桉,等.川西北松潘-阿坝地区油气勘探进展与初步评价[J].地质通报,2006,25(9):1045-1049.

马玉孝,纪相田,张成江,等.大渡口至仁和街(原仁和群)的成因及时代归属[J].矿物岩石,2001,21(3):90-94.

马玉孝,刘家铎.攀枝花地质[M].成都:四川科技出版社,2001.

马玉孝,王大可,纪相田,等.川西攀枝花-西昌地区结晶基底的划分[J].地质通报,2003,22(9):688-694.

马振东,葛孟春.滇西北金沙红结合带霞若-托顶地区两类中-基性火山岩的多元地球化学示踪[J].地球科学,2001,26(1):25-32.

马宗晋,张家声,汪一鹏.青藏高原三维变形运动学的时段划分与新构造分区[J].地质学报,1988,72(3):211-227.

孟令顺,高锐.青藏高原重力测量与岩石圈构造[M].北京:地质出版社,1992:1-249.

孟宪刚,朱大岗,邵兆刚,等.西藏西部札达盆地早更新世香孜组沉积特征和时代——对青藏高原第四系底界的约束[J].地质通报,2005,24(6):536-541.

莫宣学,邓晋福.西南三江造山带火山岩-构造组合及其意义[J].高校地质学报,2001,7(2):121-138.

莫宣学,董国臣,赵志丹,等.西藏冈底斯带花岗岩的时空分布特征及地壳生长演化信息[J].高校地质学报,2005,11(3):281-290.

莫宣学,路凤香,沈上越,等.三江特提斯火山作用与成矿.地质专报(第20号)[M].北京:地质出版社,1993:7-234.

莫宣学,潘桂棠.从特提斯到青藏高原形成:构造-岩浆事件的约束[J].地学前缘,2006,13(6):43-51.

莫宣学,沈上越,朱勤文,等.三江中南段火山岩-蛇绿岩与成矿[M].北京:地质出版社,1998:5-105.

莫宣学,赵志丹,Depaolo D J,等.青藏高原拉萨地块碰撞-后碰撞岩浆作用的三种类型及其对大陆俯冲和成矿作用的启示:Sr-Nd同位素证据[J].岩石学报,2006,22(4):795-803.

莫宣学,赵志丹,邓晋福,等.印度—亚洲大陆主碰撞过程的火山作用响应[J].地学前缘,2004,10(3):135-148.

莫宣学,赵志丹,周肃,等.印度-亚洲大陆碰撞的时限[J].地质通报,2007,26(10):1240-1244.

莫宣学.我国西部造山带火山岩研究中的一些新问题[C]//岩石学论文集.武汉:中国地质大学出版社,1992:47-55.

牟传龙,林仕良,余谦.四川会理-会东及邻区中元古界昆阳群沉积特征及演化[J].沉积与特提斯地质,1998,20(1):44-51.

牟传龙,林仕良,余谦.四川会理天宝山组 U-Pb 年龄[J].地层学杂志,2003,27(3):216-219.

倪志耀,莫怀毅.四川冕宁前寒武纪变质沉积岩的地球化学及其时代[J].北京大学学报(自然科学版),1998,34(6):783-792.

潘保田,方小敏,李吉均,等.青藏高原晚新生代隆升与环境变化[M].广州:广东科技出版社,1998:375-391.

潘桂棠,陈智梁,李兴振,等.东特提斯地质构造形成演化[M].北京:地质出版社,1997:1-218.

潘桂棠,等.初论班公湖-怒江结合带[J].青藏高原地质文集,1983(4):229-242.

潘桂棠,郑海翔,徐跃荣,等.东特提斯地质构造形成演化[M].北京:地质出版社,1997.

潘桂棠,丁俊,王立全,等.青藏高原区域地质调查重要新进展[J].地质通报,2002,21(11):787-793.

潘桂棠,丁俊,姚东生,等.青藏高原及邻区地质图(1:150万,附说明书)[M].成都:成都地图出版社,2004.

潘桂棠,李定谋,李兴振.西南三江地区贵金属、有色金属成矿规律和成矿模式.当代矿产资源勘查评价的理论与方法[M].北京:地震出版社,1999:545-548.

潘桂棠,李兴振,王立全,等.西南地区大地构造单元初步划分[J].地质通报,2002,21(11):701-707.

潘桂棠,李兴振.东特提斯多弧-盆系统演化模式[J].岩相古地理,1996,16(2):52-65.

潘桂棠,李兴振.青藏高原及邻区大地构造单元初步划分[J].地质通报,2002,21(11):701-707.

潘桂棠,莫宣学,侯增谦,等.冈底斯造山带的时空结构及演化[J].岩石学报,2007,22(3):521-533.

潘桂棠,王立全,李兴振,等.青藏高原区域构造格局及其多岛弧盆系的空间配置[J].沉积与特提斯地质,2001,21(3):1-26.

潘桂棠,王立全,尹福光,等.从多岛弧盆系研究实践看板块构造登陆的魅力[J].地质通报,2004,23(9):933-939.

潘桂棠,王立全,朱弟成.青藏高原区域地质调查中几个重大科学问题的思考[J].地质通报,2004,23(1):12-19.

潘桂棠,王培生,徐耀荣,等.青藏高原新生代构造演化[M].北京:地质出版社,1990.

潘桂棠,肖庆辉,陆松年,等.中国大地构造单元划分[J].中国地质,2009,26(1):1-4.

潘桂棠,徐强,侯增谦,等.西南"三江"多岛弧造山过程成矿系统与资源评价[M].北京:地质出版社,2003:1-399.

潘桂棠,朱弟成,王立全,等.班公湖-怒江缝合带作为冈瓦纳大陆北界的地质地球物理证据[J].地学前缘,2004,11(4):

371-384.

潘桂棠.青藏高原在全球构造上的地位和作用[J].青藏高原地质文集,1988(19):91-98.

潘桂棠.全球洋-陆转换中的特提斯演化[J].特提斯地质,1994(18):23-38.

潘杏南,赵济湘,张选阳,等.康滇构造与裂谷作用[M].重庆:重庆出版社,1987:11-133.

潘裕生,孔祥儒.青藏高原岩石圈结构、演化和动力学.广州:广东科技出版社,1998:3-71.

攀西地质大队裂谷研究队.四川冕宁—西昌地区康定杂岩中首次发现麻粒岩[J].四川地质科技情报,1982(16):1-4.

裴先治,张国伟,赖绍聪,等.西秦岭南缘勉略构造带主要地质特征[J].地质通报,2002,21(8-9):486-494.

彭头平,王岳军,范蔚茗,等.澜沧江南段早中生代酸性火成岩SHRIMP锆石U-Pb定年及构造意义[J].中国科学D辑:地球科学,2006,36(2):123-132.

彭兴阶,胡长寿.藏东三江带的古构造演化[J].中国区域地质,1993(2):140-147.

戚学祥,曾令森,孟祥金,等.特提斯喜马拉雅打拉花岗岩的锆石SHRIMP U-Pb定年及其地质意义[J].岩石学报,2008,24(7):1501-1508.

钱方,马醒华,吴锡浩,等.羌塘组和曲果组磁性地层的研究[J].青藏高原地质文集,1982.(4):151-165.

钱祥贵.滇西剑川-马登、鹤庆-甸南新生代火山岩岩石学特征及成因初探[J].云南地质,1999,18(4):413-424.

秦江锋,赖绍聪,张国伟,等.川北九寨沟地区隆康熔结凝灰岩锆石LA-ICPMS U-Pb年龄——勉略古缝合西延的证据[J].地质通报,2008,27(3):345-350.

青海省地质矿产局.青海省区域地质志.中华人民共和国地质矿产部地质专报[M].北京:地质出版社,1991.

青海省地质矿产局.青海省岩石地层[M].武汉:中国地质大学出版社,1997.

曲晓明,侯增谦,李振清.冈底斯铜矿带含矿斑岩的$^{40}Ar/^{39}Ar$年龄值及地质意义[J].地质学报,2003,77(2):245-252.

曲晓明,侯增谦,黄卫.冈底斯斑岩铜矿(化)带:西藏第二个"玉龙"铜矿带?[J].矿床地质,2001,20(4):355-366.

曲晓明,侯增谦,李佑国.S,Pb同位素对冈底斯斑岩铜矿带成矿物质来源和造山带物质循环的指示[J].地质通报,2002,21(11):768-776.

曲永贵,王永胜,张树岐,等.西藏申扎地区晚三叠世多布日组地层剖面的启示——对冈底斯印支运动的地层学制约[J].地质通报,2003,22(7):470-473.

曲永贵,张树岐,郑春子,等.西藏申扎雄梅一带发现奥陶世阿门角石(Armenoceras)[J].地质通报,2002,21(6):355-356.

全国地层委员会.中国地层指南及中国地层指南说明书[M].北京:地质出版社,2001.

全国地层委员会.中国区域年代地层(地质年代表)说明书[M].北京:地质出版社,2002.

饶荣标.川西"西康群"研究的新进展[J].地层学杂志,1987(1):64-69.

任纪舜,等.1:500万中国及邻区大地构造图[M].北京:地质出版社,2000.

任纪舜,姜春发,张正坤,等.中国大地构造及其演化——1:400万中国大地构造图简要说明[M].北京:科学出版社,1980:1-124.

任纪舜,王作勋,陈炳蔚,等.从全球看中国大地构造——中国及邻区大地构造图及简要说明[M].北京:地质出版社,1999.

任纪舜,肖黎薇.1:25万地质填图进一步揭开了青藏高原大地构造的神秘面纱[J].地质通报,2004,23(1):1-11.

任纪舜.中国的深断裂-中国及邻区大地构造论文集[M].北京:地质出版社,1980.

任纪舜.关于中国大地构造研究之思考[J].地质论评,1996,42(4):290-294.

任纪舜.中国及邻区大地构造图及说明书[M].北京:地质出版社,1997.

芮宗瑶,侯增谦,曲晓明,等.冈底斯斑岩铜矿成矿时代及青藏高原隆升[J].矿床地质,2003,22(3):217-225.

芮宗瑶,陈仁义,王龙生.中国铜矿主要类型及其地质特征[J].矿床地质,1998:17(增刊).

闫全人,王宗起,闫臻.碧口群火山岩的时代——SHRIMP锆石U-Pb测年结果[J].地质通报,2003,22(6):456-458.

沙绍礼,尹光侯,敖德恩,等.滇西北点苍山蛇绿混杂岩的发现及意义[J].中国地质,2002,29(1):44-47.

陕西省地质矿产局.陕西省岩石地层[M].武汉:中国地质大学出版社,1997.

邵兆刚,孟宪刚,朱大岗,等.西藏阿里地区札达沉积盆地活动构造[J].地质通报,2005,24(7):625-629.

沈发奎,刘杕,张光宗,等.攀西裂谷火山岩组合类型及双峰式岩浆系列成因探讨[C]//张云湘.中国攀西裂谷文集(1).北京:地质出版社,1985.

沈发奎,刘杕.攀西裂谷歪碱正长岩-菱长斑岩混染成因矿物学研究——兼论火山岩矿物成因系列[C]//张云湘.中国攀西裂谷文集(1).北京:地质出版社,1985.

沈其韩,耿元生,宋彪,等.华北和扬子陆块及秦岭-大别造山带地表和深部太古宙基底的新信息[J].地质学报,2005,

79(5):616-627.

沈其韩,徐惠芬,张宗清,等.中国早前寒武纪麻粒岩[M].北京:地质出版社,1992,211-213.

沈上越,魏启荣,程惠兰,等.三江哀牢山带蛇绿岩特征研究[J].岩石矿物学杂志,1998,17(1):1-8.

沈上越,魏启荣,程惠兰,等.云南哀牢山带蛇绿岩中的变质橄榄岩及其岩石系列[J].科学通报,1998,43(4):438-422.

沈上越,魏启荣,程惠兰,等."三江"地区哀牢山带两类硅质岩特征及大地构造意义[J].岩石矿物学杂志,2001,20(1):42-46.

沈上越,张保民,魏启荣."三江"地区江达-维西弧南段火山岩特征研究[J].特提斯地质,1995(19):38-53.

沈少雄.昆阳群柳坝塘组层位的再次确认及有关问题的讨论[J].云南地质,1999,18(2):190-195.

沈少雄.昆明地区青白口系柳坝塘群的建立[D].昆明:昆明理工大学,2005.

沈苏,金明霞,等.西昌—滇中地区主要矿产成矿规律[M].重庆:重庆出版社,1988.

沈渭洲,高剑峰,徐士进,等.扬子板块西缘泸定桥头基性杂岩体的地球化学特征和成因[J].高校地质学报,2002b,8(4):380-389.

沈渭洲,高剑峰,徐士进,等.四川盐边冷水箐岩体的形成时代和地球化学特征[J].岩石学报,2003,19(1):27-37.

沈渭洲,李惠民,徐士进,等.扬子板块西缘黄草山和下索子花岗岩体锆石 U-Pb 年代学研究[J].高校地质学报,2000a,6(3):412-416.

沈渭洲,凌洪飞,徐士进,等.扬子板块西缘北段新元古代花岗岩类的地球化学特征和成因[J].地质论评,2000b,46(5):512-519.

沈渭洲,陆怀鹏,徐士进,等.丹巴地区变质沉积岩 Sm-Nd 同位素研究[J].地质科学,1998,33(3):367-373.

沈渭洲,徐士进,高剑峰,等.四川石棉蛇绿岩套的 Sm-Nd 年龄及 Nd-Sr 同位素特征[J].科学通报,2002,47(20):1592-1595.

沈渭洲,徐士进,王汝成,等.川西丹巴地区变质岩的 Rb-Sr 年代学研究[J].高校地质学报,1997,3(4):379-383.

施雅风,李吉均,李炳元.青藏高原晚新生代隆升与环境变化[M].广州:广东科技出版社,1998.

施泽明,李维国,张元才.攀西裂谷带环状碱性杂岩体[C]//张云湘.中国攀西裂谷文集(1).北京:地质出版社,1985.

史大年,董英君,姜枚,等.青藏定日-青海格尔木上地幔各向异性研究[J].地质学报,1997,70(4):291-296.

史志宏,等.中国岩石圈动力学地图集——1:14000000 万地壳厚度(重力反演)图[M].北京:中国地图出版社,1979.

四川省地质矿产局.四川省区域地质志[M].北京:地质出版社,1991:1-730.

四川省地质矿产局.四川省岩石地层[M].武汉:中国地质大学出版社,1997.

孙传敏.川西元古代蛇绿岩与扬子板块西缘元古代造山带[J].成都理工学院学报,1994,21(4):11-16.

孙传敏.四川盐边元古代蛇绿岩中辉石的成因矿物学特征及其大地构造意义[J].矿物岩石,1994,14(3):1-15.

孙东立,徐均涛,等.西藏日土地区二叠纪、侏罗纪、白垩纪地层及古生物[M].南京:南京大学出版社,1991.

孙鸿烈,郑度.青藏高原形成演化与发展[M].广州:广东科技出版社,1998:1-348.

孙家骢.论昆阳群划分及对比[J].昆明工学院学报,1988(3):1-9.

孙立新,张振利,范永贵.西藏仲巴晚白垩世硅质岩放射虫化石的发现[J].地质通报,2002,21(3):172-174.

Shackleton R M,常承法.青藏高原新生代隆起和变形:地貌证据[M]//青藏高原地质演化——中、英青藏高原综合地质考察队.北京:科学出版社,1990:372-383.

孙晓猛,聂泽同,梁定益.滇西北金沙江带蛇绿混杂岩的形成时代及大地构造意义[J].现代地质,1994,8(3):241-245.

孙晓猛,聂泽同,梁定益.滇西北金沙江带硅质岩沉积环境的确定及大地构造意义[J].地质论评,1995,41(2):174-178.

孙晓猛,张保民,聂泽同,等.滇西北金沙江带蛇绿岩、蛇绿混杂岩形成环境及时代[J].地质论评,1997,43(2):113-120.

孙志明,耿全如,楼雄英.东喜马拉雅构造结南迦巴瓦岩群的解体[J].沉积与特提斯地质,2004,24(2):8-15.

孙志明,李兴振,江新胜,等.滇西小桥头岩体深源包体的发现及其意义[J].特提斯地质,1999,23(00):81-87.

孙志明,李兴振,沈敢富.云南雪龙山韧性剪切带研究新进展[J].沉积与特提斯地质,2001,21(2):48-56.

孙志明,尹福光,关俊雷,等.云南东川地区昆阳群黑山组凝灰岩锆石 SHRIMP U-Pb 年龄及其地层学意义[J].地质通报,2009,28(7):898-900.

孙志明,尹福光,廖声萍.四川会理群淌塘组锆石 SHRIMP 年龄及意义[J].亚洲大陆深部地质作用与浅部地质-成矿响应学术讨论会摘要,2008.

孙志明,郑来林,耿全如,等.南迦巴瓦岩群高压麻粒岩的形成机制及折返过程[J].青藏高原及含邻区地质与资源环境学术讨论会论文摘要汇编,2003.

孙志明,郑来林,耿全如,等.东喜马拉雅构造结高压麻粒岩特征、形成机制及折返过程[J].沉积与特提斯地质,2004,

24(3):22-28.

孙志明.昆阳群和会理群的岩石年代地层划分及含矿性研究.板块汇聚、地幔柱对云南区域成矿作用的重大影响(新观点新学说学术沙龙文集)[M].北京:中国科学技术出版社,2012,55:40-45.

覃小锋,李江,陆济璞,等.阿尔金碰撞造山带西段的构造特征[J].地质通报,2006,25(1-2):104-112.

谭榜平,付仁平.马脑壳金矿床成矿物质来源研究[J].四川地质学报,2001,21(2):88-91.

谭富文,刘朝基.冈底斯岩基中包体的初步研究[J].矿物岩石,1992,12(2):21-27.

谭富文,潘桂棠,徐强.羌塘腹地新生代火山岩的地球化学特征与青藏高原隆升[J].岩石矿物学杂志,2000,19(2):121-130.

谭红兵,马海州,张西营,等.青藏高原黄土堆积典型元素相对含量变化与古气候意义[J].地质学报,2006,80(2):311.

唐领余,李春海.青藏高原全新世植被的时空分布[J].冰川冻土,2001,23(4):367-374.

唐仁鲤,罗怀松,等.西藏玉龙斑岩铜(钼)矿带地质[M].北京:地质出版社,1995:1-320.

腾吉文,张中杰,胡家富,等.青藏高原整体隆升与地壳短缩增厚的物理-力学机制(上)[J].高校地质学报,1996(2):121-133.

腾吉文,张中杰,胡家富,等.青藏高原整体隆升与地壳短缩增厚的物理-力学机制(下)[J].高校地质学报,1996(3):307-323.

滕吉文,王绍舟,姚振兴,等.青藏高原及其邻近地区的地球物理场特征与大陆板块构造[J].地球物理学报,1980,23(3):254-268.

滕吉文,熊绍柏,尹周勋,等.喜马拉雅山北部地区的地壳结构模型和速度分布特征[J].地球物理学报,1983,26(6):525-540.

滕吉文,张中杰,等.喜马拉雅碰撞造山带的深层动力过程与陆-陆碰撞新模型[J].地球物理学报,1999,42(4):481-494.

田世洪,侯增谦,袁忠信,等.川西喜马拉雅期碰撞造山带岩浆碳酸岩的地幔源区特征——Pb-Sr-Nd同位素证据[J].岩石学报,2006,22(3):669-677.

田作基.四川冕宁尤黑木向形构造解析及控矿模式[J].成都理工学院学报,1997,24(1):78-83.

佟伟,章铭陶,张之非,等.西藏地热[M].北京:科学出版社,1981.

童劲松,钟华明,夏军,等.藏南洛扎地区过铝质花岗岩的地球化学特征及构造背景[J].地质通报,2003,22(5):308-318.

涂光炽,张玉泉,王中刚.西藏南部花岗岩类地球化学[M].北京:科学出版社,1982:1-190.

涂光炽,张玉泉,赵振华,等.西藏南部花岗岩的特征和演化[J].地球化学,1981(1):1-7.

万晓樵,梁定益,李国彪.西藏岗巴古新世地层及构造作用的影响[J].地质学报,2002,76(2):155-162.

万渝生,罗照华,李莉,等.3.8Ma:青藏高原年轻碱性玄武岩锆石离子探针U-Pb年龄测定[J].地球化学,2004,33(5):442-446.

万子益.西藏高原地质特征[J].青藏高原地质文集,1982(1):1-15.

汪品先.亚洲形变与全球变冷——探索气候与构造的关系[J].第四纪研究,1998,3:213-221.

汪啸风,Lan Metcalfc,简平,等.金沙江缝合带构造地层划分及时代厘定[J].中国科学(D辑),1999,29(4):289-297.

王成善,丁学林.青藏高原隆升研究新进展综述[J].地球科学进展,1998,13(6):526-531.

王成善,李祥辉,胡修棉,等.再论印度-亚洲大陆碰撞的启动时间[J].地质学报,2003,77(1):16-24.

王成善,刘志飞,李祥辉,等.西藏日喀则弧前盆地与雅鲁藏布江缝合带[M].北京:地质出版社,1999:5-10.

王成善,刘志飞,王国芝,等.新生代青藏高原三维古地形再造[J].成都理工学院学报,2000,27(1):1-7.

王成善,夏代祥,周详,等.雅鲁藏布江缝合带-喜马拉雅山地质[M].北京:地质出版社,1999.

王承尧.东川地区元古界地层划分的探讨[J].云南地质,1987,6(4):362-366.

王登红,陈振宇,李建康,等.铂族元素矿床研究的某些新进展及其对四川找铂的启示[J].四川地质学报,铂族元素矿床研究进展专辑,2003.

王东安,陈瑞君.雅鲁藏布缝合带硅岩的地球化学成因标志极其地质意义[J].沉积学报,1995,13(1):27-31.

王东安.扬子地台晚元古代以来硅岩地球化学特征极其成因[J].地质科学,1994,29(1):41-54.

王二七,周勇,陈智樑,等.东喜马拉雅缺口的地质与地貌成因[J].地质科学,2001,36(1):122-128.

王非,彭子成,陈文寄,等.滕冲地区年轻火山岩高精度热电离质谱(HP-TIMS)铀系法年龄研究[J].科学通报,1999,44(17):1878-1882.

王根厚,贾建称,李尚林,等.藏东巴青县以北基底变质岩系的发现[J].地质通报,2004,23(5-6):613-615.

王国芝,王成善,吴山.西藏羌塘阿木岗群硅质岩段时代归属[J].中国地质,2002,29(2):139-142.

王鸿祯,楚旭春,刘本培,等.中国古地理图集[M].北京:地质出版社,1985.

王鸿祯,刘本培,李思田.中国及邻区大地构造划分和构造发展阶段[M].武汉:中国地质大学出版社,1990.

王鸿祯,莫宣学.中国地质构造概要[J].中国地质,1996(8):4-9.

王鸿祯.试论西藏地质构造分区问题[J].地球科学,1983,8(1):1-8.

王剑,刘宝珺,潘桂棠.华南新元古代裂谷盆地演化——Rodinia超大陆解体的前奏[J].矿物岩石,2001,21(3):135-145.

王剑,汪正江,陈文西,等.藏北北羌塘盆地那底岗日组时代归属的新证据[J].地质通报,2007,26(4):32-37.

王剑.华南新元古代裂谷盆地演化——兼论与Rodinia解体的关系[M].北京:地质出版社,2000.

王剑.华南"南华系"研究新进展——论南华地层划分与对比[J].地质通报,2005,24(6):491-495.

王凯元.云南前寒武纪地质研究概论[J].云南地质,1998,17(1):91-99.

王铠元.西南三江地区金属元素组合成矿的构造控制和主要成矿期划分[J].矿产与地质,1988,2(4):31-39.

王康明,阚泽忠.扬子地台西南缘基底组成及演化.刊于:张洪涛主编"二十世纪末中国区域地质调查与研究进展"[M].北京:地质出版社,2003,640-652.

王康明,龙斌,李雁龙,等.四川木里海相侏罗纪地层的发现及地质意义[J].地质通报,2002,21(7):421-427.

王康明,阚泽忠.扬子地台西缘对Rodinia形成期地质响应[J].华南地质与矿产,2001,4期(总第68期):22-27.

王立全,侯增谦,莫宣学,等.金沙江造山带碰撞后地壳伸展背景:火山成因块状硫化物矿床的重要成矿环境[J].地质学报,2002,76(4):541-556.

王立全,李定谋,管士平,等.云南德钦鲁春-红坡牛场上叠裂谷盆地演化[J].矿物岩石,2001,21(3):81-89.

王立全,李定谋,管士平,等.云南德钦鲁春锌铜矿评价[M].北京:地质出版社,2001:1-136.

王立全,李定谋,管士平,等.云南德钦鲁春-红坡牛场上叠裂谷盆地"双峰式"火山岩的Rb-Sr年龄值[J].沉积与特提期地质,2002,22(1):65-71.

王立全,潘桂棠,李才,等.藏北羌塘中部果干加年山早古生代堆晶辉长岩的锆石SHRIMP U-Pb年龄——兼论原-古特提斯洋的演化[J].地质通报,2006,27(12):2045-2056.

王立全,潘桂棠,李定谋,等.金沙江弧-盆系时空结构及地史演化[J].地质学报,1999,73(3):206-218.

王立全,潘桂棠,李定谋,等.江达-维西陆缘火山弧形成演化及成矿作用[J].特提斯与沉积地质,2000,20(2):1-17.

王立全,潘桂棠,朱弟成,等.藏北双湖鄂柔地区变质岩和玄武岩的$^{40}Ar/^{39}Ar$年龄及其意义[J].地学前缘,2006,13(4):221-232.

王立全,潘桂棠,朱弟成,等.西藏冈底斯带石炭纪-二叠纪岛弧造山作用:火山岩和地球化学证据[J].地质通报,2008,27(9):1509-1534.

王立全,朱弟成,耿全如,等.西藏冈底斯带林周盆地与碰撞过程相关花岗斑岩的形成时代及其意义[J].科学通报,2006,51(16):1920-1928.

王立全,朱弟成,潘桂棠.青藏高原1:25万区域地质调查主要成果和进展综述(南区)[J].地质通报,2004,23:413-420.

王乃文.中国侏罗纪特提斯地层学问题[J].青藏高原地质文集,1983(3):62-86.

王培生.云南德钦蛇绿岩中基性熔岩的岩石化学特征初步研究[J].青藏高原地质文集,1986(9):207-218.

王谦身.亚洲大陆地壳厚度分布轮廓及地壳构造特征的研究[J].构造地质论丛,1985(4):112-119.

王权,续世朝,魏荣珠,等.青藏高原羌塘北部托和平错一带二叠系展金组火山岩的特征及构造环境[J].地质通报,2006,25(1-2):146-155.

王权,杨五宝,张振福,等.藏西北黑石北湖一带新近纪火山岩的特征及构造意义[J].地质通报,2005,24(1):80-86.

王全海,王保生,李全高.西藏冈底斯岛弧及其铜多金属矿带的基本特征与远景评估[J].地质通报,2002,21(1):35-40.

王全伟,梁斌,朱兵,等.川西北壤塘地区西康群深海浊积砂岩沉积地球化学特征[J].地质地球化学,2001,29(4):82-85.

王世锋,张伟林,方小敏,等.藏西南札达盆地磁性地层学特征及其构造意义[J].科学通报,2008,53(6):676-683.

王式,卢德源,黄立言,等.西藏高原南北走向的地壳结构模型和速度分布特征[M]//西藏地球物理文集.北京:地质出版社,1990:38-50.

王天武,李才,杨德明.西藏冈底斯地区早第三纪林子宗群火山岩地球化学特征及成因[J].地质论评,1999,45(增刊):966-971.

王希斌,鲍佩声,邓万明,等.西藏蛇绿岩[M].北京:地质出版社,1987.

王希斌,鲍佩声,肖序常.雅鲁藏布江蛇绿岩[M].北京:测绘出版社,1987.

王希斌,曹佑功,郑海翔.西藏雅鲁藏布江(中段)蛇绿岩组合层序及特提斯洋壳演化的模式[M]//中法喜马拉雅考察成果.北京:地质出版社,1984:181-207.

王小春.康滇地轴石棉-会理段金矿化同位素地质研究[J].矿物岩石,1994,14:74-82.
王永标,张克信,龚一鸣,等.东昆仑地区早二叠世生物礁带的发现及其意义[J].科学通报,1998,43(6):630-632.
王云山,陈基娘.青海省及毗邻地区变质带与变质作用.地质专报(6号)[M].北京:地质出版社,1987.
王增,申屠保勇,丁朝建,等.藏东花岗岩类及其成矿作用[M].成都:西南交通大学出版社,1995.
王振民.谈康滇地轴部分年代学研究资料的可靠性[J].成都地质学院学报,1987,14(1):107-114.
王宗起,刘树文,王建国,等.西南三江古特提斯扩张与冈瓦纳大陆裂解——来自甘孜蛇绿岩辉长岩的SHRIMP年代学证据[J].国家重点基础发展规划"973"项目印度与亚洲大陆主碰撞带成矿作用简报,2004(18).
王宗秀,许志琴,杨天南.松潘-甘孜滑脱型山链变形构造演化模式[J].地质科学,1997,32(3):327-336.
魏春景,陕甘川交界区碧口群的变质作用及其地质意义[J].地质学报,1994,68(3):241-254.
魏君奇,陈开旭,何龙清.滇西羊拉矿区火山岩构造-岩浆类型[J].地球学报,1999,20(3):246-252.
魏启荣,沈上越.哀牢山蛇绿岩带两种玄武岩的成因探讨[J].特提斯地质,1999,23:39-45.
魏永峰,罗森林.甘孜-理塘结合带中段非史密斯地层的划分及组分特征[J].沉积与特提斯地质,2004.24(4):21-30.
温春齐,慕纪录,李保华.四川会理小青山铜矿床地球化学特征[J].矿物岩石,1994,6:74-82.
温显德,陈清华.中-新生代西藏冈底斯岛弧演化的节律特征[J].地学前缘,1997,4(3-4):109-120.
吴根耀.天宝山组地层问题初议[J].地层学杂志,1986,10(3):161-168.
吴根耀.初论川西-滇中地区的前中元古界——兼析所谓的"大田组"[J].云南地质,1987,6(4):353-361.
吴根耀.初论造山带地层学——以三江地区特提斯造山带为例[J].地层学杂志,1998,22(3):1-9.
吴根耀.从关键地质事件看华南的前寒武系划分[J].地层学杂志,2006,30(3):271-286.
吴功建,肖序常,李廷栋.青藏高原亚东-格尔木地学剖面[J].地质学报,1989,63(4):285-295.
吴海威,张连生,嵇少丞.红河-哀牢山断裂带-喜山期陆内大型左行走滑剪切带[J].地质科学,1989(1).
吴浩若.滇西北金沙江带早石炭世深海沉积的发现[J].地质科学,1993,28(4):395-396.
吴懋德,段锦荪.云南昆阳群地质[M].昆明:云南科技出版社,1990:1-200.
吴懋德,李希勋.云南昆阳群的两种底辟构造[M].地质学报,1981,55(2):105-118.
吴珍汉,吴中海,江万,等.中国大陆及邻区新生代构造-地貌演化过程与机理[M].北京:地质出版社,2001.
吴珍汉,叶培盛,胡道功,等.拉萨地块北部逆冲推覆构造系统[J].地质论评,2003.49(1):74-79.
西藏自治区地质矿产局.西藏自治区区域地质志[M].北京:地质出版社,1993.
西藏自治区地质矿产局.西藏自治区岩石地层[M].武汉:中国地质大学出版社,1997:1-302.
夏斌,刘红英,张玉泉.攀西古裂谷钠质碱性岩锆石SHRIMP U-Pb年龄及地质意义——以红格、白马和鸡街岩体为例[J].大地构造与成矿学,2004,28(2):149-154.
夏斌,韦振权,张玉泉,等.西藏南部打拉二云母花岗岩锆石SHRIMP定年及其地质意义[J].地质论评,2007,53(3):403-406.
夏萍,徐义刚.滇西岩石圈地幔域分区和富集机制:新生代两类超钾质火山岩的对比研究[J].中国科学(D辑),2004,34(12):1118-1128.
夏宗实.川西地区"西康群"研究工作中若干基本问题的思考[J].四川地质学报,1993,13(1):60-65.
夏宗实.松潘-甘孜造山带三叠系陆源碎屑岩燕山早期同造山区域近变质作用[J].四川地质学报,1993,23(3):189-192.
夏祖春,夏林圻,徐学义,等.碧口群火山岩性质及形成环境[J].地质论评,1999,45(增刊):681-688.
向才英,周真恒,姜朝松,等.腾冲火山岩岩石化学研究[J].云南地质,2000,19(2):134-151.
向芳,王成善,朱利东.青藏高原南缘新生代磨拉石的沉积特征[J].成都理工学院学报,2002,29(5):614-619.
向树元,王国灿,邓中林.东昆仑东段新生代高原隆升重大事件的沉积响应[J].地球科学,2003,28(6):61-620.
向天秀,徐耀荣.西藏八宿地区燕山晚期-喜山早期火山岩特征及构造环境初步分析[J].西藏地质,1988(1):47-58.
萧家仪,吴玉书,郑绵平.西藏扎布耶盐湖晚第四纪孢粉植物群的初步研究[J].微体古生物学报,1996,13(4):395-399.
肖序常,高延林.西藏雅鲁藏布缝合带中段高压低温变质带的新认识[M]//喜马拉雅地质Ⅱ.北京:地质出版社,1984:1-18.
肖序常,李廷栋,等.青藏高原构造演化与隆升机制[M].广州:广东出版社,2000:83-121.
肖序常,李廷栋,李光岑,等.喜马拉雅岩石圈构造演化总论.地质专报(7)[M].北京:地质出版社,1988:1-236.
肖序常,王军.青藏高原构造演化及隆升的简要评述[J].地质论评,1988,44(4):372-381.
谢应雯,张玉泉.云南洱海东部新生代岩浆岩岩石化学[J].岩石学报,1995,11(4):423-433.
邢无京.康定群的地质特征及其在扬子地台基底演化中的意义[J].中国区域地质,1989,8(4):347-356.

熊清华,左祖发,周良忠,等.西藏冈底期岩带尼木-曲水岩基段的解体[J].江西地质科技,1996,23(3):120-126.
熊清华.西藏曲水岩基4个系列花岗岩类的特征及构造意义[J].中国区域地质,1998,17(4):347-352.
熊绍柏,滕吉文,尹国勋.西藏高原地区的地壳厚度和莫霍面界面的起伏[J].地球物理学报,1985,28(增刊1):16-26.
熊盛青,周伏洪,姚正煦,等.青藏高原中西部航磁调查[M].北京:地质出版社,1998.
熊兴武,候蜀光,薛顺荣.滇中昆阳群因民角砾岩及其成因[J].地质科技情报,1995,14(4):43-48.
胥德恩,陈友良,张应全,等.康定杂岩时代及其成因探讨[J].地质论评,1995,41(2):101-111.
胥颐,刘福田,刘建华,等.中国西北大陆碰撞带的深部特征及其动力学意义[J].地球物理学报,2001,44(1):40-47.
徐备.Rodinia超大陆构造演化研究的新进展和主要目标[J].地质科技情报.2001,20(1):15-19.
徐启东,夏林.三江地区两类古陆成分的铅同位素组成[J].地球科学,1999,24:274-277.
徐强,潘桂棠,等.秦祁昆交界区地质构造特征及演化模式[C]//地质科学研究论文集.北京:中国经济出版社,1996.
徐强,潘桂棠,江新胜.松潘-甘孜带:是弧前增生还是弧后消减?[J].矿物岩石,2003,23(2):27-27.
徐士进,刘文中,王汝成.攀西微古陆块的变质演化与地壳抬升史——中基性麻粒岩的Sm-Nd,^{40}Ar-^{39}Ar和FT年龄证据[J].中国科学(D辑),2003,33(11):1037-1049.
徐士进,王汝成,沈渭洲,等.松潘-甘孜造山带中晋宁期花岗岩的U-Pb和Rb-Sr同位素定年及其大地构造意义[J].中国科学(D辑),1996,26(1):52-58.
徐士进,于航波,王汝成,等.川西沙坝麻粒岩的Sm-Nd和Rb-Sr同位素年龄及其地质意义[J].高校地质学报,2002:8(4):399-406.
徐先哲,李卫,杨七文.康定杂岩特征及成因[M]//张云湘.中国攀西裂谷文集(第一集).北京:地质出版社,1985:26-37.
徐学义,夏祖春,夏林圻.碧口群火山旋回及其地质构造意义[J].地质通报,2002:21(8-9):478-486.
徐钰林.西藏南部早第三纪钙质超微化石及东特提斯在西藏境内的封闭时限[J].现代地质,2000:14(3):255-262.
徐祖丰,刘细元,罗小川,等.青藏高原冈底斯当穹错—许如错一带新近纪—第四纪地堑的基本特征[J].地质通报,2006:25(7):822-826.
许靖华,孙枢,王清晨,等.中国大地构造相图(1:400万)[M].北京:科学出版社,1998:1-155.
许荣华,Harris N B W,等.拉萨至格尔木的同位素地球化学.青藏高原地质演化[M].北京:科学出版社,1990:282-302.
许效松,徐强,潘桂棠,等.中国南大陆演化与全球古地理对比[M].北京:地质出版社,1996.
许志琴,侯立伟,王宗秀,等.中国松潘-甘孜造山带的造山过程[M].北京:地质出版社,1992:1-190.
许志琴,杨经绥.大陆俯冲作用及青藏高原周缘造山带的崛起[J].地学前缘,1999:6(3):139-151.
许志琴,杨经绥,姜枚,等.青藏高原北部东昆仑-羌塘地区的岩石圈结构及岩石圈剪切断层[J].中国科学(D辑),2001,31(增刊):1-7.
许志琴,张建新,徐惠芳.中国主要大陆山链韧性剪切带及动力学[M].北京:地质出版社,1997.
薛步高.因民组下限接触关系并对昆阳群层序的讨论[J].云南地质,1987,6(2):174-178.
薛玺会,蔡忠柏,熊家埔.关于云南峨山花岗岩体的时代问题[J].岩石学报,1986,2(1):50-59.
闫全人,Andrew D Hanson,王宗起,等.扬子板块北缘碧口群火山岩的地球化学特征及其构造环境[J].岩石矿物学杂志,2004,23(1):1-11.
闫全人,王宗起,刘树文,等.青藏高原东缘构造演化的SHRIMP锆石U-Pb年代学框架[J].地质学报,2006,80(9):1285-1294.
闫全人,王宗起,闫臻,等.碧口群火山岩时代——SHRIMP锆石U-Pb测年结果[J].地质通报,2003,22(6):456-458.
闫全人,宗起,闫臻.秦岭勉略构造混杂带康县—勉县段蛇绿岩块—铁镁质岩块的SHRIMP年代及其意义[J].地质论评,2007,53(6):755-764.
颜丹平,周美夫,宋鸿林,等.华南在Rodinia古陆中位置的讨论—扬子地块西缘变质-岩浆杂岩证据及其与Seychelles地块的对比[J].地学前缘,2002,9(4):249-256.
杨崇辉,耿元生,杜利林,等.扬子西缘新元古代侵入岩时代,成因及对构造背景的制约—地幔柱还是岛弧?[J].矿物岩石地球化学通报,2008,27(z1).
杨崇辉,耿元生,杜利林,等.扬子地块西缘Grenville期花岗岩的厘定及其地质意义[J].中国地质,2009,26(3):647-657.
杨开辉,侯增谦,莫宣学.三江地区火山成因块状硫化物矿床的基本特征和成因类型[J].矿床地质,1992,11(1):35-44,64.
杨开辉,侯增谦,莫宣学.青藏—"三江"地区冈瓦纳与欧亚大陆地幔的界限及其板块构造问题[M].北京:地质出版社,1995.

杨天南,王宗秀.川西丹巴地区构造-热模式初探[J].中国区域地质,1995,14(3):261-268.
杨晓松,金振民.部分熔融与青藏高原地壳加厚的关系综述[J].地质科技情报,1999,18(1):24-28.
杨兴科,任战利,赖绍聪,等.藏北羌塘盆地查桑地区构造格局与演化[J].中国科学(D辑),2001,31(增刊):14-19.
杨岳清,田农.金沙江—澜沧江—怒江地区金矿类型及成矿条件[J].地质学报,1993,67(1):63-67.
姚冬生.三江弧形构造特征及演化历史,青藏高原地质文集[M].北京:地质出版社,1983.
姚冬生.木里—盐源地区的地质构造问题[J].四川地质学报,1986(2):15.
姚华舟,段其发,牛志军,等.赤布张错幅地质调查新成果及主要进展[J].地质通报,2004,23(5-6):530-537.
姚祖德,倪秉方.四川会理-米易-盐边一带前震旦系变质岩特征及时代问题[J].中国区域地质,1990(2):166-172.
叶和飞,夏邦栋,刘池阳,等.青藏高原大地构造及盆地演化[M].北京:科学出版社,2001:133-202.
叶霖,刘玉平,李朝阳,等.云南武定迤腊厂铜矿含矿石英脉^{40}Ar-^{39}Ar年龄及其意义[J].矿物学报,2004,24(4):411-414.
叶庆同.四川呷村含金富银多金属矿床成矿地质特征和成因[J].矿床地质,1991,10(2):107-118.
叶庆同,胡云中,杨岳清.三江地区区域地球化学背景和金银铅锌成矿条件[M].北京:地质出版社,1992.
伊海生,林金辉,黄继钧,等.乌兰乌拉湖幅地质调查新成果及主要进展[J].地质通报,2004,23(5-6):525-529.
伊海生,王成善,李亚林,等.构造事件的沉积响应建立青藏高原大陆碰撞、隆升过程时空坐标的设想和方法[J].沉积与特提斯地质,2001,21(2):1-15.
殷鸿福,吴顺宝,杜远生,等.华南是特提斯多岛洋体系的一部分[J].地球科学,1999,24(1):1-12.
尹安.喜马拉雅-青藏高原造山带地质演化——显生宙亚洲大陆生长[J].地球学报,2001,22(3):193-230.
尹福光,潘桂棠,李兴振,等.昆仑造山带中段蛇绿混杂岩的地质地球化学特征[J].大地构造与成矿学,2004,28(2):194-200.
尹福光,潘桂棠,万方,等.西南"三江"造山带大地构造相[J].沉积与特提斯地质,2006,26(4):33-39.
尹福光,孙志明,白建科.东川、滇中地区中元古代地层格架[J].地层学杂志,2011,35(1):49-54.
尹福光,孙志明,白建科.会理-东川地区元古宙地层-构造格架[J].地质论评,2001,57(6):770-778.
尹集祥.西南地区冈瓦纳相地层地质学[M].北京:地质出版社,1997.
印建平,王旭东,李明,等.西昆仑卡拉塔什矿区含铜砂页岩中发现钴矿[J].地质通报,2003,22(9):736-740.
游振东,程素华,赖兴运.四川丹巴穹状变质地体[J].地学前缘,2006,13(4):148-159.
于海峰,陆松年,梅华林,等.中国西部元古代榴辉岩—花岗岩带和深层次韧性剪切带特征及其大陆再造意义[J].岩石学报,1998,15(4):532-538.
于航波,徐士进,王汝成,等.川西同德和沙坝麻粒岩及其退变质岩石之间的元素迁移[J].高校地质学报,2004,10(4):634-648.
于庆文,李长安,古凤宝,等.青藏高原东北缘新生代隆升-沉积-气候演化及其耦合[M].武汉:中国地质大学出版社,2001,1-123.
于庆文,张克信,侯光久,等.东昆仑红水川中更新世晚期沉积序列及其时代依据[J].地球科学,2000,25(2):122-278.
余光明,王成善.西藏特提斯沉积地质[M].北京:地质出版社,1990.
俞如龙.龙门山-锦屏山新生代陆内造山带[C]//扬子地台西南缘陆内造山带地质与矿产论文集.成都:四川科学技术出版社,1996:1-12.
喻安光,陈玉禄.四川石棉地区前震旦纪"康定杂岩"的时代探讨[J].四川地质学报,1999,19(3):200-203.
喻建新,刘爱民,黄永忠,等.西藏羊湖地区近1.4万年以来孢粉植物群及古气候研究[J].植物学通报,2004,21(1):91-100.
袁超,孙敏,肖文交.原特提斯的消减极性:西昆仑128公里岩体的启示[J].岩石学报,2003,19(3):399-408.
袁海华,张树发,张平,等.攀西裂谷岩浆岩同位素地质年代学初步研究[C]//张云湘,刘秉光.中国攀西裂谷文集(1).北京:地质出版社,1985:241-257.
袁海华,张树发,张平.渡口市同德混合片麻岩初获太古宙年龄信息[J].成都理工大学学报(自然科学版),1985,3:82-87.
袁海华,张树发,张平.康滇地轴基底时代的初步轮廓[C]//张云湘,刘秉光.中国攀西裂谷文集(2).北京:地质出版社,1987:51-60.
袁健芽,李晓勇,徐银保,等.西藏中南部雄马-措麦以南地区早、中二叠世地层及其意义[J].地质通报,2003,22(6):412-418.
袁学诚,等.中国地球物理图集[M].北京:地质出版社,1996.
袁学诚,周姚秀,李立,等.西藏古地磁与大地电磁研究[M].北京:地质出版社,1990.

岳乐平,邓涛,张睿,等.西藏吉隆-沃马盆地龙骨沟剖面古地磁年代学及喜马拉雅山抬升记录[J].地球物理学报,2004,47(6):1009-1016.

岳乐平,薛祥熙.中国黄土古地磁学[M].北京:地质出版社,1996.

云南省地质矿产勘查开发局.云南省区域地质志[M].北京:地质出版社,1990:542-597.

云南省地质矿产勘查开发局.云南省岩石地层[M].武汉:中国地质大学出版社,1996:1-366.

云南省地质学会前寒武纪地质专业委员会筹备组(吴懋德,孙克祥,吕世琨).云南省前震旦纪地质工作回顾与展望[J].云南地质,1982(S1):50-56.

曾普胜,侯增谦,李丽辉,等.滇西北普朗斑岩铜矿床成矿时代及其意义[J].地质通报,2005;23(11):1127-1131.

曾普胜,李文昌,王海平,等.云南普朗印支期超大型斑岩铜矿床:岩石学及年代学特征[J].岩石学报,2006;22(4):989-1000.

曾普胜,莫宣学,喻学惠,等.滇西北中甸斑岩及斑岩铜矿[J].矿床地质,2003;22(4):393-400.

曾普胜,莫宣学,喻学惠.滇西富碱斑岩带的Nd、Sr、Pb同位素特征及其挤压走滑背景[J].岩石矿物学杂志,2002,21(3):231-241.

曾普胜,王海平,莫宣学,等.中甸岛弧带构造格架及斑岩铜矿前景[J].地球学报,2005,25(5):535-540.

曾融生,丁志峰.青藏高原岩石圈构造及动力学过程研究[J].地球物理学报,1994(A02),37:99-116.

曾融生,孙为国.青藏高原及其邻区的地震活动性和震源机制及高原物质东流的讨论[J].地震学报,1992,14(增刊):534-564.

曾融生,朱介寿,周兵,等.青藏高原及东部邻区的三维地震波速结构与大陆碰撞模型[J].地震学报,1992,14(增刊):523-533.

曾宜君,思静,熊昌利,等.川西色达早侏罗世郎木寺组火山岩特征及构造意义[J].成都理工大学学报,2009,36(1):78-86.

曾宜君,杨学俊,李云泉,等.川西前陆盆地南部中新生代砾岩的构造意义[J].四川地质学报,2004,24(4):198-201.

曾宜君,杨学俊,李云泉.丹巴地区岩石地层层序-兼论造山带地层学研究的有关问题[J].四川地质学报,2001,21(1):6-12.

曾佐勋等.陕甘川邻接区复合造山带与成矿[M].武汉:中国地质大学出版社,2004.

战明国,路远发,陈式房,等.滇西德钦羊拉铜矿[M].武汉:中国地质大学出版社,1998.

张保民,沈上越,刘祥品,等.云南德钦阿登各火山岩的特征及其构造环境[J].地球科学,1992,17(4):437-445.

张传恒,高林志,武振杰,等.滇中昆阳群凝灰岩锆石SHRIMP U-Pb年龄:华南格林威尔期造山的证据[J].科学通报,2007,52(7):818-824.

张国伟,等.秦岭造山带的形成及其演化[M].西安:西北大学出版社,1987:1-64.

张国伟,张本仁,袁学诚,等.秦岭造山带与大陆动力学[M].北京:科学出版社,2001:73-118.

张宏飞,徐旺春,郭建秋,等.冈底斯南缘变形花岗岩锆石U-Pb年龄和Hf同位素组成:新特提斯洋早侏罗世俯冲作用的证据[J].岩石学报,2007,23(6):1347-1353.

张均,等.川西北金矿地质和成矿预测[M].武汉:中国地质大学出版社,2002.

张克信,王国灿,曹凯,等.青藏高原新生代主要隆升事件:沉积响应与热年代学记录[J].中国科学(D辑),2008,38(12):1575-1588.

张克信,王国灿,陈奋宁,等.青藏高原古近纪-新近纪隆升与沉积盆地分布耦合[J].地球科学,2007,32(5):583-597.

张克银,牟泽辉,朱宏权,等.西藏伦坡拉盆地成藏动力学系统分析[J].新疆石油地质,2000,21(2):93-97.

张理刚.中国东部富碱侵入岩铅同位素组成特征模式及其地质意义[J].地球科学,1994,19(2):227-234.

张连生,钟大赉.从红河剪切带走滑运动看东亚大陆新生代构造[J].地质科学,1996,31(4):327-341.

张林源.青藏高原形成过程与我国新生代气候演化阶段的划分[M]//青藏高原形成演化、环境变迁与生态系统研究.北京:科学出版社,1995:267-280.

张旗,钱青,王焰,等.扬子地块西南缘晚古生代基性岩浆岩的性质与古特提斯洋的演化[J].岩石学报,1999,15(4):576-583.

张旗,王焰,李承东,等.花岗岩的Sr-Yb分类及其地质意义[J].岩石学报,2006,22(9):2249-2269.

张旗,张魁武,李达周.横断山区镁铁-超镁铁岩[M].北京:科学出版社,1992:9-100.

张旗,赵大升,周德进,等.三江地区蛇绿岩——它们的特征及形成的构造环境[M]//地学研究(26),北京:地质出版社,1999:41-50.

张旗,振禹,李矧华.西藏东部和南部变质岩中的白云母及其岩石学意义[J].地质科学,1980,16(4):340-347.
张旗,周国庆.中国蛇绿岩[M].北京:科学出版社,2001:16-116.
张青松,王喜稼,计宠祥,等.西藏札达盆地的上新世地层[J].地层学杂志,1981,5(3):216-220.
张儒瑗,从柏林,杨瑞瑛.四川冕宁沙坝变质地体的初步研究[J].岩石学研究,1985,6:13-31.
张树铬,邓志明,等.应用遥感方法对攀西地区某些地质构造特征的研究[R].成都:四川省地矿局科研所,1986.
张学诚,周国华,马丽华.东川矿区"小溜口组"的岩石学研究[J].云南地质,1993,12(1):12-20.
张雪亭,王秉璋,俞建,等.巴颜喀拉残留洋盆的沉积特征[J].地质通报,2005,24(7):613-620.
张以茀,郑祥身.青海可可西里地区地质演化[M].北京:科学出版社,1996.
张翼飞,段锦荪,张罡,等.滇西蛇绿岩带地质构造演化与澜沧江板块缝合线研究[M].云南:云南科技出版社,2001.
张禹慎.青藏高原及其邻近地区的上地幔速度结构和地球动力学研究[M]//中国固体地球物理学新进展.北京:海洋出版社,1994:150-161.
张玉泉,戴橦谟,洪阿实.西藏高原南部花岗岩类同位素地质年代学[J].地球化学,1981:10(1):8-17.
张玉泉,谢应雯,涂光炽,等.哀牢山-金沙江富碱侵入岩及其与裂谷构造关系初步研究[J].岩石学报,1987(1):17-25.
张玉泉,谢应雯,梁华英,等.藏东玉龙铜矿带含矿斑岩及其成矿系列[J].地球化学,1996,27(3):34-42.
张玉泉,谢应雯,邱华宁,等.钾玄岩系列:藏东玉龙铜矿带含矿斑岩元素地球化学特征[J].地球科学,1998,23(6):557-561.
张玉泉,谢应雯.哀牢山-金沙江富碱侵入岩年代学和Nd,Sr同位素研究[J].中国科学D辑,1997,27(4):289-293.
张玉泉,朱炳泉,谢应雯,等.青藏高原西部的抬升速率:叶城-狮泉河花岗岩^{40}Ar-^{39}Ar年龄值的地质解释[J].岩石学报,1998,14(1):11-21.
张岳桥,杨农,孟晖,等.四川攀西地区晚新生代构造变形历史与隆升过程初步研究[J].中国地质,2004,31(1):23-33.
张招崇,王福生,郝艳丽,等.峨眉山大火成岩省和西伯利亚大火成岩省地球化学特征的比较及其成因启示[J].岩石矿物学杂志,2005,24(1):12-20.
张兆瑾.川康火成岩及变质岩研究大纲[J].地质论评,1940,5(4):295-308.
张之孟,金蒙.川西南乡城-得荣地区的两种混杂岩及其构造意义[J].地质科学,1979(3):205-213.
张中杰,王光杰,滕吉文,等.藏北地壳东西向结构与下凹莫霍面[J].中国科学(D辑),2001,31(11):881-889.
章振根,刘玉海,王天武,等.南迦巴瓦峰地区地质[M].北京:科学出版社,1992:106-117.
赵兵,伊海生,林金辉,等.北羌塘乌兰乌拉湖地区白垩纪岩石地层及沉积环境[J].地质通报,2002,21(11):749-755.
赵彻终,刘肇昌,李凡友,等.会理-东川坳拉槽对铜多金属成矿的控制[J].四川地质学报,1999,19(3):215-221.
赵彻终,刘肇昌,李凡友.会理-东川元古代海相火山岩带的特征与形成环境[J].四川矿物岩石,1999,19(2):17-24.
赵靖.滇西澜沧变质带中白云母的研究及其地质意义[J].岩石矿物学杂志,1993,12(3):251-260.
赵仁夫,朱迎堂,周庆华,等.青海玉树地区三叠纪地层之下角度不整合面的发现及意义[J].地质通报,2004,23(5-6):616-619.
赵文金,万晓樵.西藏特提斯演化晚期生物古海洋事件[M].北京:地质出版社,2003:1-116.
赵文津,纳尔逊 K D,车敬凯,等.喜马拉雅地区深反射地震——揭示印度大陆北缘岩石圈的复杂结构[J].地球学报,1996,17(2):138-152.
赵文津,赵逊,史大年,等.喜马拉雅和青藏高原深剖面(INDEPTH)研究进展[J].地质通报,2002:21(11):691-700.
赵欣,喻学惠,莫宣学,等.滇西新生代富碱斑岩及其深源包体的岩石学和地球化学特征[J].现代地质,2004,18(2):217-228.
赵永久,袁超,周美夫,等.川西老君沟和孟通沟花岗岩的地球化学特征、成因机制及对松潘-甘孜地体基底性质的制约[J].岩石学报,2007,23(5):995-1006.
赵永久,袁超,周美夫,等.松潘甘孜造山带早侏罗世的后造山伸展:来自川西牛心沟和四姑娘山岩体的地球化学制约[J].地球化学,2007,36(2):139-152.
赵振明,李荣社.青藏高原北部不同地区河流及湖岸阶地的演化特征[J].地质通报,2006,25(1-2):221-225.
赵政璋,李永铁,叶和飞,等.青藏高原大地构造特征及盆地演化[M].北京:科学出版社,2001:40-60.
赵政璋,李永铁,叶和飞,等.青藏高原地层[M].北京:科学出版社,2001:1-542.
赵志丹,莫宣学,Nomade S,等.青藏高原拉萨地块碰撞后超钾质岩石的时空分布及其意义[J].岩石学报,2006,22(4):787-794.
赵志丹,莫宣学,张双全,等.西藏中部乌郁盆地碰撞后岩浆作用——特提斯洋壳俯冲再循环的证据[J].中国科学(D

辑),2001,31(增刊):20-26.

郑海翔,潘桂棠,徐跃荣,等.怒江构造带超基性岩新知——一个完整的蛇绿岩套的确定[J].青藏高原地质文集,1983(2):191-196.

郑来林,耿全如,董翰,等.波密地区帕隆藏布残留蛇绿混杂岩带的发现及其意义[J].沉积与特提斯地质,2003,23(1):27-30.

郑绵平,向军,魏新俊,等.青藏高原盐湖[M].北京:科学技术出版社,1989.

郑绵平,赵元艺,刘俊英.第四纪盐湖沉积与古气候[J].第四纪研究,1998(4):208-217.

郑锡澜,常承法.雅鲁藏布江下游地区地质构造特征[J].地质科学,1979,15(2):116-125.

郑祥身,边千韬,郑健康.青海可可西里地区新生代火山岩研究[J].岩石学报,1996,12(4):530-545.

郑永飞,张少兵.华南前寒武纪大陆地壳的形成和演化[J].科学通报,2007,52(1):1-10.

中国地质调查局.羌塘盆地区域地质调查成果与进展[J].地质通报,2004,23(1):63-67.

中国地质调查局地层古生物研究中心.中国地质时代地层划分与对比[M].北京:地质出版社,2005.

中国地质科学院成都地质矿产研究所,四川省地质矿产局区域地质调查大队.怒江-澜沧江-金沙江区域地层[M].北京:地质出版社,1992.

中国地质科学院岩石圈研究中心,地质矿产部地质研究所.亚东-格尔木岩石圈地学断面综合研究:青藏高原岩石圈结构构造和形成演化[M].北京:地质出版社,1996.

中国科学院地球物理研究所.西藏高原当雄-亚东地带地壳与上地幔结构和速度分布的爆炸地震学研究[J].地球物理学报,1981,24(2):155-170.

中国科学院青藏高原科学考察队.西藏地层[M].北京:科学出版社,1984:1-399.

中国科学院青藏高原综合科学考察队.西藏地貌[M].北京:科学出版社,1983:1-238.

中国科学院青藏高原综合科学考察队.西藏第四纪地质[M].北京:科学出版社,1983:1-130.

中国科学院西藏科学考察队.珠穆朗玛峰地区科学家考察报告.第四纪地质[M].北京:科学出版社:1976.

中-英青藏高原综合地质考察队.青藏高原地质演化[M].北京:科学出版社,1990.

钟大赉,Tapponier P,吴海威,等.大型走滑断裂——碰撞后陆内变形的重要形式[J].科学通报,1989,34(7):526-529.

钟大赉,丁林.从三江及邻区特提斯带演化讨论冈瓦纳大陆离散与亚洲大陆增生[C]//国际地质对比计划IGGP321项论文集.北京:地震出版社,1993.

钟大赉,丁林.西藏南迦巴瓦峰地区高压麻粒岩[J].科学通报,1995,40(14):1343.

钟大赉,丁林.东喜马拉雅构造结变形与运动学研究取得重要进展[J].中国科学基金,1996,10(1):52-53.

钟大赉,丁林.青藏高原的隆起过程及其机制探讨[J].中国科学D辑,1996,26(4):289-295.

钟大赉,王毅,丁林.滇西高黎贡陆内第三纪走滑断裂及其伴生拉张构造[M]//岩石圈构造演化开放实验室年报.北京:中国科技出版社,1991:18-22.

钟大赉.滇川西部古特提斯造山带[M].北京:科学出版社,1998:56-170.

钟宏,徐士进,倪培.松潘-甘孜造山带中丹巴地区变质岩的流体包裹体研究[J].矿物学报,1997,17(02):135-141.

钟宏,徐士进,王汝成,等.松潘-甘孜造山带中丹巴地区变质岩演化及其地质意义[J].矿物学报,1998,18(4):452-463.

钟宏,徐士进,王汝成.松潘-甘孜造山带中丹巴地区动热变质岩的地球化学特征研究[J].地质地球化学,1998(1):53-56.

钟宏.丹巴地区变质岩的矿物化学特征及其 p-T 轨迹的构造意义[J].矿物岩石地球化学通报,1996,15(2):118-120.

钟锴,徐鸣洁,王良书,等.川滇地区重力场特征与地壳变形研究[J].高校地质学报,2005,11(1):111-117.

周伯萧,施泽明,张元才.攀西裂谷带A型花岗岩[C]//张云湘.中国攀西裂谷文集(1).北京:地质出版社,1985.

周建平,张遴信,王玉净,等.中国二叠纪籖类生物地理分区[J].地层学杂志,2000,24(增刊):379-393.

周江羽,王江海,尹安,等.青藏东北缘早第三纪盆地充填的沉积型式及构造背景——以囊谦和下拉秀盆地为例[J].沉积学报,2002,20(1):85-91.

周昆叔,李文漪,等.第四纪孢粉分析与古环境——我国第四纪孢粉分析的主要收获[M].北京:科学出版社,1984.

周铭魁,等.西昌—滇中地区地质构造特征及历史演化[M].重庆:重庆出版社,1988.

周书贵,朱占祥.四川石渠、炉霍西康群中柏加密蛤的发现及其意义[J].四川地质学报,1986(2):48-51.

周肃,方念乔,董国臣,等.西藏林子宗群火山岩的氩-氩同位素测年[J].矿物岩石学地球化学杂志,2001,20:317-319.

周肃,莫宣学,John Mahoney,等.西藏罗布莎蛇绿岩中辉长辉绿岩Sm-Nd定年及Pb,Nd同位素特征[J].科学通报,2001,46(16):1387-1389.

周肃,莫宣学,董国臣,等.西藏林周盆地林子宗火山岩 $^{40}Ar/^{39}Ar$ 年代格架[J].科学通报,2004,49(20):2095-2103.

周详,曹佑功,朱明玉,等.西藏板块构造-建造图说明书[M].北京:地质出版社,1989:1-39.
周云生,张旗,梅厚均,等.西藏岩浆活动和变质作用[M].北京:科学出版社,1981:1-146.
周真恒,向才英,姜朝松.腾冲火山岩稀土和微量元素地球化学研究[J].地震研究,2000:23(2):215-230.
朱炳泉,常向阳,邱华宁,等.云南前寒武纪基底形成与变质时代及其成矿作用年代学研究[J].前寒武纪研究进展,2001, 24(2):75-82.
朱炳泉,等.滇西洱海东第三纪超钾质火山岩系的Nd-Sr-Pb同位素特征与西南大陆地幔演化[J].地球化学,1992, 21(3):201-211.
朱炳泉,邹日,常向阳,等.金平龙脖河铜矿区变钠质火山岩系地球化学研究:1.主微量元素特征和形成环境探讨[J].地球化学,1998,27(4):351-360.
朱大岗,孟宪刚,等.西藏纳木错地区第四纪环境演变[M].北京:地质出版社,2004.
朱大岗,孟宪刚,邵兆刚,等.西藏阿里札达盆地上新世—早更新世河湖相地层层序地层分析[J].地学前缘,2006,13(5):308-315.
朱大岗,孟宪刚,邵兆刚,等.西藏阿里札达盆地下更新统香孜组地层厘定与层序地层划分[J].地质力学学报,2006,12(4):406-415.
朱大岗,孟宪刚,邵兆刚,等.西藏扎达盆地形成演化与喜马拉雅山隆升[J].地球学报,2006,27(3):193-200.
朱大岗,孟宪刚,邵兆刚,等.西藏阿里札达盆地上新世—早更新世的古植被、古环境与古气候演化[J].地质学报,2007,81(3):295-306.
朱弟成,莫宣学,王立全,等.西藏冈底斯东部察隅高分异I型花岗岩的成因:锆石U-Pb年代学,地球化学和Sr-Nd-Hf同位素约束[J].中国科学(D辑),2009(7):833-848.
朱弟成,莫宣学,赵志丹,等.西藏南部二叠纪和早白垩世构造岩浆作用与特提斯演化:新观点[J].地学前缘,2009,16(2):1-20.
朱弟成,潘桂棠,莫宣学,等.冈底斯中北部晚侏罗世—早白垩世地球动力学环境:火山岩约束[J].岩石学报,2006,22(3):534-546.
朱弟成,潘桂棠,莫宣学,等.特提斯喜马拉雅带中段三叠纪火山岩的地球化学和岩石成因[J].岩石学报,2006,22(4):804-816.
朱弟成,潘桂棠,王立全,等.西藏冈底斯带中生代岩浆岩的时空分布和相关问题的讨论[J].地质通报,2008,27(9):1535-1550.
朱弟成,潘桂棠,莫宣学,等.特提斯喜马拉雅二叠纪玄武质岩石研究新进展[J].地学前缘,2003,10(3):40.
朱华平,范文玉,周邦国,等.论东川地区前震旦系地层层序:来自锆石SHRIMP及LA-ICP MS测年的证据[J].高校地质学报,2011,17(3):452-461.
朱同兴,王安华,邹光富.喜马拉雅地区沉积盖底砾岩的新发现[J].地质通报,2003,22(5):366-368.
朱同兴,张启跃,董瀚,等.藏北双湖地区才多茶卡一带构造混杂岩中发现晚泥盆世和晚二叠世放射虫硅质岩[J].地质通报,2006,25(12):1414-1418.
朱同兴,庄忠海,周铭魁,等.喜马拉雅山北坡奥陶纪-古近纪构造古地磁新数据[J].地质通报,2006,25(2):76-82.
朱维光,邓海林,刘秉光,等.四川盐边高家村镁铁—超镁铁质岩杂岩的形成时代:单颗粒锆石U-Pb和角闪石^{40}Ar-^{39}Ar年代学制约[J].科学通报,2004,49(10):985-992.
朱维光,刘秉光,邓海琳,等.扬子地块西缘新元古代镁铁-超镁铁质岩研究进展[J].矿物岩石地球化学通报,2004,23(3):255-263.
朱元清,石耀霖.剪切生热与花岗岩部分熔融—关于喜马拉雅地区逆冲断层与地壳结构分析[J].地球物理学报,1990,33:408-416.
朱占祥,潘云唐.四川西康群的新层序[J].中国区域地质,1993(1):18-27.
朱占祥,吴远长,赵友年,等.四川前震旦纪岩石地层单位清理后的实践及应用[J].中国区域地质,1991(3):199-209.
朱宗祥,江淑芳.四川康定地区前震旦纪康定杂岩中紫苏辉石质岩石的成因[J].矿物岩石,1988,8(1):1-8.
訾建威,范蔚茗,王岳军,等.松潘-甘孜地块丹巴二叠纪玄武岩的主、微量元素和Sr-Nd同位素研究:岩石成因与构造意义[J].大地构造与成矿学,2008,32(2):226-237.
邹日,朱炳泉,孙大中,等.红河成矿带壳幔演化与成矿作用的年代学研究[J].地球化学,1997,26(2):46-56.
Allegre C J et al. Structure and evolution of the Himalaya-Tibet orogenic belt[J]. Nature,1984,307:17-22.
Arita K. Origin of the inverted metamorphism of the Lower Himalayas, Central Nepal[J]. Tectonophysics, 1982, 95:

43-60.

Armijo R,Tapponnier P,Mercier J P,et al. Quaternary extension in southern Tibet[J]. Journal Geophysical Research,1986,91:13803-13872.

Arnaud N O,Vidal P,Tapponnier,et al. The high K_2O volcanism of northwestern Tibet:Geochemistry and tectonic implications[J]. Earth Plant. Sci. Lett. ,1992,111:3512-367.

Blattner P,Dietrich V,Gansser A. Contrasting ^{18}O enrichment and origins of High Himalayan and Transhimalayan instrusions[J]. Earth Planet. ,Sic. Let. ,1983,65:276-286.

Blisniuk P M,Hacker B R,Glodny J,et al. Normal faulting in central Tibet since at least 13. 5 Myr ago[J]. Nature,2002,417:911-913.

Bott M,Kusznir N. The origin of tectonic stress in the lithosphere[J]. Tectonophysics,1984,105:1-13,319-324.

Bradley R Hacker,Lothar Ratschbacher,Laura Webb,et al. U/Pb zircon ages constrain the architecture of the ultrahigh-pressure Qinling-Dabie Orogen,China[J]. Earth and Planetary Letters,1998,161(1998):215-230.

Braun I,Montel J M,Nicollet C. Electronic microprobe dating of monazites from high-grade gneisses and pegmatites of the Kerala Khondalite belt,southern India[J]. Chemical Geology,1998,146:65-85.

Brunel M,Arnaud N,Tapponnier P,et al. Kongur Shan normal fault. In:Type example of mountain building assisted by extension[J]. Geology,1994,22:707-710.

Burbank D W,Beck R A,Mulder T. The Himalayan foreland basin. In The Tectonics of Asia[M]. Cambridge University Press,Carnbridge,1996:149-188.

Burbank D W, Beck R A. Models of aggradation versus progradation in the Himalayan Foreland [J]. Geologische Rundschau,1991,80:623-638.

Burchfiel B C,Chen Z,Liu Y, et al. Geology of the Longmen Shan and adjacent region,Central China[J]. International Geology Review,1995,37(8):661-736.

Burchfiel B C,Chen Z,Royden L H,et al. Extensional development of Gabo valley,southern Tibet[J]. Tectonophysics,1991,194:187-193.

Burchfiel B C,Molnar P,Zhao Z,et al. Geology of the Ulugh Muztagh area,northern Tibet[J]. Earth Planet. ,Sci. Lett. ,1989,94:57-70.

Burchfiel B C,Royden L H. North-south extension within the convergent Himalayan region[J]. Geology,1985,13(10):679-682.

Burchfiel B C,Royden L H. Tectonics of Asia 50 years after the death of Emile Argand[J]. Ecologae Geol. Helv,1991,84:599-629.

Burchfiel B C, Chen Z, Hodges K V, et al. The South Tibetan detachment system, Himalayan orogen: Extension contemporaneous with and parallel to shortening in a collisional mountain belt[J]. Geol. Soc. Am. Spec. Pap. ,1992,269:1-41.

Burg J P,Chen G M. Tectonics and structural zonation of southern Tibet,China[J]. Nature,1984,311:219-223.

Burg J P,Davy P,Nievergelt P,et al. Exhumation during crustal folding in the Namche-Barwa syntaxis[J]. Terra Nova. ,1997,9(2):53-56.

Burg J P, Nievergelt P, Oberli F, et al. The Namche Barwa syntaxis: evidence for exhumation relation related to compressional crustal folding[J]. Journal of Asian Earth Sciences,1998,16:239-252.

Butler R W H,Prior D J. Tectonic controls on the Nanga Parbat Massif,Pakistan Himalayas[J]. Nature,1988,333:247-250.

Chamberlain C P,Zeitler P K,Erickson E. Constraints on the tectonic evolution of the northwestera Himalaya from geochronology and petrologic studies of Babusar Pass[J]. Pakitsan. J. Geol. ,1991,99:829-849.

Chang Cheng fa,Robert M,Shackleton,et al. The geological evolution of Tibet,In:Report of the 1985 Royal Society-Academic Sinica Geotraverse of the Qinghai-Xizang Plateau[M]. London:the Royal Seciety,1988:1-413.

Chen C S,Pan G T,Ratschbacher L,et al. Cenozoic deformation in Southern Tibet[J]. Geowissenschaften,1996,14:7-8.

Chen W P,Kao H. Seismotectonics of Asia:Some recent progress[M]//The Tectonic Evolution of Asia,ed. A Yin,T M Harrsion,Cambridge University Press,1996:37-52.

Chen Z,Burchfiel B C,Liu Y,et al. Global Position System measurements from eastern Tibet and their implication for

India/Eurasia intercontinental deformation[J]. Journal of Geophysical Research. ,2000,105(B7):16,215-16,227.

Chen Zhilang,Liu Y, Hodges K V,et al. The Kangmar dome:A metamorphic Core complex in Southern Xizang (Tibet)[J]. Science,1990,2:50.

Chu M F,Chung S L,Song B,et al. Zircon U-Pb and Hf isotope constraints on the Mesozoic tectonics and crustal evolution of southern Tibet[J]. Geology,2006,34(9):745-748.

Chung S,Lo C,Lee T,et al. Diachronous uplift of the Tibetan plateau starting 40 Myr ago[J]. Nature,1998,394:769-773.

Coleman M E. U-Pb constraints on Oligocene-Miocene deformation and anatexis within the central Himalaya,Marsyandi valley,Nepal[J]. American Journal of Science,1998,298(7):553-571.

Coleman M,Hodges K. Evidence for Tibetan Plateau uplift before 14Mye age from a new minimum age for east-west extension[J]. Nature,1995,374:49-52.

Copeland P,Harrison T M. Episodic rapid uplift in the Himalaya revealed by $^{40}Ar/^{39}Ar$ analysis of detrital K-feldspar and muscovite,Begal fan[J]. Geology,1990:18:354-357.

Copeland P,Harrison Y M,Yun P,et al. Thermal evolution of the Gangdes batholith,Southern Tibet:A history of episodic unroofing[J]. Tectonic,1995,14(2):223-236.

Copeland P. The when and where of the growth of the Himalaya andthe Tibetan plateau[M]//Ruddirnan W F. Tectonic uplift and climate change. New York and London:Plenum Press,1997:19-40.

Corfield R I,Searle M P,Pedersen R B. Tectonic setting origin and obduction history of the Spontang ophiolite, La'dakh Himalaya,NW India[J]. Journal of Geology,2001,109(6):715-736.

Coulon C,Maluski H,Bollinger C,et al. Mesozoic and Cenozoic Volcanic rocks from Central and southern Tibet:$^{40}Ar/^{39}Ar$ dating,petrological characteristics and geodynamical significance[J]. Earth Planet Science Letters,1986,79:281-302.

Curray J R,Moore D G. Growth of the Bengal Deep-Sea fan and Denudation in the Himalayas[J]. Geological Society of America Bulletin,1971,82:563-572.

Dai S, Fang X M, Dupont-Nivet G, et al. Magnetostratigraphy of Cenozoic sediments from the Xining Basin: tectonic implications for the northeastern Tibetan Plateau[J]. Journal of Geophysical Research,2006,111(B11):335-360.

Debon F, Fort P L, Sheppard S M F, et al. The four plutonic belts of the Transhimalaya-Himalaya: A chemical, mineralogical,isotopic and chronological synthesis along a Tibet-Nepal section[J]. J. Petrol,1986,27:219-250.

Deng Jinfu,Zhao Hailing,Lai Shaochong. Intracontinental orogenic igneous rocks and orogenic process in Qinhai- Xizang-Himalaya[J]. Journal of China University of Geosciences,1995,6(2):121-128.

Deng Wanming. Cenozoic volcanism and intraplate subduction at northern margin of the Tibetan Plateau [J]. Geochemistry,1991(2):140-152.

Deway J F,Stephen cande,Walter C,et al. Tectonic evolution of the India/Eurasia collision zone[J]. Eclogae. geol. Helv, 1989,82(3):717-734.

Dewey J F, Burke K C A. Tibetan Variwan and basement reactivation Products of continental collision[J]. Jounal of Geology,1973,81:673-682.

Dewey J F,Shackelton R M,Chang C,et al. The tectonic evolution of the Tibetan Plateau[J]. Phil. Trans. R. Soc. Lond. , 1988,A327:379-413.

Ding L,Zhong D,Yin A,et al. Cenozoic structural and metamorphic evolution of the eastern Himalayan syntaxis(Namche Barwa)[J]. Earth Planetary Science Letters,2001,192:423-438.

Ding Lin, Zhong Dalai. Metamorphic characteristics and geotectonic implications of the high-pressure granulites from Namjagbarwa,eastern Tibet[J]. Science in China,1999,42:491-505.

Ding Lin, Zhong Dllai. Characteristics of deformation in the Gaoligong strike-slip fault, western Yunnan, China[J]. Advances in Geosciences,1992,121:82-92.

Di-Cheng Zhu,Gui-Tang Pan,Sun-Lin Chung,et al. SHRIMP zircon age and geochemical constraints on the origin of Early Jurassic volcanic rocks from the Yeba Formation, southern Gangdese in south Tibet[J]. International Geology Review,2008,50:442-471.

Di-Cheng Zhu,Xuan-Xue Mo,Gui-Tang Pan,et al. Petrogenesis of the earliest Early Cretaceous basalts and associated diabases from Cona area, eastern Tethyan Himalaya in south Tibet: interaction between the incubating Kerguelen plume and eastern Greater India lithosphere[J]. Lithos,2008,100:147-173.

Di-Cheng Zhu, Zhi-Dan Zhao, Gui-Tang Pan, et al. Early Cretaceous subduction-related adakite-like rocks of the Gangdese Belt, southern Tibet: Products of slab melting and subsequent melt-peridotite interaction[J]. Journal of Asian Earth Sciences, 2009, 34: 298-309.

Edwards M A, Harrison T M. When did the roof collapse? Late Miocence north south extension in the High Himalaya revealed by Th-Pb monazite dating of the Khula Kangri granite[J]. Geology, 1997, 25: 543-546.

Edwards M A, Pecher A, Kidd W S F, et al. Southern Tibet Detachment System at Chula Angry, Eastern Himalaya: A large-Area, shallow Detachment Stretching into Bhutan[J]. Journal of Geology, 1999, 107: 623-631.

Ellis S, Beaumont C, Pfiffiner O A. Geodynamic models of crustal-scale episodic tectonic accretion and underplating in subduction zones[J]. J. Geopgys. Res, 1999, 104: 15169-15190.

England P C, Housemen G A. The mechanics of the Tibetan Plateau[J]. Phil. Trans. Roy. Soc. Ser. A., 1988, 326: 301-320.

England P, Molnar P. Right-lateral shear and rotation as explanation for the strike-slip faulting in eastern Tibet[J]. Nature, 1990, 344: 140-142.

England P, Molnar P. Active deformation of Asia: from kinematics to dynamics[J]. Science, 1997: 278: 647-650.

Erchie Wang, Burchfiel B C, Royden L H. Late Cenonic Xianshuihe-Xiaojiang, Red River, and Dali Fault Systems of Southwestern Sichuan and Central Yunnan China[J]. The Geological Society of America, Special Paper, 1998, 327: 1-108.

Erchie Wang, Burchfiel B C. Interpretation of Cenozoic tectonics in the right-lateral accommodation zone between the Ailao Shan shear zone and the eastern Himalayan syntaxis[J]. International Geology Review, 1997, 39: 191-219.

Feng Shen, Leigh H Royden, Burchfiel B C. Large-scale crustal deformation of the Tibetan Plateau[J]. Journal of Geophysical Research, 2001, 106(B4): 6793-6816.

France-Lanord C, LeFort P. Crustal melting and granite genesis during the Himalayan collision orogenesis[J]. Trans. R. Soc, Edinburgh: Earth Sci., 1988, 79: 183-195.

Gaetani M, Garzanti E. Multicyclic history of the northern India continental margin (northwestern Himalaya)[J]. The American Association of Petroleum Geologists Bulletin, 1991, 75(91): 1427-1446.

Gansser A. Geology of the Bhutan Himalaya[J]. Basel, Boston, Stuttgart, 1983: 1-181.

Gansser. A Geology of the Himalayas[J]. London: Interscience Publ, 1964: 1-289.

Girard M, Bussy F. Late Pan-African magmatism in the Himalaya: new geochronological and geochemical data from the Ordovician Tso Morari metagranites(Ladakh, NW India), Schweiz. Mineral[J]. Petrogr. Mitt., 1999, 79: 399-417.

Greentree M R, Li Zheng-xiang, Li Xian-hua, et al. Late Mesoproterozoic to earliest Neoproterozoic basin record of the Sibao orogenesis in western South China and relationship to the assembly of Rodinia[J]. Precambrian Research, 2006, 151: 79-100.

Guillot S, Sigoyer de J, Lardeaux J M, et al. Eclogitic metasediments from the Tso Morari area(Ladakh, Himalaya): evidence for continental subduction during India-Asia convergence[J]. Contrib Mineral Petrol, 1997, 128: 197-212.

Guilot S, Allemand P. Metamorphic evolutions in the Himalayn belt related to the counterclockwise rotation of India[J]. 11th Himalaya-Karakourm-Tibet workshop, 1996, 56-57.

Guitang Pan, Chengsheng Chen, Lothar Ratschbacher, et al. Cenozoic deformation and stress patterns in eastern Tibet and western Sichuan. Geowissenschaften, 1996, 14: 306-307.

Guo J H, Sun M, Chen FK, et al. Sm-Nd and SHRIMP U-Pb zircon geochronology of high-pressure granulite in the Sanggan area, North China Craton: timing of Paleoproterozoic continental collision[J]. Journal of Asian Earth Sciences, 2005, 24: 629-642.

Guynn J H, Kapp P, Pullen A, et al. Tibetan basement rocks near Amdo reveal "missing" Mesozoic tectonism along the Bangong suture, central Tibet[J]. Geology, 2006, 34(6): 505-508.

Harris N, Massey J. Decompression and anatexis of himalayan metapelites[J]. Tectonics, 1994, 13, 1537-1546.

Harris N. Significance of weathering Himalayan metasedimentary rocks and leucogranites for the Sr isotope evolution of seawater during early Miocene[J]. Geology, 1995, 23(9): 759-798.

Harrision T M, Yin A, Grove M, et al. The Zadong window: A record of superposed Tertiary convergence in southeastern Tibet[J]. Journal of Geophysical Research., 2000, 105(10): 19211-19230.

Harrison T M,Copeland P,Kidd W S F,et al. Raising Tibet[J]. Science,1992,255:1663-1670.

Harrison T M,Copeland P,Kidd W,et al. Activation of the Nyainqentanghla Shear Zone:Implications for Uplift of the Southern Tibetan Plateau[J]. Tectonics,1995,14(3):658-676.

Harrison T M,Mahon K I,Guillot,et al. New constraints on the age of the Manaslu leucogranite:evidence for episodic denudation in the central Himalaya:Discussion and reply[J]. Geology,1995b,23:478-480.

Herren E. Zanskar shear zone:Northeast-southwest extension within the Higher Himalayas(Ladakh,India)[J]. Geology, 1987,17:409-413.

Hodges K V,Bowring S,Davidek K,et al. Evidence for rapid displacement on Himalayan normal faults and the importance of tectonic denudation in the evolution of mountain ranges[J]. Geology,1998,26:483-486.

Hodges K V,Parrish R R,Housh T B,et al. Simultaneous Miocene Extension and shortening in the Himalayan orogen[J]. Science,1992,258:1466-70.

Hodges K V, Hames W E, Olszewski W J, et al. Thermobarometric and $^{40}Ar/^{39}Ar$ geochronologic constraints on Eohimalayan metamorphism in the Dinggy area,southern Tibet. Contrib[J]. Mineral. Petrol. ,1994,117:151-163.

Hodges K V. Tectonics of the Himalaya and southern Tibet from two perspectives[J]. Geological Society of America Bulletin,2000,112(3):324-350.

Holt W E N,Chamot-Rooke,X Le Pichon,et al. Velocity field in Asia inferred from Quarternary fault slip rates and Global Positioning system observation[J]. Journal of Geophysical Research,2000,105:19185-19210.

Holt W E,Haines A J. Velocity fields in deforming Asia from the inversion of earthquakes-released strains[J]. Tectonics, 1993,12:1-20.

Holt W E,Ni J F,Wallace T C,et al. The active tectonics of the eastern Himalayan syntaxis and surrounding regions[J]. Journal of Geophysical Research,1991,96(14):595-14632.

Holt W E. Correlated crust and mantle strain fields in Tibet[J]. Geology,1999,28:67-70.

Hongzhen Wang,Xuanxue Mo. An outline of the tectonic evolution of China[J]. Episodes,1995,18(1-2):6-16.

Hooke R L. Time constant for equilibration of erosion with tectonic uplift[J]. Geology,2003,31(7):621-624.

Hoskin P W O,Black L P. Metamorphic zircon formation by solid-state recrystallization of protolith igneous zircon[J]. Journal of Metamorphic Geology,2000,18:423-439.

Hsu K J, Pan G, Sengor A M C, et al. tectonic evolution of the Tibetan plateau: a working hypothesis based on the archipelago model of orogenesis[J]. International Geology Review,1995,37(6):473-508.

Jaeger J J,Courtillot V,Tapponnier P. Paleontological view of the ages of the Deccan Traps,the Cretaceous/Tertiary boundary and the India-Asia collision[J]. Geology,1989,17:316-319.

Jin X C, Wang J, Chen B W, et al. Cenozoic depositional sequences in the piedmont of the west Kunlun and their paleogeographic and tectonic implications[J]. Journal of Asian Earth Sciences,2003,21:755-765.

Kao H,Gao Rui,Rau R,et al. Seismic image of the Tarim basin and its collison with Tibet[J]. Geology,2001,29(7):575-578.

Kazuo A,Asahiko T. Two-phase uplift of higher Himalaya since 17Ma[J]. Geology,1992,20:391-394.

Kenneth J, Hsu, Pan Guitang, et al. Tectonic evolution of the Tibetan plateau: A working hypothesis based on the archipelago model of orogenesis[J]. International Geology Review,1995,37:473-508.

King R W,Shen F,Burchfiel B C,et al. Geodetic measurement of crustal motion in southwest China[J]. Geology,1997, 25(2):179-192.

Klootwijk C,Gee J,Peirce J,et al. An early India-Asia contact:Paleomagnetic constraints from Ninetyeast Ridge,ODP Leg 121[J]. Geology,1992,20:395-398.

Küster D, Harms U. Post-collisional potassic granitoids from the southern and northwestern parts of the Late Neoproterozoic East African Orogen:a review[J]. Lithos,1998,45:177-196.

L Ratschbacher Frisch W, Lui G, Chen C. Distributed deformation in southern and western Tibet during and after the India-Asia collision[J]. J. Geophys. Res. ,1994,99:19817-19945.

Le Fort P,Gullot S,Pecher A. HP metamorphic belt along the Indus suture zone of NW Himalaya:new discoveries and significane[J]. C. R. Acad. Sci. Paris,1997,325:773-778.

Le Fort P. Himalayas the collided range,Present knowledge of the continental arc[J]. Am. J. Sci. ,1975,275A:1-44.

Le Fort P. Metamorphism and magmatism during the Himalayan collision In Collision Tectonics ed. M P Coward AC Ries [J]. Geol. Soc. Spec. Publ. 1986,19:159-172.

Le Fort P. Enclaves of the Miocene Himalayan leucogranites, In: Didier J, et al. ed. Endaves and Granite Petrology, Development in Petrology,13[J]. Amsterdam:Elsevier,1991,35-46.

Pichon X L,Fournier M,Jolivet L. Kinematics,Topography,Shortening,and Extrusion in the India-Eurasia collision[J]. Tectonics,1992,11(6):1085-1098.

Lelop P H, Harrison T M Ryerson F J, et al. Structural, petrological and thermal evolution of a Tertiary ductile strike-slipn shear zone,Diacang Shan(Yunnan,P. R. C.)[J]. J. Geophys. Res. ,1993,98(B4):6715-6743.

Li H,Xu Z,Chen W. Southern margin strike-slip fault zone of East Kunlun Mountains: An important consequence of intracontinental deformation[J]. In:Continental Dynamics,1997,1(2):146-159.

Li X H, Li Z X, Sinclair J A, et al. Revisiting the "Yanbian Terrane": Implications for Neoproterozoic tectonic evolution of the western Yangtze Block,South China[J]. Precambrian Research,2006,15(1-2):14-30.

Li X H,Li Z X,Ge W,et al. Neoproterozoic granitoids in South China:crustal melting above a mantle plume at 825 Ma? [J]. Precamb. Res,2003a,122:45-83.

Li X H, Li Z X, Zhou H W, et al. SHRIMP U-Pb zircon age, geochemistry and Nd isotope of the Guandaoshan pluton in SW Sichuan:Petrogenesis and tectonic significance[J]. Sci. China Ser. D 46 (Suppl.),2003b:73-83.

Li X H, Qi C S, Liu Y, et al. Petrogenesis of the neoproterozoic bimodal volcanic rocks along the western margin of the Yangtze Block:new constraints from Hf isotopes and Fe/Mn ratios[J]. Chinese Sci. Bull,2005,50:2481-2486

Li X Z, Liu C J, Pan G T, et al. Geology and Tectonics of Hengduan mountains, 30th IGC field trip guide T116[M]. Geological Publishing House,Beijing,1996.

Li Xian-hua, Li Zheng-xiang, Zhou Han-wen, et al. U-Pb zircon geochronology, geochemistry and Nd isotopic study of Neoproterzoic bimodal volcanic rocks in the Kangding Rift of South China: implications for the initial rifting of Rodinia[J]. Precambrian Research,2002,113(2002):135-154.

Li Z X, Evans D A D, Zhang S H. A 90°sp in on Rodinia: possible causal links between the Neop roterozoic supercontinent, superp lume,true polar wander and low - latitude glaciation[J]. Earth and Planetary Science Letters,2004,220:409-421.

Li Z X, Li X H, Kinny P D, et al. The breakup of Rodinia: did it start with a mantle plume beneath South China? [J]. Earth Planet. ,Sci. ,Lett. ,1999,173:171-181.

Li Z X, Li X H, Kinny P D, et al. Geochronology of Neoproterozoic syn-rift magmatism in the Yangtze Craton, South China and correlations with other continents: evidence for a mantle superplume that broke up Rodinia[J]. Precambrian Research,2003,122:85-109.

Li Z X,Zhang L,Powell C M. South China in Rodinia:part of the missing link between Australia-East Antarctica and Laurentia? [J]. Geology,1995,23:407-410.

Li Zheng Xiang, Li Xian Hua, Kinny, et al. Geochronology of Neoproterozoic syn-rift magmatism in the Yangtze Craton, South China and correlations with other continents: evidence for a mantle supper plume that broke up Rodinia[J]. Precambrian Research,2003,122:85-109.

Li Zheng-xiang, Li Xian-hua, Zhou Han-wen, et al. Grenvillian continental collision in south China: new SHRIMP U-Pb zircon result and implication for the configuration of Rodinia[J]. Geology,2002,30(2):163-166.

Liquan W, Dicheng Z, Quanru G, et al. Ages and tectonic signifycance of the collision-related granite porphyries in the Lhunzhub Basin,Xizang,China[J]. Chinese Science Bulletin,2007,52(12):1669-1679.

Liu G, Einsele G. Sedimentary history of the Tethyan basin in the Tibetan Himalayas[J]. Geological Rundsche,1994,83:32-61.

Liu Y, Zhong D. Petrology of high-pressure granulite from the eastern Himalayan Syntaxis[J]. J. Metamorphic Geol. ,1997,15:451-466.

Liu Yuping, Pan Guitang. Assemblage, texture and deformation of the crust in Pomi and Motuo area, eastern of Tibet, China[J]. Journal of Nepal Geological Society,1997,16:34-35.

Ma C, Li Z, Ehlers C, et al. A post-collisional magmatic plumbing system: Mesozoic granitoid plutons from the Dabieshan high-pressure and ultrahigh-pressure metamorphic zone,east-central China[J]. Lithos,1988,45:431-456.

Maluski H, Matte P, Brunel M. Argon 39-Argon 40 dating of metamorphic and plutonic events in the North and high Himalayas belts(southern Tibet-China)[J]. Tectonics, 1988, 7: 229-326.

Martin H, Smithies R H, Rapp R, et al. An overview of adakite, tonalite-trondhjemite-granodiorite(TTG), and sanukitoid: relationships and some implications for crustal evolution[J]. Lithos, 2005, 79: 1-24.

Matte P, Mattauer M, Oliver J M, et al. Continental subduction beneath Tibet and the Himalayan orogen: a review[J]. Terra Nova, 1997, 9: 264-270.

Matte P, Tapponnier P, Maud N, et al. Tectonics of Western Tibet, between the Tarim and the Indus[J]. Earth and Planetary Science Letters, 1996, 142: 311-320.

Mercier J L, Armijo R, Tapponnier P, et al. Change from Tertiary compression to Quaternary extension in southern Tibet during the India-Asia collision[J]. Tectonics, 1987, 6: 275-304.

Metivier F, Gaudemer Y, Tapponnier P, et al. Northeastward growth of the Tibet plateau dedrced from balanced reconstruction of two depositional areas: the Qaidam and Hexi Corridor basins, China[J]. Tectonics, 1998, 17: 823-842.

Miller C. Post-collisional potassic and ultrapotassic magmatism in SW Tibet: Geochemical and Sr-Nd-Pb-O isotopic constrains for mantle source charactersitic and petrogenesis[J]. Journal of Petrology, 1999, 40(9): 1399-1424.

Miller C, Thoni M, Frank W, et al. The early Palaeogoic magmatic event in the Northwest Himalaya, India: Source, tectonic setting and age of emplacement[J]. Geol Mag, 2001, 138(3): 237-251.

Mo X X, Niu Y L, Dong G C, et al. Contribution of syncollisional felsic magmatism to continental crust growth: A case study of the Paleogene Linzizong Volcanic Succession in southern Tibet[J]. Chemical Geology, 2008, 250: 49-68.

Mo X, Guo T, Zhang S. Magmatism and thermal history of Tibetan Plateau. Special Issue for the 13th Himalaya-Karakoram-Tibet Workshop[J]. Geological Bulletin of University of Peshawar, 1998, 31: 133-135.

Mo Xuanxue, Deng Jinfu. Three types of lithospheric structure in the Tibetan Plateau. 14th Himalaya-Karakoram- Tibet Workshop, Kloster Ettal Germany[J]. TERRA NOSTRA, 1999, 2: 99-100.

Molnar P, Burchfiel B, Zhao Ziyun, et al. Geologic evolution of Northern Tibet: Results of an expedition to Ulugh Muztagh [J]. Science, 1987, 235: 299-305.

Molnar P, England P, Martinod J. Mantle dynamics, uplift of the Tibetan Plateau, and the Indian monsoon[J]. Reviews of Geophysics, 1993, 31: 357-396.

Molnar P, Gipson J M. A bound on the rheology of continental lithosphere using very long baseline interferometry: The veolcity of south China with respect to Eurasia[J]. Journal of Geophysical Research, 1996, 101(B1): 545-553.

Molnar Peter, Helene Lyon Caen. Fault plane solutions of earthquakes and active tectonics of the Tibetan Plateau and its margins[J]. Geophys. J. Int, 1989, 99: 123-153.

Montel J M, Foret S, Veschambre M, et al. Electronic dating of monazite[J]. Chemical Geology, 1996, 131: 37-53.

Munker C, Worner G, Yogodzinski G, et al. Behaviour of high strength elements in subduction zones: constrains from Kamchatka-Aleutian arc lavas[J]. Earch Planet. Sci. Lett. , 2004, 224: 275-293.

Murphy M A, Mark Harrison T. Relationship between leucogranites and Qomolangma detachment in the Rongbuk Valley, south Tibet[J]. Geology, 1999, 27(9): 831-834.

Najma Y M R, Pringle M S, Tohnson M R W, et al. Laser ^{40}Ar-^{39}Ar dating of single detrital mrscovite grains from early foreland-basin sedimentary keposits in India: Implications for early Himalayas evolution[J]. Geology, 1997, 25: 535-538.

Nakata T. Active faults of the Himalayan of India and Nepal[J]. In Malinconico L L, Lillige R J, eds. Tectonics of the western Himalayas: Geological Society of American Special Paper, 1989, 232: 243-264.

Nelson K D, Wenjin Zhao, Brown L D. Partially Molten Middle Crust Beneath South Tibet: Synthesis of Project INDEPTH Results[J]. Science, 1996, 274: 1684-1688.

Ni J, York J. Late Cenozoic tectonics of the Tibetan plateau[J]. J. Geophys. Res. , 1978, 83: 5377-5384.

Owens T J, Zandt G. Implications of crustal property variations for models of Tibetan plateau evolution[J]. Nature, 1997, 387: 37-42.

O'Brien P J, Law R, Trelar P J. The subduction and exhuniation history of the Indian plate during Himalayan collision: evidence from rare eclogite[J]. Anuual Report, Bayerisches Forschungsinstitut Fur Experimentelle Geochemie Und

Geophsik. ,1998:75-76.

Pan G T. Cenozoic deformation and stress patterns in Eastern Tibet and Western Sichuan[J]. Geowissenschaften,1996,14:7-8,305-306.

Pan G T,Xu Q,Jiang X S. Songpan-Garze belt:Fore-arc accretion or back-arc collapsing. see:Paradoxes in geology[J]. Elsevier Science B V,2001:55-64.

Pan Y,Wang Y,Matte P,et al. Tectonic evolution along the geotraverse form Yecheng to Shiquanhe[J]. Acta Geological Sinica,1994:68:295-307.

Pan Yusheng. Characterizations of tectonic evolution of the Hengduan Mountain region. Developments in Geoscience[M]. Beijing:Science Press,1989:21-27.

Parrish R R,Hodges K V. Miocene (22Ma) metamorphism and two stage thrusting in the Greater Himalayan sequence, Annapurna Sanctuary,Nepal[J]. Geological Society of America Abstract with Program,1993:25(6):174.

Parrish R,Hodges K V. Isotopic constraints on the age and provenance of the Lesser and Greater Himalayan sequences, Nepalese Himalaya[J]. Geol. Soc. Am. Bull. ,1996:108:904-911.

Patriat P,Achache J. India-Eurasia collision chronology has implications for crustal shortening and driving mechanism of plates[J]. Nature,1984:311:615-621.

Pecher A. the contact between the Higher Himalaya crystalline and the Tibetan sedimentary series:Miocene large-scale dextral shearing[J]. Tectonics,1991:10:587-599.

Peltzer G,Tapponnier P. Formation and evolution of strike-slip faults,rifts,and basins,during the India-Asia collision:An experimental approach[J]. J. Geophys. Res. ,1988:93:15085-15117.

Clift P D,Hannigan R,Blusztajn J,et al. Geochemical evolution of the Dras-Kohistan arc during collision with Eurasia: evidence from the Ladakh Himalaya,India[J]. The Island Arc,2002:11:255-273.

Peter M,Blisniuk,Bradley R,et al. Normal faulting in central Tibet since at least 13.5Myr ago[J]. Nature,2001:412:628-632.

Pichon X L,Henry P,Goffé B. Uplift of Tibet:from eclogites to granulites-implications for the Andean Plateau and the Variscan belt[J]. Tectonophysics,1997,273:57-76.

Pognante V,Spencer D A. First report of eclogites from the Himalayan belt, Kaghan valley(northern Pakistan)[J]. European Journal of Mineralogy,1991:3:613-618.

Qayyum M,Lawrence R D,Niem A R. Molass Delta-Flysch Contnunm of the Himalayan Orogeny and closuye of the Paleogene Katawaz Remnant Ocean,Pakistan[J]. International Geology Review,1997:39:861-875.

Qi Wang,Pei-Zhen Zhang,Freymueller J,et al. Present-day crustal deformation in China constrained by Global Positioning System measurements[J]. Science,2001:294:574-577.

Qiu Y M,Gao S,McNaughton N J,et al. First evidence of >3.2Ga continental crust in the Yangtze Craton of south China and its implication for Archean crustal evolution and Phanerozoic tectonics[J]. Geology,2000:28:11-14.

Rasorl B sorkhubi,Kazunori Arita. Toward a solution for the Himalayan puzzle:Mechanism of inverted metamorphism constrained by the Siwalk sedimentary recork[J]. Current science,1997:71(11):862-873.

Richard A B. Chronology of shelf collapse,ophiolite obduction,and collision in the westernmost Himalaya:Implications for late Creaceous and Paleocence plate configurations in Asia[J]. 11th Himalaya-Karakourm-Tibet workshop, 1996: 18-19.

ROBERTSON A H F. Role of the tectonic facies concept in orogenic analysis and its application to Tethys in the eastern Mediterranean region[J]. Earth Science Reviews,1994:37:139-213.

Robinson D M,DeCelles P G,Patchett P J,et al. The kinematic evolution of the Nepalese Himalaya interpreted from Nd isotopes[J]. Earth and Planetary Science Letters,2001:192:507-521.

Roger F,Arnaud N,Ferrand C,et al. Age of magmatism and tectonics of northeastern Kunlun,China[J]. Chinese Scinece Bulletin,1998,43(43):108-108.

Rollinson H,Martin H. Geodynamic controls on adakite, TTG and sanukitoid genesis:implications for models of crust formation[J]. Lithos,2005:79:9-12.

Rowley D B. Age of initiation of collision between India and Asia:A review of stratigraphic data[J]. Earth and Planetary Science Letters,1996:145:1-13.

Rowley D B. Minimum age of initiation of collision between India and Asia North of Everest based on the subsidencd history of the Zhepure Mountain section[J]. The Joural of Geology,1998;106:229-235.

Royden L H,Burchfiel B C,King,et al. Surface deformation and lower crustal flow in eastern Tibet[J]. Science,1997;276:788-790.

Scharer U,Xu R,Allegre C J. U-(Th)-Pb Systematics and ages of Himalayan leucogranites,South Tibet[J]. Earth and Planetary Science Letters,1986;77:35-48.

Scharer U,Zhang Liansheng,Tapponnier P. Duration of strike-slip movements in large shear zones,the Red River belt,China[J]. Earth and Planetary Science Letters,1994;126:379-397.

Schlup M,Carter A,Cosca M,et al. Exhumation history of eastern Ladakh revealed by ^{40}Ar-^{39}Ar and fission track ages: the Indus River-Tso Morari transect,NW Himalaya[J]. Journal of the Geological Society,2003;160:385-399.

Searle M P,Godin L. The South Tibetan Detachment and the Manaslu Leucogranite: A structural reinterpretation and restoration of the Annapurna-Manaslu Himalaya,Nepal[J]. The Journal of Geology,2003;111:505-523.

Searle M P,Noble S R,Hurford A J,et al. Age of crustal metting,emplacement and exhumation history of Shivling leucogranite,Garhwal Himalaya[J]. Geological Magazine,1999;136:513-525.

Searle M P,Windley B F,Coward M P,et al. The closing of Tethys and tectonics of the Himalaya[J]. GSA Bull. ,1987;98:678-701.

Searle M P. Structural and sequence of thursting in the high Himalayan, Tibetan-Tethys and Indus suteure zones of Zanskar and ladakh,western Himalaya[J]. Journal of structural Geology,1986;8:923-936.

Searle M P. Cooling history,erosion,exhumation,and kinematics of the Himalaya-Karakoram-Tibet orogenic belt. In The Tectonic Evolution of Asia[M]. Cambridge University Press,1996:100-137.

Searle M. The rise and fall of Tibet[J]. Nature,1995;374(2):17-18.

Searle Mike,Richard I,Corfield Ben Stephenson,et al. Structure of the North Indian continental margin in the ladakh-Zanskar Himalayas: implications for the timing of obduction of the Spontang ophiolite, India-Asia collision and deformation events in the Himalaya[J]. Geologic Magazine,1997;134(3):279-316.

Seeber L,Gornitz V. River profiles along the Himalayan arc as indicators of active tectonics[J]. Tectonophysics,1983;92:335-367.

Sengor A M C,Altmer D,Cin A,et al. Origin and assembly of the Tethyside orogenic collagenic at the expense of Gondwanaland[M]//Gondwana and Tethys,Oxford:Geological Society Special Publication,1989;37:119-181.

Sengor A M C,Hsu K J. The Cimmerides of eastern Asia history of the eastern end of Paleo-Tethys[J]. Mem. Soc. Geol. ,1984,147:139-167.

Sengor A M C. The revolution of Paleo-Tethys in the Tibetan segment of the Alpides[C]//Proceeding of Symposium on Qinghai-xizang Plateau. New York:Science Publishers Inc,1987:51-56.

Sengor A M C. The Tethyside orogenic system:An introduction[M]//Sengor, A. M. C (ed), Tectonic Evlotion of the tethyan Region. Istanbul University Faculty of Mines,1989:1-22.

Sengor A M C. Plate tectonics and orogenic research after 25 years:A Tethyan perspective[J]. Earth Sci Rev,1990;27:1-201.

Sengor A M C. The Palaeo-Tethys suture:A line of demarcation between two fundamentally different architectural styles in the structure of Asian[J]. The Island Arc,1992,1:78-91.

Sinclair J A. A re-examination of the "Yanbian ophiolite suite":Evidence for western extension of the Mesoproterozoic Sibal orogen in South China[J]. Geol. Soc. Aust. Abst. ,2001;65:99-100.

Singh S,Jain A K. Himalayan Granitoids[J]. Journal of the Virtual Explorer,2002,11:1-20.

Spicer R A,Harris N B W,Widdowson M,et al. Constant elevation of southern Tibet over the past 15 million years[J]. Nature,2003,421:622-624.

Srivastava P, Mitra G. Thrust geometries and deep structure of the outer and lesser Himalaya, Kumaon and Garwal (India):Implications for evolution of the Himalayan fold-and-thrust belt[J]. Tectonics,1994,13:89-109.

Steck A. Geology of the NW Indian Himalaya. In Eclogae Geologicae Helvetiae, Swiss Journal of Geosciences[J]. Birkhauser Verlag,Basel,2003:147-196.

Swapp S M, Hollister L S. Inverted metamorphism with the Tibetan Slab of Bhutan:evidence for a tectonically transported heat-source[J]. Canadian Mineralogist,1991,29:1019-1041.

Tang Lingyu, Li Chunhai, Yu Ge, et al. Pollen-based reconstruction of Holocene vegetation and climatic change of Tibetan Plateau[J]. Chinese Journal of Polar science, 2003, 14(2):99-116.

Tapponnier P, Zhiqin X, Roger F, et al. Geology-Oblique Stepwise Rise and Growth of the Tibet Plateau[J]. Science, 2001, 23:1671-1677.

Tapponnier P, Lacassin R, Leloup, et al. The Ailao Shan/Red River metamorphic belt: Tertiary left-lateral shear between Indochina and South China[J]. Nature, 1990:343:431-437.

Tapponnier P, Molnar P. Slip-line field theory and large scale continental tectonics[J]. Nature, 1976, 264:319.

Tapponnier P, Molnar P. Active faulting and tectonics of China[J]. Journal of Geophysical Research, 1977, 82:2905-2930.

Tapponnier P, Pltzer G, Le Dain A Y, et al. Propagating extrusion tectonics in Asia, new insights from simple experiments with plasticine[J]. Geology, 1982, 10:611-616.

Thompson L G, Yao T, Davis M E, et al. Tropical Climate Instability: the Last Glacial Cycle from a Qinghai-Tibetan Ice Core[J]. Science, 1997, 276(20):1821-1825.

Turner S, Arnaud N, Liu J, et al. Post-collision, Shoshonitic volcanism on the Tibetan Plateau: Implications for convective thinning of the lithosphere and the source of ocean island basalt[J]. Journal of Petrology, 1996, 37(1):45-71.

Valdiya K S. Trns-Himadri intracrustal fault and basement upwarps south of Indus-Tsangpo suture zone, im malinconico [M]//L l, J r, Lillie R J, eds., Tectonics of the western Himalayas: Geological Society of American Special Paper, 1989, 232:153-168.

Walker J D, Martin M W, Bowring S A, et al. Metamorphism, Meting, and Extension: age Constraints from the High Himalayan Slab of Southeast Zanskar and Northweat lahaul[J]. Journal of Geology, 1999, 107:473-495.

Wan X Q, Jansa L F, Sarti M. Cretaceous and Paleogene boundary strata in southern Tibet and their implication for the India-Eurasia collision[J]. Lethaia, 2002, 35(2):131-146.

Wang C S, Zhao X X, Liu Z F, et al. Constraints on the early uplift history of the Tibetan Plateau[J]. PNAS, 2008, 105 (13):4987-4992.

Wang E, Wan J, Liu J. Late Cenozoic Geological evolution of the foreland basin bordering the west Kunlun range in Pulu Area: constrain on timing of uplift of northern margin of the Tibet Plateau[J]. Journal of Geophysical Research, 2003, 108(B8):1-15.

Wang Xiaofang. Timing, geological correlation and original evolution of Jinshajiang sture, southwestern China [J]. Tectonophysics, 1999.

Wang Xiaolei, Zhou Jincheng, Qiu Jiansheng, et al. Comment 参 on "Neoproterozoic granitoids in South China: crustal melting above a mantle plume at ca. 825Ma?" by Xian-Hua Li et al[J]. Precambrian Research, 2004, 132:401-403.

Wang Y, Deng T, Biasatti D. Ancient diets indicate significant uplift of southern Tibet after ca. 7 Ma[J]. Geology, 2006, 34 (4):309-312.

Wang Y, Zhang X M, Sun L X, et al. Cooling history and tectonic exhumation stages of the south-central Tibetan Plateau (China): Constrained by $^{40}Ar/^{39}Ar$ and apatite fission track thermochronology[J]. Journal of Asian Earth Sciences, 2007, 29:266-282.

Weinberg R F, Dunlap W J. Growth and deformation of the Ladakh Batholith, Northwest Himalayas: Implications for timing of continental collision and origin of calc-alkaline batholiths[J]. Journal of Geology, 2000, 108(3):303-320.

Willett S D, Beaumont C. Subduction of Asian lithospheric mantle beneath Tibet inferred from models of continental collision[J]. Nature, 1994, 369:642-645.

Williams H, Turner S, Kelley S, et al. Age and composition of dikes in Southern Tibet: New constraints on the timing of east-west extension and its relationship to postcollisional volcanism[J]. Geology, 2001:339-342.

Wu C M, Zhang J, Ren L D. Empirical garnet-biotite-plagioclase-quartz (GBPQ) geobarometry in medium to high-grade metapelites[J]. Journal of Petrology, 2004, 45, 1907-1921.

Wu C, Nelson K D, Wortman, et al. Yadong cross structure and south Tibetan detachment in the east central Himalaya (89-90°E)[J]. Tectonics, 1998, 17:28-45.

Wu Lingzhao, Dave A Yuen. Injection of Indian crust into Tibetan lower crust: a temperature-dependent viscous model[J]. Tectonics, 1987, 6(4):505-514.

Xu R H, Scharer U, Allege C J. Magmatism and metamorphism in the Lhasa block(Tibet): an U-Pb geochronological study

[J]. J. Geol. ,1985,93:41-57.

Xu R H. Age abd geochemistry of granites and metamorphic rocks in south-central Xizang(Tibet)[M]//In Igneous and Metamorphic rocks of the Tibetan Palteau,ed. Chinese Academy of Geological Series,Science Press. ,1990,287-302.

Yin A,Harrison T M,Ryerson F J,et al. Tertiary structural evolution of the Gangdese thrust system in southeastern Tibet [J]. JGR,1994,99(B9):18175-19201.

Yin A,Kapp P,Murphy M A,et al. Significant late Neogene east-west extension in northern Tibet[J]. Geology,1999,27: 787-790.

Zeitler P K,Anne S M,Peter O.K,et al. Eroision,Himalayan Geodynamics,and the Geomorphology of Metamorphism[J]. Gsatoday,2001,111(1):4-9.

Zeitler P K,Chamberlain C P. Petrogenetic and tectonic significance of young Leucogranites from the northwestern Himalaya,Pakistan[J]. Tectonics,1991,10:729-741.

Zhang K X,Wang G C,Cao K,et al. Cenozoic sedimentary records and geochronological constraints of differential uplift of the Qinghai-Tibet Plateau[J]. Science in China Series D,2008,51(11):1658-1672.

Zhang S,Mo X,Guo T. Post-collisional volcanic rocks in south Tibet. Special Issue for the 13th Himalaya- Karakoram- Tibet Workshop[J]. Geological Bulletin of University of Peshawar,1998,31:228-229.

Zhao Xinfu,Zhou Meifu,Li Jianwei,et al. Late Paleoproterozoic to early Mesoproterozoic Dongchuan Group in Yunnan, SW China:Implications for tectonic evolution of the Yangtze Block[J]. Precambian Research,2010.182:57-69.

Zheng H B,Christopher M,An Z S,et al. Pliocene uplift of the northern Tibetan Plateau[J]. Geology,2000,28(8): 715-718.

Zheng Jianping,Griffin W L,O'Reilly S Y,et al. Widepread Archean basement beneath the Yangtze craton[J]. Geology, 2006,34(6):417-420.

Zhong Dalai,Ding Lin. Discovery of high-pressure basic granulites in Namjagbarwa area,China[J]. Chinese Science Bulletin,1996,41:87-88.

Zhong Dalai,Ding Lin. Raising process of the Qinghai-Xizang (Tibet) plateau and its mechanism[J]. Science in China (series D),1996,39:369-379.

Zhou Meifu,Ma Yuxiao,Yan Danping,et al. the Yanbian terrane(Southern Sichuan province,SW China):a Neoproterozoic arc assemblage in the western margin of the Yangtze block[J]. Precambrian Research,2006,144(2006):19-38.

Zhou Mei-Fu,Allen K Kennedy,Min Sun,et al. Neoproterozoic Arc-Related Mafic Intrusions along the Northern Margin of South China:Implications for the Accretion of Rodinia[J]. Journal of Geology,2002b,110:611-618.

Zhou Mei-Fu, Dan-Ping Yan, Chang-Liang Wang, et al. Subduction-related origin of the 750 Ma Xuelongbao adakitic complex (Sichuan Province,China):Implications for the tectonic setting of the giant Neoproterozoic magmatic event in South China[J]. Earth and Planetary Science Letters,(inpress),2006.

Zhou Mei-fu,Yan Dan-ping,Allen K Kennedy,et al. SHRIMP U-Pb zircon geochronological and geochemical evidence for Neoproterozoic arc-magmatism along the western margin of the Yangtze Block,South China[J]. Earth and Planetary Science Letters,2002a,196:51-67.

Zhou X H,Cheng H,Zhong Z H. The source province of metamorphic rocks from southern Zhejiang——a case study [M]//Laboratory of Lithosphere Tectonic Evolution,Institute of Geology,Chinese Academy of Sciences,ed. ,Memoir of Lithospheric Tectonic Evolution Research(1). Beijing:Seismological Publishing House,1992:114-119.